# WIDERSTANDSMOMENTE

## TRÄGHEITSMOMENTE
## UND GEWICHTE VON BLECHTRÄGERN

NEBST

NUMERISCH GEORDNETER
ZUSAMMENSTELLUNG DER WIDERSTANDSMOMENTE
VON 59 BIS 113 930
ZAHLREICHEN BERECHNUNGSBEISPIELEN UND HILFSTAFELN

BEARBEITET

VON

### B. BÖHM      E. JOHN

KGL. GEWERBERAT UND KGL. REGIERUNGS- U. BAURAT
BROMBERG      ESSEN

ZWEITE, VERBESSERTE UND VERMEHRTE AUFLAGE

BERLIN
VERLAG VON JULIUS SPRINGER
1913

ISBN-13: 978-3-642-98789-2     e-ISBN-13: 978-3-642-99604-7
DOI:  10.1007/978-3-642-99604-7

# Aus dem Vorwort zur ersten Auflage.

Für den Ingenieur, welcher beim Entwerfen von Eisenkonstruktionen das außerordentlich zeitraubende Berechnen von Trägheits- und Widerstandsmomenten genieteter Träger kennen gelernt hat, bedarf es wohl keines Hinweises auf die Vorteile eines Tabellenwerks, welches die obengenannten Werte nebst den Gewichten der Träger in einer solchen Vollständigkeit bringt, daß damit jedes praktische Bedürfnis gedeckt ist. Aber auch dem Anfänger, dem Studierenden dürfte das vorliegende Werk von Vorteil sein, einmal um die zu Übungszwecken berechneten Werte schnell auf ihre Richtigkeit prüfen zu können, andererseits um stets eine größere Anzahl praktischer Profile zur Hand zu haben.

Wir hoffen, daß das Buch dazu dienen möge, den Eisenkonstrukteur von einer unproduktiven Arbeit zu entlasten und ihn in den Stand zu setzen, seine geistige Kraft edleren Aufgaben zuzuwenden; dann wird es, gleichwie die Erfindung einer neuen Maschine, den von uns geplanten Zweck, Zeit und Arbeit zu ersparen, erfüllen.

# Vorwort zur zweiten Auflage.

Seit dem ersten Erscheinen des Werkes sind auf dem Gebiete der Eisenkonstruktionen und des Brückenbaus mannigfache Veränderungen vor sich gegangen. Während vor 20 Jahren die in der ersten Auflage aufgenommenen Träger von 140 cm Stehblechhöhe mit Winkeleisen von 13 cm Schenkellänge für die praktischen Ausführungen ausreichend erschienen, gehören jetzt genietete Träger über 2 m Höhe keineswegs zu den Seltenheiten, wobei gleichzeitig die größeren Winkeleisenprofile, bis zu den größten Normalprofilen, Verwendung finden. Die untere Grenze der Trägerhöhen ist so bemessen, daß diese niedrigen Profile mit Vorteil bei beschränkter Konstruktionshöhe und im Hochbau Verwendung finden können.

Den erweiterten Bedürfnissen der Technik ist bei der Neuauflage der Tafeln in umfangreichem Maße Rechnung getragen worden. Um dabei in enger Fühlung mit der Praxis zu bleiben, wurde vor Neubearbeitung eine Umfrage bei verschiedenen Brückenbauanstalten und Eisenbauwerkstätten Deutschlands veranstaltet, wodurch genauerer Aufschluß über die in letzter Zeit ausgeführten Trägerprofile erhalten wurde. Bei den in entgegenkommendster Weise erteilten Antworten wurden uns auch noch mancherlei schätzenswerte Winke und Ratschläge zu weiteren Ergänzungen und Verbesserungen gegeben, welche in Form von Hilfstafeln, Fußnoten und im textlichen Teil Berücksichtigung gefunden haben. Allen Firmen und Einzelpersonen, welche uns so in tatkräftiger Weise unterstützt und das Werk gefördert haben, sprechen wir hiermit unseren wärmsten Dank aus.

Die Tafeln sind nunmehr soweit ergänzt, daß alle Ausführungen der Praxis bis in die neueste Zeit berücksichtigt sind. Die obere Grenze der Stehblechhöhen ist demzufolge bis zu 3 m hinaufgerückt worden, da uns Kranträger für Hüttenwerke bis zu dieser Höhe nachgewiesen wurden. Es wurden ferner hinsichtlich der Schenkellängen sämtliche Winkeleisen-Normalprofile von 4,0 . 4,0 . 0,6 aufwärts aufgenommen, wobei behufs Raumersparnis und besserer Übersichtlichkeit der Tafeln zumeist nur 2 Schenkelstärken verwendet wurden. Die ungleichschenkligen Winkeleisen, insbesondere die mit Schenkelverhältnis $1 : 1^1/_2$ wurden von 5,0 . 7,5 . 0,9 ab gleichfalls berücksichtigt, weil sich mit denselben eine sehr günstige Materialverteilung erzielen läßt. Dabei liegt der kürzere Schenkel stets dem Stehblech an.

Die allgemeine Anordnung und Gruppierung der Tafeln ist nicht geändert worden, da uns mannigfache Zustimmungen erkennen ließen, daß unser Bestreben, die Tafeln möglichst klar, übersichtlich und leicht benutzbar zu gestalten, erfolgreich war. Und so hoffen wir, daß die neuen Tafeln in der verbesserten Form jetzt allen Ansprüchen der Technik genügen und, wie bisher die alten, auf dem Tische des Eisenkonstrukteurs bald wieder als ein unentbehrliches Hilfsmittel und als zuverlässiger Ratgeber zu finden sein werden.

**Die Verfasser.**

# Inhaltsverzeichnis.



Genaues Inhaltsverzeichnis der Tabellen auf Seite VI—VIII.

## Teil I: Trägheitsmomente, Widerstandsmomente und Gewichte von Trägern ohne Gurtplatten.

## Teil II. Widerstandsmomente und Gewichte von Trägern mit Gurtplatten.

| Winkeleisen cm | Stehblech- Stärke cm | Stehblech- Höhen cm | Niet- durchmesser cm | Gurtplatten- Stärke cm | Gurtplatten- Breiten in Abstufungen zu 1 cm von | Gurtplatten- Stärke cm | Gurtplatten- Breiten in Abstufungen zu 1 cm von | Seite |
|---|---|---|---|---|---|---|---|---|
| 7,5 · 7,5 · 1,0 | 1,0 | 20—120 | 2,0 | 1,0 | 16—21 | 1,2 | 16—21 | 34 |
| 7,5 · 7,5 · 1,0 | 1,0 | 20—120 | 2,0 | 2,0 | 16—21 | 3,0 | 16—21 | 35 |
| 8,0 · 8,0 · 1,0 | 1,0 | 20—120 | 2,0 | 1,0 | 17—22 | 1,1 | 17—22 | 36 |
| 8,0 · 8,0 · 1,0 | 1,0 | 20—120 | 2,0 | 1,2 | 17—22 | 2,0 | 17—22 | 37 |
| 8,0 · 8,0 · 1,0 | 1,0 | 20—120 | 2,0 | 2,2 | 17—22 | 2,4 | 17—22 | 38 |
| 8,0 · 8,0 · 1,0 | 1,0 | 20—120 | 2,0 | 3,0 | 17—22 | 3,3 | 17—22 | 39 |
| 8,0 · 8,0 · 1,2 | 1,0 | 30—130 | 2,3 | 1,0 | 17—22 | 1,1 | 17—22 | 40 |
| 8,0 · 8,0 · 1,2 | 1,0 | 30—130 | 2,3 | 1,2 | 17—22 | 1,3 | 17—22 | 41 |
| 8,0 · 8,0 · 1,2 | 1,0 | 30—130 | 2,3 | 2,0 | 17—22 | 2,2 | 17—22 | 42 |
| 8,0 · 8,0 · 1,2 | 1,0 | 30—130 | 2,3 | 2,4 | 17—22 | 2,6 | 17—22 | 43 |
| 8,0 · 8,0 · 1,2 | 1,0 | 30—130 | 2,3 | 3,0 | 17—22 | 3,6 | 17—22 | 44 |
| 9,0 · 9,0 · 1,1 | 1,0 | 30—130 | 2,0 | 1,0 | 19—24 | 1,1 | 19—24 | 45 |
| 9,0 · 9,0 · 1,1 | 1,0 | 30—130 | 2,0 | 1,2 | 19—24 | 1,3 | 19—24 | 46 |
| 9,0 · 9,0 · 1,1 | 1,0 | 30—130 | 2,0 | 2,0 | 19—24 | 2,2 | 19—24 | 47 |
| 9,0 · 9,0 · 1,1 | 1,0 | 30—130 | 2,0 | 2,4 | 19—24 | 2,6 | 19—24 | 48 |
| 9,0 · 9,0 · 1,1 | 1,0 | 30—130 | 2,0 | 3,0 | 19—24 | 3,3 | 19—24 | 49 |
| 9,0 · 9,0 · 1,3 | 1,1 | 30—130 | 2,3 | 1,2 | 20—25 | 1,3 | 20—25 | 50 |
| 9,0 · 9,0 · 1,3 | 1,1 | 30—130 | 2,3 | 2,4 | 20—25 | 2,6 | 20—25 | 51 |
| 9 0 · 9,0 · 1,3 | 1,1 | 30—130 | 2,3 | 3,6 | 20—25 | 3,9 | 20—25 | 52 |
| 10,0 · 10,0 · 1,0 | 1,0 | 30—180 | 2,0 | 1,0 | 21—26 | 1,1 | 21—26 | 53 |
| 10,0 · 10,0 · 1,0 | 1,0 | 30—180 | 2,0 | 1,2 | 21—26 | 1,3 | 21—26 | 54 |
| 10,0 · 10,0 · 1,0 | 1,0 | 30—180 | 2,0 | 2,0 | 21—26 | 2,2 | 21—26 | 55 |
| 10,0 · 10,0 · 1,0 | 1,0 | 30—180 | 2,0 | 2,4 | 21—26 | 3,0 | 21—26 | 56 |
| 10,0 · 10,0 · 1,0 | 1,0 | 30—180 | 2,0 | 3,3 | 21—26 | 3,6 | 21—26 | 57 |
| 10,0 · 10,0 · 1,2 | 1,0 | 30—180 | 2,3 | 1,0 | 21—26 | 1,1 | 21—26 | 58 |
| 10,0 · 10,0 · 1,2 | 1,0 | 30—180 | 2,3 | 1,2 | 21—26 | 1,3 | 21—26 | 59 |
| 10,0 · 10,0 · 1,2 | 1,0 | 30—180 | 2,3 | 2,0 | 21—26 | 2,2 | 21—26 | 60 |
| 10,0 · 10,0 · 1,2 | 1,0 | 30—180 | 2,3 | 2,4 | 21—26 | 2,6 | 21—26 | 61 |
| 10,0 · 10,0 · 1,2 | 1,0 | 30—180 | 2,3 | 3,0 | 21—26 | 3,6 | 21—26 | 62 |
| 11,0 · 11,0 · 1,2 | 1,2 | 30—180 | 2,3 | 1,2 | 24—29 | 1,3 | 24—29 | 63 |
| 11,0 · 11,0 · 1,2 | 1,2 | 30—180 | 2,3 | 2,0 | 24—29 | 2,4 | 24—29 | 64 |
| 11,0 · 11,0 · 1,2 | 1,2 | 30—180 | 2,3 | 2,6 | 24—29 | 3,0 | 24—29 | 65 |
| 11,0 · 11,0 · 1,2 | 1,2 | 30—180 | 2,3 | 3,6 | 24—29 | 3,9 | 24—29 | 66 |
| 12,0 · 12,0 · 1,1 | 1,0 | 30—180 | 2,3 | 1,1 | 25—30 | 1,2 | 25—30 | 67 |
| 12,0 · 12,0 · 1,1 | 1,0 | 30—180 | 2,3 | 2,2 | 25—30 | 3,3 | 25—30 | 68 |
| 12,0 · 12,0 · 1,3 | 1,2 | 40—190 | 2,6 | 1,2 | 26—31 | 1,3 | 26—31 | 69 |
| 12,0 · 12,0 · 1,3 | 1,2 | 40—190 | 2,6 | 2,4 | 26—31 | 2,6 | 26—31 | 70 |
| 12,0 · 12,0 · 1,3 | 1,2 | 40—190 | 2,6 | 3,6 | 26—31 | 3,9 | 26—31 | 71 |
| 13,0 · 13,0 · 1,2 | 1,2 | 40—190 | 2,3 | 1,2 | 28—33 | 1,3 | 28—33 | 72 |
| 13,0 · 13,0 · 1,2 | 1,2 | 40—190 | 2,3 | 2,4 | 28—33 | 3,6 | 28—33 | 73 |
| 13,0 · 13,0 · 1,4 | 1,2 | 40—190 | 2,6 | 1,3 | 28—33 | 1,4 | 28—33 | 74 |
| 13,0 · 13,0 · 1,4 | 1,2 | 40—190 | 2,6 | 2,6 | 28—33 | 3,9 | 28—33 | 75 |
| 8,0 · 12,0 · 1,0 | 1,0 | 30—180 | 2,0 | 1,0 | 25—30 | 1,2 | 25—30 | 76 |
| 8,0 · 12,0 · 1,0 | 1,0 | 30—180 | 2,0 | 2,0 | 25—30 | 2,4 | 25—30 | 77 |
| 8,0 · 12,0 · 1,2 | 1,2 | 40—190 | 2,3 | 1,2 | 26—31 | 1,3 | 26—31 | 78 |
| 8,0 · 12,0 · 1,2 | 1,2 | 40—190 | 2,3 | 2,4 | 26—31 | 2,6 | 26—31 | 79 |
| 14,0 · 14,0 · 1,3 | 1,3 | 60—200 | 2,6 | 1,4 | 31—36 | 2,8 | 31—36 | 80 |
| 14,0 · 14,0 · 1,3 | 1,3 | 60—200 | 2,6 | 4,2 | 31—36 | | | 81 |
| 14,0 · 14,0 · 1,5 | 1,3 | 60—200 | 2,6 | | | 1,4 | 31—36 | 81 |
| 14,0 · 14,0 · 1,5 | 1,3 | 60—200 | 2,6 | 2,8 | 31—36 | 4,2 | 31—36 | 82 |
| 15,0 · 15,0 · 1,4 | 1,3 | 60—200 | 2,6 | 1,4 | 33—38 | 2,8 | 33—38 | 83 |
| 15,0 · 15,0 · 1,4 | 1,3 | 60—200 | 2,6 | 4,2 | 33—38 | | | 84 |
| 15,0 · 15,0 · 1,6 | 1,4 | 80—220 | 2,6 | | | 1,5 | 33—38 | 84 |
| 15,0 · 15,0 · 1,6 | 1,4 | 80—220 | 2,6 | 3,0 | 33—38 | 4,5 | 33—38 | 85 |
| 8,0 · 16,0 · 1,4 | 1,3 | 60—200 | 2,3 | 1,4 | 35—40 | 2,8 | 35—40 | 86 |
| 10,0 · 15,0 · 1,4 | 1,4 | 80—220 | 2,6 | 1,5 | 33—38 | 3,0 | 33—38 | 87 |
| 16,0 · 16,0 · 1,5 | 1,4 | 80—220 | 2,6 | 1,5 | 35—40 | 3,0 | 35—40 | 88 |
| 16,0 · 16,0 · 1,5 | 1,4 | 80—220 | 2,6 | 4,5 | 35—40 | | | 89 |
| 16,0 · 16,0 · 1,7 | 1,5 | 100—240 | 2,6 | | | 1,6 | 35—40 | 89 |
| 16,0 · 16,0 · 1,7 | 1,5 | 100—240 | 2,6 | 3,2 | 35—40 | 4,8 | 35—40 | 90 |
| 10,0 · 20,0 · 1,6 | 1,6 | 100—300 | 2,6 | 1,6 | 43—48 | 3,2 | 43—48 | 91 |
| 10,0 · 20,0 · 1,6 | 1,6 | 100—300 | 2,6 | 4,8 | 43—48 | | | 92 |
| 16,0 · 16,0 · 1,9 | 1,6 | 100—300 | 2,6 | | | 2,0 | 35—40 | 92 |
| 16,0 · 16,0 · 1,9 | 1,6 | 100—300 | 2,6 | 4,0 | 35—40 | 6,0 | 35—40 | 93 |

# Zeichenerklärung und Annahmen.

In dem Text, den Formeln und Tafeln bezeichnet:

$J$ das Trägheitsmoment,

$W$ das Widerstandsmoment,

$h$ die Stehblechhöhe des Trägers,

$\delta$ die Dicke des Stehblechs,

$l$ die Nietlochlänge,

$d$ den Nietlochdurchmesser,

$e$ das sog. Wurzelmaß, d. h. die Entfernung der Nietlochmitte von der äußeren Winkelecke,

$s$ die Gesamtstärke der Gurtplatten einer Gurtung,

$b$ die Breite der Gurtplatten,

$G$ das Gewicht (ohne Aufschlag für Nietköpfe),

$J_v + W_v$ die Schwächungen, welche $J$ und $W$ durch Abzug der Horizontalnieten erfahren,

L Winkeleisen.

Einheitsmaße sind Zentimeter und Kilogramm.

Das spezifische Gewicht des Eisens (Flußeisen) wurde zu 7,85 angenommen.

Bei Berechnung der Trägheits- und Widerstandsmomente sind die Winkeleisen scharfkantig angenommen, die Gewichte berücksichtigen die Ausrundungen der Winkeleisenecken (vgl. Normalprofiltafeln), gelten aber ohne Nietköpfe.

Es wiegen 1000 Nietköpfe von

| 1,2 | 1,3 | 1,6 | 1,8 | 2,0 | 2,3 | 2,6 | cm Schaftdurchmesser |
|------|-------|-------|-------|-------|-------|-------|------|
| 7,82 | 10,10 | 18,53 | 26,38 | 36,19 | 55,30 | 79,51 | kg. |

# Zur Einführung beim Gebrauch der Tafeln.

———

## A. Allgemeine Inhaltsangabe.

Das gesamte Zahlenmaterial ist in 3 Haupttafeln sowie in 6 Hilfstafeln untergebracht.

**Der I. Teil der Haupttafeln** enthält die Trägheitsmomente, Widerstandsmomente und Gewichte von Trägern ohne Gurtplatten. Für die Trägheitsmomente wurden horizontale und vertikale Nietlochabzüge berücksichtigt, letztere um auf einfache Weise Träger mit ganz beliebigen Gurtplattenstärken, die im II. Teil nicht enthalten sind, berechnen zu können. Für die Widerstandsmomente wurden nur horizontale Nietlochabzüge berücksichtigt. Behufs Korrektur des Widerstandsmomentes von Trägern mit abweichenden Stehblechdicken ist in diesem Teil noch das $W$ des 0,1 cm starken Stehblechs mit Nietlochabzug angegeben. Die am Fuße jeder Seite aufgeführten Trägheitsmomente ohne Nietlochabzug, bezogen auf die zum Stehblech parallele Achse, werden bei der Berechnung der Knickfestigkeit von Säulen, Vertikalen von Fachwerksträgern und dergleichen schätzenswert sein. Da diese Zahlen für verschiedene Stehblechhöhen sehr wenig schwanken, so wurden nur die den größten und kleinsten Trägerhöhen sowie zwei Zwischenhöhen entsprechenden Trägheitsmomente angegeben.

**Der II. Teil** enthält die Widerstandsmomente von Trägern mit Gurtplatten in 6 Breiten. Die kleinste Breite ist dabei zumeist so bemessen, daß die Kanten der Gurtbleche noch etwas über den Rand der Gurtwinkel vorstehen. Wo dies nicht der Fall ist, wie bei den Trägern mit 1,0 cm starkem Stehblech, wird empfohlen, die kleinste Breite aus praktischen Gründen nur in Notfällen zu verwenden. Um die Einheitlichkeit und die dadurch bedingte wertvolle Übersichtlichkeit der Tafeln nicht zu beeinträchtigen, war manchmal nicht zu vermeiden, daß der Abstand der Nietmitte vom Gurtplattenrande das übliche Maß von 3 $d$ um ein geringes überschritt. Ebenso wird unter Umständen bei den niedrigsten und höchsten Trägerprofilen eine andere Stehblechdicke, als in den Tafeln angenommen, praktischer erscheinen. Solche gewünschten Abweichungen lassen sich aber mittels der Hilfstafel B leicht korrigieren. Im II. Teil sind nur vertikale Nietlochabzüge vorgesehen. Die Trägergewichte sind zur Raumersparnis getrennt in die Gewichte des Stehblechs (letzte Vertikalreihe) und in die der Gurtungen (letzte Horizontalreihe). Das gesamte Trägergewicht ist durch Addition der zusammengehörigen Werte sofort zu finden.

Beispiel. Für den auf Seite 62 bezeichneten Träger 4 L 10 · 10 · 1,2, $h = 118$ cm, $\delta = 1,0$ cm, $d = 2,3$ cm, $s = 3,6$, $b = 26$ cm, wird

$$W = 15231.$$

Das Gewicht setzt sich zusammen aus:
    a) beiden Gurtungen (letzte wagerechte Zeile) . . . 218,2 kg,
    b) Stehblech (letzte horizontale Zeile) . . . . . . . 92,6 „

Gesamtgewicht . . . 310,8 kg
p. lfd. m.

Die Höhenstufen der Träger sind im I. Teil zumeist 1 : 1 cm, im II. Teil 2 : 2 cm. Bei den kräftigeren Trägerprofilen und größeren Höhen konnten entsprechend den Ansichten der Konstrukteure die Stufen noch weiter, nämlich 4 : 4 cm bzw. 10 : 10 cm gewählt werden. Hierdurch war es möglich, die neu berechneten Tafeln ebenso übersichtlich zu gestalten wie die bisherigen, obwohl der Unterschied in der größten und kleinsten Höhe eines Trägerprofils hierbei auf 140 bzw. 200 cm, anstatt wie bisher nur auf 100 cm bemessen werden konnte.

**Der III. Teil** enthält von den rund 41 800 $W$ der beiden ersten Teile rund 24 750 $W$ in numerischer Reihenfolge. Hier sind nur die praktisch brauchbarsten Profile aufgenommen. Um diesen Teil möglichst zusammenzudrängen, wurde von der ja wohl wünschenswerten Bezeichnung des ganzen Trägerprofils hinter $W$ und $h$ Abstand genommen und nur die Seite des Buches, auf welcher das Profil zu finden ist, angegeben. Die Strichzeichen — ⎯ ⎯ hinter der Seitenzahl bedeuten Träger mit 1, 2 oder 3 Gurtplatten, während bei Trägern ohne Gurtplatten gar kein Strichzeichen angegeben ist. Das vollständige Trägerprofil für ein bestimmtes $W$ ist sofort abzulesen, wenn man auf der im III. Teil nachgewiesenen Buchseite die durch die angegebene Stehblechhöhe bezeichnete Horizontalzeile verfolgt.

Beispiel. Für eine eingleisige Eisenbahnbrücke von 12 m Spannweite sei das erforderliche $W$ in der Mitte zu 8750 ermittelt. Die Trägerhöhe wird etwa zu 1,0—1,2 m zu nehmen sein. Hierfür findet sich auf S. 140 ein Träger von 106 cm Höhe mit 2 Gurtplatten verzeichnet ($W = 8751$), für den die weiteren Angaben auf S. 47 zu finden sind, und zwar 4 L 9,0 · 9,0 · 1,1, $\vartheta = 1,0$ cm, $d = 2,0$ cm, $s = 2,2$ cm, $b = 21$ cm, Gewicht $83,2 + 131,3 = 214,5$ kg.

Über den Wert dieses III. Teils sind uns von sachverständiger Seite widersprechende Urteile zugegangen. Während die numerische Zusammenstellung einerseits als eine sehr brauchbare Neuerung bezeichnet wird, wünscht man andererseits eine Heraushebung der ökonomisch günstigeren Profile und Anordnung in Trägerhöhengruppen. Wir glauben nach wie vor, daß dieser Teil eine wesentliche Bereicherung des Buches darstellt, welcher die Auffindung der günstigsten Profile erheblich erleichtert, und haben daher den III. Teil aus den neu errechneten Profilen in der bisherigen Anordnung noch um 12 Seiten vermehrt.

Der Wert dieses Teils besteht darin, daß zu einem verlangten $W$ ohne weiteres eine größere Anzahl passender Trägerprofile der verschiedensten Stehblechhöhen zur Verfügung stehen. Hierbei wird jedoch die Größe des $W$ unbedenklich um etwa $\frac{1}{2}\,^0/_0$ und eventuell noch mehr überschritten werden können. Denn es ist ohne Belang ob die Faserspannung des Materials etwa statt 850 nur 840 kg für das qcm beträgt.

Handelt es sich beispielsweise darum, zu einem mit der zulässigen Spannung ermittelten $W = 8400$ ein passendes Trägerprofil zu finden, so wird man unbedenklich noch bis zu $W = 8442$ ($\frac{1}{2}\,^0/_0$ mehr) gehen können. Hierfür stehen (auf Seite 139) 58 Profile mit Stehblechhöhen von 60—124 cm zur Verfügung. Wenn die Trägerhöhe gar nicht beschränkt ist, so wird das leichteste Profil unter denen mit der größten Stehblechhöhe zu finden sein. Die Wahl dieses Profils dürfte aber nur eine Ausnahme sein. Vielmehr wird immer eine bestimmte oder annähernd bestimmte Trägerhöhe sich aus konstruktiven Gründen ergeben. Nehmen wir für den vorliegenden Fall 94 cm Höhe an, so stehen hierfür Profile auf Seite 51 (8409), 61 (8412), 55 (8424) zur Verfügung, welche ein Gewicht von 230,8 226,5 218,9 kg haben. Der letztere Träger ist also der leichteste, sein Gewicht beträgt etwa $5\frac{1}{2}\,^0/_0$ weniger als desjenigen von Seite 51.

Würde die Trägerhöhe um ein geringes, etwa um 2 cm nach unten und 4 cm nach oben abweichen können, so ständen noch

7 weitere Profile von 92, 96 und 98 cm Stehblechhöhe zur Verfügung, unter denen Seite 55 $W = 8436$ nur 215,1 kg wiegt.

Zieht man endlich noch die Profile, welche ein bis zu 1 $^0/_0$ größeres $W$ haben, also bis 8484 heran, so kämen deren noch weitere 11 mit $h = 92$, 94, 96, 98 in Betracht, von denen Seite 55 $W = 8473$ 214,2 kg wiegt. Gegenüber dem schwersten der zur Auswahl stehenden Träger mit $W = 8452$, $h = 92$, $G = 237,6$ kg bedeutet dies eine Gewichtsersparnis von 10,9 $^0/_0$.

Bei der Auswahl eines Trägerprofils spielen überdies oftmals die Rücksichten auf die Winkeleisensorten, die Stehblechstärke und dergleichen gleichfalls eine nicht unwichtige Rolle, so daß das kleinste Trägergewicht dagegen manchmal in den Hintergrund treten kann.

Aus vorstehenden Erwägungen halten wir es auch nicht für vorteilhaft, eine weitere Kennzeichnung der ökonomisch günstigsten Profile vorzunehmen. Vielmehr ist auf dem eben gezeigten Wege das leichteste bzw. passendste Profil in einigen Minuten leicht und sicher zu finden.

Ebensowenig erscheint eine Ordnung des III. Teils derart, daß für ein und dieselbe Stehblechhöhe die $W$ in numerischer Folge angegeben werden, besser als die vorliegende Form. Denn da für jede Höhe mehrere Hundert $W$ in Betracht kommen, andererseits in den meisten Fällen die Trägerhöhe wird in geringen Grenzen variiert werden können, müßte das günstigste Profil in den Aufstellungen für verschiedene Stehblechhöhen gesucht werden, was zeitraubender als der oben gezeigte Weg ist. Überdies würde die Übersichtlichkeit des ganzen III. Teils erheblich beeinträchtigt werden.

Die Hilfstafeln sind gegenüber der ersten Auflage des Buches ganz wesentlich erweitert worden und ermöglichen in Verbindung mit den in den nächsten Abschnitten dargelegten Methoden die rasche Ermittlung von solchen Trägerprofilen, welche von den Tafelwerten in bezug auf Stehblechhöhe, Stehblechdicke, Gurtplattenbreite, Gurtplattendicke und Nietlochdurchmesser abweichen, so daß nunmehr jeder beliebige Träger bestimmt werden kann. Weiter ist, vielfachen Wünschen Rechnung tragend, die Bestimmung von Trägern mit horizontalen u n d vertikalen Nietlochabzügen, sowie auch die des vollen Trägerquerschnitts o h n e Nietlochabzug durch die Hilfstafeln ermöglicht worden. Die Berechnung von einseitigen, kastenförmigen und unsymmetrischen Profilen wird durch die Tafeln wesentlich erleichtert.

## B. Ermittlung der Widerstandsmomente von Trägerprofilen, welche von den Tafelangaben abweichen.

### 1. Abweichungen in den Stehblechhöhen.

Die Tafeln sind in bezug auf die Trägerhöhen so weitgehend aufgestellt worden, daß damit alle praktisch vorkommenden Fälle gedeckt sein dürften. Um jedoch in außergewöhnlichen Fällen auch $W$ für Trägerhöhen, die nicht unmittelbar aus den Tafeln abzulesen sind, ermitteln zu können, soll in folgendem gezeigt werden, daß sich hierfür durch Mittelung aus den vorhandenen Tafelwerten noch vollkommen genaue Resultate ergeben. Dies gilt in gewissem Umfange sogar noch für Trägerhöhen, welche über die in den Tafeln enthaltenen größten Höhen hinausgehen. Dagegen würde eine Mittelung für Trägerhöhen, welche unter den Tafelwerten liegen, zu ungenaue Resultate geben.

Die Abstufungen der Trägerhöhen betragen 1 : 1, 2 : 2, 4 : 4 und 10 : 10 cm. Für Höhen, welche genau in der Mitte zwischen 2 Tafelwerten liegen, ist das $W$ fast mathematisch genau als arithmetisches Mittel der beiden benachbarten Tafelwerte zu finden. Handelt es sich um andere Zwischenhöhen, so muß proportional gemittelt werden. Wie gering die Abweichungen der gemittelten von den wirklichen Werten sind, zeigen die folgenden Zahlenbeispiele.

| Seite des Buches | Winkeleisen | Gurtplatten | | Stehblechhöhe | Widerstandsmoment nach der Tafel | Gemittelte Werte aus Spalte 5 | Stehblechhöhe | Widerstandsmoment durch Rechnung gefunden | Abweichung des gemittelten Wertes vom wahren Wert | Bemerkungen |
|---|---|---|---|---|---|---|---|---|---|---|
| | | Dicke | Breite | | | | | | | |
| 1 | 1 | 2 | 3 | 4 | 5 | 6 | 7 | 8 | 9 | |
| 76 | 12,0·8,0·1,0 | 1,0 | 30 | 80<br>82 | 5507<br>5680 | 5593,5 | 81 | 5592,98 | + 0,52<br>= 0,009 % | Ungefährer mittlerer Wert der Abweichung |
| 39 | 8,0 8,0·1,0 | 3,3 | 22 | 20<br>22 | 1506<br>1675 | 1590,5 | 21 | 1589,96 | + 0,54<br>= 0,034 % | Ungefähr größter Wert der Abweichung |
| 34 | 7,5 7,5·1,0 | 1,0 | 16 | 118<br>120 | 6253<br>6404 | 6328,5 | 119 | 6328,49 | + 0,01 = verschwindend klein | Ungefähr kleinster Wert der Abweichung |
| 90 | 16,0·16,0 1,7 | 4,8 | 35 | 180<br>184 | 47872<br>49170 | 48521 | 182 | 48519,91 | + 1,09<br>= 0,002 % | |
| 82 | 14,0·14,0 1,5 | 4,2 | 31 | 180<br>190 | 37406<br>39982 | *für $h$ = 181<br>38436,4 | 184 | 38431,15 | + 5,25<br>= 0,014 % | *37406 + 0,4 × (39982−37406) |

Da die größten Abweichungen nicht mehr wie 0,03 bis 0,04 %
betragen, sind dieselben praktisch völlig belanglos. Wie weiter ersichtlich, ist der wahre Wert stets etwas kleiner, wie der gemittelte.
Die verhältnismäßig größten Abweichungen treten bei starken Gurtungen und niedrigen Trägerhöhen auf.

Wird es erforderlich, Widerstandsmomente für Trägerhöhen,
welche über die in den Tafeln enthaltenen hinausgehen, zu bestimmen,
so kann mit Vorteil eine schon von Scharowsky gezeigte Methode
benutzt werden, welche darauf beruht, daß die zweite Differenz der
$W$ einer Trägerreihe mit gleichen Höhenstufen konstant ist und
zwar $= \frac{1}{3} \delta \cdot h_1^2$, wo $h_1$ die Differenz von 2 aufeinanderfolgenden
Trägerhöhen der Tafelwerte bedeutet. Ist z. B. $h_1 = 10$, und beträgt
die Differenz der beiden letzten $W$ einer Tafelreihe $D$, so ist

$$W_{h+10} = W_h + D + \frac{1}{3} \delta \cdot h_1^2$$

$$W_{h+20} = W_{h+10} + D + 2 \cdot \frac{1}{3} \delta h_1^2$$

$$W_{h+30} = W_{h+20} + D + 3 \cdot \frac{1}{3} \delta h_1^2 \text{ u. s. f.}$$

Das folgende Zahlenbeispiel möge dies erläutern. Für das auf
Seite 53 links bezeichnete Profil soll das $W$ bei $h = 220$ bestimmt werden.

Es ist

$$W_{h=180} = 14\,045, \quad W_{h=170} = 12\,955, \quad \text{somit} \quad W_{h=180} - W_{h=170} = 1090$$

$$\frac{1}{3} \delta h_1^2 = \frac{1}{3} \cdot 1 \cdot 10^2 = 33,33; \quad \text{somit}$$

$$
\begin{aligned}
W_{h=180} &= 14\,045 \\
D &= \phantom{0}1\,090 \\
\tfrac{1}{3} \delta h_1^2 &= \phantom{00\,0}33,3.. \\
\hline
W_{h=190} &= 15\,168,3.. \\
&\phantom{=} \phantom{0}1\,090 \\
2 \cdot \tfrac{1}{3} \delta h_1^2 &= \phantom{00\,0}66,6.. \\
\hline
W_{h=200} &= 16\,325,0 \\
&\phantom{=} \phantom{0}1\,090 \\
3 \cdot \tfrac{1}{3} \delta h_1^2 &= \phantom{00\,00}100 \\
\hline
W_{h=210} &= 17\,515,0 \\
&\phantom{=} \phantom{0}1\,090 \\
4 \cdot \tfrac{1}{3} \delta h_1^2 &= \phantom{00\,0}133,3.. \\
\hline
W_{h=220} &= 18\,738,3
\end{aligned}
$$

Der direkt berechnete wirkliche Wert beträgt $18\,734{,}661_1$, somit Abweichung $+\,3{,}64 = \mathbf{0{,}02\,\%}$.

Noch schneller läßt sich der Wert ermitteln, wenn man vom Endpunkt der Reihe um ebensoviel zurückgeht, als der gesuchte Wert nach vorn liegt im vorliegenden Fall also um 40 cm. Es·ist:

$$W_{h\,=\,180} = 14\,045$$
$$W_{h\,=\,140} = \phantom{0}9\,891$$
$$D \phantom{_{h\,=\,180}} = \phantom{0}4\,154$$
$$\tfrac{1}{3}\,\delta\,h_1{}^2 = \tfrac{1}{3}\cdot 1\cdot 40^2 = 533{,}3..$$

Somit
$$W_{h\,=\,180} = 14\,045$$
$$D \phantom{_{h\,=\,180}} = \phantom{0}4\,154$$
$$\tfrac{1}{3}\,\delta\,h_1{}^2 = \phantom{0000}533{,}3..$$

$$\overline{\phantom{0000000}}$$
$$\mathbf{18\,732{,}3}$$

Also Abweichung $-\,2{,}361 = 0{,}013\,\%$.

Ist nun aber die Stehblechhöhe nicht durch 10 teilbar, z. B. $h = 205$ so würde nach der zuerst entwickelten Reihe

$$W_{h\,=\,200} = 16\,325 \quad \text{und} \quad W_{h\,=\,210} = 17\,515$$

zu bestimmen, und aus diesen der Zwischenwert proportional zu mitteln sein, also $W_{h\,=\,205} = \dfrac{16\,325 + 17\,515}{2} = 16\,920$. Der wirkliche Wert beträgt $16\,913{,}37$, somit Abweichung $+\,6{,}63 = 0{,}04\,\%$.

Also selbst dieser durch zweimalige Mittelung erhaltene Wert weicht so wenig von dem wirklichen Wert ab, daß die angegebenen Methoden genügen, um $W$ für alle nur möglichen Trägerhöhen in einfachster Weise schnell aus den Tafeln zu erhalten.

## 2. Abweichungen in den Stehblechdicken.

Wenngleich die in den Tafeln verwendeten Stehblechdicken den praktischen Ausführungen entsprechend gewählt sind, kann es nötig werden, hiervon abzuweichen. Handelt es sich dabei um einen Träger ohne Gurtplatten, so dient die vorletzte Vertikalspalte in den Tafeln Teil I, welche das $W$ des 0,1 cm starken Stehblechs mit Abzug der horizontalen Nietlöcher enthält, dazu, das Widerstandsmoment des Trägers zu berichtigen. Für Träger mit Gurtplatten dient hierzu die Hilfstafel B, welche das $W$ des 0,1 cm starken Stechblechs ohne Nietlochabzug für alle in dem Teil II enthaltenen Gurtplattendicken und Stehblechhöhen enthält.

Beispiel 1. Es soll das $W$ des im Beispiel Seite XI gefundenen Trägers mit Gurtplatten ermittelt werden, wenn das Stehblech statt 1,0 cm 1,2 cm stark werden soll.

Zur Beantwortung dieser Frage benutze man die Hilfstafel B. Da es sich um einen Träger von 118 cm Höhe und 3,6 cm Gurtplattenstärke handelt, so suche man in der Horizontalreihe 118 bis zur Gurtplattenstärke 3,6 cm. Dort findet man das $W$ des 0,1 cm starken Stehblechstreifens mit 219 cm³, das 0,2 cm starke Stehblech würde ein $W = 438$ cm³ haben, das gesuchte Widerstandsmoment wird also $= 15\,231 + 438 = 15\,669$ cm³.

Beispiel 2. Einseitiges Profil. Es ist das $W$ und $G$ für ein Profil aus einem Stehblech $1 \times 33$ cm und 2 Winkeln $6{,}0 \cdot 6{,}0 \cdot 1{,}0$ mit Niet 1,6 cm Durchmesser zu ermitteln.

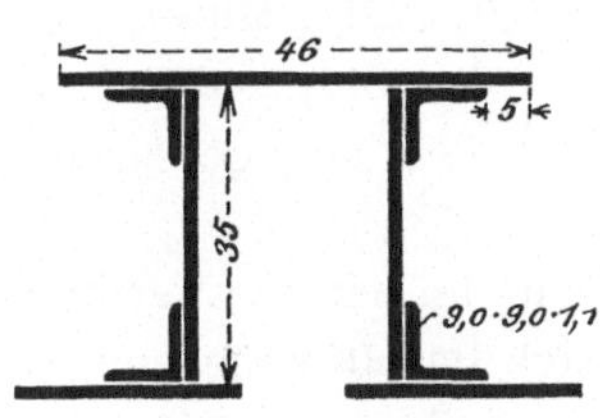

Nach Seite 5 hat das Profil mit 4 Winkeln $W = 663$, das halbe Profil also $W = 331{,}5$. Hierzu kommt das $W$ des Stehblechs von 0,5 cm Stärke (vorletzte Vertikalreihe) mit $5 \cdot 14{,}9 = 74{,}5$. Also das gesuchte $W = 331{,}5 + 74{,}5 = 406$ cm³.

Das $G$ berechnet sich ähnlich. Das Gewicht des Profils mit 4 Winkeln $= 60{,}7 \frac{\text{kg}}{\text{m}}$; halbes Gewicht $= 30{,}35 \frac{\text{kg}}{\text{m}}$. Um den Gewichtszuschlag für das Stehblech $33 \times 0{,}5$ zu finden, benutzt man irgend eine Seite, auf der Stehblechgewichte für 1,0 cm starkes Blech angegeben sind, z. B. S. 41; man findet für 1,0 cm Blech bei 33 cm Höhe

$$G = \frac{25{,}1 + 26{,}7}{2} = 25{,}9 \text{ kg, also für 0,5 cm } \frac{25{,}9}{2} = 12{,}95 \text{ kg.}$$

Das gesuchte Gewicht ist

$$= 30{,}35 + 12{,}95 = 43{,}30 \frac{\text{kg}}{\text{m}}.$$

## 3. Abweichungen in der Gurtplattenbreite.

Hierfür dient Hilfstafel A, welche die $W$ der 1 cm breiten Gurtplatten für alle in dem Buch vorhandenen Stehblechhöhen und Gurtplattendicken angibt.

Beispiel. Kastenträger. Für eine Eisenbahnbrücke mit auf den Trägern liegender Fahrbahndecke aus Buckelplatten ist ein $W$ berechnet zu 2630. Weil die Konstruktionshöhe gering ist, so ist ein (unten offenes) Kastenprofil angenommen. Freier Überstand der oberen Gurtplatte, wegen der Befestigung der Buckelplatten 5 cm. Wie groß wird das $W$ dieses Profils bei 35 cm Höhe, 4 Winkeln $9{,}0 \cdot 9{,}0 : 1{,}1$ und einer Gurtplatte von $46 \cdot 1$ cm.?

a) Nach Seite 45 ist $W$ für einen Träger mit 24 cm breiter Gurtplatte
$$\frac{1612 + 1735}{2} \dots\dots\dots\dots\dots\dots\dots\dots = 1673{,}5 \text{ cm}^3$$
b) Zuschlag für $46 - 24 = 22$ cm breite Gurtplatte berechnet nach Hilfstafel A Seite 172 $= 22 \cdot \dfrac{34{,}0 + 36{,}0}{2} = 770{,}0$ „
c) Zuschlag für 1 cm starkes Stehblech nach Hilfstafel B
Seite 174 $= 10 \cdot \dfrac{18{,}2 + 20{,}5}{2} \dots\dots\dots\dots\dots = 193{,}5$ „

$$W = 2637{,}0 \text{ cm}^3.$$

Der direkt berechnete genaue Wert beträgt 2637,26 cm³.

#### 4. Abweichungen in der Gurtplattendicke.

Für Gurtplattendicken, welche in den Tafeln nicht angegeben sind, lassen sich die Werte für $W$ durch 2 verschiedene Methoden leicht und sicher ermitteln.

Methode a) Sind in den Tafeln Träger vorhanden, deren Gurtplattendicken größer und kleiner sind als die verlangte Gurtplattendicke, so ergibt ein ähnliches Mittelungsverfahren, wie unter 1 gezeigt, auf leichte Weise sehr genaue Resultate. Dies läßt sich an folgendem Beispiel leicht übersehen. Für L 9,0.9,0.1,1, $h = 30$, Gurtplattenbreite 24 ist das $W$ auf den Seiten 47, 48 angegeben, und zwar für $s = 2,0$ zu 1930, $s = 2,4$ zu 2158. Das Mittel aus diesen beiden Werten ist $\dfrac{1930 + 2158}{2} = 2044$, was absolut genau mit dem auf Seite 47 rechts berechneten Werte für $s = 2,2$ cm übereinstimmt. Aber selbst wenn man die Werte für $s = 2,0$ und $s = 2,6$ mit 1930 und 2273 (siehe Seite 48 rechts) als bekannt voraussetzen und hiernach für $s = 2,2$ proportional mitteln würde:

$$1930 + \frac{2}{6} (2273 - 1930) = 2044,$$

erhält man wieder das genau gleiche Resultat.

Besonders wichtig ist nun aber die Frage, ob diese Methode auch noch in den Fällen ausreicht, wo die Gurtplattendicken in den Tafeln nur in größeren Intervallen wie bei den größeren Winkeleisensorten von 13,0 cm vorhanden sind. Untersuchen wir beispielsweise L 8,0.8,0.1,2, $h = 30$, Gurtplattenbreite 22 (Seite 40, 41, 42) so sind die Werte für $W$ bei $s = 1,0 : 1247$, $s = 2,0 : 1731$. Mittelt man hieraus für $s = 1,3$, so ergibt sich $1247 + 0,3 (1731 - 1247) = 1392,2$.

In der Tafel ist aber der genaue Wert mit 1391 angegeben, die Abweichung ist also ganz gering.

Methode b) Vermittels der Werte für $J$ in der vierten Vertikalspalte von Teil I und der Hilfstafel A läßt sich das $W$ nach einigen einfachen Rechenoperationen finden. Nehmen wir das vorige Beispiel für $s = 1,3$, so würde nach Seite 14 links das $J$ des Trägers ohne Gurtplatten mit Vertikal-Nietlochabzug sein $= 11\,583$.

Das entsprechende $W$ für $s = 1,3 : \dfrac{11\,583}{\dfrac{30}{2} + 1,3} = 710,61$. Nach der

Hilfstafel A ist $W$ der 1 cm breiten Gurtplatte von 1,3 cm Stärke 39,1, also für die ganze Gurtplattenbreite $= 39,1 (22 - 2 . 2,3) = 680,34$. Somit $W = 710,61 + 680,34 = 1390,95$, welcher Wert mit dem der Tafel, Seite 41 rechts genau übereinstimmt.

Beispiel. Für **L** 15,0 · 15,0 · 1,4, $h = 80$, $b = 33$ cm soll eine Gurtplatte von 2 cm Stärke verwendet und hierfür das $W$ des Trägers ermittelt werden. Nach Methode a: Auf Seite 83 ist das Widerstandsmoment für

$$s = 1,4 \text{ zu } 8\,934$$
$$s = 2,8 \text{ zu } 11\,866 \qquad \text{angegeben,}$$

somit für $s = 2,0$: $W = 8934 + \dfrac{2 - 1,4}{2,8 - 1,4} \, (11\,866 - 8934) = 10\,190{,}57$ cm³.

Der genaue Wert beträgt **10 187,66** cm³, somit Abweichung $+ 2,89 = 0,028\,\%$.

Nach Methode b: Nach Seite 32b ist das $J$ des Trägers ohne Gurt-platten 240 917 cm³, $W = \dfrac{J}{42} = 5736{,}12$ cm³. Unter Benutzung von Hilfs-tafel A berechnet sich das Widerstandsmoment der Gurtplatte:

$$160 \cdot (33 - 2 \cdot 2{,}6) = 4448,$$

somit

$$W = 5736{,}12 + 4448 = 10\,184{,}13.$$

Also Abweichung $- 3,53$, welche aber lediglich davon herrührt, daß in Hilfstafel A die Werte ohne Dezimalen angegeben sind.

### 5. Abweichende Nietdurchmesser.

In den Tafeln sind folgende Nietdurchmesser verwendet:

$$1,3 \quad 1,6 \quad 1,8 \quad 2,0 \quad 2,3 \quad 2,6 \text{ cm.}$$

Diese Maße entsprechen den in der Praxis vorkommenden Nieten, welche bei den passenden Trägerprofilen in Anwendung gekommen sind.

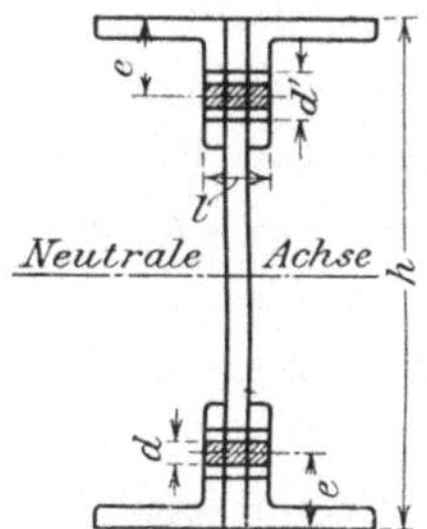


Soll gleichwohl im Einzelfall mit einem anderen als in den Tafeln angewandten Niet gearbeitet werden, so ist für die Horizontalniete genügend genau die Differenz der $W$ der beiden Nietdurchmesser $d$ und $d'$

$$W_d - W_{d'} = l\,(d - d') \, \frac{(h - 2\,e)^2}{h}.$$

Beispiele. Für Träger Seite 14 **L** 8,0 · 8,0 · 1,2, $h = 85$, $\delta = 1$, $e = 4,6$, $l = 2 \cdot 1,2 + 1,0 = 3,4$, Nietstärke 2,3 cm ist $W = 3368$ angegeben. Soll statt des 2,3 cm nur ein 2 cm starkes Niet genommen werden, so würde nach obigem Ausdruck das $W$ um

$$3{,}4\,(2{,}3 - 2)\,\frac{(85 - 2 \cdot 4{,}6)^2}{85} = 68{,}9 \text{ zu vergrößern, also} = 3368 + 60 = 3437 \text{ sein.}$$

Wie aus Seite 13, wo für diesen **L** auch das 2 cm starke Niet verwendet ist, ersichtlich, stimmt dieser Wert mit dem direkt be-rechneten genau überein. Ist der abweichende Nietdurchmesser größer als der in der Tafel verwendete, so muß der Korrekturwert natürlich abgezogen werden.

---

Nach einem Erlaß des preußischen Ministeriums der öffentlichen Arbeiten vom 14. März 1910 sollen bei den Entwurfszeichnungen zu Eisenbauten in Zukunft behufs Vereinfachung des Entwurfs und der

Herstellung nur noch Niete von 1,2, 1,6, 2,0, 2,3 und 2,6 cm Durch.
messer vorgesehen werden. Es ist anzunehmen, daß mit der Zeit
auch in der privaten Industrie und anderen Verwaltungen ausschließlich nur diese Niete Verwendung finden werden. Wir haben deshalb
die Seiten 1, 2, 3, 6 links, 7 links, 8 links, 9 rechts und 29, auf denen
noch Niete von 1,3 und 1,8 cm Durchmesser verwendet sind, vorläufig
unverändert gelassen, jedoch in Fußnoten die Vergrößerung bzw.
Verkleinerung der Träger $W$ für die kleinste, mittlere und größte
Stehblechhöhe angegeben. Für den Fall, daß an Stelle der dort
verwendeten Niete solche von 1,2, 1,6 oder 2,0 cm genommen
werden sollen, kann die Korrektur sofort im Kopfe ausgeführt
werden.

## C. Abzug von vertikalen und horizontalen Niet-<br>löchern in den Gurtungen.

### (Hilfstafel C.)

Der Abzug von vertikalen Nietlöchern, wie in Teil II vorgesehen
wird im allgemeinen genügen, um den Träger zu berechnen.

Neuerdings wird aber meistens auch die Schwächung des Trägers
durch horizontale Nieten berücksichtigt unter der Annahme, daß der
Träger bei einem Bruch durch alle Nietlöcher reißt. Der Einfluß,
den die horizontalen Gurtnieten auf die Schwächung der Tragfähigkeit
ausüben, ist durch die Hilfstafel C, welche die Widerstandsmomente
der horizontalen Gurtnietlöcher für alle in dem Teil II vorkommenden
Trägerprofile in Höhenabstufungen von 10 : 10 cm enthält, leicht zu ermitteln. Für zwischenliegende Höhen wird der Wert genau so leicht
gemittelt, wie unter B 1 gezeigt, und es bedarf wohl danach keines
weiteren Beweises, daß die so gefundenen Werte vollkommen genau sind.

Aber noch auf einem anderen Wege läßt sich das $W$ der horizontalen Gurtnietlöcher ermitteln, nämlich unter Benutzung der Werte in
der vorletzten Vertikalspalte der Tafeln im I. Teil und der Hilfstafel F. Bezeichnet $W$ das aus dieser Tafel zu entnehmende Widerstandsmoment des vollen Bleches, $W_n$ das aus der Tafel Teil I zu
entnehmende Widerstandsmoment des 0,1 cm starken Stehblechs mit
Abzug der Horizontalnietlöcher, so ist das Widerstandsmoment der
horizontalen Nietlöcher des Trägers

$$= 10\, l\, (W - W_n)\, \frac{h}{h + 2\, s}\, .$$

Beispiel. Für den auf Seite 75 bezeichneten Träger L $13,0 \cdot 13,0 \cdot 1,4$, $\delta = 1,2$, $d = 2,6$, $h = 126$, $s = 3,9$, $b = 33$, $W = 23\,081$ soll das $W$ der 2,6 cm starken horizontalen Gurtnietlöcher berücksichtigt werden.

Nach der ersten Methode Hilfstafel C kann der Wert aus

$$h = 120 : W = 908 \text{ und } h = 130 : W = 1009$$

gemittelt werden zu $908 + 0,6 \, (1009 - 908) = 969$.

Nach der zweiten Methode ergibt sich das $W$ der horizontalen Gurtnietlöcher zu:

$$10 \cdot (2 \cdot 1,4 + 1,2) \, (W - W_n) \frac{126}{126 + 2 \cdot 3,9} \cdot$$

$$W \text{ nach Hilfstafel G} = 265,$$
$$W_n \text{ nach Teil I Seite 28} = 239,$$

$$\text{somit } W_{\text{Nietloch}} = 10 \cdot 4 \cdot 26 \, \frac{126}{133,8} = 979,$$

also Differenz $10 = 1\,\%$, bzw. für das $W$ des ganzen Trägers $0,04\,\%$. (Bei $h = 120$ ergeben sich die Werte 904 und 908.) Diese kleinen Abweichungen rühren hauptsächlich davon her, daß die Werte für $W$ und $W_n$ ohne Dezimale geschrieben sind.

## D. Voller Trägerquerschnitt ohne Nietlochabzug.
### (Hilfstafel D.)

Bei der Berechnung der Knickfestigkeit gedrückter Konstruktionsglieder, zur Berechnung der Trägerdurchbiegungen u. dgl. braucht man das $J$ des vollen Querschnitts ohne Nietlochabzug. Hierzu dient die Hilfstafel D, die für alle Träger mit Gurtplatten die $W$ der 4 vertikalen Gurtnietlöcher enthält. Für Träger ohne Gurtplatten werden entsprechend der zweiten Methode nnter C die Hilfstafeln C und F benutzt, wonach das Widerstandsmoment der 2 horizontalen Gurtnietlöcher ist

$$= 10 \, l \, (W - W_n).$$

(Siehe Beispiel 2 unter G.)

## E. Abzug von beliebigen Horizontalnietlöchern bei Verwendung der Hilfstafel E.

Die Hilfstafel E kann dazu benutzt werden, die Schwächung eines Trägers durch beliebige horizontale Niete zu ermitteln. Die Tafelwerte geben die Trägheitsmomente eines Nietloches in einem 0,1 cm breiten Vertikalstreifen an. So würde z. B. ein Niet von 2,0 cm Durchmesser in 56 cm Abstand von der neutralen Achse das Trägheitsmoment in einem 0,1 cm starken Stehblech um 627 cm⁴, im 1,0 cm starken Stehblech um 6270 cm⁴ verringern. Hierbei ist das Trägheitsmoment $i$ des Nietloches bezogen auf die Nietlochachse, welches im Kopf der Tafel zu 0,07 cm⁴ angegeben ist, als geringfügig vernachlässigt; auch in der Praxis wird es meist außer acht gelassen. Hätte das Nietloch statt 56 cm 56,4 cm Abstand von der neutralen Achse, so würde dessen Trägheitsmoment unter Benutzung der Spalte $\dfrac{d\,f}{20}$ sein $= 627 + 4 \cdot 2{,}3$ $= 636{,}2$ cm⁴.

Beispiel. Um wieviel wird das Trägheitsmoment und das Widerstandsmoment des nebengezeichneten Trägers durch die vier vertikalen und alle horizontalen Nietlöcher geschwächt? (Das $W$ des Trägers mit Abzug der vertikalen Niete ist nach S. 75 in Zeile 180 $= 34\,733$ cm³).

Die Werte für **11**, **21** usw. cm Abstand von der neutralen Achse sind durch leichte Kopfrechnung direkt aus der Tafel abzulesen, z. B. für **11** $= 26 + 10 \cdot 0{,}6 = 32$. Die Schwächung des Trägers $J_v$ beträgt



a) für die nur das Stehblech durchsetzenden Niete 2.12

$$\left. \begin{array}{r} 32 \\ + 115 \\ + 250 \\ + 437 \\ + 677 \\ + 968 \\ +1311 \end{array} \right\} = 24 \cdot 3790 = 90\,960 \text{ cm}^4$$

$$J_v\ 3790$$

b) für die horizontalen Gurtniete ($a = 82{,}8$ cm)   $2 \cdot 40 \cdot 1748 + 8 \cdot 4{,}3) = 142\,592$ cm⁴

Zus. 233 552 cm⁴

Das zugehörige $W$ für die halbe Trägerhöhe von 93,9 cm ist

$$W_v = \frac{233\,552}{93{,}9} = 2487 \text{ cm}^3,$$

also das nutzbare $W$ des Trägers unter Abzug der vertikalen u n d horizontalen Niete

$$34\,733 - 2487 = 32\,246 \text{ cm}^3.$$

## F. Zweireihige Nietung.

Bei Verwendung größerer Winkeleisenprofile, etwa von 13,0 cm Schenkellänge ab, kommt zweireihige Nietung in Frage. Für die Werte im Teil II ist das offenbar ohne Belang. Dagegen muß ein größerer Wert für die Verschwächung durch die Horizontalniete berücksichtigt werden, als in den Tafeln Teil I berechnet ist, weil die dem horizontalen Winkelschenkel nächstliegende Nietreihe der zweireihigen Nietung weiter von der neutralen Achse des Trägers entfernt liegt, als die einreihige, welche in den Tafeln ausschließlich angenommen ist (siehe Figur auf nächster Seite).

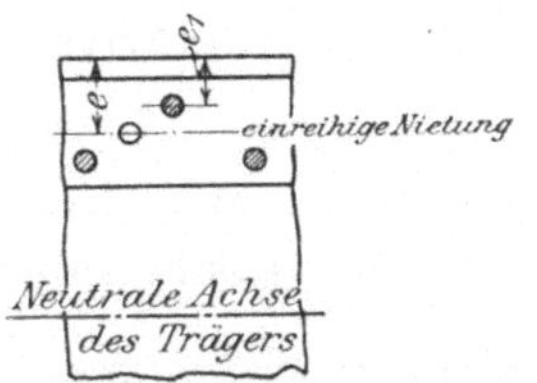


Der Unterschied der Widerstandsmomente der zwei- und der einreihigen Nietung beträgt nun aber für beide Gurtungen zusammen

$$\frac{\dfrac{2\,d\,l}{h}\,[e_1{}^2 - e^2 + h\,(e - e_1)]}{2},$$

worin $e_1$ das Wurzelmaß für die von der neutralen Achse entfernter liegende Nietreihe der zweireihigen Nietung bedeutet. Man kann dieses Maß entsprechend praktischen Ausführungen für die Winkelschenkellängen von 13 und 14 cm zu 5 cm, von 15 und 16 zu 6 cm annehmen. Hiernach ist der obige Ausdruck für die in Betracht kommenden Winkeleisenprofile berechnet und für Stehblechhöhen in Stufen von 10 bzw. 20 cm in folgender Hilfstafel zusammengestellt.

## Hilfstafel für zweireihige Nietung.

Das Widerstandsmoment des Trägers wird bei zweireihiger Nietung der horizontalen Niete um den Betrag der in nachstehender Tafel angegebenen Werte kleiner.

| Stehblechhöhe cm | Winkeleisen | | | | | | | | |
|---|---|---|---|---|---|---|---|---|---|
| | 13,0×13,0 ×1,2 | 13,0×13,0 ×1,4 | 14,0×14,0 ×1,3 | 14,0×14,0 ×1,5 | 15,0×15,0 ×1,4 | 15,0×15,0 ×1,6 | 16,0×16,0 ×1,5 | 16,0×16,0 ×1,7 | 16,0×16,0 ×1,9 |
| 40 | 48,5 | 63,6 | | | | | | | |
| 50 | 52,7 | 69,2 | | | | | | | |
| 60 | 55,5 | 72,9 | 84,8 | 96,6 | 71,6 | | | | |
| 70 | 57,5 | 75,4 | 88,1 | 101 | 74,8 | | | | |
| 80 | 59,0 | 77,6 | 90,5 | 103 | 77,2 | 90,4 | 103 | | |
| 100 | 61,1 | 80,4 | 93,9 | 107 | 80,4 | 94,3 | 107 | 124 | 141 |
| 120 | 62,5 | 82,2 | 96,2 | 110 | 82,8 | 96,9 | 110 | 127 | 145 |
| 140 | 63 5 | 83,5 | 97,8 | 112 | 84,2 | 98,8 | 113 | 130 | 148 |
| 160 | 64,3 | 84,5 | 99,0 | 113 | 85,4 | 100 | 114 | 132 | 150 |
| 180 | 64,9 | 85,3 | 99,9 | 114 | 86,4 | 101 | 116 | 133 | 152 |
| 200 | | | 101 | 115 | 87,2 | 102 | 117 | 134 | 153 |
| 220 | | | | | | 103 | 117 | 135 | 154 |
| 240 | | | | | | | | 136 | 155 |
| 300 | | | | | | | | | 157 |

Bei den großen ungleichschenkligen Winkeleisenprofilen kommt vorstehende Erwägung nicht in Betracht, weil der kurze

Schenkel, dessen Länge 10 cm nicht überschreitet, dem Stehblech anliegt.

Müssen in dem Falle zu C bei Gurtplattenträgern auch Horizontalniete abgezogen werden, so sind die Werte der vorstehenden Tafel im Verhältnis $\dfrac{h}{h+2s}$ zu reduzieren und dann erst von den Werten der Hilfstafel C abzuziehen.

## G. Unsymmetrische Querschnitte.

Die Berechnung von Profilen obiger Formen wird durch die Tabellen erleichtert und geschieht nach folgender Betrachtung.

In nebenstehender Skizze sei

$J$ das Trägheitsmoment des ganzen Querschnitts, bezogen auf die neutrale Achse $J — J$,

$f$ die Fläche des halben Profils mit Nietabzug.

Gesucht $i$, das Trägheitsmoment der oberen Trägerhälfte, bezogen auf seine Schwerpunktenachse $X — X$; Achsabstand $= a$.

$$J \text{ ist } = 2\,(i + f\,a^2)$$
$$\text{also } i = \frac{J}{2} - f\,a^2.$$

Beispiel 1. Das Widerstandsmoment des nebenstehenden Profils ist zu bestimmen:

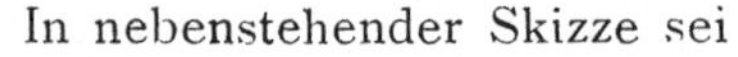
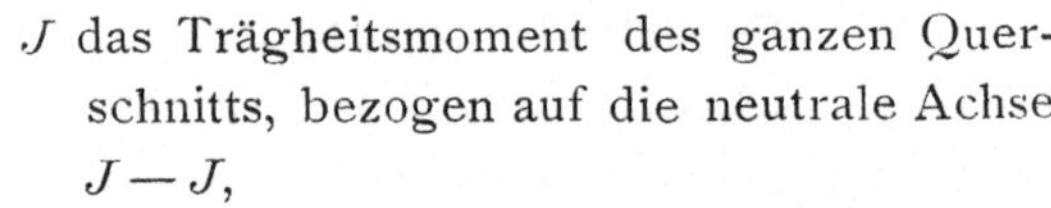

$$a\,f = (23)\,\frac{23}{2} + (30 - 6)\cdot 28 + (23)\,33{,}5 = 1707$$

$$f = 23 \qquad + 24 \qquad + 23 = 70; \quad a = \frac{1707}{70} = 24{,}386$$

$$f\,a^2 = \frac{f^2\cdot a^2}{f} = \frac{1707^2}{70} = 41\,626{,}4.$$

Nach Seite 21 ist für 68 cm Höhe
$$J = 97\,867 \ \text{cm}^4,$$

$$\text{also } i = \frac{97\,867}{2} - 41\,626{,}4 = 7307{,}1 \ \text{cm}^4; \quad W = \frac{7307{,}1}{24{,}386} = 299{,}6 \ \text{cm}^3.$$

Wie ersichtlich, wird in diesen Fällen durch Benutzung der Tafeln die umständliche und zeitraubende Berechnung der Kuben von drei- und vierstelligen Zahlen gespart.

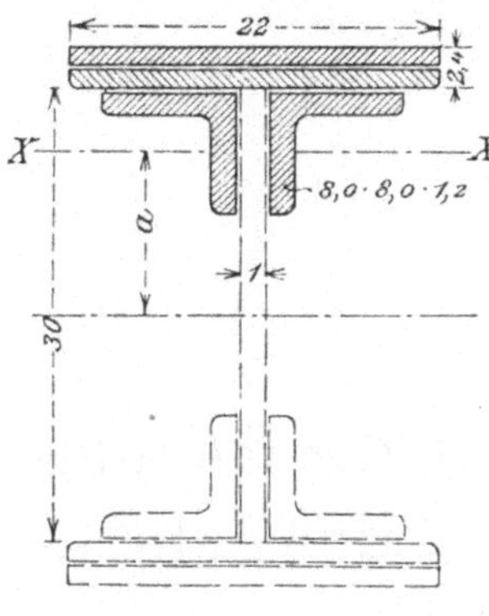


Beispiel 2. Für die obere Gurtung einer kleinen Fachwerksbrücke ist nebenstehendes Profil erforderlich, von welchem zur Berechnung der Knickfestigkeit das Trägheitsmoment bezogen auf die Schwerachse $X - X$ ohne Nietabzug zu ermitteln ist.

Für den punktiert ergänzten Querschnitt ist nach Seite 43 links . . . . . . $W =$ 1928 cm³.

Das $W$ für die 4 vertikalen Gurtungsniete ist nach Hilfstafel D Seite 179 . . . . . $=$ 465 cm³.

Somit Widerstandsmoment für den ergänzten vollen Querschnitt . . . . . . . . . . . . . . . . . . . . . $=$ 2 393 cm³.

Trägheitsmoment für den ergänzten vollen Querschnitt

$$2393 \cdot 17,4 = 41\,638,2 \text{ cm}^4.$$

Hiervon abzuziehen unter Benutzung der Hilfstafel F Seite 182
das Trägheitsmoment des Stehblechs mit . . . $10 \cdot 225 =$ 2 250 cm⁴.

Bleibt $J$ für den ergänzten vollen Querschnitt ohne Stehblech $J = 39\,388,2$ cm⁴.

Es ist ferner:

$$a\,f = (2 \cdot 6,8 \cdot 1,2)\ \ 10,4 + (16 \cdot 1,2)\ 14,4 + (22 \cdot 2,4) \cdot 16,2 = 1301,568$$
$$f\ = 2 \cdot 6,8 \cdot 1,2 \qquad + 16 \cdot 1,2 \qquad + 22 \cdot 2,4 \qquad = 88,32 \text{ qcm}$$
$$f\,a^2 = \frac{f^2\,a^2}{f} = \frac{1301,568^2}{88,32} = 19181,15.$$

Die Berechnung des Schwerpunktabstandes $a$ ist hier nicht nötig, weil nur $i$ verlangt wird. Somit

$$i = \frac{39\,388,2}{2} - 19\,181,15 = 513 \text{ cm}^4.$$

Zu beachten ist, daß die Werte für $f$, $a$ und $a\,f$ auf mehrere Dezimalen genau gerechnet werden müssen, um ein zuverlässiges Endresultat zu erhalten.

# Über die Art der Berechnung, die Richtigkeit und den Genauigkeitsgrad der Zahlenwerte in den Tafeln.

Die Berechnung der Trägheitsmomente geschah mit Hilfe besonderer Formeln durch eine mathematisch genaue Reihenentwicklung. Wenn bei diesem Verfahren der Endwert und einige Zwischenwerte einer Reihe mit direkt berechneten Zahlen auf mehrere Dezimalen übereinstimmten, so hatte man, da die letzteren später abgeworfen wurden, eine volle Gewähr für die Richtigkeit sämtlicher Werte.

Die Widerstandsmomente wurden durch doppelte Divisionen verschiedener Rechner ermittelt, gegebenenfalls auch durch Differenzreihen kontrolliert. Dezimalen unter 0,5 wurden weggelassen, 0,5 und darüber nach oben abgerundet. In den Fällen, wo die Dezimale wenig von dem Wert 0,5 abweicht, wurden genauere Untersuchungen, weil gänzlich bedeutungslos, nicht angestellt, so daß eine Garantie für die Abweichung der letzten Stelle um eine Einheit nicht übernommen wird.

Durch sorgfältiges Vergleichen vor und nach dem Drucke wurde das Einschleichen von Schreib- und Druckfehlern nach Möglichkeit verhindert, so daß man zu der Richtigkeit der Zahlen volles Vertrauen haben darf.

Was den Genauigkeitsgrad der Tafelwerte anlangt, so scheint nach mehrfachen Äußerungen aus der Praxis eine dreistellige Zahl ausreichend zu sein, und wurden daher nur Werte unter Hundert mit 1 bzw. 2 Dezimalen versehen. Die fünf- und sechsstelligen Zahlen besitzen demgegenüber einen überflüssig hohen Grad von Genauigkeit und hätten am Ende mit Nullen geschrieben werden können, wovon jedoch Abstand genommen wurde, da sich bei den Rechnungen ohne Mühe genügend genaue Resultate bis zur Endstelle ergaben.

# I. Teil.

## Trägheitsmomente, Widerstandsmomente und Gewichte

von

### Blechträgern ohne Gurtplatten.

## L 4,0 · 4,0 · 0,6 cm

### Nietstärke 1,3 cm; Stehblechdicke 0,6 cm

| Träger-Höhe h cm | $e = 2{,}30$ cm Trägheitsmoment cm⁴ | Widerstandsm. cm³ | Trägheitsmoment cm⁴ | Widerstandsm. cm³ | Gewicht für den lfd. m ohne Nietköpfe kg |
|---|---|---|---|---|---|
| 10 | 295 | 59,0 | 261 | 1,3 | 18,8 |
| 11 | 369 | 67,1 | 333 | 1,5 | 19,2 |
| 12 | 453 | 75,6 | 417 | 1,8 | 19,7 |
| 13 | 548 | 84,3 | 511 | 2,1 | 20,2 |
| 14 | 653 | 93,2 | 616 | 2,4 | 20,7 |
| 15 | 768 | 102 | 733 | 2,8 | 21,1 |
| 16 | 895 | 112 | 862 | 3,2 | 21,6 |
| 17 | 1 032 | 121 | 1 003 | 3,6 | 22,1 |
| 18 | 1 182 | 131 | 1 156 | 4,1 | 22,5 |
| 19 | 1 343 | 141 | 1 322 | 4,6 | 23,0 |
| 20 | 1 517 | 152 | 1 502 | 5,1 | 23,5 |
| 21 | 1 703 | 162 | 1 694 | 5,7 | 24,0 |
| 22 | 1 902 | 173 | 1 900 | 6,3 | 24,4 |
| 23 | 2 115 | 184 | 2 120 | 6,9 | 24,9 |
| 24 | 2 340 | 195 | 2 354 | 7,6 | 25,4 |
| 25 | 2 580 | 206 | 2 603 | 8,2 | 25,8 |
| 26 | 2 833 | 218 | 2 866 | 9,0 | 26,3 |
| 27 | 3 101 | 230 | 3 145 | 9,7 | 26,8 |
| 28 | 3 383 | 242 | 3 439 | 10,5 | 27,3 |
| 29 | 3 681 | 254 | 3 749 | 11,3 | 27,7 |
| 30 | 3 993 | 266 | 4 074 | 12,2 | 28,2 |
| 31 | 4 321 | 279 | 4 417 | 13,1 | 28,7 |
| 32 | 4 665 | 292 | 4 775 | 14,0 | 29,1 |
| 33 | 5 025 | 305 | 5 151 | 15,0 | 29,6 |
| 34 | 5 402 | 318 | 5 544 | 16,0 | 30,1 |
| 35 | 5 795 | 331 | 5 954 | 17,0 | 30,5 |
| 36 | 6 206 | 345 | 6 382 | 18,0 | 31,0 |
| 37 | 6 633 | 359 | 6 829 | 19,1 | 31,5 |
| 38 | 7 079 | 373 | 7 293 | 20,2 | 32,0 |
| 39 | 7 542 | 387 | 7 777 | 21,4 | 32,4 |
| 40 | 8 023 | 401 | 8 279 | 22,6 | 32,9 |
| 41 | 8 523 | 416 | 8 801 | 23,8 | 33,4 |
| 42 | 9 042 | 431 | 9 343 | 25,1 | 33,8 |
| 43 | 9 580 | 446 | 9 904 | 26,4 | 34,3 |
| 44 | 10 138 | 461 | 10 485 | 27,7 | 34,8 |
| 45 | 10 715 | 476 | 11 088 | 29,0 | 35,3 |
| 46 | 11 312 | 492 | 11 710 | 30,4 | 35,7 |
| 47 | 11 930 | 508 | 12 354 | 31,8 | 36,2 |
| 48 | 12 568 | 524 | 13 020 | 33,3 | 36,7 |
| 49 | 13 227 | 540 | 13 707 | 34,8 | 37,1 |
| 50 | 13 908 | 556 | 14 416 | 36,3 | 37,6 |
| 51 | 14 609 | 573 | 15 148 | 37,9 | 38,1 |
| 52 | 15 333 | 590 | 15 902 | 39,4 | 38,6 |
| 53 | 16 079 | 607 | 16 679 | 41,1 | 39,0 |
| 54 | 16 848 | 624 | 17 479 | 42,7 | 39,5 |
| 55 | 17 639 | 641 | 18 303 | 44,4 | 40,0 |
| 56 | 18 453 | 659 | 19 150 | 46,1 | 40,4 |
| 57 | 19 290 | 677 | 20 022 | 47,9 | 40,9 |
| 58 | 20 151 | 695 | 20 918 | 49,7 | 41,4 |
| 59 | 21 036 | 713 | 21 839 | 51,5 | 41,9 |
| 60 | 21 946 | 732 | 22 785 | 53,3 | 42,3 |

Neutr. Axe Trägheitsmoment für $\begin{cases} h = 10 = 66{,}9 \text{ cm}^4 \\ h = 60 = 67{,}8 \text{ cm}^4 \end{cases}$

Bei 1,2 cm Nietstärke und $h = 10 \quad 35 \quad 60$ cm wird das W des Trägers $0{,}5 \quad 5 \quad 9$ cm³ größer

## L 4,0 · 4,0 · 0,8 cm

### Nietstärke 1,3 cm; Stehblechdicke 0,6 cm

| Träger-Höhe h cm | $e = 2{,}40$ cm Trägheitsmoment cm⁴ | Widerstandsm. cm³ | Trägheitsmoment cm⁴ | Widerstandsm. cm³ | Gewicht für den lfd. m ohne Nietköpfe kg |
|---|---|---|---|---|---|
| 10 | 360 | 72,0 | 311 | 1,3 | 22,9 |
| 11 | 452 | 82,1 | 399 | 1,5 | 23,4 |
| 12 | 555 | 92,5 | 499 | 1,8 | 23,9 |
| 13 | 671 | 103 | 613 | 2,1 | 24,3 |
| 14 | 799 | 114 | 739 | 2,5 | 24,8 |
| 15 | 940 | 125 | 880 | 2,8 | 25,3 |
| 16 | 1 094 | 137 | 1 034 | 3,2 | 25,7 |
| 17 | 1 262 | 149 | 1 203 | 3,7 | 26,2 |
| 18 | 1 444 | 160 | 1 386 | 4,1 | 26,7 |
| 19 | 1 639 | 173 | 1 584 | 4,6 | 27,2 |
| 20 | 1 849 | 185 | 1 797 | 5,2 | 27,6 |
| 21 | 2 074 | 198 | 2 025 | 5,7 | 28,1 |
| 22 | 2 314 | 210 | 2 270 | 6,3 | 28,6 |
| 23 | 2 568 | 223 | 2 530 | 6,9 | 29,0 |
| 24 | 2 839 | 237 | 2 807 | 7,6 | 29,5 |
| 25 | 3 125 | 250 | 3 100 | 8,3 | 30,0 |
| 26 | 3 427 | 264 | 3 410 | 9,0 | 30,5 |
| 27 | 3 746 | 278 | 3 738 | 9,8 | 30,9 |
| 28 | 4 082 | 292 | 4 083 | 10,6 | 31,4 |
| 29 | 4 435 | 306 | 4 446 | 11,4 | 31,9 |
| 30 | 4 805 | 320 | 4 827 | 12,2 | 32,3 |
| 31 | 5 192 | 335 | 5 226 | 13,1 | 32,8 |
| 32 | 5 598 | 350 | 5 644 | 14,1 | 33,3 |
| 33 | 6 022 | 365 | 6 081 | 15,0 | 33,7 |
| 34 | 6 464 | 380 | 6 538 | 16,0 | 34,2 |
| 35 | 6 926 | 396 | 7 014 | 17,0 | 34,7 |
| 36 | 7 406 | 411 | 7 510 | 18,1 | 35,2 |
| 37 | 7 906 | 427 | 8 027 | 19,2 | 35,6 |
| 38 | 8 426 | 443 | 8 564 | 20,3 | 36,1 |
| 39 | 8 966 | 460 | 9 121 | 21,4 | 36,6 |
| 40 | 9 526 | 476 | 9 700 | 22,6 | 37,0 |
| 41 | 10 107 | 493 | 10 301 | 23,9 | 37,5 |
| 42 | 10 709 | 510 | 10 923 | 25,1 | 38,0 |
| 43 | 11 332 | 527 | 11 567 | 26,4 | 38,5 |
| 44 | 11 976 | 544 | 12 233 | 27,7 | 38,9 |
| 45 | 12 643 | 562 | 12 922 | 29,1 | 39,4 |
| 46 | 13 331 | 580 | 13 634 | 30,5 | 39,9 |
| 47 | 14 042 | 598 | 14 370 | 31,9 | 40,3 |
| 48 | 14 776 | 616 | 15 129 | 33,3 | 40,8 |
| 49 | 15 533 | 634 | 15 911 | 34,8 | 41,3 |
| 50 | 16 313 | 653 | 16 718 | 36,4 | 41,8 |
| 51 | 17 117 | 671 | 17 549 | 37,9 | 42,2 |
| 52 | 17 945 | 690 | 18 405 | 39,5 | 42,7 |
| 53 | 18 797 | 709 | 19 286 | 41,1 | 43,2 |
| 54 | 19 674 | 729 | 20 193 | 42,8 | 43,6 |
| 55 | 20 575 | 748 | 21 125 | 44,5 | 44,1 |
| 56 | 21 502 | 768 | 22 082 | 46,2 | 44,6 |
| 57 | 22 454 | 788 | 23 067 | 47,9 | 45,1 |
| 58 | 23 432 | 808 | 24 077 | 49,7 | 45,5 |
| 59 | 24 436 | 828 | 25 115 | 51,5 | 46,0 |
| 60 | 25 467 | 849 | 26 180 | 53,4 | 46,5 |

Neutr. Axe Trägheitsmoment für $\begin{cases} h = 10 = 90{,}5 \text{ cm}^4 \\ h = 60 = 91{,}4 \text{ cm}^4 \end{cases}$

Bei 1,2 cm Nietstärke und $h = 10 \quad 35 \quad 60$ cm wird das W des Trägers $0{,}6 \quad 6 \quad 11$ cm³ größer

## L 4,5 · 4,5 · 0,7 cm

### Nietstärke 1,3 cm; Stehblechdicke 0,7 cm

| Träger-Höhe h cm | $e = 2,6$ cm Trägheits-moment cm⁴ | Widerstandsm. cm³ | Trägheits-moment cm⁴ | Widerstandsm. cm³ | Gewicht für den lfd. m ohne Nietköpfe kg |
|---|---|---|---|---|---|
| 10 | 373 | 74,6 | 327 | 1,4 | 23,9 |
| 11 | 468 | 85,1 | 418 | 1,6 | 24,4 |
| 12 | 575 | 95,9 | 523 | 1,9 | 25,0 |
| 13 | 696 | 107 | 642 | 2,2 | 25,5 |
| 14 | 830 | 119 | 775 | 2,5 | 26,1 |
| 15 | 978 | 130 | 924 | 2,9 | 26,6 |
| 16 | 1 140 | 142 | 1 087 | 3,3 | 27,2 |
| 17 | 1 316 | 155 | 1 265 | 3,7 | 27,7 |
| 18 | 1 508 | 168 | 1 460 | 4,2 | 28,3 |
| 19 | 1 714 | 180 | 1 670 | 4,7 | 28,8 |
| 20 | 1 936 | 194 | 1 897 | 5,2 | 29,4 |
| 21 | 2 174 | 207 | 2 141 | 5,8 | 29,9 |
| 22 | 2 428 | 221 | 2 401 | 6,4 | 30,5 |
| 23 | 2 699 | 235 | 2 680 | 7,0 | 31,0 |
| 24 | 2 987 | 249 | 2 976 | 7,7 | 31,6 |
| 25 | 3 292 | 263 | 3 290 | 8,4 | 32,1 |
| 26 | 3 614 | 278 | 3 623 | 9,1 | 32,7 |
| 27 | 3 955 | 293 | 3 975 | 9,9 | 33,2 |
| 28 | 4 314 | 308 | 4 346 | 10,7 | 33,8 |
| 29 | 4 692 | 324 | 4 737 | 11,5 | 34,3 |
| 30 | 5 088 | 339 | 5 147 | 12,3 | 34,9 |
| 31 | 5 504 | 355 | 5 578 | 13,2 | 35,4 |
| 32 | 5 940 | 371 | 6 030 | 14,1 | 36,0 |
| 33 | 6 396 | 388 | 6 502 | 15,1 | 36,5 |
| 34 | 6 872 | 404 | 6 996 | 16,1 | 37,1 |
| 35 | 7 370 | 421 | 7 512 | 17,1 | 37,6 |
| 36 | 7 888 | 438 | 8 049 | 18,2 | 38,2 |
| 37 | 8 428 | 456 | 8 609 | 19,3 | 38,7 |
| 38 | 8 989 | 473 | 9 192 | 20,4 | 39,3 |
| 39 | 9 573 | 491 | 9 798 | 21,5 | 39,8 |
| 40 | 10 179 | 509 | 10 428 | 22,7 | 40,4 |
| 41 | 10 809 | 527 | 11 081 | 24,0 | 40,9 |
| 42 | 11 461 | 546 | 11 758 | 25,2 | 41,5 |
| 43 | 12 137 | 565 | 12 460 | 26,5 | 42,0 |
| 44 | 12 837 | 584 | 13 186 | 27,8 | 42,6 |
| 45 | 13 561 | 603 | 13 938 | 29,2 | 43,1 |
| 46 | 14 310 | 622 | 14 716 | 30,6 | 43,7 |
| 47 | 15 084 | 642 | 15 519 | 32,0 | 44,2 |
| 48 | 15 883 | 662 | 16 349 | 33,4 | 44,8 |
| 49 | 16 708 | 682 | 17 205 | 34,9 | 45,3 |
| 50 | 17 559 | 702 | 18 088 | 36,4 | 45,9 |
| 51 | 18 437 | 723 | 18 998 | 38,0 | 46,4 |
| 52 | 19 341 | 744 | 19 936 | 39,6 | 47,0 |
| 53 | 20 272 | 765 | 20 902 | 41,2 | 47,5 |
| 54 | 21 231 | 786 | 21 897 | 42,9 | 48,1 |
| 55 | 22 217 | 808 | 22 920 | 44,6 | 48,6 |
| 56 | 23 232 | 830 | 23 972 | 46,3 | 49,2 |
| 57 | 24 275 | 852 | 25 054 | 48,0 | 49,7 |
| 58 | 25 347 | 874 | 26 165 | 49,8 | 50,3 |
| 59 | 26 448 | 897 | 27 306 | 51,6 | 50,8 |
| 60 | 27 578 | 919 | 28 478 | 53,5 | 51,4 |

Neutr. Axe Trägheitsmoment für { $h = 10 = 112,4$ cm⁴ ; $h = 60 = 113,8$ cm⁴ }

Bei 1,2 cm Nietstärke und $h = 10 \quad 35 \quad 60$ cm wird das W des Trägers $0,5 \quad 5 \quad 11$ cm³ größer

## L 4,5 · 4,5 · 0,9 cm

### Nietstärke 1,3 cm; Stehblechdicke 0,7 cm

| Träger-Höhe h cm | $e = 2,7$ cm Trägheits-moment cm⁴ | Widerstandsm. cm³ | Trägheits-moment cm⁴ | Widerstandsm. cm³ | Gewicht für den lfd. m ohne Nietköpfe kg |
|---|---|---|---|---|---|
| 10 | 442 | 88,4 | 380 | 1,4 | 28,5 |
| 11 | 556 | 101 | 488 | 1,6 | 29,1 |
| 12 | 684 | 114 | 612 | 1,9 | 29,6 |
| 13 | 829 | 127 | 752 | 2,2 | 30,2 |
| 14 | 989 | 141 | 909 | 2,6 | 30,7 |
| 15 | 1 165 | 155 | 1 083 | 2,9 | 31,3 |
| 16 | 1 358 | 170 | 1 274 | 3,3 | 31,8 |
| 17 | 1 568 | 184 | 1 484 | 3,8 | 32,4 |
| 18 | 1 795 | 199 | 1 711 | 4,2 | 32,9 |
| 19 | 2 040 | 215 | 1 958 | 4,7 | 33,5 |
| 20 | 2 303 | 230 | 2 223 | 5,3 | 34,0 |
| 21 | 2 584 | 246 | 2 507 | 5,8 | 34,6 |
| 22 | 2 883 | 262 | 2 811 | 6,4 | 35,1 |
| 23 | 3 202 | 278 | 3 135 | 7,1 | 35,7 |
| 24 | 3 540 | 295 | 3 479 | 7,7 | 36,2 |
| 25 | 3 898 | 312 | 3 844 | 8,4 | 36,8 |
| 26 | 4 276 | 329 | 4 229 | 9,1 | 37,3 |
| 27 | 4 675 | 346 | 4 636 | 9,9 | 37,9 |
| 28 | 5 094 | 364 | 5 065 | 10,7 | 38,4 |
| 29 | 5 534 | 382 | 5 516 | 11,5 | 39,0 |
| 30 | 5 996 | 400 | 5 989 | 12,4 | 39,5 |
| 31 | 6 480 | 418 | 6 485 | 13,3 | 40,1 |
| 32 | 6 986 | 437 | 7 004 | 14,2 | 40,6 |
| 33 | 7 514 | 455 | 7 547 | 15,1 | 41,2 |
| 34 | 8 065 | 474 | 8 113 | 16,1 | 41,7 |
| 35 | 8 640 | 494 | 8 703 | 17,2 | 42,3 |
| 36 | 9 238 | 513 | 9 318 | 18,2 | 42,8 |
| 37 | 9 860 | 533 | 9 958 | 19,3 | 43,4 |
| 38 | 10 506 | 553 | 10 623 | 20,4 | 43,9 |
| 39 | 11 177 | 573 | 11 314 | 21,6 | 44,5 |
| 40 | 11 873 | 594 | 12 030 | 22,8 | 45,0 |
| 41 | 12 594 | 614 | 12 772 | 24,0 | 45,6 |
| 42 | 13 341 | 635 | 13 542 | 25,3 | 46,1 |
| 43 | 14 114 | 656 | 14 338 | 26,5 | 46,7 |
| 44 | 14 913 | 678 | 15 161 | 27,9 | 47,2 |
| 45 | 15 739 | 700 | 16 012 | 29,2 | 47,8 |
| 46 | 16 592 | 721 | 16 891 | 30,6 | 48,3 |
| 47 | 17 472 | 744 | 17 799 | 32,0 | 48,9 |
| 48 | 18 381 | 766 | 18 735 | 33,5 | 49,4 |
| 49 | 19 317 | 788 | 19 700 | 35,0 | 50,0 |
| 50 | 20 282 | 811 | 20 694 | 36,5 | 50,5 |
| 51 | 21 276 | 834 | 21 719 | 38,0 | 51,1 |
| 52 | 22 299 | 858 | 22 773 | 39,6 | 51,6 |
| 53 | 23 351 | 881 | 23 858 | 41,3 | 52,2 |
| 54 | 24 434 | 905 | 24 973 | 42,9 | 52,7 |
| 55 | 25 546 | 929 | 26 120 | 44,6 | 53,3 |
| 56 | 26 689 | 953 | 27 298 | 46,3 | 53,8 |
| 57 | 27 863 | 978 | 28 508 | 48,1 | 54,4 |
| 58 | 29 069 | 1 002 | 29 751 | 49,9 | 54,9 |
| 59 | 30 306 | 1 027 | 31 025 | 51,7 | 55,5 |
| 60 | 31 575 | 1 052 | 32 333 | 53,5 | 56,0 |

Neutr. Axe Trägheitsmoment für { $h = 10 = 146,3$ cm⁴ ; $h = 60 = 147,7$ cm⁴ }

Bei 1,2 cm Nietstärke und $h = 10 \quad 35 \quad 60$ cm wird das W des Trägers $0,5 \quad 6 \quad 12$ cm³ größer

## ∟ 5,0 · 5,0 · 0,7 cm

### Nietstärke 1,3 cm; Stehblechdicke 0,8 cm

## ∟ 5,0 · 5,0 · 0,9 cm

### Nietstärke 1,3 cm; Stehblechdicke 0,8 cm

| Träger-Höhe h cm | $e = 2{,}85$ cm Trägheitsmoment cm⁴ | Widerstandsm. cm³ | Trägheitsmoment cm⁴ | Widerstandsm. cm³ | Gewicht für den lfd. m ohne Nietköpfe kg | Träger-Höhe h cm | $e = 2{,}95$ cm Trägheitsmoment cm⁴ | Widerstandsm. cm³ | Trägheitsmoment cm⁴ | Widerstandsm cm³ | Gewicht für den lfd. m ohne Nietköpfe kg |
|---|---|---|---|---|---|---|---|---|---|---|---|
| 10 | 417 | 83,4 | 365 | 1,4 | 26,9 | 10 | 494 | 98,8 | 426 | 1,4 | 32,2 |
| 11 | 523 | 95,0 | 467 | 1,7 | 27,5 | 11 | 621 | 113 | 546 | 1,7 | 32,8 |
| 12 | 643 | 107 | 584 | 2,0 | 28,1 | 12 | 765 | 128 | 684 | 2,0 | 33,4 |
| 13 | 778 | 120 | 718 | 2,3 | 28,8 | 13 | 927 | 143 | 842 | 2,3 | 34,0 |
| 14 | 929 | 133 | 867 | 2,6 | 29,4 | 14 | 1 107 | 158 | 1 018 | 2,7 | 34,7 |
| 15 | 1 096 | 146 | 1 034 | 3,0 | 30,0 | 15 | 1 306 | 174 | 1 214 | 3,0 | 35,3 |
| 16 | 1 278 | 160 | 1 218 | 3,4 | 30,6 | 16 | 1 524 | 191 | 1 430 | 3,4 | 35,9 |
| 17 | 1 478 | 174 | 1 419 | 3,8 | 31,3 | 17 | 1 761 | 207 | 1 667 | 3,9 | 36,6 |
| 18 | 1 694 | 188 | 1 638 | 4,3 | 31,9 | 18 | 2 018 | 224 | 1 924 | 4,3 | 37,2 |
| 19 | 1 927 | 203 | 1 876 | 4,8 | 32,5 | 19 | 2 296 | 242 | 2 203 | 4,8 | 37,8 |
| 20 | 2 178 | 218 | 2 133 | 5,3 | 33,2 | 20 | 2 594 | 259 | 2 503 | 5,4 | 38,4 |
| 21 | 2 448 | 233 | 2 408 | 5,9 | 33,8 | 21 | 2 912 | 277 | 2 826 | 5,9 | 39,1 |
| 22 | 2 736 | 249 | 2 704 | 6,5 | 34,4 | 22 | 3 253 | 296 | 3 170 | 6,5 | 39,7 |
| 23 | 3 043 | 265 | 3 019 | 7,1 | 35,0 | 23 | 3 615 | 314 | 3 538 | 7,2 | 40,3 |
| 24 | 3 369 | 281 | 3 355 | 7,8 | 35,7 | 24 | 3 999 | 333 | 3 929 | 7,8 | 40,9 |
| 25 | 3 715 | 297 | 3 711 | 8,5 | 36,3 | 25 | 4 406 | 352 | 4 343 | 8,5 | 41,6 |
| 26 | 4 081 | 314 | 4 089 | 9,2 | 36,9 | 26 | 4 836 | 372 | 4 782 | 9,2 | 42,2 |
| 27 | 4 468 | 331 | 4 488 | 10,0 | 37,6 | 27 | 5 289 | 392 | 5 245 | 10,0 | 42,8 |
| 28 | 4 876 | 348 | 4 910 | 10,8 | 38,2 | 28 | 5 766 | 412 | 5 733 | 10,8 | 43,5 |
| 29 | 5 305 | 366 | 5 353 | 11,6 | 38,8 | 29 | 6 267 | 432 | 6 246 | 11,6 | 44,1 |
| 30 | 5 756 | 384 | 5 820 | 12,4 | 39,4 | 30 | 6 793 | 453 | 6 785 | 12,5 | 44,7 |
| 31 | 6 229 | 402 | 6 310 | 13,3 | 40,1 | 31 | 7 344 | 474 | 7 349 | 13,4 | 45,3 |
| 32 | 6 725 | 420 | 6 823 | 14,3 | 40,7 | 32 | 7 920 | 495 | 7 941 | 14,3 | 46,0 |
| 33 | 7 243 | 439 | 7 360 | 15,2 | 41,3 | 33 | 8 522 | 517 | 8 559 | 15,3 | 46,6 |
| 34 | 7 785 | 458 | 7 922 | 16,2 | 42,0 | 34 | 9 151 | 538 | 9 204 | 16,2 | 47,2 |
| 35 | 8 351 | 477 | 8 508 | 17,2 | 42,6 | 35 | 9 806 | 560 | 9 877 | 17,3 | 47,9 |
| 36 | 8 941 | 497 | 9 120 | 18,3 | 43,2 | 36 | 10 487 | 583 | 10 578 | 18,3 | 48,5 |
| 37 | 9 555 | 516 | 9 758 | 19,4 | 43,8 | 37 | 11 197 | 605 | 11 307 | 19,4 | 49,1 |
| 38 | 10 194 | 537 | 10 421 | 20,5 | 44,5 | 38 | 11 934 | 628 | 12 065 | 20,5 | 49,7 |
| 39 | 10 859 | 557 | 11 111 | 21,7 | 45,1 | 39 | 12 699 | 651 | 12 853 | 21,7 | 50,4 |
| 40 | 11 550 | 577 | 11 827 | 22,8 | 45,7 | 40 | 13 493 | 675 | 13 670 | 22,9 | 51,0 |
| 41 | 12 266 | 598 | 12 571 | 24,1 | 46,3 | 41 | 14 316 | 698 | 14 517 | 24,1 | 51,6 |
| 42 | 13 009 | 619 | 13 342 | 25,3 | 47,0 | 42 | 15 168 | 722 | 15 395 | 25,4 | 52,3 |
| 43 | 13 780 | 641 | 14 141 | 26,6 | 47,6 | 43 | 16 050 | 747 | 16 303 | 26,7 | 52,9 |
| 44 | 14 577 | 663 | 14 969 | 27,9 | 48,2 | 44 | 16 962 | 771 | 17 243 | 28,0 | 53,5 |
| 45 | 15 402 | 685 | 15 826 | 29,3 | 48,9 | 45 | 17 905 | 796 | 18 214 | 29,3 | 54,1 |
| 46 | 16 256 | 707 | 16 711 | 30,7 | 49,5 | 46 | 18 879 | 821 | 19 217 | 30,7 | 54,8 |
| 47 | 17 138 | 729 | 17 627 | 32,1 | 50,1 | 47 | 19 884 | 846 | 20 253 | 32,1 | 55,4 |
| 48 | 18 049 | 752 | 18 572 | 33,6 | 50,7 | 48 | 20 921 | 872 | 21 322 | 33,6 | 56,0 |
| 49 | 18 989 | 775 | 19 548 | 35,0 | 51,4 | 49 | 21 991 | 898 | 22 424 | 35,1 | 56,6 |
| 50 | 19 959 | 798 | 20 554 | 36,6 | 52,0 | 50 | 23 093 | 924 | 23 559 | 36,6 | 57,3 |
| 51 | 20 959 | 822 | 21 592 | 38,1 | 52,6 | 51 | 24 227 | 950 | 24 729 | 38,2 | 57,9 |
| 52 | 21 990 | 846 | 22 661 | 39,7 | 53,3 | 52 | 25 396 | 977 | 25 933 | 39,8 | 58,5 |
| 53 | 23 052 | 870 | 23 763 | 41,3 | 53,9 | 53 | 26 598 | 1 004 | 27 172 | 41,4 | 59,2 |
| 54 | 24 145 | 894 | 24 896 | 43,0 | 54,5 | 54 | 27 834 | 1 031 | 28 446 | 43,0 | 59,8 |
| 55 | 25 270 | 919 | 26 063 | 44,7 | 55,1 | 55 | 29 105 | 1 058 | 29 755 | 44,7 | 60,4 |
| 56 | 26 427 | 944 | 27 263 | 46,4 | 55,8 | 56 | 30 411 | 1 086 | 31 101 | 46,4 | 61,0 |
| 57 | 27 617 | 969 | 28 496 | 48,1 | 56,4 | 57 | 31 752 | 1 114 | 32 483 | 48,2 | 61,7 |
| 58 | 28 839 | 994 | 29 763 | 49,9 | 57,0 | 58 | 33 129 | 1 142 | 33 902 | 50,0 | 62,3 |
| 59 | 30 095 | 1 020 | 31 065 | 51,8 | 57,7 | 59 | 34 542 | 1 171 | 35 359 | 51,8 | 62,9 |
| 60 | 31 385 | 1 046 | 32 402 | 53,6 | 58,3 | 60 | 35 992 | 1 200 | 36 853 | 53,7 | 63,6 |

Neutr. Axe Trägheitsmoment für $\begin{cases} h = 10 = 154{,}6 \text{ cm}^4 \\ h = 60 = 156{,}7 \text{ cm}^4 \end{cases}$ · Neutr. Axe Trägheitsmoment für $\begin{cases} h = 10 = 201{,}0 \text{ cm}^4 \\ h = 60 = 203{,}0 \text{ cm}^4 \end{cases}$

Bei 1,2 cm Nietstärke und $h = 10 \quad 35 \quad 60$ cm wird das W des Trägers $\quad 0{,}4 \quad 5 \quad 11$ cm³ größer

Bei 1,2 cm Nietstärke und $h = 10 \quad 35 \quad 60$ cm wird das W des Trägers $\quad 0{,}4 \quad 6 \quad 13$ cm³ größer

$\llcorner$ 5,5 · 5,5 · 0,8 cm

**Nietstärke 1,6 cm; Stehblechdicke 0,9 cm**

$\llcorner$ 5,5 · 5,5 · 1,0 cm

**Nietstärke 1,6 cm; Stehblechdicke 1,0 cm**

| TrägerHöhe h cm | $e=3{,}15$ cm Trägheitsmoment cm⁴ | Widerstandsm. cm³ | Trägheitsmoment cm⁴ | Widerstandsm. cm³ | Gewicht für den lfd. m ohne Nietköpfe kg | TrägerHöhe h cm | $e=3{,}25$ cm Trägheitsmoment cm⁴ | Widerstandsm. cm³ | Trägheitsmoment cm⁴ | Widerstandsm. cm³ | Gewicht für den lfd. m ohne Nietköpfe kg |
|---|---|---|---|---|---|---|---|---|---|---|---|
| 11 | 623 | 113 | 536 | 1,7 | 33,6 | 11 | 734 | 133 | 624 | 1,7 | 40,3 |
| 12 | 766 | 128 | 671 | 2,0 | 34,3 | 12 | 903 | 151 | 784 | 2,0 | 41,0 |
| 13 | 926 | 142 | 826 | 2,3 | 35,0 | 13 | 1 094 | 168 | 966 | 2,3 | 41,8 |
| 14 | 1 104 | 158 | 1 001 | 2,6 | 35,7 | 14 | 1 306 | 187 | 1 173 | 2,6 | 42 6 |
| 15 | 1 300 | 173 | 1 195 | 2,9 | 36,4 | 15 | 1 541 | 205 | 1 402 | 3,0 | 43,4 |
| 16 | 1 516 | 190 | 1 410 | 3,3 | 37,1 | 16 | 1 799 | 225 | 1 657 | 3,4 | 44,2 |
| 17 | 1 752 | 206 | 1 646 | 3,7 | 37,9 | 17 | 2 079 | 245 | 1 936 | 3,8 | 45,0 |
| 18 | 2 007 | 223 | 1 903 | 4,2 | 38,6 | 18 | 2 383 | 265 | 2 240 | 4,2 | 45,8 |
| 19 | 2 283 | 240 | 2 183 | 4,7 | 39,3 | 19 | 2 712 | 285 | 2 570 | 4,7 | 46,5 |
| 20 | 2 579 | 258 | 2 484 | 5,2 | 40,0 | 20 | 3 065 | 307 | 2 926 | 5,2 | 47,3 |
| 21 | 2 897 | 276 | 2 809 | 5,7 | 40,7 | 21 | 3 443 | 328 | 3 310 | 5,7 | 48,1 |
| 22 | 3 237 | 294 | 3 156 | 6,3 | 41,4 | 22 | 3 848 | 350 | 3 720 | 6,3 | 48,9 |
| 23 | 3 599 | 313 | 3 527 | 6,9 | 42,1 | 23 | 4 278 | 372 | 4 158 | 6,9 | 49,7 |
| 24 | 3 983 | 332 | 3 922 | 7,5 | 42,8 | 24 | 4 735 | 395 | 4 625 | 7,5 | 50,5 |
| 25 | 4 391 | 351 | 4 342 | 8,2 | 43,5 | 25 | 5 219 | 418 | 5 120 | 8,2 | 51 2 |
| 26 | 4 822 | 371 | 4 787 | 8,9 | 44,2 | 26 | 5 731 | 441 | 5 645 | 8,9 | 52,0 |
| 27 | 5 278 | 391 | 5 257 | 9,6 | 44,9 | 27 | 6 271 | 465 | 6 199 | 9,6 | 52,8 |
| 28 | 5 757 | 411 | 5 754 | 10,4 | 45,6 | 28 | 6 840 | 489 | 6 784 | 10,4 | 53,6 |
| 29 | 6 262 | 432 | 6 276 | 11,2 | 46,3 | 29 | 7 438 | 513 | 7 400 | 11,2 | 54,4 |
| 30 | 6 792 | 453 | 6 826 | 12,0 | 47,0 | 30 | 8 065 | 538 | 8 047 | 12,0 | 55,2 |
| 31 | 7 348 | 474 | 7 402 | 12,9 | 47,7 | 31 | 8 723 | 563 | 8 725 | 12,9 | 56,0 |
| 32 | 7 930 | 496 | 8 007 | 13,8 | 48,5 | 32 | 9 412 | 588 | 9 436 | 13,8 | 56,7 |
| 33 | 8 539 | 518 | 8 639 | 14,7 | 49,2 | 33 | 10 132 | 614 | 10 180 | 14,7 | 57,5 |
| 34 | 9 175 | 540 | 9 300 | 15 6 | 49,9 | 34 | 10 883 | 640 | 10 957 | 15,7 | 58 3 |
| 35 | 9 839 | 562 | 9 990 | 16,6 | 50,6 | 35 | 11 667 | 667 | 11 768 | 16,7 | 59,1 |
| 36 | 10 530 | 585 | 10 710 | 17,7 | 51,3 | 36 | 12 483 | 694 | 12 613 | 17,7 | 59,9 |
| 37 | 11 251 | 608 | 11 460 | 18,7 | 52,0 | 37 | 13 333 | 721 | 13 493 | 18,8 | 60,7 |
| 38 | 12 000 | 632 | 12 240 | 19,8 | 52,7 | 38 | 14 216 | 748 | 14 409 | 19,9 | 61,5 |
| 39 | 12 778 | 655 | 13 051 | 21,0 | 53,4 | 39 | 15 134 | 776 | 15 360 | 21,0 | 62,2 |
| 40 | 13 587 | 679 | 13 893 | 22,1 | 54,1 | 40 | 16 086 | 804 | 16 347 | 22,2 | 63,0 |
| 41 | 14 426 | 704 | 14 767 | 23,3 | 54,8 | 41 | 17 073 | 833 | 17 371 | 23,4 | 63,8 |
| 42 | 15 295 | 728 | 15 673 | 24,5 | 55,5 | 42 | 18 096 | 862 | 18 433 | 24,6 | 64,6 |
| 43 | 16 196 | 753 | 16 612 | 25,8 | 56,2 | 43 | 19 155 | 891 | 19 532 | 25,8 | 65,4 |
| 44 | 17 129 | 779 | 17 584 | 27,1 | 56,9 | 44 | 20 251 | 921 | 20 670 | 27,1 | 66 2 |
| 45 | 18 093 | 804 | 18 589 | 28,4 | 57,6 | 45 | 21 385 | 950 | 21 846 | 28,5 | 66,9 |
| 46 | 19 090 | 830 | 19 629 | 29,8 | 58,3 | 46 | 22 556 | 981 | 23 062 | 29,8 | 67,7 |
| 47 | 20 121 | 856 | 20 703 | 31,2 | 59,0 | 47 | 23 765 | 1 011 | 24 317 | 31,2 | 68,5 |
| 48 | 21 184 | 883 | 21 812 | 32,6 | 59,8 | 48 | 25 012 | 1 042 | 25 613 | 32,7 | 69,3 |
| 49 | 22 282 | 909 | 22 956 | 34,1 | 60,5 | 49 | 26 299 | 1 073 | 26 949 | 34,1 | 70,1 |
| 50 | 23 414 | 937 | 24 136 | 35,5 | 61,2 | 50 | 27 626 | 1 105 | 28 327 | 35,6 | 70,9 |
| 51 | 24 581 | 964 | 25 353 | 37,1 | 61,9 | 51 | 28 993 | 1 137 | 29 747 | 37,1 | 71,7 |
| 52 | 25 783 | 992 | 26 606 | 38,6 | 62,6 | 52 | 30 401 | 1 169 | 31 209 | 38,7 | 72,4 |
| 53 | 27 020 | 1 020 | 27 896 | 40,2 | 63,3 | 53 | 31 849 | 1 202 | 32 714 | 40,3 | 73,2 |
| 54 | 28 294 | 1 048 | 29 224 | 41,9 | 64,0 | 54 | 33 340 | 1 235 | 34 262 | 41,9 | 74,0 |
| 55 | 29 605 | 1 077 | 30 589 | 43,5 | 64,7 | 55 | 34 872 | 1 268 | 35 854 | 43,6 | 74,8 |
| 56 | 30 952 | 1 105 | 31 994 | 45,2 | 65,4 | 56 | 36 448 | 1 302 | 37 490 | 45,3 | 75,6 |
| 57 | 32 338 | 1 135 | 33 437 | 46,9 | 66,1 | 57 | 38 066 | 1 336 | 39 171 | 47,0 | 76,4 |
| 58 | 33 761 | 1 164 | 34 920 | 48,7 | 66,8 | 58 | 39 729 | 1 370 | 40 897 | 48,7 | 77,2 |
| 59 | 35 222 | 1 194 | 36 443 | 50,5 | 67,5 | 59 | 41 435 | 1 405 | 42 669 | 50,5 | 77,9 |
| 60 | 36 723 | 1 224 | 38 006 | 52,3 | 68,2 | 60 | 43 186 | 1 440 | 44 488 | 52,4 | 78,7 |

Neutr. Axe Trägheitsmoment für $\begin{cases} h = 11 = 236{,}9 \text{ cm}^4 \\ h = 60 = 239{,}9 \text{ cm}^4 \end{cases}$

Neutr. Axe Trägheitsmoment für $\begin{cases} h = 11 = 308{,}3 \text{ cm}^4 \\ h = 60 = 312{,}3 \text{ cm}^4 \end{cases}$

## ∟ 6,0 · 6,0 · 0,8 cm

### Nietstärke 1,6 cm; Stehblechdicke 1,0 cm

| Träger-Höhe h cm | $e = 3{,}40$ cm Trägheitsmoment cm⁴ | Widerstandsm. cm³ | Trägheitsmoment cm⁴ | Widerstandsm. cm³ | Gewicht für den lfd. m ohne Nietköpfe kg |
|---|---|---|---|---|---|
| 12 | 839 | 140 | 736 | 2,0 | 37,8 |
| 13 | 1 014 | 156 | 905 | 2,3 | 38,6 |
| 14 | 1 210 | 173 | 1 096 | 2,7 | 39,3 |
| 15 | 1 426 | 190 | 1 309 | 3,0 | 40,1 |
| 16 | 1 663 | 208 | 1 545 | 3,4 | 40,9 |
| 17 | 1 922 | 226 | 1 804 | 3,8 | 41,7 |
| 18 | 2 204 | 245 | 2 087 | 4,3 | 42,5 |
| 19 | 2 508 | 264 | 2 395 | 4,8 | 43,3 |
| 20 | 2 835 | 284 | 2 727 | 5,3 | 44,1 |
| 21 | 3 186 | 303 | 3 085 | 5,8 | 44,8 |
| 22 | 3 562 | 324 | 3 469 | 6,4 | 45,6 |
| 23 | 3 962 | 345 | 3 879 | 7,0 | 46,4 |
| 24 | 4 388 | 366 | 4 316 | 7,6 | 47,2 |
| 25 | 4 839 | 387 | 4 780 | 8,3 | 48,0 |
| 26 | 5 316 | 409 | 5 272 | 9,0 | 48,8 |
| 27 | 5 821 | 431 | 5 792 | 9,7 | 49,5 |
| 28 | 6 352 | 454 | 6 341 | 10,5 | 50,3 |
| 29 | 6 911 | 477 | 6 920 | 11,3 | 51,1 |
| 30 | 7 499 | 500 | 7 529 | 12,1 | 51,9 |
| 31 | 8 115 | 524 | 8 167 | 13,0 | 52,7 |
| 32 | 8 761 | 548 | 8 837 | 13,9 | 53,5 |
| 33 | 9 436 | 572 | 9 538 | 14,8 | 54,3 |
| 34 | 10 142 | 597 | 10 271 | 15,8 | 55,0 |
| 35 | 10 878 | 622 | 11 036 | 16,8 | 55,8 |
| 36 | 11 646 | 647 | 11 835 | 17,8 | 56,6 |
| 37 | 12 445 | 673 | 12 666 | 18,9 | 57,4 |
| 38 | 13 277 | 699 | 13 532 | 20,0 | 58,2 |
| 39 | 14 141 | 725 | 14 431 | 21,1 | 59,0 |
| 40 | 15 039 | 752 | 15 366 | 22,3 | 59,8 |
| 41 | 15 970 | 779 | 16 336 | 23,4 | 60,5 |
| 42 | 16 936 | 806 | 17 342 | 24,7 | 61,3 |
| 43 | 17 936 | 834 | 18 384 | 25,9 | 62,1 |
| 44 | 18 972 | 862 | 19 463 | 27,2 | 62,9 |
| 45 | 20 043 | 891 | 20 579 | 28,6 | 63,7 |
| 46 | 21 151 | 920 | 21 734 | 29,9 | 64,5 |
| 47 | 22 295 | 949 | 22 926 | 31,3 | 65,2 |
| 48 | 23 477 | 978 | 24 158 | 32,7 | 66,0 |
| 49 | 24 697 | 1 008 | 25 428 | 34,2 | 66,8 |
| 50 | 25 954 | 1 038 | 26 739 | 35,7 | 67,6 |
| 51 | 27 251 | 1 069 | 28 090 | 37,2 | 68,4 |
| 52 | 28 587 | 1 099 | 29 482 | 38,8 | 69,2 |
| 53 | 29 962 | 1 131 | 30 915 | 40,4 | 70,0 |
| 54 | 31 378 | 1 162 | 32 391 | 42,0 | 70,7 |
| 55 | 32 834 | 1 194 | 33 908 | 43,7 | 71,5 |
| 56 | 34 332 | 1 226 | 35 468 | 45,3 | 72,3 |
| 57 | 35 872 | 1 259 | 37 072 | 47,1 | 73,1 |
| 58 | 37 454 | 1 292 | 38 720 | 48,8 | 73,9 |
| 59 | 39 078 | 1 325 | 40 412 | 50,6 | 74,7 |
| 60 | 40 746 | 1 358 | 42 148 | 52,4 | 75,5 |

Neutr. Axe  Trägheitsmoment für $\begin{cases} h = 12 = 308{,}2 \text{ cm}^4 \\ h = 60 = 312{,}2 \text{ cm}^4 \end{cases}$

## ∟ 6,0 · 6,0 · 1,0 cm

### Nietstärke 1,6 cm; Stehblechdicke 1,0 cm

| Träger-Höhe h cm | $e = 3{,}50$ cm Trägheitsmoment cm⁴ | Widerstandsm. cm³ | Trägheitsmoment cm⁴ | Widerstandsm. cm³ | Gewicht für den lfd. m ohne Nietköpfe kg |
|---|---|---|---|---|---|
| 12 | 977 | 163 | 845 | 2,1 | 44,2 |
| 13 | 1 182 | 182 | 1 040 | 2,4 | 45,0 |
| 14 | 1 412 | 202 | 1 260 | 2,7 | 45,8 |
| 15 | 1 665 | 222 | 1 507 | 3,0 | 46,5 |
| 16 | 1 944 | 243 | 1 779 | 3,4 | 47,3 |
| 17 | 2 247 | 264 | 2 079 | 3,9 | 48,1 |
| 18 | 2 576 | 286 | 2 406 | 4,3 | 48,9 |
| 19 | 2 932 | 309 | 2 760 | 4,8 | 49,7 |
| 20 | 3 314 | 331 | 3 143 | 5,3 | 50,5 |
| 21 | 3 723 | 355 | 3 555 | 5,8 | 51,2 |
| 22 | 4 160 | 378 | 3 996 | 6,4 | 52,0 |
| 23 | 4 625 | 402 | 4 467 | 7,0 | 52,8 |
| 24 | 5 119 | 427 | 4 968 | 7,7 | 53,6 |
| 25 | 5 642 | 451 | 5 500 | 8,3 | 54,4 |
| 26 | 6 195 | 477 | 6 063 | 9,0 | 55,2 |
| 27 | 6 778 | 502 | 6 658 | 9,8 | 56,0 |
| 28 | 7 392 | 528 | 7 285 | 10,5 | 56,7 |
| 29 | 8 036 | 554 | 7 945 | 11,3 | 57,5 |
| 30 | 8 713 | 581 | 8 639 | 12,2 | 58,3 |
| 31 | 9 422 | 608 | 9 366 | 13,0 | 59,1 |
| 32 | 10 163 | 635 | 10 127 | 13,9 | 59,9 |
| 33 | 10 938 | 663 | 10 923 | 14,9 | 60,7 |
| 34 | 11 746 | 691 | 11 755 | 15,8 | 61,5 |
| 35 | 12 589 | 719 | 12 622 | 16,8 | 62,2 |
| 36 | 13 466 | 748 | 13 526 | 17,9 | 63,0 |
| 37 | 14 379 | 777 | 14 467 | 18,9 | 63,8 |
| 38 | 15 327 | 807 | 15 444 | 20,0 | 64,6 |
| 39 | 16 311 | 836 | 16 460 | 21,1 | 65,4 |
| 40 | 17 332 | 867 | 17 514 | 22,3 | 66,2 |
| 41 | 18 391 | 897 | 18 607 | 23,5 | 66,9 |
| 42 | 19 487 | 928 | 19 739 | 24,7 | 67,7 |
| 43 | 20 621 | 959 | 20 910 | 26,0 | 68,5 |
| 44 | 21 794 | 991 | 22 122 | 27,3 | 69,3 |
| 45 | 23 006 | 1 022 | 23 375 | 28,6 | 70,1 |
| 46 | 24 258 | 1 055 | 24 669 | 30,0 | 70,9 |
| 47 | 25 550 | 1 087 | 26 005 | 31,4 | 71,7 |
| 48 | 26 882 | 1 120 | 27 384 | 32,8 | 72,4 |
| 49 | 28 256 | 1 153 | 28 805 | 34,3 | 73,2 |
| 50 | 29 672 | 1 187 | 30 269 | 35,7 | 74,0 |
| 51 | 31 129 | 1 221 | 31 777 | 37,3 | 74,8 |
| 52 | 32 630 | 1 255 | 33 330 | 38,8 | 75,6 |
| 53 | 34 174 | 1 290 | 34 927 | 40,4 | 76,4 |
| 54 | 35 761 | 1 324 | 36 570 | 42,1 | 77,2 |
| 55 | 37 393 | 1 360 | 38 258 | 43,7 | 77,9 |
| 56 | 39 069 | 1 395 | 39 993 | 45,4 | 78,7 |
| 57 | 40 790 | 1 431 | 41 774 | 47,1 | 79,5 |
| 58 | 42 558 | 1 468 | 43 603 | 48,9 | 80,3 |
| 59 | 44 371 | 1 504 | 45 480 | 50,7 | 81,1 |
| 60 | 46 231 | 1 541 | 47 405 | 52,5 | 81,9 |

Neutr. Axe  Trägheitsmoment für $\begin{cases} h = 12 = 388{,}7 \text{ cm}^4 \\ h = 60 = 392{,}7 \text{ cm}^4 \end{cases}$

## L 6,5 · 6,5 · 0,9 cm

### Nietstärke 1,8 cm; Stehblechdicke 1,0 cm

| Träger-Höhe h cm | $e = 3{,}7$ cm Trägheitsmoment cm⁴ | Widerstandsm. cm³ | Trägheitsmoment cm⁴ | Widerstandsm. cm³ | Gewicht für den lfd. m ohne Nietköpfe kg |
|---|---|---|---|---|---|
| 13 | 1 170 | 180 | 1 014 | 2,4 | 44,7 |
| 14 | 1 394 | 199 | 1 228 | 2,7 | 45,5 |
| 15 | 1 641 | 219 | 1 467 | 3,0 | 46,3 |
| 16 | 1 913 | 239 | 1 732 | 3,4 | 47,0 |
| 17 | 2 210 | 260 | 2 024 | 3,8 | 47,8 |
| 18 | 2 531 | 281 | 2 343 | 4,3 | 48,6 |
| 19 | 2 879 | 303 | 2 689 | 4,7 | 49,4 |
| 20 | 3 252 | 325 | 3 064 | 5,2 | 50,2 |
| 21 | 3 653 | 348 | 3 467 | 5,8 | 51,0 |
| 22 | 4 081 | 371 | 3 899 | 6,3 | 51,7 |
| 23 | 4 536 | 394 | 4 360 | 6,9 | 52,5 |
| 24 | 5 020 | 418 | 4 852 | 7,5 | 53,3 |
| 25 | 5 532 | 443 | 5 374 | 8,2 | 54,1 |
| 26 | 6 074 | 467 | 5 927 | 8,9 | 54,9 |
| 27 | 6 645 | 492 | 6 512 | 9,6 | 55,7 |
| 28 | 7 247 | 518 | 7 128 | 10,3 | 56,5 |
| 29 | 7 879 | 543 | 7 778 | 11,1 | 57,2 |
| 30 | 8 542 | 569 | 8 460 | 11,9 | 58,0 |
| 31 | 9 238 | 596 | 9 176 | 12,8 | 58,8 |
| 32 | 9 965 | 623 | 9 926 | 13,7 | 59,6 |
| 33 | 10 726 | 650 | 10 710 | 14,6 | 60,4 |
| 34 | 11 519 | 678 | 11 530 | 15,5 | 61,2 |
| 35 | 12 347 | 706 | 12 385 | 16,5 | 62,0 |
| 36 | 13 208 | 734 | 13 276 | 17,5 | 62,7 |
| 37 | 14 104 | 762 | 14 203 | 18,5 | 63,5 |
| 38 | 15 036 | 791 | 15 168 | 19,6 | 64,3 |
| 39 | 16 003 | 821 | 16 170 | 20,7 | 65,1 |
| 40 | 17 007 | 850 | 17 210 | 21,9 | 65,9 |
| 41 | 18 047 | 880 | 18 289 | 23,1 | 66,7 |
| 42 | 19 124 | 911 | 19 407 | 24,3 | 67,4 |
| 43 | 20 239 | 941 | 20 564 | 25,5 | 68,2 |
| 44 | 21 393 | 972 | 21 762 | 26,8 | 69,0 |
| 45 | 22 585 | 1 004 | 22 999 | 28,1 | 69,8 |
| 46 | 23 817 | 1 036 | 24 278 | 29,4 | 70,6 |
| 47 | 25 088 | 1 068 | 25 599 | 30,8 | 71,4 |
| 48 | 26 399 | 1 100 | 26 961 | 32,2 | 72,2 |
| 49 | 27 751 | 1 133 | 28 367 | 33,7 | 72,9 |
| 50 | 29 145 | 1 166 | 29 815 | 35,1 | 73,7 |
| 51 | 30 580 | 1 199 | 31 306 | 36,6 | 74,5 |
| 52 | 32 057 | 1 233 | 32 842 | 38,2 | 75,3 |
| 53 | 33 577 | 1 267 | 34 422 | 39,7 | 76,1 |
| 54 | 35 141 | 1 302 | 36 047 | 41,4 | 76,9 |
| 55 | 36 748 | 1 336 | 37 718 | 43,0 | 77,7 |
| 56 | 38 399 | 1 371 | 39 435 | 44,7 | 78,4 |
| 57 | 40 095 | 1 407 | 41 198 | 46,4 | 79,2 |
| 58 | 41 836 | 1 443 | 43 009 | 48,1 | 80,0 |
| 59 | 43 623 | 1 479 | 44 867 | 49,9 | 80,8 |
| 60 | 45 457 | 1 515 | 46 773 | 51,7 | 81,6 |

Neutr. Achse Trägheitsmoment für $\begin{cases} h = 13 = 432{,}1 \text{ cm}^4 \\ h = 60 = 436{,}0 \text{ cm}^4 \end{cases}$

## L 6,5 · 6,5 · 0,9 cm

### Nietstärke 2,0 cm; Stehblechdicke 1,0 cm

| Träger-Höhe h cm | $e = 3{,}7$ cm Trägheitsmoment cm⁴ | Widerstandsm. cm³ | Trägheitsmoment cm⁴ | Widerstandsm. cm³ | Gewicht für den lfd. m ohne Nietköpfe kg |
|---|---|---|---|---|---|
| 13 | 1 160 | 179 | 988 | 2,3 | 44,7 |
| 14 | 1 381 | 197 | 1 197 | 2,6 | 45,5 |
| 15 | 1 624 | 217 | 1 431 | 2,9 | 46,3 |
| 16 | 1 891 | 236 | 1 691 | 3,3 | 47,0 |
| 17 | 2 183 | 257 | 1 977 | 3,7 | 47,8 |
| 18 | 2 499 | 278 | 2 290 | 4,1 | 48,6 |
| 19 | 2 840 | 299 | 2 630 | 4,6 | 49,4 |
| 20 | 3 207 | 321 | 2 998 | 5,1 | 50,2 |
| 21 | 3 600 | 343 | 3 394 | 5,6 | 51,0 |
| 22 | 4 020 | 365 | 3 819 | 6,1 | 51,7 |
| 23 | 4 467 | 388 | 4 272 | 6,7 | 52,5 |
| 24 | 4 941 | 412 | 4 756 | 7,3 | 53,3 |
| 25 | 5 444 | 436 | 5 269 | 7,9 | 54,1 |
| 26 | 5 976 | 460 | 5 814 | 8,6 | 54,9 |
| 27 | 6 536 | 484 | 6 389 | 9,3 | 55,7 |
| 28 | 7 127 | 509 | 6 996 | 10,0 | 56,5 |
| 29 | 7 747 | 534 | 7 636 | 10,8 | 57,2 |
| 30 | 8 398 | 560 | 8 308 | 11,6 | 58,0 |
| 31 | 9 081 | 586 | 9 013 | 12,4 | 58,8 |
| 32 | 9 795 | 612 | 9 752 | 13,3 | 59,6 |
| 33 | 10 541 | 639 | 10 525 | 14,2 | 60,4 |
| 34 | 11 320 | 666 | 11 332 | 15,1 | 61,2 |
| 35 | 12 132 | 693 | 12 175 | 16,1 | 62,0 |
| 36 | 12 978 | 721 | 13 054 | 17,0 | 62,7 |
| 37 | 13 858 | 749 | 13 969 | 18,1 | 63,5 |
| 38 | 14 773 | 778 | 14 920 | 19,1 | 64,3 |
| 39 | 15 722 | 806 | 15 909 | 20,2 | 65,1 |
| 40 | 16 708 | 835 | 16 935 | 21,3 | 65,9 |
| 41 | 17 730 | 865 | 18 000 | 22,5 | 66,7 |
| 42 | 18 788 | 895 | 19 103 | 23,7 | 67,4 |
| 43 | 19 884 | 925 | 20 245 | 24,9 | 68,2 |
| 44 | 21 017 | 955 | 21 427 | 26,2 | 69,0 |
| 45 | 22 188 | 986 | 22 649 | 27,5 | 69,8 |
| 46 | 23 398 | 1 017 | 23 912 | 28,8 | 70,6 |
| 47 | 24 648 | 1 049 | 25 216 | 30,1 | 71,4 |
| 48 | 25 937 | 1 081 | 26 562 | 31,5 | 72,2 |
| 49 | 27 266 | 1 113 | 27 950 | 32,9 | 72,9 |
| 50 | 28 635 | 1 145 | 29 381 | 34,4 | 73,7 |
| 51 | 30 046 | 1 178 | 30 854 | 35,9 | 74,5 |
| 52 | 31 499 | 1 212 | 32 372 | 37,4 | 75,3 |
| 53 | 32 994 | 1 245 | 33 934 | 39,0 | 76,1 |
| 54 | 34 532 | 1 279 | 35 540 | 40,5 | 76,9 |
| 55 | 36 112 | 1 313 | 37 191 | 42,2 | 77,7 |
| 56 | 37 737 | 1 348 | 38 889 | 43,8 | 78,4 |
| 57 | 39 405 | 1 383 | 40 632 | 45,5 | 79,2 |
| 58 | 41 118 | 1 418 | 42 422 | 47,2 | 80,0 |
| 59 | 42 877 | 1 453 | 44 259 | 49,0 | 80,8 |
| 60 | 44 681 | 1 489 | 46 144 | 50,8 | 81,6 |

Neutr. Achse Trägheitsmoment für $\begin{cases} h = 13 = 432{,}1 \text{ cm}^4 \\ h = 60 = 436{,}0 \text{ cm}^4 \end{cases}$

Bei 1,6 cm Nietstärke und h = 13   35   60 cm
wird das W des Trägers   1,4   12   26 cm³ größer

## ∟ 6,5 · 6,5 · 1,1 cm  ∟ 6,5 · 6,5 · 1,1 cm

## Nietstärke 1,8 cm; Stehblechdicke 1,0 cm  Nietstärke 2,0 cm; Stehblechdicke 1,0 cm

**Nietstärke 1,8 cm; Stehblechdicke 1,0 cm**

| Träger-Höhe h cm | e=3,8 cm Trägheitsmoment cm⁴ | Widerstandsm. cm³ | Trägheitsmoment cm⁴ | Widerstandsm. cm³ | Gewicht für den lfd. m ohne Nietköpfe kg |
|---|---|---|---|---|---|
| 13 | 1 342 | 207 | 1 148 | 2,4 | 51,6 |
| 14 | 1 601 | 229 | 1 392 | 2,7 | 52,3 |
| 15 | 1 888 | 252 | 1 665 | 3,1 | 53,1 |
| 16 | 2 202 | 275 | 1 968 | 3,5 | 53,9 |
| 17 | 2 545 | 299 | 2 301 | 3,9 | 54,7 |
| 18 | 2 917 | 324 | 2 665 | 4,3 | 55,5 |
| 19 | 3 318 | 349 | 3 060 | 4,8 | 56,3 |
| 20 | 3 749 | 375 | 3 487 | 5,3 | 57,1 |
| 21 | 4 210 | 401 | 3 946 | 5,8 | 57,8 |
| 22 | 4 703 | 428 | 4 437 | 6,4 | 58,6 |
| 23 | 5 226 | 454 | 4 962 | 6,9 | 59,4 |
| 24 | 5 782 | 482 | 5 521 | 7,6 | 60,2 |
| 25 | 6 370 | 510 | 6 113 | 8,2 | 61,0 |
| 26 | 6 991 | 538 | 6 741 | 8,9 | 61,8 |
| 27 | 7 646 | 566 | 7 404 | 9,6 | 62,5 |
| 28 | 8 334 | 595 | 8 102 | 10,4 | 63,3 |
| 29 | 9 057 | 625 | 8 837 | 11,2 | 64,1 |
| 30 | 9 815 | 654 | 9 608 | 12,0 | 64,9 |
| 31 | 10 608 | 684 | 10 417 | 12,8 | 65,7 |
| 32 | 11 437 | 715 | 11 263 | 13,7 | 66,5 |
| 33 | 12 302 | 746 | 12 148 | 14,6 | 67,3 |
| 34 | 13 205 | 777 | 13 071 | 15,6 | 68,0 |
| 35 | 14 145 | 808 | 14 034 | 16,5 | 68,8 |
| 36 | 15 122 | 840 | 15 036 | 17,6 | 69,6 |
| 37 | 16 139 | 872 | 16 078 | 18,6 | 70,4 |
| 38 | 17 194 | 905 | 17 162 | 19,7 | 71,2 |
| 39 | 18 288 | 938 | 18 286 | 20,8 | 72,0 |
| 40 | 19 423 | 971 | 19 452 | 21,9 | 72,8 |
| 41 | 20 597 | 1 005 | 20 660 | 23,1 | 73,5 |
| 42 | 21 813 | 1 039 | 21 911 | 24,3 | 74,3 |
| 43 | 23 070 | 1 073 | 23 206 | 25,6 | 75,1 |
| 44 | 24 369 | 1 108 | 24 544 | 26,8 | 75,9 |
| 45 | 25 711 | 1 143 | 25 926 | 28,1 | 76,7 |
| 46 | 27 095 | 1 178 | 27 353 | 29,5 | 77,5 |
| 47 | 28 523 | 1 214 | 28 825 | 30,9 | 78,2 |
| 48 | 29 995 | 1 250 | 30 343 | 32,3 | 79,0 |
| 49 | 31 511 | 1 286 | 31 907 | 33,7 | 79,8 |
| 50 | 33 072 | 1 323 | 33 518 | 35,2 | 80,6 |
| 51 | 34 679 | 1 360 | 35 176 | 36,7 | 81,4 |
| 52 | 36 331 | 1 397 | 36 882 | 38,2 | 82,2 |
| 53 | 38 030 | 1 435 | 38 635 | 39,8 | 83,0 |
| 54 | 39 776 | 1 473 | 40 438 | 41,4 | 83,7 |
| 55 | 41 569 | 1 512 | 42 290 | 43,1 | 84,5 |
| 56 | 43 411 | 1 550 | 44 192 | 44,7 | 85,3 |
| 57 | 45 300 | 1 589 | 46 144 | 46,4 | 86,1 |
| 58 | 47 239 | 1 629 | 48 146 | 48,2 | 86,9 |
| 59 | 49 227 | 1 669 | 50 200 | 50,0 | 87,7 |
| 60 | 51 264 | 1 709 | 52 305 | 51,8 | 88,5 |

Neutr. A_x_x Trägheitsmoment für { h = 13 = 532,6 cm⁴ ; h = 60 = 536,5 cm⁴ }

**Nietstärke 2,0 cm; Stehblechdicke 1,0 cm**

| Träger-Höhe h cm | e=3,8 cm Trägheitsmoment cm⁴ | Widerstandsm. cm³ | Trägheitsmoment cm⁴ | Widerstandsm. cm³ | Gewicht für den lfd. m ohne Nietköpfe kg |
|---|---|---|---|---|---|
| 13 | 1 332 | 205 | 1 117 | 2,3 | 51,6 |
| 14 | 1 587 | 227 | 1 355 | 2,6 | 52,3 |
| 15 | 1 869 | 249 | 1 623 | 3,0 | 53,1 |
| 16 | 2 178 | 272 | 1 919 | 3,4 | 53,9 |
| 17 | 2 515 | 296 | 2 245 | 3,8 | 54,7 |
| 18 | 2 881 | 320 | 2 602 | 4,2 | 55,5 |
| 19 | 3 275 | 345 | 2 989 | 4,6 | 56,3 |
| 20 | 3 698 | 370 | 3 408 | 5,1 | 57,1 |
| 21 | 4 152 | 395 | 3 858 | 5,6 | 57,8 |
| 22 | 4 635 | 421 | 4 341 | 6,1 | 58,6 |
| 23 | 5 149 | 448 | 4 856 | 6,7 | 59,4 |
| 24 | 5 695 | 475 | 5 405 | 7,3 | 60,2 |
| 25 | 6 272 | 502 | 5 988 | 8,0 | 61,0 |
| 26 | 6 882 | 529 | 6 604 | 8,6 | 61,8 |
| 27 | 7 524 | 557 | 7 256 | 9,3 | 62,5 |
| 28 | 8 200 | 586 | 7 943 | 10,1 | 63,3 |
| 29 | 8 909 | 614 | 8 666 | 10,8 | 64,1 |
| 30 | 9 653 | 644 | 9 424 | 11,6 | 64,9 |
| 31 | 10 431 | 673 | 10 220 | 12,5 | 65,7 |
| 32 | 11 245 | 703 | 11 053 | 13,3 | 66,5 |
| 33 | 12 095 | 733 | 11 924 | 14,2 | 67,3 |
| 34 | 12 981 | 764 | 12 833 | 15,2 | 68,0 |
| 35 | 13 903 | 794 | 13 781 | 16,1 | 68,8 |
| 36 | 14 863 | 826 | 14 768 | 17,1 | 69,6 |
| 37 | 15 861 | 857 | 15 795 | 18,1 | 70,4 |
| 38 | 16 897 | 889 | 16 862 | 19,2 | 71,2 |
| 39 | 17 971 | 922 | 17 970 | 20,3 | 72,0 |
| 40 | 19 085 | 954 | 19 119 | 21,4 | 72,8 |
| 41 | 20 239 | 987 | 20 310 | 22,6 | 73,5 |
| 42 | 21 433 | 1 021 | 21 543 | 23,8 | 74,3 |
| 43 | 22 668 | 1 054 | 22 819 | 25,0 | 75,1 |
| 44 | 23 944 | 1 088 | 24 139 | 26,2 | 75,9 |
| 45 | 25 262 | 1 123 | 25 502 | 27,5 | 76,7 |
| 46 | 26 622 | 1 157 | 26 909 | 28,8 | 77,5 |
| 47 | 28 025 | 1 193 | 28 361 | 30,2 | 78,2 |
| 48 | 29 472 | 1 228 | 29 859 | 31,6 | 79,0 |
| 49 | 30 962 | 1 264 | 31 402 | 33,0 | 79,8 |
| 50 | 32 496 | 1 300 | 32 992 | 34,5 | 80,6 |
| 51 | 34 075 | 1 336 | 34 628 | 36,0 | 81,4 |
| 52 | 35 700 | 1 373 | 36 311 | 37,5 | 82,2 |
| 53 | 37 370 | 1 410 | 38 043 | 39,0 | 83,0 |
| 54 | 39 086 | 1 448 | 39 822 | 40,6 | 83,7 |
| 55 | 40 849 | 1 485 | 41 651 | 42,2 | 84,5 |
| 56 | 42 660 | 1 524 | 43 529 | 43,9 | 85,3 |
| 57 | 44 518 | 1 562 | 45 456 | 45,6 | 86,1 |
| 58 | 46 425 | 1 601 | 47 434 | 47,3 | 86,9 |
| 59 | 48 380 | 1 640 | 49 462 | 49,1 | 87,7 |
| 60 | 50 385 | 1 679 | 51 542 | 50,8 | 88,5 |

Neutr. A_x_x Trägheitsmoment für { h = 13 = 532,6 cm⁴ ; h = 60 = 536,5 cm⁴ }

Bei 1,6 cm Nietstärke und h = 13   35   60 cm
wird das W des Trägers       1,4   14   29 cm³ größer

## L 7,0 · 7,0 · 0,9 cm

### Nietstärke 1,8 cm; Stehblechdicke 1,0 cm

| Träger-Höhe $h$ cm | $e = 3{,}95$ cm Trägheitsmoment cm⁴ | Widerstandsm. cm³ | Trägheitsmoment cm⁴ | Widerstandsm. cm³ | Gewicht für den lfd. m ohne Nietköpfe kg |
|---|---|---|---|---|---|
| 14 | 1 487 | 212 | 1 305 | 2,8 | 48,4 |
| 15 | 1 751 | 233 | 1 558 | 3,1 | 49,1 |
| 16 | 2 040 | 255 | 1 838 | 3,5 | 49,9 |
| 17 | 2 355 | 277 | 2 147 | 3,9 | 50,7 |
| 18 | 2 698 | 300 | 2 484 | 4,4 | 51,5 |
| 19 | 3 069 | 323 | 2 851 | 4,8 | 52,3 |
| 20 | 3 467 | 347 | 3 247 | 5,3 | 53,1 |
| 21 | 3 894 | 371 | 3 674 | 5,9 | 53,9 |
| 22 | 4 350 | 395 | 4 132 | 6,4 | 54,6 |
| 23 | 4 835 | 420 | 4 621 | 7,0 | 55,4 |
| 24 | 5 351 | 446 | 5 142 | 7,6 | 56,2 |
| 25 | 5 897 | 472 | 5 695 | 8,3 | 57,0 |
| 26 | 6 474 | 498 | 6 281 | 9,0 | 57,8 |
| 27 | 7 082 | 525 | 6 900 | 9,7 | 58,6 |
| 28 | 7 723 | 552 | 7 554 | 10,5 | 59,4 |
| 29 | 8 396 | 579 | 8 241 | 11,2 | 60,1 |
| 30 | 9 103 | 607 | 8 964 | 12,1 | 60,9 |
| 31 | 9 842 | 635 | 9 722 | 12,9 | 61,7 |
| 32 | 10 616 | 664 | 10 515 | 13,8 | 62,5 |
| 33 | 11 425 | 692 | 11 345 | 14,7 | 63,3 |
| 34 | 12 268 | 722 | 12 212 | 15,7 | 64,1 |
| 35 | 13 147 | 751 | 13 116 | 16,6 | 64,8 |
| 36 | 14 062 | 781 | 14 058 | 17,6 | 65,6 |
| 37 | 15 013 | 812 | 15 038 | 18,7 | 66,4 |
| 38 | 16 002 | 842 | 16 058 | 19,8 | 67,2 |
| 39 | 17 028 | 873 | 17 116 | 20,9 | 68,0 |
| 40 | 18 092 | 905 | 18 214 | 22,0 | 68,8 |
| 41 | 19 195 | 936 | 19 353 | 23,2 | 69,6 |
| 42 | 20 337 | 968 | 20 533 | 24,4 | 70,3 |
| 43 | 21 518 | 1 001 | 21 754 | 25,7 | 71,1 |
| 44 | 22 739 | 1 034 | 23 016 | 26,9 | 71,9 |
| 45 | 24 001 | 1 067 | 24 321 | 28,2 | 72,7 |
| 46 | 25 304 | 1 100 | 25 669 | 29,6 | 73,5 |
| 47 | 26 648 | 1 134 | 27 060 | 31,0 | 74,3 |
| 48 | 28 035 | 1 168 | 28 495 | 32,4 | 75,1 |
| 49 | 29 464 | 1 203 | 29 975 | 33,8 | 75,8 |
| 50 | 30 936 | 1 237 | 31 499 | 35,3 | 76,6 |
| 51 | 32 451 | 1 273 | 33 069 | 36,8 | 77,4 |
| 52 | 34 011 | 1 308 | 34 684 | 38,3 | 78,2 |
| 53 | 35 615 | 1 344 | 36 346 | 39,9 | 79,0 |
| 54 | 37 264 | 1 380 | 38 055 | 41,5 | 79,8 |
| 55 | 38 959 | 1 417 | 39 810 | 43,1 | 80,5 |
| 56 | 40 700 | 1 454 | 41 614 | 44,8 | 81,3 |
| 57 | 42 487 | 1 491 | 43 466 | 46,5 | 82,1 |
| 58 | 44 322 | 1 528 | 45 367 | 48,3 | 82,9 |
| 59 | 46 204 | 1 566 | 47 318 | 50,0 | 83,7 |
| 60 | 48 134 | 1 604 | 49 318 | 51,9 | 84,5 |

Neutr. $A_{xx}$ Trägheitsmoment für $\begin{cases} h = 14 = 528{,}6 \text{ cm}^4 \\ h = 60 = 532{,}4 \text{ cm}^4 \end{cases}$

## L 7,0 · 7,0 · 0,9 cm

### Nietstärke 2,0 cm; Stehblechdicke 1,0 cm

| Träger-Höhe $h$ cm | $e = 3{,}95$ cm Trägheitsmoment cm⁴ | Widerstandsm. cm³ | Trägheitsmoment cm⁴ | Widerstandsm. cm³ | Gewicht für den lfd. m ohne Nietköpfe kg |
|---|---|---|---|---|---|
| 14 | 1 476 | 211 | 1 275 | 2,7 | 48,4 |
| 15 | 1 735 | 231 | 1 522 | 3,1 | 49,1 |
| 16 | 2 020 | 253 | 1 797 | 3,4 | 49,9 |
| 17 | 2 331 | 274 | 2 100 | 3,8 | 50,7 |
| 18 | 2 669 | 297 | 2 431 | 4,2 | 51,5 |
| 19 | 3 033 | 319 | 2 792 | 4,7 | 52,3 |
| 20 | 3 425 | 342 | 3 181 | 5,2 | 53,1 |
| 21 | 3 845 | 366 | 3 601 | 5,7 | 53,9 |
| 22 | 4 293 | 390 | 4 052 | 6,2 | 54,6 |
| 23 | 4 770 | 415 | 4 533 | 6,8 | 55,4 |
| 24 | 5 277 | 440 | 5 046 | 7,4 | 56,2 |
| 25 | 5 814 | 465 | 5 590 | 8,1 | 57,0 |
| 26 | 6 381 | 491 | 6 168 | 8,7 | 57,8 |
| 27 | 6 979 | 517 | 6 778 | 9,4 | 58,6 |
| 28 | 7 609 | 543 | 7 422 | 10,2 | 59,4 |
| 29 | 8 271 | 570 | 8 099 | 10,9 | 60,1 |
| 30 | 8 965 | 598 | 8 811 | 11,7 | 60,9 |
| 31 | 9 692 | 625 | 9 558 | 12,6 | 61,7 |
| 32 | 10 453 | 653 | 10 341 | 13,4 | 62,5 |
| 33 | 11 247 | 682 | 11 160 | 14,3 | 63,3 |
| 34 | 12 076 | 710 | 12 015 | 15,2 | 64,1 |
| 35 | 12 940 | 739 | 12 907 | 16,2 | 64,8 |
| 36 | 13 840 | 769 | 13 836 | 17,2 | 65,6 |
| 37 | 14 775 | 799 | 14 804 | 18,2 | 66,4 |
| 38 | 15 747 | 829 | 15 810 | 19,3 | 67,2 |
| 39 | 16 756 | 859 | 16 855 | 20,4 | 68,0 |
| 40 | 17 803 | 890 | 17 939 | 21,5 | 68,8 |
| 41 | 18 887 | 921 | 19 064 | 22,7 | 69,6 |
| 42 | 20 010 | 953 | 20 229 | 23,9 | 70,3 |
| 43 | 21 172 | 985 | 21 434 | 25,1 | 71,1 |
| 44 | 22 373 | 1 017 | 22 682 | 26,3 | 71,9 |
| 45 | 23 615 | 1 050 | 23 971 | 27,6 | 72,7 |
| 46 | 24 896 | 1 082 | 25 303 | 28,9 | 73,5 |
| 47 | 26 219 | 1 116 | 26 678 | 30,3 | 74,3 |
| 48 | 27 584 | 1 149 | 28 096 | 31,7 | 75,1 |
| 49 | 28 990 | 1 183 | 29 558 | 33,1 | 75,8 |
| 50 | 30 439 | 1 218 | 31 065 | 34,6 | 76,6 |
| 51 | 31 930 | 1 252 | 32 617 | 36,1 | 77,4 |
| 52 | 33 466 | 1 287 | 34 214 | 37,6 | 78,2 |
| 53 | 35 045 | 1 322 | 35 857 | 39,1 | 79,0 |
| 54 | 36 668 | 1 358 | 37 547 | 40,7 | 79,8 |
| 55 | 38 337 | 1 394 | 39 284 | 42,3 | 80,5 |
| 56 | 40 051 | 1 430 | 41 068 | 44,0 | 81,3 |
| 57 | 41 811 | 1 467 | 42 900 | 45,7 | 82,1 |
| 58 | 43 618 | 1 504 | 44 780 | 47,4 | 82,9 |
| 59 | 45 471 | 1 541 | 46 710 | 49,2 | 83,7 |
| 60 | 47 373 | 1 579 | 48 689 | 50,9 | 84,5 |

Neutr. $A_{xx}$ Trägheitsmoment für $\begin{cases} h = 14 = 528{,}6 \text{ cm}^4 \\ h = 60 = 532{,}4 \text{ cm}^4 \end{cases}$

Bei 1,6 cm Nietstärke und $h =$ 14 35 60 cm
wird das W des Trägers 1,5 12 25 cm³ größer

## ∟ 7,0 · 7,0 · 1,1 cm          ∟ 7,5 · 7,5 · 0,8 cm

### Nietstärke 2,0 cm; Stehblechdicke 1,0 cm          Nietstärke 1,8 cm; Stehblechdicke 1,0 cm

| Träger-Höhe h<br>cm | $e = 4{,}05$ cm<br>Trägheits-moment<br>cm⁴ | Wider-standsm.<br>cm³ | Trägheits-moment<br>cm⁴ | Wider-standsm.<br>cm³ | Gewicht für den lfd. m ohne Niet-köpfe<br>kg | Träger-Höhe h<br>cm | $e = 4{,}15$ cm<br>Trägheits-moment<br>cm⁴ | Wider-standsm.<br>cm³ | Trägheits-moment<br>cm⁴ | Wider-standsm.<br>cm³ | Gewicht für den lfd. m ohne Niet-köpfe<br>kg |
|---|---|---|---|---|---|---|---|---|---|---|---|
| 14 | 1 699 | 243 | 1 447 | 2,8 | 55,9 |  |  |  |  |  |  |
| 15 | 2 000 | 267 | 1 730 | 3,1 | 56,7 | 15 | 1 706 | 227 | 1 523 | 3,2 | 47,9 |
| 16 | 2 330 | 291 | 2 045 | 3,5 | 57,5 | 16 | 1 986 | 248 | 1 794 | 3,6 | 48,7 |
| 17 | 2 691 | 317 | 2 391 | 3,9 | 58,3 | 17 | 2 292 | 270 | 2 093 | 4,0 | 49,5 |
| 18 | 3 082 | 342 | 2 770 | 4,3 | 59,0 | 18 | 2 624 | 292 | 2 421 | 4,4 | 50,2 |
| 19 | 3 504 | 369 | 3 182 | 4,7 | 59,8 | 19 | 2 984 | 314 | 2 777 | 4,9 | 51,0 |
| 20 | 3 957 | 396 | 3 628 | 5,2 | 60,6 | 20 | 3 371 | 337 | 3 163 | 5,4 | 51,8 |
| 21 | 4 443 | 423 | 4 107 | 5,7 | 61,4 | 21 | 3 786 | 361 | 3 578 | 6,0 | 52,6 |
| 22 | 4 961 | 451 | 4 621 | 6,3 | 62,2 | 22 | 4 230 | 385 | 4 024 | 6,5 | 53,4 |
| 23 | 5 511 | 479 | 5 170 | 6,9 | 63,0 | 23 | 4 703 | 409 | 4 501 | 7,1 | 54,2 |
| 24 | 6 096 | 508 | 5 755 | 7,5 | 63,7 | 24 | 5 205 | 434 | 5 009 | 7,7 | 55,0 |
| 25 | 6 714 | 537 | 6 375 | 8,1 | 64,5 | 25 | 5 737 | 459 | 5 549 | 8,4 | 55,7 |
| 26 | 7 367 | 567 | 7 032 | 8,8 | 65,3 | 26 | 6 300 | 485 | 6 121 | 9,1 | 56,5 |
| 27 | 8 055 | 597 | 7 726 | 9,5 | 66,1 | 27 | 6 894 | 511 | 6 726 | 9,8 | 57,3 |
| 28 | 8 778 | 627 | 8 457 | 10,2 | 66,9 | 28 | 7 519 | 537 | 7 364 | 10,6 | 58,1 |
| 29 | 9 537 | 658 | 9 226 | 11,0 | 67,7 | 29 | 8 177 | 564 | 8 037 | 11,3 | 58,9 |
| 30 | 10 333 | 689 | 10 034 | 11,8 | 68,5 | 30 | 8 867 | 591 | 8 743 | 12,2 | 59,7 |
| 31 | 11 166 | 720 | 10 881 | 12,6 | 69,2 | 31 | 9 590 | 619 | 9 485 | 13,0 | 60,4 |
| 32 | 12 036 | 752 | 11 767 | 13,5 | 70,0 | 32 | 10 347 | 647 | 10 261 | 13,9 | 61,2 |
| 33 | 12 944 | 785 | 12 693 | 14,4 | 70,8 | 33 | 11 137 | 675 | 11 074 | 14,8 | 62,0 |
| 34 | 13 891 | 817 | 13 660 | 15,3 | 71,6 | 34 | 11 962 | 704 | 11 923 | 15,8 | 62,8 |
| 35 | 14 877 | 850 | 14 667 | 16,3 | 72,4 | 35 | 12 823 | 733 | 12 809 | 16,7 | 63,6 |
| 36 | 15 902 | 883 | 15 716 | 17,3 | 73,2 | 36 | 13 718 | 762 | 13 732 | 17,8 | 64,4 |
| 37 | 16 967 | 917 | 16 808 | 18,3 | 74,0 | 37 | 14 650 | 797 | 14 693 | 18,8 | 65,2 |
| 38 | 18 073 | 951 | 17 941 | 19,4 | 74,7 | 38 | 15 619 | 822 | 15 692 | 19,9 | 65,9 |
| 39 | 19 219 | 986 | 19 118 | 20,4 | 75,5 | 39 | 16 624 | 853 | 16 730 | 21,0 | 66,7 |
| 40 | 20 407 | 1 020 | 20 338 | 21,6 | 76,3 | 40 | 17 667 | 883 | 17 808 | 22,1 | 67,5 |
| 41 | 21 637 | 1 055 | 21 602 | 22,7 | 77,1 | 41 | 18 748 | 915 | 18 925 | 23,3 | 68,3 |
| 42 | 22 910 | 1 091 | 22 910 | 23,9 | 77,9 | 42 | 19 867 | 946 | 20 083 | 24,5 | 69,1 |
| 43 | 24 225 | 1 127 | 24 264 | 25,1 | 78,7 | 43 | 21 026 | 978 | 21 281 | 25,8 | 69,9 |
| 44 | 25 584 | 1 163 | 25 663 | 26,4 | 79,4 | 44 | 22 224 | 1 010 | 22 521 | 27,0 | 70,7 |
| 45 | 26 987 | 1 199 | 27 108 | 27,7 | 80 2 | 45 | 23 462 | 1 043 | 23 803 | 28,4 | 71,4 |
| 46 | 28 435 | 1 236 | 28 599 | 29,0 | 81,0 | 46 | 24 741 | 1 076 | 25 127 | 29,7 | 72,2 |
| 47 | 29 927 | 1 273 | 30 138 | 30,4 | 81,8 | 47 | 26 061 | 1 109 | 26 494 | 31,1 | 73,0 |
| 48 | 31 465 | 1 311 | 31 724 | 31,8 | 82,6 | 48 | 27 422 | 1 143 | 27 904 | 32,5 | 73,8 |
| 49 | 33 049 | 1 349 | 33 357 | 33,2 | 83,4 | 49 | 28 825 | 1 177 | 29 358 | 33,9 | 74,6 |
| 50 | 34 679 | 1 387 | 35 040 | 34,6 | 84,2 | 50 | 30 271 | 1 211 | 30 856 | 35,4 | 75,4 |
| 51 | 36 356 | 1 426 | 36 771 | 36,1 | 84,9 | 51 | 31 760 | 1 245 | 32 400 | 36,9 | 76,2 |
| 52 | 38 081 | 1 465 | 38 552 | 37,6 | 85,7 | 52 | 33 292 | 1 280 | 33 988 | 38,5 | 76,9 |
| 53 | 39 854 | 1 504 | 40 383 | 39,2 | 86,5 | 53 | 34 869 | 1 316 | 35 623 | 40,0 | 77,7 |
| 54 | 41 675 | 1 544 | 42 264 | 40,8 | 87,3 | 54 | 36 490 | 1 351 | 37 303 | 41,6 | 78,5 |
| 55 | 43 546 | 1 583 | 44 196 | 42,4 | 88,1 | 55 | 38 156 | 1 387 | 39 031 | 43,3 | 79,3 |
| 56 | 45 465 | 1 624 | 46 180 | 44,1 | 88,9 | 56 | 39 867 | 1 424 | 40 806 | 44,9 | 80,1 |
| 57 | 47 435 | 1 664 | 48 216 | 45,8 | 89,7 | 57 | 41 625 | 1 461 | 42 629 | 46,7 | 80,9 |
| 58 | 49 455 | 1 705 | 50 304 | 47,5 | 90,4 | 58 | 43 429 | 1 498 | 44 500 | 48,4 | 81,6 |
| 59 | 51 526 | 1 747 | 52 445 | 49,2 | 91,2 | 59 | 45 280 | 1 535 | 46 420 | 50,2 | 82,4 |
| 60 | 53 649 | 1 788 | 54 640 | 51,0 | 92,0 | 60 | 47 179 | 1 573 | 48 389 | 52,0 | 83,2 |

Neutr. ∟—∟ A. Trägheitsmoment für $\begin{cases} h = 14 = 651{,}0 \text{ cm}^4 \\ h = 60 = 654{,}8 \text{ cm}^4 \end{cases}$          Neutr. ∟—∟ A. Trägheitsmoment für $\begin{cases} h = 15 = 565{,}8 \text{ cm}^4 \\ h = 60 = 569{,}5 \text{ cm}^4 \end{cases}$

Bei 2,0 cm Nietstärke und $h = 15 \quad 35 \quad 60$ cm
wird das W des Trägers $\quad 1{,}6 \quad 11 \quad 23$ cm³ kleiner

## └ 7,5 · 7,5 · 1,0 cm

### Nietstärke 2,0 cm; Stehblechdicke 1,0 cm

| Träger-Höhe h cm | e = 4,25 cm Trägheitsmoment cm⁴ | Widerstandsm. cm³ | Trägheitsmoment cm⁴ | Widerstandsm. cm³ | Gewicht für den lfd. m ohne Nietköpfe kg | Träger-Höhe h cm | e = 4,25 cm Trägheitsmoment cm⁴ | Widerstandsm. cm³ | Trägheitsmoment cm⁴ | Widerstandsm. cm³ | Gewicht für den lfd. m ohne Nietköpfe kg |
|---|---|---|---|---|---|---|---|---|---|---|---|
| 20 | 3 927 | 393 | 3 605 | 5,3 | 60,0 | 70 | 77 619 | 2 218 | 79 447 | 70,9 | 99,2 |
| 21 | 4 409 | 420 | 4 081 | 5,8 | 60,8 | 71 | 80 338 | 2 263 | 82 260 | 73,0 | 100,0 |
| 22 | 4 923 | 448 | 4 591 | 6,4 | 61,5 | 72 | 83 114 | 2 309 | 85 133 | 75,2 | 100,8 |
| 23 | 5 470 | 476 | 5 136 | 7,0 | 62,3 | 73 | 85 949 | 2 355 | 88 065 | 77,4 | 101,6 |
| 24 | 6 050 | 504 | 5 717 | 7,6 | 63,1 | 74 | 88 842 | 2 401 | 91 058 | 79,7 | 102,4 |
| 25 | 6 665 | 533 | 6 333 | 8,2 | 63,9 | 75 | 91 794 | 2 448 | 94 112 | 82,0 | 103,1 |
| 26 | 7 314 | 563 | 6 986 | 8,9 | 64,7 | 76 | 94 806 | 2 495 | 97 228 | 84,3 | 103,9 |
| 27 | 7 998 | 592 | 7 676 | 9,6 | 65,5 | 77 | 97 877 | 2 542 | 100 405 | 86,6 | 104,7 |
| 28 | 8 718 | 623 | 8 404 | 10,3 | 66,3 | 78 | 101 009 | 2 590 | 103 646 | 89,0 | 105,5 |
| 29 | 9 473 | 653 | 9 169 | 11,1 | 67,0 | 79 | 104 203 | 2 638 | 106 949 | 91,4 | 106,3 |
| 30 | 10 265 | 684 | 9 974 | 11,9 | 67,8 | 80 | 107 457 | 2 686 | 110 315 | 93,9 | 107,1 |
| 31 | 11 095 | 716 | 10 817 | 12,7 | 68,6 | 81 | 110 774 | 2 735 | 113 746 | 96,4 | 107,9 |
| 32 | 11 961 | 748 | 11 699 | 13,6 | 69,4 | 82 | 114 153 | 2 784 | 117 241 | 98,9 | 108,6 |
| 33 | 12 866 | 780 | 12 622 | 14,5 | 70,2 | 83 | 117 595 | 2 834 | 120 801 | 101 | 109,4 |
| 34 | 13 809 | 812 | 13 585 | 15,4 | 71,0 | 84 | 121 100 | 2 883 | 124 427 | 104 | 110,2 |
| 35 | 14 791 | 845 | 14 589 | 16,4 | 71,7 | 85 | 124 670 | 2 933 | 128 118 | 107 | 111,0 |
| 36 | 15 812 | 878 | 15 635 | 17,4 | 72,5 | 86 | 128 304 | 2 984 | 131 876 | 109 | 111,8 |
| 37 | 16 874 | 912 | 16 722 | 18,4 | 73,3 | 87 | 132 003 | 3 035 | 135 701 | 112 | 112,6 |
| 38 | 17 976 | 946 | 17 852 | 19,5 | 74,1 | 88 | 135 768 | 3 086 | 139 594 | 115 | 113,4 |
| 39 | 19 119 | 980 | 19 025 | 20,6 | 74,9 | 89 | 139 598 | 3 135 | 143 554 | 118 | 114,1 |
| 40 | 20 304 | 1 015 | 20 242 | 21,7 | 75,7 | 90 | 143 495 | 3 189 | 147 584 | 120 | 114,9 |
| 41 | 21 530 | 1 050 | 21 502 | 22,9 | 76,5 | 91 | 147 460 | 3 241 | 151 682 | 123 | 115,7 |
| 42 | 22 799 | 1 086 | 22 808 | 24,0 | 77,2 | 92 | 151 491 | 3 293 | 155 849 | 126 | 116,5 |
| 43 | 24 112 | 1 121 | 24 158 | 25,3 | 78,0 | 93 | 155 591 | 3 346 | 160 087 | 129 | 117,3 |
| 44 | 25 467 | 1 158 | 25 553 | 26,5 | 78,8 | 94 | 159 759 | 3 399 | 164 395 | 132 | 118,1 |
| 45 | 26 867 | 1 194 | 26 995 | 27,8 | 79,6 | 95 | 163 996 | 3 453 | 168 774 | 135 | 118,8 |
| 46 | 28 311 | 1 231 | 28 483 | 29,1 | 80,4 | 96 | 168 302 | 3 506 | 173 225 | 138 | 119,6 |
| 47 | 29 800 | 1 268 | 30 018 | 30,5 | 81,2 | 97 | 172 679 | 3 560 | 177 747 | 141 | 120,4 |
| 48 | 31 334 | 1 306 | 31 601 | 31,9 | 82,0 | 98 | 177 126 | 3 615 | 182 342 | 144 | 121,2 |
| 49 | 32 915 | 1 343 | 33 231 | 33,3 | 82,7 | 99 | 181 644 | 3 670 | 187 010 | 147 | 122,0 |
| 50 | 34 542 | 1 382 | 34 910 | 34,8 | 83,5 | 100 | 186 234 | 3 725 | 191 752 | 150 | 122,8 |
| 51 | 36 216 | 1 420 | 36 638 | 36,3 | 84,3 | 101 | 190 895 | 3 780 | 196 567 | 153 | 123,6 |
| 52 | 37 938 | 1 459 | 38 416 | 37,8 | 85,1 | 102 | 195 629 | 3 836 | 201 458 | 156 | 124,3 |
| 53 | 39 707 | 1 498 | 40 243 | 39,3 | 85,9 | 103 | 200 437 | 3 892 | 206 423 | 160 | 125,1 |
| 54 | 41 525 | 1 538 | 42 122 | 40,9 | 86,7 | 104 | 205 317 | 3 948 | 211 463 | 163 | 125,9 |
| 55 | 43 393 | 1 578 | 44 051 | 42,5 | 87,4 | 105 | 210 272 | 4 005 | 216 580 | 166 | 126,7 |
| 56 | 45 309 | 1 618 | 46 031 | 44,2 | 88,2 | 106 | 215 301 | 4 062 | 221 773 | 169 | 127,5 |
| 57 | 47 276 | 1 659 | 48 064 | 45,9 | 89,0 | 107 | 220 405 | 4 120 | 227 043 | 173 | 128,3 |
| 58 | 49 293 | 1 700 | 50 149 | 47,6 | 89,8 | 108 | 225 584 | 4 177 | 232 391 | 176 | 129,1 |
| 59 | 51 361 | 1 741 | 52 287 | 49,4 | 90,6 | 109 | 230 840 | 4 236 | 237 816 | 180 | 129,8 |
| 60 | 53 480 | 1 783 | 54 479 | 51,2 | 91,4 | 110 | 236 172 | 4 294 | 243 320 | 183 | 130,6 |
| 61 | 55 652 | 1 825 | 56 724 | 53,0 | 92,2 | 111 | 241 581 | 4 353 | 248 903 | 186 | 131,4 |
| 62 | 57 876 | 1 867 | 59 024 | 54,8 | 92,9 | 112 | 247 068 | 4 412 | 254 566 | 190 | 132,2 |
| 63 | 60 153 | 1 910 | 61 379 | 56,7 | 93,7 | 113 | 252 632 | 4 471 | 260 308 | 194 | 133,0 |
| 64 | 62 484 | 1 953 | 63 790 | 58,6 | 94,5 | 114 | 258 275 | 4 531 | 266 132 | 197 | 133,8 |
| 65 | 64 868 | 1 996 | 66 256 | 60,6 | 95,3 | 115 | 263 998 | 4 591 | 272 036 | 201 | 134,5 |
| 66 | 67 307 | 2 040 | 68 780 | 62,6 | 96,1 | 116 | 269 799 | 4 652 | 278 021 | 204 | 135,3 |
| 67 | 69 802 | 2 084 | 71 360 | 64,6 | 96,9 | 117 | 275 681 | 4 712 | 284 089 | 208 | 136,1 |
| 68 | 72 351 | 2 128 | 73 997 | 66,6 | 97,7 | 118 | 281 643 | 4 774 | 290 239 | 212 | 136,9 |
| 69 | 74 957 | 2 173 | 76 693 | 68,7 | 98,4 | 119 | 287 686 | 4 835 | 296 472 | 216 | 137,7 |
| 70 | 77 619 | 2 218 | 79 447 | 70,9 | 99,2 | 120 | 293 810 | 4 897 | 302 789 | 219 | 138,5 |

Neutr. ──── Axe Trägheitsmoment für $\begin{cases} h = 20 = 712,3 \text{ cm}^4 \\ h = 70 = 716,5 \text{ cm}^4 \end{cases}$    Neutr. ──── Axe Trägheitsmoment für $\begin{cases} h = 70 = 716,5 \text{ cm}^4 \\ h = 120 = 720,7 \text{ cm}^4 \end{cases}$

## ∟ 7,5 · 7,5 · 1,2 cm

### Nietstärke 2,0 cm; Stehblechdicke 1,0 cm

| Träger-Höhe h (cm) | $e = 4{,}35$ cm Trägheitsmoment cm⁴ | Widerstandsm. cm³ | Trägheitsmoment cm⁴ | Widerstandsm. cm³ | Gewicht für den lfd m ohne Nietköpfe kg | Träger-Höhe h (cm) | $e = 4{,}35$ cm Trägheitsmoment cm⁴ | Widerstandsm. cm³ | Trägheitsmoment cm⁴ | Widerstandsm cm³ | Gewicht für den lfd. m ohne Nietköpfe kg |
|---|---|---|---|---|---|---|---|---|---|---|---|
| 20 | 4 479 | 448 | 4 068 | 5,4 | 68,1 | 70 | 86 916 | 2 483 | 88 335 | 70,9 | 107,4 |
| 21 | 5 029 | 479 | 4 606 | 5,9 | 68,9 | 71 | 89 920 | 2 533 | 91 427 | 73,1 | 108,2 |
| 22 | 5 617 | 511 | 5 183 | 6,4 | 69,7 | 72 | 92 986 | 2 583 | 94 583 | 75,3 | 109,0 |
| 23 | 6 242 | 543 | 5 800 | 7,0 | 70,5 | 73 | 96 115 | 2 633 | 97 803 | 77,5 | 109,7 |
| 24 | 6 904 | 575 | 6 456 | 7,6 | 71,3 | 74 | 99 306 | 2 684 | 101 087 | 79,7 | 110,5 |
| 25 | 7 605 | 608 | 7 152 | 8,3 | 72,1 | 75 | 102 560 | 2 735 | 104 437 | 82,0 | 111,3 |
| 26 | 8 345 | 642 | 7 890 | 9,0 | 72,8 | 76 | 105 878 | 2 786 | 107 853 | 84,3 | 112,1 |
| 27 | 9 124 | 676 | 8 668 | 9,7 | 73,6 | 77 | 109 261 | 2 838 | 111 335 | 86,7 | 112,9 |
| 28 | 9 943 | 710 | 9 489 | 10,4 | 74,4 | 78 | 112 708 | 2 890 | 114 884 | 89,1 | 113,7 |
| 29 | 10 802 | 745 | 10 352 | 11,2 | 75,2 | 79 | 116 221 | 2 942 | 118 501 | 91,5 | 114,5 |
| 30 | 11 702 | 780 | 11 257 | 12,0 | 76,0 | 80 | 119 800 | 2 995 | 122 185 | 94,0 | 115,2 |
| 31 | 12 643 | 816 | 12 206 | 12,8 | 76,8 | 81 | 123 444 | 3 048 | 125 937 | 96,4 | 116,0 |
| 32 | 13 627 | 852 | 13 199 | 13,7 | 77,6 | 82 | 127 156 | 3 101 | 129 759 | 99,0 | 116,8 |
| 33 | 14 652 | 888 | 14 236 | 14,6 | 78,3 | 83 | 130 935 | 3 155 | 133 649 | 102 | 117,6 |
| 34 | 15 720 | 925 | 15 318 | 15,5 | 79,1 | 84 | 134 782 | 3 209 | 137 610 | 104 | 118,4 |
| 35 | 16 832 | 962 | 16 445 | 16,5 | 79,9 | 85 | 138 697 | 3 263 | 141 640 | 107 | 119,2 |
| 36 | 17 988 | 999 | 17 618 | 17,5 | 80,7 | 86 | 142 681 | 3 318 | 145 742 | 109 | 119,9 |
| 37 | 19 187 | 1 037 | 18 838 | 18,5 | 81,5 | 87 | 146 734 | 3 373 | 149 915 | 112 | 120,7 |
| 38 | 20 432 | 1 075 | 20 104 | 19,5 | 82,3 | 88 | 150 857 | 3 429 | 154 159 | 115 | 121,5 |
| 39 | 21 722 | 1 114 | 21 418 | 20,6 | 83,1 | 89 | 155 051 | 3 484 | 158 477 | 118 | 122,3 |
| 40 | 23 058 | 1 153 | 22 779 | 21,8 | 83,8 | 90 | 159 315 | 3 540 | 162 866 | 120 | 123,1 |
| 41 | 24 440 | 1 192 | 24 189 | 22,9 | 84,6 | 91 | 163 651 | 3 597 | 167 330 | 123 | 123,9 |
| 42 | 25 869 | 1 232 | 25 647 | 24,1 | 85,4 | 92 | 168 058 | 3 653 | 171 866 | 126 | 124,7 |
| 43 | 27 345 | 1 272 | 27 155 | 25,3 | 86,2 | 93 | 172 538 | 3 710 | 176 478 | 129 | 125,4 |
| 44 | 28 869 | 1 312 | 28 712 | 26,6 | 87,0 | 94 | 177 090 | 3 768 | 181 164 | 132 | 126,2 |
| 45 | 30 441 | 1 353 | 30 320 | 27,9 | 87,8 | 95 | 181 716 | 3 826 | 186 925 | 135 | 127,0 |
| 46 | 32 062 | 1 394 | 31 979 | 29,2 | 88,5 | 96 | 186 416 | 3 884 | 190 763 | 138 | 127,8 |
| 47 | 33 733 | 1 435 | 33 689 | 30,6 | 89,3 | 97 | 191 190 | 3 942 | 195 676 | 141 | 128,6 |
| 48 | 35 453 | 1 477 | 35 451 | 32,0 | 90,1 | 98 | 196 039 | 4 001 | 200 667 | 144 | 129,4 |
| 49 | 37 224 | 1 519 | 37 265 | 33,4 | 90,9 | 99 | 200 963 | 4 060 | 205 734 | 147 | 130,2 |
| 50 | 39 045 | 1 562 | 39 132 | 34,8 | 91,7 | 100 | 205 963 | 4 119 | 210 880 | 150 | 130,9 |
| 51 | 40 918 | 1 605 | 41 053 | 36,3 | 92,5 | 101 | 211 039 | 4 179 | 216 104 | 153 | 131,7 |
| 52 | 42 842 | 1 648 | 43 027 | 37,9 | 93,3 | 102 | 216 192 | 4 239 | 221 406 | 156 | 132,5 |
| 53 | 44 819 | 1 691 | 45 055 | 39,4 | 94,0 | 103 | 221 422 | 4 299 | 226 788 | 160 | 133,3 |
| 54 | 46 849 | 1 735 | 47 139 | 41,0 | 94,8 | 104 | 226 731 | 4 360 | 232 250 | 163 | 134,1 |
| 55 | 48 932 | 1 779 | 49 277 | 42,6 | 95,6 | 105 | 232 117 | 4 421 | 237 792 | 166 | 134,9 |
| 56 | 51 069 | 1 824 | 51 472 | 44,3 | 96,4 | 106 | 237 582 | 4 483 | 243 415 | 169 | 135,6 |
| 57 | 53 260 | 1 869 | 53 723 | 46,0 | 97,2 | 107 | 243 127 | 4 544 | 249 120 | 173 | 136,4 |
| 58 | 55 506 | 1 914 | 56 030 | 47,7 | 98,0 | 108 | 248 752 | 4 607 | 254 906 | 176 | 137,2 |
| 59 | 57 807 | 1 960 | 58 395 | 49,4 | 98,8 | 109 | 254 456 | 4 669 | 260 774 | 180 | 138,0 |
| 60 | 60 165 | 2 005 | 60 818 | 51,2 | 99,5 | 110 | 260 242 | 4 732 | 266 725 | 183 | 138,8 |
| 61 | 62 578 | 2 052 | 63 299 | 53,0 | 100,3 | 111 | 266 109 | 4 795 | 272 760 | 187 | 139,6 |
| 62 | 65 048 | 2 098 | 65 839 | 54,9 | 101,1 | 112 | 272 058 | 4 858 | 278 878 | 190 | 140,4 |
| 63 | 67 576 | 2 145 | 68 438 | 56,8 | 101,9 | 113 | 278 089 | 4 922 | 285 081 | 194 | 141,1 |
| 64 | 70 161 | 2 193 | 71 097 | 58,7 | 102,7 | 114 | 284 203 | 4 986 | 291 368 | 197 | 141,9 |
| 65 | 72 805 | 2 240 | 73 816 | 60,7 | 103,5 | 115 | 290 400 | 5 050 | 297 741 | 201 | 142,7 |
| 66 | 75 508 | 2 288 | 76 597 | 62,6 | 104,2 | 116 | 296 681 | 5 115 | 304 200 | 204 | 143,5 |
| 67 | 78 270 | 2 336 | 79 438 | 64,7 | 105,0 | 117 | 303 046 | 5 180 | 310 745 | 208 | 144,3 |
| 68 | 81 091 | 2 385 | 82 341 | 66,7 | 105,8 | 118 | 309 497 | 5 246 | 317 377 | 212 | 145,1 |
| 69 | 83 973 | 2 434 | 85 307 | 68,8 | 106,6 | 119 | 316 032 | 5 311 | 324 096 | 216 | 145,9 |
| 70 | 86 916 | 2 483 | 88 335 | 70,9 | 107,4 | 120 | 322 654 | 5 378 | 330 903 | 219 | 146,6 |

Neutr. ___ Axe Trägheitsmoment für $\begin{cases} h = 20 = 860{,}9 \text{ cm}^4 \\ h = 70 = 865{,}1 \text{ cm}^4 \end{cases}$

Neutr. ___ Axe Trägheitsmoment für $\begin{cases} h = 70 = 865{,}1 \text{ cm}^4 \\ h = 120 = 869{,}2 \text{ cm}^4 \end{cases}$

## ∟ 8,0 · 8,0 · 1,0 cm

### Nietstärke 2,0 cm; Stehblechdicke 1,0 cm

| Träger-Höhe h cm | e = 4,5 cm Trägheits-moment cm⁴ | Wider-standsm. cm³ | Trägheits-moment cm⁴ | Wider-standsm. cm³ | Gewicht für den lfd. m ohne Niet-köpfe kg | Träger-Höhe h cm | e = 4,5 cm Trägheits-moment cm⁴ | Wider-standsm. cm³ | Trägheits-moment cm⁴ | Wider-standsm. cm³ | Gewicht für den lfd. m ohne Niet-köpfe kg |
|---|---|---|---|---|---|---|---|---|---|---|---|
| 20 | 4 152 | 415 | 3 796 | 5,4 | 63,1 | 70 | 81 668 | 2 333 | 83 313 | 71,0 | 102,4 |
| 21 | 4 661 | 444 | 4 296 | 6,0 | 63,9 | 71 | 84 515 | 2 381 | 86 250 | 73,2 | 103,1 |
| 22 | 5 204 | 473 | 4 833 | 6,5 | 64,7 | 72 | 87 421 | 2 428 | 89 249 | 75,4 | 103,9 |
| 23 | 5 783 | 503 | 5 406 | 7,1 | 65,5 | 73 | 90 387 | 2 476 | 92 310 | 77,6 | 104,7 |
| 24 | 6 397 | 533 | 6 017 | 7,7 | 66,3 | 74 | 93 414 | 2 525 | 95 434 | 79,8 | 105,5 |
| 25 | 7 047 | 564 | 6 666 | 8,4 | 67,0 | 75 | 96 501 | 2 573 | 98 621 | 82,1 | 106,3 |
| 26 | 7 734 | 595 | 7 354 | 9,0 | 67,8 | 76 | 99 650 | 2 622 | 101 871 | 84,4 | 107,1 |
| 27 | 8 457 | 626 | 8 081 | 9,7 | 68,6 | 77 | 102 861 | 2 672 | 105 185 | 86,8 | 107,9 |
| 28 | 9 218 | 658 | 8 847 | 10,5 | 69,4 | 78 | 106 135 | 2 721 | 108 563 | 89,2 | 108,6 |
| 29 | 10 017 | 691 | 9 653 | 11,3 | 70,2 | 79 | 109 472 | 2 771 | 112 007 | 91,6 | 109,4 |
| 30 | 10 855 | 724 | 10 499 | 12,1 | 71,0 | 80 | 112 872 | 2 822 | 115 516 | 94,1 | 110,2 |
| 31 | 11 732 | 757 | 11 387 | 12,9 | 71,7 | 81 | 116 336 | 2 872 | 119 091 | 96,5 | 111,0 |
| 32 | 12 648 | 790 | 12 316 | 13,7 | 72,5 | 82 | 119 864 | 2 924 | 122 733 | 99,1 | 111,8 |
| 33 | 13 604 | 824 | 13 287 | 14,6 | 73,3 | 83 | 123 458 | 2 975 | 126 441 | 102 | 112,6 |
| 34 | 14 600 | 859 | 14 301 | 15,6 | 74,1 | 84 | 127 117 | 3 027 | 130 217 | 104 | 113,4 |
| 35 | 15 638 | 894 | 15 357 | 16,5 | 74,9 | 85 | 130 842 | 3 079 | 134 061 | 107 | 114,1 |
| 36 | 16 717 | 929 | 16 457 | 17,5 | 75,7 | 86 | 134 634 | 3 131 | 137 974 | 110 | 114,9 |
| 37 | 17 838 | 964 | 17 601 | 18,6 | 76,5 | 87 | 138 492 | 3 184 | 141 956 | 112 | 115,7 |
| 38 | 19 002 | 1 000 | 18 790 | 19,6 | 77,2 | 88 | 142 418 | 3 237 | 146 007 | 115 | 116,5 |
| 39 | 20 208 | 1 036 | 20 024 | 20,7 | 78,0 | 89 | 146 412 | 3 290 | 150 128 | 118 | 117,3 |
| 40 | 21 458 | 1 073 | 21 303 | 21,9 | 78,8 | 90 | 150 475 | 3 344 | 154 319 | 120 | 118,1 |
| 41 | 22 752 | 1 110 | 22 628 | 23,0 | 79,6 | 91 | 154 607 | 3 398 | 158 582 | 123 | 118,8 |
| 42 | 24 091 | 1 147 | 23 999 | 24,2 | 80,4 | 92 | 158 808 | 3 452 | 162 916 | 126 | 119,6 |
| 43 | 25 475 | 1 185 | 25 418 | 25,4 | 81,2 | 93 | 163 079 | 3 507 | 167 322 | 129 | 120,4 |
| 44 | 26 904 | 1 223 | 26 884 | 26,7 | 82,0 | 94 | 167 420 | 3 562 | 171 801 | 132 | 121,2 |
| 45 | 28 379 | 1 261 | 28 398 | 28,0 | 82,7 | 95 | 171 833 | 3 618 | 176 352 | 135 | 122,0 |
| 46 | 29 900 | 1 300 | 29 961 | 29,3 | 83,5 | 96 | 176 317 | 3 673 | 180 977 | 138 | 122,8 |
| 47 | 31 469 | 1 339 | 31 572 | 30,7 | 84,3 | 97 | 180 873 | 3 729 | 185 676 | 141 | 123,6 |
| 48 | 33 085 | 1 379 | 33 233 | 32,1 | 85,1 | 98 | 185 502 | 3 786 | 190 450 | 144 | 124,3 |
| 49 | 34 749 | 1 418 | 34 944 | 33,5 | 85,9 | 99 | 190 203 | 3 842 | 195 299 | 147 | 125,1 |
| 50 | 36 462 | 1 458 | 36 706 | 34,9 | 86,7 | 100 | 194 978 | 3 900 | 200 223 | 150 | 125,9 |
| 51 | 38 223 | 1 499 | 38 519 | 36,4 | 87,4 | 101 | 199 827 | 3 957 | 205 223 | 153 | 126,7 |
| 52 | 40 034 | 1 540 | 40 383 | 37,9 | 88,2 | 102 | 204 751 | 4 015 | 210 299 | 156 | 127,5 |
| 53 | 41 895 | 1 581 | 42 299 | 39,5 | 89,0 | 103 | 209 750 | 4 073 | 215 453 | 160 | 128,3 |
| 54 | 43 807 | 1 622 | 44 267 | 41,1 | 89,8 | 104 | 214 824 | 4 131 | 220 684 | 163 | 129,1 |
| 55 | 45 770 | 1 664 | 46 289 | 42,7 | 90,6 | 105 | 219 974 | 4 190 | 225 993 | 166 | 129,8 |
| 56 | 47 784 | 1 707 | 48 364 | 44,4 | 91,4 | 106 | 225 200 | 4 249 | 231 381 | 170 | 130,6 |
| 57 | 49 850 | 1 749 | 50 493 | 46,1 | 92,2 | 107 | 230 504 | 4 308 | 236 847 | 173 | 131,4 |
| 58 | 51 968 | 1 792 | 52 677 | 47,8 | 92,9 | 108 | 235 885 | 4 368 | 242 393 | 176 | 132,2 |
| 59 | 54 140 | 1 835 | 54 915 | 49,5 | 93,7 | 109 | 241 344 | 4 428 | 248 019 | 180 | 133,0 |
| 60 | 56 365 | 1 879 | 57 209 | 51,3 | 94,5 | 110 | 246 882 | 4 489 | 253 726 | 183 | 133,8 |
| 61 | 58 644 | 1 923 | 59 559 | 53,1 | 95,3 | 111 | 252 498 | 4 550 | 259 514 | 187 | 134,5 |
| 62 | 60 978 | 1 967 | 61 966 | 55,0 | 96,1 | 112 | 258 194 | 4 611 | 265 383 | 190 | 135,3 |
| 63 | 63 366 | 2 012 | 64 430 | 56,9 | 96,9 | 113 | 263 970 | 4 672 | 271 334 | 194 | 136,1 |
| 64 | 65 810 | 2 057 | 66 951 | 58,8 | 97,7 | 114 | 269 827 | 4 734 | 277 367 | 197 | 136,9 |
| 65 | 68 310 | 2 102 | 69 530 | 60,8 | 98,4 | 115 | 275 765 | 4 796 | 283 484 | 201 | 137,7 |
| 66 | 70 867 | 2 147 | 72 167 | 62,7 | 99,2 | 116 | 281 784 | 4 858 | 289 684 | 205 | 138,5 |
| 67 | 73 481 | 2 193 | 74 864 | 64,8 | 100,0 | 117 | 287 885 | 4 921 | 295 968 | 208 | 139,3 |
| 68 | 76 152 | 2 240 | 77 620 | 66,8 | 100,8 | 118 | 294 068 | 4 984 | 302 337 | 212 | 140,0 |
| 69 | 78 881 | 2 286 | 80 436 | 68,9 | 101,6 | 119 | 300 335 | 5 048 | 308 790 | 216 | 140,8 |
| 70 | 81 668 | 2 333 | 83 313 | 71,0 | 102,4 | 120 | 306 685 | 5 111 | 315 329 | 220 | 141,6 |

Neutr. Axe Trägheitsmoment für { h = 20 = 850,7 cm⁴ ; h = 70 = 854,8 cm⁴ }

Neutr. Axe Trägheitsmoment für { h = 70 = 854,8 cm⁴ ; h = 120 = 859,0 cm⁴ }

## ∟ 8,0 · 8,0 · 1,2 cm

### Nietstärke 2,0 cm; Stehblechdicke 1,0 cm

| Träger-Höhe h (cm) | e = 4,6 cm Trägheitsmoment cm⁴ | Widerstandsm. cm³ | Trägheitsmoment cm⁴ | Widerstandsm. cm³ | Gewicht für den lfd. m ohne Nietköpfe kg | Träger-Höhe h (cm) | e = 4,6 cm Trägheitsmoment cm⁴ | Widerstandsm. cm³ | Trägheitsmoment cm⁴ | Widerstandsm. cm³ | Gewicht für den lfd. m ohne Nietköpfe kg |
|---|---|---|---|---|---|---|---|---|---|---|---|
| 20 | 4 741 | 474 | 4 292 | 5,5 | 71,9 | 70 | 91 746 | 2 621 | 92 958 | 71,1 | 111,2 |
| 21 | 5 324 | 507 | 4 860 | 6,0 | 72,7 | 71 | 94 903 | 2 673 | 96 199 | 73,2 | 111,9 |
| 22 | 5 946 | 541 | 5 469 | 6,5 | 73,5 | 72 | 98 124 | 2 726 | 99 506 | 75,1 | 112,7 |
| 23 | 6 609 | 575 | 6 119 | 7,1 | 74,3 | 73 | 101 410 | 2 778 | 102 880 | 77,7 | 113,5 |
| 24 | 7 311 | 609 | 6 811 | 7,7 | 75,0 | 74 | 104 760 | 2 831 | 106 321 | 79,9 | 114,3 |
| 25 | 8 054 | 644 | 7 547 | 8,4 | 75,8 | 75 | 108 177 | 2 885 | 109 830 | 82,2 | 115,1 |
| 26 | 8 838 | 680 | 8 325 | 9,1 | 76,6 | 76 | 111 660 | 2 938 | 113 407 | 84,5 | 115,9 |
| 27 | 9 664 | 716 | 9 148 | 9,8 | 77,4 | 77 | 115 209 | 2 992 | 117 052 | 86,9 | 116,7 |
| 28 | 10 533 | 752 | 10 014 | 10,5 | 78,2 | 78 | 118 826 | 3 047 | 120 767 | 89,3 | 117,4 |
| 29 | 11 444 | 789 | 10 925 | 11,3 | 79,0 | 79 | 122 511 | 3 102 | 124 552 | 91,7 | 118,2 |
| 30 | 12 398 | 827 | 11 882 | 12,1 | 79,8 | 80 | 126 263 | 3 157 | 128 407 | 94,1 | 119,0 |
| 31 | 13 396 | 864 | 12 884 | 12,9 | 80,5 | 81 | 130 085 | 3 212 | 132 333 | 96,6 | 119,8 |
| 32 | 14 438 | 902 | 13 932 | 13,8 | 81,3 | 82 | 133 975 | 3 268 | 136 329 | 99,1 | 120,6 |
| 33 | 15 525 | 941 | 15 027 | 14,7 | 82,1 | 83 | 137 936 | 3 324 | 140 398 | 102 | 121,4 |
| 34 | 16 657 | 980 | 16 169 | 15,6 | 82,9 | 84 | 141 966 | 3 380 | 144 539 | 104 | 122,1 |
| 35 | 17 835 | 1 019 | 17 359 | 16,6 | 83,7 | 85 | 146 068 | 3 437 | 148 752 | 107 | 122,9 |
| 36 | 19 059 | 1 059 | 18 598 | 17,6 | 84,5 | 86 | 150 240 | 3 494 | 153 039 | 110 | 123,7 |
| 37 | 20 329 | 1 099 | 19 884 | 18,6 | 85,3 | 87 | 154 484 | 3 551 | 157 399 | 112 | 124,5 |
| 38 | 21 647 | 1 139 | 21 221 | 19,7 | 86,0 | 88 | 158 801 | 3 609 | 161 834 | 115 | 125,3 |
| 39 | 23 013 | 1 180 | 22 607 | 20,8 | 86,8 | 89 | 163 190 | 3 667 | 166 344 | 118 | 126,1 |
| 40 | 24 427 | 1 221 | 24 043 | 21,9 | 87,6 | 90 | 167 652 | 3 726 | 170 928 | 121 | 126,9 |
| 41 | 25 890 | 1 263 | 25 529 | 23,1 | 88,4 | 91 | 172 189 | 3 784 | 175 588 | 123 | 127,6 |
| 42 | 27 401 | 1 305 | 27 067 | 24,3 | 89,2 | 92 | 176 799 | 3 843 | 180 325 | 126 | 128,4 |
| 43 | 28 963 | 1 347 | 28 657 | 25,5 | 90,0 | 93 | 181 484 | 3 903 | 185 138 | 129 | 129,2 |
| 44 | 30 575 | 1 390 | 30 299 | 26,7 | 90,7 | 94 | 186 244 | 3 963 | 190 029 | 132 | 130,0 |
| 45 | 32 237 | 1 433 | 31 994 | 28,0 | 91,5 | 95 | 191 080 | 4 023 | 194 997 | 135 | 130,8 |
| 46 | 33 951 | 1 476 | 33 742 | 29,4 | 92,3 | 96 | 195 992 | 4 083 | 200 043 | 138 | 131,6 |
| 47 | 35 716 | 1 520 | 35 543 | 30,7 | 93,1 | 97 | 200 981 | 4 144 | 205 168 | 141 | 132,4 |
| 48 | 37 534 | 1 564 | 37 399 | 32,1 | 93,9 | 98 | 206 048 | 4 205 | 210 373 | 144 | 133,1 |
| 49 | 39 404 | 1 608 | 39 310 | 33,5 | 94,7 | 99 | 211 191 | 4 266 | 215 657 | 147 | 133,9 |
| 50 | 41 328 | 1 653 | 41 276 | 35,0 | 95,5 | 100 | 216 413 | 4 328 | 221 021 | 150 | 134,7 |
| 51 | 43 305 | 1 698 | 43 297 | 36,5 | 96,2 | 101 | 221 714 | 4 390 | 226 466 | 153 | 135,5 |
| 52 | 45 337 | 1 744 | 45 375 | 38,0 | 97,0 | 102 | 227 094 | 4 453 | 231 992 | 157 | 136,3 |
| 53 | 47 423 | 1 790 | 47 509 | 39,6 | 97,8 | 103 | 232 554 | 4 516 | 237 600 | 160 | 137,1 |
| 54 | 49 565 | 1 836 | 49 701 | 41,2 | 98,6 | 104 | 238 094 | 4 579 | 243 291 | 163 | 137,8 |
| 55 | 51 762 | 1 882 | 51 951 | 42,8 | 99,4 | 105 | 243 715 | 4 642 | 249 063 | 166 | 138,6 |
| 56 | 54 015 | 1 929 | 54 258 | 44,4 | 100,2 | 106 | 249 417 | 4 706 | 254 920 | 170 | 139,4 |
| 57 | 56 325 | 1 976 | 56 624 | 46,1 | 101,0 | 107 | 255 200 | 4 770 | 260 859 | 173 | 140,2 |
| 58 | 58 693 | 2 024 | 59 050 | 47,8 | 101,7 | 108 | 261 066 | 4 835 | 266 884 | 176 | 141,0 |
| 59 | 61 118 | 2 072 | 61 535 | 49,6 | 102,5 | 109 | 267 015 | 4 899 | 272 992 | 180 | 141,8 |
| 60 | 63 601 | 2 120 | 64 081 | 51,4 | 103,3 | 110 | 273 047 | 4 964 | 279 186 | 183 | 142,6 |
| 61 | 66 143 | 2 169 | 66 687 | 53,2 | 104,1 | 111 | 279 162 | 5 030 | 285 466 | 187 | 143,3 |
| 62 | 68 744 | 2 218 | 69 354 | 55,1 | 104,9 | 112 | 285 362 | 5 096 | 291 832 | 190 | 144,1 |
| 63 | 71 405 | 2 267 | 72 084 | 57,0 | 105,7 | 113 | 291 646 | 5 162 | 298 285 | 194 | 144,9 |
| 64 | 74 127 | 2 316 | 74 875 | 58,9 | 106,4 | 114 | 298 016 | 5 228 | 304 824 | 197 | 145,7 |
| 65 | 76 908 | 2 366 | 77 729 | 60,8 | 107,2 | 115 | 304 471 | 5 295 | 311 452 | 201 | 146,5 |
| 66 | 79 752 | 2 417 | 80 646 | 62,8 | 108,0 | 116 | 311 013 | 5 362 | 318 168 | 205 | 147,3 |
| 67 | 82 656 | 2 467 | 83 627 | 64,8 | 108,8 | 117 | 317 641 | 5 430 | 324 972 | 208 | 148,1 |
| 68 | 85 623 | 2 518 | 86 673 | 66,9 | 109,6 | 118 | 324 357 | 5 498 | 331 866 | 212 | 148,8 |
| 69 | 88 653 | 2 570 | 89 783 | 69,0 | 110,4 | 119 | 331 160 | 5 566 | 338 850 | 216 | 149,6 |
| 70 | 91 746 | 2 621 | 92 958 | 71,1 | 111,2 | 120 | 338 052 | 5 634 | 345 923 | 220 | 150,4 |

Neutr. Axe — Trägheitsmoment für { h = 20 = 1027,5 cm⁴; h = 70 = 1031,6 cm⁴ }

Neutr. Axe — Trägheitsmoment für { h = 70 = 1031,6 cm⁴; h = 120 = 1035,8 cm⁴ }

## ⌐ 8,0 · 8,0 · 1,2 cm

### Nietstärke 2,3 cm; Stehblechdicke 1,0 cm

| Träger-Höhe h cm | e=4,6 cm Trägheits-moment cm⁴ | Widerstandsm. cm³ | Trägheits-moment cm⁴ | Widerstandsm. cm³ | Gewicht für den lfd. m ohne Nietköpfe kg | Träger-Höhe h cm | e=4,6 cm Trägheits-moment cm⁴ | Widerstandsm. cm³ | Trägheits-moment cm⁴ | Widerstandsm. cm³ | Gewicht für den lfd. m ohne Nietköpfe kg |
|---|---|---|---|---|---|---|---|---|---|---|---|
| 30 | 12 175 | 812 | 11 583 | 11,7 | 79,8 | 80 | 123 704 | 3 093 | 126 171 | 92,3 | 119,0 |
| 31 | 13 151 | 848 | 12 564 | 12,5 | 80,5 | 81 | 127 453 | 3 147 | 130 040 | 94,7 | 119,8 |
| 32 | 14 170 | 886 | 13 590 | 13,3 | 81,3 | 82 | 131 270 | 3 202 | 133 979 | 97,2 | 120,6 |
| 33 | 15 234 | 923 | 14 663 | 14,2 | 82,1 | 83 | 135 156 | 3 257 | 137 989 | 99,7 | 121,4 |
| 34 | 16 341 | 961 | 15 782 | 15,1 | 82,9 | 84 | 139 110 | 3 312 | 142 071 | 102 | 122,1 |
| 35 | 17 493 | 1 000 | 16 948 | 16,0 | 83,7 | 85 | 143 135 | 3 368 | 146 224 | 105 | 122,9 |
| 36 | 18 690 | 1 038 | 18 161 | 17,0 | 84,5 | 86 | 147 230 | 3 424 | 150 450 | 108 | 123,7 |
| 37 | 19 933 | 1 077 | 19 423 | 18,0 | 85,3 | 87 | 151 395 | 3 480 | 154 749 | 110 | 124,5 |
| 38 | 21 222 | 1 117 | 20 733 | 19,0 | 86,0 | 88 | 155 632 | 3 537 | 159 122 | 113 | 125,3 |
| 39 | 22 558 | 1 157 | 22 092 | 20,1 | 86,8 | 89 | 159 940 | 3 594 | 163 568 | 116 | 126,1 |
| 40 | 23 941 | 1 197 | 23 501 | 21,2 | 87,6 | 90 | 164 320 | 3 652 | 168 089 | 118 | 126,9 |
| 41 | 25 371 | 1 238 | 24 959 | 22,3 | 88,4 | 91 | 168 774 | 3 709 | 172 685 | 121 | 127,6 |
| 42 | 26 850 | 1 279 | 26 468 | 23,5 | 89,2 | 92 | 173 300 | 3 767 | 177 357 | 124 | 128,4 |
| 43 | 28 378 | 1 320 | 28 028 | 24,7 | 90,0 | 93 | 177 900 | 3 826 | 182 104 | 127 | 129,2 |
| 44 | 29 955 | 1 362 | 29 640 | 25,9 | 90,7 | 94 | 182 574 | 3 885 | 186 928 | 130 | 130,0 |
| 45 | 31 581 | 1 404 | 31 303 | 27,2 | 91,5 | 95 | 187 323 | 3 944 | 191 829 | 133 | 130,8 |
| 46 | 33 258 | 1 446 | 33 019 | 28,5 | 92,3 | 96 | 192 148 | 4 003 | 196 808 | 136 | 131,6 |
| 47 | 34 985 | 1 489 | 34 788 | 29,8 | 93,1 | 97 | 197 047 | 4 063 | 201 864 | 139 | 132,4 |
| 48 | 36 764 | 1 532 | 36 611 | 31,2 | 93,9 | 98 | 202 024 | 4 123 | 206 999 | 142 | 133,1 |
| 49 | 38 594 | 1 575 | 38 487 | 32,6 | 94,7 | 99 | 207 076 | 4 183 | 212 213 | 145 | 133,9 |
| 50 | 40 477 | 1 619 | 40 418 | 34,0 | 95,5 | 100 | 212 206 | 4 244 | 217 507 | 148 | 134,7 |
| 51 | 42 412 | 1 663 | 42 404 | 35,5 | 96,2 | 101 | 217 414 | 4 305 | 222 880 | 151 | 135,5 |
| 52 | 44 400 | 1 708 | 44 446 | 37,0 | 97,0 | 102 | 222 700 | 4 367 | 228 334 | 154 | 136,3 |
| 53 | 46 442 | 1 753 | 46 543 | 38,5 | 97,8 | 103 | 228 065 | 4 428 | 233 869 | 157 | 137,1 |
| 54 | 48 539 | 1 798 | 48 697 | 40,0 | 98,6 | 104 | 233 508 | 4 491 | 239 486 | 160 | 137,8 |
| 55 | 50 690 | 1 843 | 50 908 | 41,6 | 99,4 | 105 | 239 032 | 4 553 | 245 185 | 164 | 138,6 |
| 56 | 52 896 | 1 889 | 53 177 | 43,3 | 100,2 | 106 | 244 636 | 4 616 | 250 966 | 167 | 139,4 |
| 57 | 55 158 | 1 935 | 55 503 | 44,9 | 101,0 | 107 | 250 320 | 4 679 | 256 830 | 170 | 140,2 |
| 58 | 57 476 | 1 982 | 57 888 | 46,6 | 101,7 | 108 | 256 086 | 4 742 | 262 777 | 174 | 141,0 |
| 59 | 59 851 | 2 029 | 60 332 | 48,3 | 102,5 | 109 | 261 933 | 4 806 | 268 809 | 177 | 141,8 |
| 60 | 62 283 | 2 076 | 62 836 | 50,1 | 103,3 | 110 | 267 862 | 4 870 | 274 925 | 180 | 142,6 |
| 61 | 64 772 | 2 124 | 65 399 | 51,9 | 104,1 | 111 | 273 874 | 4 935 | 281 126 | 184 | 143,3 |
| 62 | 67 320 | 2 172 | 68 024 | 53,7 | 104,9 | 112 | 279 970 | 4 999 | 287 412 | 187 | 144,1 |
| 63 | 69 927 | 2 220 | 70 709 | 55,6 | 105,7 | 113 | 286 149 | 5 065 | 293 785 | 191 | 144,9 |
| 64 | 72 593 | 2 269 | 73 455 | 57,5 | 106,4 | 114 | 292 412 | 5 130 | 300 244 | 194 | 145,7 |
| 65 | 75 318 | 2 317 | 76 264 | 59,4 | 107,2 | 115 | 298 760 | 5 196 | 306 790 | 198 | 146,5 |
| 66 | 78 104 | 2 367 | 79 135 | 61,3 | 108,0 | 116 | 305 193 | 5 262 | 313 423 | 202 | 147,3 |
| 67 | 80 950 | 2 416 | 82 069 | 63,3 | 108,8 | 117 | 311 712 | 5 328 | 320 145 | 205 | 148,1 |
| 68 | 83 858 | 2 466 | 85 066 | 65,4 | 109,6 | 118 | 318 317 | 5 395 | 326 955 | 209 | 148,8 |
| 69 | 86 827 | 2 517 | 88 128 | 67,4 | 110,4 | 119 | 325 009 | 5 462 | 333 854 | 213 | 149,6 |
| 70 | 89 859 | 2 567 | 91 254 | 69,5 | 111,2 | 120 | 331 788 | 5 530 | 340 842 | 217 | 150,4 |
| 71 | 92 953 | 2 618 | 94 445 | 71,6 | 111,9 | 121 | 338 655 | 5 598 | 347 921 | 220 | 151,2 |
| 72 | 96 110 | 2 670 | 97 701 | 73,8 | 112,7 | 122 | 345 610 | 5 666 | 355 090 | 224 | 152,0 |
| 73 | 99 331 | 2 721 | 101 024 | 76,0 | 113,5 | 123 | 352 653 | 5 734 | 362 350 | 228 | 152,8 |
| 74 | 102 617 | 2 773 | 104 413 | 78,2 | 114,3 | 124 | 359 786 | 5 803 | 369 701 | 232 | 153,5 |
| 75 | 105 967 | 2 826 | 107 869 | 80,5 | 115,1 | 125 | 367 009 | 5 872 | 377 145 | 236 | 154,3 |
| 76 | 109 382 | 2 878 | 111 392 | 82,8 | 115,9 | 126 | 374 321 | 5 942 | 384 681 | 240 | 155,1 |
| 77 | 112 863 | 2 931 | 114 984 | 85,1 | 116,7 | 127 | 381 725 | 6 011 | 392 310 | 244 | 155,9 |
| 78 | 116 410 | 2 985 | 118 644 | 87,4 | 117,4 | 128 | 389 219 | 6 082 | 400 033 | 248 | 156,7 |
| 79 | 120 024 | 3 039 | 122 373 | 89,8 | 118,2 | 129 | 396 806 | 6 152 | 407 849 | 252 | 157,5 |
| 80 | 123 704 | 3 093 | 126 171 | 92,3 | 119,0 | 130 | 404 484 | 6 223 | 415 760 | 256 | 158,3 |

Neutr. A.xx Trägheitsmoment für { h = 30 = 1028,3 cm⁴ ; h = 80 = 1032,5 cm⁴ }    Neutr. A.xx Trägheitsmoment für { h = 80 = 1032,5 cm⁴ ; h = 130 = 1036,6 cm⁴ }

## L 9,0 · 9,0 · 1,1 cm

### Nietstärke 2,0 cm; Stehblechdicke 1,0 cm

| Träger-Höhe h cm | $e=5{,}05$ cm Trägheitsmoment cm⁴ | Widerstandsm. cm³ | Trägheitsmoment cm⁴ | Widerstandsm. cm³ | Gewicht für den lfd m ohne Nietköpfe kg | Träger-Höhe h cm | $e=5{,}05$ cm Trägheitsmoment cm⁴ | Widerstandsm. cm³ | Trägheitsmoment cm⁴ | Widerstandsm. cm³ | Gewicht für den lfd m ohne Nietköpfe kg |
|---|---|---|---|---|---|---|---|---|---|---|---|
| 30 | 12 873 | 858 | 12 306 | 12,4 | 82,3 | 80 | 131 301 | 3 283 | 133 244 | 94,4 | 121,5 |
| 31 | 13 912 | 898 | 13 346 | 13,2 | 83,1 | 81 | 135 266 | 3 340 | 137 310 | 96,9 | 122,3 |
| 32 | 14 997 | 937 | 14 434 | 14,1 | 83,8 | 82 | 139 303 | 3 398 | 141 450 | 99,5 | 123,1 |
| 33 | 16 129 | 977 | 15 571 | 14,9 | 84,6 | 83 | 143 411 | 3 456 | 145 664 | 102 | 123,9 |
| 34 | 17 308 | 1 018 | 16 758 | 15,9 | 85,4 | 84 | 147 591 | 3 514 | 149 951 | 105 | 124,7 |
| 35 | 18 534 | 1 059 | 17 994 | 16,9 | 86,2 | 85 | 151 845 | 3 573 | 154 314 | 107 | 125,4 |
| 36 | 19 810 | 1 101 | 19 280 | 17,9 | 87,0 | 86 | 156 171 | 3 632 | 158 752 | 110 | 126,2 |
| 37 | 21 133 | 1 142 | 20 617 | 18,9 | 87,8 | 87 | 160 572 | 3 691 | 163 265 | 113 | 127,0 |
| 38 | 22 507 | 1 185 | 22 005 | 20,0 | 88,6 | 88 | 165 046 | 3 751 | 167 855 | 115 | 127,8 |
| 39 | 23 930 | 1 227 | 23 445 | 21,1 | 89,3 | 89 | 169 596 | 3 811 | 172 522 | 118 | 128,6 |
| 40 | 25 403 | 1 270 | 24 938 | 22,2 | 90,1 | 90 | 174 220 | 3 872 | 177 266 | 121 | 129,4 |
| 41 | 26 927 | 1 313 | 26 483 | 23,3 | 90,9 | 91 | 178 921 | 3 932 | 182 087 | 124 | 130,2 |
| 42 | 28 502 | 1 357 | 28 082 | 24,5 | 91,7 | 92 | 183 698 | 3 993 | 186 987 | 127 | 130,9 |
| 43 | 30 129 | 1 401 | 29 734 | 25,8 | 92,5 | 93 | 188 551 | 4 055 | 191 966 | 129 | 131,7 |
| 44 | 31 808 | 1 446 | 31 440 | 27,0 | 93,3 | 94 | 193 482 | 4 117 | 197 024 | 132 | 132,5 |
| 45 | 33 541 | 1 491 | 33 202 | 28,3 | 94,0 | 95 | 198 491 | 4 179 | 202 162 | 135 | 133,3 |
| 46 | 35 326 | 1 536 | 35 018 | 29,7 | 94,8 | 96 | 203 578 | 4 241 | 207 380 | 138 | 134,1 |
| 47 | 37 165 | 1 581 | 36 891 | 31,0 | 95,6 | 97 | 208 743 | 4 304 | 212 679 | 141 | 134,9 |
| 48 | 39 059 | 1 627 | 38 819 | 32,4 | 96,4 | 98 | 213 988 | 4 367 | 218 059 | 144 | 135,7 |
| 49 | 41 007 | 1 674 | 40 805 | 33,8 | 97,2 | 99 | 219 313 | 4 431 | 223 521 | 147 | 136,4 |
| 50 | 43 010 | 1 720 | 42 847 | 35,3 | 98,0 | 100 | 224 718 | 4 494 | 229 065 | 151 | 137,2 |
| 51 | 45 070 | 1 767 | 44 948 | 36,8 | 98,8 | 101 | 230 204 | 4 558 | 234 692 | 154 | 138,0 |
| 52 | 47 185 | 1 815 | 47 107 | 38,3 | 99,5 | 102 | 235 771 | 4 623 | 240 402 | 157 | 138,8 |
| 53 | 49 358 | 1 863 | 49 324 | 39,9 | 100,3 | 103 | 241 420 | 4 688 | 246 197 | 160 | 139,6 |
| 54 | 51 587 | 1 911 | 51 601 | 41,5 | 101,1 | 104 | 247 151 | 4 753 | 252 075 | 163 | 140,4 |
| 55 | 53 875 | 1 959 | 53 938 | 43,1 | 101,9 | 105 | 252 965 | 4 818 | 258 038 | 167 | 141,1 |
| 56 | 56 220 | 2 008 | 56 335 | 44,7 | 102,7 | 106 | 258 862 | 4 884 | 264 086 | 170 | 141,9 |
| 57 | 58 625 | 2 057 | 58 792 | 46,4 | 103,5 | 107 | 264 843 | 4 950 | 270 221 | 173 | 142,7 |
| 58 | 61 088 | 2 106 | 61 311 | 48,1 | 104,3 | 108 | 270 908 | 5 017 | 276 441 | 177 | 143,5 |
| 59 | 63 612 | 2 156 | 63 892 | 49,9 | 105,0 | 109 | 277 058 | 5 084 | 282 748 | 180 | 144,3 |
| 60 | 66 196 | 2 207 | 66 535 | 51,7 | 105,8 | 110 | 283 294 | 5 151 | 289 143 | 184 | 145,1 |
| 61 | 68 840 | 2 257 | 69 241 | 53,5 | 106,6 | 111 | 289 615 | 5 218 | 295 625 | 187 | 145,9 |
| 62 | 71 546 | 2 308 | 72 010 | 55,4 | 107,4 | 112 | 296 022 | 5 286 | 302 196 | 191 | 146,6 |
| 63 | 74 314 | 2 359 | 74 843 | 57,3 | 108,2 | 113 | 302 516 | 5 354 | 308 855 | 194 | 147,4 |
| 64 | 77 144 | 2 411 | 77 740 | 59,2 | 109,0 | 114 | 309 098 | 5 423 | 315 604 | 198 | 148,2 |
| 65 | 80 037 | 2 463 | 80 702 | 61,1 | 109,7 | 115 | 315 767 | 5 492 | 322 442 | 201 | 149,0 |
| 66 | 82 993 | 2 515 | 83 729 | 63,1 | 110,5 | 116 | 322 524 | 5 561 | 329 371 | 205 | 149,8 |
| 67 | 86 012 | 2 568 | 86 822 | 65,1 | 111,3 | 117 | 329 371 | 5 630 | 336 390 | 209 | 150,6 |
| 68 | 89 096 | 2 620 | 89 981 | 67,2 | 112,1 | 118 | 336 306 | 5 700 | 343 501 | 212 | 151,4 |
| 69 | 92 245 | 2 674 | 93 207 | 69,3 | 112,9 | 119 | 343 332 | 5 770 | 350 703 | 216 | 152,1 |
| 70 | 95 459 | 2 727 | 96 501 | 71,4 | 113,7 | 120 | 350 447 | 5 841 | 357 998 | 220 | 152,9 |
| 71 | 98 739 | 2 781 | 99 862 | 73,6 | 114,5 | 121 | 357 654 | 5 912 | 365 386 | 224 | 153,7 |
| 72 | 102 085 | 2 836 | 103 291 | 75,7 | 115,2 | 122 | 364 951 | 5 983 | 372 867 | 228 | 154,5 |
| 73 | 105 498 | 2 890 | 106 789 | 78,0 | 116,0 | 123 | 372 341 | 6 054 | 380 441 | 231 | 155,3 |
| 74 | 108 979 | 2 945 | 110 357 | 80,2 | 116,8 | 124 | 379 822 | 6 126 | 388 110 | 235 | 156,1 |
| 75 | 112 527 | 3 001 | 113 994 | 82,5 | 117,6 | 125 | 387 397 | 6 198 | 395 874 | 239 | 156,8 |
| 76 | 116 143 | 3 056 | 117 701 | 84,8 | 118,4 | 126 | 395 065 | 6 271 | 403 733 | 243 | 157,6 |
| 77 | 119 828 | 3 112 | 121 480 | 87,2 | 119,2 | 127 | 402 826 | 6 344 | 411 688 | 247 | 158,4 |
| 78 | 123 582 | 3 169 | 125 329 | 89,6 | 120,0 | 128 | 410 682 | 6 417 | 419 739 | 251 | 159,2 |
| 79 | 127 407 | 3 225 | 129 250 | 92,0 | 120,7 | 129 | 418 633 | 6 490 | 427 887 | 255 | 160,0 |
| 80 | 131 301 | 3 283 | 133 244 | 94,4 | 121,5 | 130 | 426 679 | 6 564 | 436 132 | 260 | 160,8 |

Neutr. Axe Trägheitsmoment für $\begin{cases} h = 30 = 1301{,}6 \text{ cm}^4 \\ h = 80 = 1305{,}8 \text{ cm}^4 \end{cases}$

Neutr. Axe Trägheitsmoment für $\begin{cases} h = 80 = 1305{,}8 \text{ cm}^4 \\ h = 130 = 1310{,}0 \text{ cm}^4 \end{cases}$

## ∟ 9,0 · 9,0 · 1,3 cm
### Nietstärke 2,0 cm; Stehblechdicke 1,0 cm

| Träger-Höhe h cm | $e=5{,}15$ cm Trägheitsmoment cm⁴ | Widerstandsm. cm³ | Trägheitsmoment cm⁴ | Widerstandsm. cm³ | Gewicht für den lfd. m ohne Nietköpfe kg |
|---|---|---|---|---|---|
| 30 | 14 574 | 972 | 13 833 | 12,4 | 92,0 |
| 31 | 15 749 | 1 016 | 15 002 | 13,2 | 92 8 |
| 32 | 16 976 | 1 061 | 16 224 | 14,1 | 93 6 |
| 33 | 18 255 | 1 106 | 17 500 | 15,0 | 94,4 |
| 34 | 19 586 | 1 152 | 18 831 | 16,0 | 95,1 |
| 35 | 20 971 | 1 198 | 20 218 | 16,9 | 95,9 |
| 36 | 22 409 | 1 245 | 21 660 | 17,9 | 96,7 |
| 37 | 23 902 | 1 292 | 23 158 | 19,0 | 97,5 |
| 38 | 25 449 | 1 339 | 24 713 | 20,0 | 98,3 |
| 39 | 27 052 | 1 387 | 26 325 | 21,1 | 99,1 |
| 40 | 28 710 | 1 436 | 27 995 | 22,2 | 99,8 |
| 41 | 30 425 | 1 484 | 29 723 | 23,4 | 100,6 |
| 42 | 32 196 | 1 533 | 31 510 | 24,6 | 101,4 |
| 43 | 34 024 | 1 583 | 33 356 | 25,8 | 102 2 |
| 44 | 35 911 | 1 632 | 35 262 | 27,1 | 103,0 |
| 45 | 37 855 | 1 682 | 37 228 | 28,4 | 103,8 |
| 46 | 39 858 | 1 733 | 39 255 | 29,7 | 104,6 |
| 47 | 41 920 | 1 784 | 41 343 | 31,1 | 105,3 |
| 48 | 44 043 | 1 835 | 43 492 | 32,5 | 106,1 |
| 49 | 46 225 | 1 887 | 45 704 | 33,9 | 106,9 |
| 50 | 48 468 | 1 939 | 47 979 | 35,4 | 107,7 |
| 51 | 50 772 | 1 991 | 50 316 | 36,8 | 108,5 |
| 52 | 53 138 | 2 044 | 52 718 | 38,4 | 109,3 |
| 53 | 55 566 | 2 097 | 55 184 | 39,9 | 110,1 |
| 54 | 58 057 | 2 150 | 57 714 | 41,5 | 110,8 |
| 55 | 60 611 | 2 204 | 60 310 | 43,1 | 111,6 |
| 56 | 63 229 | 2 258 | 62 971 | 44,8 | 112,4 |
| 57 | 65 911 | 2 313 | 65 699 | 46,5 | 113,2 |
| 58 | 68 658 | 2 368 | 68 493 | 48,2 | 114,0 |
| 59 | 71 470 | 2 423 | 71 355 | 50,0 | 114,8 |
| 60 | 74 347 | 2 478 | 74 284 | 51,8 | 115,5 |
| 61 | 77 291 | 2 534 | 77 282 | 53,6 | 116,3 |
| 62 | 80 302 | 2 590 | 80 348 | 55,4 | 117,1 |
| 63 | 83 380 | 2 647 | 83 484 | 57,3 | 117,9 |
| 64 | 86 526 | 2 704 | 86 689 | 59,2 | 118 7 |
| 65 | 89 739 | 2 761 | 89 964 | 61,2 | 119 5 |
| 66 | 93 022 | 2 819 | 93 310 | 63,2 | 120,3 |
| 67 | 96 374 | 2 877 | 96 728 | 65,2 | 121,0 |
| 68 | 99 795 | 2 935 | 100 217 | 67,3 | 121,8 |
| 69 | 103 287 | 2 994 | 103 778 | 69,4 | 122 6 |
| 70 | 106 849 | 3 053 | 107 412 | 71,5 | 123,4 |
| 71 | 110 483 | 3 112 | 111 119 | 73,6 | 124 2 |
| 72 | 114 188 | 3 172 | 114 900 | 75,8 | 125 0 |
| 73 | 117 966 | 3 232 | 118 755 | 78,0 | 125,8 |
| 74 | 121 816 | 3 292 | 122 685 | 80,3 | 126 5 |
| 75 | 125 739 | 3 353 | 126 690 | 82,6 | 127,3 |
| 76 | 129 737 | 3 414 | 130 771 | 84,9 | 128 1 |
| 77 | 133 808 | 3 476 | 134 928 | 87,3 | 128,9 |
| 78 | 137 954 | 3 537 | 139 162 | 89,6 | 129,7 |
| 79 | 142 176 | 3 599 | 143 473 | 92,1 | 130,5 |
| 80 | 146 473 | 3 662 | 147 862 | 94,5 | 131,2 |

| Träger-Höhe h cm | $e=5{,}15$ cm Trägheitsmoment cm⁴ | Widerstandsm. cm³ | Trägheitsmoment cm⁴ | Widerstandsm. cm³ | Gewicht für den lfd. m ohne Nietköpfe kg |
|---|---|---|---|---|---|
| 80 | 146 473 | 3 662 | 147 862 | 94,5 | 131,2 |
| 81 | 150 846 | 3 725 | 152 329 | 97,0 | 132,0 |
| 82 | 155 296 | 3 788 | 156 874 | 99,5 | 132,8 |
| 83 | 159 823 | 3 851 | 161 499 | 102 | 133,6 |
| 84 | 164 428 | 3 915 | 166 204 | 105 | 134,4 |
| 85 | 169 112 | 3 979 | 170 989 | 107 | 135,2 |
| 86 | 173 874 | 4 044 | 175 854 | 110 | 136,0 |
| 87 | 178 715 | 4 108 | 180 801 | 113 | 136,7 |
| 88 | 183 636 | 4 174 | 185 829 | 115 | 137,5 |
| 89 | 188 637 | 4 239 | 190 940 | 118 | 138,3 |
| 90 | 193 718 | 4 305 | 196 133 | 121 | 139,1 |
| 91 | 198 882 | 4 371 | 201 410 | 124 | 139,9 |
| 92 | 204 126 | 4 438 | 206 770 | 127 | 140,7 |
| 93 | 209 453 | 4 504 | 212 215 | 129 | 141,5 |
| 94 | 214 863 | 4 572 | 217 744 | 132 | 142,2 |
| 95 | 220 356 | 4 639 | 223 359 | 135 | 143,0 |
| 96 | 225 932 | 4 707 | 229 059 | 138 | 143,8 |
| 97 | 231 593 | 4 775 | 234 845 | 141 | 144,6 |
| 98 | 237 339 | 4 844 | 240 719 | 144 | 145,4 |
| 99 | 243 170 | 4 913 | 246 679 | 148 | 146,2 |
| 100 | 249 086 | 4 982 | 252 727 | 151 | 146,9 |
| 101 | 255 089 | 5 051 | 258 863 | 154 | 147,7 |
| 102 | 261 178 | 5 121 | 265 088 | 157 | 148,5 |
| 103 | 267 355 | 5 191 | 271 403 | 160 | 149,3 |
| 104 | 273 619 | 5 262 | 277 807 | 163 | 150,1 |
| 105 | 279 972 | 5 333 | 284 301 | 167 | 150,9 |
| 106 | 286 413 | 5 404 | 290 886 | 170 | 151,7 |
| 107 | 292 944 | 5 476 | 297 562 | 173 | 152,4 |
| 108 | 299 564 | 5 547 | 304 330 | 177 | 153,2 |
| 109 | 306 275 | 5 620 | 311 190 | 180 | 154,0 |
| 110 | 313 076 | 5 692 | 318 143 | 184 | 154,8 |
| 111 | 319 968 | 5 765 | 325 189 | 187 | 155,6 |
| 112 | 326 952 | 5 838 | 332 328 | 191 | 156,4 |
| 113 | 334 029 | 5 912 | 339 562 | 194 | 157,2 |
| 114 | 341 198 | 5 986 | 346 891 | 198 | 157,9 |
| 115 | 348 460 | 6 060 | 354 315 | 201 | 158,7 |
| 116 | 355 816 | 6 135 | 361 835 | 205 | 159,5 |
| 117 | 363 266 | 6 210 | 369 451 | 209 | 160,3 |
| 118 | 370 811 | 6 285 | 377 163 | 212 | 161,1 |
| 119 | 378 452 | 6 361 | 384 973 | 216 | 161,9 |
| 120 | 386 188 | 6 436 | 392 880 | 220 | 162,6 |
| 121 | 394 020 | 6 513 | 400 886 | 224 | 163 4 |
| 122 | 401 948 | 6 589 | 408 991 | 228 | 164 2 |
| 123 | 409 975 | 6 666 | 417 194 | 232 | 165,0 |
| 124 | 418 098 | 6 744 | 425 498 | 235 | 165 8 |
| 125 | 426 320 | 6 821 | 433 901 | 239 | 166,6 |
| 126 | 434 641 | 6 899 | 442 406 | 243 | 167,4 |
| 127 | 443 061 | 6 977 | 451 011 | 247 | 168 1 |
| 128 | 451 581 | 7 056 | 459 718 | 251 | 168,9 |
| 129 | 460 201 | 7 135 | 468 528 | 256 | 169,7 |
| 130 | 468 921 | 7 214 | 477 440 | 260 | 170,5 |

Neutr. Axe Trägheitsmoment für $\begin{cases} h=30=1547{,}0 \text{ cm}^4 \\ h=80=1551{,}2 \text{ cm}^4 \end{cases}$

Neutr. Axe Trägheitsmoment für $\begin{cases} h=80=1551{,}2 \text{ cm}^4 \\ h=130=1555{,}3 \text{ cm}^4 \end{cases}$

# L 9,0 · 9,0 · 1,3 cm

## Nietstärke 2,3 cm; Stehblechdicke 1,1 cm

| Träger-Höhe h cm | $e = 5{,}15$ cm Trägheitsmoment cm⁴ | Widerstandsm. cm³ | Trägheitsmoment cm⁴ | Widerstandsm. cm³ | Gewicht für den lfd. m ohne Nietköpfe kg |
|---|---|---|---|---|---|
| 30 | 14 543 | 970 | 13 737 | 12,0 | 94,4 |
| 31 | 15 714 | 1 014 | 14 906 | 12,8 | 95,2 |
| 32 | 16 938 | 1 059 | 16 129 | 13,7 | 96,1 |
| 33 | 18 214 | 1 104 | 17 408 | 14,5 | 96,9 |
| 34 | 19 543 | 1 150 | 18 742 | 15,5 | 97,8 |
| 35 | 20 926 | 1 196 | 20 132 | 16,4 | 98,7 |
| 36 | 22 363 | 1 242 | 21 579 | 17,4 | 99,5 |
| 37 | 23 854 | 1 289 | 23 083 | 18,4 | 100,4 |
| 38 | 25 401 | 1 337 | 24 645 | 19,4 | 101,3 |
| 39 | 27 004 | 1 385 | 26 265 | 20,5 | 102,1 |
| 40 | 28 663 | 1 433 | 27 944 | 21,6 | 103,0 |
| 41 | 30 379 | 1 482 | 29 683 | 22,7 | 103,9 |
| 42 | 32 152 | 1 531 | 31 481 | 23,9 | 104,7 |
| 43 | 33 984 | 1 581 | 33 340 | 25,1 | 105,6 |
| 44 | 35 874 | 1 631 | 35 260 | 26,3 | 106,4 |
| 45 | 37 823 | 1 681 | 37 242 | 27,6 | 107,3 |
| 46 | 39 832 | 1 732 | 39 286 | 28,9 | 108,2 |
| 47 | 41 901 | 1 783 | 41 393 | 30,2 | 109,0 |
| 48 | 44 030 | 1 835 | 43 563 | 31,6 | 109,9 |
| 49 | 46 222 | 1 887 | 45 797 | 33,0 | 110,8 |
| 50 | 48 474 | 1 939 | 48 095 | 34,4 | 111,6 |
| 51 | 50 790 | 1 992 | 50 458 | 35,9 | 112,5 |
| 52 | 53 168 | 2 045 | 52 887 | 37,4 | 113,4 |
| 53 | 55 610 | 2 098 | 55 382 | 38,9 | 114,2 |
| 54 | 58 116 | 2 152 | 57 943 | 40,5 | 115,1 |
| 55 | 60 686 | 2 207 | 60 572 | 42,0 | 115,9 |
| 56 | 63 322 | 2 261 | 63 268 | 43,7 | 116,8 |
| 57 | 66 023 | 2 317 | 66 032 | 45,3 | 117,7 |
| 58 | 68 791 | 2 372 | 68 865 | 47,0 | 118,5 |
| 59 | 71 625 | 2 428 | 71 768 | 48,8 | 119,4 |
| 60 | 74 527 | 2 484 | 74 740 | 50,5 | 120,3 |
| 61 | 77 497 | 2 541 | 77 783 | 52,3 | 121,1 |
| 62 | 80 535 | 2 598 | 80 897 | 54,1 | 122,0 |
| 63 | 83 642 | 2 655 | 84 082 | 56,0 | 122,8 |
| 64 | 86 819 | 2 713 | 87 340 | 57,9 | 123,7 |
| 65 | 90 065 | 2 771 | 90 670 | 59,8 | 124,6 |
| 66 | 93 383 | 2 830 | 94 073 | 61,8 | 125,4 |
| 67 | 96 771 | 2 889 | 97 550 | 63,8 | 126,3 |
| 68 | 100 232 | 2 948 | 101 102 | 65,8 | 127,2 |
| 69 | 103 765 | 3 008 | 104 728 | 67,9 | 128,0 |
| 70 | 107 370 | 3 068 | 108 429 | 69,9 | 128,9 |
| 71 | 111 049 | 3 128 | 112 207 | 72,1 | 129,8 |
| 72 | 114 802 | 3 189 | 116 061 | 74,2 | 130,6 |
| 73 | 118 630 | 3 250 | 119 992 | 76,4 | 131,5 |
| 74 | 122 532 | 3 312 | 124 001 | 78,6 | 132,3 |
| 75 | 126 511 | 3 374 | 128 087 | 80,9 | 133,2 |
| 76 | 130 565 | 3 436 | 132 253 | 83,2 | 134,1 |
| 77 | 134 696 | 3 499 | 136 498 | 85,5 | 134,9 |
| 78 | 138 904 | 3 562 | 140 822 | 87,9 | 135,8 |
| 79 | 143 190 | 3 625 | 145 227 | 90,3 | 136,7 |
| 80 | 147 555 | 3 689 | 149 713 | 92,7 | 137,5 |

| Träger-Höhe h cm | $e = 5{,}15$ cm Trägheitsmoment cm⁴ | Widerstandsm. cm³ | Trägheitsmoment cm⁴ | Widerstandsm. cm³ | Gewicht für den lfd. m ohne Nietköpfe kg |
|---|---|---|---|---|---|
| 80 | 147 555 | 3 689 | 149 713 | 92,7 | 137,5 |
| 81 | 151 998 | 3 753 | 154 280 | 95,1 | 138,4 |
| 82 | 156 521 | 3 818 | 158 929 | 97,6 | 139,3 |
| 83 | 161 124 | 3 883 | 163 661 | 100 | 140,1 |
| 84 | 165 807 | 3 948 | 168 475 | 103 | 141,0 |
| 85 | 170 572 | 4 013 | 173 374 | 105 | 141,8 |
| 86 | 175 418 | 4 079 | 178 356 | 108 | 142,7 |
| 87 | 180 346 | 4 146 | 183 424 | 111 | 143,6 |
| 88 | 185 357 | 4 213 | 188 576 | 113 | 144,4 |
| 89 | 190 452 | 4 280 | 193 815 | 116 | 145,3 |
| 90 | 195 630 | 4 347 | 199 140 | 119 | 146,2 |
| 91 | 200 893 | 4 415 | 204 552 | 122 | 147,0 |
| 92 | 206 241 | 4 483 | 210 051 | 124 | 147,9 |
| 93 | 211 674 | 4 552 | 215 638 | 127 | 148,8 |
| 94 | 217 193 | 4 621 | 221 314 | 130 | 149,6 |
| 95 | 222 799 | 4 691 | 227 079 | 133 | 150,5 |
| 96 | 228 492 | 4 760 | 232 934 | 136 | 151,3 |
| 97 | 234 273 | 4 830 | 238 879 | 139 | 152,2 |
| 98 | 240 142 | 4 901 | 244 915 | 142 | 153,1 |
| 99 | 246 099 | 4 972 | 251 042 | 145 | 153,9 |
| 100 | 252 147 | 5 043 | 257 261 | 148 | 154,8 |
| 101 | 258 284 | 5 115 | 263 572 | 151 | 155,7 |
| 102 | 264 511 | 5 186 | 269 977 | 154 | 156,5 |
| 103 | 270 830 | 5 259 | 276 475 | 158 | 157,4 |
| 104 | 277 240 | 5 332 | 283 067 | 161 | 158,3 |
| 105 | 283 742 | 5 405 | 289 754 | 164 | 159,1 |
| 106 | 290 337 | 5 478 | 296 535 | 167 | 160,0 |
| 107 | 297 025 | 5 552 | 303 413 | 171 | 160,8 |
| 108 | 303 807 | 5 626 | 310 387 | 174 | 161,7 |
| 109 | 310 683 | 5 701 | 317 458 | 178 | 162,6 |
| 110 | 317 654 | 5 776 | 324 626 | 181 | 163,4 |
| 111 | 324 720 | 5 851 | 331 892 | 184 | 164,3 |
| 112 | 331 883 | 5 926 | 339 257 | 188 | 165,2 |
| 113 | 339 142 | 6 003 | 346 720 | 191 | 166,0 |
| 114 | 346 498 | 6 079 | 354 284 | 195 | 166,9 |
| 115 | 353 951 | 6 156 | 361 947 | 199 | 167,8 |
| 116 | 361 503 | 6 233 | 369 711 | 202 | 168,6 |
| 117 | 369 153 | 6 310 | 377 576 | 206 | 169,5 |
| 118 | 376 903 | 6 388 | 385 543 | 210 | 170,3 |
| 119 | 384 753 | 6 466 | 393 613 | 213 | 171,2 |
| 120 | 392 702 | 6 545 | 401 785 | 217 | 172,1 |
| 121 | 400 753 | 6 624 | 410 061 | 221 | 172,9 |
| 122 | 408 905 | 6 703 | 418 441 | 225 | 173,8 |
| 123 | 417 160 | 6 783 | 426 925 | 228 | 174,7 |
| 124 | 425 517 | 6 863 | 435 514 | 232 | 175,5 |
| 125 | 433 976 | 6 944 | 444 209 | 236 | 176,4 |
| 126 | 442 540 | 7 024 | 453 011 | 240 | 177,3 |
| 127 | 451 208 | 7 106 | 461 919 | 244 | 178,1 |
| 128 | 459 980 | 7 187 | 470 934 | 248 | 179,0 |
| 129 | 468 858 | 7 269 | 480 057 | 252 | 179,8 |
| 130 | 477 842 | 7 351 | 489 288 | 256 | 180,7 |

Neutr. Axe Trägheitsmoment für $\begin{cases} h = 30 = 1576{,}0 \text{ cm}^4 \\ h = 80 = 1581{,}6 \text{ cm}^4 \end{cases}$

Neutr. Axe Trägheitsmoment für $\begin{cases} h = 80 = 1581{,}6 \text{ cm}^4 \\ h = 130 = 1587{,}1 \text{ cm}^4 \end{cases}$

## └ 10,0 · 10,0 · 1,0 cm
### Nietstärke 2,0 cm; Stehblechdicke 1,0 cm

| Träger-Höhe h cm | $e = 5{,}50$ cm Trägheits-moment cm⁴ | Wider-standsm. cm³ | Trägheits-moment cm⁴ | Wider-standsm. cm³ | Gewicht für den lfd. m ohne Niet-köpfe kg |
|---|---|---|---|---|---|
| 30 | 13 068 | 871 | 12 473 | 12,6 | 83,8 |
| 31 | 14 125 | 911 | 13 528 | 13,4 | 84,6 |
| 32 | 15 229 | 952 | 14 633 | 14,3 | 85,4 |
| 33 | 16 381 | 993 | 15 788 | 15,2 | 86,2 |
| 34 | 17 582 | 1 034 | 16 994 | 16,1 | 87,0 |
| 35 | 18 831 | 1 076 | 18 251 | 17,1 | 87,8 |
| 36 | 20 130 | 1 118 | 19 559 | 18,1 | 88,6 |
| 37 | 21 479 | 1 161 | 20 919 | 19,2 | 89,3 |
| 38 | 22 879 | 1 204 | 22 331 | 20,2 | 90,1 |
| 39 | 24 330 | 1 248 | 23 797 | 21,3 | 90,9 |
| 40 | 25 832 | 1 292 | 25 316 | 22,5 | 91,7 |
| 41 | 27 386 | 1 336 | 26 889 | 23,6 | 92,5 |
| 42 | 28 992 | 1 381 | 28 517 | 24,8 | 93,3 |
| 43 | 30 652 | 1 426 | 30 199 | 26,0 | 94,0 |
| 44 | 32 365 | 1 471 | 31 937 | 27,3 | 94,8 |
| 45 | 34 132 | 1 517 | 33 731 | 28,6 | 95,6 |
| 46 | 35 954 | 1 563 | 35 582 | 29,9 | 96,4 |
| 47 | 37 830 | 1 610 | 37 490 | 31,3 | 97,2 |
| 48 | 39 762 | 1 657 | 39 455 | 32,7 | 98,0 |
| 49 | 41 750 | 1 704 | 41 478 | 34,1 | 98,8 |
| 50 | 43 795 | 1 752 | 43 559 | 35,6 | 99,5 |
| 51 | 45 897 | 1 800 | 45 700 | 37,1 | 100,3 |
| 52 | 48 056 | 1 848 | 47 900 | 38,6 | 101,1 |
| 53 | 50 273 | 1 897 | 50 160 | 40,2 | 101,9 |
| 54 | 52 548 | 1 946 | 52 481 | 41,7 | 102,7 |
| 55 | 54 883 | 1 996 | 54 862 | 43,4 | 103,5 |
| 56 | 57 277 | 2 046 | 57 305 | 45,0 | 104,3 |
| 57 | 59 731 | 2 096 | 59 810 | 46,7 | 105,0 |
| 58 | 62 246 | 2 146 | 62 378 | 48,4 | 105,8 |
| 59 | 64 821 | 2 197 | 65 009 | 50,2 | 106,6 |
| 60 | 67 458 | 2 249 | 67 703 | 52,0 | 107,4 |
| 61 | 70 157 | 2 300 | 70 461 | 53,8 | 108,2 |
| 62 | 72 919 | 2 352 | 73 283 | 55,7 | 109,0 |
| 63 | 75 744 | 2 405 | 76 171 | 57,6 | 109,7 |
| 64 | 78 632 | 2 457 | 79 124 | 59,5 | 110,5 |
| 65 | 81 584 | 2 510 | 82 143 | 61,4 | 111,3 |
| 66 | 84 600 | 2 564 | 85 229 | 63,4 | 112,1 |
| 67 | 87 682 | 2 617 | 88 381 | 65,4 | 112,9 |
| 68 | 90 829 | 2 671 | 91 601 | 67,5 | 113,7 |
| 69 | 94 042 | 2 726 | 94 889 | 69,6 | 114,5 |
| 70 | 97 322 | 2 781 | 98 246 | 71,7 | 115,2 |
| 71 | 100 668 | 2 836 | 101 672 | 73,9 | 116,0 |
| 72 | 104 082 | 2 891 | 105 167 | 76,1 | 116,8 |
| 73 | 107 564 | 2 947 | 108 732 | 78,3 | 117,6 |
| 74 | 111 115 | 3 003 | 112 367 | 80,5 | 118,4 |
| 75 | 114 735 | 3 060 | 116 074 | 82,8 | 119,2 |
| 76 | 118 424 | 3 116 | 119 852 | 85,1 | 120,0 |
| 77 | 122 183 | 3 174 | 123 702 | 87,5 | 120,7 |
| 78 | 126 012 | 3 231 | 127 625 | 89,9 | 121,5 |
| 79 | 129 913 | 3 289 | 131 620 | 92,3 | 122,3 |
| 80 | 133 885 | 3 347 | 135 689 | 94,8 | 123,1 |

| Träger-Höhe h cm | $e = 5{,}50$ cm Trägheits-moment cm⁴ | Wider-standsm. cm³ | Trägheits-moment cm⁴ | Wider-standsm. cm³ | Gewicht für den lfd. m ohne Niet-köpfe kg |
|---|---|---|---|---|---|
| 80 | 133 885 | 3 347 | 135 689 | 94,8 | 123,1 |
| 81 | 137 929 | 3 406 | 139 832 | 97,2 | 123,9 |
| 82 | 142 046 | 3 465 | 144 050 | 99,8 | 124,7 |
| 83 | 146 235 | 3 524 | 148 343 | 102 | 125,4 |
| 84 | 150 498 | 3 583 | 152 711 | 105 | 126,2 |
| 85 | 154 835 | 3 643 | 157 155 | 108 | 127,0 |
| 86 | 159 247 | 3 703 | 161 675 | 110 | 127,8 |
| 87 | 163 734 | 3 764 | 166 273 | 113 | 128,6 |
| 88 | 168 296 | 3 825 | 170 948 | 116 | 129,4 |
| 89 | 172 934 | 3 886 | 175 701 | 118 | 130,2 |
| 90 | 177 648 | 3 948 | 180 533 | 121 | 130,9 |
| 91 | 182 440 | 4 010 | 185 443 | 124 | 131,7 |
| 92 | 187 309 | 4 072 | 190 433 | 127 | 132,5 |
| 93 | 192 256 | 4 135 | 195 503 | 130 | 133,3 |
| 94 | 197 282 | 4 197 | 200 654 | 133 | 134,1 |
| 95 | 202 386 | 4 261 | 205 886 | 136 | 134,9 |
| 96 | 207 570 | 4 324 | 211 199 | 139 | 135,7 |
| 97 | 212 834 | 4 388 | 216 594 | 142 | 136,4 |
| 98 | 218 179 | 4 453 | 222 071 | 145 | 137,2 |
| 99 | 223 605 | 4 517 | 227 632 | 148 | 138,0 |
| 100 | 229 112 | 4 582 | 233 276 | 151 | 138,8 |
| 101 | 234 701 | 4 648 | 239 004 | 154 | 139,6 |
| 102 | 240 372 | 4 713 | 244 817 | 157 | 140,4 |
| 103 | 246 127 | 4 779 | 250 714 | 160 | 141,1 |
| 104 | 251 965 | 4 845 | 256 697 | 164 | 141,9 |
| 105 | 257 887 | 4 912 | 262 766 | 167 | 142,7 |
| 106 | 263 894 | 4 979 | 268 922 | 170 | 143,5 |
| 107 | 269 985 | 5 046 | 275 165 | 174 | 144,3 |
| 108 | 276 162 | 5 114 | 281 495 | 177 | 145,1 |
| 109 | 282 425 | 5 182 | 287 913 | 180 | 145,9 |
| 110 | 288 775 | 5 250 | 294 419 | 184 | 146,6 |
| 111 | 295 212 | 5 319 | 301 015 | 187 | 147,4 |
| 112 | 301 736 | 5 388 | 307 700 | 191 | 148,2 |
| 113 | 308 348 | 5 457 | 314 475 | 194 | 149,0 |
| 114 | 315 048 | 5 527 | 321 341 | 198 | 149,8 |
| 115 | 321 838 | 5 597 | 328 297 | 202 | 150,6 |
| 116 | 328 717 | 5 668 | 335 345 | 205 | 151,4 |
| 117 | 335 686 | 5 738 | 342 485 | 209 | 152,1 |
| 118 | 342 746 | 5 809 | 349 718 | 213 | 152,9 |
| 119 | 349 896 | 5 881 | 357 044 | 216 | 153,7 |
| 120 | 357 138 | 5 952 | 364 463 | 220 | 154,5 |
| 121 | 364 472 | 6 024 | 371 976 | 224 | 155,3 |
| 122 | 371 899 | 6 097 | 379 583 | 228 | 156,1 |
| 123 | 379 419 | 6 169 | 387 286 | 232 | 156,8 |
| 124 | 387 032 | 6 242 | 395 084 | 236 | 157,6 |
| 125 | 394 739 | 6 316 | 402 978 | 240 | 158,4 |
| 126 | 402 540 | 6 390 | 410 969 | 244 | 159,2 |
| 127 | 410 437 | 6 464 | 419 056 | 248 | 160,0 |
| 128 | 418 429 | 6 538 | 427 241 | 252 | 160,8 |
| 129 | 426 517 | 6 613 | 435 524 | 256 | 161,6 |
| 130 | 434 702 | 6 688 | 443 906 | 260 | 162,3 |
| 140 | 521 966 | 7 457 | 533 249 | 303 | 170,2 |
| 150 | 619 430 | 8 259 | 632 992 | 349 | 178,0 |
| 160 | 727 594 | 9 095 | 743 635 | 399 | 185,9 |
| 170 | 846 958 | 9 964 | 865 678 | 452 | 193,7 |
| 180 | 978 022 | 10 867 | 999 621 | 508 | 201,6 |

Neutr. ⌐ Axe Trägheitsmoment für
$$h = 30 = 1584{,}8 \text{ cm}^4$$
$$h = 80 = 1589{,}0 \text{ cm}^4$$
$$h = 130 = 1593{,}2 \text{ cm}^4$$
$$h = 180 = 1597{,}4 \text{ cm}^4$$

## L 10,0 · 10,0 · 1,2 cm

### Nietstärke 2,0 cm; Stehblechdicke 1,0 cm

| Träger-Höhe h cm | $e=5{,}60$ cm Trägheitsmoment cm⁴ | Widerstandsm. cm³ | Trägheitsmoment cm⁴ | Widerstandsm cm³ | Gewicht für den lfd. m ohne Nietköpfe kg | Träger-Höhe h cm | $e=5{,}60$ cm Trägheitsmoment cm⁴ | Widerstandsm. cm³ | Trägheitsmoment cm⁴ | Widerstandsm cm³ | Gewicht für den lfd. m ohne Nietköpfe kg |
|---|---|---|---|---|---|---|---|---|---|---|---|
| 30 | 15 008 | 1 001 | 14 222 | 12,6 | 94,8 | 80 | 151 345 | 3 784 | 152 540 | 94,8 | 134,1 |
| 31 | 16 220 | 1 046 | 15 425 | 13,5 | 95,6 | 81 | 155 861 | 3 848 | 157 146 | 97,3 | 134,9 |
| 32 | 17 486 | 1 093 | 16 683 | 14,4 | 96,4 | 82 | 160 455 | 3 914 | 161 833 | 99,8 | 135,6 |
| 33 | 18 806 | 1 140 | 17 998 | 15,3 | 97,2 | 83 | 165 129 | 3 979 | 166 601 | 102 | 136,4 |
| 34 | 20 181 | 1 187 | 19 370 | 16,2 | 98,0 | 84 | 169 883 | 4 045 | 171 452 | 105 | 137,2 |
| 35 | 21 612 | 1 235 | 20 799 | 17,2 | 98,8 | 85 | 174 717 | 4 111 | 176 384 | 108 | 138,0 |
| 36 | 23 098 | 1 283 | 22 286 | 18,2 | 99,5 | 86 | 179 631 | 4 177 | 181 399 | 110 | 138,8 |
| 37 | 24 641 | 1 332 | 23 831 | 19,2 | 100,3 | 87 | 184 628 | 4 244 | 186 498 | 113 | 139,5 |
| 38 | 26 240 | 1 381 | 25 435 | 20,3 | 101,1 | 88 | 189 705 | 4 311 | 191 681 | 116 | 140,4 |
| 39 | 27 897 | 1 431 | 27 099 | 21,4 | 101,9 | 89 | 194 866 | 4 379 | 196 947 | 118 | 141,1 |
| 40 | 29 611 | 1 481 | 28 822 | 22,5 | 102,7 | 90 | 200 109 | 4 447 | 202 299 | 121 | 141,9 |
| 41 | 31 384 | 1 531 | 30 605 | 23,7 | 103,5 | 91 | 205 435 | 4 515 | 207 736 | 124 | 142,7 |
| 42 | 33 216 | 1 582 | 32 449 | 24,9 | 104,2 | 92 | 210 845 | 4 584 | 213 259 | 127 | 143,5 |
| 43 | 35 107 | 1 633 | 34 355 | 26,1 | 105,0 | 93 | 216 340 | 4 652 | 218 868 | 130 | 144,3 |
| 44 | 37 058 | 1 684 | 36 322 | 27,4 | 105,8 | 94 | 221 919 | 4 722 | 224 564 | 133 | 145,1 |
| 45 | 39 069 | 1 736 | 38 352 | 28,7 | 106,6 | 95 | 227 584 | 4 791 | 230 347 | 136 | 145,9 |
| 46 | 41 141 | 1 789 | 40 445 | 30,0 | 107,4 | 96 | 233 334 | 4 861 | 236 218 | 139 | 146 6 |
| 47 | 43 274 | 1 841 | 42 601 | 31,4 | 108,2 | 97 | 239 171 | 4 931 | 242 178 | 142 | 147,4 |
| 48 | 45 469 | 1 895 | 44 820 | 32,8 | 109,0 | 98 | 245 095 | 5 002 | 248 226 | 145 | 148 2 |
| 49 | 47 726 | 1 948 | 47 104 | 34,2 | 109,7 | 99 | 251 105 | 5 073 | 254 363 | 148 | 149,0 |
| 50 | 50 047 | 2 002 | 49 453 | 35,6 | 110,5 | 100 | 257 204 | 5 144 | 260 591 | 151 | 149,8 |
| 51 | 52 430 | 2 056 | 51 867 | 37,1 | 111,3 | 101 | 263 391 | 5 216 | 266 908 | 154 | 150,6 |
| 52 | 54 878 | 2 111 | 54 347 | 38,7 | 112,1 | 102 | 269 667 | 5 288 | 273 317 | 157 | 151,3 |
| 53 | 57 389 | 2 166 | 56 894 | 40,2 | 112,9 | 103 | 276 032 | 5 360 | 279 817 | 161 | 152,1 |
| 54 | 59 966 | 2 221 | 59 507 | 41,8 | 113,7 | 104 | 282 487 | 5 432 | 286 408 | 164 | 152,9 |
| 55 | 62 608 | 2 277 | 62 187 | 43,4 | 114,5 | 105 | 289 033 | 5 505 | 293 092 | 167 | 153,7 |
| 56 | 65 315 | 2 333 | 64 935 | 45,1 | 115,2 | 106 | 295 669 | 5 579 | 299 869 | 170 | 154,5 |
| 57 | 68 089 | 2 389 | 67 752 | 46,8 | 116,0 | 107 | 302 396 | 5 652 | 306 739 | 174 | 155,3 |
| 58 | 70 930 | 2 446 | 70 637 | 48,5 | 116,8 | 108 | 309 216 | 5 726 | 313 703 | 177 | 156,1 |
| 59 | 73 838 | 2 503 | 73 592 | 50,3 | 117,6 | 109 | 316 127 | 5 800 | 320 761 | 181 | 156,8 |
| 60 | 76 814 | 2 560 | 76 617 | 52,1 | 118,4 | 110 | 323 132 | 5 875 | 327 914 | 184 | 157,6 |
| 61 | 79 858 | 2 618 | 79 711 | 53,9 | 119,2 | 111 | 330 229 | 5 950 | 335 162 | 187 | 158,4 |
| 62 | 82 972 | 2 677 | 82 877 | 55,7 | 119,9 | 112 | 337 421 | 6 025 | 342 507 | 191 | 159 2 |
| 63 | 86 154 | 2 735 | 86 114 | 57,6 | 120,7 | 113 | 344 707 | 6 101 | 349 947 | 195 | 160,0 |
| 64 | 89 406 | 2 794 | 89 423 | 59,6 | 121,5 | 114 | 352 088 | 6 177 | 357 484 | 198 | 160,8 |
| 65 | 92 729 | 2 853 | 92 804 | 61,5 | 122,3 | 115 | 359 564 | 6 253 | 365 119 | 202 | 161 6 |
| 66 | 96 122 | 2 913 | 96 258 | 63,5 | 123,1 | 116 | 367 136 | 6 330 | 372 852 | 205 | 162,3 |
| 67 | 99 587 | 2 973 | 99 785 | 65,5 | 123,9 | 117 | 374 804 | 6 407 | 380 682 | 209 | 163,1 |
| 68 | 103 123 | 3 033 | 103 386 | 67,6 | 124,7 | 118 | 382 569 | 6 484 | 388 612 | 213 | 163,9 |
| 69 | 106 732 | 3 094 | 107 062 | 69,7 | 125,4 | 119 | 390 431 | 6 562 | 396 641 | 217 | 164,7 |
| 70 | 110 414 | 3 155 | 110 812 | 71,8 | 126,2 | 120 | 398 391 | 6 640 | 404 770 | 220 | 165,5 |
| 71 | 114 169 | 3 216 | 114 638 | 73,9 | 127,0 | 121 | 406 450 | 6 718 | 412 999 | 224 | 166,3 |
| 72 | 117 997 | 3 278 | 118 539 | 76,1 | 127,8 | 122 | 414 607 | 6 797 | 421 329 | 228 | 167,0 |
| 73 | 121 901 | 3 340 | 122 517 | 78,4 | 128,6 | 123 | 422 864 | 6 876 | 429 760 | 232 | 167,8 |
| 74 | 125 878 | 3 402 | 126 571 | 80,6 | 129,4 | 124 | 431 220 | 6 955 | 438 293 | 236 | 168,6 |
| 75 | 129 932 | 3 465 | 130 703 | 82,9 | 130,2 | 125 | 439 677 | 7 035 | 446 928 | 240 | 169,4 |
| 76 | 134 061 | 3 528 | 134 913 | 85,2 | 130,9 | 126 | 448 234 | 7 115 | 455 666 | 244 | 170,2 |
| 77 | 138 266 | 3 591 | 139 201 | 87,6 | 131,7 | 127 | 456 893 | 7 195 | 464 508 | 248 | 171,0 |
| 78 | 142 548 | 3 655 | 143 568 | 90,0 | 132,5 | 128 | 465 654 | 7 276 | 473 453 | 252 | 171,8 |
| 79 | 146 908 | 3 719 | 148 014 | 92,4 | 133,3 | 129 | 474 517 | 7 357 | 482 503 | 256 | 172,5 |
| 80 | 151 345 | 3 784 | 152 540 | 94,8 | 134,1 | 130 | 483 483 | 7 438 | 491 657 | 260 | 173,3 |

Neutr. Axe Trägheitsmoment für $\begin{cases} h=30=1910{,}7\ \text{cm}^4 \\ h=80=1914{,}8\ \text{cm}^4 \end{cases}$

Neutr. Axe Trägheitsmoment für $\begin{cases} h=80=1914{,}8\ \text{cm}^4 \\ h=130=1919{,}0\ \text{cm}^4 \end{cases}$

$$\llcorner \; 10,0 \cdot 10,0 \cdot 1,2 \text{ cm}$$

**Nietstärke 2,3 cm; Stehblechdicke 1,0 cm**

| Träger-Höhe $h$ cm | $e=5,60$ cm Trägheits-moment cm⁴ | Widerstandsm. cm³ | Trägheits-moment cm⁴ | Widerstandsm. cm³ | Gewicht für den lfd. m ohne Nietköpfe kg |
|---|---|---|---|---|---|
| 30 | 14 825 | 988 | 13 923 | 12,3 | 94,8 |
| 31 | 16 018 | 1 033 | 15 105 | 13,1 | 95,6 |
| 32 | 17 263 | 1 079 | 16 342 | 13,9 | 96,4 |
| 33 | 18 561 | 1 125 | 17 634 | 14,8 | 97,2 |
| 34 | 19 914 | 1 171 | 18 983 | 15,7 | 98,0 |
| 35 | 21 320 | 1 218 | 20 388 | 16,7 | 98,8 |
| 36 | 22 782 | 1 266 | 21 850 | 17,7 | 99,5 |
| 37 | 24 299 | 1 313 | 23 370 | 18,7 | 100,3 |
| 38 | 25 871 | 1 362 | 24 947 | 19,7 | 101,1 |
| 39 | 27 500 | 1 410 | 26 584 | 20,8 | 101,9 |
| 40 | 29 186 | 1 459 | 28 280 | 21,9 | 102,7 |
| 41 | 30 929 | 1 509 | 30 035 | 23,0 | 103,5 |
| 42 | 32 730 | 1 559 | 31 850 | 24,2 | 104,2 |
| 43 | 34 589 | 1 609 | 33 726 | 25,4 | 105,0 |
| 44 | 36 507 | 1 659 | 35 663 | 26,6 | 105,8 |
| 45 | 38 484 | 1 710 | 37 661 | 27,9 | 106,6 |
| 46 | 40 521 | 1 762 | 39 722 | 29,2 | 107,4 |
| 47 | 42 618 | 1 814 | 41 845 | 30,5 | 108,2 |
| 48 | 44 776 | 1 866 | 44 032 | 31,9 | 109,0 |
| 49 | 46 995 | 1 918 | 46 282 | 33,3 | 109,7 |
| 50 | 49 277 | 1 971 | 48 596 | 34,7 | 110,5 |
| 51 | 51 620 | 2 024 | 50 974 | 36,2 | 111,3 |
| 52 | 54 026 | 2 078 | 53 418 | 37,7 | 112,1 |
| 53 | 56 496 | 2 132 | 55 927 | 39,2 | 112,9 |
| 54 | 59 029 | 2 186 | 58 503 | 40,8 | 113,7 |
| 55 | 61 627 | 2 241 | 61 145 | 42,4 | 114,5 |
| 56 | 64 289 | 2 296 | 63 854 | 44,0 | 115,2 |
| 57 | 67 017 | 2 351 | 66 631 | 45,7 | 116,0 |
| 58 | 69 811 | 2 407 | 69 476 | 47,4 | 116,8 |
| 59 | 72 671 | 2 463 | 72 389 | 49,1 | 117,6 |
| 60 | 75 597 | 2 520 | 75 372 | 50,9 | 118,4 |
| 61 | 78 591 | 2 577 | 78 424 | 52,7 | 119,2 |
| 62 | 81 653 | 2 634 | 81 546 | 54,5 | 119,9 |
| 63 | 84 783 | 2 692 | 84 739 | 56,3 | 120,7 |
| 64 | 87 982 | 2 749 | 88 003 | 58,2 | 121,5 |
| 65 | 91 250 | 2 808 | 91 339 | 60,2 | 122,3 |
| 66 | 94 588 | 2 866 | 94 746 | 62,1 | 123,1 |
| 67 | 97 996 | 2 925 | 98 227 | 64,1 | 123,9 |
| 68 | 101 475 | 2 985 | 101 780 | 66,1 | 124,7 |
| 69 | 105 026 | 3 044 | 105 407 | 68,2 | 125,4 |
| 70 | 108 648 | 3 104 | 109 108 | 70,3 | 126,2 |
| 71 | 112 343 | 3 165 | 112 884 | 72,4 | 127,0 |
| 72 | 116 110 | 3 225 | 116 734 | 74,6 | 127,8 |
| 73 | 119 950 | 3 286 | 120 661 | 76,8 | 128,6 |
| 74 | 123 865 | 3 348 | 124 653 | 79,0 | 129,4 |
| 75 | 127 853 | 3 409 | 128 742 | 81,3 | 130,2 |
| 76 | 131 917 | 3 471 | 132 898 | 83,6 | 130,9 |
| 77 | 136 056 | 3 534 | 137 132 | 85,9 | 131,7 |
| 78 | 140 270 | 3 597 | 141 444 | 88,2 | 132,5 |
| 79 | 144 561 | 3 660 | 145 834 | 90,6 | 133,3 |
| 80 | 148 929 | 3 723 | 150 304 | 93,1 | 134,1 |

| Träger-Höhe $h$ cm | $e=5,60$ cm Trägheits-moment cm⁴ | Widerstandsm. cm³ | Trägheits-moment cm⁴ | Widerstandsm. cm³ | Gewicht für den lfd. m ohne Nietköpfe kg |
|---|---|---|---|---|---|
| 80 | 148 929 | 3 723 | 150 304 | 93,1 | 134,1 |
| 81 | 153 374 | 3 787 | 154 853 | 95,5 | 134,9 |
| 82 | 157 897 | 3 851 | 159 482 | 98,0 | 135,6 |
| 83 | 162 498 | 3 916 | 164 192 | 101 | 136,4 |
| 84 | 167 177 | 3 980 | 168 983 | 103 | 137,2 |
| 85 | 171 937 | 4 046 | 173 856 | 106 | 138,0 |
| 86 | 176 776 | 4 111 | 178 811 | 108 | 138,8 |
| 87 | 181 695 | 4 177 | 183 848 | 111 | 139,5 |
| 88 | 186 695 | 4 243 | 188 968 | 114 | 140,4 |
| 89 | 191 776 | 4 310 | 194 172 | 116 | 141,1 |
| 90 | 196 940 | 4 376 | 199 460 | 119 | 141,9 |
| 91 | 202 185 | 4 444 | 204 833 | 122 | 142,7 |
| 92 | 207 513 | 4 511 | 210 291 | 125 | 143,5 |
| 93 | 212 925 | 4 579 | 215 834 | 128 | 144,3 |
| 94 | 218 420 | 4 647 | 221 463 | 131 | 145,1 |
| 95 | 224 000 | 4 716 | 227 179 | 133 | 145,9 |
| 96 | 229 664 | 4 785 | 232 983 | 136 | 146,6 |
| 97 | 235 414 | 4 854 | 238 873 | 139 | 147,4 |
| 98 | 241 250 | 4 923 | 244 852 | 142 | 148,2 |
| 99 | 247 172 | 4 993 | 250 920 | 145 | 149,0 |
| 100 | 253 180 | 5 064 | 257 076 | 149 | 149,8 |
| 101 | 259 276 | 5 134 | 263 322 | 152 | 150,6 |
| 102 | 265 460 | 5 205 | 269 659 | 155 | 151,3 |
| 103 | 271 732 | 5 276 | 276 086 | 158 | 152,1 |
| 104 | 278 093 | 5 348 | 282 604 | 161 | 152,9 |
| 105 | 284 543 | 5 420 | 289 213 | 165 | 153,7 |
| 106 | 291 083 | 5 492 | 295 915 | 168 | 154,5 |
| 107 | 297 713 | 5 565 | 302 709 | 171 | 155,3 |
| 108 | 304 434 | 5 638 | 309 596 | 174 | 156,1 |
| 109 | 311 247 | 5 711 | 316 577 | 178 | 156,8 |
| 110 | 318 151 | 5 785 | 323 652 | 181 | 157,6 |
| 111 | 325 147 | 5 859 | 330 822 | 185 | 158,4 |
| 112 | 332 237 | 5 933 | 338 087 | 188 | 159,2 |
| 113 | 339 419 | 6 007 | 345 447 | 192 | 160,0 |
| 114 | 346 696 | 6 082 | 352 904 | 195 | 160,8 |
| 115 | 354 066 | 6 158 | 360 457 | 199 | 161,6 |
| 116 | 361 532 | 6 233 | 368 107 | 203 | 162,3 |
| 117 | 369 093 | 6 309 | 375 855 | 206 | 163,1 |
| 118 | 376 749 | 6 386 | 383 701 | 210 | 163,9 |
| 119 | 384 502 | 6 462 | 391 645 | 214 | 164,7 |
| 120 | 392 352 | 6 539 | 399 689 | 217 | 165,5 |
| 121 | 400 299 | 6 617 | 407 832 | 221 | 166,3 |
| 122 | 408 343 | 6 694 | 416 075 | 225 | 167,0 |
| 123 | 416 487 | 6 772 | 424 419 | 229 | 167,8 |
| 124 | 424 728 | 6 850 | 432 864 | 233 | 168,6 |
| 125 | 433 070 | 6 929 | 441 410 | 237 | 169,4 |
| 126 | 441 511 | 7 008 | 450 059 | 241 | 170,2 |
| 127 | 450 052 | 7 087 | 458 810 | 245 | 171,0 |
| 128 | 458 694 | 7 167 | 467 665 | 249 | 171,8 |
| 129 | 467 437 | 7 247 | 476 623 | 253 | 172,5 |
| 130 | 476 282 | 7 327 | 485 685 | 257 | 173,3 |
| 140 | 570 442 | 8 149 | 582 141 | 299 | 181,2 |
| 150 | 675 332 | 9 004 | 689 557 | 345 | 189,0 |
| 160 | 791 452 | 9 893 | 808 433 | 395 | 196,9 |
| 170 | 919 302 | 10 815 | 939 269 | 448 | 204,7 |
| 180 | 1 059 382 | 11 771 | 1 082 565 | 504 | 212,6 |

Trägheitsmoment für $\begin{cases} h = \phantom{0}30 = 1910,7 \text{ cm}^4 \\ h = \phantom{0}80 = 1914,8 \text{ cm}^4 \\ h = 130 = 1919,0 \text{ cm}^4 \\ h = 180 = 1923,2 \text{ cm}^4 \end{cases}$

# L 11,0 · 11,0 · 1,0 cm

## Nietstärke 2,0 cm; Stehblechdicke 1,0 cm

| Träger-Höhe h cm | $e = 6,00$ cm Trägheitsmoment cm⁴ | Widerstandsm. cm³ | Trägheitsmoment cm⁴ | Widerstandsm. cm³ | Gewicht für den lfd. m ohne Nietköpfe kg | Träger-Höhe h cm | $e = 6,00$ cm Trägheitsmoment cm⁴ | Widerstandsm. cm³ | Trägheitsmoment cm⁴ | Widerstandsm. cm³ | Gewicht für den lfd. m ohne Nietköpfe kg |
|---|---|---|---|---|---|---|---|---|---|---|---|
| 30 | 14 102 | 940 | 13 395 | 12,8 | 90,1 | 80 | 144 019 | 3 600 | 145 412 | 95,1 | 129,4 |
| 31 | 15 243 | 983 | 14 529 | 13,7 | 90,9 | 81 | 148 347 | 3 663 | 149 833 | 97,6 | 130,2 |
| 32 | 16 435 | 1 027 | 15 716 | 14,6 | 91,7 | 82 | 152 751 | 3 726 | 154 333 | 100 | 130,9 |
| 33 | 17 679 | 1 071 | 16 957 | 15,5 | 92,5 | 83 | 157 233 | 3 789 | 158 911 | 103 | 131,7 |
| 34 | 18 975 | 1 116 | 18 253 | 16,4 | 93,3 | 84 | 161 792 | 3 852 | 163 569 | 105 | 132,5 |
| 35 | 20 325 | 1 161 | 19 603 | 17,4 | 94,0 | 85 | 166 429 | 3 916 | 168 307 | 108 | 133,3 |
| 36 | 21 728 | 1 207 | 21 009 | 18,4 | 94,8 | 86 | 171 145 | 3 980 | 173 126 | 111 | 134,1 |
| 37 | 23 185 | 1 253 | 22 471 | 19,4 | 95,6 | 87 | 175 939 | 4 045 | 178 026 | 113 | 134,9 |
| 38 | 24 697 | 1 300 | 23 990 | 20,5 | 96,4 | 88 | 180 813 | 4 109 | 183 007 | 116 | 135,7 |
| 39 | 26 263 | 1 347 | 25 566 | 21,6 | 97,2 | 89 | 185 767 | 4 175 | 188 070 | 119 | 136,4 |
| 40 | 27 885 | 1 394 | 27 199 | 22,7 | 98,0 | 90 | 190 802 | 4 240 | 193 215 | 122 | 137,2 |
| 41 | 29 563 | 1 442 | 28 890 | 23,9 | 98,8 | 91 | 195 918 | 4 306 | 198 444 | 124 | 138,0 |
| 42 | 31 298 | 1 490 | 30 639 | 25,1 | 99,5 | 92 | 201 115 | 4 372 | 203 756 | 127 | 138,8 |
| 43 | 33 090 | 1 539 | 32 448 | 26,3 | 100,3 | 93 | 206 394 | 4 439 | 209 152 | 130 | 139,6 |
| 44 | 34 939 | 1 588 | 34 316 | 27,6 | 101,1 | 94 | 211 755 | 4 505 | 214 633 | 133 | 140,4 |
| 45 | 36 846 | 1 638 | 36 244 | 28,9 | 101,9 | 95 | 217 200 | 4 573 | 220 198 | 136 | 141,1 |
| 46 | 38 811 | 1 687 | 38 233 | 30,2 | 102,7 | 96 | 222 728 | 4 640 | 225 849 | 139 | 141,9 |
| 47 | 40 836 | 1 738 | 40 282 | 31,6 | 103,5 | 97 | 228 340 | 4 708 | 231 586 | 142 | 142,7 |
| 48 | 42 920 | 1 788 | 42 393 | 33,0 | 104,3 | 98 | 234 037 | 4 776 | 237 410 | 145 | 143,5 |
| 49 | 45 064 | 1 839 | 44 566 | 34,4 | 105,0 | 99 | 239 818 | 4 845 | 243 321 | 148 | 144,3 |
| 50 | 47 269 | 1 891 | 46 802 | 35,9 | 105,8 | 100 | 245 685 | 4 914 | 249 319 | 151 | 145,1 |
| 51 | 49 534 | 1 943 | 49 101 | 37,4 | 106,6 | 101 | 251 638 | 4 983 | 255 405 | 154 | 145,9 |
| 52 | 51 861 | 1 995 | 51 463 | 38,9 | 107,4 | 102 | 257 678 | 5 053 | 261 579 | 158 | 146,6 |
| 53 | 54 250 | 2 047 | 53 889 | 40,5 | 108,2 | 103 | 263 805 | 5 122 | 267 843 | 161 | 147,4 |
| 54 | 56 702 | 2 100 | 56 379 | 42,1 | 109,0 | 104 | 270 019 | 5 193 | 274 196 | 164 | 148,2 |
| 55 | 59 217 | 2 153 | 58 935 | 43,7 | 109,7 | 105 | 276 321 | 5 263 | 280 639 | 167 | 149,0 |
| 56 | 61 795 | 2 207 | 61 556 | 45,3 | 110,5 | 106 | 282 711 | 5 334 | 287 173 | 171 | 149,8 |
| 57 | 64 437 | 2 261 | 64 243 | 47,0 | 111,3 | 107 | 289 191 | 5 405 | 293 797 | 174 | 150,6 |
| 58 | 67 143 | 2 315 | 66 997 | 48,8 | 112,1 | 108 | 295 760 | 5 477 | 300 513 | 177 | 151,4 |
| 59 | 69 915 | 2 370 | 69 817 | 50,5 | 112,9 | 109 | 302 419 | 5 549 | 307 321 | 181 | 152,1 |
| 60 | 72 752 | 2 425 | 72 705 | 52,3 | 113,7 | 110 | 309 169 | 5 621 | 314 222 | 184 | 152,9 |
| 61 | 75 655 | 2 480 | 75 661 | 54,1 | 114,5 | 111 | 316 009 | 5 694 | 321 216 | 188 | 153,7 |
| 62 | 78 625 | 2 536 | 78 686 | 56,0 | 115,2 | 112 | 322 941 | 5 767 | 328 303 | 191 | 154,5 |
| 63 | 81 661 | 2 592 | 81 780 | 57,9 | 116,0 | 113 | 329 965 | 5 840 | 335 484 | 195 | 155,3 |
| 64 | 84 765 | 2 649 | 84 943 | 59,8 | 116,8 | 114 | 337 082 | 5 914 | 342 759 | 198 | 156,1 |
| 65 | 87 937 | 2 706 | 88 176 | 61,8 | 117,6 | 115 | 344 292 | 5 988 | 350 130 | 202 | 156,8 |
| 66 | 91 178 | 2 763 | 91 479 | 63,8 | 118,4 | 116 | 351 595 | 6 062 | 357 596 | 206 | 157,6 |
| 67 | 94 488 | 2 821 | 94 855 | 65,8 | 119,2 | 117 | 358 992 | 6 137 | 365 158 | 209 | 158,4 |
| 68 | 97 867 | 2 878 | 98 301 | 67,8 | 120,0 | 118 | 366 483 | 6 212 | 372 817 | 213 | 159,2 |
| 69 | 101 316 | 2 937 | 101 819 | 69,9 | 120,7 | 119 | 374 070 | 6 287 | 380 572 | 217 | 160,0 |
| 70 | 104 835 | 2 995 | 105 410 | 72,1 | 121,5 | 120 | 381 752 | 6 363 | 388 425 | 221 | 160,8 |
| 71 | 108 426 | 3 054 | 109 073 | 74,2 | 122,3 | 121 | 389 530 | 6 439 | 396 376 | 224 | 161,6 |
| 72 | 112 088 | 3 114 | 112 810 | 76,4 | 123,1 | 122 | 397 405 | 6 515 | 404 426 | 228 | 162,3 |
| 73 | 115 822 | 3 173 | 116 621 | 78,6 | 123,9 | 123 | 405 376 | 6 591 | 412 575 | 232 | 163,1 |
| 74 | 119 629 | 3 233 | 120 507 | 80,9 | 124,7 | 124 | 413 445 | 6 668 | 420 823 | 236 | 163,9 |
| 75 | 123 508 | 3 294 | 124 468 | 83,2 | 125,4 | 125 | 421 612 | 6 746 | 429 171 | 240 | 164,7 |
| 76 | 127 461 | 3 354 | 128 504 | 85,5 | 126,2 | 126 | 429 878 | 6 823 | 437 619 | 244 | 165,5 |
| 77 | 131 488 | 3 415 | 132 616 | 87,8 | 127,0 | 127 | 438 243 | 6 901 | 446 169 | 248 | 166,3 |
| 78 | 135 590 | 3 477 | 136 804 | 90,2 | 127,8 | 128 | 446 707 | 6 980 | 454 820 | 252 | 167,1 |
| 79 | 139 767 | 3 538 | 141 070 | 92,6 | 128,6 | 129 | 455 271 | 7 058 | 463 573 | 256 | 167,8 |
| 80 | 144 019 | 3 600 | 145 412 | 95,1 | 129,4 | 130 | 463 935 | 7 137 | 472 429 | 260 | 168,6 |

Neutr. Axe  Trägheitsmoment für $\begin{cases} h = 30 = 2073,5 \text{ cm}^4 \\ h = 80 = 2077,8 \text{ cm}^4 \end{cases}$    Neutr. Axe  Trägheitsmoment für $\begin{cases} h = 80 = 2077,8 \text{ cm}^4 \\ h = 130 = 2081,8 \text{ cm}^4 \end{cases}$

## L 11,0 · 11,0 · 1,2 cm

### Nietstärke 2,0 cm; Stehblechdicke 1,0 cm

| Träger-Höhe $h$ cm | $e = 6{,}10$ cm Trägheitsmoment cm⁴ | Widerstandsm. cm³ | Trägheitsmoment cm⁴ | Widerstandsm. cm³ | Gewicht für den lfd. m ohne Nietköpfe kg | Träger-Höhe $h$ cm | $e = 6{,}10$ cm Trägheitsmoment cm⁴ | Widerstandsm. cm³ | Trägheitsmoment cm⁴ | Widerstandsm. cm³ | Gewicht für den lfd. m ohne Nietköpfe kg |
|---|---|---|---|---|---|---|---|---|---|---|---|
| 30 | 16 226 | 1 082 | 15 316 | 12,9 | 102,4 | 80 | 163 439 | 4 086 | 164 169 | 95,2 | 141,6 |
| 31 | 17 538 | 1 131 | 16 612 | 13,7 | 103,1 | 81 | 168 295 | 4 155 | 169 108 | 97,7 | 142,4 |
| 32 | 18 908 | 1 182 | 17 968 | 14,6 | 103,9 | 82 | 173 234 | 4 225 | 174 133 | 100 | 143,2 |
| 33 | 20 338 | 1 233 | 19 386 | 15,5 | 104,7 | 83 | 178 257 | 4 295 | 179 245 | 103 | 144,0 |
| 34 | 21 828 | 1 284 | 20 865 | 16,5 | 105,5 | 84 | 183 365 | 4 366 | 184 442 | 105 | 144,8 |
| 35 | 23 377 | 1 336 | 22 406 | 17,4 | 106,3 | 85 | 188 558 | 4 437 | 189 727 | 108 | 145,5 |
| 36 | 24 987 | 1 388 | 24 010 | 18,4 | 107,1 | 86 | 193 837 | 4 508 | 195 100 | 111 | 146,3 |
| 37 | 26 659 | 1 441 | 25 677 | 19,5 | 107,9 | 87 | 199 202 | 4 579 | 200 560 | 113 | 147,1 |
| 38 | 28 392 | 1 494 | 27 408 | 20,6 | 108,6 | 88 | 204 653 | 4 651 | 206 110 | 116 | 147,9 |
| 39 | 30 187 | 1 548 | 29 203 | 21,7 | 109,4 | 89 | 210 192 | 4 723 | 211 748 | 119 | 148,7 |
| 40 | 32 044 | 1 602 | 31 062 | 22,8 | 110,2 | 90 | 215 818 | 4 796 | 217 476 | 122 | 149,5 |
| 41 | 33 965 | 1 657 | 32 987 | 24,0 | 111,0 | 91 | 221 532 | 4 869 | 223 294 | 124 | 150,2 |
| 42 | 35 950 | 1 712 | 34 977 | 25,2 | 111,8 | 92 | 227 335 | 4 942 | 229 203 | 127 | 151,0 |
| 43 | 37 998 | 1 767 | 37 033 | 26,4 | 112,6 | 93 | 233 227 | 5 016 | 235 202 | 130 | 151,8 |
| 44 | 40 111 | 1 823 | 39 156 | 27,7 | 113,4 | 94 | 239 209 | 5 090 | 241 294 | 133 | 152,6 |
| 45 | 42 289 | 1 880 | 41 346 | 29,0 | 114,1 | 95 | 245 280 | 5 164 | 247 477 | 136 | 153,4 |
| 46 | 44 533 | 1 936 | 43 604 | 30,3 | 114,9 | 96 | 251 443 | 5 238 | 253 754 | 139 | 154,2 |
| 47 | 46 843 | 1 993 | 45 930 | 31,7 | 115,7 | 97 | 257 696 | 5 313 | 260 123 | 142 | 155,0 |
| 48 | 49 220 | 2 051 | 48 324 | 33,1 | 116,5 | 98 | 264 041 | 5 389 | 266 586 | 145 | 155,7 |
| 49 | 51 664 | 2 109 | 50 788 | 34,5 | 117,3 | 99 | 270 479 | 5 464 | 273 143 | 148 | 156,5 |
| 50 | 54 175 | 2 167 | 53 321 | 35,9 | 118,1 | 100 | 277 009 | 5 540 | 279 795 | 151 | 157,3 |
| 51 | 56 755 | 2 226 | 55 924 | 37,3 | 118,8 | 101 | 283 631 | 5 616 | 286 541 | 154 | 158,1 |
| 52 | 59 403 | 2 285 | 58 598 | 39,0 | 119,6 | 102 | 290 348 | 5 693 | 293 384 | 158 | 158,9 |
| 53 | 62 120 | 2 344 | 61 343 | 40,5 | 120,4 | 103 | 297 159 | 5 770 | 300 322 | 161 | 159,7 |
| 54 | 64 907 | 2 404 | 64 160 | 42,1 | 121,2 | 104 | 304 064 | 5 847 | 307 357 | 164 | 160,5 |
| 55 | 67 764 | 2 464 | 67 049 | 43,7 | 122,0 | 105 | 311 065 | 5 925 | 314 490 | 167 | 161,2 |
| 56 | 70 691 | 2 525 | 70 010 | 45,4 | 122,8 | 106 | 318 161 | 6 003 | 321 719 | 171 | 162,0 |
| 57 | 73 690 | 2 586 | 73 045 | 47,1 | 123,6 | 107 | 325 353 | 6 081 | 329 047 | 174 | 162,8 |
| 58 | 76 760 | 2 647 | 76 153 | 48,8 | 124,3 | 108 | 332 642 | 6 160 | 336 474 | 177 | 163,6 |
| 59 | 79 903 | 2 709 | 79 335 | 50,6 | 125,1 | 109 | 340 028 | 6 239 | 344 000 | 181 | 164,4 |
| 60 | 83 118 | 2 771 | 82 592 | 52,4 | 125,9 | 110 | 347 511 | 6 318 | 351 625 | 184 | 165,2 |
| 61 | 86 406 | 2 833 | 85 924 | 54,2 | 126,7 | 111 | 355 093 | 6 398 | 359 351 | 188 | 165,9 |
| 62 | 89 768 | 2 896 | 89 331 | 56,1 | 127,5 | 112 | 362 773 | 6 478 | 367 177 | 191 | 166,7 |
| 63 | 93 204 | 2 959 | 92 815 | 58,0 | 128,3 | 113 | 370 553 | 6 558 | 375 104 | 195 | 167,5 |
| 64 | 96 714 | 3 022 | 96 375 | 59,9 | 129,1 | 114 | 378 432 | 6 639 | 383 133 | 198 | 168,3 |
| 65 | 100 300 | 3 086 | 100 013 | 61,8 | 129,8 | 115 | 386 411 | 6 720 | 391 264 | 202 | 169,1 |
| 66 | 103 961 | 3 150 | 103 728 | 63,8 | 130,6 | 116 | 394 491 | 6 802 | 399 497 | 206 | 169,9 |
| 67 | 107 699 | 3 215 | 107 521 | 65,8 | 131,4 | 117 | 402 671 | 6 883 | 407 834 | 209 | 170,7 |
| 68 | 111 513 | 3 280 | 111 393 | 67,9 | 132,2 | 118 | 410 954 | 6 965 | 416 274 | 213 | 171,4 |
| 69 | 115 404 | 3 345 | 115 344 | 70,0 | 133,0 | 119 | 419 339 | 7 048 | 424 819 | 217 | 172,2 |
| 70 | 119 372 | 3 411 | 119 374 | 72,1 | 133,8 | 120 | 427 826 | 7 130 | 433 468 | 221 | 173,0 |
| 71 | 123 419 | 3 477 | 123 485 | 74,3 | 134,5 | 121 | 436 416 | 7 213 | 442 222 | 224 | 173,8 |
| 72 | 127 545 | 3 543 | 127 676 | 76,5 | 135,3 | 122 | 445 110 | 7 297 | 451 082 | 228 | 174,6 |
| 73 | 131 749 | 3 610 | 131 949 | 78,7 | 136,1 | 123 | 453 908 | 7 381 | 460 048 | 232 | 175,4 |
| 74 | 136 034 | 3 677 | 136 303 | 80,9 | 136,9 | 124 | 462 811 | 7 465 | 469 120 | 236 | 176,2 |
| 75 | 140 398 | 3 744 | 140 739 | 83,2 | 137,7 | 125 | 471 819 | 7 549 | 478 300 | 240 | 176,9 |
| 76 | 144 843 | 3 812 | 145 258 | 85,6 | 138,5 | 126 | 480 932 | 7 634 | 487 587 | 244 | 177,7 |
| 77 | 149 369 | 3 880 | 149 860 | 87,9 | 139,3 | 127 | 490 152 | 7 719 | 496 983 | 248 | 178,5 |
| 78 | 153 977 | 3 948 | 154 545 | 90,3 | 140,0 | 128 | 499 478 | 7 804 | 506 487 | 252 | 179,3 |
| 79 | 158 667 | 4 017 | 159 315 | 92,7 | 140,8 | 129 | 508 912 | 7 890 | 516 100 | 256 | 180,1 |
| 80 | 163 439 | 4 086 | 164 169 | 95,2 | 141,6 | 130 | 518 453 | 7 978 | 525 823 | 260 | 180,9 |

Neutr. Axe — Trägheitsmoment für $\begin{cases} h = 30 = 2498{,}3 \text{ cm}^4 \\ h = 80 = 2502{,}4 \text{ cm}^4 \end{cases}$

Neutr. Axe — Trägheitsmoment für $\begin{cases} h = 80 = 2502{,}4 \text{ cm}^4 \\ h = 130 = 2506{,}6 \text{ cm}^4 \end{cases}$

## ∟ 11,0 · 11,0 · 1,2 cm

### Nietstärke 2,3 cm; Stehblechdicke 1,2 cm

| Träger-Höhe h cm | $e = 6{,}10$ cm Trägheitsmoment cm⁴ | Widerstandsm. cm³ | Trägheitsmoment cm⁴ | Widerstandsm. cm³ | Gewicht für den lfd. m ohne Nietköpfe kg |
|---|---|---|---|---|---|
| 30 | 16 438 | 1 096 | 15 467 | 12,6 | 107,1 |
| 31 | 17 770 | 1 146 | 16 788 | 13,4 | 108,0 |
| 32 | 19 162 | 1 198 | 18 172 | 14,2 | 109,0 |
| 33 | 20 614 | 1 249 | 19 620 | 15,1 | 109,9 |
| 34 | 22 128 | 1 302 | 21 132 | 16,0 | 110,8 |
| 35 | 23 704 | 1 355 | 22 709 | 17,0 | 111,8 |
| 36 | 25 343 | 1 408 | 24 352 | 18,0 | 112,7 |
| 37 | 27 045 | 1 462 | 26 060 | 19,0 | 113,7 |
| 38 | 28 811 | 1 516 | 27 835 | 20,0 | 114,6 |
| 39 | 30 641 | 1 571 | 29 677 | 21,1 | 115,6 |
| 40 | 32 536 | 1 627 | 31 587 | 22,2 | 116,5 |
| 41 | 34 497 | 1 683 | 33 565 | 23,4 | 117,4 |
| 42 | 36 524 | 1 739 | 35 612 | 24,5 | 118,4 |
| 43 | 38 618 | 1 796 | 37 729 | 25,7 | 119,3 |
| 44 | 40 780 | 1 854 | 39 916 | 27,0 | 120,3 |
| 45 | 43 009 | 1 912 | 42 174 | 28,2 | 121,2 |
| 46 | 45 307 | 1 970 | 44 504 | 29,5 | 122,1 |
| 47 | 47 675 | 2 029 | 46 905 | 30,9 | 123,1 |
| 48 | 50 112 | 2 088 | 49 379 | 32,3 | 124,0 |
| 49 | 52 620 | 2 148 | 51 926 | 33,7 | 125,0 |
| 50 | 55 198 | 2 208 | 54 547 | 35,1 | 125,9 |
| 51 | 57 849 | 2 269 | 57 242 | 36,6 | 126,9 |
| 52 | 60 571 | 2 330 | 60 012 | 38,1 | 127,8 |
| 53 | 63 367 | 2 391 | 62 858 | 39,6 | 128,7 |
| 54 | 66 235 | 2 453 | 65 780 | 41,1 | 129,7 |
| 55 | 69 178 | 2 516 | 68 779 | 42,7 | 130,6 |
| 56 | 72 196 | 2 578 | 71 856 | 44,4 | 131,6 |
| 57 | 75 289 | 2 642 | 75 010 | 46,0 | 132,5 |
| 58 | 78 457 | 2 705 | 78 243 | 47,7 | 133,5 |
| 59 | 81 702 | 2 770 | 81 555 | 49,5 | 134,4 |
| 60 | 85 024 | 2 834 | 84 947 | 51,2 | 135,3 |
| 61 | 88 424 | 2 899 | 88 419 | 53,0 | 136,3 |
| 62 | 91 902 | 2 965 | 91 972 | 54,9 | 137,2 |
| 63 | 95 459 | 3 030 | 95 607 | 56,7 | 138,2 |
| 64 | 99 095 | 3 097 | 99 324 | 58,6 | 139,1 |
| 65 | 102 811 | 3 163 | 103 124 | 60,5 | 140,0 |
| 66 | 106 608 | 3 231 | 107 008 | 62,5 | 141,0 |
| 67 | 110 486 | 3 298 | 110 975 | 64,5 | 141,9 |
| 68 | 114 446 | 3 366 | 115 027 | 66,5 | 142,9 |
| 69 | 118 489 | 3 434 | 119 164 | 68,6 | 143,8 |
| 70 | 122 614 | 3 503 | 123 387 | 70,7 | 144,8 |
| 71 | 126 823 | 3 572 | 127 696 | 72,8 | 145,7 |
| 72 | 131 117 | 3 642 | 132 092 | 75,0 | 146,6 |
| 73 | 135 495 | 3 712 | 136 576 | 77,2 | 147,6 |
| 74 | 139 958 | 3 783 | 141 148 | 79,4 | 148,5 |
| 75 | 144 508 | 3 854 | 145 809 | 81,7 | 149,5 |
| 76 | 149 144 | 3 925 | 150 560 | 83,9 | 150,4 |
| 77 | 153 868 | 3 997 | 155 400 | 86,3 | 151,3 |
| 78 | 158 679 | 4 069 | 160 331 | 88,6 | 152,3 |
| 79 | 163 579 | 4 141 | 165 353 | 91,0 | 153,2 |
| 80 | 168 568 | 4 214 | 170 467 | 93,4 | 154,2 |

| Träger-Höhe h cm | $e = 6{,}10$ cm Trägheitsmoment cm⁴ | Widerstandsm. cm³ | Trägheitsmoment cm⁴ | Widerstandsm. cm³ | Gewicht für den lfd. m ohne Nietköpfe kg |
|---|---|---|---|---|---|
| 80 | 168 568 | 4 214 | 170 467 | 93,4 | 154,2 |
| 81 | 173 647 | 4 288 | 175 673 | 95,9 | 155,1 |
| 82 | 178 815 | 4 361 | 180 972 | 98,4 | 156,1 |
| 83 | 184 075 | 4 436 | 186 365 | 101 | 157,0 |
| 84 | 189 426 | 4 510 | 191 852 | 104 | 157,9 |
| 85 | 194 869 | 4 585 | 197 434 | 106 | 158,9 |
| 86 | 200 405 | 4 661 | 203 112 | 109 | 159,8 |
| 87 | 206 034 | 4 736 | 208 885 | 111 | 160,8 |
| 88 | 211 756 | 4 813 | 214 755 | 114 | 161,7 |
| 89 | 217 574 | 4 889 | 220 722 | 117 | 162,7 |
| 90 | 223 486 | 4 966 | 226 787 | 120 | 163,6 |
| 91 | 229 494 | 5 044 | 232 950 | 122 | 164,5 |
| 92 | 235 598 | 5 122 | 239 212 | 125 | 165,5 |
| 93 | 241 799 | 5 200 | 245 574 | 128 | 166,4 |
| 94 | 248 097 | 5 279 | 252 036 | 131 | 167,4 |
| 95 | 254 494 | 5 358 | 258 599 | 134 | 168,3 |
| 96 | 260 989 | 5 437 | 265 264 | 137 | 169,2 |
| 97 | 267 583 | 5 517 | 272 030 | 140 | 170,2 |
| 98 | 274 278 | 5 598 | 278 899 | 143 | 171,1 |
| 99 | 281 072 | 5 678 | 285 871 | 146 | 172,1 |
| 100 | 287 968 | 5 759 | 292 947 | 149 | 173,0 |
| 101 | 294 965 | 5 841 | 300 127 | 152 | 174,0 |
| 102 | 302 065 | 5 923 | 307 412 | 155 | 174,9 |
| 103 | 309 267 | 6 005 | 314 803 | 158 | 175,8 |
| 104 | 316 573 | 6 088 | 322 300 | 162 | 176,8 |
| 105 | 323 983 | 6 171 | 329 904 | 165 | 177,7 |
| 106 | 331 497 | 6 255 | 337 616 | 168 | 178,7 |
| 107 | 339 117 | 6 339 | 345 435 | 172 | 179,6 |
| 108 | 346 843 | 6 423 | 353 363 | 175 | 180,6 |
| 109 | 354 675 | 6 508 | 361 400 | 178 | 181,5 |
| 110 | 362 614 | 6 593 | 369 547 | 182 | 182,4 |
| 111 | 370 661 | 6 679 | 377 804 | 185 | 183,4 |
| 112 | 378 815 | 6 765 | 386 172 | 189 | 184,3 |
| 113 | 387 079 | 6 851 | 394 652 | 192 | 185,3 |
| 114 | 395 452 | 6 938 | 403 244 | 196 | 186,2 |
| 115 | 403 936 | 7 025 | 411 949 | 199 | 187,1 |
| 116 | 412 530 | 7 113 | 420 768 | 203 | 188,1 |
| 117 | 421 235 | 7 201 | 429 700 | 207 | 189,0 |
| 118 | 430 052 | 7 289 | 438 747 | 210 | 190,0 |
| 119 | 438 981 | 7 378 | 447 909 | 214 | 190,9 |
| 120 | 448 024 | 7 467 | 457 187 | 218 | 191,9 |
| 121 | 457 180 | 7 557 | 466 581 | 222 | 192,8 |
| 122 | 466 450 | 7 647 | 476 092 | 225 | 193,7 |
| 123 | 475 835 | 7 737 | 485 721 | 229 | 194,7 |
| 124 | 485 336 | 7 828 | 495 468 | 233 | 195,6 |
| 125 | 494 953 | 7 919 | 505 334 | 237 | 196,6 |
| 126 | 504 686 | 8 011 | 515 320 | 241 | 197,5 |
| 127 | 514 537 | 8 103 | 525 425 | 245 | 198,4 |
| 128 | 524 505 | 8 195 | 535 651 | 249 | 199,4 |
| 129 | 534 592 | 8 288 | 545 998 | 253 | 200,3 |
| 130 | 544 798 | 8 382 | 556 467 | 257 | 201,3 |
| 140 | 653 536 | 9 336 | 667 987 | 300 | 210,7 |
| 150 | 774 837 | 10 331 | 792 347 | 346 | 220,1 |
| 160 | 909 303 | 11 366 | 930 147 | 395 | 229,5 |
| 170 | 1 057 533 | 12 442 | 1 081 987 | 448 | 239,0 |
| 180 | 1 220 127 | 13 557 | 1 248 467 | 504 | 248,4 |

Neutr. Axe — Trägheitsmoment für:

$$\begin{cases} h = 30 = 2574{,}8 \text{ cm}^4 \\ h = 80 = 2582{,}0 \text{ cm}^4 \\ h = 130 = 2589{,}2 \text{ cm}^4 \\ h = 180 = 2596{,}4 \text{ cm}^4 \end{cases}$$

## ∟ 11,0 · 11,0 · 1,2 cm

### Nietstärke 2,6 cm; Stehblechdicke 1,2 cm

| Träger-Höhe h (cm) | e=6,10 cm Trägheitsmoment cm⁴ | Widerstandsm. cm³ | Trägheitsmoment cm⁴ | Widerstandsm. cm³ | Gewicht für den lfd. m ohne Nietköpfe kg |
|---|---|---|---|---|---|
| 30 | 16 264 | 1 084 | 15 168 | 12,2 | 107,1 |
| 31 | 17 576 | 1 134 | 16 468 | 13,0 | 108,0 |
| 32 | 18 947 | 1 184 | 17 831 | 13,9 | 109,0 |
| 33 | 20 377 | 1 235 | 19 256 | 14,7 | 109,9 |
| 34 | 21 868 | 1 286 | 20 745 | 15,6 | 110,8 |
| 35 | 23 420 | 1 338 | 22 298 | 16,5 | 111,8 |
| 36 | 25 034 | 1 391 | 23 916 | 17,5 | 112,7 |
| 37 | 26 710 | 1 444 | 25 598 | 18,5 | 113,7 |
| 38 | 28 448 | 1 497 | 27 347 | 19,5 | 114,6 |
| 39 | 30 250 | 1 551 | 29 162 | 20,5 | 115,6 |
| 40 | 32 116 | 1 606 | 31 045 | 21,6 | 116,5 |
| 41 | 34 046 | 1 661 | 32 995 | 22,7 | 117,4 |
| 42 | 36 042 | 1 716 | 35 013 | 23,9 | 118,4 |
| 43 | 38 103 | 1 772 | 37 100 | 25,1 | 119,3 |
| 44 | 40 231 | 1 829 | 39 257 | 26,3 | 120,3 |
| 45 | 42 425 | 1 886 | 41 484 | 27,5 | 121,2 |
| 46 | 44 687 | 1 943 | 43 781 | 28,8 | 122,1 |
| 47 | 47 018 | 2 001 | 46 150 | 30,1 | 123,1 |
| 48 | 49 417 | 2 059 | 48 590 | 31,4 | 124,0 |
| 49 | 51 885 | 2 118 | 51 103 | 32,8 | 125,0 |
| 50 | 54 423 | 2 177 | 53 689 | 34,2 | 125,9 |
| 51 | 57 032 | 2 237 | 56 349 | 35,7 | 126,9 |
| 52 | 59 713 | 2 297 | 59 083 | 37,1 | 127,8 |
| 53 | 62 464 | 2 357 | 61 892 | 38,6 | 128,7 |
| 54 | 65 289 | 2 418 | 64 777 | 40,2 | 129,7 |
| 55 | 68 186 | 2 479 | 67 737 | 41,7 | 130,6 |
| 56 | 71 157 | 2 541 | 70 774 | 43,3 | 131,6 |
| 57 | 74 201 | 2 604 | 73 889 | 45,0 | 132,5 |
| 58 | 77 321 | 2 666 | 77 081 | 46,6 | 133,5 |
| 59 | 80 516 | 2 729 | 80 352 | 48,4 | 134,4 |
| 60 | 83 787 | 2 793 | 83 702 | 50,1 | 135,3 |
| 61 | 87 135 | 2 857 | 87 132 | 51,9 | 136,3 |
| 62 | 90 559 | 2 921 | 90 642 | 53,7 | 137,2 |
| 63 | 94 062 | 2 986 | 94 232 | 55,5 | 138,2 |
| 64 | 97 643 | 3 051 | 97 905 | 57,4 | 139,1 |
| 65 | 101 302 | 3 117 | 101 659 | 59,3 | 140,0 |
| 66 | 105 042 | 3 183 | 105 496 | 61,2 | 141,0 |
| 67 | 108 861 | 3 250 | 109 416 | 63,2 | 141,9 |
| 68 | 112 762 | 3 317 | 113 420 | 65,2 | 142,9 |
| 69 | 116 743 | 3 384 | 117 509 | 67,2 | 143,8 |
| 70 | 120 807 | 3 452 | 121 683 | 69,2 | 144,8 |
| 71 | 124 953 | 3 520 | 125 942 | 71,3 | 145,7 |
| 72 | 129 182 | 3 588 | 130 288 | 73,5 | 146,6 |
| 73 | 133 495 | 3 657 | 134 720 | 75,6 | 147,6 |
| 74 | 137 893 | 3 727 | 139 240 | 77,8 | 148,5 |
| 75 | 142 375 | 3 797 | 143 848 | 80,1 | 149,5 |
| 76 | 146 943 | 3 867 | 148 545 | 82,3 | 150,4 |
| 77 | 151 597 | 3 938 | 153 331 | 84,6 | 151,3 |
| 78 | 156 338 | 4 009 | 158 207 | 87,0 | 152,3 |
| 79 | 161 166 | 4 080 | 163 174 | 89,3 | 153,2 |
| 80 | 166 083 | 4 152 | 168 231 | 91,7 | 154,2 |

| Träger-Höhe h (cm) | e=6,10 cm Trägheitsmoment cm⁴ | Widerstandsm. cm³ | Trägheitsmoment cm⁴ | Widerstandsm. cm³ | Gewicht für den lfd. m ohne Nietköpfe kg |
|---|---|---|---|---|---|
| 80 | 166 083 | 4 152 | 168 231 | 91,7 | 154,2 |
| 81 | 171 087 | 4 224 | 173 381 | 94,1 | 155,1 |
| 82 | 176 181 | 4 297 | 178 622 | 96,6 | 156,1 |
| 83 | 181 365 | 4 370 | 183 956 | 99,1 | 157,0 |
| 84 | 186 639 | 4 444 | 189 384 | 102 | 157,9 |
| 85 | 192 004 | 4 518 | 194 906 | 104 | 158,9 |
| 86 | 197 460 | 4 592 | 200 523 | 107 | 159,8 |
| 87 | 203 009 | 4 667 | 206 235 | 109 | 160,8 |
| 88 | 208 651 | 4 742 | 212 042 | 112 | 161,7 |
| 89 | 214 385 | 4 818 | 217 947 | 115 | 162,7 |
| 90 | 220 214 | 4 894 | 223 948 | 118 | 163,6 |
| 91 | 226 138 | 4 970 | 230 047 | 120 | 164,5 |
| 92 | 232 156 | 5 047 | 236 244 | 123 | 165,5 |
| 93 | 238 270 | 5 124 | 242 540 | 126 | 166,4 |
| 94 | 244 481 | 5 202 | 248 936 | 129 | 167,4 |
| 95 | 250 789 | 5 280 | 255 432 | 132 | 168,3 |
| 96 | 257 194 | 5 358 | 262 028 | 135 | 169,2 |
| 97 | 263 697 | 5 437 | 268 726 | 138 | 170,2 |
| 98 | 270 299 | 5 516 | 275 525 | 141 | 171,1 |
| 99 | 277 000 | 5 596 | 282 427 | 144 | 172,1 |
| 100 | 283 802 | 5 676 | 289 433 | 147 | 173,0 |
| 101 | 290 704 | 5 757 | 296 541 | 150 | 174,0 |
| 102 | 297 707 | 5 837 | 303 754 | 153 | 174,9 |
| 103 | 304 812 | 5 919 | 311 072 | 156 | 175,8 |
| 104 | 312 019 | 6 000 | 318 496 | 159 | 176,8 |
| 105 | 319 329 | 6 082 | 326 025 | 162 | 177,7 |
| 106 | 326 743 | 6 165 | 333 662 | 166 | 178,7 |
| 107 | 334 261 | 6 248 | 341 405 | 169 | 179,6 |
| 108 | 341 884 | 6 331 | 349 256 | 172 | 180,6 |
| 109 | 349 612 | 6 415 | 357 216 | 176 | 181,5 |
| 110 | 357 446 | 6 499 | 365 285 | 179 | 182,4 |
| 111 | 365 386 | 6 584 | 373 464 | 183 | 183,4 |
| 112 | 373 434 | 6 668 | 381 753 | 186 | 184,3 |
| 113 | 381 589 | 6 754 | 390 152 | 189 | 185,3 |
| 114 | 389 853 | 6 840 | 398 664 | 193 | 186,2 |
| 115 | 398 226 | 6 926 | 407 287 | 197 | 187,1 |
| 116 | 406 708 | 7 012 | 416 023 | 200 | 188,1 |
| 117 | 415 301 | 7 099 | 424 872 | 204 | 189,0 |
| 118 | 424 004 | 7 187 | 433 836 | 207 | 190,0 |
| 119 | 432 819 | 7 274 | 442 913 | 211 | 190,9 |
| 120 | 441 745 | 7 362 | 452 106 | 215 | 191,9 |
| 121 | 450 784 | 7 451 | 461 414 | 219 | 192,8 |
| 122 | 459 937 | 7 540 | 470 839 | 222 | 193,7 |
| 123 | 469 203 | 7 629 | 480 381 | 226 | 194,7 |
| 124 | 478 583 | 7 719 | 490 040 | 230 | 195,6 |
| 125 | 488 079 | 7 809 | 499 817 | 234 | 196,6 |
| 126 | 497 690 | 7 900 | 509 712 | 238 | 197,5 |
| 127 | 507 417 | 7 991 | 519 728 | 242 | 198,4 |
| 128 | 517 260 | 8 082 | 529 863 | 246 | 199,4 |
| 129 | 527 222 | 8 174 | 540 118 | 250 | 200,3 |
| 130 | 537 301 | 8 266 | 550 495 | 254 | 201,3 |

Neutr. ⌐ Axe Trägheitsmoment für $\begin{cases} h = 30 = 2574,8 \text{ cm}^4 \\ h = 80 = 2582,0 \text{ cm}^4 \end{cases}$

Neutr. ⌐ Axe Trägheitsmoment für $\begin{cases} h = 80 = 2582,0 \text{ cm}^4 \\ h = 130 = 2589,2 \text{ cm}^4 \end{cases}$

## L 12,0 · 12,0 · 1,1 cm
## Nietstärke 2,3 cm; Stehblechdicke 1,0 cm

| Träger-Höhe h cm | e = 6,55 cm Trägheits-moment cm⁴ | Wider-standsm. cm³ | Trägheits-moment cm⁴ | ≤ 0,1cm Wider-standsm. cm³ | Gewicht für den lfd. m ohne Niet-köpfe kg | Träger-Höhe h cm | e = 6,55 cm Trägheits-moment cm⁴ | Wider-standsm. cm³ | Trägheits-moment cm⁴ | ≤ 0,1cm Wider-standsm. cm³ | Gewicht für den lfd. m ohne Niet-köpfe kg |
|---|---|---|---|---|---|---|---|---|---|---|---|
| 30 | 15 572 | 1 038 | 15 065 | 12,8 | 103,3 | 80 | 162 505 | 4 063 | 163 231 | 93,8 | 142,6 |
| 31 | 16 925 | 1 092 | 16 343 | 13,6 | 104,1 | 81 | 167 342 | 4 132 | 168 162 | 96,2 | 143,3 |
| 32 | 18 336 | 1 146 | 17 681 | 14,5 | 104,9 | 82 | 172 262 | 4 202 | 173 179 | 98,7 | 144,1 |
| 33 | 19 807 | 1 200 | 19 080 | 15,4 | 105,7 | 83 | 177 266 | 4 271 | 178 282 | 101 | 144,9 |
| 34 | 21 337 | 1 255 | 20 541 | 16,3 | 106,4 | 84 | 182 354 | 4 342 | 183 471 | 104 | 145,7 |
| 35 | 22 927 | 1 310 | 22 065 | 17,3 | 107,2 | 85 | 187 528 | 4 412 | 188 748 | 106 | 146,5 |
| 36 | 24 577 | 1 365 | 23 651 | 18,2 | 108,0 | 86 | 192 787 | 4 483 | 194 113 | 109 | 147,3 |
| 37 | 26 289 | 1 421 | 25 301 | 19,3 | 108,8 | 87 | 198 132 | 4 555 | 199 566 | 112 | 148,1 |
| 38 | 28 062 | 1 477 | 27 014 | 20 3 | 109 6 | 88 | 203 563 | 4 626 | 205 108 | 114 | 148,8 |
| 39 | 29 897 | 1 533 | 28 792 | 21,4 | 110,4 | 89 | 209 082 | 4 698 | 210 739 | 117 | 149,6 |
| 40 | 31 795 | 1 590 | 30 635 | 22,5 | 111,2 | 90 | 214 688 | 4 771 | 216 461 | 120 | 150,4 |
| 41 | 33 700 | 1 644 | 32 542 | 23,6 | 111,9 | 91 | 220 382 | 4 844 | 222 272 | 123 | 151,2 |
| 42 | 35 669 | 1 699 | 34 516 | 24,8 | 112,7 | 92 | 226 165 | 4 917 | 228 174 | 126 | 152,0 |
| 43 | 37 703 | 1 754 | 36 556 | 26,0 | 113,5 | 93 | 232 037 | 4 990 | 234 168 | 128 | 152,8 |
| 44 | 39 800 | 1 809 | 38 663 | 27,3 | 114,3 | 94 | 237 998 | 5 064 | 240 253 | 131 | 153,5 |
| 45 | 41 963 | 1 865 | 40 837 | 28,5 | 115,1 | 95 | 244 049 | 5 138 | 246 431 | 134 | 154,3 |
| 46 | 44 191 | 1 921 | 43 079 | 29,8 | 115,9 | 96 | 250 191 | 5 212 | 252 701 | 137 | 155,1 |
| 47 | 46 485 | 1 978 | 45 390 | 31,2 | 116,7 | 97 | 256 423 | 5 287 | 259 065 | 140 | 155,9 |
| 48 | 48 846 | 2 035 | 47 769 | 32,5 | 117,4 | 98 | 262 748 | 5 362 | 265 523 | 143 | 156,7 |
| 49 | 51 274 | 2 093 | 50 217 | 34,0 | 118,2 | 99 | 269 164 | 5 438 | 272 075 | 146 | 157,5 |
| 50 | 53 769 | 2 151 | 52 736 | 35,4 | 119,0 | 100 | 275 673 | 5 513 | 278 722 | 149 | 158,3 |
| 51 | 56 333 | 2 209 | 55 324 | 36,9 | 119,8 | 101 | 282 275 | 5 590 | 285 464 | 152 | 159,0 |
| 52 | 58 964 | 2 268 | 57 984 | 38,4 | 120,6 | 102 | 288 970 | 5 666 | 292 302 | 156 | 159,8 |
| 53 | 61 665 | 2 327 | 60 715 | 39,9 | 121,4 | 103 | 295 759 | 5 743 | 299 236 | 159 | 160,6 |
| 54 | 64 436 | 2 387 | 63 517 | 41,5 | 122,1 | 104 | 302 643 | 5 820 | 306 267 | 162 | 161,4 |
| 55 | 67 276 | 2 446 | 66 392 | 43,1 | 122,9 | 105 | 309 622 | 5 898 | 313 396 | 165 | 162,2 |
| 56 | 70 187 | 2 507 | 69 340 | 44,7 | 123,7 | 106 | 316 697 | 5 975 | 320 622 | 169 | 163,0 |
| 57 | 73 169 | 2 567 | 72 361 | 46,4 | 124,5 | 107 | 323 867 | 6 054 | 327 946 | 172 | 163,8 |
| 58 | 76 223 | 2 628 | 75 456 | 48,1 | 125,3 | 108 | 331 134 | 6 132 | 335 370 | 175 | 164,5 |
| 59 | 79 348 | 2 690 | 78 625 | 49,8 | 126,1 | 109 | 338 498 | 6 211 | 342 892 | 179 | 165,3 |
| 60 | 82 546 | 2 752 | 81 869 | 51,6 | 126,9 | 110 | 345 960 | 6 290 | 350 515 | 182 | 166,1 |
| 61 | 85 817 | 2 814 | 85 188 | 53,4 | 127,6 | 111 | 353 519 | 6 370 | 358 238 | 186 | 166,9 |
| 62 | 89 162 | 2 876 | 88 583 | 55,2 | 128,4 | 112 | 361 177 | 6 450 | 366 061 | 189 | 167,7 |
| 63 | 92 580 | 2 939 | 92 055 | 57,1 | 129,2 | 113 | 368 934 | 6 530 | 373 986 | 193 | 168,5 |
| 64 | 96 073 | 3 002 | 95 603 | 58,9 | 130,0 | 114 | 376 791 | 6 610 | 382 013 | 196 | 169,2 |
| 65 | 99 641 | 3 066 | 99 229 | 60,9 | 130,8 | 115 | 384 747 | 6 691 | 390 142 | 200 | 170,0 |
| 66 | 103 285 | 3 130 | 102 932 | 62,8 | 131,6 | 116 | 392 805 | 6 772 | 398 374 | 203 | 170,8 |
| 67 | 107 005 | 3 194 | 106 714 | 64,8 | 132,4 | 117 | 400 963 | 6 854 | 406 710 | 207 | 171,6 |
| 68 | 110 801 | 3 259 | 110 575 | 66,9 | 133,1 | 118 | 409 222 | 6 936 | 415 149 | 211 | 172,4 |
| 69 | 114 674 | 3 324 | 114 514 | 68,9 | 133,9 | 119 | 417 584 | 7 018 | 423 692 | 214 | 173,2 |
| 70 | 118 625 | 3 389 | 118 534 | 71,0 | 134,7 | 120 | 426 048 | 7 101 | 432 340 | 218 | 174,0 |
| 71 | 122 653 | 3 455 | 122 634 | 73,1 | 135,5 | 121 | 434 616 | 7 184 | 441 094 | 222 | 174,7 |
| 72 | 126 761 | 3 521 | 126 815 | 75,3 | 136,3 | 122 | 443 286 | 7 267 | 449 953 | 226 | 175,5 |
| 73 | 130 947 | 3 588 | 131 077 | 77,5 | 137,1 | 123 | 452 061 | 7 351 | 458 919 | 230 | 176,3 |
| 74 | 135 213 | 3 654 | 135 421 | 79,7 | 137,8 | 124 | 460 940 | 7 435 | 467 991 | 234 | 177,1 |
| 75 | 139 559 | 3 722 | 139 848 | 82,0 | 138,6 | 125 | 469 925 | 7 519 | 477 171 | 237 | 177,9 |
| 76 | 143 985 | 3 789 | 144 357 | 84,3 | 139,4 | 126 | 479 014 | 7 603 | 486 459 | 241 | 178,7 |
| 77 | 148 492 | 3 857 | 148 949 | 86,6 | 140,2 | 127 | 488 210 | 7 688 | 495 855 | 245 | 179,5 |
| 78 | 153 081 | 3 925 | 153 625 | 89,0 | 141,0 | 128 | 497 513 | 7 774 | 505 359 | 249 | 180,2 |
| 79 | 157 752 | 3 994 | 158 386 | 91,4 | 141,8 | 129 | 506 922 | 7 859 | 514 974 | 253 | 181,0 |
| 80 | 162 505 | 4 063 | 163 231 | 93,8 | 142,6 | 130 | 516 439 | 7 945 | 524 697 | 258 | 181,8 |
|  |  |  |  |  |  | 140 | 617 632 | 8 823 | 628 086 | 300 | 189,7 |
|  |  |  |  |  |  | 150 | 730 127 | 9 735 | 743 007 | 346 | 197,5 |
|  |  |  |  |  |  | 160 | 854 424 | 10 680 | 869 960 | 396 | 205,4 |
|  |  |  |  |  |  | 170 | 991 023 | 11 659 | 1 009 445 | 448 | 213,2 |
|  |  |  |  |  |  | 180 | 1 140 424 | 12 671 | 1 161 962 | 504 | 220,1 |

Neutr. ___ Axe Trägheitsmoment für
$$\begin{cases} h = 30 = 2924,6 \text{ cm}^4 \\ h = 80 = 2928,8 \text{ cm}^4 \\ h = 130 = 2932,9 \text{ cm}^4 \\ h = 180 = 2936,1 \text{ cm}^4 \end{cases}$$

## ∟ 12,0 · 12,0 · 1,3 cm

### Nietstärke 2,6 cm; Stehblechdicke 1,2 cm

| Träger-Höhe h cm | e = 6,65 cm Trägheitsmoment cm⁴ | Widerstandsm. cm³ | Trägheitsmoment cm⁴ | Widerstandsm. cm³ | Gewicht für den lfd. m ohne Nietköpfe kg | Träger-Höhe h cm | e = 6,65 cm Trägheitsmoment cm⁴ | Widerstandsm. cm³ | Trägheitsmoment cm⁴ | Widerstandsm. cm³ | Gewicht für den lfd. m ohne Nietköpfe kg |
|---|---|---|---|---|---|---|---|---|---|---|---|
| 40 | 36 687 | 1 834 | 35 156 | 22,0 | 130,9 | 90 | 248 934 | 5 532 | 251 412 | 118 | 178,0 |
| 41 | 38 890 | 1 897 | 37 363 | 23,1 | 131,9 | 91 | 255 559 | 5 617 | 258 197 | 121 | 179,0 |
| 42 | 41 167 | 1 960 | 39 646 | 24,3 | 132,8 | 92 | 262 288 | 5 702 | 265 088 | 124 | 179,9 |
| 43 | 43 518 | 2 024 | 42 008 | 25,5 | 133,8 | 93 | 269 121 | 5 788 | 272 088 | 126 | 180,9 |
| 44 | 45 944 | 2 088 | 44 447 | 26,7 | 134,7 | 94 | 276 059 | 5 874 | 279 195 | 129 | 181,8 |
| 45 | 48 446 | 2 153 | 46 965 | 27,9 | 135,7 | 95 | 283 103 | 5 960 | 286 411 | 132 | 182,8 |
| 46 | 51 024 | 2 218 | 49 562 | 29,2 | 136,6 | 96 | 290 253 | 6 047 | 293 736 | 135 | 183,7 |
| 47 | 53 678 | 2 284 | 52 239 | 30,5 | 137,5 | 97 | 297 509 | 6 134 | 301 171 | 138 | 184,6 |
| 48 | 56 410 | 2 350 | 54 996 | 31,9 | 138,5 | 98 | 304 873 | 6 222 | 308 716 | 141 | 185,6 |
| 49 | 59 220 | 2 417 | 57 835 | 33,2 | 139,4 | 99 | 312 345 | 6 310 | 316 373 | 144 | 186,5 |
| 50 | 62 108 | 2 484 | 60 755 | 34,7 | 140,4 | 100 | 319 925 | 6 399 | 324 141 | 147 | 187,5 |
| 51 | 65 076 | 2 552 | 63 757 | 36,1 | 141,3 | 101 | 327 615 | 6 487 | 332 022 | 150 | 188,4 |
| 52 | 68 123 | 2 620 | 66 843 | 37,6 | 142,2 | 102 | 335 414 | 6 577 | 340 015 | 153 | 189,3 |
| 53 | 71 251 | 2 689 | 70 012 | 39,1 | 143,2 | 103 | 343 324 | 6 666 | 348 122 | 157 | 190,3 |
| 54 | 74 459 | 2 758 | 73 264 | 40,6 | 144,1 | 104 | 351 344 | 6 757 | 356 342 | 160 | 191,2 |
| 55 | 77 749 | 2 827 | 76 602 | 42,2 | 145,1 | 105 | 359 476 | 6 847 | 364 678 | 163 | 192,2 |
| 56 | 81 122 | 2 897 | 80 025 | 43,8 | 146,0 | 106 | 367 721 | 6 938 | 373 129 | 166 | 193,1 |
| 57 | 84 577 | 2 968 | 83 533 | 45,5 | 147,0 | 107 | 376 077 | 7 029 | 381 695 | 170 | 194,1 |
| 58 | 88 115 | 3 038 | 87 128 | 47,1 | 147,9 | 108 | 384 548 | 7 121 | 390 378 | 173 | 195,0 |
| 59 | 91 737 | 3 110 | 90 810 | 48,8 | 148,8 | 109 | 393 132 | 7 213 | 399 179 | 176 | 195,9 |
| 60 | 95 444 | 3 181 | 94 580 | 50,5 | 149,8 | 110 | 401 831 | 7 306 | 408 096 | 180 | 196,9 |
| 61 | 99 236 | 3 254 | 98 438 | 52,3 | 150,7 | 111 | 410 645 | 7 399 | 417 132 | 183 | 197,8 |
| 62 | 103 113 | 3 326 | 102 385 | 54,1 | 151,7 | 112 | 419 574 | 7 492 | 426 287 | 186 | 198,8 |
| 63 | 107 077 | 3 399 | 106 422 | 55,9 | 152,6 | 113 | 428 620 | 7 586 | 435 562 | 190 | 199,7 |
| 64 | 111 128 | 3 473 | 110 548 | 57,8 | 153,5 | 114 | 437 783 | 7 680 | 444 956 | 194 | 200,6 |
| 65 | 115 267 | 3 547 | 114 765 | 59,7 | 154,5 | 115 | 447 064 | 7 775 | 454 471 | 197 | 201,6 |
| 66 | 119 493 | 3 621 | 119 073 | 61,6 | 155,4 | 116 | 456 462 | 7 870 | 464 108 | 201 | 202,5 |
| 67 | 123 809 | 3 696 | 123 474 | 63,6 | 156,4 | 117 | 465 980 | 7 965 | 473 866 | 204 | 203,5 |
| 68 | 128 213 | 3 771 | 127 966 | 65,6 | 157,3 | 118 | 475 616 | 8 061 | 483 746 | 208 | 204,4 |
| 69 | 132 708 | 3 847 | 132 552 | 67,6 | 158,3 | 119 | 485 373 | 8 158 | 493 750 | 211 | 205,4 |
| 70 | 137 293 | 3 923 | 137 231 | 69,7 | 159,2 | 120 | 495 250 | 8 254 | 503 878 | 215 | 206,3 |
| 71 | 141 970 | 3 999 | 142 005 | 71,8 | 160,1 | 121 | 505 248 | 8 351 | 514 129 | 219 | 207,2 |
| 72 | 146 738 | 4 076 | 146 874 | 73,9 | 161,1 | 122 | 515 368 | 8 449 | 524 506 | 223 | 208,2 |
| 73 | 151 598 | 4 153 | 151 838 | 76,1 | 162,0 | 123 | 525 611 | 8 547 | 535 008 | 227 | 209,1 |
| 74 | 156 551 | 4 231 | 156 898 | 78,3 | 163,0 | 124 | 535 976 | 8 645 | 545 636 | 231 | 210,1 |
| 75 | 161 598 | 4 309 | 162 054 | 80,5 | 163,9 | 125 | 546 465 | 8 743 | 556 390 | 235 | 211,0 |
| 76 | 166 739 | 4 388 | 167 308 | 82,8 | 164,9 | 126 | 557 078 | 8 843 | 567 272 | 238 | 212,0 |
| 77 | 171 975 | 4 467 | 172 660 | 85,1 | 165,8 | 127 | 567 816 | 8 942 | 578 282 | 242 | 212,9 |
| 78 | 177 306 | 4 546 | 178 110 | 87,4 | 166,7 | 128 | 578 679 | 9 042 | 589 420 | 246 | 213,8 |
| 79 | 182 733 | 4 626 | 183 660 | 89,8 | 167,7 | 129 | 589 668 | 9 142 | 600 688 | 250 | 214,8 |
| 80 | 188 257 | 4 706 | 189 309 | 92,9 | 168,6 | 130 | 600 784 | 9 243 | 612 085 | 254 | 215,7 |
| 81 | 193 877 | 4 787 | 195 058 | 94,6 | 169,6 | 131 | 612 026 | 9 344 | 623 612 | 259 | 216,7 |
| 82 | 199 596 | 4 868 | 200 908 | 97,1 | 170,5 | 132 | 623 397 | 9 445 | 635 270 | 263 | 217,6 |
| 83 | 205 413 | 4 950 | 206 860 | 99,6 | 171,4 | 133 | 634 895 | 9 547 | 647 060 | 267 | 218,6 |
| 84 | 211 328 | 5 032 | 212 913 | 102 | 172,4 | 134 | 646 523 | 9 650 | 658 981 | 271 | 219,5 |
| 85 | 217 344 | 5 114 | 219 070 | 105 | 173,3 | 135 | 658 280 | 9 752 | 671 036 | 275 | 220,4 |
| 86 | 223 459 | 5 197 | 225 329 | 107 | 174,3 | 136 | 670 168 | 9 855 | 683 223 | 280 | 221,4 |
| 87 | 229 675 | 5 280 | 231 693 | 110 | 175,2 | 137 | 682 186 | 9 959 | 695 545 | 284 | 222,3 |
| 88 | 235 993 | 5 363 | 238 160 | 113 | 176,2 | 138 | 694 335 | 10 063 | 708 000 | 288 | 223,3 |
| 89 | 242 412 | 5 447 | 244 733 | 115 | 177,1 | 139 | 706 617 | 10 167 | 720 591 | 293 | 224,2 |
| 90 | 248 934 | 5 532 | 251 412 | 118 | 178,0 | 140 | 719 031 | 10 272 | 733 318 | 297 | 225,1 |
| | | | | | | 150 | 850 592 | 11 341 | 868 177 | 343 | 234,6 |
| | | | | | | 160 | 996 068 | 12 451 | 1 017 262 | 392 | 244,0 |
| | | | | | | 170 | 1 156 057 | 13 601 | 1 181 174 | 444 | 253,4 |
| | | | | | | 180 | 1 331 160 | 14 791 | 1 360 511 | 500 | 262,8 |
| | | | | | | 190 | 1 521 978 | 16 021 | 1 555 874 | 559 | 272,2 |

Neutr. Axe Trägheitsmoment für
$$h = 40 = 3567{,}5 \text{ cm}^4$$
$$h = 90 = 3574{,}7 \text{ cm}^4$$
$$h = 140 = 3581{,}9 \text{ cm}^4$$
$$h = 190 = 3589{,}1 \text{ cm}^4$$

## $\llcorner$ 13,0 · 13,0 · 1,2 cm

### Nietstärke 2,3 cm; Stehblechdicke 1,2 cm

| Träger-Höhe h (cm) | $e=7{,}10$ cm Trägheitsmoment cm⁴ | Widerstandsm. cm³ | Trägheitsmoment cm⁴ | Widerstandsm. cm³ | Gewicht für den lfd. m ohne Nietköpfe kg |
|---|---|---|---|---|---|
| 40 | 37 212 | 1 861 | 35 819 | 22,8 | 131,9 |
| 41 | 39 457 | 1 925 | 38 065 | 24,0 | 132,8 |
| 42 | 41 778 | 1 989 | 40 390 | 25,2 | 133,8 |
| 43 | 44 176 | 2 055 | 42 794 | 26,4 | 134,7 |
| 44 | 46 651 | 2 120 | 45 277 | 27,6 | 135,6 |
| 45 | 49 203 | 2 187 | 47 841 | 28,9 | 136,6 |
| 46 | 51 833 | 2 254 | 50 487 | 30,2 | 137,5 |
| 47 | 54 543 | 2 321 | 53 213 | 31,5 | 138,5 |
| 48 | 57 332 | 2 389 | 56 022 | 32,9 | 139,4 |
| 49 | 60 200 | 2 457 | 58 914 | 34,3 | 140,4 |
| 50 | 63 150 | 2 526 | 61 889 | 35,8 | 141,3 |
| 51 | 66 181 | 2 595 | 64 948 | 37,2 | 142,2 |
| 52 | 69 293 | 2 665 | 68 092 | 38,7 | 143,2 |
| 53 | 72 488 | 2 735 | 71 321 | 40,3 | 144,1 |
| 54 | 75 766 | 2 806 | 74 636 | 41,8 | 145,1 |
| 55 | 79 128 | 2 877 | 78 037 | 43,4 | 146,0 |
| 56 | 82 574 | 2 949 | 81 525 | 45,1 | 146,9 |
| 57 | 86 105 | 3 021 | 85 101 | 46,8 | 147,9 |
| 58 | 89 721 | 3 094 | 88 765 | 48,5 | 148,8 |
| 59 | 93 423 | 3 167 | 92 517 | 50,2 | 149,8 |
| 60 | 97 212 | 3 240 | 96 359 | 52,0 | 150,7 |
| 61 | 101 088 | 3 314 | 100 292 | 53,8 | 151,7 |
| 62 | 105 052 | 3 389 | 104 314 | 55,6 | 152,6 |
| 63 | 109 104 | 3 464 | 108 428 | 57,4 | 153,5 |
| 64 | 113 246 | 3 539 | 112 634 | 59,3 | 154,5 |
| 65 | 117 477 | 3 615 | 116 932 | 61,3 | 155,4 |
| 66 | 121 798 | 3 691 | 121 323 | 63,2 | 156,4 |
| 67 | 126 210 | 3 767 | 125 808 | 65,2 | 157,3 |
| 68 | 130 714 | 3 845 | 130 387 | 67,3 | 158,3 |
| 69 | 135 309 | 3 922 | 135 061 | 69,3 | 159,2 |
| 70 | 139 998 | 4 000 | 139 830 | 71,4 | 160,1 |
| 71 | 144 779 | 4 078 | 144 695 | 73,6 | 161,1 |
| 72 | 149 655 | 4 157 | 149 657 | 75,7 | 162,0 |
| 73 | 154 624 | 4 236 | 154 716 | 77,9 | 163,0 |
| 74 | 159 689 | 4 316 | 159 872 | 80,1 | 163,9 |
| 75 | 164 850 | 4 396 | 165 128 | 82,4 | 164,8 |
| 76 | 170 106 | 4 476 | 170 482 | 84,7 | 165,8 |
| 77 | 175 460 | 4 557 | 175 935 | 87,0 | 166,7 |
| 78 | 180 911 | 4 639 | 181 489 | 89,4 | 167,7 |
| 79 | 186 460 | 4 721 | 187 144 | 91,8 | 168,6 |
| 80 | 192 108 | 4 803 | 192 900 | 94,2 | 169,6 |
| 81 | 197 855 | 4 885 | 198 758 | 96,7 | 170,5 |
| 82 | 203 701 | 4 968 | 204 719 | 99,2 | 171,4 |
| 83 | 209 649 | 5 052 | 210 783 | 102 | 172,4 |
| 84 | 215 697 | 5 136 | 216 951 | 104 | 173,3 |
| 85 | 221 847 | 5 220 | 223 223 | 107 | 174,3 |
| 86 | 228 099 | 5 305 | 229 600 | 110 | 175,2 |
| 87 | 234 454 | 5 390 | 236 083 | 112 | 176,2 |
| 88 | 240 912 | 5 475 | 242 672 | 115 | 177,1 |
| 89 | 247 475 | 5 561 | 249 368 | 118 | 178,0 |
| 90 | 254 142 | 5 648 | 256 171 | 120 | 179,0 |

| Träger-Höhe h (cm) | $e=7{,}10$ cm Trägheitsmoment cm⁴ | Widerstandsm. cm³ | Trägheitsmoment cm⁴ | Widerstandsm cm³ | Gewicht für den lfd. m ohne Nietköpfe kg |
|---|---|---|---|---|---|
| 90 | 254 142 | 5 648 | 256 171 | 120 | 179,0 |
| 91 | 260 914 | 5 734 | 263 082 | 123 | 179,9 |
| 92 | 267 792 | 5 822 | 270 102 | 126 | 180,9 |
| 93 | 274 777 | 5 909 | 277 231 | 129 | 181,8 |
| 94 | 281 868 | 5 997 | 284 469 | 132 | 182,7 |
| 95 | 289 068 | 6 086 | 291 818 | 135 | 183,7 |
| 96 | 296 375 | 6 174 | 299 279 | 138 | 184,6 |
| 97 | 303 791 | 6 264 | 306 850 | 141 | 185,6 |
| 98 | 311 317 | 6 353 | 314 534 | 144 | 186,5 |
| 99 | 318 953 | 6 443 | 322 331 | 147 | 187,5 |
| 100 | 326 699 | 6 534 | 330 241 | 150 | 188,4 |
| 101 | 334 557 | 6 625 | 338 265 | 153 | 189,3 |
| 102 | 342 527 | 6 716 | 346 404 | 156 | 190,3 |
| 103 | 350 609 | 6 808 | 354 658 | 159 | 191,2 |
| 104 | 358 804 | 6 900 | 363 028 | 162 | 192,2 |
| 105 | 367 112 | 6 993 | 371 514 | 166 | 193,1 |
| 106 | 375 535 | 7 086 | 380 117 | 169 | 194,0 |
| 107 | 384 073 | 7 179 | 388 838 | 172 | 195,0 |
| 108 | 392 726 | 7 273 | 397 677 | 176 | 195,9 |
| 109 | 401 496 | 7 367 | 406 634 | 179 | 196,9 |
| 110 | 410 381 | 7 461 | 415 711 | 183 | 197,8 |
| 111 | 419 385 | 7 556 | 424 909 | 186 | 198,8 |
| 112 | 428 505 | 7 652 | 434 226 | 189 | 199,7 |
| 113 | 437 745 | 7 748 | 443 665 | 193 | 200,6 |
| 114 | 447 103 | 7 844 | 453 226 | 197 | 201,6 |
| 115 | 456 581 | 7 941 | 462 909 | 200 | 202,5 |
| 116 | 466 180 | 8 038 | 472 715 | 204 | 203,5 |
| 117 | 475 899 | 8 135 | 482 645 | 207 | 204,4 |
| 118 | 485 739 | 8 233 | 492 699 | 211 | 205,4 |
| 119 | 495 702 | 8 331 | 502 878 | 215 | 206,3 |
| 120 | 505 787 | 8 430 | 513 182 | 219 | 207,2 |
| 121 | 515 996 | 8 529 | 523 612 | 222 | 208,2 |
| 122 | 526 328 | 8 628 | 534 169 | 226 | 209,1 |
| 123 | 536 785 | 8 728 | 544 853 | 230 | 210,1 |
| 124 | 547 367 | 8 828 | 555 664 | 234 | 211,0 |
| 125 | 558 074 | 8 929 | 566 605 | 238 | 211,9 |
| 126 | 568 908 | 9 030 | 577 674 | 242 | 212,9 |
| 127 | 579 869 | 9 132 | 588 872 | 246 | 213,8 |
| 128 | 590 957 | 9 234 | 600 201 | 250 | 214,8 |
| 129 | 602 173 | 9 336 | 611 661 | 254 | 215,7 |
| 130 | 613 517 | 9 439 | 623 252 | 258 | 216,7 |
| 131 | 624 991 | 9 542 | 634 975 | 262 | 217,6 |
| 132 | 636 595 | 9 645 | 646 831 | 266 | 218,5 |
| 133 | 648 329 | 9 749 | 658 820 | 270 | 219,5 |
| 134 | 660 194 | 9 854 | 670 943 | 275 | 220,4 |
| 135 | 672 191 | 9 958 | 683 200 | 279 | 221,4 |
| 136 | 684 320 | 10 064 | 695 592 | 283 | 222,3 |
| 137 | 696 582 | 10 169 | 708 120 | 288 | 223,3 |
| 138 | 708 978 | 10 275 | 720 784 | 292 | 224,2 |
| 139 | 721 507 | 10 381 | 733 585 | 296 | 225,1 |
| 140 | 734 171 | 10 488 | 746 523 | 301 | 226,1 |
| 150 | 868 349 | 11 578 | 883 594 | 347 | 235,5 |
| 160 | 1 016 651 | 12 708 | 1 035 065 | 396 | 244,9 |
| 170 | 1 179 677 | 13 879 | 1 201 536 | 449 | 254,3 |
| 180 | 1 358 027 | 15 089 | 1 383 607 | 505 | 263,8 |
| 190 | 1 552 301 | 16 340 | 1 581 878 | 564 | 273,2 |

Trägheitsmoment für
$$\begin{cases} h = 40 = 4118{,}5 \text{ cm}^4 \\ h = 90 = 4125{,}7 \text{ cm}^4 \\ h = 140 = 4132{,}9 \text{ cm}^4 \\ h = 190 = 4140{,}1 \text{ cm}^4 \end{cases}$$

28

## L 13,0 · 13,0 · 1,4 cm

### Nietstärke 2,6 cm; Stehblechdicke 1,2 cm

| Träger-Höhe h cm | e = 7,2 cm Trägheitsmoment cm⁴ | Widerstandsm. cm³ | Trägheitsmoment cm⁴ | Widerstandsm. cm³ | Gewicht für den lfd. m ohne Nietköpfe kg | Träger-Höhe h cm | e = 7,2 cm Trägheitsmoment cm⁴ | Widerstandsm. cm³ | Trägheitsmoment cm⁴ | Widerstandsm. cm³ | Gewicht für den lfd. m ohne Nietköpfe kg |
|---|---|---|---|---|---|---|---|---|---|---|---|
| 40 | 41 481 | 2 074 | 39 475 | 22,4 | 146,6 | 90 | 279 595 | 6 213 | 280 751 | 119 | 193,7 |
| 41 | 43 973 | 2 145 | 41 953 | 23,5 | 147,6 | 91 | 286 976 | 6 307 | 288 274 | 121 | 194,7 |
| 42 | 46 547 | 2 217 | 44 518 | 24,7 | 148,5 | 92 | 294 470 | 6 402 | 295 914 | 124 | 195,6 |
| 43 | 49 206 | 2 289 | 47 169 | 25,8 | 149,5 | 93 | 302 077 | 6 496 | 303 670 | 127 | 196,6 |
| 44 | 51 948 | 2 361 | 49 908 | 27,1 | 150,4 | 94 | 309 799 | 6 591 | 311 544 | 130 | 197,5 |
| 45 | 54 776 | 2 434 | 52 735 | 28,3 | 151,4 | 95 | 317 635 | 6 687 | 319 536 | 133 | 198,5 |
| 46 | 57 689 | 2 508 | 55 650 | 29,6 | 152,3 | 96 | 325 587 | 6 783 | 327 646 | 136 | 199,4 |
| 47 | 60 688 | 2 582 | 58 655 | 30,9 | 153,2 | 97 | 333 656 | 6 879 | 335 876 | 139 | 200,3 |
| 48 | 63 774 | 2 657 | 61 749 | 32,3 | 154,2 | 98 | 341 840 | 6 976 | 344 225 | 142 | 201,3 |
| 49 | 66 947 | 2 733 | 64 934 | 33,6 | 155,1 | 99 | 350 142 | 7 074 | 352 695 | 145 | 202,2 |
| 50 | 70 208 | 2 808 | 68 210 | 35,1 | 156,1 | 100 | 358 562 | 7 171 | 361 286 | 148 | 203,2 |
| 51 | 73 557 | 2 885 | 71 577 | 36,5 | 157,0 | 101 | 367 101 | 7 269 | 369 998 | 151 | 204,1 |
| 52 | 76 996 | 2 961 | 75 037 | 38,0 | 157,9 | 102 | 375 758 | 7 368 | 378.833 | 154 | 205,0 |
| 53 | 80 524 | 3 039 | 78 589 | 39,5 | 158,9 | 103 | 384 535 | 7 467 | 387 790 | 157 | 206,0 |
| 54 | 84 143 | 3 116 | 82 235 | 41,0 | 159,8 | 104 | 393 433 | 7 566 | 396 871 | 160 | 206,9 |
| 55 | 87 852 | 3 195 | 85 975 | 42,6 | 160,8 | 105 | 402 451 | 7 666 | 406 076 | 163 | 207,9 |
| 56 | 91 653 | 3 273 | 89 810 | 44,2 | 161,7 | 106 | 411 591 | 7 766 | 415 406 | 167 | 208,8 |
| 57 | 95 546 | 3 352 | 93 739 | 45,9 | 162,7 | 107 | 420 853 | 7 866 | 424 860 | 170 | 209,8 |
| 58 | 99 531 | 3 432 | 97 765 | 47,5 | 163,6 | 108 | 430 238 | 7 967 | 434 441 | 173 | 210,7 |
| 59 | 103 610 | 3 512 | 101 886 | 49,2 | 164,5 | 109 | 439 745 | 8 069 | 444 147 | 177 | 211,6 |
| 60 | 107 783 | 3 593 | 106 105 | 51,0 | 165,5 | 110 | 449 377 | 8 170 | 453 981 | 180 | 212,6 |
| 61 | 112 050 | 3 674 | 110 422 | 52,8 | 166,4 | 111 | 459 133 | 8 273 | 463 943 | 184 | 213,5 |
| 62 | 116 412 | 3 755 | 114 836 | 54,6 | 167,4 | 112 | 469 015 | 8 375 | 474 032 | 187 | 214,5 |
| 63 | 120 870 | 3 837 | 119 350 | 56,4 | 168,3 | 113 | 479 022 | 8 478 | 484 251 | 190 | 215,4 |
| 64 | 125 425 | 3 920 | 123 962 | 58,3 | 169,3 | 114 | 489 155 | 8 582 | 494 598 | 194 | 216,4 |
| 65 | 130 076 | 4 002 | 128 675 | 60,2 | 170,2 | 115 | 499 415 | 8 685 | 505 076 | 198 | 217,3 |
| 66 | 134 824 | 4 086 | 133 489 | 62,1 | 171,1 | 116 | 509 803 | 8 790 | 515 685 | 201 | 218,2 |
| 67 | 139 671 | 4 169 | 138 403 | 64,1 | 172,1 | 117 | 520 318 | 8 894 | 526 424 | 205 | 219,2 |
| 68 | 144 616 | 4 253 | 143 420 | 66,1 | 173,0 | 118 | 530 963 | 8 999 | 537 296 | 208 | 220,1 |
| 69 | 149 661 | 4 338 | 148 539 | 68,1 | 174,0 | 119 | 541 737 | 9 105 | 548 300 | 212 | 221,1 |
| 70 | 154 806 | 4 423 | 153 760 | 70,2 | 174,9 | 120 | 552 640 | 9 211 | 559 436 | 216 | 222,0 |
| 71 | 160 051 | 4 508 | 159 086 | 72,3 | 175,8 | 121 | 563 674 | 9 317 | 570 707 | 220 | 222,9 |
| 72 | 165 397 | 4 594 | 164 515 | 74,4 | 176,8 | 122 | 574 839 | 9 424 | 582 111 | 223 | 223,9 |
| 73 | 170 845 | 4 681 | 170 050 | 76,6 | 177,7 | 123 | 586 136 | 9 531 | 593 651 | 227 | 224,8 |
| 74 | 176 395 | 4 767 | 175 690 | 78,8 | 178,7 | 124 | 597 565 | 9 638 | 605 326 | 231 | 225,8 |
| 75 | 182 048 | 4 855 | 181 435 | 81,0 | 179,6 | 125 | 609 127 | 9 746 | 617 136 | 235 | 226,7 |
| 76 | 187 804 | 4 942 | 187 288 | 83,3 | 180,6 | 126 | 620 822 | 9 854 | 629 084 | 239 | 227,7 |
| 77 | 193 665 | 5 030 | 193 248 | 85,6 | 181,5 | 127 | 632 652 | 9 963 | 641 169 | 243 | 228,6 |
| 78 | 199 630 | 5 119 | 199 315 | 87,9 | 182,4 | 128 | 644 616 | 10 072 | 653 391 | 247 | 229,5 |
| 79 | 205 700 | 5 208 | 205 491 | 90,3 | 183,4 | 129 | 656 716 | 10 182 | 665 752 | 251 | 230,5 |
| 80 | 211 877 | 5 297 | 211 776 | 92,7 | 184,3 | 130 | 668 951 | 10 292 | 678 252 | 255 | 231,4 |
| 81 | 218 159 | 5 387 | 218 170 | 95,1 | 185,3 | 131 | 681 323 | 10 402 | 690 891 | 259 | 232,4 |
| 82 | 224 549 | 5 477 | 224 675 | 97,6 | 186,2 | 132 | 693 832 | 10 513 | 703 671 | 263 | 233,3 |
| 83 | 231 047 | 5 567 | 231 290 | 100 | 187,1 | 133 | 706 478 | 10 624 | 716 591 | 267 | 234,2 |
| 84 | 237 653 | 5 658 | 238 017 | 103 | 188,1 | 134 | 719 263 | 10 735 | 729 653 | 272 | 235,2 |
| 85 | 244 367 | 5 750 | 244 856 | 105 | 189,0 | 135 | 732 187 | 10 847 | 742 857 | 276 | 236,1 |
| 86 | 251 192 | 5 842 | 251 807 | 108 | 190,0 | 136 | 745 250 | 10 960 | 756 203 | 280 | 237,1 |
| 87 | 258 126 | 5 934 | 258 872 | 110 | 190,9 | 137 | 758 453 | 11 072 | 769 693 | 284 | 238,0 |
| 88 | 265 171 | 6 027 | 266 050 | 113 | 191,9 | 138 | 771 797 | 11 185 | 783 326 | 289 | 239,0 |
| 89 | 272 327 | 6 120 | 273 343 | 116 | 192,8 | 139 | 785 283 | 11 299 | 797 104 | 293 | 239,9 |
| 90 | 279 595 | 6 213 | 280 751 | 119 | 193,7 | 140 | 798 910 | 11 413 | 811 027 | 297 | 240,8 |
|  |  |  |  |  |  | 150 | 942 653 | 12 569 | 958 362 | 343 | 250,3 |
|  |  |  |  |  |  | 160 | 1 100 780 | 13 760 | 1 120 857 | 392 | 259,7 |
|  |  |  |  |  |  | 170 | 1 273 891 | 14 987 | 1 299 112 | 445 | 269,1 |
|  |  |  |  |  |  | 180 | 1 462 586 | 16 251 | 1 493 727 | 500 | 278,5 |
|  |  |  |  |  |  | 190 | 1 667 465 | 17 552 | 1 705 302 | 559 | 287,9 |

Trägheitsmoment für

$h = 40 = 4821,3$ cm⁴
$h = 90 = 4828,5$ cm⁴
$h = 140 = 4835,7$ cm⁴
$h = 190 = 4842,9$ cm⁴

## ∟ 5,0 · 7,5 · 0,7 cm*

### Nietstärke 1,3 cm; Stehblechdicke 0,8 cm

| Träger-Höhe h cm | $e=2,85$ cm Trägheitsmoment cm⁴ | Widerstandsm. cm³ | Trägheitsmoment cm⁴ | Widerstandsm. cm³ | Gewicht für den lfd. m ohne Nietköpfe kg |
|---|---|---|---|---|---|
| 10 | 569 | 114 | 517 | 1,4 | 32,4 |
| 11 | 709 | 129 | 653 | 1,7 | 33,1 |
| 12 | 867 | 144 | 808 | 2,0 | 33,7 |
| 13 | 1 044 | 161 | 983 | 2,3 | 34,3 |
| 14 | 1 239 | 177 | 1 177 | 2,6 | 34,9 |
| 15 | 1 454 | 194 | 1 392 | 3,0 | 35,6 |
| 16 | 1 688 | 211 | 1 628 | 3,4 | 36,2 |
| 17 | 1 943 | 229 | 1 884 | 3,8 | 36,8 |
| 18 | 2 218 | 246 | 2 162 | 4,3 | 37,5 |
| 19 | 2 514 | 265 | 2 462 | 4,8 | 38,1 |
| 20 | 2 831 | 283 | 2 785 | 5,3 | 38,7 |
| 21 | 3 169 | 302 | 3 130 | 5,9 | 39,3 |
| 22 | 3 530 | 321 | 3 498 | 6,5 | 40,0 |
| 23 | 3 913 | 340 | 3 889 | 7,1 | 40,6 |
| 24 | 4 320 | 360 | 4 305 | 7,8 | 41,2 |
| 25 | 4 749 | 380 | 4 745 | 8,5 | 41,9 |
| 26 | 5 202 | 400 | 5 209 | 9,2 | 42,5 |
| 27 | 5 679 | 421 | 5 699 | 10,0 | 43,1 |
| 28 | 6 181 | 441 | 6 214 | 10,8 | 43,7 |
| 29 | 6 707 | 463 | 6 755 | 11,6 | 44,4 |
| 30 | 7 259 | 484 | 7 322 | 12,4 | 45,0 |
| 31 | 7 836 | 506 | 7 917 | 13,3 | 45,6 |
| 32 | 8 439 | 527 | 8 538 | 14,3 | 46,3 |
| 33 | 9 069 | 550 | 9 186 | 15,2 | 46,9 |
| 34 | 9 726 | 572 | 9 863 | 16,2 | 47,5 |
| 35 | 10 410 | 595 | 10 568 | 17,2 | 48,1 |
| 36 | 11 122 | 618 | 11 301 | 18,3 | 48,8 |
| 37 | 11 861 | 641 | 12 064 | 19,4 | 49,4 |
| 38 | 12 629 | 665 | 12 856 | 20,5 | 50,0 |
| 39 | 13 426 | 689 | 13 678 | 21,7 | 50,6 |
| 40 | 14 253 | 713 | 14 530 | 22,8 | 51,3 |
| 41 | 15 109 | 737 | 15 413 | 24,1 | 51,9 |
| 42 | 15 995 | 762 | 16 327 | 25,3 | 52,5 |
| 43 | 16 911 | 787 | 17 273 | 26,6 | 53,2 |
| 44 | 17 858 | 812 | 18 251 | 27,9 | 53,8 |
| 45 | 18 837 | 837 | 19 260 | 29,3 | 54,4 |
| 46 | 19 847 | 863 | 20 303 | 30,7 | 55,0 |
| 47 | 20 889 | 889 | 21 379 | 32,1 | 55,7 |
| 48 | 21 964 | 915 | 22 488 | 33,6 | 56,3 |
| 49 | 23 072 | 942 | 23 631 | 35,0 | 56,9 |
| 50 | 24 213 | 969 | 24 808 | 36,6 | 57,6 |
| 51 | 25 387 | 996 | 26 020 | 38,1 | 58,2 |
| 52 | 26 596 | 1 023 | 27 267 | 39,7 | 58,8 |
| 53 | 27 839 | 1 051 | 28 550 | 41 3 | 59,4 |
| 54 | 29 117 | 1 078 | 29 868 | 43,0 | 60,1 |
| 55 | 30 430 | 1 107 | 31 223 | 44,7 | 60,7 |
| 56 | 31 779 | 1 135 | 32 615 | 46,4 | 61,3 |
| 57 | 33 164 | 1 164 | 34 043 | 48,1 | 62,0 |
| 58 | 34 585 | 1 193 | 35 509 | 49,9 | 62,6 |
| 59 | 36 043 | 1 222 | 37 013 | 51,8 | 63,2 |
| 60 | 37 539 | 1 251 | 38 556 | 53,6 | 63,8 |

Neutr. Axe Trägheitsmoment für $\begin{cases} h=10=467,8 \text{ cm}^4 \\ h=60=469,9 \text{ cm}^4 \end{cases}$

Bei 1,2 cm Nietstärke und $h=10$  35  60 cm wird das W des Trägers  0,4  5  11 cm³ größer

## ∟ 5,0 · 7,5 · 0,9 cm*

### Nietstärke 1,3 cm; Stehblechdicke 1,0 cm

| Träger-Höhe h cm | $e=2,95$ cm Trägheitsmoment cm⁴ | Widerstandsm. cm³ | Trägheitsmoment cm⁴ | Widerstandsm. cm³ | Gewicht für den lfd. m ohne Nietköpfe kg |
|---|---|---|---|---|---|
| 10 | 695 | 139 | 630 | 1,4 | 40,8 |
| 11 | 870 | 158 | 798 | 1,7 | 41,6 |
| 12 | 1 067 | 178 | 991 | 2,0 | 42,4 |
| 13 | 1 287 | 198 | 1 208 | 2,3 | 43,2 |
| 14 | 1 531 | 219 | 1 451 | 2,7 | 44,0 |
| 15 | 1 800 | 240 | 1 718 | 3,0 | 44,7 |
| 16 | 2 093 | 262 | 2 012 | 3,4 | 45,5 |
| 17 | 2 411 | 284 | 2 333 | 3,9 | 46,3 |
| 18 | 2 755 | 306 | 2 680 | 4,3 | 47,1 |
| 19 | 3 125 | 329 | 3 055 | 4,8 | 47,9 |
| 20 | 3 522 | 352 | 3 458 | 5,4 | 48,7 |
| 21 | 3 947 | 376 | 3 890 | 5,9 | 49,5 |
| 22 | 4 399 | 400 | 4 350 | 6,5 | 50,2 |
| 23 | 4 879 | 424 | 4 840 | 7,2 | 51,0 |
| 24 | 5 388 | 449 | 5 361 | 7,8 | 51,8 |
| 25 | 5 926 | 474 | 5 911 | 8,5 | 52,6 |
| 26 | 6 494 | 500 | 6 493 | 9,2 | 53 4 |
| 27 | 7 092 | 525 | 7 106 | 10,0 | 54,2 |
| 28 | 7 721 | 552 | 7 752 | 10,8 | 55,0 |
| 29 | 8 382 | 578 | 8 430 | 11,6 | 55,7 |
| 30 | 9 074 | 605 | 9 141 | 12,5 | 56,5 |
| 31 | 9 798 | 632 | 9 885 | 13,4 | 57,3 |
| 32 | 10 555 | 660 | 10 664 | 14,3 | 58,1 |
| 33 | 11 345 | 688 | 11 477 | 15,3 | 58,9 |
| 34 | 12 169 | 716 | 12 325 | 16,2 | 59,7 |
| 35 | 13 027 | 744 | 13 208 | 17,3 | 60,4 |
| 36 | 13 920 | 773 | 14 128 | 18,3 | 61,2 |
| 37 | 14 848 | 803 | 15 084 | 19,4 | 62,0 |
| 38 | 15 812 | 832 | 16 077 | 20,5 | 62,8 |
| 39 | 16 812 | 862 | 17 108 | 21,7 | 63,6 |
| 40 | 17 849 | 892 | 18 177 | 22,9 | 64,4 |
| 41 | 18 923 | 923 | 19 284 | 24,1 | 65,2 |
| 42 | 20 035 | 954 | 20 431 | 25,4 | 65,9 |
| 43 | 21 185 | 985 | 21 617 | 26,7 | 66,7 |
| 44 | 22 374 | 1 017 | 22 843 | 28,0 | 67,5 |
| 45 | 23 602 | 1 049 | 24 109 | 29,3 | 68,3 |
| 46 | 24 869 | 1 081 | 25 417 | 30,7 | 69,1 |
| 47 | 26 177 | 1 114 | 26 766 | 32,1 | 69,9 |
| 48 | 27 526 | 1 147 | 28 157 | 33,6 | 70,7 |
| 49 | 28 916 | 1 180 | 29 591 | 35,1 | 71,4 |
| 50 | 30 348 | 1 214 | 31 068 | 36,6 | 72,2 |
| 51 | 31 822 | 1 248 | 32 588 | 38 2 | 73,0 |
| 52 | 33 339 | 1 282 | 34 152 | 39,8 | 73,8 |
| 53 | 34 899 | 1 317 | 35 761 | 41,4 | 74,6 |
| 54 | 36 502 | 1 352 | 37 415 | 43,0 | 75 4 |
| 55 | 38 150 | 1 387 | 39 114 | 44,7 | 76,1 |
| 56 | 39 843 | 1 423 | 40 860 | 46,4 | 76,9 |
| 57 | 41 581 | 1 459 | 42 652 | 48,2 | 77,7 |
| 58 | 43 365 | 1 495 | 44 491 | 50,0 | 78,5 |
| 59 | 45 194 | 1 532 | 46 377 | 51,8 | 79,3 |
| 60 | 47 071 | 1 569 | 48 312 | 53,7 | 80,1 |

Neutr. Axe Trägheitsmoment für $\begin{cases} h=10=629,4 \text{ cm}^4 \\ h=60=633,6 \text{ cm}^4 \end{cases}$

Bei 1,2 cm Nietstärke und $h=10$  35  60 cm wird das W des Trägers  0,4  6  13 cm³ größer

* Der kürzere Schenkel liegt an dem Stehblech

$$\llcorner\ 6{,}5 \cdot 10{,}0 \cdot 0{,}9\ \mathrm{cm}^{*} \qquad\qquad \llcorner\ 6{,}5 \cdot 10{,}0 \cdot 1{,}1\ \mathrm{cm}^{*}$$

**Nietstärke 2,0 cm; Stehblechdicke 1,0 cm**    **Nietstärke 2,0 cm; Stehblechdicke 1,0 cm**

| Träger-Höhe h (cm) | $e=3{,}70$ cm Trägheitsmoment cm⁴ | Widerstandsm. cm³ | Trägheitsmoment cm⁴ | Widerstandsm. cm³ | Gewicht für den lfd. m ohne Nietköpfe kg | Träger-Höhe h (cm) | $e=3{,}80$ cm Trägheitsmoment cm⁴ | Widerstandsm. cm³ | Trägheitsmoment cm⁴ | Widerstandsm. cm³ | Gewicht für den lfd. m ohne Nietköpfe kg |
|---|---|---|---|---|---|---|---|---|---|---|---|
| 13 | 1 622 | 250 | 1 450 | 2,3 | 54,8 | 13 | 1 879 | 289 | 1 664 | 2,3 | 63,9 |
| 14 | 1 922 | 275 | 1 738 | 2,6 | 55,6 | 14 | 2 229 | 318 | 1 998 | 2,6 | 64,7 |
| 15 | 2 251 | 300 | 2 058 | 2,9 | 56,4 | 15 | 2 615 | 349 | 2 368 | 3,0 | 65,5 |
| 16 | 2 610 | 326 | 2 410 | 3,3 | 57,1 | 16 | 3 035 | 379 | 2 775 | 3,4 | 66,3 |
| 17 | 3 000 | 353 | 2 795 | 3,7 | 57,9 | 17 | 3 490 | 411 | 3 220 | 3,8 | 67,0 |
| 18 | 3 421 | 380 | 3 212 | 4,1 | 58,7 | 18 | 3 982 | 442 | 3 703 | 4,2 | 67,8 |
| 19 | 3 873 | 408 | 3 663 | 4,6 | 59,5 | 19 | 4 510 | 475 | 4 224 | 4,6 | 68,6 |
| 20 | 4 357 | 436 | 4 148 | 5,1 | 60,3 | 20 | 5 075 | 508 | 4 785 | 5,1 | 69,4 |
| 21 | 4 874 | 464 | 4 667 | 5,6 | 61,1 | 21 | 5 678 | 541 | 5 385 | 5,6 | 70,2 |
| 22 | 5 423 | 493 | 5 222 | 6,1 | 61,9 | 22 | 6 318 | 574 | 6 024 | 6,1 | 71,0 |
| 23 | 6 006 | 522 | 5 812 | 6,7 | 62,6 | 23 | 6 997 | 608 | 6 705 | 6,7 | 71,7 |
| 24 | 6 623 | 552 | 6 437 | 7,3 | 63,4 | 24 | 7 715 | 643 | 7 426 | 7,3 | 72,5 |
| 25 | 7 275 | 582 | 7 100 | 7,9 | 64,2 | 25 | 8 473 | 678 | 8 188 | 8,0 | 73,3 |
| 26 | 7 961 | 612 | 7 800 | 8,6 | 65,0 | 26 | 9 270 | 713 | 8 993 | 8,6 | 74,1 |
| 27 | 8 683 | 643 | 8 536 | 9,3 | 65,8 | 27 | 10 108 | 749 | 9 840 | 9,3 | 74,9 |
| 28 | 9 441 | 674 | 9 310 | 10,0 | 66,6 | 28 | 10 987 | 785 | 10 730 | 10,1 | 75,7 |
| 29 | 10 235 | 706 | 10 124 | 10,8 | 67,4 | 29 | 11 908 | 821 | 11 664 | 10,8 | 76,5 |
| 30 | 11 067 | 738 | 10 976 | 11,6 | 68,1 | 30 | 12 870 | 858 | 12 642 | 11,6 | 77,2 |
| 31 | 11 936 | 770 | 11 868 | 12,4 | 68,9 | 31 | 13 875 | 895 | 13 664 | 12,5 | 78,0 |
| 32 | 12 842 | 803 | 12 799 | 13,3 | 69,7 | 32 | 14 923 | 933 | 14 731 | 13,3 | 78,8 |
| 33 | 13 788 | 836 | 13 771 | 14,2 | 70,5 | 33 | 16 014 | 971 | 15 843 | 14,2 | 79,6 |
| 34 | 14 772 | 869 | 14 784 | 15,1 | 71,3 | 34 | 17 149 | 1 009 | 17 002 | 15,2 | 80,4 |
| 35 | 15 796 | 903 | 15 839 | 16,1 | 72,1 | 35 | 18 329 | 1 047 | 18 207 | 16,1 | 81,2 |
| 36 | 16 860 | 937 | 16 936 | 17,0 | 72,8 | 36 | 19 554 | 1 086 | 19 459 | 17,1 | 82,0 |
| 37 | 17 964 | 971 | 18 075 | 18,1 | 73,6 | 37 | 20 824 | 1 126 | 20 758 | 18,1 | 82,7 |
| 38 | 19 109 | 1 006 | 19 257 | 19,1 | 74,4 | 38 | 22 140 | 1 165 | 22 106 | 19,2 | 83,5 |
| 39 | 20 296 | 1 041 | 20 482 | 20,2 | 75,2 | 39 | 23 503 | 1 205 | 23 502 | 20,3 | 84,3 |
| 40 | 21 525 | 1 076 | 21 752 | 21,3 | 76,0 | 40 | 24 913 | 1 246 | 24 946 | 21,4 | 85,1 |
| 41 | 22 796 | 1 112 | 23 066 | 22,5 | 76,8 | 41 | 26 370 | 1 286 | 26 441 | 22,6 | 85,9 |
| 42 | 24 110 | 1 148 | 24 425 | 23,7 | 77,6 | 42 | 27 875 | 1 327 | 27 985 | 23,8 | 86,7 |
| 43 | 25 468 | 1 185 | 25 829 | 24,9 | 78,3 | 43 | 29 429 | 1 369 | 29 580 | 25,0 | 87,4 |
| 44 | 26 869 | 1 221 | 27 279 | 26,2 | 79,1 | 44 | 31 031 | 1 411 | 31 226 | 26,2 | 88,2 |
| 45 | 28 315 | 1 258 | 28 776 | 27,5 | 79,9 | 45 | 32 684 | 1 453 | 32 923 | 27,5 | 89,0 |
| 46 | 29 806 | 1 296 | 30 320 | 28,8 | 80,7 | 46 | 34 386 | 1 495 | 34 672 | 28,8 | 89,8 |
| 47 | 31 343 | 1 334 | 31 912 | 30,1 | 81,5 | 47 | 36 138 | 1 538 | 36 474 | 30,2 | 90,6 |
| 48 | 32 925 | 1 372 | 33 551 | 31,5 | 82,3 | 48 | 37 942 | 1 581 | 38 329 | 31,6 | 91,4 |
| 49 | 34 554 | 1 410 | 35 239 | 32,9 | 83,1 | 49 | 39 797 | 1 624 | 40 237 | 33,0 | 92,2 |
| 50 | 36 230 | 1 449 | 36 976 | 34,4 | 83,8 | 50 | 41 704 | 1 668 | 42 199 | 34,5 | 92,9 |
| 51 | 37 954 | 1 488 | 38 762 | 35,9 | 84,6 | 51 | 43 663 | 1 712 | 44 216 | 36,0 | 93,7 |
| 52 | 39 725 | 1 528 | 40 598 | 37,4 | 85,4 | 52 | 45 676 | 1 757 | 46 288 | 37,5 | 94,5 |
| 53 | 41 545 | 1 568 | 42 485 | 39,0 | 86,2 | 53 | 47 742 | 1 802 | 48 415 | 39,0 | 95,3 |
| 54 | 43 414 | 1 608 | 44 422 | 40,5 | 87,0 | 54 | 49 862 | 1 847 | 50 598 | 40,6 | 96,1 |
| 55 | 45 333 | 1 648 | 46 412 | 42,2 | 87,8 | 55 | 52 036 | 1 892 | 52 837 | 42,2 | 96,9 |
| 56 | 47 301 | 1 689 | 48 453 | 43,8 | 88,5 | 56 | 54 265 | 1 938 | 55 134 | 43,9 | 97,7 |
| 57 | 49 320 | 1 731 | 50 546 | 45,5 | 89,3 | 57 | 56 550 | 1 984 | 57 488 | 45,6 | 98,4 |
| 58 | 51 390 | 1 772 | 52 693 | 47,2 | 90,1 | 58 | 58 891 | 2 031 | 59 900 | 47,3 | 99,2 |
| 59 | 53 511 | 1 814 | 54 893 | 49,0 | 90,9 | 59 | 61 288 | 2 078 | 62 371 | 49,1 | 100,0 |
| 60 | 55 684 | 1 856 | 57 147 | 50,8 | 91,7 | 60 | 63 743 | 2 125 | 64 900 | 50,8 | 100,8 |

Neutr. A.xe Trägheitsmoment für $\begin{cases} h=13 = 1409{,}6\ \mathrm{cm}^4 \\ h=60 = 1413{,}6\ \mathrm{cm}^4 \end{cases}$    Neutr. A.xe Trägheitsmoment für $\begin{cases} h=13 = 1727{,}3\ \mathrm{cm}^4 \\ h=60 = 1731{,}3\ \mathrm{cm}^4 \end{cases}$

* Der kürzere Schenkel liegt an dem Stehblech.

# L $8{,}0 \cdot 12{,}0 \cdot 1{,}0$ cm*

## Nietstärke 2,0 cm; Stehblechdicke 1,0 cm

| Träger-Höhe h cm | $e=4{,}5$ cm Trägheitsmoment cm⁴ | Widerstandsm. cm³ | Trägheitsmoment cm⁴ | Widerstandsm. cm³ | Gewicht für den lfd m ohne Nietköpfe kg |
|---|---|---|---|---|---|
| 30 | 14 220 | 948 | 13 865 | 12,1 | 83,5 |
| 31 | 15 333 | 989 | 14 988 | 12,9 | 84,3 |
| 32 | 16 493 | 1 031 | 16 161 | 13,7 | 85,1 |
| 33 | 17 701 | 1 073 | 17 384 | 14,6 | 85,9 |
| 34 | 18 958 | 1 115 | 18 658 | 15,6 | 86,7 |
| 35 | 20 263 | 1 158 | 19 983 | 16,5 | 87,4 |
| 36 | 21 618 | 1 201 | 21 359 | 17,5 | 88,2 |
| 37 | 23 023 | 1 245 | 22 787 | 18,6 | 89,0 |
| 38 | 24 479 | 1 288 | 24 267 | 19,6 | 89,8 |
| 39 | 25 986 | 1 333 | 25 801 | 20,7 | 90,6 |
| 40 | 27 544 | 1 377 | 27 388 | 21,9 | 91,4 |
| 41 | 29 154 | 1 422 | 29 029 | 23,0 | 92,2 |
| 42 | 30 816 | 1 467 | 30 725 | 24,2 | 92,9 |
| 43 | 32 532 | 1 513 | 32 475 | 25,4 | 93,7 |
| 44 | 34 301 | 1 559 | 34 281 | 26,7 | 94,5 |
| 45 | 36 124 | 1 606 | 36 143 | 28,0 | 95,3 |
| 46 | 38 002 | 1 652 | 38 062 | 29,3 | 96,1 |
| 47 | 39 934 | 1 699 | 40 038 | 30,7 | 96,9 |
| 48 | 41 922 | 1 747 | 42 071 | 32,1 | 97,7 |
| 49 | 43 966 | 1 795 | 44 162 | 33,5 | 98,4 |
| 50 | 46 067 | 1 843 | 46 311 | 34,9 | 99,2 |
| 51 | 48 225 | 1 891 | 48 520 | 36,4 | 100,0 |
| 52 | 50 440 | 1 940 | 50 788 | 37,9 | 100,8 |
| 53 | 52 713 | 1 989 | 53 116 | 39,5 | 101,6 |
| 54 | 55 044 | 2 039 | 55 505 | 41,1 | 102,4 |
| 55 | 57 435 | 2 089 | 57 954 | 42,7 | 103,1 |
| 56 | 59 885 | 2 139 | 60 465 | 44,4 | 103,9 |
| 57 | 62 395 | 2 189 | 63 038 | 46,1 | 104,7 |
| 58 | 64 966 | 2 240 | 65 674 | 47,8 | 105,5 |
| 59 | 67 597 | 2 291 | 68 373 | 49,5 | 106,3 |
| 60 | 70 290 | 2 343 | 71 135 | 51,3 | 107,1 |
| 61 | 73 045 | 2 395 | 73 961 | 53,1 | 107,9 |
| 62 | 75 863 | 2 447 | 76 851 | 55,0 | 108,6 |
| 63 | 78 744 | 2 500 | 79 807 | 56,9 | 109,4 |
| 64 | 81 688 | 2 553 | 82 828 | 58,8 | 110,2 |
| 65 | 84 696 | 2 606 | 85 915 | 60,8 | 111,0 |
| 66 | 87 768 | 2 660 | 89 069 | 62,7 | 111,8 |
| 67 | 90 906 | 2 714 | 92 289 | 64,8 | 112,6 |
| 68 | 94 109 | 2 768 | 95 577 | 66,8 | 113,4 |
| 69 | 97 378 | 2 823 | 98 933 | 68,9 | 114,1 |
| 70 | 100 714 | 2 878 | 102 358 | 71,0 | 114,9 |
| 71 | 104 116 | 2 933 | 105 852 | 73,2 | 115,7 |
| 72 | 107 586 | 2 989 | 109 415 | 75,4 | 116,5 |
| 73 | 111 124 | 3 045 | 113 048 | 77,6 | 117,3 |
| 74 | 114 731 | 3 101 | 116 751 | 79,8 | 118,1 |
| 75 | 118 407 | 3 158 | 120 526 | 82,1 | 118,8 |
| 76 | 122 152 | 3 215 | 124 372 | 84,4 | 119,6 |
| 77 | 125 967 | 3 272 | 128 290 | 86,8 | 120,4 |
| 78 | 129 852 | 3 330 | 132 281 | 89,2 | 121,2 |
| 79 | 133 809 | 3 388 | 136 344 | 91,6 | 122,0 |
| 80 | 137 837 | 3 446 | 140 481 | 94,1 | 122,8 |

| Träger-Höhe h cm | $e=4{,}5$ cm Trägheitsmoment cm⁴ | Widerstandsm. cm³ | Trägheitsmoment cm⁴ | Widerstandsm cm³ | Gewicht für den lfd m ohne Nietköpfe kg |
|---|---|---|---|---|---|
| 80 | 137 837 | 3 446 | 140 481 | 94,1 | 122,8 |
| 81 | 141 937 | 3 505 | 144 692 | 96,5 | 123,6 |
| 82 | 146 110 | 3 564 | 148 978 | 99,1 | 124,3 |
| 83 | 150 355 | 3 623 | 153 339 | 102 | 125,1 |
| 84 | 154 674 | 3 683 | 157 775 | 104 | 125,9 |
| 85 | 159 067 | 3 743 | 162 287 | 107 | 126,7 |
| 86 | 163 535 | 3 803 | 166 875 | 110 | 127,5 |
| 87 | 168 078 | 3 864 | 171 541 | 112 | 128,3 |
| 88 | 172 696 | 3 925 | 176 284 | 115 | 129,1 |
| 89 | 177 390 | 3 986 | 181 105 | 118 | 129,8 |
| 90 | 182 160 | 4 048 | 186 005 | 120 | 130,6 |
| 91 | 187 008 | 4 110 | 190 983 | 123 | 131,4 |
| 92 | 191 933 | 4 172 | 196 041 | 126 | 132,2 |
| 93 | 196 936 | 4 235 | 201 179 | 129 | 133,0 |
| 94 | 202 018 | 4 298 | 206 398 | 132 | 133,8 |
| 95 | 207 178 | 4 362 | 211 698 | 135 | 134,5 |
| 96 | 212 418 | 4 425 | 217 079 | 138 | 135,3 |
| 97 | 217 738 | 4 489 | 222 542 | 141 | 136,1 |
| 98 | 223 139 | 4 554 | 228 087 | 144 | 136,9 |
| 99 | 228 621 | 4 619 | 233 716 | 147 | 137,7 |
| 100 | 234 184 | 4 684 | 239 428 | 150 | 138,5 |
| 101 | 239 829 | 4 749 | 245 224 | 153 | 139,3 |
| 102 | 245 556 | 4 815 | 251 105 | 156 | 140,0 |
| 103 | 251 367 | 4 881 | 257 070 | 160 | 140,8 |
| 104 | 257 261 | 4 947 | 263 121 | 163 | 141,6 |
| 105 | 263 239 | 5 014 | 269 258 | 166 | 142,4 |
| 106 | 269 302 | 5 081 | 275 482 | 170 | 143,2 |
| 107 | 275 449 | 5 154 | 281 793 | 173 | 144,0 |
| 108 | 281 682 | 5 216 | 288 191 | 176 | 144,8 |
| 109 | 288 001 | 5 284 | 294 677 | 180 | 145,5 |
| 110 | 294 407 | 5 353 | 301 251 | 183 | 146,3 |
| 111 | 300 900 | 5 422 | 307 915 | 187 | 147,1 |
| 112 | 307 480 | 5 491 | 314 668 | 190 | 147,9 |
| 113 | 314 148 | 5 560 | 321 511 | 194 | 148,7 |
| 114 | 320 904 | 5 630 | 328 445 | 197 | 149,5 |
| 115 | 327 750 | 5 700 | 335 469 | 201 | 150,2 |
| 116 | 334 685 | 5 770 | 342 585 | 205 | 151,0 |
| 117 | 341 710 | 5 841 | 349 793 | 208 | 151,8 |
| 118 | 348 826 | 5 912 | 357 094 | 212 | 152,6 |
| 119 | 356 032 | 5 984 | 364 488 | 216 | 153,4 |
| 120 | 363 330 | 6 056 | 371 975 | 220 | 154,2 |
| 121 | 370 720 | 6 128 | 379 556 | 223 | 155,0 |
| 122 | 378 203 | 6 200 | 387 231 | 227 | 155,7 |
| 123 | 385 779 | 6 273 | 395 002 | 231 | 156,5 |
| 124 | 393 448 | 6 346 | 402 868 | 235 | 157,3 |
| 125 | 402 211 | 6 435 | 410 830 | 239 | 158,1 |
| 126 | 411 068 | 6 525 | 418 889 | 243 | 158,9 |
| 127 | 420 021 | 6 615 | 427 044 | 247 | 160,0 |
| 128 | 429 069 | 6 704 | 435 297 | 251 | 160,5 |
| 129 | 438 213 | 6 794 | 443 648 | 255 | 161,2 |
| 130 | 447 454 | 6 884 | 452 098 | 259 | 162,0 |
| 140 | 541 278 | 7 733 | 542 121 | 302 | 169,9 |
| 150 | 645 302 | 8 604 | 642 544 | 349 | 177,7 |
| 160 | 760 026 | 9 500 | 753 867 | 398 | 185,6 |
| 170 | 885 950 | 10 423 | 876 590 | 451 | 193,4 |
| 180 | 1 023 574 | 11 373 | 1 011 213 | 508 | 201,3 |

Neutr. — Axe — Trägheitsmoment für
$\left\{\begin{array}{l} h = 30 = 2636{,}8 \text{ cm}^4 \\ h = 80 = 2641{,}0 \text{ cm}^4 \\ h = 130 = 2645{,}2 \text{ cm}^4 \\ h = 180 = 2649{,}4 \text{ cm}^4 \end{array}\right.$

* Der kürzere Schenkel liegt an dem Stehblech.

## ⌐ 8,0  12,0 · 1,2 cm*

### Nietstärke 2,3 cm; Stehblechdicke 1,2 cm

| Träger-Höhe h cm | $e = 4{,}6$ cm Trägheitsmoment cm⁴ | Widerstandsm. cm³ | Trägheitsmoment cm⁴ | Widerstandsm. cm³ | Gewicht für den lfd. m ohne Nietköpfe kg |
|---|---|---|---|---|---|
| 40 | 32 017 | 1 601 | 31 796 | 21,2 | 109,0 |
| 41 | 33 893 | 1 653 | 33 713 | 22,3 | 109,9 |
| 42 | 35 830 | 1 706 | 35 695 | 23,5 | 110,8 |
| 43 | 37 829 | 1 759 | 37 742 | 24,7 | 111,8 |
| 44 | 39 891 | 1 813 | 39 854 | 25,9 | 112 7 |
| 45 | 42 016 | 1 867 | 42 033 | 27,2 | 113,7 |
| 46 | 44 204 | 1 922 | 44 278 | 28,5 | 114,6 |
| 47 | 46 458 | 1 977 | 46 590 | 29,8 | 115,6 |
| 48 | 48 776 | 2 032 | 48 969 | 31,2 | 116,5 |
| 49 | 51 160 | 2 088 | 51 418 | 32,6 | 117,4 |
| 50 | 53 610 | 2 144 | 53 935 | 34,0 | 118,4 |
| 51 | 56 127 | 2 201 | 56 522 | 35,5 | 119,3 |
| 52 | 58 711 | 2 258 | 59 179 | 37,0 | 120,3 |
| 53 | 61 364 | 2 316 | 61 906 | 38,5 | 121,2 |
| 54 | 64 085 | 2 374 | 64 706 | 40,0 | 122,1 |
| 55 | 66 875 | 2 432 | 67 577 | 41,6 | 123,1 |
| 56 | 69 736 | 2 491 | 70 521 | 43,3 | 124,0 |
| 57 | 72 666 | 2 550 | 73 538 | 44,9 | 125,0 |
| 58 | 75 668 | 2 609 | 76 629 | 46,6 | 125,9 |
| 59 | 78 741 | 2 669 | 79 794 | 48,3 | 126,9 |
| 60 | 81 887 | 2 730 | 83 034 | 50,1 | 127,8 |
| 61 | 85 105 | 2 790 | 86 350 | 51,9 | 128,7 |
| 62 | 88 397 | 2 852 | 89 742 | 53,7 | 129,7 |
| 63 | 91 763 | 2 913 | 93 211 | 55,6 | 130,6 |
| 64 | 95 203 | 2 975 | 96 757 | 57,5 | 131,6 |
| 65 | 98 719 | 3 038 | 100 381 | 59,4 | 132,5 |
| 66 | 102 311 | 3 100 | 104 084 | 61,3 | 133,5 |
| 67 | 105 979 | 3 164 | 107 866 | 63,3 | 134,4 |
| 68 | 109 724 | 3 227 | 111 728 | 65,4 | 135,3 |
| 69 | 113 546 | 3 291 | 115 670 | 67,4 | 136,3 |
| 70 | 117 447 | 3 356 | 119 693 | 69,5 | 137,2 |
| 71 | 121 427 | 3 420 | 123 798 | 71,6 | 138,2 |
| 72 | 125 486 | 3 486 | 127 985 | 73,8 | 139,1 |
| 73 | 129 626 | 3 551 | 132 255 | 76,0 | 140,0 |
| 74 | 133 846 | 3 617 | 136 608 | 78,2 | 141,0 |
| 75 | 138 147 | 3 684 | 141 045 | 80,5 | 141,9 |
| 76 | 142 530 | 3 751 | 145 567 | 82,8 | 142,9 |
| 77 | 146 995 | 3 818 | 150 174 | 85,1 | 143,8 |
| 78 | 151 544 | 3 886 | 154 867 | 87,4 | 144,8 |
| 79 | 156 176 | 3 954 | 159 646 | 89,8 | 145,7 |
| 80 | 160 892 | 4 022 | 164 512 | 92,3 | 146,6 |
| 81 | 165 693 | 4 091 | 169 466 | 94,7 | 147,6 |
| 82 | 170 580 | 4 160 | 174 508 | 97,2 | 148,5 |
| 83 | 175 553 | 4 230 | 179 639 | 99,7 | 149,5 |
| 84 | 180 612 | 4 300 | 184 859 | 102 | 150,4 |
| 85 | 185 758 | 4 371 | 190 169 | 105 | 151,3 |
| 86 | 190 993 | 4 442 | 195 570 | 108 | 152,3 |
| 87 | 196 316 | 4 513 | 201 062 | 110 | 153,2 |
| 88 | 201 728 | 4 585 | 206 646 | 113 | 154,2 |
| 89 | 207 229 | 4 657 | 212 322 | 116 | 155,1 |
| 90 | 212 821 | 4 729 | 218 092 | 118 | 156,1 |

| Träger-Höhe h cm | $e = 4{,}6$ cm Trägheitsmoment cm⁴ | Widerstandsm. cm³ | Trägheitsmoment cm⁴ | Widerstandsm. cm³ | Gewicht für den lfd. m ohne Nietköpfe kg |
|---|---|---|---|---|---|
| 90 | 212 821 | 4 729 | 218 092 | 118 | 156,1 |
| 91 | 218 503 | 4 802 | 223 954 | 121 | 157,0 |
| 92 | 224 277 | 4 876 | 229 911 | 124 | 157,9 |
| 93 | 230 144 | 4 949 | 235 963 | 127 | 158,9 |
| 94 | 236 102 | 5 023 | 242 110 | 130 | 159 8 |
| 95 | 242 154 | 5 098 | 248 354 | 133 | 160 8 |
| 96 | 248 300 | 5 173 | 254 694 | 136 | 161,7 |
| 97 | 254 540 | 5 248 | 261 131 | 139 | 162,7 |
| 98 | 260 876 | 5 324 | 267 665 | 142 | 163 6 |
| 99 | 267 306 | 5 400 | 274 299 | 145 | 164,5 |
| 100 | 273 834 | 5 477 | 281 031 | 148 | 165,5 |
| 101 | 280 458 | 5 554 | 287 863 | 151 | 166,4 |
| 102 | 287 179 | 5 631 | 294 795 | 154 | 167,4 |
| 103 | 293 998 | 5 709 | 301 827 | 157 | 168,3 |
| 104 | 300 917 | 5 787 | 308 962 | 160 | 169,2 |
| 105 | 307 934 | 5 865 | 316 198 | 164 | 170,2 |
| 106 | 315 051 | 5 944 | 323 537 | 167 | 171,1 |
| 107 | 322 269 | 6 024 | 330 979 | 170 | 172,1 |
| 108 | 329 587 | 6 103 | 338 525 | 174 | 173,0 |
| 109 | 337 008 | 6 184 | 346 175 | 177 | 174,0 |
| 110 | 344 530 | 6 264 | 353 930 | 180 | 174,9 |
| 111 | 352 156 | 6 345 | 361 791 | 184 | 175,8 |
| 112 | 359 885 | 6 427 | 369 758 | 187 | 176,8 |
| 113 | 367 717 | 6 508 | 377 832 | 191 | 177,7 |
| 114 | 375 655 | 6 590 | 386 013 | 194 | 178,7 |
| 115 | 383 698 | 6 673 | 394 302 | 198 | 179,6 |
| 116 | 391 846 | 6 756 | 402 700 | 202 | 180,6 |
| 117 | 400 101 | 6 839 | 411 207 | 205 | 181,5 |
| 118 | 408 463 | 6 923 | 419 824 | 209 | 182,4 |
| 119 | 416 933 | 7 007 | 428 551 | 213 | 183,4 |
| 120 | 425 511 | 7 092 | 437 389 | 217 | 184,3 |
| 121 | 434 198 | 7 177 | 446 339 | 220 | 185,3 |
| 122 | 442 994 | 7 262 | 455 401 | 224 | 186,2 |
| 123 | 451 900 | 7 348 | 464 576 | 228 | 187,1 |
| 124 | 460 917 | 7 434 | 473 864 | 232 | 188,1 |
| 125 | 470 045 | 7 521 | 483 266 | 236 | 189,0 |
| 126 | 479 285 | 7 608 | 492 783 | 240 | 190,0 |
| 127 | 488 638 | 7 695 | 502 415 | 244 | 190,9 |
| 128 | 498 103 | 7 783 | 512 163 | 248 | 191,9 |
| 129 | 507 682 | 7 871 | 522 027 | 252 | 192,8 |
| 130 | 517 376 | 7 960 | 532 008 | 256 | 193,7 |
| 131 | 527 184 | 8 049 | 542 107 | 260 | 194,7 |
| 132 | 537 108 | 8 138 | 552 324 | 264 | 195,6 |
| 133 | 547 147 | 8 228 | 562 660 | 268 | 196,6 |
| 134 | 557 304 | 8 318 | 573 115 | 273 | 197,5 |
| 135 | 567 577 | 8 409 | 583 690 | 277 | 198,4 |
| 136 | 577 968 | 8 500 | 594 386 | 281 | 199,4 |
| 137 | 588 478 | 8 591 | 605 203 | 285 | 200,3 |
| 138 | 599 107 | 8 683 | 616 142 | 290 | 201,3 |
| 139 | 609 856 | 8 775 | 627 203 | 294 | 202,2 |
| 140 | 620 724 | 8 867 | 638 388 | 299 | 203,2 |
| 150 | 736 156 | 9 815 | 757 128 | 345 | 212,6 |
| 160 | 864 272 | 10 803 | 888 828 | 394 | 222,0 |
| 170 | 1 005 672 | 11 831 | 1 034 088 | 447 | 231,4 |
| 180 | 1 160 956 | 12 900 | 1 193 508 | 503 | 240,8 |
| 190 | 1 330 724 | 14 008 | 1 367 688 | 562 | 250,3 |

Neutr. — Axx  Trägheitsmoment für:

$$h = 40 = 3256{,}9 \text{ cm}^4$$
$$h = 90 = 3264{,}1 \text{ cm}^4$$
$$h = 140 = 3271{,}3 \text{ cm}^4$$
$$h = 190 = 3278{,}5 \text{ cm}^4$$

* Der kürzere Schenkel liegt an dem Stehblech.

## ⌶ 14,0 · 14,0 · 1,3 cm

### Nietstärke 2,6 cm; Stehblechdicke 1,3 cm

| Träger-Höhe h cm | e = 7,65 cm Trägheitsmoment cm⁴ | Widerstandsm. cm³ | Trägheitsmoment cm⁴ | Widerstandsm. cm³ | Gewicht für den lfd. m ohne Nietköpfe kg |
|---|---|---|---|---|---|
| 60 | 109 856 | 3 662 | 108 350 | 51,3 | 171,2 |
| 62 | 118 712 | 3 829 | 117 325 | 54,9 | 173,2 |
| 64 | 127 967 | 3 999 | 126 713 | 58,6 | 175,2 |
| 66 | 137 625 | 4 170 | 136 518 | 62,5 | 177,3 |
| 68 | 147 692 | 4 344 | 146 745 | 66,4 | 179,3 |
| 70 | 158 173 | 4 519 | 157 400 | 70,5 | 181,4 |
| 72 | 169 073 | 4 696 | 168 487 | 74,8 | 183,4 |
| 74 | 180 397 | 4 876 | 180 012 | 79,1 | 185,4 |
| 76 | 192 150 | 5 057 | 191 980 | 83,7 | 187,5 |
| 78 | 204 339 | 5 239 | 204 396 | 88,3 | 189,5 |
| 80 | 216 967 | 5 424 | 217 265 | 93,1 | 191,6 |
| 82 | 230 041 | 5 611 | 230 594 | 98,0 | 193,6 |
| 84 | 243 564 | 5 799 | 244 386 | 103 | 195,6 |
| 86 | 257 544 | 5 989 | 258 647 | 108 | 197,7 |
| 88 | 271 984 | 6 181 | 273 383 | 113 | 199,7 |
| 90 | 286 890 | 6 375 | 288 597 | 119 | 201,8 |
| 92 | 302 267 | 6 571 | 304 297 | 124 | 203,8 |
| 94 | 318 120 | 6 769 | 320 486 | 130 | 205,8 |
| 96 | 334 455 | 6 968 | 337 171 | 136 | 207,9 |
| 98 | 351 277 | 7 169 | 354 355 | 142 | 209,9 |
| 100 | 368 590 | 7 372 | 372 045 | 148 | 212,0 |
| 102 | 386 401 | 7 576 | 390 246 | 154 | 214,0 |
| 104 | 404 714 | 7 783 | 408 963 | 161 | 216,1 |
| 106 | 423 534 | 7 991 | 428 200 | 167 | 218,1 |
| 108 | 442 868 | 8 201 | 447 964 | 174 | 220,1 |
| 110 | 462 719 | 8 413 | 468 259 | 181 | 222,2 |
| 112 | 483 093 | 8 627 | 489 091 | 187 | 224,2 |
| 114 | 503 995 | 8 842 | 510 465 | 194 | 226,3 |
| 116 | 525 432 | 9 059 | 532 386 | 202 | 228,3 |
| 118 | 547 406 | 9 278 | 554 859 | 209 | 230,3 |
| 120 | 569 925 | 9 499 | 577 889 | 216 | 232,4 |
| 122 | 592 993 | 9 721 | 601 482 | 224 | 234,4 |
| 124 | 616 615 | 9 945 | 625 643 | 232 | 236,5 |
| 126 | 640 797 | 10 171 | 650 377 | 239 | 238,5 |
| 128 | 665 543 | 10 399 | 675 690 | 247 | 240,5 |
| 130 | 690 860 | 10 629 | 701 585 | 255 | 242,6 |
| 132 | 716 751 | 10 860 | 728 070 | 264 | 244,6 |
| 134 | 743 223 | 11 093 | 755 148 | 272 | 246,7 |
| 136 | 770 280 | 11 328 | 782 825 | 280 | 248,7 |
| 138 | 797 928 | 11 564 | 811 106 | 289 | 250,7 |
| 140 | 826 172 | 11 802 | 839 997 | 298 | 252,8 |
| 144 | 884 469 | 12 284 | 899 628 | 316 | 256,9 |
| 148 | 945 211 | 12 773 | 961 759 | 334 | 261,0 |
| 150 | 976 513 | 13 020 | 993 775 | 344 | 263,0 |
| 152 | 1 008 441 | 13 269 | 1 026 432 | 353 | 265,0 |
| 156 | 1 074 201 | 13 772 | 1 093 688 | 373 | 269,1 |
| 160 | 1 142 531 | 14 282 | 1 163 569 | 393 | 273,2 |
| 164 | 1 213 474 | 14 798 | 1 236 117 | 413 | 277,3 |
| 168 | 1 287 071 | 15 322 | 1 311 373 | 434 | 281,4 |
| 170 | 1 324 878 | 15 587 | 1 350 029 | 445 | 283,4 |
| 172 | 1 363 363 | 15 853 | 1 389 378 | 456 | 285,4 |
| 176 | 1 442 393 | 16 391 | 1 470 175 | 478 | 289,5 |
| 180 | 1 524 202 | 16 936 | 1 553 805 | 501 | 293,6 |
| 190 | 1 741 155 | 18 328 | 1 775 547 | 560 | 303,8 |
| 200 | 1 976 385 | 19 764 | 2 015 905 | 622 | 314,0 |

Trägheitsmoment für: h = 60 = 5581,4 cm⁴; h = 110 = 5590,6 cm⁴; h = 160 = 5599,7 cm⁴; h = 200 = 5607,0 cm⁴

## ⌶ 14,0 · 14,0 · 1,5 cm

### Nietstärke 2,6 cm; Stehblechdicke 1,3 cm

| Träger-Höhe h cm | e = 7,75 cm Trägheitsmoment cm⁴ | Widerstandsm. cm³ | Trägheitsmoment cm⁴ | Widerstandsm. cm³ | Gewicht für den lfd. m ohne Nietköpfe kg |
|---|---|---|---|---|---|
| 60 | 122 307 | 4 077 | 120 040 | 51,4 | 186,8 |
| 62 | 132 119 | 4 262 | 129 941 | 55,0 | 188,9 |
| 64 | 142 366 | 4 449 | 140 290 | 58,7 | 190,9 |
| 66 | 153 052 | 4 638 | 151 092 | 62,5 | 193,0 |
| 68 | 164 183 | 4 829 | 162 353 | 66,5 | 195,0 |
| 70 | 175 764 | 5 022 | 174 077 | 70,6 | 197,0 |
| 72 | 187 800 | 5 217 | 186 271 | 74,9 | 199,1 |
| 74 | 200 297 | 5 413 | 198 938 | 79,2 | 201,1 |
| 76 | 213 260 | 5 612 | 212 084 | 83,7 | 203,2 |
| 78 | 226 693 | 5 813 | 225 715 | 88,4 | 205,2 |
| 80 | 240 603 | 6 015 | 239 835 | 93,1 | 207,2 |
| 82 | 254 993 | 6 219 | 254 450 | 98,0 | 209,3 |
| 84 | 269 871 | 6 425 | 269 566 | 103 | 211,3 |
| 86 | 285 240 | 6 633 | 285 186 | 108 | 213,4 |
| 88 | 301 105 | 6 843 | 301 317 | 114 | 215,4 |
| 90 | 317 473 | 7 055 | 317 963 | 119 | 217,5 |
| 92 | 334 348 | 7 268 | 335 130 | 125 | 219,5 |
| 94 | 351 736 | 7 484 | 352 823 | 130 | 221,5 |
| 96 | 369 641 | 7 701 | 371 048 | 136 | 223,6 |
| 98 | 388 070 | 7 920 | 389 809 | 142 | 225,6 |
| 100 | 407 026 | 8 141 | 409 111 | 148 | 227,7 |
| 102 | 426 516 | 8 363 | 428 960 | 154 | 229,7 |
| 104 | 446 544 | 8 587 | 449 361 | 161 | 231,7 |
| 106 | 467 115 | 8 814 | 470 320 | 167 | 233,8 |
| 108 | 488 236 | 9 041 | 491 840 | 174 | 235,8 |
| 110 | 509 911 | 9 271 | 513 928 | 181 | 237,9 |
| 112 | 532 145 | 9 503 | 536 590 | 187 | 239,9 |
| 114 | 554 943 | 9 736 | 559 829 | 195 | 241,9 |
| 116 | 578 311 | 9 971 | 583 651 | 202 | 244,0 |
| 118 | 602 254 | 10 208 | 608 062 | 209 | 246,0 |
| 120 | 626 777 | 10 446 | 633 067 | 216 | 248,1 |
| 122 | 651 886 | 10 687 | 658 670 | 224 | 250,1 |
| 124 | 677 585 | 10 929 | 684 877 | 232 | 252,1 |
| 126 | 703 879 | 11 173 | 711 693 | 239 | 254,2 |
| 128 | 730 775 | 11 418 | 739 124 | 247 | 256,2 |
| 130 | 758 276 | 11 666 | 767 174 | 255 | 258,3 |
| 132 | 786 389 | 11 915 | 795 850 | 264 | 260,3 |
| 134 | 815 118 | 12 166 | 825 155 | 272 | 262,4 |
| 136 | 844 469 | 12 419 | 855 095 | 281 | 264,4 |
| 138 | 874 447 | 12 673 | 885 676 | 289 | 266,4 |
| 140 | 905 057 | 12 929 | 916 902 | 298 | 268,5 |
| 144 | 968 194 | 13 447 | 981 313 | 316 | 272,6 |
| 148 | 1 033 921 | 13 972 | 1 048 368 | 334 | 276,6 |
| 150 | 1 067 770 | 14 237 | 1 082 900 | 344 | 278,7 |
| 152 | 1 102 281 | 14 504 | 1 118 109 | 353 | 280,7 |
| 156 | 1 173 315 | 15 043 | 1 190 579 | 373 | 284,8 |
| 160 | 1 247 064 | 15 588 | 1 265 818 | 393 | 288,9 |
| 164 | 1 323 571 | 16 141 | 1 343 868 | 413 | 293,0 |
| 168 | 1 402 876 | 16 701 | 1 424 771 | 434 | 297,0 |
| 170 | 1 443 591 | 16 983 | 1 466 306 | 445 | 299,1 |
| 172 | 1 485 022 | 17 268 | 1 508 569 | 456 | 301,1 |
| 176 | 1 570 049 | 17 841 | 1 595 302 | 478 | 305,2 |
| 180 | 1 658 000 | 18 422 | 1 685 014 | 501 | 309,3 |
| 190 | 1 890 941 | 19 905 | 1 922 591 | 560 | 319,5 |
| 200 | 2 143 063 | 21 431 | 2 179 689 | 622 | 329,7 |

Trägheitsmoment für: h = 60 = 6459,9 cm⁴; h = 110 = 6469,1 cm⁴; h = 160 = 6478,2 cm⁴; h = 200 = 6485,5 cm⁴

## ∟ 15,0 · 15,0 · 1,4 cm

### Nietstärke 2,6 cm; Stehblechdicke 1,3 cm

| Träger-Höhe h cm | $e = 8,20$ cm Trägheitsmoment cm⁴ | Widerstandsm. cm³ | Trägheitsmoment cm⁴ | Widerstandsm. cm³ | Gewicht für den lfd. m ohne Nietköpfe kg |
|---|---|---|---|---|---|
| 60 | 122 751 | 4 092 | 120 393 | 51,8 | 187,8 |
| 62 | 132 622 | 4 278 | 130 347 | 55,3 | 189,8 |
| 64 | 142 932 | 4 467 | 140 754 | 59,0 | 191,9 |
| 66 | 153 686 | 4 657 | 151 618 | 62,9 | 193,9 |
| 68 | 164 890 | 4 850 | 162 945 | 66,9 | 196,0 |
| 70 | 176 547 | 5 044 | 174 740 | 71,0 | 198,0 |
| 72 | 188 665 | 5 241 | 187 008 | 75,2 | 200,0 |
| 74 | 201 247 | 5 439 | 199 755 | 79,6 | 202,1 |
| 76 | 214 300 | 5 639 | 212 985 | 84,1 | 204,1 |
| 78 | 227 828 | 5 842 | 226 704 | 88,7 | 206,2 |
| 80 | 241 836 | 6 046 | 240 917 | 93,5 | 208,2 |
| 82 | 256 330 | 6 252 | 255 630 | 98,4 | 210,2 |
| 84 | 271 315 | 6 460 | 270 846 | 103 | 212,3 |
| 86 | 286 795 | 6 670 | 286 572 | 109 | 214,4 |
| 88 | 302 778 | 6 881 | 302 813 | 114 | 216,4 |
| 90 | 319 266 | 7 095 | 319 574 | 119 | 218,4 |
| 92 | 336 267 | 7 310 | 336 861 | 125 | 220,5 |
| 94 | 353 784 | 7 527 | 354 677 | 131 | 222,5 |
| 96 | 371 823 | 7 746 | 373 030 | 136 | 224,5 |
| 98 | 390 390 | 7 967 | 391 923 | 142 | 226,6 |
| 100 | 409 489 | 8 190 | 411 362 | 149 | 228,6 |
| 102 | 429 125 | 8 414 | 431 352 | 155 | 230,7 |
| 104 | 449 305 | 8 640 | 451 898 | 161 | 232,7 |
| 106 | 470 033 | 8 869 | 473 007 | 168 | 234,7 |
| 108 | 491 314 | 9 098 | 494 682 | 174 | 236,8 |
| 110 | 513 153 | 9 330 | 516 929 | 181 | 238,8 |
| 112 | 535 556 | 9 564 | 539 753 | 188 | 240,9 |
| 114 | 558 528 | 9 799 | 563 160 | 195 | 242,9 |
| 116 | 582 074 | 10 036 | 587 154 | 202 | 244,9 |
| 118 | 606 200 | 10 275 | 611 741 | 209 | 247,0 |
| 120 | 630 910 | 10 515 | 636 926 | 217 | 249,0 |
| 122 | 656 209 | 10 758 | 662 714 | 224 | 251,1 |
| 124 | 682 104 | 11 002 | 689 111 | 232 | 253,1 |
| 126 | 708 598 | 11 248 | 716 121 | 240 | 255,1 |
| 128 | 735 698 | 11 495 | 743 750 | 248 | 257,2 |
| 130 | 763 408 | 11 745 | 772 003 | 256 | 259,2 |
| 132 | 791 734 | 11 996 | 800 885 | 264 | 261,3 |
| 134 | 820 681 | 12 249 | 830 402 | 272 | 263,3 |
| 136 | 850 254 | 12 504 | 860 558 | 281 | 265,4 |
| 138 | 880 458 | 12 760 | 891 359 | 290 | 267,4 |
| 140 | 911 299 | 13 019 | 922 810 | 298 | 269,4 |
| 144 | 974 910 | 13 540 | 987 683 | 316 | 273,5 |
| 148 | 1 041 130 | 14 069 | 1 055 218 | 335 | 277,6 |
| 150 | 1 075 231 | 14 336 | 1 089 997 | 344 | 279,6 |
| 152 | 1 110 000 | 14 605 | 1 125 457 | 354 | 281,7 |
| 156 | 1 181 561 | 15 148 | 1 198 442 | 373 | 285,8 |
| 160 | 1 255 855 | 15 698 | 1 274 214 | 393 | 289,8 |
| 164 | 1 332 925 | 16 255 | 1 352 815 | 414 | 293,9 |
| 168 | 1 412 810 | 16 819 | 1 434 286 | 435 | 298,0 |
| 170 | 1 453 822 | 17 104 | 1 476 112 | 446 | 300,1 |
| 172 | 1 495 553 | 17 390 | 1 518 670 | 457 | 302,1 |
| 176 | 1 581 196 | 17 968 | 1 606 007 | 479 | 306,2 |
| 180 | 1 669 780 | 18 553 | 1 696 339 | 501 | 310,3 |
| 190 | 1 904 381 | 20 046 | 1 935 546 | 560 | 320,5 |
| 200 | 2 158 273 | 21 583 | 2 194 383 | 623 | 330,7 |

## ∟ 15,0 · 15,0 · 1,6 cm

### Nietstärke 2,6 cm; Stehblechdicke 1,4 cm

| Träger-Höhe h cm | $e = 8,30$ cm Trägheitsmoment cm⁴ | Widerstandsm. cm³ | Trägheitsmoment cm⁴ | Widerstandsm. cm³ | Gewicht für den lfd. m ohne Nietköpfe kg |
|---|---|---|---|---|---|
| 80 | 270 683 | 6 767 | 269 161 | 93,6 | 231,4 |
| 82 | 286 881 | 6 997 | 285 578 | 98,5 | 233,6 |
| 84 | 303 624 | 7 229 | 302 555 | 104 | 235,8 |
| 86 | 320 918 | 7 463 | 320 097 | 109 | 238,0 |
| 88 | 338 769 | 7 699 | 338 210 | 114 | 240,2 |
| 90 | 357 181 | 7 937 | 356 900 | 119 | 242,4 |
| 92 | 376 162 | 8 177 | 376 173 | 125 | 244,6 |
| 94 | 395 715 | 8 419 | 396 033 | 131 | 246,8 |
| 96 | 415 848 | 8 663 | 416 486 | 137 | 249,0 |
| 98 | 436 564 | 8 909 | 437 539 | 143 | 251,2 |
| 100 | 457 871 | 9 157 | 459 196 | 149 | 253,4 |
| 102 | 479 774 | 9 407 | 481 464 | 155 | 255,6 |
| 104 | 502 278 | 9 659 | 504 347 | 161 | 257,8 |
| 106 | 525 389 | 9 913 | 527 852 | 168 | 260,0 |
| 108 | 549 112 | 10 169 | 551 983 | 174 | 262,2 |
| 110 | 573 453 | 10 426 | 576 748 | 181 | 264,4 |
| 112 | 598 418 | 10 686 | 602 150 | 188 | 266,6 |
| 114 | 624 013 | 10 948 | 628 197 | 195 | 268,8 |
| 116 | 650 242 | 11 211 | 654 893 | 202 | 271,0 |
| 118 | 677 111 | 11 476 | 682 244 | 209 | 273,2 |
| 120 | 704 627 | 11 744 | 710 255 | 217 | 275,4 |
| 122 | 732 795 | 12 013 | 738 933 | 224 | 277,6 |
| 124 | 761 619 | 12 284 | 768 283 | 232 | 279,8 |
| 126 | 791 107 | 12 557 | 798 310 | 240 | 282,0 |
| 128 | 821 263 | 12 832 | 829 020 | 248 | 284,2 |
| 130 | 852 093 | 13 109 | 860 419 | 256 | 286,4 |
| 132 | 883 603 | 13 388 | 892 512 | 264 | 288,6 |
| 134 | 915 798 | 13 669 | 925 305 | 273 | 290,8 |
| 136 | 948 684 | 13 951 | 958 803 | 281 | 293,0 |
| 138 | 982 267 | 14 236 | 993 013 | 290 | 295,2 |
| 140 | 1 016 551 | 14 522 | 1 027 939 | 298 | 297,4 |
| 142 | 1 051 543 | 14 810 | 1 063 587 | 307 | 299,6 |
| 144 | 1 087 249 | 15 101 | 1 099 963 | 316 | 301,8 |
| 146 | 1 123 673 | 15 393 | 1 137 073 | 325 | 304,0 |
| 148 | 1 160 822 | 15 687 | 1 174 921 | 335 | 306,2 |
| 150 | 1 198 701 | 15 983 | 1 213 515 | 344 | 308,4 |
| 152 | 1 237 316 | 16 280 | 1 252 858 | 354 | 310,6 |
| 154 | 1 276 672 | 16 580 | 1 292 957 | 364 | 312,7 |
| 156 | 1 316 774 | 16 882 | 1 333 818 | 373 | 314,9 |
| 158 | 1 357 630 | 17 185 | 1 375 446 | 383 | 317,1 |
| 160 | 1 399 243 | 17 491 | 1 417 846 | 393 | 319,3 |
| 164 | 1 484 766 | 18 107 | 1 504 987 | 414 | 323,7 |
| 168 | 1 573 389 | 18 731 | 1 595 286 | 435 | 328,1 |
| 170 | 1 618 877 | 19 046 | 1 641 634 | 446 | 330,3 |
| 172 | 1 665 156 | 19 362 | 1 688 788 | 457 | 332,5 |
| 176 | 1 760 113 | 20 001 | 1 785 537 | 479 | 336,9 |
| 180 | 1 858 303 | 20 648 | 1 885 578 | 501 | 341,3 |
| 184 | 1 959 772 | 21 302 | 1 988 956 | 525 | 345,7 |
| 188 | 2 064 563 | 21 963 | 2 095 715 | 548 | 350,1 |
| 190 | 2 118 221 | 22 297 | 2 150 377 | 561 | 352,3 |
| 192 | 2 172 725 | 22 633 | 2 205 902 | 573 | 354,5 |
| 196 | 2 284 299 | 23 309 | 2 319 559 | 598 | 358,9 |
| 200 | 2 399 331 | 23 993 | 2 436 733 | 623 | 363,3 |
| 210 | 2 702 333 | 25 737 | 2 745 345 | 689 | 374,3 |
| 220 | 3 027 927 | 27 527 | 3 076 913 | 758 | 385,3 |

Neutr. ⌐ Axe Trägheitsmoment für
$$h = 60 = 7316,7 \text{ cm}^4$$
$$h = 110 = 7325,9 \text{ cm}^4$$
$$h = 160 = 7335,0 \text{ cm}^4$$
$$h = 200 = 7342,3 \text{ cm}^4$$

Neutr. ⌐ Axe Trägheitsmoment für
$$h = 80 = 8473,2 \text{ cm}^4$$
$$h = 130 = 8484,6 \text{ cm}^4$$
$$h = 180 = 8496,0 \text{ cm}^4$$
$$h = 220 = 8505,1 \text{ cm}^4$$

## ∟ 8,0 · 16,0 · 1,4 cm
### Nietstärke 2,3 cm; Stehblechdicke 1,3 cm

| Träger-Höhe h cm | e = 4,70 cm Trägheitsmoment cm⁴ | Widerstandsm. cm³ | Trägheitsmoment cm⁴ | Widerstandsm. cm³ | Gewicht für den lfd. m ohne Nietköpfe kg |
|---|---|---|---|---|---|
| 60 | 112 047 | 3 735 | 113 068 | 50,2 | 161,1 |
| 62 | 120 740 | 3 895 | 121 966 | 53,8 | 163,1 |
| 64 | 129 809 | 4 057 | 131 253 | 57,5 | 165,1 |
| 66 | 139 261 | 4 220 | 140 934 | 61,4 | 167,2 |
| 68 | 149 099 | 4 385 | 151 014 | 65,4 | 169,2 |
| 70 | 159 330 | 4 552 | 161 498 | 69,6 | 171,3 |
| 72 | 169 958 | 4 721 | 172 391 | 73,9 | 173,3 |
| 74 | 180 988 | 4 892 | 183 699 | 78,3 | 175,3 |
| 76 | 192 427 | 5 064 | 195 427 | 82,8 | 177,4 |
| 78 | 204 278 | 5 238 | 207 579 | 87,5 | 179,4 |
| 80 | 216 548 | 5 414 | 220 162 | 92,3 | 181,5 |
| 82 | 229 241 | 5 591 | 233 180 | 97,3 | 183,5 |
| 84 | 242 362 | 5 771 | 246 639 | 102 | 185,6 |
| 86 | 255 918 | 5 952 | 260 543 | 108 | 187,6 |
| 88 | 269 912 | 6 134 | 274 899 | 113 | 189,6 |
| 90 | 284 351 | 6 319 | 289 710 | 118 | 191,7 |
| 92 | 299 239 | 6 505 | 304 983 | 124 | 193,7 |
| 94 | 314 581 | 6 693 | 320 723 | 130 | 195,8 |
| 96 | 330 384 | 6 883 | 336 934 | 136 | 197,8 |
| 98 | 346 651 | 7 075 | 353 622 | 142 | 199,8 |
| 100 | 363 389 | 7 268 | 370 792 | 148 | 201,9 |
| 102 | 380 602 | 7 463 | 388 450 | 154 | 203,9 |
| 104 | 398 295 | 7 660 | 406 600 | 161 | 206,0 |
| 106 | 416 475 | 7 858 | 425 248 | 167 | 208,0 |
| 108 | 435 145 | 8 058 | 444 399 | 174 | 210,0 |
| 110 | 454 311 | 8 260 | 464 059 | 181 | 212,1 |
| 112 | 473 979 | 8 464 | 484 231 | 187 | 214,1 |
| 114 | 494 154 | 8 669 | 504 922 | 195 | 216,2 |
| 116 | 514 840 | 8 877 | 526 137 | 202 | 218,2 |
| 118 | 536 044 | 9 085 | 547 881 | 209 | 220,2 |
| 120 | 557 769 | 9 296 | 570 159 | 217 | 222,3 |
| 122 | 580 022 | 9 509 | 592 976 | 224 | 224,3 |
| 124 | 602 808 | 9 723 | 616 338 | 232 | 226,4 |
| 126 | 626 131 | 9 939 | 640 250 | 240 | 228,4 |
| 128 | 549 998 | 10 156 | 664 716 | 248 | 230,5 |
| 130 | 674 412 | 10 376 | 689 743 | 256 | 232,5 |
| 132 | 699 380 | 10 597 | 715 335 | 264 | 234,5 |
| 134 | 724 907 | 10 820 | 741 498 | 273 | 236,6 |
| 136 | 750 997 | 11 044 | 768 236 | 281 | 238,6 |
| 138 | 777 657 | 11 270 | 795 556 | 290 | 240,7 |
| 140 | 804 890 | 11 498 | 823 461 | 299 | 242,7 |
| 144 | 861 101 | 11 960 | 881 052 | 317 | 246,8 |
| 148 | 919 671 | 12 428 | 941 049 | 335 | 250,9 |
| 150 | 949 853 | 12 665 | 971 963 | 345 | 252,9 |
| 152 | 980 641 | 12 903 | 1 003 495 | 354 | 254,9 |
| 156 | 1 044 054 | 13 385 | 1 068 431 | 374 | 259,0 |
| 160 | 1 109 951 | 13 874 | 1 135 900 | 394 | 263,1 |
| 164 | 1 178 374 | 14 370 | 1 205 941 | 415 | 267,2 |
| 168 | 1 249 363 | 14 873 | 1 278 598 | 436 | 271,3 |
| 170 | 1 285 834 | 15 127 | 1 315 920 | 447 | 273,3 |
| 172 | 1 322 962 | 15 383 | 1 353 912 | 458 | 275,4 |
| 176 | 1 399 211 | 15 900 | 1 431 923 | 480 | 279,4 |
| 180 | 1 478 152 | 16 424 | 1 512 674 | 503 | 283,5 |
| 190 | 1 687 555 | 17 764 | 1 726 812 | 562 | 293,7 |
| 200 | 1 914 693 | 19 147 | 1 958 984 | 625 | 303,9 |

Neutr. [Axx] Trägheitsmoment für
$$\begin{cases} h = 60 = 8699{,}9 \text{ cm}^4 \\ h = 110 = 8709{,}1 \text{ cm}^4 \\ h = 160 = 8718{,}2 \text{ cm}^4 \\ h = 200 = 8725{,}5 \text{ cm}^4 \end{cases}$$

## ∟ 10,0 · 15,0 · 1,4 cm
### Nietstärke 2,6 cm; Stehblechdicke 1,4 cm

| Träger-Höhe h cm | e = 5,70 cm Trägheitsmoment cm⁴ | Widerstandsm. cm³ | Trägheitsmoment cm⁴ | Widerstandsm. cm³ | Gewicht für den lfd. m ohne Nietköpfe kg |
|---|---|---|---|---|---|
| 80 | 220 734 | 5 518 | 223 951 | 91,4 | 192,2 |
| 82 | 233 845 | 5 704 | 237 423 | 96,3 | 194,4 |
| 84 | 247 407 | 5 891 | 251 360 | 101 | 196,6 |
| 86 | 261 424 | 6 080 | 265 768 | 106 | 198,8 |
| 88 | 275 903 | 6 271 | 280 651 | 112 | 201,0 |
| 90 | 290 848 | 6 463 | 296 016 | 117 | 203,2 |
| 92 | 306 267 | 6 658 | 311 868 | 123 | 205,4 |
| 94 | 322 163 | 6 855 | 328 213 | 128 | 207,5 |
| 96 | 338 544 | 7 053 | 345 057 | 134 | 209,7 |
| 98 | 355 414 | 7 253 | 362 404 | 140 | 211,9 |
| 100 | 372 779 | 7 456 | 380 262 | 146 | 214,1 |
| 102 | 390 644 | 7 660 | 398 634 | 153 | 216,3 |
| 104 | 409 016 | 7 866 | 417 527 | 159 | 218,5 |
| 106 | 427 900 | 8 074 | 436 946 | 165 | 220,7 |
| 108 | 447 301 | 8 283 | 456 898 | 172 | 222,9 |
| 110 | 467 225 | 8 495 | 477 387 | 179 | 225,1 |
| 112 | 487 678 | 8 709 | 498 419 | 186 | 227,3 |
| 114 | 508 665 | 8 924 | 520 000 | 193 | 229,5 |
| 116 | 530 192 | 9 141 | 542 136 | 200 | 231,7 |
| 118 | 552 264 | 9 360 | 564 831 | 207 | 233,9 |
| 120 | 574 888 | 9 581 | 588 093 | 214 | 236,1 |
| 122 | 598 068 | 9 804 | 611 925 | 222 | 238,3 |
| 124 | 621 810 | 10 029 | 636 334 | 230 | 240,5 |
| 126 | 646 120 | 10 256 | 661 325 | 238 | 242,7 |
| 128 | 671 004 | 10 484 | 686 905 | 245 | 244,9 |
| 130 | 696 466 | 10 715 | 713 078 | 254 | 247,1 |
| 132 | 722 513 | 10 947 | 739 850 | 262 | 249,3 |
| 134 | 749 151 | 11 181 | 767 227 | 270 | 251,5 |
| 136 | 776 384 | 11 417 | 795 215 | 279 | 253,7 |
| 138 | 804 219 | 11 655 | 823 818 | 287 | 255,9 |
| 140 | 832 661 | 11 895 | 853 043 | 296 | 258,1 |
| 142 | 861 715 | 12 137 | 882 896 | 305 | 260,3 |
| 144 | 891 388 | 12 380 | 913 381 | 314 | 262,5 |
| 146 | 921 684 | 12 626 | 944 504 | 323 | 264,7 |
| 148 | 952 610 | 12 873 | 976 272 | 332 | 266,9 |
| 150 | 984 171 | 13 122 | 1 008 689 | 342 | 269,1 |
| 152 | 1 016 373 | 13 373 | 1 041 761 | 351 | 271,3 |
| 154 | 1 049 220 | 13 626 | 1 075 494 | 361 | 273,5 |
| 156 | 1 082 720 | 13 881 | 1 109 894 | 371 | 275,7 |
| 158 | 1 116 877 | 14 138 | 1 144 965 | 381 | 277,9 |
| 160 | 1 151 697 | 14 396 | 1 180 714 | 391 | 280,1 |
| 164 | 1 223 349 | 14 919 | 1 254 268 | 411 | 284,5 |
| 168 | 1 297 720 | 15 449 | 1 330 599 | 433 | 288,9 |
| 170 | 1 335 940 | 15 717 | 1 369 820 | 444 | 291,1 |
| 172 | 1 374 856 | 15 987 | 1 409 752 | 454 | 293,3 |
| 176 | 1 454 800 | 16 532 | 1 491 773 | 476 | 297,7 |
| 180 | 1 537 598 | 17 084 | 1 576 705 | 499 | 302,1 |
| 184 | 1 623 295 | 17 645 | 1 664 595 | 522 | 306,5 |
| 188 | 1 711 935 | 18 212 | 1 755 486 | 546 | 310,9 |
| 190 | 1 757 373 | 18 499 | 1 802 071 | 558 | 313,1 |
| 192 | 1 803 563 | 18 787 | 1 849 423 | 570 | 315,3 |
| 196 | 1 898 224 | 19 370 | 1 946 452 | 595 | 319,7 |
| 200 | 1 995 963 | 19 960 | 2 046 616 | 620 | 324,0 |
| 210 | 2 254 070 | 21 467 | 2 311 042 | 686 | 335,0 |
| 220 | 2 532 392 | 23 022 | 2 596 047 | 755 | 346,0 |

Neutr. [Axx] Trägheitsmoment für
$$\begin{cases} h = 80 = 7343{,}7 \text{ cm}^4 \\ h = 130 = 7355{,}1 \text{ cm}^4 \\ h = 180 = 7366{,}5 \text{ cm}^4 \\ h = 220 = 7375{,}6 \text{ cm}^4 \end{cases}$$

## L 16,0 · 16,0 · 1,5 cm
### Nietstärke 2,6 cm; Stehblechdicke 1,4 cm

| Träger-Höhe h (cm) | $e = 8{,}75$ cm Trägheitsmoment cm⁴ | Widerstandsm. cm³ | Trägheitsmoment cm⁴ | Widerstandsm. cm³ | Gewicht für den lfd. m ohne Nietköpfe kg |
|---|---|---|---|---|---|
| 80 | 271 774 | 6 794 | 270 095 | 93,9 | 232,7 |
| 82 | 288 070 | 7 026 | 286 604 | 98,9 | 234,9 |
| 84 | 304 917 | 7 260 | 303 678 | 104 | 237,1 |
| 86 | 322 319 | 7 496 | 321 321 | 109 | 239,3 |
| 88 | 340 282 | 7 734 | 339 541 | 115 | 241,5 |
| 90 | 358 811 | 7 974 | 358 341 | 120 | 243,7 |
| 92 | 377 913 | 8 215 | 377 728 | 125 | 245,9 |
| 94 | 397 592 | 8 459 | 397 708 | 131 | 248,1 |
| 96 | 417 855 | 8 705 | 418 286 | 137 | 250,3 |
| 98 | 438 708 | 8 953 | 439 467 | 143 | 252,5 |
| 100 | 460 154 | 9 203 | 461 257 | 149 | 254,7 |
| 102 | 482 201 | 9 455 | 483 662 | 155 | 256,9 |
| 104 | 504 854 | 9 709 | 506 688 | 162 | 259,1 |
| 106 | 528 118 | 9 964 | 530 340 | 168 | 261,3 |
| 108 | 552 000 | 10 222 | 554 623 | 175 | 263,5 |
| 110 | 576 503 | 10 482 | 579 543 | 181 | 265,7 |
| 112 | 601 636 | 10 743 | 605 107 | 188 | 267,9 |
| 114 | 627 402 | 11 007 | 631 318 | 195 | 270,1 |
| 116 | 653 807 | 11 273 | 658 184 | 202 | 272,3 |
| 118 | 680 857 | 11 540 | 685 709 | 210 | 274,5 |
| 120 | 708 559 | 11 809 | 713 900 | 217 | 276,7 |
| 122 | 736 916 | 12 081 | 742 761 | 225 | 278,9 |
| 124 | 765 935 | 12 354 | 772 298 | 233 | 281,1 |
| 126 | 795 622 | 12 629 | 802 518 | 240 | 283,2 |
| 128 | 825 981 | 12 906 | 833 425 | 248 | 285,4 |
| 130 | 857 020 | 13 185 | 865 026 | 256 | 287,6 |
| 132 | 888 742 | 13 466 | 897 325 | 265 | 289,8 |
| 134 | 921 155 | 13 749 | 930 329 | 273 | 292,0 |
| 136 | 954 263 | 14 033 | 964 042 | 281 | 294,2 |
| 138 | 988 071 | 14 320 | 998 471 | 290 | 296,4 |
| 140 | 1 022 587 | 14 608 | 1 033 622 | 299 | 298,6 |
| 142 | 1 057 815 | 14 899 | 1 069 499 | 308 | 300,8 |
| 144 | 1 093 760 | 15 191 | 1 106 109 | 317 | 303,0 |
| 146 | 1 130 429 | 15 485 | 1 143 456 | 326 | 305,2 |
| 148 | 1 167 827 | 15 781 | 1 181 548 | 335 | 307,4 |
| 150 | 1 205 960 | 16 079 | 1 220 388 | 345 | 309,6 |
| 152 | 1 244 833 | 16 379 | 1 259 983 | 354 | 311,8 |
| 154 | 1 284 452 | 16 681 | 1 300 339 | 364 | 314,0 |
| 156 | 1 324 822 | 16 985 | 1 341 461 | 374 | 316,2 |
| 158 | 1 365 949 | 17 290 | 1 383 354 | 384 | 318,4 |
| 160 | 1 407 839 | 17 598 | 1 426 024 | 394 | 320,6 |
| 164 | 1 493 929 | 18 219 | 1 513 719 | 414 | 325,0 |
| 168 | 1 583 137 | 18 847 | 1 604 590 | 435 | 329,4 |
| 170 | 1 628 924 | 19 164 | 1 651 230 | 446 | 331,6 |
| 172 | 1 675 508 | 19 483 | 1 698 682 | 557 | 333,8 |
| 176 | 1 771 086 | 20 126 | 1 796 039 | 479 | 338,2 |
| 180 | 1 869 916 | 20 777 | 1 896 707 | 502 | 342,6 |
| 184 | 1 972 043 | 21 435 | 2 000 729 | 525 | 347,0 |
| 188 | 2 077 511 | 22 101 | 2 108 152 | 549 | 351,4 |
| 190 | 2 131 513 | 22 437 | 2 163 153 | 562 | 353,6 |
| 192 | 2 186 367 | 22 775 | 2 219 020 | 573 | 355,8 |
| 196 | 2 298 653 | 23 456 | 2 333 377 | 598 | 360,2 |
| 200 | 2 414 416 | 24 144 | 2 451 269 | 623 | 364,6 |
| 210 | 2 719 325 | 25 898 | 2 761 755 | 689 | 375,6 |
| 220 | 3 046 940 | 27 699 | 3 095 311 | 758 | 386,6 |

Trägheitsmoment für:
$h = 80 = 9531{,}8\ \text{cm}^4$
$h = 130 = 9543{,}2\ \text{cm}^4$
$h = 180 = 9554{,}6\ \text{cm}^4$
$h = 220 = 9563{,}7\ \text{cm}^4$

## L 16,0 · 16,0 · 1,7 cm
### Nietstärke 2,6 cm; Stehblechdicke 1,5 cm

| Träger-Höhe h (cm) | $e = 8{,}85$ cm Trägheitsmoment cm⁴ | Widerstandsm. cm³ | Trägheitsmoment cm⁴ | Widerstandsm. cm³ | Gewicht für den lfd. m ohne Nietköpfe kg |
|---|---|---|---|---|---|
| 100 | 511 012 | 10 220 | 511 458 | 149 | 280,4 |
| 102 | 535 445 | 10 499 | 536 258 | 155 | 282,8 |
| 104 | 560 544 | 10 780 | 561 740 | 162 | 285,1 |
| 106 | 586 317 | 11 063 | 587 910 | 168 | 287,5 |
| 108 | 612 769 | 11 348 | 614 776 | 175 | 289,8 |
| 110 | 639 906 | 11 635 | 642 342 | 182 | 292,2 |
| 112 | 667 734 | 11 924 | 670 615 | 188 | 294,5 |
| 114 | 696 259 | 12 215 | 699 601 | 195 | 296,9 |
| 116 | 725 487 | 12 508 | 729 305 | 203 | 299,2 |
| 118 | 755 425 | 12 804 | 759 734 | 210 | 301,6 |
| 120 | 786 077 | 13 101 | 790 894 | 217 | 304,0 |
| 122 | 817 451 | 13 401 | 822 790 | 225 | 306,3 |
| 124 | 849 552 | 13 702 | 855 430 | 233 | 308,7 |
| 126 | 882 386 | 14 006 | 888 817 | 240 | 311,0 |
| 128 | 915 959 | 14 312 | 922 960 | 248 | 313,4 |
| 130 | 950 277 | 14 620 | 957 864 | 256 | 315,7 |
| 132 | 985 346 | 14 929 | 993 534 | 265 | 318,1 |
| 134 | 1 021 172 | 15 241 | 1 029 976 | 273 | 320,4 |
| 136 | 1 057 762 | 15 555 | 1 067 198 | 282 | 322,8 |
| 138 | 1 095 120 | 15 871 | 1 105 204 | 290 | 325,1 |
| 140 | 1 133 254 | 16 189 | 1 144 001 | 299 | 327,5 |
| 142 | 1 172 169 | 16 509 | 1 183 595 | 308 | 329,9 |
| 144 | 1 211 871 | 16 832 | 1 223 991 | 317 | 332,2 |
| 146 | 1 252 366 | 17 156 | 1 265 197 | 326 | 334,6 |
| 148 | 1 293 660 | 17 482 | 1 307 216 | 335 | 336,9 |
| 150 | 1 335 760 | 17 810 | 1 350 057 | 345 | 339,3 |
| 152 | 1 378 670 | 18 140 | 1 393 724 | 354 | 341,6 |
| 154 | 1 422 398 | 18 473 | 1 438 224 | 364 | 344,0 |
| 156 | 1 466 948 | 18 807 | 1 483 563 | 374 | 346,3 |
| 158 | 1 512 328 | 19 143 | 1 529 747 | 384 | 348,7 |
| 160 | 1 558 543 | 19 482 | 1 576 781 | 394 | 351,1 |
| 162 | 1 605 599 | 19 822 | 1 624 672 | 404 | 353,4 |
| 164 | 1 653 502 | 20 165 | 1 673 425 | 414 | 355,8 |
| 166 | 1 702 258 | 20 509 | 1 723 048 | 425 | 358,1 |
| 168 | 1 751 874 | 20 856 | 1 773 545 | 435 | 360,5 |
| 170 | 1 802 354 | 21 204 | 1 824 922 | 446 | 362,8 |
| 172 | 1 853 706 | 21 555 | 1 877 187 | 457 | 365,2 |
| 174 | 1 905 935 | 21 907 | 1 930 344 | 468 | 367,5 |
| 176 | 1 959 047 | 22 262 | 1 984 400 | 479 | 369,9 |
| 178 | 2 013 048 | 22 619 | 2 039 361 | 491 | 372,2 |
| 180 | 2 067 944 | 22 977 | 2 095 232 | 502 | 374,6 |
| 184 | 2 180 445 | 23 700 | 2 209 731 | 525 | 379,3 |
| 188 | 2 296 600 | 24 432 | 2 327 945 | 549 | 384,0 |
| 190 | 2 356 061 | 24 801 | 2 388 460 | 561 | 386,4 |
| 192 | 2 416 454 | 25 171 | 2 449 922 | 573 | 388,7 |
| 196 | 2 540 057 | 25 919 | 2 575 709 | 598 | 393,4 |
| 200 | 2 667 457 | 26 675 | 2 705 356 | 624 | 398,2 |
| 204 | 2 798 701 | 27 438 | 2 838 909 | 649 | 402,9 |
| 208 | 2 933 837 | 28 210 | 2 976 417 | 676 | 407,6 |
| 210 | 3 002 880 | 28 599 | 3 046 669 | 689 | 409,9 |
| 212 | 3 072 914 | 28 990 | 3 117 928 | 703 | 412,3 |
| 216 | 3 215 980 | 29 778 | 3 263 490 | 730 | 417,0 |
| 220 | 3 363 082 | 30 573 | 3 413 151 | 758 | 421,7 |
| 230 | 3 748 811 | 32 598 | 3 805 551 | 831 | 433,5 |
| 240 | 4 160 818 | 34 673 | 4 224 619 | 907 | 445,3 |

Trägheitsmoment für:
$h = 100 = 10951{,}5\ \text{cm}^4$
$h = 150 = 10965{,}6\ \text{cm}^4$
$h = 200 = 10979{,}6\ \text{cm}^4$
$h = 240 = 10991{,}1\ \text{cm}^4$

## L 10,0 · 20,0 · 1,6 cm

**Nietstärke 2,6 cm; Stehblechdicke 1,6 cm**

## L 16,0 · 16,0 · 1,9 cm

**Nietstärke 2,6 cm; Stehblechdicke 1,6 cm**

| Träger-Höhe h cm | $e=5{,}80$ cm Trägheitsmoment cm⁴ | Widerstandsm. cm³ | Trägheitsmoment cm⁴ | Widerstandsm. cm³ | Gewicht für den lfd. m ohne Nietköpfe kg |
|---|---|---|---|---|---|
| 100 | 499 769 | 9 995 | 508 263 | 146 | 269,1 |
| 102 | 523 228 | 10 259 | 532 300 | 153 | 271,6 |
| 104 | 547 327 | 10 526 | 556 993 | 159 | 274,1 |
| 106 | 572 073 | 10 794 | 582 349 | 166 | 276,6 |
| 108 | 597 471 | 11 064 | 608 374 | 172 | 279,1 |
| 110 | 623 528 | 11 337 | 635 076 | 179 | 281,6 |
| 112 | 650 251 | 11 612 | 662 459 | 186 | 284,2 |
| 114 | 677 646 | 11 889 | 690 532 | 193 | 286,7 |
| 116 | 705 720 | 12 168 | 719 299 | 200 | 289,2 |
| 118 | 734 478 | 12 449 | 748 768 | 207 | 291,7 |
| 120 | 763 927 | 12 732 | 778 944 | 215 | 294,2 |
| 122 | 794 074 | 13 018 | 809 835 | 222 | 296,7 |
| 124 | 824 925 | 13 305 | 841 446 | 230 | 299,2 |
| 126 | 856 487 | 13 595 | 873 785 | 238 | 301,7 |
| 128 | 888 765 | 13 887 | 906 857 | 246 | 304,3 |
| 130 | 921 766 | 14 181 | 940 668 | 254 | 306,8 |
| 132 | 955 497 | 14 477 | 975 226 | 262 | 309,3 |
| 134 | 989 964 | 14 776 | 1 010 537 | 270 | 311,8 |
| 136 | 1 025 174 | 15 076 | 1 046 607 | 279 | 314,3 |
| 138 | 1 061 132 | 15 379 | 1 083 442 | 287 | 316,8 |
| 140 | 1 097 845 | 15 684 | 1 121 049 | 296 | 319,3 |
| 142 | 1 135 320 | 15 990 | 1 159 434 | 305 | 321,8 |
| 144 | 1 173 563 | 16 299 | 1 198 604 | 314 | 324,3 |
| 146 | 1 212 581 | 16 611 | 1 238 565 | 323 | 326,9 |
| 148 | 1 252 379 | 16 924 | 1 279 323 | 332 | 329,4 |
| 150 | 1 292 964 | 17 240 | 1 320 885 | 342 | 331,9 |
| 152 | 1 334 343 | 17 557 | 1 363 258 | 351 | 334,4 |
| 154 | 1 376 522 | 17 877 | 1 406 447 | 361 | 336,9 |
| 156 | 1 419 507 | 18 199 | 1 450 459 | 371 | 339,4 |
| 158 | 1 463 306 | 18 523 | 1 495 300 | 381 | 341,9 |
| 160 | 1 507 923 | 18 849 | 1 540 978 | 391 | 344,4 |
| 164 | 1 599 641 | 19 508 | 1 634 865 | 412 | 349,5 |
| 168 | 1 694 713 | 20 175 | 1 732 173 | 433 | 354,5 |
| 170 | 1 743 522 | 20 512 | 1 782 126 | 444 | 357,0 |
| 172 | 1 793 189 | 20 851 | 1 832 953 | 454 | 359,5 |
| 176 | 1 895 121 | 21 535 | 1 937 255 | 476 | 364,5 |
| 180 | 2 000 561 | 22 228 | 2 045 130 | 499 | 369,6 |
| 184 | 2 109 559 | 22 930 | 2 156 631 | 522 | 374,6 |
| 188 | 2 222 166 | 23 640 | 2 271 808 | 546 | 379,6 |
| 190 | 2 279 840 | 23 998 | 2 330 791 | 558 | 382,1 |
| 192 | 2 338 435 | 24 359 | 2 390 712 | 570 | 384,6 |
| 196 | 2 458 415 | 25 086 | 2 513 395 | 595 | 389,7 |
| 200 | 2 582 159 | 25 822 | 2 639 907 | 621 | 394,7 |
| 204 | 2 709 717 | 26 566 | 2 770 301 | 646 | 399,7 |
| 208 | 2 841 140 | 27 319 | 2 904 626 | 673 | 404,7 |
| 210 | 2 908 318 | 27 698 | 2 973 279 | 687 | 407,2 |
| 212 | 2 976 481 | 28 080 | 3 042 935 | 700 | 409,8 |
| 216 | 3 115 789 | 28 850 | 3 185 279 | 727 | 414,8 |
| 220 | 3 259 117 | 29 628 | 3 331 708 | 755 | 419,8 |
| 230 | 3 635 356 | 31 612 | 3 715 992 | 828 | 432,4 |
| 240 | 4 037 835 | 33 649 | 4 126 933 | 904 | 444,9 |
| 250 | 4 467 353 | 35 739 | 4 565 329 | 983 | 457,5 |
| 260 | 4 924 712 | 37 882 | 5 031 981 | 1 065 | 470,0 |
| 270 | 5 410 711 | 40 079 | 5 527 690 | 1 151 | 482,6 |
| 280 | 5 926 150 | 42 330 | 6 053 254 | 1 240 | 495,2 |
| 290 | 6 471 829 | 44 633 | 6 609 474 | 1 332 | 507,7 |
| 300 | 7 048 548 | 46 990 | 7 197 151 | 1 428 | 520,3 |

| Träger-Höhe h cm | $e=8{,}95$ cm Trägheitsmoment cm⁴ | Widerstandsm. cm³ | Trägheitsmoment cm⁴ | Widerstandsm. cm³ | Gewicht für den lfd. m ohne Nietköpfe kg |
|---|---|---|---|---|---|
| 100 | 560 945 | 11 219 | 560 732 | 149 | 306,2 |
| 102 | 587 728 | 11 524 | 587 890 | 155 | 308,7 |
| 104 | 615 239 | 11 832 | 615 793 | 162 | 311,2 |
| 106 | 643 484 | 12 141 | 644 447 | 168 | 313,7 |
| 108 | 672 470 | 12 453 | 673 858 | 175 | 316,2 |
| 110 | 702 203 | 12 767 | 704 032 | 182 | 318,7 |
| 112 | 732 689 | 13 084 | 734 976 | 189 | 321,2 |
| 114 | 763 934 | 13 402 | 766 697 | 196 | 323,8 |
| 116 | 795 946 | 13 723 | 799 201 | 203 | 326,3 |
| 118 | 828 731 | 14 046 | 832 494 | 210 | 328,8 |
| 120 | 862 294 | 14 372 | 866 582 | 217 | 331,3 |
| 122 | 896 643 | 14 699 | 901 473 | 225 | 333,8 |
| 124 | 931 783 | 15 029 | 937 171 | 233 | 336,3 |
| 126 | 967 722 | 15 361 | 973 685 | 241 | 338,8 |
| 128 | 1 004 465 | 15 695 | 1 011 020 | 248 | 341,3 |
| 130 | 1 042 020 | 16 031 | 1 049 182 | 257 | 343,9 |
| 132 | 1 080 391 | 16 370 | 1 088 179 | 265 | 346,4 |
| 134 | 1 119 586 | 16 710 | 1 128 015 | 273 | 348,9 |
| 136 | 1 159 612 | 17 053 | 1 168 699 | 282 | 351,4 |
| 138 | 1 200 474 | 17 398 | 1 210 236 | 290 | 353,9 |
| 140 | 1 242 179 | 17 745 | 1 252 632 | 299 | 356,4 |
| 142 | 1 284 733 | 18 095 | 1 295 895 | 308 | 358,9 |
| 144 | 1 328 144 | 18 446 | 1 340 029 | 317 | 361,4 |
| 146 | 1 372 416 | 18 800 | 1 385 043 | 326 | 364,0 |
| 148 | 1 417 557 | 19 156 | 1 430 942 | 335 | 366,5 |
| 150 | 1 463 572 | 19 514 | 1 477 732 | 345 | 369,0 |
| 152 | 1 510 470 | 19 875 | 1 525 421 | 354 | 371,5 |
| 154 | 1 558 255 | 20 237 | 1 574 013 | 364 | 374,0 |
| 156 | 1 606 934 | 20 602 | 1 623 517 | 374 | 376,5 |
| 158 | 1 656 513 | 20 969 | 1 673 938 | 384 | 379,0 |
| 160 | 1 707 000 | 21 337 | 1 725 282 | 394 | 381,5 |
| 164 | 1 810 720 | 22 082 | 1 830 767 | 415 | 386,6 |
| 168 | 1 918 144 | 22 835 | 1 940 024 | 436 | 391,6 |
| 170 | 1 973 261 | 23 215 | 1 996 082 | 447 | 394,1 |
| 172 | 2 029 324 | 23 597 | 2 053 103 | 457 | 396,6 |
| 176 | 2 144 311 | 24 367 | 2 170 055 | 479 | 401,6 |
| 180 | 2 263 157 | 25 146 | 2 290 932 | 502 | 406,7 |
| 184 | 2 385 912 | 25 934 | 2 415 786 | 525 | 411,7 |
| 188 | 2 512 627 | 26 730 | 2 544 666 | 549 | 416,7 |
| 190 | 2 577 486 | 27 131 | 2 610 632 | 566 | 419,2 |
| 192 | 2 643 355 | 27 535 | 2 677 625 | 573 | 421,7 |
| 196 | 2 778 145 | 28 348 | 2 814 713 | 598 | 426,8 |
| 200 | 2 917 050 | 29 170 | 2 955 982 | 624 | 431,8 |
| 204 | 3 060 120 | 30 001 | 3 101 484 | 649 | 436,8 |
| 208 | 3 207 407 | 30 840 | 3 251 268 | 676 | 441,8 |
| 210 | 3 282 647 | 31 263 | 3 327 782 | 690 | 444,3 |
| 212 | 3 358 961 | 31 688 | 3 405 387 | 703 | 446,8 |
| 216 | 3 514 835 | 32 545 | 3 568 391 | 730 | 451,9 |
| 220 | 3 675 079 | 33 410 | 3 726 832 | 758 | 456,9 |
| 230 | 4 095 144 | 35 610 | 4 153 932 | 831 | 469,5 |
| 240 | 4 543 644 | 37 864 | 4 609 883 | 907 | 482,0 |
| 250 | 5 021 377 | 40 171 | 5 095 483 | 986 | 494,6 |
| 260 | 5 529 145 | 42 532 | 5 611 533 | 1 068 | 507,1 |
| 270 | 6 067 746 | 44 946 | 6 158 833 | 1 154 | 519,7 |
| 280 | 6 637 982 | 47 414 | 6 738 183 | 1 243 | 532,3 |
| 290 | 7 240 651 | 49 936 | 7 350 383 | 1 335 | 541,8 |
| 300 | 7 876 555 | 52 510 | 7 996 233 | 1 431 | 557,4 |

Neutr — Axz Trägheitsmoment für
$$h=100=19379{,}8\ \text{cm}^4$$
$$h=150=19396{,}9\ \text{cm}^4$$
$$h=200=19414{,}0\ \text{cm}^4$$
$$h=300=19448{,}2\ \text{cm}^4$$

Neutr — Axz Trägheitsmoment für
$$h=100=12405{,}4\ \text{cm}^4$$
$$h=150=12422{,}5\ \text{cm}^4$$
$$h=200=12439{,}6\ \text{cm}^4$$
$$h=300=12473{,}8\ \text{cm}^4$$

# II. Teil.

# Widerstandsmomente und Gewichte

von

## Blechträgern mit Gurtplatten

in

## 6 Breiten.

Widerstandsmomente cm³.

## L 7,5 · 7,5 · 1,0 cm

### Nietstärke 2,0 cm; Stehblechdicke 1,0 cm

| Gurtplattendicke 1,0 cm | | | | | | Gurtplattendicke 1,2 cm | | | | | |

| Stehbl.-Höhe cm | Gurtplattenbreite cm | | | | | | Gurtplattenbreite cm | | | | | | Gew. des Stehbl. |
|---|---|---|---|---|---|---|---|---|---|---|---|---|---|
| | 16 | 17 | 18 | 19 | 20 | 21 | 16 | 17 | 18 | 19 | 20 | 21 | |
| 20 | 568 | 589 | 609 | 629 | 649 | 669 | 611 | 635 | 659 | 683 | 708 | 732 | 15,7 |
| 22 | 647 | 669 | 691 | 713 | 735 | 758 | 694 | 721 | 747 | 774 | 800 | 827 | 17,3 |
| 24 | 728 | 752 | 776 | 801 | 825 | 849 | 780 | 809 | 837 | 866 | 895 | 924 | 18,8 |
| 26 | 812 | 838 | 864 | 890 | 916 | 942 | 867 | 899 | 930 | 961 | 992 | 1024 | 20,4 |
| 28 | 897 | 925 | 953 | 981 | 1009 | 1037 | 957 | 991 | 1024 | 1058 | 1092 | 1125 | 22,0 |
| 30 | 984 | 1014 | 1044 | 1074 | 1104 | 1134 | 1049 | 1085 | 1121 | 1157 | 1193 | 1229 | 23,6 |
| 32 | 1073 | 1105 | 1137 | 1169 | 1201 | 1233 | 1142 | 1180 | 1219 | 1257 | 1296 | 1334 | 25,1 |
| 34 | 1163 | 1197 | 1231 | 1265 | 1299 | 1333 | 1237 | 1278 | 1319 | 1359 | 1400 | 1441 | 26,7 |
| 36 | 1255 | 1291 | 1327 | 1363 | 1399 | 1435 | 1333 | 1377 | 1420 | 1463 | 1506 | 1550 | 28,3 |
| 38 | 1349 | 1387 | 1425 | 1463 | 1501 | 1539 | 1432 | 1477 | 1523 | 1569 | 1614 | 1660 | 29,8 |
| 40 | 1444 | 1484 | 1524 | 1564 | 1604 | 1644 | 1531 | 1580 | 1628 | 1676 | 1724 | 1772 | 31,4 |
| 42 | 1541 | 1583 | 1625 | 1667 | 1709 | 1751 | 1633 | 1683 | 1734 | 1784 | 1835 | 1885 | 33,0 |
| 44 | 1639 | 1683 | 1727 | 1771 | 1815 | 1860 | 1736 | 1788 | 1841 | 1894 | 1947 | 2000 | 34,5 |
| 46 | 1739 | 1785 | 1831 | 1877 | 1923 | 1969 | 1840 | 1895 | 1950 | 2006 | 2061 | 2116 | 36,1 |
| 48 | 1840 | 1888 | 1936 | 1984 | 2032 | 2080 | 1946 | 2003 | 2061 | 2119 | 2176 | 2234 | 37,7 |
| 50 | 1943 | 1993 | 2043 | 2093 | 2143 | 2193 | 2053 | 2113 | 2173 | 2233 | 2293 | 2353 | 39,3 |
| 52 | 2047 | 2099 | 2151 | 2203 | 2255 | 2307 | 2162 | 2224 | 2287 | 2349 | 2411 | 2474 | 40,8 |
| 54 | 2153 | 2207 | 2261 | 2315 | 2369 | 2423 | 2272 | 2337 | 2401 | 2466 | 2531 | 2596 | 42,4 |
| 56 | 2260 | 2316 | 2372 | 2428 | 2484 | 2540 | 2383 | 2451 | 2518 | 2585 | 2652 | 2719 | 44,0 |
| 58 | 2368 | 2426 | 2484 | 2542 | 2600 | 2658 | 2496 | 2566 | 2635 | 2705 | 2775 | 2844 | 45,5 |
| 60 | 2478 | 2538 | 2598 | 2658 | 2718 | 2778 | 2611 | 2683 | 2755 | 2827 | 2899 | 2971 | 47,1 |
| 62 | 2589 | 2651 | 2713 | 2775 | 2837 | 2899 | 2726 | 2801 | 2875 | 2950 | 3024 | 3098 | 48,7 |
| 64 | 2701 | 2765 | 2829 | 2893 | 2957 | 3021 | 2843 | 2920 | 2997 | 3074 | 3151 | 3228 | 50,2 |
| 66 | 2815 | 2881 | 2947 | 3013 | 3079 | 3145 | 2962 | 3041 | 3120 | 3200 | 3279 | 3358 | 51,8 |
| 68 | 2930 | 2998 | 3066 | 3134 | 3203 | 3271 | 3082 | 3163 | 3245 | 3327 | 3408 | 3490 | 53,4 |
| 70 | 3047 | 3117 | 3187 | 3257 | 3327 | 3397 | 3203 | 3287 | 3371 | 3455 | 3539 | 3623 | 55,0 |
| 72 | 3165 | 3237 | 3309 | 3381 | 3453 | 3525 | 3326 | 3412 | 3499 | 3585 | 3671 | 3758 | 56,5 |
| 74 | 3284 | 3358 | 3433 | 3507 | 3581 | 3655 | 3450 | 3539 | 3627 | 3716 | 3805 | 3894 | 58,1 |
| 76 | 3405 | 3481 | 3557 | 3633 | 3709 | 3785 | 3575 | 3666 | 3758 | 3849 | 3940 | 4031 | 59,7 |
| 78 | 3527 | 3605 | 3683 | 3761 | 3839 | 3917 | 3702 | 3795 | 3889 | 3983 | 4076 | 4170 | 61,2 |
| 80 | 3651 | 3731 | 3811 | 3891 | 3971 | 4051 | 3830 | 3926 | 4022 | 4118 | 4214 | 4310 | 62,8 |
| 82 | 3776 | 3858 | 3940 | 4022 | 4104 | 4186 | 3959 | 4058 | 4156 | 4255 | 4353 | 4451 | 64,4 |
| 84 | 3902 | 3986 | 4070 | 4154 | 4238 | 4322 | 4090 | 4191 | 4292 | 4393 | 4493 | 4594 | 65,9 |
| 86 | 4029 | 4115 | 4201 | 4287 | 4373 | 4459 | 4222 | 4326 | 4429 | 4532 | 4635 | 4738 | 67,5 |
| 88 | 4158 | 4246 | 4334 | 4422 | 4510 | 4598 | 4356 | 4461 | 4567 | 4673 | 4778 | 4884 | 69,1 |
| 90 | 4289 | 4379 | 4469 | 4559 | 4649 | 4739 | 4491 | 4599 | 4707 | 4815 | 4923 | 5031 | 70,7 |
| 92 | 4420 | 4512 | 4604 | 4696 | 4788 | 4880 | 4627 | 4737 | 4848 | 4958 | 5069 | 5179 | 72,2 |
| 94 | 4553 | 4647 | 4741 | 4835 | 4929 | 5023 | 4765 | 4877 | 4990 | 5103 | 5216 | 5329 | 73,8 |
| 96 | 4687 | 4783 | 4879 | 4975 | 5071 | 5167 | 4904 | 5019 | 5134 | 5249 | 5364 | 5480 | 75,4 |
| 98 | 4823 | 4921 | 5019 | 5117 | 5215 | 5313 | 5044 | 5161 | 5279 | 5397 | 5514 | 5632 | 76,9 |
| 100 | 4960 | 5060 | 5160 | 5260 | 5360 | 5460 | 5185 | 5305 | 5425 | 5545 | 5666 | 5786 | 78,5 |
| 102 | 5098 | 5200 | 5302 | 5404 | 5506 | 5608 | 5328 | 5451 | 5573 | 5696 | 5818 | 5941 | 80,1 |
| 104 | 5238 | 5342 | 5446 | 5550 | 5654 | 5758 | 5473 | 5598 | 5722 | 5847 | 5972 | 6097 | 81,6 |
| 106 | 5379 | 5485 | 5591 | 5697 | 5803 | 5909 | 5618 | 5746 | 5873 | 6000 | 6127 | 6255 | 83,2 |
| 108 | 5521 | 5629 | 5737 | 5845 | 5953 | 6061 | 5765 | 5895 | 6025 | 6154 | 6284 | 6414 | 84,8 |
| 110 | 5665 | 5775 | 5885 | 5995 | 6105 | 6215 | 5914 | 6046 | 6178 | 6310 | 6442 | 6574 | 86,4 |
| 112 | 5810 | 5922 | 6034 | 6146 | 6258 | 6370 | 6063 | 6198 | 6332 | 6467 | 6601 | 6736 | 87,9 |
| 114 | 5957 | 6071 | 6185 | 6299 | 6413 | 6527 | 6215 | 6351 | 6488 | 6625 | 6762 | 6899 | 89,5 |
| 116 | 6104 | 6220 | 6336 | 6452 | 6568 | 6684 | 6367 | 6506 | 6645 | 6785 | 6924 | 7063 | 91,1 |
| 118 | 6253 | 6371 | 6489 | 6607 | 6725 | 6844 | 6521 | 6662 | 6804 | 6946 | 7087 | 7229 | 92,6 |
| 120 | 6404 | 6524 | 6644 | 6764 | 6884 | 7004 | 6676 | 6820 | 6964 | 7108 | 7252 | 7396 | 94,2 |
| Gew. d. Gurtungen | 69,4 | 71,0 | 72,5 | 74,1 | 75,7 | 77,2 | 74,4 | 76,3 | 78,2 | 80,1 | 82,0 | 83,8 | kg für 1 m |

## L 7,5 · 7,5 · 1,0 cm
### Nietstärke 2,0 cm; Stehblechdicke 1,0 cm

| | Gurtplattendicke 2,0 cm | | | | | | Gurtplattendicke 3,0 cm | | | | | | |
|---|---|---|---|---|---|---|---|---|---|---|---|---|---|
| Stehbl.-Höhe cm | Gurtplattenbreite cm | | | | | | Gurtplattenbreite cm | | | | | | Gew. des Stehbl. |
| | 16 | 17 | 18 | 19 | 20 | 21 | 16 | 17 | 18 | 19 | 20 | 21 | |
| 20 | 786 | 826 | 867 | 907 | 948 | 988 | 1014 | 1075 | 1137 | 1198 | 1259 | 1321 | 15,7 |
| 22 | 886 | 930 | 975 | 1019 | 1064 | 1108 | 1135 | 1203 | 1270 | 1337 | 1404 | 1472 | 17,3 |
| 24 | 989 | 1037 | 1086 | 1134 | 1182 | 1231 | 1260 | 1333 | 1406 | 1479 | 1552 | 1626 | 18,8 |
| 26 | 1094 | 1146 | 1199 | 1251 | 1303 | 1356 | 1386 | 1465 | 1544 | 1624 | 1703 | 1782 | 20,4 |
| 28 | 1201 | 1258 | 1314 | 1370 | 1427 | 1483 | 1515 | 1600 | 1685 | 1770 | 1855 | 1940 | 22,0 |
| 30 | 1310 | 1371 | 1431 | 1491 | 1552 | 1612 | 1646 | 1737 | 1828 | 1919 | 2010 | 2101 | 23,6 |
| 32 | 1422 | 1486 | 1550 | 1614 | 1679 | 1743 | 1779 | 1876 | 1973 | 2070 | 2167 | 2264 | 25,1 |
| 34 | 1534 | 1603 | 1671 | 1739 | 1807 | 1876 | 1914 | 2017 | 2120 | 2223 | 2326 | 2429 | 26,7 |
| 36 | 1649 | 1721 | 1793 | 1866 | 1938 | 2010 | 2051 | 2160 | 2269 | 2377 | 2486 | 2595 | 28,3 |
| 38 | 1765 | 1841 | 1918 | 1994 | 2070 | 2146 | 2189 | 2304 | 2419 | 2534 | 2649 | 2763 | 29,8 |
| 40 | 1883 | 1963 | 2043 | 2124 | 2204 | 2284 | 2329 | 2450 | 2571 | 2692 | 2813 | 2933 | 31,4 |
| 42 | 2002 | 2087 | 2171 | 2255 | 2339 | 2424 | 2471 | 2598 | 2725 | 2852 | 2978 | 3105 | 33,0 |
| 44 | 2123 | 2212 | 2300 | 2388 | 2476 | 2564 | 2615 | 2747 | 2880 | 3013 | 3146 | 3278 | 34,5 |
| 46 | 2246 | 2338 | 2430 | 2523 | 2615 | 2707 | 2760 | 2898 | 3037 | 3176 | 3315 | 3453 | 36,1 |
| 48 | 2370 | 2466 | 2562 | 2658 | 2755 | 2851 | 2906 | 3051 | 3196 | 3340 | 3485 | 3630 | 37,7 |
| 50 | 2495 | 2596 | 2696 | 2796 | 2896 | 2996 | 3055 | 3205 | 3356 | 3506 | 3657 | 3808 | 39,3 |
| 52 | 2622 | 2726 | 2831 | 2935 | 3039 | 3143 | 3204 | 3361 | 3517 | 3674 | 3831 | 3987 | 40,8 |
| 54 | 2751 | 2859 | 2967 | 3075 | 3183 | 3292 | 3355 | 3518 | 3680 | 3843 | 4006 | 4168 | 42,4 |
| 56 | 2881 | 2993 | 3105 | 3217 | 3329 | 3441 | 3508 | 3676 | 3845 | 4014 | 4182 | 4351 | 44,0 |
| 58 | 3012 | 3128 | 3244 | 3360 | 3476 | 3593 | 3662 | 3836 | 4011 | 4186 | 4360 | 4535 | 45,5 |
| 60 | 3144 | 3265 | 3385 | 3505 | 3625 | 3745 | 3817 | 3998 | 4179 | 4359 | 4540 | 4720 | 47,1 |
| 62 | 3279 | 3403 | 3527 | 3651 | 3775 | 3899 | 3974 | 4161 | 4347 | 4534 | 4720 | 4907 | 48,7 |
| 64 | 3414 | 3542 | 3670 | 3799 | 3927 | 4055 | 4133 | 4325 | 4518 | 4710 | 4903 | 5095 | 50,2 |
| 66 | 3551 | 3683 | 3815 | 3947 | 4080 | 4212 | 4293 | 4491 | 4690 | 4888 | 5087 | 5285 | 51,8 |
| 68 | 3689 | 3825 | 3962 | 4098 | 4234 | 4370 | 4454 | 4658 | 4863 | 5067 | 5272 | 5476 | 53,4 |
| 70 | 3829 | 3969 | 4109 | 4249 | 4390 | 4530 | 4616 | 4827 | 5037 | 5248 | 5458 | 5669 | 55,0 |
| 72 | 3970 | 4114 | 4258 | 4402 | 4547 | 4691 | 4780 | 4997 | 5213 | 5430 | 5646 | 5863 | 56,5 |
| 74 | 4112 | 4261 | 4409 | 4557 | 4705 | 4853 | 4946 | 5168 | 5391 | 5613 | 5836 | 6058 | 58,1 |
| 76 | 4256 | 4408 | 4561 | 4713 | 4865 | 5017 | 5113 | 5341 | 5570 | 5798 | 6026 | 6255 | 59,7 |
| 78 | 4402 | 4558 | 4714 | 4870 | 5026 | 5182 | 5281 | 5515 | 5750 | 5984 | 6219 | 6453 | 61,2 |
| 80 | 4548 | 4708 | 4868 | 5028 | 5189 | 5349 | 5450 | 5691 | 5931 | 6172 | 6412 | 6653 | 62,8 |
| 82 | 4696 | 4860 | 5024 | 5188 | 5353 | 5517 | 5621 | 5868 | 6114 | 6361 | 6607 | 6854 | 64,4 |
| 84 | 4845 | 5013 | 5182 | 5350 | 5518 | 5686 | 5794 | 6046 | 6299 | 6551 | 6803 | 7056 | 65,9 |
| 86 | 4996 | 5168 | 5340 | 5512 | 5684 | 5857 | 5968 | 6226 | 6484 | 6743 | 7001 | 7260 | 67,5 |
| 88 | 5148 | 5324 | 5500 | 5676 | 5853 | 6029 | 6143 | 6407 | 6671 | 6936 | 7200 | 7465 | 69,1 |
| 90 | 5301 | 5482 | 5662 | 5842 | 6022 | 6202 | 6319 | 6590 | 6860 | 7130 | 7401 | 7671 | 70,7 |
| 92 | 5456 | 5640 | 5824 | 6009 | 6193 | 6377 | 6497 | 6773 | 7050 | 7326 | 7602 | 7879 | 72,2 |
| 94 | 5612 | 5800 | 5989 | 6177 | 6365 | 6553 | 6676 | 6959 | 7241 | 7523 | 7806 | 8088 | 73,8 |
| 96 | 5770 | 5962 | 6154 | 6346 | 6538 | 6730 | 6857 | 7145 | 7434 | 7722 | 8010 | 8299 | 75,4 |
| 98 | 5929 | 6125 | 6321 | 6517 | 6713 | 6909 | 7039 | 7333 | 7627 | 7922 | 8216 | 8510 | 76,9 |
| 100 | 6089 | 6289 | 6489 | 6689 | 6889 | 7089 | 7222 | 7522 | 7823 | 8123 | 8423 | 8724 | 78,5 |
| 102 | 6250 | 6454 | 6658 | 6863 | 7067 | 7271 | 7407 | 7713 | 8019 | 8326 | 8632 | 8938 | 80,1 |
| 104 | 6413 | 6621 | 6829 | 7037 | 7246 | 7454 | 7593 | 7905 | 8217 | 8530 | 8842 | 9154 | 81,6 |
| 106 | 6577 | 6789 | 7002 | 7214 | 7426 | 7638 | 7780 | 8098 | 8417 | 8735 | 9053 | 9372 | 83,2 |
| 108 | 6743 | 6959 | 7175 | 7391 | 7607 | 7823 | 7969 | 8293 | 8617 | 8942 | 9266 | 9590 | 84,8 |
| 110 | 6910 | 7130 | 7350 | 7570 | 7790 | 8010 | 8159 | 8489 | 8820 | 9150 | 9480 | 9810 | 86,4 |
| 112 | 7078 | 7302 | 7526 | 7750 | 7975 | 8199 | 8350 | 8687 | 9023 | 9359 | 9696 | 10032 | 87,9 |
| 114 | 7248 | 7476 | 7704 | 7932 | 8160 | 8388 | 8543 | 8885 | 9228 | 9570 | 9912 | 10255 | 89,5 |
| 116 | 7419 | 7651 | 7883 | 8115 | 8347 | 8579 | 8737 | 9086 | 9434 | 9782 | 10130 | 10479 | 91,1 |
| 118 | 7591 | 7827 | 8063 | 8299 | 8535 | 8772 | 8933 | 9287 | 9641 | 9996 | 10350 | 10704 | 92,6 |
| 120 | 7765 | 8005 | 8245 | 8485 | 8725 | 8965 | 9130 | 9490 | 9850 | 10210 | 10571 | 10931 | 94,2 |
| Gew. d. Gurtungen | 94,5 | 97,7 | 100,8 | 103,9 | 107,1 | 110,2 | 119,6 | 124,3 | 129,1 | 133,8 | 138,5 | 143,2 | kg für 1 m |

3*

# Widerstandsmomente cm³.

## L 8,0 · 8,0 · 1,0 cm

### Nietstärke 2,0 cm; Stehblechdicke 1,0 cm

| | Gurtplattendicke 1,0 cm | | | | | | Gurtplattendicke 1,1 cm | | | | | | |

| Stehbl.-Höhe cm | Gurtplattenbreite cm | | | | | | Gurtplattenbreite cm | | | | | | Gew. des Stehbl. |
|---|---|---|---|---|---|---|---|---|---|---|---|---|---|
| | 17 | 18 | 19 | 20 | 21 | 22 | 17 | 18 | 19 | 20 | 21 | 22 | |
| 20 | 606 | 626 | 646 | 666 | 686 | 706 | 629 | 651 | 673 | 695 | 717 | 739 | 15,7 |
| 22 | 689 | 712 | 734 | 756 | 778 | 800 | 715 | 739 | 763 | 788 | 812 | 836 | 17,3 |
| 24 | 776 | 800 | 824 | 848 | 872 | 896 | 803 | 830 | 856 | 883 | 909 | 936 | 18,8 |
| 26 | 864 | 890 | 916 | 942 | 968 | 994 | 894 | 923 | 952 | 980 | 1009 | 1037 | 20,4 |
| 28 | 954 | 982 | 1010 | 1038 | 1067 | 1095 | 987 | 1018 | 1049 | 1080 | 1110 | 1141 | 22,0 |
| 30 | 1047 | 1077 | 1107 | 1137 | 1167 | 1197 | 1082 | 1115 | 1148 | 1181 | 1214 | 1247 | 23,6 |
| 32 | 1141 | 1173 | 1205 | 1237 | 1269 | 1301 | 1179 | 1214 | 1249 | 1284 | 1320 | 1355 | 25,1 |
| 34 | 1237 | 1271 | 1305 | 1339 | 1373 | 1407 | 1277 | 1314 | 1352 | 1389 | 1427 | 1464 | 26,7 |
| 36 | 1335 | 1371 | 1407 | 1443 | 1479 | 1515 | 1377 | 1417 | 1456 | 1496 | 1536 | 1575 | 28,3 |
| 38 | 1434 | 1472 | 1510 | 1548 | 1586 | 1624 | 1479 | 1521 | 1562 | 1604 | 1646 | 1688 | 29,8 |
| 40 | 1535 | 1575 | 1615 | 1655 | 1695 | 1735 | 1582 | 1626 | 1670 | 1714 | 1758 | 1802 | 31,4 |
| 42 | 1637 | 1679 | 1721 | 1763 | 1805 | 1847 | 1687 | 1733 | 1780 | 1826 | 1872 | 1918 | 33,0 |
| 44 | 1741 | 1785 | 1829 | 1873 | 1917 | 1961 | 1794 | 1842 | 1890 | 1939 | 1987 | 2036 | 34,5 |
| 46 | 1847 | 1893 | 1939 | 1985 | 2031 | 2077 | 1901 | 1952 | 2003 | 2053 | 2104 | 2155 | 36,1 |
| 48 | 1954 | 2002 | 2050 | 2098 | 2146 | 2194 | 2011 | 2064 | 2117 | 2169 | 2222 | 2275 | 37,7 |
| 50 | 2062 | 2112 | 2162 | 2212 | 2262 | 2312 | 2122 | 2177 | 2232 | 2287 | 2342 | 2397 | 39,3 |
| 52 | 2172 | 2224 | 2276 | 2328 | 2380 | 2432 | 2234 | 2291 | 2349 | 2406 | 2463 | 2520 | 40,8 |
| 54 | 2283 | 2337 | 2391 | 2445 | 2499 | 2553 | 2348 | 2407 | 2467 | 2526 | 2586 | 2645 | 42,4 |
| 56 | 2396 | 2452 | 2508 | 2564 | 2620 | 2676 | 2463 | 2525 | 2586 | 2648 | 2710 | 2771 | 44,0 |
| 58 | 2510 | 2568 | 2626 | 2684 | 2742 | 2800 | 2580 | 2644 | 2707 | 2771 | 2835 | 2899 | 45,5 |
| 60 | 2626 | 2686 | 2746 | 2806 | 2866 | 2926 | 2698 | 2764 | 2830 | 2896 | 2962 | 3028 | 47,1 |
| 62 | 2743 | 2805 | 2867 | 2929 | 2991 | 3053 | 2817 | 2886 | 2954 | 3022 | 3090 | 3159 | 48,7 |
| 64 | 2861 | 2925 | 2989 | 3053 | 3117 | 3181 | 2938 | 3009 | 3079 | 3150 | 3220 | 3290 | 50,2 |
| 66 | 2981 | 3047 | 3113 | 3179 | 3245 | 3311 | 3060 | 3133 | 3206 | 3278 | 3351 | 3424 | 51,8 |
| 68 | 3102 | 3170 | 3238 | 3306 | 3374 | 3442 | 3184 | 3259 | 3334 | 3409 | 3483 | 3558 | 53,4 |
| 70 | 3224 | 3295 | 3365 | 3435 | 3505 | 3575 | 3309 | 3386 | 3463 | 3540 | 3617 | 3694 | 55,0 |
| 72 | 3348 | 3420 | 3492 | 3564 | 3636 | 3708 | 3436 | 3515 | 3594 | 3673 | 3752 | 3832 | 56,5 |
| 74 | 3474 | 3548 | 3622 | 3696 | 3770 | 3844 | 3563 | 3645 | 3726 | 3808 | 3889 | 3970 | 58,1 |
| 76 | 3600 | 3676 | 3752 | 3828 | 3904 | 3980 | 3692 | 3776 | 3860 | 3943 | 4027 | 4111 | 59,7 |
| 78 | 3728 | 3806 | 3884 | 3962 | 4040 | 4118 | 3823 | 3909 | 3995 | 4080 | 4166 | 4252 | 61,2 |
| 80 | 3858 | 3938 | 4018 | 4098 | 4178 | 4258 | 3955 | 4043 | 4131 | 4219 | 4307 | 4395 | 62,8 |
| 82 | 3988 | 4070 | 4152 | 4234 | 4316 | 4398 | 4088 | 4178 | 4269 | 4359 | 4449 | 4539 | 64,4 |
| 84 | 4121 | 4205 | 4289 | 4373 | 4457 | 4541 | 4223 | 4315 | 4408 | 4500 | 4592 | 4685 | 65,9 |
| 86 | 4254 | 4340 | 4426 | 4512 | 4598 | 4684 | 4359 | 4453 | 4548 | 4643 | 4737 | 4832 | 67,5 |
| 88 | 4389 | 4477 | 4565 | 4653 | 4741 | 4829 | 4496 | 4593 | 4690 | 4787 | 4883 | 4980 | 69,1 |
| 90 | 4525 | 4615 | 4705 | 4795 | 4885 | 4975 | 4635 | 4734 | 4833 | 4932 | 5031 | 5130 | 70,7 |
| 92 | 4662 | 4754 | 4847 | 4939 | 5031 | 5123 | 4775 | 4876 | 4977 | 5078 | 5180 | 5281 | 72,2 |
| 94 | 4801 | 4895 | 4989 | 5083 | 5177 | 5271 | 4916 | 5020 | 5123 | 5226 | 5330 | 5433 | 73,8 |
| 96 | 4942 | 5038 | 5134 | 5230 | 5326 | 5422 | 5059 | 5165 | 5270 | 5376 | 5481 | 5587 | 75,4 |
| 98 | 5083 | 5181 | 5279 | 5377 | 5475 | 5573 | 5203 | 5311 | 5419 | 5526 | 5634 | 5742 | 76,9 |
| 100 | 5226 | 5326 | 5426 | 5526 | 5626 | 5726 | 5348 | 5458 | 5569 | 5679 | 5789 | 5899 | 78,5 |
| 102 | 5370 | 5472 | 5574 | 5676 | 5778 | 5880 | 5495 | 5607 | 5720 | 5832 | 5944 | 6056 | 80,1 |
| 104 | 5516 | 5620 | 5724 | 5828 | 5932 | 6036 | 5643 | 5758 | 5872 | 5987 | 6101 | 6216 | 81,6 |
| 106 | 5663 | 5769 | 5875 | 5981 | 6087 | 6193 | 5793 | 5910 | 6026 | 6143 | 6259 | 6376 | 83,2 |
| 108 | 5811 | 5919 | 6027 | 6135 | 6243 | 6351 | 5944 | 6063 | 6181 | 6300 | 6419 | 6538 | 84,8 |
| 110 | 5961 | 6071 | 6181 | 6291 | 6401 | 6511 | 6096 | 6217 | 6338 | 6459 | 6580 | 6701 | 86,4 |
| 112 | 6112 | 6224 | 6336 | 6448 | 6560 | 6672 | 6249 | 6373 | 6496 | 6619 | 6742 | 6866 | 87,9 |
| 114 | 6264 | 6378 | 6492 | 6606 | 6720 | 6834 | 6404 | 6530 | 6655 | 6781 | 6906 | 7031 | 89,5 |
| 116 | 6418 | 6534 | 6650 | 6766 | 6882 | 6998 | 6561 | 6688 | 6816 | 6943 | 7071 | 7199 | 91,1 |
| 118 | 6573 | 6691 | 6809 | 6927 | 7045 | 7163 | 6718 | 6848 | 6978 | 7108 | 7237 | 7367 | 92,6 |
| 120 | 6729 | 6849 | 6969 | 7090 | 7210 | 7330 | 6877 | 7009 | 7141 | 7273 | 7405 | 7537 | 94,2 |
| Gew. d. Gurtungen | 74,1 | 75,7 | 77,2 | 78,8 | 80,4 | 82,0 | 76,8 | 78,5 | 80,2 | 82,0 | 83,7 | 85,4 | kg für 1 m |

## ⌐ 8,0 · 8,0 · 1,0 cm
### Nietstärke 2,0 cm; Stehblechdicke 1,0 cm

Gurtplattendicke 1,2 cm          Gurtplattendicke 2,0 cm

| Stehbl.-Höhe cm | Gurtplattenbreite cm | | | | | | Gurtplattenbreite cm | | | | | | Gew. des Stehbl. |
|---|---|---|---|---|---|---|---|---|---|---|---|---|---|
| | 17 | 18 | 19 | 20 | 21 | 22 | 17 | 18 | 19 | 20 | 21 | 22 | |
| 20 | 652 | 676 | 700 | 725 | 749 | 773 | 842 | 883 | 923 | 963 | 1004 | 1044 | 15,7 |
| 22 | 741 | 767 | 794 | 820 | 847 | 873 | 949 | 993 | 1038 | 1082 | 1127 | 1171 | 17,3 |
| 24 | 831 | 860 | 889 | 918 | 947 | 976 | 1059 | 1107 | 1156 | 1204 | 1252 | 1301 | 18,8 |
| 26 | 925 | 956 | 987 | 1018 | 1050 | 1081 | 1171 | 1223 | 1276 | 1328 | 1380 | 1433 | 20,4 |
| 28 | 1020 | 1053 | 1087 | 1121 | 1155 | 1188 | 1285 | 1342 | 1398 | 1454 | 1511 | 1567 | 22,0 |
| 30 | 1117 | 1153 | 1189 | 1225 | 1261 | 1297 | 1402 | 1462 | 1522 | 1583 | 1643 | 1703 | 23,6 |
| 32 | 1216 | 1255 | 1293 | 1332 | 1370 | 1408 | 1520 | 1584 | 1649 | 1713 | 1777 | 1842 | 25,1 |
| 34 | 1317 | 1358 | 1399 | 1440 | 1480 | 1521 | 1640 | 1709 | 1777 | 1845 | 1913 | 1982 | 26,7 |
| 36 | 1420 | 1463 | 1506 | 1549 | 1593 | 1636 | 1762 | 1835 | 1907 | 1979 | 2051 | 2124 | 28,3 |
| 38 | 1524 | 1569 | 1615 | 1661 | 1706 | 1752 | 1886 | 1962 | 2039 | 2115 | 2191 | 2267 | 29,8 |
| 40 | 1630 | 1678 | 1726 | 1774 | 1822 | 1870 | 2011 | 2092 | 2172 | 2252 | 2332 | 2413 | 31,4 |
| 42 | 1737 | 1787 | 1838 | 1888 | 1939 | 1989 | 2138 | 2223 | 2307 | 2391 | 2475 | 2560 | 33,0 |
| 44 | 1846 | 1899 | 1952 | 2004 | 2057 | 2110 | 2267 | 2355 | 2444 | 2532 | 2620 | 2708 | 34,5 |
| 46 | 1956 | 2012 | 2067 | 2122 | 2177 | 2232 | 2397 | 2489 | 2582 | 2674 | 2766 | 2858 | 36,1 |
| 48 | 2068 | 2126 | 2183 | 2241 | 2299 | 2356 | 2529 | 2625 | 2721 | 2818 | 2914 | 3010 | 37,7 |
| 50 | 2182 | 2242 | 2302 | 2362 | 2422 | 2482 | 2662 | 2762 | 2862 | 2963 | 3063 | 3163 | 39,3 |
| 52 | 2296 | 2359 | 2421 | 2484 | 2546 | 2609 | 2797 | 2901 | 3005 | 3109 | 3213 | 3318 | 40,8 |
| 54 | 2413 | 2478 | 2542 | 2607 | 2672 | 2737 | 2933 | 3041 | 3149 | 3257 | 3366 | 3474 | 42,4 |
| 56 | 2530 | 2598 | 2665 | 2732 | 2799 | 2867 | 3070 | 3183 | 3295 | 3407 | 3519 | 3631 | 44,0 |
| 58 | 2650 | 2719 | 2789 | 2858 | 2928 | 2998 | 3209 | 3326 | 3442 | 3558 | 3674 | 3790 | 45,5 |
| 60 | 2770 | 2842 | 2914 | 2986 | 3058 | 3130 | 3350 | 3470 | 3590 | 3710 | 3831 | 3951 | 47,1 |
| 62 | 2892 | 2967 | 3041 | 3115 | 3190 | 3264 | 3492 | 3616 | 3740 | 3864 | 3989 | 4113 | 48,7 |
| 64 | 3015 | 3092 | 3169 | 3246 | 3323 | 3400 | 3635 | 3763 | 3891 | 4020 | 4148 | 4276 | 50,2 |
| 66 | 3140 | 3219 | 3299 | 3378 | 3457 | 3536 | 3780 | 3912 | 4044 | 4176 | 4309 | 4441 | 51,8 |
| 68 | 3266 | 3348 | 3430 | 3511 | 3593 | 3675 | 3926 | 4062 | 4198 | 4334 | 4471 | 4607 | 53,4 |
| 70 | 3394 | 3478 | 3562 | 3646 | 3730 | 3814 | 4074 | 4214 | 4354 | 4494 | 4634 | 4774 | 55,0 |
| 72 | 3523 | 3609 | 3696 | 3782 | 3868 | 3955 | 4222 | 4367 | 4511 | 4655 | 4799 | 4943 | 56,5 |
| 74 | 3653 | 3742 | 3831 | 3920 | 4008 | 4097 | 4373 | 4521 | 4669 | 4817 | 4965 | 5113 | 58,1 |
| 76 | 3785 | 3876 | 3967 | 4058 | 4150 | 4241 | 4524 | 4677 | 4829 | 4981 | 5133 | 5285 | 59,7 |
| 78 | 3918 | 4011 | 4105 | 4199 | 4292 | 4386 | 4678 | 4834 | 4990 | 5146 | 5302 | 5458 | 61,2 |
| 80 | 4052 | 4148 | 4244 | 4340 | 4436 | 4532 | 4832 | 4992 | 5152 | 5312 | 5473 | 5633 | 62,8 |
| 82 | 4188 | 4286 | 4385 | 4483 | 4582 | 4680 | 4988 | 5152 | 5316 | 5480 | 5644 | 5808 | 64,4 |
| 84 | 4325 | 4426 | 4527 | 4628 | 4728 | 4829 | 5145 | 5313 | 5481 | 5649 | 5818 | 5986 | 65,9 |
| 86 | 4464 | 4567 | 4670 | 4773 | 4876 | 4980 | 5304 | 5476 | 5648 | 5820 | 5992 | 6164 | 67,5 |
| 88 | 4603 | 4709 | 4815 | 4920 | 5026 | 5131 | 5464 | 5640 | 5816 | 5992 | 6168 | 6344 | 69,1 |
| 90 | 4745 | 4853 | 4961 | 5069 | 5177 | 5285 | 5625 | 5805 | 5985 | 6165 | 6345 | 6525 | 70,7 |
| 92 | 4887 | 4998 | 5108 | 5218 | 5329 | 5439 | 5788 | 5972 | 6156 | 6340 | 6524 | 6708 | 72,2 |
| 94 | 5031 | 5144 | 5257 | 5370 | 5482 | 5595 | 5952 | 6140 | 6328 | 6516 | 6704 | 6892 | 73,8 |
| 96 | 5176 | 5292 | 5407 | 5522 | 5637 | 5752 | 6117 | 6309 | 6501 | 6693 | 6885 | 7077 | 75,4 |
| 98 | 5323 | 5441 | 5558 | 5676 | 5793 | 5911 | 6284 | 6480 | 6676 | 6872 | 7068 | 7264 | 76,9 |
| 100 | 5471 | 5591 | 5711 | 5831 | 5951 | 6071 | 6452 | 6652 | 6852 | 7052 | 7252 | 7452 | 78,5 |
| 102 | 5620 | 5743 | 5865 | 5987 | 6110 | 6232 | 6621 | 6825 | 7029 | 7234 | 7438 | 7642 | 80,1 |
| 104 | 5771 | 5896 | 6021 | 6145 | 6270 | 6395 | 6792 | 7000 | 7208 | 7416 | 7624 | 7833 | 81,6 |
| 106 | 5923 | 6050 | 6177 | 6305 | 6432 | 6559 | 6964 | 7176 | 7388 | 7600 | 7813 | 8025 | 83,2 |
| 108 | 6076 | 6206 | 6335 | 6465 | 6595 | 6724 | 7138 | 7354 | 7570 | 7786 | 8002 | 8218 | 84,8 |
| 110 | 6231 | 6363 | 6495 | 6627 | 6759 | 6891 | 7313 | 7533 | 7753 | 7973 | 8193 | 8413 | 86,4 |
| 112 | 6387 | 6521 | 6656 | 6790 | 6925 | 7059 | 7489 | 7713 | 7937 | 8161 | 8385 | 8609 | 87,9 |
| 114 | 6544 | 6681 | 6818 | 6955 | 7092 | 7229 | 7666 | 7894 | 8122 | 8351 | 8579 | 8807 | 89,5 |
| 116 | 6703 | 6842 | 6982 | 7121 | 7260 | 7399 | 7845 | 8077 | 8309 | 8541 | 8774 | 9006 | 91,1 |
| 118 | 6863 | 7005 | 7146 | 7288 | 7430 | 7571 | 8025 | 8262 | 8498 | 8734 | 8970 | 9206 | 92,6 |
| 120 | 7025 | 7169 | 7313 | 7457 | 7601 | 7745 | 8207 | 8447 | 8687 | 8927 | 9167 | 9408 | 94,2 |
| Gew. d. Gurtungen | 79,4 | 81,3 | 83,2 | 85,1 | 87,0 | 88,9 | 100,8 | 103,9 | 107,1 | 110,2 | 113,4 | 116,5 | kg für 1 m |

## ∟ 8,0 · 8,0 · 1,0 cm

### Nietstärke 2,0 cm; Stehblechdicke 1,0 cm

Gurtplattendicke 2,2 cm                Gurtplattendicke 2,4 cm

| Stehbl.-Höhe cm | Gurtplattenbreite cm | | | | | | Gurtplattenbreite cm | | | | | | Gew. des Stehbl. |
|---|---|---|---|---|---|---|---|---|---|---|---|---|---|
| | 17 | 18 | 19 | 20 | 21 | 22 | 17 | 18 | 19 | 20 | 21 | 22 | |
| 20 | 891 | 935 | 980 | 1024 | 1069 | 1114 | 940 | 989 | 1037 | 1086 | 1135 | 1184 | 15,7 |
| 22 | 1002 | 1051 | 1100 | 1149 | 1198 | 1247 | 1056 | 1109 | 1163 | 1216 | 1270 | 1323 | 17,3 |
| 24 | 1117 | 1170 | 1223 | 1277 | 1330 | 1383 | 1175 | 1233 | 1291 | 1350 | 1408 | 1466 | 18,8 |
| 26 | 1233 | 1291 | 1349 | 1406 | 1464 | 1522 | 1297 | 1360 | 1423 | 1486 | 1549 | 1612 | 20,4 |
| 28 | 1353 | 1415 | 1477 | 1539 | 1601 | 1663 | 1420 | 1488 | 1556 | 1624 | 1691 | 1759 | 22,0 |
| 30 | 1474 | 1540 | 1607 | 1673 | 1739 | 1806 | 1546 | 1619 | 1691 | 1764 | 1836 | 1909 | 23,6 |
| 32 | 1597 | 1668 | 1739 | 1809 | 1880 | 1951 | 1674 | 1752 | 1829 | 1906 | 1983 | 2061 | 25,1 |
| 34 | 1722 | 1797 | 1872 | 1948 | 2023 | 2098 | 1804 | 1886 | 1968 | 2050 | 2132 | 2214 | 26,7 |
| 36 | 1849 | 1928 | 2008 | 2088 | 2167 | 2247 | 1936 | 2023 | 2110 | 2196 | 2283 | 2370 | 28,3 |
| 38 | 1977 | 2061 | 2145 | 2229 | 2313 | 2397 | 2069 | 2161 | 2252 | 2344 | 2436 | 2527 | 29,8 |
| 40 | 2108 | 2196 | 2284 | 2373 | 2461 | 2549 | 2204 | 2301 | 2397 | 2494 | 2590 | 2686 | 31,4 |
| 42 | 2240 | 2332 | 2425 | 2518 | 2610 | 2703 | 2341 | 2442 | 2544 | 2645 | 2746 | 2847 | 33,0 |
| 44 | 2373 | 2470 | 2567 | 2664 | 2761 | 2859 | 2480 | 2585 | 2691 | 2797 | 2903 | 3009 | 34,5 |
| 46 | 2508 | 2610 | 2711 | 2813 | 2914 | 3016 | 2619 | 2730 | 2841 | 2952 | 3063 | 3173 | 36,1 |
| 48 | 2645 | 2751 | 2857 | 2962 | 3068 | 3174 | 2761 | 2877 | 2992 | 3108 | 3223 | 3339 | 37,7 |
| 50 | 2783 | 2893 | 3003 | 3114 | 3224 | 3334 | 2904 | 3024 | 3145 | 3265 | 3385 | 3506 | 39,3 |
| 52 | 2922 | 3037 | 3152 | 3266 | 3381 | 3496 | 3049 | 3174 | 3299 | 3424 | 3549 | 3674 | 40,8 |
| 54 | 3064 | 3183 | 3302 | 3421 | 3540 | 3659 | 3195 | 3324 | 3454 | 3584 | 3714 | 3844 | 42,4 |
| 56 | 3206 | 3330 | 3453 | 3576 | 3700 | 3823 | 3342 | 3477 | 3611 | 3746 | 3881 | 4016 | 44,0 |
| 58 | 3350 | 3478 | 3606 | 3734 | 3861 | 3989 | 3491 | 3631 | 3770 | 3909 | 4049 | 4188 | 45,5 |
| 60 | 3496 | 3628 | 3760 | 3892 | 4024 | 4157 | 3641 | 3786 | 3930 | 4074 | 4219 | 4363 | 47,1 |
| 62 | 3642 | 3779 | 3916 | 4052 | 4189 | 4325 | 3793 | 3942 | 4091 | 4240 | 4390 | 4539 | 48,7 |
| 64 | 3791 | 3932 | 4073 | 4214 | 4355 | 4496 | 3947 | 4100 | 4254 | 4408 | 4562 | 4716 | 50,2 |
| 66 | 3940 | 4086 | 4231 | 4377 | 4522 | 4667 | 4101 | 4260 | 4419 | 4577 | 4736 | 4895 | 51,8 |
| 68 | 4092 | 4241 | 4391 | 4541 | 4691 | 4841 | 4257 | 4421 | 4584 | 4748 | 4911 | 5075 | 53,4 |
| 70 | 4244 | 4398 | 4552 | 4707 | 4861 | 5015 | 4415 | 4583 | 4751 | 4920 | 5088 | 5256 | 55,0 |
| 72 | 4398 | 4557 | 4715 | 4874 | 5032 | 5191 | 4574 | 4747 | 4920 | 5093 | 5266 | 5439 | 56,5 |
| 74 | 4553 | 4716 | 4879 | 5042 | 5205 | 5368 | 4734 | 4912 | 5090 | 5268 | 5445 | 5623 | 58,1 |
| 76 | 4710 | 4877 | 5045 | 5212 | 5380 | 5547 | 4896 | 5078 | 5261 | 5444 | 5626 | 5809 | 59,7 |
| 78 | 4868 | 5040 | 5212 | 5383 | 5555 | 5727 | 5059 | 5246 | 5434 | 5621 | 5808 | 5996 | 61,2 |
| 80 | 5028 | 5204 | 5380 | 5556 | 5732 | 5908 | 5223 | 5415 | 5608 | 5800 | 5992 | 6184 | 62,8 |
| 82 | 5188 | 5369 | 5549 | 5730 | 5911 | 6091 | 5389 | 5586 | 5783 | 5980 | 6177 | 6374 | 64,4 |
| 84 | 5351 | 5536 | 5721 | 5905 | 6090 | 6275 | 5556 | 5758 | 5960 | 6162 | 6364 | 6565 | 65,9 |
| 86 | 5514 | 5704 | 5893 | 6082 | 6272 | 6461 | 5725 | 5932 | 6138 | 6345 | 6551 | 6758 | 67,5 |
| 88 | 5679 | 5873 | 6067 | 6260 | 6454 | 6648 | 5895 | 6106 | 6318 | 6529 | 6740 | 6952 | 69,1 |
| 90 | 5845 | 6044 | 6242 | 6440 | 6638 | 6836 | 6066 | 6282 | 6499 | 6715 | 6931 | 7147 | 70,7 |
| 92 | 6013 | 6216 | 6418 | 6621 | 6823 | 7026 | 6239 | 6460 | 6681 | 6902 | 7123 | 7344 | 72,2 |
| 94 | 6182 | 6389 | 6596 | 6803 | 7010 | 7217 | 6413 | 6639 | 6865 | 7090 | 7316 | 7542 | 73,8 |
| 96 | 6353 | 6564 | 6775 | 6987 | 7198 | 7409 | 6588 | 6819 | 7050 | 7280 | 7511 | 7741 | 75,4 |
| 98 | 6524 | 6740 | 6956 | 7172 | 7387 | 7603 | 6765 | 7001 | 7236 | 7471 | 7707 | 7942 | 76,9 |
| 100 | 6697 | 6918 | 7138 | 7358 | 7578 | 7798 | 6943 | 7184 | 7424 | 7664 | 7904 | 8144 | 78,5 |
| 102 | 6872 | 7096 | 7321 | 7546 | 7770 | 7995 | 7123 | 7368 | 7613 | 7858 | 8103 | 8348 | 80,1 |
| 104 | 7048 | 7277 | 7506 | 7735 | 7963 | 8192 | 7304 | 7553 | 7803 | 8053 | 8303 | 8553 | 81,6 |
| 106 | 7225 | 7458 | 7692 | 7925 | 8158 | 8392 | 7486 | 7740 | 7995 | 8250 | 8504 | 8759 | 83,2 |
| 108 | 7403 | 7641 | 7879 | 8117 | 8354 | 8592 | 7669 | 7929 | 8188 | 8448 | 8707 | 8966 | 84,8 |
| 110 | 7583 | 7826 | 8068 | 8310 | 8552 | 8794 | 7854 | 8119 | 8383 | 8647 | 8911 | 9175 | 86,4 |
| 112 | 7765 | 8011 | 8258 | 8504 | 8751 | 8997 | 8041 | 8310 | 8579 | 8848 | 9117 | 9385 | 87,9 |
| 114 | 7947 | 8198 | 8449 | 8700 | 8951 | 9202 | 8228 | 8502 | 8776 | 9050 | 9323 | 9597 | 89,5 |
| 116 | 8131 | 8386 | 8642 | 8897 | 9152 | 9408 | 8417 | 8696 | 8974 | 9253 | 9531 | 9810 | 91,1 |
| 118 | 8316 | 8576 | 8836 | 9096 | 9355 | 9615 | 8608 | 8891 | 9174 | 9458 | 9741 | 10024 | 92,6 |
| 120 | 8503 | 8767 | 9031 | 9295 | 9560 | 9824 | 8799 | 9087 | 9376 | 9664 | 9952 | 10240 | 94,2 |
| Gew. d. Gurtungen | 106,1 | 109,6 | 113,0 | 116,5 | 119,9 | 123,4 | 111,5 | 115,2 | 119,0 | 122,8 | 126,5 | 130,3 | kg für 1 m |

## L  8,0 · 8,0 · 1,0 cm
### Nietstärke 2,0 cm; Stehblechdicke 1,0 cm

| | Gurtplattendicke 3,0 cm | | | | | | Gurtplattendicke 3,3 cm | | | | | | |
|---|---|---|---|---|---|---|---|---|---|---|---|---|---|
| Stehbl.-Höhe cm | Gurtplattenbreite cm | | | | | | Gurtplattenbreite cm | | | | | | Gew. des Stehbl. |
| | 17 | 18 | 19 | 20 | 21 | 22 | 17 | 18 | 19 | 20 | 21 | 22 | |
| 20 | 1090 | 1151 | 1213 | 1274 | 1336 | 1397 | 1167 | 1235 | 1302 | 1370 | 1438 | 1506 | 15,7 |
| 22 | 1220 | 1287 | 1354 | 1422 | 1489 | 1556 | 1304 | 1378 | 1452 | 1526 | 1601 | 1675 | 17,3 |
| 24 | 1353 | 1426 | 1499 | 1572 | 1646 | 1719 | 1443 | 1524 | 1605 | 1686 | 1766 | 1847 | 18,8 |
| 26 | 1488 | 1567 | 1647 | 1726 | 1805 | 1884 | 1586 | 1673 | 1760 | 1847 | 1935 | 2022 | 20,4 |
| 28 | 1626 | 1711 | 1796 | 1881 | 1966 | 2051 | 1731 | 1824 | 1918 | 2012 | 2106 | 2199 | 22,0 |
| 30 | 1766 | 1857 | 1948 | 2039 | 2130 | 2221 | 1878 | 1978 | 2078 | 2179 | 2279 | 2379 | 23,6 |
| 32 | 1909 | 2005 | 2102 | 2199 | 2296 | 2393 | 2027 | 2134 | 2241 | 2348 | 2454 | 2561 | 25,1 |
| 34 | 2053 | 2156 | 2259 | 2361 | 2464 | 2567 | 2178 | 2292 | 2405 | 2519 | 2632 | 2745 | 26,7 |
| 36 | 2199 | 2308 | 2417 | 2525 | 2634 | 2743 | 2332 | 2452 | 2572 | 2691 | 2811 | 2931 | 28,3 |
| 38 | 2347 | 2462 | 2576 | 2691 | 2806 | 2921 | 2487 | 2613 | 2740 | 2866 | 2993 | 3119 | 29,8 |
| 40 | 2496 | 2617 | 2738 | 2859 | 2980 | 3100 | 2644 | 2777 | 2910 | 3043 | 3176 | 3309 | 31,4 |
| 42 | 2648 | 2774 | 2901 | 3028 | 3155 | 3281 | 2802 | 2942 | 3081 | 3221 | 3361 | 3500 | 33,0 |
| 44 | 2801 | 2933 | 3066 | 3199 | 3332 | 3464 | 2963 | 3109 | 3255 | 3401 | 3547 | 3693 | 34,5 |
| 46 | 2955 | 3094 | 3233 | 3371 | 3510 | 3649 | 3124 | 3277 | 3430 | 3583 | 3735 | 3888 | 36,1 |
| 48 | 3112 | 3256 | 3401 | 3546 | 3690 | 3835 | 3288 | 3447 | 3607 | 3766 | 3925 | 4084 | 37,7 |
| 50 | 3269 | 3420 | 3571 | 3721 | 3872 | 4023 | 3453 | 3619 | 3785 | 3951 | 4116 | 4282 | 39,3 |
| 52 | 3429 | 3585 | 3742 | 3898 | 4055 | 4212 | 3620 | 3792 | 3965 | 4137 | 4309 | 4482 | 40,8 |
| 54 | 3589 | 3752 | 3915 | 4077 | 4240 | 4402 | 3788 | 3967 | 4146 | 4325 | 4504 | 4683 | 42,4 |
| 56 | 3752 | 3920 | 4089 | 4257 | 4426 | 4595 | 3958 | 4143 | 4329 | 4514 | 4700 | 4885 | 44,0 |
| 58 | 3915 | 4090 | 4265 | 4439 | 4614 | 4788 | 4129 | 4321 | 4513 | 4705 | 4897 | 5089 | 45,5 |
| 60 | 4081 | 4261 | 4442 | 4622 | 4803 | 4983 | 4301 | 4500 | 4699 | 4898 | 5096 | 5295 | 47,1 |
| 62 | 4247 | 4434 | 4620 | 4807 | 4994 | 5180 | 4475 | 4681 | 4886 | 5091 | 5297 | 5502 | 48,7 |
| 64 | 4416 | 4608 | 4801 | 4993 | 5186 | 5378 | 4651 | 4863 | 5075 | 5287 | 5499 | 5710 | 50,2 |
| 66 | 4585 | 4784 | 4982 | 5181 | 5379 | 5578 | 4828 | 5047 | 5265 | 5483 | 5702 | 5920 | 51,8 |
| 68 | 4756 | 4961 | 5165 | 5370 | 5574 | 5779 | 5007 | 5232 | 5457 | 5682 | 5907 | 6132 | 53,4 |
| 70 | 4929 | 5139 | 5350 | 5560 | 5770 | 5981 | 5186 | 5418 | 5650 | 5881 | 6113 | 6345 | 55,0 |
| 72 | 5102 | 5319 | 5535 | 5752 | 5968 | 6185 | 5368 | 5606 | 5844 | 6082 | 6321 | 6559 | 56,5 |
| 74 | 5278 | 5500 | 5723 | 5945 | 6168 | 6390 | 5550 | 5795 | 6040 | 6285 | 6530 | 6774 | 58,1 |
| 76 | 5454 | 5683 | 5911 | 6140 | 6368 | 6597 | 5735 | 5986 | 6237 | 6489 | 6740 | 6991 | 59,7 |
| 78 | 5632 | 5867 | 6101 | 6336 | 6570 | 6805 | 5920 | 6178 | 6436 | 6694 | 6952 | 7210 | 61,2 |
| 80 | 5812 | 6052 | 6293 | 6533 | 6774 | 7014 | 6107 | 6372 | 6636 | 6901 | 7165 | 7430 | 62,8 |
| 82 | 5993 | 6239 | 6486 | 6732 | 6978 | 7225 | 6295 | 6566 | 6838 | 7109 | 7380 | 7651 | 64,4 |
| 84 | 6175 | 6427 | 6680 | 6932 | 7185 | 7437 | 6485 | 6763 | 7040 | 7318 | 7596 | 7874 | 65,9 |
| 86 | 6359 | 6617 | 6875 | 7134 | 7392 | 7650 | 6676 | 6960 | 7245 | 7529 | 7813 | 8098 | 67,5 |
| 88 | 6544 | 6808 | 7072 | 7337 | 7601 | 7865 | 6869 | 7160 | 7450 | 7741 | 8032 | 8323 | 69,1 |
| 90 | 6730 | 7000 | 7271 | 7541 | 7811 | 8082 | 7062 | 7360 | 7657 | 7955 | 8252 | 8550 | 70,7 |
| 92 | 6918 | 7194 | 7470 | 7747 | 8023 | 8299 | 7258 | 7562 | 7866 | 8170 | 8474 | 8778 | 72,2 |
| 94 | 7107 | 7389 | 7671 | 7954 | 8236 | 8518 | 7454 | 7765 | 8076 | 8386 | 8697 | 9008 | 73,8 |
| 96 | 7297 | 7586 | 7874 | 8162 | 8451 | 8739 | 7652 | 7970 | 8287 | 8604 | 8921 | 9239 | 75,4 |
| 98 | 7489 | 7783 | 8078 | 8372 | 8666 | 8961 | 7852 | 8176 | 8499 | 8823 | 9147 | 9471 | 76,9 |
| 100 | 7682 | 7983 | 8283 | 8583 | 8884 | 9184 | 8052 | 8383 | 8713 | 9044 | 9374 | 9705 | 78,5 |
| 102 | 7877 | 8183 | 8489 | 8796 | 9102 | 9408 | 8254 | 8591 | 8929 | 9266 | 9603 | 9940 | 80,1 |
| 104 | 8073 | 8385 | 8697 | 9010 | 9322 | 9634 | 8458 | 8802 | 9145 | 9489 | 9832 | 10176 | 81,6 |
| 106 | 8270 | 8588 | 8907 | 9225 | 9543 | 9862 | 8663 | 9013 | 9363 | 9713 | 10064 | 10414 | 83,2 |
| 108 | 8469 | 8793 | 9117 | 9442 | 9766 | 10090 | 8869 | 9226 | 9583 | 9939 | 10296 | 10653 | 84,8 |
| 110 | 8669 | 8999 | 9329 | 9660 | 9990 | 10320 | 9076 | 9440 | 9803 | 10167 | 10530 | 10893 | 86,4 |
| 112 | 8870 | 9206 | 9543 | 9879 | 10215 | 10552 | 9285 | 9655 | 10025 | 10395 | 10765 | 11135 | 87,9 |
| 114 | 9073 | 9415 | 9757 | 10100 | 10442 | 10784 | 9496 | 9872 | 10249 | 10625 | 11002 | 11379 | 89,5 |
| 116 | 9277 | 9625 | 9973 | 10322 | 10670 | 11018 | 9707 | 10090 | 10474 | 10857 | 11240 | 11623 | 91,1 |
| 118 | 9482 | 9836 | 10191 | 10545 | 10899 | 11254 | 9920 | 10310 | 10700 | 11089 | 11479 | 11869 | 92,6 |
| 120 | 9689 | 10049 | 10410 | 10770 | 11130 | 11490 | 10134 | 10531 | 10927 | 11324 | 11720 | 12116 | 94,2 |
| Gew. d. Gurtungen | 127,5 | 132,2 | 136,9 | 141,6 | 146,3 | 151,0 | 135,5 | 140,7 | 145,8 | 151,0 | 156,2 | 161,4 | kg für 1 m |

# Widerstandsmomente cm³.

## ∟ 8,0 · 8,0 · 1,2 cm
### Nietstärke 2,3 cm; Stehblechdicke 1,0 cm

Gurtplattendicke 1,0 cm · Gurtplattendicke 1,1 cm

| Stehbl.-Höhe cm | Gurtplattenbreite cm | | | | | | Gurtplattenbreite cm | | | | | | Gew. des Stehbl. |
|---|---|---|---|---|---|---|---|---|---|---|---|---|---|
| | 17 | 18 | 19 | 20 | 21 | 22 | 17 | 18 | 19 | 20 | 21 | 22 | |
| 30 | 1096 | 1126 | 1157 | 1187 | 1217 | 1247 | 1129 | 1162 | 1195 | 1228 | 1262 | 1295 | 23,6 |
| 32 | 1197 | 1229 | 1261 | 1293 | 1325 | 1357 | 1232 | 1267 | 1302 | 1338 | 1373 | 1408 | 25,1 |
| 34 | 1299 | 1333 | 1367 | 1401 | 1435 | 1469 | 1336 | 1374 | 1411 | 1449 | 1486 | 1524 | 26,7 |
| 36 | 1403 | 1439 | 1475 | 1511 | 1547 | 1583 | 1442 | 1482 | 1522 | 1561 | 1601 | 1641 | 28,3 |
| 38 | 1508 | 1546 | 1584 | 1622 | 1660 | 1698 | 1550 | 1592 | 1634 | 1676 | 1718 | 1760 | 29,8 |
| 40 | 1615 | 1655 | 1696 | 1736 | 1776 | 1816 | 1660 | 1704 | 1748 | 1792 | 1836 | 1880 | 31,4 |
| 42 | 1724 | 1766 | 1808 | 1850 | 1892 | 1934 | 1771 | 1817 | 1864 | 1910 | 1956 | 2002 | 33,0 |
| 44 | 1835 | 1879 | 1923 | 1967 | 2011 | 2055 | 1884 | 1932 | 1981 | 2029 | 2077 | 2126 | 34,5 |
| 46 | 1947 | 1993 | 2039 | 2085 | 2131 | 2177 | 1998 | 2049 | 2099 | 2150 | 2201 | 2251 | 36,1 |
| 48 | 2060 | 2108 | 2156 | 2204 | 2252 | 2300 | 2114 | 2167 | 2219 | 2272 | 2325 | 2378 | 37,7 |
| 50 | 2175 | 2225 | 2275 | 2325 | 2375 | 2425 | 2231 | 2286 | 2341 | 2396 | 2451 | 2506 | 39,3 |
| 52 | 2291 | 2343 | 2395 | 2447 | 2499 | 2551 | 2350 | 2407 | 2464 | 2521 | 2579 | 2636 | 40,8 |
| 54 | 2409 | 2463 | 2517 | 2571 | 2625 | 2679 | 2470 | 2529 | 2589 | 2648 | 2708 | 2767 | 42,4 |
| 56 | 2528 | 2584 | 2640 | 2696 | 2752 | 2808 | 2592 | 2653 | 2715 | 2776 | 2838 | 2900 | 44,0 |
| 58 | 2649 | 2707 | 2765 | 2823 | 2881 | 2939 | 2715 | 2779 | 2842 | 2906 | 2970 | 3034 | 45,5 |
| 60 | 2771 | 2831 | 2891 | 2951 | 3011 | 3071 | 2839 | 2905 | 2971 | 3037 | 3103 | 3169 | 47,1 |
| 62 | 2895 | 2957 | 3019 | 3081 | 3143 | 3205 | 2965 | 3033 | 3102 | 3170 | 3238 | 3306 | 48,7 |
| 64 | 3020 | 3084 | 3148 | 3212 | 3276 | 3340 | 3092 | 3163 | 3233 | 3304 | 3374 | 3445 | 50,2 |
| 66 | 3146 | 3212 | 3278 | 3344 | 3410 | 3476 | 3221 | 3294 | 3366 | 3439 | 3512 | 3584 | 51,8 |
| 68 | 3274 | 3342 | 3410 | 3478 | 3546 | 3614 | 3351 | 3426 | 3501 | 3576 | 3651 | 3725 | 53,4 |
| 70 | 3403 | 3473 | 3543 | 3613 | 3683 | 3753 | 3483 | 3560 | 3637 | 3714 | 3791 | 3868 | 55,0 |
| 72 | 3534 | 3606 | 3678 | 3750 | 3822 | 3894 | 3616 | 3695 | 3774 | 3854 | 3933 | 4012 | 56,5 |
| 74 | 3666 | 3740 | 3814 | 3888 | 3962 | 4036 | 3750 | 3832 | 3913 | 3994 | 4076 | 4157 | 58,1 |
| 76 | 3799 | 3875 | 3951 | 4027 | 4103 | 4179 | 3886 | 3969 | 4053 | 4137 | 4220 | 4304 | 59,7 |
| 78 | 3934 | 4012 | 4090 | 4168 | 4246 | 4324 | 4023 | 4109 | 4195 | 4280 | 4366 | 4452 | 61,2 |
| 80 | 4070 | 4150 | 4230 | 4310 | 4390 | 4470 | 4161 | 4249 | 4337 | 4425 | 4513 | 4601 | 62,8 |
| 82 | 4207 | 4289 | 4371 | 4453 | 4535 | 4617 | 4301 | 4391 | 4482 | 4572 | 4662 | 4752 | 64,4 |
| 84 | 4346 | 4430 | 4514 | 4598 | 4682 | 4766 | 4442 | 4535 | 4627 | 4720 | 4812 | 4904 | 65,9 |
| 86 | 4486 | 4572 | 4658 | 4744 | 4830 | 4916 | 4585 | 4679 | 4774 | 4869 | 4963 | 5058 | 67,5 |
| 88 | 4627 | 4715 | 4803 | 4891 | 4979 | 5067 | 4729 | 4826 | 4922 | 5019 | 5116 | 5213 | 69,1 |
| 90 | 4770 | 4860 | 4950 | 5040 | 5130 | 5220 | 4874 | 4973 | 5072 | 5171 | 5270 | 5369 | 70,7 |
| 92 | 4915 | 5007 | 5099 | 5191 | 5283 | 5375 | 5021 | 5122 | 5223 | 5324 | 5426 | 5527 | 72,2 |
| 94 | 5060 | 5154 | 5248 | 5342 | 5436 | 5530 | 5169 | 5272 | 5375 | 5479 | 5582 | 5686 | 73,8 |
| 96 | 5207 | 5303 | 5399 | 5495 | 5591 | 5687 | 5318 | 5424 | 5529 | 5635 | 5740 | 5846 | 75,4 |
| 98 | 5355 | 5453 | 5551 | 5649 | 5747 | 5845 | 5469 | 5576 | 5684 | 5792 | 5900 | 6008 | 76,9 |
| 100 | 5505 | 5605 | 5705 | 5805 | 5905 | 6005 | 5621 | 5731 | 5841 | 5951 | 6061 | 6171 | 78,5 |
| 102 | 5656 | 5758 | 5860 | 5962 | 6064 | 6166 | 5774 | 5886 | 5999 | 6111 | 6223 | 6335 | 80,1 |
| 104 | 5808 | 5912 | 6016 | 6120 | 6224 | 6328 | 5929 | 6043 | 6158 | 6272 | 6387 | 6501 | 81,6 |
| 106 | 5962 | 6068 | 6174 | 6280 | 6386 | 6492 | 6085 | 6202 | 6318 | 6435 | 6551 | 6668 | 83,2 |
| 108 | 6117 | 6225 | 6333 | 6441 | 6549 | 6657 | 6242 | 6361 | 6480 | 6599 | 6718 | 6836 | 84,8 |
| 110 | 6274 | 6384 | 6494 | 6604 | 6714 | 6824 | 6401 | 6522 | 6643 | 6764 | 6885 | 7006 | 86,4 |
| 112 | 6431 | 6543 | 6655 | 6767 | 6879 | 6991 | 6561 | 6685 | 6808 | 6931 | 7054 | 7177 | 87,9 |
| 114 | 6590 | 6704 | 6818 | 6932 | 7046 | 7160 | 6723 | 6848 | 6974 | 7099 | 7225 | 7350 | 89,5 |
| 116 | 6751 | 6867 | 6983 | 7099 | 7215 | 7331 | 6886 | 7013 | 7141 | 7269 | 7396 | 7524 | 91,1 |
| 118 | 6913 | 7031 | 7149 | 7267 | 7385 | 7503 | 7050 | 7180 | 7310 | 7439 | 7569 | 7699 | 92,6 |
| 120 | 7076 | 7196 | 7316 | 7436 | 7556 | 7676 | 7215 | 7347 | 7479 | 7611 | 7743 | 7875 | 94,2 |
| 122 | 7240 | 7362 | 7484 | 7606 | 7728 | 7850 | 7382 | 7517 | 7651 | 7785 | 7919 | 8053 | 95,8 |
| 124 | 7406 | 7530 | 7654 | 7778 | 7902 | 8026 | 7551 | 7687 | 7823 | 7960 | 8096 | 8233 | 97,3 |
| 126 | 7573 | 7699 | 7825 | 7951 | 8077 | 8203 | 7720 | 7859 | 7997 | 8136 | 8275 | 8413 | 98,9 |
| 128 | 7742 | 7870 | 7998 | 8126 | 8254 | 8382 | 7891 | 8032 | 8173 | 8313 | 8454 | 8595 | 100,5 |
| 130 | 7912 | 8042 | 8172 | 8302 | 8432 | 8562 | 8063 | 8206 | 8349 | 8492 | 8635 | 8778 | 102,1 |
| Gew. d. Gurtungen | 82,9 | 84,5 | 86,0 | 87,6 | 89,2 | 90,7 | 85,6 | 87,3 | 89,0 | 90,7 | 92,5 | 94,2 | kg für 1 m |

## ∟ 8,0 · 8,0 · 1,2 cm
### Nietstärke 2,3 cm; Stehblechdicke 1,0 cm

Gurtplattendicke 1,2 cm        Gurtplattendicke 1,3 cm

| Stehbl.-Höhe cm | Gurtplattenbreite cm | | | | | | Gurtplattenbreite cm | | | | | | Gew. des Stehbl. |
|---|---|---|---|---|---|---|---|---|---|---|---|---|---|
| | 17 | 18 | 19 | 20 | 21 | 22 | 17 | 18 | 19 | 20 | 21 | 22 | |
| 30 | 1162 | 1198 | 1234 | 1270 | 1307 | 1343 | 1195 | 1234 | 1273 | 1313 | 1352 | 1391 | 23,6 |
| 32 | 1267 | 1306 | 1344 | 1383 | 1421 | 1459 | 1302 | 1344 | 1386 | 1428 | 1469 | 1511 | 25,1 |
| 34 | 1374 | 1415 | 1456 | 1496 | 1537 | 1578 | 1411 | 1456 | 1500 | 1544 | 1589 | 1633 | 26,7 |
| 36 | 1482 | 1526 | 1569 | 1612 | 1655 | 1699 | 1522 | 1569 | 1616 | 1663 | 1710 | 1757 | 28,3 |
| 38 | 1593 | 1638 | 1684 | 1730 | 1775 | 1821 | 1635 | 1684 | 1734 | 1783 | 1833 | 1882 | 29,8 |
| 40 | 1704 | 1752 | 1800 | 1849 | 1897 | 1945 | 1749 | 1801 | 1853 | 1905 | 1957 | 2009 | 31,4 |
| 42 | 1818 | 1868 | 1919 | 1969 | 2020 | 2070 | 1865 | 1919 | 1974 | 2029 | 2083 | 2138 | 33,0 |
| 44 | 1933 | 1986 | 2039 | 2091 | 2144 | 2197 | 1982 | 2039 | 2097 | 2154 | 2211 | 2268 | 34,5 |
| 46 | 2049 | 2105 | 2160 | 2215 | 2270 | 2326 | 2101 | 2161 | 2221 | 2281 | 2341 | 2400 | 36,1 |
| 48 | 2168 | 2225 | 2283 | 2341 | 2398 | 2456 | 2222 | 2284 | 2346 | 2409 | 2471 | 2534 | 37,7 |
| 50 | 2287 | 2347 | 2407 | 2467 | 2527 | 2587 | 2344 | 2409 | 2474 | 2539 | 2604 | 2669 | 39,3 |
| 52 | 2408 | 2471 | 2533 | 2596 | 2658 | 2721 | 2467 | 2535 | 2602 | 2670 | 2738 | 2805 | 40,8 |
| 54 | 2531 | 2596 | 2661 | 2725 | 2790 | 2855 | 2592 | 2662 | 2732 | 2803 | 2873 | 2943 | 42,4 |
| 56 | 2655 | 2722 | 2789 | 2857 | 2924 | 2991 | 2718 | 2791 | 2864 | 2937 | 3010 | 3083 | 44,0 |
| 58 | 2780 | 2850 | 2920 | 2989 | 3059 | 3129 | 2846 | 2922 | 2997 | 3072 | 3148 | 3223 | 45,5 |
| 60 | 2907 | 2979 | 3051 | 3123 | 3195 | 3267 | 2975 | 3053 | 3131 | 3209 | 3288 | 3366 | 47,1 |
| 62 | 3036 | 3110 | 3184 | 3259 | 3333 | 3408 | 3106 | 3187 | 3267 | 3348 | 3429 | 3509 | 48,7 |
| 64 | 3165 | 3242 | 3319 | 3396 | 3473 | 3549 | 3238 | 3321 | 3405 | 3488 | 3571 | 3654 | 50,2 |
| 66 | 3296 | 3376 | 3455 | 3534 | 3613 | 3693 | 3372 | 3457 | 3543 | 3629 | 3715 | 3801 | 51,8 |
| 68 | 3429 | 3511 | 3592 | 3674 | 3755 | 3837 | 3506 | 3595 | 3683 | 3772 | 3860 | 3949 | 53,4 |
| 70 | 3563 | 3647 | 3731 | 3815 | 3899 | 3983 | 3643 | 3734 | 3825 | 3916 | 4007 | 4098 | 55,0 |
| 72 | 3698 | 3785 | 3871 | 3957 | 4044 | 4130 | 3780 | 3874 | 3968 | 4061 | 4155 | 4249 | 56,5 |
| 74 | 3835 | 3924 | 4012 | 4101 | 4190 | 4279 | 3920 | 4016 | 4112 | 4208 | 4304 | 4401 | 58,1 |
| 76 | 3973 | 4064 | 4155 | 4247 | 4338 | 4429 | 4060 | 4159 | 4258 | 4357 | 4455 | 4554 | 59,7 |
| 78 | 4112 | 4206 | 4300 | 4393 | 4487 | 4580 | 4202 | 4303 | 4405 | 4506 | 4608 | 4709 | 61,2 |
| 80 | 4253 | 4349 | 4445 | 4541 | 4637 | 4733 | 4345 | 4449 | 4553 | 4657 | 4761 | 4865 | 62,8 |
| 82 | 4395 | 4494 | 4592 | 4691 | 4789 | 4887 | 4490 | 4596 | 4703 | 4810 | 4916 | 5023 | 64,4 |
| 84 | 4539 | 4640 | 4741 | 4841 | 4942 | 5043 | 4636 | 4745 | 4854 | 4963 | 5073 | 5182 | 65,9 |
| 86 | 4684 | 4787 | 4890 | 4994 | 5097 | 5200 | 4783 | 4895 | 5007 | 5118 | 5230 | 5342 | 67,5 |
| 88 | 4830 | 4936 | 5041 | 5147 | 5253 | 5358 | 4932 | 5046 | 5160 | 5275 | 5389 | 5504 | 69,1 |
| 90 | 4978 | 5086 | 5194 | 5302 | 5410 | 5518 | 5082 | 5199 | 5316 | 5433 | 5550 | 5667 | 70,7 |
| 92 | 5127 | 5237 | 5348 | 5458 | 5569 | 5679 | 5233 | 5353 | 5472 | 5592 | 5712 | 5831 | 72,2 |
| 94 | 5277 | 5390 | 5503 | 5616 | 5728 | 5841 | 5386 | 5508 | 5630 | 5753 | 5875 | 5997 | 73,8 |
| 96 | 5429 | 5544 | 5659 | 5775 | 5890 | 6005 | 5540 | 5665 | 5790 | 5914 | 6039 | 6164 | 75,4 |
| 98 | 5582 | 5700 | 5817 | 5935 | 6053 | 6170 | 5695 | 5823 | 5950 | 6078 | 6205 | 6333 | 76,9 |
| 100 | 5736 | 5856 | 5977 | 6097 | 6217 | 6337 | 5852 | 5982 | 6112 | 6242 | 6372 | 6502 | 78,5 |
| 102 | 5892 | 6015 | 6137 | 6260 | 6382 | 6504 | 6010 | 6143 | 6276 | 6408 | 6541 | 6674 | 80,1 |
| 104 | 6049 | 6174 | 6299 | 6424 | 6549 | 6674 | 6170 | 6305 | 6440 | 6576 | 6711 | 6846 | 81,6 |
| 106 | 6208 | 6335 | 6462 | 6590 | 6717 | 6844 | 6331 | 6469 | 6607 | 6744 | 6882 | 7020 | 83,2 |
| 108 | 6368 | 6497 | 6627 | 6757 | 6886 | 7016 | 6493 | 6634 | 6774 | 6914 | 7055 | 7195 | 84,8 |
| 110 | 6529 | 6661 | 6793 | 6925 | 7057 | 7189 | 6657 | 6800 | 6943 | 7086 | 7229 | 7372 | 86,4 |
| 112 | 6691 | 6826 | 6960 | 7095 | 7229 | 7364 | 6822 | 6967 | 7113 | 7259 | 7404 | 7550 | 87,9 |
| 114 | 6855 | 6992 | 7129 | 7266 | 7403 | 7539 | 6988 | 7136 | 7284 | 7433 | 7581 | 7729 | 89,5 |
| 116 | 7021 | 7160 | 7299 | 7438 | 7578 | 7717 | 7156 | 7306 | 7457 | 7608 | 7759 | 7910 | 91,1 |
| 118 | 7187 | 7329 | 7470 | 7612 | 7754 | 7895 | 7325 | 7478 | 7631 | 7785 | 7938 | 8092 | 92,6 |
| 120 | 7355 | 7499 | 7643 | 7787 | 7931 | 8075 | 7495 | 7651 | 7807 | 7963 | 8119 | 8275 | 94,2 |
| 122 | 7524 | 7671 | 7817 | 7964 | 8110 | 8257 | 7667 | 7825 | 7984 | 8142 | 8301 | 8460 | 95,8 |
| 124 | 7695 | 7844 | 7993 | 8142 | 8290 | 8439 | 7840 | 8001 | 8162 | 8323 | 8485 | 8646 | 97,3 |
| 126 | 7867 | 8018 | 8169 | 8321 | 8472 | 8623 | 8014 | 8178 | 8342 | 8505 | 8669 | 8833 | 98,9 |
| 128 | 8040 | 8194 | 8348 | 8501 | 8655 | 8808 | 8190 | 8356 | 8523 | 8689 | 8855 | 9022 | 100,5 |
| 130 | 8215 | 8371 | 8527 | 8683 | 8839 | 8995 | 8367 | 8536 | 8705 | 8874 | 9043 | 9212 | 102,1 |
| Gew. d. Gurtungen | 88,2 | 90,1 | 92,0 | 93,9 | 95,8 | 97,7 | 90,8 | 92,9 | 95,0 | 97,0 | 99,1 | 101,1 | kg für 1 m |

# Widerstandsmomente cm³.

## L 8,0 · 8,0 · 1,2 cm

### Nietstärke 2,3 cm; Stehblechdicke 1,0 cm

| Gurtplattendicke 2,0 cm | | | | | | Gurtplattendicke 2,2 cm | | | | | |

| Stehbl.-Höhe cm | Gurtplattenbreite cm | | | | | | Gurtplattenbreite cm | | | | | | Gew. des Stehbl. |
|---|---|---|---|---|---|---|---|---|---|---|---|---|---|
| | 17 | 18 | 19 | 20 | 21 | 22 | 17 | 18 | 19 | 20 | 21 | 22 | |
| 30 | 1429 | 1490 | 1550 | 1610 | 1670 | 1731 | 1497 | 1563 | 1630 | 1696 | 1763 | 1829 | 23,6 |
| 32 | 1552 | 1617 | 1681 | 1745 | 1809 | 1874 | 1625 | 1695 | 1766 | 1837 | 1908 | 1978 | 25,1 |
| 34 | 1677 | 1746 | 1814 | 1882 | 1950 | 2019 | 1754 | 1829 | 1904 | 1980 | 2055 | 2130 | 26,7 |
| 36 | 1804 | 1876 | 1949 | 2021 | 2093 | 2166 | 1886 | 1965 | 2045 | 2124 | 2204 | 2283 | 28,3 |
| 38 | 1933 | 2009 | 2085 | 2162 | 2238 | 2314 | 2019 | 2103 | 2187 | 2271 | 2355 | 2438 | 29,8 |
| 40 | 2063 | 2143 | 2224 | 2304 | 2384 | 2464 | 2154 | 2242 | 2330 | 2419 | 2507 | 2595 | 31,4 |
| 42 | 2195 | 2279 | 2364 | 2448 | 2532 | 2616 | 2290 | 2383 | 2476 | 2569 | 2661 | 2754 | 33,0 |
| 44 | 2329 | 2417 | 2505 | 2594 | 2682 | 2770 | 2429 | 2526 | 2623 | 2720 | 2817 | 2914 | 34,5 |
| 46 | 2464 | 2556 | 2649 | 2741 | 2833 | 2925 | 2569 | 2670 | 2772 | 2873 | 2975 | 3076 | 36,1 |
| 48 | 2601 | 2697 | 2793 | 2890 | 2986 | 3082 | 2710 | 2816 | 2922 | 3028 | 3134 | 3240 | 37,7 |
| 50 | 2739 | 2840 | 2940 | 3040 | 3140 | 3240 | 2853 | 2963 | 3074 | 3184 | 3294 | 3405 | 39,3 |
| 52 | 2879 | 2984 | 3088 | 3192 | 3296 | 3400 | 2998 | 3112 | 3227 | 3342 | 3456 | 3571 | 40,8 |
| 54 | 3021 | 3129 | 3237 | 3345 | 3453 | 3562 | 3144 | 3263 | 3382 | 3501 | 3620 | 3739 | 42,4 |
| 56 | 3164 | 3276 | 3388 | 3500 | 3612 | 3724 | 3291 | 3415 | 3538 | 3662 | 3785 | 3909 | 44,0 |
| 58 | 3308 | 3424 | 3540 | 3656 | 3773 | 3889 | 3440 | 3568 | 3696 | 3824 | 3952 | 4080 | 45,5 |
| 60 | 3454 | 3574 | 3694 | 3814 | 3934 | 4055 | 3591 | 3723 | 3855 | 3988 | 4120 | 4252 | 47,1 |
| 62 | 3601 | 3725 | 3849 | 3973 | 4098 | 4222 | 3743 | 3880 | 4016 | 4153 | 4289 | 4426 | 48,7 |
| 64 | 3750 | 3878 | 4006 | 4134 | 4262 | 4390 | 3896 | 4037 | 4178 | 4319 | 4460 | 4601 | 50,2 |
| 66 | 3900 | 4032 | 4164 | 4296 | 4428 | 4560 | 4051 | 4197 | 4342 | 4487 | 4633 | 4778 | 51,8 |
| 68 | 4051 | 4187 | 4323 | 4460 | 4596 | 4732 | 4207 | 4357 | 4507 | 4657 | 4807 | 4956 | 53,4 |
| 70 | 4204 | 4344 | 4484 | 4625 | 4765 | 4905 | 4365 | 4519 | 4673 | 4828 | 4982 | 5136 | 55,0 |
| 72 | 4358 | 4503 | 4647 | 4791 | 4935 | 5079 | 4524 | 4683 | 4841 | 5000 | 5158 | 5317 | 56,5 |
| 74 | 4514 | 4662 | 4810 | 4959 | 5107 | 5255 | 4685 | 4848 | 5011 | 5174 | 5336 | 5499 | 58,1 |
| 76 | 4671 | 4823 | 4976 | 5128 | 5280 | 5432 | 4846 | 5014 | 5181 | 5349 | 5516 | 5683 | 59,7 |
| 78 | 4830 | 4986 | 5142 | 5298 | 5454 | 5610 | 5010 | 5181 | 5353 | 5525 | 5697 | 5869 | 61,2 |
| 80 | 4990 | 5150 | 5310 | 5470 | 5630 | 5790 | 5174 | 5350 | 5527 | 5703 | 5879 | 6055 | 62,8 |
| 82 | 5151 | 5315 | 5479 | 5643 | 5807 | 5972 | 5340 | 5521 | 5701 | 5882 | 6063 | 6243 | 64,4 |
| 84 | 5314 | 5482 | 5650 | 5818 | 5986 | 6154 | 5508 | 5693 | 5878 | 6063 | 6248 | 6433 | 65,9 |
| 86 | 5478 | 5650 | 5822 | 5994 | 6166 | 6338 | 5677 | 5866 | 6055 | 6245 | 6434 | 6623 | 67,5 |
| 88 | 5643 | 5819 | 5995 | 6171 | 6347 | 6524 | 5847 | 6040 | 6234 | 6428 | 6622 | 6816 | 69,1 |
| 90 | 5810 | 5990 | 6170 | 6350 | 6530 | 6710 | 6018 | 6216 | 6415 | 6613 | 6811 | 7009 | 70,7 |
| 92 | 5978 | 6162 | 6346 | 6530 | 6714 | 6898 | 6191 | 6394 | 6596 | 6799 | 7001 | 7204 | 72,2 |
| 94 | 6147 | 6336 | 6524 | 6712 | 6900 | 7088 | 6365 | 6572 | 6779 | 6986 | 7193 | 7400 | 73,8 |
| 96 | 6318 | 6510 | 6702 | 6895 | 7087 | 7279 | 6541 | 6752 | 6964 | 7175 | 7386 | 7598 | 75,4 |
| 98 | 6491 | 6687 | 6883 | 7079 | 7275 | 7471 | 6718 | 6934 | 7150 | 7365 | 7581 | 7797 | 76,9 |
| 100 | 6664 | 6864 | 7064 | 7264 | 7465 | 7665 | 6896 | 7117 | 7337 | 7557 | 7777 | 7997 | 78,5 |
| 102 | 6839 | 7043 | 7247 | 7451 | 7655 | 7860 | 7076 | 7301 | 7525 | 7750 | 7974 | 8199 | 80,1 |
| 104 | 7015 | 7223 | 7432 | 7640 | 7848 | 8056 | 7257 | 7486 | 7715 | 7944 | 8173 | 8402 | 81,6 |
| 106 | 7193 | 7405 | 7617 | 7829 | 8041 | 8253 | 7440 | 7673 | 7906 | 8140 | 8373 | 8606 | 83,2 |
| 108 | 7372 | 7588 | 7804 | 8020 | 8236 | 8453 | 7624 | 7861 | 8099 | 8337 | 8574 | 8812 | 84,8 |
| 110 | 7552 | 7772 | 7993 | 8213 | 8433 | 8653 | 7809 | 8051 | 8293 | 8535 | 8777 | 9019 | 86,4 |
| 112 | 7734 | 7958 | 8182 | 8406 | 8630 | 8855 | 7995 | 8242 | 8488 | 8735 | 8981 | 9228 | 87,9 |
| 114 | 7917 | 8145 | 8373 | 8601 | 8830 | 9058 | 8183 | 8434 | 8685 | 8936 | 9187 | 9438 | 89,5 |
| 116 | 8102 | 8334 | 8566 | 8798 | 9030 | 9262 | 8372 | 8628 | 8883 | 9138 | 9394 | 9649 | 91,1 |
| 118 | 8287 | 8523 | 8760 | 8996 | 9232 | 9468 | 8563 | 8823 | 9082 | 9342 | 9602 | 9861 | 92,6 |
| 120 | 8475 | 8715 | 8955 | 9195 | 9435 | 9675 | 8755 | 9019 | 9283 | 9547 | 9811 | 10075 | 94,2 |
| 122 | 8663 | 8907 | 9151 | 9395 | 9639 | 9883 | 8948 | 9217 | 9485 | 9754 | 10022 | 10291 | 95,8 |
| 124 | 8853 | 9101 | 9349 | 9597 | 9845 | 10093 | 9143 | 9416 | 9689 | 9961 | 10234 | 10507 | 97,3 |
| 126 | 9044 | 9296 | 9548 | 9800 | 10052 | 10304 | 9339 | 9616 | 9893 | 10171 | 10448 | 10725 | 98,9 |
| 128 | 9237 | 9493 | 9749 | 10005 | 10261 | 10517 | 9536 | 9818 | 10099 | 10381 | 10663 | 10944 | 100,5 |
| 130 | 9430 | 9690 | 9951 | 10211 | 10471 | 10731 | 9735 | 10021 | 10307 | 10593 | 10879 | 11165 | 102,1 |
| Gew. d. Gurtungen | 109,6 | 112,7 | 115,9 | 119,0 | 122,1 | 125,3 | 114,9 | 118,4 | 121,8 | 125,3 | 128,7 | 132,2 | kg für 1 m |

## ∟ 8,0 · 8,0 · 1,2 cm
### Nietstärke 2,3 cm; Stehblechdicke 1,0 cm

| Gurtplattendicke 2,4 cm | | | | | | Gurtplattendicke 2,6 cm | | | | | | |
|---|---|---|---|---|---|---|---|---|---|---|---|---|
| Stehbl-Höhe cm | Gurtplattenbreite cm | | | | | | Gurtplattenbreite cm | | | | | Gew. des Stehbl. |
| | 17 | 18 | 19 | 20 | 21 | 22 | 17 | 18 | 19 | 20 | 21 | 22 | |
| 30 | 1565 | 1638 | 1710 | 1783 | 1855 | 1928 | 1634 | 1712 | 1791 | 1870 | 1948 | 2027 | 23,6 |
| 32 | 1697 | 1774 | 1852 | 1929 | 2006 | 2084 | 1770 | 1854 | 1938 | 2022 | 2105 | 2189 | 25,1 |
| 34 | 1831 | 1913 | 1995 | 2077 | 2160 | 2242 | 1909 | 1998 | 2087 | 2176 | 2265 | 2354 | 26,7 |
| 36 | 1967 | 2054 | 2141 | 2228 | 2315 | 2401 | 2049 | 2143 | 2238 | 2332 | 2426 | 2520 | 28,3 |
| 38 | 2105 | 2197 | 2288 | 2380 | 2472 | 2563 | 2192 | 2291 | 2390 | 2490 | 2589 | 2688 | 29,8 |
| 40 | 2245 | 2341 | 2437 | 2534 | 2630 | 2727 | 2336 | 2440 | 2545 | 2649 | 2754 | 2858 | 31,4 |
| 42 | 2386 | 2487 | 2588 | 2690 | 2791 | 2892 | 2482 | 2591 | 2701 | 2811 | 2921 | 3030 | 33,0 |
| 44 | 2529 | 2635 | 2741 | 2847 | 2953 | 3059 | 2629 | 2744 | 2859 | 2974 | 3089 | 3204 | 34,5 |
| 46 | 2673 | 2784 | 2895 | 3006 | 3116 | 3227 | 2779 | 2899 | 3019 | 3139 | 3259 | 3379 | 36,1 |
| 48 | 2820 | 2935 | 3051 | 3166 | 3282 | 3397 | 2929 | 3055 | 3180 | 3305 | 3430 | 3556 | 37,7 |
| 50 | 2967 | 3088 | 3208 | 3328 | 3449 | 3569 | 3082 | 3212 | 3343 | 3473 | 3603 | 3734 | 39,3 |
| 52 | 3117 | 3242 | 3367 | 3492 | 3617 | 3742 | 3236 | 3371 | 3507 | 3642 | 3778 | 3914 | 40,8 |
| 54 | 3267 | 3397 | 3527 | 3657 | 3787 | 3917 | 3391 | 3532 | 3673 | 3813 | 3954 | 4095 | 42,4 |
| 56 | 3420 | 3554 | 3689 | 3824 | 3958 | 4093 | 3548 | 3694 | 3840 | 3986 | 4132 | 4278 | 44,0 |
| 58 | 3573 | 3713 | 3852 | 3992 | 4131 | 4271 | 3706 | 3858 | 4009 | 4160 | 4311 | 4462 | 45,5 |
| 60 | 3729 | 3873 | 4017 | 4161 | 4306 | 4450 | 3866 | 4023 | 4179 | 4335 | 4492 | 4648 | 47,1 |
| 62 | 3885 | 4034 | 4183 | 4332 | 4481 | 4631 | 4028 | 4189 | 4351 | 4512 | 4674 | 4835 | 48,7 |
| 64 | 4043 | 4197 | 4351 | 4505 | 4659 | 4813 | 4191 | 4357 | 4524 | 4691 | 4857 | 5024 | 50,2 |
| 66 | 4203 | 4361 | 4520 | 4679 | 4837 | 4996 | 4355 | 4527 | 4699 | 4871 | 5043 | 5214 | 51,8 |
| 68 | 4364 | 4527 | 4691 | 4854 | 5018 | 5181 | 4521 | 4698 | 4875 | 5052 | 5229 | 5406 | 53,4 |
| 70 | 4526 | 4694 | 4863 | 5031 | 5199 | 5367 | 4688 | 4870 | 5052 | 5235 | 5417 | 5599 | 55,0 |
| 72 | 4690 | 4863 | 5036 | 5209 | 5382 | 5555 | 4856 | 5044 | 5231 | 5419 | 5606 | 5794 | 56,5 |
| 74 | 4855 | 5033 | 5211 | 5389 | 5567 | 5744 | 5026 | 5219 | 5412 | 5604 | 5797 | 5990 | 58,1 |
| 76 | 5022 | 5204 | 5387 | 5570 | 5752 | 5935 | 5197 | 5395 | 5593 | 5791 | 5989 | 6187 | 59,7 |
| 78 | 5190 | 5377 | 5565 | 5752 | 5940 | 6127 | 5370 | 5573 | 5776 | 5979 | 6183 | 6386 | 61,2 |
| 80 | 5359 | 5551 | 5744 | 5936 | 6128 | 6320 | 5544 | 5753 | 5961 | 6169 | 6377 | 6586 | 62,8 |
| 82 | 5530 | 5727 | 5924 | 6121 | 6318 | 6515 | 5720 | 5933 | 6147 | 6360 | 6574 | 6787 | 64,4 |
| 84 | 5702 | 5904 | 6106 | 6308 | 6509 | 6711 | 5897 | 6116 | 6334 | 6553 | 6772 | 6990 | 65,9 |
| 86 | 5876 | 6082 | 6289 | 6496 | 6702 | 6909 | 6075 | 6299 | 6523 | 6747 | 6971 | 7194 | 67,5 |
| 88 | 6051 | 6262 | 6473 | 6685 | 6896 | 7108 | 6255 | 6484 | 6713 | 6942 | 7171 | 7400 | 69,1 |
| 90 | 6227 | 6443 | 6659 | 6876 | 7092 | 7308 | 6436 | 6670 | 6904 | 7139 | 7373 | 7607 | 70,7 |
| 92 | 6405 | 6626 | 6847 | 7068 | 7289 | 7510 | 6618 | 6858 | 7097 | 7337 | 7576 | 7816 | 72,2 |
| 94 | 6584 | 6810 | 7035 | 7261 | 7487 | 7713 | 6802 | 7047 | 7291 | 7536 | 7781 | 8025 | 73,8 |
| 96 | 6764 | 6995 | 7225 | 7456 | 7686 | 7917 | 6987 | 7237 | 7487 | 7737 | 7987 | 8237 | 75,4 |
| 98 | 6946 | 7181 | 7417 | 7652 | 7887 | 8123 | 7174 | 7429 | 7684 | 7939 | 8194 | 8449 | 76,9 |
| 100 | 7129 | 7369 | 7609 | 7850 | 8090 | 8330 | 7362 | 7622 | 7882 | 8143 | 8403 | 8663 | 78,5 |
| 102 | 7314 | 7559 | 7804 | 8049 | 8293 | 8538 | 7551 | 7817 | 8082 | 8347 | 8613 | 8878 | 80,1 |
| 104 | 7499 | 7749 | 7999 | 8249 | 8499 | 8748 | 7742 | 8012 | 8283 | 8554 | 8824 | 9095 | 81,6 |
| 106 | 7687 | 7941 | 8196 | 8450 | 8705 | 8960 | 7934 | 8210 | 8485 | 8761 | 9037 | 9313 | 83,2 |
| 108 | 7875 | 8135 | 8394 | 8653 | 8913 | 9172 | 8127 | 8408 | 8689 | 8970 | 9251 | 9532 | 84,8 |
| 110 | 8065 | 8329 | 8594 | 8858 | 9122 | 9386 | 8322 | 8608 | 8894 | 9181 | 9467 | 9753 | 86,4 |
| 112 | 8257 | 8525 | 8794 | 9063 | 9332 | 9601 | 8518 | 8809 | 9101 | 9392 | 9684 | 9975 | 87,9 |
| 114 | 8449 | 8723 | 8997 | 9270 | 9544 | 9818 | 8715 | 9012 | 9309 | 9605 | 9902 | 10198 | 89,5 |
| 116 | 8643 | 8922 | 9200 | 9479 | 9757 | 10036 | 8914 | 9216 | 9518 | 9820 | 10121 | 10423 | 91,1 |
| 118 | 8839 | 9122 | 9405 | 9689 | 9972 | 10255 | 9114 | 9421 | 9728 | 10035 | 10342 | 10649 | 92,6 |
| 120 | 9035 | 9323 | 9612 | 9900 | 10188 | 10476 | 9316 | 9628 | 9940 | 10252 | 10565 | 10877 | 94,2 |
| 122 | 9233 | 9526 | 9819 | 10112 | 10405 | 10698 | 9519 | 9836 | 10154 | 10471 | 10788 | 11106 | 95,8 |
| 124 | 9433 | 9730 | 10028 | 10326 | 10624 | 10921 | 9723 | 10046 | 10368 | 10691 | 11013 | 11336 | 97,3 |
| 126 | 9633 | 9936 | 10239 | 10541 | 10844 | 11146 | 9928 | 10256 | 10584 | 10912 | 11240 | 11567 | 98,9 |
| 128 | 9836 | 10143 | 10450 | 10758 | 11065 | 11372 | 10135 | 10468 | 10801 | 11134 | 11467 | 11800 | 100,5 |
| 130 | 10039 | 10351 | 10663 | 10975 | 11288 | 11600 | 10344 | 10682 | 11020 | 11358 | 11696 | 12035 | 102,1 |
| Gew. d. Gurtungen | 120,3 | 124,0 | 127,8 | 131,6 | 135,3 | 139,1 | 125,6 | 129,7 | 133,8 | 137,8 | 141,9 | 146,0 | kg für 1 m |

Widerstandsmomente cm³.

## ⌐ 8,0 · 8,0 · 1,2 cm
### Nietstärke 2,3 cm; Stehblechdicke 1,0 cm

| | Gurtplattendicke 3,0 cm | | | | | | Gurtplattendicke 3,6 cm | | | | | | |
|---|---|---|---|---|---|---|---|---|---|---|---|---|---|
| Stehbl.-Höhe cm | Gurtplattenbreite cm | | | | | | Gurtplattenbreite cm | | | | | | Gew. des Stehbl. |
| | 17 | 18 | 19 | 20 | 21 | 22 | 17 | 18 | 19 | 20 | 21 | 22 | |
| 30 | 1772 | 1863 | 1954 | 2045 | 2136 | 2227 | 1983 | 2092 | 2202 | 2312 | 2421 | 2531 | 23,6 |
| 32 | 1917 | 2014 | 2111 | 2208 | 2305 | 2402 | 2142 | 2258 | 2375 | 2492 | 2609 | 2725 | 25,1 |
| 34 | 2065 | 2168 | 2271 | 2374 | 2477 | 2580 | 2303 | 2427 | 2550 | 2674 | 2798 | 2922 | 26,7 |
| 36 | 2215 | 2324 | 2432 | 2541 | 2650 | 2759 | 2466 | 2597 | 2728 | 2859 | 2990 | 3121 | 28,3 |
| 38 | 2366 | 2481 | 2596 | 2711 | 2825 | 2940 | 2631 | 2769 | 2907 | 3045 | 3183 | 3322 | 29,8 |
| 40 | 2519 | 2640 | 2761 | 2882 | 3003 | 3123 | 2798 | 2943 | 3088 | 3234 | 3379 | 3524 | 31,4 |
| 42 | 2675 | 2801 | 2928 | 3055 | 3182 | 3308 | 2966 | 3119 | 3271 | 3424 | 3576 | 3729 | 33,0 |
| 44 | 2831 | 2964 | 3097 | 3229 | 3362 | 3495 | 3137 | 3297 | 3456 | 3616 | 3775 | 3935 | 34,5 |
| 46 | 2990 | 3128 | 3267 | 3406 | 3545 | 3683 | 3309 | 3476 | 3643 | 3810 | 3976 | 4143 | 36,1 |
| 48 | 3150 | 3294 | 3439 | 3584 | 3728 | 3873 | 3483 | 3657 | 3831 | 4005 | 4179 | 4353 | 37,7 |
| 50 | 3311 | 3462 | 3613 | 3763 | 3914 | 4065 | 3659 | 3840 | 4021 | 4202 | 4383 | 4564 | 39,3 |
| 52 | 3475 | 3631 | 3788 | 3945 | 4101 | 4258 | 3836 | 4024 | 4212 | 4401 | 4589 | 4777 | 40,8 |
| 54 | 3639 | 3802 | 3965 | 4127 | 4290 | 4452 | 4015 | 4210 | 4405 | 4601 | 4796 | 4992 | 42,4 |
| 56 | 3806 | 3974 | 4143 | 4312 | 4480 | 4649 | 4195 | 4397 | 4600 | 4803 | 5005 | 5208 | 44,0 |
| 58 | 3974 | 4148 | 4323 | 4497 | 4672 | 4846 | 4377 | 4586 | 4796 | 5006 | 5216 | 5425 | 45,5 |
| 60 | 4143 | 4323 | 4504 | 4685 | 4865 | 5046 | 4560 | 4777 | 4994 | 5211 | 5428 | 5645 | 47,1 |
| 62 | 4314 | 4500 | 4687 | 4873 | 5060 | 5246 | 4745 | 4969 | 5193 | 5417 | 5641 | 5865 | 48,7 |
| 64 | 4486 | 4678 | 4871 | 5063 | 5256 | 5448 | 4931 | 5162 | 5394 | 5625 | 5856 | 6088 | 50,2 |
| 66 | 4660 | 4858 | 5057 | 5255 | 5454 | 5652 | 5119 | 5357 | 5596 | 5834 | 6073 | 6311 | 51,8 |
| 68 | 4835 | 5039 | 5244 | 5448 | 5653 | 5857 | 5308 | 5554 | 5799 | 6045 | 6291 | 6536 | 53,4 |
| 70 | 5011 | 5222 | 5432 | 5643 | 5853 | 6064 | 5499 | 5752 | 6004 | 6257 | 6510 | 6763 | 55,0 |
| 72 | 5189 | 5406 | 5622 | 5839 | 6055 | 6272 | 5691 | 5951 | 6211 | 6471 | 6731 | 6991 | 56,5 |
| 74 | 5369 | 5591 | 5814 | 6036 | 6259 | 6481 | 5885 | 6152 | 6419 | 6686 | 6953 | 7220 | 58,1 |
| 76 | 5550 | 5778 | 6006 | 6235 | 6463 | 6692 | 6080 | 6354 | 6628 | 6903 | 7177 | 7451 | 59,7 |
| 78 | 5732 | 5966 | 6201 | 6435 | 6669 | 6904 | 6276 | 6558 | 6839 | 7121 | 7402 | 7684 | 61,2 |
| 80 | 5915 | 6156 | 6396 | 6637 | 6877 | 7118 | 6474 | 6763 | 7051 | 7340 | 7629 | 7917 | 62,8 |
| 82 | 6100 | 6347 | 6593 | 6840 | 7086 | 7332 | 6673 | 6969 | 7265 | 7561 | 7857 | 8153 | 64,4 |
| 84 | 6287 | 6539 | 6792 | 7044 | 7296 | 7549 | 6874 | 7177 | 7480 | 7783 | 8086 | 8389 | 65,9 |
| 86 | 6475 | 6733 | 6991 | 7250 | 7508 | 7767 | 7076 | 7386 | 7696 | 8007 | 8317 | 8627 | 67,5 |
| 88 | 6664 | 6928 | 7193 | 7457 | 7721 | 7986 | 7279 | 7597 | 7914 | 8232 | 8549 | 8867 | 69,1 |
| 90 | 6855 | 7125 | 7395 | 7666 | 7936 | 8206 | 7484 | 7809 | 8133 | 8458 | 8783 | 9107 | 70,7 |
| 92 | 7046 | 7323 | 7599 | 7876 | 8152 | 8428 | 7690 | 8022 | 8354 | 8686 | 9018 | 9350 | 72,2 |
| 94 | 7240 | 7522 | 7805 | 8087 | 8369 | 8652 | 7898 | 8237 | 8576 | 8915 | 9254 | 9593 | 73,8 |
| 96 | 7435 | 7723 | 8011 | 8300 | 8588 | 8876 | 8107 | 8453 | 8799 | 9146 | 9492 | 9838 | 75,4 |
| 98 | 7631 | 7925 | 8219 | 8514 | 8808 | 9102 | 8317 | 8671 | 9024 | 9378 | 9731 | 10084 | 76,9 |
| 100 | 7828 | 8128 | 8429 | 8729 | 9029 | 9330 | 8529 | 8890 | 9250 | 9611 | 9971 | 10332 | 78,5 |
| 102 | 8027 | 8333 | 8640 | 8946 | 9252 | 9559 | 8742 | 9110 | 9478 | 9846 | 10213 | 10581 | 80,1 |
| 104 | 8227 | 8539 | 8852 | 9164 | 9476 | 9789 | 8957 | 9332 | 9707 | 10082 | 10457 | 10832 | 81,6 |
| 106 | 8429 | 8747 | 9065 | 9384 | 9702 | 10020 | 9173 | 9555 | 9937 | 10319 | 10701 | 11083 | 83,2 |
| 108 | 8632 | 8956 | 9280 | 9605 | 9929 | 10253 | 9390 | 9779 | 10169 | 10558 | 10947 | 11337 | 84,8 |
| 110 | 8836 | 9166 | 9497 | 9827 | 10157 | 10487 | 9609 | 10005 | 10402 | 10798 | 11195 | 11591 | 86,4 |
| 112 | 9042 | 9378 | 9714 | 10050 | 10387 | 10723 | 9829 | 10232 | 10636 | 11040 | 11443 | 11847 | 87,9 |
| 114 | 9249 | 9591 | 9933 | 10275 | 10618 | 10960 | 10050 | 10461 | 10872 | 11283 | 11693 | 12104 | 89,5 |
| 116 | 9457 | 9805 | 10154 | 10502 | 10850 | 11198 | 10273 | 10691 | 11109 | 11527 | 11945 | 12363 | 91,1 |
| 118 | 9667 | 10021 | 10375 | 10730 | 11084 | 11438 | 10497 | 10922 | 11347 | 11772 | 12198 | 12623 | 92,6 |
| 120 | 9878 | 10238 | 10598 | 10959 | 11319 | 11679 | 10722 | 11155 | 11587 | 12019 | 12452 | 12884 | 94,2 |
| 122 | 10090 | 10456 | 10823 | 11189 | 11555 | 11922 | 10949 | 11388 | 11828 | 12268 | 12708 | 13147 | 95,8 |
| 124 | 10304 | 10676 | 11049 | 11421 | 11793 | 12165 | 11177 | 11624 | 12071 | 12518 | 12964 | 13411 | 97,3 |
| 126 | 10519 | 10897 | 11276 | 11654 | 12032 | 12410 | 11406 | 11860 | 12315 | 12769 | 13223 | 13677 | 98,9 |
| 128 | 10736 | 11120 | 11504 | 11888 | 12273 | 12657 | 11637 | 12099 | 12560 | 13021 | 13482 | 13944 | 100,5 |
| 130 | 10953 | 11344 | 11734 | 12124 | 12514 | 12905 | 11869 | 12338 | 12806 | 13275 | 13743 | 14212 | 102,1 |
| Gew. d. Gurtungen | 136,3 | 141,0 | 145,7 | 150,4 | 155,1 | 159,8 | 152,3 | 157,9 | 163,6 | 169,2 | 174,9 | 180,6 | kg für 1 m |

## L 9,0 · 9,0 · 1,1 cm
### Nietstärke 2,0 cm; Stehblechdicke 1,0 cm

Gurtplattendicke 1,0 cm          Gurtplattendicke 1,1 cm

| Stehbl.-Höhe cm | Gurtplattenbreite cm | | | | | | Gurtplattenbreite cm | | | | | | Gew. des Stehbl. |
|---|---|---|---|---|---|---|---|---|---|---|---|---|---|
| | 19 | 20 | 21 | 22 | 23 | 24 | 19 | 20 | 21 | 22 | 23 | 24 | |
| 30 | 1220 | 1250 | 1280 | 1310 | 1340 | 1370 | 1260 | 1293 | 1326 | 1359 | 1392 | 1425 | 23,6 |
| 32 | 1330 | 1362 | 1394 | 1426 | 1458 | 1490 | 1373 | 1408 | 1443 | 1479 | 1514 | 1549 | 25,1 |
| 34 | 1442 | 1476 | 1510 | 1544 | 1578 | 1612 | 1488 | 1525 | 1562 | 1600 | 1637 | 1675 | 26,7 |
| 36 | 1555 | 1591 | 1627 | 1663 | 1699 | 1735 | 1604 | 1644 | 1683 | 1723 | 1763 | 1802 | 28,3 |
| 38 | 1671 | 1709 | 1747 | 1785 | 1823 | 1861 | 1722 | 1764 | 1806 | 1848 | 1890 | 1932 | 29,8 |
| 40 | 1788 | 1828 | 1868 | 1908 | 1948 | 1988 | 1843 | 1887 | 1931 | 1975 | 2019 | 2063 | 31,4 |
| 42 | 1907 | 1949 | 1991 | 2033 | 2075 | 2117 | 1964 | 2011 | 2057 | 2103 | 2149 | 2195 | 33,0 |
| 44 | 2027 | 2071 | 2115 | 2159 | 2204 | 2248 | 2088 | 2136 | 2185 | 2233 | 2281 | 2330 | 34,5 |
| 46 | 2150 | 2196 | 2242 | 2288 | 2334 | 2380 | 2213 | 2263 | 2314 | 2365 | 2415 | 2466 | 36,1 |
| 48 | 2273 | 2321 | 2369 | 2417 | 2465 | 2513 | 2339 | 2392 | 2445 | 2498 | 2550 | 2603 | 37,7 |
| 50 | 2398 | 2448 | 2498 | 2548 | 2598 | 2648 | 2467 | 2522 | 2577 | 2632 | 2687 | 2742 | 39,3 |
| 52 | 2525 | 2577 | 2629 | 2681 | 2733 | 2785 | 2597 | 2654 | 2711 | 2768 | 2826 | 2883 | 40,8 |
| 54 | 2653 | 2707 | 2761 | 2815 | 2869 | 2923 | 2728 | 2787 | 2847 | 2906 | 2966 | 3025 | 42,4 |
| 56 | 2783 | 2839 | 2895 | 2951 | 3007 | 3063 | 2860 | 2922 | 2984 | 3045 | 3107 | 3169 | 44,0 |
| 58 | 2914 | 2972 | 3030 | 3088 | 3146 | 3204 | 2994 | 3058 | 3122 | 3186 | 3250 | 3314 | 45,5 |
| 60 | 3047 | 3107 | 3167 | 3227 | 3287 | 3347 | 3130 | 3196 | 3262 | 3328 | 3394 | 3460 | 47,1 |
| 62 | 3181 | 3243 | 3305 | 3367 | 3429 | 3491 | 3267 | 3335 | 3403 | 3471 | 3540 | 3608 | 48,7 |
| 64 | 3316 | 3380 | 3444 | 3508 | 3572 | 3636 | 3405 | 3475 | 3546 | 3616 | 3687 | 3757 | 50,2 |
| 66 | 3453 | 3519 | 3585 | 3651 | 3717 | 3783 | 3545 | 3617 | 3690 | 3763 | 3835 | 3908 | 51,8 |
| 68 | 3591 | 3659 | 3727 | 3795 | 3863 | 3931 | 3686 | 3761 | 3836 | 3910 | 3985 | 4060 | 53,4 |
| 70 | 3731 | 3801 | 3871 | 3941 | 4011 | 4081 | 3829 | 3906 | 3983 | 4060 | 4137 | 4214 | 55,0 |
| 72 | 3872 | 3944 | 4016 | 4088 | 4160 | 4232 | 3972 | 4052 | 4131 | 4210 | 4289 | 4369 | 56,5 |
| 74 | 4014 | 4088 | 4162 | 4236 | 4310 | 4384 | 4118 | 4199 | 4281 | 4362 | 4444 | 4525 | 58,1 |
| 76 | 4158 | 4234 | 4310 | 4386 | 4462 | 4538 | 4265 | 4348 | 4432 | 4515 | 4599 | 4683 | 59,7 |
| 78 | 4303 | 4381 | 4460 | 4538 | 4616 | 4694 | 4413 | 4499 | 4584 | 4670 | 4756 | 4842 | 61,2 |
| 80 | 4450 | 4530 | 4610 | 4690 | 4770 | 4850 | 4562 | 4650 | 4738 | 4826 | 4914 | 5002 | 62,8 |
| 82 | 4598 | 4680 | 4762 | 4844 | 4926 | 5008 | 4713 | 4803 | 4894 | 4984 | 5074 | 5164 | 64,4 |
| 84 | 4747 | 4831 | 4916 | 5000 | 5084 | 5168 | 4865 | 4958 | 5050 | 5143 | 5235 | 5328 | 65,9 |
| 86 | 4898 | 4984 | 5070 | 5156 | 5242 | 5328 | 5019 | 5114 | 5208 | 5303 | 5398 | 5492 | 67,5 |
| 88 | 5050 | 5138 | 5226 | 5314 | 5402 | 5490 | 5174 | 5271 | 5368 | 5465 | 5561 | 5658 | 69,1 |
| 90 | 5204 | 5294 | 5384 | 5474 | 5564 | 5654 | 5331 | 5430 | 5529 | 5628 | 5727 | 5826 | 70,7 |
| 92 | 5359 | 5451 | 5543 | 5635 | 5727 | 5819 | 5488 | 5590 | 5691 | 5792 | 5893 | 5994 | 72,2 |
| 94 | 5515 | 5609 | 5703 | 5797 | 5891 | 5985 | 5647 | 5751 | 5854 | 5958 | 6061 | 6165 | 73,8 |
| 96 | 5672 | 5768 | 5864 | 5960 | 6057 | 6153 | 5808 | 5914 | 6019 | 6125 | 6230 | 6336 | 75,4 |
| 98 | 5831 | 5929 | 6027 | 6125 | 6223 | 6321 | 5970 | 6078 | 6185 | 6293 | 6401 | 6509 | 76,9 |
| 100 | 5992 | 6092 | 6192 | 6292 | 6392 | 6492 | 6133 | 6243 | 6353 | 6463 | 6573 | 6683 | 78,5 |
| 102 | 6153 | 6255 | 6357 | 6459 | 6561 | 6663 | 6298 | 6410 | 6522 | 6634 | 6746 | 6859 | 80,1 |
| 104 | 6316 | 6420 | 6524 | 6628 | 6732 | 6836 | 6463 | 6578 | 6692 | 6807 | 6921 | 7036 | 81,6 |
| 106 | 6481 | 6587 | 6693 | 6799 | 6905 | 7011 | 6631 | 6747 | 6864 | 6981 | 7097 | 7214 | 83,2 |
| 108 | 6646 | 6754 | 6862 | 6970 | 7078 | 7186 | 6799 | 6918 | 7037 | 7156 | 7275 | 7393 | 84,8 |
| 110 | 6813 | 6923 | 7033 | 7143 | 7253 | 7364 | 6969 | 7090 | 7211 | 7332 | 7453 | 7574 | 86,4 |
| 112 | 6982 | 7094 | 7206 | 7318 | 7430 | 7542 | 7141 | 7264 | 7387 | 7510 | 7633 | 7757 | 87,9 |
| 114 | 7152 | 7266 | 7380 | 7494 | 7608 | 7722 | 7313 | 7439 | 7564 | 7690 | 7815 | 7940 | 89,5 |
| 116 | 7323 | 7439 | 7555 | 7671 | 7787 | 7903 | 7487 | 7615 | 7743 | 7870 | 7998 | 8125 | 91,1 |
| 118 | 7495 | 7613 | 7731 | 7849 | 7967 | 8085 | 7663 | 7793 | 7922 | 8052 | 8182 | 8312 | 92,6 |
| 120 | 7669 | 7789 | 7909 | 8029 | 8149 | 8269 | 7839 | 7971 | 8103 | 8235 | 8367 | 8500 | 94,2 |
| 122 | 7844 | 7966 | 8088 | 8210 | 8332 | 8454 | 8018 | 8152 | 8286 | 8420 | 8554 | 8689 | 95,8 |
| 124 | 8021 | 8145 | 8269 | 8393 | 8517 | 8641 | 8197 | 8333 | 8470 | 8606 | 8743 | 8879 | 97,3 |
| 126 | 8198 | 8325 | 8451 | 8577 | 8703 | 8829 | 8378 | 8516 | 8655 | 8794 | 8932 | 9071 | 98,9 |
| 128 | 8378 | 8506 | 8634 | 8762 | 8890 | 9018 | 8560 | 8701 | 8841 | 8982 | 9123 | 9264 | 100,5 |
| 130 | 8558 | 8688 | 8818 | 8948 | 9078 | 9208 | 8743 | 8886 | 9029 | 9172 | 9315 | 9458 | 102,1 |
| Gew. d. Gurtungen | 88,6 | 90,1 | 91,7 | 93,3 | 94,8 | 96,4 | 91,5 | 93,3 | 95,0 | 96,7 | 98,4 | 100,2 | kg für 1 m |

## ∟ 9,0 · 9,0 · 1,1 cm
### Nietstärke 2,0 cm; Stehblechdicke 1,0 cm

Gurtplattendicke 1,2 cm                                        Gurtplattendicke 1,3 cm

| Stehbl.-Höhe cm | Gurtplattenbreite cm | | | | | | Gurtplattenbreite cm | | | | | | Gew. des Stehbl. |
|---|---|---|---|---|---|---|---|---|---|---|---|---|---|
| | 19 | 20 | 21 | 22 | 23 | 24 | 19 | 20 | 21 | 22 | 23 | 24 | |
| 30 | 1301 | 1337 | 1373 | 1409 | 1445 | 1481 | 1341 | 1380 | 1420 | 1459 | 1498 | 1537 | 23,6 |
| 32 | 1416 | 1455 | 1493 | 1532 | 1570 | 1609 | 1460 | 1501 | 1543 | 1585 | 1626 | 1668 | 25,1 |
| 34 | 1534 | 1575 | 1615 | 1656 | 1697 | 1738 | 1580 | 1624 | 1668 | 1713 | 1757 | 1801 | 26,7 |
| 36 | 1653 | 1696 | 1740 | 1783 | 1826 | 1869 | 1702 | 1749 | 1796 | 1843 | 1890 | 1936 | 28,3 |
| 38 | 1774 | 1820 | 1866 | 1911 | 1957 | 2003 | 1826 | 1876 | 1925 | 1975 | 2024 | 2073 | 29,8 |
| 40 | 1897 | 1945 | 1993 | 2041 | 2089 | 2137 | 1952 | 2004 | 2056 | 2108 | 2160 | 2212 | 31,4 |
| 42 | 2022 | 2072 | 2123 | 2173 | 2224 | 2274 | 2079 | 2134 | 2189 | 2243 | 2298 | 2353 | 33,0 |
| 44 | 2148 | 2201 | 2254 | 2306 | 2359 | 2412 | 2208 | 2266 | 2323 | 2380 | 2437 | 2495 | 34,5 |
| 46 | 2276 | 2331 | 2386 | 2441 | 2497 | 2552 | 2339 | 2399 | 2459 | 2519 | 2578 | 2638 | 36,1 |
| 48 | 2405 | 2463 | 2520 | 2578 | 2636 | 2693 | 2471 | 2534 | 2596 | 2659 | 2721 | 2784 | 37,7 |
| 50 | 2536 | 2596 | 2656 | 2716 | 2776 | 2836 | 2605 | 2670 | 2735 | 2800 | 2865 | 2930 | 39,3 |
| 52 | 2669 | 2731 | 2793 | 2856 | 2918 | 2981 | 2740 | 2808 | 2876 | 2943 | 3011 | 3079 | 40,8 |
| 54 | 2802 | 2867 | 2932 | 2997 | 3062 | 3127 | 2877 | 2947 | 3018 | 3088 | 3158 | 3228 | 42,4 |
| 56 | 2938 | 3005 | 3072 | 3140 | 3207 | 3274 | 3015 | 3088 | 3161 | 3234 | 3307 | 3380 | 44,0 |
| 58 | 3075 | 3144 | 3214 | 3284 | 3353 | 3423 | 3155 | 3231 | 3306 | 3382 | 3457 | 3532 | 45,5 |
| 60 | 3213 | 3285 | 3357 | 3429 | 3501 | 3573 | 3296 | 3374 | 3453 | 3531 | 3609 | 3687 | 47,1 |
| 62 | 3353 | 3427 | 3502 | 3576 | 3651 | 3725 | 3439 | 3520 | 3600 | 3681 | 3762 | 3842 | 48,7 |
| 64 | 3494 | 3571 | 3648 | 3725 | 3801 | 3878 | 3583 | 3666 | 3750 | 3833 | 3916 | 3999 | 50,2 |
| 66 | 3637 | 3716 | 3795 | 3874 | 3954 | 4033 | 3729 | 3815 | 3900 | 3986 | 4072 | 4158 | 51,8 |
| 68 | 3781 | 3862 | 3944 | 4026 | 4107 | 4189 | 3876 | 3964 | 4053 | 4141 | 4229 | 4318 | 53,4 |
| 70 | 3926 | 4010 | 4094 | 4178 | 4262 | 4346 | 4024 | 4115 | 4206 | 4297 | 4388 | 4479 | 55,0 |
| 72 | 4073 | 4160 | 4246 | 4332 | 4419 | 4505 | 4174 | 4267 | 4361 | 4455 | 4548 | 4642 | 56,5 |
| 74 | 4221 | 4310 | 4399 | 4488 | 4577 | 4666 | 4325 | 4421 | 4517 | 4614 | 4710 | 4806 | 58,1 |
| 76 | 4371 | 4462 | 4553 | 4645 | 4736 | 4827 | 4478 | 4576 | 4675 | 4774 | 4873 | 4972 | 59,7 |
| 78 | 4522 | 4616 | 4709 | 4803 | 4897 | 4990 | 4631 | 4733 | 4834 | 4936 | 5037 | 5139 | 61,2 |
| 80 | 4674 | 4771 | 4867 | 4963 | 5059 | 5155 | 4787 | 4891 | 4995 | 5099 | 5203 | 5307 | 62,8 |
| 82 | 4828 | 4927 | 5025 | 5124 | 5222 | 5320 | 4943 | 5050 | 5157 | 5263 | 5370 | 5477 | 64,4 |
| 84 | 4983 | 5084 | 5185 | 5286 | 5387 | 5488 | 5102 | 5211 | 5320 | 5429 | 5539 | 5648 | 65,9 |
| 86 | 5140 | 5243 | 5347 | 5450 | 5553 | 5656 | 5261 | 5373 | 5485 | 5597 | 5708 | 5820 | 67,5 |
| 88 | 5298 | 5404 | 5509 | 5615 | 5721 | 5826 | 5422 | 5536 | 5651 | 5765 | 5880 | 5994 | 69,1 |
| 90 | 5457 | 5565 | 5673 | 5781 | 5889 | 5997 | 5584 | 5701 | 5818 | 5935 | 6052 | 6169 | 70,7 |
| 92 | 5618 | 5728 | 5839 | 5949 | 6060 | 6170 | 5748 | 5867 | 5987 | 6107 | 6226 | 6346 | 72,2 |
| 94 | 5780 | 5893 | 6006 | 6118 | 6231 | 6344 | 5913 | 6035 | 6157 | 6279 | 6402 | 6524 | 73,8 |
| 96 | 5943 | 6059 | 6174 | 6289 | 6404 | 6520 | 6079 | 6204 | 6329 | 6453 | 6578 | 6703 | 75,4 |
| 98 | 6108 | 6226 | 6343 | 6461 | 6579 | 6696 | 6247 | 6374 | 6501 | 6629 | 6756 | 6884 | 76,9 |
| 100 | 6274 | 6394 | 6514 | 6634 | 6754 | 6874 | 6416 | 6546 | 6676 | 6806 | 6936 | 7066 | 78,5 |
| 102 | 6442 | 6564 | 6687 | 6809 | 6931 | 7054 | 6586 | 6719 | 6851 | 6984 | 7117 | 7249 | 80,1 |
| 104 | 6611 | 6735 | 6860 | 6985 | 7110 | 7235 | 6758 | 6893 | 7028 | 7163 | 7299 | 7434 | 81,6 |
| 106 | 6781 | 6908 | 7035 | 7162 | 7290 | 7417 | 6931 | 7069 | 7207 | 7344 | 7482 | 7620 | 83,2 |
| 108 | 6952 | 7082 | 7212 | 7341 | 7471 | 7600 | 7105 | 7246 | 7386 | 7527 | 7667 | 7807 | 84,8 |
| 110 | 7125 | 7257 | 7389 | 7521 | 7653 | 7785 | 7281 | 7424 | 7567 | 7710 | 7853 | 7996 | 86,4 |
| 112 | 7299 | 7434 | 7568 | 7703 | 7837 | 7972 | 7458 | 7604 | 7750 | 7895 | 8041 | 8186 | 87,9 |
| 114 | 7475 | 7612 | 7749 | 7885 | 8022 | 8159 | 7637 | 7785 | 7933 | 8081 | 8230 | 8378 | 89,5 |
| 116 | 7652 | 7791 | 7930 | 8070 | 8209 | 8348 | 7817 | 7968 | 8118 | 8269 | 8420 | 8571 | 91,1 |
| 118 | 7830 | 7972 | 8114 | 8255 | 8397 | 8538 | 7998 | 8151 | 8305 | 8458 | 8612 | 8765 | 92,6 |
| 120 | 8010 | 8154 | 8298 | 8442 | 8586 | 8730 | 8180 | 8336 | 8493 | 8649 | 8805 | 8961 | 94,2 |
| 122 | 8191 | 8337 | 8484 | 8630 | 8777 | 8923 | 8364 | 8523 | 8682 | 8840 | 8999 | 9157 | 95,8 |
| 124 | 8373 | 8522 | 8671 | 8820 | 8969 | 9117 | 8550 | 8711 | 8872 | 9033 | 9195 | 9356 | 97,3 |
| 126 | 8557 | 8708 | 8859 | 9011 | 9162 | 9313 | 8736 | 8900 | 9064 | 9228 | 9392 | 9555 | 98,9 |
| 128 | 8742 | 8896 | 9049 | 9203 | 9356 | 9510 | 8924 | 9091 | 9257 | 9423 | 9590 | 9756 | 100,5 |
| 130 | 8928 | 9084 | 9240 | 9396 | 9552 | 9708 | 9113 | 9283 | 9452 | 9621 | 9790 | 9959 | 102,1 |
| Gew. d. Gurtungen | 94,5 | 96,4 | 98,3 | 100,2 | 102,1 | 103,9 | 97,5 | 99,5 | 101,6 | 103,6 | 105,7 | 107,7 | kg für 1 m |

## └ 9,0 · 9,0 · 1,1 cm
### Nietstärke 2,0 cm; Stehblechdicke 1,0 cm

Gurtplattendicke 2,0 cm          Gurtplattendicke 2,2 cm

| Stehbl.-Höhe cm | Gurtplattenbreite cm | | | | | | Gurtplattenbreite cm | | | | | | Gew. des Stehbl. |
|---|---|---|---|---|---|---|---|---|---|---|---|---|---|
| | 19 | 20 | 21 | 22 | 23 | 24 | 19 | 20 | 21 | 22 | 23 | 24 | |
| 30 | 1629 | 1689 | 1749 | 1810 | 1870 | 1930 | 1712 | 1778 | 1845 | 1911 | 1977 | 2044 | 23,6 |
| 32 | 1766 | 1831 | 1895 | 1959 | 2024 | 2088 | 1855 | 1926 | 1997 | 2067 | 2138 | 2209 | 25,1 |
| 34 | 1906 | 1974 | 2043 | 2111 | 2179 | 2248 | 2000 | 2076 | 2151 | 2226 | 2301 | 2376 | 26,7 |
| 36 | 2048 | 2120 | 2193 | 2265 | 2337 | 2409 | 2148 | 2227 | 2307 | 2386 | 2466 | 2545 | 28,3 |
| 38 | 2192 | 2268 | 2344 | 2420 | 2497 | 2573 | 2297 | 2381 | 2465 | 2549 | 2633 | 2717 | 29,8 |
| 40 | 2337 | 2417 | 2498 | 2578 | 2658 | 2738 | 2448 | 2536 | 2625 | 2713 | 2801 | 2890 | 31,4 |
| 42 | 2484 | 2569 | 2653 | 2737 | 2821 | 2906 | 2601 | 2694 | 2786 | 2879 | 2972 | 3065 | 33,0 |
| 44 | 2633 | 2722 | 2810 | 2898 | 2986 | 3074 | 2756 | 2853 | 2950 | 3047 | 3144 | 3241 | 34,5 |
| 46 | 2784 | 2876 | 2968 | 3061 | 3153 | 3245 | 2912 | 3013 | 3115 | 3216 | 3318 | 3419 | 36,1 |
| 48 | 2936 | 3032 | 3129 | 3225 | 3321 | 3417 | 3070 | 3176 | 3281 | 3387 | 3493 | 3599 | 37,7 |
| 50 | 3090 | 3190 | 3290 | 3390 | 3491 | 3591 | 3229 | 3339 | 3450 | 3560 | 3670 | 3780 | 39,3 |
| 52 | 3245 | 3349 | 3454 | 3558 | 3662 | 3766 | 3390 | 3505 | 3620 | 3734 | 3849 | 3963 | 40,8 |
| 54 | 3402 | 3510 | 3618 | 3727 | 3835 | 3943 | 3553 | 3672 | 3791 | 3910 | 4029 | 4148 | 42,4 |
| 56 | 3560 | 3673 | 3785 | 3897 | 4009 | 4121 | 3717 | 3840 | 3964 | 4087 | 4211 | 4334 | 44,0 |
| 58 | 3720 | 3837 | 3953 | 4069 | 4185 | 4301 | 3883 | 4010 | 4138 | 4266 | 4394 | 4522 | 45,5 |
| 60 | 3882 | 4002 | 4122 | 4242 | 4362 | 4483 | 4050 | 4182 | 4314 | 4446 | 4578 | 4711 | 47,1 |
| 62 | 4045 | 4169 | 4293 | 4417 | 4541 | 4665 | 4218 | 4355 | 4491 | 4628 | 4765 | 4901 | 48,7 |
| 64 | 4209 | 4337 | 4465 | 4593 | 4721 | 4850 | 4388 | 4529 | 4670 | 4811 | 4952 | 5093 | 50,2 |
| 66 | 4375 | 4507 | 4639 | 4771 | 4903 | 5035 | 4560 | 4705 | 4850 | 4996 | 5141 | 5287 | 51,8 |
| 68 | 4542 | 4678 | 4814 | 4950 | 5086 | 5222 | 4733 | 4882 | 5032 | 5182 | 5332 | 5482 | 53,4 |
| 70 | 4710 | 4850 | 4991 | 5131 | 5271 | 5411 | 4907 | 5061 | 5215 | 5370 | 5524 | 5678 | 55,0 |
| 72 | 4880 | 5024 | 5169 | 5313 | 5457 | 5601 | 5083 | 5241 | 5400 | 5558 | 5717 | 5876 | 56,5 |
| 74 | 5052 | 5200 | 5348 | 5496 | 5644 | 5792 | 5260 | 5423 | 5586 | 5749 | 5912 | 6075 | 58,1 |
| 76 | 5225 | 5377 | 5529 | 5681 | 5833 | 5985 | 5439 | 5606 | 5773 | 5941 | 6108 | 6275 | 59,7 |
| 78 | 5399 | 5555 | 5711 | 5867 | 6023 | 6179 | 5619 | 5790 | 5962 | 6134 | 6306 | 6477 | 61,2 |
| 80 | 5574 | 5735 | 5895 | 6055 | 6215 | 6375 | 5800 | 5976 | 6152 | 6328 | 6505 | 6681 | 62,8 |
| 82 | 5751 | 5916 | 6080 | 6244 | 6408 | 6572 | 5983 | 6163 | 6344 | 6524 | 6705 | 6886 | 64,4 |
| 84 | 5930 | 6098 | 6266 | 6434 | 6602 | 6770 | 6167 | 6352 | 6537 | 6722 | 6907 | 7092 | 65,9 |
| 86 | 6110 | 6282 | 6454 | 6626 | 6798 | 6970 | 6353 | 6542 | 6731 | 6921 | 7110 | 7299 | 67,5 |
| 88 | 6291 | 6467 | 6643 | 6819 | 6995 | 7171 | 6540 | 6733 | 6927 | 7121 | 7315 | 7508 | 69,1 |
| 90 | 6473 | 6653 | 6834 | 7014 | 7194 | 7374 | 6728 | 6926 | 7124 | 7322 | 7520 | 7719 | 70,7 |
| 92 | 6657 | 6841 | 7025 | 7210 | 7394 | 7578 | 6918 | 7120 | 7323 | 7525 | 7728 | 7930 | 72,2 |
| 94 | 6843 | 7031 | 7219 | 7407 | 7595 | 7783 | 7109 | 7316 | 7523 | 7730 | 7936 | 8143 | 73,8 |
| 96 | 7029 | 7221 | 7413 | 7606 | 7798 | 7990 | 7301 | 7513 | 7724 | 7935 | 8147 | 8358 | 75,4 |
| 98 | 7217 | 7413 | 7609 | 7806 | 8002 | 8198 | 7495 | 7711 | 7927 | 8142 | 8358 | 8574 | 76,9 |
| 100 | 7407 | 7607 | 7807 | 8007 | 8207 | 8407 | 7690 | 7910 | 8131 | 8351 | 8571 | 8791 | 78,5 |
| 102 | 7597 | 7802 | 8006 | 8210 | 8414 | 8618 | 7887 | 8111 | 8336 | 8560 | 8785 | 9010 | 80,1 |
| 104 | 7790 | 7998 | 8206 | 8414 | 8622 | 8830 | 8085 | 8314 | 8543 | 8772 | 9001 | 9229 | 81,6 |
| 106 | 7983 | 8195 | 8407 | 8619 | 8831 | 9044 | 8284 | 8517 | 8751 | 8984 | 9217 | 9451 | 83,2 |
| 108 | 8178 | 8394 | 8610 | 8826 | 9042 | 9258 | 8485 | 8722 | 8960 | 9198 | 9436 | 9673 | 84,8 |
| 110 | 8374 | 8594 | 8814 | 9034 | 9254 | 9475 | 8687 | 8929 | 9171 | 9413 | 9655 | 9897 | 86,4 |
| 112 | 8572 | 8796 | 9020 | 9244 | 9468 | 9692 | 8890 | 9137 | 9383 | 9630 | 9876 | 10123 | 87,9 |
| 114 | 8771 | 8999 | 9227 | 9455 | 9683 | 9911 | 9095 | 9346 | 9597 | 9848 | 10099 | 10350 | 89,5 |
| 116 | 8971 | 9203 | 9435 | 9667 | 9899 | 10131 | 9301 | 9556 | 9812 | 10067 | 10322 | 10578 | 91,1 |
| 118 | 9172 | 9409 | 9645 | 9881 | 10117 | 10353 | 9509 | 9768 | 10028 | 10288 | 10547 | 10807 | 92,6 |
| 120 | 9375 | 9616 | 9856 | 10096 | 10336 | 10576 | 9717 | 9981 | 10246 | 10510 | 10774 | 11038 | 94,2 |
| 122 | 9580 | 9824 | 10068 | 10312 | 10556 | 10800 | 9927 | 10196 | 10464 | 10733 | 11002 | 11270 | 95,8 |
| 124 | 9785 | 10034 | 10282 | 10530 | 10778 | 11026 | 10139 | 10412 | 10685 | 10958 | 11231 | 11504 | 97,3 |
| 126 | 9993 | 10245 | 10497 | 10749 | 11001 | 11253 | 10352 | 10629 | 10906 | 11184 | 11461 | 11738 | 98,9 |
| 128 | 10201 | 10457 | 10713 | 10969 | 11225 | 11481 | 10566 | 10848 | 11129 | 11411 | 11693 | 11975 | 100,5 |
| 130 | 10411 | 10671 | 10931 | 11191 | 11451 | 11711 | 10782 | 11068 | 11354 | 11640 | 11926 | 12212 | 102,1 |
| Gew. d. Gurtungen | 118,4 | 121,5 | 124,7 | 127,8 | 130,9 | 134,1 | 124,3 | 127,8 | 131,3 | 134,7 | 138,2 | 141,6 | kg für 1 m |

## ∟ 9,0 · 9,0 · 1,1 cm
### Nietstärke 2,0 cm; Stehblechdicke 1,0 cm

Gurtplattendicke 2.4 cm                                        Gurtplattendicke 2.6 cm

| Stehbl.-Höhe cm | Gurtplattenbreite cm | | | | | | Gurtplattenbreite cm | | | | | | Gew. des Stehbl. |
|---|---|---|---|---|---|---|---|---|---|---|---|---|---|
|  | 19 | 20 | 21 | 22 | 23 | 24 | 19 | 20 | 21 | 22 | 23 | 24 |  |
| 30 | 1795 | 1868 | 1940 | 2013 | 2085 | 2158 | 1879 | 1958 | 2037 | 2115 | 2194 | 2273 | 23,6 |
| 32 | 1944 | 2021 | 2099 | 2176 | 2253 | 2330 | 2033 | 2117 | 2201 | 2285 | 2369 | 2453 | 25,1 |
| 34 | 2095 | 2177 | 2259 | 2341 | 2423 | 2505 | 2190 | 2279 | 2368 | 2457 | 2546 | 2635 | 26,7 |
| 36 | 2248 | 2335 | 2422 | 2508 | 2595 | 2682 | 2348 | 2443 | 2537 | 2631 | 2725 | 2819 | 28,3 |
| 38 | 2403 | 2494 | 2586 | 2678 | 2769 | 2861 | 2509 | 2608 | 2708 | 2807 | 2906 | 3006 | 29,8 |
| 40 | 2559 | 2656 | 2752 | 2849 | 2945 | 3042 | 2671 | 2776 | 2880 | 2985 | 3089 | 3194 | 31,4 |
| 42 | 2718 | 2819 | 2920 | 3022 | 3123 | 3224 | 2835 | 2945 | 3055 | 3164 | 3274 | 3384 | 33,0 |
| 44 | 2878 | 2984 | 3090 | 3196 | 3302 | 3408 | 3001 | 3116 | 3231 | 3346 | 3461 | 3576 | 34,5 |
| 46 | 3040 | 3151 | 3262 | 3372 | 3483 | 3594 | 3169 | 3289 | 3409 | 3529 | 3649 | 3769 | 36,1 |
| 48 | 3204 | 3319 | 3435 | 3550 | 3666 | 3781 | 3338 | 3463 | 3588 | 3714 | 3839 | 3964 | 37,7 |
| 50 | 3369 | 3489 | 3609 | 3730 | 3850 | 3971 | 3509 | 3639 | 3770 | 3900 | 4031 | 4161 | 39,3 |
| 52 | 3536 | 3661 | 3786 | 3911 | 4036 | 4161 | 3681 | 3817 | 3952 | 4088 | 4224 | 4359 | 40,8 |
| 54 | 3704 | 3834 | 3964 | 4094 | 4223 | 4353 | 3855 | 3996 | 4137 | 4278 | 4418 | 4559 | 42,4 |
| 56 | 3874 | 4008 | 4143 | 4278 | 4412 | 4547 | 4031 | 4177 | 4323 | 4469 | 4615 | 4761 | 44,0 |
| 58 | 4045 | 4184 | 4324 | 4463 | 4603 | 4742 | 4208 | 4359 | 4510 | 4661 | 4812 | 4964 | 45,5 |
| 60 | 4218 | 4362 | 4506 | 4651 | 4795 | 4939 | 4386 | 4543 | 4699 | 4855 | 5012 | 5168 | 47,1 |
| 62 | 4392 | 4541 | 4690 | 4839 | 4988 | 5138 | 4566 | 4728 | 4889 | 5051 | 5213 | 5374 | 48,7 |
| 64 | 4568 | 4722 | 4876 | 5030 | 5183 | 5337 | 4748 | 4915 | 5081 | 5248 | 5415 | 5582 | 50,2 |
| 66 | 4745 | 4904 | 5062 | 5221 | 5380 | 5538 | 4931 | 5103 | 5275 | 5447 | 5619 | 5791 | 51,8 |
| 68 | 4924 | 5087 | 5251 | 5414 | 5578 | 5741 | 5115 | 5292 | 5470 | 5647 | 5824 | 6001 | 53,4 |
| 70 | 5104 | 5272 | 5440 | 5609 | 5777 | 5945 | 5301 | 5483 | 5666 | 5848 | 6030 | 6213 | 55,0 |
| 72 | 5285 | 5459 | 5632 | 5805 | 5978 | 6151 | 5488 | 5676 | 5863 | 6051 | 6238 | 6426 | 56,5 |
| 74 | 5468 | 5646 | 5824 | 6002 | 6180 | 6358 | 5677 | 5870 | 6063 | 6255 | 6448 | 6641 | 58,1 |
| 76 | 5653 | 5835 | 6018 | 6201 | 6383 | 6566 | 5867 | 6065 | 6263 | 6461 | 6659 | 6857 | 59,7 |
| 78 | 5839 | 6026 | 6213 | 6401 | 6588 | 6776 | 6059 | 6262 | 6465 | 6668 | 6871 | 7074 | 61,2 |
| 80 | 6026 | 6218 | 6410 | 6602 | 6795 | 6987 | 6252 | 6460 | 6668 | 6877 | 7085 | 7293 | 62,8 |
| 82 | 6214 | 6411 | 6608 | 6805 | 7002 | 7199 | 6446 | 6660 | 6873 | 7087 | 7300 | 7514 | 64,4 |
| 84 | 6404 | 6606 | 6808 | 7010 | 7212 | 7413 | 6642 | 6861 | 7079 | 7298 | 7517 | 7735 | 65,9 |
| 86 | 6596 | 6802 | 7009 | 7216 | 7422 | 7629 | 6839 | 7063 | 7287 | 7511 | 7735 | 7959 | 67,5 |
| 88 | 6789 | 7000 | 7211 | 7423 | 7634 | 7846 | 7038 | 7267 | 7496 | 7725 | 7954 | 8183 | 69,1 |
| 90 | 6983 | 7199 | 7415 | 7631 | 7847 | 8064 | 7238 | 7472 | 7706 | 7940 | 8175 | 8409 | 70,7 |
| 92 | 7178 | 7399 | 7620 | 7841 | 8062 | 8283 | 7439 | 7679 | 7918 | 8157 | 8397 | 8636 | 72,2 |
| 94 | 7375 | 7601 | 7827 | 8052 | 8278 | 8504 | 7642 | 7886 | 8131 | 8376 | 8620 | 8865 | 73,8 |
| 96 | 7573 | 7804 | 8035 | 8265 | 8496 | 8726 | 7846 | 8096 | 8346 | 8595 | 8845 | 9095 | 75,4 |
| 98 | 7773 | 8008 | 8244 | 8479 | 8715 | 8950 | 8051 | 8306 | 8561 | 8816 | 9071 | 9326 | 76,9 |
| 100 | 7974 | 8214 | 8454 | 8695 | 8935 | 9175 | 8258 | 8518 | 8779 | 9039 | 9299 | 9559 | 78,5 |
| 102 | 8177 | 8421 | 8666 | 8911 | 9156 | 9401 | 8466 | 8732 | 8997 | 9263 | 9528 | 9793 | 80,1 |
| 104 | 8380 | 8630 | 8880 | 9130 | 9379 | 9629 | 8676 | 8947 | 9217 | 9488 | 9758 | 10029 | 81,6 |
| 106 | 8585 | 8840 | 9095 | 9349 | 9604 | 9858 | 8887 | 9163 | 9439 | 9714 | 9990 | 10266 | 83,2 |
| 108 | 8792 | 9051 | 9311 | 9570 | 9829 | 10089 | 9099 | 9380 | 9661 | 9942 | 10223 | 10504 | 84,8 |
| 110 | 9000 | 9264 | 9528 | 9792 | 10056 | 10321 | 9313 | 9599 | 9885 | 10171 | 10458 | 10744 | 86,4 |
| 112 | 9209 | 9478 | 9747 | 10016 | 10285 | 10554 | 9528 | 9819 | 10111 | 10402 | 10694 | 10985 | 87,9 |
| 114 | 9420 | 9693 | 9967 | 10241 | 10515 | 10788 | 9744 | 10041 | 10338 | 10634 | 10931 | 11227 | 89,5 |
| 116 | 9631 | 9910 | 10189 | 10467 | 10746 | 11024 | 9962 | 10264 | 10566 | 10867 | 11169 | 11471 | 91,1 |
| 118 | 9845 | 10128 | 10411 | 10695 | 10978 | 11261 | 10181 | 10488 | 10795 | 11102 | 11409 | 11716 | 92,6 |
| 120 | 10059 | 10348 | 10636 | 10924 | 11212 | 11500 | 10402 | 10714 | 11026 | 11338 | 11650 | 11963 | 94,2 |
| 122 | 10275 | 10568 | 10861 | 11154 | 11447 | 11740 | 10623 | 10941 | 11258 | 11576 | 11893 | 12210 | 95,8 |
| 124 | 10493 | 10790 | 11088 | 11386 | 11684 | 11981 | 10847 | 11169 | 11492 | 11814 | 12137 | 12460 | 97,3 |
| 126 | 10711 | 11014 | 11316 | 11619 | 11922 | 12224 | 11071 | 11399 | 11727 | 12054 | 12382 | 12710 | 98,9 |
| 128 | 10931 | 11239 | 11546 | 11853 | 12161 | 12468 | 11297 | 11630 | 11963 | 12296 | 12629 | 12962 | 100,5 |
| 130 | 11153 | 11465 | 11777 | 12089 | 12401 | 12714 | 11524 | 11862 | 12201 | 12539 | 12877 | 13215 | 102,1 |
| Gew. d. Gurtungen | 130,3 | 134,1 | 137,9 | 141,6 | 145,4 | 149,2 | 136,3 | 140,4 | 144,4 | 148,5 | 152,6 | 156,7 | kg für 1 m |

## L 9,0·9,0·1,1 cm
### Nietstärke 2,0 cm; Stehblechdicke 1,0 cm

Gurtplattendicke 3,0 cm            Gurtplattendicke 3,3 cm

| Stehbl.-Höhe cm | Gurtplattenbreite cm | | | | | | Gurtplattenbreite cm | | | | | | Gew. des Stehbl. |
|---|---|---|---|---|---|---|---|---|---|---|---|---|---|
| | 19 | 20 | 21 | 22 | 23 | 24 | 19 | 20 | 21 | 22 | 23 | 24 | |
| 30 | 2049 | 2140 | 2231 | 2322 | 2413 | 2504 | 2177 | 2277 | 2378 | 2478 | 2578 | 2679 | 23,6 |
| 32 | 2214 | 2311 | 2408 | 2505 | 2602 | 2699 | 2351 | 2457 | 2564 | 2671 | 2778 | 2885 | 25,1 |
| 34 | 2381 | 2484 | 2587 | 2690 | 2793 | 2896 | 2526 | 2640 | 2753 | 2866 | 2980 | 3093 | 26,7 |
| 36 | 2551 | 2660 | 2769 | 2878 | 2986 | 3095 | 2704 | 2824 | 2944 | 3064 | 3184 | 3304 | 28,3 |
| 38 | 2723 | 2837 | 2952 | 3067 | 3182 | 3297 | 2884 | 3010 | 3137 | 3263 | 3390 | 3516 | 29,8 |
| 40 | 2896 | 3017 | 3138 | 3258 | 3379 | 3500 | 3066 | 3199 | 3332 | 3465 | 3598 | 3731 | 31,4 |
| 42 | 3071 | 3198 | 3325 | 3452 | 3578 | 3705 | 3249 | 3389 | 3529 | 3668 | 3808 | 3947 | 33,0 |
| 44 | 3248 | 3381 | 3514 | 3647 | 3779 | 3912 | 3435 | 3581 | 3727 | 3873 | 4019 | 4166 | 34,5 |
| 46 | 3427 | 3566 | 3705 | 3843 | 3982 | 4121 | 3622 | 3775 | 3928 | 4080 | 4233 | 4386 | 36,1 |
| 48 | 3608 | 3752 | 3897 | 4042 | 4186 | 4331 | 3811 | 3970 | 4130 | 4289 | 4448 | 4608 | 37,7 |
| 50 | 3790 | 3941 | 4091 | 4242 | 4392 | 4543 | 4002 | 4168 | 4333 | 4499 | 4665 | 4831 | 39,3 |
| 52 | 3974 | 4130 | 4287 | 4444 | 4600 | 4757 | 4194 | 4366 | 4539 | 4711 | 4884 | 5056 | 40,8 |
| 54 | 4159 | 4322 | 4484 | 4647 | 4809 | 4972 | 4388 | 4567 | 4746 | 4925 | 5104 | 5283 | 42,4 |
| 56 | 4346 | 4515 | 4683 | 4852 | 5020 | 5189 | 4583 | 4769 | 4954 | 5140 | 5326 | 5511 | 44,0 |
| 58 | 4534 | 4709 | 4884 | 5058 | 5233 | 5407 | 4780 | 4972 | 5165 | 5357 | 5549 | 5741 | 45,5 |
| 60 | 4724 | 4905 | 5085 | 5266 | 5447 | 5627 | 4979 | 5178 | 5376 | 5575 | 5774 | 5972 | 47,1 |
| 62 | 4916 | 5102 | 5289 | 5475 | 5662 | 5849 | 5179 | 5384 | 5589 | 5795 | 6000 | 6205 | 48,7 |
| 64 | 5109 | 5301 | 5494 | 5686 | 5879 | 6071 | 5380 | 5592 | 5804 | 6016 | 6228 | 6440 | 50,2 |
| 66 | 5303 | 5502 | 5700 | 5899 | 6097 | 6296 | 5583 | 5802 | 6020 | 6239 | 6457 | 6676 | 51,8 |
| 68 | 5499 | 5704 | 5908 | 6113 | 6317 | 6522 | 5788 | 6013 | 6238 | 6463 | 6688 | 6913 | 53,4 |
| 70 | 5697 | 5907 | 6118 | 6328 | 6538 | 6749 | 5994 | 6226 | 6457 | 6689 | 6920 | 7152 | 55,0 |
| 72 | 5895 | 6112 | 6328 | 6545 | 6761 | 6978 | 6201 | 6440 | 6678 | 6916 | 7154 | 7392 | 56,5 |
| 74 | 6096 | 6318 | 6541 | 6763 | 6985 | 7208 | 6410 | 6655 | 6900 | 7145 | 7389 | 7634 | 58,1 |
| 76 | 6297 | 6526 | 6754 | 6983 | 7211 | 7440 | 6621 | 6872 | 7123 | 7375 | 7626 | 7878 | 59,7 |
| 78 | 6500 | 6735 | 6969 | 7204 | 7438 | 7673 | 6832 | 7090 | 7348 | 7606 | 7864 | 8122 | 61,2 |
| 80 | 6705 | 6945 | 7186 | 7426 | 7667 | 7907 | 7046 | 7310 | 7575 | 7839 | 8104 | 8368 | 62,8 |
| 82 | 6911 | 7157 | 7404 | 7650 | 7897 | 8143 | 7260 | 7531 | 7802 | 8074 | 8345 | 8616 | 64,4 |
| 84 | 7118 | 7371 | 7623 | 7875 | 8128 | 8380 | 7476 | 7754 | 8032 | 8309 | 8587 | 8865 | 65,9 |
| 86 | 7327 | 7585 | 7844 | 8102 | 8361 | 8619 | 7694 | 7978 | 8262 | 8546 | 8831 | 9115 | 67,5 |
| 88 | 7537 | 7802 | 8066 | 8330 | 8595 | 8859 | 7912 | 8203 | 8494 | 8785 | 9076 | 9367 | 69,1 |
| 90 | 7749 | 8019 | 8289 | 8560 | 8830 | 9101 | 8133 | 8430 | 8728 | 9025 | 9323 | 9620 | 70,7 |
| 92 | 7962 | 8238 | 8514 | 8791 | 9067 | 9343 | 8354 | 8658 | 8962 | 9266 | 9570 | 9875 | 72,2 |
| 94 | 8176 | 8458 | 8741 | 9023 | 9305 | 9588 | 8577 | 8888 | 9198 | 9509 | 9820 | 10131 | 73,8 |
| 96 | 8392 | 8680 | 8968 | 9257 | 9545 | 9833 | 8802 | 9119 | 9436 | 9753 | 10071 | 10388 | 75,4 |
| 98 | 8609 | 8903 | 9197 | 9492 | 9786 | 10080 | 9027 | 9351 | 9675 | 9999 | 10323 | 10647 | 76,9 |
| 100 | 8827 | 9127 | 9428 | 9728 | 10028 | 10329 | 9254 | 9585 | 9915 | 10246 | 10576 | 10907 | 78,5 |
| 102 | 9047 | 9353 | 9660 | 9966 | 10272 | 10579 | 9483 | 9820 | 10157 | 10494 | 10831 | 11168 | 80,1 |
| 104 | 9268 | 9580 | 9893 | 10205 | 10517 | 10830 | 9713 | 10056 | 10400 | 10744 | 11087 | 11431 | 81,6 |
| 106 | 9491 | 9809 | 10127 | 10446 | 10764 | 11082 | 9944 | 10294 | 10645 | 10995 | 11345 | 11695 | 83,2 |
| 108 | 9715 | 10039 | 10363 | 10688 | 11012 | 11336 | 10177 | 10534 | 10890 | 11247 | 11604 | 11961 | 84,8 |
| 110 | 9940 | 10270 | 10600 | 10931 | 11261 | 11591 | 10411 | 10774 | 11138 | 11501 | 11864 | 12228 | 86,4 |
| 112 | 10167 | 10503 | 10839 | 11175 | 11512 | 11848 | 10646 | 11016 | 11386 | 11756 | 12126 | 12496 | 87,9 |
| 114 | 10395 | 10737 | 11079 | 11421 | 11764 | 12106 | 10883 | 11259 | 11636 | 12013 | 12389 | 12766 | 89,5 |
| 116 | 10624 | 10972 | 11321 | 11669 | 12017 | 12365 | 11121 | 11504 | 11887 | 12271 | 12654 | 13037 | 91,1 |
| 118 | 10855 | 11209 | 11563 | 11918 | 12272 | 12626 | 11360 | 11750 | 12140 | 12530 | 12920 | 13309 | 92,6 |
| 120 | 11087 | 11447 | 11807 | 12168 | 12528 | 12888 | 11601 | 11998 | 12394 | 12790 | 13187 | 13583 | 94,2 |
| 122 | 11320 | 11687 | 12053 | 12419 | 12785 | 13152 | 11843 | 12246 | 12649 | 13052 | 13455 | 13858 | 95,8 |
| 124 | 11555 | 11927 | 12300 | 12672 | 13044 | 13416 | 12087 | 12497 | 12906 | 13316 | 13725 | 14135 | 97,3 |
| 126 | 11791 | 12170 | 12548 | 12926 | 13304 | 13683 | 12332 | 12748 | 13164 | 13580 | 13997 | 14413 | 98,9 |
| 128 | 12029 | 12413 | 12797 | 13182 | 13566 | 13950 | 12578 | 13001 | 13424 | 13846 | 14269 | 14692 | 100,5 |
| 130 | 12268 | 12658 | 13048 | 13438 | 13829 | 14219 | 12826 | 13255 | 13684 | 14114 | 14543 | 14973 | 102,1 |
| Gew. d. Gurtungen | 148,2 | 152,9 | 157,6 | 162,3 | 167,1 | 171,8 | 157,2 | 162,3 | 167,5 | 172,7 | 177,9 | 183,1 | kg für 1 m |

Widerstandsmomente cm³.

∟ 9,0 · 9,0 · 1,3 cm

Nietstärke 2,3 cm; Stehblechdicke 1,1 cm

Gurtplattendicke 1,2 cm        Gurtplattendicke 1,3 cm

| Stehbl.-Höhe cm | Gurtplattenbreite cm | | | | | | Gurtplattenbreite cm | | | | | | Gew. des Stehbl. |
|---|---|---|---|---|---|---|---|---|---|---|---|---|---|
| | 20 | 21 | 22 | 23 | 24 | 25 | 20 | 21 | 22 | 23 | 24 | 25 | |
| 30 | 1403 | 1440 | 1476 | 1512 | 1548 | 1584 | 1445 | 1484 | 1523 | 1562 | 1601 | 1640 | 25,9 |
| 32 | 1530 | 1569 | 1607 | 1646 | 1684 | 1722 | 1574 | 1616 | 1658 | 1699 | 1741 | 1783 | 27,6 |
| 34 | 1659 | 1700 | 1741 | 1782 | 1823 | 1863 | 1706 | 1750 | 1795 | 1839 | 1883 | 1927 | 29,4 |
| 36 | 1790 | 1833 | 1877 | 1920 | 1963 | 2006 | 1840 | 1887 | 1934 | 1981 | 2027 | 2074 | 31,1 |
| 38 | 1923 | 1969 | 2014 | 2060 | 2106 | 2151 | 1976 | 2025 | 2075 | 2124 | 2174 | 2223 | 32,8 |
| 40 | 2058 | 2106 | 2154 | 2202 | 2250 | 2298 | 2114 | 2166 | 2218 | 2270 | 2322 | 2374 | 34,5 |
| 42 | 2195 | 2245 | 2296 | 2346 | 2397 | 2447 | 2254 | 2308 | 2363 | 2418 | 2472 | 2527 | 36,3 |
| 44 | 2334 | 2387 | 2439 | 2492 | 2545 | 2598 | 2395 | 2452 | 2510 | 2567 | 2624 | 2681 | 38,0 |
| 46 | 2474 | 2529 | 2585 | 2640 | 2695 | 2750 | 2539 | 2598 | 2658 | 2718 | 2778 | 2838 | 39,7 |
| 48 | 2616 | 2674 | 2732 | 2789 | 2847 | 2905 | 2684 | 2746 | 2809 | 2871 | 2934 | 2996 | 41,4 |
| 50 | 2760 | 2820 | 2880 | 2940 | 3001 | 3061 | 2831 | 2896 | 2961 | 3026 | 3091 | 3156 | 43,2 |
| 52 | 2906 | 2968 | 3031 | 3093 | 3156 | 3218 | 2979 | 3047 | 3114 | 3182 | 3250 | 3317 | 44,9 |
| 54 | 3053 | 3118 | 3183 | 3248 | 3313 | 3377 | 3129 | 3200 | 3270 | 3340 | 3410 | 3481 | 46,6 |
| 56 | 3202 | 3269 | 3337 | 3404 | 3471 | 3538 | 3281 | 3354 | 3427 | 3500 | 3573 | 3645 | 48,4 |
| 58 | 3353 | 3422 | 3492 | 3562 | 3631 | 3701 | 3435 | 3510 | 3586 | 3661 | 3736 | 3812 | 50,1 |
| 60 | 3505 | 3577 | 3649 | 3721 | 3793 | 3865 | 3590 | 3668 | 3746 | 3824 | 3902 | 3980 | 51,8 |
| 62 | 3659 | 3733 | 3808 | 3882 | 3956 | 4031 | 3746 | 3827 | 3908 | 3988 | 4069 | 4150 | 53 5 |
| 64 | 3814 | 3891 | 3968 | 4044 | 4121 | 4198 | 3905 | 3988 | 4071 | 4155 | 4238 | 4321 | 55,3 |
| 66 | 3971 | 4050 | 4129 | 4209 | 4288 | 4367 | 4065 | 4150 | 4236 | 4322 | 4408 | 4494 | 57,0 |
| 68 | 4129 | 4211 | 4293 | 4374 | 4456 | 4538 | 4226 | 4315 | 4403 | 4491 | 4580 | 4668 | 58,7 |
| 70 | 4289 | 4373 | 4457 | 4541 | 4626 | 4710 | 4389 | 4480 | 4571 | 4662 | 4753 | 4844 | 60,4 |
| 72 | 4451 | 4537 | 4624 | 4710 | 4797 | 4883 | 4554 | 4647 | 4741 | 4835 | 4928 | 5022 | 62,2 |
| 74 | 4614 | 4703 | 4792 | 4881 | 4969 | 5058 | 4720 | 4816 | 4912 | 5008 | 5105 | 5201 | 63,9 |
| 76 | 4779 | 4870 | 4961 | 5052 | 5144 | 5235 | 4887 | 4986 | 5085 | 5184 | 5283 | 5381 | 65 6 |
| 78 | 4945 | 5039 | 5132 | 5226 | 5319 | 5413 | 5056 | 5158 | 5259 | 5361 | 5462 | 5564 | 67,4 |
| 80 | 5113 | 5209 | 5305 | 5401 | 5497 | 5593 | 5227 | 5331 | 5435 | 5539 | 5643 | 5747 | 69,1 |
| 82 | 5282 | 5380 | 5479 | 5577 | 5676 | 5774 | 5399 | 5506 | 5613 | 5719 | 5826 | 5933 | 70,8 |
| 84 | 5453 | 5553 | 5654 | 5755 | 5856 | 5957 | 5573 | 5682 | 5792 | 5901 | 6010 | 6119 | 72 5 |
| 86 | 5625 | 5728 | 5831 | 5935 | 6038 | 6141 | 5748 | 5860 | 5972 | 6084 | 6196 | 6307 | 74,3 |
| 88 | 5799 | 5904 | 6010 | 6116 | 6221 | 6327 | 5925 | 6040 | 6154 | 6268 | 6383 | 6497 | 76,0 |
| 90 | 5974 | 6082 | 6190 | 6298 | 6406 | 6514 | 6103 | 6220 | 6337 | 6454 | 6571 | 6689 | 77,7 |
| 92 | 6151 | 6261 | 6372 | 6482 | 6592 | 6703 | 6283 | 6403 | 6522 | 6642 | 6762 | 6881 | 79,4 |
| 94 | 6329 | 6442 | 6555 | 6668 | 6780 | 6893 | 6464 | 6587 | 6709 | 6831 | 6953 | 7076 | 81,2 |
| 96 | 6509 | 6624 | 6739 | 6855 | 6970 | 7085 | 6647 | 6772 | 6897 | 7022 | 7147 | 7271 | 82 9 |
| 98 | 6690 | 6808 | 6925 | 7043 | 7161 | 7278 | 6831 | 6959 | 7086 | 7214 | 7341 | 7469 | 84,6 |
| 100 | 6873 | 6993 | 7113 | 7233 | 7353 | 7473 | 7017 | 7147 | 7277 | 7407 | 7537 | 7667 | 86,4 |
| 102 | 7057 | 7180 | 7302 | 7425 | 7547 | 7669 | 7205 | 7337 | 7470 | 7602 | 7735 | 7868 | 88,1 |
| 104 | 7243 | 7368 | 7493 | 7618 | 7742 | 7867 | 7393 | 7529 | 7664 | 7799 | 7934 | 8069 | 89 8 |
| 106 | 7430 | 7558 | 7685 | 7812 | 7939 | 8066 | 7584 | 7721 | 7859 | 7997 | 8135 | 8273 | 91,5 |
| 108 | 7619 | 7749 | 7878 | 8008 | 8138 | 8267 | 7775 | 7916 | 8056 | 8197 | 8337 | 8478 | 93,3 |
| 110 | 7809 | 7941 | 8073 | 8205 | 8337 | 8469 | 7969 | 8112 | 8255 | 8398 | 8541 | 8684 | 95,0 |
| 112 | 8001 | 8136 | 8270 | 8404 | 8539 | 8673 | 8163 | 8309 | 8455 | 8600 | 8746 | 8891 | 96,7 |
| 114 | 8194 | 8331 | 8468 | 8605 | 8742 | 8878 | 8360 | 8508 | 8656 | 8804 | 8952 | 9101 | 98,4 |
| 116 | 8389 | 8528 | 8668 | 8807 | 8946 | 9085 | 8557 | 8708 | 8859 | 9010 | 9161 | 9311 | 100,2 |
| 118 | 8585 | 8727 | 8869 | 9010 | 9152 | 9293 | 8756 | 8910 | 9063 | 9217 | 9370 | 9524 | 101,9 |
| 120 | 8783 | 8927 | 9071 | 9215 | 9359 | 9503 | 8957 | 9113 | 9269 | 9425 | 9581 | 9737 | 103,6 |
| 122 | 8982 | 9129 | 9275 | 9421 | 9568 | 9714 | 9159 | 9318 | 9477 | 9635 | 9794 | 9952 | 105,3 |
| 124 | 9183 | 9332 | 9480 | 9629 | 9778 | 9927 | 9363 | 9524 | 9685 | 9847 | 10008 | 10169 | 107,1 |
| 126 | 9385 | 9536 | 9687 | 9839 | 9990 | 10141 | 9568 | 9732 | 9896 | 10060 | 10223 | 10387 | 108,8 |
| 128 | 9589 | 9742 | 9896 | 10049 | 10203 | 10357 | 9775 | 9941 | 10108 | 10274 | 10440 | 10607 | 110,5 |
| 130 | 9794 | 9950 | 10106 | 10262 | 10418 | 10574 | 9983 | 10152 | 10321 | 10490 | 10659 | 10828 | 112,3 |
| Gew. d. Gurtungen | 106,1 | 108,0 | 109,9 | 111,8 | 113,7 | 115,5 | 109,3 | 111,3 | 113,4 | 115,4 | 117,4 | 119,5 | kg für 1 m |

## L 9,0 · 9,0 · 1,3 cm
### Nietstärke 2,3 cm; Stehblechdicke 1,1 cm

| | Gurtplattendicke 2,4 cm | | | | | | Gurtplattendicke 2,6 cm | | | | | | |
|---|---|---|---|---|---|---|---|---|---|---|---|---|---|
| Stehbl.-Höhe cm | Gurtplattenbreite cm | | | | | | Gurtplattenbreite cm | | | | | | Gew. des Stehbl. |
| | 20 | 21 | 22 | 23 | 24 | 25 | 20 | 21 | 22 | 23 | 24 | 25 | |
| 30 | 1906 | 1979 | 2051 | 2124 | 2197 | 2269 | 1992 | 2071 | 2149 | 2228 | 2307 | 2385 | 25,9 |
| 32 | 2067 | 2144 | 2222 | 2299 | 2376 | 2454 | 2158 | 2242 | 2326 | 2410 | 2493 | 2577 | 27,6 |
| 34 | 2230 | 2312 | 2394 | 2476 | 2558 | 2640 | 2327 | 2416 | 2505 | 2594 | 2683 | 2772 | 29,4 |
| 36 | 2395 | 2482 | 2569 | 2656 | 2743 | 2830 | 2498 | 2592 | 2686 | 2780 | 2874 | 2969 | 31,1 |
| 38 | 2563 | 2654 | 2746 | 2838 | 2929 | 3021 | 2671 | 2770 | 2870 | 2969 | 3068 | 3168 | 32,8 |
| 40 | 2732 | 2829 | 2925 | 3021 | 3118 | 3214 | 2846 | 2951 | 3055 | 3160 | 3264 | 3369 | 34,5 |
| 42 | 2904 | 3005 | 3106 | 3207 | 3309 | 3410 | 3023 | 3133 | 3243 | 3352 | 3462 | 3572 | 36,3 |
| 44 | 3077 | 3183 | 3289 | 3395 | 3501 | 3607 | 3202 | 3317 | 3432 | 3547 | 3662 | 3777 | 38,0 |
| 46 | 3252 | 3363 | 3474 | 3585 | 3696 | 3806 | 3384 | 3504 | 3624 | 3744 | 3864 | 3984 | 39,7 |
| 48 | 3430 | 3545 | 3661 | 3776 | 3892 | 4007 | 3566 | 3692 | 3817 | 3942 | 4067 | 4193 | 41,4 |
| 50 | 3608 | 3729 | 3849 | 3969 | 4090 | 4210 | 3751 | 3882 | 4012 | 4142 | 4273 | 4403 | 43,2 |
| 52 | 3789 | 3914 | 4039 | 4165 | 4290 | 4415 | 3938 | 4073 | 4209 | 4344 | 4480 | 4616 | 44,9 |
| 54 | 3972 | 4101 | 4231 | 4361 | 4491 | 4621 | 4126 | 4267 | 4407 | 4548 | 4689 | 4830 | 46,6 |
| 56 | 4156 | 4290 | 4425 | 4560 | 4694 | 4829 | 4316 | 4462 | 4608 | 4754 | 4900 | 5046 | 48,4 |
| 58 | 4341 | 4481 | 4620 | 4760 | 4899 | 5039 | 4507 | 4658 | 4810 | 4961 | 5112 | 5263 | 50,1 |
| 60 | 4529 | 4673 | 4817 | 4962 | 5106 | 5250 | 4701 | 4857 | 5013 | 5170 | 5326 | 5482 | 51,8 |
| 62 | 4718 | 4867 | 5016 | 5165 | 5314 | 5463 | 4896 | 5057 | 5219 | 5380 | 5542 | 5703 | 53,5 |
| 64 | 4909 | 5062 | 5216 | 5370 | 5524 | 5678 | 5092 | 5259 | 5426 | 5592 | 5759 | 5926 | 55,3 |
| 66 | 5101 | 5259 | 5418 | 5577 | 5735 | 5894 | 5290 | 5462 | 5634 | 5806 | 5978 | 6150 | 57,0 |
| 68 | 5295 | 5458 | 5622 | 5785 | 5949 | 6112 | 5490 | 5667 | 5844 | 6021 | 6198 | 6376 | 58,7 |
| 70 | 5490 | 5658 | 5827 | 5995 | 6163 | 6331 | 5691 | 5874 | 6056 | 6238 | 6421 | 6603 | 60,4 |
| 72 | 5687 | 5860 | 6033 | 6206 | 6379 | 6552 | 5894 | 6082 | 6269 | 6457 | 6644 | 6832 | 62,2 |
| 74 | 5886 | 6064 | 6242 | 6419 | 6597 | 6775 | 6099 | 6292 | 6484 | 6677 | 6870 | 7062 | 63,9 |
| 76 | 6086 | 6269 | 6451 | 6634 | 6817 | 6999 | 6305 | 6503 | 6701 | 6899 | 7096 | 7294 | 65,6 |
| 78 | 6288 | 6475 | 6663 | 6850 | 7038 | 7225 | 6513 | 6716 | 6919 | 7122 | 7325 | 7528 | 67,4 |
| 80 | 6491 | 6683 | 6876 | 7068 | 7260 | 7452 | 6722 | 6930 | 7138 | 7347 | 7555 | 7763 | 69,1 |
| 82 | 6696 | 6893 | 7090 | 7287 | 7484 | 7681 | 6933 | 7146 | 7360 | 7573 | 7786 | 8000 | 70,8 |
| 84 | 6902 | 7104 | 7306 | 7508 | 7710 | 7911 | 7145 | 7364 | 7582 | 7801 | 8020 | 8238 | 72,5 |
| 86 | 7110 | 7317 | 7523 | 7730 | 7937 | 8143 | 7359 | 7583 | 7806 | 8030 | 8254 | 8478 | 74,3 |
| 88 | 7320 | 7531 | 7742 | 7954 | 8165 | 8377 | 7574 | 7803 | 8032 | 8261 | 8490 | 8719 | 76,0 |
| 90 | 7531 | 7747 | 7963 | 8179 | 8395 | 8612 | 7791 | 8025 | 8259 | 8494 | 8728 | 8962 | 77,7 |
| 92 | 7743 | 7964 | 8185 | 8406 | 8627 | 8848 | 8009 | 8249 | 8488 | 8728 | 8967 | 9207 | 79,4 |
| 94 | 7957 | 8183 | 8409 | 8635 | 8860 | 9086 | 8229 | 8474 | 8719 | 8963 | 9208 | 9453 | 81,2 |
| 96 | 8173 | 8403 | 8634 | 8864 | 9095 | 9326 | 8451 | 8701 | 8951 | 9200 | 9450 | 9700 | 82,9 |
| 98 | 8390 | 8625 | 8860 | 9096 | 9331 | 9567 | 8674 | 8929 | 9184 | 9439 | 9694 | 9949 | 84,6 |
| 100 | 8608 | 8848 | 9089 | 9329 | 9569 | 9809 | 8898 | 9159 | 9419 | 9679 | 9939 | 10199 | 86,4 |
| 102 | 8828 | 9073 | 9318 | 9563 | 9808 | 10053 | 9124 | 9390 | 9655 | 9921 | 10186 | 10451 | 88,1 |
| 104 | 9050 | 9300 | 9549 | 9799 | 10049 | 10299 | 9352 | 9622 | 9893 | 10164 | 10434 | 10705 | 89,8 |
| 106 | 9273 | 9528 | 9782 | 10037 | 10291 | 10546 | 9581 | 9857 | 10132 | 10408 | 10684 | 10960 | 91,5 |
| 108 | 9498 | 9757 | 10016 | 10276 | 10535 | 10794 | 9811 | 10092 | 10373 | 10654 | 10935 | 11216 | 93,3 |
| 110 | 9724 | 9988 | 10252 | 10516 | 10780 | 11044 | 10043 | 10330 | 10616 | 10902 | 11188 | 11474 | 95,0 |
| 112 | 9951 | 10220 | 10489 | 10758 | 11027 | 11296 | 10277 | 10568 | 10860 | 11151 | 11443 | 11734 | 96,7 |
| 114 | 10180 | 10454 | 10728 | 11001 | 11275 | 11549 | 10512 | 10809 | 11105 | 11402 | 11698 | 11995 | 98,4 |
| 116 | 10411 | 10689 | 10968 | 11246 | 11525 | 11804 | 10748 | 11050 | 11352 | 11654 | 11956 | 12257 | 100,2 |
| 118 | 10643 | 10926 | 11210 | 11493 | 11776 | 12060 | 10986 | 11293 | 11600 | 11907 | 12214 | 12521 | 101,9 |
| 120 | 10876 | 11164 | 11453 | 11741 | 12029 | 12317 | 11226 | 11538 | 11850 | 12163 | 12475 | 12787 | 103,6 |
| 122 | 11111 | 11404 | 11697 | 11990 | 12283 | 12576 | 11467 | 11784 | 12102 | 12419 | 12737 | 13054 | 105,3 |
| 124 | 11348 | 11646 | 11943 | 12241 | 12539 | 12837 | 11709 | 12032 | 12355 | 12677 | 13000 | 13322 | 107,1 |
| 126 | 11586 | 11888 | 12191 | 12494 | 12796 | 13099 | 11953 | 12281 | 12609 | 12937 | 13265 | 13592 | 108,8 |
| 128 | 11825 | 12133 | 12440 | 12747 | 13055 | 13362 | 12199 | 12532 | 12865 | 13198 | 13531 | 13864 | 110,5 |
| 130 | 12066 | 12379 | 12691 | 13003 | 13315 | 13627 | 12446 | 12784 | 13122 | 13460 | 13799 | 14137 | 112,3 |
| Gew. d. Gurtungen | 143,8 | 147,6 | 151,3 | 155,1 | 158,9 | 162,6 | 150,1 | 154,2 | 158,3 | 162,3 | 166,4 | 170,5 | kg für 1 m |

4*

## L 9,0 · 9,0 · 1,3 cm
### Nietstärke 2,3 cm; Stehblechdicke 1,1 cm

Gurtplattendicke 3,6 cm           Gurtplattendicke 3,9 cm

| Stehbl.-Höhe cm | Gurtplattenbreite cm | | | | | | Gurtplattenbreite cm | | | | | | Gew. des Stehbl. |
|---|---|---|---|---|---|---|---|---|---|---|---|---|---|
| | 20 | 21 | 22 | 23 | 24 | 25 | 20 | 21 | 22 | 23 | 24 | 25 | |
| 30 | 2427 | 2537 | 2647 | 2757 | 2866 | 2976 | 2561 | 2680 | 2799 | 2918 | 3037 | 3156 | 25,9 |
| 32 | 2621 | 2738 | 2855 | 2972 | 3089 | 3205 | 2763 | 2890 | 3017 | 3143 | 3270 | 3397 | 27,6 |
| 34 | 2818 | 2942 | 3066 | 3190 | 3314 | 3438 | 2968 | 3102 | 3237 | 3371 | 3506 | 3640 | 29,4 |
| 36 | 3017 | 3148 | 3279 | 3410 | 3541 | 3672 | 3175 | 3318 | 3460 | 3602 | 3744 | 3886 | 31,1 |
| 38 | 3218 | 3357 | 3495 | 3633 | 3771 | 3909 | 3385 | 3535 | 3685 | 3835 | 3985 | 4135 | 32,8 |
| 40 | 3422 | 3567 | 3713 | 3858 | 4003 | 4149 | 3597 | 3755 | 3912 | 4070 | 4228 | 4385 | 34,5 |
| 42 | 3628 | 3780 | 3933 | 4085 | 4238 | 4390 | 3811 | 3977 | 4142 | 4307 | 4473 | 4638 | 36,3 |
| 44 | 3835 | 3995 | 4155 | 4314 | 4474 | 4634 | 4028 | 4201 | 4374 | 4547 | 4720 | 4893 | 38,0 |
| 46 | 4045 | 4212 | 4379 | 4545 | 4712 | 4879 | 4246 | 4427 | 4608 | 4788 | 4969 | 5150 | 39,7 |
| 48 | 4257 | 4431 | 4605 | 4779 | 4953 | 5126 | 4466 | 4655 | 4843 | 5032 | 5221 | 5409 | 41,4 |
| 50 | 4470 | 4651 | 4833 | 5014 | 5195 | 5376 | 4688 | 4885 | 5081 | 5277 | 5474 | 5670 | 43,2 |
| 52 | 4686 | 4874 | 5062 | 5251 | 5439 | 5627 | 4912 | 5116 | 5321 | 5525 | 5729 | 5933 | 44,9 |
| 54 | 4903 | 5098 | 5294 | 5489 | 5685 | 5880 | 5138 | 5350 | 5562 | 5774 | 5986 | 6198 | 46,6 |
| 56 | 5122 | 5325 | 5527 | 5730 | 5932 | 6135 | 5366 | 5585 | 5805 | 6025 | 6244 | 6464 | 48,4 |
| 58 | 5343 | 5552 | 5762 | 5972 | 6182 | 6391 | 5595 | 5823 | 6050 | 6277 | 6505 | 6732 | 50,1 |
| 60 | 5565 | 5782 | 5999 | 6216 | 6433 | 6650 | 5826 | 6061 | 6297 | 6532 | 6767 | 7002 | 51,8 |
| 62 | 5789 | 6013 | 6237 | 6461 | 6686 | 6910 | 6059 | 6302 | 6545 | 6788 | 7031 | 7274 | 53 5 |
| 64 | 6015 | 6246 | 6478 | 6709 | 6940 | 7171 | 6294 | 6544 | 6795 | 7046 | 7296 | 7547 | 55,3 |
| 66 | 6242 | 6481 | 6719 | 6958 | 7196 | 7435 | 6530 | 6788 | 7047 | 7305 | 7564 | 7822 | 57,0 |
| 68 | 6472 | 6717 | 6963 | 7208 | 7454 | 7700 | 6768 | 7034 | 7300 | 7566 | 7833 | 8099 | 58,7 |
| 70 | 6702 | 6955 | 7208 | 7461 | 7713 | 7966 | 7007 | 7281 | 7555 | 7829 | 8103 | 8377 | 60,4 |
| 72 | 6935 | 7195 | 7455 | 7715 | 7975 | 8235 | 7248 | 7530 | 7812 | 8094 | 8376 | 8657 | 62,2 |
| 74 | 7169 | 7436 | 7703 | 7970 | 8237 | 8504 | 7491 | 7781 | 8070 | 8360 | 8649 | 8939 | 63,9 |
| 76 | 7404 | 7678 | 7953 | 8227 | 8502 | 8776 | 7735 | 8033 | 8330 | 8628 | 8925 | 9222 | 65,6 |
| 78 | 7641 | 7923 | 8204 | 8486 | 8767 | 9049 | 7981 | 8287 | 8592 | 8897 | 9202 | 9507 | 67,4 |
| 80 | 7880 | 8169 | 8457 | 8746 | 9035 | 9324 | 8229 | 8542 | 8855 | 9168 | 9481 | 9793 | 69,1 |
| 82 | 8120 | 8416 | 8712 | 9008 | 9304 | 9600 | 8478 | 8799 | 9119 | 9440 | 9761 | 10082 | 70,8 |
| 84 | 8362 | 8665 | 8968 | 9271 | 9574 | 9878 | 8729 | 9057 | 9386 | 9714 | 10043 | 10371 | 72,5 |
| 86 | 8606 | 8916 | 9226 | 9536 | 9847 | 10157 | 8981 | 9317 | 9654 | 9990 | 10326 | 10662 | 74,3 |
| 88 | 8850 | 9168 | 9485 | 9803 | 10120 | 10438 | 9235 | 9579 | 9923 | 10267 | 10611 | 10955 | 76,0 |
| 90 | 9097 | 9422 | 9746 | 10071 | 10396 | 10720 | 9490 | 9842 | 10194 | 10546 | 10897 | 11249 | 77,7 |
| 92 | 9345 | 9677 | 10009 | 10341 | 10672 | 11004 | 9747 | 10107 | 10466 | 10826 | 11186 | 11545 | 79,4 |
| 94 | 9595 | 9934 | 10273 | 10612 | 10951 | 11290 | 10006 | 10373 | 10740 | 11108 | 11475 | 11843 | 81,2 |
| 96 | 9846 | 10192 | 10538 | 10884 | 11231 | 11577 | 10266 | 10641 | 11016 | 11391 | 11766 | 12141 | 82 9 |
| 98 | 10098 | 10452 | 10805 | 11159 | 11512 | 11865 | 10527 | 10910 | 11293 | 11676 | 12059 | 12442 | 84,6 |
| 100 | 10353 | 10713 | 11074 | 11434 | 11795 | 12155 | 10790 | 11181 | 11572 | 11962 | 12353 | 12744 | 86,4 |
| 102 | 10608 | 10976 | 11344 | 11712 | 12079 | 12447 | 11055 | 11453 | 11852 | 12250 | 12649 | 13047 | 88,1 |
| 104 | 10866 | 11240 | 11615 | 11990 | 12365 | 12740 | 11321 | 11727 | 12134 | 12540 | 12946 | 13352 | 89 8 |
| 106 | 11124 | 11506 | 11889 | 12271 | 12653 | 13035 | 11589 | 12003 | 12417 | 12831 | 13245 | 13659 | 91,5 |
| 108 | 11385 | 11774 | 12163 | 12553 | 12942 | 13331 | 11858 | 12280 | 12702 | 13123 | 13545 | 13967 | 93,3 |
| 110 | 11646 | 12043 | 12439 | 12836 | 13232 | 13629 | 12128 | 12558 | 12988 | 13417 | 13847 | 14277 | 95,0 |
| 112 | 11910 | 12313 | 12717 | 13121 | 13524 | 13928 | 12401 | 12838 | 13276 | 13713 | 14150 | 14588 | 96,7 |
| 114 | 12174 | 12585 | 12996 | 13407 | 13818 | 14229 | 12674 | 13120 | 13565 | 14010 | 14455 | 14901 | 98,4 |
| 116 | 12441 | 12859 | 13277 | 13695 | 14113 | 14531 | 12950 | 13403 | 13856 | 14309 | 14762 | 15215 | 100,2 |
| 118 | 12708 | 13134 | 13559 | 13984 | 14410 | 14835 | 13226 | 13687 | 14148 | 14609 | 15070 | 15530 | 101,9 |
| 120 | 12978 | 13410 | 13843 | 14275 | 14708 | 15140 | 13504 | 13973 | 14442 | 14910 | 15379 | 15848 | 103,6 |
| 122 | 13249 | 13688 | 14128 | 14568 | 15007 | 15447 | 13784 | 14261 | 14737 | 15213 | 15690 | 16166 | 105,3 |
| 124 | 13521 | 13968 | 14415 | 14861 | 15308 | 15755 | 14065 | 14550 | 15034 | 15518 | 16002 | 16486 | 107,1 |
| 126 | 13795 | 14249 | 14703 | 15157 | 15611 | 16065 | 14348 | 14840 | 15332 | 15824 | 16316 | 16808 | 108,8 |
| 128 | 14070 | 14531 | 14992 | 15454 | 15915 | 16376 | 14632 | 15132 | 15632 | 16132 | 16631 | 17131 | 110,5 |
| 130 | 14347 | 14815 | 15284 | 15752 | 16220 | 16689 | 14918 | 15426 | 15933 | 16441 | 16948 | 17456 | 112,3 |
| Gew. d. Gurtungen | 181,5 | 187,1 | 192,8 | 198,4 | 204,1 | 209,7 | 190,8 | 197,0 | 203,2 | 209,3 | 215,4 | 221,5 | kg für 1 m |

## L 10,0 · 10,0 · 1,0 cm
### Nietstärke 2,0 cm; Stehblechdicke 1,0 cm

Gurtplattendicke 1,0 cm                                     Gurtplattendicke 1,1 cm

| Stehbl.-Höhe cm | Gurtplattenbreite cm | | | | | | Gurtplattenbreite cm | | | | | | Gew. des Stehbl. |
|---|---|---|---|---|---|---|---|---|---|---|---|---|---|
| | 21 | 22 | 23 | 24 | 25 | 26 | 21 | 22 | 23 | 24 | 25 | 26 | |
| 30 | 1290 | 1320 | 1350 | 1380 | 1410 | 1440 | 1337 | 1370 | 1403 | 1436 | 1469 | 1502 | 23,6 |
| 32 | 1405 | 1437 | 1470 | 1502 | 1534 | 1566 | 1455 | 1490 | 1526 | 1561 | 1596 | 1631 | 25,1 |
| 34 | 1523 | 1557 | 1591 | 1625 | 1659 | 1693 | 1576 | 1613 | 1650 | 1688 | 1725 | 1763 | 26,7 |
| 36 | 1642 | 1678 | 1714 | 1750 | 1786 | 1822 | 1698 | 1738 | 1777 | 1817 | 1857 | 1896 | 28,3 |
| 38 | 1763 | 1801 | 1839 | 1877 | 1915 | 1953 | 1822 | 1864 | 1906 | 1948 | 1990 | 2032 | 29,8 |
| 40 | 1886 | 1926 | 1966 | 2006 | 2046 | 2086 | 1949 | 1993 | 2037 | 2081 | 2125 | 2169 | 31,4 |
| 42 | 2011 | 2053 | 2095 | 2137 | 2179 | 2221 | 2076 | 2123 | 2169 | 2215 | 2261 | 2308 | 33,0 |
| 44 | 2137 | 2181 | 2225 | 2269 | 2313 | 2357 | 2206 | 2254 | 2303 | 2351 | 2400 | 2448 | 34,5 |
| 46 | 2265 | 2311 | 2357 | 2403 | 2449 | 2495 | 2337 | 2388 | 2439 | 2489 | 2540 | 2590 | 36,1 |
| 48 | 2395 | 2443 | 2491 | 2539 | 2587 | 2635 | 2470 | 2523 | 2576 | 2629 | 2681 | 2734 | 37,7 |
| 50 | 2526 | 2576 | 2626 | 2676 | 2726 | 2776 | 2605 | 2660 | 2715 | 2770 | 2825 | 2880 | 39,3 |
| 52 | 2658 | 2711 | 2763 | 2815 | 2867 | 2919 | 2740 | 2798 | 2855 | 2912 | 2969 | 3027 | 40,8 |
| 54 | 2793 | 2847 | 2901 | 2955 | 3009 | 3063 | 2878 | 2937 | 2997 | 3056 | 3116 | 3175 | 42,4 |
| 56 | 2928 | 2984 | 3040 | 3097 | 3153 | 3209 | 3017 | 3079 | 3140 | 3202 | 3263 | 3325 | 44,0 |
| 58 | 3066 | 3124 | 3182 | 3240 | 3298 | 3356 | 3157 | 3221 | 3285 | 3349 | 3413 | 3477 | 45,5 |
| 60 | 3204 | 3264 | 3324 | 3384 | 3444 | 3504 | 3299 | 3365 | 3431 | 3498 | 3564 | 3630 | 47,1 |
| 62 | 3344 | 3406 | 3469 | 3531 | 3593 | 3655 | 3443 | 3511 | 3579 | 3648 | 3716 | 3784 | 48,7 |
| 64 | 3486 | 3550 | 3614 | 3678 | 3742 | 3806 | 3588 | 3658 | 3729 | 3799 | 3869 | 3940 | 50,2 |
| 66 | 3629 | 3695 | 3761 | 3827 | 3893 | 3959 | 3734 | 3807 | 3879 | 3952 | 4025 | 4097 | 51,8 |
| 68 | 3774 | 3842 | 3910 | 3978 | 4046 | 4114 | 3882 | 3957 | 4031 | 4106 | 4181 | 4256 | 53,4 |
| 70 | 3919 | 3989 | 4059 | 4129 | 4199 | 4269 | 4031 | 4108 | 4185 | 4262 | 4339 | 4416 | 55,0 |
| 72 | 4067 | 4139 | 4211 | 4283 | 4355 | 4427 | 4181 | 4261 | 4340 | 4419 | 4498 | 4578 | 56,5 |
| 74 | 4215 | 4289 | 4363 | 4437 | 4511 | 4585 | 4333 | 4415 | 4496 | 4578 | 4659 | 4741 | 58,1 |
| 76 | 4365 | 4441 | 4517 | 4593 | 4669 | 4746 | 4487 | 4570 | 4654 | 4738 | 4821 | 4905 | 59,7 |
| 78 | 4517 | 4595 | 4673 | 4751 | 4829 | 4907 | 4642 | 4727 | 4813 | 4899 | 4985 | 5071 | 61,2 |
| 80 | 4670 | 4750 | 4830 | 4910 | 4990 | 5070 | 4798 | 4886 | 4974 | 5062 | 5150 | 5238 | 62,8 |
| 82 | 4824 | 4906 | 4988 | 5070 | 5152 | 5234 | 4955 | 5046 | 5136 | 5226 | 5316 | 5406 | 64,4 |
| 84 | 4980 | 5064 | 5148 | 5232 | 5316 | 5400 | 5114 | 5207 | 5299 | 5392 | 5484 | 5576 | 65,9 |
| 86 | 5137 | 5223 | 5309 | 5395 | 5481 | 5567 | 5275 | 5369 | 5464 | 5559 | 5653 | 5748 | 67,5 |
| 88 | 5295 | 5383 | 5471 | 5559 | 5647 | 5735 | 5436 | 5533 | 5630 | 5727 | 5824 | 5920 | 69,1 |
| 90 | 5455 | 5545 | 5635 | 5725 | 5815 | 5905 | 5599 | 5698 | 5797 | 5896 | 5996 | 6095 | 70,7 |
| 92 | 5616 | 5708 | 5800 | 5892 | 5984 | 6076 | 5764 | 5865 | 5966 | 6068 | 6169 | 6270 | 72,2 |
| 94 | 5779 | 5873 | 5967 | 6061 | 6155 | 6249 | 5930 | 6033 | 6137 | 6240 | 6343 | 6447 | 73,8 |
| 96 | 5942 | 6038 | 6134 | 6230 | 6326 | 6422 | 6097 | 6203 | 6308 | 6414 | 6519 | 6625 | 75,4 |
| 98 | 6108 | 6206 | 6304 | 6402 | 6500 | 6598 | 6265 | 6373 | 6481 | 6589 | 6697 | 6805 | 76,9 |
| 100 | 6274 | 6374 | 6474 | 6574 | 6674 | 6774 | 6435 | 6545 | 6655 | 6765 | 6875 | 6985 | 78,5 |
| 102 | 6442 | 6544 | 6646 | 6748 | 6850 | 6952 | 6607 | 6719 | 6831 | 6943 | 7056 | 7168 | 80,1 |
| 104 | 6612 | 6716 | 6820 | 6924 | 7028 | 7132 | 6779 | 6894 | 7008 | 7123 | 7237 | 7351 | 81,6 |
| 106 | 6782 | 6888 | 6994 | 7100 | 7206 | 7312 | 6953 | 7070 | 7187 | 7303 | 7420 | 7536 | 83,2 |
| 108 | 6954 | 7062 | 7170 | 7278 | 7386 | 7494 | 7129 | 7247 | 7366 | 7485 | 7604 | 7723 | 84,8 |
| 110 | 7128 | 7238 | 7348 | 7458 | 7568 | 7678 | 7305 | 7426 | 7547 | 7668 | 7789 | 7910 | 86,4 |
| 112 | 7302 | 7414 | 7526 | 7638 | 7750 | 7863 | 7483 | 7607 | 7730 | 7853 | 7976 | 8100 | 87,9 |
| 114 | 7479 | 7593 | 7707 | 7821 | 7935 | 8049 | 7663 | 7788 | 7914 | 8039 | 8165 | 8290 | 89,5 |
| 116 | 7656 | 7772 | 7888 | 8004 | 8120 | 8236 | 7844 | 7971 | 8099 | 8227 | 8354 | 8482 | 91,1 |
| 118 | 7835 | 7953 | 8071 | 8189 | 8307 | 8425 | 8026 | 8156 | 8285 | 8415 | 8545 | 8675 | 92,6 |
| 120 | 8015 | 8135 | 8255 | 8375 | 8495 | 8615 | 8209 | 8341 | 8473 | 8605 | 8737 | 8869 | 94,2 |
| 122 | 8196 | 8319 | 8441 | 8563 | 8685 | 8807 | 8394 | 8528 | 8663 | 8797 | 8931 | 9065 | 95,8 |
| 124 | 8379 | 8503 | 8627 | 8751 | 8875 | 8999 | 8580 | 8717 | 8853 | 8990 | 9126 | 9262 | 97,3 |
| 126 | 8564 | 8690 | 8816 | 8942 | 9068 | 9194 | 8768 | 8906 | 9045 | 9184 | 9322 | 9461 | 98,9 |
| 128 | 8749 | 8877 | 9005 | 9133 | 9261 | 9389 | 8957 | 9097 | 9238 | 9379 | 9520 | 9661 | 100,5 |
| 130 | 8936 | 9066 | 9196 | 9326 | 9456 | 9586 | 9147 | 9290 | 9433 | 9576 | 9719 | 9862 | 102,1 |
| 140 | 9891 | 10031 | 10171 | 10311 | 10451 | 10591 | 10119 | 10273 | 10427 | 10581 | 10735 | 10889 | 109,9 |
| 150 | 10879 | 11029 | 11179 | 11329 | 11479 | 11629 | 11124 | 11289 | 11454 | 11619 | 11784 | 11949 | 117,8 |
| 160 | 11901 | 12061 | 12221 | 12381 | 12541 | 12701 | 12162 | 12338 | 12515 | 12691 | 12867 | 13043 | 125,6 |
| 170 | 12955 | 13125 | 13295 | 13465 | 13635 | 13805 | 13235 | 13422 | 13609 | 13796 | 13983 | 14170 | 133,5 |
| 180 | 14045 | 14225 | 14405 | 14585 | 14765 | 14945 | 14340 | 14538 | 14736 | 14934 | 15132 | 15330 | 141,3 |
| Gew. d. Gurtungen | 93,3 | 94,8 | 96,4 | 98,0 | 99,5 | 101,1 | 96,6 | 98,3 | 100,0 | 101,7 | 103,5 | 105,2 | kg für 1 m |

Widerstandsmomente cm³.

L 10,0 · 10,0 · 1,0 cm

### Nietstärke 2,0 cm; Stehblechdicke 1,0 cm

Gurtplattendicke 1,2 cm        Gurtplattendicke 1,3 cm

| Stehbl.-Höhe cm | Gurtplattenbreite cm | | | | | | Gurtplattenbreite cm | | | | | | Gew. des Stehbl. |
|---|---|---|---|---|---|---|---|---|---|---|---|---|---|
| | 21 | 22 | 23 | 24 | 25 | 26 | 21 | 22 | 23 | 24 | 25 | 26 | |
| 30 | 1383 | 1419 | 1455 | 1491 | 1527 | 1563 | 1430 | 1469 | 1508 | 1547 | 1586 | 1625 | 23,6 |
| 32 | 1505 | 1543 | 1582 | 1620 | 1659 | 1697 | 1554 | 1596 | 1638 | 1680 | 1721 | 1763 | 25,1 |
| 34 | 1628 | 1669 | 1710 | 1751 | 1792 | 1833 | 1681 | 1726 | 1770 | 1814 | 1859 | 1903 | 26,7 |
| 36 | 1754 | 1797 | 1841 | 1884 | 1927 | 1970 | 1810 | 1857 | 1904 | 1951 | 1998 | 2045 | 28,3 |
| 38 | 1882 | 1927 | 1973 | 2019 | 2064 | 2110 | 1941 | 1991 | 2040 | 2090 | 2139 | 2188 | 29,8 |
| 40 | 2011 | 2059 | 2107 | 2155 | 2203 | 2251 | 2074 | 2126 | 2178 | 2230 | 2282 | 2334 | 31,4 |
| 42 | 2142 | 2193 | 2243 | 2294 | 2344 | 2394 | 2208 | 2263 | 2317 | 2372 | 2427 | 2481 | 33,0 |
| 44 | 2275 | 2328 | 2381 | 2434 | 2486 | 2539 | 2344 | 2401 | 2459 | 2516 | 2573 | 2630 | 34,5 |
| 46 | 2410 | 2465 | 2520 | 2575 | 2631 | 2686 | 2482 | 2542 | 2602 | 2661 | 2721 | 2781 | 36,1 |
| 48 | 2546 | 2603 | 2661 | 2719 | 2776 | 2834 | 2621 | 2684 | 2746 | 2809 | 2871 | 2934 | 37,7 |
| 50 | 2683 | 2743 | 2803 | 2863 | 2923 | 2984 | 2762 | 2827 | 2892 | 2957 | 3022 | 3087 | 39,3 |
| 52 | 2823 | 2885 | 2947 | 3010 | 3072 | 3135 | 2905 | 2972 | 3040 | 3108 | 3175 | 3243 | 40,8 |
| 54 | 2963 | 3028 | 3093 | 3158 | 3223 | 3288 | 3049 | 3119 | 3189 | 3259 | 3330 | 3400 | 42,4 |
| 56 | 3106 | 3173 | 3240 | 3307 | 3375 | 3442 | 3194 | 3267 | 3340 | 3413 | 3486 | 3559 | 44,0 |
| 58 | 3249 | 3319 | 3389 | 3458 | 3528 | 3598 | 3341 | 3417 | 3492 | 3568 | 3643 | 3719 | 45,5 |
| 60 | 3395 | 3467 | 3539 | 3611 | 3683 | 3755 | 3490 | 3568 | 3646 | 3724 | 3802 | 3880 | 47,1 |
| 62 | 3541 | 3616 | 3690 | 3765 | 3839 | 3913 | 3640 | 3720 | 3801 | 3882 | 3962 | 4043 | 48,7 |
| 64 | 3689 | 3766 | 3843 | 3920 | 3997 | 4074 | 3791 | 3874 | 3958 | 4041 | 4124 | 4207 | 50,2 |
| 66 | 3839 | 3918 | 3998 | 4077 | 4156 | 4235 | 3944 | 4030 | 4116 | 4202 | 4287 | 4373 | 51,8 |
| 68 | 3990 | 4072 | 4153 | 4235 | 4317 | 4398 | 4098 | 4187 | 4275 | 4364 | 4452 | 4541 | 53,4 |
| 70 | 4143 | 4227 | 4311 | 4395 | 4479 | 4563 | 4254 | 4345 | 4436 | 4527 | 4618 | 4709 | 55,0 |
| 72 | 4296 | 4383 | 4469 | 4556 | 4642 | 4729 | 4411 | 4505 | 4599 | 4692 | 4786 | 4880 | 56,5 |
| 74 | 4452 | 4540 | 4629 | 4718 | 4807 | 4896 | 4570 | 4666 | 4762 | 4859 | 4955 | 5051 | 58,1 |
| 76 | 4608 | 4700 | 4791 | 4882 | 4973 | 5064 | 4730 | 4829 | 4928 | 5026 | 5125 | 5224 | 59,7 |
| 78 | 4766 | 4860 | 4954 | 5047 | 5141 | 5235 | 4891 | 4993 | 5094 | 5196 | 5297 | 5398 | 61,2 |
| 80 | 4926 | 5022 | 5118 | 5214 | 5310 | 5406 | 5054 | 5158 | 5262 | 5366 | 5470 | 5574 | 62,8 |
| 82 | 5087 | 5185 | 5284 | 5382 | 5480 | 5579 | 5218 | 5325 | 5431 | 5538 | 5645 | 5751 | 64,4 |
| 84 | 5249 | 5350 | 5451 | 5552 | 5652 | 5753 | 5384 | 5493 | 5602 | 5711 | 5821 | 5930 | 65,9 |
| 86 | 5413 | 5516 | 5619 | 5722 | 5826 | 5929 | 5551 | 5663 | 5774 | 5886 | 5998 | 6110 | 67,5 |
| 88 | 5578 | 5683 | 5789 | 5895 | 6000 | 6106 | 5719 | 5833 | 5948 | 6062 | 6177 | 6291 | 69,1 |
| 90 | 5744 | 5852 | 5960 | 6068 | 6176 | 6284 | 5889 | 6006 | 6123 | 6240 | 6357 | 6474 | 70,7 |
| 92 | 5912 | 6022 | 6133 | 6243 | 6354 | 6464 | 6060 | 6179 | 6299 | 6419 | 6538 | 6658 | 72,2 |
| 94 | 6081 | 6194 | 6307 | 6419 | 6532 | 6645 | 6232 | 6354 | 6477 | 6599 | 6721 | 6843 | 73,8 |
| 96 | 6251 | 6367 | 6482 | 6597 | 6712 | 6828 | 6406 | 6531 | 6656 | 6781 | 6905 | 7030 | 75,4 |
| 98 | 6423 | 6541 | 6659 | 6776 | 6894 | 7011 | 6581 | 6709 | 6836 | 6964 | 7091 | 7218 | 76,9 |
| 100 | 6597 | 6717 | 6837 | 6957 | 7077 | 7197 | 6758 | 6888 | 7018 | 7148 | 7278 | 7408 | 78,5 |
| 102 | 6771 | 6894 | 7016 | 7138 | 7261 | 7383 | 6936 | 7068 | 7201 | 7334 | 7466 | 7599 | 80,1 |
| 104 | 6947 | 7072 | 7197 | 7322 | 7446 | 7571 | 7115 | 7250 | 7385 | 7521 | 7656 | 7791 | 81,6 |
| 106 | 7124 | 7252 | 7379 | 7506 | 7633 | 7761 | 7296 | 7433 | 7571 | 7709 | 7847 | 7985 | 83,2 |
| 108 | 7303 | 7433 | 7562 | 7692 | 7822 | 7951 | 7478 | 7618 | 7758 | 7899 | 8039 | 8180 | 84,8 |
| 110 | 7483 | 7615 | 7747 | 7879 | 8011 | 8143 | 7661 | 7804 | 7947 | 8090 | 8233 | 8376 | 86,4 |
| 112 | 7665 | 7799 | 7933 | 8068 | 8202 | 8337 | 7846 | 7991 | 8137 | 8282 | 8428 | 8574 | 87,9 |
| 114 | 7847 | 7984 | 8121 | 8258 | 8395 | 8531 | 8032 | 8180 | 8328 | 8476 | 8625 | 8773 | 89,5 |
| 116 | 8031 | 8171 | 8310 | 8449 | 8588 | 8727 | 8219 | 8370 | 8521 | 8672 | 8822 | 8973 | 91,1 |
| 118 | 8217 | 8358 | 8500 | 8642 | 8783 | 8925 | 8408 | 8561 | 8715 | 8868 | 9022 | 9175 | 92,6 |
| 120 | 8404 | 8548 | 8692 | 8836 | 8980 | 9124 | 8598 | 8754 | 8910 | 9066 | 9222 | 9378 | 94,2 |
| 122 | 8592 | 8738 | 8885 | 9031 | 9177 | 9324 | 8789 | 8948 | 9107 | 9265 | 9424 | 9583 | 95,8 |
| 124 | 8781 | 8930 | 9079 | 9228 | 9377 | 9525 | 8982 | 9143 | 9305 | 9466 | 9627 | 9788 | 97,3 |
| 126 | 8972 | 9123 | 9275 | 9426 | 9577 | 9728 | 9176 | 9340 | 9504 | 9668 | 9832 | 9996 | 98,9 |
| 128 | 9164 | 9318 | 9472 | 9625 | 9779 | 9932 | 9372 | 9538 | 9705 | 9871 | 10038 | 10204 | 100,5 |
| 130 | 9358 | 9514 | 9670 | 9826 | 9982 | 10138 | 9569 | 9738 | 9907 | 10076 | 10245 | 10414 | 102,1 |
| 140 | 10346 | 10514 | 10682 | 10850 | 11018 | 11186 | 10574 | 10756 | 10938 | 11120 | 11302 | 11484 | 109,9 |
| 150 | 11367 | 11547 | 11727 | 11907 | 12087 | 12267 | 11612 | 11807 | 12002 | 12197 | 12392 | 12587 | 117,8 |
| 160 | 12422 | 12614 | 12806 | 12998 | 13190 | 13382 | 12684 | 12892 | 13100 | 13308 | 13516 | 13724 | 125,6 |
| 170 | 13510 | 13714 | 13918 | 14122 | 14327 | 14531 | 13789 | 14010 | 14231 | 14452 | 14673 | 14894 | 133,5 |
| 180 | 14632 | 14848 | 15064 | 15280 | 15496 | 15712 | 14928 | 15162 | 15396 | 15630 | 15864 | 16098 | 141,3 |
| Gew. d. Gurtungen | 99,9 | 101,7 | 103,6 | 105,5 | 107,4 | 109,3 | 103,2 | 105,2 | 107,2 | 109,3 | 111,3 | 113,4 | kg für 1 m |

## ∟ 10,0 · 10,0 · 1,0 cm
### Nietstärke 2,0 cm; Stehblechdicke 1,0 cm

Gurtplattendicke 2,0 cm          Gurtplattendicke 2,2 cm

| Stehbl.-Höhe cm | Gurtplattenbreite cm | | | | | | Gurtplattenbreite cm | | | | | | Gew. des Stehbl. |
|---|---|---|---|---|---|---|---|---|---|---|---|---|---|
| | 21 | 22 | 23 | 24 | 25 | 26 | 21 | 22 | 23 | 24 | 25 | 26 | |
| 30 | 1759 | 1819 | 1880 | 1940 | 2000 | 2061 | 1854 | 1921 | 1987 | 2053 | 2120 | 2186 | 23,6 |
| 32 | 1906 | 1970 | 2035 | 2099 | 2163 | 2227 | 2007 | 2078 | 2149 | 2220 | 2291 | 2361 | 25,1 |
| 34 | 2055 | 2123 | 2192 | 2260 | 2328 | 2397 | 2163 | 2238 | 2313 | 2388 | 2464 | 2539 | 26,7 |
| 36 | 2206 | 2279 | 2351 | 2423 | 2496 | 2568 | 2321 | 2400 | 2480 | 2559 | 2639 | 2718 | 28,3 |
| 38 | 2360 | 2436 | 2512 | 2588 | 2665 | 2741 | 2480 | 2564 | 2648 | 2732 | 2816 | 2900 | 29,8 |
| 40 | 2515 | 2595 | 2675 | 2756 | 2836 | 2916 | 2642 | 2730 | 2818 | 2907 | 2995 | 3083 | 31,4 |
| 42 | 2672 | 2756 | 2840 | 2924 | 3009 | 3093 | 2805 | 2898 | 2991 | 3083 | 3176 | 3269 | 33,0 |
| 44 | 2831 | 2919 | 3007 | 3095 | 3183 | 3272 | 2970 | 3067 | 3164 | 3262 | 3359 | 3456 | 34,5 |
| 46 | 2991 | 3083 | 3175 | 3268 | 3360 | 3452 | 3137 | 3239 | 3340 | 3442 | 3543 | 3645 | 36,1 |
| 48 | 3153 | 3249 | 3345 | 3442 | 3538 | 3634 | 3306 | 3412 | 3517 | 3623 | 3729 | 3835 | 37,7 |
| 50 | 3317 | 3417 | 3517 | 3617 | 3717 | 3818 | 3476 | 3586 | 3696 | 3807 | 3917 | 4027 | 39,3 |
| 52 | 3482 | 3586 | 3690 | 3795 | 3899 | 4003 | 3648 | 3762 | 3877 | 3992 | 4106 | 4221 | 40,8 |
| 54 | 3649 | 3757 | 3865 | 3973 | 4082 | 4190 | 3821 | 3940 | 4059 | 4178 | 4297 | 4416 | 42,4 |
| 56 | 3817 | 3929 | 4042 | 4154 | 4266 | 4378 | 3996 | 4119 | 4243 | 4366 | 4490 | 4613 | 44,0 |
| 58 | 3987 | 4103 | 4219 | 4336 | 4452 | 4568 | 4172 | 4300 | 4428 | 4556 | 4684 | 4812 | 45,5 |
| 60 | 4159 | 4279 | 4399 | 4519 | 4639 | 4759 | 4350 | 4483 | 4615 | 4747 | 4879 | 5011 | 47,1 |
| 62 | 4331 | 4456 | 4580 | 4704 | 4828 | 4952 | 4530 | 4666 | 4803 | 4940 | 5076 | 5213 | 48,7 |
| 64 | 4506 | 4634 | 4762 | 4890 | 5018 | 5147 | 4711 | 4852 | 4993 | 5134 | 5275 | 5416 | 50,2 |
| 66 | 4682 | 4814 | 4946 | 5078 | 5210 | 5342 | 4893 | 5038 | 5184 | 5329 | 5475 | 5620 | 51,8 |
| 68 | 4859 | 4995 | 5131 | 5267 | 5404 | 5540 | 5077 | 5227 | 5377 | 5526 | 5676 | 5826 | 53,4 |
| 70 | 5038 | 5178 | 5318 | 5458 | 5598 | 5738 | 5262 | 5416 | 5571 | 5725 | 5879 | 6033 | 55,0 |
| 72 | 5218 | 5362 | 5506 | 5650 | 5794 | 5939 | 5449 | 5608 | 5766 | 5925 | 6083 | 6242 | 56,5 |
| 74 | 5400 | 5548 | 5696 | 5844 | 5992 | 6140 | 5637 | 5800 | 5963 | 6126 | 6289 | 6452 | 58,1 |
| 76 | 5582 | 5735 | 5887 | 6039 | 6191 | 6343 | 5827 | 5994 | 6162 | 6329 | 6496 | 6664 | 59,7 |
| 78 | 5767 | 5923 | 6079 | 6235 | 6392 | 6548 | 6018 | 6190 | 6361 | 6533 | 6705 | 6877 | 61,2 |
| 80 | 5953 | 6113 | 6273 | 6433 | 6593 | 6753 | 6210 | 6386 | 6563 | 6739 | 6915 | 7091 | 62,8 |
| 82 | 6140 | 6304 | 6468 | 6632 | 6797 | 6961 | 6404 | 6585 | 6765 | 6946 | 7126 | 7307 | 64,4 |
| 84 | 6329 | 6497 | 6665 | 6833 | 7001 | 7169 | 6599 | 6784 | 6969 | 7154 | 7339 | 7524 | 65,9 |
| 86 | 6519 | 6691 | 6863 | 7035 | 7207 | 7379 | 6796 | 6985 | 7175 | 7364 | 7553 | 7743 | 67,5 |
| 88 | 6710 | 6886 | 7062 | 7239 | 7415 | 7591 | 6994 | 7188 | 7381 | 7575 | 7769 | 7963 | 69,1 |
| 90 | 6903 | 7083 | 7263 | 7443 | 7624 | 7804 | 7193 | 7392 | 7590 | 7788 | 7986 | 8184 | 70,7 |
| 92 | 7097 | 7281 | 7465 | 7650 | 7834 | 8018 | 7394 | 7597 | 7799 | 8002 | 8204 | 8407 | 72,2 |
| 94 | 7293 | 7481 | 7669 | 7857 | 8045 | 8233 | 7596 | 7803 | 8010 | 8217 | 8424 | 8631 | 73,8 |
| 96 | 7490 | 7682 | 7874 | 8066 | 8258 | 8450 | 7800 | 8011 | 8223 | 8434 | 8645 | 8857 | 75,4 |
| 98 | 7688 | 7884 | 8080 | 8276 | 8473 | 8669 | 8005 | 8221 | 8436 | 8652 | 8868 | 9084 | 76,9 |
| 100 | 7888 | 8088 | 8288 | 8488 | 8688 | 8888 | 8211 | 8431 | 8651 | 8872 | 9092 | 9312 | 78,5 |
| 102 | 8089 | 8293 | 8497 | 8701 | 8905 | 9109 | 8419 | 8643 | 8868 | 9092 | 9317 | 9542 | 80,1 |
| 104 | 8291 | 8499 | 8708 | 8916 | 9124 | 9332 | 8628 | 8857 | 9086 | 9315 | 9544 | 9773 | 81,6 |
| 106 | 8495 | 8707 | 8919 | 9131 | 9344 | 9556 | 8838 | 9072 | 9305 | 9538 | 9772 | 10005 | 83,2 |
| 108 | 8700 | 8916 | 9133 | 9349 | 9565 | 9781 | 9050 | 9288 | 9526 | 9763 | 10001 | 10239 | 84,8 |
| 110 | 8907 | 9127 | 9347 | 9567 | 9787 | 10007 | 9263 | 9505 | 9748 | 9990 | 10232 | 10474 | 86,4 |
| 112 | 9115 | 9339 | 9563 | 9787 | 10011 | 10235 | 9478 | 9724 | 9971 | 10217 | 10464 | 10710 | 87,9 |
| 114 | 9324 | 9552 | 9780 | 10008 | 10236 | 10464 | 9694 | 9945 | 10196 | 10446 | 10697 | 10948 | 89,5 |
| 116 | 9535 | 9767 | 9999 | 10231 | 10463 | 10695 | 9911 | 10166 | 10422 | 10677 | 10932 | 11188 | 91,1 |
| 118 | 9747 | 9983 | 10219 | 10455 | 10691 | 10927 | 10130 | 10389 | 10649 | 10909 | 11168 | 11428 | 92,6 |
| 120 | 9960 | 10200 | 10440 | 10680 | 10920 | 11160 | 10349 | 10614 | 10878 | 11142 | 11406 | 11670 | 94,2 |
| 122 | 10175 | 10419 | 10663 | 10907 | 11151 | 11395 | 10571 | 10839 | 11108 | 11376 | 11645 | 11913 | 95,8 |
| 124 | 10391 | 10639 | 10887 | 11135 | 11383 | 11631 | 10793 | 11066 | 11339 | 11612 | 11885 | 12158 | 97,3 |
| 126 | 10608 | 10860 | 11112 | 11364 | 11616 | 11868 | 11017 | 11295 | 11572 | 11849 | 12127 | 12404 | 98,9 |
| 128 | 10827 | 11083 | 11339 | 11595 | 11851 | 12107 | 11243 | 11525 | 11806 | 12088 | 12370 | 12651 | 100,5 |
| 130 | 11047 | 11307 | 11567 | 11827 | 12087 | 12347 | 11470 | 11756 | 12042 | 12328 | 12614 | 12900 | 102,1 |
| 140 | 12168 | 12448 | 12728 | 13008 | 13288 | 13568 | 12625 | 12933 | 13241 | 13549 | 13857 | 14165 | 109,9 |
| 150 | 13322 | 13622 | 13922 | 14222 | 14522 | 14823 | 13813 | 14143 | 14473 | 14803 | 15133 | 15463 | 117,8 |
| 160 | 14510 | 14830 | 15150 | 15470 | 15790 | 16110 | 15035 | 15387 | 15739 | 16091 | 16443 | 16795 | 125,6 |
| 170 | 15732 | 16072 | 16412 | 16752 | 17092 | 17432 | 16290 | 16664 | 17038 | 17412 | 17786 | 18160 | 133,5 |
| 180 | 16987 | 17347 | 17707 | 18067 | 18427 | 18787 | 17579 | 17975 | 18371 | 18767 | 19163 | 19559 | 141,3 |
| Gew. d. Gurtungen | 126,2 | 129,4 | 132,5 | 135,6 | 138,8 | 141,9 | 132,8 | 136,3 | 139,7 | 143,2 | 146,6 | 150,1 | kg für 1 m |

Widerstandsmomente cm³.

## L 10,0 · 10,0 · 1,0 cm
### Nietstärke 2,0 cm; Stehblechdicke 1,0 cm

Gurtplattendicke 2,4 cm          Gurtplattendicke 3,0 cm

| Stehbl.-Höhe cm | Gurtplattenbreite cm | | | | | | Gurtplattenbreite cm | | | | | | Gew. des Stehbl. |
|---|---|---|---|---|---|---|---|---|---|---|---|---|---|
| | 21 | 22 | 23 | 24 | 25 | 26 | 21 | 22 | 23 | 24 | 25 | 26 | |
| 30 | 1950 | 2022 | 2095 | 2167 | 2240 | 2312 | 2240 | 2331 | 2422 | 2513 | 2604 | 2695 | 23,6 |
| 32 | 2109 | 2187 | 2264 | 2341 | 2419 | 2496 | 2418 | 2515 | 2612 | 2709 | 2806 | 2903 | 25,1 |
| 34 | 2271 | 2353 | 2435 | 2517 | 2600 | 2682 | 2599 | 2702 | 2805 | 2908 | 3011 | 3114 | 26,7 |
| 36 | 2435 | 2522 | 2609 | 2696 | 2783 | 2869 | 2782 | 2891 | 3000 | 3109 | 3217 | 3326 | 28,3 |
| 38 | 2601 | 2693 | 2785 | 2876 | 2968 | 3059 | 2967 | 3082 | 3197 | 3311 | 3426 | 3541 | 29,8 |
| 40 | 2769 | 2866 | 2962 | 3058 | 3155 | 3251 | 3154 | 3275 | 3396 | 3516 | 3637 | 3758 | 31,4 |
| 42 | 2939 | 3040 | 3141 | 3243 | 3344 | 3445 | 3343 | 3470 | 3596 | 3723 | 3850 | 3977 | 33,0 |
| 44 | 3111 | 3217 | 3322 | 3428 | 3534 | 3640 | 3534 | 3666 | 3799 | 3932 | 4065 | 4197 | 34,5 |
| 46 | 3284 | 3395 | 3505 | 3616 | 3727 | 3838 | 3726 | 3865 | 4004 | 4142 | 4281 | 4420 | 36,1 |
| 48 | 3459 | 3574 | 3690 | 3805 | 3921 | 4037 | 3921 | 4065 | 4210 | 4355 | 4499 | 4644 | 37,7 |
| 50 | 3635 | 3756 | 3876 | 3996 | 4117 | 4237 | 4117 | 4267 | 4418 | 4569 | 4719 | 4870 | 39,3 |
| 52 | 3814 | 3939 | 4064 | 4189 | 4314 | 4439 | 4314 | 4471 | 4628 | 4784 | 4941 | 5097 | 40,8 |
| 54 | 3994 | 4123 | 4253 | 4383 | 4513 | 4643 | 4514 | 4676 | 4839 | 5001 | 5164 | 5327 | 42,4 |
| 56 | 4175 | 4310 | 4444 | 4579 | 4714 | 4849 | 4714 | 4883 | 5052 | 5220 | 5389 | 5557 | 44,0 |
| 58 | 4358 | 4497 | 4637 | 4776 | 4916 | 5055 | 4917 | 5091 | 5266 | 5441 | 5615 | 5790 | 45,5 |
| 60 | 4542 | 4687 | 4831 | 4975 | 5120 | 5264 | 5121 | 5301 | 5482 | 5663 | 5843 | 6024 | 47,1 |
| 62 | 4728 | 4877 | 5027 | 5176 | 5325 | 5474 | 5326 | 5513 | 5699 | 5886 | 6073 | 6259 | 48,7 |
| 64 | 4916 | 5070 | 5224 | 5377 | 5531 | 5685 | 5533 | 5726 | 5918 | 6111 | 6303 | 6496 | 50,2 |
| 66 | 5105 | 5263 | 5422 | 5581 | 5739 | 5898 | 5742 | 5940 | 6139 | 6337 | 6536 | 6734 | 51,8 |
| 68 | 5295 | 5459 | 5622 | 5786 | 5949 | 6112 | 5952 | 6156 | 6361 | 6565 | 6770 | 6974 | 53,4 |
| 70 | 5487 | 5655 | 5824 | 5992 | 6160 | 6328 | 6163 | 6374 | 6584 | 6795 | 7005 | 7216 | 55,0 |
| 72 | 5680 | 5853 | 6026 | 6200 | 6373 | 6546 | 6376 | 6593 | 6809 | 7026 | 7242 | 7459 | 56,5 |
| 74 | 5875 | 6053 | 6231 | 6409 | 6586 | 6764 | 6591 | 6813 | 7036 | 7258 | 7481 | 7703 | 58,1 |
| 76 | 6071 | 6254 | 6437 | 6619 | 6802 | 6984 | 6807 | 7035 | 7264 | 7492 | 7720 | 7949 | 59,7 |
| 78 | 6269 | 6456 | 6644 | 6831 | 7019 | 7206 | 7024 | 7258 | 7493 | 7727 | 7962 | 8196 | 61,2 |
| 80 | 6468 | 6660 | 6852 | 7045 | 7237 | 7429 | 7243 | 7483 | 7724 | 7964 | 8204 | 8445 | 62,8 |
| 82 | 6668 | 6865 | 7062 | 7259 | 7456 | 7653 | 7463 | 7709 | 7956 | 8202 | 8448 | 8695 | 64,4 |
| 84 | 6870 | 7072 | 7274 | 7476 | 7677 | 7879 | 7684 | 7937 | 8189 | 8442 | 8694 | 8946 | 65,9 |
| 86 | 7073 | 7280 | 7487 | 7693 | 7900 | 8106 | 7907 | 8166 | 8424 | 8683 | 8941 | 9199 | 67,5 |
| 88 | 7278 | 7489 | 7701 | 7912 | 8124 | 8335 | 8132 | 8396 | 8660 | 8925 | 9189 | 9454 | 69,1 |
| 90 | 7484 | 7700 | 7916 | 8133 | 8349 | 8565 | 8357 | 8628 | 8898 | 9169 | 9439 | 9709 | 70,7 |
| 92 | 7691 | 7912 | 8133 | 8354 | 8575 | 8796 | 8585 | 8861 | 9137 | 9414 | 9690 | 9966 | 72,2 |
| 94 | 7900 | 8126 | 8352 | 8578 | 8803 | 9029 | 8813 | 9096 | 9378 | 9660 | 9943 | 10225 | 73,8 |
| 96 | 8110 | 8341 | 8572 | 8802 | 9033 | 9263 | 9043 | 9332 | 9620 | 9908 | 10197 | 10485 | 75,4 |
| 98 | 8322 | 8557 | 8793 | 9028 | 9263 | 9499 | 9274 | 9569 | 9863 | 10158 | 10452 | 10746 | 76,9 |
| 100 | 8535 | 8775 | 9015 | 9255 | 9496 | 9736 | 9507 | 9808 | 10108 | 10408 | 10709 | 11009 | 78,5 |
| 102 | 8749 | 8994 | 9239 | 9484 | 9729 | 9974 | 9741 | 10048 | 10354 | 10660 | 10967 | 11273 | 80,1 |
| 104 | 8965 | 9215 | 9464 | 9714 | 9964 | 10214 | 9977 | 10289 | 10601 | 10914 | 11226 | 11538 | 81,6 |
| 106 | 9182 | 9436 | 9691 | 9946 | 10200 | 10455 | 10214 | 10532 | 10850 | 11169 | 11487 | 11805 | 83,2 |
| 108 | 9400 | 9660 | 9919 | 10178 | 10438 | 10697 | 10452 | 10776 | 11101 | 11425 | 11749 | 12073 | 84,8 |
| 110 | 9620 | 9884 | 10148 | 10412 | 10677 | 10941 | 10691 | 11022 | 11352 | 11682 | 12013 | 12343 | 86,4 |
| 112 | 9841 | 10110 | 10379 | 10648 | 10917 | 11186 | 10932 | 11269 | 11605 | 11941 | 12278 | 12614 | 87,9 |
| 114 | 10064 | 10337 | 10611 | 10885 | 11159 | 11432 | 11175 | 11517 | 11859 | 12202 | 12544 | 12886 | 89,5 |
| 116 | 10287 | 10566 | 10845 | 11123 | 11402 | 11680 | 11418 | 11767 | 12115 | 12463 | 12812 | 13160 | 91,1 |
| 118 | 10513 | 10796 | 11079 | 11363 | 11646 | 11929 | 11664 | 12018 | 12372 | 12726 | 13081 | 13435 | 92,6 |
| 120 | 10739 | 11027 | 11316 | 11604 | 11892 | 12180 | 11910 | 12270 | 12631 | 12991 | 13351 | 13711 | 94,2 |
| 122 | 10967 | 11260 | 11553 | 11846 | 12139 | 12432 | 12158 | 12524 | 12890 | 13257 | 13623 | 13989 | 95,8 |
| 124 | 11196 | 11494 | 11792 | 12090 | 12387 | 12685 | 12407 | 12779 | 13151 | 13524 | 13896 | 14268 | 97,3 |
| 126 | 11427 | 11730 | 12032 | 12335 | 12637 | 12940 | 12657 | 13036 | 13414 | 13792 | 14171 | 14549 | 98,9 |
| 128 | 11659 | 11966 | 12274 | 12581 | 12888 | 13196 | 12909 | 13294 | 13678 | 14062 | 14446 | 14831 | 100,5 |
| 130 | 11892 | 12205 | 12517 | 12829 | 13141 | 13453 | 13163 | 13553 | 13943 | 14333 | 14724 | 15114 | 102,1 |
| 140 | 13079 | 13415 | 13751 | 14087 | 14423 | 14759 | 14450 | 14870 | 15290 | 15711 | 16131 | 16551 | 109,9 |
| 150 | 14299 | 14660 | 15020 | 15380 | 15740 | 16100 | 15770 | 16221 | 16671 | 17121 | 17571 | 18022 | 117,8 |
| 160 | 15554 | 15938 | 16322 | 16706 | 17090 | 17474 | 17125 | 17605 | 18085 | 18565 | 19046 | 19526 | 125,6 |
| 170 | 16842 | 17250 | 17658 | 18066 | 18474 | 18882 | 18513 | 19023 | 19533 | 20043 | 20553 | 21064 | 133,5 |
| 180 | 18163 | 18595 | 19027 | 19459 | 19891 | 20323 | 19934 | 20474 | 21014 | 21554 | 22095 | 22635 | 141,3 |
| Gew. d. Gurtungen | 139,4 | 143,2 | 147,0 | 150,7 | 154,5 | 158,3 | 159,2 | 163,9 | 168,6 | 173,3 | 178,0 | 182,8 | kg für 1 m |

L 10,0 · 10,0 · 1,0 cm

Nietstärke 2,0 cm; Stehblechdicke 1,0 cm

Gurtplattendicke 3,3 cm · Gurtplattendicke 3,6 cm

| Stehbl.-Höhe cm | Gurtplattenbreite cm | | | | | | Gurtplattenbreite cm | | | | | | Gew. des Stehbl |
|---|---|---|---|---|---|---|---|---|---|---|---|---|---|
| | 21 | 22 | 23 | 24 | 25 | 26 | 21 | 22 | 23 | 24 | 25 | 26 | |
| 30 | 2387 | 2487 | 2587 | 2688 | 2788 | 2888 | 2535 | 2645 | 2754 | 2864 | 2974 | 3083 | 23,6 |
| 32 | 2575 | 2681 | 2788 | 2895 | 3002 | 3109 | 2732 | 2849 | 2966 | 3082 | 3199 | 3316 | 25,1 |
| 34 | 2765 | 2878 | 2991 | 3105 | 3218 | 3332 | 2931 | 3055 | 3179 | 3303 | 3427 | 3551 | 26,7 |
| 36 | 2957 | 3077 | 3197 | 3317 | 3437 | 3557 | 3133 | 3264 | 3395 | 3526 | 3657 | 3788 | 28,3 |
| 38 | 3151 | 3278 | 3404 | 3531 | 3657 | 3784 | 3337 | 3475 | 3613 | 3752 | 3890 | 4028 | 29,8 |
| 40 | 3348 | 3481 | 3614 | 3747 | 3880 | 4013 | 3543 | 3688 | 3834 | 3979 | 4124 | 4270 | 31,4 |
| 42 | 3546 | 3686 | 3826 | 3965 | 4105 | 4244 | 3751 | 3904 | 4056 | 4209 | 4361 | 4513 | 33,0 |
| 44 | 3747 | 3893 | 4039 | 4185 | 4331 | 4478 | 3961 | 4121 | 4280 | 4440 | 4599 | 4759 | 34,5 |
| 46 | 3949 | 4102 | 4254 | 4407 | 4560 | 4713 | 4173 | 4340 | 4506 | 4673 | 4840 | 5007 | 36,1 |
| 48 | 4153 | 4312 | 4471 | 4631 | 4790 | 4949 | 4386 | 4560 | 4734 | 4908 | 5082 | 5256 | 37,7 |
| 50 | 4359 | 4524 | 4690 | 4856 | 5022 | 5188 | 4602 | 4783 | 4964 | 5145 | 5326 | 5507 | 39,3 |
| 52 | 4566 | 4738 | 4911 | 5083 | 5256 | 5428 | 4819 | 5007 | 5195 | 5383 | 5572 | 5760 | 40,8 |
| 54 | 4775 | 4954 | 5133 | 5312 | 5491 | 5670 | 5037 | 5233 | 5428 | 5623 | 5819 | 6014 | 42,4 |
| 56 | 4985 | 5171 | 5357 | 5542 | 5728 | 5913 | 5257 | 5460 | 5663 | 5865 | 6068 | 6270 | 44,0 |
| 58 | 5198 | 5390 | 5582 | 5774 | 5966 | 6158 | 5479 | 5689 | 5899 | 6109 | 6318 | 6528 | 45,5 |
| 60 | 5411 | 5610 | 5809 | 6008 | 6206 | 6405 | 5703 | 5920 | 6137 | 6353 | 6570 | 6787 | 47,1 |
| 62 | 5627 | 5832 | 6037 | 6243 | 6448 | 6653 | 5928 | 6152 | 6376 | 6600 | 6824 | 7048 | 48,7 |
| 64 | 5843 | 6055 | 6267 | 6479 | 6691 | 6903 | 6154 | 6386 | 6617 | 6848 | 7079 | 7311 | 50,2 |
| 66 | 6062 | 6280 | 6499 | 6717 | 6936 | 7154 | 6382 | 6621 | 6859 | 7098 | 7336 | 7575 | 51,8 |
| 68 | 6282 | 6507 | 6732 | 6957 | 7182 | 7407 | 6612 | 6857 | 7103 | 7349 | 7594 | 7840 | 53,4 |
| 70 | 6503 | 6734 | 6966 | 7198 | 7429 | 7661 | 6843 | 7096 | 7349 | 7601 | 7854 | 8107 | 55,0 |
| 72 | 6726 | 6964 | 7202 | 7440 | 7678 | 7917 | 7075 | 7335 | 7595 | 7855 | 8115 | 8375 | 56,5 |
| 74 | 6950 | 7195 | 7439 | 7684 | 7929 | 8174 | 7309 | 7577 | 7844 | 8111 | 8378 | 8645 | 58,1 |
| 76 | 7175 | 7427 | 7678 | 7930 | 8181 | 8432 | 7545 | 7819 | 8094 | 8368 | 8642 | 8917 | 59,7 |
| 78 | 7403 | 7661 | 7918 | 8176 | 8434 | 8692 | 7782 | 8063 | 8345 | 8626 | 8908 | 9190 | 61,2 |
| 80 | 7631 | 7896 | 8160 | 8425 | 8689 | 8954 | 8020 | 8309 | 8598 | 8886 | 9175 | 9464 | 62,8 |
| 82 | 7861 | 8132 | 8403 | 8675 | 8946 | 9217 | 8260 | 8556 | 8852 | 9148 | 9444 | 9740 | 64,4 |
| 84 | 8092 | 8370 | 8648 | 8926 | 9203 | 9481 | 8501 | 8804 | 9107 | 9411 | 9714 | 10017 | 65,9 |
| 86 | 8325 | 8610 | 8894 | 9178 | 9463 | 9747 | 8744 | 9054 | 9365 | 9675 | 9985 | 10295 | 67,5 |
| 88 | 8560 | 8850 | 9141 | 9432 | 9723 | 10014 | 8988 | 9306 | 9623 | 9940 | 10258 | 10575 | 69,1 |
| 90 | 8795 | 9093 | 9390 | 9688 | 9985 | 10283 | 9234 | 9558 | 9883 | 10207 | 10532 | 10857 | 70,7 |
| 92 | 9032 | 9336 | 9640 | 9944 | 10249 | 10553 | 9480 | 9812 | 10144 | 10476 | 10808 | 11140 | 72,2 |
| 94 | 9271 | 9581 | 9892 | 10203 | 10513 | 10824 | 9729 | 10068 | 10407 | 10746 | 11085 | 11424 | 73,8 |
| 96 | 9510 | 9828 | 10145 | 10462 | 10780 | 11097 | 9978 | 10325 | 10671 | 11017 | 11363 | 11709 | 75,4 |
| 98 | 9752 | 10076 | 10399 | 10723 | 11047 | 11371 | 10230 | 10583 | 10936 | 11290 | 11643 | 11996 | 76,9 |
| 100 | 9994 | 10325 | 10655 | 10986 | 11316 | 11647 | 10482 | 10843 | 11203 | 11564 | 11924 | 12285 | 78,5 |
| 102 | 10238 | 10575 | 10912 | 11249 | 11586 | 11924 | 10736 | 11104 | 11471 | 11839 | 12207 | 12575 | 80,1 |
| 104 | 10484 | 10827 | 11171 | 11515 | 11858 | 12202 | 10991 | 11366 | 11741 | 12116 | 12491 | 12866 | 81,6 |
| 106 | 10730 | 11081 | 11431 | 11781 | 12131 | 12482 | 11248 | 11630 | 12012 | 12394 | 12776 | 13159 | 83,2 |
| 108 | 10979 | 11335 | 11692 | 12049 | 12406 | 12763 | 11506 | 11895 | 12285 | 12674 | 13063 | 13453 | 84,8 |
| 110 | 11228 | 11591 | 11955 | 12318 | 12682 | 13045 | 11765 | 12162 | 12558 | 12955 | 13351 | 13748 | 86,4 |
| 112 | 11479 | 11849 | 12219 | 12589 | 12959 | 13329 | 12026 | 12430 | 12833 | 13237 | 13641 | 14045 | 87,9 |
| 114 | 11731 | 12108 | 12484 | 12861 | 13238 | 13614 | 12288 | 12699 | 13110 | 13521 | 13932 | 14343 | 89,5 |
| 116 | 11985 | 12368 | 12751 | 13134 | 13518 | 13901 | 12552 | 12970 | 13388 | 13806 | 14224 | 14642 | 91,1 |
| 118 | 12240 | 12630 | 13019 | 13409 | 13799 | 14189 | 12817 | 13242 | 13667 | 14092 | 14518 | 14943 | 92,6 |
| 120 | 12496 | 12893 | 13289 | 13685 | 14082 | 14478 | 13083 | 13515 | 13948 | 14380 | 14813 | 15245 | 94,2 |
| 122 | 12754 | 13157 | 13560 | 13963 | 14366 | 14769 | 13350 | 13790 | 14230 | 14670 | 15109 | 15549 | 95,8 |
| 124 | 13013 | 13422 | 13832 | 14242 | 14651 | 15061 | 13619 | 14066 | 14513 | 14960 | 15407 | 15854 | 97,3 |
| 126 | 13273 | 13690 | 14106 | 14522 | 14938 | 15354 | 13890 | 14344 | 14798 | 15252 | 15706 | 16160 | 98,9 |
| 128 | 13535 | 13958 | 14381 | 14803 | 15226 | 15649 | 14162 | 14623 | 15084 | 15545 | 16007 | 16468 | 100,5 |
| 130 | 13798 | 14228 | 14657 | 15086 | 15516 | 15945 | 14435 | 14903 | 15372 | 15840 | 16308 | 16777 | 102,1 |
| 140 | 15134 | 15596 | 16059 | 16521 | 16983 | 17446 | 15821 | 16325 | 16830 | 17334 | 17839 | 18343 | 109,9 |
| 150 | 16504 | 16999 | 17494 | 17990 | 18485 | 18980 | 17241 | 17781 | 18322 | 18862 | 19402 | 19943 | 117,8 |
| 160 | 17907 | 18436 | 18964 | 19492 | 20021 | 20549 | 18694 | 19271 | 19847 | 20423 | 21000 | 21576 | 125,6 |
| 170 | 19345 | 19906 | 20467 | 21028 | 21590 | 22151 | 20182 | 20794 | 21406 | 22019 | 22631 | 23243 | 133,5 |
| 180 | 20816 | 21410 | 22004 | 22598 | 23193 | 23787 | 21702 | 22351 | 22999 | 23647 | 24296 | 24944 | 141,3 |
| Gew. d. Gurtungen | 169,1 | 174,3 | 179,5 | 184,6 | 189,8 | 195,0 | 179,0 | 184,6 | 190,3 | 195,9 | 201,6 | 207,2 | kg für 1 m |

Widerstandsmomente cm³.

## L 10,0 · 10,0 · 1,2 cm

### Nietstärke 2,3 cm; Stehblechdicke 1,0 cm

Gurtplattendicke 1,0 cm  Gurtplattendicke 1,1 cm

| Stehbl.-Höhe cm | Gurtplattenbreite cm | | | | | | Gurtplattenbreite cm | | | | | | Gew. des Stehbl. |
|---|---|---|---|---|---|---|---|---|---|---|---|---|---|
| | 21 | 22 | 23 | 24 | 25 | 26 | 21 | 22 | 23 | 24 | 25 | 26 | |
| 30 | 1363 | 1393 | 1423 | 1453 | 1483 | 1513 | 1406 | 1440 | 1473 | 1506 | 1539 | 1572 | 23,6 |
| 32 | 1487 | 1519 | 1551 | 1583 | 1615 | 1647 | 1534 | 1569 | 1604 | 1640 | 1675 | 1710 | 25,1 |
| 34 | 1613 | 1647 | 1681 | 1715 | 1749 | 1783 | 1663 | 1700 | 1738 | 1775 | 1813 | 1850 | 26,7 |
| 36 | 1741 | 1777 | 1813 | 1849 | 1885 | 1921 | 1794 | 1834 | 1873 | 1913 | 1953 | 1992 | 28,3 |
| 38 | 1871 | 1909 | 1947 | 1985 | 2023 | 2061 | 1927 | 1969 | 2011 | 2053 | 2095 | 2137 | 29,8 |
| 40 | 2003 | 2043 | 2083 | 2123 | 2163 | 2203 | 2063 | 2107 | 2151 | 2195 | 2239 | 2283 | 31,4 |
| 42 | 2137 | 2179 | 2221 | 2263 | 2305 | 2347 | 2200 | 2246 | 2292 | 2338 | 2384 | 2431 | 33,0 |
| 44 | 2273 | 2317 | 2361 | 2405 | 2449 | 2493 | 2338 | 2387 | 2435 | 2484 | 2532 | 2580 | 34,5 |
| 46 | 2410 | 2456 | 2502 | 2548 | 2594 | 2640 | 2479 | 2529 | 2580 | 2631 | 2681 | 2732 | 36,1 |
| 48 | 2549 | 2597 | 2645 | 2693 | 2741 | 2789 | 2621 | 2674 | 2726 | 2779 | 2832 | 2885 | 37,7 |
| 50 | 2689 | 2740 | 2790 | 2840 | 2890 | 2940 | 2764 | 2819 | 2875 | 2930 | 2985 | 3040 | 39,3 |
| 52 | 2832 | 2884 | 2936 | 2988 | 3040 | 3092 | 2910 | 2967 | 3024 | 3081 | 3139 | 3196 | 40,8 |
| 54 | 2975 | 3029 | 3083 | 3137 | 3191 | 3245 | 3057 | 3116 | 3175 | 3235 | 3294 | 3354 | 42,4 |
| 56 | 3121 | 3177 | 3233 | 3289 | 3345 | 3401 | 3205 | 3267 | 3328 | 3390 | 3452 | 3513 | 44,0 |
| 58 | 3267 | 3325 | 3383 | 3441 | 3500 | 3558 | 3355 | 3419 | 3483 | 3546 | 3610 | 3674 | 45,5 |
| 60 | 3416 | 3476 | 3536 | 3596 | 3656 | 3716 | 3506 | 3572 | 3638 | 3704 | 3771 | 3837 | 47,1 |
| 62 | 3565 | 3627 | 3690 | 3752 | 3814 | 3876 | 3659 | 3728 | 3796 | 3864 | 3932 | 4000 | 48,7 |
| 64 | 3717 | 3781 | 3845 | 3909 | 3973 | 4037 | 3814 | 3884 | 3955 | 4025 | 4095 | 4166 | 50,2 |
| 66 | 3869 | 3935 | 4001 | 4067 | 4133 | 4199 | 3970 | 4042 | 4115 | 4187 | 4260 | 4333 | 51,8 |
| 68 | 4024 | 4092 | 4160 | 4228 | 4296 | 4364 | 4127 | 4202 | 4276 | 4351 | 4426 | 4501 | 53,4 |
| 70 | 4179 | 4249 | 4319 | 4389 | 4459 | 4529 | 4286 | 4363 | 4440 | 4517 | 4594 | 4671 | 55,0 |
| 72 | 4336 | 4408 | 4480 | 4552 | 4624 | 4696 | 4446 | 4525 | 4604 | 4683 | 4763 | 4842 | 56,5 |
| 74 | 4494 | 4569 | 4643 | 4717 | 4791 | 4865 | 4607 | 4689 | 4770 | 4852 | 4933 | 5014 | 58,1 |
| 76 | 4654 | 4730 | 4806 | 4882 | 4958 | 5034 | 4770 | 4854 | 4938 | 5021 | 5105 | 5188 | 59,7 |
| 78 | 4816 | 4894 | 4972 | 5050 | 5128 | 5206 | 4935 | 5021 | 5106 | 5192 | 5278 | 5364 | 61,2 |
| 80 | 4978 | 5058 | 5138 | 5218 | 5298 | 5378 | 5101 | 5189 | 5277 | 5365 | 5453 | 5541 | 62,8 |
| 82 | 5142 | 5224 | 5306 | 5388 | 5470 | 5552 | 5268 | 5358 | 5448 | 5538 | 5629 | 5719 | 64,4 |
| 84 | 5308 | 5392 | 5476 | 5560 | 5644 | 5728 | 5436 | 5529 | 5621 | 5714 | 5806 | 5899 | 65,9 |
| 86 | 5475 | 5561 | 5647 | 5733 | 5819 | 5905 | 5606 | 5701 | 5796 | 5890 | 5985 | 6080 | 67,5 |
| 88 | 5643 | 5731 | 5819 | 5907 | 5995 | 6083 | 5778 | 5875 | 5971 | 6068 | 6165 | 6262 | 69,1 |
| 90 | 5812 | 5902 | 5992 | 6082 | 6172 | 6262 | 5951 | 6050 | 6149 | 6248 | 6347 | 6446 | 70,7 |
| 92 | 5983 | 6075 | 6167 | 6259 | 6351 | 6443 | 6125 | 6226 | 6327 | 6428 | 6530 | 6631 | 72,2 |
| 94 | 6156 | 6250 | 6344 | 6438 | 6532 | 6626 | 6300 | 6404 | 6507 | 6611 | 6714 | 6817 | 73,8 |
| 96 | 6329 | 6425 | 6521 | 6617 | 6713 | 6809 | 6477 | 6583 | 6688 | 6794 | 6900 | 7005 | 75,4 |
| 98 | 6504 | 6602 | 6700 | 6799 | 6897 | 6995 | 6655 | 6763 | 6871 | 6979 | 7087 | 7195 | 76,9 |
| 100 | 6681 | 6781 | 6881 | 6981 | 7081 | 7181 | 6835 | 6945 | 7055 | 7165 | 7275 | 7385 | 78,5 |
| 102 | 6859 | 6961 | 7063 | 7165 | 7267 | 7369 | 7016 | 7128 | 7241 | 7353 | 7465 | 7577 | 80,1 |
| 104 | 7038 | 7142 | 7246 | 7350 | 7454 | 7558 | 7199 | 7313 | 7427 | 7542 | 7656 | 7771 | 81,6 |
| 106 | 7219 | 7325 | 7431 | 7537 | 7643 | 7749 | 7382 | 7499 | 7616 | 7732 | 7849 | 7965 | 83,2 |
| 108 | 7400 | 7508 | 7616 | 7724 | 7832 | 7940 | 7567 | 7686 | 7805 | 7924 | 8043 | 8161 | 84,8 |
| 110 | 7584 | 7694 | 7804 | 7914 | 8024 | 8134 | 7754 | 7875 | 7996 | 8117 | 8238 | 8359 | 86,4 |
| 112 | 7768 | 7880 | 7992 | 8104 | 8216 | 8328 | 7942 | 8065 | 8188 | 8311 | 8435 | 8558 | 87,9 |
| 114 | 7954 | 8068 | 8182 | 8296 | 8410 | 8524 | 8131 | 8256 | 8382 | 8507 | 8633 | 8758 | 89,5 |
| 116 | 8142 | 8258 | 8374 | 8490 | 8606 | 8722 | 8321 | 8449 | 8577 | 8704 | 8832 | 8960 | 91,1 |
| 118 | 8330 | 8448 | 8566 | 8684 | 8802 | 8920 | 8513 | 8643 | 8773 | 8903 | 9033 | 9162 | 92,6 |
| 120 | 8520 | 8640 | 8760 | 8880 | 9000 | 9121 | 8707 | 8839 | 8971 | 9103 | 9235 | 9367 | 94,2 |
| 122 | 8712 | 8834 | 8956 | 9078 | 9200 | 9322 | 8901 | 9035 | 9170 | 9304 | 9438 | 9572 | 95,8 |
| 124 | 8905 | 9029 | 9153 | 9277 | 9401 | 9525 | 9097 | 9234 | 9370 | 9506 | 9643 | 9779 | 97,3 |
| 126 | 9099 | 9225 | 9351 | 9477 | 9603 | 9729 | 9294 | 9433 | 9572 | 9710 | 9849 | 9988 | 98,9 |
| 128 | 9294 | 9422 | 9550 | 9678 | 9806 | 9934 | 9493 | 9634 | 9775 | 9916 | 10056 | 10197 | 100,5 |
| 130 | 9491 | 9621 | 9751 | 9881 | 10011 | 10141 | 9693 | 9836 | 9979 | 10122 | 10265 | 10408 | 102,1 |
| 140 | 10496 | 10636 | 10776 | 10916 | 11056 | 11196 | 10713 | 10867 | 11021 | 11175 | 11329 | 11483 | 109,9 |
| 150 | 11534 | 11684 | 11834 | 11984 | 12134 | 12284 | 11766 | 11931 | 12096 | 12261 | 12426 | 12591 | 117,8 |
| 160 | 12606 | 12766 | 12926 | 13086 | 13246 | 13406 | 12854 | 13030 | 13206 | 13382 | 13558 | 13734 | 125,6 |
| 170 | 13711 | 13881 | 14051 | 14221 | 14391 | 14561 | 13974 | 14161 | 14348 | 14535 | 14722 | 14909 | 133,5 |
| 180 | 14850 | 15030 | 15210 | 15390 | 15570 | 15750 | 15129 | 15327 | 15525 | 15723 | 15921 | 16119 | 141,3 |
| Gew. d. Gurtungen | 104,2 | 105,8 | 107,4 | 109,0 | 110,5 | 112,1 | 107,5 | 109,3 | 111,0 | 112,7 | 114,5 | 116,2 | kg für 1 m |

## ∟ 10,0 · 10,0 · 1,2 cm
### Nietstärke 2,3 cm; Stehblechdicke 1,0 cm

Gurtplattendicke 1,2 cm                          Gurtplattendicke 1,3 cm

| Stehbl.-Höhe cm | Gurtplattenbreite cm | | | | | | Gurtplattenbreite cm | | | | | | Gew. des Stehbl. |
|---|---|---|---|---|---|---|---|---|---|---|---|---|---|
| | 21 | 22 | 23 | 24 | 25 | 26 | 21 | 22 | 23 | 24 | 25 | 26 | |
| 30 | 1451 | 1487 | 1523 | 1559 | 1595 | 1631 | 1495 | 1534 | 1573 | 1613 | 1652 | 1691 | 23,6 |
| 32 | 1581 | 1619 | 1658 | 1696 | 1735 | 1773 | 1628 | 1670 | 1712 | 1753 | 1795 | 1837 | 25,1 |
| 34 | 1713 | 1754 | 1795 | 1836 | 1877 | 1917 | 1763 | 1808 | 1852 | 1896 | 1941 | 1985 | 26,7 |
| 36 | 1847 | 1891 | 1934 | 1977 | 2021 | 2064 | 1901 | 1948 | 1995 | 2042 | 2088 | 2135 | 28,3 |
| 38 | 1984 | 2029 | 2075 | 2121 | 2166 | 2212 | 2040 | 2090 | 2139 | 2189 | 2238 | 2288 | 29,8 |
| 40 | 2122 | 2170 | 2218 | 2266 | 2314 | 2362 | 2182 | 2234 | 2286 | 2338 | 2390 | 2442 | 31,4 |
| 42 | 2262 | 2313 | 2363 | 2413 | 2464 | 2514 | 2325 | 2379 | 2434 | 2489 | 2543 | 2598 | 33,0 |
| 44 | 2404 | 2457 | 2510 | 2562 | 2615 | 2668 | 2470 | 2527 | 2584 | 2641 | 2699 | 2756 | 34,5 |
| 46 | 2547 | 2603 | 2658 | 2713 | 2768 | 2824 | 2616 | 2676 | 2736 | 2796 | 2856 | 2916 | 36,1 |
| 48 | 2693 | 2750 | 2808 | 2866 | 2923 | 2981 | 2765 | 2827 | 2890 | 2952 | 3015 | 3077 | 37,7 |
| 50 | 2840 | 2900 | 2960 | 3020 | 3080 | 3140 | 2915 | 2980 | 3045 | 3110 | 3175 | 3240 | 39,3 |
| 52 | 2988 | 3050 | 3113 | 3175 | 3238 | 3300 | 3066 | 3134 | 3202 | 3269 | 3337 | 3404 | 40,8 |
| 54 | 3138 | 3203 | 3268 | 3332 | 3397 | 3462 | 3219 | 3290 | 3360 | 3430 | 3500 | 3571 | 42,4 |
| 56 | 3290 | 3357 | 3424 | 3491 | 3558 | 3626 | 3374 | 3447 | 3520 | 3593 | 3665 | 3738 | 44,0 |
| 58 | 3443 | 3512 | 3582 | 3652 | 3721 | 3791 | 3530 | 3606 | 3681 | 3757 | 3832 | 3908 | 45,5 |
| 60 | 3597 | 3669 | 3741 | 3813 | 3885 | 3957 | 3688 | 3766 | 3844 | 3922 | 4000 | 4078 | 47,1 |
| 62 | 3753 | 3828 | 3902 | 3977 | 4051 | 4125 | 3847 | 3928 | 4009 | 4089 | 4170 | 4250 | 48,7 |
| 64 | 3911 | 3988 | 4064 | 4141 | 4218 | 4295 | 4008 | 4091 | 4174 | 4258 | 4341 | 4424 | 50,2 |
| 66 | 4070 | 4149 | 4228 | 4307 | 4387 | 4466 | 4170 | 4256 | 4342 | 4428 | 4513 | 4599 | 51,8 |
| 68 | 4230 | 4312 | 4394 | 4475 | 4557 | 4638 | 4334 | 4422 | 4511 | 4599 | 4687 | 4776 | 53,4 |
| 70 | 4392 | 4476 | 4560 | 4644 | 4728 | 4812 | 4499 | 4590 | 4681 | 4772 | 4863 | 4954 | 55,0 |
| 72 | 4555 | 4642 | 4728 | 4815 | 4901 | 4988 | 4665 | 4759 | 4853 | 4946 | 5040 | 5133 | 56,5 |
| 74 | 4720 | 4809 | 4898 | 4987 | 5076 | 5164 | 4833 | 4929 | 5026 | 5122 | 5218 | 5314 | 58,1 |
| 76 | 4886 | 4978 | 5069 | 5160 | 5251 | 5343 | 5003 | 5101 | 5200 | 5299 | 5398 | 5497 | 59,7 |
| 78 | 5054 | 5148 | 5241 | 5335 | 5429 | 5522 | 5173 | 5275 | 5376 | 5478 | 5579 | 5681 | 61,2 |
| 80 | 5223 | 5319 | 5415 | 5511 | 5607 | 5703 | 5346 | 5450 | 5554 | 5658 | 5762 | 5866 | 62,8 |
| 82 | 5393 | 5492 | 5590 | 5689 | 5787 | 5886 | 5519 | 5626 | 5732 | 5839 | 5946 | 6052 | 64,4 |
| 84 | 5565 | 5666 | 5767 | 5868 | 5969 | 6069 | 5694 | 5803 | 5913 | 6022 | 6131 | 6240 | 65,9 |
| 86 | 5738 | 5842 | 5945 | 6048 | 6151 | 6255 | 5870 | 5982 | 6094 | 6206 | 6318 | 6430 | 67,5 |
| 88 | 5913 | 6019 | 6124 | 6230 | 6335 | 6441 | 6048 | 6163 | 6277 | 6391 | 6506 | 6620 | 69,1 |
| 90 | 6089 | 6197 | 6305 | 6413 | 6521 | 6629 | 6227 | 6344 | 6461 | 6578 | 6695 | 6812 | 70,7 |
| 92 | 6266 | 6377 | 6487 | 6598 | 6708 | 6818 | 6408 | 6527 | 6647 | 6767 | 6886 | 7006 | 72,2 |
| 94 | 6445 | 6558 | 6671 | 6783 | 6896 | 7009 | 6590 | 6712 | 6834 | 6956 | 7079 | 7201 | 73,8 |
| 96 | 6625 | 6740 | 6856 | 6971 | 7086 | 7201 | 6773 | 6898 | 7023 | 7148 | 7272 | 7397 | 75,4 |
| 98 | 6807 | 6924 | 7042 | 7159 | 7277 | 7395 | 6958 | 7085 | 7213 | 7340 | 7467 | 7595 | 76,9 |
| 100 | 6989 | 7109 | 7229 | 7349 | 7469 | 7590 | 7144 | 7274 | 7404 | 7534 | 7664 | 7794 | 78,5 |
| 102 | 7174 | 7296 | 7418 | 7541 | 7663 | 7786 | 7331 | 7464 | 7596 | 7729 | 7862 | 7994 | 80,1 |
| 104 | 7359 | 7484 | 7609 | 7734 | 7858 | 7983 | 7520 | 7655 | 7790 | 7926 | 8061 | 8196 | 81,6 |
| 106 | 7546 | 7673 | 7801 | 7928 | 8055 | 8182 | 7710 | 7848 | 7986 | 8123 | 8261 | 8399 | 83,2 |
| 108 | 7734 | 7864 | 7994 | 8123 | 8253 | 8383 | 7901 | 8042 | 8182 | 8323 | 8463 | 8604 | 84,8 |
| 110 | 7924 | 8056 | 8188 | 8320 | 8452 | 8584 | 8094 | 8237 | 8380 | 8523 | 8666 | 8809 | 86,4 |
| 112 | 8115 | 8250 | 8384 | 8518 | 8653 | 8787 | 8289 | 8434 | 8580 | 8725 | 8871 | 9017 | 87,9 |
| 114 | 8307 | 8444 | 8581 | 8718 | 8855 | 8992 | 8484 | 8632 | 8781 | 8929 | 9077 | 9225 | 89,5 |
| 116 | 8501 | 8640 | 8780 | 8919 | 9058 | 9197 | 8681 | 8832 | 8983 | 9134 | 9284 | 9435 | 91,1 |
| 118 | 8696 | 8838 | 8980 | 9121 | 9263 | 9404 | 8879 | 9033 | 9186 | 9340 | 9493 | 9646 | 92,6 |
| 120 | 8893 | 9037 | 9181 | 9325 | 9469 | 9613 | 9079 | 9235 | 9391 | 9547 | 9703 | 9859 | 94,2 |
| 122 | 9091 | 9237 | 9383 | 9530 | 9676 | 9823 | 9280 | 9439 | 9597 | 9756 | 9914 | 10073 | 95,8 |
| 124 | 9290 | 9439 | 9587 | 9736 | 9885 | 10034 | 9482 | 9644 | 9805 | 9966 | 10127 | 10288 | 97,3 |
| 126 | 9490 | 9641 | 9793 | 9944 | 10095 | 10246 | 9686 | 9850 | 10014 | 10178 | 10341 | 10505 | 98,9 |
| 128 | 9692 | 9846 | 9999 | 10153 | 10307 | 10460 | 9891 | 10058 | 10224 | 10390 | 10557 | 10723 | 100,5 |
| 130 | 9895 | 10051 | 10207 | 10363 | 10519 | 10675 | 10098 | 10267 | 10436 | 10605 | 10774 | 10943 | 102,1 |
| 140 | 10931 | 11099 | 11267 | 11435 | 11603 | 11771 | 11151 | 11333 | 11515 | 11697 | 11879 | 12061 | 109,9 |
| 150 | 12000 | 12180 | 12360 | 12540 | 12720 | 12900 | 12237 | 12432 | 12627 | 12822 | 13017 | 13212 | 117,8 |
| 160 | 13104 | 13296 | 13488 | 13680 | 13872 | 14064 | 13357 | 13565 | 13773 | 13981 | 14189 | 14397 | 125,6 |
| 170 | 14240 | 14444 | 14648 | 14852 | 15056 | 15260 | 14510 | 14731 | 14952 | 15173 | 15394 | 15615 | 133,5 |
| 180 | 15411 | 15627 | 15843 | 16059 | 16275 | 16491 | 15697 | 15931 | 16165 | 16399 | 16633 | 16867 | 141,3 |
| Gew. d. Gurtungen | 110,8 | 112,7 | 114,6 | 116,5 | 118,4 | 120,3 | 114,1 | 116,2 | 118,2 | 120,3 | 122,3 | 124,3 | kg für 1 m |

# Widerstandsmomente cm³.

## L 10,0 · 10,0 · 1,2 cm
### Nietstärke 2,3 cm; Stehblechdicke 1,0 cm

Gurtplattendicke 2,0 cm          Gurtplattendicke 2,2 cm

| Stehbl.-Höhe cm | Gurtplattenbreite cm | | | | | | Gurtplattenbreite cm | | | | | | Gew. des Stehbl. |
|---|---|---|---|---|---|---|---|---|---|---|---|---|---|
| | 21 | 22 | 23 | 24 | 25 | 26 | 21 | 22 | 23 | 24 | 25 | 26 | |
| 30 | 1808 | 1868 | 1929 | 1989 | 2049 | 2110 | 1899 | 1965 | 2031 | 2098 | 2164 | 2231 | 23,6 |
| 32 | 1962 | 2027 | 2091 | 2155 | 2220 | 2284 | 2059 | 2130 | 2200 | 2271 | 2342 | 2413 | 25,1 |
| 34 | 2119 | 2187 | 2255 | 2324 | 2392 | 2460 | 2221 | 2297 | 2372 | 2447 | 2522 | 2597 | 26,7 |
| 36 | 2278 | 2350 | 2422 | 2494 | 2567 | 2639 | 2386 | 2466 | 2545 | 2625 | 2705 | 2784 | 28,3 |
| 38 | 2439 | 2515 | 2591 | 2667 | 2744 | 2820 | 2553 | 2637 | 2721 | 2805 | 2889 | 2973 | 29,8 |
| 40 | 2601 | 2682 | 2762 | 2842 | 2922 | 3003 | 2722 | 2811 | 2899 | 2987 | 3076 | 3164 | 31,4 |
| 42 | 2766 | 2850 | 2935 | 3019 | 3103 | 3187 | 2893 | 2986 | 3079 | 3171 | 3264 | 3357 | 33,0 |
| 44 | 2933 | 3021 | 3109 | 3197 | 3286 | 3374 | 3066 | 3163 | 3260 | 3357 | 3454 | 3551 | 34,5 |
| 46 | 3101 | 3193 | 3286 | 3378 | 3470 | 3562 | 3241 | 3342 | 3444 | 3545 | 3646 | 3748 | 36,1 |
| 48 | 3271 | 3367 | 3464 | 3560 | 3656 | 3752 | 3417 | 3523 | 3629 | 3734 | 3840 | 3946 | 37,7 |
| 50 | 3443 | 3543 | 3643 | 3744 | 3844 | 3944 | 3595 | 3705 | 3815 | 3926 | 4036 | 4146 | 39,3 |
| 52 | 3617 | 3721 | 3825 | 3929 | 4033 | 4137 | 3775 | 3889 | 4004 | 4119 | 4233 | 4348 | 40,8 |
| 54 | 3792 | 3900 | 4008 | 4116 | 4224 | 4332 | 3956 | 4075 | 4194 | 4313 | 4432 | 4551 | 42,4 |
| 56 | 3968 | 4080 | 4193 | 4305 | 4417 | 4529 | 4139 | 4262 | 4386 | 4509 | 4632 | 4756 | 44,0 |
| 58 | 4146 | 4263 | 4379 | 4495 | 4611 | 4727 | 4323 | 4451 | 4579 | 4707 | 4834 | 4962 | 45,5 |
| 60 | 4326 | 4446 | 4566 | 4687 | 4807 | 4927 | 4509 | 4641 | 4774 | 4906 | 5038 | 5170 | 47,1 |
| 62 | 4507 | 4632 | 4756 | 4880 | 5004 | 5128 | 4697 | 4833 | 4970 | 5107 | 5243 | 5380 | 48,7 |
| 64 | 4690 | 4818 | 4946 | 5075 | 5203 | 5331 | 4886 | 5027 | 5168 | 5309 | 5450 | 5591 | 50,2 |
| 66 | 4874 | 5006 | 5139 | 5271 | 5403 | 5535 | 5076 | 5222 | 5367 | 5512 | 5658 | 5803 | 51,8 |
| 68 | 5060 | 5196 | 5332 | 5468 | 5605 | 5741 | 5268 | 5418 | 5568 | 5718 | 5867 | 6017 | 53,4 |
| 70 | 5247 | 5387 | 5528 | 5668 | 5808 | 5948 | 5462 | 5616 | 5770 | 5924 | 6079 | 6233 | 55,0 |
| 72 | 5436 | 5580 | 5724 | 5868 | 6012 | 6157 | 5657 | 5815 | 5974 | 6132 | 6291 | 6450 | 56,5 |
| 74 | 5626 | 5774 | 5922 | 6070 | 6218 | 6367 | 5853 | 6016 | 6179 | 6342 | 6505 | 6668 | 58,1 |
| 76 | 5817 | 5970 | 6122 | 6274 | 6426 | 6578 | 6051 | 6218 | 6386 | 6553 | 6720 | 6888 | 59,7 |
| 78 | 6010 | 6167 | 6323 | 6479 | 6635 | 6791 | 6250 | 6422 | 6594 | 6765 | 6937 | 7109 | 61,2 |
| 80 | 6205 | 6365 | 6525 | 6685 | 6845 | 7005 | 6451 | 6627 | 6803 | 6979 | 7156 | 7332 | 62,8 |
| 82 | 6401 | 6565 | 6729 | 6893 | 7057 | 7221 | 6653 | 6834 | 7014 | 7195 | 7375 | 7556 | 64,4 |
| 84 | 6598 | 6766 | 6934 | 7102 | 7270 | 7438 | 6857 | 7041 | 7226 | 7411 | 7596 | 7781 | 65,9 |
| 86 | 6796 | 6968 | 7141 | 7313 | 7485 | 7657 | 7061 | 7251 | 7440 | 7630 | 7819 | 8008 | 67,5 |
| 88 | 6996 | 7172 | 7349 | 7525 | 7701 | 7877 | 7268 | 7462 | 7655 | 7849 | 8043 | 8237 | 69,1 |
| 90 | 7198 | 7378 | 7558 | 7738 | 7918 | 8098 | 7476 | 7674 | 7872 | 8070 | 8268 | 8466 | 70,7 |
| 92 | 7400 | 7585 | 7769 | 7953 | 8137 | 8321 | 7685 | 7887 | 8090 | 8292 | 8495 | 8697 | 72,2 |
| 94 | 7605 | 7793 | 7981 | 8169 | 8357 | 8545 | 7895 | 8102 | 8309 | 8516 | 8723 | 8930 | 73,8 |
| 96 | 7810 | 8002 | 8194 | 8387 | 8579 | 8771 | 8107 | 8318 | 8530 | 8741 | 8952 | 9164 | 75,4 |
| 98 | 8017 | 8213 | 8409 | 8605 | 8802 | 8998 | 8320 | 8536 | 8752 | 8968 | 9183 | 9399 | 76,9 |
| 100 | 8225 | 8426 | 8626 | 8826 | 9026 | 9226 | 8535 | 8755 | 8975 | 9195 | 9416 | 9636 | 78,5 |
| 102 | 8435 | 8639 | 8843 | 9047 | 9252 | 9456 | 8751 | 8976 | 9200 | 9425 | 9649 | 9874 | 80,1 |
| 104 | 8646 | 8854 | 9062 | 9271 | 9479 | 9687 | 8969 | 9197 | 9426 | 9655 | 9884 | 10113 | 81,6 |
| 106 | 8859 | 9071 | 9283 | 9495 | 9707 | 9919 | 9187 | 9421 | 9654 | 9887 | 10121 | 10354 | 83,2 |
| 108 | 9072 | 9289 | 9505 | 9721 | 9937 | 10153 | 9408 | 9645 | 9883 | 10121 | 10358 | 10596 | 84,8 |
| 110 | 9288 | 9508 | 9728 | 9948 | 10168 | 10388 | 9629 | 9871 | 10113 | 10355 | 10598 | 10840 | 86,4 |
| 112 | 9504 | 9728 | 9952 | 10176 | 10401 | 10625 | 9852 | 10099 | 10345 | 10592 | 10838 | 11085 | 87,9 |
| 114 | 9722 | 9950 | 10178 | 10406 | 10634 | 10863 | 10076 | 10327 | 10578 | 10829 | 11080 | 11331 | 89,5 |
| 116 | 9941 | 10173 | 10406 | 10638 | 10870 | 11102 | 10302 | 10557 | 10813 | 11068 | 11323 | 11579 | 91,1 |
| 118 | 10162 | 10398 | 10634 | 10870 | 11106 | 11342 | 10529 | 10789 | 11048 | 11308 | 11568 | 11828 | 92,6 |
| 120 | 10384 | 10624 | 10864 | 11104 | 11344 | 11584 | 10757 | 11021 | 11286 | 11550 | 11814 | 12078 | 94,2 |
| 122 | 10607 | 10851 | 11096 | 11340 | 11584 | 11828 | 10987 | 11256 | 11524 | 11793 | 12061 | 12330 | 95,8 |
| 124 | 10832 | 11080 | 11328 | 11576 | 11824 | 12072 | 11218 | 11491 | 11764 | 12037 | 12310 | 12583 | 97,3 |
| 126 | 11058 | 11310 | 11562 | 11814 | 12066 | 12319 | 11451 | 11728 | 12005 | 12283 | 12560 | 12837 | 98,9 |
| 128 | 11286 | 11542 | 11798 | 12054 | 12310 | 12566 | 11684 | 11966 | 12248 | 12530 | 12811 | 13093 | 100,5 |
| 130 | 11514 | 11774 | 12034 | 12295 | 12555 | 12815 | 11920 | 12206 | 12492 | 12778 | 13064 | 13350 | 102,1 |
| 140 | 12678 | 12958 | 13238 | 13518 | 13798 | 14078 | 13117 | 13425 | 13733 | 14041 | 14349 | 14657 | 109,9 |
| 150 | 13876 | 14176 | 14476 | 14776 | 15076 | 15376 | 14347 | 14677 | 15007 | 15338 | 15668 | 15998 | 117,8 |
| 160 | 15107 | 15427 | 15747 | 16067 | 16387 | 16707 | 15611 | 15963 | 16315 | 16668 | 17020 | 17372 | 125,6 |
| 170 | 16372 | 16712 | 17052 | 17392 | 17732 | 18072 | 16909 | 17283 | 17657 | 18031 | 18405 | 18779 | 133,5 |
| 180 | 17671 | 18031 | 18391 | 18751 | 19111 | 19471 | 18240 | 18636 | 19032 | 19428 | 19824 | 20220 | 141,3 |
| Gew.d. Gurtungen | 137,2 | 140,4 | 143,5 | 146,6 | 149,8 | 152,9 | 143,8 | 147,3 | 150,7 | 154,2 | 157,6 | 161,1 | kg für 1 m |

L 10,0 · 10,0 · 1,2 cm
**Nietstärke 2,3 cm; Stehblechdicke 1,0 cm**

Gurtplattendicke 2,4 cm          Gurtplattendicke 2,6 cm

| Stehbl.-Höhe cm | Gurtplattenbreite cm | | | | | | Gurtplattenbreite cm | | | | | | Gew. des Stehbl. |
|---|---|---|---|---|---|---|---|---|---|---|---|---|---|
| | 21 | 22 | 23 | 24 | 25 | 26 | 21 | 22 | 23 | 24 | 25 | 26 | |
| 30 | 1990 | 2062 | 2135 | 2207 | 2280 | 2352 | 2081 | 2160 | 2239 | 2317 | 2396 | 2475 | 23,6 |
| 32 | 2156 | 2233 | 2310 | 2388 | 2465 | 2542 | 2253 | 2337 | 2421 | 2505 | 2589 | 2673 | 25,1 |
| 34 | 2325 | 2407 | 2489 | 2571 | 2653 | 2735 | 2428 | 2517 | 2606 | 2695 | 2784 | 2873 | 26,7 |
| 36 | 2495 | 2582 | 2669 | 2756 | 2843 | 2930 | 2605 | 2699 | 2793 | 2888 | 2982 | 3076 | 28,3 |
| 38 | 2669 | 2760 | 2852 | 2943 | 3035 | 3127 | 2784 | 2884 | 2983 | 3082 | 3182 | 3281 | 29,8 |
| 40 | 2844 | 2940 | 3036 | 3133 | 3229 | 3326 | 2965 | 3070 | 3174 | 3279 | 3383 | 3488 | 31,4 |
| 42 | 3021 | 3122 | 3223 | 3324 | 3425 | 3527 | 3149 | 3258 | 3368 | 3478 | 3587 | 3697 | 33,0 |
| 44 | 3200 | 3307 | 3412 | 3518 | 3624 | 3730 | 3334 | 3449 | 3563 | 3678 | 3793 | 3908 | 34,5 |
| 46 | 3380 | 3491 | 3602 | 3713 | 3823 | 3934 | 3521 | 3641 | 3761 | 3881 | 4001 | 4121 | 36,1 |
| 48 | 3563 | 3678 | 3794 | 3910 | 4025 | 4141 | 3709 | 3835 | 3960 | 4085 | 4210 | 4335 | 37,7 |
| 50 | 3747 | 3867 | 3988 | 4108 | 4228 | 4349 | 3900 | 4030 | 4161 | 4291 | 4421 | 4552 | 39,3 |
| 52 | 3933 | 4058 | 4183 | 4308 | 4433 | 4559 | 4092 | 4227 | 4363 | 4499 | 4634 | 4770 | 40,8 |
| 54 | 4120 | 4250 | 4380 | 4510 | 4640 | 4770 | 4286 | 4426 | 4567 | 4708 | 4849 | 4989 | 42,4 |
| 56 | 4310 | 4444 | 4579 | 4714 | 4848 | 4983 | 4481 | 4627 | 4773 | 4919 | 5065 | 5211 | 44,0 |
| 58 | 4500 | 4650 | 4789 | 4919 | 5058 | 5198 | 4678 | 4829 | 4980 | 5131 | 5282 | 5434 | 45,5 |
| 60 | 4693 | 4837 | 4981 | 5125 | 5270 | 5414 | 4876 | 5033 | 5189 | 5345 | 5502 | 5658 | 47,1 |
| 62 | 4886 | 5035 | 5185 | 5334 | 5483 | 5632 | 5076 | 5238 | 5399 | 5561 | 5723 | 5884 | 48,7 |
| 64 | 5082 | 5236 | 5389 | 5543 | 5697 | 5851 | 5278 | 5445 | 5611 | 5778 | 5945 | 6112 | 50,2 |
| 66 | 5278 | 5437 | 5596 | 5754 | 5913 | 6072 | 5481 | 5653 | 5825 | 5997 | 6169 | 6341 | 51,8 |
| 68 | 5477 | 5640 | 5804 | 5967 | 6131 | 6294 | 5686 | 5863 | 6040 | 6217 | 6394 | 6571 | 53,4 |
| 70 | 5677 | 5845 | 6013 | 6181 | 6350 | 6518 | 5892 | 6074 | 6256 | 6439 | 6621 | 6803 | 55,0 |
| 72 | 5878 | 6051 | 6224 | 6397 | 6570 | 6743 | 6099 | 6287 | 6474 | 6662 | 6849 | 7037 | 56,5 |
| 74 | 6081 | 6258 | 6436 | 6614 | 6792 | 6970 | 6308 | 6501 | 6694 | 6886 | 7079 | 7272 | 58,1 |
| 76 | 6285 | 6467 | 6650 | 6833 | 7015 | 7198 | 6519 | 6717 | 6915 | 7112 | 7310 | 7508 | 59,7 |
| 78 | 6490 | 6678 | 6865 | 7053 | 7240 | 7427 | 6731 | 6934 | 7137 | 7340 | 7543 | 7746 | 61,2 |
| 80 | 6697 | 6889 | 7082 | 7274 | 7466 | 7658 | 6944 | 7152 | 7361 | 7569 | 7777 | 7985 | 62,8 |
| 82 | 6906 | 7103 | 7300 | 7497 | 7694 | 7891 | 7159 | 7372 | 7586 | 7799 | 8013 | 8226 | 64,4 |
| 84 | 7116 | 7317 | 7519 | 7721 | 7923 | 8125 | 7375 | 7594 | 7812 | 8031 | 8250 | 8468 | 65,9 |
| 86 | 7327 | 7533 | 7740 | 7947 | 8153 | 8360 | 7593 | 7816 | 8040 | 8264 | 8488 | 8712 | 67,5 |
| 88 | 7540 | 7751 | 7962 | 8174 | 8385 | 8597 | 7812 | 8041 | 8270 | 8499 | 8728 | 8957 | 69,1 |
| 90 | 7754 | 7970 | 8186 | 8402 | 8618 | 8835 | 8032 | 8266 | 8500 | 8735 | 8970 | 9203 | 70,7 |
| 92 | 7969 | 8190 | 8411 | 8632 | 8853 | 9074 | 8254 | 8493 | 8733 | 8972 | 9212 | 9451 | 72,2 |
| 94 | 8186 | 8412 | 8638 | 8863 | 9089 | 9315 | 8477 | 8722 | 8966 | 9211 | 9456 | 9700 | 73,8 |
| 96 | 8404 | 8635 | 8865 | 9096 | 9327 | 9557 | 8702 | 8951 | 9201 | 9451 | 9701 | 9951 | 75,4 |
| 98 | 8624 | 8859 | 9095 | 9330 | 9565 | 9801 | 8928 | 9183 | 9438 | 9693 | 9948 | 10203 | 76,9 |
| 100 | 8845 | 9085 | 9325 | 9565 | 9806 | 10046 | 9155 | 9415 | 9675 | 9936 | 10196 | 10456 | 78,5 |
| 102 | 9067 | 9312 | 9557 | 9802 | 10047 | 10292 | 9384 | 9649 | 9915 | 10180 | 10445 | 10711 | 80,1 |
| 104 | 9291 | 9541 | 9791 | 10040 | 10290 | 10540 | 9614 | 9885 | 10155 | 10426 | 10696 | 10967 | 81,6 |
| 106 | 9516 | 9771 | 10025 | 10280 | 10535 | 10789 | 9846 | 10121 | 10397 | 10673 | 10949 | 11225 | 83,2 |
| 108 | 9743 | 10002 | 10262 | 10521 | 10780 | 11040 | 10078 | 10359 | 10640 | 10921 | 11202 | 11483 | 84,8 |
| 110 | 9971 | 10235 | 10499 | 10763 | 11027 | 11292 | 10313 | 10599 | 10885 | 11171 | 11458 | 11744 | 86,4 |
| 112 | 10200 | 10469 | 10738 | 11007 | 11276 | 11545 | 10548 | 10840 | 11131 | 11423 | 11714 | 12005 | 87,9 |
| 114 | 10431 | 10704 | 10978 | 11252 | 11526 | 11800 | 10785 | 11082 | 11379 | 11675 | 11972 | 12268 | 89,5 |
| 116 | 10663 | 10941 | 11220 | 11498 | 11777 | 12056 | 11024 | 11326 | 11627 | 11929 | 12231 | 12533 | 91,1 |
| 118 | 10896 | 11179 | 11463 | 11746 | 12030 | 12313 | 11264 | 11571 | 11878 | 12185 | 12492 | 12798 | 92,6 |
| 120 | 11131 | 11419 | 11707 | 11995 | 12283 | 12572 | 11505 | 11817 | 12129 | 12441 | 12753 | 13066 | 94,2 |
| 122 | 11367 | 11660 | 11953 | 12246 | 12539 | 12832 | 11747 | 12065 | 12382 | 12699 | 13017 | 13334 | 95,8 |
| 124 | 11604 | 11902 | 12200 | 12498 | 12795 | 13093 | 11991 | 12314 | 12636 | 12959 | 13281 | 13604 | 97,3 |
| 126 | 11843 | 12146 | 12448 | 12751 | 13053 | 13356 | 12236 | 12564 | 12892 | 13220 | 13547 | 13875 | 98,9 |
| 128 | 12083 | 12391 | 12698 | 13006 | 13313 | 13620 | 12483 | 12816 | 13149 | 13482 | 13815 | 14148 | 100,5 |
| 130 | 12325 | 12637 | 12949 | 13261 | 13574 | 13886 | 12731 | 13069 | 13407 | 13745 | 14083 | 14422 | 102,1 |
| 140 | 13553 | 13889 | 14225 | 14561 | 14897 | 15234 | 13991 | 14355 | 14719 | 15083 | 15448 | 15812 | 109,9 |
| 150 | 14815 | 15175 | 15535 | 15895 | 16255 | 16615 | 15285 | 15675 | 16065 | 16455 | 16845 | 17235 | 117,8 |
| 160 | 16110 | 16494 | 16878 | 17262 | 17647 | 18031 | 16612 | 17028 | 17444 | 17861 | 18277 | 18693 | 125,6 |
| 170 | 17439 | 17847 | 18255 | 18664 | 19072 | 19480 | 17973 | 18415 | 18858 | 19300 | 19742 | 20184 | 133,5 |
| 180 | 18802 | 19234 | 19666 | 20098 | 20530 | 20962 | 19368 | 19836 | 20304 | 20773 | 21241 | 21709 | 141,3 |
| Gew. d. Gurtungen | 150,4 | 154,2 | 157,9 | 161,7 | 165,5 | 169,2 | 157,0 | 161,1 | 165,2 | 169,2 | 173,3 | 177,4 | kg für 1 m |

# Widerstandsmomente cm³.

## L 10,0 · 10,0 · 1,2 cm

### Nietstärke 2,3 cm; Stehblechdicke 1,0 cm

Gurtplattendicke 3,0 cm          Gurtplattendicke 3,6 cm

| Stehbl.-Höhe cm | Gurtplattenbreite cm | | | | | | Gurtplattenbreite cm | | | | | | Gew. des Stehbl. |
|---|---|---|---|---|---|---|---|---|---|---|---|---|---|
| | 21 | 22 | 23 | 24 | 25 | 26 | 21 | 22 | 23 | 24 | 25 | 26 | |
| 30 | 2266 | 2357 | 2448 | 2539 | 2630 | 2721 | 2547 | 2657 | 2767 | 2876 | 2986 | 3096 | 23,6 |
| 32 | 2450 | 2547 | 2644 | 2741 | 2838 | 2935 | 2749 | 2866 | 2983 | 3099 | 3216 | 3333 | 25,1 |
| 34 | 2637 | 2740 | 2842 | 2945 | 3048 | 3151 | 2954 | 3078 | 3201 | 3325 | 3449 | 3573 | 26,7 |
| 36 | 2826 | 2935 | 3043 | 3152 | 3261 | 3370 | 3161 | 3292 | 3423 | 3554 | 3685 | 3816 | 28,3 |
| 38 | 3017 | 3132 | 3247 | 3361 | 3476 | 3591 | 3370 | 3508 | 3646 | 3784 | 3923 | 4061 | 29,8 |
| 40 | 3210 | 3331 | 3452 | 3573 | 3694 | 3814 | 3581 | 3727 | 3872 | 4017 | 4163 | 4308 | 31,4 |
| 42 | 3406 | 3533 | 3659 | 3786 | 3913 | 4040 | 3795 | 3948 | 4100 | 4253 | 4405 | 4557 | 33,0 |
| 44 | 3603 | 3736 | 3869 | 4001 | 4134 | 4267 | 4011 | 4170 | 4330 | 4490 | 4649 | 4809 | 34,5 |
| 46 | 3802 | 3941 | 4080 | 4218 | 4357 | 4496 | 4228 | 4395 | 4562 | 4729 | 4895 | 5062 | 36,1 |
| 48 | 4003 | 4148 | 4293 | 4437 | 4582 | 4727 | 4448 | 4622 | 4796 | 4970 | 5143 | 5317 | 37,7 |
| 50 | 4206 | 4357 | 4507 | 4658 | 4809 | 4959 | 4669 | 4850 | 5031 | 5212 | 5393 | 5574 | 39,3 |
| 52 | 4411 | 4567 | 4724 | 4880 | 5037 | 5194 | 4892 | 5080 | 5268 | 5457 | 5645 | 5833 | 40,8 |
| 54 | 4617 | 4779 | 4942 | 5105 | 5267 | 5430 | 5117 | 5312 | 5508 | 5703 | 5898 | 6094 | 42,4 |
| 56 | 4825 | 4993 | 5162 | 5330 | 5499 | 5667 | 5343 | 5546 | 5748 | 5951 | 6153 | 6356 | 44,0 |
| 58 | 5034 | 5209 | 5383 | 5558 | 5732 | 5907 | 5571 | 5781 | 5991 | 6200 | 6410 | 6620 | 45,5 |
| 60 | 5245 | 5425 | 5606 | 5787 | 5967 | 6148 | 5801 | 6018 | 6235 | 6452 | 6668 | 6885 | 47,1 |
| 62 | 5458 | 5644 | 5831 | 6017 | 6204 | 6390 | 6032 | 6256 | 6480 | 6704 | 6928 | 7153 | 48,7 |
| 64 | 5672 | 5864 | 6057 | 6249 | 6442 | 6634 | 6265 | 6496 | 6727 | 6959 | 7190 | 7421 | 50,2 |
| 66 | 5887 | 6086 | 6284 | 6483 | 6681 | 6880 | 6499 | 6738 | 6976 | 7215 | 7453 | 7692 | 51,8 |
| 68 | 6104 | 6309 | 6513 | 6718 | 6922 | 7127 | 6735 | 6981 | 7226 | 7472 | 7718 | 7963 | 53,4 |
| 70 | 6323 | 6534 | 6744 | 6954 | 7165 | 7375 | 6973 | 7225 | 7478 | 7731 | 7984 | 8237 | 55,0 |
| 72 | 6543 | 6760 | 6976 | 7193 | 7409 | 7625 | 7212 | 7472 | 7732 | 7992 | 8252 | 8512 | 56,5 |
| 74 | 6765 | 6987 | 7210 | 7432 | 7655 | 7877 | 7452 | 7719 | 7986 | 8254 | 8521 | 8788 | 58,1 |
| 76 | 6988 | 7216 | 7445 | 7673 | 7902 | 8130 | 7694 | 7968 | 8243 | 8517 | 8791 | 9066 | 59,7 |
| 78 | 7212 | 7447 | 7681 | 7916 | 8150 | 8384 | 7937 | 8219 | 8500 | 8782 | 9063 | 9345 | 61,2 |
| 80 | 7438 | 7679 | 7919 | 8160 | 8400 | 8640 | 8182 | 8471 | 8760 | 9048 | 9337 | 9626 | 62,8 |
| 82 | 7666 | 7912 | 8159 | 8405 | 8651 | 8898 | 8429 | 8724 | 9020 | 9316 | 9612 | 9908 | 64,4 |
| 84 | 7895 | 8147 | 8399 | 8652 | 8904 | 9157 | 8676 | 8979 | 9282 | 9586 | 9889 | 10192 | 65,9 |
| 86 | 8125 | 8383 | 8642 | 8900 | 9158 | 9417 | 8926 | 9236 | 9546 | 9856 | 10167 | 10477 | 67,5 |
| 88 | 8356 | 8621 | 8885 | 9150 | 9414 | 9678 | 9176 | 9494 | 9811 | 10129 | 10446 | 10763 | 69,1 |
| 90 | 8590 | 8860 | 9130 | 9401 | 9671 | 9941 | 9428 | 9753 | 10077 | 10402 | 10727 | 11051 | 70,7 |
| 92 | 8824 | 9100 | 9377 | 9653 | 9930 | 10206 | 9682 | 10014 | 10345 | 10677 | 11009 | 11341 | 72,2 |
| 94 | 9060 | 9342 | 9625 | 9907 | 10189 | 10472 | 9937 | 10276 | 10615 | 10954 | 11293 | 11632 | 73,8 |
| 96 | 9297 | 9586 | 9874 | 10162 | 10451 | 10739 | 10193 | 10539 | 10885 | 11232 | 11578 | 11924 | 75,4 |
| 98 | 9536 | 9830 | 10125 | 10419 | 10713 | 11008 | 10451 | 10804 | 11157 | 11511 | 11864 | 12218 | 76,9 |
| 100 | 9776 | 10076 | 10377 | 10677 | 10977 | 11278 | 10710 | 11070 | 11431 | 11791 | 12152 | 12513 | 78,5 |
| 102 | 10018 | 10324 | 10630 | 10937 | 11243 | 11549 | 10970 | 11338 | 11706 | 12074 | 12441 | 12809 | 80,1 |
| 104 | 10260 | 10573 | 10885 | 11197 | 11510 | 11822 | 11232 | 11607 | 11982 | 12357 | 12732 | 13107 | 81,6 |
| 106 | 10505 | 10823 | 11141 | 11460 | 11778 | 12096 | 11495 | 11878 | 12260 | 12642 | 13024 | 13406 | 83,2 |
| 108 | 10750 | 11075 | 11399 | 11723 | 12048 | 12372 | 11760 | 12149 | 12539 | 12928 | 13317 | 13707 | 84,8 |
| 110 | 10997 | 11328 | 11658 | 11988 | 12319 | 12649 | 12026 | 12423 | 12819 | 13216 | 13612 | 14009 | 86,4 |
| 112 | 11246 | 11582 | 11918 | 12255 | 12591 | 12927 | 12294 | 12697 | 13101 | 13505 | 13909 | 14312 | 87,9 |
| 114 | 11495 | 11838 | 12180 | 12522 | 12865 | 13207 | 12562 | 12973 | 13384 | 13795 | 14206 | 14617 | 89,5 |
| 116 | 11747 | 12095 | 12443 | 12791 | 13140 | 13488 | 12833 | 13251 | 13669 | 14087 | 14505 | 14923 | 91,1 |
| 118 | 11999 | 12353 | 12708 | 13062 | 13416 | 13771 | 13104 | 13530 | 13955 | 14380 | 14805 | 15231 | 92,6 |
| 120 | 12253 | 12613 | 12974 | 13334 | 13694 | 14054 | 13377 | 13810 | 14242 | 14675 | 15107 | 15540 | 94,2 |
| 122 | 12508 | 12874 | 13241 | 13607 | 13973 | 14340 | 13652 | 14091 | 14531 | 14971 | 15410 | 15850 | 95,8 |
| 124 | 12765 | 13137 | 13509 | 13882 | 14254 | 14626 | 13927 | 14374 | 14821 | 15268 | 15715 | 16162 | 97,3 |
| 126 | 13023 | 13401 | 13779 | 14158 | 14536 | 14914 | 14204 | 14658 | 15112 | 15567 | 16021 | 16475 | 98,9 |
| 128 | 13282 | 13666 | 14051 | 14435 | 14819 | 15203 | 14483 | 14944 | 15405 | 15867 | 16328 | 16789 | 100,5 |
| 130 | 13543 | 13933 | 14323 | 14714 | 15104 | 15494 | 14763 | 15231 | 15699 | 16168 | 16636 | 17105 | 102,1 |
| 140 | 14867 | 15287 | 15707 | 16128 | 16548 | 16968 | 16183 | 16687 | 17192 | 17696 | 18201 | 18705 | 109,9 |
| 150 | 16225 | 16675 | 17125 | 17575 | 18026 | 18476 | 17637 | 18177 | 18718 | 19258 | 19799 | 20339 | 117,8 |
| 160 | 17616 | 18097 | 18577 | 19057 | 19537 | 20017 | 19125 | 19701 | 20277 | 20854 | 21430 | 22006 | 125,6 |
| 170 | 19042 | 19552 | 20062 | 20572 | 21082 | 21593 | 20646 | 21258 | 21871 | 22483 | 23095 | 23708 | 133,5 |
| 180 | 20501 | 21041 | 21581 | 22121 | 22661 | 23202 | 22201 | 22849 | 23498 | 24146 | 24794 | 25443 | 141,3 |
| Gew.d. Gurtungen | 170,2 | 174,9 | 179,6 | 184,3 | 189,0 | 193,7 | 190,0 | 195,6 | 201,3 | 206,9 | 212,6 | 218,2 | kg für 1 m |

L 11,0 · 11,0 · 1,2 cm
## Nietstärke 2,3 cm; Stehblechdicke 1,2 cm

Gurtplattendicke 1,2 cm                                Gurtplattendicke 1,3 cm

| Stehbl.-Höhe cm | Gurtplattenbreite cm | | | | | | Gurtplattenbreite cm | | | | | | Gew. des Stehbl. |
|---|---|---|---|---|---|---|---|---|---|---|---|---|---|
| | 24 | 25 | 26 | 27 | 28 | 29 | 24 | 25 | 26 | 27 | 28 | 29 | |
| 30 | 1655 | 1691 | 1727 | 1763 | 1799 | 1835 | 1707 | 1746 | 1785 | 1825 | 1864 | 1903 | 28,3 |
| 32 | 1803 | 1841 | 1880 | 1918 | 1957 | 1995 | 1859 | 1901 | 1942 | 1984 | 2026 | 2068 | 30,1 |
| 34 | 1954 | 1995 | 2036 | 2076 | 2117 | 2158 | 2014 | 2058 | 2102 | 2147 | 2191 | 2235 | 32,0 |
| 36 | 2108 | 2151 | 2194 | 2237 | 2281 | 2324 | 2171 | 2218 | 2265 | 2312 | 2359 | 2406 | 33,9 |
| 38 | 2264 | 2309 | 2355 | 2401 | 2446 | 2492 | 2331 | 2380 | 2430 | 2479 | 2529 | 2578 | 35,8 |
| 40 | 2422 | 2470 | 2518 | 2566 | 2614 | 2662 | 2493 | 2545 | 2597 | 2649 | 2701 | 2753 | 37,7 |
| 42 | 2583 | 2633 | 2684 | 2734 | 2785 | 2835 | 2657 | 2712 | 2767 | 2821 | 2876 | 2931 | 39,6 |
| 44 | 2746 | 2799 | 2852 | 2904 | 2957 | 3010 | 2824 | 2881 | 2939 | 2996 | 3053 | 3110 | 41,4 |
| 46 | 2911 | 2966 | 3021 | 3077 | 3132 | 3187 | 2993 | 3053 | 3112 | 3172 | 3232 | 3292 | 43,3 |
| 48 | 3078 | 3135 | 3193 | 3251 | 3308 | 3366 | 3163 | 3226 | 3288 | 3351 | 3413 | 3476 | 45,2 |
| 50 | 3247 | 3307 | 3367 | 3427 | 3487 | 3547 | 3336 | 3401 | 3466 | 3531 | 3596 | 3661 | 47,1 |
| 52 | 3418 | 3480 | 3543 | 3605 | 3667 | 3730 | 3511 | 3578 | 3646 | 3714 | 3781 | 3849 | 49,0 |
| 54 | 3591 | 3655 | 3720 | 3785 | 3850 | 3915 | 3687 | 3758 | 3828 | 3898 | 3968 | 4039 | 50,9 |
| 56 | 3765 | 3832 | 3900 | 3967 | 4034 | 4101 | 3866 | 3939 | 4011 | 4084 | 4157 | 4230 | 52,8 |
| 58 | 3942 | 4011 | 4081 | 4151 | 4220 | 4290 | 4046 | 4121 | 4197 | 4272 | 4348 | 4423 | 54,6 |
| 60 | 4120 | 4192 | 4264 | 4336 | 4408 | 4480 | 4228 | 4306 | 4384 | 4462 | 4540 | 4618 | 56,5 |
| 62 | 4300 | 4375 | 4449 | 4524 | 4598 | 4673 | 4412 | 4493 | 4573 | 4654 | 4735 | 4815 | 58,4 |
| 64 | 4482 | 4559 | 4636 | 4713 | 4790 | 4866 | 4598 | 4681 | 4764 | 4847 | 4931 | 5014 | 60,3 |
| 66 | 4666 | 4745 | 4824 | 4904 | 4983 | 5062 | 4785 | 4871 | 4957 | 5043 | 5128 | 5214 | 62,2 |
| 68 | 4851 | 4933 | 5015 | 5096 | 5178 | 5260 | 4974 | 5063 | 5151 | 5240 | 5328 | 5417 | 64,1 |
| 70 | 5039 | 5123 | 5207 | 5291 | 5375 | 5459 | 5165 | 5256 | 5347 | 5438 | 5529 | 5620 | 65,9 |
| 72 | 5228 | 5314 | 5400 | 5487 | 5573 | 5660 | 5358 | 5452 | 5545 | 5639 | 5733 | 5826 | 67,8 |
| 74 | 5418 | 5507 | 5596 | 5685 | 5774 | 5862 | 5552 | 5649 | 5745 | 5841 | 5937 | 6034 | 69,7 |
| 76 | 5611 | 5702 | 5793 | 5884 | 5976 | 6067 | 5748 | 5847 | 5946 | 6045 | 6144 | 6243 | 71,6 |
| 78 | 5805 | 5898 | 5992 | 6086 | 6179 | 6273 | 5946 | 6048 | 6149 | 6251 | 6352 | 6453 | 73,5 |
| 80 | 6000 | 6097 | 6193 | 6289 | 6385 | 6481 | 6146 | 6250 | 6354 | 6458 | 6562 | 6666 | 75,4 |
| 82 | 6198 | 6296 | 6395 | 6493 | 6592 | 6690 | 6347 | 6454 | 6560 | 6667 | 6774 | 6880 | 77,2 |
| 84 | 6397 | 6498 | 6599 | 6700 | 6800 | 6901 | 6550 | 6659 | 6768 | 6878 | 6987 | 7096 | 79,1 |
| 86 | 6598 | 6701 | 6804 | 6908 | 7011 | 7114 | 6754 | 6866 | 6978 | 7090 | 7202 | 7314 | 81,0 |
| 88 | 6800 | 6906 | 7012 | 7117 | 7223 | 7328 | 6961 | 7075 | 7190 | 7304 | 7418 | 7533 | 82,9 |
| 90 | 7004 | 7113 | 7221 | 7329 | 7437 | 7545 | 7169 | 7286 | 7403 | 7520 | 7637 | 7754 | 84,8 |
| 92 | 7210 | 7321 | 7431 | 7542 | 7652 | 7762 | 7378 | 7498 | 7617 | 7737 | 7857 | 7976 | 86,7 |
| 94 | 7418 | 7531 | 7643 | 7756 | 7869 | 7982 | 7589 | 7712 | 7834 | 7956 | 8078 | 8201 | 88,5 |
| 96 | 7627 | 7742 | 7857 | 7973 | 8088 | 8203 | 7802 | 7927 | 8052 | 8177 | 8302 | 8426 | 90,4 |
| 98 | 7838 | 7955 | 8073 | 8191 | 8308 | 8426 | 8017 | 8144 | 8272 | 8399 | 8527 | 8654 | 92,3 |
| 100 | 8050 | 8170 | 8290 | 8410 | 8530 | 8650 | 8233 | 8363 | 8493 | 8623 | 8753 | 8883 | 94,2 |
| 102 | 8264 | 8387 | 8509 | 8631 | 8754 | 8876 | 8451 | 8583 | 8716 | 8849 | 8981 | 9114 | 96,1 |
| 104 | 8480 | 8605 | 8729 | 8854 | 8979 | 9104 | 8670 | 8806 | 8941 | 9076 | 9211 | 9346 | 98,0 |
| 106 | 8697 | 8824 | 8952 | 9079 | 9206 | 9333 | 8891 | 9029 | 9167 | 9305 | 9443 | 9581 | 99,9 |
| 108 | 8916 | 9046 | 9175 | 9305 | 9435 | 9564 | 9114 | 9255 | 9395 | 9535 | 9676 | 9816 | 101,7 |
| 110 | 9137 | 9269 | 9401 | 9533 | 9665 | 9797 | 9339 | 9482 | 9625 | 9768 | 9911 | 10054 | 103,6 |
| 112 | 9359 | 9493 | 9628 | 9762 | 9897 | 10031 | 9565 | 9710 | 9856 | 10001 | 10147 | 10293 | 105,5 |
| 114 | 9583 | 9720 | 9857 | 9993 | 10130 | 10267 | 9792 | 9941 | 10089 | 10237 | 10385 | 10533 | 107,4 |
| 116 | 9808 | 9948 | 10087 | 10226 | 10365 | 10505 | 10022 | 10172 | 10323 | 10474 | 10625 | 10776 | 109,3 |
| 118 | 10036 | 10177 | 10319 | 10460 | 10602 | 10744 | 10252 | 10406 | 10559 | 10713 | 10866 | 11020 | 111,2 |
| 120 | 10264 | 10408 | 10552 | 10696 | 10840 | 10984 | 10485 | 10641 | 10797 | 10953 | 11109 | 11265 | 113,0 |
| 122 | 10495 | 10641 | 10788 | 10934 | 11080 | 11227 | 10719 | 10878 | 11036 | 11195 | 11354 | 11512 | 114,9 |
| 124 | 10727 | 10876 | 11024 | 11173 | 11322 | 11471 | 10955 | 11116 | 11277 | 11439 | 11600 | 11761 | 116,8 |
| 126 | 10960 | 11112 | 11263 | 11414 | 11565 | 11717 | 11192 | 11356 | 11520 | 11684 | 11848 | 12012 | 118,7 |
| 128 | 11196 | 11349 | 11503 | 11657 | 11810 | 11964 | 11432 | 11598 | 11764 | 11931 | 12097 | 12264 | 120,6 |
| 130 | 11433 | 11589 | 11745 | 11901 | 12057 | 12213 | 11672 | 11841 | 12010 | 12179 | 12348 | 12517 | 122,5 |
| 140 | 12641 | 12809 | 12977 | 13145 | 13313 | 13481 | 12900 | 13082 | 13264 | 13446 | 13628 | 13810 | 131,9 |
| 150 | 13891 | 14071 | 14251 | 14431 | 14611 | 14791 | 14168 | 14363 | 14558 | 14753 | 14948 | 15143 | 141,3 |
| 160 | 15180 | 15372 | 15564 | 15756 | 15948 | 16140 | 15476 | 15684 | 15893 | 16101 | 16309 | 16517 | 150,7 |
| 170 | 16510 | 16714 | 16918 | 17122 | 17326 | 17530 | 16825 | 17046 | 17267 | 17488 | 17709 | 17930 | 160,1 |
| 180 | 17880 | 18096 | 18312 | 18528 | 18744 | 18960 | 18214 | 18448 | 18682 | 18916 | 19150 | 19384 | 169,6 |
| Gew.d. Gurtungen | 124,0 | 125,9 | 127,8 | 129,7 | 131,6 | 133,5 | 127,8 | 129,8 | 131,9 | 133,9 | 136,0 | 138,0 | kg für 1 m |

## L 11,0·11,0·1,2 cm
### Nietstärke 2,3 cm; Stehblechdicke 1,2 cm

Gurtplattendicke 2,0 cm             Gurtplattendicke 2,4 cm

| Stehbl-Höhe cm | Gurtplattenbreite cm | | | | | | Gurtplattenbreite cm | | | | | | Gew. des Stehbl. |
|---|---|---|---|---|---|---|---|---|---|---|---|---|---|
| | 24 | 25 | 26 | 27 | 28 | 29 | 24 | 25 | 26 | 27 | 28 | 29 | |
| 30 | 2080 | 2140 | 2201 | 2261 | 2321 | 2381 | 2296 | 2369 | 2441 | 2514 | 2586 | 2659 | 28,3 |
| 32 | 2257 | 2321 | 2386 | 2450 | 2514 | 2578 | 2487 | 2565 | 2642 | 2719 | 2796 | 2874 | 30,1 |
| 34 | 2437 | 2505 | 2573 | 2642 | 2710 | 2778 | 2682 | 2764 | 2846 | 2928 | 3010 | 3092 | 32,0 |
| 36 | 2620 | 2692 | 2764 | 2836 | 2909 | 2981 | 2879 | 2965 | 3052 | 3139 | 3226 | 3313 | 33,9 |
| 38 | 2805 | 2881 | 2957 | 3034 | 3110 | 3186 | 3078 | 3170 | 3262 | 3353 | 3445 | 3536 | 35,8 |
| 40 | 2992 | 3073 | 3153 | 3233 | 3313 | 3394 | 3281 | 3377 | 3473 | 3570 | 3666 | 3763 | 37,7 |
| 42 | 3182 | 3267 | 3351 | 3435 | 3519 | 3604 | 3485 | 3586 | 3687 | 3789 | 3890 | 3991 | 39,6 |
| 44 | 3375 | 3463 | 3551 | 3639 | 3728 | 3816 | 3692 | 3798 | 3904 | 4010 | 4116 | 4222 | 41,4 |
| 46 | 3569 | 3661 | 3754 | 3846 | 3938 | 4030 | 3901 | 4012 | 4122 | 4233 | 4344 | 4455 | 43,3 |
| 48 | 3766 | 3862 | 3958 | 4054 | 4150 | 4247 | 4112 | 4228 | 4343 | 4459 | 4574 | 4690 | 45,2 |
| 50 | 3964 | 4064 | 4164 | 4265 | 4365 | 4465 | 4325 | 4446 | 4566 | 4686 | 4807 | 4927 | 47,1 |
| 52 | 4165 | 4269 | 4373 | 4477 | 4581 | 4686 | 4541 | 4666 | 4791 | 4916 | 5041 | 5166 | 49,0 |
| 54 | 4367 | 4475 | 4583 | 4692 | 4800 | 4908 | 4758 | 4888 | 5018 | 5147 | 5277 | 5407 | 50,9 |
| 56 | 4571 | 4684 | 4796 | 4908 | 5020 | 5132 | 4977 | 5112 | 5246 | 5381 | 5516 | 5650 | 52,8 |
| 58 | 4778 | 4894 | 5010 | 5126 | 5242 | 5359 | 5198 | 5337 | 5477 | 5616 | 5756 | 5895 | 54,6 |
| 60 | 4986 | 5106 | 5226 | 5346 | 5466 | 5587 | 5421 | 5565 | 5710 | 5854 | 5998 | 6142 | 56,5 |
| 62 | 5196 | 5320 | 5444 | 5568 | 5692 | 5817 | 5646 | 5795 | 5944 | 6093 | 6242 | 6391 | 58,4 |
| 64 | 5408 | 5536 | 5664 | 5792 | 5920 | 6048 | 5872 | 6026 | 6180 | 6334 | 6488 | 6642 | 60,3 |
| 66 | 5621 | 5753 | 5885 | 6018 | 6150 | 6282 | 6101 | 6259 | 6418 | 6577 | 6735 | 6894 | 62,2 |
| 68 | 5836 | 5973 | 6109 | 6245 | 6381 | 6517 | 6331 | 6495 | 6658 | 6821 | 6985 | 7148 | 64,1 |
| 70 | 6054 | 6194 | 6334 | 6474 | 6614 | 6754 | 6563 | 6731 | 6900 | 7068 | 7236 | 7404 | 65,9 |
| 72 | 6272 | 6417 | 6561 | 6705 | 6849 | 6993 | 6797 | 6970 | 7143 | 7316 | 7489 | 7662 | 67,8 |
| 74 | 6493 | 6641 | 6789 | 6937 | 7086 | 7234 | 7032 | 7210 | 7388 | 7566 | 7744 | 7922 | 69,7 |
| 76 | 6715 | 6868 | 7020 | 7172 | 7324 | 7476 | 7270 | 7452 | 7635 | 7818 | 8000 | 8183 | 71,6 |
| 78 | 6939 | 7096 | 7252 | 7408 | 7564 | 7720 | 7509 | 7696 | 7884 | 8071 | 8258 | 8446 | 73,5 |
| 80 | 7165 | 7325 | 7485 | 7646 | 7806 | 7966 | 7749 | 7942 | 8134 | 8326 | 8518 | 8711 | 75,4 |
| 82 | 7393 | 7557 | 7721 | 7885 | 8049 | 8213 | 7992 | 8189 | 8386 | 8583 | 8780 | 8977 | 77,2 |
| 84 | 7622 | 7790 | 7958 | 8126 | 8294 | 8462 | 8236 | 8438 | 8640 | 8841 | 9043 | 9245 | 79,1 |
| 86 | 7853 | 8025 | 8197 | 8369 | 8541 | 8713 | 8482 | 8689 | 8895 | 9102 | 9308 | 9515 | 81,0 |
| 88 | 8085 | 8261 | 8437 | 8614 | 8790 | 8966 | 8729 | 8941 | 9152 | 9364 | 9575 | 9786 | 82,9 |
| 90 | 8319 | 8500 | 8680 | 8860 | 9040 | 9220 | 8979 | 9195 | 9411 | 9627 | 9843 | 10060 | 84,8 |
| 92 | 8555 | 8739 | 8924 | 9108 | 9292 | 9476 | 9230 | 9451 | 9672 | 9893 | 10114 | 10335 | 86,7 |
| 94 | 8793 | 8981 | 9169 | 9357 | 9545 | 9733 | 9482 | 9708 | 9934 | 10160 | 10385 | 10611 | 88,5 |
| 96 | 9032 | 9224 | 9416 | 9608 | 9801 | 9993 | 9736 | 9967 | 10198 | 10428 | 10659 | 10889 | 90,4 |
| 98 | 9273 | 9469 | 9665 | 9861 | 10057 | 10254 | 9992 | 10228 | 10463 | 10699 | 10934 | 11169 | 92,3 |
| 100 | 9516 | 9716 | 9916 | 10116 | 10316 | 10516 | 10250 | 10490 | 10730 | 10971 | 11211 | 11451 | 94,2 |
| 102 | 9760 | 9964 | 10168 | 10372 | 10576 | 10780 | 10509 | 10754 | 10999 | 11244 | 11489 | 11734 | 96,1 |
| 104 | 10006 | 10214 | 10422 | 10630 | 10838 | 11046 | 10770 | 11020 | 11270 | 11519 | 11769 | 12019 | 98,0 |
| 106 | 10253 | 10465 | 10677 | 10889 | 11102 | 11314 | 11033 | 11287 | 11542 | 11796 | 12051 | 12306 | 99,9 |
| 108 | 10502 | 10718 | 10934 | 11151 | 11367 | 11583 | 11297 | 11556 | 11816 | 12075 | 12334 | 12594 | 101,7 |
| 110 | 10753 | 10973 | 11193 | 11413 | 11633 | 11854 | 11563 | 11827 | 12091 | 12355 | 12619 | 12884 | 103,6 |
| 112 | 11006 | 11230 | 11454 | 11678 | 11902 | 12126 | 11830 | 12099 | 12368 | 12637 | 12906 | 13175 | 105,5 |
| 114 | 11260 | 11488 | 11716 | 11944 | 12172 | 12400 | 12099 | 12373 | 12647 | 12921 | 13194 | 13468 | 107,4 |
| 116 | 11515 | 11747 | 11979 | 12212 | 12444 | 12676 | 12370 | 12649 | 12927 | 13206 | 13484 | 13763 | 109,3 |
| 118 | 11773 | 12009 | 12245 | 12481 | 12717 | 12953 | 12643 | 12926 | 13209 | 13493 | 13776 | 14059 | 111,2 |
| 120 | 12032 | 12272 | 12512 | 12752 | 12992 | 13232 | 12917 | 13205 | 13493 | 13781 | 14069 | 14358 | 113,0 |
| 122 | 12292 | 12536 | 12780 | 13025 | 13269 | 13513 | 13192 | 13485 | 13778 | 14071 | 14364 | 14657 | 114,9 |
| 124 | 12555 | 12803 | 13051 | 13299 | 13547 | 13795 | 13470 | 13768 | 14065 | 14363 | 14661 | 14959 | 116,8 |
| 126 | 12818 | 13070 | 13323 | 13575 | 13827 | 14079 | 13749 | 14051 | 14354 | 14656 | 14959 | 15262 | 118,7 |
| 128 | 13084 | 13340 | 13596 | 13852 | 14108 | 14364 | 14029 | 14337 | 14644 | 14951 | 15259 | 15566 | 120,6 |
| 130 | 13351 | 13611 | 13871 | 14131 | 14391 | 14651 | 14312 | 14624 | 14936 | 15248 | 15560 | 15872 | 122,5 |
| 140 | 14711 | 14991 | 15271 | 15551 | 15831 | 16111 | 15747 | 16083 | 16420 | 16756 | 17092 | 17428 | 131,9 |
| 150 | 16112 | 16412 | 16712 | 17012 | 17312 | 17612 | 17223 | 17583 | 17944 | 18304 | 18664 | 19024 | 141,3 |
| 160 | 17553 | 17873 | 18193 | 18513 | 18833 | 19153 | 18740 | 19124 | 19508 | 19892 | 20276 | 20661 | 150,7 |
| 170 | 19034 | 19374 | 19714 | 20054 | 20394 | 20734 | 20297 | 20705 | 21113 | 21521 | 21929 | 22338 | 160,1 |
| 180 | 20555 | 20915 | 21276 | 21636 | 21996 | 22356 | 21894 | 22326 | 22758 | 23191 | 23623 | 24055 | 169,6 |
| Gew. d. Gurtungen | 154,2 | 157,3 | 160,5 | 163,6 | 166,7 | 169,9 | 169,2 | 173,0 | 176,8 | 180,6 | 184,3 | 188,1 | kg für 1 m |

## L 11,0 · 11,0 · 1,2 cm
### Nietstärke 2,3 cm; Stehblechdicke 1,2 cm

Gurtplattendicke 2,6 cm | Gurtplattendicke 3,0 cm

| Stehbl.-Höhe cm | Gurtplattenbreite cm | | | | | | Gurtplattenbreite cm | | | | | | Gew. des Stehbl. |
|---|---|---|---|---|---|---|---|---|---|---|---|---|---|
| | 24 | 25 | 26 | 27 | 28 | 29 | 24 | 25 | 26 | 27 | 28 | 29 | |
| 30 | 2405 | 2484 | 2562 | 2641 | 2720 | 2798 | 2625 | 2716 | 2807 | 2898 | 2989 | 3080 | 28,3 |
| 32 | 2603 | 2687 | 2771 | 2855 | 2939 | 3022 | 2837 | 2934 | 3031 | 3128 | 3225 | 3322 | 30,1 |
| 34 | 2805 | 2894 | 2983 | 3072 | 3161 | 3250 | 3053 | 3156 | 3259 | 3362 | 3464 | 3567 | 32,0 |
| 36 | 3009 | 3103 | 3197 | 3292 | 3386 | 3480 | 3271 | 3380 | 3489 | 3598 | 3707 | 3816 | 33,9 |
| 38 | 3216 | 3315 | 3415 | 3514 | 3613 | 3713 | 3493 | 3608 | 3722 | 3837 | 3952 | 4067 | 35,8 |
| 40 | 3425 | 3530 | 3634 | 3739 | 3843 | 3948 | 3717 | 3837 | 3958 | 4079 | 4200 | 4320 | 37,7 |
| 42 | 3637 | 3747 | 3857 | 3966 | 4076 | 4186 | 3943 | 4070 | 4196 | 4323 | 4450 | 4577 | 39,6 |
| 44 | 3851 | 3966 | 4081 | 4196 | 4311 | 4426 | 4171 | 4304 | 4437 | 4570 | 4702 | 4835 | 41,4 |
| 46 | 4068 | 4188 | 4308 | 4428 | 4548 | 4668 | 4402 | 4541 | 4680 | 4818 | 4957 | 5096 | 43,3 |
| 48 | 4286 | 4411 | 4536 | 4662 | 4787 | 4912 | 4635 | 4780 | 4925 | 5069 | 5214 | 5359 | 45,2 |
| 50 | 4507 | 4637 | 4767 | 4898 | 5028 | 5159 | 4871 | 5021 | 5172 | 5323 | 5473 | 5624 | 47,1 |
| 52 | 4729 | 4865 | 5000 | 5136 | 5272 | 5407 | 5108 | 5264 | 5421 | 5578 | 5734 | 5891 | 49,0 |
| 54 | 4954 | 5095 | 5235 | 5376 | 5517 | 5658 | 5347 | 5510 | 5672 | 5835 | 5998 | 6160 | 50,9 |
| 56 | 5180 | 5326 | 5472 | 5618 | 5764 | 5910 | 5588 | 5757 | 5926 | 6094 | 6263 | 6431 | 52,8 |
| 58 | 5409 | 5560 | 5711 | 5862 | 6013 | 6165 | 5832 | 6006 | 6181 | 6355 | 6530 | 6704 | 54,6 |
| 60 | 5639 | 5795 | 5952 | 6108 | 6265 | 6421 | 6077 | 6257 | 6438 | 6618 | 6799 | 6979 | 56,5 |
| 62 | 5871 | 6033 | 6194 | 6356 | 6518 | 6679 | 6324 | 6510 | 6697 | 6883 | 7070 | 7256 | 58,4 |
| 64 | 6105 | 6272 | 6439 | 6606 | 6772 | 6939 | 6573 | 6765 | 6958 | 7150 | 7343 | 7535 | 60,3 |
| 66 | 6341 | 6513 | 6685 | 6857 | 7029 | 7201 | 6823 | 7022 | 7220 | 7419 | 7617 | 7816 | 62,2 |
| 68 | 6579 | 6756 | 6933 | 7110 | 7287 | 7465 | 7076 | 7280 | 7485 | 7689 | 7894 | 8098 | 64,1 |
| 70 | 6818 | 7001 | 7183 | 7365 | 7548 | 7730 | 7330 | 7541 | 7751 | 7962 | 8172 | 8383 | 65,9 |
| 72 | 7060 | 7247 | 7435 | 7622 | 7810 | 7997 | 7586 | 7803 | 8019 | 8236 | 8452 | 8669 | 67,8 |
| 74 | 7303 | 7495 | 7688 | 7881 | 8073 | 8266 | 7844 | 8067 | 8289 | 8512 | 8734 | 8956 | 69,7 |
| 76 | 7547 | 7745 | 7943 | 8141 | 8339 | 8537 | 8104 | 8332 | 8561 | 8789 | 9018 | 9246 | 71,6 |
| 78 | 7794 | 7997 | 8200 | 8403 | 8606 | 8809 | 8365 | 8600 | 8834 | 9069 | 9303 | 9537 | 73,5 |
| 80 | 8042 | 8250 | 8459 | 8667 | 8875 | 9083 | 8628 | 8869 | 9109 | 9350 | 9590 | 9831 | 75,4 |
| 82 | 8292 | 8506 | 8719 | 8932 | 9146 | 9359 | 8893 | 9140 | 9386 | 9633 | 9879 | 10125 | 77,2 |
| 84 | 8544 | 8762 | 8981 | 9200 | 9418 | 9637 | 9160 | 9412 | 9665 | 9917 | 10170 | 10422 | 79,1 |
| 86 | 8797 | 9021 | 9245 | 9469 | 9692 | 9916 | 9428 | 9687 | 9945 | 10203 | 10462 | 10720 | 81,0 |
| 88 | 9052 | 9281 | 9510 | 9739 | 9968 | 10197 | 9698 | 9963 | 10227 | 10491 | 10756 | 11020 | 82,9 |
| 90 | 9309 | 9543 | 9777 | 10012 | 10246 | 10480 | 9970 | 10240 | 10511 | 10781 | 11052 | 11322 | 84,8 |
| 92 | 9567 | 9807 | 10046 | 10286 | 10525 | 10764 | 10243 | 10520 | 10796 | 11073 | 11349 | 11625 | 86,7 |
| 94 | 9827 | 10072 | 10317 | 10561 | 10806 | 11051 | 10519 | 10801 | 11083 | 11366 | 11648 | 11930 | 88,5 |
| 96 | 10089 | 10339 | 10589 | 10839 | 11088 | 11338 | 10795 | 11084 | 11372 | 11660 | 11949 | 12237 | 90,4 |
| 98 | 10353 | 10608 | 10863 | 11118 | 11373 | 11628 | 11074 | 11368 | 11662 | 11957 | 12251 | 12545 | 92,3 |
| 100 | 10618 | 10878 | 11138 | 11398 | 11659 | 11919 | 11354 | 11654 | 11955 | 12255 | 12555 | 12856 | 94,2 |
| 102 | 10884 | 11150 | 11415 | 11681 | 11946 | 12212 | 11636 | 11942 | 12248 | 12555 | 12861 | 13167 | 96,1 |
| 104 | 11153 | 11423 | 11694 | 11965 | 12235 | 12506 | 11919 | 12231 | 12544 | 12856 | 13168 | 13481 | 98,0 |
| 106 | 11423 | 11699 | 11975 | 12250 | 12526 | 12802 | 12204 | 12523 | 12841 | 13159 | 13478 | 13796 | 99,9 |
| 108 | 11695 | 11976 | 12257 | 12538 | 12819 | 13100 | 12491 | 12815 | 13140 | 13464 | 13788 | 14113 | 101,7 |
| 110 | 11968 | 12254 | 12540 | 12827 | 13113 | 13399 | 12780 | 13110 | 13440 | 13770 | 14101 | 14431 | 103,6 |
| 112 | 12243 | 12535 | 12826 | 13117 | 13409 | 13700 | 13070 | 13406 | 13742 | 14079 | 14415 | 14751 | 105,5 |
| 114 | 12520 | 12816 | 13113 | 13410 | 13706 | 14003 | 13361 | 13704 | 14046 | 14388 | 14731 | 15073 | 107,4 |
| 116 | 12798 | 13100 | 13402 | 13704 | 14005 | 14307 | 13655 | 14003 | 14351 | 14700 | 15048 | 15396 | 109,3 |
| 118 | 13078 | 13385 | 13692 | 13999 | 14306 | 14613 | 13950 | 14304 | 14658 | 15013 | 15367 | 15721 | 111,2 |
| 120 | 13360 | 13672 | 13984 | 14296 | 14608 | 14921 | 14246 | 14607 | 14967 | 15327 | 15688 | 16048 | 113,0 |
| 122 | 13643 | 13960 | 14278 | 14595 | 14913 | 15230 | 14545 | 14911 | 15277 | 15644 | 16010 | 16376 | 114,9 |
| 124 | 13928 | 14250 | 14573 | 14896 | 15218 | 15541 | 14845 | 15217 | 15589 | 15962 | 16334 | 16706 | 116,8 |
| 126 | 14214 | 14542 | 14870 | 15198 | 15526 | 15853 | 15146 | 15525 | 15903 | 16281 | 16659 | 17038 | 118,7 |
| 128 | 14503 | 14836 | 15168 | 15501 | 15834 | 16167 | 15450 | 15834 | 16218 | 16602 | 16987 | 17371 | 120,6 |
| 130 | 14792 | 15130 | 15469 | 15807 | 16145 | 16483 | 15754 | 16145 | 16535 | 16925 | 17316 | 17706 | 122,5 |
| 140 | 16266 | 16630 | 16994 | 17358 | 17722 | 18086 | 17303 | 17724 | 18144 | 18564 | 18984 | 19405 | 131,9 |
| 150 | 17780 | 18170 | 18560 | 18950 | 19340 | 19730 | 18893 | 19343 | 19793 | 20243 | 20694 | 21144 | 141,3 |
| 160 | 19334 | 19750 | 20166 | 20582 | 20999 | 21415 | 20523 | 21003 | 21483 | 21963 | 22444 | 22924 | 150,7 |
| 170 | 20929 | 21371 | 21813 | 22255 | 22697 | 23139 | 22193 | 22703 | 23214 | 23724 | 24234 | 24744 | 160,1 |
| 180 | 22564 | 23032 | 23500 | 23968 | 24437 | 24905 | 23904 | 24444 | 24985 | 25525 | 26065 | 26605 | 169,6 |
| Gew.d. Gurtungen | 176,8 | 180,9 | 184,9 | 189,0 | 193,1 | 197,2 | 191,9 | 196,6 | 201,3 | 206,0 | 210,7 | 215,4 | kg für 1 m |

# Widerstandsmomente cm³.

## L 11,0 · 11,0 · 1,2 cm

### Nietstärke 2,3 cm; Stehblechdicke 1,2 cm

Gurtplattendicke 3,6 cm · · · Gurtplattendicke 3,9 cm

| Stehbl.-Höhe cm | Gurtplattenbreite cm | | | | | | Gurtplattenbreite cm | | | | | | Gew. des Stehbl. |
|---|---|---|---|---|---|---|---|---|---|---|---|---|---|
| | 24 | 25 | 26 | 27 | 28 | 29 | 24 | 25 | 26 | 27 | 28 | 29 | |
| 30 | 2959 | 3069 | 3179 | 3288 | 3398 | 3508 | 3129 | 3248 | 3367 | 3486 | 3605 | 3724 | 28,3 |
| 32 | 3193 | 3310 | 3426 | 3543 | 3660 | 3777 | 3373 | 3500 | 3626 | 3753 | 3880 | 4007 | 30,1 |
| 34 | 3430 | 3554 | 3678 | 3801 | 3925 | 4049 | 3620 | 3755 | 3889 | 4024 | 4158 | 4293 | 32,0 |
| 36 | 3670 | 3801 | 3932 | 4063 | 4194 | 4325 | 3871 | 4013 | 4155 | 4297 | 4440 | 4582 | 33,9 |
| 38 | 3912 | 4050 | 4189 | 4327 | 4465 | 4603 | 4124 | 4274 | 4424 | 4574 | 4724 | 4874 | 35,8 |
| 40 | 4158 | 4303 | 4448 | 4594 | 4739 | 4884 | 4380 | 4538 | 4695 | 4853 | 5011 | 5168 | 37,7 |
| 42 | 4405 | 4558 | 4710 | 4863 | 5015 | 5168 | 4639 | 4804 | 4970 | 5135 | 5300 | 5466 | 39,6 |
| 44 | 4656 | 4815 | 4975 | 5135 | 5294 | 5454 | 4900 | 5073 | 5246 | 5419 | 5592 | 5765 | 41,4 |
| 46 | 4908 | 5075 | 5242 | 5409 | 5575 | 5742 | 5163 | 5344 | 5525 | 5706 | 5887 | 6068 | 43,3 |
| 48 | 5163 | 5337 | 5511 | 5685 | 5859 | 6033 | 5429 | 5618 | 5806 | 5995 | 6184 | 6372 | 45,2 |
| 50 | 5420 | 5601 | 5783 | 5964 | 6145 | 6326 | 5697 | 5893 | 6090 | 6286 | 6482 | 6679 | 47,1 |
| 52 | 5680 | 5868 | 6056 | 6244 | 6433 | 6621 | 5967 | 6171 | 6375 | 6579 | 6784 | 6988 | 49,0 |
| 54 | 5941 | 6136 | 6332 | 6527 | 6722 | 6918 | 6239 | 6451 | 6663 | 6875 | 7087 | 7299 | 50,9 |
| 56 | 6204 | 6407 | 6609 | 6812 | 7014 | 7217 | 6514 | 6733 | 6953 | 7172 | 7392 | 7612 | 52,8 |
| 58 | 6469 | 6679 | 6889 | 7099 | 7308 | 7518 | 6790 | 7017 | 7245 | 7472 | 7699 | 7927 | 54,6 |
| 60 | 6737 | 6953 | 7170 | 7387 | 7604 | 7821 | 7068 | 7303 | 7538 | 7774 | 8009 | 8244 | 56,5 |
| 62 | 7006 | 7230 | 7454 | 7678 | 7902 | 8126 | 7348 | 7591 | 7834 | 8077 | 8320 | 8563 | 58,4 |
| 64 | 7277 | 7508 | 7739 | 7971 | 8202 | 8433 | 7630 | 7881 | 8132 | 8382 | 8633 | 8884 | 60,3 |
| 66 | 7550 | 7788 | 8027 | 8265 | 8503 | 8742 | 7914 | 8173 | 8431 | 8690 | 8948 | 9207 | 62,2 |
| 68 | 7824 | 8070 | 8316 | 8561 | 8807 | 9053 | 8200 | 8466 | 8733 | 8999 | 9265 | 9531 | 64,1 |
| 70 | 8101 | 8354 | 8607 | 8859 | 9112 | 9365 | 8488 | 8762 | 9036 | 9310 | 9584 | 9858 | 65,9 |
| 72 | 8379 | 8639 | 8899 | 9159 | 9419 | 9679 | 8777 | 9059 | 9341 | 9623 | 9905 | 10186 | 67,8 |
| 74 | 8660 | 8927 | 9194 | 9461 | 9728 | 9995 | 9069 | 9358 | 9648 | 9937 | 10227 | 10516 | 69,7 |
| 76 | 8942 | 9216 | 9490 | 9765 | 10039 | 10313 | 9362 | 9659 | 9956 | 10254 | 10551 | 10848 | 71,6 |
| 78 | 9225 | 9507 | 9788 | 10070 | 10351 | 10633 | 9657 | 9962 | 10267 | 10572 | 10877 | 11182 | 73,5 |
| 80 | 9511 | 9800 | 10088 | 10377 | 10666 | 10954 | 9953 | 10266 | 10579 | 10892 | 11205 | 11518 | 75,4 |
| 82 | 9798 | 10094 | 10390 | 10686 | 10982 | 11278 | 10252 | 10572 | 10893 | 11214 | 11534 | 11855 | 77,2 |
| 84 | 10087 | 10390 | 10693 | 10996 | 11299 | 11602 | 10552 | 10880 | 11209 | 11537 | 11866 | 12194 | 79,1 |
| 86 | 10378 | 10688 | 10998 | 11309 | 11619 | 11929 | 10854 | 11190 | 11526 | 11863 | 12199 | 12535 | 81,0 |
| 88 | 10670 | 10988 | 11305 | 11623 | 11940 | 12258 | 11157 | 11502 | 11846 | 12190 | 12534 | 12878 | 82,9 |
| 90 | 10964 | 11289 | 11614 | 11938 | 12263 | 12588 | 11463 | 11815 | 12166 | 12518 | 12870 | 13222 | 84,8 |
| 92 | 11260 | 11592 | 11924 | 12256 | 12588 | 12919 | 11770 | 12130 | 12489 | 12849 | 13208 | 13568 | 86,7 |
| 94 | 11558 | 11897 | 12236 | 12575 | 12914 | 13253 | 12079 | 12446 | 12813 | 13181 | 13548 | 13916 | 88,5 |
| 96 | 11857 | 12203 | 12550 | 12896 | 13242 | 13588 | 12389 | 12764 | 13140 | 13515 | 13890 | 14265 | 90,4 |
| 98 | 12158 | 12511 | 12865 | 13218 | 13572 | 13925 | 12701 | 13084 | 13467 | 13850 | 14233 | 14616 | 92,3 |
| 100 | 12461 | 12821 | 13182 | 13542 | 13903 | 14264 | 13015 | 13406 | 13797 | 14187 | 14578 | 14969 | 94,2 |
| 102 | 12765 | 13133 | 13501 | 13868 | 14236 | 14604 | 13331 | 13729 | 14128 | 14526 | 14925 | 15323 | 96,1 |
| 104 | 13071 | 13446 | 13821 | 14196 | 14571 | 14946 | 13648 | 14054 | 14461 | 14867 | 15273 | 15680 | 98,0 |
| 106 | 13379 | 13761 | 14143 | 14525 | 14907 | 15289 | 13967 | 14381 | 14795 | 15209 | 15623 | 16037 | 99,9 |
| 108 | 13688 | 14077 | 14467 | 14856 | 15245 | 15635 | 14288 | 14709 | 15131 | 15553 | 15975 | 16397 | 101,7 |
| 110 | 13999 | 14395 | 14792 | 15189 | 15585 | 15982 | 14610 | 15039 | 15469 | 15899 | 16328 | 16758 | 103,6 |
| 112 | 14312 | 14715 | 15119 | 15523 | 15926 | 16330 | 14934 | 15371 | 15809 | 16246 | 16684 | 17121 | 105,5 |
| 114 | 14626 | 15037 | 15448 | 15859 | 16270 | 16680 | 15259 | 15705 | 16150 | 16595 | 17040 | 17486 | 107,4 |
| 116 | 14942 | 15360 | 15778 | 16196 | 16614 | 17032 | 15586 | 16040 | 16493 | 16946 | 17399 | 17852 | 109,3 |
| 118 | 15259 | 15685 | 16110 | 16535 | 16961 | 17386 | 15915 | 16376 | 16837 | 17298 | 17759 | 18220 | 111,2 |
| 120 | 15579 | 16011 | 16444 | 16876 | 17309 | 17741 | 16246 | 16715 | 17183 | 17652 | 18120 | 18589 | 113,0 |
| 122 | 15900 | 16339 | 16779 | 17219 | 17658 | 18098 | 16578 | 17055 | 17531 | 18007 | 18484 | 18960 | 114,9 |
| 124 | 16222 | 16669 | 17116 | 17563 | 18010 | 18457 | 16912 | 17396 | 17880 | 18365 | 18849 | 19333 | 116,8 |
| 126 | 16546 | 17001 | 17455 | 17909 | 18363 | 18817 | 17247 | 17739 | 18231 | 18723 | 19215 | 19707 | 118,7 |
| 128 | 16872 | 17334 | 17795 | 18256 | 18717 | 19179 | 17585 | 18084 | 18584 | 19084 | 19584 | 20084 | 120,6 |
| 130 | 17200 | 17668 | 18137 | 18605 | 19074 | 19542 | 17923 | 18431 | 18939 | 19446 | 19954 | 20461 | 122,5 |
| 140 | 18862 | 19366 | 19871 | 20375 | 20879 | 21384 | 19642 | 20188 | 20735 | 21281 | 21828 | 22375 | 131,9 |
| 150 | 20564 | 21105 | 21645 | 22186 | 22726 | 23266 | 21401 | 21987 | 22572 | 23158 | 23743 | 24329 | 141,3 |
| 160 | 22308 | 22884 | 23461 | 24037 | 24613 | 25190 | 23201 | 23826 | 24450 | 25075 | 25699 | 26323 | 150,7 |
| 170 | 24092 | 24704 | 25316 | 25929 | 26541 | 27153 | 25042 | 25705 | 26369 | 27032 | 27695 | 28359 | 160,1 |
| 180 | 25916 | 26564 | 27213 | 27861 | 28509 | 29158 | 26923 | 27625 | 28328 | 29030 | 29732 | 30435 | 169,6 |
| Gew. d. Gurtungen | 214,5 | 220,1 | 225,8 | 231,4 | 237,1 | 242,7 | 225,8 | 231,9 | 238,0 | 244,1 | 250,3 | 256,4 | kg für 1 m |

## ∟ 12,0 · 12,0 · 1,1 cm
### Nietstärke 2,3 cm; Stehblechdicke 1,0 cm

Gurtplattendicke 1,1 cm            Gurtplattendicke 1,2 cm

| Stehbl.-Höhe cm | Gurtplattenbreite cm | | | | | | Gurtplattenbreite cm | | | | | | Gew. des Stehbl. |
|---|---|---|---|---|---|---|---|---|---|---|---|---|---|
| | 25 | 26 | 27 | 28 | 29 | 30 | 25 | 26 | 27 | 28 | 29 | 30 | |
| 30 | 1610 | 1643 | 1676 | 1709 | 1742 | 1775 | 1666 | 1702 | 1738 | 1774 | 1810 | 1846 | 23,6 |
| 32 | 1753 | 1788 | 1824 | 1859 | 1894 | 1929 | 1813 | 1851 | 1890 | 1928 | 1967 | 2005 | 25,1 |
| 34 | 1899 | 1936 | 1974 | 2011 | 2049 | 2086 | 1962 | 2003 | 2044 | 2085 | 2126 | 2167 | 26,7 |
| 36 | 2047 | 2087 | 2126 | 2166 | 2206 | 2245 | 2114 | 2158 | 2201 | 2244 | 2287 | 2331 | 28,3 |
| 38 | 2198 | 2239 | 2281 | 2323 | 2365 | 2407 | 2269 | 2314 | 2360 | 2406 | 2451 | 2497 | 29,8 |
| 40 | 2350 | 2394 | 2438 | 2482 | 2526 | 2571 | 2425 | 2473 | 2521 | 2569 | 2618 | 2666 | 31,4 |
| 42 | 2505 | 2551 | 2598 | 2644 | 2690 | 2736 | 2584 | 2634 | 2685 | 2735 | 2786 | 2836 | 33,0 |
| 44 | 2662 | 2710 | 2759 | 2807 | 2856 | 2904 | 2745 | 2797 | 2850 | 2903 | 2956 | 3009 | 34,5 |
| 46 | 2821 | 2871 | 2922 | 2972 | 3023 | 3074 | 2907 | 2962 | 3018 | 3073 | 3128 | 3183 | 36,1 |
| 48 | 2981 | 3034 | 3087 | 3139 | 3192 | 3245 | 3072 | 3129 | 3187 | 3245 | 3302 | 3360 | 37,7 |
| 50 | 3143 | 3198 | 3253 | 3308 | 3363 | 3418 | 3238 | 3298 | 3358 | 3418 | 3478 | 3538 | 39,3 |
| 52 | 3307 | 3364 | 3422 | 3479 | 3536 | 3593 | 3406 | 3468 | 3530 | 3593 | 3655 | 3718 | 40,8 |
| 54 | 3473 | 3532 | 3592 | 3651 | 3711 | 3770 | 3575 | 3640 | 3705 | 3770 | 3834 | 3899 | 42,4 |
| 56 | 3640 | 3702 | 3763 | 3825 | 3887 | 3948 | 3746 | 3814 | 3881 | 3948 | 4015 | 4083 | 44,0 |
| 58 | 3809 | 3873 | 3937 | 4000 | 4064 | 4128 | 3919 | 3989 | 4058 | 4128 | 4198 | 4267 | 45,5 |
| 60 | 3979 | 4045 | 4111 | 4178 | 4244 | 4310 | 4094 | 4166 | 4238 | 4310 | 4382 | 4454 | 47,1 |
| 62 | 4151 | 4220 | 4288 | 4356 | 4424 | 4493 | 4270 | 4344 | 4418 | 4493 | 4567 | 4642 | 48,7 |
| 64 | 4325 | 4395 | 4466 | 4536 | 4607 | 4677 | 4447 | 4524 | 4601 | 4678 | 4754 | 4831 | 50,2 |
| 66 | 4500 | 4573 | 4645 | 4718 | 4791 | 4863 | 4626 | 4705 | 4785 | 4864 | 4943 | 5022 | 51,8 |
| 68 | 4677 | 4752 | 4826 | 4901 | 4976 | 5051 | 4807 | 4888 | 4970 | 5052 | 5133 | 5215 | 53,4 |
| 70 | 4855 | 4932 | 5009 | 5086 | 5163 | 5240 | 4989 | 5073 | 5157 | 5241 | 5325 | 5409 | 55,0 |
| 72 | 5034 | 5114 | 5193 | 5272 | 5351 | 5430 | 5172 | 5259 | 5345 | 5431 | 5518 | 5604 | 56,5 |
| 74 | 5215 | 5297 | 5378 | 5460 | 5541 | 5623 | 5357 | 5446 | 5535 | 5624 | 5713 | 5801 | 58,1 |
| 76 | 5398 | 5482 | 5565 | 5649 | 5732 | 5816 | 5544 | 5635 | 5726 | 5817 | 5909 | 6000 | 59,7 |
| 78 | 5582 | 5668 | 5753 | 5839 | 5925 | 6011 | 5732 | 5825 | 5919 | 6012 | 6106 | 6200 | 61,2 |
| 80 | 5767 | 5855 | 5943 | 6031 | 6119 | 6207 | 5921 | 6017 | 6113 | 6209 | 6305 | 6401 | 62,8 |
| 82 | 5954 | 6044 | 6134 | 6225 | 6315 | 6405 | 6112 | 6210 | 6309 | 6407 | 6505 | 6604 | 64,4 |
| 84 | 6142 | 6235 | 6327 | 6420 | 6512 | 6604 | 6304 | 6405 | 6506 | 6606 | 6707 | 6808 | 65,9 |
| 86 | 6332 | 6427 | 6521 | 6616 | 6710 | 6805 | 6498 | 6601 | 6704 | 6807 | 6910 | 7014 | 67,5 |
| 88 | 6523 | 6620 | 6717 | 6813 | 6910 | 7007 | 6693 | 6798 | 6904 | 7009 | 7115 | 7221 | 69,1 |
| 90 | 6715 | 6814 | 6913 | 7013 | 7112 | 7211 | 6889 | 6997 | 7105 | 7213 | 7321 | 7429 | 70,7 |
| 92 | 6909 | 7011 | 7112 | 7213 | 7314 | 7415 | 7087 | 7197 | 7308 | 7418 | 7529 | 7639 | 72,2 |
| 94 | 7105 | 7208 | 7311 | 7415 | 7518 | 7622 | 7286 | 7399 | 7512 | 7625 | 7737 | 7850 | 73,8 |
| 96 | 7301 | 7407 | 7513 | 7618 | 7724 | 7829 | 7487 | 7602 | 7717 | 7832 | 7948 | 8063 | 75,4 |
| 98 | 7499 | 7607 | 7715 | 7823 | 7931 | 8038 | 7689 | 7806 | 7924 | 8042 | 8159 | 8277 | 76,9 |
| 100 | 7699 | 7809 | 7919 | 8029 | 8139 | 8249 | 7892 | 8012 | 8132 | 8252 | 8372 | 8492 | 78,5 |
| 102 | 7900 | 8012 | 8124 | 8236 | 8348 | 8461 | 8097 | 8219 | 8342 | 8464 | 8587 | 8709 | 80,1 |
| 104 | 8102 | 8216 | 8331 | 8445 | 8560 | 8674 | 8303 | 8428 | 8553 | 8678 | 8803 | 8927 | 81,6 |
| 106 | 8305 | 8422 | 8539 | 8655 | 8772 | 8889 | 8511 | 8638 | 8765 | 8893 | 9020 | 9147 | 83,2 |
| 108 | 8510 | 8629 | 8748 | 8867 | 8986 | 9104 | 8720 | 8849 | 8979 | 9109 | 9238 | 9368 | 84,8 |
| 110 | 8717 | 8838 | 8959 | 9080 | 9201 | 9322 | 8930 | 9062 | 9194 | 9326 | 9458 | 9590 | 86,4 |
| 112 | 8924 | 9048 | 9171 | 9294 | 9417 | 9541 | 9142 | 9276 | 9411 | 9545 | 9680 | 9814 | 87,9 |
| 114 | 9134 | 9259 | 9384 | 9510 | 9635 | 9761 | 9355 | 9492 | 9629 | 9765 | 9902 | 10039 | 89,5 |
| 116 | 9344 | 9472 | 9599 | 9727 | 9854 | 9982 | 9569 | 9709 | 9848 | 9987 | 10126 | 10265 | 91,1 |
| 118 | 9556 | 9686 | 9815 | 9945 | 10075 | 10205 | 9785 | 9927 | 10068 | 10210 | 10352 | 10493 | 92,6 |
| 120 | 9769 | 9901 | 10033 | 10165 | 10297 | 10429 | 10002 | 10146 | 10290 | 10434 | 10578 | 10722 | 94,2 |
| 122 | 9984 | 10118 | 10252 | 10386 | 10520 | 10655 | 10221 | 10367 | 10514 | 10660 | 10807 | 10953 | 95,8 |
| 124 | 10200 | 10336 | 10472 | 10609 | 10745 | 10882 | 10441 | 10590 | 10738 | 10887 | 11036 | 11185 | 97,3 |
| 126 | 10417 | 10555 | 10694 | 10833 | 10971 | 11110 | 10662 | 10813 | 10965 | 11116 | 11267 | 11418 | 98,9 |
| 128 | 10635 | 10776 | 10917 | 11058 | 11199 | 11339 | 10885 | 11038 | 11192 | 11346 | 11499 | 11653 | 100,5 |
| 130 | 10855 | 10998 | 11141 | 11284 | 11427 | 11570 | 11109 | 11265 | 11421 | 11577 | 11733 | 11889 | 102,1 |
| 140 | 11975 | 12129 | 12283 | 12437 | 12591 | 12745 | 12250 | 12418 | 12586 | 12754 | 12922 | 13090 | 109,9 |
| 150 | 13129 | 13294 | 13459 | 13624 | 13789 | 13954 | 13424 | 13604 | 13784 | 13964 | 14144 | 14324 | 117,8 |
| 160 | 14316 | 14492 | 14668 | 14844 | 15020 | 15196 | 14633 | 14825 | 15017 | 15209 | 15401 | 15593 | 125,6 |
| 170 | 15538 | 15725 | 15912 | 16099 | 16286 | 16473 | 15875 | 16079 | 16283 | 16487 | 16691 | 16895 | 133,5 |
| 180 | 16793 | 16991 | 17189 | 17387 | 17585 | 17783 | 17150 | 17366 | 17582 | 17798 | 18014 | 18230 | 141,3 |
| Gew.d. Gurtungen | 122,9 | 124,7 | 126,4 | 128,1 | 129,8 | 131,6 | 126,9 | 128,7 | 130,6 | 132,5 | 134,4 | 136,3 | kg für 1 m |

## L 12,0 · 12,0 · 1,1 cm
### Nietstärke 2,3 cm; Stehblechdicke 1,0 cm

Gurtplattendicke 2,2 cm          Gurtplattendicke 3,3 cm

| Stehbl.-Höhe cm | Gurtplattenbreite cm | | | | | | Gurtplattenbreite cm | | | | | | Gew. des Stehbl. |
|---|---|---|---|---|---|---|---|---|---|---|---|---|---|
| | 25 | 26 | 27 | 28 | 29 | 30 | 25 | 26 | 27 | 28 | 29 | 30 | |
| 30 | 2231 | 2297 | 2364 | 2430 | 2496 | 2563 | 2870 | 2970 | 3070 | 3170 | 3271 | 3371 | 23,6 |
| 32 | 2416 | 2486 | 2557 | 2628 | 2699 | 2770 | 3096 | 3202 | 3309 | 3416 | 3523 | 3630 | 25,1 |
| 34 | 2603 | 2678 | 2754 | 2829 | 2904 | 2979 | 3325 | 3438 | 3552 | 3665 | 3778 | 3892 | 26,7 |
| 36 | 2794 | 2873 | 2953 | 3032 | 3112 | 3191 | 3557 | 3677 | 3797 | 3917 | 4037 | 4156 | 28,3 |
| 38 | 2987 | 3071 | 3154 | 3238 | 3322 | 3406 | 3791 | 3918 | 4044 | 4171 | 4297 | 4424 | 29,8 |
| 40 | 3182 | 3270 | 3358 | 3447 | 3535 | 3623 | 4029 | 4162 | 4295 | 4428 | 4561 | 4694 | 31,4 |
| 42 | 3379 | 3472 | 3564 | 3657 | 3750 | 3842 | 4268 | 4408 | 4547 | 4687 | 4826 | 4966 | 33,0 |
| 44 | 3578 | 3675 | 3773 | 3870 | 3967 | 4064 | 4510 | 4656 | 4802 | 4948 | 5094 | 5240 | 34,5 |
| 46 | 3780 | 3881 | 3983 | 4084 | 4186 | 4287 | 4753 | 4906 | 5059 | 5211 | 5364 | 5517 | 36,1 |
| 48 | 3983 | 4089 | 4195 | 4301 | 4406 | 4512 | 4999 | 5158 | 5318 | 5477 | 5636 | 5795 | 37,7 |
| 50 | 4188 | 4298 | 4409 | 4519 | 4629 | 4739 | 5247 | 5413 | 5578 | 5744 | 5910 | 6076 | 39,3 |
| 52 | 4395 | 4510 | 4624 | 4739 | 4854 | 4968 | 5496 | 5669 | 5841 | 6014 | 6186 | 6358 | 40,8 |
| 54 | 4604 | 4723 | 4842 | 4961 | 5080 | 5199 | 5748 | 5927 | 6106 | 6285 | 6464 | 6643 | 42,4 |
| 56 | 4814 | 4938 | 5061 | 5184 | 5308 | 5431 | 6001 | 6186 | 6372 | 6558 | 6743 | 6929 | 44,0 |
| 58 | 5026 | 5154 | 5282 | 5410 | 5537 | 5665 | 6256 | 6448 | 6640 | 6832 | 7024 | 7216 | 45,5 |
| 60 | 5240 | 5372 | 5504 | 5636 | 5769 | 5901 | 6512 | 6711 | 6910 | 7109 | 7307 | 7506 | 47,1 |
| 62 | 5455 | 5592 | 5728 | 5865 | 6002 | 6138 | 6771 | 6976 | 7181 | 7387 | 7592 | 7797 | 48,7 |
| 64 | 5672 | 5813 | 5954 | 6095 | 6236 | 6377 | 7031 | 7243 | 7454 | 7666 | 7878 | 8090 | 50,2 |
| 66 | 5890 | 6036 | 6181 | 6327 | 6472 | 6617 | 7292 | 7511 | 7729 | 7948 | 8166 | 8384 | 51,8 |
| 68 | 6110 | 6260 | 6410 | 6560 | 6710 | 6859 | 7555 | 7780 | 8005 | 8230 | 8455 | 8681 | 53,4 |
| 70 | 6332 | 6486 | 6640 | 6794 | 6949 | 7103 | 7820 | 8052 | 8283 | 8515 | 8747 | 8978 | 55,0 |
| 72 | 6555 | 6714 | 6872 | 7031 | 7189 | 7348 | 8086 | 8325 | 8563 | 8801 | 9039 | 9277 | 56,5 |
| 74 | 6779 | 6942 | 7105 | 7268 | 7431 | 7594 | 8354 | 8599 | 8844 | 9089 | 9333 | 9578 | 58,1 |
| 76 | 7005 | 7173 | 7340 | 7508 | 7675 | 7842 | 8623 | 8875 | 9126 | 9378 | 9629 | 9880 | 59,7 |
| 78 | 7233 | 7405 | 7576 | 7748 | 7920 | 8092 | 8894 | 9152 | 9410 | 9668 | 9926 | 10184 | 61,2 |
| 80 | 7462 | 7638 | 7814 | 7990 | 8167 | 8343 | 9167 | 9431 | 9696 | 9960 | 10225 | 10489 | 62,8 |
| 82 | 7692 | 7873 | 8053 | 8234 | 8415 | 8595 | 9440 | 9712 | 9983 | 10254 | 10525 | 10796 | 64,4 |
| 84 | 7924 | 8109 | 8294 | 8479 | 8664 | 8849 | 9716 | 9994 | 10271 | 10549 | 10827 | 11104 | 65,9 |
| 86 | 8157 | 8347 | 8536 | 8725 | 8915 | 9104 | 9993 | 10277 | 10561 | 10846 | 11130 | 11414 | 67,5 |
| 88 | 8392 | 8586 | 8780 | 8973 | 9167 | 9361 | 10271 | 10562 | 10853 | 11144 | 11434 | 11725 | 69,1 |
| 90 | 8628 | 8826 | 9025 | 9223 | 9421 | 9619 | 10551 | 10848 | 11145 | 11443 | 11740 | 12038 | 70,7 |
| 92 | 8866 | 9068 | 9271 | 9474 | 9676 | 9879 | 10832 | 11136 | 11440 | 11744 | 12048 | 12352 | 72,2 |
| 94 | 9105 | 9312 | 9519 | 9726 | 9933 | 10140 | 11114 | 11425 | 11736 | 12046 | 12357 | 12668 | 73,8 |
| 96 | 9345 | 9557 | 9768 | 9979 | 10191 | 10402 | 11398 | 11715 | 12033 | 12350 | 12667 | 12985 | 75,4 |
| 98 | 9587 | 9803 | 10019 | 10234 | 10450 | 10666 | 11684 | 12007 | 12331 | 12655 | 12979 | 13303 | 76,9 |
| 100 | 9830 | 10050 | 10271 | 10491 | 10711 | 10931 | 11970 | 12301 | 12631 | 12962 | 13292 | 13623 | 78,5 |
| 102 | 10075 | 10299 | 10524 | 10748 | 10973 | 11198 | 12259 | 12596 | 12933 | 13270 | 13607 | 13944 | 80,1 |
| 104 | 10321 | 10550 | 10779 | 11008 | 11237 | 11466 | 12548 | 12892 | 13236 | 13579 | 13923 | 14267 | 81,6 |
| 106 | 10568 | 10802 | 11035 | 11268 | 11502 | 11735 | 12839 | 13190 | 13540 | 13890 | 14240 | 14591 | 83,2 |
| 108 | 10817 | 11055 | 11293 | 11530 | 11768 | 12006 | 13132 | 13489 | 13846 | 14202 | 14559 | 14916 | 84,8 |
| 110 | 11067 | 11309 | 11551 | 11794 | 12036 | 12278 | 13426 | 13789 | 14153 | 14516 | 14879 | 15243 | 86,4 |
| 112 | 11319 | 11565 | 11812 | 12058 | 12305 | 12551 | 13721 | 14091 | 14461 | 14831 | 15201 | 15571 | 87,9 |
| 114 | 11572 | 11823 | 12074 | 12324 | 12575 | 12826 | 14018 | 14394 | 14771 | 15148 | 15524 | 15901 | 89,5 |
| 116 | 11826 | 12081 | 12337 | 12592 | 12847 | 13103 | 14316 | 14699 | 15082 | 15465 | 15849 | 16232 | 91,1 |
| 118 | 12082 | 12341 | 12601 | 12861 | 13121 | 13380 | 14615 | 15005 | 15395 | 15785 | 16174 | 16564 | 92,6 |
| 120 | 12339 | 12603 | 12867 | 13131 | 13395 | 13659 | 14916 | 15313 | 15709 | 16105 | 16502 | 16898 | 94,2 |
| 122 | 12597 | 12866 | 13134 | 13403 | 13671 | 13940 | 15218 | 15621 | 16024 | 16427 | 16830 | 17233 | 95,8 |
| 124 | 12857 | 13130 | 13403 | 13676 | 13949 | 14222 | 15522 | 15932 | 16341 | 16751 | 17160 | 17570 | 97,3 |
| 126 | 13118 | 13395 | 13673 | 13950 | 14227 | 14505 | 15827 | 16243 | 16659 | 17075 | 17492 | 17908 | 98,9 |
| 128 | 13381 | 13662 | 13944 | 14226 | 14507 | 14789 | 16133 | 16556 | 16979 | 17402 | 17824 | 18247 | 100,5 |
| 130 | 13645 | 13931 | 14217 | 14503 | 14789 | 15075 | 16441 | 16870 | 17300 | 17729 | 18158 | 18588 | 102,1 |
| 140 | 14985 | 15293 | 15601 | 15909 | 16217 | 16526 | 18000 | 18463 | 18925 | 19387 | 19850 | 20312 | 109,9 |
| 150 | 16359 | 16689 | 17019 | 17349 | 17679 | 18010 | 19594 | 20089 | 20584 | 21080 | 21575 | 22070 | 117,8 |
| 160 | 17767 | 18119 | 18471 | 18823 | 19175 | 19527 | 21221 | 21749 | 22278 | 22806 | 23334 | 23863 | 125,6 |
| 170 | 19208 | 19583 | 19957 | 20331 | 20705 | 21079 | 22881 | 23442 | 24004 | 24565 | 25126 | 25688 | 133,5 |
| 180 | 20684 | 21080 | 21476 | 21872 | 22268 | 22664 | 24577 | 25172 | 25766 | 26360 | 26954 | 27549 | 141,3 |
| Gew. d. Gurtungen | 166,1 | 169,6 | 173,0 | 176,5 | 179,9 | 183,4 | 209,3 | 214,5 | 219,6 | 224,8 | 230,0 | 235,2 | kg für 1 m |

## ∟ 12,0 · 12,0 · 1,3 cm
### Nietstärke 2,6 cm; Stehblechdicke 1,2 cm

Gurtplattendicke 1,2 cm         Gurtplattendicke 1,3 cm

| Stehbl.-Höhe cm | Gurtplattenbreite cm | | | | | | Gurtplattenbreite cm | | | | | | Gew. des Stehbl. |
|---|---|---|---|---|---|---|---|---|---|---|---|---|---|
| | 26 | 27 | 28 | 29 | 30 | 31 | 26 | 27 | 28 | 29 | 30 | 31 | |
| 40 | 2658 | 2706 | 2754 | 2802 | 2850 | 2898 | 2734 | 2786 | 2838 | 2890 | 2942 | 2994 | 37,7 |
| 42 | 2835 | 2886 | 2936 | 2987 | 3037 | 3088 | 2915 | 2970 | 3024 | 3079 | 3134 | 3188 | 39,6 |
| 44 | 3015 | 3068 | 3121 | 3174 | 3226 | 3279 | 3099 | 3156 | 3213 | 3270 | 3328 | 3385 | 41,4 |
| 46 | 3197 | 3252 | 3308 | 3363 | 3418 | 3473 | 3285 | 3345 | 3404 | 3464 | 3524 | 3584 | 43,3 |
| 48 | 3381 | 3439 | 3497 | 3554 | 3612 | 3670 | 3473 | 3535 | 3598 | 3660 | 3723 | 3785 | 45,2 |
| 50 | 3568 | 3628 | 3688 | 3748 | 3808 | 3868 | 3663 | 3728 | 3793 | 3858 | 3923 | 3989 | 47,1 |
| 52 | 3756 | 3819 | 3881 | 3944 | 4006 | 4068 | 3856 | 3923 | 3991 | 4059 | 4126 | 4194 | 49,0 |
| 54 | 3947 | 4012 | 4076 | 4141 | 4206 | 4271 | 4050 | 4120 | 4191 | 4261 | 4331 | 4401 | 50,9 |
| 56 | 4139 | 4206 | 4274 | 4341 | 4408 | 4475 | 4246 | 4319 | 4392 | 4465 | 4538 | 4611 | 52,8 |
| 58 | 4334 | 4403 | 4473 | 4542 | 4612 | 4682 | 4445 | 4520 | 4596 | 4671 | 4747 | 4822 | 54,6 |
| 60 | 4530 | 4602 | 4674 | 4746 | 4818 | 4890 | 4645 | 4723 | 4801 | 4879 | 4957 | 5035 | 56,5 |
| 62 | 4728 | 4802 | 4877 | 4951 | 5026 | 5100 | 4847 | 4928 | 5009 | 5089 | 5170 | 5250 | 58,4 |
| 64 | 4928 | 5005 | 5082 | 5158 | 5235 | 5312 | 5051 | 5134 | 5218 | 5301 | 5384 | 5467 | 60,3 |
| 66 | 5130 | 5209 | 5288 | 5367 | 5447 | 5526 | 5257 | 5343 | 5429 | 5515 | 5600 | 5686 | 62,2 |
| 68 | 5333 | 5415 | 5497 | 5578 | 5660 | 5742 | 5465 | 5553 | 5642 | 5730 | 5818 | 5907 | 64,1 |
| 70 | 5539 | 5623 | 5707 | 5791 | 5875 | 5959 | 5674 | 5765 | 5856 | 5947 | 6038 | 6129 | 65,9 |
| 72 | 5746 | 5832 | 5919 | 6005 | 6092 | 6178 | 5885 | 5979 | 6073 | 6166 | 6260 | 6354 | 67,8 |
| 74 | 5955 | 6044 | 6133 | 6221 | 6310 | 6399 | 6098 | 6195 | 6291 | 6387 | 6483 | 6579 | 69,7 |
| 76 | 6166 | 6257 | 6348 | 6439 | 6531 | 6622 | 6313 | 6412 | 6511 | 6610 | 6708 | 6807 | 71,6 |
| 78 | 6378 | 6472 | 6565 | 6659 | 6753 | 6846 | 6529 | 6631 | 6732 | 6834 | 6935 | 7037 | 73,5 |
| 80 | 6592 | 6688 | 6784 | 6880 | 6976 | 7072 | 6748 | 6852 | 6956 | 7060 | 7164 | 7268 | 75,4 |
| 82 | 6808 | 6907 | 7005 | 7103 | 7202 | 7300 | 6968 | 7074 | 7181 | 7288 | 7394 | 7501 | 77,2 |
| 84 | 7026 | 7127 | 7227 | 7328 | 7429 | 7530 | 7189 | 7298 | 7408 | 7517 | 7626 | 7735 | 79,1 |
| 86 | 7245 | 7348 | 7451 | 7555 | 7658 | 7761 | 7413 | 7524 | 7636 | 7748 | 7860 | 7972 | 81,0 |
| 88 | 7466 | 7572 | 7677 | 7783 | 7889 | 7994 | 7638 | 7752 | 7866 | 7981 | 8095 | 8210 | 82,9 |
| 90 | 7689 | 7797 | 7905 | 8013 | 8121 | 8229 | 7864 | 7981 | 8098 | 8215 | 8332 | 8449 | 84,8 |
| 92 | 7913 | 8024 | 8134 | 8244 | 8355 | 8465 | 8093 | 8212 | 8332 | 8452 | 8571 | 8691 | 86,7 |
| 94 | 8139 | 8252 | 8365 | 8478 | 8590 | 8703 | 8323 | 8445 | 8567 | 8690 | 8812 | 8934 | 88,5 |
| 96 | 8367 | 8482 | 8597 | 8713 | 8828 | 8943 | 8555 | 8679 | 8804 | 8929 | 9054 | 9179 | 90,4 |
| 98 | 8596 | 8714 | 8832 | 8949 | 9067 | 9184 | 8788 | 8915 | 9043 | 9170 | 9298 | 9425 | 92,3 |
| 100 | 8827 | 8947 | 9067 | 9187 | 9307 | 9427 | 9023 | 9153 | 9283 | 9413 | 9543 | 9673 | 94,2 |
| 102 | 9060 | 9182 | 9305 | 9427 | 9550 | 9672 | 9260 | 9393 | 9525 | 9658 | 9790 | 9923 | 96,1 |
| 104 | 9294 | 9419 | 9544 | 9669 | 9794 | 9919 | 9498 | 9634 | 9769 | 9904 | 10039 | 10174 | 98,0 |
| 106 | 9530 | 9658 | 9785 | 9912 | 10039 | 10167 | 9738 | 9876 | 10014 | 10152 | 10290 | 10428 | 99,9 |
| 108 | 9768 | 9898 | 10027 | 10157 | 10287 | 10416 | 9980 | 10121 | 10261 | 10401 | 10542 | 10682 | 101,7 |
| 110 | 10008 | 10140 | 10272 | 10404 | 10536 | 10668 | 10224 | 10367 | 10510 | 10653 | 10796 | 10939 | 103,6 |
| 112 | 10249 | 10383 | 10517 | 10652 | 10786 | 10921 | 10469 | 10614 | 10760 | 10905 | 11051 | 11197 | 105,5 |
| 114 | 10491 | 10628 | 10765 | 10902 | 11038 | 11175 | 10715 | 10863 | 11012 | 11160 | 11308 | 11456 | 107,4 |
| 116 | 10735 | 10875 | 11014 | 11153 | 11292 | 11432 | 10964 | 11114 | 11265 | 11416 | 11567 | 11718 | 109,3 |
| 118 | 10981 | 11123 | 11265 | 11406 | 11548 | 11689 | 11214 | 11367 | 11520 | 11674 | 11827 | 11981 | 111,2 |
| 120 | 11229 | 11373 | 11517 | 11661 | 11805 | 11949 | 11465 | 11621 | 11777 | 11933 | 12089 | 12245 | 113,0 |
| 122 | 11478 | 11624 | 11771 | 11917 | 12064 | 12210 | 11718 | 11877 | 12036 | 12194 | 12353 | 12512 | 114,9 |
| 124 | 11729 | 11878 | 12027 | 12175 | 12324 | 12473 | 11973 | 12135 | 12296 | 12457 | 12618 | 12779 | 116,8 |
| 126 | 11981 | 12133 | 12284 | 12435 | 12586 | 12737 | 12230 | 12394 | 12557 | 12721 | 12885 | 13049 | 118,7 |
| 128 | 12235 | 12389 | 12543 | 12696 | 12850 | 13004 | 12488 | 12654 | 12821 | 12987 | 13154 | 13320 | 120,6 |
| 130 | 12491 | 12647 | 12803 | 12959 | 13115 | 13271 | 12748 | 12917 | 13086 | 13255 | 13424 | 13593 | 122,5 |
| 132 | 12749 | 12907 | 13065 | 13224 | 13382 | 13541 | 13009 | 13181 | 13352 | 13524 | 13696 | 13867 | 124,3 |
| 134 | 13007 | 13168 | 13329 | 13490 | 13651 | 13812 | 13272 | 13446 | 13621 | 13795 | 13969 | 14143 | 126,2 |
| 136 | 13268 | 13431 | 13595 | 13758 | 13921 | 14084 | 13537 | 13714 | 13890 | 14067 | 14244 | 14421 | 128,1 |
| 138 | 13530 | 13696 | 13862 | 14027 | 14193 | 14358 | 13803 | 13983 | 14162 | 14341 | 14521 | 14700 | 130,0 |
| 140 | 13794 | 13962 | 14130 | 14298 | 14466 | 14634 | 14071 | 14253 | 14435 | 14617 | 14799 | 14981 | 131,9 |
| 150 | 15138 | 15318 | 15498 | 15678 | 15858 | 16038 | 15435 | 15630 | 15825 | 16020 | 16215 | 16410 | 141,3 |
| 160 | 16522 | 16714 | 16906 | 17098 | 17290 | 17482 | 16839 | 17047 | 17255 | 17463 | 17671 | 17879 | 150,7 |
| 170 | 17946 | 18150 | 18354 | 18558 | 18762 | 18966 | 18284 | 18505 | 18726 | 18947 | 19168 | 19389 | 160,1 |
| 180 | 19411 | 19627 | 19843 | 20059 | 20275 | 20491 | 19769 | 20003 | 20237 | 20471 | 20705 | 20939 | 169,6 |
| 190 | 20916 | 21144 | 21372 | 21600 | 21828 | 22056 | 21294 | 21541 | 21788 | 22036 | 22283 | 22530 | 179,0 |
| Gew. d. Gurtungen | 142,2 | 144,1 | 146,0 | 147,9 | 149,8 | 151,7 | 146,3 | 148,4 | 150,4 | 152,5 | 154,5 | 156,5 | kg für 1 m |

Widerstandsmomente cm³.

## ⌐ 12,0 · 12,0 · 1,3 cm
### Nietstärke 2,6 cm; Stehblechdicke 1,2 cm

Gurtplattendicke 2,4 cm  Gurtplattendicke 2,6 cm

| Stehbl.-Höhe cm | Gurtplattenbreite cm | | | | | | Gurtplattenbreite cm | | | | | | Gew. des Stehbl. |
| --- | --- | --- | --- | --- | --- | --- | --- | --- | --- | --- | --- | --- | --- |
| | 26 | 27 | 28 | 29 | 30 | 31 | 26 | 27 | 28 | 29 | 30 | 31 | |
| 40 | 3575 | 3671 | 3768 | 3864 | 3960 | 4057 | 3730 | 3834 | 3939 | 4043 | 4148 | 4252 | 37,7 |
| 42 | 3799 | 3900 | 4002 | 4103 | 4204 | 4305 | 3962 | 4071 | 4181 | 4291 | 4400 | 4510 | 39,6 |
| 44 | 4026 | 4132 | 4238 | 4344 | 4450 | 4556 | 4196 | 4311 | 4426 | 4541 | 4656 | 4771 | 41,4 |
| 46 | 4255 | 4366 | 4477 | 4587 | 4698 | 4809 | 4433 | 4553 | 4673 | 4793 | 4913 | 5033 | 43,3 |
| 48 | 4487 | 4602 | 4718 | 4833 | 4949 | 5064 | 4673 | 4798 | 4923 | 5048 | 5173 | 5299 | 45,2 |
| 50 | 4720 | 4841 | 4961 | 5081 | 5202 | 5322 | 4914 | 5045 | 5175 | 5305 | 5436 | 5566 | 47,1 |
| 52 | 4956 | 5081 | 5206 | 5332 | 5457 | 5582 | 5158 | 5293 | 5429 | 5565 | 5700 | 5836 | 49,0 |
| 54 | 5194 | 5324 | 5454 | 5584 | 5714 | 5844 | 5404 | 5544 | 5685 | 5826 | 5967 | 6108 | 50,9 |
| 56 | 5434 | 5569 | 5704 | 5838 | 5973 | 6108 | 5652 | 5798 | 5944 | 6090 | 6236 | 6382 | 52,8 |
| 58 | 5676 | 5816 | 5955 | 6095 | 6234 | 6374 | 5902 | 6053 | 6204 | 6355 | 6506 | 6657 | 54,6 |
| 60 | 5920 | 6065 | 6209 | 6353 | 6497 | 6642 | 6154 | 6310 | 6466 | 6623 | 6779 | 6935 | 56,5 |
| 62 | 6166 | 6315 | 6464 | 6613 | 6763 | 6912 | 6407 | 6569 | 6730 | 6892 | 7054 | 7215 | 58,4 |
| 64 | 6414 | 6568 | 6722 | 6876 | 7030 | 7183 | 6663 | 6830 | 6997 | 7163 | 7330 | 7497 | 60,3 |
| 66 | 6664 | 6822 | 6981 | 7140 | 7298 | 7457 | 6921 | 7093 | 7265 | 7437 | 7609 | 7781 | 62,2 |
| 68 | 6915 | 7079 | 7242 | 7406 | 7569 | 7733 | 7180 | 7358 | 7535 | 7712 | 7889 | 8066 | 64,1 |
| 70 | 7169 | 7337 | 7505 | 7674 | 7842 | 8010 | 7442 | 7624 | 7806 | 7989 | 8171 | 8353 | 65,9 |
| 72 | 7424 | 7597 | 7770 | 7943 | 8116 | 8289 | 7705 | 7893 | 8080 | 8268 | 8455 | 8643 | 67,8 |
| 74 | 7681 | 7859 | 8037 | 8215 | 8392 | 8570 | 7970 | 8163 | 8356 | 8548 | 8741 | 8934 | 69,7 |
| 76 | 7940 | 8123 | 8305 | 8488 | 8670 | 8853 | 8237 | 8435 | 8633 | 8831 | 9029 | 9226 | 71,6 |
| 78 | 8201 | 8388 | 8575 | 8763 | 8950 | 9138 | 8506 | 8709 | 8912 | 9115 | 9318 | 9521 | 73,5 |
| 80 | 8463 | 8655 | 8847 | 9040 | 9232 | 9424 | 8776 | 8984 | 9193 | 9401 | 9609 | 9817 | 75,4 |
| 82 | 8727 | 8924 | 9121 | 9318 | 9515 | 9712 | 9048 | 9262 | 9475 | 9689 | 9902 | 10115 | 77,2 |
| 84 | 8993 | 9195 | 9397 | 9598 | 9800 | 10002 | 9322 | 9541 | 9759 | 9978 | 10197 | 10415 | 79,1 |
| 86 | 9261 | 9467 | 9674 | 9880 | 10087 | 10294 | 9598 | 9822 | 10045 | 10269 | 10493 | 10717 | 81,0 |
| 88 | 9530 | 9741 | 9953 | 10164 | 10375 | 10587 | 9875 | 10104 | 10333 | 10562 | 10791 | 11020 | 82,9 |
| 90 | 9801 | 10017 | 10233 | 10449 | 10666 | 10882 | 10154 | 10388 | 10623 | 10857 | 11091 | 11325 | 84,8 |
| 92 | 10074 | 10295 | 10516 | 10737 | 10958 | 11179 | 10435 | 10674 | 10914 | 11153 | 11393 | 11632 | 86,7 |
| 94 | 10348 | 10574 | 10800 | 11025 | 11251 | 11477 | 10717 | 10962 | 11207 | 11451 | 11696 | 11941 | 88,5 |
| 96 | 10624 | 10855 | 11085 | 11316 | 11547 | 11777 | 11002 | 11251 | 11501 | 11751 | 12001 | 12251 | 90,4 |
| 98 | 10902 | 11137 | 11373 | 11608 | 11844 | 12079 | 11287 | 11542 | 11797 | 12053 | 12308 | 12563 | 92,3 |
| 100 | 11182 | 11422 | 11662 | 11902 | 12142 | 12382 | 11575 | 11835 | 12095 | 12356 | 12616 | 12876 | 94,2 |
| 102 | 11463 | 11708 | 11953 | 12198 | 12443 | 12688 | 11864 | 12130 | 12395 | 12661 | 12926 | 13191 | 96,1 |
| 104 | 11746 | 11995 | 12245 | 12495 | 12745 | 12994 | 12155 | 12426 | 12696 | 12967 | 13238 | 13508 | 98,0 |
| 106 | 12030 | 12285 | 12549 | 12794 | 13048 | 13303 | 12448 | 12724 | 12999 | 13275 | 13551 | 13827 | 99,9 |
| 108 | 12316 | 12576 | 12835 | 13094 | 13354 | 13613 | 12742 | 13023 | 13304 | 13585 | 13866 | 14147 | 101,7 |
| 110 | 12604 | 12868 | 13133 | 13397 | 13661 | 13925 | 13038 | 13324 | 13610 | 13897 | 14183 | 14469 | 103,6 |
| 112 | 12894 | 13163 | 13432 | 13701 | 13970 | 14239 | 13336 | 13627 | 13918 | 14210 | 14501 | 14793 | 105,5 |
| 114 | 13185 | 13459 | 13732 | 14006 | 14280 | 14554 | 13635 | 13932 | 14228 | 14525 | 14821 | 15118 | 107,4 |
| 116 | 13478 | 13756 | 14035 | 14313 | 14592 | 14871 | 13936 | 14238 | 14539 | 14841 | 15143 | 15445 | 109,3 |
| 118 | 13772 | 14056 | 14339 | 14622 | 14906 | 15189 | 14238 | 14545 | 14852 | 15159 | 15466 | 15773 | 111,2 |
| 120 | 14068 | 14357 | 14645 | 14933 | 15221 | 15509 | 14543 | 14855 | 15167 | 15479 | 15791 | 16104 | 113,0 |
| 122 | 14366 | 14659 | 14952 | 15245 | 15538 | 15831 | 14849 | 15166 | 15483 | 15801 | 16118 | 16435 | 114,9 |
| 124 | 14666 | 14963 | 15261 | 15559 | 15857 | 16154 | 15156 | 15479 | 15801 | 16124 | 16446 | 16769 | 116,8 |
| 126 | 14967 | 15269 | 15572 | 15874 | 16177 | 16479 | 15465 | 15793 | 16121 | 16449 | 16776 | 17104 | 118,7 |
| 128 | 15269 | 15577 | 15884 | 16191 | 16499 | 16806 | 15776 | 16109 | 16442 | 16775 | 17108 | 17441 | 120,6 |
| 130 | 15574 | 15886 | 16198 | 16510 | 16822 | 17135 | 16089 | 16427 | 16765 | 17103 | 17441 | 17779 | 122,5 |
| 132 | 15880 | 16197 | 16514 | 16831 | 17148 | 17464 | 16403 | 16746 | 17089 | 17433 | 17776 | 18119 | 124,3 |
| 134 | 16187 | 16509 | 16831 | 17153 | 17474 | 17796 | 16718 | 17067 | 17415 | 17764 | 18113 | 18461 | 126,2 |
| 136 | 16497 | 16823 | 17150 | 17476 | 17803 | 18129 | 17036 | 17389 | 17743 | 18097 | 18451 | 18805 | 128,1 |
| 138 | 16808 | 17139 | 17470 | 17802 | 18133 | 18464 | 17355 | 17714 | 18073 | 18432 | 18791 | 19150 | 130,0 |
| 140 | 17120 | 17456 | 17792 | 18129 | 18465 | 18801 | 17675 | 18040 | 18404 | 18768 | 19132 | 19496 | 131,9 |
| 150 | 18707 | 19067 | 19428 | 19788 | 20148 | 20508 | 19303 | 19693 | 20083 | 20473 | 20864 | 21254 | 141,3 |
| 160 | 20335 | 20719 | 21103 | 21487 | 21871 | 22256 | 20971 | 21387 | 21804 | 22220 | 22636 | 23052 | 150,7 |
| 170 | 22003 | 22411 | 22819 | 23228 | 23636 | 24044 | 22680 | 23122 | 23564 | 24006 | 24449 | 24891 | 160,1 |
| 180 | 23712 | 24144 | 24576 | 25008 | 25440 | 25872 | 24429 | 24898 | 25366 | 25834 | 26302 | 26770 | 169,6 |
| 190 | 25461 | 25917 | 26373 | 26829 | 27285 | 27741 | 26219 | 26713 | 27207 | 27701 | 28196 | 28690 | 179,0 |
| Gew. d. Gurtungen | 191,2 | 195,0 | 198,8 | 202,5 | 206,3 | 210,1 | 199,4 | 203,5 | 207,6 | 211,6 | 215,7 | 219,8 | kg für 1 m |

## ⌐ 12,0 · 12,0 · 1,3 cm
### Nietstärke 2,6 cm; Stehblechdicke 1,2 cm
**Gurtplattendicke 3,6 cm**        **Gurtplattendicke 3,9 cm**

| Stehbl.-Höhe cm | Gurtplattenbreite cm | | | | | | Gurtplattenbreite cm | | | | | | Gew. des Stehbl. |
|---|---|---|---|---|---|---|---|---|---|---|---|---|---|
| | 26 | 27 | 28 | 29 | 30 | 31 | 26 | 27 | 28 | 29 | 30 | 31 | |
| 40 | 4512 | 4658 | 4803 | 4948 | 5094 | 5239 | 4750 | 4908 | 5065 | 5223 | 5381 | 5538 | 37,7 |
| 42 | 4783 | 4935 | 5088 | 5240 | 5393 | 5545 | 5032 | 5198 | 5363 | 5528 | 5694 | 5859 | 39,6 |
| 44 | 5056 | 5216 | 5375 | 5535 | 5695 | 5854 | 5317 | 5490 | 5663 | 5837 | 6010 | 6183 | 41,4 |
| 46 | 5332 | 5499 | 5666 | 5832 | 5999 | 6166 | 5605 | 5785 | 5966 | 6147 | 6328 | 6509 | 43,3 |
| 48 | 5610 | 5784 | 5958 | 6132 | 6306 | 6480 | 5894 | 6083 | 6272 | 6460 | 6649 | 6838 | 45,2 |
| 50 | 5891 | 6072 | 6253 | 6434 | 6615 | 6796 | 6187 | 6383 | 6579 | 6776 | 6972 | 7169 | 47,1 |
| 52 | 6174 | 6362 | 6550 | 6739 | 6927 | 7115 | 6481 | 6685 | 6890 | 7094 | 7298 | 7502 | 49,0 |
| 54 | 6459 | 6654 | 6850 | 7045 | 7241 | 7436 | 6778 | 6990 | 7202 | 7414 | 7626 | 7838 | 50,9 |
| 56 | 6746 | 6949 | 7151 | 7354 | 7557 | 7759 | 7077 | 7297 | 7516 | 7736 | 7956 | 8175 | 52,8 |
| 58 | 7036 | 7245 | 7455 | 7665 | 7875 | 8084 | 7378 | 7606 | 7833 | 8060 | 8288 | 8515 | 54,6 |
| 60 | 7327 | 7544 | 7761 | 7978 | 8195 | 8412 | 7681 | 7917 | 8152 | 8387 | 8622 | 8857 | 56,5 |
| 62 | 7620 | 7844 | 8069 | 8293 | 8517 | 8741 | 7987 | 8230 | 8473 | 8715 | 8958 | 9201 | 58,4 |
| 64 | 7916 | 8147 | 8378 | 8610 | 8841 | 9072 | 8294 | 8545 | 8795 | 9046 | 9297 | 9547 | 60,3 |
| 66 | 8213 | 8452 | 8690 | 8928 | 9167 | 9405 | 8603 | 8862 | 9120 | 9379 | 9637 | 9895 | 62,2 |
| 68 | 8512 | 8758 | 9004 | 9249 | 9495 | 9741 | 8914 | 9181 | 9447 | 9713 | 9979 | 10246 | 64,1 |
| 70 | 8814 | 9066 | 9319 | 9572 | 9825 | 10078 | 9227 | 9501 | 9775 | 10049 | 10323 | 10597 | 65,9 |
| 72 | 9117 | 9377 | 9637 | 9897 | 10157 | 10417 | 9542 | 9824 | 10106 | 10388 | 10669 | 10951 | 67,8 |
| 74 | 9422 | 9689 | 9956 | 10223 | 10490 | 10757 | 9859 | 10149 | 10438 | 10728 | 11017 | 11307 | 69,7 |
| 76 | 9728 | 10003 | 10277 | 10551 | 10826 | 11100 | 10178 | 10475 | 10772 | 11070 | 11367 | 11665 | 71,6 |
| 78 | 10037 | 10318 | 10600 | 10881 | 11163 | 11444 | 10498 | 10803 | 11109 | 11414 | 11719 | 12024 | 73,5 |
| 80 | 10347 | 10636 | 10925 | 11213 | 11502 | 11791 | 10821 | 11134 | 11446 | 11759 | 12072 | 12385 | 75,4 |
| 82 | 10659 | 10955 | 11251 | 11547 | 11843 | 12139 | 11145 | 11465 | 11786 | 12107 | 12427 | 12748 | 77,2 |
| 84 | 10973 | 11276 | 11579 | 11883 | 12186 | 12489 | 11471 | 11799 | 12128 | 12456 | 12784 | 13113 | 79,1 |
| 86 | 11289 | 11599 | 11909 | 12220 | 12530 | 12840 | 11798 | 12135 | 12471 | 12807 | 13143 | 13480 | 81,0 |
| 88 | 11606 | 11924 | 12241 | 12559 | 12876 | 13194 | 12128 | 12472 | 12816 | 13160 | 13504 | 13848 | 82,9 |
| 90 | 11926 | 12250 | 12575 | 12900 | 13224 | 13549 | 12459 | 12811 | 13163 | 13514 | 13866 | 14218 | 84,8 |
| 92 | 12247 | 12578 | 12910 | 13242 | 13574 | 13906 | 12792 | 13152 | 13511 | 13871 | 14230 | 14590 | 86,7 |
| 94 | 12569 | 12908 | 13247 | 13586 | 13925 | 14264 | 13127 | 13494 | 13861 | 14229 | 14596 | 14963 | 88,5 |
| 96 | 12894 | 13240 | 13586 | 13932 | 14278 | 14625 | 13463 | 13838 | 14213 | 14589 | 14964 | 15339 | 90,4 |
| 98 | 13220 | 13573 | 13926 | 14280 | 14633 | 14987 | 13801 | 14184 | 14567 | 14950 | 15333 | 15716 | 92,3 |
| 100 | 13547 | 13908 | 14269 | 14629 | 14990 | 15350 | 14141 | 14532 | 14922 | 15313 | 15704 | 16095 | 94,2 |
| 102 | 13877 | 14245 | 14613 | 14980 | 15348 | 15716 | 14483 | 14881 | 15280 | 15678 | 16077 | 16475 | 96,1 |
| 104 | 14208 | 14583 | 14958 | 15333 | 15708 | 16083 | 14826 | 15232 | 15638 | 16045 | 16451 | 16857 | 98,0 |
| 106 | 14541 | 14923 | 15305 | 15688 | 16070 | 16452 | 15171 | 15585 | 15999 | 16413 | 16827 | 17241 | 99,9 |
| 108 | 14876 | 15265 | 15654 | 16044 | 16433 | 16822 | 15517 | 15939 | 16361 | 16783 | 17205 | 17627 | 101,7 |
| 110 | 15212 | 15608 | 16005 | 16402 | 16798 | 17195 | 15866 | 16295 | 16725 | 17155 | 17584 | 18014 | 103,6 |
| 112 | 15550 | 15954 | 16357 | 16761 | 17165 | 17568 | 16216 | 16653 | 17091 | 17528 | 17966 | 18403 | 105,5 |
| 114 | 15890 | 16300 | 16711 | 17122 | 17533 | 17944 | 16568 | 17013 | 17458 | 17903 | 18349 | 18794 | 107,4 |
| 116 | 16231 | 16649 | 17067 | 17485 | 17903 | 18321 | 16921 | 17374 | 17827 | 18280 | 18733 | 19186 | 109,3 |
| 118 | 16574 | 16999 | 17424 | 17850 | 18275 | 18700 | 17276 | 17737 | 18198 | 18658 | 19119 | 19580 | 111,2 |
| 120 | 16918 | 17351 | 17783 | 18216 | 18648 | 19081 | 17633 | 18101 | 18570 | 19039 | 19507 | 19976 | 113,0 |
| 122 | 17265 | 17704 | 18144 | 18584 | 19023 | 19463 | 17991 | 18467 | 18944 | 19420 | 19897 | 20373 | 114,9 |
| 124 | 17613 | 18059 | 18506 | 18953 | 19400 | 19847 | 18351 | 18835 | 19320 | 19804 | 20288 | 20772 | 116,8 |
| 126 | 17962 | 18416 | 18870 | 19324 | 19778 | 20233 | 18713 | 19205 | 19697 | 20189 | 20681 | 21173 | 118,7 |
| 128 | 18313 | 18775 | 19236 | 19697 | 20158 | 20620 | 19076 | 19576 | 20076 | 20576 | 21075 | 21575 | 120,6 |
| 130 | 18666 | 19135 | 19603 | 20072 | 20540 | 21009 | 19441 | 19949 | 20456 | 20964 | 21472 | 21979 | 122,5 |
| 132 | 19021 | 19497 | 19972 | 20448 | 20923 | 21399 | 19808 | 20323 | 20839 | 21354 | 21869 | 22385 | 124,3 |
| 134 | 19377 | 19860 | 20343 | 20826 | 21308 | 21791 | 20176 | 20699 | 21223 | 21746 | 22269 | 22792 | 126,2 |
| 136 | 19735 | 20225 | 20715 | 21205 | 21695 | 22185 | 20546 | 21077 | 21608 | 22139 | 22670 | 23201 | 128,1 |
| 138 | 20094 | 20592 | 21089 | 21586 | 22083 | 22581 | 20918 | 21457 | 21995 | 22534 | 23073 | 23611 | 130,0 |
| 140 | 20456 | 20960 | 21464 | 21969 | 22473 | 22978 | 21291 | 21838 | 22384 | 22931 | 23477 | 24024 | 131,9 |
| 150 | 22286 | 22826 | 23367 | 23907 | 24447 | 24988 | 23182 | 23767 | 24353 | 24938 | 25524 | 26109 | 141,3 |
| 160 | 24157 | 24733 | 25309 | 25886 | 26462 | 27039 | 25114 | 25738 | 26363 | 26987 | 27612 | 28236 | 150,7 |
| 170 | 26068 | 26681 | 27293 | 27905 | 28518 | 29130 | 27086 | 27750 | 28413 | 29077 | 29740 | 30403 | 160,1 |
| 180 | 28021 | 28669 | 29317 | 29966 | 30614 | 31262 | 29099 | 29802 | 30504 | 31207 | 31909 | 32611 | 169,6 |
| 190 | 30013 | 30698 | 31382 | 32066 | 32751 | 33435 | 31153 | 31894 | 32636 | 33377 | 34119 | 34860 | 179,0 |
| Gew. d. Gurtungen | 240,2 | 245,9 | 251,5 | 257,2 | 262,8 | 268,5 | 252,5 | 258,6 | 264,7 | 270,8 | 277,0 | 283,1 | kg für 1 m |

# Widerstandsmomente cm³.

## L 13,0 · 13,0 · 1,2 cm
### Nietstärke 2,3 cm; Stehblechdicke 1,2 cm

| Stehbl.-Höhe cm | Gurtplattendicke 1,2 cm — Gurtplattenbreite cm | | | | | | Gurtplattendicke 1,3 cm — Gurtplattenbreite cm | | | | | | Gew. des Stehbl. |
|---|---|---|---|---|---|---|---|---|---|---|---|---|---|
| | 28 | 29 | 30 | 31 | 32 | 33 | 28 | 29 | 30 | 31 | 32 | 33 | |
| 40 | 2814 | 2862 | 2910 | 2958 | 3006 | 3054 | 2900 | 2952 | 3004 | 3056 | 3108 | 3160 | 37,7 |
| 42 | 3000 | 3050 | 3101 | 3151 | 3202 | 3252 | 3090 | 3145 | 3200 | 3254 | 3309 | 3364 | 39,6 |
| 44 | 3188 | 3241 | 3294 | 3347 | 3400 | 3453 | 3283 | 3340 | 3398 | 3455 | 3512 | 3569 | 41,4 |
| 46 | 3379 | 3434 | 3490 | 3545 | 3600 | 3655 | 3478 | 3538 | 3598 | 3658 | 3718 | 3778 | 43,3 |
| 48 | 3572 | 3630 | 3687 | 3745 | 3803 | 3860 | 3676 | 3738 | 3801 | 3863 | 3926 | 3988 | 45,2 |
| 50 | 3767 | 3827 | 3887 | 3947 | 4007 | 4067 | 3876 | 3941 | 4006 | 4071 | 4136 | 4201 | 47,1 |
| 52 | 3965 | 4027 | 4089 | 4152 | 4214 | 4277 | 4077 | 4145 | 4213 | 4280 | 4348 | 4416 | 49,0 |
| 54 | 4164 | 4229 | 4294 | 4358 | 4423 | 4488 | 4281 | 4351 | 4422 | 4492 | 4562 | 4632 | 50,9 |
| 56 | 4365 | 4433 | 4500 | 4567 | 4634 | 4702 | 4487 | 4560 | 4633 | 4706 | 4779 | 4851 | 52,8 |
| 58 | 4569 | 4638 | 4708 | 4778 | 4847 | 4917 | 4695 | 4770 | 4846 | 4921 | 4997 | 5072 | 54,6 |
| 60 | 4774 | 4846 | 4918 | 4990 | 5062 | 5134 | 4905 | 4983 | 5061 | 5139 | 5217 | 5295 | 56,5 |
| 62 | 4981 | 5056 | 5130 | 5205 | 5279 | 5354 | 5117 | 5197 | 5278 | 5359 | 5439 | 5520 | 58,4 |
| 64 | 5191 | 5267 | 5344 | 5421 | 5498 | 5575 | 5330 | 5414 | 5497 | 5580 | 5663 | 5747 | 60,3 |
| 66 | 5402 | 5481 | 5560 | 5639 | 5718 | 5798 | 5546 | 5632 | 5718 | 5803 | 5889 | 5975 | 62,2 |
| 68 | 5614 | 5696 | 5778 | 5859 | 5941 | 6023 | 5763 | 5852 | 5940 | 6029 | 6117 | 6205 | 64,1 |
| 70 | 5829 | 5913 | 5997 | 6081 | 6165 | 6249 | 5982 | 6073 | 6164 | 6256 | 6347 | 6438 | 65,9 |
| 72 | 6046 | 6132 | 6218 | 6305 | 6391 | 6478 | 6203 | 6297 | 6391 | 6484 | 6578 | 6672 | 67,8 |
| 74 | 6264 | 6353 | 6441 | 6530 | 6619 | 6708 | 6426 | 6522 | 6619 | 6715 | 6811 | 6907 | 69,7 |
| 76 | 6484 | 6575 | 6666 | 6757 | 6849 | 6940 | 6651 | 6750 | 6848 | 6947 | 7046 | 7145 | 71,6 |
| 78 | 6706 | 6799 | 6893 | 6986 | 7080 | 7174 | 6877 | 6979 | 7080 | 7181 | 7283 | 7384 | 73,5 |
| 80 | 6929 | 7025 | 7121 | 7217 | 7313 | 7409 | 7105 | 7209 | 7313 | 7417 | 7521 | 7625 | 75,4 |
| 82 | 7154 | 7253 | 7351 | 7450 | 7548 | 7647 | 7335 | 7442 | 7548 | 7655 | 7761 | 7868 | 77,2 |
| 84 | 7381 | 7482 | 7583 | 7684 | 7785 | 7885 | 7566 | 7676 | 7785 | 7894 | 8003 | 8113 | 79,1 |
| 86 | 7610 | 7713 | 7817 | 7920 | 8023 | 8126 | 7800 | 7912 | 8023 | 8135 | 8247 | 8359 | 81,0 |
| 88 | 7840 | 7946 | 8052 | 8157 | 8263 | 8369 | 8035 | 8149 | 8264 | 8378 | 8492 | 8607 | 82,9 |
| 90 | 8073 | 8181 | 8289 | 8397 | 8505 | 8613 | 8271 | 8388 | 8505 | 8622 | 8740 | 8857 | 84,8 |
| 92 | 8306 | 8417 | 8527 | 8638 | 8748 | 8859 | 8510 | 8629 | 8749 | 8869 | 8988 | 9108 | 86,7 |
| 94 | 8542 | 8655 | 8768 | 8880 | 8993 | 9106 | 8750 | 8872 | 8994 | 9117 | 9239 | 9361 | 88,5 |
| 96 | 8779 | 8894 | 9010 | 9125 | 9240 | 9355 | 8992 | 9116 | 9241 | 9366 | 9491 | 9616 | 90,4 |
| 98 | 9018 | 9136 | 9253 | 9371 | 9488 | 9606 | 9235 | 9362 | 9490 | 9617 | 9745 | 9872 | 92,3 |
| 100 | 9259 | 9379 | 9499 | 9619 | 9739 | 9859 | 9480 | 9610 | 9740 | 9870 | 10000 | 10130 | 94,2 |
| 102 | 9501 | 9623 | 9746 | 9868 | 9990 | 10113 | 9727 | 9860 | 9992 | 10125 | 10257 | 10390 | 96,1 |
| 104 | 9745 | 9869 | 9994 | 10119 | 10244 | 10369 | 9975 | 10111 | 10246 | 10381 | 10516 | 10651 | 98,0 |
| 106 | 9990 | 10117 | 10245 | 10372 | 10499 | 10626 | 10225 | 10363 | 10501 | 10639 | 10777 | 10915 | 99,9 |
| 108 | 10237 | 10367 | 10497 | 10626 | 10756 | 10886 | 10477 | 10618 | 10758 | 10899 | 11039 | 11179 | 101,7 |
| 110 | 10486 | 10618 | 10750 | 10882 | 11014 | 11146 | 10731 | 10874 | 11017 | 11160 | 11303 | 11446 | 103,6 |
| 112 | 10737 | 10871 | 11006 | 11140 | 11274 | 11409 | 10986 | 11131 | 11277 | 11423 | 11568 | 11714 | 105,5 |
| 114 | 10989 | 11126 | 11263 | 11399 | 11536 | 11673 | 11242 | 11391 | 11539 | 11687 | 11835 | 11984 | 107,4 |
| 116 | 11243 | 11382 | 11521 | 11660 | 11800 | 11939 | 11501 | 11652 | 11803 | 11953 | 12104 | 12255 | 109,3 |
| 118 | 11498 | 11640 | 11781 | 11923 | 12065 | 12206 | 11761 | 11914 | 12068 | 12221 | 12375 | 12528 | 111,2 |
| 120 | 11755 | 11899 | 12043 | 12187 | 12331 | 12475 | 12023 | 12179 | 12335 | 12491 | 12647 | 12803 | 113,0 |
| 122 | 12014 | 12161 | 12307 | 12453 | 12600 | 12746 | 12286 | 12445 | 12603 | 12762 | 12920 | 13079 | 114,9 |
| 124 | 12275 | 12423 | 12572 | 12721 | 12870 | 13019 | 12551 | 12712 | 12873 | 13035 | 13196 | 13357 | 116,8 |
| 126 | 12537 | 12688 | 12839 | 12990 | 13141 | 13293 | 12817 | 12981 | 13145 | 13309 | 13473 | 13637 | 118,7 |
| 128 | 12800 | 12954 | 13107 | 13261 | 13415 | 13568 | 13086 | 13252 | 13419 | 13585 | 13751 | 13918 | 120,6 |
| 130 | 13065 | 13222 | 13378 | 13534 | 13690 | 13846 | 13356 | 13525 | 13694 | 13863 | 14032 | 14201 | 122,5 |
| 132 | 13332 | 13491 | 13649 | 13808 | 13966 | 14125 | 13627 | 13799 | 13970 | 14142 | 14314 | 14485 | 124,3 |
| 134 | 13601 | 13762 | 13923 | 14083 | 14244 | 14405 | 13900 | 14074 | 14249 | 14423 | 14597 | 14771 | 126,2 |
| 136 | 13871 | 14034 | 14198 | 14361 | 14524 | 14687 | 14175 | 14352 | 14529 | 14705 | 14882 | 15059 | 128,1 |
| 138 | 14143 | 14309 | 14474 | 14640 | 14805 | 14971 | 14451 | 14631 | 14810 | 14990 | 15169 | 15349 | 130,0 |
| 140 | 14416 | 14584 | 14752 | 14920 | 15089 | 15257 | 14729 | 14911 | 15093 | 15276 | 15458 | 15640 | 131,9 |
| 150 | 15808 | 15988 | 16168 | 16348 | 16528 | 16708 | 16143 | 16338 | 16533 | 16728 | 16923 | 17118 | 141,3 |
| 160 | 17240 | 17432 | 17624 | 17816 | 18008 | 18200 | 17597 | 17805 | 18013 | 18221 | 18429 | 18637 | 150,7 |
| 170 | 18712 | 18917 | 19121 | 19325 | 19529 | 19733 | 19092 | 19313 | 19534 | 19755 | 19976 | 20197 | 160,1 |
| 180 | 20225 | 20442 | 20658 | 20874 | 21090 | 21306 | 20628 | 20862 | 21096 | 21330 | 21564 | 21798 | 169,6 |
| 190 | 21779 | 22007 | 22235 | 22463 | 22691 | 22919 | 22203 | 22450 | 22697 | 22944 | 23191 | 23438 | 179,0 |
| Gew.d. Gurtungen | 146,9 | 148,8 | 150,7 | 152,6 | 154,5 | 156,4 | 151,3 | 153,4 | 155,4 | 157,5 | 159,5 | 161,5 | kg für 1 m |

## L 13,0 · 13,0 · 1,2 cm
### Nietstärke 2,3 cm; Stehblechdicke 1,2 cm

Gurtplattendicke 2,4 cm          Gurtplattendicke 3,6 cm

| Stehbl.-Höhe cm | Gurtplattenbreite cm 28 | 29 | 30 | 31 | 32 | 33 | Gurtplattenbreite cm 28 | 29 | 30 | 31 | 32 | 33 | Gew. des Stehbl. |
|---|---|---|---|---|---|---|---|---|---|---|---|---|---|
| 40 | 3855 | 3951 | 4048 | 4144 | 4241 | 4337 | 4918 | 5063 | 5209 | 5354 | 5499 | 5645 | 37,7 |
| 42 | 4094 | 4195 | 4296 | 4398 | 4499 | 4600 | 5210 | 5362 | 5514 | 5667 | 5819 | 5972 | 39,6 |
| 44 | 4336 | 4441 | 4547 | 4653 | 4759 | 4865 | 5504 | 5663 | 5823 | 5983 | 6142 | 6302 | 41,4 |
| 46 | 4580 | 4690 | 4801 | 4912 | 5023 | 5133 | 5800 | 5967 | 6134 | 6301 | 6467 | 6634 | 43,3 |
| 48 | 4826 | 4941 | 5057 | 5173 | 5288 | 5404 | 6100 | 6274 | 6448 | 6621 | 6795 | 6969 | 45,2 |
| 50 | 5075 | 5195 | 5315 | 5436 | 5556 | 5676 | 6401 | 6582 | 6764 | 6945 | 7126 | 7307 | 47,1 |
| 52 | 5326 | 5451 | 5576 | 5701 | 5826 | 5951 | 6705 | 6894 | 7082 | 7270 | 7458 | 7647 | 49,0 |
| 54 | 5579 | 5709 | 5838 | 5968 | 6098 | 6228 | 7012 | 7207 | 7403 | 7598 | 7793 | 7989 | 50,9 |
| 56 | 5834 | 5968 | 6103 | 6238 | 6373 | 6507 | 7320 | 7523 | 7726 | 7928 | 8131 | 8333 | 52,8 |
| 58 | 6091 | 6231 | 6370 | 6510 | 6649 | 6789 | 7631 | 7841 | 8051 | 8260 | 8470 | 8680 | 54,6 |
| 60 | 6350 | 6495 | 6639 | 6783 | 6927 | 7072 | 7944 | 8161 | 8378 | 8595 | 8812 | 9029 | 56,5 |
| 62 | 6612 | 6761 | 6910 | 7059 | 7208 | 7357 | 8259 | 8483 | 8707 | 8931 | 9155 | 9379 | 58,4 |
| 64 | 6875 | 7029 | 7182 | 7336 | 7490 | 7644 | 8576 | 8807 | 9038 | 9270 | 9501 | 9732 | 60,3 |
| 66 | 7140 | 7299 | 7457 | 7616 | 7775 | 7933 | 8895 | 9133 | 9371 | 9610 | 9848 | 10087 | 62,2 |
| 68 | 7407 | 7570 | 7734 | 7897 | 8061 | 8224 | 9215 | 9461 | 9707 | 9952 | 10198 | 10444 | 64,1 |
| 70 | 7675 | 7844 | 8012 | 8180 | 8349 | 8517 | 9538 | 9791 | 10044 | 10297 | 10549 | 10802 | 65,9 |
| 72 | 7946 | 8119 | 8293 | 8466 | 8639 | 8812 | 9863 | 10123 | 10383 | 10643 | 10903 | 11163 | 67,8 |
| 74 | 8219 | 8397 | 8575 | 8752 | 8930 | 9108 | 10189 | 10457 | 10724 | 10991 | 11258 | 11525 | 69,7 |
| 76 | 8493 | 8676 | 8859 | 9041 | 9224 | 9406 | 10518 | 10792 | 11067 | 11341 | 11615 | 11890 | 71,6 |
| 78 | 8769 | 8957 | 9144 | 9332 | 9519 | 9707 | 10848 | 11130 | 11411 | 11693 | 11974 | 12256 | 73,5 |
| 80 | 9047 | 9240 | 9432 | 9624 | 9816 | 10009 | 11180 | 11469 | 11758 | 12046 | 12335 | 12624 | 75,4 |
| 82 | 9327 | 9524 | 9721 | 9918 | 10115 | 10312 | 11514 | 11810 | 12106 | 12402 | 12698 | 12994 | 77,2 |
| 84 | 9609 | 9810 | 10012 | 10214 | 10416 | 10618 | 11850 | 12153 | 12456 | 12759 | 13062 | 13365 | 79,1 |
| 86 | 9892 | 10098 | 10305 | 10512 | 10718 | 10925 | 12187 | 12498 | 12808 | 13118 | 13428 | 13739 | 81,0 |
| 88 | 10177 | 10388 | 10600 | 10811 | 11022 | 11234 | 12527 | 12844 | 13161 | 13479 | 13796 | 14114 | 82,9 |
| 90 | 10463 | 10680 | 10896 | 11112 | 11328 | 11544 | 12868 | 13192 | 13517 | 13841 | 14166 | 14491 | 84,8 |
| 92 | 10752 | 10973 | 11194 | 11415 | 11636 | 11857 | 13210 | 13542 | 13874 | 14206 | 14538 | 14869 | 86,7 |
| 94 | 11042 | 11268 | 11493 | 11719 | 11945 | 12171 | 13555 | 13894 | 14233 | 14572 | 14911 | 15250 | 88,5 |
| 96 | 11334 | 11564 | 11795 | 12025 | 12256 | 12487 | 13901 | 14247 | 14594 | 14940 | 15286 | 15632 | 90,4 |
| 98 | 11627 | 11863 | 12098 | 12333 | 12569 | 12804 | 14249 | 14602 | 14956 | 15309 | 15663 | 16016 | 92,3 |
| 100 | 11922 | 12163 | 12403 | 12643 | 12883 | 13123 | 14599 | 14959 | 15320 | 15681 | 16041 | 16402 | 94,2 |
| 102 | 12219 | 12464 | 12709 | 12954 | 13199 | 13444 | 14950 | 15318 | 15686 | 16054 | 16421 | 16789 | 96,1 |
| 104 | 12518 | 12768 | 13017 | 13267 | 13517 | 13767 | 15303 | 15678 | 16053 | 16428 | 16803 | 17178 | 98,0 |
| 106 | 12818 | 13073 | 13327 | 13582 | 13836 | 14091 | 15658 | 16040 | 16422 | 16805 | 17187 | 17569 | 99,9 |
| 108 | 13120 | 13379 | 13639 | 13898 | 14158 | 14417 | 16015 | 16404 | 16793 | 17183 | 17572 | 17961 | 101,7 |
| 110 | 13424 | 13688 | 13952 | 14216 | 14480 | 14745 | 16373 | 16769 | 17166 | 17562 | 17959 | 18356 | 103,6 |
| 112 | 13729 | 13998 | 14267 | 14536 | 14805 | 15074 | 16733 | 17136 | 17540 | 17944 | 18348 | 18751 | 105,5 |
| 114 | 14036 | 14310 | 14583 | 14857 | 15131 | 15405 | 17094 | 17505 | 17916 | 18327 | 18738 | 19149 | 107,4 |
| 116 | 14345 | 14623 | 14902 | 15180 | 15459 | 15737 | 17458 | 17876 | 18294 | 18712 | 19130 | 19548 | 109,3 |
| 118 | 14655 | 14938 | 15222 | 15505 | 15788 | 16072 | 17823 | 18248 | 18673 | 19098 | 19524 | 19949 | 111,2 |
| 120 | 14967 | 15255 | 15543 | 15831 | 16119 | 16407 | 18189 | 18622 | 19054 | 19487 | 19919 | 20352 | 113,0 |
| 122 | 15280 | 15573 | 15866 | 16159 | 16452 | 16745 | 18557 | 18997 | 19437 | 19876 | 20316 | 20756 | 114,9 |
| 124 | 15596 | 15893 | 16191 | 16489 | 16786 | 17084 | 18927 | 19374 | 19821 | 20268 | 20715 | 21162 | 116,8 |
| 126 | 15912 | 16215 | 16517 | 16820 | 17123 | 17425 | 19299 | 19753 | 20207 | 20661 | 21115 | 21569 | 118,7 |
| 128 | 16231 | 16538 | 16846 | 17153 | 17460 | 17768 | 19672 | 20133 | 20595 | 21056 | 21517 | 21979 | 120,6 |
| 130 | 16551 | 16863 | 17175 | 17487 | 17800 | 18112 | 20047 | 20516 | 20984 | 21452 | 21921 | 22389 | 122,5 |
| 132 | 16873 | 17190 | 17507 | 17824 | 18141 | 18458 | 20424 | 20899 | 21375 | 21851 | 22326 | 22802 | 124,3 |
| 134 | 17196 | 17518 | 17840 | 18162 | 18483 | 18805 | 20802 | 21285 | 21768 | 22250 | 22733 | 23216 | 126,2 |
| 136 | 17521 | 17848 | 18174 | 18501 | 18828 | 19154 | 21182 | 21672 | 22162 | 22652 | 23142 | 23632 | 128,1 |
| 138 | 17848 | 18179 | 18511 | 18842 | 19173 | 19505 | 21563 | 22061 | 22558 | 23055 | 23552 | 24049 | 130,0 |
| 140 | 18176 | 18513 | 18849 | 19185 | 19521 | 19857 | 21946 | 22451 | 22955 | 23460 | 23964 | 24469 | 131,9 |
| 150 | 19842 | 20202 | 20562 | 20922 | 21282 | 21643 | 23886 | 24427 | 24967 | 25507 | 26048 | 26588 | 141,3 |
| 160 | 21549 | 21933 | 22317 | 22701 | 23085 | 23469 | 25867 | 26444 | 27020 | 27596 | 28173 | 28749 | 150,7 |
| 170 | 23296 | 23704 | 24112 | 24520 | 24928 | 25336 | 27889 | 28501 | 29114 | 29726 | 30338 | 30951 | 160,1 |
| 180 | 25084 | 25516 | 25948 | 26380 | 26812 | 27244 | 29952 | 30600 | 31248 | 31897 | 32545 | 33193 | 169,6 |
| 190 | 26912 | 27368 | 27824 | 28280 | 28736 | 29192 | 32055 | 32739 | 33423 | 34108 | 34792 | 35476 | 179,0 |
| Gew. d. Gurtungen | 199,7 | 203,5 | 207,2 | 211,0 | 214,8 | 218,5 | 252,5 | 258,1 | 263,8 | 269,4 | 275,1 | 280,7 | kg für 1 m |

Widerstandsmomente cm³.

## L 13,0 · 13,0 · 1,4 cm
### Nietstärke 2,6 cm; Stehblechdicke 1,2 cm

| | Gurtplattendicke 1,3 cm | | | | | | Gurtplattendicke 1,4 cm | | | | | |

| Stehbl.-Höhe cm | Gurtplattenbreite cm | | | | | | Gurtplattenbreite cm | | | | | | Gew. des Stehbl. |
|---|---|---|---|---|---|---|---|---|---|---|---|---|---|
| | 28 | 29 | 30 | 31 | 32 | 33 | 28 | 29 | 30 | 31 | 32 | 33 | |
| 40 | 3040 | 3093 | 3145 | 3197 | 3249 | 3301 | 3123 | 3180 | 3236 | 3292 | 3348 | 3404 | 37,7 |
| 42 | 3243 | 3297 | 3352 | 3407 | 3461 | 3516 | 3330 | 3389 | 3448 | 3507 | 3565 | 3624 | 39,6 |
| 44 | 3448 | 3505 | 3562 | 3619 | 3677 | 3734 | 3539 | 3601 | 3662 | 3724 | 3786 | 3847 | 41,4 |
| 46 | 3655 | 3715 | 3775 | 3835 | 3894 | 3954 | 3751 | 3815 | 3880 | 3944 | 4009 | 4073 | 43,3 |
| 48 | 3865 | 3927 | 3990 | 4052 | 4115 | 4177 | 3965 | 4032 | 4099 | 4167 | 4234 | 4301 | 45,2 |
| 50 | 4077 | 4142 | 4207 | 4272 | 4337 | 4402 | 4181 | 4251 | 4321 | 4391 | 4462 | 4532 | 47,1 |
| 52 | 4291 | 4359 | 4426 | 4494 | 4562 | 4629 | 4400 | 4473 | 4546 | 4619 | 4691 | 4764 | 49,0 |
| 54 | 4508 | 4578 | 4648 | 4718 | 4789 | 4859 | 4621 | 4696 | 4772 | 4848 | 4923 | 4999 | 50,9 |
| 56 | 4726 | 4799 | 4872 | 4945 | 5018 | 5090 | 4844 | 4922 | 5001 | 5079 | 5158 | 5236 | 52,8 |
| 58 | 4947 | 5022 | 5098 | 5173 | 5249 | 5324 | 5069 | 5150 | 5231 | 5312 | 5394 | 5475 | 54,6 |
| 60 | 5169 | 5247 | 5326 | 5404 | 5482 | 5560 | 5296 | 5380 | 5464 | 5548 | 5632 | 5716 | 56,5 |
| 62 | 5394 | 5475 | 5555 | 5636 | 5717 | 5797 | 5525 | 5612 | 5698 | 5785 | 5872 | 5959 | 58,4 |
| 64 | 5621 | 5704 | 5787 | 5870 | 5954 | 6037 | 5756 | 5845 | 5935 | 6025 | 6114 | 6204 | 60,3 |
| 66 | 5849 | 5935 | 6021 | 6107 | 6192 | 6278 | 5988 | 6081 | 6173 | 6266 | 6358 | 6451 | 62,2 |
| 68 | 6079 | 6168 | 6256 | 6345 | 6433 | 6522 | 6223 | 6318 | 6414 | 6509 | 6604 | 6699 | 64,1 |
| 70 | 6312 | 6403 | 6494 | 6585 | 6676 | 6767 | 6460 | 6558 | 6656 | 6754 | 6852 | 6950 | 65,9 |
| 72 | 6546 | 6639 | 6733 | 6826 | 6920 | 7014 | 6698 | 6799 | 6900 | 7001 | 7102 | 7202 | 67,8 |
| 74 | 6781 | 6878 | 6974 | 7070 | 7166 | 7263 | 6938 | 7042 | 7146 | 7249 | 7353 | 7457 | 69,7 |
| 76 | 7019 | 7118 | 7217 | 7316 | 7414 | 7513 | 7180 | 7287 | 7393 | 7500 | 7606 | 7713 | 71,6 |
| 78 | 7259 | 7360 | 7461 | 7563 | 7664 | 7766 | 7424 | 7534 | 7643 | 7752 | 7861 | 7971 | 73,5 |
| 80 | 7500 | 7604 | 7708 | 7812 | 7916 | 8020 | 7670 | 7782 | 7894 | 8006 | 8118 | 8230 | 75,4 |
| 82 | 7743 | 7849 | 7956 | 8063 | 8169 | 8276 | 7917 | 8032 | 8147 | 8262 | 8377 | 8492 | 77,2 |
| 84 | 7987 | 8097 | 8206 | 8315 | 8424 | 8534 | 8167 | 8284 | 8402 | 8519 | 8637 | 8755 | 79,1 |
| 86 | 8234 | 8346 | 8458 | 8569 | 8681 | 8793 | 8417 | 8538 | 8658 | 8779 | 8899 | 9020 | 81,0 |
| 88 | 8482 | 8597 | 8711 | 8825 | 8940 | 9054 | 8670 | 8793 | 8917 | 9040 | 9163 | 9286 | 82,9 |
| 90 | 8732 | 8849 | 8966 | 9083 | 9200 | 9317 | 8924 | 9050 | 9176 | 9302 | 9429 | 9555 | 84,8 |
| 92 | 8984 | 9103 | 9223 | 9343 | 9462 | 9582 | 9180 | 9309 | 9438 | 9567 | 9696 | 9825 | 86,7 |
| 94 | 9237 | 9359 | 9482 | 9604 | 9726 | 9848 | 9438 | 9570 | 9701 | 9833 | 9965 | 10096 | 88,5 |
| 96 | 9492 | 9617 | 9742 | 9867 | 9991 | 10116 | 9698 | 9832 | 9967 | 10101 | 10235 | 10370 | 90,4 |
| 98 | 9749 | 9876 | 10004 | 10131 | 10259 | 10386 | 9959 | 10096 | 10233 | 10371 | 10508 | 10645 | 92,3 |
| 100 | 10007 | 10137 | 10267 | 10397 | 10527 | 10657 | 10222 | 10362 | 10502 | 10642 | 10782 | 10922 | 94,2 |
| 102 | 10267 | 10400 | 10533 | 10665 | 10798 | 10931 | 10486 | 10629 | 10772 | 10915 | 11058 | 11200 | 96,1 |
| 104 | 10529 | 10664 | 10800 | 10935 | 11070 | 11205 | 10753 | 10898 | 11044 | 11189 | 11335 | 11481 | 98,0 |
| 106 | 10793 | 10930 | 11068 | 11206 | 11344 | 11482 | 11020 | 11169 | 11317 | 11466 | 11614 | 11763 | 99,9 |
| 108 | 11058 | 11198 | 11339 | 11479 | 11619 | 11760 | 11290 | 11441 | 11592 | 11744 | 11895 | 12046 | 101,7 |
| 110 | 11325 | 11468 | 11611 | 11754 | 11897 | 12040 | 11561 | 11715 | 11869 | 12023 | 12177 | 12331 | 103,6 |
| 112 | 11593 | 11739 | 11884 | 12030 | 12176 | 12321 | 11834 | 11991 | 12148 | 12305 | 12461 | 12618 | 105,5 |
| 114 | 11863 | 12011 | 12160 | 12308 | 12456 | 12604 | 12109 | 12268 | 12428 | 12588 | 12747 | 12907 | 107,4 |
| 116 | 12135 | 12286 | 12437 | 12587 | 12738 | 12889 | 12385 | 12547 | 12710 | 12872 | 13035 | 13197 | 109,3 |
| 118 | 12408 | 12562 | 12715 | 12869 | 13022 | 13176 | 12663 | 12828 | 12993 | 13159 | 13324 | 13489 | 111,2 |
| 120 | 12684 | 12840 | 12996 | 13152 | 13308 | 13464 | 12942 | 13110 | 13278 | 13447 | 13615 | 13783 | 113,0 |
| 122 | 12960 | 13119 | 13278 | 13436 | 13595 | 13753 | 13224 | 13394 | 13565 | 13736 | 13907 | 14078 | 114,9 |
| 124 | 13239 | 13400 | 13561 | 13722 | 13884 | 14045 | 13506 | 13680 | 13854 | 14027 | 14201 | 14375 | 116,8 |
| 126 | 13519 | 13683 | 13846 | 14010 | 14174 | 14338 | 13791 | 13967 | 14144 | 14320 | 14497 | 14673 | 118,7 |
| 128 | 13800 | 13967 | 14133 | 14300 | 14466 | 14633 | 14077 | 14256 | 14436 | 14615 | 14794 | 14973 | 120,6 |
| 130 | 14084 | 14253 | 14422 | 14591 | 14760 | 14929 | 14365 | 14547 | 14729 | 14911 | 15093 | 15275 | 122,5 |
| 132 | 14369 | 14540 | 14712 | 14884 | 15055 | 15227 | 14654 | 14839 | 15024 | 15209 | 15394 | 15578 | 124,3 |
| 134 | 14655 | 14830 | 15004 | 15178 | 15352 | 15526 | 14945 | 15133 | 15321 | 15508 | 15696 | 15883 | 126,2 |
| 136 | 14944 | 15120 | 15297 | 15474 | 15651 | 15828 | 15238 | 15428 | 15619 | 15809 | 16000 | 16190 | 128,1 |
| 138 | 15233 | 15413 | 15592 | 15772 | 15951 | 16131 | 15532 | 15726 | 15919 | 16112 | 16305 | 16498 | 130,0 |
| 140 | 15525 | 15707 | 15889 | 16071 | 16253 | 16435 | 15828 | 16024 | 16220 | 16416 | 16612 | 16808 | 131,9 |
| 150 | 17007 | 17202 | 17397 | 17592 | 17787 | 17982 | 17332 | 17542 | 17752 | 17962 | 18172 | 18382 | 141,3 |
| 160 | 18529 | 18737 | 18945 | 19153 | 19361 | 19569 | 18876 | 19100 | 19324 | 19549 | 19773 | 19997 | 150,7 |
| 170 | 20092 | 20313 | 20534 | 20755 | 20976 | 21197 | 20462 | 20700 | 20938 | 21176 | 21414 | 21652 | 160,1 |
| 180 | 21696 | 21930 | 22164 | 22398 | 22632 | 22866 | 22087 | 22339 | 22591 | 22843 | 23095 | 23347 | 169,6 |
| 190 | 23340 | 23587 | 23834 | 24081 | 24328 | 24575 | 23753 | 24019 | 24285 | 24551 | 24817 | 25083 | 179,0 |
| Gew. d. Gurtungen | 166,1 | 168,2 | 170,2 | 172,2 | 174,3 | 176,3 | 170,5 | 172,7 | 174,9 | 177,1 | 179,3 | 181,5 | kg für 1 m |

L 13,0 · 13,0 · 1,4 cm

**Nietstärke 2,6 cm; Stehblechdicke 1,2 cm**

Gurtplattendicke 2,6 cm     Gurtplattendicke 3,9 cm

| Stehbl.-Höhe cm | Gurtplattenbreite cm | | | | | | Gurtplattenbreite cm | | | | | | Gew. des Stehbl. |
|---|---|---|---|---|---|---|---|---|---|---|---|---|---|
| | 28 | 29 | 30 | 31 | 32 | 33 | 28 | 29 | 30 | 31 | 32 | 33 | |
| 40 | 4130 | 4234 | 4339 | 4443 | 4548 | 4652 | 5246 | 5404 | 5561 | 5719 | 5877 | 6034 | 37,7 |
| 42 | 4387 | 4497 | 4607 | 4717 | 4826 | 4936 | 5559 | 5724 | 5890 | 6055 | 6220 | 6386 | 39,6 |
| 44 | 4648 | 4763 | 4878 | 4993 | 5107 | 5222 | 5874 | 6047 | 6220 | 6394 | 6567 | 6740 | 41,4 |
| 46 | 4911 | 5031 | 5151 | 5271 | 5391 | 5511 | 6193 | 6373 | 6554 | 6735 | 6916 | 7097 | 43,3 |
| 48 | 5177 | 5302 | 5427 | 5553 | 5678 | 5803 | 6514 | 6702 | 6891 | 7080 | 7268 | 7457 | 45,2 |
| 50 | 5445 | 5575 | 5706 | 5836 | 5967 | 6097 | 6837 | 7034 | 7230 | 7427 | 7623 | 7819 | 47,1 |
| 52 | 5716 | 5851 | 5987 | 6122 | 6258 | 6394 | 7164 | 7368 | 7572 | 7776 | 7980 | 8184 | 49,0 |
| 54 | 5988 | 6129 | 6270 | 6411 | 6552 | 6692 | 7492 | 7704 | 7916 | 8128 | 8340 | 8552 | 50,9 |
| 56 | 6263 | 6409 | 6555 | 6701 | 6847 | 6993 | 7823 | 8043 | 8262 | 8482 | 8702 | 8921 | 52,8 |
| 58 | 6541 | 6692 | 6843 | 6994 | 7145 | 7296 | 8156 | 8384 | 8611 | 8839 | 9066 | 9293 | 54,6 |
| 60 | 6820 | 6976 | 7132 | 7289 | 7445 | 7602 | 8492 | 8727 | 8962 | 9197 | 9432 | 9668 | 56,5 |
| 62 | 7101 | 7263 | 7424 | 7586 | 7747 | 7909 | 8829 | 9072 | 9315 | 9558 | 9801 | 10044 | 58,4 |
| 64 | 7384 | 7551 | 7718 | 7885 | 8051 | 8218 | 9169 | 9420 | 9670 | 9921 | 10172 | 10423 | 60,3 |
| 66 | 7670 | 7842 | 8014 | 8185 | 8357 | 8529 | 9511 | 9769 | 10028 | 10286 | 10545 | 10803 | 62,2 |
| 68 | 7957 | 8134 | 8311 | 8488 | 8665 | 8843 | 9855 | 10121 | 10387 | 10653 | 10919 | 11186 | 64,1 |
| 70 | 8246 | 8428 | 8611 | 8793 | 8975 | 9158 | 10200 | 10474 | 10748 | 11022 | 11296 | 11570 | 65,9 |
| 72 | 8537 | 8725 | 8912 | 9100 | 9287 | 9475 | 10548 | 10830 | 11112 | 11393 | 11675 | 11957 | 67,8 |
| 74 | 8830 | 9023 | 9215 | 9408 | 9601 | 9794 | 10898 | 11187 | 11477 | 11766 | 12056 | 12346 | 69,7 |
| 76 | 9125 | 9323 | 9521 | 9719 | 9916 | 10114 | 11249 | 11547 | 11844 | 12141 | 12439 | 12736 | 71,6 |
| 78 | 9421 | 9625 | 9828 | 10031 | 10234 | 10437 | 11603 | 11908 | 12213 | 12518 | 12823 | 13128 | 73,5 |
| 80 | 9720 | 9928 | 10136 | 10345 | 10553 | 10761 | 11958 | 12271 | 12584 | 12897 | 13210 | 13523 | 75,4 |
| 82 | 10020 | 10234 | 10447 | 10661 | 10874 | 11088 | 12315 | 12636 | 12957 | 13277 | 13598 | 13919 | 77,2 |
| 84 | 10322 | 10541 | 10760 | 10978 | 11197 | 11416 | 12674 | 13003 | 13331 | 13660 | 13988 | 14317 | 79,1 |
| 86 | 10626 | 10850 | 11074 | 11298 | 11521 | 11745 | 13035 | 13372 | 13708 | 14044 | 14380 | 14717 | 81,0 |
| 88 | 10932 | 11161 | 11390 | 11619 | 11848 | 12077 | 13398 | 13742 | 14086 | 14430 | 14774 | 15118 | 82,9 |
| 90 | 11239 | 11473 | 11707 | 11942 | 12176 | 12410 | 13763 | 14114 | 14466 | 14818 | 15170 | 15522 | 84,8 |
| 92 | 11548 | 11787 | 12027 | 12266 | 12506 | 12745 | 14129 | 14488 | 14848 | 15208 | 15567 | 15927 | 86,7 |
| 94 | 11859 | 12103 | 12348 | 12593 | 12837 | 13082 | 14497 | 14864 | 15232 | 15599 | 15966 | 16334 | 88,5 |
| 96 | 12171 | 12421 | 12671 | 12921 | 13171 | 13421 | 14867 | 15242 | 15617 | 15992 | 16367 | 16743 | 90,4 |
| 98 | 12486 | 12741 | 12996 | 13251 | 13506 | 13761 | 15238 | 15621 | 16004 | 16387 | 16770 | 17153 | 92,3 |
| 100 | 12802 | 13062 | 13322 | 13582 | 13843 | 14103 | 15612 | 16002 | 16393 | 16784 | 17175 | 17565 | 94,2 |
| 102 | 13119 | 13385 | 13650 | 13916 | 14181 | 14446 | 15987 | 16385 | 16784 | 17182 | 17581 | 17979 | 96,1 |
| 104 | 13439 | 13709 | 13980 | 14251 | 14521 | 14792 | 16363 | 16770 | 17176 | 17582 | 17989 | 18395 | 98,0 |
| 106 | 13760 | 14036 | 14311 | 14587 | 14863 | 15139 | 16742 | 17156 | 17570 | 17984 | 18398 | 18812 | 99,9 |
| 108 | 14083 | 14364 | 14645 | 14926 | 15207 | 15488 | 17122 | 17544 | 17966 | 18388 | 18810 | 19232 | 101,7 |
| 110 | 14407 | 14693 | 14979 | 15266 | 15552 | 15838 | 17504 | 17934 | 18364 | 18793 | 19223 | 19653 | 103,6 |
| 112 | 14733 | 15025 | 15316 | 15607 | 15899 | 16190 | 17888 | 18325 | 18763 | 19200 | 19638 | 20075 | 105,5 |
| 114 | 15061 | 15358 | 15654 | 15951 | 16247 | 16544 | 18273 | 18718 | 19164 | 19609 | 20054 | 20499 | 107,4 |
| 116 | 15391 | 15692 | 15994 | 16296 | 16598 | 16900 | 18660 | 19113 | 19566 | 20019 | 20472 | 20925 | 109,3 |
| 118 | 15722 | 16029 | 16336 | 16643 | 16950 | 17257 | 19049 | 19510 | 19971 | 20431 | 20892 | 21353 | 111,2 |
| 120 | 16055 | 16367 | 16679 | 16991 | 17303 | 17615 | 19439 | 19908 | 20377 | 20845 | 21314 | 21782 | 113,0 |
| 122 | 16389 | 16706 | 17024 | 17341 | 17659 | 17976 | 19831 | 20308 | 20784 | 21261 | 21737 | 22214 | 114,9 |
| 124 | 16725 | 17048 | 17370 | 17693 | 18016 | 18338 | 20225 | 20709 | 21194 | 21678 | 22162 | 22646 | 116,8 |
| 126 | 17063 | 17391 | 17719 | 18046 | 18374 | 18702 | 20621 | 21113 | 21605 | 22097 | 22589 | 23081 | 118,7 |
| 128 | 17403 | 17736 | 18068 | 18401 | 18734 | 19067 | 21018 | 21518 | 22017 | 22517 | 23017 | 23517 | 120,6 |
| 130 | 17744 | 18082 | 18420 | 18758 | 19096 | 19435 | 21417 | 21924 | 22432 | 22939 | 23447 | 23955 | 122,5 |
| 132 | 18086 | 18430 | 18773 | 19117 | 19460 | 19803 | 21817 | 22333 | 22848 | 23363 | 23879 | 24394 | 124,3 |
| 134 | 18431 | 18779 | 19128 | 19477 | 19825 | 20174 | 22219 | 22742 | 23266 | 23789 | 24312 | 24835 | 126,2 |
| 136 | 18777 | 19131 | 19484 | 19838 | 20192 | 20546 | 22623 | 23154 | 23685 | 24216 | 24747 | 25278 | 128,1 |
| 138 | 19125 | 19484 | 19843 | 20202 | 20561 | 20920 | 23029 | 23567 | 24106 | 24645 | 25184 | 25722 | 130,0 |
| 140 | 19474 | 19838 | 20202 | 20567 | 20931 | 21295 | 23436 | 23982 | 24529 | 25075 | 25622 | 26168 | 131,9 |
| 150 | 21245 | 21635 | 22025 | 22416 | 22806 | 23196 | 25496 | 26082 | 26667 | 27253 | 27838 | 28424 | 141,3 |
| 160 | 23057 | 23473 | 23889 | 24305 | 24722 | 25138 | 27598 | 28222 | 28847 | 29471 | 30096 | 30720 | 150,7 |
| 170 | 24910 | 25352 | 25794 | 26236 | 26678 | 27120 | 29740 | 30404 | 31067 | 31731 | 32394 | 33058 | 160,1 |
| 180 | 26803 | 27271 | 27739 | 28207 | 28676 | 29144 | 31923 | 32626 | 33328 | 34031 | 34733 | 35436 | 169,6 |
| 190 | 28737 | 29231 | 29725 | 30219 | 30713 | 31208 | 34147 | 34889 | 35630 | 36371 | 37113 | 37854 | 179,0 |
| Gew.d. Gurtungen | 223,3 | 227,3 | 231,4 | 235,5 | 239,6 | 243,7 | 280,4 | 286,5 | 292,7 | 298,8 | 304,9 | 311,0 | kg für 1 m |

Widerstandsmomente cm³.

$\llcorner$ 8,0 · 12,0 · 1,0 cm*

**Nietstärke 2,0 cm; Stehblechdicke 1,0 cm**

Gurtplattendicke 1,0 cm | Gurtplattendicke 1,2 cm

| Stehbl.-Höhe cm | Gurtplattenbreite cm | | | | | | Gurtplattenbreite cm | | | | | | Gew. des Stehbl. |
|---|---|---|---|---|---|---|---|---|---|---|---|---|---|
| | 25 | 26 | 27 | 28 | 29 | 30 | 25 | 26 | 27 | 28 | 29 | 30 | |
| 30 | 1497 | 1527 | 1557 | 1588 | 1618 | 1648 | 1613 | 1649 | 1685 | 1722 | 1758 | 1794 | 23,6 |
| 32 | 1623 | 1656 | 1688 | 1720 | 1752 | 1784 | 1747 | 1786 | 1824 | 1863 | 1901 | 1940 | 25,1 |
| 34 | 1751 | 1785 | 1819 | 1853 | 1887 | 1922 | 1883 | 1924 | 1965 | 2006 | 2047 | 2088 | 26,7 |
| 36 | 1881 | 1917 | 1953 | 1989 | 2025 | 2061 | 2021 | 2064 | 2107 | 2151 | 2194 | 2237 | 28,3 |
| 38 | 2012 | 2050 | 2088 | 2126 | 2164 | 2202 | 2160 | 2206 | 2251 | 2297 | 2343 | 2388 | 29,8 |
| 40 | 2145 | 2185 | 2225 | 2265 | 2305 | 2345 | 2301 | 2349 | 2397 | 2445 | 2493 | 2541 | 31,4 |
| 42 | 2279 | 2321 | 2363 | 2405 | 2447 | 2489 | 2443 | 2494 | 2544 | 2595 | 2645 | 2696 | 33,0 |
| 44 | 2415 | 2459 | 2503 | 2547 | 2591 | 2635 | 2587 | 2640 | 2693 | 2746 | 2799 | 2852 | 34,5 |
| 46 | 2553 | 2599 | 2645 | 2691 | 2737 | 2783 | 2733 | 2788 | 2844 | 2899 | 2954 | 3009 | 36,1 |
| 48 | 2691 | 2739 | 2787 | 2835 | 2883 | 2932 | 2880 | 2938 | 2995 | 3053 | 3111 | 3168 | 37,7 |
| 50 | 2832 | 2882 | 2932 | 2982 | 3032 | 3082 | 3029 | 3089 | 3149 | 3209 | 3269 | 3329 | 39,3 |
| 52 | 2974 | 3026 | 3078 | 3130 | 3182 | 3234 | 3178 | 3241 | 3303 | 3366 | 3428 | 3491 | 40,8 |
| 54 | 3117 | 3171 | 3225 | 3279 | 3333 | 3387 | 3330 | 3395 | 3460 | 3524 | 3589 | 3654 | 42,4 |
| 56 | 3261 | 3318 | 3374 | 3430 | 3486 | 3542 | 3483 | 3550 | 3617 | 3684 | 3752 | 3819 | 44,0 |
| 58 | 3408 | 3466 | 3524 | 3582 | 3640 | 3698 | 3637 | 3707 | 3776 | 3846 | 3916 | 3985 | 45,5 |
| 60 | 3555 | 3615 | 3675 | 3735 | 3795 | 3855 | 3793 | 3865 | 3937 | 4009 | 4081 | 4153 | 47,1 |
| 62 | 3704 | 3766 | 3828 | 3890 | 3952 | 4014 | 3950 | 4024 | 4099 | 4173 | 4248 | 4322 | 48,7 |
| 64 | 3854 | 3918 | 3982 | 4046 | 4110 | 4174 | 4108 | 4185 | 4262 | 4339 | 4416 | 4493 | 50,2 |
| 66 | 4006 | 4072 | 4138 | 4204 | 4270 | 4336 | 4268 | 4347 | 4427 | 4506 | 4585 | 4664 | 51,8 |
| 68 | 4159 | 4227 | 4295 | 4363 | 4431 | 4499 | 4430 | 4511 | 4593 | 4674 | 4756 | 4838 | 53,4 |
| 70 | 4314 | 4384 | 4454 | 4524 | 4594 | 4664 | 4592 | 4676 | 4760 | 4844 | 4928 | 5012 | 55,0 |
| 72 | 4470 | 4542 | 4614 | 4686 | 4758 | 4830 | 4756 | 4843 | 4929 | 5016 | 5102 | 5188 | 56,5 |
| 74 | 4627 | 4701 | 4775 | 4849 | 4923 | 4997 | 4922 | 5011 | 5099 | 5188 | 5277 | 5366 | 58,1 |
| 76 | 4785 | 4861 | 4937 | 5013 | 5089 | 5165 | 5089 | 5180 | 5271 | 5362 | 5453 | 5545 | 59,7 |
| 78 | 4945 | 5023 | 5101 | 5179 | 5257 | 5335 | 5257 | 5350 | 5444 | 5538 | 5631 | 5725 | 61,2 |
| 80 | 5107 | 5187 | 5267 | 5347 | 5427 | 5507 | 5426 | 5522 | 5618 | 5714 | 5810 | 5906 | 62,8 |
| 82 | 5269 | 5351 | 5433 | 5515 | 5597 | 5680 | 5597 | 5696 | 5794 | 5893 | 5991 | 6089 | 64,4 |
| 84 | 5434 | 5518 | 5602 | 5686 | 5770 | 5854 | 5770 | 5870 | 5971 | 6072 | 6173 | 6274 | 65,9 |
| 86 | 5599 | 5685 | 5771 | 5857 | 5943 | 6029 | 5943 | 6046 | 6150 | 6253 | 6356 | 6459 | 67,5 |
| 88 | 5766 | 5854 | 5942 | 6030 | 6118 | 6206 | 6118 | 6224 | 6329 | 6435 | 6541 | 6646 | 69,1 |
| 90 | 5934 | 6024 | 6114 | 6204 | 6294 | 6384 | 6295 | 6403 | 6511 | 6619 | 6727 | 6835 | 70,7 |
| 92 | 6103 | 6195 | 6287 | 6379 | 6471 | 6563 | 6472 | 6583 | 6693 | 6804 | 6914 | 7024 | 72,2 |
| 94 | 6274 | 6368 | 6462 | 6556 | 6650 | 6744 | 6651 | 6764 | 6877 | 6990 | 7103 | 7216 | 73,8 |
| 96 | 6446 | 6542 | 6638 | 6734 | 6831 | 6927 | 6832 | 6947 | 7062 | 7178 | 7293 | 7408 | 75,4 |
| 98 | 6620 | 6718 | 6816 | 6914 | 7012 | 7110 | 7014 | 7131 | 7249 | 7367 | 7484 | 7602 | 76,9 |
| 100 | 6795 | 6895 | 6995 | 7095 | 7195 | 7295 | 7197 | 7317 | 7437 | 7557 | 7677 | 7797 | 78,5 |
| 102 | 6971 | 7073 | 7175 | 7277 | 7379 | 7481 | 7381 | 7504 | 7626 | 7749 | 7871 | 7993 | 80,1 |
| 104 | 7149 | 7253 | 7357 | 7461 | 7565 | 7669 | 7567 | 7692 | 7817 | 7942 | 8066 | 8191 | 81,6 |
| 106 | 7328 | 7434 | 7540 | 7646 | 7752 | 7858 | 7754 | 7882 | 8009 | 8136 | 8263 | 8390 | 83,2 |
| 108 | 7508 | 7616 | 7724 | 7832 | 7940 | 8048 | 7943 | 8073 | 8202 | 8332 | 8461 | 8591 | 84,8 |
| 110 | 7690 | 7800 | 7910 | 8020 | 8130 | 8240 | 8133 | 8265 | 8397 | 8529 | 8661 | 8793 | 86,4 |
| 112 | 7873 | 7985 | 8097 | 8209 | 8321 | 8433 | 8324 | 8458 | 8593 | 8727 | 8862 | 8996 | 87,9 |
| 114 | 8057 | 8171 | 8285 | 8399 | 8513 | 8627 | 8517 | 8653 | 8790 | 8927 | 9064 | 9201 | 89,5 |
| 116 | 8243 | 8359 | 8475 | 8591 | 8707 | 8823 | 8711 | 8850 | 8989 | 9128 | 9267 | 9407 | 91,1 |
| 118 | 8430 | 8548 | 8666 | 8784 | 8902 | 9020 | 8906 | 9047 | 9189 | 9331 | 9472 | 9614 | 92,6 |
| 120 | 8618 | 8738 | 8858 | 8978 | 9098 | 9218 | 9102 | 9246 | 9390 | 9534 | 9678 | 9823 | 94,2 |
| 122 | 8808 | 8930 | 9052 | 9174 | 9296 | 9418 | 9300 | 9447 | 9593 | 9740 | 9886 | 10032 | 95,8 |
| 124 | 8999 | 9123 | 9247 | 9371 | 9495 | 9619 | 9500 | 9648 | 9797 | 9946 | 10095 | 10244 | 97,3 |
| 126 | 9191 | 9317 | 9443 | 9569 | 9695 | 9821 | 9700 | 9852 | 10003 | 10154 | 10305 | 10456 | 98,9 |
| 128 | 9385 | 9513 | 9641 | 9769 | 9897 | 10025 | 9902 | 10056 | 10210 | 10363 | 10517 | 10670 | 100,5 |
| 130 | 9580 | 9710 | 9840 | 9970 | 10100 | 10230 | 10106 | 10262 | 10418 | 10574 | 10730 | 10886 | 102,1 |
| 140 | 10576 | 10716 | 10856 | 10996 | 11136 | 11276 | 11143 | 11311 | 11479 | 11647 | 11816 | 11984 | 109,9 |
| 150 | 11605 | 11755 | 11905 | 12055 | 12205 | 12355 | 12214 | 12394 | 12574 | 12754 | 12934 | 13114 | 117,8 |
| 160 | 12667 | 12827 | 12987 | 13147 | 13307 | 13467 | 13318 | 13511 | 13703 | 13895 | 14087 | 14279 | 125,6 |
| 170 | 13763 | 13933 | 14103 | 14273 | 14443 | 14613 | 14456 | 14660 | 14864 | 15068 | 15272 | 15476 | 133,5 |
| 180 | 14892 | 15072 | 15252 | 15432 | 15612 | 15792 | 15627 | 15843 | 16059 | 16275 | 16491 | 16707 | 141,3 |
| Gew. d. Gurtungen | 99,2 | 100,8 | 102,4 | 103,9 | 105,5 | 107,1 | 107,1 | 109,0 | 110,8 | 112,7 | 114,6 | 116,5 | kg für 1 m |

* Der kürzere Schenkel liegt an dem Stehblech.

## L 8,0·12,0·1,0 cm*
### Nietstärke 2,0 cm; Stehblechdicke 1,0 cm

Gurtplattendicke 2,0 cm        Gurtplattendicke 2,4 cm

| Stehbl.-Höhe cm | Gurtplattenbreite cm | | | | | | Gurtplattenbreite cm | | | | | | Gew. des Stehbl. |
|---|---|---|---|---|---|---|---|---|---|---|---|---|---|
| | 25 | 26 | 27 | 28 | 29 | 30 | 25 | 26 | 27 | 28 | 29 | 30 | |
| 30 | 2082 | 2142 | 2203 | 2263 | 2323 | 2384 | 2320 | 2392 | 2465 | 2538 | 2610 | 2683 | 23,6 |
| 32 | 2248 | 2312 | 2377 | 2441 | 2505 | 2570 | 2502 | 2579 | 2656 | 2734 | 2811 | 2888 | 25,1 |
| 34 | 2416 | 2484 | 2552 | 2621 | 2689 | 2757 | 2685 | 2767 | 2849 | 2932 | 3014 | 3096 | 26,7 |
| 36 | 2586 | 2658 | 2730 | 2802 | 2875 | 2947 | 2871 | 2958 | 3045 | 3131 | 3218 | 3305 | 28,3 |
| 38 | 2757 | 2833 | 2909 | 2986 | 3062 | 3138 | 3058 | 3150 | 3241 | 3333 | 3425 | 3516 | 29,8 |
| 40 | 2930 | 3010 | 3090 | 3171 | 3251 | 3331 | 3247 | 3344 | 3440 | 3537 | 3633 | 3729 | 31,4 |
| 42 | 3105 | 3189 | 3273 | 3357 | 3442 | 3526 | 3438 | 3539 | 3640 | 3742 | 3843 | 3944 | 33,0 |
| 44 | 3281 | 3369 | 3457 | 3546 | 3634 | 3722 | 3631 | 3736 | 3842 | 3948 | 4054 | 4160 | 34,5 |
| 46 | 3459 | 3551 | 3643 | 3736 | 3828 | 3920 | 3825 | 3935 | 4046 | 4157 | 4268 | 4378 | 36,1 |
| 48 | 3638 | 3735 | 3831 | 3927 | 4023 | 4119 | 4020 | 4136 | 4251 | 4367 | 4482 | 4598 | 37,7 |
| 50 | 3819 | 3920 | 4020 | 4120 | 4220 | 4320 | 4217 | 4338 | 4458 | 4578 | 4699 | 4819 | 39,3 |
| 52 | 4002 | 4106 | 4210 | 4314 | 4419 | 4523 | 4416 | 4541 | 4666 | 4791 | 4916 | 5042 | 40,8 |
| 54 | 4186 | 4294 | 4402 | 4510 | 4619 | 4727 | 4616 | 4746 | 4876 | 5006 | 5136 | 5266 | 42,4 |
| 56 | 4371 | 4483 | 4596 | 4708 | 4820 | 4932 | 4818 | 4952 | 5087 | 5222 | 5357 | 5491 | 44,0 |
| 58 | 4558 | 4674 | 4790 | 4907 | 5023 | 5139 | 5021 | 5160 | 5300 | 5439 | 5579 | 5718 | 45,5 |
| 60 | 4746 | 4867 | 4987 | 5107 | 5227 | 5347 | 5225 | 5370 | 5514 | 5658 | 5803 | 5947 | 47,1 |
| 62 | 4936 | 5060 | 5185 | 5309 | 5433 | 5557 | 5432 | 5581 | 5730 | 5879 | 6028 | 6177 | 48,7 |
| 64 | 5127 | 5256 | 5384 | 5512 | 5640 | 5768 | 5639 | 5793 | 5947 | 6101 | 6254 | 6408 | 50,2 |
| 66 | 5320 | 5452 | 5584 | 5716 | 5849 | 5981 | 5848 | 6007 | 6165 | 6324 | 6483 | 6641 | 51,8 |
| 68 | 5514 | 5650 | 5786 | 5922 | 6059 | 6195 | 6058 | 6222 | 6385 | 6549 | 6712 | 6876 | 53,4 |
| 70 | 5709 | 5850 | 5990 | 6130 | 6270 | 6410 | 6270 | 6438 | 6607 | 6775 | 6943 | 7111 | 55,0 |
| 72 | 5906 | 6050 | 6195 | 6339 | 6483 | 6627 | 6483 | 6656 | 6829 | 7002 | 7175 | 7348 | 56,5 |
| 74 | 6104 | 6253 | 6401 | 6549 | 6697 | 6845 | 6698 | 6876 | 7053 | 7231 | 7409 | 7587 | 58,1 |
| 76 | 6304 | 6456 | 6608 | 6760 | 6913 | 7065 | 6914 | 7096 | 7279 | 7462 | 7644 | 7827 | 59,7 |
| 78 | 6505 | 6661 | 6817 | 6973 | 7130 | 7286 | 7131 | 7318 | 7506 | 7693 | 7881 | 8068 | 61,2 |
| 80 | 6707 | 6868 | 7028 | 7188 | 7348 | 7508 | 7350 | 7542 | 7734 | 7926 | 8119 | 8311 | 62,8 |
| 82 | 6911 | 7075 | 7239 | 7404 | 7568 | 7732 | 7570 | 7767 | 7964 | 8161 | 8358 | 8555 | 64,4 |
| 84 | 7116 | 7284 | 7453 | 7621 | 7789 | 7957 | 7791 | 7993 | 8195 | 8397 | 8599 | 8800 | 65,9 |
| 86 | 7323 | 7495 | 7667 | 7839 | 8011 | 8183 | 8014 | 8221 | 8428 | 8634 | 8841 | 9047 | 67,5 |
| 88 | 7531 | 7707 | 7883 | 8059 | 8235 | 8411 | 8239 | 8450 | 8661 | 8873 | 9084 | 9296 | 69,1 |
| 90 | 7740 | 7920 | 8100 | 8280 | 8460 | 8640 | 8464 | 8680 | 8897 | 9113 | 9329 | 9545 | 70,7 |
| 92 | 7951 | 8135 | 8319 | 8503 | 8687 | 8871 | 8691 | 8912 | 9133 | 9354 | 9575 | 9796 | 72,2 |
| 94 | 8162 | 8351 | 8539 | 8727 | 8915 | 9103 | 8920 | 9145 | 9371 | 9597 | 9823 | 10049 | 73,8 |
| 96 | 8376 | 8568 | 8760 | 8952 | 9144 | 9336 | 9149 | 9380 | 9611 | 9841 | 10072 | 10302 | 75,4 |
| 98 | 8590 | 8787 | 8983 | 9179 | 9375 | 9571 | 9380 | 9616 | 9851 | 10087 | 10322 | 10557 | 76,9 |
| 100 | 8807 | 9007 | 9207 | 9407 | 9607 | 9807 | 9613 | 9853 | 10093 | 10333 | 10574 | 10814 | 78,5 |
| 102 | 9024 | 9228 | 9432 | 9636 | 9840 | 10044 | 9847 | 10092 | 10337 | 10582 | 10827 | 11072 | 80,1 |
| 104 | 9243 | 9451 | 9659 | 9867 | 10075 | 10283 | 10082 | 10332 | 10581 | 10831 | 11081 | 11331 | 81,6 |
| 106 | 9463 | 9675 | 9887 | 10099 | 10311 | 10523 | 10318 | 10573 | 10828 | 11082 | 11337 | 11591 | 83,2 |
| 108 | 9684 | 9900 | 10116 | 10333 | 10549 | 10765 | 10556 | 10816 | 11075 | 11334 | 11594 | 11853 | 84,8 |
| 110 | 9907 | 10127 | 10347 | 10567 | 10787 | 11008 | 10796 | 11060 | 11324 | 11588 | 11852 | 12116 | 86,4 |
| 112 | 10131 | 10355 | 10579 | 10804 | 11028 | 11252 | 11036 | 11305 | 11574 | 11843 | 12112 | 12381 | 87,9 |
| 114 | 10357 | 10585 | 10813 | 11041 | 11269 | 11497 | 11278 | 11552 | 11826 | 12099 | 12373 | 12647 | 89,5 |
| 116 | 10584 | 10816 | 11048 | 11280 | 11512 | 11744 | 11522 | 11800 | 12079 | 12357 | 12636 | 12914 | 91,1 |
| 118 | 10812 | 11048 | 11284 | 11520 | 11756 | 11992 | 11766 | 12050 | 12333 | 12616 | 12900 | 13183 | 92,6 |
| 120 | 11041 | 11281 | 11522 | 11762 | 12002 | 12242 | 12012 | 12300 | 12589 | 12877 | 13165 | 13453 | 94,2 |
| 122 | 11272 | 11516 | 11760 | 12005 | 12249 | 12493 | 12260 | 12553 | 12845 | 13138 | 13431 | 13724 | 95,8 |
| 124 | 11505 | 11753 | 12001 | 12249 | 12497 | 12745 | 12508 | 12806 | 13104 | 13402 | 13699 | 13997 | 97,3 |
| 126 | 11738 | 11990 | 12242 | 12494 | 12746 | 12999 | 12758 | 13061 | 13363 | 13666 | 13969 | 14271 | 98,9 |
| 128 | 11973 | 12229 | 12485 | 12741 | 12997 | 13254 | 13010 | 13317 | 13624 | 13932 | 14239 | 14546 | 100,5 |
| 130 | 12209 | 12469 | 12730 | 12990 | 13250 | 13510 | 13263 | 13575 | 13887 | 14199 | 14511 | 14823 | 102,1 |
| 140 | 13411 | 13691 | 13971 | 14251 | 14531 | 14811 | 14548 | 14884 | 15220 | 15556 | 15892 | 16228 | 109,9 |
| 150 | 14646 | 14946 | 15246 | 15546 | 15846 | 16146 | 15866 | 16226 | 16586 | 16946 | 17306 | 17666 | 117,8 |
| 160 | 15914 | 16235 | 16555 | 16875 | 17195 | 17515 | 17217 | 17601 | 17985 | 18370 | 18754 | 19138 | 125,6 |
| 170 | 17217 | 17557 | 17897 | 18237 | 18577 | 18917 | 18602 | 19010 | 19418 | 19827 | 20235 | 20643 | 133,5 |
| 180 | 18552 | 18912 | 19272 | 19632 | 19993 | 20353 | 20021 | 20453 | 20885 | 21317 | 21749 | 22181 | 141,3 |
| Gew.d. Gurtungen | 138,5 | 141,6 | 144,8 | 147,9 | 151,0 | 154,2 | 154,2 | 157,9 | 161,7 | 165,5 | 169,2 | 173,0 | kg für 1 m |

* Der kürzere Schenkel liegt an dem Stehblech.

Widerstandsmomente cm³.

## L 8,0 · 12,0 · 1,2 cm*
### Nietstärke 2,3 cm; Stehblechdicke 1,2 cm

| | Gurtplattendicke 1,2 cm | | | | | | Gurtplattendicke 1,3 cm | | | | | | |
|---|---|---|---|---|---|---|---|---|---|---|---|---|---|
| Stehbl.-Höhe cm | Gurtplattenbreite cm | | | | | | Gurtplattenbreite cm | | | | | | Gew. des Stehbl. |
| | 26 | 27 | 28 | 29 | 30 | 31 | 26 | 27 | 28 | 29 | 30 | 31 | |
| 40 | 2528 | 2576 | 2624 | 2672 | 2720 | 2768 | 2607 | 2659 | 2711 | 2763 | 2815 | 2867 | 37,7 |
| 42 | 2688 | 2738 | 2788 | 2839 | 2889 | 2940 | 2771 | 2825 | 2880 | 2935 | 2989 | 3044 | 39,6 |
| 44 | 2849 | 2902 | 2955 | 3007 | 3060 | 3113 | 2936 | 2993 | 3050 | 3108 | 3165 | 3222 | 41,4 |
| 46 | 3012 | 3067 | 3122 | 3178 | 3233 | 3288 | 3103 | 3163 | 3223 | 3283 | 3343 | 3402 | 43,3 |
| 48 | 3177 | 3234 | 3292 | 3350 | 3407 | 3465 | 3272 | 3335 | 3397 | 3460 | 3522 | 3584 | 45,2 |
| 50 | 3344 | 3404 | 3464 | 3524 | 3584 | 3644 | 3443 | 3508 | 3573 | 3638 | 3703 | 3768 | 47,1 |
| 52 | 3512 | 3574 | 3637 | 3699 | 3762 | 3824 | 3616 | 3683 | 3751 | 3818 | 3886 | 3954 | 49,0 |
| 54 | 3682 | 3747 | 3812 | 3877 | 3941 | 4006 | 3790 | 3860 | 3930 | 4001 | 4071 | 4141 | 50,9 |
| 56 | 3854 | 3921 | 3988 | 4056 | 4123 | 4190 | 3966 | 4039 | 4112 | 4184 | 4257 | 4330 | 52,8 |
| 58 | 4028 | 4097 | 4167 | 4237 | 4306 | 4376 | 4144 | 4219 | 4294 | 4370 | 4445 | 4521 | 54,6 |
| 60 | 4203 | 4275 | 4347 | 4419 | 4491 | 4563 | 4323 | 4401 | 4479 | 4557 | 4635 | 4713 | 56,5 |
| 62 | 4380 | 4454 | 4529 | 4603 | 4678 | 4752 | 4504 | 4585 | 4665 | 4746 | 4827 | 4907 | 58,4 |
| 64 | 4559 | 4635 | 4712 | 4789 | 4866 | 4943 | 4687 | 4770 | 4854 | 4937 | 5020 | 5103 | 60,3 |
| 66 | 4739 | 4818 | 4897 | 4977 | 5056 | 5135 | 4872 | 4957 | 5043 | 5129 | 5215 | 5301 | 62,2 |
| 68 | 4921 | 5003 | 5084 | 5166 | 5248 | 5329 | 5058 | 5146 | 5235 | 5323 | 5412 | 5500 | 64,1 |
| 70 | 5105 | 5189 | 5273 | 5357 | 5441 | 5525 | 5246 | 5337 | 5428 | 5519 | 5610 | 5701 | 65,9 |
| 72 | 5290 | 5377 | 5463 | 5549 | 5636 | 5722 | 5435 | 5529 | 5622 | 5716 | 5810 | 5903 | 67,8 |
| 74 | 5477 | 5566 | 5655 | 5744 | 5832 | 5921 | 5626 | 5723 | 5819 | 5915 | 6011 | 6107 | 69,7 |
| 76 | 5666 | 5757 | 5848 | 5939 | 6031 | 6122 | 5819 | 5918 | 6017 | 6116 | 6214 | 6313 | 71,6 |
| 78 | 5856 | 5950 | 6043 | 6137 | 6231 | 6324 | 6014 | 6115 | 6216 | 6318 | 6419 | 6521 | 73,5 |
| 80 | 6048 | 6144 | 6240 | 6336 | 6432 | 6528 | 6210 | 6314 | 6418 | 6522 | 6626 | 6730 | 75,4 |
| 82 | 6242 | 6340 | 6438 | 6537 | 6635 | 6734 | 6407 | 6514 | 6621 | 6727 | 6834 | 6941 | 77,2 |
| 84 | 6437 | 6538 | 6638 | 6739 | 6840 | 6941 | 6607 | 6716 | 6825 | 6935 | 7044 | 7153 | 79,1 |
| 86 | 6634 | 6737 | 6840 | 6943 | 7047 | 7150 | 6808 | 6920 | 7032 | 7143 | 7255 | 7367 | 81,0 |
| 88 | 6832 | 6938 | 7043 | 7149 | 7255 | 7360 | 7011 | 7125 | 7239 | 7354 | 7468 | 7583 | 82,9 |
| 90 | 7032 | 7140 | 7248 | 7356 | 7464 | 7572 | 7215 | 7332 | 7449 | 7566 | 7683 | 7800 | 84,8 |
| 92 | 7234 | 7345 | 7455 | 7565 | 7676 | 7786 | 7421 | 7540 | 7660 | 7780 | 7899 | 8019 | 86,7 |
| 94 | 7437 | 7550 | 7663 | 7776 | 7889 | 8002 | 7628 | 7751 | 7873 | 7995 | 8117 | 8240 | 88,5 |
| 96 | 7642 | 7758 | 7873 | 7988 | 8103 | 8219 | 7838 | 7962 | 8087 | 8212 | 8337 | 8462 | 90,4 |
| 98 | 7849 | 7967 | 8084 | 8202 | 8320 | 8437 | 8048 | 8176 | 8303 | 8431 | 8558 | 8686 | 92,3 |
| 100 | 8057 | 8177 | 8297 | 8417 | 8537 | 8657 | 8261 | 8391 | 8521 | 8651 | 8781 | 8911 | 94,2 |
| 102 | 8267 | 8390 | 8512 | 8635 | 8757 | 8879 | 8475 | 8607 | 8740 | 8873 | 9005 | 9138 | 96,1 |
| 104 | 8479 | 8604 | 8728 | 8853 | 8978 | 9103 | 8691 | 8826 | 8961 | 9096 | 9231 | 9367 | 98,0 |
| 106 | 8692 | 8819 | 8946 | 9074 | 9201 | 9328 | 8908 | 9046 | 9183 | 9321 | 9459 | 9597 | 99,9 |
| 108 | 8907 | 9036 | 9166 | 9295 | 9425 | 9555 | 9127 | 9267 | 9408 | 9548 | 9688 | 9829 | 101,7 |
| 110 | 9123 | 9255 | 9387 | 9519 | 9651 | 9783 | 9347 | 9490 | 9633 | 9776 | 9919 | 10062 | 103,6 |
| 112 | 9341 | 9475 | 9610 | 9744 | 9879 | 10013 | 9569 | 9715 | 9861 | 10006 | 10152 | 10298 | 105,5 |
| 114 | 9560 | 9697 | 9834 | 9971 | 10108 | 10245 | 9793 | 9941 | 10090 | 10238 | 10386 | 10534 | 107,4 |
| 116 | 9782 | 9921 | 10060 | 10199 | 10339 | 10478 | 10019 | 10169 | 10320 | 10471 | 10622 | 10773 | 109,3 |
| 118 | 10004 | 10146 | 10288 | 10429 | 10571 | 10713 | 10246 | 10399 | 10552 | 10706 | 10859 | 11013 | 111,2 |
| 120 | 10229 | 10373 | 10517 | 10661 | 10805 | 10949 | 10474 | 10630 | 10786 | 10942 | 11098 | 11254 | 113,0 |
| 122 | 10455 | 10601 | 10748 | 10894 | 11041 | 11187 | 10704 | 10863 | 11022 | 11180 | 11339 | 11497 | 114,9 |
| 124 | 10683 | 10831 | 10980 | 11129 | 11278 | 11427 | 10936 | 11097 | 11259 | 11420 | 11581 | 11742 | 116,8 |
| 126 | 10912 | 11063 | 11214 | 11365 | 11517 | 11668 | 11170 | 11333 | 11497 | 11661 | 11825 | 11989 | 118,7 |
| 128 | 11143 | 11296 | 11450 | 11604 | 11757 | 11911 | 11405 | 11571 | 11738 | 11904 | 12070 | 12237 | 120,6 |
| 130 | 11375 | 11531 | 11687 | 11843 | 11999 | 12155 | 11641 | 11810 | 11979 | 12148 | 12317 | 12486 | 122,5 |
| 132 | 11609 | 11768 | 11926 | 12084 | 12243 | 12401 | 11880 | 12051 | 12223 | 12394 | 12566 | 12738 | 124,3 |
| 134 | 11845 | 12006 | 12167 | 12327 | 12488 | 12649 | 12119 | 12294 | 12468 | 12642 | 12816 | 12991 | 126,2 |
| 136 | 12082 | 12245 | 12409 | 12572 | 12735 | 12898 | 12361 | 12538 | 12715 | 12891 | 13068 | 13245 | 128,1 |
| 138 | 12321 | 12487 | 12652 | 12818 | 12984 | 13149 | 12604 | 12783 | 12963 | 13142 | 13322 | 13501 | 130,0 |
| 140 | 12562 | 12730 | 12898 | 13066 | 13234 | 13402 | 12849 | 13031 | 13213 | 13395 | 13577 | 13759 | 131,9 |
| 150 | 13789 | 13969 | 14149 | 14329 | 14509 | 14689 | 14097 | 14292 | 14487 | 14682 | 14877 | 15072 | 141,3 |
| 160 | 15056 | 15248 | 15440 | 15632 | 15824 | 16016 | 15385 | 15593 | 15801 | 16009 | 16217 | 16425 | 150,7 |
| 170 | 16364 | 16568 | 16772 | 16976 | 17180 | 17384 | 16714 | 16935 | 17156 | 17377 | 17598 | 17819 | 160,1 |
| 180 | 17711 | 17927 | 18143 | 18359 | 18575 | 18791 | 18082 | 18316 | 18550 | 18784 | 19018 | 19252 | 169,6 |
| 190 | 19099 | 19327 | 19555 | 19783 | 20011 | 20239 | 19491 | 19738 | 19985 | 20232 | 20479 | 20726 | 179,0 |
| Gew. d. Gurtungen | 120,3 | 122,1 | 124,0 | 125,9 | 127,8 | 129,7 | 124,3 | 126,4 | 128,4 | 130,5 | 132,5 | 134 5 | kg für 1 m |

* Der kürzere Schenkel liegt an dem Stehblech.

## ∟ 8,0 · 12,0 · 1,2 cm*
### Nietstärke 2,3 cm; Stehblechdicke 1,2 cm

Gurtplattendicke 2,4 cm                                    Gurtplattendicke 2,6 cm

| Stehbl.-Höhe cm | Gurtplattenbreite cm | | | | | | Gurtplattenbreite cm | | | | | | Gew. des Stehbl. |
|---|---|---|---|---|---|---|---|---|---|---|---|---|---|
| | 26 | 27 | 28 | 29 | 30 | 31 | 26 | 27 | 28 | 29 | 30 | 31 | |
| 40 | 3483 | 3579 | 3675 | 3772 | 3868 | 3965 | 3644 | 3748 | 3853 | 3957 | 4062 | 4166 | 37,7 |
| 42 | 3691 | 3792 | 3893 | 3995 | 4096 | 4197 | 3860 | 3970 | 4079 | 4189 | 4299 | 4409 | 39,6 |
| 44 | 3901 | 4007 | 4113 | 4219 | 4325 | 4431 | 4078 | 4193 | 4308 | 4423 | 4538 | 4653 | 41,4 |
| 46 | 4114 | 4224 | 4335 | 4446 | 4557 | 4667 | 4299 | 4419 | 4539 | 4659 | 4779 | 4899 | 43,3 |
| 48 | 4328 | 4443 | 4559 | 4674 | 4790 | 4905 | 4521 | 4646 | 4772 | 4897 | 5022 | 5147 | 45,2 |
| 50 | 4544 | 4664 | 4784 | 4905 | 5025 | 5145 | 4745 | 4876 | 5006 | 5137 | 5267 | 5397 | 47,1 |
| 52 | 4761 | 4887 | 5012 | 5137 | 5262 | 5387 | 4971 | 5107 | 5242 | 5378 | 5514 | 5649 | 49,0 |
| 54 | 4981 | 5111 | 5241 | 5371 | 5501 | 5631 | 5199 | 5340 | 5481 | 5621 | 5762 | 5903 | 50,9 |
| 56 | 5202 | 5337 | 5472 | 5607 | 5741 | 5876 | 5429 | 5575 | 5721 | 5867 | 6013 | 6159 | 52,8 |
| 58 | 5426 | 5565 | 5705 | 5844 | 5984 | 6123 | 5660 | 5811 | 5962 | 6114 | 6265 | 6416 | 54,6 |
| 60 | 5650 | 5795 | 5939 | 6083 | 6228 | 6372 | 5893 | 6050 | 6206 | 6362 | 6519 | 6675 | 56,5 |
| 62 | 5877 | 6026 | 6175 | 6324 | 6473 | 6622 | 6128 | 6290 | 6451 | 6613 | 6774 | 6936 | 58,4 |
| 64 | 6105 | 6259 | 6413 | 6567 | 6721 | 6875 | 6365 | 6531 | 6698 | 6865 | 7032 | 7198 | 60,3 |
| 66 | 6336 | 6494 | 6653 | 6812 | 6970 | 7129 | 6603 | 6775 | 6947 | 7119 | 7291 | 7463 | 62,2 |
| 68 | 6567 | 6731 | 6894 | 7058 | 7221 | 7385 | 6843 | 7020 | 7197 | 7374 | 7552 | 7729 | 64,1 |
| 70 | 6801 | 6969 | 7137 | 7306 | 7474 | 7642 | 7085 | 7267 | 7449 | 7632 | 7814 | 7996 | 65,9 |
| 72 | 7036 | 7209 | 7382 | 7555 | 7728 | 7901 | 7328 | 7516 | 7703 | 7891 | 8078 | 8266 | 67,8 |
| 74 | 7273 | 7451 | 7629 | 7806 | 7984 | 8162 | 7573 | 7766 | 7959 | 8151 | 8344 | 8537 | 69,7 |
| 76 | 7511 | 7694 | 7877 | 8059 | 8242 | 8425 | 7820 | 8018 | 8216 | 8414 | 8612 | 8810 | 71,6 |
| 78 | 7752 | 7939 | 8126 | 8314 | 8501 | 8689 | 8069 | 8272 | 8475 | 8678 | 8881 | 9084 | 73,5 |
| 80 | 7993 | 8186 | 8378 | 8570 | 8762 | 8955 | 8319 | 8527 | 8735 | 8944 | 9152 | 9360 | 75,4 |
| 82 | 8237 | 8434 | 8631 | 8828 | 9025 | 9222 | 8571 | 8784 | 8998 | 9211 | 9425 | 9638 | 77,2 |
| 84 | 8482 | 8684 | 8886 | 9088 | 9289 | 9491 | 8824 | 9043 | 9262 | 9480 | 9699 | 9918 | 79,1 |
| 86 | 8729 | 8936 | 9142 | 9349 | 9555 | 9762 | 9079 | 9303 | 9527 | 9751 | 9975 | 10199 | 81,0 |
| 88 | 8978 | 9189 | 9400 | 9612 | 9823 | 10035 | 9336 | 9565 | 9794 | 10023 | 10252 | 10481 | 82,9 |
| 90 | 9228 | 9444 | 9660 | 9876 | 10092 | 10309 | 9595 | 9829 | 10063 | 10297 | 10532 | 10766 | 84,8 |
| 92 | 9479 | 9700 | 9921 | 10142 | 10363 | 10584 | 9855 | 10094 | 10334 | 10573 | 10812 | 11052 | 86,7 |
| 94 | 9733 | 9959 | 10184 | 10410 | 10636 | 10862 | 10116 | 10361 | 10606 | 10850 | 11095 | 11340 | 88,5 |
| 96 | 9988 | 10218 | 10449 | 10680 | 10910 | 11141 | 10380 | 10630 | 10880 | 11129 | 11379 | 11629 | 90,4 |
| 98 | 10245 | 10480 | 10715 | 10951 | 11186 | 11422 | 10645 | 10900 | 11155 | 11410 | 11665 | 11920 | 92,3 |
| 100 | 10503 | 10743 | 10983 | 11223 | 11464 | 11704 | 10912 | 11172 | 11432 | 11692 | 11952 | 12213 | 94,2 |
| 102 | 10763 | 11008 | 11253 | 11498 | 11743 | 11988 | 11180 | 11445 | 11711 | 11976 | 12242 | 12507 | 96,1 |
| 104 | 11025 | 11274 | 11524 | 11774 | 12024 | 12273 | 11450 | 11720 | 11991 | 12262 | 12532 | 12803 | 98,0 |
| 106 | 11288 | 11542 | 11797 | 12051 | 12306 | 12561 | 11721 | 11997 | 12273 | 12549 | 12825 | 13100 | 99,9 |
| 108 | 11553 | 11812 | 12071 | 12331 | 12590 | 12849 | 11995 | 12276 | 12557 | 12838 | 13119 | 13400 | 101,7 |
| 110 | 11819 | 12083 | 12347 | 12612 | 12876 | 13140 | 12269 | 12556 | 12842 | 13128 | 13414 | 13700 | 103,6 |
| 112 | 12087 | 12356 | 12625 | 12894 | 13163 | 13432 | 12546 | 12837 | 13129 | 13420 | 13711 | 14003 | 105,5 |
| 114 | 12357 | 12631 | 12904 | 13178 | 13452 | 13726 | 12824 | 13120 | 13417 | 13714 | 14010 | 14307 | 107,4 |
| 116 | 12628 | 12907 | 13185 | 13464 | 13742 | 14021 | 13104 | 13405 | 13707 | 14009 | 14311 | 14613 | 109,3 |
| 118 | 12901 | 13185 | 13468 | 13751 | 14035 | 14318 | 13385 | 13692 | 13999 | 14306 | 14613 | 14920 | 111,2 |
| 120 | 13176 | 13464 | 13752 | 14040 | 14328 | 14617 | 13668 | 13980 | 14292 | 14604 | 14917 | 15229 | 113,0 |
| 122 | 13452 | 13745 | 14038 | 14331 | 14624 | 14917 | 13952 | 14270 | 14587 | 14905 | 15222 | 15539 | 114,9 |
| 124 | 13730 | 14028 | 14325 | 14623 | 14921 | 15219 | 14239 | 14561 | 14884 | 15206 | 15529 | 15852 | 116,8 |
| 126 | 14009 | 14312 | 14614 | 14917 | 15219 | 15522 | 14526 | 14854 | 15182 | 15510 | 15838 | 16165 | 118,7 |
| 128 | 14290 | 14598 | 14905 | 15212 | 15520 | 15827 | 14816 | 15149 | 15482 | 15815 | 16148 | 16481 | 120,6 |
| 130 | 14573 | 14885 | 15197 | 15509 | 15822 | 16134 | 15107 | 15445 | 15783 | 16121 | 16460 | 16798 | 122,5 |
| 132 | 14857 | 15174 | 15491 | 15808 | 16125 | 16442 | 15400 | 15743 | 16086 | 16430 | 16773 | 17116 | 124,3 |
| 134 | 15143 | 15465 | 15787 | 16108 | 16430 | 16752 | 15694 | 16042 | 16391 | 16739 | 17088 | 17437 | 126,2 |
| 136 | 15431 | 15757 | 16084 | 16410 | 16737 | 17063 | 15990 | 16343 | 16697 | 17051 | 17405 | 17758 | 128,1 |
| 138 | 15720 | 16051 | 16383 | 16714 | 17045 | 17377 | 16287 | 16646 | 17005 | 17364 | 17723 | 18082 | 130,0 |
| 140 | 16011 | 16347 | 16683 | 17019 | 17355 | 17691 | 16586 | 16950 | 17315 | 17679 | 18043 | 18407 | 131,9 |
| 150 | 17489 | 17849 | 18210 | 18570 | 18930 | 19290 | 18105 | 18496 | 18886 | 19276 | 19666 | 20056 | 141,3 |
| 160 | 19008 | 19392 | 19776 | 20160 | 20544 | 20928 | 19665 | 20081 | 20497 | 20914 | 21330 | 21746 | 150,7 |
| 170 | 20566 | 20974 | 21383 | 21791 | 22199 | 22607 | 21265 | 21707 | 22149 | 22591 | 23034 | 23476 | 160,1 |
| 180 | 22165 | 22597 | 23029 | 23461 | 23894 | 24326 | 22905 | 23373 | 23842 | 24310 | 24778 | 25246 | 169,6 |
| 190 | 23804 | 24260 | 24716 | 25172 | 25629 | 26085 | 24586 | 25080 | 25574 | 26068 | 26562 | 27056 | 179,0 |
| Gew. d. Gurtungen | 169,2 | 173,0 | 176,8 | 180,6 | 184,3 | 188,1 | 177,4 | 181,5 | 185,6 | 189,7 | 193,7 | 197,8 | kg für 1 m |

* Der kürzere Schenkel liegt an dem Stehblech.

# Widerstandsmomente cm³.

## ⌐ 14,0 · 14,0 · 1,3 cm

### Nietstärke 2,6 cm; Stehblechdicke 1,3 cm

Gurtplattendicke 1,4 cm                    Gurtplattendicke 2,8 cm

| Stehbl.-Höhe cm | Gurtplattenbreite cm | | | | | | Gurtplattenbreite cm | | | | | | Gew. des Stehbl. |
|---|---|---|---|---|---|---|---|---|---|---|---|---|---|
| | 31 | 32 | 33 | 34 | 35 | 36 | 31 | 32 | 33 | 34 | 35 | 36 | |
| 60 | 5619 | 5703 | 5787 | 5872 | 5956 | 6040 | 7649 | 7818 | 7986 | 8155 | 8323 | 8492 | 61,2 |
| 62 | 5862 | 5949 | 6036 | 6123 | 6209 | 6296 | 7961 | 8135 | 8309 | 8483 | 8657 | 8831 | 63,3 |
| 64 | 6107 | 6197 | 6286 | 6376 | 6466 | 6555 | 8275 | 8455 | 8635 | 8814 | 8994 | 9173 | 65,3 |
| 66 | 6354 | 6446 | 6539 | 6631 | 6724 | 6816 | 8592 | 8777 | 8962 | 9147 | 9333 | 9518 | 67,4 |
| 68 | 6603 | 6698 | 6793 | 6889 | 6984 | 7079 | 8910 | 9101 | 9292 | 9483 | 9673 | 9864 | 69,4 |
| 70 | 6854 | 6952 | 7050 | 7148 | 7246 | 7344 | 9231 | 9427 | 9624 | 9820 | 10016 | 10213 | 71,4 |
| 72 | 7107 | 7208 | 7309 | 7409 | 7510 | 7611 | 9553 | 9755 | 9957 | 10159 | 10361 | 10563 | 73,5 |
| 74 | 7362 | 7466 | 7569 | 7673 | 7777 | 7880 | 9878 | 10086 | 10293 | 10501 | 10708 | 10916 | 75,5 |
| 76 | 7619 | 7725 | 7832 | 7938 | 8045 | 8151 | 10205 | 10418 | 10631 | 10844 | 11057 | 11271 | 77,6 |
| 78 | 7878 | 7987 | 8096 | 8206 | 8315 | 8424 | 10534 | 10752 | 10971 | 11190 | 11409 | 11627 | 79,6 |
| 80 | 8139 | 8251 | 8363 | 8475 | 8587 | 8699 | 10864 | 11089 | 11313 | 11537 | 11762 | 11986 | 81,6 |
| 82 | 8401 | 8516 | 8631 | 8746 | 8861 | 8976 | 11197 | 11427 | 11657 | 11887 | 12117 | 12347 | 83,7 |
| 84 | 8666 | 8784 | 8901 | 9019 | 9137 | 9254 | 11532 | 11767 | 12003 | 12238 | 12474 | 12709 | 85,7 |
| 86 | 8933 | 9053 | 9174 | 9294 | 9415 | 9535 | 11868 | 12109 | 12350 | 12592 | 12833 | 13074 | 87,7 |
| 88 | 9201 | 9324 | 9448 | 9571 | 9694 | 9817 | 12207 | 12453 | 12700 | 12947 | 13194 | 13440 | 89,8 |
| 90 | 9472 | 9598 | 9724 | 9850 | 9976 | 10102 | 12547 | 12799 | 13052 | 13304 | 13556 | 13809 | 91,8 |
| 92 | 9744 | 9873 | 10001 | 10130 | 10259 | 10388 | 12889 | 13147 | 13405 | 13663 | 13921 | 14179 | 93,9 |
| 94 | 10018 | 10150 | 10281 | 10413 | 10544 | 10676 | 13234 | 13497 | 13761 | 14024 | 14288 | 14551 | 95,9 |
| 96 | 10294 | 10428 | 10563 | 10697 | 10832 | 10966 | 13580 | 13849 | 14118 | 14387 | 14656 | 14925 | 98,0 |
| 98 | 10572 | 10709 | 10846 | 10983 | 11121 | 11258 | 13928 | 14202 | 14477 | 14752 | 15026 | 15301 | 100,0 |
| 100 | 10851 | 10991 | 11131 | 11271 | 11411 | 11551 | 14278 | 14558 | 14838 | 15118 | 15399 | 15679 | 102,1 |
| 102 | 11133 | 11275 | 11418 | 11561 | 11704 | 11847 | 14629 | 14915 | 15201 | 15487 | 15773 | 16058 | 104,1 |
| 104 | 11416 | 11561 | 11707 | 11853 | 11998 | 12144 | 14983 | 15274 | 15566 | 15857 | 16149 | 16440 | 106,1 |
| 106 | 11701 | 11849 | 11998 | 12146 | 12295 | 12443 | 15338 | 15635 | 15932 | 16229 | 16526 | 16823 | 108,2 |
| 108 | 11988 | 12139 | 12290 | 12441 | 12593 | 12744 | 15695 | 15998 | 16301 | 16603 | 16906 | 17209 | 110,2 |
| 110 | 12277 | 12431 | 12585 | 12739 | 12893 | 13047 | 16054 | 16363 | 16671 | 16979 | 17287 | 17596 | 112,3 |
| 112 | 12567 | 12724 | 12881 | 13037 | 13194 | 13351 | 16415 | 16729 | 17043 | 17357 | 17671 | 17984 | 114,3 |
| 114 | 12859 | 13019 | 13179 | 13338 | 13498 | 13657 | 16778 | 17097 | 17417 | 17736 | 18056 | 18375 | 116,3 |
| 116 | 13153 | 13316 | 13478 | 13641 | 13803 | 13966 | 17142 | 17467 | 17792 | 18118 | 18443 | 18768 | 118,4 |
| 118 | 13449 | 13615 | 13780 | 13945 | 14110 | 14276 | 17509 | 17839 | 18170 | 18501 | 18831 | 19162 | 120,4 |
| 120 | 13747 | 13915 | 14083 | 14251 | 14419 | 14587 | 17877 | 18213 | 18549 | 18886 | 19222 | 19558 | 122,5 |
| 122 | 14047 | 14217 | 14388 | 14559 | 14730 | 14901 | 18247 | 18589 | 18930 | 19272 | 19614 | 19956 | 124,5 |
| 124 | 14348 | 14521 | 14695 | 14869 | 15042 | 15216 | 18619 | 18966 | 19313 | 19661 | 20008 | 20356 | 126,5 |
| 126 | 14651 | 14827 | 15004 | 15180 | 15357 | 15533 | 18992 | 19345 | 19698 | 20051 | 20404 | 20757 | 128,6 |
| 128 | 14956 | 15135 | 15314 | 15493 | 15673 | 15852 | 19368 | 19726 | 20085 | 20443 | 20802 | 21161 | 130,6 |
| 130 | 15262 | 15444 | 15626 | 15808 | 15991 | 16173 | 19745 | 20109 | 20473 | 20837 | 21201 | 21566 | 132,7 |
| 132 | 15571 | 15756 | 15940 | 16125 | 16310 | 16495 | 20124 | 20493 | 20863 | 21233 | 21603 | 21973 | 134,7 |
| 134 | 15881 | 16069 | 16256 | 16444 | 16631 | 16819 | 20504 | 20880 | 21255 | 21631 | 22006 | 22381 | 136,7 |
| 136 | 16193 | 16383 | 16574 | 16764 | 16955 | 17145 | 20887 | 21268 | 21649 | 22030 | 22411 | 22792 | 138,8 |
| 138 | 16507 | 16700 | 16893 | 17086 | 17280 | 17473 | 21271 | 21658 | 22044 | 22431 | 22818 | 23204 | 140,8 |
| 140 | 16822 | 17018 | 17214 | 17410 | 17606 | 17802 | 21657 | 22049 | 22442 | 22834 | 23226 | 23618 | 142,9 |
| 144 | 17458 | 17660 | 17862 | 18063 | 18265 | 18467 | 22435 | 22838 | 23242 | 23645 | 24048 | 24452 | 147,0 |
| 148 | 18102 | 18309 | 18516 | 18723 | 18931 | 19138 | 23219 | 23634 | 24048 | 24463 | 24878 | 25292 | 151,0 |
| 150 | 18426 | 18636 | 18846 | 19056 | 19266 | 19476 | 23614 | 24034 | 24455 | 24875 | 25295 | 25715 | 153,1 |
| 152 | 18752 | 18965 | 19178 | 19391 | 19603 | 19816 | 24011 | 24437 | 24863 | 25288 | 25714 | 26140 | 155,1 |
| 156 | 19410 | 19628 | 19847 | 20065 | 20283 | 20502 | 24810 | 25247 | 25684 | 26121 | 26558 | 26995 | 159,2 |
| 160 | 20074 | 20298 | 20522 | 20746 | 20970 | 21194 | 25616 | 26064 | 26512 | 26960 | 27408 | 27857 | 163,3 |
| 164 | 20746 | 20975 | 21205 | 21435 | 21664 | 21894 | 26429 | 26888 | 27347 | 27807 | 28266 | 28726 | 167,4 |
| 168 | 21424 | 21660 | 21895 | 22130 | 22365 | 22601 | 27249 | 27719 | 28190 | 28660 | 29131 | 29601 | 171,4 |
| 170 | 21766 | 22004 | 22242 | 22480 | 22718 | 22956 | 27661 | 28137 | 28614 | 29090 | 29566 | 30042 | 173,5 |
| 172 | 22110 | 22351 | 22592 | 22832 | 23073 | 23314 | 28076 | 28557 | 29039 | 29521 | 30003 | 30485 | 175,5 |
| 176 | 22803 | 23049 | 23295 | 23542 | 23788 | 24035 | 28910 | 29403 | 29896 | 30389 | 30882 | 31375 | 179,6 |
| 180 | 23502 | 23754 | 24006 | 24258 | 24510 | 24762 | 29751 | 30255 | 30759 | 31263 | 31768 | 32272 | 183,7 |
| 190 | 25282 | 25548 | 25814 | 26080 | 26346 | 26612 | 31884 | 32416 | 32949 | 33481 | 34013 | 34545 | 193,9 |
| 200 | 27105 | 27385 | 27665 | 27945 | 28225 | 28505 | 34062 | 34622 | 35182 | 35742 | 36302 | 36862 | 204,1 |
| Gew. d. Gurtungen | 178,0 | 180,2 | 182,4 | 184,6 | 186,8 | 189,0 | 246,2 | 250,6 | 255,0 | 259,4 | 263,8 | 268,2 | kg für 1 m |

L 14,0·14,0·1,3 cm      L 14,0·14,0·1,5 cm
Nietstärke 2,6 cm; Stehblechdicke 1,3 cm    Nietstärke 2,6 cm; Stehblechdicke 1,3 cm
Gurtplattendicke 4,2 cm      Gurtplattendicke 1,4 cm

| Stehbl.-Höhe cm | Gurtplattenbreite cm | | | | | | Gurtplattenbreite cm | | | | | | Gew. des Stehbl. |
|---|---|---|---|---|---|---|---|---|---|---|---|---|---|
| | 31 | 32 | 33 | 34 | 35 | 36 | 31 | 32 | 33 | 34 | 35 | 36 | |
| 60 | 9707 | 9960 | 10214 | 10467 | 10721 | 10974 | 5992 | 6076 | 6160 | 6244 | 6328 | 6412 | 61,2 |
| 62 | 10088 | 10349 | 10611 | 10873 | 11135 | 11397 | 6251 | 6338 | 6425 | 6512 | 6599 | 6686 | 63,3 |
| 64 | 10471 | 10741 | 11011 | 11281 | 11551 | 11821 | 6513 | 6603 | 6693 | 6782 | 6872 | 6962 | 65,3 |
| 66 | 10856 | 11134 | 11413 | 11691 | 11970 | 12248 | 6778 | 6870 | 6962 | 7055 | 7147 | 7240 | 67,4 |
| 08 | 11243 | 11530 | 11817 | 12104 | 12391 | 12678 | 7044 | 7139 | 7234 | 7329 | 7425 | 7520 | 69,4 |
| 70 | 11633 | 11928 | 12224 | 12519 | 12814 | 13109 | 7312 | 7410 | 7508 | 7606 | 7704 | 7802 | 71,4 |
| 72 | 12025 | 12328 | 12632 | 12936 | 13239 | 13543 | 7582 | 7683 | 7784 | 7885 | 7986 | 8087 | 73,5 |
| 74 | 12419 | 12731 | 13043 | 13355 | 13667 | 13979 | 7855 | 7958 | 8062 | 8166 | 8269 | 8373 | 75,5 |
| 76 | 12815 | 13135 | 13456 | 13776 | 14096 | 14417 | 8129 | 8236 | 8342 | 8449 | 8555 | 8661 | 77,6 |
| 78 | 13213 | 13542 | 13870 | 14199 | 14528 | 14857 | 8406 | 8515 | 8624 | 8733 | 8843 | 8952 | 79,6 |
| 80 | 13613 | 13950 | 14287 | 14624 | 14962 | 15299 | 8684 | 8796 | 8908 | 9020 | 9132 | 9244 | 81,6 |
| 82 | 14015 | 14361 | 14706 | 15052 | 15397 | 15743 | 8964 | 9079 | 9194 | 9309 | 9424 | 9538 | 83,7 |
| 84 | 14420 | 14773 | 15127 | 15481 | 15835 | 16189 | 9246 | 9364 | 9482 | 9599 | 9717 | 9835 | 85,7 |
| 86 | 14826 | 15188 | 15550 | 15913 | 16275 | 16637 | 9530 | 9651 | 9771 | 9892 | 10012 | 10133 | 87,7 |
| 88 | 15234 | 15605 | 15975 | 16346 | 16716 | 17087 | 9817 | 9940 | 10063 | 10186 | 10309 | 10433 | 89,8 |
| 90 | 15644 | 16023 | 16402 | 16781 | 17160 | 17539 | 10104 | 10231 | 10357 | 10483 | 10609 | 10735 | 91,8 |
| 92 | 16056 | 16444 | 16831 | 17218 | 17606 | 17993 | 10394 | 10523 | 10652 | 10781 | 10910 | 11038 | 93,9 |
| 94 | 16470 | 16866 | 17262 | 17657 | 18053 | 18449 | 10686 | 10818 | 10949 | 11081 | 11213 | 11344 | 95,9 |
| 96 | 16886 | 17290 | 17695 | 18099 | 18503 | 18907 | 10980 | 11114 | 11248 | 11383 | 11517 | 11652 | 98,0 |
| 98 | 17304 | 17717 | 18129 | 18542 | 18954 | 19367 | 11275 | 11412 | 11549 | 11687 | 11824 | 11961 | 100,0 |
| 100 | 17724 | 18145 | 18566 | 18987 | 19407 | 19828 | 11572 | 11712 | 11852 | 11992 | 12132 | 12272 | 102,1 |
| 102 | 18145 | 18575 | 19004 | 19433 | 19863 | 20292 | 11871 | 12014 | 12157 | 12300 | 12443 | 12586 | 104,1 |
| 104 | 18569 | 19007 | 19444 | 19882 | 20320 | 20757 | 12172 | 12318 | 12464 | 12609 | 12755 | 12901 | 106,1 |
| 106 | 18994 | 19441 | 19887 | 20333 | 20779 | 21225 | 12475 | 12624 | 12772 | 12920 | 13069 | 13217 | 108,2 |
| 108 | 19422 | 19876 | 20331 | 20785 | 21240 | 21694 | 12780 | 12931 | 13082 | 13233 | 13385 | 13536 | 110,2 |
| 110 | 19851 | 20314 | 20777 | 21239 | 21702 | 22165 | 13087 | 13240 | 13394 | 13548 | 13702 | 13856 | 112,3 |
| 112 | 20282 | 20753 | 21224 | 21696 | 22167 | 22638 | 13395 | 13551 | 13708 | 13865 | 14022 | 14179 | 114,3 |
| 114 | 20715 | 21194 | 21674 | 22154 | 22633 | 23113 | 13705 | 13864 | 14024 | 14183 | 14343 | 14503 | 116,3 |
| 116 | 21150 | 21637 | 22125 | 22613 | 23101 | 23589 | 14016 | 14179 | 14341 | 14504 | 14666 | 14829 | 118,4 |
| 118 | 21586 | 22082 | 22579 | 23075 | 23572 | 24068 | 14330 | 14495 | 14661 | 14826 | 14991 | 15156 | 120,4 |
| 120 | 22024 | 22529 | 23034 | 23539 | 24043 | 24548 | 14646 | 14814 | 14982 | 15150 | 15318 | 15486 | 122,5 |
| 122 | 22465 | 22978 | 23491 | 24004 | 24517 | 25030 | 14963 | 15134 | 15305 | 15475 | 15646 | 15817 | 124,5 |
| 124 | 22907 | 23428 | 23950 | 24471 | 24993 | 25514 | 15282 | 15456 | 15629 | 15803 | 15977 | 16150 | 126,5 |
| 126 | 23351 | 23881 | 24410 | 24940 | 25470 | 26000 | 15603 | 15779 | 15956 | 16132 | 16309 | 16485 | 128,6 |
| 128 | 23796 | 24335 | 24873 | 25411 | 25949 | 26488 | 15926 | 16105 | 16284 | 16463 | 16643 | 16822 | 130,6 |
| 130 | 24244 | 24790 | 25337 | 25884 | 26431 | 26977 | 16250 | 16432 | 16614 | 16796 | 16978 | 17160 | 132,7 |
| 132 | 24693 | 25248 | 25803 | 26358 | 26913 | 27468 | 16576 | 16761 | 16946 | 17131 | 17316 | 17501 | 134,7 |
| 134 | 25144 | 25708 | 26271 | 26835 | 27398 | 27962 | 16904 | 17092 | 17280 | 17467 | 17655 | 17843 | 136,7 |
| 136 | 25597 | 26169 | 26741 | 27313 | 27885 | 28456 | 17234 | 17425 | 17615 | 17806 | 17996 | 18186 | 138,8 |
| 138 | 26052 | 26632 | 27212 | 27793 | 28373 | 28953 | 17566 | 17759 | 17952 | 18146 | 18339 | 18532 | 140,8 |
| 140 | 26508 | 27097 | 27686 | 28274 | 28863 | 29452 | 17899 | 18095 | 18291 | 18487 | 18683 | 18879 | 142,9 |
| 144 | 27427 | 28032 | 28638 | 29243 | 29849 | 30454 | 18571 | 18773 | 18975 | 19176 | 19378 | 19579 | 147,0 |
| 148 | 28352 | 28975 | 29597 | 30219 | 30841 | 31463 | 19250 | 19458 | 19665 | 19872 | 20079 | 20287 | 151,0 |
| 150 | 28818 | 29448 | 30079 | 30710 | 31340 | 31971 | 19593 | 19803 | 20013 | 20223 | 20433 | 20643 | 153,1 |
| 152 | 29285 | 29924 | 30563 | 31202 | 31841 | 32480 | 19937 | 20150 | 20362 | 20575 | 20788 | 21001 | 155,1 |
| 156 | 30225 | 30881 | 31537 | 32192 | 32848 | 33504 | 20630 | 20849 | 21067 | 21285 | 21504 | 21722 | 159,2 |
| 160 | 31172 | 31844 | 32517 | 33190 | 33862 | 34535 | 21330 | 21554 | 21778 | 22002 | 22226 | 22450 | 163,3 |
| 164 | 32126 | 32815 | 33505 | 34194 | 34883 | 35573 | 22038 | 22267 | 22497 | 22727 | 22956 | 23186 | 167,4 |
| 168 | 33087 | 33793 | 34499 | 35206 | 35912 | 36618 | 22752 | 22987 | 23223 | 23458 | 23693 | 23928 | 171,4 |
| 170 | 33570 | 34285 | 34999 | 35714 | 36429 | 37143 | 23112 | 23350 | 23588 | 23826 | 24064 | 24302 | 173,5 |
| 172 | 34055 | 34778 | 35501 | 36224 | 36947 | 37670 | 23474 | 23715 | 23955 | 24196 | 24437 | 24678 | 175,5 |
| 176 | 35031 | 35770 | 36510 | 37250 | 37990 | 38729 | 24202 | 24449 | 24695 | 24941 | 25188 | 25434 | 179,6 |
| 180 | 36013 | 36770 | 37526 | 38283 | 39039 | 39796 | 24938 | 25190 | 25442 | 25694 | 25946 | 26198 | 183,7 |
| 190 | 38500 | 39298 | 40097 | 40895 | 41694 | 42492 | 26807 | 27073 | 27339 | 27605 | 27871 | 28137 | 193,9 |
| 200 | 41031 | 41871 | 42712 | 43552 | 44393 | 45233 | 28720 | 29000 | 29280 | 29560 | 29840 | 30121 | 204,1 |
| Gew. d. Gurtungen | 314,3 | 320,9 | 327,5 | 334,1 | 340,7 | 347,3 | 193,7 | 195,9 | 198,1 | 200,3 | 202,5 | 204,7 | kg für 1 m |

## Widerstandsmomente cm³.

### ⌐ 14,0 · 14,0 · 1,5 cm

### Nietstärke 2,6 cm; Stehblechdicke 1,3 cm

Gurtplattendicke 2,8 cm                Gurtplattendicke 4,2 cm

| Stehbl.-Höhe cm | Gurtplattenbreite cm | | | | | | Gurtplattenbreite cm | | | | | | Gew. des Stehbl. |
|---|---|---|---|---|---|---|---|---|---|---|---|---|---|
| | 31 | 32 | 33 | 34 | 35 | 36 | 31 | 32 | 33 | 34 | 35 | 36 | |
| 60 | 8006 | 8174 | 8343 | 8511 | 8679 | 8848 | 10049 | 10302 | 10556 | 10809 | 11063 | 11316 | 61,2 |
| 62 | 8334 | 8508 | 8683 | 8857 | 9031 | 9205 | 10446 | 10708 | 10970 | 11231 | 11493 | 11755 | 63,3 |
| 64 | 8666 | 8845 | 9025 | 9204 | 9384 | 9564 | 10846 | 11116 | 11386 | 11656 | 11926 | 12196 | 65,3 |
| 66 | 8999 | 9184 | 9369 | 9554 | 9740 | 9925 | 11248 | 11526 | 11805 | 12083 | 12362 | 12640 | 67,4 |
| 68 | 9334 | 9525 | 9716 | 9907 | 10098 | 10288 | 11652 | 11939 | 12226 | 12513 | 12799 | 13086 | 69,4 |
| 70 | 9672 | 9868 | 10065 | 10261 | 10458 | 10654 | 12058 | 12354 | 12649 | 12944 | 13239 | 13535 | 71,4 |
| 72 | 10012 | 10214 | 10416 | 10618 | 10820 | 11022 | 12467 | 12771 | 13074 | 13378 | 13682 | 13985 | 73,5 |
| 74 | 10354 | 10561 | 10769 | 10976 | 11184 | 11392 | 12878 | 13190 | 13502 | 13814 | 14126 | 14438 | 75,5 |
| 76 | 10698 | 10911 | 11124 | 11337 | 11550 | 11763 | 13291 | 13612 | 13932 | 14252 | 14573 | 14893 | 77,6 |
| 78 | 11044 | 11262 | 11481 | 11700 | 11919 | 12137 | 13706 | 14035 | 14364 | 14693 | 15021 | 15350 | 79,6 |
| 80 | 11392 | 11616 | 11840 | 12065 | 12289 | 12513 | 14124 | 14461 | 14798 | 15135 | 15472 | 15809 | 81,6 |
| 82 | 11742 | 11972 | 12201 | 12431 | 12661 | 12891 | 14543 | 14889 | 15234 | 15580 | 15925 | 16271 | 83,7 |
| 84 | 12094 | 12329 | 12565 | 12800 | 13036 | 13271 | 14965 | 15318 | 15672 | 16026 | 16380 | 16734 | 85,7 |
| 86 | 12448 | 12689 | 12930 | 13171 | 13412 | 13653 | 15388 | 15750 | 16113 | 16475 | 16837 | 17199 | 87,7 |
| 88 | 12804 | 13050 | 13297 | 13544 | 13790 | 14037 | 15814 | 16184 | 16555 | 16925 | 17296 | 17667 | 89,8 |
| 90 | 13161 | 13414 | 13666 | 13918 | 14171 | 14423 | 16241 | 16620 | 16999 | 17378 | 17757 | 18136 | 91,8 |
| 92 | 13521 | 13779 | 14037 | 14295 | 14553 | 14811 | 16670 | 17058 | 17445 | 17833 | 18220 | 18607 | 93,9 |
| 94 | 13883 | 14146 | 14410 | 14673 | 14937 | 15200 | 17102 | 17498 | 17893 | 18289 | 18685 | 19081 | 95,9 |
| 96 | 14247 | 14516 | 14785 | 15054 | 15323 | 15592 | 17535 | 17939 | 18343 | 18748 | 19152 | 19556 | 98,0 |
| 98 | 14612 | 14887 | 15161 | 15436 | 15711 | 15985 | 17970 | 18383 | 18796 | 19208 | 19621 | 20033 | 100,0 |
| 100 | 14979 | 15260 | 15540 | 15820 | 16101 | 16381 | 18408 | 18829 | 19250 | 19670 | 20091 | 20512 | 102,1 |
| 102 | 15349 | 15635 | 15920 | 16206 | 16492 | 16778 | 18847 | 19276 | 19705 | 20135 | 20564 | 20993 | 104,1 |
| 104 | 15720 | 16011 | 16303 | 16594 | 16886 | 17177 | 19288 | 19726 | 20163 | 20601 | 21039 | 21476 | 106,1 |
| 106 | 16093 | 16390 | 16687 | 16984 | 17281 | 17578 | 19731 | 20177 | 20623 | 21069 | 21515 | 21961 | 108,2 |
| 108 | 16468 | 16770 | 17073 | 17376 | 17678 | 17981 | 20176 | 20630 | 21085 | 21539 | 21993 | 22448 | 110,2 |
| 110 | 16844 | 17153 | 17461 | 17769 | 18077 | 18386 | 20622 | 21085 | 21548 | 22011 | 22474 | 22937 | 112,3 |
| 112 | 17223 | 17537 | 17851 | 18165 | 18478 | 18792 | 21071 | 21542 | 22013 | 22485 | 22956 | 23427 | 114,3 |
| 114 | 17603 | 17923 | 18242 | 18562 | 18881 | 19201 | 21521 | 22001 | 22481 | 22960 | 23440 | 23919 | 116,3 |
| 116 | 17986 | 18311 | 18636 | 18961 | 19286 | 19611 | 21974 | 22462 | 22950 | 23438 | 23926 | 24414 | 118,4 |
| 118 | 18370 | 18700 | 19031 | 19362 | 19692 | 20023 | 22428 | 22924 | 23421 | 23917 | 24413 | 24910 | 120,4 |
| 120 | 18755 | 19092 | 19428 | 19764 | 20100 | 20437 | 22884 | 23389 | 23893 | 24398 | 24903 | 25408 | 122,5 |
| 122 | 19143 | 19485 | 19827 | 20169 | 20510 | 20852 | 23342 | 23855 | 24368 | 24881 | 25394 | 25908 | 124,5 |
| 124 | 19533 | 19880 | 20228 | 20575 | 20922 | 21270 | 23801 | 24323 | 24845 | 25366 | 25888 | 26409 | 126,5 |
| 126 | 19924 | 20277 | 20630 | 20983 | 21336 | 21689 | 24263 | 24793 | 25323 | 25853 | 26383 | 26913 | 128,6 |
| 128 | 20317 | 20676 | 21034 | 21393 | 21752 | 22110 | 24726 | 25265 | 25803 | 26341 | 26880 | 27418 | 130,6 |
| 130 | 20712 | 21076 | 21440 | 21805 | 22169 | 22533 | 25192 | 25738 | 26285 | 26832 | 27378 | 27925 | 132,7 |
| 132 | 21109 | 21479 | 21848 | 22218 | 22588 | 22958 | 25659 | 26214 | 26769 | 27324 | 27879 | 28434 | 134,7 |
| 134 | 21507 | 21883 | 22258 | 22634 | 23009 | 23384 | 26127 | 26691 | 27254 | 27818 | 28381 | 28945 | 136,7 |
| 136 | 21908 | 22289 | 22670 | 23051 | 23432 | 23813 | 26598 | 27170 | 27742 | 28314 | 28886 | 29457 | 138,8 |
| 138 | 22310 | 22696 | 23083 | 23469 | 23856 | 24243 | 27070 | 27651 | 28231 | 28811 | 29392 | 29972 | 140,8 |
| 140 | 22714 | 23106 | 23498 | 23890 | 24282 | 24675 | 27545 | 28133 | 28722 | 29311 | 29899 | 30488 | 142,9 |
| 144 | 23527 | 23930 | 24334 | 24737 | 25140 | 25544 | 28499 | 29104 | 29710 | 30315 | 30920 | 31526 | 147,0 |
| 148 | 24347 | 24762 | 25176 | 25591 | 26005 | 26420 | 29460 | 30082 | 30704 | 31327 | 31949 | 32571 | 151,0 |
| 150 | 24760 | 25180 | 25600 | 26020 | 26441 | 26861 | 29943 | 30574 | 31204 | 31835 | 32466 | 33096 | 153,1 |
| 152 | 25174 | 25600 | 26026 | 26452 | 26878 | 27303 | 30428 | 31067 | 31706 | 32345 | 32984 | 33623 | 155,1 |
| 156 | 26009 | 26446 | 26883 | 27320 | 27757 | 28194 | 31404 | 32059 | 32715 | 33371 | 34027 | 34683 | 159,2 |
| 160 | 26851 | 27299 | 27747 | 28195 | 28643 | 29092 | 32386 | 33059 | 33731 | 34404 | 35077 | 35749 | 163,3 |
| 164 | 27699 | 28159 | 28618 | 29077 | 29537 | 29996 | 33376 | 34065 | 34755 | 35444 | 36133 | 36823 | 167,4 |
| 168 | 28555 | 29026 | 29496 | 29967 | 30437 | 30908 | 34373 | 35079 | 35785 | 36491 | 37197 | 37904 | 171,4 |
| 170 | 28986 | 29462 | 29938 | 30414 | 30890 | 31366 | 34874 | 35588 | 36303 | 37018 | 37732 | 38447 | 173,5 |
| 172 | 29418 | 29900 | 30381 | 30863 | 31345 | 31827 | 35377 | 36100 | 36823 | 37546 | 38269 | 38992 | 175,5 |
| 176 | 30288 | 30781 | 31274 | 31767 | 32260 | 32753 | 36388 | 37128 | 37867 | 38607 | 39347 | 40087 | 179,6 |
| 180 | 31165 | 31669 | 32173 | 32677 | 33181 | 33686 | 37406 | 38162 | 38919 | 39676 | 40432 | 41189 | 183,7 |
| 190 | 33388 | 33920 | 34452 | 34984 | 35516 | 36049 | 39982 | 40781 | 41579 | 42378 | 43176 | 43975 | 193,9 |
| 200 | 35655 | 36215 | 36775 | 37335 | 37895 | 38456 | 42603 | 43443 | 44283 | 45124 | 45964 | 46805 | 204,1 |
| Gew. d. Gurtungen | 261,9 | 266,3 | 270,7 | 275,1 | 279,5 | 283,9 | 330,0 | 336,6 | 343,2 | 349,8 | 356,4 | 363,0 | kg für 1 m |

## L 15,0 · 15,0 · 1,4 cm
### Nietstärke 2,6 cm; Stehblechdicke 1,3 cm

Gurtplattendicke 1,4 cm                    Gurtplattendicke 2,8 cm

| Stehbl.-Höhe cm | Gurtplattenbreite cm | | | | | | Gurtplattenbreite cm | | | | | | Gew. des Stehbl. |
|---|---|---|---|---|---|---|---|---|---|---|---|---|---|
| | 33 | 34 | 35 | 36 | 37 | 38 | 33 | 34 | 35 | 36 | 37 | 38 | |
| 60 | 6171 | 6255 | 6339 | 6423 | 6507 | 6591 | 8353 | 8522 | 8690 | 8859 | 9027 | 9196 | 61,2 |
| 62 | 6438 | 6525 | 6611 | 6698 | 6785 | 6872 | 8695 | 8869 | 9043 | 9217 | 9391 | 9565 | 63,3 |
| 64 | 6707 | 6796 | 6886 | 6976 | 7065 | 7155 | 9038 | 9218 | 9397 | 9577 | 9757 | 9936 | 65,3 |
| 66 | 6978 | 7070 | 7163 | 7255 | 7348 | 7440 | 9384 | 9569 | 9754 | 9940 | 10125 | 10310 | 67,4 |
| 68 | 7251 | 7346 | 7441 | 7537 | 7632 | 7727 | 9732 | 9923 | 10114 | 10304 | 10495 | 10686 | 69,4 |
| 70 | 7526 | 7624 | 7722 | 7821 | 7919 | 8017 | 10082 | 10279 | 10475 | 10671 | 10868 | 11064 | 71,4 |
| 72 | 7804 | 7905 | 8006 | 8106 | 8207 | 8308 | 10435 | 10637 | 10839 | 11041 | 11243 | 11445 | 73,5 |
| 74 | 8083 | 8187 | 8291 | 8394 | 8498 | 8602 | 10789 | 10997 | 11205 | 11412 | 11620 | 11827 | 75,5 |
| 76 | 8365 | 8471 | 8578 | 8684 | 8791 | 8897 | 11146 | 11359 | 11572 | 11786 | 11999 | 12212 | 77,6 |
| 78 | 8649 | 8758 | 8867 | 8976 | 9086 | 9195 | 11505 | 11724 | 11942 | 12161 | 12380 | 12599 | 79,6 |
| 80 | 8934 | 9046 | 9158 | 9270 | 9382 | 9494 | 11866 | 12090 | 12314 | 12539 | 12763 | 12987 | 81,6 |
| 82 | 9223 | 9336 | 9451 | 9566 | 9681 | 9796 | 12228 | 12458 | 12688 | 12918 | 13148 | 13378 | 83,7 |
| 84 | 9511 | 9629 | 9746 | 9864 | 9982 | 10099 | 12593 | 12829 | 13064 | 13300 | 13535 | 13771 | 85,7 |
| 86 | 9803 | 9923 | 10043 | 10164 | 10284 | 10405 | 12960 | 13201 | 13442 | 13684 | 13925 | 14166 | 87,7 |
| 88 | 10096 | 10219 | 10342 | 10466 | 10589 | 10712 | 13329 | 13576 | 13822 | 14069 | 14316 | 14562 | 89,8 |
| 90 | 10391 | 10517 | 10643 | 10769 | 10895 | 11021 | 13700 | 13952 | 14204 | 14457 | 14709 | 14961 | 91,8 |
| 92 | 10688 | 10817 | 10946 | 11075 | 11204 | 11333 | 14073 | 14330 | 14588 | 14846 | 15104 | 15362 | 93,9 |
| 94 | 10988 | 11119 | 11251 | 11382 | 11514 | 11646 | 14447 | 14711 | 14974 | 15238 | 15501 | 15765 | 95,9 |
| 96 | 11289 | 11423 | 11557 | 11692 | 11826 | 11961 | 14824 | 15093 | 15362 | 15631 | 15900 | 16169 | 98,0 |
| 98 | 11591 | 11729 | 11866 | 12003 | 12140 | 12278 | 15202 | 15477 | 15752 | 16026 | 16301 | 16576 | 100,0 |
| 100 | 11896 | 12036 | 12176 | 12316 | 12456 | 12596 | 15583 | 15863 | 16143 | 16423 | 16704 | 16984 | 102,1 |
| 102 | 12203 | 12346 | 12488 | 12631 | 12774 | 12917 | 15965 | 16251 | 16537 | 16823 | 17108 | 17394 | 104,1 |
| 104 | 12511 | 12657 | 12802 | 12948 | 13094 | 13239 | 16349 | 16641 | 16932 | 17224 | 17515 | 17806 | 106,1 |
| 106 | 12821 | 12970 | 13118 | 13267 | 13415 | 13564 | 16735 | 17032 | 17329 | 17626 | 17923 | 18220 | 108,2 |
| 108 | 13134 | 13285 | 13436 | 13587 | 13738 | 13890 | 17123 | 17426 | 17728 | 18031 | 18334 | 18636 | 110,2 |
| 110 | 13448 | 13602 | 13756 | 13910 | 14064 | 14218 | 17513 | 17821 | 18129 | 18438 | 18746 | 19054 | 112,3 |
| 112 | 13763 | 13920 | 14077 | 14234 | 14391 | 14547 | 17904 | 18218 | 18532 | 18846 | 19160 | 19474 | 114,3 |
| 114 | 14081 | 14241 | 14400 | 14560 | 14719 | 14879 | 18298 | 18617 | 18937 | 19256 | 19576 | 19895 | 116,3 |
| 116 | 14400 | 14563 | 14725 | 14888 | 15050 | 15212 | 18693 | 19018 | 19343 | 19668 | 19993 | 20318 | 118,4 |
| 118 | 14722 | 14887 | 15052 | 15217 | 15382 | 15548 | 19090 | 19421 | 19752 | 20082 | 20413 | 20744 | 120,4 |
| 120 | 15045 | 15213 | 15381 | 15549 | 15717 | 15885 | 19489 | 19826 | 20162 | 20498 | 20834 | 21171 | 122,5 |
| 122 | 15369 | 15540 | 15711 | 15882 | 16053 | 16224 | 19890 | 20232 | 20574 | 20916 | 21258 | 21599 | 124,5 |
| 124 | 15696 | 15870 | 16043 | 16217 | 16391 | 16564 | 20293 | 20640 | 20988 | 21335 | 21683 | 22030 | 126,5 |
| 126 | 16025 | 16201 | 16377 | 16554 | 16730 | 16907 | 20697 | 21050 | 21403 | 21756 | 22109 | 22462 | 128,6 |
| 128 | 16355 | 16534 | 16713 | 16893 | 17072 | 17251 | 21104 | 21462 | 21821 | 22179 | 22538 | 22897 | 130,6 |
| 130 | 16687 | 16869 | 17051 | 17233 | 17415 | 17597 | 21512 | 21876 | 22240 | 22604 | 22969 | 23333 | 132,7 |
| 132 | 17021 | 17206 | 17390 | 17575 | 17760 | 17945 | 21922 | 22291 | 22661 | 23031 | 23401 | 23771 | 134,7 |
| 134 | 17356 | 17544 | 17732 | 17919 | 18107 | 18295 | 22333 | 22709 | 23084 | 23459 | 23835 | 24210 | 136,7 |
| 136 | 17694 | 17884 | 18075 | 18265 | 18456 | 18646 | 22747 | 23128 | 23509 | 23890 | 24271 | 24652 | 138,8 |
| 138 | 18033 | 18226 | 18420 | 18613 | 18806 | 18999 | 23162 | 23549 | 23935 | 24322 | 24708 | 25095 | 140,8 |
| 140 | 18374 | 18570 | 18766 | 18962 | 19158 | 19354 | 23579 | 23971 | 24364 | 24756 | 25148 | 25540 | 142,9 |
| 144 | 19061 | 19263 | 19465 | 19666 | 19868 | 20069 | 24419 | 24822 | 25226 | 25629 | 26032 | 26436 | 147,0 |
| 148 | 19756 | 19963 | 20170 | 20377 | 20585 | 20792 | 25265 | 25680 | 26095 | 26509 | 26924 | 27338 | 151,0 |
| 150 | 20106 | 20316 | 20526 | 20736 | 20946 | 21156 | 25691 | 26112 | 26532 | 26952 | 27372 | 27792 | 153,1 |
| 152 | 20457 | 20670 | 20883 | 21096 | 21309 | 21521 | 26119 | 26545 | 26971 | 27397 | 27822 | 28248 | 155,1 |
| 156 | 21166 | 21384 | 21603 | 21821 | 22040 | 22258 | 26980 | 27417 | 27854 | 28291 | 28728 | 29165 | 159,2 |
| 160 | 21882 | 22106 | 22330 | 22554 | 22778 | 23002 | 27848 | 28297 | 28745 | 29193 | 29641 | 30089 | 163,3 |
| 164 | 22604 | 22834 | 23064 | 23293 | 23523 | 23752 | 28724 | 29183 | 29642 | 30102 | 30561 | 31020 | 167,4 |
| 168 | 23334 | 23569 | 23805 | 24040 | 24275 | 24510 | 29606 | 30076 | 30547 | 31018 | 31488 | 31959 | 171,4 |
| 170 | 23702 | 23940 | 24178 | 24416 | 24654 | 24892 | 30050 | 30526 | 31002 | 31478 | 31954 | 32430 | 173,5 |
| 172 | 24071 | 24312 | 24553 | 24793 | 25034 | 25275 | 30495 | 30977 | 31459 | 31940 | 32422 | 32904 | 175,5 |
| 176 | 24815 | 25061 | 25308 | 25554 | 25800 | 26047 | 31392 | 31885 | 32378 | 32871 | 33363 | 33856 | 179,6 |
| 180 | 25566 | 25818 | 26070 | 26322 | 26574 | 26826 | 32295 | 32799 | 33303 | 33808 | 34312 | 34816 | 183,7 |
| 190 | 27474 | 27740 | 28006 | 28272 | 28538 | 28804 | 34585 | 35117 | 35649 | 36181 | 36713 | 37245 | 193,9 |
| 200 | 29425 | 29705 | 29985 | 30265 | 30545 | 30825 | 36918 | 37478 | 38038 | 38599 | 39159 | 39719 | 204,1 |
| Gew. d. Gurtungen | 199,1 | 201,3 | 203,5 | 205,7 | 207,9 | 210,1 | 271,6 | 276,0 | 280,4 | 284,8 | 289,2 | 293,6 | kg für 1 m |

⌐ 15,0 · 15,0 · 1,4 cm

**Nietstärke 2,6 cm; Stehblechdicke 1,3 cm**

Gurtplattendicke 4,2 cm

⌐ 15,0 · 15,0 · 1,6 cm

**Nietstärke 2,6 cm; Stehblechdicke 1,4 cm**

Gurtplattendicke 1,5 cm

| Stehbl.-höhe cm | Gurtplattenbreite cm | | | | | | Gew. des Stehbl. | Stehbl.-höhe cm | Gurtplattenbreite cm | | | | | | Gew. des Stehbl. |
|---|---|---|---|---|---|---|---|---|---|---|---|---|---|---|---|
| | 33 | 34 | 35 | 36 | 37 | 38 | | | 33 | 34 | 35 | 36 | 37 | 38 | |
| 60 | 10566 | 10819 | 11073 | 11326 | 11580 | 11833 | 61,2 | 80 | 9823 | 9943 | 10063 | 10183 | 10304 | 10424 | 87,9 |
| 62 | 10981 | 11243 | 11505 | 11767 | 12028 | 12290 | 63,3 | 82 | 10140 | 10263 | 10386 | 10510 | 10633 | 10756 | 90,1 |
| 64 | 11399 | 11669 | 11939 | 12209 | 12479 | 12750 | 65,3 | 84 | 10460 | 10586 | 10712 | 10838 | 10964 | 11090 | 92,3 |
| 66 | 11819 | 12097 | 12376 | 12654 | 12932 | 13211 | 67,4 | 86 | 10781 | 10910 | 11039 | 11168 | 11297 | 11426 | 94,5 |
| 68 | 12241 | 12528 | 12815 | 13102 | 13389 | 13676 | 69,4 | 88 | 11104 | 11236 | 11368 | 11500 | 11632 | 11764 | 96,7 |
| 70 | 12666 | 12961 | 13256 | 13552 | 13847 | 14142 | 71,4 | 90 | 11430 | 11565 | 11700 | 11835 | 11970 | 12105 | 98,9 |
| 72 | 13093 | 13396 | 13700 | 14004 | 14307 | 14611 | 73,5 | 92 | 11757 | 11895 | 12033 | 12171 | 12309 | 12447 | 101,1 |
| 74 | 13522 | 13834 | 14146 | 14458 | 14770 | 15082 | 75,5 | 94 | 12087 | 12228 | 12369 | 12510 | 12651 | 12792 | 103,3 |
| 76 | 13953 | 14274 | 14594 | 14914 | 15235 | 15555 | 77,6 | 96 | 12418 | 12562 | 12706 | 12850 | 12995 | 13139 | 105,5 |
| 78 | 14387 | 14716 | 15044 | 15373 | 15702 | 16031 | 79,6 | 98 | 12752 | 12899 | 13046 | 13193 | 13340 | 13487 | 107,7 |
| 80 | 14822 | 15160 | 15497 | 15834 | 16171 | 16508 | 81,6 | 100 | 13088 | 13238 | 13388 | 13538 | 13688 | 13838 | 109,9 |
| 82 | 15260 | 15606 | 15951 | 16297 | 16642 | 16988 | 83,7 | 102 | 13425 | 13578 | 13731 | 13884 | 14037 | 14191 | 112,1 |
| 84 | 15700 | 16054 | 16408 | 16762 | 17116 | 17469 | 85,7 | 104 | 13765 | 13921 | 14077 | 14233 | 14389 | 14545 | 114,3 |
| 86 | 16142 | 16504 | 16866 | 17229 | 17591 | 17953 | 87,7 | 106 | 14107 | 14266 | 14425 | 14584 | 14743 | 14902 | 116,5 |
| 88 | 16586 | 16956 | 17327 | 17698 | 18068 | 18439 | 89,8 | 108 | 14450 | 14612 | 14774 | 14936 | 15099 | 15261 | 118,7 |
| 90 | 17032 | 17411 | 17790 | 18169 | 18548 | 18927 | 91,8 | 110 | 14796 | 14961 | 15126 | 15291 | 15456 | 15621 | 120,9 |
| 92 | 17480 | 17867 | 18254 | 18642 | 19029 | 19417 | 93,9 | 112 | 15144 | 15312 | 15480 | 15648 | 15816 | 15984 | 123,1 |
| 94 | 17930 | 18325 | 18721 | 19117 | 19513 | 19908 | 95,9 | 114 | 15493 | 15664 | 15835 | 16006 | 16177 | 16348 | 125,3 |
| 96 | 18381 | 18786 | 19190 | 19594 | 19998 | 20402 | 98,0 | 116 | 15845 | 16019 | 16193 | 16367 | 16541 | 16715 | 127,5 |
| 98 | 18835 | 19248 | 19660 | 20073 | 20485 | 20898 | 100,0 | 118 | 16198 | 16375 | 16552 | 16730 | 16907 | 17084 | 129,7 |
| 100 | 19291 | 19712 | 20133 | 20554 | 20975 | 21396 | 102,1 | 120 | 16554 | 16734 | 16914 | 17094 | 17274 | 17454 | 131,9 |
| 102 | 19749 | 20178 | 20607 | 21037 | 21466 | 21895 | 104,1 | 122 | 16911 | 17094 | 17277 | 17460 | 17643 | 17827 | 134,1 |
| 104 | 20208 | 20646 | 21084 | 21521 | 21959 | 22397 | 106,1 | 124 | 17271 | 17457 | 17643 | 17829 | 18015 | 18201 | 136,3 |
| 106 | 20670 | 21116 | 21562 | 22008 | 22454 | 22900 | 108,2 | 126 | 17632 | 17821 | 18010 | 18199 | 18388 | 18577 | 138,5 |
| 108 | 21133 | 21588 | 22042 | 22497 | 22951 | 23406 | 110,2 | 128 | 17995 | 18187 | 18379 | 18571 | 18763 | 18956 | 140,7 |
| 110 | 21599 | 22062 | 22524 | 22987 | 23450 | 23913 | 112,3 | 130 | 18361 | 18556 | 18751 | 18946 | 19141 | 19336 | 142,9 |
| 112 | 22066 | 22537 | 23008 | 23480 | 23951 | 24422 | 114,3 | 132 | 18728 | 18926 | 19124 | 19322 | 19520 | 19718 | 145,1 |
| 114 | 22535 | 23015 | 23494 | 23974 | 24453 | 24933 | 116,3 | 134 | 19097 | 19298 | 19499 | 19700 | 19901 | 20102 | 147,3 |
| 116 | 23006 | 23494 | 23982 | 24470 | 24958 | 25446 | 118,4 | 136 | 19468 | 19672 | 19876 | 20080 | 20284 | 20488 | 149,5 |
| 118 | 23479 | 23975 | 24472 | 24968 | 25464 | 25961 | 120,4 | 138 | 19841 | 20048 | 20255 | 20462 | 20669 | 20876 | 151,7 |
| 120 | 23954 | 24458 | 24963 | 25468 | 25973 | 26477 | 122,5 | 140 | 20216 | 20426 | 20636 | 20846 | 21056 | 21266 | 153,9 |
| 122 | 24430 | 24943 | 25456 | 25970 | 26483 | 26996 | 124,5 | 142 | 20592 | 20805 | 21018 | 21232 | 21445 | 21658 | 156,1 |
| 124 | 24909 | 25430 | 25952 | 26473 | 26995 | 27516 | 126,5 | 144 | 20971 | 21187 | 21403 | 21619 | 21835 | 22051 | 158,3 |
| 126 | 25389 | 25919 | 26449 | 26979 | 27509 | 28038 | 128,6 | 146 | 21352 | 21571 | 21790 | 22009 | 22228 | 22447 | 160,5 |
| 128 | 25871 | 26409 | 26947 | 27486 | 28024 | 28562 | 130,6 | 148 | 21734 | 21956 | 22178 | 22400 | 22622 | 22844 | 162,7 |
| 130 | 26355 | 26901 | 27448 | 27995 | 28542 | 29088 | 132,7 | 150 | 22119 | 22344 | 22569 | 22794 | 23019 | 23244 | 164,9 |
| 132 | 26841 | 27396 | 27951 | 28506 | 29061 | 29616 | 134,7 | 152 | 22505 | 22733 | 22961 | 23189 | 23417 | 23645 | 167,0 |
| 134 | 27328 | 27892 | 28455 | 29019 | 29582 | 30146 | 136,7 | 154 | 22893 | 23124 | 23355 | 23586 | 23818 | 24049 | 169,2 |
| 136 | 27817 | 28389 | 28961 | 29533 | 30105 | 30677 | 138,8 | 156 | 23284 | 23518 | 23752 | 23986 | 24220 | 24454 | 171,4 |
| 138 | 28309 | 28889 | 29469 | 30049 | 30630 | 31210 | 140,8 | 158 | 23676 | 23913 | 24150 | 24387 | 24624 | 24861 | 173,6 |
| 140 | 28802 | 29390 | 29979 | 30568 | 31156 | 31745 | 142,9 | 160 | 24070 | 24310 | 24550 | 24790 | 25030 | 25270 | 175,8 |
| 144 | 29793 | 30399 | 31004 | 31610 | 32215 | 32820 | 147,0 | 164 | 24863 | 25109 | 25355 | 25601 | 25847 | 26094 | 180,2 |
| 148 | 30792 | 31414 | 32036 | 32659 | 33281 | 33903 | 151,0 | 168 | 25665 | 25917 | 26169 | 26421 | 26673 | 26925 | 184,6 |
| 150 | 31294 | 31925 | 32555 | 33186 | 33816 | 34447 | 153,1 | 170 | 26068 | 26323 | 26578 | 26833 | 27088 | 27343 | 186,8 |
| 152 | 31798 | 32437 | 33076 | 33715 | 34354 | 34993 | 155,1 | 172 | 26474 | 26732 | 26990 | 27248 | 27506 | 27764 | 189,0 |
| 156 | 32811 | 33467 | 34122 | 34778 | 35434 | 36090 | 159,2 | 176 | 27290 | 27554 | 27818 | 28082 | 28346 | 28610 | 193,4 |
| 160 | 33831 | 34504 | 35176 | 35849 | 36521 | 37194 | 163,3 | 180 | 28114 | 28384 | 28654 | 28924 | 29194 | 29464 | 197,8 |
| 164 | 34858 | 35548 | 36237 | 36927 | 37616 | 38305 | 167,4 | 184 | 28946 | 29222 | 29498 | 29774 | 30050 | 30326 | 202,2 |
| 168 | 35893 | 36599 | 37305 | 38011 | 38718 | 39424 | 171,4 | 188 | 29785 | 30067 | 30349 | 30631 | 30913 | 31195 | 206,6 |
| 170 | 36413 | 37127 | 37842 | 38557 | 39271 | 39986 | 173,5 | 190 | 30207 | 30492 | 30777 | 31062 | 31347 | 31632 | 208,8 |
| 172 | 36935 | 37658 | 38381 | 39103 | 39826 | 40549 | 175,5 | 192 | 30632 | 30920 | 31208 | 31496 | 31784 | 32072 | 211,0 |
| 176 | 37983 | 38723 | 39463 | 40203 | 40942 | 41682 | 179,6 | 196 | 31486 | 31780 | 32074 | 32368 | 32662 | 32956 | 215,4 |
| 180 | 39039 | 39796 | 40552 | 41309 | 42065 | 42822 | 183,7 | 200 | 32348 | 32648 | 32948 | 33248 | 33548 | 33848 | 219,8 |
| 190 | 41710 | 42508 | 43307 | 44105 | 44904 | 45702 | 193,9 | 210 | 34535 | 34850 | 35166 | 35481 | 35796 | 36111 | 230,8 |
| 200 | 44425 | 45265 | 46105 | 46946 | 47786 | 48627 | 204,1 | 220 | 36770 | 37100 | 37430 | 37760 | 38090 | 38420 | 241,8 |
| Gew. d. Gurtungen | 344,2 | 350,8 | 357,4 | 363,9 | 370,5 | 377,1 | kg für 1 m | Gew. d. Gurtungen | 221,2 | 223,6 | 225,9 | 228,3 | 230,6 | 233,0 | kg für 1 m |

## ⌐ 15,0 · 15,0 · 1,6 cm
### Nietstärke 2,6 cm; Stehblechdicke 1,4 cm

Gurtplattendicke 3,0 cm                         Gurtplattendicke 4,5 cm

| Stehbl.-Höhe cm | Gurtplattenbreite cm | | | | | | Gurtplattenbreite cm | | | | | | Gew. des Stehbl. |
|---|---|---|---|---|---|---|---|---|---|---|---|---|---|
| | 33 | 34 | 35 | 36 | 37 | 38 | 33 | 34 | 35 | 36 | 37 | 38 | |
| 80 | 12943 | 13184 | 13424 | 13664 | 13905 | 14145 | 16095 | 16456 | 16817 | 17179 | 17540 | 17901 | 87,9 |
| 82 | 13341 | 13587 | 13833 | 14080 | 14326 | 14573 | 16572 | 16942 | 17312 | 17683 | 18053 | 18423 | 90,1 |
| 84 | 13740 | 13993 | 14245 | 14497 | 14750 | 15002 | 17051 | 17431 | 17810 | 18189 | 18568 | 18948 | 92,3 |
| 86 | 14142 | 14400 | 14659 | 14917 | 15175 | 15434 | 17533 | 17921 | 18310 | 18698 | 19086 | 19474 | 94,5 |
| 88 | 14546 | 14810 | 15075 | 15339 | 15603 | 15868 | 18017 | 18414 | 18812 | 19209 | 19606 | 20003 | 96,7 |
| 90 | 14952 | 15222 | 15493 | 15763 | 16033 | 16304 | 18503 | 18909 | 19316 | 19722 | 20128 | 20534 | 98,9 |
| 92 | 15360 | 15636 | 15913 | 16189 | 16465 | 16742 | 18992 | 19407 | 19822 | 20237 | 20652 | 21068 | 101,1 |
| 94 | 15770 | 16053 | 16335 | 16617 | 16900 | 17182 | 19482 | 19906 | 20331 | 20755 | 21179 | 21603 | 103,3 |
| 96 | 16183 | 16471 | 16759 | 17048 | 17336 | 17624 | 19975 | 20408 | 20841 | 21274 | 21707 | 22141 | 105,5 |
| 98 | 16597 | 16891 | 17186 | 17480 | 17774 | 18069 | 20470 | 20912 | 21354 | 21796 | 22238 | 22680 | 107,7 |
| 100 | 17014 | 17314 | 17614 | 17915 | 18215 | 18515 | 20967 | 21418 | 21869 | 22320 | 22771 | 23222 | 109,9 |
| 102 | 17432 | 17738 | 18045 | 18351 | 18657 | 18964 | 21466 | 21926 | 22386 | 22846 | 23306 | 23766 | 112,1 |
| 104 | 17853 | 18165 | 18477 | 18790 | 19102 | 19414 | 21967 | 22436 | 22905 | 23374 | 23843 | 24312 | 114,3 |
| 106 | 18275 | 18594 | 18912 | 19230 | 19549 | 19867 | 22470 | 22948 | 23426 | 23904 | 24382 | 24860 | 116,5 |
| 108 | 18700 | 19024 | 19349 | 19673 | 19997 | 20322 | 22975 | 23462 | 23949 | 24436 | 24923 | 25410 | 118,7 |
| 110 | 19127 | 19457 | 19787 | 20117 | 20448 | 20778 | 23483 | 23979 | 24475 | 24971 | 25467 | 25963 | 120,9 |
| 112 | 19555 | 19892 | 20228 | 20564 | 20900 | 21237 | 23992 | 24497 | 25002 | 25507 | 26012 | 26517 | 123,1 |
| 114 | 19986 | 20328 | 20670 | 21013 | 21355 | 21697 | 24503 | 25017 | 25531 | 26045 | 26559 | 27073 | 125,3 |
| 116 | 20419 | 20767 | 21115 | 21463 | 21812 | 22160 | 25017 | 25540 | 26063 | 26586 | 27109 | 27632 | 127,5 |
| 118 | 20853 | 21208 | 21562 | 21916 | 22270 | 22625 | 25532 | 26064 | 26596 | 27128 | 27660 | 28192 | 129,7 |
| 120 | 21290 | 21650 | 22010 | 22371 | 22731 | 23091 | 26050 | 26591 | 27132 | 27673 | 28214 | 28755 | 131,9 |
| 122 | 21728 | 22095 | 22461 | 22827 | 23194 | 23560 | 26569 | 27119 | 27669 | 28219 | 28769 | 29319 | 134,1 |
| 124 | 22169 | 22541 | 22914 | 23286 | 23658 | 24030 | 27091 | 27650 | 28209 | 28768 | 29327 | 29885 | 136,3 |
| 126 | 22612 | 22990 | 23368 | 23746 | 24125 | 24503 | 27614 | 28182 | 28750 | 29318 | 29886 | 30454 | 138,5 |
| 128 | 23056 | 23440 | 23825 | 24209 | 24593 | 24977 | 28140 | 28717 | 29294 | 29871 | 30447 | 31024 | 140,7 |
| 130 | 23503 | 23893 | 24283 | 24673 | 25064 | 25454 | 28667 | 29253 | 29839 | 30425 | 31011 | 31597 | 142,9 |
| 132 | 23951 | 24347 | 24744 | 25140 | 25536 | 25932 | 29197 | 29792 | 30387 | 30981 | 31576 | 32171 | 145,1 |
| 134 | 24401 | 24804 | 25206 | 25608 | 26010 | 26413 | 29728 | 30332 | 30936 | 31540 | 32144 | 32748 | 147,3 |
| 136 | 24854 | 25262 | 25670 | 26078 | 26487 | 26895 | 30262 | 30875 | 31487 | 32100 | 32713 | 33326 | 149,5 |
| 138 | 25308 | 25722 | 26137 | 26551 | 26965 | 27379 | 30797 | 31419 | 32041 | 32663 | 33284 | 33906 | 151,7 |
| 140 | 25764 | 26184 | 26605 | 27025 | 27445 | 27865 | 31335 | 31965 | 32596 | 33227 | 33858 | 34489 | 153,9 |
| 142 | 26222 | 26649 | 27075 | 27501 | 27927 | 28354 | 31874 | 32514 | 33153 | 33793 | 34433 | 35073 | 156,1 |
| 144 | 26682 | 27115 | 27547 | 27979 | 28411 | 28844 | 32415 | 33064 | 33713 | 34361 | 35010 | 35659 | 158,3 |
| 146 | 27144 | 27583 | 28021 | 28459 | 28897 | 29336 | 32958 | 33616 | 34274 | 34932 | 35589 | 36247 | 160,5 |
| 148 | 27608 | 28053 | 28497 | 28941 | 29385 | 29830 | 33503 | 34170 | 34837 | 35504 | 36171 | 36837 | 162,7 |
| 150 | 28074 | 28524 | 28975 | 29425 | 29875 | 30325 | 34051 | 34726 | 35402 | 36078 | 36754 | 37429 | 164,9 |
| 152 | 28542 | 28998 | 29455 | 29911 | 30367 | 30823 | 34600 | 35284 | 35969 | 36654 | 37339 | 38023 | 167,0 |
| 154 | 29012 | 29474 | 29936 | 30398 | 30861 | 31323 | 35151 | 35844 | 36538 | 37232 | 37926 | 38619 | 169,2 |
| 156 | 29483 | 29952 | 30420 | 30888 | 31356 | 31825 | 35704 | 36406 | 37109 | 37812 | 38514 | 39217 | 171,4 |
| 158 | 29957 | 30431 | 30905 | 31380 | 31854 | 32328 | 36258 | 36970 | 37682 | 38394 | 39105 | 39817 | 173,6 |
| 160 | 30433 | 30913 | 31393 | 31873 | 32353 | 32834 | 36815 | 37536 | 38257 | 38977 | 39698 | 40419 | 175,8 |
| 164 | 31389 | 31881 | 32374 | 32866 | 33358 | 33850 | 37935 | 38673 | 39412 | 40151 | 40889 | 41628 | 180,2 |
| 168 | 32354 | 32858 | 33362 | 33866 | 34370 | 34875 | 39062 | 39818 | 40575 | 41332 | 42088 | 42845 | 184,6 |
| 170 | 32839 | 33349 | 33859 | 34369 | 34879 | 35390 | 39628 | 40394 | 41160 | 41925 | 42691 | 43457 | 186,8 |
| 172 | 33326 | 33842 | 34358 | 34874 | 35390 | 35907 | 40197 | 40971 | 41746 | 42521 | 43295 | 44070 | 189,0 |
| 176 | 34305 | 34833 | 35362 | 35890 | 36418 | 36946 | 41339 | 42132 | 42924 | 43717 | 44510 | 45302 | 193,4 |
| 180 | 35292 | 35833 | 36373 | 36913 | 37453 | 37993 | 42489 | 43300 | 44110 | 44921 | 45732 | 46542 | 197,8 |
| 184 | 36287 | 36839 | 37392 | 37944 | 38496 | 39048 | 43647 | 44475 | 45304 | 46133 | 46961 | 47790 | 202,2 |
| 188 | 37290 | 37854 | 38418 | 38982 | 39546 | 40111 | 44812 | 45659 | 46505 | 47352 | 48199 | 49045 | 206,6 |
| 190 | 37794 | 38364 | 38934 | 39504 | 40074 | 40645 | 45398 | 46253 | 47109 | 47965 | 48820 | 49676 | 208,8 |
| 192 | 38300 | 38876 | 39452 | 40028 | 40604 | 41181 | 45985 | 46850 | 47714 | 48579 | 49444 | 50308 | 211,0 |
| 196 | 39317 | 39905 | 40494 | 41082 | 41670 | 42258 | 47166 | 48049 | 48931 | 49814 | 50696 | 51579 | 215,4 |
| 200 | 40342 | 40943 | 41543 | 42143 | 42743 | 43343 | 48354 | 49255 | 50155 | 51056 | 51957 | 52857 | 219,8 |
| 210 | 42938 | 43569 | 44199 | 44829 | 45459 | 46089 | 51358 | 52304 | 53249 | 54195 | 55140 | 56086 | 230,8 |
| 220 | 45582 | 46242 | 46902 | 47562 | 48222 | 48883 | 54409 | 55400 | 56390 | 57381 | 58371 | 59362 | 241,8 |
| Gew. d. Gurtungen | 298,9 | 303,6 | 308,3 | 313,0 | 317,8 | 322,5 | 376,6 | 383,7 | 390,8 | 397,8 | 404,9 | 412,0 | kg für 1 m |

Widerstandsmomente cm³.

**∟ 8,0·16,0·1,4 cm**

**Nietstärke 2,3 cm; Stehblechdicke 1,3 cm**

Gurtplattendicke 1,4 cm  Gurtplattendicke 2,8 cm

| Stehbl.-Höhe cm | Gurtplattenbreite cm | | | | | | Gurtplattenbreite cm | | | | | | Gew. des Stehbl. |
|---|---|---|---|---|---|---|---|---|---|---|---|---|---|
| | 35 | 36 | 37 | 38 | 39 | 40 | 35 | 36 | 37 | 38 | 39 | 40 | |
| 60 | 6156 | 6240 | 6324 | 6408 | 6492 | 6577 | 8568 | 8736 | 8905 | 9073 | 9242 | 9410 | 61,2 |
| 62 | 6405 | 6492 | 6579 | 6665 | 6752 | 6839 | 8899 | 9073 | 9247 | 9421 | 9595 | 9769 | 63,3 |
| 64 | 6655 | 6745 | 6835 | 6924 | 7014 | 7104 | 9232 | 9412 | 9591 | 9771 | 9951 | 10130 | 65,3 |
| 66 | 6907 | 7000 | 7092 | 7185 | 7277 | 7370 | 9567 | 9752 | 9937 | 10123 | 10308 | 10493 | 67,4 |
| 68 | 7162 | 7257 | 7352 | 7447 | 7543 | 7638 | 9904 | 10095 | 10286 | 10476 | 10667 | 10858 | 69,4 |
| 70 | 7417 | 7516 | 7614 | 7712 | 7810 | 7908 | 10243 | 10439 | 10635 | 10832 | 11028 | 11225 | 71,4 |
| 72 | 7675 | 7776 | 7877 | 7978 | 8079 | 8179 | 10583 | 10785 | 10987 | 11189 | 11391 | 11593 | 73,5 |
| 74 | 7935 | 8038 | 8142 | 8246 | 8349 | 8453 | 10926 | 11133 | 11341 | 11548 | 11756 | 11963 | 75,5 |
| 76 | 8196 | 8303 | 8409 | 8515 | 8622 | 8728 | 11270 | 11483 | 11696 | 11909 | 12123 | 12336 | 77,6 |
| 78 | 8459 | 8568 | 8678 | 8787 | 8896 | 9005 | 11616 | 11835 | 12054 | 12272 | 12491 | 12710 | 79,6 |
| 80 | 8724 | 8836 | 8948 | 9060 | 9172 | 9284 | 11964 | 12188 | 12413 | 12637 | 12861 | 13086 | 81,6 |
| 82 | 8991 | 9106 | 9220 | 9335 | 9450 | 9565 | 12314 | 12544 | 12774 | 13004 | 13233 | 13463 | 83,7 |
| 84 | 9259 | 9377 | 9495 | 9612 | 9730 | 9847 | 12665 | 12901 | 13136 | 13372 | 13607 | 13843 | 85,7 |
| 86 | 9530 | 9650 | 9770 | 9891 | 10011 | 10132 | 13019 | 13260 | 13501 | 13742 | 13983 | 14224 | 87,7 |
| 88 | 9802 | 9925 | 10048 | 10171 | 10295 | 10418 | 13374 | 13621 | 13867 | 14114 | 14361 | 14608 | 89,8 |
| 90 | 10075 | 10201 | 10327 | 10453 | 10580 | 10706 | 13731 | 13983 | 14236 | 14488 | 14740 | 14993 | 91,8 |
| 92 | 10351 | 10480 | 10609 | 10737 | 10866 | 10995 | 14090 | 14348 | 14606 | 14864 | 15121 | 15379 | 93,9 |
| 94 | 10628 | 10760 | 10892 | 11023 | 11155 | 11287 | 14450 | 14714 | 14977 | 15241 | 15504 | 15768 | 95,9 |
| 96 | 10907 | 11042 | 11176 | 11311 | 11445 | 11580 | 14813 | 15082 | 15351 | 15620 | 15889 | 16158 | 98,0 |
| 98 | 11189 | 11326 | 11463 | 11601 | 11738 | 11875 | 15177 | 15452 | 15726 | 16001 | 16276 | 16550 | 100,0 |
| 100 | 11471 | 11611 | 11751 | 11891 | 12031 | 12171 | 15543 | 15823 | 16104 | 16384 | 16664 | 16944 | 102,1 |
| 102 | 11755 | 11898 | 12041 | 12184 | 12327 | 12470 | 15911 | 16197 | 16483 | 16768 | 17054 | 17340 | 104,1 |
| 104 | 12042 | 12187 | 12333 | 12478 | 12624 | 12770 | 16280 | 16572 | 16863 | 17155 | 17446 | 17738 | 106,1 |
| 106 | 12329 | 12478 | 12626 | 12775 | 12923 | 13072 | 16652 | 16949 | 17246 | 17543 | 17840 | 18137 | 108,2 |
| 108 | 12619 | 12770 | 12922 | 13073 | 13224 | 13375 | 17025 | 17327 | 17630 | 17933 | 18235 | 18538 | 110,2 |
| 110 | 12911 | 13065 | 13219 | 13373 | 13527 | 13681 | 17400 | 17708 | 18016 | 18324 | 18633 | 18941 | 112,3 |
| 112 | 13204 | 13361 | 13517 | 13674 | 13831 | 13988 | 17776 | 18090 | 18404 | 18718 | 19032 | 19345 | 114,3 |
| 114 | 13499 | 13658 | 13818 | 13978 | 14137 | 14297 | 18155 | 18474 | 18794 | 19113 | 19432 | 19752 | 116,3 |
| 116 | 13795 | 13958 | 14120 | 14283 | 14445 | 14608 | 18535 | 18860 | 19185 | 19510 | 19835 | 20160 | 118,4 |
| 118 | 14094 | 14259 | 14424 | 14590 | 14755 | 14920 | 18917 | 19247 | 19578 | 19909 | 20239 | 20570 | 120,4 |
| 120 | 14394 | 14562 | 14730 | 14898 | 15066 | 15234 | 19300 | 19637 | 19973 | 20309 | 20645 | 20982 | 122,5 |
| 122 | 14696 | 14867 | 15038 | 15209 | 15379 | 15550 | 19686 | 20028 | 20370 | 20711 | 21053 | 21395 | 124,5 |
| 124 | 15000 | 15173 | 15347 | 15521 | 15694 | 15868 | 20072 | 20420 | 20767 | 21114 | 21462 | 21809 | 126,5 |
| 126 | 15305 | 15482 | 15658 | 15834 | 16011 | 16187 | 20462 | 20815 | 21168 | 21521 | 21874 | 22227 | 128,6 |
| 128 | 15612 | 15792 | 15971 | 16150 | 16329 | 16509 | 20853 | 21211 | 21570 | 21929 | 22287 | 22646 | 130,6 |
| 130 | 15921 | 16103 | 16285 | 16467 | 16649 | 16831 | 21245 | 21610 | 21974 | 22338 | 22702 | 23066 | 132,7 |
| 132 | 16232 | 16417 | 16602 | 16787 | 16971 | 17156 | 21640 | 22009 | 22379 | 22749 | 23119 | 23489 | 134,7 |
| 134 | 16544 | 16732 | 16920 | 17107 | 17295 | 17483 | 22036 | 22411 | 22786 | 23162 | 23537 | 23913 | 136,7 |
| 136 | 16859 | 17049 | 17240 | 17430 | 17620 | 17811 | 22433 | 22814 | 23195 | 23576 | 23957 | 24338 | 138,8 |
| 138 | 17175 | 17368 | 17561 | 17754 | 17947 | 18141 | 22833 | 23220 | 23606 | 23993 | 24379 | 24766 | 140,8 |
| 140 | 17492 | 17688 | 17884 | 18080 | 18276 | 18472 | 23234 | 23626 | 24019 | 24411 | 24803 | 25195 | 142,9 |
| 144 | 18133 | 18334 | 18536 | 18738 | 18939 | 19141 | 24042 | 24445 | 24849 | 25252 | 25656 | 26059 | 147,0 |
| 148 | 18780 | 18988 | 19195 | 19402 | 19609 | 19817 | 24857 | 25271 | 25686 | 26101 | 26515 | 26930 | 151,0 |
| 150 | 19107 | 19317 | 19527 | 19737 | 19947 | 20157 | 25267 | 25687 | 26107 | 26527 | 26948 | 27368 | 153,1 |
| 152 | 19435 | 19648 | 19861 | 20073 | 20286 | 20499 | 25679 | 26104 | 26530 | 26956 | 27382 | 27808 | 155,1 |
| 156 | 20096 | 20315 | 20533 | 20752 | 20970 | 21188 | 26507 | 26944 | 27381 | 27818 | 28255 | 28692 | 159,2 |
| 160 | 20765 | 20989 | 21213 | 21437 | 21661 | 21885 | 27343 | 27791 | 28240 | 28688 | 29136 | 29584 | 163,3 |
| 164 | 21440 | 21670 | 21900 | 22129 | 22359 | 22588 | 28186 | 28645 | 29105 | 29564 | 30023 | 30483 | 167,4 |
| 168 | 22123 | 22358 | 22593 | 22828 | 23064 | 23299 | 29036 | 29506 | 29977 | 30447 | 30918 | 31388 | 171,4 |
| 170 | 22466 | 22704 | 22942 | 23181 | 23419 | 23657 | 29463 | 29939 | 30415 | 30892 | 31368 | 31844 | 173,5 |
| 172 | 22812 | 23053 | 23294 | 23534 | 23775 | 24016 | 29892 | 30374 | 30856 | 31338 | 31819 | 32301 | 175,5 |
| 176 | 23508 | 23755 | 24001 | 24248 | 24494 | 24740 | 30756 | 31249 | 31742 | 32235 | 32728 | 33221 | 179,6 |
| 180 | 24212 | 24464 | 24716 | 24968 | 25220 | 25472 | 31627 | 32131 | 32635 | 33139 | 33643 | 34148 | 183,7 |
| 190 | 26000 | 26266 | 26532 | 26798 | 27064 | 27330 | 33834 | 34366 | 34898 | 35430 | 35963 | 36495 | 193,9 |
| 200 | 27832 | 28112 | 28392 | 28672 | 28952 | 29232 | 36085 | 36645 | 37205 | 37765 | 38325 | 38885 | 204,1 |
| Gew d. Gurtungen | 176,8 | 179,0 | 181,2 | 183,4 | 185,6 | 187,8 | 253,7 | 258,1 | 262,5 | 266,9 | 271,2 | 275,7 | kg für 1 m |

## ∟ 10,0 · 15,0 · 1,4 cm
### Nietstärke 2,6 cm; Stehblechdicke 1,4 cm

Gurtplattendicke 1,5 cm          Gurtplattendicke 3,0 cm

| Stehbl.-Höhe cm | Gurtplattenbreite cm | | | | | | Gurtplattenbreite cm | | | | | | Gew. des Stehbl. |
|---|---|---|---|---|---|---|---|---|---|---|---|---|---|
| | 33 | 34 | 35 | 36 | 37 | 38 | 33 | 34 | 35 | 36 | 37 | 38 | |
| 80 | 8734 | 8854 | 8974 | 9094 | 9214 | 9334 | 11892 | 12132 | 12373 | 12613 | 12853 | 13094 | 87,9 |
| 82 | 9007 | 9103 | 9253 | 9376 | 9499 | 9623 | 12246 | 12493 | 12739 | 12985 | 13232 | 13478 | 90,1 |
| 84 | 9283 | 9409 | 9535 | 9661 | 9787 | 9913 | 12603 | 12855 | 13107 | 13360 | 13612 | 13865 | 92,3 |
| 86 | 9560 | 9689 | 9818 | 9947 | 10076 | 10205 | 12961 | 13219 | 13478 | 13736 | 13994 | 14253 | 94,5 |
| 88 | 9839 | 9971 | 10103 | 10235 | 10367 | 10499 | 13321 | 13586 | 13850 | 14114 | 14379 | 14643 | 96,7 |
| 90 | 10120 | 10255 | 10390 | 10525 | 10660 | 10796 | 13683 | 13954 | 14224 | 14495 | 14765 | 15035 | 98,9 |
| 92 | 10403 | 10541 | 10679 | 10818 | 10956 | 11094 | 14048 | 14324 | 14600 | 14877 | 15153 | 15430 | 101,1 |
| 94 | 10688 | 10829 | 10970 | 11112 | 11253 | 11394 | 14414 | 14696 | 14979 | 15261 | 15543 | 15826 | 103,3 |
| 96 | 10975 | 11119 | 11263 | 11407 | 11552 | 11696 | 14782 | 15070 | 15359 | 15647 | 15935 | 16224 | 105,5 |
| 98 | 11264 | 11411 | 11558 | 11705 | 11852 | 11999 | 15152 | 15446 | 15741 | 16035 | 16330 | 16624 | 107,7 |
| 100 | 11555 | 11705 | 11855 | 12005 | 12155 | 12305 | 15524 | 15825 | 16125 | 16425 | 16726 | 17026 | 109,9 |
| 102 | 11848 | 12001 | 12154 | 12307 | 12460 | 12613 | 15898 | 16205 | 16511 | 16817 | 17124 | 17430 | 112,1 |
| 104 | 12142 | 12298 | 12454 | 12610 | 12766 | 12922 | 16274 | 16586 | 16899 | 17211 | 17523 | 17836 | 114,3 |
| 106 | 12439 | 12598 | 12757 | 12916 | 13075 | 13234 | 16652 | 16970 | 17289 | 17607 | 17925 | 18244 | 116,5 |
| 108 | 12737 | 12899 | 13061 | 13223 | 13385 | 13547 | 17032 | 17356 | 17680 | 18005 | 18329 | 18653 | 118,7 |
| 110 | 13037 | 13202 | 13368 | 13533 | 13698 | 13863 | 17413 | 17744 | 18074 | 18404 | 18735 | 19065 | 120,9 |
| 112 | 13340 | 13508 | 13676 | 13844 | 14012 | 14180 | 17797 | 18133 | 18470 | 18806 | 19142 | 19479 | 123,1 |
| 114 | 13644 | 13815 | 13986 | 14157 | 14328 | 14499 | 18183 | 18525 | 18867 | 19210 | 19552 | 19894 | 125,3 |
| 116 | 13950 | 14124 | 14298 | 14472 | 14646 | 14820 | 18570 | 18918 | 19267 | 19615 | 19963 | 20312 | 127,5 |
| 118 | 14258 | 14435 | 14612 | 14789 | 14966 | 15143 | 18959 | 19314 | 19668 | 20022 | 20377 | 20731 | 129,7 |
| 120 | 14568 | 14748 | 14928 | 15108 | 15288 | 15468 | 19351 | 19711 | 20071 | 20432 | 20792 | 21152 | 131,9 |
| 122 | 14879 | 15062 | 15245 | 15428 | 15611 | 15794 | 19744 | 20110 | 20477 | 20843 | 21209 | 21575 | 134,1 |
| 124 | 15193 | 15379 | 15565 | 15751 | 15937 | 16123 | 20139 | 20511 | 20884 | 21256 | 21628 | 22000 | 136,3 |
| 126 | 15508 | 15697 | 15886 | 16075 | 16264 | 16453 | 20536 | 20914 | 21293 | 21671 | 22049 | 22427 | 138,5 |
| 128 | 15826 | 16018 | 16210 | 16402 | 16594 | 16786 | 20935 | 21319 | 21704 | 22088 | 22472 | 22856 | 140,7 |
| 130 | 16145 | 16340 | 16535 | 16730 | 16925 | 17120 | 21336 | 21726 | 22116 | 22507 | 22897 | 23287 | 142,9 |
| 132 | 16466 | 16664 | 16862 | 17060 | 17258 | 17456 | 21739 | 22135 | 22531 | 22927 | 23324 | 23720 | 145,1 |
| 134 | 16789 | 16990 | 17191 | 17392 | 17593 | 17794 | 22143 | 22545 | 22948 | 23350 | 23752 | 24154 | 147,3 |
| 136 | 17114 | 17318 | 17522 | 17726 | 17930 | 18134 | 22550 | 22958 | 23366 | 23774 | 24183 | 24591 | 149,5 |
| 138 | 17441 | 17648 | 17855 | 18062 | 18269 | 18476 | 22958 | 23372 | 23787 | 24201 | 24615 | 25029 | 151,7 |
| 140 | 17770 | 17980 | 18190 | 18400 | 18610 | 18820 | 23368 | 23789 | 24209 | 24629 | 25049 | 25470 | 153,9 |
| 142 | 18100 | 18313 | 18526 | 18739 | 18952 | 19165 | 23781 | 24207 | 24633 | 25059 | 25486 | 25912 | 156,1 |
| 144 | 18433 | 18649 | 18865 | 19081 | 19297 | 19513 | 24195 | 24627 | 25059 | 25491 | 25924 | 26356 | 158,3 |
| 146 | 18767 | 18986 | 19205 | 19424 | 19643 | 19862 | 24611 | 25049 | 25487 | 25925 | 26364 | 26802 | 160,5 |
| 148 | 19103 | 19325 | 19547 | 19769 | 19991 | 20213 | 25029 | 25473 | 25917 | 26361 | 26805 | 27250 | 162,7 |
| 150 | 19441 | 19666 | 19891 | 20116 | 20341 | 20566 | 25448 | 25899 | 26349 | 26799 | 27249 | 27699 | 164,9 |
| 152 | 19781 | 20009 | 20237 | 20465 | 20693 | 20921 | 25870 | 26326 | 26782 | 27239 | 27695 | 28151 | 167,0 |
| 154 | 20123 | 20354 | 20585 | 20816 | 21047 | 21278 | 26294 | 26756 | 27218 | 27680 | 28142 | 28605 | 169,2 |
| 156 | 20467 | 20701 | 20935 | 21169 | 21403 | 21637 | 26719 | 27187 | 27655 | 28124 | 28592 | 29060 | 171,4 |
| 158 | 20813 | 21050 | 21287 | 21524 | 21761 | 21998 | 27146 | 27621 | 28095 | 28569 | 29043 | 29517 | 173,6 |
| 160 | 21160 | 21400 | 21640 | 21880 | 22120 | 22360 | 27576 | 28056 | 28536 | 29016 | 29496 | 29977 | 175,8 |
| 164 | 21861 | 22107 | 22353 | 22599 | 22845 | 23091 | 28440 | 28932 | 29424 | 29916 | 30408 | 30901 | 180,2 |
| 168 | 22569 | 22821 | 23073 | 23325 | 23577 | 23829 | 29311 | 29815 | 30320 | 30824 | 31328 | 31832 | 184,6 |
| 170 | 22926 | 23181 | 23436 | 23691 | 23946 | 24201 | 29750 | 30260 | 30770 | 31280 | 31791 | 32301 | 186,8 |
| 172 | 23285 | 23543 | 23801 | 24059 | 24317 | 24575 | 30190 | 30707 | 31223 | 31739 | 32255 | 32771 | 189,0 |
| 176 | 24008 | 24272 | 24536 | 24800 | 25064 | 25328 | 31077 | 31605 | 32133 | 32662 | 33190 | 33718 | 193,4 |
| 180 | 24738 | 25008 | 25279 | 25549 | 25819 | 26089 | 31971 | 32511 | 33052 | 33592 | 34132 | 34672 | 197,8 |
| 184 | 25477 | 25753 | 26029 | 26305 | 26581 | 26857 | 32873 | 33425 | 33977 | 34529 | 35082 | 35634 | 202,2 |
| 188 | 26222 | 26504 | 26786 | 27068 | 27350 | 27632 | 33782 | 34346 | 34911 | 35475 | 36039 | 36603 | 206,6 |
| 190 | 26598 | 26883 | 27168 | 27453 | 27738 | 28023 | 34240 | 34810 | 35380 | 35950 | 36520 | 37090 | 208,8 |
| 192 | 26975 | 27264 | 27552 | 27840 | 28128 | 28416 | 34699 | 35275 | 35851 | 36427 | 37004 | 37580 | 211,0 |
| 196 | 27736 | 28030 | 28324 | 28618 | 28912 | 29206 | 35623 | 36211 | 36799 | 37388 | 37976 | 38564 | 215,4 |
| 200 | 28504 | 28804 | 29104 | 29404 | 29704 | 30004 | 36555 | 37155 | 37755 | 38355 | 38956 | 39556 | 219,8 |
| 210 | 30458 | 30773 | 31088 | 31403 | 31718 | 32033 | 38917 | 39547 | 40178 | 40808 | 41438 | 42068 | 230,8 |
| 220 | 32457 | 32788 | 33118 | 33448 | 33778 | 34108 | 41326 | 41986 | 42647 | 43307 | 43967 | 44627 | 241,8 |
| Gew. d. Gurtungen | 210,5 | 212,9 | 215,2 | 217,6 | 219,9 | 222,3 | 288,2 | 292,9 | 297,7 | 302,4 | 307,1 | 311,8 | kg für 1 m |

Widerstandsmomente cm³.

└ 16,0 · 16,0 · 1,5 cm

## Nietstärke 2,6 cm; Stehblechstärke 1,4 cm

Gurtplattendicke 1,5 cm  Gurtplattendicke 3,0 cm

| Stehbl.-Höhe cm | Gurtplattenbreite cm | | | | | | Gurtplattenbreite cm | | | | | | Gew. des Stehbl. |
|---|---|---|---|---|---|---|---|---|---|---|---|---|---|
| | 35 | 36 | 37 | 38 | 39 | 40 | 35 | 36 | 37 | 38 | 39 | 40 | |
| 80 | 10089 | 10209 | 10329 | 10449 | 10570 | 10690 | 13446 | 13686 | 13927 | 14167 | 14407 | 14648 | 87,9 |
| 82 | 10414 | 10537 | 10660 | 10783 | 10906 | 11029 | 13857 | 14103 | 14350 | 14596 | 14842 | 15089 | 90,1 |
| 84 | 10741 | 10867 | 10993 | 11119 | 11245 | 11371 | 14270 | 14522 | 14775 | 15027 | 15280 | 15532 | 92,3 |
| 86 | 11070 | 11199 | 11328 | 11457 | 11586 | 11715 | 14685 | 14944 | 15202 | 15460 | 15719 | 15977 | 94,5 |
| 88 | 11401 | 11533 | 11665 | 11797 | 11929 | 12061 | 15103 | 15367 | 15632 | 15896 | 16160 | 16425 | 96,7 |
| 90 | 11734 | 11869 | 12004 | 12139 | 12274 | 12409 | 15523 | 15793 | 16063 | 16334 | 16604 | 16875 | 98,9 |
| 92 | 12069 | 12207 | 12345 | 12483 | 12621 | 12759 | 15944 | 16221 | 16497 | 16774 | 17050 | 17326 | 101,1 |
| 94 | 12406 | 12548 | 12689 | 12830 | 12971 | 13112 | 16368 | 16651 | 16933 | 17216 | 17498 | 17780 | 103,3 |
| 96 | 12746 | 12890 | 13034 | 13178 | 13322 | 13466 | 16795 | 17083 | 17371 | 17660 | 17948 | 18236 | 105,5 |
| 98 | 13087 | 13234 | 13381 | 13528 | 13675 | 13822 | 17223 | 17517 | 17812 | 18106 | 18400 | 18695 | 107,7 |
| 100 | 13431 | 13581 | 13731 | 13881 | 14031 | 14181 | 17653 | 17953 | 18254 | 18554 | 18854 | 19155 | 109,9 |
| 102 | 13776 | 13929 | 14082 | 14235 | 14388 | 14541 | 18085 | 18392 | 18698 | 19004 | 19311 | 19617 | 112,1 |
| 104 | 14124 | 14280 | 14436 | 14592 | 14748 | 14904 | 18520 | 18832 | 19145 | 19457 | 19769 | 20082 | 114,3 |
| 106 | 14473 | 14632 | 14791 | 14950 | 15109 | 15268 | 18956 | 19275 | 19593 | 19911 | 20230 | 20548 | 116,5 |
| 108 | 14825 | 14987 | 15149 | 15311 | 15473 | 15635 | 19395 | 19719 | 20043 | 20368 | 20692 | 21016 | 118,7 |
| 110 | 15178 | 15343 | 15508 | 15673 | 15838 | 16003 | 19835 | 20166 | 20496 | 20826 | 21157 | 21487 | 120,9 |
| 112 | 15534 | 15702 | 15870 | 16038 | 16206 | 16374 | 20278 | 20614 | 20951 | 21287 | 21623 | 21959 | 123,1 |
| 114 | 15891 | 16062 | 16233 | 16404 | 16575 | 16746 | 20723 | 21065 | 21407 | 21749 | 22092 | 22434 | 125,3 |
| 116 | 16251 | 16425 | 16599 | 16773 | 16947 | 17121 | 21169 | 21517 | 21866 | 22214 | 22562 | 22911 | 127,5 |
| 118 | 16612 | 16789 | 16966 | 17143 | 17320 | 17497 | 21618 | 21972 | 22326 | 22681 | 23035 | 23389 | 129,7 |
| 120 | 16976 | 17156 | 17336 | 17516 | 17696 | 17876 | 22068 | 22429 | 22789 | 23149 | 23509 | 23870 | 131,9 |
| 122 | 17341 | 17524 | 17707 | 17890 | 18073 | 18256 | 22521 | 22887 | 23253 | 23620 | 23986 | 24352 | 134,1 |
| 124 | 17708 | 17894 | 18080 | 18267 | 18453 | 18639 | 22975 | 23348 | 23720 | 24092 | 24464 | 24837 | 136,3 |
| 126 | 18078 | 18267 | 18456 | 18645 | 18834 | 19023 | 23432 | 23810 | 24188 | 24567 | 24945 | 25323 | 138,5 |
| 128 | 18449 | 18641 | 18833 | 19025 | 19217 | 19409 | 23890 | 24275 | 24659 | 25043 | 25427 | 25812 | 140,7 |
| 130 | 18822 | 19017 | 19212 | 19407 | 19602 | 19797 | 24351 | 24741 | 25131 | 25522 | 25912 | 26302 | 142,9 |
| 132 | 19197 | 19395 | 19593 | 19791 | 19989 | 20187 | 24813 | 25210 | 25606 | 26002 | 26398 | 26795 | 145,1 |
| 134 | 19574 | 19775 | 19976 | 20178 | 20379 | 20580 | 25278 | 25680 | 26082 | 26484 | 26887 | 27289 | 147,3 |
| 136 | 19953 | 20157 | 20362 | 20566 | 20770 | 20974 | 25744 | 26152 | 26561 | 26969 | 27377 | 27785 | 149,5 |
| 138 | 20334 | 20541 | 20748 | 20956 | 21163 | 21370 | 26212 | 26627 | 27041 | 27455 | 27869 | 28284 | 151,7 |
| 140 | 20717 | 20927 | 21137 | 21347 | 21557 | 21767 | 26683 | 27103 | 27523 | 27943 | 28364 | 28784 | 153,9 |
| 142 | 21102 | 21315 | 21528 | 21741 | 21954 | 22167 | 27155 | 27581 | 28007 | 28433 | 28860 | 29286 | 156,1 |
| 144 | 21489 | 21705 | 21921 | 22137 | 22353 | 22569 | 27629 | 28061 | 28493 | 28926 | 29358 | 29790 | 158,3 |
| 146 | 21878 | 22097 | 22316 | 22535 | 22754 | 22973 | 28105 | 28543 | 28981 | 29420 | 29858 | 30296 | 160,5 |
| 148 | 22268 | 22490 | 22712 | 22934 | 23156 | 23378 | 28583 | 29027 | 29471 | 29916 | 30360 | 30804 | 162,7 |
| 150 | 22661 | 22886 | 23111 | 23336 | 23561 | 23786 | 29063 | 29513 | 29963 | 30414 | 30864 | 31314 | 164,9 |
| 152 | 23055 | 23283 | 23511 | 23739 | 23967 | 24195 | 29545 | 30001 | 30457 | 30913 | 31370 | 31826 | 167,0 |
| 154 | 23451 | 23682 | 23913 | 24144 | 24376 | 24607 | 30029 | 30491 | 30953 | 31415 | 31877 | 32340 | 169,2 |
| 156 | 23850 | 24084 | 24318 | 24552 | 24786 | 25020 | 30514 | 30982 | 31451 | 31919 | 32387 | 32855 | 171,4 |
| 158 | 24250 | 24487 | 24724 | 24961 | 25198 | 25435 | 31002 | 31476 | 31950 | 32425 | 32899 | 33373 | 173,6 |
| 160 | 24652 | 24892 | 25132 | 25372 | 25612 | 25852 | 31491 | 31972 | 32452 | 32932 | 33412 | 33893 | 175,8 |
| 164 | 25462 | 25708 | 25954 | 26200 | 26446 | 26692 | 32476 | 32969 | 33461 | 33953 | 34445 | 34937 | 180,2 |
| 168 | 26279 | 26531 | 26783 | 27035 | 27287 | 27539 | 33469 | 33973 | 34477 | 34982 | 35486 | 35990 | 184,6 |
| 170 | 26691 | 26946 | 27201 | 27456 | 27711 | 27966 | 33968 | 34478 | 34988 | 35499 | 36009 | 36519 | 186,8 |
| 172 | 27104 | 27362 | 27620 | 27878 | 28137 | 28395 | 34469 | 34985 | 35502 | 36018 | 36534 | 37050 | 189,0 |
| 176 | 27937 | 28201 | 28465 | 28729 | 28993 | 29257 | 35477 | 36005 | 36533 | 37062 | 37590 | 38118 | 193,4 |
| 180 | 28777 | 29047 | 29317 | 29588 | 29858 | 30128 | 36492 | 37033 | 37573 | 38113 | 38653 | 39193 | 197,8 |
| 184 | 29625 | 29901 | 30177 | 30453 | 30729 | 31005 | 37516 | 38068 | 38620 | 39172 | 39724 | 40277 | 202,2 |
| 188 | 30481 | 30763 | 31045 | 31327 | 31609 | 31891 | 38546 | 39110 | 39675 | 40239 | 40803 | 41367 | 206,6 |
| 190 | 30911 | 31196 | 31481 | 31766 | 32051 | 32336 | 39064 | 39635 | 40205 | 40776 | 41345 | 41915 | 208,8 |
| 192 | 31344 | 31632 | 31920 | 32208 | 32496 | 32784 | 39585 | 40161 | 40737 | 41313 | 41889 | 42465 | 211,0 |
| 196 | 32214 | 32508 | 32802 | 33096 | 33391 | 33685 | 40630 | 41219 | 41807 | 42395 | 42983 | 43571 | 215,4 |
| 200 | 33093 | 33393 | 33693 | 33993 | 34293 | 34593 | 41684 | 42284 | 42884 | 43484 | 44085 | 44685 | 219,8 |
| 210 | 35321 | 35636 | 35951 | 36266 | 36581 | 36896 | 44351 | 44981 | 45611 | 46241 | 46871 | 47502 | 230,8 |
| 220 | 37597 | 37927 | 38257 | 38587 | 38917 | 39247 | 47065 | 47725 | 48385 | 49045 | 49706 | 50366 | 241,8 |
| Gew. d. Gurtungen | 227,2 | 229,5 | 231,9 | 234,3 | 236,6 | 239,0 | 309,6 | 314,3 | 319,0 | 323,7 | 328,5 | 333,2 | kg für 1 m |

|_ 16,0 · 16,0 · 1,5 cm
**Nietstärke 2,6 cm; Stehblechdicke 1,4 cm**
Gurtplattendicke 4,5 cm

|_ 16,0 · 16,0 · 1,7 cm
**Nietstärke 2,6 cm; Stehblechdicke 1,5 cm**
Gurtplattendicke 1,6 cm

| Stehbl.-höhe cm | Gurtplattenbreite cm | | | | | | Gew. des Stehbl. | Stehbl.-höhe cm | Gurtplattenbreite cm | | | | | | Gew. des Stehbl. |
|---|---|---|---|---|---|---|---|---|---|---|---|---|---|---|---|
| | 35 | 36 | 37 | 38 | 39 | 40 | | | 35 | 36 | 37 | 38 | 39 | 40 | |
| 80 | 16838 | 17200 | 17561 | 17922 | 18284 | 18645 | 87,9 | 100 | 14682 | 14842 | 15002 | 15162 | 15322 | 15482 | 117,8 |
| 82 | 17335 | 17705 | 18076 | 18446 | 18816 | 19187 | 90,1 | 102 | 15060 | 15223 | 15386 | 15550 | 15713 | 15876 | 120,1 |
| 84 | 17834 | 18213 | 18593 | 18972 | 19351 | 19731 | 92,3 | 104 | 15440 | 15607 | 15773 | 15940 | 16106 | 16273 | 122,5 |
| 86 | 18335 | 18724 | 19112 | 19500 | 19888 | 20277 | 94,5 | 106 | 15823 | 15993 | 16162 | 16332 | 16502 | 16671 | 124,8 |
| 88 | 18839 | 19236 | 19633 | 20031 | 20428 | 20825 | 96,7 | 108 | 16208 | 16381 | 16554 | 16727 | 16899 | 17072 | 127,2 |
| 90 | 19345 | 19751 | 20157 | 20563 | 20970 | 21376 | 98,9 | 110 | 16595 | 16771 | 16947 | 17123 | 17299 | 17475 | 129,5 |
| 92 | 19853 | 20268 | 20683 | 21098 | 21514 | 21929 | 101,1 | 112 | 16984 | 17163 | 17343 | 17522 | 17701 | 17880 | 131,9 |
| 94 | 20363 | 20787 | 21211 | 21636 | 22060 | 22484 | 103,3 | 114 | 17375 | 17558 | 17740 | 17923 | 18105 | 18288 | 134,2 |
| 96 | 20875 | 21309 | 21742 | 22175 | 22608 | 23041 | 105,5 | 116 | 17769 | 17955 | 18140 | 18326 | 18512 | 18697 | 136,6 |
| 98 | 21390 | 21832 | 22274 | 22716 | 23159 | 23601 | 107,7 | 118 | 18164 | 18353 | 18542 | 18731 | 18920 | 19109 | 138,9 |
| 100 | 21907 | 22358 | 22809 | 23260 | 23711 | 24162 | 109,9 | 120 | 18562 | 18754 | 18946 | 19138 | 19330 | 19522 | 141,3 |
| 102 | 22425 | 22886 | 23346 | 23806 | 24266 | 24726 | 112,1 | 122 | 18962 | 19157 | 19352 | 19548 | 19743 | 19938 | 143,7 |
| 104 | 22946 | 23415 | 23885 | 24354 | 24823 | 25292 | 114,3 | 124 | 19364 | 19562 | 19761 | 19959 | 20158 | 20356 | 146,0 |
| 106 | 23469 | 23947 | 24426 | 24904 | 25382 | 25860 | 116,5 | 126 | 19768 | 19969 | 20171 | 20373 | 20574 | 20776 | 148,4 |
| 108 | 23994 | 24482 | 24969 | 25456 | 25943 | 26430 | 118,7 | 128 | 20174 | 20379 | 20583 | 20788 | 20993 | 21198 | 150,7 |
| 110 | 24522 | 25018 | 25514 | 26010 | 26506 | 27002 | 120,9 | 130 | 20582 | 20790 | 20998 | 21206 | 21414 | 21622 | 153,1 |
| 112 | 25051 | 25556 | 26061 | 26566 | 27071 | 27576 | 123,1 | 132 | 20992 | 21203 | 21415 | 21626 | 21837 | 22048 | 155,4 |
| 114 | 25582 | 26096 | 26610 | 27124 | 27638 | 28152 | 125,3 | 134 | 21405 | 21619 | 21833 | 22048 | 22262 | 22477 | 157,8 |
| 116 | 26116 | 26638 | 27161 | 27684 | 28207 | 28730 | 127,5 | 136 | 21819 | 22037 | 22254 | 22472 | 22690 | 22907 | 160,1 |
| 118 | 26651 | 27183 | 27715 | 28247 | 28779 | 29311 | 129,7 | 138 | 22235 | 22456 | 22677 | 22898 | 23119 | 23340 | 162,5 |
| 120 | 27188 | 27729 | 28270 | 28811 | 29352 | 29893 | 131,9 | 140 | 22654 | 22878 | 23102 | 23326 | 23550 | 23774 | 164,9 |
| 122 | 27728 | 28278 | 28828 | 29378 | 29927 | 30377 | 134,1 | 142 | 23075 | 23302 | 23529 | 23756 | 23984 | 24211 | 167,2 |
| 124 | 28269 | 28828 | 29387 | 29946 | 30505 | 31064 | 136,3 | 144 | 23497 | 23728 | 23958 | 24189 | 24419 | 24650 | 169,6 |
| 126 | 28813 | 29380 | 29948 | 30516 | 31084 | 31652 | 138,5 | 146 | 23922 | 24156 | 24389 | 24623 | 24857 | 25090 | 171,9 |
| 128 | 29358 | 29935 | 30512 | 31089 | 31666 | 32242 | 140,7 | 148 | 24349 | 24586 | 24823 | 25059 | 25296 | 25533 | 174,3 |
| 130 | 29905 | 30491 | 31077 | 31663 | 32249 | 32835 | 142,9 | 150 | 24778 | 25018 | 25258 | 25498 | 25738 | 25978 | 176,6 |
| 132 | 30455 | 31050 | 31645 | 32239 | 32834 | 33429 | 145,1 | 152 | 25209 | 25452 | 25695 | 25938 | 26182 | 26425 | 179,0 |
| 134 | 31006 | 31610 | 32214 | 32818 | 33422 | 34026 | 147,3 | 154 | 25642 | 25888 | 26135 | 26381 | 26627 | 26874 | 181,3 |
| 136 | 31560 | 32173 | 32785 | 33398 | 34011 | 34624 | 149,5 | 156 | 26077 | 26326 | 26576 | 26826 | 27075 | 27325 | 183,7 |
| 138 | 32115 | 32737 | 33359 | 33981 | 34602 | 35224 | 151,7 | 158 | 26514 | 26767 | 27020 | 27272 | 27525 | 27778 | 186,0 |
| 140 | 32672 | 33303 | 33934 | 34565 | 35196 | 35826 | 153,9 | 160 | 26953 | 27209 | 27465 | 27721 | 27977 | 28233 | 188,4 |
| 142 | 33232 | 33872 | 34511 | 35151 | 35791 | 36431 | 156,1 | 162 | 27394 | 27654 | 27913 | 28172 | 28431 | 28690 | 190,8 |
| 144 | 33793 | 34442 | 35091 | 35739 | 36388 | 37037 | 158,3 | 164 | 27838 | 28100 | 28362 | 28625 | 28887 | 29150 | 193,1 |
| 146 | 34356 | 35014 | 35672 | 36330 | 36987 | 37645 | 160,5 | 166 | 28283 | 28548 | 28814 | 29080 | 29345 | 29611 | 195,5 |
| 148 | 34921 | 35588 | 36255 | 36922 | 37589 | 38255 | 162,7 | 168 | 28730 | 28999 | 29268 | 29537 | 29805 | 30074 | 197,8 |
| 150 | 35489 | 36164 | 36840 | 37516 | 38192 | 38867 | 164,9 | 170 | 29180 | 29452 | 29724 | 29996 | 30268 | 30540 | 200,2 |
| 152 | 36058 | 36742 | 37427 | 38112 | 38797 | 39481 | 167,0 | 172 | 29631 | 29906 | 30181 | 30457 | 30732 | 31007 | 202,5 |
| 154 | 36629 | 37322 | 38016 | 38710 | 39404 | 40097 | 169,2 | 174 | 30084 | 30363 | 30641 | 30920 | 31198 | 31477 | 204,9 |
| 156 | 37202 | 37904 | 38607 | 39310 | 40013 | 40715 | 171,4 | 176 | 30540 | 30822 | 31103 | 31385 | 31666 | 31948 | 207,2 |
| 158 | 37777 | 38488 | 39200 | 39912 | 40623 | 41335 | 173,6 | 178 | 30997 | 31282 | 31567 | 31852 | 32137 | 32422 | 209,6 |
| 160 | 38353 | 39074 | 39795 | 40516 | 41236 | 41957 | 175,8 | 180 | 31457 | 31745 | 32033 | 32321 | 32609 | 32897 | 212,0 |
| 164 | 39513 | 40252 | 40990 | 41729 | 42468 | 43206 | 180,2 | 184 | 32382 | 32677 | 32971 | 33266 | 33560 | 33854 | 216,7 |
| 168 | 40680 | 41437 | 42194 | 42950 | 43707 | 44464 | 184,6 | 188 | 33316 | 33616 | 33917 | 34218 | 34519 | 34820 | 221,4 |
| 170 | 41267 | 42032 | 42798 | 43564 | 44329 | 45095 | 186,8 | 190 | 33785 | 34089 | 34393 | 34697 | 35001 | 35305 | 223,7 |
| 172 | 41855 | 42630 | 43405 | 44179 | 44954 | 45729 | 189,0 | 192 | 34257 | 34564 | 34872 | 35179 | 35486 | 35793 | 226,1 |
| 176 | 43038 | 43830 | 44623 | 45416 | 46208 | 47001 | 193,4 | 196 | 35207 | 35520 | 35834 | 36148 | 36461 | 36775 | 230,8 |
| 180 | 44228 | 45039 | 45849 | 46660 | 47471 | 48281 | 197,8 | 200 | 36164 | 36484 | 36804 | 37124 | 37444 | 37764 | 235,5 |
| 184 | 45426 | 46255 | 47083 | 47912 | 48741 | 49569 | 202,2 | 204 | 37130 | 37457 | 37783 | 38109 | 38436 | 38762 | 240,2 |
| 188 | 46632 | 47478 | 48325 | 49172 | 50018 | 50865 | 206,6 | 208 | 38104 | 38437 | 38770 | 39102 | 39435 | 39768 | 244,9 |
| 190 | 47237 | 48093 | 48949 | 49804 | 50660 | 51516 | 208,8 | 210 | 38594 | 38930 | 39266 | 39602 | 39938 | 40274 | 247,3 |
| 192 | 47845 | 48710 | 49574 | 50439 | 51303 | 52168 | 211,0 | 212 | 39086 | 39425 | 39764 | 40104 | 40443 | 40782 | 249,6 |
| 196 | 49066 | 49949 | 50831 | 51714 | 52596 | 53479 | 215,4 | 216 | 40076 | 40422 | 40767 | 41113 | 41458 | 41804 | 254,3 |
| 200 | 50295 | 51195 | 52096 | 52996 | 53897 | 54797 | 219,8 | 220 | 41074 | 41426 | 41778 | 42130 | 42482 | 42834 | 259,1 |
| 210 | 53399 | 54345 | 55290 | 56236 | 57181 | 58127 | 230,8 | 230 | 43605 | 43973 | 44341 | 44709 | 45077 | 45445 | 270,8 |
| 220 | 56551 | 57542 | 58532 | 59523 | 60513 | 61504 | 241,8 | 240 | 46186 | 46570 | 46954 | 47338 | 47722 | 48106 | 282,6 |
| Gew. d. Gurtungen | 392,0 | 399,1 | 406,2 | 413,2 | 420,3 | 427,4 | kg für 1 m | Gew. d. Gurtungen | 250,6 | 253,1 | 255,6 | 258,1 | 260,6 | 263,1 | kg für 1 m |

Widerstandsmomente cm³.

## ∟ 16,0 · 16,0 · 1,7 cm

### Nietstärke 2,6 cm; Stehblechdicke 1,5 cm

Gurtplattendicke 3,2 cm        Gurtplattendicke 4,8 cm

| Stehbl.-Höhe cm | Gurtplattenbreite cm | | | | | | Gurtplattenbreite cm | | | | | | Gew. des Stehbl. |
|---|---|---|---|---|---|---|---|---|---|---|---|---|---|
| | 35 | 36 | 37 | 38 | 39 | 40 | 35 | 36 | 37 | 38 | 39 | 40 | |
| 100 | 19162 | 19483 | 19803 | 20123 | 20444 | 20764 | 23677 | 24159 | 24640 | 25121 | 25603 | 26084 | 117,8 |
| 102 | 19633 | 19960 | 20286 | 20613 | 20940 | 21267 | 24240 | 24731 | 25222 | 25713 | 26204 | 26694 | 120,1 |
| 104 | 20106 | 20439 | 20772 | 21105 | 21438 | 21772 | 24805 | 25305 | 25806 | 26306 | 26807 | 27307 | 122,5 |
| 106 | 20581 | 20920 | 21260 | 21600 | 21939 | 22279 | 25372 | 25882 | 26392 | 26902 | 27412 | 27922 | 124,8 |
| 108 | 21058 | 21404 | 21750 | 22096 | 22442 | 22788 | 25941 | 26461 | 26980 | 27500 | 28020 | 28539 | 127,2 |
| 110 | 21538 | 21890 | 22242 | 22595 | 22947 | 23299 | 26513 | 27042 | 27571 | 28100 | 28630 | 29159 | 129,5 |
| 112 | 22019 | 22378 | 22737 | 23096 | 23454 | 23813 | 27086 | 27625 | 28164 | 28703 | 29242 | 29781 | 131,9 |
| 114 | 22503 | 22868 | 23233 | 23599 | 23964 | 24329 | 27663 | 28211 | 28759 | 29308 | 29856 | 30404 | 134,2 |
| 116 | 22989 | 23361 | 23732 | 24104 | 24475 | 24847 | 28241 | 28799 | 29357 | 29915 | 30473 | 31031 | 136,6 |
| 118 | 23477 | 23855 | 24233 | 24611 | 24989 | 25367 | 28821 | 29389 | 29956 | 30524 | 31091 | 31659 | 138,9 |
| 120 | 23968 | 24352 | 24736 | 25121 | 25505 | 25889 | 29404 | 29981 | 30558 | 31135 | 31712 | 32290 | 141,3 |
| 122 | 24460 | 24851 | 25242 | 25632 | 26023 | 26414 | 29989 | 30575 | 31162 | 31749 | 32336 | 32922 | 143,7 |
| 124 | 24955 | 25352 | 25749 | 26146 | 26543 | 26940 | 30576 | 31172 | 31768 | 32365 | 32961 | 33557 | 146,0 |
| 126 | 25451 | 25855 | 26259 | 26662 | 27066 | 27469 | 31165 | 31771 | 32377 | 32983 | 33588 | 34194 | 148,4 |
| 128 | 25950 | 26360 | 26770 | 27180 | 27590 | 28000 | 31756 | 32372 | 32987 | 33603 | 34218 | 34834 | 150,7 |
| 130 | 26451 | 26868 | 27284 | 27700 | 28117 | 28533 | 32350 | 32975 | 33600 | 34225 | 34850 | 35475 | 153,1 |
| 132 | 26954 | 27377 | 27800 | 28223 | 28645 | 29068 | 32945 | 33580 | 34215 | 34849 | 35484 | 36118 | 155,4 |
| 134 | 27460 | 27889 | 28318 | 28747 | 29176 | 29605 | 33543 | 34187 | 34832 | 35476 | 36120 | 36764 | 157,8 |
| 136 | 27967 | 28402 | 28838 | 29273 | 29709 | 30144 | 34143 | 34797 | 35451 | 36104 | 36758 | 37412 | 160,1 |
| 138 | 28476 | 28918 | 29360 | 29802 | 30244 | 30686 | 34745 | 35408 | 36072 | 36735 | 37399 | 38062 | 162,5 |
| 140 | 28988 | 29436 | 29884 | 30333 | 30781 | 31229 | 35349 | 36022 | 36695 | 37368 | 38041 | 38714 | 164,9 |
| 142 | 29501 | 29956 | 30411 | 30865 | 31320 | 31775 | 35955 | 36638 | 37321 | 38003 | 38686 | 39368 | 167,2 |
| 144 | 30017 | 30478 | 30939 | 31400 | 31861 | 32322 | 36564 | 37256 | 37948 | 38640 | 39332 | 40025 | 169,6 |
| 146 | 30535 | 31002 | 31470 | 31937 | 32405 | 32872 | 37174 | 37876 | 38578 | 39280 | 39981 | 40683 | 171,9 |
| 148 | 31055 | 31528 | 32002 | 32476 | 32950 | 33424 | 37787 | 38498 | 39210 | 39921 | 40632 | 41344 | 174,3 |
| 150 | 31576 | 32057 | 32537 | 33017 | 33498 | 33978 | 38402 | 39122 | 39843 | 40564 | 41285 | 42006 | 176,6 |
| 152 | 32100 | 32587 | 33074 | 33561 | 34047 | 34534 | 39018 | 39749 | 40479 | 41210 | 41940 | 42671 | 179,0 |
| 154 | 32627 | 33120 | 33613 | 34106 | 34599 | 35092 | 39637 | 40377 | 41117 | 41858 | 42598 | 43338 | 181,3 |
| 156 | 33155 | 33654 | 34154 | 34653 | 35153 | 35652 | 40258 | 41008 | 41758 | 42507 | 43257 | 44007 | 183,7 |
| 158 | 33685 | 34191 | 34697 | 35202 | 35708 | 36214 | 40881 | 41641 | 42400 | 43159 | 43918 | 44678 | 186,0 |
| 160 | 34217 | 34729 | 35242 | 35754 | 36266 | 36778 | 41506 | 42275 | 43044 | 43813 | 44582 | 45351 | 188,4 |
| 162 | 34751 | 35270 | 35789 | 36307 | 36826 | 37345 | 42134 | 42912 | 43691 | 44469 | 45247 | 46026 | 190,8 |
| 164 | 35288 | 35813 | 36338 | 36863 | 37388 | 37913 | 42763 | 43551 | 44339 | 45127 | 45915 | 46703 | 193,1 |
| 166 | 35826 | 36358 | 36889 | 37421 | 37952 | 38484 | 43394 | 44192 | 44990 | 45787 | 46585 | 47383 | 195,5 |
| 168 | 36367 | 36905 | 37442 | 37980 | 38518 | 39056 | 44028 | 44835 | 45642 | 46450 | 47257 | 48064 | 197,8 |
| 170 | 36909 | 37454 | 37998 | 38542 | 39086 | 39631 | 44663 | 45480 | 46297 | 47114 | 47931 | 48747 | 200,2 |
| 172 | 37454 | 38005 | 38555 | 39106 | 39656 | 40207 | 45301 | 46127 | 46954 | 47780 | 48607 | 49433 | 202,5 |
| 174 | 38001 | 38558 | 39115 | 39672 | 40229 | 40786 | 45941 | 46777 | 47613 | 48449 | 49285 | 50121 | 204,9 |
| 176 | 38549 | 39113 | 39676 | 40240 | 40803 | 41366 | 46582 | 47428 | 48274 | 49119 | 49965 | 50810 | 207,2 |
| 178 | 39100 | 39670 | 40240 | 40810 | 41379 | 41949 | 47226 | 48081 | 48936 | 49792 | 50647 | 51502 | 209,6 |
| 180 | 39653 | 40229 | 40805 | 41382 | 41958 | 42534 | 47872 | 48737 | 49602 | 50466 | 51331 | 52196 | 212,0 |
| 184 | 40765 | 41354 | 41943 | 42532 | 43121 | 43710 | 49170 | 50054 | 50938 | 51822 | 52706 | 53590 | 216,7 |
| 188 | 41884 | 42486 | 43088 | 43690 | 44292 | 44894 | 50476 | 51379 | 52282 | 53185 | 54089 | 54992 | 221,4 |
| 190 | 42447 | 43056 | 43664 | 44272 | 44880 | 45489 | 51132 | 52045 | 52958 | 53870 | 54783 | 55696 | 223,7 |
| 192 | 43012 | 43627 | 44242 | 44856 | 45471 | 46086 | 51790 | 52713 | 53635 | 54557 | 55480 | 56402 | 226,1 |
| 196 | 44149 | 44776 | 45404 | 46031 | 46658 | 47286 | 53113 | 54054 | 54996 | 55937 | 56879 | 57820 | 230,8 |
| 200 | 45293 | 45933 | 46573 | 47214 | 47854 | 48494 | 54443 | 55404 | 56365 | 57326 | 58286 | 59247 | 235,5 |
| 204 | 46445 | 47098 | 47751 | 48404 | 49057 | 49711 | 55782 | 56762 | 57742 | 58722 | 59702 | 60682 | 240,2 |
| 208 | 47606 | 48272 | 48938 | 49603 | 50269 | 50935 | 57129 | 58128 | 59127 | 60127 | 61126 | 62125 | 244,9 |
| 210 | 48189 | 48862 | 49534 | 50206 | 50878 | 51550 | 57806 | 58815 | 59823 | 60832 | 61841 | 62849 | 247,3 |
| 212 | 48775 | 49453 | 50132 | 50811 | 51489 | 52168 | 58485 | 59503 | 60521 | 61539 | 62558 | 63576 | 249,6 |
| 216 | 49952 | 50643 | 51334 | 52026 | 52717 | 53409 | 59848 | 60885 | 61923 | 62960 | 63998 | 65035 | 254,3 |
| 220 | 51136 | 51841 | 52545 | 53249 | 53953 | 54657 | 61219 | 62276 | 63332 | 64389 | 65446 | 66502 | 259,1 |
| 230 | 54134 | 54870 | 55607 | 56343 | 57079 | 57815 | 64683 | 65788 | 66893 | 67997 | 69102 | 70207 | 270,8 |
| 240 | 57182 | 57951 | 58719 | 59487 | 60255 | 61023 | 68198 | 69351 | 70503 | 71656 | 72809 | 73961 | 282,6 |
| Gew. d. Gurtungen | 338,5 | 343,5 | 348,5 | 353,6 | 358,6 | 363,6 | 426,4 | 433,9 | 441,5 | 449,0 | 456,5 | 464,1 | kg für 1 m |

## ⌐ 10,0 · 20,0 · 1,6 cm
### Nietstärke 2,6 cm; Stehblechstärke 1,6 cm

Gurtplattendicke 1,6 cm          Gurtplattendicke 3,2 cm

| Stehbl. Höhe cm | Gurtplattenbreite cm |  |  |  |  |  | Gurtplattenbreite cm |  |  |  |  |  | Gew. des Stehbl. |
|---|---|---|---|---|---|---|---|---|---|---|---|---|---|
|  | 43 | 44 | 45 | 46 | 47 | 48 | 43 | 44 | 45 | 46 | 47 | 48 |  |
| 100 | 15900 | 16060 | 16220 | 16380 | 16540 | 16700 | 21665 | 21986 | 22306 | 22627 | 22947 | 23267 | 125,6 |
| 102 | 16291 | 16454 | 16617 | 16780 | 16944 | 17107 | 22174 | 22501 | 22828 | 23155 | 23481 | 23808 | 128,1 |
| 104 | 16684 | 16850 | 17016 | 17183 | 17349 | 17516 | 22685 | 23018 | 23352 | 23685 | 24018 | 24351 | 130,6 |
| 106 | 17079 | 17248 | 17418 | 17587 | 17757 | 17927 | 23199 | 23538 | 23878 | 24217 | 24557 | 24897 | 133,1 |
| 108 | 17476 | 17649 | 17821 | 17994 | 18167 | 18340 | 23714 | 24060 | 24406 | 24752 | 25098 | 25444 | 135,6 |
| 110 | 17875 | 18051 | 18227 | 18403 | 18579 | 18755 | 24232 | 24584 | 24937 | 25289 | 25641 | 25994 | 138,2 |
| 112 | 18277 | 18456 | 18635 | 18814 | 18994 | 19173 | 24752 | 25110 | 25469 | 25828 | 26187 | 26546 | 140,7 |
| 114 | 18680 | 18863 | 19045 | 19228 | 19410 | 19593 | 25274 | 25639 | 26004 | 26369 | 26734 | 27100 | 143,2 |
| 116 | 19086 | 19272 | 19457 | 19643 | 19829 | 20014 | 25798 | 26170 | 26541 | 26913 | 27284 | 27656 | 145,7 |
| 118 | 19494 | 19683 | 19872 | 20061 | 20250 | 20438 | 26325 | 26703 | 27081 | 27458 | 27836 | 28214 | 148,2 |
| 120 | 19904 | 20097 | 20289 | 20481 | 20673 | 20865 | 26853 | 27238 | 27622 | 28006 | 28391 | 28775 | 150,7 |
| 122 | 20317 | 20512 | 20707 | 20903 | 21098 | 21293 | 27384 | 27775 | 28166 | 28556 | 28947 | 29338 | 153,2 |
| 124 | 20731 | 20930 | 21128 | 21327 | 21525 | 21724 | 27917 | 28314 | 28712 | 29109 | 29506 | 29903 | 155,7 |
| 126 | 21148 | 21350 | 21551 | 21753 | 21955 | 22156 | 28453 | 28856 | 29260 | 29663 | 30067 | 30470 | 158,3 |
| 128 | 21567 | 21772 | 21977 | 22182 | 22386 | 22591 | 28990 | 29400 | 29810 | 30220 | 30630 | 31040 | 160,8 |
| 130 | 21988 | 22196 | 22404 | 22612 | 22820 | 23028 | 29530 | 29946 | 30362 | 30779 | 31195 | 31611 | 163,3 |
| 132 | 22411 | 22623 | 22834 | 23045 | 23256 | 23468 | 30072 | 30494 | 30917 | 31340 | 31762 | 32185 | 165,8 |
| 134 | 22837 | 23051 | 23266 | 23480 | 23694 | 23909 | 30616 | 31045 | 31474 | 31903 | 32332 | 32761 | 168,3 |
| 136 | 23264 | 23482 | 23700 | 23917 | 24135 | 24352 | 31162 | 31597 | 32033 | 32468 | 32904 | 33339 | 170,8 |
| 138 | 23694 | 23915 | 24136 | 24356 | 24577 | 24798 | 31710 | 32152 | 32594 | 33036 | 33478 | 33920 | 173,3 |
| 140 | 24126 | 24350 | 24574 | 24798 | 25022 | 25246 | 32261 | 32709 | 33157 | 33605 | 34054 | 34502 | 175,8 |
| 142 | 24560 | 24787 | 25014 | 25241 | 25469 | 25696 | 32813 | 33268 | 33723 | 34177 | 34632 | 35087 | 178,4 |
| 144 | 24996 | 25226 | 25457 | 25687 | 25918 | 26148 | 33368 | 33829 | 34290 | 34751 | 35212 | 35674 | 180,9 |
| 146 | 25434 | 25668 | 25901 | 26135 | 26369 | 26602 | 33925 | 34393 | 34860 | 35328 | 35795 | 36263 | 183,4 |
| 148 | 25875 | 26112 | 26348 | 26585 | 26822 | 27059 | 34484 | 34958 | 35432 | 35906 | 36380 | 36854 | 185,9 |
| 150 | 26317 | 26557 | 26797 | 27037 | 27277 | 27517 | 35046 | 35526 | 36006 | 36487 | 36967 | 37447 | 188,4 |
| 152 | 26762 | 27005 | 27249 | 27492 | 27735 | 27978 | 35609 | 36096 | 36583 | 37069 | 37556 | 38043 | 190,9 |
| 154 | 27209 | 27455 | 27702 | 27948 | 28195 | 28441 | 36175 | 36668 | 37161 | 37654 | 38147 | 38640 | 193,4 |
| 156 | 27658 | 27908 | 28157 | 28407 | 28657 | 28906 | 36743 | 37242 | 37742 | 38241 | 38741 | 39240 | 195,9 |
| 158 | 28109 | 28362 | 28615 | 28868 | 29121 | 29373 | 37313 | 37819 | 38324 | 38830 | 39336 | 39842 | 198,4 |
| 160 | 28563 | 28819 | 29075 | 29331 | 29587 | 29843 | 37885 | 38397 | 38909 | 39422 | 39934 | 40446 | 201,0 |
| 164 | 29476 | 29738 | 30001 | 30263 | 30525 | 30788 | 39036 | 39561 | 40086 | 40611 | 41136 | 41661 | 206,0 |
| 168 | 30398 | 30666 | 30935 | 31204 | 31473 | 31742 | 40195 | 40733 | 41271 | 41809 | 42347 | 42884 | 211,0 |
| 170 | 30862 | 31134 | 31406 | 31678 | 31950 | 32222 | 40778 | 41322 | 41867 | 42411 | 42955 | 43499 | 213,5 |
| 172 | 31328 | 31603 | 31878 | 32154 | 32429 | 32704 | 41363 | 41914 | 42464 | 43015 | 43566 | 44116 | 216,0 |
| 176 | 32267 | 32548 | 32830 | 33112 | 33393 | 33675 | 42540 | 43103 | 43667 | 44230 | 44794 | 45357 | 221,1 |
| 180 | 33214 | 33502 | 33790 | 34078 | 34366 | 34654 | 43725 | 44301 | 44878 | 45454 | 46030 | 46606 | 226,1 |
| 184 | 34170 | 34465 | 34759 | 35054 | 35348 | 35643 | 44919 | 45508 | 46097 | 46686 | 47275 | 47864 | 231,1 |
| 188 | 35135 | 35436 | 35737 | 36037 | 36338 | 36639 | 46121 | 46723 | 47325 | 47927 | 48529 | 49131 | 236,1 |
| 190 | 35621 | 35925 | 36229 | 36533 | 36837 | 37141 | 46726 | 47334 | 47942 | 48551 | 49159 | 49767 | 238,6 |
| 192 | 36108 | 36415 | 36723 | 37030 | 37337 | 37644 | 47333 | 47947 | 48562 | 49176 | 49791 | 50406 | 241,2 |
| 196 | 37090 | 37404 | 37717 | 38031 | 38345 | 38658 | 48552 | 49180 | 49807 | 50434 | 51062 | 51689 | 246,2 |
| 200 | 38080 | 38400 | 38720 | 39040 | 39360 | 39681 | 49781 | 50421 | 51061 | 51701 | 52341 | 52982 | 251,2 |
| 204 | 39079 | 39406 | 39732 | 40059 | 40385 | 40711 | 51017 | 51670 | 52323 | 52976 | 53629 | 54282 | 256,2 |
| 208 | 40087 | 40420 | 40752 | 41085 | 41418 | 41751 | 52263 | 52929 | 53594 | 54260 | 54926 | 55592 | 261,2 |
| 210 | 40509 | 40845 | 41181 | 41517 | 41853 | 42189 | 52889 | 53561 | 54233 | 54905 | 55578 | 56250 | 263,8 |
| 212 | 41103 | 41442 | 41781 | 42120 | 42460 | 42799 | 53517 | 54195 | 54874 | 55553 | 56231 | 56910 | 266,3 |
| 216 | 42127 | 42473 | 42819 | 43164 | 43510 | 43856 | 54779 | 55471 | 56162 | 56854 | 57545 | 58236 | 271,3 |
| 220 | 43161 | 43513 | 43865 | 44217 | 44569 | 44921 | 56051 | 56755 | 57459 | 58163 | 58867 | 59571 | 276,3 |
| 230 | 45781 | 46149 | 46517 | 46885 | 47253 | 47621 | 59266 | 60002 | 60738 | 61475 | 62211 | 62947 | 288,9 |
| 240 | 48455 | 48839 | 49223 | 49607 | 49991 | 50375 | 62535 | 63303 | 64071 | 64839 | 65608 | 66376 | 301,4 |
| 250 | 51182 | 51582 | 51982 | 52382 | 52782 | 53182 | 65857 | 66658 | 67458 | 68258 | 69058 | 69858 | 314,0 |
| 260 | 53963 | 54379 | 54795 | 55211 | 55627 | 56043 | 69233 | 70066 | 70898 | 71730 | 72562 | 73394 | 326,6 |
| 270 | 56797 | 57229 | 57661 | 58093 | 58525 | 58957 | 72663 | 73527 | 74391 | 75255 | 76120 | 76984 | 339,1 |
| 280 | 59684 | 60132 | 60580 | 61028 | 61476 | 61924 | 76146 | 77042 | 77938 | 78834 | 79730 | 80627 | 351,7 |
| 290 | 62625 | 63089 | 63553 | 64017 | 64481 | 64945 | 79682 | 80610 | 81539 | 82467 | 83395 | 84323 | 364,2 |
| 300 | 65619 | 66099 | 66579 | 67059 | 67539 | 68019 | 83272 | 84232 | 85192 | 86153 | 87113 | 88073 | 376,8 |
| Gew. d. Gurtungen | 251,5 | 254,0 | 256,5 | 259,0 | 261,5 | 264,1 | 359,5 | 364,5 | 369,6 | 374,6 | 379,6 | 384,6 | kg für 1 m |

Widerstandsmomente cm³.

L 10,0 · 20,0 · 1,6 cm

**Nietstärke 2,6 cm; Stehblechdicke 1,6 cm**

Gurtplattendicke 4,8 cm

L 16,0 · 16,0 · 1,9 cm

**Nietstärke 2,6 cm; Stehblechdicke 1,6 cm**

Gurtplattendicke 2,0 cm

| Stehbl.-Höhe cm | Gurtplattenbreite cm | | | | | | Gurtplattenbreite cm | | | | | | Gew. des Stehbl. |
|---|---|---|---|---|---|---|---|---|---|---|---|---|---|
| | 43 | 44 | 45 | 46 | 47 | 48 | 35 | 36 | 37 | 38 | 39 | 40 | |
| 100 | 27470 | 27951 | 28432 | 28914 | 29395 | 29876 | 16746 | 16946 | 17147 | 17347 | 17547 | 17747 | 125,6 |
| 102 | 28096 | 28587 | 29078 | 29569 | 30060 | 30551 | 17174 | 17379 | 17583 | 17787 | 17991 | 18195 | 128,1 |
| 104 | 28725 | 29226 | 29726 | 30227 | 30727 | 31228 | 17605 | 17813 | 18021 | 18229 | 18437 | 18645 | 130,6 |
| 106 | 29356 | 29866 | 30376 | 30886 | 31396 | 31907 | 18038 | 18250 | 18462 | 18674 | 18886 | 19098 | 133,1 |
| 108 | 29989 | 30509 | 31029 | 31548 | 32068 | 32588 | 18473 | 18689 | 18905 | 19121 | 19337 | 19553 | 135,6 |
| 110 | 30625 | 31154 | 31683 | 32213 | 32742 | 33271 | 18919 | 19130 | 19350 | 19571 | 19791 | 20011 | 138,2 |
| 112 | 31263 | 31802 | 32340 | 32879 | 33418 | 33957 | 19350 | 19574 | 19798 | 20022 | 20246 | 20470 | 140,7 |
| 114 | 31903 | 32451 | 33000 | 33548 | 34096 | 34645 | 19792 | 20020 | 20248 | 20476 | 20704 | 20932 | 143,2 |
| 116 | 32545 | 33103 | 33661 | 34219 | 34777 | 35335 | 20236 | 20468 | 20700 | 20933 | 21165 | 21397 | 145,7 |
| 118 | 33190 | 33757 | 34325 | 34892 | 35460 | 36028 | 20683 | 20919 | 21155 | 21391 | 21627 | 21863 | 148,2 |
| 120 | 33837 | 34414 | 34991 | 35568 | 36145 | 36722 | 21132 | 21372 | 21612 | 21852 | 22092 | 22332 | 150,7 |
| 122 | 34486 | 35072 | 35659 | 36246 | 36832 | 37419 | 21583 | 21827 | 22071 | 22315 | 22559 | 22803 | 153,2 |
| 124 | 35137 | 35733 | 36329 | 36926 | 37522 | 38118 | 22036 | 22284 | 22532 | 22780 | 23029 | 23277 | 155,7 |
| 126 | 35790 | 36396 | 37002 | 37608 | 38214 | 38820 | 22492 | 22744 | 22996 | 23248 | 23500 | 23752 | 158,3 |
| 128 | 36446 | 37061 | 37677 | 38292 | 38908 | 39523 | 22950 | 23206 | 23462 | 23718 | 23974 | 24230 | 160,8 |
| 130 | 37104 | 37729 | 38354 | 38979 | 39604 | 40229 | 23410 | 23670 | 23930 | 24190 | 24450 | 24710 | 163,3 |
| 132 | 37764 | 38398 | 39033 | 39668 | 40302 | 40937 | 23872 | 24136 | 24400 | 24664 | 24928 | 25193 | 165,8 |
| 134 | 38426 | 39070 | 39715 | 40359 | 41003 | 41647 | 24337 | 24605 | 24873 | 25141 | 25409 | 25677 | 168,3 |
| 136 | 39091 | 39744 | 40398 | 41052 | 41706 | 42360 | 24804 | 25076 | 25348 | 25620 | 25892 | 26164 | 170,8 |
| 138 | 39757 | 40421 | 41084 | 41747 | 42411 | 43074 | 25273 | 25549 | 25825 | 26101 | 26377 | 26653 | 173,3 |
| 140 | 40426 | 41099 | 41772 | 42445 | 43118 | 43791 | 25744 | 26024 | 26304 | 26584 | 26864 | 27144 | 175,8 |
| 142 | 41097 | 41780 | 42462 | 43145 | 43827 | 44510 | 26217 | 26501 | 26786 | 27070 | 27354 | 27638 | 178,4 |
| 144 | 41770 | 42463 | 43155 | 43847 | 44539 | 45231 | 26693 | 26981 | 27269 | 27557 | 27845 | 28133 | 180,9 |
| 146 | 42446 | 43148 | 43849 | 44551 | 45253 | 45955 | 27171 | 27463 | 27755 | 28047 | 28339 | 28631 | 183,4 |
| 148 | 43124 | 43835 | 44546 | 45258 | 45969 | 46680 | 27651 | 27947 | 28243 | 28539 | 28835 | 29131 | 185,9 |
| 150 | 43803 | 44524 | 45245 | 45966 | 46687 | 47408 | 28133 | 28433 | 28734 | 29034 | 29334 | 29634 | 188,4 |
| 152 | 44485 | 45216 | 45946 | 46677 | 47407 | 48138 | 28618 | 28922 | 29226 | 29530 | 29834 | 30138 | 190,9 |
| 154 | 45170 | 45910 | 46650 | 47390 | 48130 | 48870 | 29105 | 29413 | 29721 | 30029 | 30337 | 30645 | 193,4 |
| 156 | 45856 | 46606 | 47355 | 48105 | 48855 | 49604 | 29594 | 29906 | 30218 | 30530 | 30842 | 31154 | 195,9 |
| 158 | 46544 | 47304 | 48063 | 48822 | 49582 | 50341 | 30085 | 30401 | 30717 | 31033 | 31349 | 31665 | 198,4 |
| 160 | 47235 | 48004 | 48773 | 49542 | 50311 | 51080 | 30578 | 30898 | 31218 | 31538 | 31858 | 32178 | 201,0 |
| 164 | 48623 | 49411 | 50199 | 50987 | 51775 | 52563 | 31571 | 31899 | 32227 | 32555 | 32883 | 33211 | 206,0 |
| 168 | 50020 | 50827 | 51634 | 52441 | 53249 | 54056 | 32573 | 32909 | 33245 | 33581 | 33917 | 34253 | 211,0 |
| 170 | 50721 | 51538 | 52355 | 53172 | 53989 | 54805 | 33077 | 33417 | 33757 | 34097 | 34438 | 34778 | 213,5 |
| 172 | 51425 | 52251 | 53078 | 53904 | 54731 | 55557 | 33584 | 33928 | 34272 | 34616 | 34960 | 35304 | 216,0 |
| 176 | 52839 | 53685 | 54530 | 55376 | 56221 | 57067 | 34603 | 34955 | 35307 | 35659 | 36011 | 36363 | 221,1 |
| 180 | 54262 | 55126 | 55991 | 56856 | 57721 | 58586 | 35631 | 35991 | 36351 | 36711 | 37071 | 37431 | 226,1 |
| 184 | 55693 | 56577 | 57461 | 58345 | 59229 | 60113 | 36668 | 37036 | 37404 | 37772 | 38140 | 38508 | 231,1 |
| 188 | 57133 | 58036 | 58939 | 59842 | 60746 | 61649 | 37713 | 38089 | 38466 | 38842 | 39218 | 39594 | 236,1 |
| 190 | 57856 | 58769 | 59682 | 60594 | 61507 | 62420 | 38239 | 38619 | 38999 | 39380 | 39760 | 40140 | 238,6 |
| 192 | 58582 | 59504 | 60426 | 61349 | 62271 | 63193 | 38768 | 39152 | 39536 | 39920 | 40304 | 40688 | 241,2 |
| 196 | 60039 | 60980 | 61922 | 62863 | 63805 | 64746 | 39830 | 40222 | 40614 | 41006 | 41399 | 41791 | 246,2 |
| 200 | 61505 | 62465 | 63426 | 64387 | 65347 | 66308 | 40902 | 41302 | 41702 | 42102 | 42502 | 42902 | 251,2 |
| 204 | 62979 | 63959 | 64939 | 65919 | 66898 | 67878 | 41982 | 42390 | 42798 | 43206 | 43614 | 44022 | 256,2 |
| 208 | 64462 | 65461 | 66460 | 67459 | 68458 | 69457 | 43071 | 43487 | 43903 | 44319 | 44735 | 45151 | 261,2 |
| 210 | 65207 | 66216 | 67224 | 68233 | 69242 | 70250 | 43618 | 44038 | 44458 | 44878 | 45298 | 45719 | 263,8 |
| 212 | 65954 | 66972 | 67990 | 69009 | 70027 | 71045 | 44168 | 44592 | 45016 | 45440 | 45864 | 46288 | 266,3 |
| 216 | 67454 | 68491 | 69529 | 70566 | 71604 | 72641 | 45274 | 45706 | 46138 | 46570 | 47002 | 47434 | 271,3 |
| 220 | 68963 | 70020 | 71076 | 72133 | 73189 | 74246 | 46389 | 46829 | 47269 | 47709 | 48149 | 48589 | 276,3 |
| 230 | 72773 | 73877 | 74982 | 76087 | 77191 | 78296 | 49213 | 49673 | 50133 | 50593 | 51053 | 51513 | 288,9 |
| 240 | 76636 | 77789 | 78941 | 80094 | 81247 | 82399 | 52091 | 52571 | 53051 | 53531 | 54011 | 54491 | 301,4 |
| 250 | 80553 | 81754 | 82955 | 84155 | 85356 | 86556 | 55023 | 55523 | 56023 | 56523 | 57023 | 57523 | 314,0 |
| 260 | 84524 | 85773 | 87021 | 88270 | 89519 | 90767 | 58009 | 58529 | 59049 | 59569 | 60089 | 60609 | 326,6 |
| 270 | 88549 | 89845 | 91142 | 92438 | 93735 | 95031 | 61048 | 61588 | 62128 | 62668 | 63208 | 63748 | 339,1 |
| 280 | 92627 | 93971 | 95316 | 96660 | 98005 | 99349 | 64141 | 64701 | 65261 | 65821 | 66381 | 66941 | 351,7 |
| 290 | 96758 | 98151 | 99543 | 100936 | 102328 | 103721 | 67288 | 67868 | 68448 | 69028 | 69608 | 70188 | 364,2 |
| 300 | 100943 | 102384 | 103824 | 105265 | 106705 | 108146 | 70488 | 71088 | 71688 | 72288 | 72888 | 73488 | 376,8 |
| Gew. d. Gurtungen | 467,5 | 475,1 | 482,6 | 490,1 | 497,7 | 505,2 | 290,5 | 293,6 | 296,7 | 299,9 | 303,0 | 306,2 | kg für 1 m |

L 16,0 · 16,0 · 1,9 cm

**Nietstärke 2,6 cm; Stehblechdicke 1,6 cm**

Gurtplattendicke 4,0 cm      Gurtplattendicke 6,0 cm

| Stehbl.-höhe cm | Gurtplattenbreite cm | | | | | | Gurtplattenbreite cm | | | | | | Gew. des Stehbl. |
|---|---|---|---|---|---|---|---|---|---|---|---|---|---|
| | 35 | 36 | 37 | 38 | 39 | 40 | 35 | 36 | 37 | 38 | 39 | 40 | |
| 100 | 22327 | 22728 | 23129 | 23530 | 23931 | 24331 | 27970 | 28572 | 29175 | 29777 | 30380 | 30983 | 125,6 |
| 102 | 22870 | 23279 | 23688 | 24097 | 24506 | 24914 | 28627 | 29241 | 29856 | 30470 | 31085 | 31699 | 128,1 |
| 104 | 23416 | 23833 | 24249 | 24666 | 25083 | 25500 | 29286 | 29913 | 30539 | 31166 | 31792 | 32419 | 130,6 |
| 106 | 23964 | 24388 | 24813 | 25238 | 25663 | 26087 | 29948 | 30587 | 31225 | 31864 | 32502 | 33141 | 133,1 |
| 108 | 24514 | 24946 | 25379 | 25812 | 26245 | 26677 | 30613 | 31263 | 31914 | 32564 | 33214 | 33865 | 135,6 |
| 110 | 25066 | 25507 | 25948 | 26388 | 26829 | 27270 | 31280 | 31942 | 32605 | 33267 | 33929 | 34592 | 138,2 |
| 112 | 25621 | 26070 | 26519 | 26967 | 27416 | 27865 | 31949 | 32624 | 33298 | 33972 | 34647 | 35321 | 140,7 |
| 114 | 26178 | 26635 | 27092 | 27549 | 28005 | 28462 | 32621 | 33307 | 33994 | 34680 | 35366 | 36053 | 143,2 |
| 116 | 26738 | 27203 | 27667 | 28132 | 28597 | 29061 | 33295 | 33994 | 34692 | 35390 | 36088 | 36787 | 145,7 |
| 118 | 27300 | 27773 | 28245 | 28718 | 29191 | 29663 | 33972 | 34682 | 35392 | 36103 | 36813 | 37523 | 148,2 |
| 120 | 27864 | 28345 | 28826 | 29306 | 29787 | 30268 | 34651 | 35373 | 36095 | 36818 | 37540 | 38262 | 150,7 |
| 122 | 28431 | 28919 | 29409 | 29897 | 30385 | 30874 | 35332 | 36067 | 36801 | 37535 | 38269 | 39003 | 153,2 |
| 124 | 29000 | 29496 | 29993 | 30490 | 30986 | 31483 | 36016 | 36762 | 37508 | 38255 | 39001 | 39747 | 155,7 |
| 126 | 29571 | 30075 | 30580 | 31085 | 31589 | 32094 | 36702 | 37460 | 38219 | 38977 | 39735 | 40493 | 158,3 |
| 128 | 30144 | 30657 | 31170 | 31682 | 32195 | 32707 | 37391 | 38161 | 38931 | 39701 | 40471 | 41241 | 160,8 |
| 130 | 30720 | 31241 | 31761 | 32282 | 32802 | 33323 | 38082 | 38864 | 39646 | 40428 | 41210 | 41992 | 163,3 |
| 132 | 31298 | 31827 | 32355 | 32884 | 33412 | 33941 | 38775 | 39569 | 40363 | 41157 | 41951 | 42745 | 165,8 |
| 134 | 31878 | 32415 | 32951 | 33488 | 34025 | 34561 | 39470 | 40276 | 41082 | 41888 | 42694 | 43500 | 168,3 |
| 136 | 32461 | 33005 | 33550 | 34095 | 34639 | 35184 | 40168 | 40986 | 41804 | 42622 | 43440 | 44258 | 170,8 |
| 138 | 33046 | 33598 | 34151 | 34703 | 35256 | 35809 | 40868 | 41698 | 42528 | 43358 | 44188 | 45018 | 173,3 |
| 140 | 33633 | 34193 | 34754 | 35314 | 35875 | 36436 | 41570 | 42412 | 43254 | 44096 | 44938 | 45780 | 175,8 |
| 142 | 34222 | 34791 | 35359 | 35928 | 36496 | 37065 | 42275 | 43129 | 43983 | 44837 | 45691 | 46544 | 178,4 |
| 144 | 34814 | 35390 | 35967 | 36543 | 37120 | 37696 | 42982 | 43848 | 44714 | 45580 | 46446 | 47311 | 180,9 |
| 146 | 35407 | 35992 | 36576 | 37161 | 37746 | 38330 | 43691 | 44569 | 45447 | 46325 | 47203 | 48080 | 183,4 |
| 148 | 36003 | 36596 | 37188 | 37781 | 38374 | 38966 | 44403 | 45293 | 46182 | 47072 | 47962 | 48852 | 185,9 |
| 150 | 36602 | 37202 | 37803 | 38403 | 39004 | 39604 | 45117 | 46018 | 46920 | 47822 | 48724 | 49625 | 188,4 |
| 152 | 37202 | 37811 | 38419 | 39028 | 39636 | 40245 | 45833 | 46746 | 47660 | 48574 | 49488 | 50401 | 190,9 |
| 154 | 37805 | 38421 | 39038 | 39654 | 40271 | 40887 | 46551 | 47477 | 48402 | 49328 | 50254 | 51180 | 193,4 |
| 156 | 38410 | 39034 | 39659 | 40283 | 40908 | 41532 | 47271 | 48209 | 49147 | 50085 | 51022 | 51960 | 195,9 |
| 158 | 39017 | 39649 | 40282 | 40914 | 41547 | 42179 | 47994 | 48944 | 49894 | 50843 | 51793 | 52743 | 198,4 |
| 160 | 39626 | 40267 | 40907 | 41548 | 42188 | 42829 | 48719 | 49681 | 50643 | 51604 | 52566 | 53528 | 201,0 |
| 164 | 40852 | 41508 | 42165 | 42821 | 43478 | 44134 | 50176 | 51162 | 52147 | 53133 | 54119 | 55104 | 206,0 |
| 168 | 42086 | 42758 | 43431 | 44103 | 44776 | 45448 | 51642 | 52652 | 53661 | 54672 | 55680 | 56690 | 211,0 |
| 170 | 42706 | 43387 | 44067 | 44748 | 45428 | 46109 | 52378 | 53400 | 54421 | 55443 | 56464 | 57486 | 213,5 |
| 172 | 43329 | 44017 | 44706 | 45394 | 46083 | 46771 | 53117 | 54150 | 55184 | 56217 | 57251 | 58284 | 216,0 |
| 176 | 44581 | 45285 | 45990 | 46694 | 47398 | 48103 | 54600 | 55658 | 56715 | 57773 | 58830 | 59888 | 221,1 |
| 180 | 45841 | 46562 | 47282 | 48003 | 48723 | 49443 | 56093 | 57174 | 58256 | 59337 | 60419 | 61500 | 226,1 |
| 184 | 47110 | 47847 | 48583 | 49320 | 50056 | 50793 | 57594 | 58699 | 59805 | 60910 | 62016 | 63121 | 231,1 |
| 188 | 48389 | 49141 | 49893 | 50646 | 51398 | 52151 | 59104 | 60233 | 61363 | 62492 | 63622 | 64751 | 236,1 |
| 190 | 49031 | 49791 | 50552 | 51312 | 52073 | 52833 | 59862 | 61004 | 62145 | 63287 | 64428 | 65569 | 238,6 |
| 192 | 49675 | 50444 | 51212 | 51981 | 52749 | 53518 | 60623 | 61776 | 62930 | 64083 | 65237 | 66390 | 241,2 |
| 196 | 50971 | 51755 | 52540 | 53324 | 54109 | 54893 | 62151 | 63328 | 64505 | 65683 | 66860 | 68038 | 246,2 |
| 200 | 52275 | 53076 | 53876 | 54676 | 55477 | 56277 | 63687 | 64888 | 66090 | 67291 | 68493 | 69694 | 251,2 |
| 204 | 53588 | 54404 | 55221 | 56037 | 56854 | 57670 | 65232 | 66458 | 67683 | 68908 | 70134 | 71369 | 256,2 |
| 208 | 54910 | 55742 | 56575 | 57407 | 58239 | 59072 | 66786 | 68036 | 69285 | 70534 | 71784 | 73033 | 261,2 |
| 210 | 55574 | 56414 | 57255 | 58095 | 58935 | 59776 | 67567 | 68828 | 70089 | 71351 | 72612 | 73873 | 263,8 |
| 212 | 56240 | 57088 | 57937 | 58785 | 59634 | 60482 | 68349 | 69622 | 70896 | 72169 | 73442 | 74716 | 266,3 |
| 216 | 57579 | 58443 | 59308 | 60172 | 61037 | 61901 | 69921 | 71218 | 72515 | 73812 | 75110 | 76407 | 271,3 |
| 220 | 58927 | 59807 | 60687 | 61568 | 62448 | 63329 | 71501 | 72822 | 74143 | 75465 | 76786 | 78107 | 276,3 |
| 230 | 62334 | 63254 | 64174 | 65095 | 66015 | 66935 | 75489 | 76871 | 78252 | 79633 | 81014 | 82395 | 288,9 |
| 240 | 65795 | 66755 | 67715 | 68676 | 69636 | 70596 | 79532 | 80974 | 82415 | 83856 | 85297 | 86738 | 301,4 |
| 250 | 69310 | 70310 | 71310 | 72311 | 73311 | 74311 | 83630 | 85131 | 86632 | 88133 | 89634 | 91135 | 314,0 |
| 260 | 72879 | 73919 | 74959 | 76000 | 77040 | 78080 | 87781 | 89342 | 90903 | 92464 | 94025 | 95586 | 326,6 |
| 270 | 76501 | 77582 | 78662 | 79742 | 80823 | 81903 | 91986 | 93607 | 95228 | 96849 | 98470 | 100091 | 339,1 |
| 280 | 80178 | 81298 | 82418 | 83539 | 84659 | 85779 | 96245 | 97926 | 99607 | 101288 | 102969 | 104650 | 351,7 |
| 290 | 83908 | 85068 | 86229 | 87389 | 88549 | 89709 | 100558 | 102299 | 104040 | 105781 | 107522 | 109263 | 364,2 |
| 300 | 87692 | 88892 | 90092 | 91293 | 92493 | 93693 | 104925 | 106726 | 108527 | 110328 | 112129 | 113930 | 376,8 |
| Gew. d. Gurtungen | 400,4 | 406,6 | 412,9 | 419,2 | 425,5 | 431,8 | 510,3 | 519,7 | 529,1 | 538,5 | 547,9 | 557,4 | kg für 1 m |

# III. Teil.

## Numerisch geordnete

# Widerstandsmomente

### aus Teil I und II.

# Widerstandsmomente cm³

## von 59,0 bis 460.

| Widerstands-moment cm³ | Steh-blech-Höhe cm | Seite des Buches | Widerstands-moment cm³ | Steh-blech-Höhe cm | Seite des Buches | Widerstands-moment cm³ | Steh-blech-Höhe cm | Seite des Buches | Widerstands-moment cm³ | Steh-blech-Höhe cm | Seite des Buches | Widerstands-moment cm³ | Steh-blech-Höhe cm | Seite des Buches | Widerstands-moment cm³ | Steh-blech-Höhe cm | Seite des Buches |
|---|---|---|---|---|---|---|---|---|---|---|---|---|---|---|---|---|---|
| 59,0 | 10 | 1 | 162 | 21 | 1 | 225 | 16 | 4 | 276 | 21 | 4 | 329 | 19 | 29 | 394 | 23 | 6 |
| 67,1 | 11 | 1 | 163 | 12 | 5 | 226 | 17 | 5 | 277 | 17 | 8 | 329 | 26 | 2 | 395 | 21 | 7 |
| 72,0 | 10 | 1 | 168 | 13 | 4 | 227 | 14 | 7 | 277 | 21 | 3 | 331 | 20 | 5 | 395 | 22 | 8 |
| 74,6 | 10 | 2 | 168 | 18 | 2 | 227 | 15 | 9 | 278 | 18 | 6 | 331 | 27 | 3 | 395 | 24 | 4 |
| 75,6 | 12 | 1 | 170 | 16 | 2 | 229 | 14 | 7 | 278 | 23 | 2 | 332 | 24 | 4 | 396 | 20 | 9 |
| 82,1 | 11 | 1 | 173 | 14 | 5 | 229 | 17 | 29 | 278 | 26 | 2 | 333 | 24 | 3 | 400 | 22 | 29 |
| 83,4 | 10 | 3 | 173 | 15 | 4 | 230 | 20 | 2 | 281 | 18 | 6 | 337 | 20 | 9 | 400 | 26 | 29 |
| 84,3 | 13 | 1 | 173 | 19 | 1 | 230 | 27 | 1 | 281 | 24 | 3 | 339 | 30 | 2 | 400 | 30 | 2 |
| 85,1 | 11 | 2 | 173 | 22 | 1 | 231 | 15 | 8 | 283 | 20 | 29 | 340 | 23 | 29 | 401 | 21 | 7 |
| 88,4 | 10 | 2 | 174 | 15 | 3 | 233 | 15 | 8 | 284 | 17 | 29 | 342 | 18 | 9 | 401 | 40 | 1 |
| 92,5 | 12 | 1 | 174 | 17 | 3 | 233 | 21 | 3 | 284 | 20 | 5 | 342 | 20 | 8 | 402 | 23 | 5 |
| 93,2 | 14 | 1 | 177 | 14 | 29 | 235 | 23 | 2 | 285 | 19 | 4 | 343 | 21 | 6 | 404 | 34 | 2 |
| 95,1 | 11 | 3 | 178 | 12 | 29 | 236 | 16 | 6 | 286 | 18 | 5 | 345 | 19 | 7 | 408 | 19 | 30 |
| 95,9 | 12 | 2 | 179 | 13 | 6 | 237 | 24 | 1 | 289 | 13 | 30 | 345 | 36 | 1 | 409 | 23 | 9 |
| 98,8 | 10 | 3 | 180 | 13 | 6 | 239 | 16 | 6 | 291 | 16 | 9 | 346 | 27 | 2 | 409 | 26 | 5 |
| 101 | 11 | 2 | 180 | 19 | 2 | 240 | 15 | 29 | 292 | 18 | 9 | 347 | 20 | 8 | 411 | 17 | 30 |
| 102 | 15 | 1 | 182 | 13 | 5 | 240 | 19 | 4 | 292 | 28 | 1 | 348 | 21 | 6 | 411 | 28 | 4 |
| 103 | 13 | 1 | 184 | 17 | 2 | 242 | 19 | 3 | 292 | 32 | 1 | 348 | 28 | 3 | 412 | 24 | 6 |
| 107 | 12 | 3 | 184 | 23 | 1 | 242 | 28 | 1 | 293 | 27 | 2 | 349 | 15 | 30 | 412 | 28 | 3 |
| 107 | 13 | 2 | 185 | 20 | 1 | 243 | 14 | 9 | 294 | 22 | 4 | 349 | 19 | 7 | 415 | 20 | 12 |
| 112 | 16 | 1 | 187 | 14 | 4 | 243 | 16 | 5 | 295 | 24 | 2 | 350 | 22 | 4 | 415 | 23 | 8 |
| 113 | 11 | 3 | 188 | 18 | 3 | 245 | 17 | 4 | 296 | 17 | 7 | 351 | 25 | 4 | 418 | 24 | 6 |
| 113 | 11 | 4 | 190 | 15 | 5 | 245 | 18 | 5 | 296 | 22 | 3 | 352 | 20 | 29 | 418 | 25 | 4 |
| 114 | 10 | 29 | 190 | 16 | 4 | 246 | 18 | 29 | 297 | 18 | 8 | 353 | 17 | 30 | 420 | 21 | 10 |
| 114 | 12 | 2 | 194 | 15 | 29 | 246 | 21 | 2 | 297 | 25 | 3 | 360 | 24 | 29 | 420 | 23 | 8 |
| 114 | 14 | 1 | 194 | 20 | 2 | 248 | 16 | 9 | 299 | 17 | 7 | 361 | 21 | 9 | 420 | 32 | 3 |
| 119 | 14 | 2 | 195 | 24 | 1 | 249 | 15 | 7 | 299 | 19 | 6 | 364 | 28 | 2 | 421 | 22 | 7 |
| 120 | 13 | 3 | 197 | 14 | 6 | 249 | 22 | 3 | 300 | 15 | 30 | 365 | 22 | 6 | 421 | 27 | 29 |
| 125 | 15 | 1 | 198 | 13 | 29 | 249 | 24 | 2 | 300 | 18 | 8 | 366 | 21 | 8 | 423 | 21 | 9 |
| 127 | 13 | 2 | 199 | 14 | 6 | 250 | 13 | 30 | 302 | 21 | 29 | 366 | 24 | 5 | 424 | 23 | 29 |
| 128 | 12 | 4 | 199 | 18 | 2 | 250 | 25 | 1 | 303 | 19 | 6 | 366 | 29 | 3 | 427 | 24 | 5 |
| 129 | 11 | 29 | 202 | 14 | 5 | 252 | 15 | 7 | 306 | 18 | 29 | 369 | 19 | 9 | 428 | 22 | 7 |
| 130 | 15 | 2 | 203 | 19 | 3 | 253 | 16 | 8 | 306 | 29 | 1 | 370 | 20 | 7 | 431 | 27 | 5 |
| 131 | 18 | 1 | 205 | 13 | 7 | 254 | 29 | 1 | 307 | 20 | 4 | 371 | 21 | 8 | 431 | 42 | 1 |
| 133 | 11 | 4 | 205 | 15 | 4 | 255 | 16 | 8 | 308 | 28 | 2 | 371 | 22 | 6 | 432 | 29 | 3 |
| 133 | 14 | 3 | 206 | 17 | 4 | 257 | 17 | 6 | 309 | 19 | 5 | 371 | 26 | 4 | 432 | 29 | 4 |
| 137 | 16 | 1 | 206 | 25 | 1 | 258 | 20 | 4 | 312 | 25 | 2 | 371 | 32 | 2 | 434 | 24 | 9 |
| 139 | 10 | 29 | 207 | 17 | 3 | 259 | 20 | 3 | 313 | 23 | 4 | 372 | 23 | 4 | 436 | 20 | 30 |
| 140 | 12 | 5 | 207 | 21 | 2 | 260 | 17 | 6 | 314 | 19 | 9 | 372 | 26 | 3 | 436 | 25 | 6 |
| 141 | 14 | 2 | 208 | 16 | 5 | 262 | 16 | 29 | 314 | 23 | 3 | 373 | 38 | 1 | 437 | 32 | 2 |
| 141 | 19 | 1 | 210 | 22 | 1 | 262 | 22 | 2 | 314 | 26 | 3 | 375 | 20 | 7 | 438 | 36 | 2 |
| 142 | 13 | 4 | 211 | 14 | 8 | 263 | 25 | 2 | 317 | 17 | 9 | 376 | 21 | 29 | 440 | 24 | 8 |
| 142 | 16 | 2 | 211 | 16 | 29 | 264 | 17 | 5 | 318 | 34 | 1 | 378 | 22 | 5 | 441 | 26 | 4 |
| 143 | 13 | 3 | 212 | 14 | 8 | 264 | 19 | 5 | 319 | 19 | 8 | 379 | 16 | 30 | 442 | 18 | 30 |
| 146 | 15 | 3 | 215 | 19 | 2 | 264 | 26 | 1 | 320 | 18 | 7 | 380 | 18 | 30 | 443 | 25 | 6 |
| 151 | 12 | 4 | 217 | 15 | 6 | 265 | 18 | 4 | 320 | 30 | 1 | 380 | 25 | 29 | 444 | 21 | 12 |
| 152 | 20 | 1 | 218 | 20 | 3 | 265 | 19 | 29 | 321 | 20 | 6 | 380 | 34 | 1 | 446 | 24 | 8 |
| 155 | 15 | 2 | 218 | 26 | 1 | 265 | 23 | 3 | 321 | 22 | 29 | 382 | 29 | 2 | 448 | 23 | 7 |
| 155 | 17 | 2 | 219 | 14 | 29 | 266 | 30 | 1 | 323 | 19 | 8 | 384 | 30 | 3 | 449 | 24 | 29 |
| 156 | 13 | 5 | 219 | 15 | 6 | 267 | 15 | 9 | 324 | 18 | 7 | 387 | 25 | 5 | 451 | 22 | 9 |
| 158 | 11 | 29 | 221 | 22 | 2 | 270 | 17 | 9 | 324 | 22 | 5 | 388 | 23 | 6 | 453 | 30 | 4 |
| 158 | 14 | 3 | 222 | 15 | 5 | 272 | 16 | 7 | 324 | 29 | 2 | 390 | 22 | 8 | 454 | 23 | 7 |
| 158 | 14 | 4 | 223 | 18 | 4 | 274 | 17 | 8 | 325 | 20 | 6 | 391 | 27 | 4 | 458 | 34 | 3 |
| 160 | 16 | 3 | 223 | 23 | 1 | 275 | 14 | 30 | 326 | 16 | 30 | 392 | 27 | 3 | 459 | 25 | 9 |
| 160 | 18 | 1 | 224 | 18 | 3 | 275 | 16 | 7 | 328 | 21 | 4 | 393 | 20 | 10 | 460 | 26 | 6 |

— bedeutet Träger mit einer Gurtplatte, = mit zwei, ≡ mit drei Gurtplatten.

## von 461 bis 840.

| Widerstandsmoment cm³ | Stehblech-Höhe cm | Seite des Buches | Widerstandsmoment cm³ | Stehblech-Höhe cm | Seite des Buches | Widerstandsmoment cm³ | Stehblech-Höhe cm | Seite des Buches | Widerstandsmoment cm³ | Stehblech-Höhe cm | Seite des Buches | Widerstandsmoment cm³ | Stehblech-Höhe cm | Seite des Buches | Widerstandsmoment cm³ | Stehblech-Höhe cm | Seite des Buches |
|---|---|---|---|---|---|---|---|---|---|---|---|---|---|---|---|---|---|
| 461 | 44 | 1 | 533 | 24 | 12 | 597 | 34 | 5 | 665 | 38 | 29 | 721 | 46 | 2 | 780 | 30 | 11 |
| 464 | 21 | 30 | 533 | 25 | 10 | 598 | 30 | 8 | 666 | 20 | 36— | 722 | 34 | 8 | 781 | 36 | 8 |
| 465 | 25 | 8 | 534 | 29 | 6 | 605 | 30 | 29 | 666 | 34 | 6 | 722 | 42 | 3 | 785 | 28 | 30 |
| 465 | 27 | 4 | 537 | 25 | 9 | 607 | 30 | 8 | 669 | 20 | 34— | 724 | 30 | 12 | 785 | 33 | 9 |
| 467 | 26 | 6 | 537 | 28 | 9 | 608 | 25 | 11 | 669 | 22 | 34— | 725 | 20 | 37— | 786 | 54 | 2 |
| 472 | 25 | 8 | 538 | 26 | 7 | 609 | 20 | 34— | 673 | 20 | 36— | 728 | 42 | 4 | 788 | 22 | 36— |
| 473 | 22 | 12 | 538 | 30 | 4 | 609 | 24 | 13 | 673 | 31 | 7 | 732 | 20 | 34— | 789 | 29 | 13 |
| 473 | 38 | 2 | 538 | 34 | 3 | 612 | 26 | 30 | 674 | 28 | 30 | 733 | 33 | 7 | 790 | 32 | 12 |
| 474 | 20 | 13 | 540 | 34 | 4 | 612 | 32 | 6 | 675 | 33 | 9 | 733 | 35 | 9 | 791 | 38 | 6 |
| 474 | 25 | 29 | 541 | 21 | 30 | 614 | 29 | 7 | 675 | 40 | 3 | 734 | 22 | 36— | 794 | 22 | 37— |
| 474 | 34 | 2 | 541 | 22 | 13 | 616 | 48 | 1 | 676 | 20 | 37— | 734 | 36 | 6 | 794 | 35 | 7 |
| 475 | 19 | 30 | 543 | 23 | 11 | 618 | 36 | 29 | 676 | 27 | 11 | 738 | 30 | 30 | 797 | 37 | 9 |
| 475 | 24 | 7 | 543 | 28 | 8 | 619 | 31 | 9 | 678 | 25 | 30 | 739 | 20 | 36— | 798 | 50 | 3 |
| 476 | 23 | 10 | 543 | 29 | 6 | 622 | 46 | 2 | 678 | 34 | 6 | 739 | 22 | 36— | 799 | 37 | 8 |
| 476 | 40 | 1 | 544 | 44 | 1 | 623 | 28 | 10 | 678 | 44 | 2 | 739 | 35 | 8 | 800 | 22 | 36— |
| 477 | 29 | 5 | 546 | 42 | 2 | 623 | 32 | 6 | 679 | 40 | 4 | 744 | 35 | 29 | 800 | 24 | 36— |
| 479 | 21 | 11 | 548 | 32 | 5 | 624 | 54 | 1 | 680 | 26 | 13 | 744 | 52 | 2 | 803 | 32 | 30 |
| 479 | 23 | 9 | 550 | 33 | 29 | 625 | 29 | 7 | 682 | 33 | 8 | 745 | 29 | 11 | 803 | 37 | 29 |
| 482 | 24 | 7 | 552 | 24 | 30 | 625 | 31 | 8 | 683 | 20 | 34— | 746 | 33 | 7 | 804 | 40 | 4 |
| 484 | 27 | 6 | 552 | 28 | 8 | 626 | 20 | 36— | 684 | 30 | 10 | 747 | 22 | 34— | 806 | 39 | 6 |
| 484 | 30 | 29 | 553 | 38 | 2 | 626 | 27 | 12 | 684 | 31 | 7 | 748 | 32 | 10 | 807 | 38 | 5 |
| 485 | 26 | 9 | 554 | 29 | 5 | 627 | 28 | 9 | 686 | 20 | 36— | 748 | 36 | 5 | 808 | 35 | 7 |
| 489 | 28 | 4 | 556 | 50 | 1 | 628 | 38 | 3 | 688 | 33 | 29 | 748 | 38 | 4 | 808 | 58 | 1 |
| 491 | 26 | 8 | 557 | 27 | 7 | 629 | 20 | 34— | 689 | 30 | 9 | 749 | 20 | 37— | 809 | 24 | 34— |
| 492 | 27 | 6 | 560 | 30 | 6 | 632 | 31 | 29 | 690 | 52 | 1 | 749 | 27 | 30 | 811 | 50 | 2 |
| 492 | 46 | 1 | 563 | 26 | 10 | 632 | 38 | 4 | 691 | 29 | 12 | 749 | 37 | 6 | 812 | 22 | 36— |
| 493 | 22 | 30 | 564 | 25 | 12 | 635 | 20 | 34— | 691 | 34 | 5 | 751 | 35 | 8 | 812 | 30 | 14 |
| 495 | 32 | 3 | 564 | 29 | 9 | 635 | 31 | 8 | 692 | 33 | 8 | 752 | 24 | 34— | 812 | 34 | 10 |
| 496 | 32 | 4 | 566 | 27 | 7 | 635 | 32 | 5 | 693 | 35 | 6 | 752 | 28 | 13 | 812 | 37 | 8 |
| 497 | 36 | 3 | 567 | 26 | 9 | 635 | 42 | 2 | 694 | 36 | 4 | 752 | 32 | 9 | 812 | 44 | 29 |
| 498 | 26 | 8 | 569 | 30 | 6 | 639 | 33 | 6 | 695 | 20 | 36— | 752 | 40 | 5 | 816 | 31 | 11 |
| 500 | 26 | 29 | 570 | 29 | 8 | 640 | 34 | 4 | 695 | 58 | 1 | 752 | 48 | 3 | 817 | 34 | 9 |
| 500 | 30 | 5 | 572 | 34 | 29 | 641 | 37 | 29 | 699 | 38 | 5 | 756 | 22 | 36— | 820 | 22 | 37— |
| 502 | 25 | 7 | 574 | 22 | 30 | 642 | 26 | 11 | 700 | 20 | 37— | 757 | 31 | 12 | 821 | 29 | 30 |
| 502 | 27 | 5 | 575 | 23 | 13 | 643 | 24 | 30 | 702 | 50 | 2 | 757 | 54 | 1 | 821 | 39 | 6 |
| 503 | 23 | 12 | 575 | 24 | 11 | 643 | 27 | 30 | 703 | 32 | 7 | 762 | 36 | 9 | 821 | 46 | 3 |
| 504 | 24 | 10 | 578 | 29 | 29 | 644 | 25 | 13 | 704 | 34 | 9 | 762 | 37 | 6 | 822 | 38 | 9 |
| 507 | 21 | 13 | 579 | 29 | 8 | 644 | 30 | 7 | 706 | 20 | 36— | 762 | 42 | 29 | 824 | 24 | 36— |
| 508 | 24 | 9 | 580 | 46 | 1 | 646 | 20 | 36— | 706 | 29 | 30 | 763 | 22 | 36— | 824 | 33 | 12 |
| 509 | 28 | 6 | 581 | 30 | 5 | 647 | 32 | 9 | 706 | 35 | 6 | 764 | 34 | 7 | 825 | 24 | 34— |
| 509 | 40 | 2 | 582 | 25 | 30 | 647 | 36 | 5 | 707 | 46 | 3 | 766 | 48 | 2 | 826 | 20 | 35= |
| 510 | 25 | 7 | 583 | 36 | 3 | 649 | 20 | 34— | 710 | 28 | 11 | 767 | 22 | 37— | 826 | 36 | 7 |
| 510 | 42 | 1 | 584 | 44 | 2 | 651 | 20 | 36— | 710 | 34 | 8 | 768 | 56 | 1 | 827 | 22 | 34— |
| 511 | 22 | 11 | 585 | 36 | 4 | 653 | 29 | 10 | 712 | 22 | 36— | 769 | 36 | 8 | 827 | 30 | 13 |
| 511 | 27 | 9 | 586 | 28 | 7 | 653 | 32 | 8 | 713 | 22 | 34— | 770 | 31 | 30 | 829 | 38 | 8 |
| 513 | 29 | 4 | 586 | 31 | 6 | 654 | 30 | 7 | 713 | 26 | 30 | 771 | 44 | 3 | 830 | 24 | 36— |
| 513 | 36 | 2 | 588 | 32 | 4 | 654 | 33 | 6 | 713 | 40 | 29 | 773 | 20 | 37— | 830 | 46 | 4 |
| 517 | 27 | 8 | 590 | 52 | 1 | 658 | 28 | 12 | 715 | 32 | 7 | 773 | 36 | 29 | 830 | 56 | 2 |
| 518 | 28 | 6 | 591 | 30 | 9 | 658 | 29 | 9 | 716 | 27 | 13 | 774 | 22 | 34— | 832 | 38 | 29 |
| 522 | 23 | 30 | 594 | 40 | 2 | 659 | 20 | 34— | 716 | 31 | 10 | 776 | 24 | 34— | 835 | 40 | 6 |
| 524 | 48 | 1 | 595 | 26 | 12 | 659 | 56 | 1 | 716 | 34 | 29 | 777 | 34 | 7 | 836 | 22 | 36— |
| 525 | 27 | 8 | 595 | 28 | 7 | 660 | 32 | 29 | 717 | 20 | 36— | 778 | 22 | 36— | 836 | 33 | 30 |
| 525 | 27 | 29 | 595 | 35 | 29 | 662 | 48 | 2 | 720 | 31 | 9 | 778 | 38 | 6 | 837 | 24 | 34— |
| 528 | 28 | 5 | 596 | 31 | 6 | 663 | 44 | 3 | 721 | 22 | 34— | 779 | 44 | 4 | 838 | 26 | 34— |
| 529 | 26 | 7 | 597 | 27 | 9 | 664 | 32 | 8 | 721 | 36 | 6 | 780 | 33 | 10 | 840 | 36 | 7 |

— bedeutet Träger mit einer Gurtplatte, = mit zwei, ≡ mit drei Gurtplatten.

# Widerstandsmomente cm³

## von 842 bis 1171.

| Widerstandsmoment cm³ | Stehblech-Höhe cm | Seite des Buches | Widerstandsmoment cm³ | Stehblech-Höhe cm | Seite des Buches | Widerstandsmoment cm³ | Stehblech-Höhe cm | Seite des Buches | Widerstandsmoment cm³ | Stehblech-Höhe cm | Seite des Buches | Widerstandsmoment cm³ | Stehblech-Höhe cm | Seite des Buches | Widerstandsmoment cm³ | Stehblech-Höhe cm | Seite des Buches |
|---|---|---|---|---|---|---|---|---|---|---|---|---|---|---|---|---|---|
| 842 | 38 | 8 | 896 | 24 | 36— | 952 | 26 | 36— | 1001 | 30 | 19 | 1061 | 32 | 16 | 1118 | 36 | 18 |
| 845 | 35 | 10 | 898 | 31 | 15 | 952 | 32 | 18 | 1002 | 58 | 2 | 1064 | 22 | 35= | 1120 | 48 | 5 |
| 846 | 52 | 3 | 899 | 26 | 34— | 953 | 28 | 34— | 1004 | 20 | 37= | 1067 | 28 | 36— | 1121 | 28 | 37— |
| 847 | 22 | 37— | 902 | 32 | 13 | 953 | 42 | 8 | 1006 | 38 | 30 | 1071 | 33 | 21 | 1121 | 30 | 34— |
| 848 | 24 | 36— | 903 | 35 | 30 | 953 | 56 | 2 | 1009 | 26 | 36— | 1073 | 40 | 12 | 1121 | 43 | 10 |
| 848 | 31 | 14 | 905 | 38 | 7 | 954 | 28 | 36— | 1009 | 28 | 34— | 1074 | 30 | 34— | 1125 | 28 | 34— |
| 849 | 24 | 34— | 905 | 40 | 8 | 954 | 40 | 7 | 1009 | 34 | 30 | 1075 | 20 | 35≡ | 1125 | 33 | 20 |
| 849 | 60 | 1 | 905 | 54 | 2 | 954 | 42 | 29 | 1010 | 44 | 9 | 1075 | 38 | 11 | 1126 | 37 | 30 |
| 850 | 35 | 9 | 907 | 20 | 35= | 955 | 44 | 6 | 1014 | 30 | 34— | 1076 | 35 | 18 | 1127 | 22 | 37= |
| 850 | 40 | 6 | 909 | 24 | 36— | 956 | 26 | 37— | 1015 | 40 | 10 | 1076 | 40 | 30 | 1131 | 31 | 22 |
| 852 | 32 | 11 | 911 | 31 | 18 | 961 | 26 | 34— | 1016 | 31 | 16 | 1076 | 46 | 9 | 1134 | 24 | 35= |
| 856 | 24 | 36— | 911 | 42 | 6 | 961 | 34 | 14 | 1017 | 44 | 8 | 1077 | 30 | 36— | 1134 | 30 | 34— |
| 857 | 37 | 7 | 912 | 37 | 10 | 962 | 35 | 11 | 1017 | 46 | 6 | 1077 | 37 | 14 | 1134 | 31 | 24 |
| 858 | 30 | 15 | 915 | 48 | 29 | 963 | 20 | 37= | 1018 | 26 | 37— | 1078 | 54 | 29 | 1135 | 56 | 29 |
| 858 | 30 | 30 | 916 | 26 | 34— | 964 | 37 | 12 | 1018 | 28 | 36— | 1079 | 32 | 20 | 1137 | 20 | 35≡ |
| 858 | 52 | 2 | 916 | 26 | 36— | 968 | 26 | 36— | 1018 | 34 | 15 | 1080 | 28 | 36— | 1137 | 30 | 36— |
| 859 | 34 | 12 | 917 | 37 | 9 | 968 | 42 | 8 | 1019 | 22 | 35= | 1081 | 26 | 37— | 1137 | 32 | 34— |
| 859 | 39 | 8 | 918 | 24 | 37— | 969 | 50 | 29 | 1019 | 35 | 13 | 1081 | 46 | 29 | 1139 | 38 | 13 |
| 860 | 24 | 37— | 919 | 60 | 2 | 970 | 30 | 17 | 1020 | 40 | 9 | 1081 | 48 | 6 | 1140 | 33 | 19 |
| 862 | 39 | 29 | 920 | 46 | 5 | 971 | 33 | 30 | 1021 | 42 | 7 | 1082 | 22 | 37= | 1141 | 28 | 36— |
| 862 | 42 | 4 | 921 | 44 | 4 | 971 | 37 | 30 | 1023 | 52 | 29 | 1082 | 46 | 8 | 1142 | 37 | 15 |
| 862 | 44 | 5 | 922 | 39 | 7 | 971 | 40 | 7 | 1024 | 26 | 34— | 1084 | 30 | 24 | 1142 | 58 | 3 |
| 863 | 46 | 29 | 923 | 20 | 37= | 972 | 30 | 16 | 1024 | 28 | 34— | 1085 | 30 | 34— | 1143 | 48 | 9 |
| 864 | 26 | 34— | 923 | 26 | 36— | 972 | 44 | 6 | 1027 | 32 | 21 | 1086 | 24 | 35= | 1145 | 50 | 6 |
| 864 | 31 | 13 | 923 | 33 | 14 | 975 | 22 | 35= | 1031 | 54 | 3 | 1086 | 36 | 30 | 1146 | 26 | 35= |
| 866 | 24 | 34— | 924 | 24 | 34— | 976 | 24 | 37— | 1033 | 31 | 20 | 1086 | 42 | 10 | 1146 | 31 | 23 |
| 867 | 20 | 35= | 924 | 50 | 3 | 977 | 33 | 15 | 1034 | 34 | 18 | 1086 | 56 | 3 | 1146 | 32 | 25 |
| 867 | 40 | 5 | 925 | 26 | 37— | 977 | 52 | 3 | 1034 | 44 | 8 | 1087 | 28 | 37— | 1147 | 42 | 12 |
| 869 | 34 | 30 | 925 | 28 | 34— | 978 | 48 | 5 | 1036 | 39 | 12 | 1088 | 44 | 7 | 1147 | 48 | 29 |
| 871 | 30 | 18 | 925 | 34 | 11 | 980 | 26 | 36— | 1036 | 46 | 6 | 1091 | 42 | 9 | 1148 | 30 | 36— |
| 872 | 24 | 36— | 925 | 43 | 6 | 980 | 34 | 13 | 1037 | 24 | 35= | 1092 | 28 | 34— | 1148 | 42 | 30 |
| 872 | 37 | 7 | 928 | 42 | 5 | 980 | 39 | 10 | 1037 | 28 | 34— | 1092 | 31 | 25 | 1149 | 48 | 8 |
| 872 | 48 | 3 | 929 | 36 | 12 | 981 | 28 | 34— | 1037 | 37 | 11 | 1093 | 32 | 19 | 1150 | 34 | 17 |
| 873 | 22 | 37— | 930 | 22 | 35= | 981 | 46 | 4 | 1038 | 22 | 37= | 1095 | 28 | 36— | 1151 | 20 | 39≡ |
| 873 | 39 | 8 | 930 | 26 | 34— | 982 | 28 | 36— | 1038 | 30 | 25 | 1096 | 30 | 23 | 1152 | 34 | 16 |
| 874 | 58 | 2 | 933 | 32 | 30 | 983 | 31 | 21 | 1038 | 36 | 14 | 1099 | 37 | 13 | 1153 | 30 | 37— |
| 878 | 36 | 10 | 936 | 24 | 36— | 985 | 43 | 8 | 1038 | 50 | 5 | 1099 | 52 | 5 | 1153 | 40 | 11' |
| 883 | 20 | 37= | 937 | 32 | 15 | 986 | 39 | 9 | 1039 | 42 | 7 | 1100 | 46 | 8 | 1156 | 24 | 37= |
| 883 | 24 | 36— | 937 | 36 | 30 | 986 | 45 | 6 | 1041 | 39 | 30 | 1100 | 48 | 6 | 1157 | 30 | 34— |
| 883 | 36 | 9 | 937 | 50 | 4 | 987 | 26 | 37— | 1042 | 48 | 4 | 1101 | 36 | 15 | 1157 | 39 | 14 |
| 883 | 40 | 9 | 938 | 39 | 7 | 987 | 28 | 36— | 1044 | 20 | 37= | 1104 | 30 | 34— | 1157 | 46 | 7 |
| 883 | 48 | 4 | 940 | 30 | 21 | 988 | 20 | 35= | 1044 | 30 | 34— | 1104 | 33 | 17 | 1158 | 35 | 31 |
| 886 | 32 | 14 | 941 | 33 | 13 | 988 | 30 | 20 | 1046 | 31 | 19 | 1105 | 32 | 34— | 1158 | 44 | 10 |
| 888 | 33 | 11 | 941 | 43 | 6 | 989 | 31 | 31 | 1046 | 60 | 3 | 1105 | 50 | 4 | 1161 | 35 | 21 |
| 889 | 24 | 37— | 942 | 26 | 34— | 991 | 28 | 34— | 1047 | 35 | 30 | 1105 | 56 | 4 | 1161 | 37 | 18 |
| 889 | 38 | 7 | 942 | 26 | 36— | 991 | 44 | 5 | 1048 | 54 | 4 | 1106 | 33 | 16 | 1162 | 54 | 5 |
| 890 | 26 | 34— | 944 | 56 | 3 | 992 | 26 | 34— | 1050 | 26 | 37— | 1107 | 24 | 37= | 1163 | 44 | 9 |
| 890 | 26 | 36— | 946 | 38 | 10 | 992 | 52 | 4 | 1050 | 41 | 10 | 1107 | 30 | 36— | 1164 | 58 | 4 |
| 890 | 40 | 8 | 946 | 42 | 9 | 993 | 22 | 37= | 1052 | 60 | 2 | 1108 | 22 | 35= | 1165 | 38 | 30 |
| 892 | 40 | 29 | 947 | 24 | 37— | 993 | 33 | 18 | 1053 | 28 | 37— | 1108 | 44 | 7 | 1166 | 50 | 6 |
| 894 | 35 | 12 | 948 | 20 | 35= | 994 | 26 | 36— | 1055 | 46 | 5 | 1110 | 41 | 12 | 1167 | 30 | 36— |
| 894 | 54 | 3 | 948 | 30 | 31 | 994 | 58 | 3 | 1058 | 28 | 34— | 1114 | 39 | 11 | 1168 | 48 | 8 |
| 895 | 24 | 34— | 949 | 22 | 37= | 999 | 36 | 11 | 1059 | 32 | 17 | 1115 | 30 | 36 - | 1169 | 32 | 34— |
| 895 | 31 | 30 | 950 | 45 | 4 | 1000 | 35 | 14 | 1059 | 35 | 15 | 1116 | 34 | 21 | 1169 | 52 | 4 |
| 895 | 42 | 6 | 951 | 38 | 9 | 1000 | 38 | 12 | 1059 | 36 | 13 | 1117 | 38 | 14 | 1171 | 22 | 37= |

— bedeutet Träger mit einer Gurtplatte, = mit zwei, ≡ mit drei Gurtplatten.

von **1171** bis **1477.**

| Widerstandsmoment cm³ | StehblechHöhe cm | Seite des Buches | Widerstandsmoment cm³ | StehblechHöhe cm | Seite des Buches | Widerstandsmoment cm³ | StehblechHöhe cm | Seite des Buches | Widerstandsmoment cm³ | StehblechHöhe cm | Seite des Buches | Widerstandsmoment cm³ | StehblechHöhe cm | Seite des Buches | Widerstandsmoment cm³ | StehblechHöhe cm | Seite des Buches |
|---|---|---|---|---|---|---|---|---|---|---|---|---|---|---|---|---|---|
| 1171 | 34 | 20 | 1229 | 30 | 34— | 1284 | 32 | 36— | 1337 | 22 | 35≡ | 1382 | 50 | 10 | 1431 | 39 | 19 |
| 1173 | 32 | 36— | 1231 | 24 | 35= | 1286 | 34 | 24 | 1337 | 30 | 46— | 1383 | 32 | 41— | 1433 | 26 | 37≡ |
| 1178 | 46 | 7 | 1231 | 34 | 34— | 1287 | 22 | 39≡ | 1337 | 38 | 17 | 1385 | 39 | 17 | 1433 | 40 | 17 |
| 1180 | 32 | 34— | 1231 | 46 | 10 | 1287 | 52 | 8 | 1338 | 35 | 24 | 1386 | 32 | 41— | 1433 | 45 | 13 |
| 1180 | 39 | 13 | 1232 | 42 | 11 | 1288 | 38 | 31 | 1339 | 34 | 36— | 1387 | 38 | 34— | 1435 | 36 | 34— |
| 1181 | 30 | 36— | 1233 | 32 | 34— | 1289 | 37 | 17 | 1339 | 38 | 16 | 1387 | 39 | 16 | 1435 | 47 | 11 |
| 1182 | 24 | 35= | 1233 | 33 | 22 | 1291 | 36 | 34— | 1339 | 47 | 12 | 1387 | 50 | 9 | 1436 | 30 | 53— |
| 1184 | 32 | 24 | 1233 | 52 | 6 | 1292 | 40 | 18 | 1340 | 30 | 45— | 1388 | 36 | 22 | 1436 | 40 | 16 |
| 1185 | 38 | 15 | 1234 | 30 | 41— | 1292 | 58 | 5 | 1342 | 28 | 37= | 1389 | 34 | 36— | 1437 | 32 | 53— |
| 1185 | 43 | 12 | 1235 | 33 | 24 | 1293 | 30 | 45— | 1343 | 30 | 41— | 1390 | 44 | 13 | 1440 | 30 | 50— |
| 1187 | 34 | 19 | 1235 | 35 | 19 | 1293 | 32 | 37— | 1343 | 49 | 10 | 1391 | 36 | 24 | 1440 | 60 | 4 |
| 1187 | 50 | 5 | 1235 | 54 | 4 | 1296 | 46 | 30 | 1344 | 32 | 41— | 1392 | 30 | 45— | 1441 | 34 | 34— |
| 1188 | 28 | 37— | 1236 | 46 | 9 | 1297 | 30 | 37— | 1347 | 39 | 21 | 1393 | 30 | 58— | 1441 | 37 | 22 |
| 1189 | 30 | 37— | 1237 | 32 | 36— | 1299 | 34 | 34— | 1347 | 43 | 13 | 1394 | 32 | 45— | 1442 | 41 | 21 |
| 1192 | 41 | 11 | 1237 | 50 | 8 | 1300 | 38 | 21 | 1348 | 56 | 6 | 1394 | 40 | 21 | 1443 | 32 | 45— |
| 1193 | 30 | 34— | 1238 | 41 | 14 | 1300 | 46 | 12 | 1350 | 30 | 53— | 1394 | 46 | 11 | 1443 | 36 | 36— |
| 1193 | 58 | 29 | 1242 | 36 | 17 | 1300 | 50 | 7 | 1351 | 54 | 9 | 1395 | 56 | 5 | 1443 | 58 | 6 |
| 1194 | 45 | 10 | 1245 | 37 | 31 | 1301 | 24 | 37= | 1352 | 30 | 41— | 1397 | 20 | 39≡ | 1444 | 37 | 24 |
| 1196 | 35 | 17 | 1246 | 40 | 30 | 1301 | 32 | 36— | 1352 | 34 | 36— | 1397 | 52 | 7 | 1445 | 30 | 46— |
| 1197 | 30 | 36— | 1247 | 30 | 36— | 1302 | 34 | 23 | 1352 | 54 | 29 | 1398 | 28 | 37= | 1446 | 44 | 15 |
| 1197 | 34 | 34— | 1248 | 39 | 18 | 1302 | 54 | 6 | 1353 | 45 | 11 | 1399 | 36 | 34— | 1446 | 46 | 14 |
| 1197 | 40 | 14 | 1249 | 32 | 36— | 1302 | 56 | 4 | 1354 | 22 | 39≡ | 1400 | 34 | 34— | 1448 | 54 | 7 |
| 1198 | 20 | 35= | 1249 | 33 | 23 | 1303 | 26 | 35= | 1355 | 32 | 36— | 1401 | 43 | 15 | 1449 | 50 | 30 |
| 1198 | 30 | 41— | 1250 | 30 | 45— | 1305 | 34 | 36— | 1355 | 35 | 23 | 1403 | 30 | 53— | 1453 | 30 | 58— |
| 1198 | 32 | 23 | 1250 | 48 | 7 | 1305 | 42 | 13 | 1356 | 26 | 35= | 1404 | 22 | 35≡ | 1454 | 28 | 37= |
| 1198 | 35 | 16 | 1251 | 26 | 35= | 1306 | 32 | 41— | 1357 | 42 | 15 | 1404 | 45 | 14 | 1454 | 56 | 8 |
| 1199 | 26 | 35= | 1251 | 60 | 29 | 1306 | 48 | 10 | 1358 | 34 | 37— | 1406 | 24 | 35= | 1455 | 30 | 54— |
| 1200 | 33 | 25 | 1252 | 24 | 37= | 1307 | 30 | 41— | 1358 | 54 | 8 | 1407 | 34 | 36— | 1456 | 34 | 41— |
| 1200 | 60 | 3 | 1253 | 37 | 21 | 1308 | 52 | 8 | 1358 | 60 | 5 | 1408 | 32 | 45— | 1456 | 36 | 36— |
| 1201 | 32 | 34— | 1255 | 32 | 37— | 1310 | 30 | 45— | 1359 | 30 | 45— | 1408 | 36 | 23 | 1458 | 32 | 45— |
| 1201 | 36 | 31 | 1255 | 34 | 25 | 1310 | 35 | 25 | 1359 | 34 | 34— | 1409 | 30 | 46— | 1458 | 50 | 12 |
| 1203 | 22 | 35= | 1255 | 52 | 5 | 1311 | 48 | 9 | 1362 | 32 | 45— | 1410 | 39 | 20 | 1459 | 32 | 41— |
| 1204 | 24 | 37= | 1257 | 32 | 34— | 1312 | 44 | 11 | 1362 | 38 | 20 | 1411 | 44 | 30 | 1459 | 40 | 20 |
| 1204 | 38 | 18 | 1258 | 28 | 35= | 1313 | 30 | 41— | 1362 | 44 | 14 | 1415 | 34 | 41— | 1459 | 52 | 10 |
| 1205 | 32 | 36— | 1259 | 20 | 35≡ | 1313 | 37 | 20 | 1363 | 36 | 34— | 1417 | 36 | 36— | 1462 | 30 | 37= |
| 1205 | 39 | 30 | 1261 | 30 | 37— | 1314 | 28 | 35= | 1365 | 36 | 25 | 1418 | 49 | 12 | 1462 | 37 | 23 |
| 1207 | 36 | 21 | 1261 | 45 | 12 | 1319 | 34 | 34— | 1370 | 28 | 35= | 1418 | 58 | 6 | 1463 | 36 | 37— |
| 1211 | 50 | 9 | 1263 | 41 | 13 | 1320 | 30 | 53— | 1370 | 30 | 45— | 1419 | 30 | 54— | 1463 | 38 | 34— |
| 1212 | 52 | 6 | 1265 | 34 | 34— | 1320 | 43 | 14 | 1370 | 32 | 37— | 1420 | 36 | 34— | 1464 | 34 | 36— |
| 1213 | 20 | 39≡ | 1266 | 36 | 20 | 1321 | 20 | 35≡ | 1370 | 58 | 4 | 1420 | 51 | 10 | 1465 | 26 | 35≡ |
| 1214 | 30 | 36— | 1268 | 47 | 10 | 1323 | 50 | 7 | 1371 | 30 | 35= | 1421 | 32 | 41— | 1465 | 52 | 9 |
| 1214 | 32 | 36— | 1269 | 32 | 36— | 1324 | 54 | 5 | 1371 | 36 | 36— | 1421 | 37 | 25 | 1467 | 42 | 31 |
| 1214 | 50 | 29 | 1270 | 22 | 35≡ | 1326 | 30 | 45— | 1371 | 56 | 6 | 1422 | 22 | 39≡ | 1468 | 58 | 5 |
| 1218 | 35 | 20 | 1270 | 30 | 41— | 1327 | 36 | 34— | 1372 | 48 | 30 | 1422 | 41 | 31 | 1469 | 30 | 53— |
| 1218 | 50 | 8 | 1270 | 40 | 15 | 1327 | 42 | 30 | 1373 | 30 | 46— | 1423 | 30 | 58— | 1470 | 32 | 53— |
| 1219 | 32 | 34— | 1271 | 34 | 36— | 1328 | 26 | 37= | 1373 | 34 | 36— | 1424 | 56 | 9 | 1471 | 44 | 18 |
| 1221 | 40 | 13 | 1272 | 43 | 11 | 1332 | 32 | 37— | 1373 | 52 | 7 | 1425 | 38 | 34— | 1472 | 22 | 35≡ |
| 1221 | 44 | 30 | 1274 | 20 | 39≡ | 1332 | 37 | 19 | 1377 | 36 | 34— | 1426 | 24 | 39≡ | 1472 | 38 | 36— |
| 1223 | 26 | 37= | 1276 | 26 | 37= | 1333 | 24 | 35≡ | 1377 | 40 | 31 | 1426 | 32 | 45— | 1473 | 30 | 58— |
| 1223 | 44 | 12 | 1278 | 34 | 34— | 1333 | 34 | 34— | 1379 | 48 | 12 | 1426 | 43 | 18 | 1473 | 54 | 7 |
| 1224 | 60 | 4 | 1279 | 42 | 14 | 1333 | 39 | 31 | 1380 | 26 | 37= | 1427 | 28 | 35= | 1476 | 30 | 50— |
| 1225 | 30 | 37— | 1279 | 54 | 6 | 1334 | 32 | 34— | 1380 | 30 | 53— | 1427 | 34 | 36— | 1476 | 34 | 45— |
| 1226 | 56 | 5 | 1280 | 30 | 45— | 1336 | 20 | 39≡ | 1380 | 54 | 8 | 1428 | 32 | 41— | 1476 | 46 | 13 |
| 1227 | 39 | 15 | 1282 | 52 | 29 | 1336 | 35 | 22 | 1381 | 38 | 19 | 1430 | 56 | 8 | 1477 | 38 | 34— |
| 1228 | 48 | 7 | 1283 | 36 | 19 | 1336 | 41 | 18 | 1381 | 42 | 18 | 1431 | 30 | 35= | 1477 | 48 | 11 |

— bedeutet Träger mit einer Gurtplatte, = mit zwei, ≡ mit drei Gurtplatten.

# Widerstandsmomente cm³

## von 1479 bis 1720.

| Widerstandsmoment cm³ | Stehblech-Höhe cm | Seite des Buches | Widerstandsmoment cm³ | Stehblech-Höhe cm | Seite des Buches | Widerstandsmoment cm³ | Stehblech-Höhe cm | Seite des Buches | Widerstandsmoment cm³ | Stehblech-Höhe cm | Seite des Buches | Widerstandsmoment cm³ | Stehblech-Höhe cm | Seite des Buches | Widerstandsmoment cm³ | Stehblech-Höhe cm | Seite des Buches |
|---|---|---|---|---|---|---|---|---|---|---|---|---|---|---|---|---|---|
| 1479 | 24 | 35≡ | 1521 | 38 | 36— | 1566 | 32 | 53— | 1608 | 49 | 13 | 1646 | 38 | 36— | 1685 | 28 | 35≡ |
| 1479 | 32 | 45— | 1522 | 30 | 37— | 1567 | 26 | 39≡ | 1608 | 54 | 30 | 1647 | 26 | 39≡ | 1685 | 30 | 76— |
| 1479 | 36 | 36— | 1523 | 38 | 34— | 1567 | 28 | 37= | 1609 | 32 | 46— | 1647 | 32 | 58— | 1687 | 46 | 21 |
| 1480 | 34 | 37— | 1524 | 40 | 34— | 1569 | 32 | 50— | 1609 | 43 | 20 | 1647 | 34 | 58— | 1688 | 32 | 76— |
| 1481 | 30 | 46— | 1524 | 56 | 7 | 1569 | 36 | 41— | 1610 | 30 | 42= | 1648 | 30 | 76— | 1688 | 34 | 53— |
| 1481 | 40 | 19 | 1525 | 34 | 45— | 1569 | 38 | 34— | 1610 | 47 | 18 | 1648 | 52 | 11 | 1688 | 38 | 36— |
| 1482 | 41 | 17 | 1526 | 32 | 53— | 1569 | 60 | 29 | 1612 | 30 | 35= | 1649 | 30 | 76— | 1689 | 30 | 47= |
| 1483 | 28 | 35≡ | 1526 | 36 | 41— | 1570 | 32 | 46— | 1612 | 34 | 45— | 1649 | 32 | 37≡ | 1689 | 56 | 30 |
| 1483 | 30 | 58— | 1527 | 30 | 54— | 1571 | 39 | 23 | 1612 | 36 | 41— | 1650 | 34 | 53— | 1691 | 30 | 59— |
| 1484 | 40 | 34— | 1528 | 52 | 30 | 1572 | 24 | 39≡ | 1613 | 30 | 59— | 1652 | 30 | 59— | 1691 | 53 | 11 |
| 1484 | 41 | 16 | 1528 | 58 | 8 | 1572 | 30 | 58— | 1613 | 34 | 53— | 1652 | 46 | 31 | 1693 | 34 | 53— |
| 1486 | 32 | 35≡ | 1531 | 41 | 19 | 1573 | 60 | 9 | 1614 | 32 | 35= | 1653 | 41 | 32 | 1695 | 32 | 42= |
| 1487 | 30 | 59— | 1531 | 42 | 17 | 1575 | 34 | 46— | 1614 | 38 | 34— | 1653 | 50 | 13 | 1695 | 40 | 36— |
| 1489 | 22 | 39≡ | 1532 | 32 | 46— | 1575 | 36 | 36— | 1615 | 32 | 58— | 1655 | 36 | 41— | 1696 | 30 | 42= |
| 1489 | 47 | 14 | 1532 | 48 | 14 | 1575 | 40 | 36— | 1615 | 34 | 46— | 1655 | 40 | 36— | 1696 | 32 | 59— |
| 1489 | 60 | 6 | 1533 | 39 | 25 | 1575 | 49 | 14 | 1615 | 38 | 37— | 1656 | 32 | 76— | 1696 | 36 | 46— |
| 1490 | 30 | 42= | 1533 | 42 | 16 | 1578 | 34 | 41— | 1615 | 40 | 36— | 1656 | 34 | 46— | 1697 | 32 | 54— |
| 1490 | 42 | 21 | 1534 | 30 | 59— | 1578 | 55 | 10 | 1616 | 32 | 50— | 1657 | 41 | 22 | 1697 | 34 | 46— |
| 1491 | 30 | 35= | 1534 | 32 | 53— | 1579 | 60 | 8 | 1616 | 36 | 41— | 1657 | 48 | 18 | 1698 | 51 | 13 |
| 1491 | 45 | 15 | 1536 | 36 | 36— | 1580 | 40 | 34— | 1617 | 32 | 42= | 1658 | 32 | 50— | 1699 | 32 | 50— |
| 1493 | 32 | 46— | 1536 | 46 | 15 | 1581 | 43 | 17 | 1618 | 30 | 76— | 1659 | 34 | 53— | 1699 | 36 | 41— |
| 1494 | 38 | 22 | 1537 | 34 | 41— | 1581 | 47 | 15 | 1618 | 56 | 10 | 1659 | 44 | 20 | 1699 | 42 | 25 |
| 1495 | 46 | 30 | 1538 | 54 | 10 | 1581 | 48 | 30 | 1619 | 50 | 14 | 1659 | 57 | 10 | 1699 | 47 | 31 |
| 1495 | 58 | 29 | 1539 | 30 | 58— | 1581 | 53 | 12 | 1620 | 32 | 54— | 1660 | 38 | 34— | 1700 | 34 | 50— |
| 1496 | 34 | 41— | 1539 | 38 | 34— | 1582 | 32 | 54— | 1622 | 54 | 12 | 1661 | 41 | 24 | 1700 | 58 | 10 |
| 1496 | 36 | 36— | 1539 | 43 | 21 | 1582 | 42 | 19 | 1624 | 26 | 35≡ | 1663 | 36 | 41— | 1702 | 30 | 67— |
| 1497 | 38 | 24 | 1540 | 52 | 12 | 1583 | 30 | 37= | 1624 | 38 | 36— | 1663 | 51 | 14 | 1703 | 26 | 35≡ |
| 1498 | 53 | 10 | 1541 | 60 | 5 | 1583 | 32 | 58— | 1624 | 56 | 9 | 1664 | 55 | 12 | 1703 | 30 | 37= |
| 1498 | 58 | 9 | 1543 | 32 | 54— | 1583 | 42 | 34— | 1625 | 30 | 54— | 1667 | 42 | 34— | 1704 | 49 | 18 |
| 1499 | 24 | 39≡ | 1544 | 26 | 35≡ | 1583 | 43 | 16 | 1625 | 34 | 53— | 1668 | 50 | 30 | 1705 | 58 | 9 |
| 1499 | 51 | 12 | 1544 | 34 | 45— | 1584 | 30 | 50— | 1625 | 42 | 34— | 1669 | 34 | 54— | 1706 | 38 | 37— |
| 1500 | 34 | 41— | 1544 | 54 | 9 | 1584 | 32 | 37= | 1626 | 24 | 35≡ | 1670 | 30 | 42= | 1706 | 42 | 32 |
| 1501 | 38 | 34— | 1547 | 30 | 54— | 1586 | 38 | 36— | 1626 | 40 | 36— | 1670 | 32 | 59— | 1707 | 56 | 12 |
| 1502 | 30 | 53— | 1548 | 38 | 36— | 1588 | 30 | 76— | 1627 | 36 | 45— | 1670 | 40 | 36— | 1708 | 52 | 14 |
| 1502 | 32 | 53— | 1548 | 39 | 22 | 1588 | 44 | 21 | 1627 | 40 | 23 | 1671 | 34 | 35= | 1709 | 30 | 67— |
| 1504 | 58 | 8 | 1549 | 32 | 45— | 1589 | 34 | 41— | 1627 | 48 | 15 | 1674 | 49 | 15 | 1709 | 34 | 37= |
| 1506 | 30 | 58— | 1549 | 36 | 37— | 1590 | 40 | 25 | 1628 | 40 | 34— | 1675 | 32 | 58— | 1709 | 38 | 45— |
| 1506 | 36 | 37— | 1550 | 56 | 7 | 1591 | 34 | 53— | 1629 | 58 | 7 | 1675 | 34 | 45— | 1709 | 42 | 34— |
| 1508 | 30 | 54— | 1551 | 32 | 58— | 1593 | 36 | 37— | 1630 | 30 | 42= | 1676 | 30 | 67— | 1709 | 60 | 7 |
| 1509 | 41 | 20 | 1551 | 39 | 24 | 1595 | 30 | 59— | 1631 | 32 | 53— | 1676 | 40 | 34— | 1710 | 30 | 43= |
| 1510 | 34 | 45— | 1552 | 24 | 35≡ | 1596 | 32 | 53— | 1632 | 44 | 16 | 1678 | 36 | 53— | 1710 | 32 | 58— |
| 1510 | 38 | 36— | 1552 | 30 | 35= | 1600 | 28 | 35≡ | 1633 | 34 | 41— | 1678 | 40 | 37— | 1710 | 34 | 54— |
| 1511 | 28 | 37≡ | 1556 | 22 | 39≡ | 1600 | 34 | 45— | 1633 | 43 | 19 | 1679 | 32 | 35= | 1710 | 36 | 41— |
| 1511 | 32 | 41— | 1557 | 34 | 53— | 1601 | 30 | 50— | 1636 | 36 | 37— | 1679 | 42 | 36— | 1710 | 45 | 20 |
| 1512 | 30 | 50— | 1559 | 30 | 59— | 1601 | 58 | 7 | 1637 | 34 | 45— | 1679 | 60 | 7 | 1711 | 28 | 39≡ |
| 1513 | 43 | 31 | 1559 | 42 | 20 | 1602 | 40 | 22 | 1638 | 30 | 43= | 1680 | 32 | 54— | 1712 | 30 | 43= |
| 1514 | 32 | 45— | 1559 | 44 | 31 | 1603 | 34 | 35= | 1638 | 32 | 54— | 1681 | 45 | 17 | 1712 | 32 | 59— |
| 1515 | 36 | 36— | 1561 | 32 | 53— | 1604 | 32 | 58— | 1638 | 38 | 41— | 1682 | 45 | 16 | 1712 | 42 | 22 |
| 1515 | 60 | 6 | 1562 | 30 | 50— | 1604 | 38 | 36— | 1638 | 45 | 21 | 1683 | 36 | 45— | 1713 | 32 | 37= |
| 1516 | 38 | 23 | 1562 | 34 | 45— | 1604 | 40 | 34— | 1640 | 30 | 50— | 1683 | 41 | 23 | 1714 | 36 | 53— |
| 1517 | 45 | 18 | 1562 | 50 | 11 | 1604 | 60 | 8 | 1640 | 32 | 58— | 1683 | 42 | 34— | 1714 | 40 | 36— |
| 1519 | 32 | 58— | 1563 | 30 | 42= | 1605 | 51 | 11 | 1643 | 30 | 37= | 1683 | 44 | 34— | 1715 | 34 | 58— |
| 1519 | 49 | 11 | 1563 | 46 | 18 | 1606 | 40 | 24 | 1644 | 36 | 45— | 1684 | 32 | 50— | 1716 | 42 | 24 |
| 1520 | 47 | 13 | 1564 | 40 | 34— | 1606 | 45 | 31 | 1644 | 40 | 34— | 1684 | 38 | 41— | 1719 | 24 | 39≡ |
| 1521 | 34 | 37— | 1564 | 48 | 13 | 1607 | 32 | 50— | 1646 | 32 | 50— | 1684 | 44 | 19 | 1720 | 32 | 76— |

— bedeutet Träger mit einer Gurtplatte, = mit zwei, ≡ mit drei Gurtplatten.

## von 1720 bis 1934.

| Widerstandsmoment cm³ | Stehblech-Höhe cm | Seite des Buches | Widerstandsmoment cm³ | Stehblech-Höhe cm | Seite des Buches | Widerstandsmoment cm³ | Stehblech-Höhe cm | Seite des Buches | Widerstandsmoment cm³ | Stehblech-Höhe cm | Seite des Buches | Widerstandsmoment cm³ | Stehblech-Höhe cm | Seite des Buches | Widerstandsmoment cm³ | Stehblech-Höhe cm | Seite des Buches |
|---|---|---|---|---|---|---|---|---|---|---|---|---|---|---|---|---|---|
| 1720 | 50 | 15 | 1754 | 34 | 59— | 1788 | 60 | 9 | 1831 | 46 | 34— | 1866 | 36 | 35= | 1896 | 36 | 53— |
| 1721 | 36 | 35= | 1754 | 43 | 25 | 1789 | 46 | 19 | 1833 | 34 | 54— | 1866 | 38 | 46— | 1897 | 40 | 41— |
| 1721 | 42 | 36— | 1757 | 36 | 41— | 1790 | 53 | 13 | 1833 | 38 | 41— | 1866 | 48 | 20 | 1897 | 41 | 26 |
| 1722 | 30 | 76— | 1757 | 52 | 30 | 1791 | 30 | 43= | 1834 | 36 | 58— | 1867 | 45 | 32 | 1897 | 53 | 18 |
| 1722 | 32 | 50— | 1758 | 30 | 76— | 1792 | 34 | 54— | 1834 | 40 | 26 | 1867 | 62 | 10 | 1899 | 44 | 37— |
| 1723 | 36 | 45— | 1758 | 40 | 36— | 1792 | 58 | 12 | 1835 | 30 | 63— | 1868 | 30 | 48= | 1901 | 32 | 63— |
| 1724 | 40 | 34— | 1759 | 43 | 32 | 1793 | 36 | 35= | 1835 | 36 | 37= | 1868 | 40 | 45— | 1903 | 30 | 63— |
| 1725 | 34 | 53— | 1762 | 46 | 20 | 1794 | 30 | 76— | 1835 | 48 | 16 | 1868 | 42 | 41— | 1903 | 34 | 54— |
| 1726 | 26 | 39≡ | 1763 | 30 | 42= | 1795 | 32 | 59— | 1835 | 59 | 12 | 1869 | 36 | 46— | 1904 | 36 | 54— |
| 1726 | 34 | 54— | 1763 | 32 | 54— | 1795 | 34 | 50— | 1836 | 34 | 59— | 1869 | 57 | 11 | 1905 | 40 | 41— |
| 1726 | 40 | 37— | 1763 | 34 | 53— | 1795 | 49 | 31 | 1836 | 54 | 13 | 1870 | 30 | 43= | 1906 | 38 | 53— |
| 1727 | 30 | 63— | 1763 | 36 | 45— | 1796 | 28 | 39≡ | 1837 | 32 | 42= | 1870 | 40 | 37— | 1907 | 36 | 37= |
| 1727 | 44 | 34— | 1763 | 42 | 36— | 1796 | 43 | 23 | 1838 | 42 | 37— | 1872 | 42 | 36— | 1908 | 32 | 42= |
| 1731 | 30 | 42= | 1764 | 38 | 45— | 1797 | 36 | 54— | 1839 | 34 | 50— | 1873 | 36 | 58— | 1908 | 40 | 45— |
| 1732 | 46 | 17 | 1766 | 32 | 42= | 1798 | 54 | 14 | 1839 | 49 | 21 | 1873 | 44 | 36— | 1909 | 38 | 58— |
| 1733 | 42 | 36— | 1767 | 43 | 22 | 1799 | 30 | 63— | 1841 | 32 | 63— | 1874 | 32 | 42= | 1910 | 63 | 10 |
| 1733 | 46 | 16 | 1767 | 51 | 15 | 1800 | 40 | 41— | 1841 | 36 | 54— | 1876 | 32 | 35≡ | 1911 | 30 | 47= |
| 1734 | 38 | 41— | 1770 | 28 | 35≡ | 1800 | 51 | 18 | 1841 | 38 | 35= | 1876 | 34 | 35= | 1911 | 38 | 46— |
| 1734 | 42 | 34— | 1770 | 34 | 54— | 1801 | 38 | 53— | 1841 | 47 | 19 | 1877 | 34 | 59— | 1911 | 54 | 15 |
| 1735 | 32 | 59— | 1771 | 44 | 34— | 1801 | 40 | 41— | 1842 | 32 | 37= | 1877 | 36 | 50— | 1912 | 45 | 23 |
| 1735 | 36 | 45— | 1772 | 40 | 34— | 1802 | 36 | 45— | 1842 | 44 | 36— | 1877 | 38 | 53— | 1913 | 34 | 37= |
| 1735 | 40 | 36— | 1772 | 43 | 24 | 1802 | 40 | 36— | 1843 | 50 | 31 | 1877 | 46 | 34— | 1913 | 36 | 58— |
| 1735 | 54 | 11 | 1772 | 58 | 30 | 1805 | 26 | 39≡ | 1843 | 55 | 14 | 1879 | 60 | 12 | 1914 | 58 | 11 |
| 1736 | 45 | 19 | 1773 | 32 | 59— | 1805 | 42 | 36— | 1845 | 34 | 37— | 1880 | 30 | 55— | 1915 | 38 | 53— |
| 1737 | 30 | 35≡ | 1774 | 30 | 67— | 1806 | 38 | 45— | 1846 | 30 | 67— | 1880 | 32 | 63— | 1917 | 34 | 59— |
| 1738 | 34 | 46— | 1774 | 32 | 43= | 1807 | 34 | 35= | 1847 | 42 | 36— | 1880 | 45 | 22 | 1917 | 36 | 76— |
| 1738 | 36 | 53— | 1774 | 40 | 37— | 1808 | 34 | 59— | 1847 | 54 | 30 | 1881 | 28 | 39≡ | 1917 | 44 | 36— |
| 1738 | 47 | 21 | 1775 | 30 | 67— | 1809 | 32 | 42= | 1848 | 38 | 45— | 1882 | 34 | 42= | 1918 | 32 | 63— |
| 1739 | 34 | 35= | 1775 | 34 | 58— | 1809 | 44 | 25 | 1848 | 52 | 18 | 1882 | 38 | 41— | 1918 | 38 | 35 |
| 1739 | 42 | 23 | 1775 | 38 | 41— | 1810 | 30 | 47= | 1849 | 36 | 58— | 1882 | 55 | 13 | 1918 | 42 | 36— |
| 1740 | 36 | 46— | 1777 | 32 | 37= | 1813 | 36 | 58— | 1849 | 40 | 41— | 1883 | 34 | 50— | 1918 | 49 | 20 |
| 1741 | 32 | 50— | 1777 | 36 | 53— | 1813 | 44 | 32 | 1850 | 34 | 58— | 1884 | 26 | 39≡ | 1919 | 30 | 35≡ |
| 1741 | 34 | 50— | 1778 | 30 | 47= | 1814 | 34 | 42= | 1851 | 32 | 67— | 1884 | 36 | 54— | 1919 | 42 | 41— |
| 1741 | 59 | 10 | 1779 | 55 | 11 | 1814 | 47 | 20 | 1852 | 32 | 43= | 1885 | 42 | 34— | 1920 | 36 | 50— |
| 1742 | 30 | 67— | 1780 | 42 | 36— | 1815 | 44 | 34— | 1852 | 34 | 59— | 1886 | 45 | 24 | 1921 | 30 | 55= |
| 1743 | 32 | 35= | 1782 | 26 | 35≡ | 1815 | 52 | 15 | 1853 | 34 | 76— | 1887 | 34 | 76— | 1921 | 36 | 58— |
| 1744 | 52 | 13 | 1782 | 34 | 50— | 1817 | 36 | 53— | 1853 | 40 | 41— | 1887 | 36 | 50— | 1921 | 46 | 25 |
| 1745 | 32 | 42= | 1783 | 30 | 43= | 1819 | 30 | 55= | 1854 | 32 | 43= | 1887 | 40 | 45— | 1922 | 34 | 76— |
| 1746 | 30 | 63— | 1783 | 34 | 58— | 1819 | 34 | 76— | 1854 | 44 | 23 | 1887 | 49 | 16 | 1923 | 46 | 34— |
| 1746 | 34 | 42= | 1783 | 38 | 41— | 1820 | 38 | 46— | 1855 | 28 | 35≡ | 1888 | 42 | 37— | 1923 | 61 | 12 |
| 1747 | 38 | 45— | 1783 | 47 | 17 | 1821 | 38 | 41— | 1855 | 30 | 43= | 1888 | 48 | 34— | 1924 | 34 | 76— |
| 1747 | 48 | 31 | 1783 | 60 | 10 | 1822 | 36 | 53— | 1856 | 60 | 30 | 1889 | 56 | 14 | 1925 | 41 | 27 |
| 1749 | 30 | 47= | 1784 | 32 | 76— | 1822 | 40 | 37— | 1857 | 30 | 39≡ | 1890 | 32 | 67— | 1926 | 32 | 47= |
| 1749 | 34 | 58— | 1784 | 42 | 34— | 1823 | 44 | 22 | 1857 | 36 | 53— | 1890 | 38 | 45— | 1926 | 40 | 53— |
| 1749 | 57 | 12 | 1784 | 47 | 16 | 1824 | 32 | 67— | 1859 | 32 | 67— | 1890 | 44 | 36— | 1927 | 34 | 50— |
| 1750 | 34 | 50— | 1785 | 30 | 63— | 1824 | 56 | 11 | 1859 | 34 | 54— | 1891 | 36 | 59— | 1927 | 36 | 54— |
| 1750 | 36 | 53— | 1785 | 34 | 76— | 1825 | 30 | 63— | 1860 | 44 | 34— | 1891 | 50 | 21 | 1927 | 38 | 54— |
| 1751 | 34 | 54— | 1785 | 38 | 45— | 1825 | 61 | 10 | 1861 | 38 | 45— | 1891 | 51 | 31 | 1928 | 30 | 43= |
| 1751 | 42 | 34— | 1785 | 44 | 36— | 1826 | 36 | 46— | 1861 | 40 | 27 | 1893 | 46 | 36— | 1928 | 32 | 67— |
| 1752 | 32 | 76— | 1785 | 46 | 34— | 1826 | 42 | 36— | 1863 | 32 | 76— | 1894 | 32 | 67— | 1929 | 32 | 43= |
| 1752 | 38 | 37— | 1786 | 32 | 76— | 1828 | 30 | 35≡ | 1863 | 34 | 50— | 1894 | 44 | 34— | 1929 | 56 | 13 |
| 1752 | 40 | 41— | 1786 | 36 | 53— | 1828 | 40 | 45— | 1863 | 53 | 15 | 1895 | 32 | 47= | 1930 | 30 | 47= |
| 1752 | 50 | 18 | 1787 | 42 | 37— | 1829 | 34 | 42= | 1864 | 30 | 63— | 1895 | 46 | 34— | 1931 | 40 | 45— |
| 1753 | 32 | 59— | 1788 | 32 | 67— | 1829 | 44 | 36— | 1864 | 38 | 53— | 1895 | 48 | 19 | 1932 | 38 | 45— |
| 1753 | 53 | 14 | 1788 | 48 | 21 | 1831 | 32 | 47= | 1865 | 45 | 25 | 1896 | 34 | 59— | 1934 | 36 | 50— |

— bedeutet Träger mit einer Gurtplatte, = mit zwei, ≡ mit drei Gurtplatten.

# Widerstandsmomente cm³

## von 1935 bis 2120.

| Widerstandsmoment cm³ | Stehblech-Höhe cm | Seite des Buches | Widerstandsmoment cm³ | Stehblech-Höhe cm | Seite des Buches | Widerstandsmoment cm³ | Stehblech-Höhe cm | Seite des Buches | Widerstandsmoment cm³ | Stehblech-Höhe cm | Seite des Buches | Widerstandsmoment cm³ | Stehblech-Höhe cm | Seite des Buches | Widerstandsmoment cm³ | Stehblech-Höhe cm | Seite des Buches |
|---|---|---|---|---|---|---|---|---|---|---|---|---|---|---|---|---|---|
| 1935 | 57 | 14 | 1967 | 62 | 12 | 2001 | 47 | 24 | 2033 | 42 | 45— | 2061 | 48 | 34— | 2092 | 30 | 44≡ |
| 1936 | 34 | 67— | 1969 | 38 | 50— | 2002 | 48 | 36— | 2035 | 32 | 55= | 2062 | 30 | 61= | 2092 | 40 | 37= |
| 1936 | 46 | 22 | 1969 | 42 | 41— | 2002 | 50 | 19 | 2035 | 48 | 25 | 2063 | 40 | 45— | 2093 | 36 | 42= |
| 1936 | 48 | 34— | 1969 | 46 | 34— | 2003 | 38 | 46— | 2036 | 34 | 63— | 2064 | 36 | 59— | 2093 | 49 | 25 |
| 1938 | 32 | 43≡ | 1970 | 32 | 55= | 2003 | 46 | 36— | 2036 | 44 | 36— | 2064 | 36 | 76— | 2093 | 50 | 34— |
| 1938 | 36 | 35= | 1970 | 36 | 54— | 2003 | 48 | 34— | 2037 | 40 | 53— | 2064 | 38 | 54— | 2095 | 30 | 56= |
| 1938 | 56 | 30 | 1970 | 46 | 23 | 2004 | 44 | 37— | 2039 | 30 | 39≡ | 2064 | 48 | 36— | 2095 | 38 | 58— |
| 1939 | 42 | 37— | 1971 | 50 | 20 | 2005 | 32 | 39≡ | 2039 | 38 | 37— | 2067 | 32 | 47= | 2095 | 42 | 53— |
| 1939 | 44 | 36— | 1973 | 32 | 35≡ | 2005 | 32 | 67— | 2039 | 44 | 41— | 2067 | 46 | 37— | 2096 | 57 | 18 |
| 1939 | 46 | 36— | 1973 | 38 | 54— | 2005 | 60 | 11 | 2039 | 54 | 31 | 2068 | 32 | 63— | 2097 | 44 | 41— |
| 1939 | 50 | 17 | 1974 | 34 | 47= | 2006 | 32 | 43= | 2040 | 38 | 54— | 2070 | 32 | 35≡ | 2097 | 53 | 16 |
| 1940 | 28 | 35≡ | 1974 | 42 | 41— | 2006 | 34 | 76— | 2040 | 66 | 10 | 2070 | 38 | 35= | 2098 | 30 | 60= |
| 1940 | 30 | 48= | 1975 | 40 | 45— | 2006 | 36 | 50— | 2041 | 40 | 46— | 2070 | 42 | 41— | 2098 | 48 | 36— |
| 1940 | 32 | 76— | 1976 | 57 | 13 | 2006 | 40 | 53— | 2042 | 36 | 59— | 2071 | 30 | 51= | 2098 | 53 | 17 |
| 1940 | 52 | 31 | 1977 | 36 | 59— | 2006 | 46 | 34— | 2043 | 34 | 47= | 2071 | 44 | 45— | 2098 | 62 | 11 |
| 1941 | 34 | 59— | 1978 | 47 | 25 | 2008 | 56 | 15 | 2043 | 40 | 35= | 2072 | 42 | 46— | 2099 | 32 | 48= |
| 1942 | 32 | 63— | 1979 | 30 | 51= | 2009 | 38 | 42= | 2043 | 40 | 58— | 2072 | 59 | 13 | 2099 | 32 | 55= |
| 1943 | 46 | 24 | 1979 | 36 | 37= | 2009 | 40 | 41— | 2043 | 50 | 34— | 2074 | 36 | 50— | 2099 | 52 | 34— |
| 1943 | 51 | 21 | 1980 | 34 | 42= | 2010 | 30 | 35≡ | 2044 | 30 | 47= | 2074 | 40 | 28 | 2100 | 54 | 21 |
| 1945 | 40 | 41— | 1981 | 36 | 50— | 2011 | 34 | 67— | 2044 | 34 | 67— | 2075 | 38 | 50— | 2101 | 30 | 35≡ |
| 1946 | 54 | 18 | 1982 | 34 | 37— | 2011 | 38 | 58— | 2044 | 52 | 16 | 2075 | 38 | 59— | 2102 | 32 | 39≡ |
| 1947 | 38 | 58— | 1982 | 58 | 14 | 2012 | 63 | 12 | 2045 | 36 | 42= | 2075 | 42 | 45— | 2102 | 34 | 63— |
| 1947 | 44 | 34— | 1984 | 32 | 63— | 2013 | 30 | 48= | 2045 | 36 | 54— | 2076 | 34 | 63— | 2102 | 65 | 12 |
| 1948 | 30 | 39≡ | 1984 | 48 | 34— | 2014 | 38 | 50— | 2045 | 52 | 17 | 2076 | 60 | 14 | 2103 | 38 | 42= |
| 1948 | 36 | 59— | 1985 | 34 | 59— | 2017 | 34 | 35≡ | 2046 | 40 | 53— | 2077 | 34 | 43= | 2103 | 42 | 45— |
| 1948 | 38 | 53— | 1985 | 38 | 58— | 2019 | 34 | 42= | 2047 | 34 | 76— | 2077 | 46 | 36— | 2104 | 46 | 36— |
| 1948 | 40 | 45— | 1985 | 46 | 36— | 2019 | 38 | 54— | 2047 | 53 | 21 | 2078 | 32 | 55= | 2105 | 32 | 43— |
| 1948 | 49 | 19 | 1986 | 44 | 41— | 2019 | 40 | 45— | 2049 | 30 | 60= | 2078 | 52 | 20 | 2105 | 46 | 41— |
| 1949 | 36 | 42= | 1987 | 30 | 55— | 2020 | 42 | 41— | 2049 | 34 | 67— | 2080 | 48 | 34— | 2106 | 38 | 50— |
| 1949 | 42 | 45— | 1987 | 44 | 36— | 2021 | 32 | 48= | 2050 | 38 | 76— | 2081 | 40 | 53— | 2106 | 40 | 50— |
| 1950 | 34 | 42= | 1988 | 40 | 45— | 2021 | 36 | 42= | 2050 | 48 | 36— | 2083 | 40 | 58— | 2106 | 58 | 15 |
| 1950 | 46 | 34— | 1989 | 30 | 60= | 2021 | 36 | 59— | 2051 | 28 | 39≡ | 2083 | 42 | 41— | 2107 | 36 | 76— |
| 1951 | 36 | 54— | 1989 | 36 | 76— | 2022 | 30 | 56— | 2051 | 36 | 37= | 2084 | 32 | 43= | 2107 | 40 | 54— |
| 1952 | 44 | 37— | 1989 | 42 | 27 | 2022 | 32 | 43= | 2051 | 48 | 22 | 2084 | 67 | 10 | 2107 | 40 | 58— |
| 1952 | 46 | 36— | 1989 | 53 | 31 | 2023 | 38 | 58— | 2052 | 61 | 11 | 2085 | 30 | 48= | 2109 | 49 | 22 |
| 1953 | 36 | 58— | 1990 | 38 | 53— | 2024 | 32 | 47= | 2053 | 30 | 55= | 2085 | 34 | 67— | 2110 | 30 | 60= |
| 1953 | 38 | 53— | 1991 | 42 | 45— | 2024 | 43 | 26 | 2053 | 38 | 58— | 2085 | 38 | 42= | 2110 | 38 | 54— |
| 1953 | 64 | 10 | 1991 | 51 | 16 | 2024 | 51 | 20 | 2053 | 42 | 53— | 2086 | 34 | 67— | 2110 | 44 | 37— |
| 1957 | 32 | 63— | 1992 | 36 | 58— | 2024 | 58 | 13 | 2053 | 46 | 36— | 2086 | 40 | 53— | 2111 | 34 | 47= |
| 1957 | 38 | 46— | 1992 | 51 | 17 | 2025 | 36 | 76— | 2054 | 36 | 43= | 2087 | 34 | 43= | 2111 | 52 | 19 |
| 1957 | 40 | 41— | 1993 | 40 | 46— | 2025 | 38 | 50— | 2055 | 34 | 42= | 2087 | 36 | 67— | 2112 | 50 | 36— |
| 1959 | 32 | 47= | 1993 | 47 | 22 | 2026 | 32 | 63— | 2055 | 43 | 27 | 2087 | 42 | 35= | 2113 | 50 | 34— |
| 1959 | 55 | 15 | 1993 | 50 | 34— | 2027 | 30 | 43= | 2056 | 51 | 19 | 2088 | 32 | 47= | 2114 | 40 | 50— |
| 1960 | 42 | 26 | 1994 | 38 | 35= | 2027 | 32 | 60= | 2057 | 42 | 45— | 2088 | 34 | 76— | 2115 | 38 | 37= |
| 1960 | 59 | 11 | 1995 | 32 | 63— | 2027 | 36 | 50— | 2057 | 44 | 37— | 2088 | 36 | 59— | 2115 | 44 | 45— |
| 1961 | 44 | 36— | 1995 | 34 | 43= | 2029 | 38 | 59— | 2057 | 57 | 15 | 2088 | 38 | 76— | 2116 | 46 | 34— |
| 1962 | 38 | 37= | 1995 | 36 | 59— | 2029 | 42 | 41— | 2057 | 64 | 12 | 2088 | 44 | 26 | 2117 | 34 | 63— |
| 1963 | 36 | 50— | 1995 | 52 | 21 | 2029 | 47 | 23 | 2058 | 34 | 63— | 2088 | 48 | 23 | 2117 | 42 | 45— |
| 1963 | 40 | 35= | 1996 | 55 | 18 | 2029 | 59 | 14 | 2059 | 40 | 54— | 2088 | 49 | 32 | 2117 | 48 | 36— |
| 1965 | 30 | 60= | 1996 | 65 | 10 | 2031 | 30 | 60= | 2059 | 48 | 24 | 2089 | 40 | 46— | 2118 | 49 | 24 |
| 1965 | 34 | 76— | 1997 | 32 | 47= | 2031 | 46 | 36— | 2060 | 38 | 50— | 2089 | 55 | 31 | 2119 | 48 | 34— |
| 1965 | 36 | 42= | 1998 | 34 | 43= | 2031 | 58 | 30 | 2061 | 30 | 55= | 2090 | 38 | 54— | 2120 | 30 | 55= |
| 1966 | 28 | 39≡ | 1998 | 36 | 54— | 2032 | 38 | 53— | 2061 | 36 | 76— | 2090 | 38 | 59— | 2120 | 34 | 35≡ |
| 1966 | 40 | 53— | 2000 | 30 | 55= | 2032 | 48 | 32 | 2061 | 38 | 58— | 2091 | 32 | 60= | 2120 | 36 | 47= |
| 1967 | 32 | 67— | 2000 | 44 | 34— | 2032 | 48 | 34— | 2061 | 46 | 34— | 2091 | 44 | 41— | 2120 | 44 | 27 |

— bedeutet Träger mit einer Gurtplatte, = mit zwei, ≡ mit drei Gurtplatten.

## von 2120 bis 2287.

| Widerstandsmoment cm³ | Stehblech-Höhe cm | Seite des Buches | Widerstandsmoment cm³ | Stehblech-Höhe cm | Seite des Buches | Widerstandsmoment cm³ | Stehblech-Höhe cm | Seite des Buches | Widerstandsmoment cm³ | Stehblech-Höhe cm | Seite des Buches | Widerstandsmoment cm³ | Stehblech-Höhe cm | Seite des Buches | Widerstandsmoment cm³ | Stehblech-Höhe cm | Seite des Buches |
|---|---|---|---|---|---|---|---|---|---|---|---|---|---|---|---|---|---|
| 2120 | 60 | 13 | 2149 | 32 | 55= | 2176 | 34 | 43= | 2204 | 40 | 35= | 2232 | 50 | 36- | 2261 | 42 | 53- |
| 2121 | 38 | 59- | 2149 | 42 | 45- | 2176 | 48 | 34- | 2204 | 44 | 45- | 2233 | 32 | 61- | 2261 | 54 | 34- |
| 2122 | 46 | 37- | 2150 | 54 | 16 | 2177 | 34 | 48= | 2204 | 55 | 16 | 2233 | 44 | 45- | 2261 | 56 | 17 |
| 2123 | 34 | 55= | 2151 | 36 | 63- | 2177 | 46 | 37- | 2206 | 36 | 67- | 2233 | 50 | 34- | 2261 | 57 | 21 |
| 2123 | 40 | 58- | 2151 | 36 | 76- | 2177 | 50 | 24 | 2206 | 38 | 76- | 2234 | 40 | 59- | 2262 | 50 | 36- |
| 2123 | 42 | 46- | 2151 | 38 | 50- | 2177 | 50 | 36- | 2207 | 30 | 61= | 2234 | 48 | 34- | 2263 | 30 | 77= |
| 2123 | 42 | 53- | 2151 | 40 | 58- | 2178 | 40 | 54- | 2207 | 54 | 34- | 2235 | 34 | 63- | 2263 | 42 | 54- |
| 2124 | 30 | 51= | 2151 | 50 | 25 | 2179 | 34 | 47= | 2207 | 55 | 17 | 2237 | 36 | 63- | 2263 | 42 | 58- |
| 2124 | 36 | 37- | 2151 | 52 | 34- | 2179 | 42 | 53- | 2207 | 56 | 21 | 2237 | 36 | 76- | 2263 | 46 | 45- |
| 2124 | 36 | 42= | 2152 | 54 | 17 | 2179 | 42 | 58- | 2207 | 60 | 15 | 2237 | 51 | 24 | 2264 | 32 | 35= |
| 2124 | 38 | 50- | 2153 | 45 | 26 | 2181 | 44 | 53- | 2208 | 50 | 23 | 2238 | 34 | 55= | 2264 | 32 | 56= |
| 2124 | 40 | 35= | 2153 | 55 | 21 | 2183 | 48 | 37- | 2209 | 32 | 47= | 2238 | 36 | 43- | 2265 | 34 | 43= |
| 2124 | 61 | 14 | 2154 | 40 | 50- | 2185 | 40 | 76- | 2209 | 51 | 25 | 2238 | 38 | 42= | 2265 | 36 | 47= |
| 2125 | 40 | 53- | 2154 | 44 | 41- | 2186 | 30 | 55= | 2211 | 44 | 41- | 2238 | 38 | 59- | 2265 | 36 | 63- |
| 2125 | 60 | 30 | 2155 | 32 | 60- | 2186 | 54 | 20 | 2212 | 38 | 59- | 2239 | 30 | 61- | 2265 | 40 | 76- |
| 2126 | 34 | 67- | 2155 | 40 | 54- | 2187 | 32 | 56= | 2212 | 44 | 35= | 2239 | 38 | 67- | 2266 | 40 | 59- |
| 2126 | 36 | 67- | 2155 | 46 | 36- | 2187 | 34 | 60= | 2212 | 50 | 36- | 2239 | 40 | 58- | 2267 | 38 | 37- |
| 2126 | 38 | 76- | 2156 | 34 | 39≡ | 2187 | 38 | 42= | 2215 | 42 | 53- | 2240 | 30 | 56= | 2267 | 63 | 13 |
| 2126 | 40 | 54- | 2156 | 59 | 15 | 2187 | 45 | 27 | 2215 | 46 | 41- | 2240 | 58 | 31 | 2268 | 38 | 47- |
| 2126 | 48 | 37- | 2158 | 30 | 48= | 2188 | 38 | 54- | 2217 | 42 | 28 | 2240 | 65 | 11 | 2268 | 44 | 41- |
| 2128 | 68 | 10 | 2158 | 34 | 63- | 2189 | 32 | 43= | 2218 | 36 | 63- | 2240 | 68 | 12 | 2268 | 52 | 25 |
| 2130 | 30 | 39≡ | 2158 | 36 | 67- | 2189 | 38 | 59- | 2218 | 40 | 50- | 2241 | 48 | 37- | 2269 | 30 | 51= |
| 2130 | 32 | 60= | 2159 | 44 | 45- | 2189 | 57 | 31 | 2218 | 40 | 59- | 2241 | 55 | 20 | 2269 | 36 | 35= |
| 2130 | 34 | 42= | 2160 | 30 | 61- | 2191 | 34 | 63- | 2218 | 46 | 26 | 2242 | 32 | 51= | 2269 | 44 | 53- |
| 2132 | 53 | 20 | 2160 | 34 | 43- | 2191 | 38 | 37= | 2218 | 62 | 13 | 2242 | 34 | 43= | 2269 | 51 | 23 |
| 2135 | 30 | 61= | 2160 | 36 | 35≡ | 2192 | 34 | 55= | 2218 | 70 | 10 | 2242 | 40 | 42= | 2269 | 64 | 14 |
| 2135 | 36 | 59- | 2160 | 46 | 41- | 2193 | 36 | 47= | 2220 | 32 | 55= | 2242 | 46 | 45- | 2270 | 40 | 50- |
| 2136 | 44 | 45- | 2161 | 46 | 41- | 2193 | 42 | 54- | 2220 | 32 | 60= | 2242 | 50 | 37- | 2270 | 46 | 41- |
| 2137 | 38 | 58- | 2162 | 38 | 42= | 2193 | 50 | 34- | 2220 | 63 | 14 | 2243 | 42 | 54- | 2271 | 32 | 60= |
| 2137 | 40 | 46- | 2162 | 50 | 36- | 2193 | 64 | 11 | 2221 | 30 | 39≡ | 2244 | 36 | 67- | 2271 | 38 | 42= |
| 2137 | 42 | 53- | 2163 | 32 | 55= | 2193 | 67 | 12 | 2221 | 42 | 53- | 2245 | 36 | 67- | 2274 | 42 | 46- |
| 2138 | 32 | 47= | 2163 | 40 | 58- | 2194 | 36 | 63- | 2221 | 42 | 58- | 2245 | 42 | 50- | 2275 | 48 | 36- |
| 2138 | 42 | 41- | 2164 | 30 | 60= | 2194 | 36 | 76- | 2221 | 46 | 41- | 2246 | 42 | 58- | 2276 | 52 | 36- |
| 2139 | 38 | 54- | 2164 | 38 | 76- | 2194 | 48 | 36- | 2221 | 54 | 19 | 2248 | 34 | 47= | 2277 | 30 | 49≡ |
| 2139 | 38 | 59- | 2166 | 36 | 67- | 2195 | 40 | 58- | 2222 | 32 | 51= | 2248 | 44 | 45- | 2277 | 55 | 19 |
| 2139 | 56 | 31 | 2166 | 38 | 59- | 2195 | 42 | 45- | 2222 | 48 | 36- | 2249 | 60 | 18 | 2279 | 36 | 55= |
| 2140 | 30 | 49≡ | 2166 | 40 | 50- | 2196 | 46 | 45- | 2223 | 34 | 35≡ | 2250 | 40 | 50- | 2280 | 30 | 61= |
| 2140 | 30 | 64= | 2166 | 53 | 19 | 2197 | 30 | 51= | 2223 | 38 | 50- | 2251 | 38 | 76- | 2281 | 36 | 63- |
| 2141 | 36 | 43= | 2167 | 30 | 56= | 2197 | 38 | 43= | 2223 | 42 | 37= | 2251 | 40 | 54- | 2281 | 38 | 67- |
| 2142 | 30 | 77= | 2167 | 32 | 35≡ | 2197 | 44 | 41- | 2224 | 40 | 42= | 2252 | 40 | 37= | 2281 | 44 | 45- |
| 2143 | 36 | 43= | 2167 | 34 | 67- | 2197 | 59 | 18 | 2224 | 42 | 46- | 2253 | 32 | 48= | 2281 | 46 | 41- |
| 2143 | 40 | 42= | 2167 | 50 | 22 | 2199 | 32 | 39≡ | 2224 | 52 | 34- | 2254 | 44 | 46- | 2282 | 40 | 54- |
| 2143 | 50 | 34- | 2169 | 40 | 53- | 2200 | 32 | 60= | 2224 | 52 | 36- | 2254 | 44 | 53- | 2283 | 36 | 42= |
| 2144 | 32 | 51= | 2169 | 42 | 53- | 2201 | 30 | 64= | 2225 | 40 | 76- | 2254 | 46 | 27 | 2283 | 40 | 58- |
| 2144 | 44 | 41- | 2169 | 48 | 36- | 2201 | 36 | 67- | 2225 | 44 | 53- | 2255 | 34 | 60= | 2283 | 48 | 41- |
| 2144 | 50 | 32 | 2169 | 61 | 13 | 2201 | 44 | 46- | 2225 | 48 | 41- | 2255 | 42 | 35= | 2284 | 32 | 60= |
| 2145 | 41 | 28 | 2170 | 40 | 59- | 2201 | 51 | 32 | 2226 | 34 | 47= | 2255 | 52 | 34- | 2284 | 40 | 35= |
| 2145 | 63 | 11 | 2171 | 42 | 35= | 2202 | 30 | 44≡ | 2226 | 51 | 22 | 2257 | 61 | 15 | 2284 | 47 | 26 |
| 2146 | 38 | 35= | 2172 | 40 | 37= | 2202 | 38 | 76- | 2227 | 32 | 55= | 2258 | 32 | 44≡ | 2284 | 48 | 41- |
| 2146 | 48 | 36- | 2172 | 62 | 14 | 2202 | 40 | 50- | 2227 | 36 | 47= | 2258 | 52 | 32 | 2285 | 52 | 22 |
| 2146 | 58 | 18 | 2173 | 42 | 46- | 2203 | 30 | 77= | 2228 | 30 | 51= | 2258 | 56 | 16 | 2286 | 40 | 59- |
| 2147 | 34 | 63- | 2173 | 50 | 34- | 2203 | 40 | 54- | 2228 | 36 | 43= | 2259 | 34 | 39≡ | 2286 | 69 | 12 |
| 2147 | 66 | 12 | 2173 | 69 | 10 | 2203 | 40 | 58- | 2230 | 40 | 54- | 2259 | 34 | 48= | 2287 | 36 | 67- |
| 2148 | 49 | 23 | 2174 | 38 | 50- | 2203 | 52 | 34- | 2231 | 30 | 49≡ | 2260 | 34 | 55= | 2287 | 50 | 36- |
| 2149 | 30 | 51= | 2176 | 32 | 48= | 2204 | 36 | 42= | 2231 | 30 | 60= | 2261 | 30 | 64= | 2287 | 52 | 34- |

— bedeutet Träger mit einer Gurtplatte, = mit zwei, ≡ mit drei Gurtplatten.

## von **2288** bis **2448**.

| Widerstands-moment cm³ | Stehblech-Höhe cm | Seite des Buches | Widerstands-moment cm³ | Stehblech-Höhe cm | Seite des Buches | Widerstands-moment cm³ | Stehblech-Höhe cm | Seite des Buches | Widerstands-moment cm³ | Stehblech-Höhe cm | Seite des Buches | Widerstands-moment cm³ | Stehblech-Höhe cm | Seite des Buches | Widerstands-moment cm³ | Stehblech-Höhe cm | Seite des Buches |
|---|---|---|---|---|---|---|---|---|---|---|---|---|---|---|---|---|---|
| 2288 | 38 | 43= | 2314 | 38 | 42= | 2341 | 32 | 56= | 2368 | 58 | 16 | 2394 | 42 | 54— | 2421 | 30 | 44= |
| 2288 | 38 | 59— | 2314 | 38 | 67— | 2341 | 34 | 48= | 2369 | 30 | 64= | 2395 | 61 | 31 | 2421 | 32 | 61= |
| 2288 | 46 | 45— | 2314 | 40 | 59— | 2341 | 40 | 43— | 2369 | 48 | 45— | 2396 | 30 | 61= | 2421 | 52 | 37— |
| 2288 | 66 | 11 | 2314 | 46 | 45— | 2341 | 46 | 41— | 2369 | 54 | 34— | 2397 | 34 | 55= | 2422 | 30 | 56= |
| 2289 | 43 | 28 | 2315 | 36 | 43= | 2342 | 32 | 60= | 2370 | 59 | 21 | 2397 | 40 | 76— | 2422 | 36 | 48= |
| 2291 | 32 | 55= | 2315 | 54 | 34— | 2342 | 50 | 36— | 2372 | 34 | 60= | 2397 | 42 | 50— | 2422 | 36 | 60= |
| 2291 | 38 | 43= | 2315 | 58 | 21 | 2343 | 38 | 76— | 2372 | 42 | 54— | 2397 | 50 | 36— | 2422 | 50 | 37— |
| 2291 | 52 | 36— | 2316 | 53 | 32 | 2343 | 60 | 31 | 2372 | 56 | 34— | 2398 | 48 | 41— | 2423 | 34 | 48= |
| 2291 | 59 | 31 | 2316 | 56 | 34— | 2344 | 38 | 47= | 2372 | 58 | 17 | 2400 | 36 | 55= | 2423 | 36 | 55= |
| 2292 | 42 | 58— | 2316 | 64 | 13 | 2344 | 42 | 54— | 2374 | 40 | 50— | 2400 | 44 | 53— | 2423 | 54 | 34— |
| 2293 | 50 | 34— | 2317 | 30 | 61= | 2344 | 53 | 22 | 2374 | 54 | 32 | 2400 | 46 | 41— | 2423 | 59 | 16 |
| 2294 | 42 | 54— | 2317 | 42 | 54— | 2345 | 40 | 76— | 2375 | 32 | 44= | 2401 | 38 | 63— | 2424 | 42 | 35= |
| 2296 | 32 | 39≡ | 2317 | 44 | 58— | 2346 | 42 | 50— | 2376 | 32 | 51= | 2401 | 44 | 54— | 2425 | 60 | 21 |
| 2296 | 42 | 50— | 2317 | 57 | 17 | 2346 | 48 | 41— | 2376 | 34 | 47= | 2401 | 54 | 34— | 2426 | 36 | 43= |
| 2296 | 56 | 20 | 2317 | 65 | 14 | 2347 | 42 | 58— | 2377 | 32 | 77= | 2401 | 74 | 10 | 2426 | 58 | 34— |
| 2297 | 30 | 68= | 2321 | 30 | 64= | 2347 | 50 | 41— | 2377 | 36 | 35≡ | 2403 | 46 | 53— | 2427 | 42 | 54— |
| 2297 | 34 | 60= | 2321 | 32 | 64= | 2349 | 40 | 76— | 2378 | 30 | 49≡ | 2404 | 54 | 22 | 2428 | 56 | 34— |
| 2297 | 38 | 76— | 2321 | 42 | 76— | 2349 | 52 | 34— | 2379 | 42 | 59— | 2405 | 42 | 76— | 2428 | 59 | 17 |
| 2297 | 52 | 24 | 2321 | 47 | 27 | 2349 | 52 | 36— | 2380 | 38 | 43= | 2405 | 44 | 58— | 2428 | 72 | 12 |
| 2298 | 40 | 50— | 2321 | 48 | 45— | 2350 | 36 | 60= | 2380 | 38 | 63— | 2405 | 63 | 18 | 2429 | 34 | 35≡ |
| 2299 | 32 | 51= | 2322 | 30 | 49≡ | 2350 | 48 | 26 | 2380 | 46 | 45— | 2406 | 36 | 63— | 2430 | 30 | 68= |
| 2299 | 48 | 37— | 2322 | 40 | 50— | 2351 | 36 | 55= | 2380 | 52 | 36— | 2406 | 38 | 67— | 2430 | 38 | 63— |
| 2300 | 44 | 35= | 2323 | 30 | 77= | 2351 | 44 | 53— | 2381 | 30 | 64= | 2406 | 52 | 36— | 2430 | 46 | 35= |
| 2300 | 61 | 18 | 2323 | 38 | 67— | 2351 | 57 | 20 | 2381 | 38 | 47= | 2407 | 34 | 61= | 2431 | 42 | 58— |
| 2301 | 34 | 47= | 2324 | 34 | 60= | 2352 | 30 | 61= | 2381 | 44 | 54— | 2407 | 38 | 67— | 2432 | 52 | 36— |
| 2302 | 50 | 37— | 2324 | 36 | 63— | 2352 | 62 | 18 | 2383 | 42 | 42= | 2407 | 50 | 41— | 2432 | 55 | 32 |
| 2303 | 44 | 53— | 2326 | 32 | 51= | 2353 | 34 | 56= | 2384 | 30 | 77= | 2407 | 54 | 36— | 2434 | 42 | 59— |
| 2304 | 38 | 35≡ | 2326 | 34 | 35≡ | 2353 | 50 | 34— | 2384 | 40 | 42= | 2407 | 58 | 20 | 2434 | 44 | 54— |
| 2304 | 40 | 42= | 2326 | 46 | 41— | 2354 | 34 | 43= | 2384 | 42 | 58— | 2408 | 32 | 49≡ | 2434 | 45 | 28 |
| 2305 | 40 | 76— | 2327 | 53 | 25 | 2355 | 38 | 63— | 2385 | 30 | 51= | 2409 | 36 | 47= | 2434 | 69 | 11 |
| 2305 | 42 | 58— | 2328 | 34 | 55= | 2355 | 44 | 37= | 2385 | 68 | 11 | 2409 | 48 | 41— | 2435 | 34 | 56= |
| 2306 | 44 | 46— | 2328 | 44 | 54— | 2356 | 48 | 37— | 2386 | 32 | 64= | 2409 | 50 | 41— | 2435 | 44 | 58— |
| 2307 | 30 | 51= | 2328 | 52 | 36— | 2357 | 30 | 62≡ | 2386 | 36 | 47= | 2410 | 32 | 51= | 2436 | 38 | 55= |
| 2307 | 36 | 47= | 2330 | 40 | 42= | 2357 | 44 | 53— | 2386 | 46 | 46— | 2411 | 52 | 34— | 2437 | 40 | 43= |
| 2307 | 42 | 37= | 2330 | 44 | 45— | 2357 | 46 | 53— | 2387 | 44 | 50— | 2411 | 64 | 15 | 2438 | 38 | 42= |
| 2307 | 52 | 34— | 2330 | 52 | 23— | 2357 | 53 | 24 | 2387 | 44 | 58— | 2412 | 44 | 46— | 2438 | 40 | 67— |
| 2308 | 36 | 39≡ | 2331 | 30 | 56= | 2359 | 36 | 63— | 2387 | 54 | 25 | 2413 | 30 | 49≡ | 2439 | 44 | 50— |
| 2308 | 42 | 50— | 2331 | 36 | 67— | 2359 | 44 | 46— | 2388 | 32 | 61= | 2413 | 32 | 60= | 2439 | 46 | 53— |
| 2308 | 42 | 53— | 2331 | 46 | 46— | 2359 | 52 | 37— | 2388 | 34 | 55= | 2413 | 40 | 37= | 2440 | 40 | 43= |
| 2308 | 62 | 15 | 2332 | 36 | 43= | 2359 | 63 | 15 | 2388 | 38 | 76— | 2413 | 42 | 59— | 2441 | 30 | 64= |
| 2309 | 38 | 63— | 2332 | 40 | 37= | 2360 | 38 | 67— | 2388 | 44 | 35= | 2415 | 46 | 45— | 2441 | 32 | 77= |
| 2309 | 72 | 10 | 2333 | 56 | 19 | 2361 | 32 | 55= | 2388 | 46 | 53— | 2416 | 34 | 51= | 2442 | 40 | 59— |
| 2310 | 32 | 61= | 2333 | 70 | 12 | 2361 | 34 | 39≡ | 2389 | 48 | 27 | 2416 | 67 | 14 | 2443 | 48 | 53— |
| 2311 | 32 | 49≡ | 2334 | 40 | 54— | 2361 | 44 | 28 | 2389 | 57 | 19 | 2417 | 36 | 39≡ | 2444 | 44 | 37= |
| 2311 | 46 | 53— | 2334 | 46 | 45— | 2361 | 44 | 58— | 2390 | 38 | 43= | 2417 | 40 | 47= | 2445 | 40 | 76— |
| 2312 | 30 | 44≡ | 2335 | 36 | 48= | 2362 | 40 | 59— | 2390 | 40 | 59— | 2417 | 44 | 42= | 2445 | 48 | 45— |
| 2312 | 30 | 56= | 2336 | 67 | 11 | 2362 | 50 | 37— | 2391 | 42 | 37= | 2417 | 48 | 45— | 2445 | 54 | 36— |
| 2312 | 32 | 77= | 2337 | 32 | 61= | 2363 | 42 | 50— | 2391 | 53 | 23 | 2417 | 49 | 26 | 2446 | 38 | 63— |
| 2312 | 34 | 51= | 2337 | 36 | 47= | 2363 | 42 | 59— | 2391 | 54 | 36— | 2417 | 66 | 13 | 2446 | 55 | 25 |
| 2312 | 36 | 63— | 2337 | 54 | 34— | 2363 | 42 | 76— | 2392 | 30 | 77= | 2418 | 42 | 50— | 2446 | 58 | 19 |
| 2312 | 50 | 36— | 2337 | 54 | 36— | 2364 | 30 | 68= | 2392 | 34 | 60= | 2418 | 54 | 24 | 2447 | 34 | 60= |
| 2313 | 34 | 55= | 2338 | 40 | 59— | 2364 | 42 | 42= | 2392 | 48 | 45— | 2419 | 32 | 56= | 2447 | 42 | 50— |
| 2313 | 42 | 59— | 2338 | 42 | 58— | 2365 | 38 | 67— | 2393 | 32 | 39≡ | 2419 | 38 | 35≡ | 2447 | 42 | 76— |
| 2313 | 44 | 53— | 2338 | 46 | 35— | 2366 | 65 | 13 | 2394 | 34 | 51= | 2419 | 40 | 42= | 2447 | 62 | 31 |
| 2313 | 57 | 16 | 2339 | 42 | 35— | 2367 | 66 | 14 | 2394 | 40 | 67— | 2420 | 38 | 47= | 2448 | 30 | 62≡ |

— bedeutet Träger mit einer Gurtplatte, = mit zwei, ≡ mit drei Gurtplatten.

## von 2448 bis 2600.

| Widerstands-moment cm³ | Steh-blech-Höhe cm | Seite des Buches | Widerstands-moment cm³ | Steh-blech-Höhe cm | Seite des Buches | Widerstands-moment cm³ | Steh-blech-Höhe cm | Seite des Buches | Widerstands-moment cm³ | Steh-blech-Höhe cm | Seite des Buches | Widerstands-moment cm³ | Steh-blech-Höhe cm | Seite des Buches | Widerstands-moment cm³ | Steh-blech-Höhe cm | Seite des Buches |
|---|---|---|---|---|---|---|---|---|---|---|---|---|---|---|---|---|---|
| 2448 | 42 | 42= | 2475 | 42 | 37= | 2498 | 40 | 47= | 2526 | 50 | 27 | 2553 | 54 | 36— | 2580 | 44 | 58— |
| 2448 | 44 | 53— | 2476 | 34 | 51= | 2498 | 48 | 45— | 2526 | 54 | 36— | 2553 | 64 | 31 | 2580 | 46 | 58— |
| 2448 | 50 | 45— | 2476 | 42 | 42= | 2498 | 50 | 45— | 2527 | 42 | 50— | 2556 | 46 | 42= | 2582 | 36 | 61= |
| 2449 | 44 | 58— | 2476 | 44 | 35— | 2499 | 54 | 36— | 2527 | 33 | 59— | 2557 | 32 | 68= | 2582 | 46 | 37— |
| 2449 | 46 | 53— | 2478 | 30 | 49≡ | 2500 | 63 | 31 | 2527 | 50 | 41— | 2558 | 34 | 51= | 2582 | 47 | 28 |
| 2450 | 32 | 64= | 2478 | 54 | 37— | 2502 | 46 | 58— | 2529 | 38 | 63— | 2559 | 36 | 55= | 2583 | 72 | 11 |
| 2450 | 40 | 35≡ | 2478 | 60 | 16 | 2503 | 44 | 76— | 2529 | 46 | 58— | 2560 | 42 | 37= | 2584 | 44 | 59— |
| 2451 | 38 | 67— | 2479 | 38 | 63— | 2503 | 59 | 19 | 2531 | 30 | 44≡ | 2560 | 60 | 19 | 2585 | 46 | 50— |
| 2451 | 56 | 34— | 2479 | 55 | 24 | 2504 | 30 | 49≡ | 2531 | 54 | 34— | 2562 | 30 | 65= | 2585 | 56 | 34— |
| 2452 | 44 | 50— | 2480 | 36 | 55= | 2505 | 32 | 49≡ | 2532 | 42 | 42= | 2562 | 44 | 59— | 2586 | 30 | 64= |
| 2452 | 56 | 36— | 2480 | 61 | 21 | 2505 | 32 | 77= | 2532 | 44 | 37= | 2562 | 48 | 35= | 2586 | 38 | 48= |
| 2453 | 54 | 23 | 2481 | 42 | 54— | 2505 | 34 | 48= | 2532 | 44 | 58— | 2563 | 30 | 68= | 2586 | 54 | 36— |
| 2454 | 32 | 51= | 2482 | 36 | 51= | 2505 | 34 | 64= | 2533 | 52 | 41— | 2563 | 38 | 43= | 2586 | 56 | 36— |
| 2456 | 46 | 58— | 2482 | 40 | 67— | 2505 | 44 | 42= | 2534 | 38 | 35≡ | 2564 | 32 | 49≡ | 2586 | 57 | 22 |
| 2456 | 48 | 41— | 2482 | 50 | 37— | 2507 | 40 | 42= | 2534 | 40 | 43= | 2564 | 38 | 55= | 2587 | 30 | 57≡ |
| 2457 | 32 | 49≡ | 2483 | 70 | 11 | 2507 | 56 | 25 | 2534 | 48 | 41— | 2564 | 44 | 35= | 2587 | 34 | 49≡ |
| 2457 | 44 | 59— | 2484 | 30 | 65= | 2508 | 36 | 48= | 2534 | 61 | 16 | 2564 | 56 | 36— | 2587 | 48 | 53— |
| 2457 | 49 | 27 | 2484 | 34 | 49≡ | 2508 | 46 | 28 | 2535 | 52 | 41— | 2564 | 66 | 18 | 2587 | 50 | 41— |
| 2457 | 64 | 18 | 2484 | 34 | 77= | 2508 | 56 | 36— | 2536 | 40 | 47= | 2565 | 32 | 64= | 2588 | 38 | 55= |
| 2459 | 44 | 54— | 2484 | 44 | 58— | 2510 | 44 | 50— | 2536 | 62 | 21 | 2566 | 40 | 63— | 2588 | 42 | 43= |
| 2459 | 44 | 76— | 2484 | 50 | 26 | 2510 | 44 | 59— | 2537 | 30 | 52≡ | 2566 | 58 | 34— | 2589 | 32 | 61= |
| 2460 | 34 | 60= | 2484 | 52 | 37— | 2510 | 65 | 18 | 2538 | 30 | 77= | 2567 | 34 | 39≡ | 2589 | 38 | 43= |
| 2462 | 38 | 39≡ | 2484 | 56 | 34— | 2512 | 38 | 55= | 2538 | 60 | 34— | 2567 | 36 | 60= | 2590 | 46 | 53— |
| 2463 | 48 | 46— | 2484 | 58 | 34— | 2513 | 30 | 56≡ | 2539 | 30 | 62≡ | 2567 | 44 | 50— | 2590 | 62 | 16 |
| 2463 | 52 | 36— | 2484 | 60 | 17 | 2513 | 48 | 45— | 2539 | 34 | 55= | 2567 | 57 | 25 | 2590 | 78 | 10 |
| 2463 | 59 | 20 | 2486 | 32 | 68= | 2514 | 30 | 64= | 2539 | 44 | 54— | 2567 | 70 | 14 | 2591 | 38 | 60= |
| 2463 | 65 | 15 | 2486 | 36 | 35≡ | 2514 | 32 | 64= | 2539 | 48 | 53— | 2568 | 36 | 55= | 2591 | 42 | 43= |
| 2464 | 34 | 39≡ | 2486 | 44 | 54— | 2514 | 42 | 59— | 2539 | 50 | 41— | 2568 | 58 | 36— | 2591 | 44 | 76— |
| 2464 | 34 | 55= | 2487 | 30 | 57≡ | 2515 | 32 | 56≡ | 2540 | 46 | 53— | 2568 | 67 | 15 | 2592 | 36 | 51= |
| 2464 | 40 | 42= | 2487 | 42 | 43= | 2515 | 38 | 60= | 2540 | 56 | 34— | 2569 | 36 | 51= | 2592 | 63 | 21 |
| 2464 | 42 | 59— | 2489 | 34 | 61= | 2515 | 66 | 15 | 2541 | 40 | 76— | 2569 | 40 | 67— | 2594 | 34 | 51= |
| 2464 | 55 | 22 | 2489 | 42 | 59— | 2516 | 44 | 54— | 2541 | 56 | 24 | 2569 | 42 | 42= | 2594 | 44 | 42= |
| 2465 | 30 | 77= | 2489 | 42 | 76— | 2516 | 55 | 23 | 2541 | 61 | 17 | 2570 | 32 | 77= | 2594 | 46 | 58— |
| 2465 | 32 | 61= | 2489 | 46 | 37= | 2517 | 34 | 61= | 2542 | 32 | 61= | 2570 | 69 | 13 | 2595 | 36 | 48= |
| 2465 | 38 | 47= | 2489 | 46 | 53— | 2517 | 69 | 14 | 2542 | 46 | 54— | 2571 | 40 | 35≡ | 2595 | 40 | 42= |
| 2465 | 46 | 54— | 2490 | 38 | 43= | 2518 | 40 | 63— | 2542 | 54 | 37— | 2571 | 40 | 67— | 2595 | 42 | 76— |
| 2465 | 48 | 45— | 2491 | 48 | 53— | 2518 | 56 | 34— | 2542 | 58 | 34— | 2573 | 34 | 64= | 2595 | 51 | 27 |
| 2466 | 36 | 47= | 2491 | 56 | 32 | 2518 | 68 | 13 | 2543 | 42 | 59— | 2573 | 38 | 47= | 2596 | 50 | 35= |
| 2466 | 36 | 60= | 2492 | 32 | 44≡ | 2520 | 36 | 43= | 2544 | 42 | 76— | 2573 | 44 | 54— | 2596 | 50 | 46— |
| 2466 | 46 | 45— | 2492 | 38 | 63— | 2520 | 46 | 54— | 2545 | 36 | 47= | 2575 | 46 | 54— | 2596 | 52 | 41— |
| 2466 | 48 | 35= | 2492 | 44 | 50— | 2520 | 48 | 46— | 2545 | 40 | 63— | 2576 | 38 | 39≡ | 2596 | 54 | 34— |
| 2466 | 54 | 34— | 2493 | 32 | 51= | 2520 | 52 | 36— | 2545 | 44 | 50— | 2576 | 40 | 78— | 2597 | 34 | 60= |
| 2466 | 68 | 14 | 2493 | 40 | 76— | 2520 | 60 | 20 | 2546 | 52 | 37— | 2576 | 48 | 53— | 2597 | 36 | 44≡ |
| 2467 | 50 | 41— | 2493 | 44 | 58— | 2521 | 40 | 67— | 2547 | 32 | 62≡ | 2576 | 50 | 53— | 2597 | 40 | 63— |
| 2467 | 54 | 36— | 2494 | 36 | 60= | 2522 | 34 | 60= | 2547 | 44 | 76— | 2577 | 32 | 51= | 2597 | 48 | 58— |
| 2467 | 67 | 13 | 2494 | 38 | 48= | 2522 | 36 | 56= | 2548 | 46 | 58— | 2577 | 50 | 45— | 2598 | 42 | 35≡ |
| 2470 | 40 | 63— | 2494 | 42 | 76— | 2522 | 50 | 45— | 2548 | 50 | 45— | 2577 | 52 | 45— | 2598 | 42 | 59— |
| 2471 | 48 | 41— | 2495 | 46 | 53— | 2523 | 46 | 35= | 2549 | 38 | 47= | 2577 | 61 | 20 | 2598 | 44 | 50— |
| 2471 | 52 | 41— | 2495 | 76 | 10 | 2523 | 48 | 53— | 2550 | 34 | 44≡ | 2578 | 30 | 49≡ | 2598 | 46 | 50— |
| 2472 | 38 | 43= | 2496 | 30 | 68= | 2525 | 36 | 39≡ | 2550 | 48 | 45— | 2578 | 32 | 64= | 2598 | 50 | 45— |
| 2472 | 42 | 50— | 2496 | 32 | 56= | 2525 | 56 | 22 | 2550 | 57 | 32 | 2578 | 38 | 63— | 2598 | 56 | 37— |
| 2473 | 40 | 67= | 2496 | 36 | 55= | 2525 | 56 | 36— | 2551 | 42 | 67— | 2578 | 40 | 47= | 2598 | 60 | 34— |
| 2474 | 50 | 41— | 2497 | 38 | 47= | 2525 | 74 | 12 | 2552 | 34 | 77= | 2578 | 48 | 46— | 2598 | 62 | 17 |
| 2474 | 52 | 34— | 2497 | 38 | 67= | 2526 | 40 | 67— | 2552 | 46 | 46— | 2578 | 56 | 23 | 2599 | 46 | 76— |
| 2475 | 30 | 61= | 2497 | 46 | 46— | 2526 | 44 | 42= | 2552 | 51 | 26 | 2579 | 32 | 77= | 2600 | 34 | 56= |

— bedeutet Träger mit einer Gurtplatte, = mit zwei, ≡ mit drei Gurtplatten.

# Widerstandsmomente cm³

## von 2600 bis 2754.

| Widerstandsmoment cm³ | Stehblech-Höhe cm | Seite des Buches | Widerstandsmoment cm³ | Stehblech-Höhe cm | Seite des Buches | Widerstandsmoment cm³ | Stehblech-Höhe cm | Seite des Buches | Widerstandsmoment cm³ | Stehblech-Höhe cm | Seite des Buches | Widerstandsmoment cm³ | Stehblech-Höhe cm | Seite des Buches | Widerstandsmoment cm³ | Stehblech-Höhe cm | Seite des Buches |
|---|---|---|---|---|---|---|---|---|---|---|---|---|---|---|---|---|---|
| 2600 | 58 | 34— | 2634 | 36 | 39≡ | 2658 | 46 | 59— | 2682 | 44 | 42= | 2709 | 32 | 56≡ | 2732 | 48 | 50— |
| 2602 | 32 | 49≡ | 2634 | 42 | 67— | 2658 | 52 | 41— | 2683 | 30 | 77— | 2709 | 59 | 22 | 2732 | 54 | 41— |
| 2602 | 46 | 54— | 2634 | 62 | 20 | 2658 | 58 | 34— | 2683 | 34 | 51— | 2710 | 34 | 64= | 2732 | 56 | 37— |
| 2602 | 52 | 41— | 2635 | 44 | 43= | 2658 | 60 | 34— | 2683 | 60 | 34— | 2710 | 44 | 67— | 2733 | 49 | 28 |
| 2603 | 46 | 59— | 2635 | 44 | 76— | 2659 | 30 | 64= | 2684 | 42 | 63— | 2710 | 56 | 36— | 2733 | 52 | 45— |
| 2603 | 48 | 45— | 2635 | 48 | 53— | 2659 | 40 | 78— | 2684 | 48 | 54— | 2711 | 40 | 78— | 2734 | 32 | 77= |
| 2603 | 48 | 54— | 2635 | 58 | 34— | 2660 | 36 | 49≡ | 2684 | 58 | 36— | 2711 | 52 | 45— | 2734 | 42 | 63— |
| 2604 | 30 | 56≡ | 2636 | 48 | 46— | 2660 | 50 | 53— | 2684 | 74 | 11 | 2711 | 52 | 53— | 2734 | 48 | 53— |
| 2604 | 50 | 41— | 2637 | 38 | 60= | 2660 | 66 | 31 | 2685 | 42 | 67— | 2712 | 42 | 63— | 2735 | 34 | 61= |
| 2604 | 57 | 24 | 2639 | 36 | 55= | 2661 | 42 | 42= | 2686 | 36 | 51— | 2713 | 40 | 47= | 2735 | 42 | 67— |
| 2606 | 34 | 61≡ | 2639 | 36 | 60= | 2661 | 46 | 54— | 2686 | 46 | 54— | 2713 | 46 | 59— | 2735 | 53 | 27 |
| 2606 | 65 | 31 | 2640 | 34 | 49≡ | 2661 | 48 | 54— | 2686 | 60 | 36— | 2713 | 62 | 34— | 2735 | 63 | 19 |
| 2607 | 54 | 37— | 2640 | 34 | 51≡ | 2661 | 54 | 41— | 2686 | 80 | 10 | 2713 | 64 | 17 | 2736 | 42 | 67— |
| 2609 | 32 | 44≡ | 2640 | 44 | 76— | 2662 | 40 | 63— | 2687 | 32 | 65= | 2714 | 67 | 31 | 2736 | 46 | 59— |
| 2609 | 36 | 56= | 2640 | 46 | 50— | 2662 | 54 | 41— | 2687 | 50 | 45— | 2715 | 50 | 53— | 2737 | 42 | 47= |
| 2609 | 52 | 37— | 2640 | 46 | 58— | 2665 | 38 | 55= | 2688 | 30 | 57≡ | 2716 | 30 | 65≡ | 2737 | 46 | 76— |
| 2609 | 58 | 32 | 2641 | 30 | 65= | 2665 | 52 | 27 | 2688 | 38 | 43= | 2716 | 50 | 46— | 2737 | 54 | 37— |
| 2610 | 30 | 77= | 2641 | 44 | 59— | 2665 | 56 | 37— | 2689 | 34 | 77= | 2717 | 38 | 47— | 2738 | 32 | 52≡ |
| 2612 | 32 | 56≡ | 2642 | 32 | 64= | 2666 | 40 | 67— | 2689 | 53 | 26 | 2718 | 36 | 55— | 2738 | 40 | 39≡ |
| 2614 | 40 | 63— | 2642 | 34 | 64= | 2666 | 58 | 24 | 2690 | 34 | 49≡ | 2718 | 46 | 50— | 2738 | 40 | 47= |
| 2615 | 44 | 59— | 2642 | 57 | 23 | 2667 | 38 | 60= | 2690 | 42 | 67— | 2718 | 60 | 34— | 2738 | 42 | 78— |
| 2615 | 46 | 35= | 2644 | 32 | 62≡ | 2668 | 44 | 59— | 2690 | 59 | 25 | 2719 | 32 | 64= | 2738 | 52 | 41— |
| 2616 | 42 | 42= | 2644 | 42 | 67— | 2669 | 36 | 61= | 2691 | 38 | 39≡ | 2719 | 48 | 54— | 2739 | 48 | 76— |
| 2617 | 40 | 39≡ | 2644 | 58 | 36— | 2669 | 50 | 41— | 2691 | 46 | 76— | 2719 | 56 | 34— | 2740 | 34 | 62≡ |
| 2617 | 67 | 18 | 2645 | 30 | 57≡ | 2669 | 59 | 32 | 2692 | 36 | 64= | 2719 | 58 | 37— | 2740 | 50 | 58— |
| 2618 | 40 | 67— | 2645 | 42 | 76— | 2670 | 46 | 42= | 2692 | 40 | 35≡ | 2720 | 30 | 65= | 2741 | 32 | 62≡ |
| 2618 | 61 | 19 | 2645 | 46 | 76— | 2670 | 52 | 41— | 2692 | 63 | 20 | 2720 | 40 | 78— | 2741 | 38 | 55— |
| 2618 | 71 | 14 | 2645 | 48 | 58— | 2670 | 72 | 14 | 2693 | 38 | 56= | 2720 | 44 | 42= | 2741 | 44 | 43— |
| 2620 | 44 | 37= | 2645 | 54 | 36— | 2671 | 32 | 49≡ | 2693 | 44 | 76— | 2721 | 30 | 62≡ | 2741 | 46 | 42— |
| 2620 | 52 | 26 | 2647 | 30 | 52≡ | 2671 | 68 | 18 | 2693 | 48 | 46— | 2721 | 38 | 60= | 2741 | 48 | 58— |
| 2620 | 56 | 36— | 2647 | 58 | 22 | 2672 | 40 | 78— | 2693 | 48 | 58— | 2721 | 46 | 54— | 2742 | 50 | 45— |
| 2620 | 68 | 15 | 2647 | 63 | 16 | 2672 | 54 | 37— | 2694 | 42 | 47= | 2721 | 48 | 37= | 2742 | 58 | 36— |
| 2621 | 34 | 77= | 2648 | 38 | 55— | 2673 | 32 | 61= | 2695 | 30 | 56≡ | 2721 | 52 | 41— | 2743 | 36 | 39≡ |
| 2621 | 70 | 13 | 2648 | 56 | 36— | 2674 | 34 | 44≡ | 2695 | 34 | 61= | 2721 | 73 | 14 | 2743 | 36 | 51= |
| 2622 | 76 | 12 | 2649 | 38 | 35≡ | 2674 | 46 | 37— | 2695 | 46 | 50— | 2721 | 78 | 12 | 2743 | 50 | 54— |
| 2623 | 44 | 42= | 2649 | 40 | 43= | 2674 | 48 | 50— | 2696 | 36 | 56= | 2722 | 44 | 47= | 2744 | 38 | 60— |
| 2624 | 40 | 78— | 2649 | 40 | 63— | 2674 | 48 | 58— | 2696 | 42 | 76— | 2722 | 56 | 41— | 2744 | 44 | 43= |
| 2624 | 44 | 50— | 2649 | 46 | 42= | 2674 | 69 | 15 | 2696 | 50 | 35= | 2725 | 32 | 44≡ | 2746 | 38 | 51= |
| 2625 | 36 | 60= | 2649 | 64 | 21 | 2675 | 40 | 55— | 2697 | 48 | 42= | 2725 | 42 | 35≡ | 2746 | 44 | 76— |
| 2625 | 40 | 47= | 2651 | 62 | 34— | 2676 | 46 | 59— | 2699 | 32 | 49≡ | 2725 | 54 | 41— | 2746 | 48 | 50— |
| 2625 | 48 | 37= | 2652 | 56 | 34— | 2676 | 50 | 53— | 2699 | 32 | 68= | 2726 | 48 | 58— | 2746 | 48 | 54— |
| 2626 | 50 | 53— | 2653 | 34 | 61= | 2676 | 56 | 36— | 2699 | 36 | 61= | 2726 | 50 | 53— | 2746 | 60 | 36— |
| 2626 | 58 | 36— | 2653 | 42 | 47= | 2677 | 62 | 19 | 2699 | 44 | 59— | 2726 | 52 | 35= | 2747 | 44 | 35≡ |
| 2628 | 32 | 68= | 2654 | 38 | 51= | 2678 | 34 | 68= | 2701 | 40 | 63— | 2726 | 69 | 18 | 2749 | 64 | 20 |
| 2628 | 58 | 25 | 2654 | 52 | 45— | 2678 | 38 | 48= | 2701 | 42 | 43= | 2726 | 72 | 13 | 2750 | 46 | 50— |
| 2629 | 48 | 53— | 2655 | 63 | 17 | 2679 | 30 | 49≡ | 2702 | 34 | 56≡ | 2727 | 40 | 43= | 2750 | 48 | 59— |
| 2629 | 52 | 45— | 2656 | 32 | 77= | 2680 | 30 | 52≡ | 2704 | 64 | 16 | 2727 | 70 | 15 | 2752 | 40 | 48= |
| 2630 | 30 | 62≡ | 2656 | 36 | 51= | 2681 | 32 | 57≡ | 2705 | 36 | 60= | 2728 | 36 | 44≡ | 2752 | 60 | 25 |
| 2630 | 40 | 43= | 2656 | 40 | 48= | 2681 | 44 | 50— | 2705 | 58 | 23 | 2729 | 59 | 24 | 2753 | 34 | 49≡ |
| 2630 | 44 | 54— | 2656 | 50 | 46— | 2681 | 46 | 58— | 2705 | 58 | 34— | 2730 | 36 | 77— | 2753 | 40 | 63— |
| 2631 | 46 | 54— | 2657 | 30 | 62≡ | 2681 | 48 | 53— | 2706 | 40 | 69— | 2730 | 40 | 55— | 2754 | 30 | 57≡ |
| 2631 | 46 | 58— | 2657 | 48 | 28 | 2681 | 52 | 45— | 2706 | 65 | 21 | 2730 | 60 | 32 | 2754 | 34 | 68= |
| 2632 | 50 | 45— | 2658 | 36 | 77= | 2682 | 34 | 56= | 2707 | 46 | 35= | 2731 | 52 | 46— | 2754 | 40 | 43— |
| 2633 | 38 | 47= | 2658 | 40 | 47= | 2682 | 36 | 48= | 2707 | 54 | 45— | 2732 | 38 | 55= | 2754 | 40 | 69— |
| 2633 | 42 | 63— | 2658 | 46 | 50— | 2682 | 40 | 60= | 2708 | 44 | 37= | 2732 | 46 | 58— | 2754 | 42 | 42= |

— bedeutet Träger mit einer Gurtplatte, = mit zwei, ≡ mit drei Gurtplatten.

## von 2755 bis 2898.

| Widerstandsmoment cm³ | Stehblech-Höhe cm | Seite des Buches | Widerstandsmoment cm³ | Stehblech-Höhe cm | Seite des Buches | Widerstandsmoment cm³ | Stehblech-Höhe cm | Seite des Buches | Widerstandsmoment cm³ | Stehblech-Höhe cm | Seite des Buches | Widerstandsmoment cm³ | Stehblech-Höhe cm | Seite des Buches | Widerstandsmoment cm³ | Stehblech-Höhe cm | Seite des Buches |
|---|---|---|---|---|---|---|---|---|---|---|---|---|---|---|---|---|---|
| 2755 | 48 | 35= | 2778 | 60 | 34— | 2803 | 50 | 54— | 2830 | 60 | 36— | 2855 | 32 | 52≡ | 2877 | 67 | 16 |
| 2755 | 60 | 34— | 2779 | 48 | 58— | 2803 | 54 | 41— | 2830 | 66 | 17 | 2855 | 32 | 65= | 2878 | 34 | 57≡ |
| 2756 | 36 | 61= | 2780 | 36 | 51= | 2805 | 34 | 56≡ | 2831 | 52 | 35= | 2855 | 52 | 53— | 2878 | 36 | 49≡ |
| 2756 | 40 | 55= | 2781 | 46 | 54— | 2805 | 38 | 60= | 2831 | 74 | 13 | 2855 | 54 | 41— | 2878 | 68 | 21 |
| 2756 | 42 | 55= | 2781 | 70 | 18 | 2805 | 52 | 41— | 2832 | 48 | 58— | 2856 | 44 | 67— | 2878 | 70 | 31 |
| 2756 | 44 | 59— | 2781 | 71 | 15 | 2805 | 62 | 36— | 2833 | 38 | 77= | 2856 | 46 | 59— | 2878 | 76 | 14 |
| 2757 | 34 | 77= | 2783 | 36 | 56= | 2806 | 32 | 56≡ | 2833 | 46 | 42= | 2856 | 52 | 46— | 2879 | 42 | 47= |
| 2758 | 54 | 26 | 2783 | 46 | 76— | 2806 | 38 | 39≡ | 2833 | 61 | 22 | 2857 | 56 | 41— | 2880 | 42 | 78— |
| 2759 | 44 | 67— | 2784 | 34 | 61= | 2806 | 54 | 27 | 2834 | 48 | 54— | 2857 | 61 | 24 | 2880 | 44 | 35≡ |
| 2760 | 38 | 61= | 2784 | 36 | 60= | 2806 | 60 | 36— | 2834 | 60 | 23 | 2858 | 40 | 43= | 2880 | 50 | 50— |
| 2761 | 54 | 45— | 2784 | 46 | 43= | 2807 | 30 | 65≡ | 2835 | 42 | 63— | 2858 | 46 | 37= | 2880 | 50 | 53— |
| 2761 | 65 | 16 | 2784 | 82 | 10 | 2807 | 44 | 67— | 2835 | 48 | 76— | 2858 | 58 | 37— | 2881 | 38 | 64= |
| 2762 | 40 | 60= | 2785 | 38 | 56= | 2808 | 48 | 59— | 2835 | 58 | 36— | 2859 | 36 | 44≡ | 2881 | 44 | 63— |
| 2762 | 50 | 37= | 2785 | 42 | 63— | 2808 | 50 | 28 | 2836 | 36 | 64= | 2859 | 40 | 39≡ | 2881 | 66 | 34— |
| 2763 | 38 | 35≡ | 2785 | 52 | 45— | 2808 | 65 | 20 | 2836 | 40 | 55= | 2859 | 44 | 43= | 2882 | 50 | 76— |
| 2763 | 40 | 78— | 2786 | 40 | 69— | 2809 | 48 | 50— | 2836 | 42 | 67— | 2859 | 54 | 35= | 2883 | 48 | 76— |
| 2763 | 52 | 53— | 2786 | 42 | 47= | 2809 | 48 | 54— | 2836 | 50 | 46— | 2861 | 38 | 48= | 2883 | 52 | 45— |
| 2763 | 66 | 21 | 2786 | 42 | 67— | 2810 | 44 | 47= | 2836 | 71 | 18 | 2862 | 40 | 72— | 2883 | 84 | 10 |
| 2764 | 34 | 64= | 2786 | 76 | 11 | 2811 | 32 | 77= | 2836 | 72 | 15 | 2862 | 50 | 37= | 2884 | 38 | 61= |
| 2764 | 36 | 64= | 2787 | 48 | 76— | 2811 | 40 | 60= | 2837 | 38 | 49≡ | 2863 | 50 | 54— | 2884 | 52 | 58— |
| 2764 | 60 | 36— | 2787 | 54 | 45— | 2811 | 42 | 43= | 2837 | 62 | 34— | 2864 | 30 | 57≡ | 2885 | 32 | 49≡ |
| 2765 | 64 | 34— | 2788 | 30 | 57≡ | 2813 | 40 | 35≡ | 2838 | 32 | 62≡ | 2864 | 56 | 41— | 2885 | 48 | 58— |
| 2766 | 46 | 37= | 2788 | 32 | 57≡ | 2814 | 61 | 25 | 2838 | 38 | 51= | 2866 | 30 | 52≡ | 2885 | 51 | 28 |
| 2767 | 30 | 62≡ | 2788 | 42 | 78— | 2815 | 40 | 78— | 2838 | 40 | 69— | 2866 | 32 | 62≡ | 2885 | 52 | 54— |
| 2767 | 34 | 77= | 2788 | 46 | 76— | 2815 | 52 | 53— | 2838 | 46 | 50— | 2866 | 34 | 49≡ | 2886 | 42 | 69— |
| 2767 | 42 | 63— | 2789 | 48 | 50— | 2815 | 54 | 45— | 2839 | 42 | 78— | 2866 | 40 | 56= | 2886 | 62 | 36— |
| 2768 | 40 | 78— | 2789 | 48 | 58— | 2816 | 38 | 55= | 2839 | 56 | 45— | 2866 | 48 | 59— | 2888 | 30 | 57≡ |
| 2768 | 46 | 59— | 2789 | 56 | 41— | 2816 | 48 | 42= | 2840 | 42 | 55= | 2866 | 60 | 36— | 2888 | 32 | 77= |
| 2768 | 52 | 45— | 2789 | 58 | 37— | 2817 | 44 | 42= | 2840 | 50 | 42= | 2866 | 66 | 20 | 2888 | 36 | 61= |
| 2768 | 68 | 31 | 2790 | 50 | 58— | 2818 | 40 | 55= | 2840 | 50 | 58— | 2867 | 40 | 78— | 2889 | 38 | 60= |
| 2769 | 36 | 49≡ | 2790 | 54 | 41— | 2818 | 48 | 37= | 2842 | 34 | 62≡ | 2867 | 52 | 53— | 2889 | 42 | 78— |
| 2769 | 38 | 44≡ | 2790 | 61 | 32 | 2819 | 42 | 48= | 2842 | 40 | 60= | 2867 | 54 | 46— | 2889 | 67 | 17 |
| 2769 | 38 | 48= | 2791 | 42 | 43= | 2819 | 50 | 58— | 2842 | 60 | 37— | 2867 | 56 | 37— | 2890 | 32 | 52≡ |
| 2770 | 32 | 68= | 2791 | 56 | 41— | 2819 | 66 | 16 | 2843 | 36 | 61= | 2867 | 62 | 36— | 2890 | 40 | 47= |
| 2770 | 38 | 51= | 2793 | 34 | 49≡ | 2820 | 38 | 60= | 2844 | 58 | 34— | 2869 | 36 | 56= | 2890 | 40 | 69— |
| 2770 | 44 | 42= | 2793 | 36 | 61= | 2820 | 50 | 50— | 2846 | 34 | 64= | 2869 | 54 | 45— | 2890 | 48 | 42= |
| 2770 | 50 | 53— | 2793 | 48 | 42= | 2821 | 42 | 47= | 2847 | 44 | 43= | 2870 | 38 | 51= | 2890 | 50 | 58— |
| 2770 | 59 | 23 | 2793 | 52 | 46— | 2821 | 42 | 63— | 2847 | 48 | 50— | 2871 | 46 | 67— | 2890 | 73 | 15 |
| 2771 | 32 | 65= | 2793 | 60 | 24 | 2821 | 67 | 21 | 2847 | 54 | 45— | 2871 | 48 | 50— | 2890 | 78 | 11 |
| 2771 | 56 | 36— | 2794 | 64 | 19 | 2822 | 80 | 12 | 2847 | 54 | 53— | 2871 | 48 | 54— | 2891 | 36 | 56≡ |
| 2771 | 58 | 36— | 2796 | 32 | 64= | 2823 | 69 | 31 | 2849 | 32 | 57≡ | 2873 | 34 | 61= | 2891 | 72 | 18 |
| 2771 | 60 | 22 | 2796 | 46 | 59— | 2824 | 36 | 49≡ | 2849 | 34 | 77= | 2873 | 36 | 68= | 2892 | 42 | 43= |
| 2771 | 65 | 17 | 2796 | 50 | 35= | 2824 | 46 | 59— | 2849 | 40 | 48= | 2873 | 46 | 42= | 2892 | 50 | 54— |
| 2772 | 34 | 51= | 2797 | 44 | 67— | 2825 | 42 | 78— | 2850 | 40 | 69— | 2873 | 54 | 41— | 2893 | 64 | 34— |
| 2772 | 46 | 42= | 2798 | 30 | 65= | 2825 | 50 | 53— | 2850 | 42 | 60= | 2874 | 32 | 64= | 2894 | 34 | 65= |
| 2773 | 74 | 14 | 2798 | 34 | 44≡ | 2826 | 52 | 45— | 2850 | 44 | 67— | 2874 | 36 | 51= | 2895 | 32 | 57≡ |
| 2774 | 42 | 39≡ | 2798 | 52 | 53— | 2826 | 75 | 14 | 2850 | 58 | 41— | 2875 | 36 | 77= | 2895 | 46 | 43= |
| 2775 | 58 | 34— | 2799 | 30 | 52≡ | 2827 | 48 | 59— | 2851 | 48 | 35= | 2875 | 50 | 58— | 2895 | 56 | 45— |
| 2775 | 62 | 34— | 2799 | 44 | 63— | 2827 | 50 | 54— | 2852 | 38 | 61= | 2875 | 62 | 34— | 2896 | 34 | 49≡ |
| 2776 | 48 | 54— | 2799 | 56 | 37— | 2827 | 55 | 26 | 2852 | 42 | 35≡ | 2876 | 30 | 62≡ | 2896 | 50 | 50— |
| 2776 | 50 | 46— | 2800 | 58 | 36— | 2827 | 60 | 34— | 2852 | 44 | 63— | 2876 | 38 | 56= | 2896 | 60 | 36— |
| 2776 | 50 | 53— | 2801 | 40 | 47= | 2829 | 34 | 68= | 2852 | 44 | 76— | 2876 | 42 | 63— | 2896 | 62 | 22 |
| 2778 | 32 | 49≡ | 2801 | 62 | 34— | 2829 | 40 | 51= | 2852 | 62 | 32 | 2876 | 46 | 47= | 2897 | 56 | 26 |
| 2778 | 34 | 64= | 2802 | 36 | 77= | 2829 | 64 | 34— | 2853 | 44 | 47= | 2876 | 62 | 25 | 2898 | 30 | 65≡ |
| 2778 | 46 | 50— | 2802 | 40 | 69— | 2830 | 36 | 51= | 2853 | 65 | 19 | 2877 | 55 | 27 | 2898 | 40 | 69— |

— bedeutet Träger mit einer Gurtplatte, = mit zwei, ≡ mit drei Gurtplatten.

# Widerstandsmomente cm³

## von 2898 bis 3055.

| Widerstandsmoment cm³ | Stehblech-Höhe cm | Seite des Buches | Widerstandsmoment cm³ | Stehblech-Höhe cm | Seite des Buches | Widerstandsmoment cm³ | Stehblech-Höhe cm | Seite des Buches | Widerstandsmoment cm³ | Stehblech-Höhe cm | Seite des Buches | Widerstandsmoment cm³ | Stehblech-Höhe cm | Seite des Buches | Widerstandsmoment cm³ | Stehblech-Höhe cm | Seite des Buches |
|---|---|---|---|---|---|---|---|---|---|---|---|---|---|---|---|---|---|
| 2898 | 42 | 55= | 2923 | 48 | 59— | 2947 | 66 | 34— | 2975 | 46 | 42= | 3001 | 50 | 50— | 3028 | 60 | 36— |
| 2898 | 44 | 47= | 2923 | 50 | 54— | 2947 | 73 | 18 | 2975 | 64 | 32 | 3001 | 75 | 15 | 3029 | 54 | 58— |
| 2898 | 46 | 35≡ | 2923 | 54 | 45— | 2948 | 68 | 17 | 2976 | 30 | 52≡ | 3002 | 32 | 57≡ | 3030 | 42 | 43— |
| 2899 | 40 | 60= | 2924 | 42 | 55= | 2949 | 56 | 27 | 2978 | 42 | 35≡ | 3002 | 64 | 25 | 3030 | 58 | 45— |
| 2899 | 46 | 43= | 2924 | 56 | 41— | 2950 | 44 | 47= | 2979 | 34 | 68= | 3003 | 40 | 60= | 3030 | 63 | 23 |
| 2899 | 46 | 76— | 2924 | 82 | 12 | 2950 | 62 | 34— | 2979 | 60 | 41— | 3003 | 74 | 18 | 3031 | 32 | 65≡ |
| 2899 | 58 | 36— | 2925 | 40 | 51= | 2951 | 40 | 51= | 2980 | 34 | 49≡ | 3004 | 40 | 72— | 3031 | 52 | 50— |
| 2899 | 60 | 34— | 2925 | 46 | 42= | 2951 | 56 | 45— | 2980 | 40 | 39≡ | 3005 | 42 | 51= | 3032 | 36 | 68= |
| 2899 | 61 | 23 | 2925 | 64 | 36— | 2952 | 38 | 49≡ | 2980 | 50 | 59— | 3005 | 52 | 37= | 3032 | 48 | 47= |
| 2899 | 62 | 34— | 2925 | 67 | 20 | 2952 | 40 | 72— | 2981 | 36 | 64= | 3005 | 56 | 46— | 3032 | 50 | 76— |
| 2900 | 38 | 55= | 2926 | 60 | 36— | 2952 | 48 | 59— | 2981 | 48 | 59— | 3006 | 40 | 72— | 3033 | 68 | 19 |
| 2900 | 50 | 59— | 2928 | 34 | 64= | 2953 | 36 | 68= | 2981 | 52 | 46— | 3006 | 46 | 43= | 3034 | 48 | 67— |
| 2901 | 42 | 39≡ | 2928 | 58 | 37— | 2953 | 44 | 43= | 2982 | 36 | 61= | 3007 | 44 | 55— | 3035 | 38 | 61= |
| 2901 | 52 | 37= | 2929 | 38 | 51= | 2954 | 46 | 76— | 2982 | 50 | 76— | 3007 | 56 | 45— | 3036 | 40 | 61= |
| 2901 | 54 | 53— | 2929 | 62 | 36— | 2954 | 62 | 36— | 2983 | 32 | 62≡ | 3008 | 69 | 17 | 3037 | 30 | 52≡ |
| 2902 | 44 | 78— | 2930 | 36 | 61= | 2955 | 44 | 78— | 2983 | 38 | 61= | 3009 | 42 | 55= | 3037 | 42 | 69— |
| 2903 | 32 | 56≡ | 2930 | 50 | 58— | 2955 | 54 | 53— | 2984 | 44 | 48= | 3009 | 46 | 76— | 3037 | 46 | 35≡ |
| 2903 | 44 | 67— | 2931 | 42 | 63— | 2956 | 44 | 67— | 2984 | 50 | 54— | 3009 | 54 | 53— | 3038 | 58 | 26 |
| 2904 | 34 | 68= | 2931 | 77 | 14 | 2957 | 38 | 64= | 2984 | 56 | 45— | 3009 | 64 | 36— | 3038 | 65 | 32 |
| 2904 | 44 | 63— | 2932 | 34 | 77= | 2957 | 50 | 54— | 2984 | 86 | 10 | 3010 | 34 | 64= | 3039 | 52 | 35= |
| 2904 | 44 | 67— | 2932 | 48 | 76— | 2957 | 64 | 34— | 2985 | 50 | 58— | 3010 | 38 | 49≡ | 3039 | 53 | 28 |
| 2905 | 48 | 50— | 2932 | 50 | 76— | 2958 | 36 | 77= | 2985 | 68 | 20 | 3010 | 48 | 37= | 3039 | 79 | 14 |
| 2906 | 42 | 47= | 2932 | 54 | 46— | 2958 | 40 | 72— | 2985 | 78 | 14 | 3010 | 52 | 54— | 3040 | 40 | 74— |
| 2906 | 54 | 45— | 2933 | 40 | 35≡ | 2959 | 63 | 22 | 2986 | 30 | 62≡ | 3010 | 56 | 41— | 3040 | 42 | 56= |
| 2907 | 38 | 44≡ | 2933 | 44 | 39≡ | 2960 | 50 | 59— | 2986 | 38 | 77= | 3011 | 34 | 56≡ | 3040 | 50 | 42= |
| 2907 | 40 | 55= | 2933 | 71 | 31 | 2961 | 50 | 50— | 2986 | 44 | 47= | 3013 | 44 | 35≡ | 3040 | 56 | 53— |
| 2908 | 34 | 56≡ | 2934 | 32 | 65= | 2961 | 52 | 28 | 2986 | 48 | 42= | 3013 | 46 | 47= | 3041 | 54 | 37= |
| 2909 | 36 | 64= | 2934 | 48 | 50— | 2962 | 40 | 56= | 2986 | 60 | 37— | 3013 | 66 | 34— | 3041 | 62 | 37— |
| 2909 | 38 | 77= | 2935 | 32 | 62≡ | 2962 | 46 | 67— | 2986 | 63 | 24 | 3014 | 34 | 77= | 3041 | 66 | 34— |
| 2910 | 40 | 72— | 2935 | 42 | 60= | 2962 | 60 | 36— | 2987 | 40 | 60= | 3015 | 48 | 59— | 3042 | 40 | 48= |
| 2911 | 46 | 63— | 2935 | 48 | 43= | 2963 | 50 | 37= | 2987 | 42 | 69— | 3017 | 32 | 52≡ | 3043 | 36 | 62≡ |
| 2912 | 52 | 53— | 2935 | 68 | 16 | 2965 | 36 | 64= | 2988 | 52 | 58— | 3017 | 40 | 49≡ | 3044 | 42 | 78— |
| 2913 | 63 | 32 | 2936 | 42 | 69— | 2965 | 62 | 23 | 2989 | 30 | 65≡ | 3018 | 46 | 67— | 3044 | 69 | 20 |
| 2913 | 66 | 19 | 2936 | 52 | 58— | 2966 | 32 | 57≡ | 2989 | 42 | 78— | 3019 | 42 | 60— | 3045 | 38 | 44≡ |
| 2914 | 44 | 42= | 2937 | 54 | 53— | 2966 | 46 | 63— | 2989 | 64 | 36— | 3019 | 46 | 43= | 3045 | 50 | 59— |
| 2914 | 48 | 37= | 2937 | 56 | 41— | 2966 | 54 | 45— | 2989 | 72 | 31 | 3020 | 50 | 59— | 3045 | 56 | 45— |
| 2914 | 60 | 37— | 2937 | 69 | 21 | 2967 | 52 | 58— | 2990 | 36 | 44≡ | 3021 | 38 | 51= | 3045 | 73 | 31 |
| 2916 | 40 | 55= | 2938 | 48 | 76— | 2967 | 54 | 35= | 2991 | 34 | 57≡ | 3021 | 44 | 60— | 3047 | 44 | 47= |
| 2916 | 46 | 59— | 2938 | 76 | 13 | 2967 | 62 | 37— | 2991 | 42 | 55= | 2021 | 57 | 27 | 3047 | 52 | 50— |
| 2918 | 30 | 52≡ | 2939 | 32 | 65= | 2968 | 38 | 56= | 2991 | 62 | 36— | 3021 | 64 | 34— | 3047 | 66 | 36— |
| 2918 | 52 | 46— | 2939 | 44 | 63— | 2968 | 52 | 50— | 2993 | 44 | 78— | 3022 | 32 | 65= | 3047 | 78 | 13 |
| 2919 | 44 | 55= | 2939 | 63 | 25 | 2968 | 57 | 26 | 2993 | 56 | 35= | 3022 | 42 | 48= | 3048 | 34 | 62≡ |
| 2919 | 52 | 53— | 2940 | 40 | 61= | 2969 | 36 | 51= | 2994 | 40 | 69— | 3022 | 50 | 54— | 3050 | 42 | 72— |
| 2920 | 42 | 48= | 2940 | 42 | 78— | 2969 | 38 | 51= | 2994 | 69 | 16 | 3022 | 62 | 36— | 3050 | 44 | 78— |
| 2920 | 58 | 41— | 2940 | 50 | 42= | 2969 | 52 | 53— | 2995 | 40 | 55= | 3022 | 64 | 22 | 3050 | 52 | 59— |
| 2920 | 64 | 34— | 2942 | 34 | 52≡ | 2970 | 30 | 68≡ | 2995 | 48 | 76— | 3023 | 46 | 67— | 3051 | 48 | 35≡ |
| 2921 | 38 | 39≡ | 2942 | 40 | 69— | 2970 | 42 | 69— | 2995 | 70 | 21 | 3024 | 42 | 69— | 3051 | 64 | 24 |
| 2921 | 42 | 43= | 2943 | 38 | 61= | 2971 | 60 | 34— | 2995 | 80 | 11 | 3024 | 52 | 58— | 3052 | 36 | 64= |
| 2921 | 62 | 24 | 2943 | 40 | 44≡ | 2972 | 32 | 52≡ | 2996 | 44 | 63— | 3024 | 62 | 34— | 3053 | 46 | 63— |
| 2922 | 34 | 44≡ | 2943 | 54 | 41— | 2972 | 42 | 47= | 2996 | 50 | 35= | 3025 | 54 | 45— | 3053 | 60 | 41— |
| 2922 | 40 | 60= | 2944 | 36 | 49≡ | 2972 | 58 | 45— | 2997 | 54 | 46— | 3026 | 50 | 50— | 3053 | 64 | 36— |
| 2922 | 46 | 67— | 2945 | 34 | 62≡ | 2973 | 38 | 60= | 2997 | 64 | 34— | 3027 | 52 | 53— | 3053 | 70 | 16 |
| 2922 | 48 | 42= | 2945 | 40 | 48= | 2973 | 67 | 19 | 2998 | 58 | 37— | 3027 | 84 | 12 | 3054 | 40 | 72— |
| 2922 | 56 | 45— | 2945 | 74 | 15 | 2974 | 30 | 57≡ | 2998 | 68 | 34— | 3028 | 42 | 39≡ | 3054 | 71 | 21 |
| 2922 | 58 | 41— | 2947 | 36 | 77= | 2974 | 44 | 43= | 3000 | 36 | 56≡ | 3028 | 48 | 42= | 3055 | 34 | 57≡ |

— bedeutet Träger mit einer Gurtplatte, = mit zwei ≡ mit drei Gurtplatten.

# Widerstandsmomente cm³

## von 3055 bis 3209.

| Widerstandsmoment cm³ | StehblechHöhe cm | Seite des Buches | Widerstandsmoment cm³ | StehblechHöhe cm | Seite des Buches | Widerstandsmoment cm³ | StehblechHöhe cm | Seite des Buches | Widerstandsmoment cm³ | StehblechHöhe cm | Seite des Buches | Widerstandsmoment cm³ | StehblechHöhe cm | Seite des Buches | Widerstandsmoment cm³ | StehblechHöhe cm | Seite des Buches |
|---|---|---|---|---|---|---|---|---|---|---|---|---|---|---|---|---|---|
| 3055 | 40 | 51= | 3081 | 52 | 58— | 3107 | 60 | 45— | 3131 | 60 | 41— | 3158 | 75 | 31 | 3184 | 50 | 42= |
| 3055 | 48 | 43= | 3082 | 32 | 57≡ | 3108 | 40 | 72— | 3131 | 86 | 12 | 3160 | 40 | 51= | 3184 | 62 | 41— |
| 3056 | 54 | 53— | 3082 | 38 | 56≡ | 3108 | 44 | 78— | 3132 | 38 | 62≡ | 3161 | 34 | 65= | 3186 | 38 | 64— |
| 3056 | 76 | 15 | 3082 | 48 | 42= | 3108 | 52 | 54— | 3132 | 46 | 63— | 3163 | 44 | 60= | 3186 | 58 | 45— |
| 3058 | 40 | 56= | 3082 | 50 | 76— | 3109 | 32 | 57— | 3133 | 40 | 61= | 3163 | 46 | 78— | 3187 | 46 | 63— |
| 3058 | 58 | 45— | 3083 | 30 | 57≡ | 3109 | 36 | 56≡ | 3133 | 42 | 51= | 3163 | 50 | 37= | 3187 | 48 | 67— |
| 3058 | 60 | 37— | 3083 | 42 | 55= | 3109 | 52 | 37= | 3133 | 66 | 36— | 3163 | 65 | 23 | 3187 | 62 | 41— |
| 3059 | 38 | 56= | 3083 | 54 | 58— | 3110 | 38 | 64= | 3134 | 42 | 69— | 3163 | 68 | 34— | 3187 | 70 | 34— |
| 3059 | 44 | 43= | 3086 | 65 | 22 | 3110 | 50 | 59— | 3134 | 48 | 42= | 3164 | 40 | 60= | 3188 | 42 | 69— |
| 3059 | 58 | 41— | 3086 | 88 | 10 | 3110 | 59 | 26 | 3134 | 52 | 59— | 3164 | 44 | 55= | 3189 | 54 | 54— |
| 3060 | 44 | 78— | 3087 | 48 | 67— | 3110 | 62 | 41— | 3134 | 68 | 34— | 3164 | 67 | 32 | 3189 | 72 | 17 |
| 3060 | 75 | 18 | 3087 | 50 | 54— | 3111 | 48 | 76— | 3135 | 48 | 63— | 3165 | 44 | 78— | 3189 | 90 | 10 |
| 3061 | 46 | 47= | 3088 | 40 | 44≡ | 3112 | 36 | 68= | 3135 | 52 | 54— | 3165 | 71 | 20 | 3190 | 34 | 52≡ |
| 3061 | 50 | 50— | 3088 | 42 | 69— | 3112 | 46 | 63— | 3137 | 38 | 49≡ | 3166 | 48 | 43= | 3190 | 50 | 47= |
| 3062 | 38 | 77= | 3088 | 52 | 42= | 3112 | 77 | 15 | 3137 | 54 | 58— | 3167 | 59 | 27 | 3190 | 62 | 37— |
| 3062 | 54 | 46— | 3088 | 58 | 45— | 3113 | 44 | 78— | 3138 | 38 | 77= | 3167 | 60 | 45— | 3191 | 36 | 68= |
| 3063 | 54 | 53— | 3089 | 32 | 52≡ | 3113 | 66 | 36— | 3138 | 40 | 49≡ | 3168 | 38 | 51= | 3191 | 54 | 58— |
| 3063 | 56 | 45— | 3089 | 44 | 43= | 3114 | 34 | 56≡ | 3139 | 36 | 64= | 3168 | 48 | 76— | 3192 | 48 | 67— |
| 3064 | 36 | 49≡ | 3089 | 50 | 76— | 3114 | 52 | 50— | 3139 | 46 | 43= | 3169 | 78 | 15 | 3192 | 52 | 42= |
| 3065 | 42 | 47= | 3090 | 40 | 77= | 3114 | 72 | 21 | 3139 | 48 | 67— | 3170 | 30 | 68= | 3193 | 46 | 60= |
| 3066 | 34 | 52≡ | 3090 | 44 | 48= | 3115 | 46 | 47= | 3139 | 52 | 58— | 3170 | 38 | 64= | 3193 | 48 | 63— |
| 3066 | 65 | 25 | 3090 | 62 | 36— | 3115 | 62 | 37— | 3140 | 50 | 42≡ | 3170 | 68 | 36— | 3194 | 67 | 25 |
| 3066 | 68 | 34— | 3091 | 50 | 50— | 3116 | 46 | 43= | 3140 | 56 | 46— | 3171 | 40 | 77= | 3195 | 55 | 28 |
| 3067 | 38 | 49≡ | 3092 | 34 | 64= | 3116 | 54 | 28 | 3141 | 42 | 56= | 3171 | 42 | 60= | 3195 | 60 | 41— |
| 3067 | 44 | 55= | 3092 | 52 | 58— | 3116 | 76 | 18 | 3143 | 32 | 52≡ | 3171 | 54 | 76— | 3196 | 44 | 48= |
| 3067 | 46 | 78— | 3092 | 64 | 37— | 3117 | 64 | 36— | 3143 | 52 | 35= | 3172 | 46 | 63— | 3196 | 52 | 58— |
| 3068 | 38 | 51= | 3093 | 42 | 55= | 3117 | 65 | 24 | 3144 | 44 | 47= | 3172 | 72 | 16 | 3196 | 60 | 45— |
| 3068 | 44 | 69— | 3093 | 52 | 50— | 3117 | 70 | 34— | 3144 | 58 | 46— | 3173 | 56 | 54— | 3197 | 36 | 57≡ |
| 3068 | 70 | 17 | 3093 | 54 | 54— | 3118 | 40 | 51= | 3145 | 40 | 74— | 3173 | 73 | 21 | 3197 | 38 | 56≡ |
| 3069 | 30 | 66≡ | 3093 | 80 | 14 | 3118 | 54 | 50— | 3145 | 42 | 72— | 3174 | 40 | 61= | 3197 | 40 | 74— |
| 3070 | 40 | 61= | 3094 | 46 | 39≡ | 3119 | 42 | 44≡ | 3145 | 66 | 34— | 3174 | 44 | 69— | 3198 | 42 | 49≡ |
| 3071 | 38 | 68= | 3094 | 58 | 27 | 3119 | 54 | 54— | 3146 | 44 | 35≡ | 3174 | 77 | 18 | 3198 | 50 | 67— |
| 3072 | 34 | 65= | 3094 | 69 | 19 | 3120 | 66 | 34— | 3146 | 58 | 45— | 3175 | 46 | 55= | 3199 | 32 | 57≡ |
| 3072 | 52 | 54— | 3095 | 36 | 49≡ | 3121 | 36 | 44≡ | 3148 | 36 | 52≡ | 3175 | 50 | 59— | 3199 | 40 | 49≡ |
| 3072 | 56 | 46— | 3095 | 44 | 55= | 3121 | 44 | 69— | 3148 | 58 | 41— | 3175 | 54 | 53— | 3199 | 44 | 39≡ |
| 3072 | 58 | 41— | 3096 | 30 | 62≡ | 3122 | 42 | 61= | 3149 | 50 | 76— | 3176 | 42 | 55= | 3200 | 42 | 72— |
| 3073 | 40 | 64= | 3096 | 34 | 77= | 3122 | 46 | 78— | 3149 | 54 | 37= | 3176 | 46 | 35≡ | 3200 | 54 | 50— |
| 3073 | 46 | 67— | 3097 | 56 | 53— | 3122 | 58 | 45— | 3150 | 38 | 77= | 3176 | 48 | 47= | 3200 | 66 | 34— |
| 3074 | 44 | 47= | 3097 | 64 | 23 | 3123 | 40 | 74— | 3150 | 66 | 22 | 3177 | 56 | 58— | 3201 | 34 | 62≡ |
| 3074 | 50 | 42= | 3098 | 62 | 34— | 3123 | 42 | 48= | 3151 | 34 | 62≡ | 3178 | 46 | 78— | 3202 | 32 | 68≡ |
| 3074 | 64 | 34— | 3099 | 32 | 62≡ | 3123 | 60 | 41— | 3151 | 42 | 72— | 3179 | 30 | 66≡ | 3202 | 52 | 59— |
| 3075 | 54 | 35= | 3100 | 40 | 39≡ | 3124 | 58 | 53— | 3151 | 64 | 34— | 3179 | 34 | 57≡ | 3202 | 82 | 14 |
| 3076 | 36 | 61= | 3100 | 66 | 32 | 3127 | 38 | 61= | 3152 | 36 | 62≡ | 3179 | 66 | 36— | 3203 | 54 | 59— |
| 3076 | 40 | 60= | 3101 | 42 | 72— | 3127 | 54 | 46— | 3153 | 40 | 64= | 3180 | 40 | 74— | 3203 | 68 | 34— |
| 3076 | 46 | 42= | 3101 | 74 | 31 | 3128 | 32 | 65≡ | 3153 | 46 | 47= | 3180 | 48 | 43= | 3204 | 44 | 43= |
| 3077 | 36 | 57≡ | 3101 | 82 | 11 | 3128 | 46 | 67— | 3153 | 56 | 53— | 3181 | 60 | 26 | 3204 | 58 | 45— |
| 3077 | 48 | 59— | 3102 | 34 | 52≡ | 3128 | 58 | 35= | 3154 | 38 | 68= | 3181 | 64 | 36— | 3205 | 32 | 52≡ |
| 3078 | 34 | 62≡ | 3103 | 36 | 65= | 3128 | 71 | 17 | 3155 | 40 | 56= | 3182 | 38 | 49≡ | 3205 | 50 | 35= |
| 3078 | 52 | 76— | 3103 | 42 | 60= | 3129 | 48 | 47= | 3155 | 42 | 39≡ | 3182 | 52 | 50— | 3206 | 66 | 36— |
| 3079 | 42 | 60= | 3104 | 70 | 20 | 3129 | 54 | 42= | 3155 | 70 | 19 | 3182 | 58 | 53— | 3207 | 42 | 51= |
| 3079 | 56 | 53— | 3105 | 34 | 57≡ | 3129 | 58 | 41— | 3156 | 30 | 52≡ | 3183 | 44 | 51= | 3207 | 56 | 46— |
| 3079 | 64 | 36— | 3105 | 42 | 35≡ | 3130 | 52 | 76— | 3156 | 34 | 65≡ | 3183 | 46 | 67— | 3208 | 50 | 43= |
| 3079 | 66 | 34— | 3105 | 56 | 35= | 3130 | 60 | 37— | 3156 | 52 | 50— | 3183 | 54 | 35= | 3209 | 56 | 53— |
| 3080 | 30 | 65≡ | 3106 | 42 | 51= | 3130 | 66 | 25 | 3157 | 80 | 13 | 3183 | 56 | 37= | 3209 | 60 | 41— |
| 3080 | 50 | 59— | 3107 | 56 | 45— | 3131 | 36 | 77= | 3158 | 54 | 54— | 3184 | 36 | 49≡ | 3209 | 84 | 11 |

— bedeutet Träger mit einer Gurtplatte, = mit zwei, ≡ mit drei Gurtplatten.

# Widerstandsmomente cm³

## von 3212 bis 3369.

| Widerstands-moment cm³ | Stehblech-Höhe cm | Seite des Buches | Widerstands-moment cm³ | Stehblech-Höhe cm | Seite des Buches | Widerstands-moment cm³ | Stehblech-Höhe cm | Seite des Buches | Widerstands-moment cm³ | Stehblech-Höhe cm | Seite des Buches | Widerstands-moment cm³ | Stehblech-Höhe cm | Seite des Buches | Widerstands-moment cm³ | Stehblech-Höhe cm | Seite des Buches |
|---|---|---|---|---|---|---|---|---|---|---|---|---|---|---|---|---|---|
| 3212 | 50 | 43= | 3238 | 68 | 36— | 3267 | 42 | 64= | 3292 | 74 | 16 | 3321 | 48 | 47= | 3345 | 69 | 22 |
| 3213 | 44 | 69— | 3239 | 46 | 55= | 3267 | 56 | 54— | 3293 | 92 | 10 | 3321 | 64 | 41— | 3347 | 44 | 72— |
| 3213 | 52 | 37= | 3240 | 50 | 42= | 3267 | 60 | 41— | 3294 | 44 | 72— | 3322 | 32 | 65≡ | 3347 | 60 | 45— |
| 3214 | 40 | 51= | 3240 | 56 | 54— | 3268 | 46 | 55= | 3294 | 50 | 42= | 3322 | 38 | 44≡ | 3347 | 80 | 18 |
| 3214 | 58 | 46— | 3240 | 60 | 27 | 3268 | 54 | 59— | 3294 | 75 | 21 | 3322 | 44 | 56= | 3348 | 40 | 74— |
| 3215 | 67 | 22 | 3241 | 44 | 47= | 3268 | 82 | 13 | 3295 | 56 | 37= | 3323 | 64 | 37— | 3348 | 62 | 41— |
| 3215 | 76 | 31 | 3242 | 52 | 43= | 3269 | 42 | 55= | 3295 | 70 | 36— | 3324 | 42 | 61= | 3348 | 68 | 37— |
| 3216 | 32 | 62≡ | 3242 | 64 | 41— | 3269 | 50 | 76— | 3296 | 52 | 42= | 3324 | 60 | 53— | 3348 | 74 | 20 |
| 3216 | 46 | 47= | 3243 | 42 | 56= | 3269 | 52 | 59— | 3297 | 38 | 49≡ | 3324 | 69 | 25 | 3349 | 52 | 47= |
| 3216 | 71 | 19 | 3243 | 52 | 54— | 3269 | 56 | 50— | 3297 | 42 | 74— | 3325 | 34 | 62≡ | 3349 | 58 | 53— |
| 3217 | 36 | 56≡ | 3243 | 62 | 45— | 3270 | 32 | 52≡ | 3297 | 44 | 44≡ | 3325 | 42 | 49≡ | 3350 | 48 | 78— |
| 3217 | 44 | 56≡ | 3244 | 58 | 35= | 3270 | 40 | 68= | 3298 | 50 | 67— | 3325 | 56 | 53— | 3351 | 66 | 36— |
| 3217 | 56 | 35≡ | 3245 | 46 | 47= | 3270 | 54 | 50— | 3298 | 58 | 53— | 3325 | 58 | 58— | 3352 | 42 | 51— |
| 3218 | 34 | 57≡ | 3245 | 48 | 67— | 3271 | 30 | 68≡ | 3298 | 67 | 23 | 2326 | 36 | 56≡ | 3352 | 57 | 28 |
| 3218 | 36 | 77≡ | 3245 | 54 | 58— | 3271 | 68 | 34— | 3299 | 66 | 37— | 3326 | 40 | 61— | 3353 | 38 | 64= |
| 3218 | 52 | 50— | 3245 | 68 | 34— | 3272 | 44 | 55= | 3300 | 52 | 59— | 3326 | 62 | 26 | 3353 | 58 | 46— |
| 3219 | 66 | 37— | 3246 | 64 | 37— | 3272 | 77 | 31 | 3302 | 44 | 48= | 3327 | 68 | 34— | 3353 | 75 | 16 |
| 3220 | 64 | 36— | 3247 | 38 | 62≡ | 3273 | 42 | 77= | 3302 | 48 | 67— | 3327 | 70 | 34— | 3354 | 54 | 58— |
| 3221 | 58 | 53— | 3248 | 30 | 66≡ | 3274 | 56 | 46— | 3303 | 34 | 57≡ | 3328 | 44 | 69— | 3354 | 56 | 50— |
| 3222 | 44 | 78— | 3248 | 54 | 50— | 3275 | 40 | 56≡ | 3303 | 52 | 76— | 3328 | 50 | 43= | 3354 | 76 | 21 |
| 3223 | 42 | 61= | 3249 | 40 | 74— | 3276 | 56 | 42= | 3304 | 36 | 49≡ | 3328 | 56 | 58— | 3356 | 50 | 35≡ |
| 3223 | 46 | 78— | 3249 | 48 | 55= | 3278 | 38 | 57≡ | 3305 | 48 | 43= | 3328 | 60 | 45— | 3356 | 58 | 53— |
| 3223 | 54 | 54— | 3250 | 34 | 65= | 3278 | 44 | 35≡ | 3305 | 62 | 45— | 3329 | 50 | 76— | 3356 | 70 | 32 |
| 3223 | 58 | 41— | 3250 | 52 | 50— | 3278 | 66 | 36— | 3306 | 68 | 36— | 3330 | 42 | 74— | 3357 | 38 | 52≡ |
| 3224 | 42 | 48= | 3250 | 58 | 45— | 3278 | 72 | 19 | 3307 | 44 | 61= | 3330 | 78 | 31 | 3357 | 42 | 60= |
| 3225 | 32 | 65≡ | 3250 | 67 | 24 | 3279 | 36 | 52≡ | 3307 | 56 | 54— | 3331 | 40 | 62≡ | 3357 | 56 | 59— |
| 3225 | 48 | 47= | 3250 | 73 | 17 | 3279 | 40 | 61= | 3308 | 46 | 69— | 3332 | 34 | 57≡ | 3357 | 60 | 46— |
| 3225 | 72 | 20 | 3251 | 40 | 77= | 3279 | 54 | 76— | 3308 | 48 | 63— | 3332 | 40 | 49≡ | 3358 | 40 | 68— |
| 3225 | 79 | 15 | 3251 | 48 | 63— | 3280 | 68 | 22 | 3308 | 50 | 67— | 3332 | 44 | 39≡ | 3358 | 50 | 67— |
| 3226 | 36 | 64= | 3252 | 42 | 72— | 3281 | 38 | 61= | 3309 | 32 | 68≡ | 3332 | 54 | 59— | 3358 | 66 | 34— |
| 3226 | 44 | 69— | 3252 | 46 | 69— | 3281 | 42 | 39≡ | 3309 | 42 | 72— | 3333 | 32 | 62≡ | 3358 | 74 | 34— |
| 3226 | 48 | 63— | 3253 | 50 | 67— | 3282 | 48 | 43= | 3309 | 72 | 34— | 3333 | 38 | 77= | 3359 | 44 | 55= |
| 3227 | 46 | 43= | 3254 | 42 | 72— | 3283 | 46 | 78— | 3310 | 32 | 66≡ | 3333 | 62 | 41— | 3360 | 46 | 55= |
| 3227 | 52 | 42= | 3254 | 61 | 26 | 3283 | 80 | 15 | 3311 | 38 | 56≡ | 3334 | 68 | 36— | 3360 | 48 | 67— |
| 3227 | 60 | 45— | 3256 | 48 | 39≡ | 3284 | 58 | 46— | 3311 | 66 | 36— | 3335 | 48 | 78— | 3360 | 58 | 35= |
| 3227 | 68 | 32 | 3257 | 54 | 37= | 3285 | 60 | 46— | 3312 | 74 | 17 | 3335 | 62 | 45— | 3361 | 38 | 62≡ |
| 3228 | 64 | 34— | 3257 | 70 | 34— | 3286 | 44 | 60= | 3312 | 84 | 14 | 3337 | 52 | 59— | 3361 | 52 | 35≡ |
| 3229 | 40 | 61= | 3258 | 40 | 49≡ | 3286 | 46 | 60= | 3313 | 36 | 64= | 3337 | 56 | 50— | 3362 | 34 | 65≡ |
| 3231 | 66 | 23 | 3258 | 42 | 61= | 3286 | 73 | 20 | 3313 | 40 | 64= | 3339 | 50 | 47= | 3363 | 46 | 51= |
| 3231 | 78 | 18 | 3259 | 34 | 65≡ | 3287 | 60 | 45— | 3313 | 54 | 50— | 3340 | 44 | 72— | 3363 | 50 | 67— |
| 3232 | 46 | 63— | 3259 | 46 | 43= | 3287 | 70 | 34— | 3314 | 34 | 52≡ | 3340 | 46 | 55= | 3364 | 42 | 72— |
| 3232 | 73 | 16 | 3259 | 62 | 41— | 3288 | 30 | 66≡ | 3314 | 61 | 27 | 3340 | 48 | 35≡ | 3364 | 52 | 67— |
| 3233 | 40 | 64= | 3259 | 68 | 36— | 3288 | 46 | 78— | 3315 | 38 | 65= | 3340 | 54 | 50— | 3365 | 60 | 53— |
| 3233 | 46 | 39≡ | 3260 | 44 | 60= | 3288 | 54 | 54— | 3315 | 46 | 35≡ | 3340 | 56 | 54— | 3365 | 70 | 36— |
| 3233 | 56 | 58— | 3261 | 36 | 62≡ | 3289 | 44 | 51= | 3316 | 32 | 57≡ | 3340 | 73 | 19 | 3366 | 48 | 63— |
| 3233 | 74 | 21 | 3262 | 46 | 48= | 3289 | 56 | 58— | 3317 | 36 | 57≡ | 3342 | 46 | 60= | 3366 | 52 | 76— |
| 3234 | 40 | 44≡ | 3262 | 60 | 45— | 3289 | 79 | 18 | 3317 | 44 | 51= | 3342 | 52 | 42= | 3366 | 54 | 37= |
| 3234 | 52 | 76— | 3263 | 38 | 49≡ | 3290 | 50 | 47= | 3317 | 52 | 50— | 3343 | 46 | 78— | 3366 | 68 | 23 |
| 3235 | 54 | 58— | 3263 | 54 | 42= | 3290 | 54 | 59— | 3317 | 68 | 24 | 3343 | 50 | 43= | 3367 | 30 | 66≡ |
| 3236 | 40 | 74— | 3263 | 56 | 53— | 3290 | 64 | 36— | 3318 | 46 | 47= | 3344 | 40 | 77= | 3367 | 48 | 60= |
| 3237 | 34 | 52≡ | 3264 | 36 | 57≡ | 3291 | 69 | 32 | 3318 | 52 | 37= | 3344 | 42 | 56= | 3367 | 50 | 63— |
| 3237 | 72 | 34— | 3264 | 40 | 51= | 3292 | 36 | 62≡ | 3318 | 86 | 11 | 3344 | 90 | 12 | 3367 | 62 | 45— |
| 3237 | 88 | 12 | 3264 | 42 | 60= | 3292 | 40 | 74— | 3319 | 48 | 48= | 3345 | 46 | 69— | 3368 | 42 | 61= |
| 3238 | 38 | 68= | 3264 | 62 | 37— | 3292 | 48 | 78— | 3319 | 58 | 54— | 3345 | 48 | 55= | 3369 | 40 | 51= |
| 3238 | 52 | 59— | 3265 | 60 | 35= | 3292 | 54 | 35= | 3319 | 64 | 41— | 3345 | 56 | 58— | 3369 | 44 | 77= |

— bedeutet Träger mit einer Gurtplatte, = mit zwei, ≡ mit drei Gurtplatten.

## von 3370 bis 3524.

| Widerstands-moment cm³ | Steh-blech-Höhe cm | Seite des Buches | Widerstands-moment cm³ | Steh-blech-Höhe cm | Seite des Buches | Widerstands-moment cm³ | Steh-blech-Höhe cm | Seite des Buches | Widerstands-moment cm³ | Steh-blech-Höhe cm | Seite des Buches | Widerstands-moment cm³ | Steh-blech-Höhe cm | Seite des Buches | Widerstands-moment cm³ | Steh-blech-Höhe cm | Seite des Buches |
|---|---|---|---|---|---|---|---|---|---|---|---|---|---|---|---|---|---|
| 3370 | 36 | 62≡ | 3399 | 94 | 10 | 3424 | 86 | 14 | 3452 | 46 | 55= | 3475 | 64 | 45— | 3501 | 60 | 46— |
| 3371 | 30 | 68≡ | 3400 | 44 | 72— | 3425 | 38 | 77≡ | 3452 | 56 | 58— | 3476 | 38 | 62≡ | 3502 | 62 | 46— |
| 3371 | 34 | 52≡ | 3400 | 52 | 42= | 3425 | 42 | 61= | 3452 | 70 | 24 | 3476 | 46 | 44≡ | 3503 | 70 | 23 |
| 3371 | 46 | 39= | 3400 | 64 | 37— | 3426 | 32 | 66≡ | 3452 | 92 | 12 | 3476 | 48 | 63— | 3504 | 46 | 51= |
| 3371 | 52 | 43= | 3401 | 48 | 39≡ | 3426 | 38 | 56≡ | 3453 | 44 | 72— | 3476 | 58 | 35= | 3504 | 60 | 53— |
| 3371 | 70 | 34— | 3401 | 50 | 63— | 3427 | 34 | 57≡ | 3453 | 46 | 35≡ | 3476 | 60 | 58— | 3505 | 44 | 74— |
| 3372 | 46 | 48= | 3401 | 56 | 58— | 3427 | 50 | 63— | 3453 | 54 | 42= | 3476 | 77 | 16 | 3505 | 46 | 56= |
| 3374 | 44 | 60= | 3402 | 46 | 78— | 3427 | 56 | 50— | 3453 | 72 | 34— | 3477 | 58 | 53— | 3505 | 52 | 47= |
| 3374 | 56 | 76— | 3402 | 74 | 19 | 3427 | 62 | 46— | 3454 | 44 | 60= | 3477 | 71 | 22 | 3505 | 60 | 35≡ |
| 3374 | 68 | 36— | 3403 | 62 | 35≡ | 3428 | 44 | 56= | 3454 | 52 | 47= | 3477 | 78 | 21 | 3505 | 70 | 36— |
| 3374 | 75 | 17 | 3404 | 38 | 57≡ | 3428 | 52 | 76— | 3455 | 44 | 72— | 3478 | 42 | 61= | 3506 | 34 | 52≡ |
| 3375 | 56 | 54— | 3404 | 46 | 69— | 3429 | 60 | 46— | 3455 | 66 | 41— | 3478 | 50 | 67— | 3506 | 50 | 35≡ |
| 3376 | 66 | 41— | 3404 | 50 | 78— | 3429 | 62 | 41— | 3455 | 70 | 34— | 3478 | 70 | 37— | 3506 | 96 | 10 |
| 3377 | 40 | 64= | 3404 | 56 | 50— | 3429 | 88 | 11 | 3455 | 71 | 25 | 3479 | 52 | 67— | 3507 | 42 | 74— |
| 3377 | 54 | 50— | 3405 | 64 | 41— | 3430 | 48 | 43= | 3456 | 44 | 44≡ | 3480 | 36 | 65= | 3507 | 52 | 43= |
| 3378 | 46 | 60= | 3406 | 38 | 68= | 3430 | 54 | 59— | 3456 | 52 | 42= | 3480 | 52 | 63— | 3507 | 74 | 34— |
| 3378 | 66 | 37— | 3406 | 62 | 53— | 3430 | 56 | 76— | 3457 | 66 | 37— | 3481 | 40 | 57≡ | 3508 | 30 | 66≡ |
| 3379 | 40 | 44≡ | 3407 | 42 | 74— | 3430 | 68 | 37— | 3458 | 58 | 54— | 3481 | 54 | 50— | 3508 | 38 | 62≡ |
| 3379 | 46 | 43= | 3407 | 56 | 37= | 3431 | 60 | 53— | 3460 | 36 | 52≡ | 3481 | 76 | 34— | 3508 | 50 | 78— |
| 3380 | 36 | 65≡ | 3408 | 44 | 48= | 3432 | 44 | 51≡ | 3460 | 48 | 78— | 3483 | 46 | 48= | 3508 | 64 | 45— |
| 3380 | 64 | 45— | 3408 | 62 | 41— | 3432 | 58 | 28 | 3460 | 54 | 76— | 3483 | 58 | 58— | 3509 | 62 | 41— |
| 3380 | 84 | 13 | 3409 | 68 | 36— | 3433 | 74 | 34— | 3460 | 60 | 45— | 3483 | 68 | 36— | 3510 | 46 | 39≡ |
| 3381 | 44 | 49≡ | 3409 | 75 | 20 | 3434 | 46 | 72— | 3461 | 42 | 74— | 3485 | 48 | 35≡ | 3510 | 54 | 47≡ |
| 3381 | 72 | 34— | 3410 | 36 | 52≡ | 3434 | 69 | 23 | 3462 | 54 | 59— | 3486 | 30 | 66≡ | 3510 | 58 | 50— |
| 3382 | 54 | 42= | 3410 | 42 | 51≡ | 3435 | 42 | 64= | 3463 | 44 | 64= | 3486 | 56 | 54— | 3511 | 62 | 53— |
| 3383 | 40 | 61≡ | 3410 | 54 | 50— | 3435 | 48 | 48= | 3463 | 70 | 36— | 3486 | 72 | 32 | 3511 | 68 | 37— |
| 3383 | 58 | 58— | 3411 | 70 | 22 | 3435 | 70 | 36— | 3464 | 34 | 65≡ | 3487 | 50 | 63— | 3512 | 44 | 72— |
| 3384 | 60 | 53— | 3412 | 44 | 61= | 3436 | 76 | 17 | 3464 | 44 | 39≡ | 3488 | 40 | 61= | 3512 | 58 | 59— |
| 3384 | 69 | 24 | 3412 | 48 | 55= | 3437 | 36 | 57≡ | 3464 | 46 | 69— | 3488 | 64 | 41— | 3512 | 59 | 28 |
| 3385 | 44 | 69— | 3412 | 72 | 34— | 3438 | 34 | 52≡ | 3464 | 48 | 60= | 3489 | 36 | 65≡ | 3513 | 56 | 58— |
| 3385 | 60 | 35= | 3413 | 48 | 63— | 3439 | 48 | 69— | 3464 | 50 | 78— | 3489 | 50 | 48= | 3514 | 38 | 65= |
| 3386 | 36 | 65= | 3413 | 56 | 54— | 3440 | 40 | 77= | 3464 | 63 | 27 | 3490 | 46 | 72— | 3514 | 44 | 49≡ |
| 3386 | 70 | 36— | 3413 | 58 | 53— | 3441 | 56 | 35= | 3465 | 40 | 49≡ | 3490 | 68 | 34— | 3514 | 84 | 15 |
| 3387 | 48 | 47= | 3414 | 76 | 16 | 3441 | 58 | 58— | 3465 | 48 | 78— | 3491 | 46 | 61= | 3515 | 72 | 36— |
| 3387 | 54 | 76— | 3415 | 38 | 65= | 3442 | 42 | 77= | 3465 | 75 | 19 | 3491 | 50 | 47= | 3516 | 38 | 49≡ |
| 3388 | 56 | 42= | 3415 | 56 | 42≡ | 3442 | 46 | 55= | 3465 | 82 | 18 | 3491 | 52 | 76— | 3516 | 40 | 56≡ |
| 3388 | 79 | 31 | 3415 | 77 | 21 | 3442 | 48 | 55= | 3466 | 50 | 63— | 3491 | 56 | 59— | 3517 | 48 | 55= |
| 3389 | 42 | 49≡ | 3416 | 32 | 68≡ | 3442 | 56 | 54— | 3466 | 58 | 76— | 3491 | 62 | 45— | 3517 | 50 | 55= |
| 3389 | 58 | 54— | 3417 | 48 | 47≡ | 3442 | 58 | 37= | 3467 | 60 | 54— | 3492 | 52 | 43= | 3517 | 52 | 35≡ |
| 3389 | 70 | 25 | 3417 | 50 | 55= | 3442 | 68 | 36— | 3468 | 52 | 67— | 3492 | 58 | 50— | 3518 | 44 | 61= |
| 3390 | 38 | 49≡ | 3417 | 58 | 54— | 3444 | 46 | 60= | 3469 | 62 | 53— | 3492 | 72 | 36— | 3518 | 54 | 35≡ |
| 3390 | 56 | 58— | 3418 | 46 | 69— | 3444 | 60 | 53— | 3470 | 42 | 56≡ | 3493 | 48 | 47= | 3519 | 42 | 64= |
| 3394 | 40 | 64= | 3418 | 50 | 67— | 3444 | 64 | 45— | 3470 | 46 | 60= | 3494 | 86 | 13 | 3519 | 56 | 37= |
| 3394 | 60 | 45— | 3419 | 46 | 47≡ | 3445 | 38 | 64= | 3470 | 60 | 37= | 3495 | 38 | 52≡ | 3519 | 66 | 45— |
| 3395 | 36 | 57= | 3419 | 58 | 58— | 3445 | 42 | 56= | 3471 | 56 | 50— | 3497 | 48 | 69— | 3520 | 56 | 59— |
| 3395 | 44 | 51= | 3420 | 50 | 39≡ | 3446 | 80 | 31 | 3471 | 62 | 45— | 3498 | 60 | 53— | 3520 | 71 | 24 |
| 3395 | 54 | 76— | 3420 | 72 | 36— | 3447 | 40 | 68= | 3471 | 76 | 20 | 3499 | 72 | 34— | 3521 | 72 | 25 |
| 3396 | 40 | 56≡ | 3422 | 52 | 67— | 3447 | 56 | 59— | 3472 | 42 | 68= | 3499 | 77 | 17 | 3522 | 48 | 78— |
| 3396 | 64 | 41— | 3422 | 58 | 50— | 3448 | 42 | 74— | 3473 | 40 | 64= | 3500 | 32 | 66≡ | 3523 | 32 | 68≡ |
| 3397 | 48 | 43= | 3423 | 36 | 62≡ | 3448 | 44 | 74— | 3473 | 46 | 69— | 3500 | 40 | 49≡ | 3523 | 48 | 60= |
| 3397 | 54 | 43= | 3423 | 58 | 46= | 3449 | 34 | 62≡ | 3473 | 50 | 43= | 3500 | 54 | 59— | 3524 | 40 | 44≡ |
| 3397 | 70 | 34— | 3424 | 42 | 44≡ | 3449 | 44 | 61= | 3473 | 64 | 41— | 3500 | 56 | 42= | 3524 | 46 | 69≡ |
| 3398 | 44 | 72= | 3424 | 56 | 59— | 3450 | 50 | 47= | 3474 | 46 | 51= | 3500 | 58 | 58— | 3524 | 50 | 78— |
| 3398 | 82 | 15 | 3424 | 58 | 42= | 3452 | 40 | 62≡ | 3474 | 54 | 37= | 3501 | 44 | 51= | 3524 | 54 | 76— |
| 3399 | 63 | 26 | 3424 | 66 | 36— | 3452 | 42 | 49≡ | 3475 | 38 | 57≡ | 3501 | 54 | 42= | 3524 | 58 | 76— |

— bedeutet Träger mit einer Gurtplatte, = mit zwei, ≡ mit drei Gurtplatten.

# Widerstandsmomente cm³

## von 3525 bis 3674.

| Widerstands-moment cm³ | Steh-blech-Höhe cm | Seite des Buches | Widerstands-moment cm³ | Steh-blech-Höhe cm | Seite des Buches | Widerstands-moment cm³ | Steh-blech-Höhe cm | Seite des Buches | Widerstands-moment cm³ | Steh-blech-Höhe cm | Seite des Buches | Widerstands-moment cm³ | Steh-blech-Höhe cm | Seite des Buches | Widerstands-moment cm³ | Steh-blech-Höhe cm | Seite des Buches |
|---|---|---|---|---|---|---|---|---|---|---|---|---|---|---|---|---|---|
| 3525 | 72 | 34— | 3545 | 48 | 51= | 3572 | 42 | 51= | 3597 | 78 | 20 | 3625 | 79 | 17 | 3654 | 74 | 25 |
| 3526 | 36 | 57≡ | 3546 | 44 | 77≡ | 3572 | 60 | 58— | 3598 | 36 | 65≡ | 3626 | 32 | 66≡ | 3655 | 46 | 72— |
| 3526 | 42 | 77≡ | 3546 | 48 | 39≡ | 3572 | 64 | 45— | 3598 | 40 | 49≡ | 3626 | 56 | 59— | 3655 | 52 | 67— |
| 3527 | 42 | 61≡ | 3546 | 58 | 58— | 3572 | 71 | 23 | 3598 | 46 | 72— | 3627 | 62 | 58— | 3655 | 54 | 63— |
| 3527 | 54 | 43= | 3546 | 64 | 45— | 3573 | 34 | 62≡ | 3598 | 58 | 54— | 3627 | 74 | 34— | 3655 | 62 | 53— |
| 3527 | 62 | 35= | 3547 | 44 | 51= | 3573 | 40 | 62≡ | 3599 | 48 | 47= | 3628 | 50 | 69— | 3655 | 74 | 34— |
| 3528 | 58 | 54— | 3547 | 50 | 63— | 3573 | 50 | 78— | 3599 | 79 | 16 | 3629 | 66 | 41— | 3655 | 78 | 19 |
| 3528 | 76 | 19 | 3547 | 65 | 26 | 3573 | 56 | 50— | 3600 | 80 | 21 | 3630 | 32 | 68= | 3656 | 48 | 60= |
| 3529 | 42 | 49≡ | 3548 | 74 | 36— | 3574 | 48 | 56= | 3601 | 44 | 74— | 3630 | 48 | 35≡ | 3656 | 58 | 42= |
| 3530 | 40 | 65= | 3549 | 64 | 41— | 3574 | 52 | 78— | 3602 | 36 | 52≡ | 3630 | 60 | 53— | 3656 | 60 | 58— |
| 3530 | 52 | 67— | 3550 | 48 | 48= | 3574 | 60 | 42= | 3602 | 46 | 61≡ | 3631 | 56 | 37= | 3657 | 36 | 57≡ |
| 3531 | 38 | 57≡ | 3550 | 56 | 76— | 3575 | 70 | 36— | 3603 | 50 | 43= | 3631 | 58 | 50— | 3657 | 38 | 57≡ |
| 3531 | 50 | 63— | 3550 | 64 | 53— | 3576 | 42 | 44≡ | 3604 | 42 | 64= | 3632 | 86 | 15 | 3657 | 42 | 68= |
| 3531 | 62 | 53— | 3551 | 34 | 57≡ | 3576 | 62 | 46— | 3605 | 30 | 66≡ | 3633 | 38 | 52≡ | 3657 | 48 | 44≡ |
| 3532 | 54 | 43= | 3551 | 44 | 60= | 3577 | 60 | 50— | 3605 | 52 | 63— | 3633 | 40 | 77= | 3657 | 50 | 35≡ |
| 3533 | 42 | 62≡ | 3551 | 46 | 77= | 3578 | 42 | 49≡ | 3605 | 78 | 34— | 3633 | 76 | 34— | 3657 | 54 | 43= |
| 3534 | 44 | 56= | 3551 | 73 | 32 | 3578 | 52 | 63— | 3606 | 58 | 59— | 3634 | 44 | 77= | 3657 | 73 | 24 |
| 3534 | 66 | 41= | 3552 | 34 | 68≡ | 3579 | 40 | 79= | 3607 | 44 | 51= | 3634 | 48 | 55= | 3658 | 46 | 72— |
| 3534 | 77 | 20 | 3554 | 36 | 62≡ | 3579 | 62 | 53— | 3608 | 38 | 65≡ | 3636 | 72 | 36— | 3658 | 64 | 53— |
| 3535 | 38 | 52≡ | 3554 | 48 | 69— | 3581 | 44 | 49≡ | 3608 | 62 | 45— | 3637 | 40 | 56≡ | 3659 | 42 | 62≡ |
| 3535 | 40 | 68= | 3554 | 56 | 43= | 3581 | 74 | 34— | 3609 | 72 | 37— | 3637 | 52 | 78— | 3659 | 68 | 45— |
| 3535 | 48 | 69— | 3556 | 48 | 43= | 3582 | 58 | 59— | 3609 | 88 | 13 | 3638 | 50 | 78— | 3660 | 32 | 66≡ |
| 3536 | 38 | 64= | 3557 | 36 | 57≡ | 3583 | 84 | 18 | 3610 | 58 | 58— | 3638 | 60 | 58— | 3660 | 48 | 69— |
| 3536 | 52 | 67— | 3557 | 76 | 34— | 3584 | 46 | 69— | 3610 | 73 | 22 | 3639 | 44 | 64= | 3660 | 79 | 20 |
| 3536 | 60 | 58— | 3558 | 52 | 47= | 3584 | 48 | 78— | 3611 | 60 | 54— | 3640 | 34 | 52≡ | 3661 | 46 | 64= |
| 3536 | 66 | 37— | 3558 | 56 | 59— | 3584 | 50 | 78— | 3612 | 48 | 69— | 3640 | 42 | 77= | 3661 | 48 | 51= |
| 3537 | 40 | 77≡ | 3558 | 58 | 37= | 3585 | 46 | 51= | 3612 | 56 | 42= | 3640 | 54 | 67— | 3661 | 50 | 63— |
| 3537 | 78 | 16 | 3558 | 68 | 36— | 3585 | 52 | 39≡ | 3613 | 38 | 57≡ | 3640 | 58 | 76— | 3661 | 52 | 48= |
| 3537 | 88 | 14 | 3559 | 56 | 54— | 3585 | 66 | 45— | 3613 | 66 | 41— | 3641 | 46 | 61= | 3661 | 58 | 50— |
| 3538 | 46 | 72— | 3560 | 48 | 60= | 3585 | 72 | 34— | 3614 | 40 | 57≡ | 3642 | 52 | 43= | 3662 | 44 | 51= |
| 3538 | 48 | 55= | 3560 | 50 | 47= | 3586 | 42 | 64= | 3614 | 64 | 53— | 3642 | 72 | 23 | 3662 | 52 | 47= |
| 3538 | 50 | 67— | 3562 | 44 | 74— | 3586 | 50 | 55= | 3615 | 60 | 76— | 3643 | 46 | 44≡ | 3662 | 56 | 42= |
| 3538 | 56 | 42= | 3562 | 46 | 60= | 3586 | 52 | 55= | 3615 | 65 | 27 | 3643 | 58 | 54— | 3662 | 80 | 16 |
| 3538 | 79 | 21 | 3562 | 54 | 42= | 3586 | 58 | 50— | 3615 | 98 | 10 | 3644 | 50 | 78— | 3665 | 34 | 68≡ |
| 3539 | 42 | 77≡ | 3562 | 58 | 50— | 3587 | 42 | 61≡ | 3616 | 44 | 44≡ | 3645 | 46 | 55= | 3665 | 56 | 59— |
| 3539 | 44 | 74— | 3562 | 70 | 37— | 3588 | 72 | 24 | 3616 | 46 | 56= | 3645 | 56 | 50— | 3666 | 40 | 64= |
| 3539 | 60 | 54— | 3562 | 78 | 17 | 3588 | 73 | 25 | 3616 | 62 | 37= | 3646 | 38 | 62≡ | 3666 | 44 | 56= |
| 3539 | 64 | 27 | 3562 | 94 | 12 | 3589 | 54 | 76— | 3616 | 64 | 45— | 3646 | 46 | 60= | 3666 | 48 | 48= |
| 3539 | 70 | 34— | 3563 | 44 | 61= | 3590 | 60 | 37= | 3617 | 50 | 55= | 3646 | 52 | 63— | 3666 | 76 | 34— |
| 3539 | 74 | 34— | 3564 | 42 | 68= | 3591 | 38 | 62≡ | 3617 | 52 | 43= | 3646 | 60 | 54— | 3667 | 52 | 63— |
| 3540 | 58 | 42= | 3564 | 60 | 53— | 3591 | 50 | 47= | 3617 | 56 | 76— | 3646 | 70 | 37— | 3668 | 42 | 49≡ |
| 3540 | 62 | 45— | 3564 | 72 | 36— | 3591 | 77 | 19 | 3617 | 66 | 45— | 3647 | 44 | 49≡ | 3668 | 60 | 50— |
| 3540 | 70 | 36— | 3564 | 82 | 31 | 3592 | 54 | 67— | 3617 | 70 | 36— | 3647 | 70 | 41— | 3670 | 48 | 69— |
| 3540 | 90 | 11 | 3565 | 42 | 74— | 3592 | 68 | 41— | 3617 | 74 | 32 | 3648 | 62 | 53— | 3670 | 50 | 47= |
| 3541 | 36 | 52≡ | 3566 | 46 | 49≡ | 3593 | 52 | 67— | 3618 | 54 | 47= | 3648 | 64 | 46— | 3670 | 64 | 35= |
| 3541 | 38 | 56≡ | 3567 | 34 | 65= | 3593 | 56 | 59— | 3619 | 44 | 74— | 3649 | 46 | 39≡ | 3671 | 40 | 70= |
| 3542 | 56 | 76— | 3567 | 40 | 52≡ | 3593 | 58 | 35= | 3620 | 52 | 47= | 3649 | 60 | 50— | 3671 | 72 | 34— |
| 3542 | 64 | 35= | 3568 | 58 | 42= | 3593 | 60 | 28 | 3621 | 66 | 26 | 3651 | 54 | 67— | 3672 | 36 | 52≡ |
| 3543 | 32 | 66≡ | 3568 | 60 | 54— | 3593 | 62 | 53— | 3622 | 74 | 36— | 3651 | 62 | 35— | 3672 | 54 | 47= |
| 3543 | 46 | 55— | 3569 | 44 | 72— | 3594 | 46 | 48= | 3623 | 40 | 68= | 3651 | 66 | 45— | 3673 | 56 | 47= |
| 3543 | 50 | 60= | 3569 | 50 | 43= | 3594 | 72 | 36— | 3623 | 48 | 55= | 3652 | 58 | 59— | 3673 | 72 | 36— |
| 3543 | 52 | 63— | 3570 | 40 | 64= | 3595 | 68 | 41— | 3623 | 70 | 34— | 3652 | 90 | 14 | 3673 | 96 | 12 |
| 3543 | 66 | 41— | 3571 | 52 | 42= | 3596 | 42 | 56= | 3624 | 44 | 61= | 3653 | 92 | 11 | 3674 | 52 | 35≡ |
| 3543 | 72 | 22 | 3571 | 54 | 59— | 3596 | 50 | 63— | 3624 | 46 | 51= | 3654 | 54 | 76— | 3674 | 58 | 37— |
| 3545 | 46 | 60= | 3571 | 64 | 41— | 3596 | 60 | 58— | 3625 | 60 | 35= | 3654 | 64 | 41— | 3674 | 61 | 28 |

— bedeutet Träger mit einer Gurtplatte, = mit zwei, ≡ mit drei Gurtplatten.

## von 3674 bis 3836.

| Wider-stands-moment cm³ | Steh-blech-Höhe cm | Seite des Buches | Wider-stands-moment cm³ | Steh-blech-Höhe cm | Seite des Buches | Wider-stands-moment cm³ | Steh-blech-Höhe cm | Seite des Buches | Wider-stands-moment cm³ | Steh-blech-Höhe cm | Seite des Buches | Wider-stands-moment cm³ | Steh-blech-Höhe cm | Seite des Buches | Wider-stands-moment cm³ | Steh-blech-Höhe cm | Seite des Buches |
|---|---|---|---|---|---|---|---|---|---|---|---|---|---|---|---|---|---|
| 3674 | 68 | 41— | 3705 | 42 | 49≡ | 3727 | 74 | 24 | 3752 | 62 | 58— | 3780 | 42 | 52≡ | 3807 | 66 | 53— |
| 3675 | 40 | 79= | 3705 | 46 | 49≡ | 3728 | 44 | 64= | 3752 | 72 | 36— | 3781 | 48 | 48= | 3808 | 42 | 49≡ |
| 3675 | 44 | 68= | 3705 | 50 | 60— | 3728 | 50 | 69— | 3752 | 76 | 36— | 3781 | 52 | 63— | 3808 | 50 | 35≡ |
| 3675 | 60 | 76— | 3705 | 54 | 67— | 3728 | 62 | 58— | 3753 | 32 | 66≡ | 3781 | 64 | 58— | 3808 | 62 | 50— |
| 3676 | 56 | 35≡ | 3707 | 36 | 65≡ | 3729 | 40 | 77= | 3754 | 46 | 64= | 3782 | 72 | 37— | 3808 | 74 | 36— |
| 3676 | 76 | 36— | 3707 | 58 | 76— | 3729 | 42 | 44≡ | 3755 | 34 | 66≡ | 3783 | 66 | 45— | 3810 | 46 | 44≡ |
| 3677 | 36 | 68≡ | 3708 | 72 | 36— | 3729 | 48 | 55= | 3755 | 40 | 52≡ | 3783 | 74 | 23 | 3811 | 80 | 34— |
| 3677 | 44 | 74— | 3709 | 76 | 34— | 3729 | 50 | 51= | 3755 | 60 | 54— | 3784 | 38 | 57≡ | 3812 | 58 | 50— |
| 3677 | 74 | 22 | 3710 | 60 | 37— | 3729 | 64 | 53— | 3755 | 62 | 28 | 3784 | 62 | 53— | 3812 | 76 | 22 |
| 3678 | 34 | 66≡ | 3711 | 54 | 67— | 3730 | 44 | 61= | 3755 | 68 | 41— | 3784 | 80 | 19 | 3813 | 54 | 43= |
| 3678 | 44 | 61= | 3712 | 73 | 23 | 3730 | 50 | 48= | 3756 | 50 | 56= | 3785 | 48 | 69— | 3813 | 60 | 59— |
| 3678 | 48 | 61= | 3713 | 38 | 65≡ | 3730 | 52 | 63— | 3757 | 54 | 55= | 3785 | 54 | 63— | 3814 | 40 | 62≡ |
| 3678 | 64 | 53— | 3713 | 40 | 52≡ | 3731 | 40 | 49≡ | 3757 | 58 | 59— | 3785 | 56 | 42= | 3814 | 56 | 67— |
| 3680 | 54 | 35≡ | 3713 | 46 | 61= | 3731 | 70 | 41— | 3757 | 64 | 45— | 3785 | 72 | 41— | 3814 | 62 | 58— |
| 3681 | 58 | 59— | 3713 | 58 | 43= | 3731 | 80 | 34— | 3758 | 40 | 56≡ | 3785 | 76 | 34— | 3814 | 70 | 37— |
| 3683 | 52 | 78— | 3714 | 52 | 63— | 3733 | 62 | 50— | 3758 | 54 | 63— | 3786 | 42 | 62≡ | 3815 | 46 | 74— |
| 3683 | 60 | 54— | 3715 | 46 | 74— | 3734 | 48 | 60= | 3758 | 72 | 34— | 3786 | 44 | 74— | 3815 | 50 | 60= |
| 3683 | 66 | 35= | 3715 | 66 | 41— | 3734 | 50 | 43= | 3758 | 76 | 34— | 3786 | 52 | 48= | 3815 | 66 | 35= |
| 3683 | 68 | 41— | 3716 | 60 | 58— | 3734 | 52 | 47= | 3761 | 46 | 61= | 3786 | 98 | 12 | 3815 | 70 | 41— |
| 3683 | 78 | 34— | 3716 | 62 | 53— | 3734 | 70 | 41— | 3761 | 66 | 53— | 3787 | 54 | 43= | 3816 | 36 | 62≡ |
| 3683 | 84 | 31 | 3716 | 74 | 34— | 3735 | 48 | 77= | 3761 | 68 | 45— | 3787 | 81 | 20 | 3816 | 44 | 64= |
| 3684 | 56 | 76— | 3717 | 50 | 55= | 3735 | 60 | 76— | 3761 | 78 | 34— | 3788 | 36 | 57≡ | 3817 | 48 | 51= |
| 3684 | 75 | 32 | 3717 | 66 | 45— | 3736 | 44 | 62≡ | 3762 | 52 | 78— | 3788 | 82 | 16 | 3818 | 50 | 55= |
| 3685 | 36 | 62≡ | 3718 | 46 | 72— | 3736 | 46 | 77— | 3763 | 40 | 64= | 3789 | 42 | 64= | 3818 | 82 | 17 |
| 3685 | 38 | 52≡ | 3718 | 52 | 67— | 3736 | 58 | 50— | 3763 | 56 | 67— | 3789 | 76 | 25 | 3819 | 52 | 69— |
| 3686 | 42 | 57≡ | 3719 | 58 | 54— | 3738 | 48 | 72— | 3763 | 64 | 37= | 3790 | 58 | 37= | 3819 | 56 | 76— |
| 3687 | 48 | 72— | 3719 | 79 | 19 | 3738 | 56 | 59— | 3763 | 66 | 45— | 3791 | 54 | 47= | 3823 | 46 | 61= |
| 3688 | 40 | 57≡ | 3720 | 54 | 63— | 3739 | 40 | 65= | 3765 | 62 | 54— | 3792 | 42 | 79= | 3824 | 58 | 42= |
| 3688 | 50 | 69— | 3720 | 62 | 54— | 3739 | 54 | 42= | 3766 | 52 | 47= | 3793 | 44 | 61= | 3824 | 60 | 50— |
| 3689 | 56 | 43= | 3721 | 50 | 39≡ | 3740 | 62 | 37= | 3766 | 60 | 59— | 3793 | 50 | 69— | 3825 | 68 | 35= |
| 3689 | 80 | 17 | 3721 | 52 | 60= | 3741 | 60 | 59— | 3766 | 64 | 54— | 3793 | 60 | 50— | 3825 | 70 | 41— |
| 3690 | 48 | 39≡ | 3721 | 58 | 59— | 3742 | 42 | 77= | 3767 | 67 | 27 | 3794 | 48 | 61= | 3825 | 88 | 18 |
| 3690 | 52 | 55= | 3721 | 60 | 50— | 3742 | 52 | 39≡ | 3767 | 92 | 14 | 3795 | 52 | 55= | 3826 | 42 | 57≡ |
| 3690 | 62 | 54— | 3722 | 38 | 65≡ | 3742 | 64 | 53— | 3768 | 40 | 70= | 3795 | 60 | 76— | 3827 | 50 | 72— |
| 3691 | 66 | 27 | 3722 | 44 | 77— | 3742 | 74 | 37— | 3768 | 50 | 78— | 3795 | 66 | 46— | 3827 | 62 | 50— |
| 3692 | 48 | 51= | 3722 | 75 | 25 | 3744 | 36 | 52≡ | 3768 | 94 | 11 | 3795 | 68 | 45— | 3827 | 66 | 53— |
| 3693 | 66 | 41— | 3723 | 42 | 56≡ | 3744 | 46 | 51= | 3770 | 54 | 67— | 3795 | 78 | 34— | 3828 | 46 | 77= |
| 3694 | 40 | 62≡ | 3723 | 48 | 69— | 3744 | 50 | 60= | 3770 | 74 | 36— | 3796 | 62 | 58— | 3828 | 54 | 63— |
| 3694 | 56 | 43= | 3723 | 60 | 42= | 3744 | 75 | 22 | 3771 | 38 | 52≡ | 3797 | 36 | 68= | 3828 | 76 | 36— |
| 3694 | 60 | 42= | 3723 | 80 | 20 | 3745 | 48 | 72— | 3771 | 60 | 58— | 3797 | 75 | 24 | 3831 | 48 | 44≡ |
| 3694 | 70 | 36— | 3724 | 30 | 66≡ | 3746 | 60 | 50— | 3772 | 40 | 79= | 3798 | 44 | 64= | 3831 | 52 | 35≡ |
| 3695 | 66 | 53— | 3724 | 44 | 74— | 3747 | 40 | 57≡ | 3772 | 68 | 41— | 3799 | 64 | 35= | 3831 | 60 | 37= |
| 3696 | 50 | 55= | 3724 | 56 | 42= | 3747 | 42 | 65= | 3773 | 44 | 68= | 3801 | 34 | 66≡ | 3831 | 74 | 37— |
| 3696 | 58 | 42= | 3724 | 60 | 54— | 3747 | 54 | 78— | 3773 | 58 | 42= | 3801 | 48 | 72— | 3832 | 56 | 63— |
| 3696 | 67 | 26 | 3725 | 62 | 42= | 3748 | 46 | 60= | 3775 | 46 | 49≡ | 3801 | 62 | 54— | 3832 | 58 | 59— |
| 3696 | 72 | 37— | 3725 | 64 | 46— | 3748 | 50 | 69— | 3775 | 62 | 35= | 3801 | 66 | 41— | 3832 | 72 | 36— |
| 3696 | 74 | 36— | 3725 | 100 | 10 | 3750 | 42 | 68= | 3776 | 48 | 51= | 3801 | 70 | 45— | 3834 | 40 | 57≡ |
| 3697 | 42 | 61= | 3726 | 74 | 36— | 3751 | 46 | 74— | 3776 | 58 | 76— | 3802 | 60 | 54— | 3834 | 54 | 48= |
| 3698 | 58 | 76— | 3726 | 82 | 21 | 3751 | 52 | 78— | 3776 | 76 | 36— | 3803 | 86 | 31 | 3835 | 38 | 52≡ |
| 3699 | 52 | 78— | 3726 | 90 | 13 | 3751 | 76 | 32 | 3777 | 32 | 66≡ | 3805 | 48 | 56= | 3835 | 46 | 74— |
| 3701 | 58 | 50— | 3727 | 40 | 62≡ | 3751 | 88 | 15 | 3777 | 44 | 51= | 3805 | 74 | 34— | 3835 | 48 | 39≡ |
| 3702 | 56 | 67— | 3727 | 44 | 49≡ | 3752 | 38 | 57≡ | 3778 | 34 | 68= | 3806 | 46 | 51= | 3835 | 54 | 47= |
| 3703 | 50 | 78— | 3727 | 46 | 56= | 3752 | 48 | 49≡ | 3778 | 46 | 72— | 3806 | 64 | 53— | 3835 | 66 | 45— |
| 3703 | 86 | 18 | 3727 | 54 | 47= | 3752 | 54 | 39≡ | 3778 | 52 | 43= | 3806 | 78 | 36— | 3836 | 58 | 35≡ |
| 3704 | 60 | 58— | 3727 | 68 | 45— | 3752 | 56 | 76— | 3779 | 44 | 49≡ | 3807 | 50 | 55— | 3836 | 68 | 45— |

— bedeutet Träger mit einer Gurtplatte, = mit zwei, ≡ mit drei Gurtplatten.

# Widerstandsmomente cm³

## von 3836 bis 4000.

| Widerstands-moment cm³ | Stehblech-Höhe cm | Seite des Buches | Widerstands-moment cm³ | Stehblech-Höhe cm | Seite des Buches | Widerstands-moment cm³ | Stehblech-Höhe cm | Seite des Buches | Widerstands-moment cm³ | Stehblech-Höhe cm | Seite des Buches | Widerstands-moment cm³ | Stehblech-Höhe cm | Seite des Buches | Widerstands-moment cm³ | Stehblech-Höhe cm | Seite des Buches |
|---|---|---|---|---|---|---|---|---|---|---|---|---|---|---|---|---|---|
| 3836 | 102 | 10 | 3864 | 62 | 37= | 3890 | 62 | 76— | 3920 | 56 | 39≡ | 3944 | 50 | 60= | 3969 | 50 | 51= |
| 3837 | 38 | 65≡ | 3865 | 46 | 56≡ | 3891 | 64 | 37= | 3920 | 64 | 54— | 3944 | 68 | 46— | 3969 | 70 | 35= |
| 3837 | 40 | 65≡ | 3865 | 48 | 74— | 3891 | 80 | 34— | 3920 | 74 | 37— | 3944 | 72 | 45— | 3970 | 42 | 79= |
| 3837 | 58 | 47= | 3865 | 54 | 55= | 3892 | 34 | 68≡ | 3921 | 48 | 56= | 3946 | 48 | 60= | 3970 | 48 | 49≡ |
| 3837 | 63 | 28 | 3865 | 60 | 76— | 3892 | 48 | 51= | 3921 | 56 | 78— | 3947 | 42 | 49≡ | 3970 | 74 | 36— |
| 3837 | 68 | 41— | 3867 | 50 | 61= | 3893 | 42 | 79= | 3922 | 60 | 59— | 3947 | 50 | 72— | 3971 | 80 | 34— |
| 3838 | 46 | 56≡ | 3867 | 76 | 24 | 3893 | 44 | 57≡ | 3922 | 69 | 27 | 3947 | 66 | 35= | 3973 | 54 | 55= |
| 3839 | 62 | 54— | 3868 | 40 | 79= | 3893 | 66 | 53— | 3923 | 38 | 62≡ | 3948 | 40 | 65= | 3973 | 62 | 42= |
| 3839 | 78 | 34— | 3868 | 50 | 69— | 3894 | 74 | 34— | 3923 | 50 | 69— | 3948 | 42 | 62≡ | 3973 | 64 | 58— |
| 3840 | 48 | 60= | 3869 | 64 | 53— | 3897 | 48 | 49≡ | 3923 | 52 | 69— | 3948 | 56 | 67— | 3976 | 46 | 44≡ |
| 3840 | 50 | 44≡ | 3870 | 44 | 68= | 3897 | 56 | 47= | 3923 | 70 | 26 | 3948 | 78 | 22 | 3977 | 42 | 52≡ |
| 3840 | 56 | 43≡ | 3871 | 70 | 45— | 3898 | 52 | 39≡ | 3924 | 74 | 41— | 3948 | 84 | 17 | 3977 | 62 | 59— |
| 3842 | 42 | 68= | 3871 | 72 | 41— | 3898 | 54 | 63— | 3925 | 34 | 66≡ | 3948 | 90 | 18 | 3978 | 68 | 53— |
| 3842 | 44 | 77= | 3872 | 40 | 62≡ | 3899 | 62 | 35= | 3925 | 76 | 23 | 3949 | 68 | 41— | 3979 | 40 | 57≡ |
| 3842 | 68 | 53— | 3872 | 50 | 39≡ | 3899 | 70 | 41— | 3925 | 78 | 25 | 3951 | 40 | 73= | 3980 | 60 | 50— |
| 3843 | 40 | 65= | 3872 | 90 | 15 | 3900 | 42 | 70= | 3925 | 88 | 31 | 3951 | 60 | 37= | 3980 | 76 | 36— |
| 3843 | 42 | 77= | 3873 | 44 | 49≡ | 3900 | 54 | 60= | 3926 | 48 | 72— | 3952 | 38 | 65≡ | 3980 | 84 | 20 |
| 3843 | 46 | 49≡ | 3873 | 58 | 67— | 3900 | 56 | 63— | 3926 | 50 | 60= | 3952 | 58 | 42= | 3980 | 86 | 21 |
| 3843 | 54 | 35≡ | 3873 | 60 | 43= | 3900 | 100 | 12 | 3926 | 80 | 34— | 3952 | 62 | 76— | 3982 | 46 | 49≡ |
| 3843 | 64 | 54— | 3874 | 64 | 54— | 3902 | 60 | 50— | 3927 | 48 | 77= | 3952 | 66 | 53— | 3982 | 64 | 76— |
| 3843 | 92 | 13 | 3874 | 66 | 46— | 3902 | 62 | 59— | 3927 | 64 | 35= | 3953 | 58 | 47= | 3983 | 70 | 41— |
| 3844 | 50 | 60= | 3874 | 72 | 41— | 3904 | 42 | 57≡ | 3928 | 46 | 49≡ | 3954 | 52 | 78— | 3983 | 78 | 34— |
| 3844 | 60 | 59— | 3876 | 50 | 56= | 3904 | 76 | 36— | 3928 | 62 | 59— | 3954 | 54 | 43= | 3984 | 46 | 51= |
| 3844 | 74 | 36— | 3876 | 62 | 58— | 3906 | 70 | 45— | 3929 | 52 | 60= | 3954 | 66 | 46— | 3985 | 38 | 52≡ |
| 3845 | 56 | 35≡ | 3876 | 76 | 37— | 3908 | 44 | 61= | 3929 | 56 | 55= | 3954 | 79 | 32 | 3985 | 58 | 76— |
| 3845 | 64 | 58— | 3877 | 52 | 55= | 3908 | 58 | 59— | 3930 | 54 | 78— | 3955 | 64 | 58— | 3985 | 68 | 45— |
| 3845 | 68 | 27 | 3877 | 54 | 78— | 3908 | 62 | 50— | 3931 | 68 | 45— | 3955 | 72 | 37— | 3986 | 56 | 43= |
| 3846 | 46 | 64= | 3878 | 64 | 42= | 3908 | 66 | 45— | 3932 | 36 | 66≡ | 3956 | 62 | 50— | 3986 | 84 | 34— |
| 3846 | 58 | 76— | 3879 | 66 | 53— | 3909 | 38 | 52≡ | 3932 | 44 | 56≡ | 3957 | 40 | 79= | 3987 | 52 | 35≡ |
| 3847 | 69 | 26 | 3880 | 32 | 66≡ | 3909 | 56 | 42= | 3932 | 62 | 58— | 3957 | 60 | 59— | 3988 | 48 | 72— |
| 3849 | 50 | 51= | 3880 | 40 | 57≡ | 3909 | 64 | 58— | 3933 | 42 | 52≡ | 3957 | 68 | 53— | 3988 | 50 | 61= |
| 3849 | 52 | 47= | 3880 | 46 | 74— | 3909 | 78 | 36— | 3934 | 46 | 61= | 3957 | 72 | 41— | 3988 | 56 | 78— |
| 3849 | 62 | 42= | 3880 | 60 | 54— | 3910 | 48 | 61= | 3934 | 60 | 42= | 3958 | 40 | 65≡ | 3988 | 60 | 42= |
| 3849 | 76 | 34— | 3880 | 77 | 22 | 3910 | 54 | 47= | 3935 | 44 | 44≡ | 3958 | 48 | 64= | 3988 | 62 | 50— |
| 3850 | 42 | 56≡ | 3881 | 46 | 61= | 3910 | 68 | 45— | 3935 | 66 | 58— | 3958 | 56 | 43= | 3988 | 64 | 50— |
| 3850 | 50 | 48= | 3881 | 52 | 69— | 3911 | 52 | 48= | 3937 | 58 | 67— | 3958 | 64 | 54— | 3989 | 50 | 69— |
| 3850 | 54 | 63— | 3881 | 56 | 67— | 3912 | 40 | 52≡ | 3937 | 60 | 76— | 3959 | 66 | 53— | 3989 | 58 | 67— |
| 3851 | 82 | 20 | 3882 | 50 | 51= | 3912 | 44 | 49≡ | 3938 | 46 | 64= | 3960 | 40 | 70= | 3989 | 62 | 37= |
| 3852 | 58 | 43= | 3882 | 62 | 50— | 3912 | 66 | 37= | 3938 | 77 | 24 | 3960 | 48 | 61= | 3989 | 70 | 53— |
| 3852 | 84 | 21 | 3884 | 64 | 58— | 3913 | 42 | 62≡ | 3938 | 80 | 36— | 3962 | 62 | 54— | 3990 | 48 | 74— |
| 3853 | 40 | 79= | 3884 | 78 | 36— | 3913 | 62 | 54— | 3939 | 40 | 70= | 3962 | 68 | 35= | 3991 | 42 | 64= |
| 3854 | 75 | 23 | 3884 | 96 | 11 | 3914 | 52 | 43= | 3939 | 52 | 56= | 3962 | 78 | 36— | 3992 | 52 | 55= |
| 3855 | 60 | 42= | 3885 | 60 | 59— | 3914 | 82 | 19 | 3939 | 56 | 63— | 3963 | 52 | 47= | 3992 | 58 | 43= |
| 3857 | 42 | 65= | 3885 | 94 | 14 | 3915 | 54 | 39≡ | 3940 | 54 | 55= | 3963 | 94 | 13 | 3993 | 92 | 15 |
| 3857 | 77 | 25 | 3886 | 36 | 52≡ | 3915 | 84 | 16 | 3940 | 64 | 53— | 3964 | 54 | 48= | 3994 | 79 | 25 |
| 3858 | 40 | 52≡ | 3886 | 52 | 78— | 3916 | 58 | 76— | 3940 | 82 | 34— | 3964 | 56 | 47= | 3995 | 42 | 79= |
| 3858 | 50 | 69— | 3886 | 78 | 32 | 3916 | 70 | 41— | 3941 | 46 | 62≡ | 3965 | 40 | 79= | 3995 | 44 | 52≡ |
| 3858 | 82 | 34— | 3887 | 50 | 72— | 3917 | 36 | 68≡ | 3941 | 50 | 72— | 3965 | 48 | 74— | 3995 | 78 | 36— |
| 3860 | 48 | 72— | 3889 | 34 | 66≡ | 3917 | 50 | 55= | 3941 | 54 | 78— | 3966 | 42 | 65= | 3996 | 50 | 56= |
| 3860 | 54 | 78— | 3889 | 52 | 60= | 3917 | 78 | 34— | 3941 | 70 | 45— | 3966 | 44 | 65= | 3997 | 64 | 54— |
| 3860 | 76 | 36— | 3889 | 58 | 42= | 3918 | 38 | 68≡ | 3942 | 48 | 51= | 3967 | 56 | 63— | 3997 | 77 | 23 |
| 3862 | 68 | 46— | 3889 | 74 | 36— | 3918 | 64 | 76— | 3943 | 54 | 47= | 3967 | 76 | 37— | 3998 | 60 | 35≡ |
| 3863 | 48 | 72— | 3889 | 78 | 34— | 3918 | 66 | 54— | 3943 | 76 | 36— | 3968 | 54 | 63— | 3998 | 66 | 54— |
| 3864 | 40 | 70= | 3890 | 38 | 57≡ | 3920 | 46 | 77= | 3944 | 42 | 77= | 3968 | 64 | 50— | 3999 | 71 | 26 |
| 3864 | 46 | 51= | 3890 | 42 | 64= | 3920 | 50 | 77= | 3944 | 46 | 74— | 3968 | 72 | 41— | 4000 | 58 | 67 |

— bedeutet Träger mit einer Gurtplatte, = mit zwei, ≡ mit drei Gurtplatten.

## von **4000** bis **4142**.

| Widerstandsmoment cm³ | Stehblechhöhe cm | Seite des Buches | Widerstandsmoment cm³ | Stehblechhöhe cm | Seite des Buches | Widerstandsmoment cm³ | Stehblechhöhe cm | Seite des Buches | Widerstandsmoment cm³ | Stehblechhöhe cm | Seite des Buches | Widerstandsmoment cm³ | Stehblechhöhe cm | Seite des Buches | Widerstandsmoment cm³ | Stehblechhöhe cm | Seite des Buches |
|---|---|---|---|---|---|---|---|---|---|---|---|---|---|---|---|---|---|
| 4000 | 60 | 59— | 4017 | 40 | 62≡ | 4043 | 62 | 54— | 4067 | 50 | 72— | 4089 | 56 | 39≡ | 4116 | 54 | 60= |
| 4000 | 62 | 58— | 4017 | 60 | 43= | 4043 | 80 | 36— | 4067 | 66 | 58— | 4089 | 62 | 59— | 4116 | 66 | 54— |
| 4000 | 70 | 27 | 4017 | 79 | 22 | 4044 | 38 | 68≡ | 4068 | 52 | 69— | 4090 | 50 | 51= | 4117 | 50 | 56= |
| 4001 | 44 | 62= | 4018 | 80 | 36— | 4044 | 64 | 50— | 4069 | 58 | 47— | 4090 | 58 | 39≡ | 4117 | 94 | 15 |
| 4001 | 46 | 61— | 4019 | 44 | 49≡ | 4044 | 66 | 37= | 4069 | 62 | 50— | 4091 | 50 | 49≡ | 4118 | 78 | 36— |
| 4001 | 54 | 78— | 4020 | 50 | 77= | 4044 | 72 | 41— | 4069 | 78 | 23 | 4091 | 64 | 59— | 4118 | 80 | 34— |
| 4001 | 66 | 58— | 4020 | 64 | 37= | 4044 | 86 | 16 | 4070 | 40 | 52≡ | 4091 | 81 | 32 | 4119 | 48 | 77= |
| 4001 | 98 | 11 | 4021 | 50 | 44≡ | 4045 | 60 | 67— | 4070 | 42 | 65≡ | 4092 | 68 | 58— | 4119 | 56 | 55= |
| 4002 | 42 | 70— | 4022 | 80 | 32 | 4045 | 84 | 19 | 4070 | 82 | 36— | 4093 | 56 | 43= | 4119 | 100 | 11 |
| 4002 | 60 | 47— | 4022 | 80 | 34— | 4046 | 46 | 77= | 4070 | 84 | 34— | 4094 | 54 | 48= | 4120 | 50 | 77= |
| 4002 | 65 | 28 | 4022 | 82 | 34— | 4046 | 64 | 76— | 4071 | 42 | 70= | 4094 | 70 | 46— | 4120 | 54 | 69— |
| 4003 | 40 | 52= | 4023 | 48 | 77— | 4046 | 68 | 53— | 4071 | 50 | 72— | 4095 | 54 | 43= | 4120 | 60 | 42= |
| 4003 | 52 | 55= | 4023 | 50 | 39≡ | 4048 | 40 | 73≡ | 4071 | 54 | 78— | 4095 | 64 | 58— | 4121 | 44 | 57≡ |
| 4003 | 96 | 14 | 4023 | 60 | 43= | 4048 | 90 | 31 | 4071 | 64 | 50— | 4096 | 42 | 79= | 4121 | 46 | 49≡ |
| 4004 | 46 | 56≡ | 4024 | 34 | 66≡ | 4049 | 34 | 66≡ | 4072 | 66 | 76— | 4097 | 58 | 78— | 4121 | 56 | 47= |
| 4004 | 52 | 60= | 4024 | 52 | 44≡ | 4050 | 38 | 66≡ | 4072 | 68 | 54— | 4097 | 66 | 53— | 4121 | 58 | 63— |
| 4005 | 48 | 44≡ | 4024 | 62 | 76— | 4050 | 66 | 50— | 4072 | 92 | 18 | 4097 | 74 | 37— | 4121 | 64 | 50— |
| 4006 | 50 | 72— | 4025 | 48 | 61= | 4051 | 62 | 59— | 4073 | 52 | 51= | 4098 | 62 | 42= | 4122 | 46 | 64= |
| 4006 | 52 | 69— | 4025 | 64 | 58— | 4051 | 80 | 34— | 4074 | 64 | 54— | 4098 | 68 | 35= | 4122 | 60 | 47= |
| 4006 | 54 | 35≡ | 4025 | 66 | 53— | 4052 | 48 | 74— | 4075 | 54 | 60= | 4098 | 70 | 41— | 4123 | 54 | 56= |
| 4006 | 54 | 78— | 4026 | 68 | 46— | 4052 | 72 | 45— | 4076 | 42 | 65= | 4098 | 80 | 36— | 4123 | 56 | 78— |
| 4006 | 64 | 42= | 4027 | 50 | 55= | 4054 | 44 | 77= | 4076 | 54 | 69— | 4099 | 48 | 74— | 4123 | 98 | 14 |
| 4007 | 32 | 66≡ | 4027 | 52 | 72— | 4054 | 48 | 64= | 4076 | 72 | 26 | 4099 | 62 | 76— | 4124 | 40 | 57≡ |
| 4007 | 44 | 79= | 4027 | 76 | 36— | 4055 | 52 | 39≡ | 4076 | 78 | 34— | 4100 | 42 | 62≡ | 4124 | 64 | 54— |
| 4007 | 48 | 51= | 4028 | 38 | 57≡ | 4055 | 60 | 42= | 4077 | 50 | 74— | 4101 | 54 | 51— | 4125 | 62 | 59— |
| 4007 | 50 | 72— | 4029 | 54 | 47= | 4055 | 64 | 35= | 4077 | 54 | 39≡ | 4101 | 56 | 63— | 4126 | 52 | 69— |
| 4007 | 70 | 41— | 4030 | 46 | 64= | 4056 | 42 | 57≡ | 4077 | 66 | 54— | 4101 | 74 | 41— | 4128 | 58 | 67— |
| 4008 | 54 | 60= | 4030 | 50 | 61= | 4056 | 56 | 78— | 4078 | 60 | 59— | 4102 | 46 | 57≡ | 4129 | 66 | 50— |
| 4008 | 56 | 48= | 4030 | 66 | 54— | 4057 | 40 | 70= | 4078 | 71 | 27 | 4103 | 42 | 70= | 4129 | 70 | 53— |
| 4008 | 74 | 37— | 4031 | 62 | 50— | 4058 | 52 | 61= | 4079 | 40 | 65≡ | 4103 | 58 | 55— | 4130 | 40 | 75= |
| 4009 | 46 | 74— | 4031 | 68 | 53— | 4058 | 58 | 67— | 4079 | 42 | 79= | 4104 | 82 | 34— | 4130 | 48 | 49≡ |
| 4009 | 56 | 47= | 4031 | 76 | 34— | 4058 | 76 | 37— | 4079 | 86 | 17 | 4105 | 42 | 57= | 4130 | 52 | 49≡ |
| 4009 | 58 | 43= | 4032 | 48 | 74— | 4058 | 82 | 34— | 4080 | 46 | 49≡ | 4105 | 78 | 37— | 4130 | 72 | 41— |
| 4009 | 60 | 76— | 4032 | 66 | 42= | 4059 | 52 | 69— | 4080 | 56 | 60= | 4106 | 52 | 55— | 4131 | 58 | 43= |
| 4009 | 62 | 59— | 4033 | 52 | 60= | 4059 | 54 | 55= | 4080 | 58 | 42= | 4106 | 52 | 77= | 4131 | 72 | 45= |
| 4009 | 78 | 24 | 4033 | 66 | 46— | 4059 | 70 | 53— | 4080 | 78 | 36— | 4106 | 68 | 53— | 4131 | 80 | 36— |
| 4010 | 44 | 64= | 4034 | 56 | 63— | 4060 | 68 | 45— | 4080 | 79 | 24 | 4107 | 68 | 46— | 4131 | 104 | 12 |
| 4010 | 58 | 47= | 4034 | 62 | 43= | 4060 | 70 | 45— | 4081 | 44 | 65= | 4108 | 50 | 61— | 4132 | 44 | 70= |
| 4010 | 70 | 46— | 4036 | 50 | 60= | 4061 | 38 | 62≡ | 4081 | 58 | 63— | 4108 | 70 | 53— | 4132 | 56 | 43= |
| 4011 | 58 | 35≡ | 4036 | 52 | 48= | 4061 | 72 | 41— | 4081 | 60 | 76— | 4109 | 70 | 35= | 4133 | 66 | 58— |
| 4011 | 70 | 45— | 4037 | 36 | 68≡ | 4062 | 40 | 79= | 4081 | 70 | 45— | 4109 | 88 | 21 | 4134 | 44 | 62= |
| 4011 | 78 | 37— | 4037 | 48 | 56= | 4062 | 68 | 37— | 4082 | 54 | 55= | 4110 | 64 | 76— | 4134 | 64 | 42= |
| 4012 | 46 | 64= | 4037 | 64 | 42= | 4062 | 106 | 10 | 4083 | 56 | 67— | 4111 | 60 | 67— | 4135 | 38 | 52≡ |
| 4012 | 50 | 51= | 4037 | 64 | 58— | 4063 | 36 | 66= | 4083 | 96 | 13 | 4111 | 76 | 36— | 4136 | 48 | 77= |
| 4012 | 54 | 69— | 4039 | 44 | 57≡ | 4063 | 80 | 25 | 4084 | 46 | 68= | 4111 | 86 | 20 | 4136 | 50 | 72— |
| 4012 | 74 | 41— | 4039 | 52 | 51= | 4064 | 44 | 68= | 4084 | 56 | 63— | 4112 | 56 | 78— | 4137 | 52 | 60= |
| 4013 | 36 | 66≡ | 4039 | 54 | 63— | 4064 | 50 | 64= | 4085 | 42 | 52= | 4112 | 74 | 41— | 4137 | 70 | 45— |
| 4013 | 40 | 57≡ | 4039 | 56 | 78— | 4064 | 52 | 56= | 4085 | 48 | 61= | 4113 | 44 | 79= | 4138 | 58 | 47= |
| 4014 | 56 | 35≡ | 4040 | 42 | 62≡ | 4064 | 58 | 67— | 4086 | 66 | 28 | 4113 | 62 | 37= | 4138 | 66 | 76— |
| 4014 | 62 | 76— | 4040 | 78 | 36— | 4064 | 64 | 59— | 4086 | 80 | 22 | 4114 | 68 | 53— | 4139 | 72 | 53— |
| 4015 | 56 | 67— | 4041 | 64 | 54— | 4064 | 76 | 41— | 4087 | 56 | 47— | 4114 | 72 | 35= | 4141 | 48 | 61— |
| 4015 | 102 | 12 | 4042 | 48 | 49= | 4065 | 44 | 56≡ | 4088 | 72 | 45— | 4115 | 48 | 74— | 4141 | 54 | 78— |
| 4016 | 62 | 42= | 4042 | 56 | 55= | 4065 | 48 | 56= | 4088 | 74 | 45— | 4115 | 66 | 58— | 4141 | 64 | 59— |
| 4016 | 72 | 45— | 4042 | 66 | 58— | 4067 | 38 | 65= | 4089 | 48 | 68= | 4115 | 86 | 34— | 4141 | 79 | 23 |
| 4016 | 74 | 41— | 4043 | 40 | 70= | 4067 | 48 | 51= | 4089 | 52 | 72— | 4116 | 44 | 64= | 4142 | 42 | 52≡ |

— bedeutet Träger mit einer Gurtplatte, = mit zwei, ≡ mit drei Gurtplatten.

# Widerstandsmomente cm³

## von 4142 bis 4291.

| Widerstandsmoment cm³ | Stehblechhöhe cm | Seite des Buches | Widerstandsmoment cm³ | Stehblechhöhe cm | Seite des Buches | Widerstandsmoment cm³ | Stehblechhöhe cm | Seite des Buches | Widerstandsmoment cm³ | Stehblechhöhe cm | Seite des Buches | Widerstandsmoment cm³ | Stehblechhöhe cm | Seite des Buches | Widerstandsmoment cm³ | Stehblechhöhe cm | Seite des Buches |
|---|---|---|---|---|---|---|---|---|---|---|---|---|---|---|---|---|---|
| 4142 | 46 | 56≡ | 4166 | 40 | 79= | 4189 | 52 | 56= | 4210 | 52 | 77= | 4236 | 73 | 27 | 4262 | 64 | 42= |
| 4142 | 50 | 51= | 4166 | 44 | 49≡ | 4189 | 62 | 43— | 4210 | 54 | 44≡ | 4236 | 74 | 45— | 4262 | 64 | 76— |
| 4142 | 50 | 74— | 4166 | 60 | 67— | 4189 | 68 | 46— | 4210 | 72 | 45— | 4237 | 50 | 56= | 4262 | 70 | 46— |
| 4143 | 46 | 44≡ | 4166 | 64 | 58— | 4190 | 54 | 55= | 4211 | 56 | 47= | 4237 | 58 | 78— | 4264 | 60 | 63— |
| 4143 | 56 | 48= | 4166 | 78 | 36— | 4190 | 56 | 78— | 4211 | 68 | 50— | 4238 | 42 | 52≡ | 4265 | 50 | 64= |
| 4144 | 40 | 73≡ | 4167 | 48 | 74— | 4190 | 74 | 41— | 4211 | 72 | 53— | 4238 | 44 | 70= | 4265 | 58 | 39≡ |
| 4145 | 52 | 72— | 4167 | 58 | 78— | 4191 | 54 | 69— | 4212 | 46 | 52≡ | 4238 | 60 | 67— | 4266 | 56 | 55= |
| 4146 | 50 | 60= | 4168 | 50 | 49≡ | 4191 | 84 | 34— | 4212 | 52 | 39≡ | 4238 | 64 | 50— | 4266 | 58 | 47= |
| 4148 | 40 | 70= | 4168 | 54 | 35≡ | 4192 | 60 | 63— | 4212 | 66 | 35≡ | 4238 | 84 | 34— | 4267 | 44 | 62≡ |
| 4148 | 48 | 62≡ | 4169 | 62 | 47= | 4193 | 44 | 79= | 4213 | 52 | 72— | 4239 | 102 | 11 | 4267 | 50 | 56≡ |
| 4148 | 54 | 47= | 4169 | 67 | 28 | 4193 | 48 | 51= | 4213 | 88 | 17 | 4240 | 54 | 39≡ | 4267 | 54 | 51≡ |
| 4148 | 64 | 37— | 4170 | 44 | 62≡ | 4193 | 56 | 60= | 4214 | 52 | 72— | 4240 | 90 | 21 | 4267 | 58 | 67— |
| 4148 | 80 | 37— | 4170 | 62 | 59— | 4194 | 36 | 66≡ | 4214 | 70 | 37= | 4241 | 40 | 73= | 4268 | 46 | 77= |
| 4149 | 40 | 52≡ | 4170 | 78 | 34— | 4194 | 52 | 69— | 4214 | 80 | 23 | 4241 | 76 | 37— | 4269 | 52 | 64= |
| 4149 | 66 | 59— | 4171 | 38 | 68≡ | 4194 | 54 | 60= | 4214 | 80 | 34— | 4241 | 96 | 15 | 4269 | 70 | 53— |
| 4150 | 48 | 64= | 4172 | 92 | 31 | 4195 | 42 | 73= | 4218 | 46 | 62≡ | 4242 | 60 | 47= | 4269 | 82 | 36— |
| 4150 | 66 | 50— | 4173 | 62 | 76— | 4195 | 48 | 68= | 4218 | 64 | 59— | 4243 | 88 | 20 | 4270 | 40 | 57≡ |
| 4150 | 76 | 37— | 4174 | 64 | 76— | 4196 | 42 | 65≡ | 4219 | 44 | 79= | 4244 | 42 | 57≡ | 4270 | 66 | 76— |
| 4151 | 58 | 63— | 4174 | 88 | 16 | 4196 | 44 | 65≡ | 4219 | 58 | 78— | 4244 | 60 | 67— | 4271 | 54 | 69— |
| 4152 | 52 | 72— | 4176 | 66 | 37= | 4197 | 42 | 79= | 4219 | 80 | 36— | 4244 | 80 | 37— | 4271 | 58 | 43= |
| 4152 | 80 | 24 | 4177 | 86 | 19 | 4197 | 44 | 56≡ | 4220 | 50 | 77= | 4244 | 100 | 14 | 4272 | 50 | 74— |
| 4152 | 82 | 36— | 4177 | 108 | 10 | 4197 | 58 | 63— | 4220 | 58 | 63— | 4246 | 72 | 46— | 4272 | 58 | 63— |
| 4153 | 60 | 76— | 4178 | 54 | 55= | 4197 | 64 | 43= | 4220 | 62 | 67— | 4246 | 88 | 34— | 4273 | 50 | 51= |
| 4153 | 62 | 42= | 4178 | 60 | 67— | 4197 | 66 | 42= | 4221 | 52 | 55= | 4247 | 48 | 64= | 4274 | 38 | 66≡ |
| 4153 | 68 | 54— | 4178 | 64 | 42= | 4197 | 94 | 18 | 4222 | 44 | 64= | 4247 | 76 | 41— | 4274 | 56 | 69— |
| 4153 | 73 | 26 | 4178 | 70 | 46— | 4198 | 58 | 67— | 4222 | 62 | 42= | 4248 | 62 | 76— | 4275 | 60 | 78— |
| 4154 | 56 | 55= | 4178 | 80 | 36— | 4198 | 64 | 50— | 4223 | 54 | 48= | 4249 | 70 | 58— | 4275 | 68 | 54— |
| 4154 | 84 | 34— | 4178 | 82 | 36— | 4198 | 68 | 37= | 4224 | 46 | 79= | 4249 | 72 | 41— | 4276 | 64 | 37= |
| 4155 | 36 | 66≡ | 4179 | 48 | 44≡ | 4199 | 66 | 58— | 4224 | 54 | 60= | 4249 | 106 | 12 | 4276 | 68 | 58— |
| 4155 | 44 | 52≡ | 4179 | 60 | 35≡ | 4199 | 70 | 53— | 4225 | 82 | 22 | 4250 | 54 | 61= | 4277 | 52 | 72— |
| 4155 | 72 | 41— | 4179 | 60 | 43= | 4199 | 74 | 45— | 4227 | 52 | 61= | 4250 | 62 | 59— | 4278 | 56 | 43= |
| 4155 | 76 | 41— | 4181 | 42 | 70= | 4199 | 78 | 37— | 4227 | 68 | 76— | 4251 | 48 | 77= | 4278 | 56 | 48= |
| 4156 | 36 | 68≡ | 4181 | 50 | 74— | 4200 | 40 | 65≡ | 4227 | 70 | 54— | 4251 | 50 | 74— | 4279 | 60 | 55= |
| 4156 | 66 | 54— | 4181 | 68 | 53— | 4201 | 44 | 52≡ | 4228 | 40 | 52≡ | 4252 | 40 | 70= | 4279 | 74 | 41— |
| 4156 | 82 | 34— | 4182 | 56 | 35≡ | 4201 | 50 | 72— | 4228 | 48 | 64= | 4252 | 60 | 42= | 4280 | 44 | 57≡ |
| 4157 | 46 | 77= | 4182 | 60 | 47= | 4201 | 86 | 34— | 4228 | 50 | 61= | 4252 | 78 | 36— | 4280 | 52 | 72— |
| 4157 | 56 | 63— | 4183 | 52 | 61= | 4202 | 50 | 44≡ | 4228 | 66 | 59— | 4253 | 42 | 62≡ | 4281 | 46 | 56≡ |
| 4157 | 72 | 27 | 4183 | 62 | 43= | 4202 | 66 | 54— | 4228 | 68 | 58— | 4253 | 54 | 56= | 4281 | 74 | 45— |
| 4158 | 34 | 66≡ | 4184 | 56 | 78— | 4202 | 68 | 58— | 4229 | 54 | 72— | 4253 | 68 | 28 | 4283 | 72 | 53— |
| 4159 | 76 | 41— | 4184 | 58 | 48= | 4202 | 82 | 25 | 4230 | 56 | 63— | 4254 | 46 | 57≡ | 4286 | 82 | 37— |
| 4160 | 44 | 77= | 4185 | 44 | 57≡ | 4204 | 42 | 70= | 4230 | 83 | 32 | 4255 | 82 | 34— | 4287 | 46 | 68= |
| 4160 | 58 | 43= | 4185 | 58 | 47= | 4204 | 66 | 76— | 4231 | 54 | 51= | 4256 | 66 | 59— | 4287 | 52 | 49≡ |
| 4160 | 68 | 58— | 4185 | 64 | 76— | 4205 | 84 | 36— | 4231 | 74 | 26 | 4256 | 68 | 53— | 4287 | 66 | 54— |
| 4160 | 72 | 46— | 4185 | 70 | 53— | 4205 | 98 | 13 | 4232 | 72 | 45— | 4257 | 56 | 39≡ | 4287 | 86 | 34— |
| 4160 | 82 | 32 | 4186 | 42 | 65= | 4206 | 54 | 69— | 4233 | 46 | 49≡ | 4257 | 56 | 78— | 4288 | 62 | 67— |
| 4161 | 50 | 61= | 4186 | 46 | 68= | 4206 | 56 | 69— | 4233 | 46 | 64= | 4258 | 64 | 59— | 4288 | 66 | 50— |
| 4161 | 52 | 48= | 4186 | 48 | 49≡ | 4206 | 78 | 41— | 4233 | 52 | 60= | 4258 | 72 | 35= | 4289 | 48 | 49≡ |
| 4161 | 60 | 43= | 4186 | 58 | 35≡ | 4207 | 50 | 74— | 4234 | 40 | 75= | 4258 | 76 | 41— | 4289 | 62 | 42= |
| 4161 | 62 | 35≡ | 4186 | 82 | 34— | 4207 | 64 | 54— | 4234 | 48 | 74— | 4258 | 80 | 36— | 4289 | 72 | 45— |
| 4162 | 40 | 68≡ | 4187 | 66 | 58— | 4208 | 74 | 41— | 4234 | 68 | 35≡ | 4260 | 66 | 58— | 4289 | 74 | 53— |
| 4162 | 74 | 45— | 4187 | 68 | 42= | 4209 | 42 | 57≡ | 4234 | 76 | 45— | 4261 | 54 | 69— | 4289 | 84 | 36— |
| 4163 | 40 | 62≡ | 4187 | 68 | 54— | 4209 | 52 | 51= | 4234 | 82 | 36— | 4261 | 60 | 39≡ | 4290 | 52 | 51= |
| 4164 | 50 | 64= | 4188 | 46 | 65= | 4209 | 66 | 50— | 4235 | 66 | 54— | 4261 | 72 | 53— | 4290 | 56 | 51= |
| 4164 | 66 | 42= | 4189 | 38 | 66≡ | 4210 | 48 | 61= | 4235 | 68 | 54— | 4261 | 74 | 35= | 4290 | 58 | 63— |
| 4165 | 52 | 51= | 4189 | 42 | 79= | 4210 | 50 | 51= | 4236 | 66 | 50— | 4262 | 56 | 60= | 4291 | 42 | 70= |

— bedeutet Träger mit einer Gurtplatte, = mit zwei, ≡ mit drei Gurtplatten.

## von 4291 bis 4438.

| Widerstands-moment cm³ | Stehblech-Höhe cm | Seite des Buches | Widerstands-moment cm³ | Stehblech-Höhe cm | Seite des Buches | Widerstands-moment cm³ | Stehblech-Höhe cm | Seite des Buches | Widerstands-moment cm³ | Stehblech-Höhe cm | Seite des Buches | Widerstands-moment cm³ | Stehblech-Höhe cm | Seite des Buches | Widerstands-moment cm³ | Stehblech-Höhe cm | Seite des Buches |
|---|---|---|---|---|---|---|---|---|---|---|---|---|---|---|---|---|---|
| 4291 | 50 | 61= | 4312 | 48 | 57≡ | 4338 | 69 | 28 | 4361 | 82 | 23 | 4387 | 42 | 75= | 4415 | 74 | 53— |
| 4291 | 52 | 74— | 4312 | 68 | 59— | 4338 | 76 | 41— | 4362 | 60 | 47= | 4387 | 66 | 59— | 4416 | 52 | 72— |
| 4292 | 78 | 37— | 4313 | 54 | 60= | 4339 | 40 | 75= | 4362 | 74 | 45— | 4388 | 76 | 26 | 4416 | 64 | 76— |
| 4292 | 84 | 34— | 4314 | 44 | 52≡ | 4339 | 64 | 76— | 4363 | 52 | 61= | 4389 | 70 | 58— | 4416 | 54 | 55= |
| 4293 | 34 | 66≡ | 4314 | 52 | 77= | 4339 | 70 | 53— | 4363 | 68 | 76— | 4390 | 42 | 52= | 4417 | 56 | 60= |
| 4293 | 48 | 62≡ | 4314 | 60 | 47— | 4340 | 46 | 57≡ | 4363 | 70 | 58— | 4390 | 64 | 42= | 4417 | 62 | 47— |
| 4293 | 62 | 47= | 4315 | 68 | 50— | 4340 | 72 | 53— | 4363 | 74 | 53— | 4390 | 70 | 35= | 4418 | 50 | 56≡ |
| 4293 | 68 | 50— | 4315 | 84 | 36— | 4340 | 86 | 36— | 4364 | 68 | 54— | 4391 | 50 | 74— | 4418 | 62 | 67— |
| 4294 | 54 | 77= | 4316 | 74 | 27 | 4341 | 56 | 69— | 4364 | 68 | 58— | 4392 | 50 | 49≡ | 4419 | 46 | 79≡ |
| 4294 | 58 | 78— | 4316 | 82 | 36— | 4341 | 64 | 59— | 4365 | 50 | 64= | 4392 | 56 | 69— | 4419 | 52 | 77≡ |
| 4294 | 110 | 10 | 4317 | 68 | 54— | 4342 | 66 | 42= | 4366 | 46 | 70= | 4393 | 78 | 41— | 4419 | 60 | 78— |
| 4295 | 40 | 68= | 4319 | 56 | 69— | 4342 | 66 | 59— | 4366 | 52 | 49≡ | 4393 | 84 | 34— | 4419 | 72 | 46— |
| 4295 | 64 | 59— | 4319 | 64 | 42= | 4342 | 84 | 25 | 4366 | 56 | 55= | 4394 | 58 | 47= | 4420 | 46 | 56≡ |
| 4295 | 68 | 76— | 4319 | 70 | 58— | 4343 | 48 | 64= | 4366 | 84 | 22 | 4394 | 68 | 59— | 4421 | 50 | 61= |
| 4296 | 42 | 73= | 4320 | 40 | 65— | 4344 | 44 | 70= | 4367 | 48 | 77= | 4395 | 46 | 62≡ | 4422 | 54 | 72— |
| 4296 | 66 | 42= | 4320 | 50 | 77= | 4344 | 46 | 64= | 4367 | 66 | 50— | 4395 | 64 | 67— | 4422 | 68 | 59— |
| 4296 | 68 | 58— | 4321 | 50 | 74— | 4344 | 52 | 51= | 4367 | 72 | 37= | 4395 | 70 | 54— | 4422 | 88 | 34— |
| 4297 | 36 | 66≡ | 4321 | 64 | 50— | 4344 | 62 | 67— | 4367 | 98 | 15 | 4395 | 80 | 36— | 4423 | 44 | 79= |
| 4297 | 38 | 68≡ | 4322 | 54 | 49≡ | 4344 | 70 | 42= | 4367 | 102 | 14 | 4396 | 75 | 27 | 4423 | 54 | 72— |
| 4297 | 54 | 55= | 4322 | 62 | 76— | 4345 | 70 | 54— | 4368 | 108 | 12 | 4397 | 56 | 44≡ | 4423 | 58 | 63— |
| 4297 | 82 | 24 | 4322 | 66 | 50— | 4346 | 70 | 46— | 4369 | 72 | 45— | 4398 | 42 | 73= | 4424 | 38 | 66≡ |
| 4298 | 50 | 68= | 4322 | 84 | 34— | 4347 | 60 | 78— | 4370 | 58 | 78— | 4398 | 68 | 54— | 4424 | 62 | 67— |
| 4298 | 94 | 31 | 4323 | 42 | 65≡ | 4347 | 62 | 35≡ | 4370 | 68 | 35= | 4398 | 82 | 36— | 4424 | 64 | 59— |
| 4299 | 42 | 79= | 4323 | 68 | 42= | 4347 | 66 | 76— | 4371 | 85 | 32 | 4399 | 60 | 55= | 4425 | 56 | 51= |
| 4300 | 58 | 55= | 4324 | 58 | 48= | 4347 | 90 | 17 | 4372 | 92 | 21 | 4399 | 74 | 46— | 4425 | 96 | 31 |
| 4300 | 78 | 41— | 4324 | 96 | 18 | 4348 | 52 | 60= | 4373 | 52 | 64= | 4400 | 42 | 70= | 4426 | 44 | 65= |
| 4300 | 84 | 32 | 4325 | 36 | 66≡ | 4348 | 58 | 63— | 4373 | 66 | 54— | 4400 | 52 | 74— | 4426 | 52 | 74— |
| 4301 | 48 | 68= | 4325 | 44 | 79= | 4348 | 76 | 45— | 4373 | 70 | 50— | 4401 | 52 | 44= | 4426 | 54 | 61= |
| 4301 | 58 | 47= | 4325 | 64 | 35≡ | 4349 | 50 | 61= | 4373 | 84 | 36— | 4401 | 54 | 69— | 4426 | 56 | 39≡ |
| 4303 | 40 | 66≡ | 4326 | 86 | 34— | 4349 | 80 | 41— | 4373 | 86 | 34— | 4401 | 60 | 78— | 4426 | 62 | 42= |
| 4303 | 78 | 41— | 4327 | 38 | 66≡ | 4351 | 54 | 72— | 4374 | 44 | 52≡ | 4401 | 74 | 41— | 4426 | 68 | 58— |
| 4304 | 44 | 65≡ | 4328 | 100 | 13 | 4351 | 56 | 35≡ | 4374 | 68 | 50— | 4402 | 54 | 39≡ | 4426 | 86 | 36— |
| 4305 | 42 | 70= | 4330 | 44 | 62≡ | 4351 | 62 | 43= | 4375 | 62 | 63— | 4402 | 72 | 35= | 4427 | 46 | 52≡ |
| 4305 | 56 | 60= | 4330 | 56 | 78— | 4351 | 64 | 43= | 4376 | 58 | 78— | 4403 | 50 | 51= | 4427 | 66 | 76— |
| 4305 | 90 | 16 | 4331 | 44 | 57≡ | 4351 | 68 | 58— | 4376 | 90 | 20 | 4403 | 58 | 69— | 4427 | 72 | 53— |
| 4306 | 58 | 78— | 4331 | 48 | 49≡ | 4353 | 48 | 44≡ | 4378 | 46 | 77= | 4403 | 68 | 50— | 4428 | 40 | 68≡ |
| 4306 | 60 | 63— | 4331 | 54 | 69— | 4353 | 54 | 48= | 4378 | 56 | 55= | 4405 | 42 | 62≡ | 4428 | 46 | 65= |
| 4307 | 42 | 52≡ | 4332 | 54 | 60= | 4353 | 82 | 34— | 4379 | 46 | 52≡ | 4405 | 54 | 44≡ | 4428 | 58 | 55= |
| 4307 | 66 | 59— | 4332 | 62 | 43= | 4354 | 70 | 37= | 4379 | 58 | 60= | 4405 | 78 | 41— | 4428 | 66 | 59— |
| 4307 | 80 | 36— | 4332 | 72 | 46— | 4355 | 48 | 56≡ | 4379 | 90 | 34— | 4406 | 48 | 68= | 4429 | 76 | 41— |
| 4308 | 40 | 62≡ | 4333 | 50 | 49≡ | 4355 | 62 | 47= | 4380 | 54 | 61= | 4407 | 46 | 57≡ | 4429 | 86 | 34— |
| 4308 | 44 | 79= | 4333 | 66 | 58— | 4355 | 72 | 53— | 4381 | 78 | 45— | 4407 | 54 | 51= | 4431 | 44 | 79= |
| 4308 | 46 | 65= | 4334 | 56 | 47= | 4356 | 62 | 67— | 4382 | 60 | 67— | 4408 | 42 | 68≡ | 4431 | 48 | 52≡ |
| 4308 | 52 | 61= | 4334 | 68 | 37= | 4357 | 46 | 62≡ | 4383 | 50 | 44≡ | 4408 | 56 | 69— | 4431 | 68 | 76— |
| 4309 | 66 | 37= | 4334 | 88 | 34— | 4357 | 50 | 62≡ | 4383 | 54 | 56= | 4408 | 60 | 63— | 4432 | 54 | 60= |
| 4309 | 75 | 26 | 4335 | 46 | 79= | 4357 | 64 | 43= | 4383 | 72 | 54— | 4408 | 66 | 50— | 4432 | 76 | 45— |
| 4310 | 56 | 56= | 4335 | 48 | 61= | 4357 | 68 | 42= | 4384 | 60 | 63— | 4408 | 72 | 58— | 4433 | 52 | 61= |
| 4310 | 60 | 67— | 4335 | 60 | 43= | 4358 | 54 | 72— | 4384 | 70 | 76— | 4408 | 76 | 35= | 4433 | 56 | 72— |
| 4310 | 74 | 45— | 4336 | 58 | 55= | 4359 | 52 | 74— | 4384 | 74 | 45— | 4408 | 84 | 36— | 4434 | 62 | 39≡ |
| 4310 | 76 | 45— | 4336 | 60 | 63— | 4359 | 60 | 35≡ | 4385 | 40 | 52≡ | 4409 | 50 | 68= | 4436 | 70 | 54— |
| 4310 | 80 | 34— | 4336 | 66 | 76— | 4359 | 82 | 36— | 4385 | 82 | 37— | 4409 | 74 | 35= | 4436 | 80 | 37— |
| 4311 | 44 | 70= | 4337 | 40 | 73= | 4360 | 58 | 35≡ | 4386 | 46 | 49≡ | 4411 | 48 | 65= | 4437 | 44 | 65≡ |
| 4311 | 58 | 43= | 4337 | 50 | 74— | 4360 | 104 | 11 | 4386 | 56 | 60= | 4412 | 56 | 48= | 4437 | 48 | 62≡ |
| 4311 | 70 | 54— | 4337 | 64 | 47= | 4361 | 42 | 57≡ | 4386 | 76 | 45— | 4412 | 112 | 10 | 4437 | 74 | 53— |
| 4311 | 88 | 19 | 4338 | 50 | 77= | 4361 | 54 | 51= | 4386 | 78 | 37— | 4415 | 52 | 51= | 4438 | 92 | 16 |

— bedeutet Träger mit einer Gurtplatte, = mit zwei, ≡ mit drei Gurtplatten.

# Widerstandsmomente cm³

## von 4439 bis 4593.

| Widerstands-moment cm³ | Steh-blech-Höhe cm | Seite des Buches | Widerstands-moment cm³ | Steh-blech-Höhe cm | Seite des Buches | Widerstands-moment cm³ | Steh-blech-Höhe cm | Seite des Buches | Widerstands-moment cm³ | Steh-blech-Höhe cm | Seite des Buches | Widerstands-moment cm³ | Steh-blech-Höhe cm | Seite des Buches | Widerstands-moment cm³ | Steh-blech-Höhe cm | Seite des Buches |
|---|---|---|---|---|---|---|---|---|---|---|---|---|---|---|---|---|---|
| 4439 | 52 | 56= | 4462 | 56 | 51= | 4491 | 60 | 78— | 4512 | 86 | 36— | 4540 | 74 | 54— | 4564 | 50 | 44≡ |
| 4439 | 58 | 39≡ | 4462 | 58 | 43= | 4491 | 62 | 47— | 4512 | 92 | 34— | 4541 | 44 | 70= | 4565 | 88 | 36— |
| 4440 | 36 | 66≡ | 4462 | 60 | 63— | 4491 | 66 | 35≡ | 4513 | 42 | 57≡ | 4541 | 46 | 65≡ | 4566 | 50 | 64= |
| 4440 | 44 | 57≡ | 4462 | 76 | 45— | 4491 | 68 | 50— | 4513 | 54 | 56= | 4541 | 52 | 77= | 4566 | 60 | 60= |
| 4440 | 70 | 58— | 4463 | 58 | 48= | 4491 | 104 | 14 | 4513 | 66 | 59— | 4541 | 62 | 48= | 4567 | 52 | 62≡ |
| 4441 | 44 | 73≡ | 4465 | 38 | 66≡ | 4492 | 54 | 72— | 4513 | 87 | 32 | 4541 | 70 | 50— | 4567 | 54 | 49≡ |
| 4441 | 66 | 37≡ | 4465 | 50 | 64= | 4492 | 60 | 43— | 4515 | 56 | 49≡ | 4541 | 80 | 41— | 4567 | 56 | 72— |
| 4441 | 76 | 53— | 4465 | 56 | 69— | 4493 | 62 | 67— | 4515 | 76 | 45— | 4541 | 84 | 36— | 4567 | 62 | 67— |
| 4442 | 60 | 39≡ | 4465 | 64 | 47= | 4493 | 64 | 76— | 4517 | 70 | 58— | 4542 | 58 | 69— | 4567 | 86 | 37— |
| 4442 | 86 | 32 | 4466 | 64 | 67— | 4493 | 84 | 34— | 4517 | 76 | 53— | 4542 | 72 | 76— | 4567 | 88 | 34— |
| 4443 | 40 | 75= | 4466 | 66 | 59— | 4494 | 52 | 74— | 4518 | 64 | 35≡ | 4543 | 50 | 49≡ | 4568 | 58 | 35= |
| 4443 | 48 | 79= | 4467 | 77 | 26 | 4494 | 66 | 50— | 4519 | 50 | 68= | 4545 | 46 | 52≡ | 4569 | 50 | 56≡ |
| 4444 | 52 | 49≡ | 4469 | 72 | 54— | 4494 | 70 | 37= | 4519 | 60 | 55= | 4546 | 52 | 74— | 4569 | 74 | 58— |
| 4444 | 56 | 61= | 4469 | 90 | 34— | 4494 | 82 | 41— | 4519 | 70 | 42= | 4546 | 78 | 26 | 4570 | 44 | 65≡ |
| 4444 | 74 | 45— | 4471 | 48 | 57≡ | 4494 | 100 | 15 | 4520 | 58 | 69— | 4547 | 42 | 68≡ | 4570 | 76 | 53— |
| 4444 | 84 | 24 | 4471 | 52 | 56≡ | 4495 | 58 | 60= | 4520 | 66 | 43= | 4547 | 44 | 52≡ | 4571 | 70 | 50— |
| 4445 | 58 | 78— | 4471 | 68 | 37= | 4496 | 46 | 62≡ | 4521 | 58 | 78— | 4547 | 56 | 48= | 4572 | 94 | 16 |
| 4445 | 80 | 41— | 4473 | 42 | 52≡ | 4496 | 74 | 53— | 4521 | 74 | 37= | 4547 | 72 | 35= | 4573 | 62 | 63— |
| 4446 | 46 | 79≡ | 4473 | 52 | 74— | 4497 | 42 | 75— | 4522 | 58 | 47= | 4548 | 40 | 75= | 4573 | 66 | 67— |
| 4446 | 50 | 64= | 4473 | 58 | 69— | 4497 | 58 | 56= | 4523 | 52 | 77= | 4548 | 46 | 65= | 4574 | 38 | 66≡ |
| 4446 | 60 | 47= | 4474 | 44 | 52≡ | 4498 | 72 | 53— | 4524 | 50 | 57≡ | 4548 | 54 | 51= | 4574 | 48 | 64= |
| 4447 | 90 | 19 | 4475 | 54 | 64= | 4499 | 42 | 73= | 4524 | 62 | 63— | 4548 | 86 | 36— | 4577 | 42 | 65≡ |
| 4448 | 40 | 66≡ | 4475 | 56 | 69— | 4499 | 48 | 56≡ | 4524 | 64 | 43= | 4551 | 54 | 60= | 4577 | 74 | 46— |
| 4448 | 48 | 49≡ | 4475 | 68 | 59— | 4499 | 50 | 49≡ | 4524 | 70 | 76— | 4552 | 50 | 61= | 4578 | 50 | 77= |
| 4449 | 62 | 63— | 4476 | 70 | 59— | 4499 | 68 | 76— | 4525 | 72 | 58— | 4552 | 72 | 58— | 4578 | 54 | 74— |
| 4449 | 80 | 41— | 4476 | 76 | 27 | 4499 | 78 | 45— | 4525 | 74 | 45— | 4553 | 46 | 70= | 4578 | 72 | 53— |
| 4449 | 82 | 36— | 4477 | 46 | 70= | 4500 | 56 | 72— | 4527 | 66 | 43= | 4553 | 80 | 41— | 4578 | 74 | 53— |
| 4450 | 42 | 65≡ | 4477 | 52 | 64= | 4500 | 84 | 36— | 4527 | 68 | 43= | 4554 | 76 | 41— | 4579 | 56 | 61= |
| 4450 | 44 | 70= | 4477 | 88 | 36— | 4501 | 68 | 58— | 4527 | 70 | 54— | 4554 | 98 | 31 | 4579 | 58 | 60= |
| 4450 | 60 | 43= | 4478 | 44 | 57≡ | 4503 | 72 | 42= | 4527 | 84 | 37— | 4556 | 44 | 70= | 4579 | 104 | 13 |
| 4451 | 58 | 60= | 4479 | 60 | 78— | 4505 | 64 | 43= | 4529 | 56 | 60= | 4556 | 58 | 55= | 4580 | 62 | 55= |
| 4451 | 82 | 34— | 4479 | 70 | 54— | 4505 | 72 | 46— | 4529 | 62 | 78— | 4556 | 72 | 54— | 4580 | 68 | 50— |
| 4452 | 58 | 55= | 4480 | 52 | 51= | 4505 | 94 | 21 | 4529 | 64 | 47= | 4557 | 42 | 62≡ | 4580 | 78 | 41— |
| 4452 | 68 | 54— | 4480 | 60 | 63— | 4506 | 46 | 57≡ | 4529 | 70 | 58— | 4557 | 46 | 79= | 4581 | 52 | 64= |
| 4453 | 86 | 36— | 4480 | 70 | 50— | 4506 | 60 | 48= | 4530 | 70 | 35= | 4557 | 60 | 78— | 4582 | 36 | 66≡ |
| 4453 | 98 | 18 | 4480 | 72 | 58— | 4506 | 66 | 76— | 4530 | 80 | 45— | 4557 | 68 | 59— | 4582 | 48 | 62≡ |
| 4453 | 102 | 13 | 4481 | 58 | 51= | 4506 | 78 | 41— | 4531 | 114 | 10 | 4557 | 74 | 35= | 4582 | 82 | 37— |
| 4454 | 60 | 67— | 4481 | 62 | 43= | 4507 | 50 | 62≡ | 4532 | 80 | 37— | 4557 | 77 | 27 | 4582 | 100 | 18 |
| 4454 | 62 | 78— | 4482 | 48 | 77= | 4507 | 66 | 47= | 4532 | 86 | 34— | 4558 | 42 | 66≡ | 4583 | 54 | 64= |
| 4454 | 70 | 76— | 4483 | 56 | 77= | 4507 | 68 | 42= | 4534 | 62 | 35≡ | 4558 | 78 | 35= | 4584 | 78 | 45— |
| 4455 | 46 | 64= | 4483 | 60 | 47= | 4508 | 54 | 74— | 4535 | 58 | 35≡ | 4559 | 48 | 79= | 4584 | 92 | 19 |
| 4455 | 76 | 41— | 4483 | 82 | 37— | 4508 | 71 | 28 | 4536 | 48 | 65= | 4559 | 52 | 61= | 4585 | 62 | 78— |
| 4456 | 62 | 55= | 4483 | 86 | 25 | 4508 | 86 | 22 | 4536 | 64 | 67— | 4559 | 64 | 63— | 4585 | 66 | 76— |
| 4456 | 68 | 50— | 4483 | 92 | 17 | 4509 | 56 | 60= | 4537 | 72 | 50— | 4559 | 90 | 34— | 4585 | 74 | 53— |
| 4457 | 70 | 50— | 4483 | 106 | 11 | 4510 | 42 | 70= | 4538 | 40 | 66≡ | 4560 | 46 | 57≡ | 4585 | 88 | 32 |
| 4457 | 84 | 36— | 4484 | 54 | 49≡ | 4510 | 52 | 68= | 4538 | 44 | 79= | 4560 | 56 | 51= | 4586 | 58 | 44≡ |
| 4458 | 50 | 77= | 4484 | 70 | 42= | 4510 | 54 | 61= | 4538 | 56 | 69— | 4560 | 66 | 42= | 4587 | 46 | 70= |
| 4459 | 48 | 64= | 4487 | 66 | 42= | 4510 | 84 | 23 | 4538 | 68 | 50— | 4560 | 70 | 59— | 4589 | 52 | 44= |
| 4459 | 70 | 58— | 4487 | 78 | 41— | 4510 | 88 | 34— | 4538 | 76 | 45— | 4561 | 40 | 68≡ | 4590 | 70 | 59— |
| 4459 | 86 | 34— | 4488 | 54 | 72— | 4511 | 68 | 59— | 4538 | 78 | 45— | 4561 | 76 | 35= | 4592 | 82 | 41— |
| 4460 | 64 | 42= | 4488 | 74 | 46— | 4511 | 72 | 37= | 4539 | 46 | 79= | 4562 | 46 | 62≡ | 4592 | 84 | 36— |
| 4460 | 68 | 42= | 4489 | 110 | 12 | 4511 | 74 | 53— | 4539 | 52 | 49≡ | 4562 | 52 | 74— | 4592 | 86 | 24 |
| 4460 | 78 | 45— | 4490 | 44 | 62≡ | 4511 | 92 | 20 | 4539 | 82 | 36— | 4562 | 54 | 72— | 4593 | 64 | 47= |
| 4461 | 88 | 34— | 4490 | 56 | 55= | 4512 | 48 | 68= | 4540 | 60 | 35≡ | 4563 | 60 | 78— | 4593 | 68 | 76— |
| 4462 | 50 | 74— | 4491 | 54 | 51= | 4512 | 62 | 43= | 4540 | 60 | 63— | 4563 | 70 | 54— | 4593 | 76 | 53— |

— bedeutet Träger mit einer Gurtplatte, = mit zwei, ≡ mit drei Gurtplatten.

## von **4593** bis **4745**.

| Widerstands-moment cm³ | Stehblech-Höhe cm | Seite des Buches | Widerstands-moment cm³ | Stehblech-Höhe cm | Seite des Buches | Widerstands-moment cm³ | Stehblech-Höhe cm | Seite des Buches | Widerstands-moment cm³ | Stehblech-Höhe cm | Seite des Buches | Widerstands-moment cm³ | Stehblech-Höhe cm | Seite des Buches | Widerstands-moment cm³ | Stehblech-Höhe cm | Seite des Buches |
|---|---|---|---|---|---|---|---|---|---|---|---|---|---|---|---|---|---|
| 4593 | 88 | 36— | 4618 | 60 | 63— | 4643 | 86 | 36— | 4669 | 76 | 53— | 4691 | 64 | 43= | 4718 | 48 | 70= |
| 4594 | 40 | 66≡ | 4618 | 70 | 54— | 4644 | 48 | 56≡ | 4670 | 64 | 47= | 4691 | 72 | 35— | 4718 | 54 | 74— |
| 4594 | 70 | 76— | 4619 | 52 | 74— | 4644 | 70 | 59— | 4670 | 78 | 45— | 4691 | 82 | 41— | 4718 | 66 | 67— |
| 4594 | 72 | 28 | 4619 | 54 | 77= | 4645 | 66 | 67— | 4670 | 86 | 37— | 4692 | 54 | 64= | 4718 | 74 | 54— |
| 4594 | 84 | 34— | 4620 | 58 | 51= | 4645 | 76 | 46— | 4671 | 58 | 69— | 4692 | 72 | 54— | 4719 | 50 | 56= |
| 4595 | 56 | 39≡ | 4620 | 62 | 39≡ | 4646 | 48 | 79= | 4671 | 70 | 58— | 4694 | 40 | 68≡ | 4720 | 44 | 52≡ |
| 4595 | 78 | 53— | 4621 | 54 | 51= | 4647 | 54 | 49≡ | 4673 | 46 | 70= | 4694 | 56 | 51= | 4720 | 60 | 35≡ |
| 4596 | 56 | 77— | 4621 | 54 | 74— | 4647 | 72 | 50— | 4673 | 60 | 51= | 4694 | 70 | 43= | 4720 | 62 | 35≡ |
| 4596 | 58 | 69— | 4621 | 94 | 17 | 4647 | 94 | 20 | 4673 | 62 | 63— | 4694 | 78 | 45— | 4721 | 64 | 47= |
| 4596 | 68 | 42= | 4622 | 48 | 62≡ | 4647 | 94 | 34— | 4673 | 70 | 42= | 4695 | 40 | 66≡ | 4721 | 79 | 27 |
| 4596 | 82 | 41— | 4622 | 60 | 39≡ | 4648 | 44 | 75= | 4673 | 78 | 53— | 4696 | 54 | 74— | 4722 | 64 | 48= |
| 4598 | 48 | 77— | 4623 | 102 | 15 | 4648 | 54 | 74— | 4673 | 88 | 34— | 4696 | 72 | 58— | 4722 | 94 | 19 |
| 4598 | 62 | 63— | 4624 | 52 | 68— | 4648 | 60 | 43= | 4674 | 48 | 79= | 4696 | 92 | 34— | 4723 | 54 | 68— |
| 4598 | 86 | 36— | 4624 | 72 | 50— | 4649 | 44 | 62≡ | 4674 | 58 | 77— | 4698 | 46 | 70= | 4723 | 60 | 69— |
| 4598 | 88 | 34— | 4625 | 70 | 42= | 4649 | 90 | 34— | 4674 | 60 | 69— | 4698 | 68 | 43= | 4724 | 38 | 66≡ |
| 4599 | 44 | 57≡ | 4626 | 79 | 26 | 4650 | 58 | 61= | 4674 | 62 | 43= | 4699 | 50 | 77= | 4724 | 52 | 62≡ |
| 4599 | 66 | 59— | 4626 | 88 | 25 | 4650 | 80 | 45— | 4674 | 68 | 76— | 4699 | 66 | 43= | 4726 | 56 | 74— |
| 4599 | 72 | 54— | 4627 | 56 | 61= | 4651 | 50 | 52≡ | 4676 | 54 | 56≡ | 4700 | 76 | 54— | 4727 | 48 | 62≡ |
| 4599 | 76 | 45— | 4628 | 52 | 56≡ | 4651 | 60 | 48= | 4676 | 70 | 76— | 4701 | 74 | 76— | 4727 | 54 | 77= |
| 4599 | 90 | 34— | 4628 | 62 | 47= | 4651 | 88 | 22 | 4677 | 64 | 67— | 4702 | 44 | 65≡ | 4727 | 58 | 60= |
| 4600 | 42 | 73≡ | 4628 | 84 | 37— | 4652 | 116 | 10 | 4677 | 76 | 37= | 4702 | 56 | 72— | 4727 | 78 | 53— |
| 4600 | 52 | 49≡ | 4629 | 50 | 68— | 4653 | 44 | 79= | 4678 | 62 | 78— | 4703 | 74 | 50— | 4728 | 70 | 59— |
| 4600 | 56 | 44≡ | 4629 | 74 | 54— | 4653 | 88 | 36— | 4678 | 64 | 67— | 4703 | 82 | 41— | 4728 | 72 | 59— |
| 4601 | 54 | 44≡ | 4631 | 48 | 57≡ | 4654 | 62 | 63— | 4678 | 68 | 47= | 4704 | 62 | 55= | 4728 | 84 | 37— |
| 4601 | 64 | 42= | 4631 | 62 | 43= | 4654 | 76 | 53— | 4679 | 66 | 43= | 4705 | 66 | 47= | 4729 | 46 | 62≡ |
| 4601 | 64 | 67— | 4632 | 54 | 72— | 4655 | 48 | 52≡ | 4680 | 46 | 65≡ | 4705 | 74 | 35= | 4729 | 72 | 54— |
| 4602 | 48 | 70— | 4632 | 56 | 60= | 4655 | 72 | 37= | 4680 | 82 | 37— | 4705 | 90 | 36— | 4729 | 90 | 32 |
| 4602 | 60 | 69— | 4632 | 62 | 60= | 4656 | 44 | 68≡ | 4680 | 82 | 45— | 4706 | 56 | 72— | 4730 | 76 | 58— |
| 4603 | 38 | 66≡ | 4633 | 56 | 72— | 4656 | 44 | 70= | 4681 | 64 | 63— | 4706 | 80 | 26 | 4732 | 68 | 42= |
| 4603 | 58 | 48= | 4633 | 66 | 42= | 4657 | 68 | 42= | 4681 | 70 | 59— | 4706 | 106 | 13 | 4732 | 110 | 11 |
| 4603 | 62 | 78— | 4634 | 52 | 61= | 4657 | 80 | 41— | 4681 | 73 | 28 | 4707 | 58 | 60= | 4733 | 80 | 41— |
| 4604 | 72 | 58— | 4634 | 56 | 72— | 4657 | 89 | 32 | 4682 | 58 | 69— | 4707 | 90 | 34— | 4734 | 48 | 57≡ |
| 4604 | 92 | 34— | 4634 | 64 | 55= | 4658 | 40 | 71≡ | 4683 | 56 | 49≡ | 4707 | 96 | 16 | 4734 | 90 | 36— |
| 4605 | 48 | 52≡ | 4634 | 70 | 37— | 4658 | 50 | 62≡ | 4683 | 72 | 42= | 4708 | 54 | 61= | 4734 | 114 | 12 |
| 4607 | 42 | 75= | 4635 | 60 | 78— | 4658 | 58 | 51= | 4683 | 76 | 45— | 4708 | 58 | 72— | 4735 | 62 | 63— |
| 4607 | 64 | 67— | 4635 | 64 | 78— | 4658 | 68 | 35≡ | 4684 | 56 | 64= | 4708 | 80 | 35= | 4736 | 76 | 46— |
| 4607 | 68 | 37— | 4635 | 86 | 34— | 4659 | 46 | 79= | 4684 | 58 | 55= | 4709 | 58 | 49≡ | 4737 | 86 | 36— |
| 4607 | 108 | 11 | 4636 | 64 | 63— | 4659 | 64 | 43= | 4684 | 86 | 36— | 4709 | 70 | 54— | 4737 | 92 | 34— |
| 4608 | 46 | 52≡ | 4637 | 50 | 65= | 4659 | 74 | 53— | 4684 | 100 | 31 | 4709 | 78 | 46— | 4738 | 52 | 57≡ |
| 4608 | 56 | 51= | 4637 | 58 | 56= | 4661 | 86 | 23 | 4685 | 84 | 36— | 4709 | 88 | 37— | 4738 | 76 | 53— |
| 4608 | 64 | 39≡ | 4637 | 80 | 41— | 4662 | 48 | 65= | 4686 | 50 | 64= | 4710 | 42 | 66≡ | 4738 | 80 | 45— |
| 4608 | 78 | 41— | 4638 | 42 | 52≡ | 4662 | 70 | 50— | 4686 | 52 | 64= | 4710 | 64 | 35≡ | 4738 | 86 | 34— |
| 4610 | 80 | 45— | 4638 | 58 | 72— | 4662 | 74 | 42= | 4686 | 72 | 76— | 4710 | 70 | 50— | 4739 | 40 | 66≡ |
| 4611 | 56 | 69— | 4638 | 68 | 59— | 4664 | 50 | 79= | 4687 | 42 | 68≡ | 4710 | 72 | 50— | 4739 | 50 | 68≡ |
| 4611 | 58 | 60 = | 4639 | 60 | 55= | 4664 | 66 | 76— | 4687 | 60 | 56= | 4711 | 52 | 49≡ | 4739 | 52 | 68= |
| 4611 | 112 | 12 | 4639 | 66 | 47= | 4664 | 70 | 76— | 4687 | 68 | 59— | 4711 | 60 | 47= | 4739 | 90 | 34— |
| 4612 | 58 | 69— | 4639 | 78 | 27 | 4665 | 50 | 49≡ | 4689 | 54 | 51= | 4712 | 46 | 52≡ | 4741 | 72 | 50— |
| 4613 | 56 | 55= | 4640 | 54 | 61= | 4665 | 62 | 78— | 4689 | 74 | 58— | 4712 | 64 | 78— | 4741 | 74 | 53— |
| 4614 | 58 | 39≡ | 4640 | 84 | 41— | 4666 | 52 | 77= | 4690 | 46 | 73= | 4713 | 64 | 63— | 4741 | 84 | 41— |
| 4614 | 72 | 76— | 4640 | 96 | 21 | 4666 | 62 | 55= | 4690 | 50 | 57≡ | 4713 | 76 | 35= | 4741 | 88 | 36— |
| 4615 | 60 | 55= | 4641 | 60 | 60= | 4666 | 74 | 46— | 4690 | 62 | 48= | 4713 | 102 | 18 | 4741 | 94 | 34— |
| 4615 | 90 | 36— | 4642 | 62 | 67— | 4667 | 46 | 79= | 4690 | 66 | 35≡ | 4714 | 56 | 56— | 4742 | 58 | 48= |
| 4616 | 52 | 51= | 4642 | 72 | 59— | 4668 | 46 | 65= | 4690 | 80 | 45— | 4714 | 78 | 35= | 4742 | 88 | 24 |
| 4616 | 78 | 45— | 4643 | 54 | 56— | 4668 | 68 | 50— | 4690 | 88 | 36— | 4717 | 42 | 75= | 4742 | 108 | 14 |
| 4616 | 106 | 14 | 4643 | 74 | 58— | 4669 | 74 | 37= | 4691 | 52 | 74— | 4717 | 74 | 58— | 4745 | 66 | 63— |

— bedeutet Träger mit einer Gurtplatte, = mit zwei, ≡ mit drei Gurtplatten.

# Widerstandsmomente cm³

## von 4745 bis 4897.

| Widerstands-moment cm³ | Steh-blech-Höhe cm | Seite des Buches | Widerstands-moment cm³ | Steh-blech-Höhe cm | Seite des Buches | Widerstands-moment cm³ | Steh-blech-Höhe cm | Seite des Buches | Widerstands-moment cm³ | Steh-blech-Höhe cm | Seite des Buches | Widerstands-moment cm³ | Steh-blech-Höhe cm | Seite des Buches | Widerstands-moment cm³ | Steh-blech-Höhe cm | Seite des Buches |
|---|---|---|---|---|---|---|---|---|---|---|---|---|---|---|---|---|---|
| 4745 | 84 | 41— | 4774 | 60 | 60= | 4800 | 54 | 64= | 4826 | 42 | 75= | 4847 | 64 | 63— | 4870 | 76 | 50— |
| 4746 | 54 | 49≡ | 4774 | 70 | 37= | 4801 | 46 | 73= | 4826 | 42 | 68≡ | 4847 | 92 | 36— | 4870 | 78 | 35= |
| 4746 | 54 | 77= | 4774 | 118 | 10 | 4801 | 60 | 69— | 4826 | 68 | 67— | 4848 | 54 | 74— | 4870 | 110 | 14 |
| 4746 | 60 | 69— | 4775 | 74 | 76— | 4801 | 64 | 39≡ | 4826 | 80 | 45— | 4848 | 56 | 61= | 4871 | 66 | 43= |
| 4746 | 62 | 78— | 4776 | 58 | 56= | 4802 | 44 | 68≡ | 4827 | 62 | 78— | 4848 | 74 | 42= | 4871 | 66 | 63— |
| 4746 | 76 | 53— | 4776 | 68 | 59— | 4802 | 62 | 69— | 4827 | 70 | 35≡ | 4848 | 92 | 34— | 4872 | 56 | 74— |
| 4747 | 58 | 69— | 4776 | 98 | 21 | 4803 | 40 | 71≡ | 4827 | 76 | 46— | 4849 | 54 | 61= | 4874 | 38 | 66≡ |
| 4747 | 60 | 55= | 4777 | 52 | 44≡ | 4803 | 56 | 44≡ | 4828 | 62 | 55= | 4849 | 56 | 56= | 4874 | 52 | 52≡ |
| 4750 | 80 | 53— | 4777 | 60 | 44≡ | 4803 | 62 | 55= | 4828 | 70 | 42= | 4849 | 74 | 76— | 4875 | 68 | 43= |
| 4751 | 78 | 53— | 4778 | 58 | 72— | 4803 | 78 | 46— | 4829 | 56 | 51= | 4850 | 50 | 62= | 4876 | 50 | 79= |
| 4752 | 62 | 78— | 4778 | 66 | 42= | 4803 | 80 | 27 | 4829 | 58 | 61= | 4850 | 64 | 47= | 4876 | 54 | 77= |
| 4752 | 68 | 67— | 4778 | 88 | 34— | 4803 | 82 | 45— | 4829 | 76 | 37= | 4850 | 70 | 47= | 4876 | 64 | 48= |
| 4753 | 70 | 50— | 4779 | 46 | 79= | 4804 | 42 | 66≡ | 4829 | 78 | 53— | 4850 | 80 | 45— | 4876 | 86 | 37— |
| 4753 | 104 | 15 | 4779 | 48 | 52≡ | 4806 | 76 | 58— | 4829 | 84 | 37— | 4851 | 56 | 72— | 4876 | 92 | 32 |
| 4754 | 56 | 51= | 4779 | 56 | 72— | 4807 | 50 | 64= | 4829 | 88 | 36— | 4852 | 56 | 49≡ | 4877 | 62 | 56= |
| 4754 | 64 | 67— | 4780 | 48 | 65≡ | 4807 | 60 | 60= | 4830 | 54 | 51= | 4852 | 64 | 55= | 4877 | 94 | 34— |
| 4754 | 92 | 36— | 4783 | 50 | 57≡ | 4807 | 62 | 39≡ | 4830 | 72 | 76— | 4852 | 74 | 58— | 4878 | 44 | 75= |
| 4756 | 56 | 60= | 4783 | 96 | 34— | 4807 | 68 | 42= | 4830 | 80 | 53— | 4853 | 40 | 66≡ | 4879 | 46 | 52≡ |
| 4756 | 62 | 60= | 4784 | 50 | 79= | 4807 | 74 | 54— | 4831 | 50 | 49≡ | 4853 | 72 | 59— | 4879 | 60 | 55= |
| 4756 | 68 | 76— | 4784 | 52 | 56≡ | 4809 | 44 | 62≡ | 4831 | 60 | 56= | 4853 | 74 | 35= | 4879 | 96 | 34— |
| 4756 | 78 | 45— | 4784 | 66 | 39≡ | 4809 | 46 | 70= | 4831 | 64 | 67— | 4853 | 90 | 37— | 4880 | 52 | 62≡ |
| 4757 | 52 | 49≡ | 4785 | 66 | 67— | 4809 | 50 | 62≡ | 4831 | 84 | 45— | 4854 | 52 | 68= | 4880 | 62 | 60= |
| 4758 | 72 | 76— | 4785 | 96 | 20 | 4809 | 54 | 49≡ | 4832 | 86 | 36— | 4854 | 64 | 78— | 4880 | 72 | 54— |
| 4759 | 44 | 57≡ | 4786 | 72 | 54— | 4809 | 74 | 59— | 4833 | 48 | 70= | 4854 | 68 | 43= | 4880 | 92 | 34— |
| 4759 | 60 | 55= | 4787 | 48 | 65= | 4810 | 58 | 51= | 4833 | 50 | 52≡ | 4854 | 76 | 58— | 4881 | 74 | 50— |
| 4759 | 72 | 59— | 4787 | 81 | 26 | 4810 | 74 | 42= | 4833 | 62 | 60= | 4854 | 84 | 41— | 4882 | 68 | 47= |
| 4760 | 58 | 51= | 4787 | 86 | 41— | 4810 | 82 | 41— | 4833 | 90 | 36— | 4855 | 75 | 28 | 4882 | 76 | 54— |
| 4760 | 70 | 76— | 4788 | 46 | 52≡ | 4811 | 64 | 47= | 4834 | 58 | 60= | 4856 | 50 | 57≡ | 4883 | 72 | 50— |
| 4760 | 96 | 17 | 4788 | 58 | 39≡ | 4812 | 58 | 55= | 4834 | 78 | 37= | 4857 | 60 | 51= | 4883 | 88 | 36— |
| 4761 | 80 | 41— | 4788 | 92 | 34— | 4812 | 70 | 59— | 4835 | 44 | 65≡ | 4858 | 112 | 11 | 4884 | 40 | 66≡ |
| 4762 | 64 | 55= | 4789 | 54 | 74— | 4813 | 64 | 43= | 4835 | 62 | 43= | 4858 | 116 | 12 | 4884 | 52 | 49≡ |
| 4762 | 74 | 54— | 4789 | 64 | 78— | 4813 | 78 | 53— | 4835 | 72 | 50— | 4859 | 74 | 54— | 4884 | 58 | 49≡ |
| 4762 | 82 | 45— | 4789 | 82 | 41— | 4813 | 88 | 23 | 4835 | 94 | 34— | 4860 | 78 | 54— | 4884 | 88 | 34— |
| 4763 | 44 | 75= | 4790 | 48 | 57≡ | 4814 | 66 | 55= | 4835 | 108 | 13 | 4860 | 82 | 35= | 4884 | 106 | 15 |
| 4763 | 72 | 58— | 4790 | 48 | 79= | 4814 | 68 | 47= | 4837 | 60 | 61= | 4861 | 76 | 76— | 4885 | 50 | 52≡ |
| 4764 | 64 | 63— | 4790 | 58 | 77= | 4815 | 44 | 66≡ | 4837 | 66 | 43= | 4861 | 96 | 19 | 4885 | 81 | 27 |
| 4765 | 62 | 47= | 4790 | 64 | 63— | 4815 | 62 | 63— | 4838 | 68 | 76— | 4863 | 42 | 66≡ | 4885 | 90 | 36— |
| 4765 | 70 | 42= | 4791 | 52 | 77= | 4815 | 72 | 59— | 4839 | 54 | 56≡ | 4863 | 66 | 67— | 4886 | 80 | 53— |
| 4767 | 50 | 65= | 4791 | 66 | 67— | 4815 | 88 | 37— | 4839 | 62 | 48= | 4863 | 68 | 35≡ | 4887 | 52 | 79= |
| 4767 | 74 | 28 | 4791 | 72 | 42= | 4815 | 90 | 34— | 4840 | 46 | 57≡ | 4863 | 70 | 43= | 4888 | 54 | 64= |
| 4769 | 56 | 49≡ | 4791 | 74 | 58— | 4815 | 102 | 31 | 4841 | 50 | 70= | 4863 | 72 | 43= | 4888 | 66 | 35≡ |
| 4770 | 52 | 61= | 4791 | 76 | 54— | 4816 | 74 | 50— | 4841 | 72 | 42= | 4864 | 66 | 67— | 4888 | 68 | 67— |
| 4770 | 58 | 72— | 4792 | 74 | 50— | 4817 | 60 | 51= | 4841 | 84 | 41— | 4865 | 44 | 73= | 4890 | 60 | 69— |
| 4770 | 64 | 78— | 4793 | 46 | 70= | 4817 | 74 | 37= | 4842 | 54 | 68= | 4865 | 52 | 65= | 4890 | 64 | 55= |
| 4770 | 74 | 58— | 4795 | 60 | 48= | 4818 | 46 | 65≡ | 4842 | 72 | 58— | 4865 | 74 | 58— | 4890 | 86 | 41— |
| 4770 | 80 | 45— | 4795 | 90 | 36— | 4818 | 60 | 69— | 4843 | 48 | 52≡ | 4865 | 76 | 35= | 4893 | 44 | 52≡ |
| 4771 | 44 | 70= | 4796 | 48 | 62≡ | 4818 | 64 | 60= | 4843 | 72 | 76— | 4865 | 80 | 41— | 4894 | 58 | 64= |
| 4771 | 66 | 47= | 4796 | 54 | 44≡ | 4818 | 66 | 78— | 4844 | 56 | 74— | 4866 | 64 | 78— | 4894 | 78 | 58— |
| 4771 | 80 | 46— | 4796 | 56 | 64= | 4819 | 50 | 77= | 4844 | 70 | 76— | 4867 | 60 | 77= | 4894 | 82 | 45— |
| 4771 | 90 | 25 | 4796 | 58 | 44≡ | 4820 | 56 | 77= | 4844 | 82 | 45— | 4867 | 62 | 51= | 4894 | 90 | 24 |
| 4772 | 48 | 79= | 4796 | 90 | 22 | 4821 | 76 | 53— | 4844 | 98 | 16 | 4867 | 80 | 46— | 4895 | 46 | 62≡ |
| 4772 | 54 | 74— | 4797 | 72 | 50= | 4822 | 56 | 74— | 4845 | 104 | 18 | 4868 | 80 | 35= | 4895 | 86 | 41— |
| 4772 | 70 | 59— | 4798 | 48 | 70= | 4822 | 58 | 69— | 4846 | 58 | 72— | 4868 | 82 | 26 | 4895 | 94 | 36— |
| 4773 | 56 | 61= | 4799 | 56 | 74— | 4823 | 76 | 42= | 4846 | 60 | 72— | 4870 | 50 | 56≡ | 4896 | 74 | 54— |
| 4773 | 86 | 37— | 4799 | 72 | 37— | 4824 | 66 | 63— | 4847 | 58 | 72— | 4870 | 70 | 43= | 4897 | 48 | 79= |

— bedeutet Träger mit einer Gurtplatte, = mit zwei, ≡ mit drei Gurtplatten.

von **4897** bis **5072.**

| Widerstands-moment cm³ | Stehblech-Höhe cm | Seite des Buches | Widerstands-moment cm³ | Stehblech-Höhe cm | Seite des Buches | Widerstands-moment cm³ | Stehblech-Höhe cm | Seite des Buches | Widerstands-moment cm³ | Stehblech-Höhe cm | Seite des Buches | Widerstands-moment cm³ | Stehblech-Höhe cm | Seite des Buches | Widerstands-moment cm³ | Stehblech-Höhe cm | Seite des Buches |
|---|---|---|---|---|---|---|---|---|---|---|---|---|---|---|---|---|---|
| 4897 | 66 | 78— | 4929 | 72 | 76— | 4969 | 46 | 52≡ | 4999 | 112 | 14 | 5022 | 72 | 50— | 5047 | 78 | 54— |
| 4897 | 78 | 46— | 4929 | 94 | 34— | 4969 | 62 | 44≡ | 5000 | 52 | 65= | 5022 | 80 | 54— | 5047 | 92 | 24 |
| 4897 | 120 | 10 | 4931 | 64 | 63— | 4970 | 48 | 62≡ | 5000 | 84 | 45— | 5023 | 46 | 73= | 5048 | 48 | 70= |
| 4898 | 50 | 65= | 4932 | 56 | 77— | 4970 | 68 | 67— | 5001 | 54 | 56≡ | 5023 | 58 | 77= | 5050 | 78 | 58— |
| 4898 | 74 | 59— | 4932 | 90 | 36— | 4972 | 54 | 49≡ | 5001 | 56 | 74— | 5023 | 78 | 76— | 5050 | 84 | 45— |
| 4899 | 46 | 79= | 4933 | 68 | 63— | 4972 | 78 | 58— | 5002 | 80 | 45— | 5023 | 82 | 41— | 5051 | 68 | 67— |
| 4899 | 58 | 51= | 4933 | 74 | 58— | 4973 | 76 | 54— | 5002 | 98 | 19 | 5023 | 94 | 34— | 5051 | 74 | 54— |
| 4900 | 56 | 51= | 4935 | 42 | 71≡ | 4974 | 80 | 53— | 5003 | 68 | 78— | 5024 | 64 | 43= | 5052 | 56 | 56= |
| 4901 | 62 | 47= | 4935 | 72 | 42= | 4975 | 44 | 66≡ | 5004 | 62 | 60= | 5024 | 72 | 47= | 5052 | 68 | 43= |
| 4901 | 72 | 59— | 4936 | 88 | 41— | 4975 | 96 | 34— | 5005 | 56 | 44≡ | 5024 | 82 | 35= | 5052 | 70 | 43= |
| 4901 | 98 | 17 | 4937 | 76 | 76— | 4976 | 76 | 42= | 5005 | 64 | 69— | 5025 | 50 | 79= | 5052 | 76 | 50— |
| 4903 | 64 | 35≡ | 4938 | 56 | 68— | 4977 | 66 | 78— | 5006 | 50 | 79= | 5025 | 82 | 46— | 5052 | 83 | 27 |
| 4903 | 66 | 47= | 4938 | 76 | 58— | 4977 | 92 | 36— | 5006 | 54 | 77= | 5026 | 74 | 59— | 5053 | 102 | 21 |
| 4904 | 66 | 48= | 4939 | 60 | 48= | 4978 | 76 | 59— | 5006 | 58 | 44≡ | 5026 | 76 | 54— | 5055 | 58 | 56= |
| 4905 | 50 | 79= | 4939 | 92 | 36— | 4979 | 106 | 18 | 5006 | 66 | 60= | 5026 | 78 | 35= | 5056 | 52 | 49≡ |
| 4905 | 60 | 49≡ | 4940 | 62 | 55= | 4980 | 58 | 61= | 5007 | 46 | 57≡ | 5026 | 88 | 37— | 5056 | 62 | 72— |
| 4905 | 70 | 42= | 4941 | 48 | 73= | 4980 | 86 | 37— | 5007 | 52 | 57≡ | 5027 | 62 | 56= | 5056 | 66 | 78— |
| 4905 | 76 | 53— | 4941 | 52 | 56≡ | 4981 | 60 | 61= | 5007 | 86 | 41— | 5027 | 64 | 60= | 5057 | 48 | 73= |
| 4906 | 46 | 68≡ | 4942 | 76 | 28 | 4982 | 70 | 42= | 5008 | 74 | 50— | 5028 | 50 | 65= | 5057 | 62 | 51= |
| 4906 | 82 | 53— | 4942 | 84 | 41— | 4982 | 100 | 16 | 5008 | 82 | 45— | 5028 | 80 | 35= | 5058 | 58 | 49≡ |
| 4907 | 58 | 77= | 4943 | 64 | 78— | 4983 | 56 | 61= | 5009 | 62 | 69— | 5030 | 77 | 28 | 5058 | 74 | 50— |
| 4907 | 62 | 35≡ | 4943 | 72 | 37— | 4983 | 66 | 63— | 5009 | 70 | 67— | 5031 | 46 | 75= | 5058 | 80 | 58— |
| 4907 | 78 | 53— | 4945 | 56 | 74— | 4984 | 82 | 45— | 5010 | 58 | 64= | 5031 | 50 | 62≡ | 5059 | 46 | 68≡ |
| 4908 | 40 | 71≡ | 4946 | 66 | 55— | 4984 | 118 | 12 | 5011 | 40 | 66≡ | 5031 | 70 | 43= | 5059 | 80 | 46— |
| 4908 | 54 | 64= | 4947 | 58 | 74— | 4985 | 78 | 53— | 5011 | 60 | 55= | 5031 | 90 | 36— | 5060 | 62 | 77= |
| 4908 | 56 | 64= | 4947 | 104 | 31 | 4986 | 76 | 50— | 5011 | 74 | 42= | 5031 | 92 | 36— | 5060 | 100 | 34— |
| 4910 | 80 | 53— | 4948 | 40 | 71≡ | 4986 | 114 | 11 | 5012 | 52 | 79= | 5032 | 48 | 52≡ | 5061 | 56 | 68= |
| 4911 | 46 | 75= | 4948 | 44 | 68≡ | 4987 | 60 | 77= | 5012 | 70 | 76— | 5032 | 68 | 47= | 5061 | 70 | 47= |
| 4911 | 52 | 57≡ | 4949 | 48 | 57≡ | 4987 | 74 | 59— | 5013 | 60 | 51= | 5032 | 84 | 26 | 5062 | 46 | 62≡ |
| 4912 | 48 | 65= | 4950 | 68 | 47= | 4988 | 62 | 48= | 5013 | 76 | 76— | 5033 | 46 | 70= | 5062 | 52 | 52≡ |
| 4912 | 74 | 50— | 4950 | 83 | 26 | 4988 | 72 | 59— | 5013 | 84 | 35= | 5033 | 60 | 61= | 5062 | 60 | 72— |
| 4913 | 46 | 70= | 4951 | 62 | 69— | 4989 | 54 | 61= | 5014 | 50 | 52≡ | 5033 | 74 | 43= | 5062 | 64 | 51= |
| 4914 | 80 | 45— | 4952 | 64 | 47= | 4989 | 94 | 36— | 5014 | 64 | 63— | 5034 | 76 | 58— | 5062 | 66 | 48= |
| 4914 | 100 | 21 | 4953 | 48 | 52≡ | 4990 | 60 | 72— | 5014 | 74 | 58— | 5035 | 60 | 69— | 5062 | 80 | 53— |
| 4916 | 52 | 77= | 4954 | 54 | 57≡ | 4990 | 78 | 37= | 5014 | 76 | 42= | 5035 | 62 | 61= | 5063 | 40 | 73≡ |
| 4916 | 58 | 56= | 4954 | 70 | 59— | 4990 | 80 | 53— | 5015 | 42 | 66≡ | 5035 | 66 | 47= | 5063 | 68 | 63— |
| 4916 | 82 | 41— | 4954 | 78 | 54— | 4990 | 94 | 34— | 5015 | 68 | 63— | 5036 | 72 | 43= | 5064 | 48 | 70= |
| 4917 | 58 | 72— | 4955 | 74 | 54— | 4991 | 70 | 47= | 5016 | 62 | 51= | 5037 | 52 | 62≡ | 5064 | 76 | 54— |
| 4917 | 92 | 25 | 4956 | 68 | 42= | 4992 | 54 | 44≡ | 5016 | 72 | 76— | 5037 | 70 | 35≡ | 5064 | 84 | 53— |
| 4918 | 60 | 72— | 4957 | 46 | 65≡ | 4992 | 80 | 37= | 5017 | 76 | 35= | 5038 | 60 | 60= | 5064 | 94 | 25 |
| 4919 | 56 | 61= | 4957 | 60 | 69— | 4993 | 44 | 75= | 5017 | 108 | 15 | 5038 | 66 | 55= | 5064 | 100 | 20 |
| 4920 | 88 | 37— | 4958 | 76 | 58— | 4993 | 56 | 62≡ | 5018 | 56 | 74— | 5038 | 96 | 36— | 5065 | 40 | 71≡ |
| 4921 | 58 | 72— | 4958 | 92 | 34— | 4993 | 64 | 39≡ | 5018 | 64 | 55= | 5039 | 58 | 51= | 5065 | 56 | 61= |
| 4921 | 98 | 34— | 4959 | 50 | 62≡ | 4993 | 64 | 55= | 5018 | 68 | 43= | 5039 | 78 | 50— | 5067 | 68 | 35≡ |
| 4923 | 48 | 70= | 4961 | 58 | 51= | 4993 | 78 | 54— | 5019 | 96 | 34— | 5040 | 72 | 59— | 5069 | 48 | 65≡ |
| 4923 | 74 | 76— | 4961 | 90 | 37— | 4994 | 60 | 44≡ | 5019 | 98 | 34— | 5041 | 88 | 41— | 5069 | 58 | 74— |
| 4923 | 90 | 34— | 4962 | 60 | 51= | 4994 | 62 | 39≡ | 5020 | 56 | 49≡ | 5042 | 52 | 77= | 5069 | 76 | 59— |
| 4923 | 98 | 20 | 4963 | 80 | 46— | 4994 | 86 | 41— | 5020 | 64 | 78— | 5043 | 66 | 43= | 5069 | 90 | 37— |
| 4925 | 48 | 65≡ | 4963 | 84 | 41— | 4995 | 68 | 55= | 5020 | 94 | 36— | 5043 | 84 | 41— | 5069 | 92 | 34— |
| 4926 | 82 | 45— | 4964 | 110 | 13 | 4996 | 66 | 43= | 5021 | 50 | 65≡ | 5043 | 100 | 17 | 5070 | 64 | 56= |
| 4927 | 50 | 64= | 4965 | 74 | 37= | 4996 | 66 | 47= | 5021 | 76 | 58— | 5044 | 72 | 43= | 5070 | 80 | 53— |
| 4927 | 60 | 60= | 4966 | 42 | 68≡ | 4997 | 58 | 72— | 5022 | 48 | 79= | 5045 | 50 | 70= | 5070 | 86 | 45— |
| 4928 | 62 | 69— | 4966 | 90 | 23 | 4997 | 72 | 35≡ | 5022 | 50 | 57≡ | 5046 | 56 | 51= | 5071 | 78 | 53— |
| 4928 | 70 | 76— | 4968 | 52 | 68= | 4997 | 74 | 76— | 5022 | 58 | 74— | 5046 | 82 | 53— | 5071 | 96 | 34— |
| 4928 | 76 | 54— | 4968 | 82 | 27 | 4998 | 92 | 37— | 5022 | 66 | 67— | 5046 | 88 | 41— | 5072 | 58 | 72— |

— bedeutet Träger mit einer Gurtplatte, = mit zwei, ≡ mit drei Gurtplatten.

# Widerstandsmomente cm³

## von 5073 bis 5233.

| Widerstands-moment cm³ | Stehblech-Höhe cm | Seite des Buches | Widerstands-moment cm³ | Stehblech-Höhe cm | Seite des Buches | Widerstands-moment cm³ | Stehblech-Höhe cm | Seite des Buches | Widerstands-moment cm³ | Stehblech-Höhe cm | Seite des Buches | Widerstands-moment cm³ | Stehblech-Höhe cm | Seite des Buches | Widerstands-moment cm³ | Stehblech-Höhe cm | Seite des Buches |
|---|---|---|---|---|---|---|---|---|---|---|---|---|---|---|---|---|---|
| 5073 | 44 | 66≡ | 5103 | 94 | 34— | 5133 | 76 | 37= | 5160 | 76 | 59— | 5184 | 66 | 55= | 5209 | 72 | 43= |
| 5073 | 70 | 67— | 5104 | 54 | 49≡ | 5134 | 60 | 72— | 5160 | 88 | 41— | 5184 | 76 | 50— | 5210 | 66 | 55= |
| 5074 | 82 | 45— | 5105 | 74 | 50— | 5134 | 64 | 55= | 5160 | 100 | 34— | 5185 | 62 | 61= | 5211 | 46 | 68≡ |
| 5075 | 46 | 66≡ | 5105 | 76 | 58— | 5134 | 96 | 34— | 5161 | 98 | 34— | 5185 | 82 | 54— | 5211 | 56 | 61= |
| 5075 | 64 | 60= | 5106 | 60 | 51= | 5135 | 42 | 66≡ | 5162 | 56 | 62≡ | 5185 | 84 | 46— | 5211 | 60 | 44≡ |
| 5076 | 62 | 55= | 5106 | 78 | 58— | 5135 | 44 | 66≡ | 5162 | 64 | 44≡ | 5186 | 64 | 39≡ | 5211 | 74 | 43= |
| 5076 | 74 | 59— | 5107 | 44 | 75= | 5135 | 66 | 78— | 5163 | 70 | 67— | 5186 | 102 | 17 | 5212 | 50 | 62≡ |
| 5078 | 66 | 55= | 5107 | 52 | 79≡ | 5136 | 52 | 65= | 5164 | 54 | 56≡ | 5187 | 80 | 76— | 5212 | 96 | 25 |
| 5078 | 92 | 36— | 5107 | 60 | 77= | 5136 | 54 | 77= | 5164 | 74 | 59— | 5188 | 50 | 57≡ | 5213 | 62 | 55= |
| 5079 | 56 | 74— | 5107 | 62 | 60= | 5136 | 70 | 42= | 5164 | 82 | 45— | 5188 | 72 | 76— | 5213 | 72 | 35≡ |
| 5079 | 72 | 42= | 5107 | 74 | 42= | 5136 | 82 | 53— | 5165 | 58 | 49≡ | 5188 | 74 | 76— | 5214 | 48 | 65≡ |
| 5080 | 52 | 62≡ | 5108 | 92 | 37— | 5136 | 84 | 27 | 5165 | 62 | 51= | 5188 | 76 | 58— | 5214 | 66 | 43= |
| 5080 | 54 | 68= | 5111 | 54 | 79= | 5137 | 52 | 79≡ | 5165 | 68 | 39≡ | 5188 | 82 | 35= | 5214 | 80 | 54— |
| 5081 | 50 | 52≡ | 5111 | 120 | 12 | 5138 | 80 | 58— | 5165 | 76 | 76— | 5189 | 56 | 49≡ | 5215 | 68 | 67— |
| 5081 | 52 | 70= | 5112 | 56 | 64= | 5138 | 88 | 45— | 5165 | 96 | 36— | 5189 | 60 | 61= | 5215 | 70 | 47= |
| 5081 | 106 | 31 | 5112 | 58 | 51= | 5139 | 58 | 77= | 5166 | 52 | 64= | 5189 | 70 | 78— | 5215 | 98 | 34— |
| 5082 | 48 | 57≡ | 5113 | 74 | 37= | 5139 | 60 | 72— | 5166 | 68 | 78— | 5189 | 80 | 35= | 5216 | 44 | 71≡ |
| 5082 | 64 | 69— | 5114 | 72 | 67— | 5139 | 70 | 39≡ | 5167 | 96 | 34— | 5192 | 78 | 58— | 5216 | 58 | 44≡ |
| 5083 | 52 | 57≡ | 5114 | 85 | 26 | 5140 | 56 | 49≡ | 5168 | 40 | 66≡ | 5193 | 62 | 44≡ | 5216 | 64 | 51= |
| 5083 | 94 | 36— | 5114 | 86 | 45— | 5141 | 66 | 47= | 5168 | 42 | 66≡ | 5193 | 72 | 67— | 5216 | 94 | 34— |
| 5084 | 68 | 78— | 5114 | 108 | 18 | 5142 | 78 | 42= | 5168 | 64 | 60= | 5193 | 104 | 21 | 5216 | 108 | 31 |
| 5084 | 84 | 45— | 5115 | 116 | 11 | 5143 | 48 | 62≡ | 5168 | 74 | 35≡ | 5194 | 52 | 62≡ | 5217 | 60 | 72— |
| 5085 | 60 | 49≡ | 5116 | 52 | 52≡ | 5143 | 84 | 45— | 5168 | 84 | 45— | 5194 | 90 | 41— | 5218 | 64 | 69— |
| 5085 | 76 | 50— | 5117 | 98 | 34— | 5144 | 76 | 50— | 5168 | 86 | 35= | 5195 | 50 | 52≡ | 5218 | 74 | 59— |
| 5086 | 68 | 47= | 5118 | 80 | 54— | 5144 | 94 | 37— | 5169 | 72 | 47= | 5195 | 52 | 57≡ | 5218 | 80 | 58— |
| 5086 | 70 | 67— | 5118 | 86 | 41— | 5144 | 100 | 19 | 5170 | 60 | 51= | 5196 | 68 | 60= | 5218 | 92 | 37— |
| 5086 | 90 | 41— | 5119 | 78 | 28 | 5145 | 50 | 57≡ | 5170 | 62 | 69— | 5196 | 78 | 54— | 5219 | 62 | 51= |
| 5087 | 56 | 77= | 5120 | 60 | 56= | 5146 | 68 | 78— | 5171 | 56 | 57≡ | 5197 | 62 | 72— | 5219 | 74 | 43= |
| 5087 | 66 | 35≡ | 5121 | 102 | 16 | 5146 | 78 | 37= | 5172 | 50 | 65≡ | 5197 | 86 | 26 | 5220 | 56 | 56≡ |
| 5087 | 68 | 48= | 5122 | 74 | 59— | 5147 | 48 | 79= | 5173 | 48 | 70= | 5198 | 42 | 71≡ | 5220 | 85 | 27 |
| 5088 | 42 | 71≡ | 5123 | 70 | 63— | 5147 | 54 | 64= | 5173 | 58 | 74— | 5198 | 58 | 61= | 5221 | 48 | 52≡ |
| 5089 | 62 | 69— | 5123 | 92 | 36— | 5147 | 64 | 55= | 5173 | 96 | 32 | 5199 | 54 | 68= | 5221 | 66 | 48= |
| 5089 | 76 | 76— | 5123 | 94 | 36— | 5147 | 88 | 41— | 5175 | 50 | 70= | 5199 | 70 | 43= | 5222 | 56 | 77= |
| 5090 | 94 | 22 | 5124 | 82 | 46— | 5148 | 78 | 59— | 5176 | 62 | 56= | 5199 | 90 | 41— | 5222 | 68 | 47= |
| 5091 | 58 | 56≡ | 5125 | 60 | 61= | 5148 | 84 | 53— | 5177 | 48 | 75= | 5200 | 74 | 47= | 5222 | 82 | 46— |
| 5093 | 64 | 47= | 5125 | 76 | 54— | 5150 | 46 | 52≡ | 5177 | 90 | 37— | 5200 | 76 | 59— | 5223 | 40 | 71≡ |
| 5094 | 40 | 71≡ | 5126 | 48 | 52≡ | 5150 | 58 | 74— | 5177 | 94 | 36— | 5200 | 86 | 41— | 5223 | 86 | 53— |
| 5094 | 44 | 68≡ | 5126 | 58 | 64= | 5150 | 80 | 42= | 5178 | 60 | 49≡ | 5200 | 102 | 34— | 5224 | 64 | 56≡ |
| 5094 | 78 | 54— | 5128 | 62 | 60= | 5151 | 46 | 75= | 5178 | 68 | 63— | 5201 | 74 | 50— | 5224 | 76 | 54— |
| 5095 | 54 | 65= | 5128 | 66 | 63— | 5151 | 68 | 63— | 5178 | 70 | 55= | 5202 | 50 | 70= | 5224 | 82 | 58— |
| 5095 | 64 | 35≡ | 5128 | 76 | 42= | 5151 | 110 | 15 | 5179 | 78 | 76— | 5202 | 94 | 24 | 5226 | 60 | 64= |
| 5096 | 46 | 65≡ | 5128 | 78 | 58— | 5152 | 80 | 37= | 5179 | 92 | 34— | 5203 | 64 | 60= | 5226 | 78 | 50— |
| 5096 | 68 | 63— | 5129 | 66 | 78— | 5152 | 82 | 37= | 5180 | 62 | 39≡ | 5204 | 76 | 43= | 5226 | 82 | 53— |
| 5096 | 112 | 13 | 5130 | 62 | 72— | 5154 | 58 | 68= | 5180 | 76 | 76— | 5205 | 62 | 72— | 5226 | 88 | 45— |
| 5097 | 52 | 56≡ | 5130 | 90 | 36— | 5155 | 80 | 46— | 5180 | 92 | 36— | 5205 | 102 | 20 | 5226 | 94 | 36— |
| 5097 | 86 | 41— | 5130 | 114 | 14 | 5156 | 86 | 45— | 5181 | 66 | 39≡ | 5206 | 52 | 70= | 5227 | 60 | 77= |
| 5098 | 54 | 52≡ | 5131 | 58 | 61= | 5157 | 70 | 67— | 5181 | 68 | 43= | 5206 | 78 | 58— | 5228 | 114 | 13 |
| 5098 | 58 | 74— | 5131 | 68 | 55= | 5158 | 48 | 68= | 5181 | 76 | 42= | 5207 | 70 | 63— | 5229 | 68 | 43= |
| 5099 | 74 | 76— | 5131 | 70 | 47= | 5158 | 56 | 74— | 5181 | 78 | 42= | 5207 | 84 | 53— | 5230 | 86 | 41— |
| 5100 | 62 | 69— | 5132 | 56 | 64= | 5158 | 64 | 69— | 5181 | 98 | 36— | 5208 | 56 | 44≡ | 5230 | 96 | 36— |
| 5101 | 76 | 59— | 5132 | 78 | 50— | 5158 | 72 | 42= | 5182 | 68 | 47= | 5208 | 79 | 28 | 5231 | 58 | 74— |
| 5101 | 78 | 76— | 5133 | 46 | 73= | 5158 | 78 | 50— | 5182 | 78 | 35= | 5208 | 86 | 45— | 5231 | 72 | 43= |
| 5102 | 62 | 49≡ | 5133 | 54 | 57≡ | 5158 | 80 | 54— | 5182 | 84 | 35= | 5209 | 40 | 73≡ | 5232 | 84 | 53— |
| 5102 | 72 | 76— | 5133 | 68 | 67— | 5159 | 50 | 65= | 5183 | 64 | 48= | 5209 | 58 | 62≡ | 5233 | 54 | 57≡ |
| 5103 | 64 | 78— | 5133 | 72 | 59— | 5160 | 58 | 77= | 5184 | 56 | 68= | 5209 | 66 | 69— | 5233 | 58 | 49≡ |

— bedeutet Träger mit einer Gurtplatte. = mit zwei, ≡ mit drei Gurtplatten.

## von 5234 bis 5394.

| Widerstandsmoment cm³ | Stehblech-Höhe cm | Seite des Buches | Widerstandsmoment cm³ | Stehblech-Höhe cm | Seite des Buches | Widerstandsmoment cm³ | Stehblech-Höhe cm | Seite des Buches | Widerstandsmoment cm³ | Stehblech-Höhe cm | Seite des Buches | Widerstandsmoment cm³ | Stehblech-Höhe cm | Seite des Buches | Widerstandsmoment cm³ | Stehblech-Höhe cm | Seite des Buches |
|---|---|---|---|---|---|---|---|---|---|---|---|---|---|---|---|---|---|
| 5234 | 82 | 53— | 5260 | 100 | 34— | 5289 | 62 | 49≡ | 5318 | 70 | 55= | 5345 | 72 | 67— | 5372 | 60 | 68= |
| 5235 | 54 | 65= | 5262 | 52 | 79= | 5291 | 70 | 63— | 5319 | 72 | 39≡ | 5346 | 60 | 64= | 5375 | 44 | 71≡ |
| 5235 | 64 | 69— | 5262 | 80 | 54— | 5292 | 96 | 37— | 5319 | 78 | 50— | 5347 | 70 | 63— | 5375 | 70 | 63— |
| 5235 | 68 | 78— | 5262 | 104 | 16 | 5293 | 52 | 70= | 5319 | 80 | 59— | 5347 | 80 | 76— | 5376 | 54 | 65= |
| 5235 | 70 | 43= | 5262 | 116 | 14 | 5294 | 44 | 66≡ | 5320 | 62 | 64= | 5348 | 74 | 47= | 5376 | 60 | 49≡ |
| 5235 | 76 | 50— | 5263 | 58 | 51= | 5294 | 90 | 45— | 5320 | 82 | 46— | 5348 | 92 | 41— | 5376 | 78 | 59— |
| 5235 | 78 | 54— | 5263 | 66 | 56= | 5295 | 60 | 72— | 5321 | 52 | 52≡ | 5348 | 104 | 20 | 5376 | 96 | 36— |
| 5235 | 84 | 45— | 5264 | 52 | 65≡ | 5296 | 60 | 74— | 5322 | 50 | 70= | 5349 | 76 | 42= | 5377 | 64 | 56= |
| 5236 | 64 | 61= | 5264 | 60 | 56= | 5297 | 74 | 67— | 5323 | 68 | 78— | 5349 | 80 | 35— | 5377 | 68 | 55= |
| 5237 | 92 | 41— | 5266 | 54 | 77= | 5297 | 78 | 54— | 5324 | 54 | 70= | 5350 | 54 | 52= | 5377 | 72 | 78— |
| 5238 | 80 | 53— | 5266 | 58 | 56≡ | 5297 | 80 | 28 | 5324 | 88 | 35= | 5350 | 70 | 39≡ | 5377 | 76 | 47= |
| 5238 | 96 | 22 | 5266 | 60 | 49≡ | 5298 | 78 | 42= | 5324 | 98 | 32 | 5350 | 78 | 76— | 5377 | 78 | 43= |
| 5239 | 40 | 71≡ | 5267 | 50 | 79= | 5298 | 80 | 58— | 5325 | 56 | 52≡ | 5350 | 84 | 35— | 5377 | 98 | 36— |
| 5240 | 42 | 71≡ | 5267 | 64 | 72— | 5299 | 48 | 70= | 5325 | 62 | 56= | 5351 | 72 | 67— | 5378 | 52 | 79= |
| 5240 | 44 | 68≡ | 5267 | 68 | 55= | 5299 | 84 | 53— | 5325 | 70 | 67— | 5351 | 82 | 76— | 5378 | 64 | 39= |
| 5240 | 68 | 63— | 5267 | 80 | 76— | 5300 | 42 | 66≡ | 5325 | 82 | 54— | 5353 | 78 | 42= | 5378 | 74 | 67— |
| 5240 | 70 | 67— | 5268 | 52 | 62≡ | 5300 | 58 | 77= | 5326 | 50 | 57≡ | 5353 | 82 | 35— | 5378 | 80 | 58— |
| 5241 | 54 | 79= | 5270 | 60 | 61= | 5301 | 60 | 56≡ | 5326 | 56 | 49≡ | 5353 | 92 | 41— | 5378 | 120 | 11 |
| 5241 | 70 | 67— | 5270 | 96 | 36— | 5301 | 64 | 49≡ | 5326 | 60 | 51= | 5353 | 110 | 31 | 5379 | 66 | 39≡ |
| 5241 | 72 | 47= | 5271 | 46 | 75= | 5301 | 66 | 78— | 5326 | 96 | 36— | 5354 | 40 | 73≡ | 5380 | 60 | 74— |
| 5241 | 78 | 59— | 5271 | 66 | 60= | 5302 | 48 | 75= | 5326 | 100 | 36— | 5354 | 62 | 72— | 5380 | 62 | 51= |
| 5242 | 46 | 66≡ | 5271 | 76 | 76— | 5302 | 78 | 37= | 5327 | 54 | 56≡ | 5357 | 56 | 57— | 5380 | 66 | 48= |
| 5242 | 52 | 79= | 5271 | 94 | 36— | 5302 | 90 | 41— | 5328 | 68 | 63— | 5357 | 58 | 49= | 5380 | 82 | 50— |
| 5242 | 58 | 64= | 5272 | 52 | 65= | 5302 | 102 | 34— | 5328 | 84 | 45— | 5357 | 66 | 44= | 5381 | 40 | 71= |
| 5242 | 86 | 45— | 5272 | 68 | 35≡ | 5303 | 86 | 45— | 5328 | 86 | 45— | 5357 | 70 | 78— | 5381 | 56 | 64= |
| 5243 | 62 | 60= | 5272 | 72 | 67— | 5305 | 50 | 70= | 5329 | 66 | 55= | 5358 | 82 | 58— | 5382 | 72 | 43= |
| 5243 | 86 | 46— | 5273 | 70 | 78— | 5305 | 80 | 50— | 5329 | 68 | 78— | 5358 | 88 | 41— | 5382 | 82 | 54— |
| 5246 | 40 | 75≡ | 5275 | 64 | 55= | 5305 | 86 | 27 | 5329 | 92 | 37— | 5358 | 96 | 24 | 5383 | 52 | 57= |
| 5246 | 44 | 66≡ | 5275 | 78 | 59— | 5305 | 100 | 34— | 5329 | 94 | 34— | 5359 | 48 | 65≡ | 5383 | 58 | 62= |
| 5246 | 56 | 64= | 5275 | 88 | 41— | 5306 | 82 | 58— | 5330 | 56 | 62≡ | 5359 | 58 | 64— | 5383 | 88 | 53— |
| 5246 | 118 | 11 | 5277 | 50 | 52≡ | 5308 | 56 | 68= | 5331 | 64 | 60= | 5359 | 62 | 72— | 5384 | 62 | 49= |
| 5247 | 60 | 74— | 5277 | 54 | 64= | 5309 | 62 | 77= | 5331 | 80 | 50— | 5360 | 100 | 34— | 5384 | 64 | 69— |
| 5248 | 68 | 78— | 5277 | 74 | 76— | 5309 | 64 | 60= | 5332 | 52 | 70= | 5361 | 78 | 50— | 5384 | 90 | 45— |
| 5248 | 70 | 35≡ | 5277 | 80 | 58— | 5309 | 86 | 53— | 5332 | 68 | 47= | 5362 | 42 | 73≡ | 5387 | 52 | 79= |
| 5249 | 58 | 74— | 5278 | 62 | 72— | 5310 | 80 | 42= | 5332 | 104 | 17 | 5362 | 72 | 55— | 5387 | 70 | 60= |
| 5249 | 96 | 34— | 5278 | 78 | 58— | 5311 | 98 | 36— | 5334 | 62 | 61= | 5362 | 76 | 76— | 5387 | 76 | 43= |
| 5250 | 60 | 51= | 5279 | 62 | 72— | 5312 | 54 | 57≡ | 5334 | 106 | 21 | 5362 | 98 | 25 | 5387 | 81 | 28 |
| 5250 | 62 | 69— | 5279 | 94 | 23 | 5312 | 54 | 62≡ | 5335 | 78 | 59— | 5362 | 116 | 13 | 5387 | 84 | 46— |
| 5250 | 110 | 18 | 5279 | 98 | 34— | 5312 | 58 | 74— | 5336 | 74 | 42= | 5363 | 42 | 71≡ | 5388 | 82 | 58— |
| 5251 | 52 | 52≡ | 5280 | 76 | 42= | 5312 | 64 | 69— | 5337 | 48 | 66≡ | 5363 | 88 | 26 | 5388 | 112 | 18 |
| 5251 | 68 | 48= | 5280 | 87 | 26 | 5312 | 80 | 37= | 5337 | 56 | 79= | 5364 | 46 | 68≡ | 5389 | 56 | 56= |
| 5251 | 76 | 59— | 5281 | 92 | 36— | 5313 | 72 | 47= | 5337 | 58 | 64= | 5364 | 78 | 58— | 5389 | 64 | 61= |
| 5253 | 88 | 41— | 5282 | 58 | 61= | 5313 | 84 | 37= | 5337 | 64 | 48= | 5364 | 96 | 34— | 5389 | 74 | 43= |
| 5255 | 74 | 42= | 5283 | 54 | 49≡ | 5313 | 98 | 34— | 5337 | 70 | 78— | 5365 | 80 | 58— | 5389 | 88 | 41— |
| 5256 | 48 | 57≡ | 5283 | 76 | 50— | 5314 | 62 | 51= | 5340 | 54 | 79= | 5366 | 74 | 76— | 5389 | 98 | 22 |
| 5256 | 52 | 57≡ | 5284 | 82 | 54— | 5314 | 72 | 63— | 5340 | 86 | 35= | 5366 | 80 | 54— | 5390 | 58 | 57= |
| 5256 | 64 | 77= | 5285 | 66 | 35≡ | 5314 | 74 | 59— | 5341 | 76 | 35≡ | 5367 | 66 | 60= | 5390 | 87 | 27 |
| 5256 | 70 | 63— | 5285 | 76 | 37= | 5314 | 88 | 45— | 5342 | 66 | 55= | 5367 | 70 | 43= | 5390 | 94 | 41— |
| 5257 | 78 | 76— | 5285 | 90 | 37— | 5315 | 50 | 73= | 5342 | 86 | 41— | 5368 | 88 | 45— | 5391 | 46 | 75= |
| 5257 | 94 | 37— | 5286 | 84 | 46— | 5315 | 82 | 42= | 5342 | 104 | 34— | 5369 | 86 | 53— | 5391 | 74 | 35≡ |
| 5259 | 64 | 51= | 5286 | 112 | 15 | 5316 | 84 | 53— | 5343 | 66 | 69— | 5370 | 60 | 77— | 5392 | 84 | 53— |
| 5259 | 66 | 51= | 5287 | 66 | 47= | 5316 | 90 | 41— | 5343 | 76 | 59— | 5370 | 64 | 51= | 5393 | 42 | 71≡ |
| 5259 | 72 | 67— | 5288 | 48 | 73= | 5317 | 48 | 62≡ | 5344 | 46 | 66≡ | 5370 | 68 | 39= | 5393 | 50 | 62≡ |
| 5259 | 78 | 50— | 5288 | 66 | 69— | 5317 | 72 | 42= | 5344 | 64 | 72— | 5370 | 70 | 47= | 5394 | 58 | 74— |
| 5260 | 68 | 63— | 5288 | 102 | 19 | 5318 | 48 | 68≡ | 5345 | 60 | 61= | 5371 | 54 | 79= | 5394 | 62 | 74— |

— bedeutet Träger mit einer Gurtplatte, = mit zwei, ≡ mit drei Gurtplatten.

# Widerstandsmomente cm³

## von 5394 bis 5559.

| Widerstandsmoment cm³ | Steh-blech-Höhe cm | Seite des Buches | Widerstandsmoment cm³ | Steh-blech-Höhe cm | Seite des Buches | Widerstandsmoment cm³ | Steh-blech-Höhe cm | Seite des Buches | Widerstandsmoment cm³ | Steh-blech-Höhe cm | Seite des Buches | Widerstandsmoment cm³ | Steh-blech-Höhe cm | Seite des Buches | Widerstandsmoment cm³ | Steh-blech-Höhe cm | Seite des Buches |
|---|---|---|---|---|---|---|---|---|---|---|---|---|---|---|---|---|---|
| 5394 | 64 | 44≡ | 5423 | 74 | 47= | 5451 | 84 | 54— | 5479 | 82 | 42= | 5508 | 94 | 41— | 5531 | 64 | 56= |
| 5395 | 76 | 43= | 5423 | 114 | 15 | 5451 | 92 | 45— | 5480 | 82 | 37≡ | 5509 | 88 | 46— | 5532 | 90 | 26 |
| 5395 | 86 | 53— | 5425 | 58 | 44≡ | 5451 | 102 | 34— | 5480 | 96 | 34— | 5510 | 54 | 65≡ | 5533 | 88 | 53— |
| 5395 | 118 | 14 | 5425 | 60 | 62≡ | 5452 | 66 | 77= | 5481 | 54 | 79= | 5511 | 48 | 66≡ | 5535 | 44 | 71≡ |
| 5397 | 50 | 79= | 5426 | 64 | 51= | 5452 | 72 | 63— | 5481 | 66 | 72— | 5511 | 56 | 49≡ | 5535 | 66 | 60= |
| 5397 | 98 | 34— | 5426 | 100 | 36— | 5453 | 76 | 76— | 5481 | 84 | 37≡ | 5511 | 80 | 59— | 5535 | 72 | 39≡ |
| 5398 | 76 | 59— | 5427 | 48 | 75= | 5453 | 80 | 58— | 5481 | 86 | 53— | 5512 | 64 | 77= | 5535 | 74 | 67— |
| 5398 | 78 | 54— | 5427 | 80 | 76— | 5454 | 44 | 66≡ | 5481 | 96 | 36— | 5512 | 66 | 60= | 5536 | 64 | 64= |
| 5398 | 86 | 45— | 5428 | 52 | 57≡ | 5454 | 54 | 70= | 5482 | 60 | 56≡ | 5512 | 86 | 35= | 5537 | 58 | 68= |
| 5399 | 62 | 61= | 5428 | 54 | 57≡ | 5454 | 78 | 42= | 5482 | 68 | 47= | 5513 | 62 | 56≡ | 5538 | 40 | 71≡ |
| 5400 | 72 | 47= | 5428 | 60 | 44≡ | 5457 | 52 | 62≡ | 5482 | 76 | 67— | 5513 | 100 | 25 | 5538 | 66 | 48= |
| 5400 | 84 | 53— | 5428 | 70 | 78— | 5457 | 72 | 47= | 5482 | 90 | 35= | 5514 | 42 | 73≡ | 5538 | 78 | 76— |
| 5401 | 80 | 50— | 5429 | 52 | 70= | 5458 | 68 | 51= | 5482 | 94 | 37— | 5514 | 52 | 79= | 5538 | 82 | 58— |
| 5402 | 88 | 45— | 5429 | 66 | 69— | 5458 | 70 | 35≡ | 5483 | 62 | 61= | 5514 | 60 | 77= | 5539 | 80 | 50— |
| 5403 | 66 | 60= | 5429 | 78 | 59— | 5458 | 78 | 37= | 5484 | 84 | 53— | 5514 | 98 | 34— | 5540 | 68 | 55= |
| 5404 | 40 | 75≡ | 5430 | 54 | 62≡ | 5458 | 92 | 41— | 5485 | 106 | 34— | 5515 | 66 | 69— | 5540 | 100 | 22 |
| 5404 | 48 | 73= | 5430 | 72 | 35≡ | 5458 | 100 | 36— | 5487 | 72 | 63— | 5515 | 78 | 35≡ | 5541 | 74 | 67— |
| 5404 | 60 | 74— | 5430 | 90 | 45— | 5459 | 68 | 56= | 5488 | 84 | 46— | 5515 | 82 | 76— | 5541 | 80 | 58— |
| 5404 | 68 | 55= | 5431 | 56 | 68= | 5459 | 70 | 63— | 5489 | 54 | 52≡ | 5516 | 56 | 64= | 5542 | 56 | 57≡ |
| 5404 | 88 | 46— | 5431 | 72 | 67— | 5460 | 56 | 57≡ | 5490 | 44 | 71≡ | 5516 | 76 | 42= | 5542 | 62 | 51= |
| 5404 | 102 | 34— | 5431 | 82 | 54— | 5460 | 74 | 67— | 5490 | 88 | 45— | 5516 | 86 | 54— | 5543 | 64 | 61= |
| 5404 | 106 | 16 | 5432 | 76 | 42= | 5460 | 100 | 34— | 5491 | 54 | 57≡ | 5516 | 98 | 24 | 5543 | 92 | 45— |
| 5406 | 68 | 43= | 5432 | 104 | 19 | 5462 | 66 | 51= | 5491 | 56 | 77= | 5517 | 46 | 68≡ | 5544 | 54 | 70= |
| 5406 | 80 | 54— | 5433 | 62 | 77= | 5462 | 78 | 50— | 5491 | 112 | 31 | 5517 | 54 | 65= | 5544 | 96 | 41— |
| 5406 | 82 | 53— | 5433 | 82 | 76— | 5463 | 62 | 51= | 5492 | 82 | 59— | 5517 | 82 | 35= | 5545 | 42 | 71≡ |
| 5407 | 52 | 65= | 5433 | 90 | 41— | 5463 | 72 | 78— | 5492 | 86 | 45— | 5518 | 72 | 67— | 5545 | 72 | 63— |
| 5407 | 54 | 64= | 5433 | 94 | 36— | 5464 | 60 | 74— | 5492 | 106 | 20 | 5518 | 84 | 35= | 5545 | 76 | 76— |
| 5407 | 58 | 49≡ | 5434 | 58 | 61= | 5464 | 86 | 53— | 5493 | 84 | 54— | 5518 | 90 | 41— | 5545 | 90 | 53— |
| 5407 | 96 | 37— | 5435 | 80 | 50— | 5465 | 88 | 45— | 5494 | 64 | 49≡ | 5519 | 70 | 78— | 5545 | 100 | 34— |
| 5409 | 46 | 66≡ | 5436 | 50 | 70= | 5466 | 42 | 66≡ | 5496 | 74 | 47= | 5520 | 62 | 72— | 5547 | 108 | 16 |
| 5409 | 48 | 52≡ | 5437 | 66 | 61= | 5466 | 60 | 64= | 5497 | 64 | 72— | 5521 | 82 | 42= | 5548 | 60 | 74— |
| 5409 | 70 | 67— | 5437 | 96 | 23 | 5467 | 64 | 69— | 5497 | 68 | 69— | 5522 | 78 | 59— | 5548 | 74 | 55= |
| 5410 | 58 | 68= | 5438 | 70 | 63— | 5468 | 68 | 60= | 5497 | 76 | 59— | 5522 | 80 | 76— | 5549 | 58 | 49≡ |
| 5410 | 90 | 41— | 5439 | 52 | 52≡ | 5470 | 80 | 42= | 5497 | 80 | 50— | 5522 | 96 | 37— | 5549 | 72 | 78— |
| 5411 | 70 | 47= | 5439 | 58 | 77= | 5470 | 82 | 58— | 5498 | 64 | 72— | 5524 | 64 | 51= | 5550 | 90 | 41— |
| 5413 | 50 | 68≡ | 5439 | 62 | 72— | 5471 | 88 | 53— | 5498 | 118 | 13 | 5524 | 70 | 47= | 5550 | 104 | 34— |
| 5413 | 78 | 50— | 5439 | 92 | 37— | 5472 | 56 | 65= | 5499 | 40 | 73≡ | 5525 | 46 | 66≡ | 5551 | 80 | 43= |
| 5414 | 60 | 61= | 5440 | 70 | 48= | 5472 | 92 | 41— | 5499 | 46 | 71≡ | 5525 | 52 | 52≡ | 5552 | 58 | 52≡ |
| 5414 | 64 | 72— | 5441 | 58 | 56≡ | 5473 | 50 | 65≡ | 5499 | 56 | 62≡ | 5525 | 62 | 74— | 5552 | 82 | 58— |
| 5415 | 68 | 69— | 5441 | 70 | 78— | 5473 | 80 | 37= | 5500 | 68 | 78— | 5525 | 70 | 78— | 5552 | 84 | 54— |
| 5415 | 80 | 59— | 5441 | 98 | 37— | 5474 | 90 | 45— | 5500 | 74 | 39≡ | 5525 | 78 | 42= | 5553 | 48 | 75= |
| 5416 | 64 | 55= | 5444 | 62 | 64= | 5475 | 62 | 49≡ | 5500 | 88 | 35= | 5526 | 66 | 69— | 5553 | 68 | 69— |
| 5416 | 70 | 55= | 5444 | 78 | 76— | 5475 | 66 | 55= | 5501 | 54 | 79= | 5526 | 68 | 55= | 5553 | 86 | 46— |
| 5417 | 62 | 44≡ | 5445 | 50 | 75= | 5475 | 88 | 27 | 5502 | 60 | 61= | 5526 | 98 | 36— | 5554 | 68 | 44≡ |
| 5417 | 68 | 63— | 5445 | 64 | 61= | 5475 | 98 | 36— | 5502 | 66 | 49≡ | 5526 | 100 | 36— | 5554 | 80 | 59— |
| 5417 | 70 | 43= | 5446 | 74 | 67— | 5476 | 68 | 35≡ | 5503 | 94 | 41— | 5527 | 56 | 52≡ | 5555 | 62 | 74— |
| 5418 | 66 | 51= | 5446 | 104 | 34— | 5476 | 84 | 58— | 5504 | 60 | 68= | 5527 | 80 | 42= | 5555 | 72 | 43= |
| 5418 | 68 | 60= | 5447 | 60 | 49≡ | 5476 | 86 | 37= | 5504 | 88 | 41— | 5527 | 114 | 18 | 5555 | 78 | 47= |
| 5419 | 44 | 66≡ | 5447 | 66 | 69— | 5477 | 48 | 68≡ | 5506 | 72 | 55= | 5528 | 42 | 71≡ | 5556 | 50 | 73≡ |
| 5419 | 72 | 43= | 5447 | 89 | 26 | 5477 | 58 | 64= | 5506 | 82 | 50— | 5528 | 70 | 60= | 5557 | 56 | 56= |
| 5419 | 98 | 36— | 5448 | 82 | 58— | 5477 | 82 | 28 | 5506 | 102 | 34— | 5529 | 72 | 78— | 5557 | 62 | 77= |
| 5421 | 52 | 65≡ | 5450 | 64 | 60= | 5477 | 100 | 32 | 5507 | 50 | 57≡ | 5529 | 76 | 47= | 5558 | 58 | 62≡ |
| 5421 | 64 | 72— | 5450 | 80 | 59— | 5477 | 108 | 21 | 5507 | 74 | 63— | 5529 | 84 | 58— | 5558 | 98 | 37— |
| 5422 | 66 | 56= | 5450 | 86 | 46— | 5478 | 78 | 59— | 5507 | 80 | 76— | 5529 | 90 | 45— | 5559 | 42 | 75≡ |
| 5422 | 96 | 36— | 5451 | 52 | 73= | 5478 | 106 | 17 | 5508 | 54 | 62≡ | 5530 | 120 | 14 | 5559 | 86 | 53— |

— bedeutet Träger mit einer Gurtplatte, = mit zwei, ≡ mit drei Gurtplatten.

von **5559** bis **5722**.

| Widerstandsmoment cm³ | Stehblech-Höhe cm | Seite des Buches | Widerstandsmoment cm³ | Stehblech-Höhe cm | Seite des Buches | Widerstandsmoment cm³ | Stehblech-Höhe cm | Seite des Buches | Widerstandsmoment cm³ | Stehblech-Höhe cm | Seite des Buches | Widerstandsmoment cm³ | Stehblech-Höhe cm | Seite des Buches | Widerstandsmoment cm³ | Stehblech-Höhe cm | Seite des Buches |
|---|---|---|---|---|---|---|---|---|---|---|---|---|---|---|---|---|---|
| 5559 | 88 | 53— | 5580 | 64 | 72— | 5616 | 70 | 60= | 5640 | 64 | 77= | 5665 | 58 | 68= | 5696 | 68 | 72— |
| 5560 | 58 | 65= | 5580 | 72 | 60= | 5616 | 94 | 41— | 5640 | 68 | 61= | 5665 | 96 | 41— | 5696 | 74 | 55= |
| 5560 | 66 | 72— | 5581 | 62 | 77— | 5618 | 48 | 66≡ | 5640 | 88 | 37— | 5666 | 46 | 71≡ | 5696 | 82 | 76— |
| 5560 | 70 | 39≡ | 5581 | 66 | 56— | 5618 | 56 | 65= | 5640 | 92 | 35— | 5666 | 84 | 59— | 5696 | 102 | 34— |
| 5560 | 84 | 58— | 5582 | 52 | 70— | 5618 | 80 | 76— | 5641 | 62 | 44≡ | 5666 | 100 | 34— | 5697 | 64 | 61= |
| 5561 | 62 | 61= | 5582 | 58 | 57≡ | 5619 | 86 | 54— | 5642 | 68 | 69— | 5666 | 102 | 25 | 5697 | 78 | 42= |
| 5561 | 86 | 58— | 5584 | 54 | 70= | 5620 | 66 | 55= | 5643 | 80 | 50— | 5666 | 122 | 14 | 5697 | 106 | 34— |
| 5561 | 88 | 45— | 5584 | 66 | 77= | 5620 | 70 | 63— | 5643 | 82 | 42= | 5667 | 42 | 73≡ | 5698 | 62 | 74— |
| 5561 | 89 | 27 | 5585 | 56 | 52≡ | 5620 | 104 | 36— | 5644 | 62 | 62≡ | 5667 | 56 | 62≡ | 5698 | 90 | 53— |
| 5561 | 116 | 15 | 5586 | 74 | 47= | 5621 | 54 | 79= | 5644 | 74 | 47= | 5667 | 68 | 51= | 5699 | 62 | 56≡ |
| 5562 | 54 | 52≡ | 5587 | 60 | 64= | 5621 | 64 | 74— | 5644 | 82 | 37= | 5667 | 90 | 41— | 5700 | 66 | 49≡ |
| 5564 | 78 | 50— | 5587 | 96 | 36— | 5621 | 84 | 58— | 5644 | 84 | 58— | 5668 | 70 | 60= | 5700 | 98 | 41— |
| 5564 | 90 | 45— | 5589 | 62 | 49≡ | 5621 | 110 | 21 | 5645 | 40 | 73≡ | 5668 | 78 | 67— | 5700 | 118 | 15 |
| 5565 | 52 | 70= | 5590 | 82 | 59— | 5622 | 68 | 51= | 5645 | 52 | 62≡ | 5668 | 116 | 18 | 5701 | 52 | 73= |
| 5565 | 58 | 79= | 5591 | 64 | 60= | 5622 | 72 | 78— | 5645 | 60 | 44≡ | 5669 | 52 | 68≡ | 5701 | 70 | 78— |
| 5565 | 60 | 64= | 5591 | 100 | 37— | 5623 | 54 | 57≡ | 5645 | 82 | 54— | 5669 | 70 | 35≡ | 5701 | 82 | 42= |
| 5565 | 76 | 67— | 5591 | 106 | 34— | 5623 | 70 | 69— | 5646 | 72 | 35≡ | 5670 | 50 | 52≡ | 5701 | 86 | 58— |
| 5565 | 78 | 43= | 5592 | 44 | 66= | 5624 | 50 | 65≡ | 5646 | 74 | 48= | 5672 | 54 | 65≡ | 5702 | 76 | 63— |
| 5565 | 90 | 46— | 5592 | 62 | 68= | 5624 | 74 | 67— | 5647 | 88 | 53— | 5673 | 90 | 46— | 5702 | 92 | 26 |
| 5566 | 50 | 70= | 5592 | 64 | 49≡ | 5625 | 64 | 44≡ | 5648 | 86 | 37= | 5676 | 50 | 73= | 5703 | 54 | 62≡ |
| 5566 | 74 | 78— | 5592 | 92 | 41— | 5626 | 82 | 59— | 5648 | 90 | 27 | 5676 | 68 | 55= | 5703 | 62 | 51= |
| 5567 | 83 | 28 | 5593 | 76 | 43= | 5626 | 100 | 36— | 5649 | 52 | 79= | 5676 | 82 | 50— | 5703 | 80 | 59— |
| 5567 | 86 | 53— | 5593 | 80 | 50— | 5626 | 108 | 17 | 5649 | 74 | 63— | 5676 | 88 | 35= | 5703 | 94 | 45— |
| 5568 | 62 | 64= | 5595 | 94 | 37— | 5627 | 52 | 52≡ | 5649 | 76 | 67— | 5676 | 98 | 37— | 5704 | 56 | 70= |
| 5568 | 68 | 60= | 5596 | 66 | 61= | 5627 | 60 | 49≡ | 5649 | 84 | 37= | 5676 | 100 | 24 | 5704 | 64 | 74— |
| 5569 | 56 | 70= | 5596 | 74 | 63— | 5628 | 90 | 45— | 5650 | 56 | 64= | 5676 | 102 | 36— | 5704 | 68 | 49≡ |
| 5569 | 92 | 41— | 5598 | 70 | 55= | 5629 | 82 | 58— | 5650 | 68 | 77= | 5678 | 48 | 75= | 5705 | 58 | 79= |
| 5570 | 76 | 43= | 5598 | 98 | 23 | 5629 | 108 | 34— | 5650 | 72 | 55= | 5678 | 64 | 51= | 5706 | 46 | 66≡ |
| 5571 | 70 | 55= | 5598 | 104 | 34— | 5630 | 80 | 42= | 5650 | 84 | 42= | 5678 | 70 | 47= | 5706 | 50 | 75= |
| 5572 | 52 | 57≡ | 5599 | 70 | 43= | 5630 | 88 | 53— | 5650 | 86 | 42= | 5679 | 92 | 41— | 5707 | 70 | 69— |
| 5573 | 72 | 63— | 5600 | 66 | 69— | 5630 | 94 | 41— | 5652 | 84 | 54— | 5679 | 100 | 36— | 5708 | 92 | 53— |
| 5573 | 78 | 43= | 5601 | 50 | 66≡ | 5630 | 114 | 31 | 5653 | 66 | 61= | 5681 | 76 | 47= | 5709 | 54 | 73= |
| 5573 | 98 | 36— | 5601 | 72 | 47= | 5631 | 54 | 79= | 5653 | 86 | 53— | 5681 | 78 | 59— | 5710 | 60 | 64= |
| 5573 | 102 | 34— | 5602 | 84 | 76— | 5631 | 78 | 76— | 5654 | 84 | 50— | 5682 | 84 | 50— | 5711 | 58 | 65= |
| 5574 | 50 | 62≡ | 5604 | 72 | 67— | 5631 | 102 | 32 | 5654 | 90 | 45— | 5683 | 76 | 42= | 5711 | 78 | 47= |
| 5574 | 68 | 39≡ | 5604 | 74 | 43= | 5632 | 60 | 74— | 5654 | 104 | 34— | 5683 | 88 | 54— | 5711 | 84 | 54— |
| 5574 | 80 | 54— | 5605 | 68 | 60= | 5632 | 62 | 61= | 5655 | 70 | 56= | 5684 | 86 | 35= | 5711 | 100 | 37— |
| 5574 | 102 | 36— | 5606 | 60 | 62≡ | 5632 | 66 | 72— | 5655 | 74 | 78— | 5685 | 48 | 66≡ | 5712 | 92 | 41— |
| 5575 | 46 | 66≡ | 5606 | 72 | 43= | 5632 | 72 | 48= | 5656 | 86 | 46— | 5685 | 54 | 70= | 5713 | 74 | 67— |
| 5575 | 50 | 75= | 5606 | 76 | 47= | 5632 | 98 | 34— | 5658 | 54 | 65= | 5685 | 64 | 56= | 5714 | 54 | 70= |
| 5575 | 56 | 79= | 5607 | 56 | 79= | 5633 | 80 | 37= | 5658 | 60 | 77= | 5685 | 74 | 63— | 5714 | 80 | 76— |
| 5575 | 60 | 49≡ | 5607 | 80 | 59— | 5634 | 66 | 51= | 5658 | 70 | 51= | 5685 | 86 | 76— | 5714 | 84 | 58— |
| 5575 | 64 | 72— | 5608 | 72 | 55= | 5634 | 98 | 36— | 5658 | 80 | 59— | 5686 | 64 | 49≡ | 5716 | 52 | 75= |
| 5576 | 52 | 73= | 5608 | 102 | 34— | 5634 | 120 | 13 | 5658 | 84 | 28 | 5686 | 66 | 69— | 5716 | 66 | 77= |
| 5576 | 84 | 53— | 5609 | 70 | 48= | 5635 | 76 | 67— | 5658 | 88 | 45— | 5686 | 84 | 35= | 5717 | 62 | 74— |
| 5577 | 66 | 51= | 5609 | 94 | 45— | 5635 | 90 | 53≡ | 5659 | 96 | 41— | 5689 | 58 | 57≡ | 5717 | 72 | 47= |
| 5577 | 82 | 50— | 5610 | 60 | 57≡ | 5635 | 92 | 45— | 5660 | 68 | 69— | 5689 | 82 | 59— | 5718 | 58 | 77= |
| 5578 | 50 | 68≡ | 5610 | 70 | 78— | 5636 | 48 | 68≡ | 5660 | 72 | 63— | 5691 | 80 | 35≡ | 5718 | 66 | 72— |
| 5578 | 52 | 65≡ | 5610 | 78 | 42= | 5636 | 60 | 68= | 5662 | 62 | 49≡ | 5691 | 92 | 45— | 5718 | 68 | 60= |
| 5578 | 66 | 39≡ | 5611 | 64 | 61= | 5636 | 62 | 74— | 5662 | 90 | 35= | 5692 | 62 | 64= | 5719 | 40 | 75≡ |
| 5578 | 68 | 69— | 5612 | 62 | 74— | 5636 | 72 | 78— | 5663 | 44 | 71≡ | 5692 | 110 | 16 | 5719 | 82 | 50— |
| 5579 | 58 | 77= | 5613 | 74 | 35≡ | 5637 | 96 | 37— | 5663 | 56 | 57≡ | 5693 | 84 | 42= | 5720 | 102 | 36— |
| 5579 | 78 | 59— | 5613 | 82 | 50— | 5638 | 108 | 20 | 5663 | 60 | 56≡ | 5693 | 102 | 22 | 5721 | 56 | 79= |
| 5579 | 82 | 54— | 5615 | 58 | 56≡ | 5639 | 66 | 72— | 5663 | 86 | 54— | 5694 | 42 | 71≡ | 5722 | 72 | 78— |
| 5579 | 106 | 19 | 5615 | 88 | 46— | 5639 | 72 | 63— | 5664 | 64 | 64= | 5695 | 44 | 71≡ | 5722 | 86 | 54— |

— bedeutet Träger mit einer Gurtplatte, = mit zwei, ≡ mit drei Gurtplatten.

## von 5722 bis 5889.

| Widerstandsmoment cm³ | Stehblech-Höhe cm | Seite des Buches |
|---|---|---|
| 5722 | 104 | 34— |
| 5723 | 62 | 61= |
| 5723 | 74 | 39≡ |
| 5724 | 42 | 75≡ |
| 5724 | 72 | 60= |
| 5724 | 104 | 36— |
| 5725 | 70 | 55= |
| 5725 | 78 | 76— |
| 5725 | 90 | 53— |
| 5726 | 64 | 56≡ |
| 5726 | 76 | 67— |
| 5726 | 100 | 36— |
| 5726 | 108 | 19 |
| 5727 | 82 | 43= |
| 5727 | 88 | 53— |
| 5727 | 90 | 45— |
| 5727 | 92 | 45— |
| 5728 | 56 | 57≡ |
| 5728 | 62 | 68= |
| 5728 | 84 | 58— |
| 5728 | 86 | 50— |
| 5728 | 92 | 46— |
| 5729 | 52 | 52≡ |
| 5730 | 56 | 52≡ |
| 5730 | 62 | 77= |
| 5730 | 68 | 69— |
| 5731 | 88 | 58— |
| 5732 | 58 | 62≡ |
| 5732 | 76 | 67— |
| 5732 | 82 | 59— |
| 5733 | 72 | 63— |
| 5733 | 86 | 58— |
| 5734 | 52 | 65≡ |
| 5735 | 66 | 51= |
| 5735 | 76 | 55= |
| 5735 | 88 | 53— |
| 5737 | 108 | 34— |
| 5738 | 70 | 55= |
| 5739 | 66 | 56= |
| 5741 | 56 | 79= |
| 5741 | 58 | 49≡ |
| 5741 | 68 | 48— |
| 5742 | 46 | 66≡ |
| 5742 | 98 | 36— |
| 5743 | 102 | 37— |
| 5744 | 50 | 68≡ |
| 5744 | 80 | 43= |
| 5745 | 74 | 63— |
| 5746 | 106 | 34— |
| 5747 | 64 | 72— |
| 5747 | 80 | 50— |
| 5748 | 56 | 62≡ |
| 5748 | 86 | 53— |
| 5749 | 74 | 47= |
| 5750 | 78 | 35≡ |

| Widerstandsmoment cm³ | Stehblech-Höhe cm | Seite des Buches |
|---|---|---|
| 5750 | 85 | 28 |
| 5751 | 82 | 54— |
| 5751 | 94 | 45— |
| 5752 | 70 | 44≡ |
| 5752 | 72 | 39≡ |
| 5752 | 76 | 43= |
| 5752 | 78 | 43= |
| 5752 | 96 | 37— |
| 5753 | 66 | 64= |
| 5753 | 78 | 67— |
| 5753 | 80 | 43= |
| 5754 | 66 | 61= |
| 5755 | 84 | 50— |
| 5756 | 58 | 64= |
| 5756 | 64 | 74— |
| 5757 | 56 | 65≡ |
| 5757 | 76 | 78— |
| 5758 | 104 | 34— |
| 5759 | 64 | 51= |
| 5759 | 100 | 23 |
| 5760 | 52 | 57≡ |
| 5762 | 54 | 79= |
| 5762 | 58 | 52≡ |
| 5762 | 80 | 59— |
| 5764 | 56 | 65= |
| 5765 | 44 | 66≡ |
| 5765 | 70 | 69— |
| 5766 | 72 | 55= |
| 5767 | 84 | 59— |
| 5767 | 112 | 21 |
| 5768 | 64 | 77= |
| 5768 | 96 | 45— |
| 5769 | 60 | 68= |
| 5769 | 106 | 36— |
| 5770 | 70 | 60= |
| 5770 | 84 | 76— |
| 5770 | 116 | 31 |
| 5771 | 86 | 76— |
| 5773 | 76 | 47= |
| 5774 | 54 | 52≡ |
| 5774 | 58 | 57= |
| 5774 | 60 | 49= |
| 5774 | 74 | 60= |
| 5774 | 82 | 50— |
| 5775 | 96 | 41— |
| 5775 | 110 | 34— |
| 5776 | 78 | 43= |
| 5777 | 70 | 48= |
| 5778 | 64 | 61= |
| 5778 | 102 | 36— |
| 5779 | 68 | 39≡ |
| 5781 | 58 | 62≡ |
| 5781 | 90 | 46= |
| 5782 | 60 | 52≡ |
| 5783 | 50 | 66≡ |

| Widerstandsmoment cm³ | Stehblech-Höhe cm | Seite des Buches |
|---|---|---|
| 5784 | 48 | 71≡ |
| 5785 | 46 | 71≡ |
| 5785 | 62 | 74— |
| 5785 | 110 | 20 |
| 5786 | 68 | 77= |
| 5786 | 100 | 34— |
| 5787 | 60 | 62≡ |
| 5787 | 64 | 74— |
| 5787 | 82 | 59— |
| 5787 | 104 | 32 |
| 5789 | 88 | 54— |
| 5789 | 100 | 36— |
| 5790 | 58 | 56≡ |
| 5790 | 78 | 47= |
| 5790 | 80 | 42= |
| 5790 | 96 | 41— |
| 5791 | 70 | 69— |
| 5791 | 76 | 43= |
| 5792 | 64 | 64= |
| 5792 | 74 | 47= |
| 5792 | 84 | 50— |
| 5792 | 92 | 45— |
| 5793 | 64 | 77= |
| 5793 | 76 | 63— |
| 5793 | 98 | 37— |
| 5794 | 72 | 43= |
| 5794 | 82 | 76— |
| 5795 | 48 | 68≡ |
| 5795 | 60 | 79= |
| 5795 | 62 | 49≡ |
| 5796 | 86 | 58— |
| 5797 | 74 | 43— |
| 5797 | 90 | 53— |
| 5797 | 94 | 45— |
| 5798 | 56 | 70= |
| 5798 | 66 | 72— |
| 5798 | 76 | 35= |
| 5799 | 68 | 44= |
| 5800 | 74 | 55= |
| 5800 | 92 | 53— |
| 5800 | 94 | 35= |
| 5801 | 74 | 67— |
| 5802 | 66 | 49≡ |
| 5803 | 60 | 77= |
| 5803 | 84 | 59— |
| 5803 | 106 | 34— |
| 5803 | 124 | 14 |
| 5804 | 64 | 49≡ |
| 5804 | 68 | 61= |
| 5805 | 56 | 52≡ |
| 5805 | 72 | 48= |
| 5805 | 90 | 37= |
| 5806 | 48 | 66≡ |
| 5806 | 66 | 51= |
| 5806 | 84 | 58— |

| Widerstandsmoment cm³ | Stehblech-Höhe cm | Seite des Buches |
|---|---|---|
| 5807 | 82 | 42= |
| 5808 | 70 | 60= |
| 5809 | 60 | 57≡ |
| 5809 | 118 | 18 |
| 5810 | 72 | 78— |
| 5810 | 80 | 76— |
| 5811 | 58 | 79= |
| 5813 | 64 | 68= |
| 5815 | 72 | 60= |
| 5815 | 90 | 53— |
| 5816 | 58 | 70= |
| 5816 | 76 | 67— |
| 5816 | 88 | 37— |
| 5817 | 62 | 64= |
| 5817 | 76 | 67— |
| 5817 | 98 | 41— |
| 5818 | 68 | 69— |
| 5818 | 84 | 37= |
| 5818 | 102 | 34— |
| 5819 | 42 | 73≡ |
| 5819 | 54 | 57≡ |
| 5819 | 74 | 78— |
| 5819 | 86 | 58— |
| 5819 | 88 | 58— |
| 5819 | 92 | 45— |
| 5820 | 86 | 37= |
| 5820 | 104 | 25 |
| 5821 | 84 | 54— |
| 5822 | 86 | 42= |
| 5822 | 92 | 27 |
| 5823 | 44 | 73≡ |
| 5823 | 58 | 52≡ |
| 5823 | 98 | 41— |
| 5824 | 70 | 56= |
| 5824 | 74 | 48 = |
| 5824 | 88 | 53— |
| 5824 | 92 | 35≡ |
| 5825 | 66 | 61= |
| 5825 | 78 | 67— |
| 5826 | 52 | 73= |
| 5826 | 72 | 63— |
| 5826 | 82 | 50— |
| 5826 | 86 | 54— |
| 5826 | 90 | 45— |
| 5827 | 70 | 51= |
| 5828 | 104 | 36— |
| 5831 | 62 | 62≡ |
| 5831 | 86 | 50— |
| 5831 | 92 | 41— |
| 5831 | 100 | 37— |
| 5832 | 46 | 71≡ |
| 5832 | 62 | 57≡ |
| 5832 | 72 | 69— |
| 5832 | 74 | 78— |
| 5832 | 102 | 36— |

| Widerstandsmoment cm³ | Stehblech-Höhe cm | Seite des Buches |
|---|---|---|
| 5833 | 52 | 62≡ |
| 5833 | 76 | 47= |
| 5833 | 88 | 54— |
| 5834 | 66 | 44≡ |
| 5835 | 54 | 65≡ |
| 5835 | 76 | 48= |
| 5836 | 50 | 75= |
| 5836 | 52 | 70= |
| 5836 | 74 | 35≡ |
| 5837 | 44 | 71≡ |
| 5837 | 102 | 24 |
| 5838 | 54 | 73= |
| 5838 | 56 | 70= |
| 5838 | 112 | 16 |
| 5839 | 78 | 67— |
| 5839 | 82 | 59— |
| 5839 | 92 | 46— |
| 5841 | 52 | 68≡ |
| 5841 | 74 | 63— |
| 5841 | 94 | 41— |
| 5841 | 120 | 15 |
| 5842 | 86 | 59— |
| 5842 | 90 | 35= |
| 5843 | 60 | 56≡ |
| 5844 | 54 | 70= |
| 5844 | 58 | 79= |
| 5844 | 68 | 51= |
| 5844 | 74 | 55= |
| 5845 | 64 | 74— |
| 5845 | 70 | 61= |
| 5845 | 108 | 34— |
| 5847 | 104 | 34— |
| 5848 | 76 | 78— |
| 5849 | 62 | 49≡ |
| 5849 | 66 | 74— |
| 5850 | 70 | 77= |
| 5851 | 52 | 75= |
| 5851 | 64 | 61= |
| 5852 | 68 | 72— |
| 5852 | 90 | 54— |
| 5853 | 72 | 56= |
| 5853 | 88 | 35= |
| 5854 | 44 | 71≡ |
| 5854 | 60 | 64= |
| 5854 | 84 | 76— |
| 5854 | 88 | 76— |
| 5854 | 94 | 45— |
| 5855 | 80 | 67— |
| 5856 | 64 | 44≡ |
| 5856 | 70 | 69— |
| 5856 | 84 | 50— |
| 5856 | 100 | 41= |
| 5857 | 86 | 76— |
| 5859 | 42 | 71≡ |
| 5859 | 48 | 66≡ |

| Widerstandsmoment cm³ | Stehblech-Höhe cm | Seite des Buches |
|---|---|---|
| 5859 | 68 | 72— |
| 5860 | 72 | 51= |
| 5860 | 86 | 50— |
| 5862 | 58 | 65= |
| 5862 | 74 | 63— |
| 5863 | 68 | 61= |
| 5863 | 72 | 35≡ |
| 5864 | 64 | 62≡ |
| 5864 | 96 | 45— |
| 5865 | 56 | 57≡ |
| 5865 | 62 | 44≡ |
| 5865 | 92 | 53— |
| 5865 | 102 | 37— |
| 5866 | 80 | 59— |
| 5866 | 86 | 42= |
| 5867 | 56 | 79= |
| 5867 | 68 | 60= |
| 5867 | 78 | 39≡ |
| 5868 | 52 | 66≡ |
| 5868 | 72 | 60= |
| 5868 | 82 | 35≡ |
| 5868 | 84 | 59— |
| 5869 | 78 | 42= |
| 5870 | 64 | 74— |
| 5870 | 84 | 76— |
| 5872 | 62 | 74— |
| 5872 | 104 | 36— |
| 5873 | 94 | 53— |
| 5873 | 106 | 34— |
| 5874 | 44 | 75≡ |
| 5874 | 70 | 51= |
| 5875 | 88 | 58— |
| 5875 | 94 | 41— |
| 5875 | 106 | 36— |
| 5876 | 56 | 79= |
| 5876 | 72 | 47= |
| 5877 | 40 | 75= |
| 5878 | 84 | 42= |
| 5879 | 62 | 77= |
| 5879 | 64 | 49≡ |
| 5879 | 70 | 55= |
| 5879 | 80 | 42= |
| 5880 | 54 | 52≡ |
| 5880 | 102 | 36— |
| 5882 | 82 | 42= |
| 5884 | 62 | 61= |
| 5884 | 76 | 63— |
| 5885 | 66 | 64= |
| 5885 | 110 | 34— |
| 5886 | 62 | 56≡ |
| 5886 | 82 | 59— |
| 5886 | 86 | 54— |
| 5887 | 46 | 66≡ |
| 5887 | 76 | 55= |
| 5889 | 66 | 72— |

— bedeutet Träger mit einer Gurtplatte, = mit zwei, ≡ mit drei Gurtplatten.

## von 5889 bis 6068.

| Widerstands-moment cm³ | Steh-blech-Höhe cm | Seite des Buches | Widerstands-moment cm³ | Steh-blech-Höhe cm | Seite des Buches | Widerstands-moment cm³ | Steh-blech-Höhe cm | Seite des Buches | Widerstands-moment cm³ | Steh-blech-Höhe cm | Seite des Buches | Widerstands-moment cm³ | Steh-blech-Höhe cm | Seite des Buches | Widerstands-moment cm³ | Steh-blech-Höhe cm | Seite des Buches |
|---|---|---|---|---|---|---|---|---|---|---|---|---|---|---|---|---|---|
| 5889 | 90 | 46— | 5916 | 82 | 47= | 5945 | 70 | 48= | 5976 | 76 | 63— | 6000 | 62 | 49≡ | 6033 | 48 | 66≡ |
| 5890 | 42 | 75≡ | 5918 | 64 | 56≡ | 5945 | 74 | 39≡ | 5976 | 80 | 47— | 6000 | 88 | 54— | 6033 | 70 | 55— |
| 5890 | 86 | 58— | 5918 | 76 | 78— | 5945 | 86 | 59— | 5978 | 66 | 51≡ | 6000 | 106 | 34— | 6033 | 94 | 53— |
| 5890 | 96 | 41— | 5919 | 72 | 69— | 5946 | 76 | 63— | 5978 | 72 | 48= | 6000 | 104 | 24 | 6034 | 74 | 63— |
| 5891 | 52 | 65≡ | 5919 | 78 | 67— | 5946 | 82 | 59— | 5979 | 78 | 43= | 6002 | 62 | 68= | 6034 | 112 | 34— |
| 5891 | 94 | 45— | 5919 | 108 | 36— | 5947 | 60 | 77= | 5981 | 66 | 77= | 6002 | 74 | 48= | 6036 | 66 | 68= |
| 5892 | 92 | 53— | 5920 | 60 | 57= | 5947 | 64 | 77= | 5981 | 70 | 39≡ | 6003 | 106 | 22 | 6036 | 104 | 36— |
| 5893 | 50 | 66≡ | 5920 | 64 | 64= | 5948 | 70 | 60= | 5981 | 106 | 36— | 6004 | 70 | 44≡ | 6037 | 62 | 57≡ |
| 5893 | 82 | 76— | 5920 | 88 | 53— | 5948 | 88 | 54— | 5982 | 86 | 59— | 6005 | 72 | 69— | 6038 | 86 | 50— |
| 5893 | 92 | 45— | 5921 | 74 | 78— | 5949 | 68 | 51= | 5982 | 100 | 41— | 6005 | 96 | 41— | 6038 | 96 | 53— |
| 5893 | 94 | 46— | 5922 | 68 | 77= | 5949 | 92 | 46— | 5983 | 44 | 73≡ | 6006 | 58 | 65≡ | 6039 | 76 | 55— |
| 5894 | 66 | 51= | 5922 | 74 | 60= | 5950 | 78 | 78— | 5983 | 122 | 15 | 6006 | 90 | 54— | 6040 | 68 | 61= |
| 5895 | 58 | 64= | 5922 | 112 | 34— | 5950 | 98 | 41— | 5984 | 58 | 79= | 6006 | 94 | 46— | 6040 | 88 | 50— |
| 5895 | 80 | 47= | 5923 | 78 | 55— | 5951 | 52 | 73= | 5984 | 78 | 35≡ | 6007 | 66 | 77= | 6043 | 78 | 78= |
| 5895 | 88 | 54— | 5924 | 70 | 60— | 5951 | 72 | 44≡ | 5984 | 92 | 53— | 6008 | 60 | 57≡ | 6044 | 74 | 69— |
| 5895 | 108 | 34— | 5924 | 82 | 43= | 5951 | 100 | 37— | 5985 | 76 | 47= | 6009 | 92 | 35= | 6044 | 82 | 67— |
| 5896 | 90 | 53— | 5925 | 72 | 55= | 5952 | 60 | 65= | 5985 | 86 | 58— | 6010 | 44 | 71≡ | 6045 | 68 | 44≡ |
| 5896 | 104 | 37— | 5925 | 78 | 67— | 5952 | 120 | 18 | 5985 | 90 | 37= | 6010 | 84 | 50— | 6046 | 84 | 35≡ |
| 5898 | 54 | 62= | 5926 | 56 | 65≡ | 5953 | 108 | 34— | 5985 | 94 | 45— | 6010 | 88 | 50— | 6046 | 110 | 34— |
| 5898 | 66 | 56— | 5926 | 64 | 51= | 5954 | 64 | 68= | 5986 | 54 | 52≡ | 6011 | 78 | 67— | 6047 | 44 | 75≡ |
| 5898 | 78 | 63— | 5926 | 112 | 17 | 5955 | 58 | 70= | 5986 | 84 | 37= | 6012 | 72 | 60= | 6047 | 96 | 26 |
| 5899 | 58 | 57= | 5927 | 54 | 68≡ | 5957 | 84 | 50— | 5986 | 114 | 16 | 6013 | 56 | 79= | 6048 | 64 | 64= |
| 5899 | 66 | 49≡ | 5929 | 86 | 54— | 5958 | 48 | 71≡ | 5987 | 52 | 75= | 6013 | 62 | 52≡ | 6048 | 86 | 59— |
| 5899 | 100 | 36— | 5929 | 98 | 45— | 5958 | 94 | 45— | 5987 | 102 | 37— | 6013 | 68 | 49≡ | 6050 | 58 | 52≡ |
| 5901 | 60 | 68= | 5930 | 84 | 54— | 5959 | 70 | 69— | 5987 | 104 | 36— | 6014 | 52 | 68≡ | 6050 | 72 | 77= |
| 5901 | 84 | 50— | 5931 | 80 | 35≡ | 5960 | 90 | 54— | 5988 | 54 | 75= | 6014 | 54 | 57≡ | 6050 | 90 | 58— |
| 5902 | 90 | 58— | 5932 | 56 | 52≡ | 5960 | 96 | 45— | 5988 | 66 | 74— | 6015 | 102 | 41— | 6050 | 106 | 37— |
| 5903 | 54 | 79= | 5932 | 104 | 36— | 5961 | 80 | 43= | 5989 | 76 | 43= | 6016 | 64 | 49≡ | 6051 | 72 | 61= |
| 5903 | 72 | 78— | 5933 | 52 | 52= | 5962 | 58 | 79= | 5989 | 94 | 35= | 6016 | 74 | 60= | 6052 | 80 | 39≡ |
| 5904 | 84 | 43= | 5933 | 82 | 43= | 5962 | 78 | 47= | 5990 | 70 | 77= | 6017 | 76 | 78— | 6052 | 82 | 59— |
| 5904 | 88 | 50— | 5933 | 112 | 20 | 5963 | 74 | 55= | 5990 | 74 | 43= | 6017 | 80 | 67— | 6053 | 58 | 70= |
| 5905 | 86 | 58— | 5934 | 87 | 28 | 5964 | 50 | 66≡ | 5990 | 90 | 42= | 6018 | 60 | 62≡ | 6053 | 98 | 41— |
| 5905 | 90 | 53— | 5935 | 64 | 74— | 5966 | 46 | 71≡ | 5991 | 58 | 62≡ | 6018 | 66 | 64= | 6055 | 42 | 75≡ |
| 5906 | 80 | 76— | 5935 | 76 | 43= | 5966 | 58 | 57≡ | 5991 | 82 | 76— | 6019 | 88 | 59— | 6055 | 64 | 57≡ |
| 5907 | 58 | 62≡ | 5935 | 86 | 50— | 5966 | 92 | 53— | 5992 | 70 | 56= | 6019 | 96 | 45— | 6055 | 86 | 42= |
| 5907 | 68 | 69— | 5935 | 98 | 41— | 5967 | 50 | 75= | 5992 | 74 | 55= | 6020 | 66 | 49≡ | 6056 | 52 | 66≡ |
| 5907 | 70 | 49≡ | 5936 | 80 | 43= | 5967 | 60 | 62≡ | 5992 | 78 | 63— | 6021 | 68 | 51= | 6056 | 70 | 51= |
| 5907 | 88 | 58— | 5937 | 74 | 63— | 5967 | 68 | 61= | 5992 | 86 | 37= | 6021 | 104 | 37— | 6056 | 102 | 36— |
| 5908 | 68 | 49≡ | 5939 | 60 | 79= | 5967 | 94 | 53— | 5992 | 88 | 37= | 6022 | 84 | 59— | 6056 | 120 | 31 |
| 5909 | 76 | 67— | 5939 | 72 | 55= | 5968 | 54 | 73= | 5992 | 90 | 58— | 6022 | 90 | 35= | 6057 | 64 | 62≡ |
| 5909 | 106 | 34— | 5939 | 76 | 78— | 5968 | 56 | 73= | 5994 | 76 | 55= | 6022 | 92 | 54— | 6058 | 74 | 35≡ |
| 5910 | 50 | 68≡ | 5940 | 66 | 56≡ | 5968 | 72 | 39≡ | 5994 | 86 | 42= | 6023 | 78 | 47= | 6059 | 68 | 77= |
| 5910 | 56 | 65= | 5940 | 68 | 72— | 5969 | 84 | 59— | 5994 | 92 | 45— | 6024 | 60 | 56≡ | 6059 | 96 | 46— |
| 5910 | 106 | 36— | 5940 | 78 | 43= | 5970 | 76 | 60= | 5995 | 48 | 66≡ | 6025 | 56 | 52≡ | 6060 | 92 | 46— |
| 5911 | 76 | 39≡ | 5941 | 76 | 47= | 5971 | 88 | 58— | 5995 | 70 | 51= | 6025 | 108 | 34— | 6061 | 60 | 52≡ |
| 5911 | 98 | 37— | 5941 | 102 | 34— | 5972 | 42 | 73≡ | 5995 | 88 | 42= | 6025 | 112 | 19 | 6061 | 94 | 45— |
| 5912 | 74 | 47= | 5942 | 88 | 76— | 5972 | 60 | 49≡ | 5995 | 110 | 34— | 6026 | 62 | 79= | 6061 | 108 | 34— |
| 5912 | 118 | 31 | 5942 | 126 | 14 | 5972 | 82 | 42= | 5996 | 90 | 53— | 6026 | 72 | 56= | 6062 | 88 | 54— |
| 5913 | 56 | 57≡ | 5943 | 80 | 67— | 5972 | 92 | 37= | 5997 | 66 | 61= | 6026 | 106 | 36— | 6062 | 116 | 21 |
| 5913 | 66 | 61= | 5943 | 86 | 76— | 5972 | 104 | 34— | 5997 | 94 | 27 | 6027 | 88 | 28 | 6063 | 82 | 42= |
| 5913 | 70 | 72— | 5944 | 56 | 70= | 5973 | 56 | 70= | 5998 | 54 | 65≡ | 6027 | 98 | 45— | 6063 | 84 | 42= |
| 5913 | 84 | 59— | 5944 | 62 | 64= | 5973 | 68 | 64= | 5998 | 60 | 64= | 6029 | 68 | 72— | 6064 | 74 | 51= |
| 5914 | 96 | 41— | 5944 | 102 | 36— | 5974 | 72 | 60= | 5998 | 86 | 54— | 6029 | 86 | 76— | 6065 | 60 | 70= |
| 5914 | 114 | 21 | 5944 | 106 | 32 | 5975 | 66 | 72— | 5999 | 46 | 71≡ | 6030 | 88 | 76— | 6067 | 76 | 63— |
| 5915 | 74 | 78— | 5945 | 64 | 61= | 5975 | 106 | 25 | 5999 | 60 | 52≡ | 6031 | 80 | 67— | 6068 | 46 | 66≡ |

— bedeutet Träger mit einer Gurtplatte = mit zwei, ≡ mit drei Gurtplatten.

# Widerstandsmomente cm³

## von 6068 bis 6253.

| Widerstandsmoment cm³ | Stehblech-Höhe cm | Seite des Buches | Widerstandsmoment cm³ | Stehblech-Höhe cm | Seite des Buches | Widerstandsmoment cm³ | Stehblech-Höhe cm | Seite des Buches | Widerstandsmoment cm³ | Stehblech-Höhe cm | Seite des Buches | Widerstandsmoment cm³ | Stehblech-Höhe cm | Seite des Buches | Widerstandsmoment cm³ | Stehblech-Höhe cm | Seite des Buches |
|---|---|---|---|---|---|---|---|---|---|---|---|---|---|---|---|---|---|
| 6068 | 56 | 57≡ | 6107 | 66 | 74— | 6137 | 60 | 57≡ | 6168 | 74 | 39≡ | 6195 | 68 | 77= | 6224 | 88 | 76— |
| 6068 | 90 | 54— | 6107 | 74 | 78— | 6137 | 78 | 78— | 6168 | 88 | 37= | 6195 | 72 | 77= | 6224 | 112 | 36— |
| 6069 | 84 | 59— | 6108 | 60 | 65= | 6137 | 94 | 53— | 6169 | 66 | 61— | 6195 | 74 | 69— | 6225 | 82 | 67— |
| 6070 | 74 | 60= | 6108 | 76 | 47= | 6137 | 102 | 41— | 6169 | 80 | 43= | 6196 | 86 | 50— | 6226 | 70 | 49≡ |
| 6071 | 64 | 49≡ | 6109 | 58 | 57≡ | 6138 | 62 | 68— | 6170 | 90 | 42= | 6197 | 90 | 59— | 6226 | 86 | 35≡ |
| 6071 | 100 | 37— | 6109 | 68 | 64= | 6139 | 66 | 56= | 6170 | 92 | 46— | 6198 | 54 | 52≡ | 6226 | 92 | 58— |
| 6071 | 110 | 36— | 6110 | 86 | 54— | 6140 | 74 | 55— | 6170 | 98 | 41— | 6198 | 68 | 51= | 6226 | 98 | 46— |
| 6071 | 114 | 34— | 6110 | 102 | 37— | 6140 | 76 | 39— | 6171 | 52 | 66≡ | 6198 | 112 | 34— | 6228 | 54 | 73= |
| 6072 | 50 | 71≡ | 6111 | 64 | 56≡ | 6141 | 86 | 50— | 6171 | 88 | 42= | 6200 | 58 | 62≡ | 6228 | 60 | 79= |
| 6072 | 66 | 61= | 6112 | 68 | 51= | 6142 | 44 | 73≡ | 6172 | 80 | 35— | 6200 | 72 | 56= | 6228 | 64 | 49≡ |
| 6073 | 62 | 56≡ | 6112 | 72 | 49≡ | 6142 | 60 | 64= | 6172 | 90 | 58— | 6200 | 78 | 67— | 6230 | 88 | 59— |
| 6073 | 70 | 72— | 6112 | 100 | 41— | 6143 | 102 | 41— | 6173 | 66 | 74— | 6200 | 122 | 31 | 6230 | 96 | 45— |
| 6073 | 72 | 69— | 6113 | 68 | 49≡ | 6143 | 106 | 36— | 6173 | 84 | 76— | 6201 | 76 | 48= | 6231 | 58 | 73= |
| 6074 | 70 | 61= | 6113 | 80 | 55= | 6144 | 80 | 78— | 6174 | 96 | 27 | 6202 | 90 | 35= | 6231 | 74 | 56= |
| 6075 | 92 | 58— | 6114 | 58 | 79= | 6145 | 50 | 66≡ | 6174 | 104 | 41— | 6203 | 96 | 53— | 6231 | 78 | 78— |
| 6076 | 50 | 68≡ | 6114 | 82 | 35≡ | 6145 | 104 | 37— | 6175 | 62 | 79= | 6204 | 58 | 70= | 6231 | 94 | 46— |
| 6078 | 98 | 45— | 6114 | 90 | 76— | 6146 | 112 | 34— | 6176 | 90 | 54— | 6204 | 62 | 62≡ | 6232 | 102 | 37— |
| 6079 | 68 | 74— | 6115 | 78 | 78— | 6147 | 46 | 71≡ | 6177 | 88 | 54— | 6205 | 68 | 72— | 6233 | 70 | 60= |
| 6079 | 78 | 55= | 6116 | 76 | 78— | 6147 | 82 | 43= | 6177 | 94 | 35= | 6205 | 98 | 41— | 6233 | 116 | 17 |
| 6080 | 82 | 47= | 6116 | 84 | 43= | 6148 | 60 | 62≡ | 6177 | 106 | 37— | 6206 | 60 | 79= | 6234 | 58 | 70= |
| 6080 | 86 | 58— | 6117 | 68 | 72— | 6149 | 78 | 63— | 6177 | 114 | 19 | 6206 | 72 | 51— | 6234 | 88 | 42= |
| 6081 | 66 | 74— | 6118 | 70 | 49≡ | 6149 | 90 | 58— | 6178 | 72 | 69— | 6206 | 88 | 76— | 6235 | 60 | 62= |
| 6082 | 90 | 50— | 6118 | 88 | 76— | 6150 | 66 | 51= | 6178 | 110 | 34— | 6206 | 98 | 53— | 6235 | 84 | 67— |
| 6082 | 114 | 20 | 6118 | 94 | 46— | 6150 | 86 | 76— | 6179 | 74 | 60— | 6206 | 108 | 37— | 6236 | 56 | 70= |
| 6082 | 128 | 14 | 6119 | 80 | 67— | 6151 | 72 | 48= | 6179 | 78 | 47— | 6207 | 80 | 67— | 6236 | 64 | 68= |
| 6083 | 48 | 71≡ | 6120 | 89 | 28 | 6152 | 62 | 57≡ | 6179 | 92 | 54— | 6209 | 60 | 70= | 6237 | 62 | 52≡ |
| 6083 | 60 | 79= | 6121 | 82 | 43= | 6152 | 74 | 44≡ | 6180 | 64 | 64= | 6210 | 82 | 67— | 6238 | 68 | 49≡ |
| 6083 | 88 | 58— | 6122 | 52 | 75= | 6152 | 80 | 47= | 6180 | 74 | 48= | 6211 | 72 | 44≡ | 6238 | 70 | 51= |
| 6084 | 86 | 50— | 6122 | 76 | 78— | 6153 | 56 | 62≡ | 6181 | 58 | 65≡ | 6212 | 118 | 21 | 6239 | 66 | 49≡ |
| 6086 | 66 | 62≡ | 6123 | 58 | 79= | 6153 | 96 | 45— | 6181 | 66 | 68= | 6213 | 78 | 48= | 6239 | 82 | 39≡ |
| 6086 | 78 | 63— | 6123 | 90 | 54— | 6154 | 84 | 42= | 6181 | 70 | 61— | 6213 | 90 | 28 | 6240 | 80 | 78— |
| 6087 | 106 | 36— | 6124 | 88 | 59— | 6154 | 88 | 50— | 6181 | 108 | 36— | 6214 | 76 | 78— | 6240 | 84 | 59— |
| 6088 | 104 | 23 | 6125 | 96 | 45— | 6154 | 108 | 34— | 6181 | 110 | 36— | 6215 | 80 | 47= | 6240 | 90 | 54— |
| 6089 | 82 | 76— | 6125 | 98 | 35= | 6155 | 94 | 53— | 6182 | 58 | 52≡ | 6215 | 110 | 34— | 6240 | 94 | 53— |
| 6090 | 50 | 66≡ | 6126 | 74 | 55= | 6156 | 68 | 56= | 6183 | 44 | 71≡ | 6216 | 60 | 52≡ | 6242 | 72 | 55— |
| 6090 | 56 | 70= | 6126 | 124 | 15 | 6156 | 92 | 37= | 6183 | 78 | 43= | 6216 | 78 | 78— | 6242 | 74 | 51— |
| 6092 | 72 | 69— | 6127 | 78 | 43= | 6157 | 72 | 60= | 6184 | 48 | 66≡ | 6216 | 104 | 36— | 6242 | 76 | 63— |
| 6092 | 100 | 45— | 6127 | 106 | 34— | 6158 | 58 | 57≡ | 6185 | 72 | 39≡ | 6217 | 68 | 61— | 6242 | 100 | 41— |
| 6093 | 62 | 64= | 6128 | 80 | 43= | 6159 | 56 | 79= | 6185 | 98 | 45— | 6217 | 100 | 41— | 6242 | 124 | 18 |
| 6094 | 54 | 62≡ | 6129 | 54 | 75= | 6160 | 54 | 65≡ | 6185 | 114 | 34— | 6217 | 110 | 36— | 6243 | 62 | 57≡ |
| 6095 | 58 | 70= | 6129 | 70 | 69— | 6160 | 70 | 56= | 6186 | 52 | 68≡ | 6218 | 72 | 72— | 6243 | 108 | 36— |
| 6095 | 64 | 68= | 6130 | 70 | 77— | 6162 | 76 | 55— | 6186 | 56 | 68≡ | 6218 | 74 | 60= | 6244 | 52 | 66≡ |
| 6095 | 90 | 53— | 6131 | 68 | 61= | 6162 | 92 | 42= | 6187 | 76 | 43= | 6218 | 76 | 60= | 6244 | 56 | 52≡ |
| 6097 | 80 | 63— | 6131 | 84 | 59— | 6163 | 82 | 47= | 6190 | 78 | 55— | 6218 | 80 | 48= | 6244 | 82 | 47= |
| 6097 | 104 | 34— | 6132 | 48 | 71≡ | 6163 | 88 | 59— | 6190 | 90 | 50— | 6219 | 78 | 35≡ | 6245 | 68 | 64= |
| 6097 | 122 | 18 | 6132 | 72 | 72— | 6164 | 86 | 37= | 6191 | 76 | 55= | 6220 | 42 | 75≡ | 6245 | 86 | 42= |
| 6098 | 84 | 47= | 6132 | 108 | 25 | 6164 | 96 | 41— | 6192 | 66 | 74— | 6220 | 44 | 75≡ | 6246 | 64 | 52≡ |
| 6101 | 64 | 77= | 6133 | 74 | 69— | 6165 | 66 | 77— | 6192 | 100 | 45— | 6220 | 90 | 50— | 6248 | 84 | 42= |
| 6101 | 78 | 39≡ | 6133 | 92 | 54— | 6165 | 90 | 37= | 6193 | 46 | 75≡ | 6220 | 116 | 34— | 6248 | 90 | 58— |
| 6101 | 104 | 36— | 6134 | 46 | 73≡ | 6165 | 106 | 24 | 6193 | 80 | 63— | 6221 | 74 | 69— | 6249 | 70 | 72— |
| 6103 | 56 | 73= | 6134 | 82 | 67— | 6166 | 46 | 71≡ | 6193 | 92 | 35= | 6221 | 88 | 50— | 6249 | 94 | 53— |
| 6103 | 108 | 32 | 6134 | 96 | 53— | 6166 | 72 | 69— | 6193 | 106 | 36— | 6222 | 68 | 77= | 6250 | 80 | 63— |
| 6105 | 110 | 34— | 6135 | 56 | 52≡ | 6167 | 78 | 60= | 6194 | 62 | 65≡ | 6222 | 98 | 26 | 6251 | 78 | 63— |
| 6106 | 54 | 68≡ | 6135 | 116 | 16 | 6167 | 92 | 58— | 6194 | 70 | 64= | 6223 | 130 | 14 | 6253 | 50 | 71≡ |
| 6106 | 88 | 54— | 6136 | 54 | 66≡ | 6168 | 68 | 74— | 6194 | 94 | 54— | 6224 | 72 | 61= | 6253 | 74 | 77= |

— bedeutet Träger mit einer Gurtplatte, = mit zwei, ≡ mit drei Gurtplatten.

## von **6253** bis **6438**.

| Widerstands-moment cm³ | Steh-blech-Höhe cm | Seite des Buches | Widerstands-moment cm³ | Steh-blech-Höhe cm | Seite des Buches | Widerstands-moment cm³ | Steh-blech-Höhe cm | Seite des Buches | Widerstands-moment cm³ | Steh-blech-Höhe cm | Seite des Buches | Widerstands-moment cm³ | Steh-blech-Höhe cm | Seite des Buches | Widerstands-moment cm³ | Steh-blech-Höhe cm | Seite des Buches |
|---|---|---|---|---|---|---|---|---|---|---|---|---|---|---|---|---|---|
| 6253 | 86 | 76— | 6287 | 92 | 76— | 6318 | 58 | 57≡ | 6347 | 88 | 42= | 6376 | 68 | 51= | 6410 | 58 | 62≡ |
| 6254 | 76 | 56= | 6289 | 74 | 55= | 6318 | 78 | 78— | 6348 | 76 | 69— | 6376 | 106 | 36— | 6410 | 70 | 77= |
| 6255 | 102 | 45— | 6289 | 80 | 63— | 6318 | 86 | 59— | 6350 | 70 | 61= | 6377 | 64 | 68= | 6410 | 80 | 48= |
| 6255 | 106 | 23 | 6289 | 96 | 46— | 6318 | 110 | 22 | 6350 | 90 | 42= | 6377 | 80 | 43= | 6410 | 102 | 45— |
| 6256 | 62 | 62≡ | 6289 | 100 | 35= | 6320 | 80 | 43= | 6351 | 92 | 58— | 6377 | 92 | 59— | 6411 | 54 | 75= |
| 6256 | 68 | 74— | 6290 | 62 | 79= | 6321 | 98 | 45— | 6351 | 108 | 36— | 6378 | 114 | 36— | 6411 | 82 | 48— |
| 6256 | 70 | 61= | 6290 | 110 | 25 | 6323 | 78 | 60= | 6351 | 114 | 34— | 6379 | 72 | 51= | 6412 | 76 | 69— |
| 6257 | 60 | 65≡ | 6291 | 68 | 44≡ | 6324 | 62 | 79= | 6352 | 78 | 63— | 6381 | 68 | 64= | 6412 | 80 | 35≡ |
| 6258 | 52 | 75= | 6291 | 72 | 60= | 6324 | 66 | 77= | 6352 | 84 | 47= | 6382 | 56 | 70= | 6413 | 64 | 79= |
| 6258 | 74 | 61= | 6291 | 88 | 54— | 6326 | 50 | 66≡ | 6353 | 60 | 57≡ | 6382 | 102 | 41— | 6413 | 90 | 59— |
| 6258 | 112 | 34— | 6292 | 74 | 51= | 6326 | 96 | 53— | 6353 | 74 | 72— | 6383 | 50 | 71≡ | 6413 | 114 | 34— |
| 6259 | 64 | 79= | 6292 | 100 | 45— | 6327 | 84 | 67— | 6353 | 98 | 27 | 6383 | 76 | 48= | 6414 | 68 | 74— |
| 6259 | 66 | 64= | 6293 | 80 | 39≡ | 6327 | 88 | 50— | 6353 | 100 | 45— | 6383 | 88 | 50— | 6414 | 96 | 53— |
| 6259 | 92 | 58— | 6293 | 98 | 45— | 6327 | 92 | 58— | 6354 | 72 | 69— | 6384 | 90 | 76— | 6414 | 108 | 34— |
| 6259 | 106 | 36— | 6294 | 68 | 61= | 6328 | 46 | 71≡ | 6354 | 76 | 44≡ | 6385 | 68 | 77= | 6415 | 90 | 42= |
| 6260 | 68 | 68= | 6294 | 90 | 76— | 6328 | 70 | 49≡ | 6354 | 80 | 63— | 6385 | 80 | 63— | 6416 | 58 | 79≡ |
| 6260 | 72 | 69— | 6296 | 66 | 49≡ | 6328 | 72 | 49≡ | 6354 | 94 | 54— | 6386 | 64 | 57≡ | 6417 | 72 | 64= |
| 6260 | 102 | 41— | 6296 | 82 | 63— | 6328 | 80 | 47= | 6355 | 58 | 70= | 6386 | 78 | 43= | 6417 | 128 | 15 . |
| 6261 | 92 | 50— | 6297 | 60 | 52≡ | 6328 | 94 | 37= | 6356 | 56 | 62≡ | 6386 | 118 | 20 | 6418 | 66 | 64= |
| 6262 | 88 | 43= | 6297 | 72 | 72— | 6329 | 88 | 76— | 6356 | 62 | 65= | 6387 | 74 | 69— | 6418 | 80 | 78— |
| 6262 | 90 | 58— | 6298 | 90 | 50— | 6330 | 116 | 19 | 6356 | 86 | 76— | 6388 | 118 | 17 | 6419 | 74 | 44≡ |
| 6263 | 56 | 65≡ | 6299 | 84 | 35= | 6331 | 70 | 51= | 6357 | 90 | 54— | 6390 | 62 | 62≡ | 6419 | 78 | 78— |
| 6264 | 110 | 32 | 6299 | 86 | 43= | 6331 | 108 | 24 | 6357 | 102 | 45— | 6390 | 74 | 39≡ | 6419 | 92 | 54— |
| 6265 | 58 | 79= | 6299 | 92 | 54— | 6332 | 54 | 66≡ | 6358 | 52 | 68≡ | 6390 | 126 | 18 | 6419 | 94 | 54— |
| 6265 | 60 | 65= | 6299 | 104 | 41— | 6332 | 112 | 34— | 6358 | 66 | 74— | 6391 | 58 | 52≡ | 6420 | 84 | 67— |
| 6266 | 66 | 74— | 6299 | 114 | 34— | 6333 | 98 | 41— | 6358 | 74 | 48= | 6391 | 72 | 72— | 6420 | 104 | 45— |
| 6266 | 84 | 47= | 6300 | 108 | 36— | 6334 | 64 | 64= | 6360 | 82 | 43= | 6391 | 88 | 59— | 6421 | 60 | 65= |
| 6267 | 64 | 57≡ | 6301 | 46 | 73≡ | 6334 | 84 | 43= | 6361 | 68 | 56= | 6392 | 78 | 55= | 6421 | 70 | 51= |
| 6268 | 88 | 50— | 6302 | 44 | 73≡ | 6335 | 88 | 59— | 6361 | 78 | 55= | 6392 | 100 | 45— | 6422 | 78 | 60= |
| 6269 | 72 | 51= | 6302 | 62 | 52≡ | 6335 | 106 | 41— | 6362 | 60 | 79= | 6394 | 44 | 75≡ | 6422 | 96 | 53— |
| 6269 | 76 | 51= | 6303 | 64 | 56≡ | 6336 | 78 | 39≡ | 6363 | 110 | 37— | 6394 | 68 | 61= | 6423 | 108 | 23 |
| 6270 | 54 | 75= | 6304 | 82 | 55= | 6336 | 80 | 78— | 6363 | 120 | 21 | 6394 | 92 | 42= | 6424 | 104 | 41— |
| 6270 | 56 | 57≡ | 6304 | 98 | 53— | 6336 | 96 | 45— | 6365 | 80 | 60= | 6395 | 82 | 63— | 6425 | 96 | 58— |
| 6270 | 70 | 77= | 6305 | 72 | 72— | 6336 | 116 | 34— | 6365 | 94 | 35= | 6395 | 104 | 37— | 6426 | 76 | 60= |
| 6270 | 92 | 53— | 6305 | 80 | 67— | 6337 | 66 | 56≡ | 6367 | 74 | 60= | 6397 | 72 | 61= | 6427 | 84 | 39≡ |
| 6270 | 104 | 37— | 6305 | 90 | 59— | 6337 | 90 | 50— | 6367 | 96 | 54— | 6399 | 74 | 69— | 6427 | 86 | 67— |
| 6271 | 126 | 15 | 6305 | 104 | 41— | 6337 | 100 | 41— | 6368 | 76 | 39≡ | 6399 | 100 | 26 | 6427 | 112 | 32 |
| 6272 | 48 | 71≡ | 6305 | 106 | 37— | 6338 | 86 | 42= | 6368 | 94 | 76— | 6401 | 80 | 67— | 6428 | 88 | 42= |
| 6272 | 64 | 65= | 6306 | 48 | 71≡ | 6338 | 110 | 36— | 6370 | 58 | 73— | 6401 | 98 | 45— | 6428 | 92 | 58— |
| 6273 | 78 | 63— | 6306 | 78 | 47= | 6339 | 72 | 77— | 6370 | 112 | 34— | 6401 | 110 | 36— | 6430 | 86 | 59— |
| 6273 | 80 | 55= | 6307 | 94 | 54— | 6340 | 82 | 78— | 6371 | 118 | 34— | 6402 | 92 | 28 | 6431 | 56 | 65≡ |
| 6274 | 76 | 60= | 6308 | 84 | 43= | 6340 | 92 | 37= | 6372 | 48 | 66= | 6403 | 70 | 74— | 6432 | 80 | 78— |
| 6274 | 84 | 76— | 6308 | 96 | 53— | 6341 | 66 | 61= | 6372 | 56 | 68= | 6403 | 90 | 76— | 6432 | 106 | 37— |
| 6275 | 76 | 47= | 6309 | 68 | 62≡ | 6342 | 74 | 60= | 6372 | 60 | 79= | 6404 | 94 | 58— | 6433 | 52 | 66≡ |
| 6276 | 102 | 41— | 6309 | 82 | 67— | 6343 | 76 | 55= | 6372 | 92 | 50— | 6404 | 96 | 46— | 6433 | 60 | 52≡ |
| 6277 | 58 | 52≡ | 6310 | 60 | 70= | 6343 | 94 | 53— | 6372 | 100 | 41— | 6405 | 60 | 57≡ | 6433 | 68 | 74— |
| 6277 | 88 | 59— | 6310 | 74 | 69— | 6343 | 98 | 46— | 6373 | 72 | 56= | 6405 | 82 | 67— | 6433 | 84 | 42= |
| 6280 | 66 | 57≡ | 6310 | 110 | 34— | 6344 | 88 | 37— | 6373 | 98 | 53— | 6405 | 84 | 67— | 6434 | 50 | 71≡ |
| 6282 | 86 | 47= | 6311 | 66 | 44≡ | 6344 | 90 | 59— | 6373 | 112 | 36— | 6406 | 90 | 50— | 6434 | 86 | 42= |
| 6284 | 90 | 54— | 6312 | 70 | 74— | 6345 | 68 | 74— | 6374 | 58 | 70= | 6407 | 56 | 66≡ | 6435 | 88 | 76— |
| 6284 | 108 | 34— | 6313 | 76 | 78— | 6345 | 90 | 37= | 6374 | 70 | 56≡ | 6407 | 88 | 35≡ | 6436 | 74 | 61= |
| 6285 | 54 | 68= | 6314 | 80 | 78— | 6346 | 92 | 42= | 6374 | 100 | 53— | 6408 | 64 | 77= | 6436 | 120 | 16 |
| 6285 | 118 | 16 | 6315 | 62 | 70= | 6346 | 96 | 35= | 6375 | 52 | 66≡ | 6408 | 102 | 41— | 6437 | 76 | 56= |
| 6286 | 50 | 66≡ | 6315 | 82 | 67— | 6346 | 124 | 31 | 6375 | 80 | 47= | 6409 | 56 | 75= | 6438 | 60 | 65≡ |
| 6287 | 72 | 61= | 6317 | 68 | 49≡ | 6347 | 70 | 72— | 6376 | 62 | 57≡ | 6409 | 74 | 56= | 6438 | 70 | 72— |

— bedeutet Träger mit einer Gurtplatte, = mit zwei, ≡ mit drei Gurtplatten.

# Widerstandsmomente cm³

## von 6438 bis 6620.

| Widerstands-moment cm³ | Stehblech-Höhe cm | Seite des Buches | Widerstands-moment cm³ | Stehblech-Höhe cm | Seite des Buches | Widerstands-moment cm³ | Stehblech-Höhe cm | Seite des Buches | Widerstands-moment cm³ | Stehblech-Höhe cm | Seite des Buches | Widerstands-moment cm³ | Stehblech-Höhe cm | Seite des Buches | Widerstands-moment cm³ | Stehblech-Höhe cm | Seite des Buches |
|---|---|---|---|---|---|---|---|---|---|---|---|---|---|---|---|---|---|
| 6438 | 82 | 78— | 6471 | 72 | 44≡ | 6500 | 98 | 53— | 6524 | 120 | 34— | 6553 | 94 | 35= | 6590 | 106 | 41— |
| 6438 | 94 | 58— | 6471 | 92 | 76— | 6501 | 74 | 61= | 6525 | 80 | 60= | 6554 | 46 | 75≡ | 6590 | 114 | 32 |
| 6439 | 64 | 65= | 6472 | 66 | 68= | 6501 | 96 | 37= | 6525 | 90 | 37= | 6554 | 122 | 45— | 6591 | 94 | 28 |
| 6439 | 76 | 69— | 6472 | 78 | 69— | 6502 | 100 | 41— | 6525 | 126 | 31 | 6555 | 56 | 75= | 6592 | 82 | 63— |
| 6440 | 72 | 49≡ | 6473 | 62 | 79= | 6503 | 76 | 51= | 6526 | 76 | 49≡ | 6556 | 94 | 76— | 6592 | 92 | 50— |
| 6440 | 104 | 41— | 6473 | 88 | 43= | 6504 | 102 | 41— | 6527 | 54 | 66≡ | 6558 | 70 | 74— | 6593 | 72 | 56≡ |
| 6441 | 74 | 72— | 6474 | 70 | 64= | 6505 | 58 | 52= | 6527 | 92 | 59— | 6559 | 106 | 37— | 6593 | 80 | 55— |
| 6441 | 88 | 59— | 6474 | 90 | 54— | 6505 | 74 | 60= | 6527 | 114 | 34— | 6560 | 68 | 68= | 6593 | 110 | 23 |
| 6442 | 64 | 62= | 6474 | 100 | 53— | 6505 | 80 | 47= | 6528 | 58 | 57≡ | 6560 | 82 | 63— | 6594 | 78 | 60= |
| 6442 | 94 | 50— | 6475 | 78 | 51= | 6505 | 82 | 67— | 6528 | 80 | 78— | 6560 | 112 | 36— | 6595 | 108 | 37— |
| 6442 | 110 | 34— | 6477 | 94 | 54— | 6506 | 84 | 67— | 6530 | 58 | 65= | 6561 | 72 | 64— | 6596 | 92 | 42= |
| 6443 | 90 | 43= | 6478 | 64 | 52= | 6506 | 88 | 59— | 6530 | 74 | 72— | 6561 | 102 | 45— | 6597 | 74 | 51= |
| 6443 | 92 | 58— | 6478 | 72 | 72— | 6506 | 116 | 34— | 6530 | 90 | 42= | 6562 | 80 | 63— | 6597 | 76 | 39≡ |
| 6446 | 90 | 58— | 6478 | 112 | 22 | 6507 | 56 | 73= | 6530 | 92 | 42= | 6563 | 92 | 76— | 6597 | 96 | 54— |
| 6447 | 94 | 53— | 6479 | 78 | 60= | 6507 | 68 | 57≡ | 6530 | 114 | 36— | 6564 | 130 | 15 | 6598 | 92 | 59— |
| 6448 | 48 | 73≡ | 6480 | 48 | 71≡ | 6507 | 94 | 58— | 6531 | 64 | 79= | 6565 | 68 | 56= | 6598 | 98 | 53— |
| 6448 | 58 | 68= | 6480 | 62 | 62= | 6509 | 46 | 71≡ | 6531 | 76 | 69— | 6565 | 78 | 69— | 6599 | 84 | 63— |
| 6448 | 62 | 57— | 6480 | 98 | 37= | 6509 | 84 | 43= | 6531 | 96 | 54— | 6566 | 76 | 48— | 6599 | 94 | 54— |
| 6448 | 112 | 36— | 6481 | 66 | 52= | 6509 | 98 | 45— | 6532 | 60 | 52≡ | 6567 | 44 | 75= | 6600 | 62 | 57= |
| 6450 | 72 | 60= | 6481 | 80 | 63— | 6510 | 58 | 73= | 6532 | 94 | 58— | 6567 | 64 | 79— | 6601 | 86 | 67— |
| 6451 | 54 | 66≡ | 6481 | 98 | 53— | 6510 | 62 | 65= | 6533 | 78 | 55— | 6568 | 116 | 34— | 6601 | 112 | 34— |
| 6451 | 76 | 51— | 6482 | 50 | 66= | 6510 | 70 | 44= | 6533 | 80 | 39— | 6569 | 62 | 70= | 6602 | 80 | 48= |
| 6452 | 60 | 62≡ | 6482 | 92 | 50— | 6510 | 96 | 42= | 6534 | 70 | 62= | 6570 | 60 | 57≡ | 6602 | 84 | 47= |
| 6452 | 74 | 55= | 6482 | 96 | 54— | 6511 | 76 | 69— | 6534 | 100 | 27 | 6570 | 72 | 61= | 6602 | 98 | 58— |
| 6452 | 116 | 34— | 6483 | 66 | 62= | 6511 | 90 | 76— | 6534 | 116 | 36— | 6570 | 78 | 39= | 6603 | 70 | 51= |
| 6453 | 78 | 35= | 6483 | 72 | 77= | 6511 | 110 | 36— | 6536 | 66 | 56— | 6571 | 68 | 61— | 6604 | 68 | 74— |
| 6454 | 82 | 63— | 6483 | 74 | 69— | 6512 | 84 | 67— | 6536 | 68 | 44= | 6571 | 90 | 50— | 6604 | 82 | 67— |
| 6454 | 86 | 47= | 6484 | 86 | 35= | 6513 | 66 | 65— | 6537 | 82 | 78— | 6572 | 82 | 47= | 6606 | 64 | 65= |
| 6454 | 90 | 50— | 6484 | 88 | 43— | 6513 | 68 | 62— | 6537 | 84 | 47— | 6572 | 94 | 42= | 6606 | 84 | 48= |
| 6454 | 102 | 35— | 6484 | 118 | 19 | 6514 | 48 | 75= | 6538 | 92 | 54— | 6573 | 100 | 45— | 6606 | 114 | 36— |
| 6456 | 76 | 77= | 6486 | 70 | 68= | 6514 | 82 | 78— | 6538 | 96 | 35= | 6574 | 82 | 43— | 6607 | 82 | 35= |
| 6457 | 66 | 49≡ | 6486 | 82 | 39= | 6514 | 90 | 50— | 6538 | 108 | 36— | 6574 | 110 | 34— | 6607 | 106 | 41— |
| 6457 | 70 | 49= | 6487 | 92 | 59— | 6514 | 100 | 46— | 6538 | 128 | 18 | 6575 | 76 | 72— | 6607 | 118 | 34— |
| 6457 | 72 | 51— | 6488 | 64 | 64= | 6515 | 82 | 43= | 6539 | 120 | 20 | 6576 | 104 | 41— | 6608 | 76 | 77= |
| 6458 | 80 | 63— | 6488 | 114 | 34— | 6515 | 122 | 21 | 6541 | 58 | 75= | 6577 | 66 | 64— | 6608 | 82 | 48= |
| 6459 | 102 | 45— | 6489 | 100 | 35= | 6516 | 94 | 37= | 6541 | 74 | 49≡ | 6577 | 102 | 26 | 6609 | 56 | 66≡ |
| 6459 | 110 | 36— | 6489 | 118 | 34— | 6517 | 98 | 35= | 6541 | 88 | 76— | 6578 | 72 | 72— | 6610 | 76 | 69— |
| 6460 | 48 | 71— | 6492 | 100 | 45— | 6518 | 62 | 65= | 6541 | 98 | 54— | 6578 | 90 | 59— | 6610 | 114 | 25 |
| 6460 | 70 | 74— | 6493 | 82 | 63— | 6518 | 70 | 61= | 6541 | 102 | 41— | 6578 | 104 | 45— | 6611 | 94 | 58— |
| 6461 | 62 | 52≡ | 6494 | 66 | 79= | 6519 | 60 | 79= | 6542 | 86 | 47= | 6579 | 50 | 71= | 6613 | 62 | 79= |
| 6461 | 98 | 46— | 6494 | 70 | 74— | 6519 | 96 | 53— | 6542 | 96 | 76— | 6579 | 74 | 69— | 6613 | 90 | 42= |
| 6462 | 94 | 76— | 6495 | 60 | 73= | 6520 | 96 | 46— | 6544 | 64 | 52= | 6580 | 110 | 36— | 6614 | 70 | 64= |
| 6462 | 106 | 41— | 6495 | 68 | 64 | 6521 | 78 | 78— | 6545 | 62 | 52= | 6582 | 50 | 73= | 6614 | 74 | 61= |
| 6463 | 68 | 49≡ | 6495 | 110 | 37— | 6521 | 86 | 67— | 6545 | 72 | 49= | 6583 | 92 | 76— | 6615 | 50 | 71= |
| 6463 | 100 | 45— | 6496 | 64 | 56≡ | 6521 | 90 | 59— | 6545 | 100 | 53— | 6583 | 96 | 58— | 6616 | 86 | 67— |
| 6464 | 54 | 68≡ | 6496 | 76 | 55= | 6521 | 112 | 37— | 6545 | 120 | 17 | 6584 | 70 | 56= | 6617 | 64 | 57= |
| 6464 | 56 | 52= | 6496 | 86 | 43= | 6522 | 68 | 49≡ | 6546 | 72 | 56= | 6585 | 82 | 55= | 6617 | 66 | 68= |
| 6464 | 92 | 54— | 6496 | 112 | 36— | 6522 | 74 | 72— | 6548 | 78 | 55— | 6586 | 74 | 56= | 6617 | 96 | 58— |
| 6465 | 108 | 37— | 6497 | 60 | 70= | 6522 | 80 | 78— | 6549 | 68 | 77= | 6586 | 80 | 43— | 6618 | 60 | 65= |
| 6466 | 60 | 70= | 6497 | 84 | 55= | 6522 | 92 | 50— | 6549 | 74 | 77= | 6587 | 94 | 50— | 6619 | 74 | 72— |
| 6467 | 46 | 73= | 6497 | 88 | 50— | 6522 | 102 | 45— | 6549 | 104 | 41— | 6587 | 106 | 45— | 6619 | 76 | 56= |
| 6467 | 76 | 61= | 6497 | 108 | 41— | 6523 | 86 | 43= | 6550 | 52 | 71= | 6588 | 78 | 48— | 6619 | 90 | 76— |
| 6467 | 112 | 34— | 6498 | 84 | 63— | 6524 | 82 | 47= | 6551 | 84 | 35≡ | 6589 | 98 | 53— | 6619 | 112 | 36— |
| 6468 | 82 | 55— | 6499 | 66 | 57= | 6524 | 88 | 42= | 6552 | 72 | 51— | 6589 | 122 | 16 | 6620 | 58 | 62= |
| 6469 | 106 | 41— | 6499 | 110 | 24 | 6524 | 104 | 45— | 6553 | 76 | 60— | 6590 | 90 | 35≡ | 6620 | 88 | 67— |

— bedeutet Träger mit einer Gurtplatte, = mit zwei, ≡ mit drei Gurtplatten.

von **6621** bis **6812**.

| Widerstandsmoment $cm^3$ | Stehblech-Höhe cm | Seite des Buches | Widerstandsmoment $cm^3$ | Stehblech-Höhe cm | Seite des Buches | Widerstandsmoment $cm^3$ | Stehblech-Höhe cm | Seite des Buches | Widerstandsmoment $cm^3$ | Stehblech-Höhe cm | Seite des Buches | Widerstandsmoment $cm^3$ | Stehblech-Höhe cm | Seite des Buches | Widerstandsmoment $cm^3$ | Stehblech-Höhe cm | Seite des Buches |
|---|---|---|---|---|---|---|---|---|---|---|---|---|---|---|---|---|---|
| 6621 | 48 | 73 ≡ | 6649 | 58 | 73 = | 6679 | 58 | 66 ≡ | 6709 | 64 | 52 ≡ | 6743 | 72 | 61 = | 6783 | 60 | 73 = |
| 6621 | 52 | 66 ≡ | 6650 | 60 | 52 ≡ | 6679 | 62 | 65 = | 6709 | 98 | 54 — | 6743 | 108 | 35 = | 6784 | 52 | 66 ≡ |
| 6621 | 66 | 57 ≡ | 6650 | 76 | 61 = | 6680 | 84 | 39 ≡ | 6710 | 68 | 68 = | 6744 | 94 | 76 — | 6784 | 80 | 69 — |
| 6621 | 70 | 61 = | 6650 | 94 | 76 — | 6681 | 66 | 62 ≡ | 6710 | 90 | 42 = | 6744 | 106 | 41 — | 6784 | 84 | 55 = |
| 6621 | 82 | 78 — | 6650 | 116 | 36 — | 6681 | 80 | 47 = | 6711 | 60 | 68 ≡ | 6744 | 124 | 16 | 6785 | 116 | 34 — |
| 6621 | 104 | 35 = | 6652 | 100 | 37 = | 6681 | 114 | 37 — | 6711 | 104 | 41 — | 6746 | 102 | 45 — | 6787 | 82 | 43 = |
| 6622 | 76 | 69 — | 6653 | 62 | 57 ≡ | 6683 | 100 | 45 — | 6712 | 94 | 59 — | 6747 | 86 | 43 = | 6788 | 62 | 52 ≡ |
| 6622 | 88 | 42 = | 6653 | 66 | 79 = | 6684 | 116 | 34 — | 6712 | 96 | 54 — | 6748 | 102 | 53 — | 6788 | 66 | 52 ≡ |
| 6623 | 60 | 70 ≡ | 6653 | 80 | 35 ≡ | 6685 | 52 | 71 ≡ | 6713 | 88 | 43 = | 6749 | 70 | 49 ≡ | 6789 | 58 | 73 = |
| 6623 | 86 | 42 = | 6653 | 90 | 47 = | 6685 | 88 | 43 = | 6713 | 98 | 35 = | 6750 | 76 | 72 — | 6789 | 74 | 64 = |
| 6624 | 96 | 50 — | 6654 | 54 | 71 ≡ | 6686 | 62 | 52 ≡ | 6714 | 72 | 68 = | 6752 | 96 | 42 = | 6789 | 106 | 35 = |
| 6625 | 114 | 34 — | 6655 | 74 | 49 ≡ | 6686 | 74 | 44 ≡ | 6714 | 92 | 42 = | 6753 | 78 | 69 — | 6790 | 112 | 37 — |
| 6626 | 80 | 78 — | 6655 | 100 | 53 — | 6687 | 98 | 42 = | 6715 | 74 | 72 — | 6753 | 80 | 55 = | 6791 | 78 | 60 = |
| 6626 | 92 | 43 ≡ | 6655 | 114 | 36 — | 6687 | 102 | 46 — | 6716 | 78 | 51 = | 6754 | 100 | 46 — | 6792 | 74 | 61 = |
| 6626 | 94 | 58 — | 6656 | 70 | 74 — | 6688 | 68 | 49 ≡ | 6716 | 84 | 78 — | 6754 | 108 | 45 — | 6793 | 110 | 41 — |
| 6627 | 72 | 77 = | 6656 | 72 | 77 = | 6688 | 96 | 58 — | 6716 | 102 | 27 | 6756 | 68 | 65 = | 6794 | 70 | 68 = |
| 6627 | 108 | 41 — | 6656 | 96 | 54 — | 6688 | 130 | 18 | 6717 | 68 | 52 ≡ | 6756 | 116 | 32 | 6794 | 96 | 58 — |
| 6627 | 110 | 37 — | 6656 | 112 | 37 — | 6689 | 70 | 49 ≡ | 6717 | 76 | 61 = | 6757 | 104 | 26 | 6795 | 48 | 73 ≡ |
| 6628 | 76 | 44 ≡ | 6657 | 58 | 70 = | 6689 | 90 | 50 — | 6717 | 100 | 54 — | 6759 | 110 | 37 — | 6795 | 64 | 52 ≡ |
| 6628 | 104 | 45 — | 6658 | 68 | 64 = | 6689 | 100 | 35 = | 6717 | 106 | 41 — | 6760 | 72 | 62 ≡ | 6795 | 80 | 48 = |
| 6629 | 90 | 59 — | 6658 | 92 | 54 — | 6690 | 82 | 63 — | 6718 | 98 | 76 — | 6761 | 62 | 73 = | 6796 | 50 | 71 ≡ |
| 6631 | 78 | 69 — | 6658 | 102 | 35 = | 6691 | 64 | 57 ≡ | 6719 | 66 | 52 = | 6762 | 92 | 50 — | 6797 | 82 | 55 = |
| 6631 | 92 | 58 — | 6659 | 78 | 69 — | 6691 | 86 | 55 = | 6720 | 114 | 36 — | 6762 | 114 | 34 — | 6797 | 122 | 19 |
| 6632 | 82 | 55 = | 6659 | 84 | 63 — | 6691 | 118 | 36 — | 6721 | 64 | 79 = | 6763 | 62 | 70 = | 6798 | 86 | 47 = |
| 6634 | 46 | 73 ≡ | 6659 | 90 | 43 ≡ | 6692 | 58 | 75 = | 6721 | 94 | 54 — | 6763 | 74 | 49 ≡ | 6798 | 88 | 67 — |
| 6634 | 64 | 62 ≡ | 6659 | 98 | 54 — | 6692 | 104 | 45 — | 6722 | 54 | 66 ≡ | 6763 | 98 | 58 — | 6799 | 60 | 65 ≡ |
| 6634 | 76 | 51 = | 6660 | 80 | 56 = | 6693 | 92 | 76 — | 6724 | 108 | 37 — | 6764 | 50 | 73 ≡ | 6799 | 72 | 74 — |
| 6634 | 100 | 46 — | 6661 | 110 | 41 — | 6693 | 96 | 37 — | 6725 | 118 | 34 — | 6764 | 94 | 76 — | 6799 | 92 | 42 = |
| 6634 | 102 | 45 — | 6662 | 72 | 61 = | 6693 | 106 | 45 — | 6727 | 82 | 78 — | 6764 | 120 | 34 — | 6799 | 98 | 58 — |
| 6634 | 108 | 41 — | 6662 | 118 | 34 — | 6694 | 74 | 61 ≡ | 6727 | 90 | 76 — | 6765 | 64 | 65 ≡ | 6799 | 106 | 45 — |
| 6635 | 78 | 60 — | 6663 | 54 | 66 ≡ | 6694 | 122 | 20 | 6729 | 82 | 60 = | 6765 | 82 | 55 = | 6800 | 84 | 63 — |
| 6635 | 82 | 78 — | 6663 | 78 | 51 = | 6695 | 90 | 59 — | 6730 | 62 | 70 = | 6765 | 100 | 53 — | 6800 | 110 | 41 — |
| 6638 | 96 | 76 — | 6663 | 102 | 45 — | 6696 | 98 | 46 — | 6730 | 80 | 78 — | 6765 | 112 | 23 | 6802 | 76 | 56 = |
| 6639 | 60 | 73 ≡ | 6664 | 76 | 55 = | 6697 | 62 | 65 ≡ | 6730 | 96 | 35 — | 6766 | 84 | 60 = | 6802 | 116 | 22 |
| 6639 | 72 | 74 — | 6665 | 84 | 55 = | 6697 | 74 | 77 = | 6731 | 70 | 64 = | 6766 | 116 | 36 — | 6803 | 70 | 61 = |
| 6639 | 114 | 22 | 6666 | 80 | 63 — | 6697 | 98 | 53 — | 6731 | 72 | 44 ≡ | 6767 | 60 | 52 ≡ | 6803 | 80 | 60 = |
| 6640 | 58 | 68 ≡ | 6667 | 82 | 63 — | 6698 | 64 | 79 = | 6731 | 86 | 47 — | 6767 | 92 | 59 — | 6804 | 86 | 63 — |
| 6640 | 70 | 68 = | 6668 | 60 | 62 ≡ | 6698 | 72 | 74 — | 6732 | 58 | 52 — | 6768 | 84 | 63 — | 6804 | 92 | 76 — |
| 6640 | 120 | 19 | 6668 | 74 | 60 = | 6700 | 84 | 63 — | 6732 | 78 | 69 — | 6770 | 68 | 56 ≡ | 6804 | 118 | 34 — |
| 6641 | 66 | 77 — | 6668 | 94 | 50 — | 6701 | 56 | 75 = | 6732 | 104 | 45 — | 6772 | 64 | 65 = | 6805 | 78 | 39 ≡ |
| 6641 | 74 | 64 = | 6668 | 112 | 24 | 6701 | 76 | 51 ≡ | 6733 | 56 | 66 ≡ | 6772 | 96 | 50 — | 6805 | 82 | 48 = |
| 6642 | 60 | 70 ≡ | 6668 | 124 | 21 | 6701 | 86 | 63 — | 6733 | 88 | 47 = | 6773 | 92 | 35 = | 6805 | 98 | 53 — |
| 6642 | 64 | 64 = | 6670 | 90 | 43 ≡ | 6701 | 110 | 36 — | 6734 | 66 | 56 ≡ | 6774 | 82 | 63 — | 6807 | 76 | 69 — |
| 6642 | 92 | 50 — | 6671 | 88 | 35 ≡ | 6702 | 48 | 75 ≡ | 6734 | 82 | 78 — | 6774 | 100 | 53 — | 6807 | 104 | 45 — |
| 6643 | 54 | 68 ≡ | 6671 | 94 | 59 — | 6703 | 92 | 50 — | 6735 | 46 | 75 = | 6774 | 108 | 41 — | 6808 | 84 | 48 = |
| 6643 | 88 | 47 = | 6672 | 72 | 72 — | 6703 | 122 | 17 | 6735 | 78 | 49 ≡ | 6775 | 66 | 79 = | 6808 | 88 | 39 ≡ |
| 6644 | 72 | 51 ≡ | 6674 | 100 | 53 — | 6704 | 58 | 65 ≡ | 6736 | 112 | 34 — | 6775 | 70 | 77 = | 6808 | 98 | 50 — |
| 6644 | 78 | 56 = | 6674 | 104 | 41 — | 6704 | 94 | 37 ≡ | 6737 | 86 | 78 — | 6775 | 74 | 51 = | 6809 | 72 | 56 ≡ |
| 6644 | 120 | 34 — | 6675 | 60 | 79 — | 6704 | 128 | 31 | 6738 | 66 | 62 ≡ | 6776 | 50 | 71 ≡ | 6809 | 96 | 58 — |
| 6645 | 94 | 54 — | 6676 | 66 | 49 ≡ | 6705 | 72 | 64 ≡ | 6739 | 52 | 71 ≡ | 6776 | 78 | 48 = | 6809 | 102 | 46 — |
| 6645 | 116 | 34 — | 6676 | 70 | 74 — | 6705 | 78 | 55 = | 6739 | 80 | 55 = | 6776 | 98 | 54 — | 6810 | 94 | 43 = |
| 6646 | 88 | 76 — | 6676 | 98 | 37 = | 6705 | 82 | 47 = | 6739 | 84 | 78 — | 6779 | 60 | 70 = | 6811 | 74 | 72 — |
| 6646 | 102 | 53 — | 6677 | 74 | 51 = | 6707 | 84 | 67 — | 6740 | 96 | 59 — | 6780 | 94 | 50 — | 6811 | 90 | 42 = |
| 6647 | 92 | 59 — | 6678 | 78 | 61 = | 6708 | 74 | 72 — | 6742 | 112 | 36 — | 6781 | 96 | 54 — | 6812 | 56 | 66 ≡ |
| 6649 | 48 | 71 ≡ | 6679 | 50 | 66 ≡ | 6708 | 92 | 37 = | 6743 | 56 | 68 ≡ | 6781 | 114 | 36 — | 6812 | 66 | 79 = |

— bedeutet Träger mit einer Gurtplatte, = mit zwei, ≡ mit drei Gurtplatten.

# Widerstandsmomente cm³

## von 6812 bis 6997.

| Widerstandsmoment cm³ | Stehblech-Höhe cm | Seite des Buches | Widerstandsmoment cm³ | Stehblech-Höhe cm | Seite des Buches | Widerstandsmoment cm³ | Stehblech-Höhe cm | Seite des Buches | Widerstandsmoment cm³ | Stehblech-Höhe cm | Seite des Buches | Widerstandsmoment cm³ | Stehblech-Höhe cm | Seite des Buches | Widerstandsmoment cm³ | Stehblech-Höhe cm | Seite des Buches |
|---|---|---|---|---|---|---|---|---|---|---|---|---|---|---|---|---|---|
| 6812 | 90 | 59— | 6846 | 78 | 69— | 6880 | 82 | 63— | 6907 | 82 | 69— | 6940 | 76 | 72— | 6970 | 74 | 61= |
| 6813 | 74 | 56≡ | 6846 | 104 | 41— | 6881 | 92 | 50— | 6908 | 86 | 63— | 6941 | 82 | 78— | 6970 | 86 | 47= |
| 6813 | 88 | 67— | 6847 | 56 | 75= | 6881 | 100 | 58— | 6909 | 98 | 35≡ | 6941 | 84 | 78— | 6970 | 96 | 50— |
| 6814 | 90 | 67— | 6847 | 92 | 43= | 6882 | 106 | 41— | 6910 | 60 | 68≡ | 6942 | 74 | 68= | 6970 | 108 | 45— |
| 6816 | 88 | 42= | 6848 | 64 | 57≡ | 6882 | 116 | 36— | 6910 | 62 | 52≡ | 6942 | 88 | 43= | 6971 | 86 | 43= |
| 6816 | 98 | 76— | 6848 | 76 | 72— | 6883 | 62 | 65≡ | 6910 | 86 | 67— | 6943 | 70 | 77= | 6971 | 96 | 59— |
| 6816 | 116 | 36— | 6848 | 118 | 36— | 6883 | 98 | 42= | 6910 | 88 | 67— | 6943 | 86 | 78— | 6972 | 50 | 71≡ |
| 6817 | 76 | 51= | 6849 | 72 | 61= | 6884 | 120 | 34— | 6912 | 62 | 70= | 6943 | 102 | 53— | 6973 | 78 | 77= |
| 6817 | 78 | 77= | 6849 | 120 | 36— | 6884 | 130 | 31 | 6913 | 68 | 49≡ | 6943 | 110 | 41— | 6974 | 68 | 56≡ |
| 6817 | 94 | 58— | 6850 | 54 | 71≡ | 6885 | 60 | 62≡ | 6913 | 76 | 77= | 6943 | 116 | 36— | 6974 | 74 | 74— |
| 6818 | 92 | 59— | 6850 | 78 | 51= | 6885 | 96 | 37= | 6913 | 90 | 67— | 6945 | 50 | 73≡ | 6976 | 62 | 68≡ |
| 6818 | 114 | 37— | 6850 | 102 | 53— | 6886 | 74 | 61= | 6914 | 92 | 76— | 6945 | 80 | 49≡ | 6976 | 66 | 62≡ |
| 6819 | 88 | 47= | 6850 | 124 | 20 | 6886 | 82 | 47= | 6914 | 98 | 76— | 6945 | 100 | 58— | 6976 | 72 | 62≡ |
| 6820 | 60 | 75= | 6852 | 70 | 74— | 6886 | 88 | 55= | 6914 | 108 | 41— | 6946 | 82 | 55= | 6976 | 80 | 69— |
| 6820 | 104 | 53— | 6852 | 80 | 69— | 6886 | 92 | 59— | 6915 | 80 | 55= | 6946 | 118 | 34— | 6976 | 98 | 28 |
| 6820 | 120 | 34— | 6852 | 100 | 37= | 6886 | 108 | 41— | 6916 | 46 | 75≡ | 6947 | 66 | 79= | 6978 | 72 | 49≡ |
| 6821 | 68 | 64= | 6854 | 82 | 35≡ | 6888 | 76 | 60= | 6916 | 72 | 49≡ | 6947 | 76 | 72— | 6978 | 82 | 39≡ |
| 6822 | 66 | 70= | 6855 | 96 | 50— | 6888 | 100 | 54— | 6918 | 54 | 66≡ | 6947 | 96 | 76— | 6978 | 86 | 63— |
| 6823 | 126 | 21 | 6856 | 96 | 59— | 6889 | 58 | 66≡ | 6918 | 108 | 45— | 6949 | 56 | 71≡ | 6978 | 118 | 36— |
| 6824 | 62 | 57≡ | 6857 | 66 | 65= | 6889 | 80 | 61= | 6919 | 78 | 51= | 6949 | 70 | 68= | 6979 | 60 | 65≡ |
| 6825 | 84 | 78— | 6857 | 68 | 57≡ | 6890 | 52 | 71≡ | 6920 | 70 | 49≡ | 6952 | 102 | 53— | 6979 | 80 | 60= |
| 6825 | 102 | 37= | 6858 | 92 | 43= | 6891 | 48 | 75≡ | 6920 | 86 | 78— | 6953 | 60 | 66≡ | 6979 | 98 | 58— |
| 6826 | 112 | 41— | 6859 | 66 | 57≡ | 6891 | 110 | 37— | 6921 | 104 | 45— | 6953 | 74 | 44≡ | 6980 | 128 | 21 |
| 6828 | 96 | 54— | 6859 | 102 | 45— | 6892 | 62 | 70= | 6922 | 68 | 62≡ | 6953 | 94 | 50— | 6981 | 66 | 70= |
| 6829 | 72 | 77= | 6860 | 90 | 35≡ | 6892 | 94 | 37= | 6923 | 110 | 45— | 6954 | 70 | 62≡ | 6981 | 68 | 62≡ |
| 6829 | 104 | 35= | 6860 | 104 | 46— | 6893 | 78 | 72— | 6923 | 118 | 32 | 6955 | 70 | 52≡ | 6981 | 100 | 58— |
| 6830 | 64 | 70= | 6862 | 108 | 45— | 6893 | 82 | 51= | 6924 | 98 | 59— | 6955 | 114 | 37— | 6981 | 106 | 45— |
| 6831 | 78 | 56= | 6863 | 86 | 55= | 6894 | 66 | 64= | 6924 | 116 | 34— | 6955 | 124 | 19 | 6982 | 116 | 37— |
| 6831 | 94 | 50— | 6863 | 124 | 17 | 6894 | 68 | 79= | 6925 | 110 | 41— | 6956 | 80 | 69— | 6983 | 76 | 49≡ |
| 6831 | 102 | 53— | 6864 | 100 | 42= | 6894 | 98 | 54— | 6925 | 112 | 37— | 6956 | 94 | 59— | 6984 | 76 | 56= |
| 6832 | 58 | 68≡ | 6864 | 106 | 45— | 6894 | 102 | 54— | 6926 | 90 | 47= | 6957 | 68 | 57≡ | 6985 | 68 | 64= |
| 6832 | 72 | 51= | 6865 | 64 | 79= | 6894 | 104 | 53— | 6927 | 52 | 71≡ | 6957 | 100 | 54— | 6985 | 74 | 49≡ |
| 6833 | 76 | 61= | 6865 | 78 | 61= | 6895 | 96 | 42= | 6927 | 60 | 73= | 6958 | 64 | 65≡ | 6985 | 86 | 55= |
| 6833 | 84 | 55= | 6865 | 82 | 56= | 6895 | 100 | 76— | 6927 | 88 | 47= | 6958 | 66 | 52≡ | 6985 | 100 | 53— |
| 6834 | 78 | 69— | 6866 | 86 | 63— | 6896 | 88 | 43— | 6927 | 96 | 76— | 6959 | 98 | 50— | 6985 | 104 | 46— |
| 6834 | 82 | 78— | 6866 | 112 | 36— | 6896 | 94 | 59— | 6928 | 62 | 62≡ | 6959 | 108 | 35= | 6986 | 78 | 72— |
| 6834 | 114 | 36— | 6868 | 76 | 64= | 6897 | 98 | 58— | 6929 | 56 | 68≡ | 6960 | 112 | 41— | 6986 | 94 | 42= |
| 6835 | 90 | 76— | 6868 | 80 | 77= | 6898 | 92 | 42= | 6930 | 80 | 51= | 6961 | 82 | 55= | 6987 | 74 | 62≡ |
| 6836 | 98 | 54— | 6870 | 74 | 51= | 6899 | 76 | 51= | 6931 | 102 | 46— | 6961 | 102 | 58= | 6987 | 80 | 48= |
| 6836 | 104 | 45— | 6871 | 98 | 58— | 6899 | 114 | 34— | 6932 | 84 | 39≡ | 6963 | 68 | 52≡ | 6987 | 84 | 63— |
| 6837 | 50 | 75≡ | 6872 | 72 | 68— | 6899 | 126 | 16 | 6933 | 68 | 65= | 6964 | 72 | 57≡ | 6988 | 52 | 66≡ |
| 6837 | 100 | 54— | 6872 | 98 | 37= | 6900 | 70 | 64= | 6934 | 78 | 61— | 6964 | 96 | 42= | 6990 | 54 | 71≡ |
| 6838 | 48 | 71≡ | 6874 | 100 | 46— | 6900 | 72 | 74— | 6934 | 84 | 60= | 6964 | 98 | 54— | 6990 | 84 | 43= |
| 6839 | 78 | 44≡ | 6875 | 54 | 66≡ | 6900 | 74 | 49≡ | 6934 | 98 | 42= | 6964 | 120 | 34— | 6990 | 94 | 76— |
| 6840 | 84 | 78— | 6875 | 64 | 79= | 6900 | 96 | 58— | 6935 | 60 | 70= | 6965 | 118 | 22 | 6991 | 72 | 44≡ |
| 6840 | 86 | 78— | 6875 | 86 | 39≡ | 6901 | 80 | 39≡ | 6935 | 78 | 69— | 6966 | 70 | 57≡ | 6992 | 114 | 41— |
| 6840 | 114 | 24 | 6876 | 68 | 77= | 6901 | 84 | 63— | 6935 | 84 | 78— | 6967 | 112 | 41— | 6993 | 72 | 64= |
| 6841 | 92 | 47= | 6876 | 74 | 77= | 6903 | 64 | 57= | 6936 | 62 | 79= | 6968 | 86 | 60— | 6993 | 100 | 50— |
| 6842 | 116 | 37= | 6876 | 80 | 51= | 6903 | 76 | 44≡ | 6936 | 66 | 57= | 6969 | 48 | 73= | 6994 | 58 | 75= |
| 6843 | 58 | 75= | 6876 | 90 | 43— | 6904 | 88 | 67— | 6936 | 88 | 35= | 6969 | 78 | 49≡ | 6994 | 106 | 53— |
| 6843 | 94 | 54— | 6877 | 78 | 55= | 6904 | 90 | 43= | 6936 | 118 | 25 | 6969 | 82 | 44≡ | 6995 | 88 | 47= |
| 6844 | 106 | 41— | 6877 | 94 | 76— | 6905 | 96 | 54— | 6937 | 74 | 64= | 6969 | 84 | 55= | 6995 | 96 | 43= |
| 6844 | 118 | 34— | 6878 | 74 | 74— | 6905 | 106 | 45— | 6938 | 106 | 26. | 6969 | 120 | 36— | 6995 | 98 | 58— |
| 6845 | 74 | 77= | 6878 | 84 | 63— | 6906 | 114 | 36— | 6938 | 114 | 23 | 6970 | 66 | 79= | 6997 | 64 | 70= |
| 6845 | 80 | 60= | 6880 | 66 | 62≡ | 6907 | 74 | 72— | 6939 | 64 | 65= | 6970 | 72 | 64= | 6997 | 90 | 67— |

— bedeutet Träger mit einer Gurtplatte, = mit zwei, ≡ mit drei Gurtplatten.

## von 6998 bis 7194.

| Widerstandsmoment cm$^3$ | Stehblech-Höhe cm | Seite des Buches | Widerstandsmoment cm$^3$ | Stehblech-Höhe cm | Seite des Buches | Widerstandsmoment cm$^3$ | Stehblech-Höhe cm | Seite des Buches | Widerstandsmoment cm$^3$ | Stehblech-Höhe cm | Seite des Buches | Widerstandsmoment cm$^3$ | Stehblech-Höhe cm | Seite des Buches | Widerstandsmoment cm$^3$ | Stehblech-Höhe cm | Seite des Buches |
|---|---|---|---|---|---|---|---|---|---|---|---|---|---|---|---|---|---|
| 6998 | 116 | 36— | 7028 | 80 | 77= | 7060 | 80 | 69— | 7091 | 98 | 54— | 7122 | 78 | 51= | 7161 | 98 | 50— |
| 6999 | 76 | 51= | 7028 | 104 | 53— | 7062 | 74 | 51= | 7092 | 84 | 47= | 7123 | 76 | 49≡ | 7162 | 106 | 46— |
| 7000 | 104 | 37= | 7029 | 66 | 65= | 7062 | 82 | 56= | 7092 | 90 | 43= | 7123 | 104 | 53— | 7163 | 64 | 70= |
| 7001 | 70 | 65= | 7029 | 102 | 37= | 7062 | 96 | 76— | 7092 | 114 | 37— | 7124 | 90 | 47= | 7163 | 118 | 36— |
| 7001 | 72 | 74— | 7030 | 64 | 70= | 7062 | 108 | 53— | 7092 | 120 | 32 | 7125 | 88 | 78— | 7164 | 52 | 75≡ |
| 7001 | 86 | 35≡ | 7030 | 96 | 54— | 7063 | 102 | 58— | 7093 | 66 | 70= | 7126 | 50 | 73≡ | 7164 | 80 | 69— |
| 7001 | 92 | 42= | 7031 | 62 | 52≡ | 7063 | 116 | 34— | 7094 | 52 | 71≡ | 7126 | 82 | 55= | 7165 | 70 | 62≡ |
| 7002 | 60 | 52≡ | 7031 | 72 | 68= | 7064 | 100 | 42= | 7094 | 112 | 45— | 7127 | 68 | 62≡ | 7165 | 100 | 58— |
| 7002 | 72 | 77= | 7031 | 94 | 47= | 7065 | 76 | 77= | 7095 | 100 | 76— | 7127 | 84 | 69— | 7166 | 74 | 74— |
| 7002 | 82 | 48= | 7031 | 114 | 36— | 7067 | 102 | 35= | 7096 | 70 | 57≡ | 7128 | 102 | 58— | 7167 | 128 | 20 |
| 7002 | 106 | 35= | 7032 | 64 | 79= | 7068 | 70 | 64= | 7096 | 76 | 77= | 7129 | 66 | 79= | 7168 | 102 | 53— |
| 7004 | 120 | 34— | 7032 | 86 | 78— | 7068 | 80 | 51= | 7096 | 84 | 63— | 7130 | 78 | 77= | 7169 | 50 | 71≡ |
| 7005 | 70 | 56≡ | 7033 | 110 | 45— | 7068 | 92 | 43= | 7097 | 92 | 43= | 7130 | 90 | 35≡ | 7169 | 84 | 55= |
| 7005 | 80 | 60= | 7034 | 50 | 75≡ | 7068 | 102 | 54— | 7097 | 106 | 45— | 7130 | 120 | 22 | 7169 | 120 | 37— |
| 7005 | 96 | 58— | 7034 | 68 | 52≡ | 7070 | 62 | 65≡ | 7098 | 66 | 57≡ | 7131 | 98 | 76— | 7170 | 60 | 66≡ |
| 7005 | 118 | 37— | 7035 | 76 | 56≡ | 7070 | 106 | 53— | 7099 | 58 | 66≡ | 7132 | 60 | 75= | 7170 | 108 | 53— |
| 7006 | 92 | 59— | 7035 | 86 | 55= | 7071 | 116 | 36— | 7100 | 106 | 53— | 7132 | 104 | 53— | 7171 | 64 | 52≡ |
| 7007 | 88 | 67— | 7035 | 94 | 43= | 7072 | 60 | 73— | 7101 | 62 | 75— | 7134 | 86 | 39≡ | 7171 | 100 | 28 |
| 7008 | 104 | 53— | 7035 | 106 | 46— | 7072 | 80 | 69— | 7101 | 120 | 25 | 7136 | 114 | 41— | 7172 | 56 | 66≡ |
| 7008 | 126 | 20 | 7036 | 74 | 56≡ | 7072 | 88 | 39≡ | 7102 | 72 | 74— | 7137 | 70 | 79= | 7172 | 76 | 64= |
| 7009 | 86 | 48= | 7036 | 104 | 45— | 7072 | 104 | 54— | 7103 | 68 | 57≡ | 7137 | 78 | 61= | 7172 | 88 | 60= |
| 7009 | 90 | 42= | 7037 | 72 | 61= | 7073 | 102 | 76— | 7103 | 82 | 61= | 7137 | 130 | 21 | 7173 | 76 | 68= |
| 7009 | 94 | 59— | 7037 | 78 | 69— | 7074 | 82 | 69— | 7103 | 94 | 76— | 7138 | 80 | 51= | 7174 | 78 | 72— |
| 7009 | 120 | 36— | 7037 | 104 | 35= | 7075 | 82 | 77— | 7104 | 84 | 51= | 7138 | 102 | 54— | 7175 | 72 | 77= |
| 7010 | 84 | 48= | 7041 | 84 | 60= | 7075 | 88 | 63— | 7105 | 74 | 68= | 7139 | 90 | 43= | 7175 | 96 | 42= |
| 7011 | 86 | 63— | 7042 | 74 | 74— | 7076 | 94 | 50— | 7105 | 90 | 67— | 7140 | 66 | 70= | 7175 | 108 | 35≡ |
| 7011 | 92 | 67— | 7042 | 98 | 59— | 7077 | 96 | 37= | 7108 | 88 | 43= | 7140 | 90 | 78— | 7176 | 106 | 37≡ |
| 7011 | 98 | 54— | 7043 | 88 | 78— | 7077 | 100 | 54— | 7108 | 118 | 36— | 7141 | 86 | 60= | 7177 | 76 | 44≡ |
| 7011 | 106 | 45— | 7043 | 102 | 42= | 7078 | 108 | 45— | 7108 | 120 | 34— | 7142 | 104 | 58— | 7177 | 84 | 44≡ |
| 7012 | 88 | 63— | 7044 | 84 | 78— | 7079 | 64 | 57≡ | 7109 | 60 | 68= | 7143 | 72 | 64= | 7178 | 96 | 76— |
| 7012 | 98 | 76— | 7045 | 54 | 71≡ | 7079 | 74 | 61= | 7109 | 78 | 60= | 7143 | 110 | 45— | 7180 | 76 | 74— |
| 7012 | 116 | 24 | 7045 | 80 | 56= | 7079 | 94 | 59— | 7109 | 100 | 59— | 7145 | 58 | 75= | 7180 | 102 | 50— |
| 7013 | 90 | 67— | 7045 | 118 | 36— | 7079 | 98 | 42= | 7110 | 68 | 65= | 7145 | 74 | 49≡ | 7181 | 62 | 68≡ |
| 7014 | 56 | 66≡ | 7046 | 64 | 52≡ | 7080 | 48 | 75≡ | 7110 | 86 | 47= | 7145 | 96 | 35≡ | 7181 | 78 | 72— |
| 7014 | 80 | 39≡ | 7046 | 76 | 72— | 7080 | 78 | 72— | 7110 | 98 | 76— | 7146 | 82 | 51= | 7181 | 98 | 43= |
| 7014 | 86 | 67— | 7047 | 66 | 52≡ | 7081 | 100 | 58— | 7110 | 104 | 46— | 7147 | 96 | 50— | 7181 | 100 | 58— |
| 7014 | 90 | 47= | 7047 | 86 | 78— | 7082 | 52 | 73≡ | 7111 | 70 | 77= | 7147 | 100 | 50— | 7182 | 68 | 57≡ |
| 7015 | 76 | 61= | 7047 | 94 | 43= | 7082 | 80 | 61= | 7112 | 76 | 61= | 7148 | 68 | 64= | 7183 | 64 | 70= |
| 7016 | 102 | 54— | 7048 | 62 | 57≡ | 7082 | 108 | 46— | 7112 | 90 | 67— | 7148 | 100 | 54— | 7183 | 70 | 65≡ |
| 7016 | 108 | 41— | 7050 | 92 | 35≡ | 7083 | 90 | 55— | 7112 | 92 | 67— | 7149 | 88 | 78— | 7185 | 84 | 39≡ |
| 7017 | 58 | 66≡ | 7051 | 80 | 44≡ | 7085 | 96 | 50— | 7113 | 100 | 50— | 7150 | 64 | 65≡ | 7186 | 80 | 49≡ |
| 7018 | 100 | 54— | 7052 | 100 | 37= | 7085 | 98 | 59— | 7113 | 112 | 41— | 7150 | 86 | 78— | 7186 | 108 | 45— |
| 7019 | 76 | 74— | 7053 | 74 | 77= | 7086 | 74 | 64= | 7114 | 86 | 63— | 7150 | 98 | 42= | 7187 | 106 | 53— |
| 7019 | 78 | 56= | 7053 | 78 | 61= | 7086 | 110 | 41— | 7115 | 52 | 71≡ | 7151 | 56 | 71≡ | 7187 | 118 | 24 |
| 7020 | 68 | 79= | 7054 | 62 | 70= | 7087 | 54 | 66≡ | 7115 | 88 | 67— | 7152 | 70 | 49≡ | 7187 | 128 | 17 |
| 7020 | 76 | 64= | 7054 | 102 | 46— | 7087 | 96 | 42= | 7115 | 126 | 19 | 7152 | 80 | 61= | 7188 | 80 | 77= |
| 7020 | 106 | 41— | 7055 | 100 | 58— | 7087 | 118 | 34— | 7117 | 100 | 42= | 7153 | 62 | 62≡ | 7188 | 88 | 55= |
| 7022 | 66 | 65≡ | 7055 | 108 | 41— | 7088 | 94 | 42= | 7118 | 76 | 74— | 7153 | 84 | 78— | 7189 | 72 | 68= |
| 7023 | 96 | 59— | 7056 | 84 | 35= | 7089 | 100 | 35= | 7119 | 66 | 79— | 7154 | 66 | 57≡ | 7189 | 110 | 41— |
| 7024 | 58 | 68≡ | 7056 | 102 | 53— | 7090 | 78 | 49= | 7120 | 92 | 47= | 7154 | 72 | 49≡ | 7190 | 64 | 62≡ |
| 7024 | 92 | 76— | 7056 | 128 | 16 | 7090 | 82 | 51= | 7121 | 78 | 44≡ | 7156 | 80 | 60= | 7193 | 72 | 62≡ |
| 7024 | 126 | 17 | 7057 | 82 | 60= | 7090 | 86 | 63— | 7121 | 80 | 72— | 7156 | 108 | 45— | 7193 | 94 | 42= |
| 7025 | 80 | 72— | 7057 | 110 | 41— | 7090 | 110 | 45— | 7121 | 88 | 47= | 7157 | 82 | 49≡ | 7194 | 86 | 43= |
| 7025 | 92 | 47= | 7058 | 68 | 79= | 7090 | 120 | 36— | 7121 | 108 | 26 | 7159 | 98 | 59— | 7194 | 90 | 47= |
| 7026 | 72 | 56≡ | 7059 | 62 | 73= | 7091 | 80 | 55= | 7121 | 116 | 37— | 7160 | 116 | 41— | 7194 | 92 | 39≡ |

— bedeutet Träger mit einer Gurtplatte, = mit zwei, ≡ mit drei Gurtplatten.

# Widerstandsmomente cm³

## von 7195 bis 7399.

| Widerstandsmoment cm³ | Stehblech-Höhe cm | Seite des Buches | Widerstandsmoment cm³ | Stehblech-Höhe cm | Seite des Buches | Widerstandsmoment cm³ | Stehblech-Höhe cm | Seite des Buches | Widerstandsmoment cm³ | Stehblech-Höhe cm | Seite des Buches | Widerstandsmoment cm³ | Stehblech-Höhe cm | Seite des Buches | Widerstandsmoment cm³ | Stehblech-Höhe cm | Seite des Buches |
|---|---|---|---|---|---|---|---|---|---|---|---|---|---|---|---|---|---|
| 7195 | 72 | 52≡ | 7220 | 74 | 44≡ | 7258 | 74 | 56≡ | 7287 | 76 | 74— | 7322 | 104 | 54— | 7361 | 80 | 61= |
| 7195 | 82 | 60= | 7221 | 68 | 79= | 7258 | 78 | 56≡ | 7287 | 82 | 51= | 7323 | 92 | 47= | 7362 | 120 | 24 |
| 7195 | 100 | 76— | 7221 | 82 | 60= | 7259 | 82 | 56= | 7288 | 118 | 37— | 7324 | 76 | 64= | 7364 | 84 | 51= |
| 7196 | 66 | 52≡ | 7221 | 90 | 63— | 7259 | 112 | 41— | 7289 | 60 | 75= | 7325 | 78 | 51= | 7364 | 112 | 41— |
| 7197 | 68 | 79= | 7221 | 96 | 47= | 7260 | 80 | 51= | 7289 | 92 | 43= | 7325 | 80 | 64= | 7365 | 70 | 65= |
| 7197 | 104 | 54— | 7223 | 88 | 63— | 7260 | 86 | 35≡ | 7290 | 106 | 46— | 7325 | 106 | 58— | 7365 | 98 | 42= |
| 7198 | 64 | 79= | 7223 | 104 | 42= | 7260 | 116 | 37— | 7291 | 66 | 79= | 7326 | 92 | 35= | 7366 | 108 | 53— |
| 7198 | 70 | 57≡ | 7225 | 70 | 62≡ | 7261 | 94 | 43= | 7291 | 94 | 43= | 7327 | 130 | 20 | 7367 | 86 | 78— |
| 7198 | 76 | 61≡ | 7225 | 78 | 51— | 7261 | 102 | 54— | 7293 | 96 | 76— | 7328 | 84 | 69— | 7367 | 118 | 36— |
| 7199 | 82 | 48= | 7225 | 82 | 39≡ | 7262 | 122 | 32 | 7294 | 76 | 51= | 7328 | 88 | 63— | 7368 | 52 | 75= |
| 7199 | 90 | 48= | 7226 | 68 | 62≡ | 7263 | 62 | 75= | 7295 | 100 | 76— | 7329 | 90 | 63— | 7368 | 104 | 50— |
| 7199 | 116 | 36— | 7226 | 84 | 60= | 7263 | 90 | 55= | 7296 | 64 | 52≡ | 7329 | 118 | 41— | 7369 | 100 | 43= |
| 7200 | 88 | 35≡ | 7227 | 84 | 69— | 7264 | 76 | 56≡ | 7296 | 102 | 59— | 7330 | 64 | 70= | 7369 | 102 | 58— |
| 7201 | 66 | 65≡ | 7229 | 100 | 59— | 7264 | 100 | 42= | 7297 | 56 | 71≡ | 7330 | 120 | 36— | 7371 | 84 | 49≡ |
| 7201 | 94 | 59— | 7229 | 110 | 41— | 7264 | 112 | 45— | 7297 | 122 | 22 | 7332 | 80 | 60= | 7372 | 82 | 61= |
| 7201 | 102 | 54— | 7229 | 114 | 37— | 7265 | 66 | 70= | 7298 | 52 | 71≡ | 7332 | 110 | 45— | 7372 | 110 | 41— |
| 7202 | 54 | 71≡ | 7229 | 118 | 34— | 7265 | 82 | 44≡ | 7298 | 66 | 70= | 7333 | 98 | 35≡ | 7373 | 90 | 43= |
| 7202 | 72 | 57≡ | 7230 | 50 | 75≡ | 7266 | 114 | 45— | 7298 | 84 | 69— | 7334 | 102 | 54— | 7374 | 68 | 79= |
| 7202 | 82 | 69— | 7230 | 62 | 66≡ | 7267 | 70 | 79= | 7299 | 54 | 66≡ | 7335 | 72 | 57≡ | 7375 | 70 | 62≡ |
| 7202 | 86 | 63— | 7231 | 74 | 77= | 7267 | 102 | 58— | 7299 | 86 | 47= | 7336 | 64 | 73= | 7375 | 76 | 49≡ |
| 7204 | 78 | 49≡ | 7233 | 100 | 50— | 7267 | 122 | 25 | 7300 | 68 | 52≡ | 7336 | 66 | 57≡ | 7375 | 82 | 60= |
| 7204 | 92 | 42= | 7234 | 102 | 37— | 7268 | 48 | 75≡ | 7300 | 82 | 61— | 7337 | 70 | 70= | 7378 | 90 | 60= |
| 7206 | 106 | 53— | 7235 | 104 | 46— | 7268 | 74 | 68= | 7301 | 102 | 42= | 7337 | 88 | 39≡ | 7379 | 86 | 55= |
| 7206 | 112 | 45— | 7236 | 70 | 64— | 7268 | 80 | 69— | 7302 | 112 | 35= | 7337 | 100 | 42= | 7379 | 106 | 54— |
| 7207 | 54 | 73≡ | 7237 | 80 | 56— | 7270 | 52 | 73≡ | 7303 | 60 | 66≡ | 7339 | 84 | 55= | 7380 | 114 | 45— |
| 7207 | 86 | 55= | 7237 | 96 | 43= | 7270 | 84 | 60= | 7303 | 106 | 53— | 7340 | 76 | 68= | 7381 | 88 | 55= |
| 7208 | 62 | 73= | 7237 | 118 | 36— | 7271 | 90 | 39≡ | 7304 | 88 | 63— | 7340 | 80 | 44≡ | 7382 | 72 | 79= |
| 7208 | 70 | 52≡ | 7238 | 110 | 53— | 7271 | 96 | 50— | 7305 | 66 | 52≡ | 7341 | 98 | 50— | 7383 | 102 | 54— |
| 7208 | 104 | 37= | 7239 | 82 | 77— | 7271 | 102 | 35= | 7306 | 70 | 79= | 7341 | 108 | 46— | 7384 | 64 | 75= |
| 7209 | 72 | 79= | 7239 | 88 | 78— | 7272 | 74 | 61= | 7306 | 84 | 51= | 7343 | 64 | 65≡ | 7384 | 78 | 72— |
| 7209 | 80 | 72— | 7240 | 78 | 61= | 7272 | 96 | 59— | 7306 | 116 | 41— | 7345 | 92 | 78— | 7385 | 68 | 79= |
| 7210 | 74 | 64— | 7241 | 54 | 71≡ | 7273 | 108 | 27 | 7307 | 50 | 73≡ | 7347 | 80 | 51= | 7385 | 100 | 58— |
| 7210 | 92 | 47= | 7241 | 94 | 35≡ | 7273 | 120 | 36— | 7307 | 60 | 68≡ | 7348 | 72 | 77= | 7386 | 86 | 44= |
| 7210 | 120 | 36— | 7242 | 68 | 70= | 7274 | 62 | 52≡ | 7307 | 82 | 55= | 7348 | 78 | 49≡ | 7386 | 96 | 42= |
| 7211 | 76 | 49≡ | 7242 | 72 | 56≡ | 7274 | 80 | 61= | 7308 | 58 | 66≡ | 7348 | 110 | 53— | 7386 | 108 | 53— |
| 7211 | 110 | 45— | 7243 | 64 | 68≡ | 7274 | 84 | 56= | 7308 | 90 | 43= | 7349 | 70 | 57≡ | 7387 | 60 | 66= |
| 7212 | 84 | 48= | 7245 | 58 | 71≡ | 7275 | 98 | 42= | 7308 | 92 | 67— | 7349 | 88 | 60= | 7387 | 62 | 68= |
| 7212 | 108 | 46— | 7246 | 104 | 35= | 7275 | 100 | 58— | 7310 | 76 | 61= | 7349 | 100 | 59— | 7387 | 112 | 45— |
| 7213 | 90 | 67— | 7247 | 72 | 65= | 7275 | 108 | 45— | 7310 | 80 | 49≡ | 7350 | 104 | 58— | 7388 | 74 | 64= |
| 7213 | 92 | 67— | 7247 | 102 | 42= | 7276 | 128 | 19 | 7311 | 64 | 57≡ | 7350 | 110 | 35= | 7388 | 106 | 37= |
| 7214 | 98 | 50— | 7247 | 108 | 53— | 7277 | 98 | 59— | 7311 | 94 | 67— | 7351 | 82 | 72— | 7389 | 94 | 39≡ |
| 7214 | 106 | 35= | 7248 | 90 | 78— | 7277 | 102 | 76— | 7312 | 106 | 53— | 7351 | 104 | 53— | 7389 | 110 | 46— |
| 7214 | 130 | 16 | 7249 | 74 | 74— | 7278 | 98 | 50— | 7313 | 86 | 60= | 7351 | 130 | 17 | 7391 | 108 | 35= |
| 7215 | 62 | 70= | 7249 | 98 | 76— | 7278 | 100 | 54— | 7313 | 120 | 37— | 7353 | 74 | 74— | 7392 | 56 | 66≡ |
| 7215 | 66 | 62≡ | 7250 | 104 | 54— | 7278 | 108 | 53— | 7314 | 92 | 67— | 7353 | 100 | 50— | 7392 | 72 | 49≡ |
| 7216 | 58 | 68≡ | 7251 | 86 | 60= | 7279 | 76 | 77= | 7315 | 88 | 47= | 7354 | 56 | 71≡ | 7392 | 86 | 39≡ |
| 7216 | 70 | 56≡ | 7252 | 78 | 64= | 7279 | 96 | 42= | 7316 | 72 | 64= | 7354 | 88 | 78— | 7392 | 90 | 55= |
| 7216 | 86 | 48= | 7252 | 100 | 37= | 7280 | 68 | 65≡ | 7316 | 76 | 74— | 7354 | 108 | 37= | 7393 | 108 | 45— |
| 7216 | 94 | 76— | 7252 | 120 | 34— | 7280 | 86 | 56= | 7316 | 94 | 47= | 7356 | 90 | 78— | 7394 | 82 | 69— |
| 7217 | 56 | 66≡ | 7253 | 82 | 72— | 7281 | 92 | 55= | 7317 | 86 | 51= | 7357 | 62 | 73= | 7394 | 92 | 47= |
| 7217 | 76 | 74— | 7253 | 110 | 45— | 7283 | 78 | 72— | 7317 | 100 | 76— | 7357 | 104 | 76— | 7395 | 98 | 59— |
| 7217 | 80 | 72— | 7255 | 86 | 78— | 7284 | 84 | 77= | 7318 | 78 | 77= | 7358 | 68 | 70= | 7396 | 120 | 34— |
| 7218 | 98 | 54— | 7255 | 88 | 78— | 7284 | 114 | 41— | 7318 | 112 | 45— | 7360 | 78 | 74— | 7397 | 96 | 59— |
| 7219 | 94 | 47= | 7256 | 62 | 65≡ | 7286 | 90 | 63— | 7321 | 92 | 63— | 7360 | 82 | 51= | 7399 | 94 | 67— |
| 7220 | 66 | 65≡ | 7257 | 110 | 46— | 7287 | 68 | 65= | 7322 | 90 | 47= | 7360 | 88 | 78— | 7399 | 116 | 37— |

— bedeutet Träger mit einer Gurtplatte, = mit zwei, ≡ mit drei Gurtplatten.

## von 7400 bis 7602.

| Widerstandsmoment cm³ | Stehblech-Höhe cm | Seite des Buches |
| --- | --- | --- |
| 7400 | 88 | 43= |
| 7400 | 94 | 42= |
| 7401 | 90 | 35≡ |
| 7402 | 78 | 44= |
| 7403 | 54 | 73≡ |
| 7403 | 90 | 63— |
| 7403 | 114 | 41— |
| 7404 | 70 | 64= |
| 7404 | 82 | 77= |
| 7404 | 100 | 59— |
| 7404 | 112 | 41— |
| 7405 | 78 | 68= |
| 7405 | 106 | 42= |
| 7405 | 120 | 36— |
| 7406 | 68 | 70= |
| 7407 | 94 | 47= |
| 7408 | 78 | 64= |
| 7408 | 84 | 69— |
| 7408 | 100 | 54— |
| 7409 | 72 | 62≡ |
| 7409 | 74 | 77= |
| 7409 | 80 | 72— |
| 7411 | 84 | 60= |
| 7413 | 96 | 47= |
| 7413 | 98 | 47= |
| 7414 | 54 | 71≡ |
| 7414 | 76 | 74— |
| 7414 | 112 | 53— |
| 7415 | 88 | 55= |
| 7415 | 94 | 67— |
| 7416 | 104 | 37= |
| 7417 | 80 | 72— |
| 7417 | 98 | 43= |
| 7417 | 106 | 46— |
| 7418 | 88 | 63— |
| 7418 | 92 | 67— |
| 7418 | 102 | 59— |
| 7419 | 66 | 65≡ |
| 7420 | 106 | 53— |
| 7421 | 64 | 62≡ |
| 7422 | 86 | 48= |
| 7423 | 88 | 48= |
| 7424 | 62 | 75= |
| 7424 | 78 | 74— |
| 7425 | 102 | 50— |
| 7426 | 80 | 49≡ |
| 7426 | 106 | 35= |
| 7426 | 110 | 53— |
| 7427 | 50 | 75≡ |
| 7427 | 78 | 61= |
| 7427 | 104 | 58— |
| 7429 | 70 | 57= |
| 7429 | 80 | 56— |
| 7429 | 90 | 67= |
| 7429 | 98 | 43= |
| 7430 | 112 | 45— |
| 7430 | 118 | 37— |
| 7431 | 74 | 68= |
| 7431 | 92 | 63— |
| 7432 | 74 | 62≡ |
| 7432 | 104 | 42— |
| 7433 | 106 | 54— |
| 7433 | 114 | 41— |
| 7434 | 96 | 35≡ |
| 7434 | 124 | 32 |
| 7435 | 66 | 52≡ |
| 7435 | 72 | 65= |
| 7435 | 124 | 25 |
| 7436 | 54 | 71≡ |
| 7436 | 74 | 52≡ |
| 7437 | 66 | 70= |
| 7437 | 84 | 39≡ |
| 7437 | 100 | 76— |
| 7438 | 78 | 49≡ |
| 7438 | 84 | 60= |
| 7438 | 116 | 41— |
| 7438 | 130 | 19 |
| 7439 | 74 | 57≡ |
| 7439 | 114 | 45— |
| 7440 | 72 | 57≡ |
| 7440 | 76 | 49≡ |
| 7440 | 86 | 60= |
| 7442 | 82 | 72— |
| 7443 | 90 | 55= |
| 7445 | 60 | 75= |
| 7445 | 76 | 62= |
| 7446 | 104 | 54— |
| 7447 | 78 | 62≡ |
| 7449 | 70 | 79≡ |
| 7449 | 90 | 78— |
| 7450 | 82 | 72— |
| 7451 | 74 | 79= |
| 7451 | 76 | 44= |
| 7451 | 86 | 69— |
| 7451 | 102 | 42= |
| 7452 | 80 | 51— |
| 7452 | 100 | 37= |
| 7453 | 66 | 62≡ |
| 7453 | 84 | 77— |
| 7453 | 110 | 45— |
| 7454 | 62 | 66— |
| 7454 | 68 | 52= |
| 7454 | 104 | 35= |
| 7455 | 58 | 71≡ |
| 7455 | 72 | 52≡ |
| 7455 | 92 | 78— |
| 7456 | 82 | 56= |
| 7456 | 96 | 43= |
| 7457 | 66 | 70= |
| 7457 | 116 | 41— |
| 7457 | 120 | 37— |
| 7458 | 52 | 73≡ |
| 7458 | 110 | 53— |
| 7459 | 72 | 56≡ |
| 7461 | 70 | 52≡ |
| 7461 | 78 | 74— |
| 7461 | 104 | 76— |
| 7461 | 110 | 27 |
| 7462 | 76 | 77= |
| 7462 | 88 | 60= |
| 7463 | 66 | 79= |
| 7464 | 90 | 78— |
| 7464 | 102 | 59— |
| 7465 | 68 | 65≡ |
| 7465 | 88 | 35≡ |
| 7465 | 100 | 42= |
| 7465 | 124 | 22 |
| 7466 | 80 | 61= |
| 7466 | 102 | 54— |
| 7467 | 98 | 59— |
| 7467 | 120 | 23 |
| 7468 | 88 | 78— |
| 7469 | 98 | 50— |
| 7469 | 100 | 59— |
| 7470 | 92 | 39≡ |
| 7470 | 102 | 50— |
| 7470 | 118 | 41— |
| 7471 | 98 | 42= |
| 7471 | 108 | 46— |
| 7472 | 58 | 66≡ |
| 7472 | 68 | 62≡ |
| 7472 | 72 | 62≡ |
| 7473 | 100 | 50— |
| 7474 | 70 | 79= |
| 7476 | 76 | 64= |
| 7476 | 84 | 56= |
| 7476 | 114 | 35= |
| 7478 | 70 | 62≡ |
| 7478 | 118 | 41— |
| 7480 | 84 | 44= |
| 7481 | 74 | 56— |
| 7481 | 94 | 55— |
| 7481 | 102 | 76— |
| 7482 | 84 | 72— |
| 7483 | 80 | 56= |
| 7484 | 82 | 51— |
| 7484 | 98 | 76— |
| 7485 | 68 | 65≡ |
| 7485 | 80 | 64= |
| 7485 | 108 | 53— |
| 7486 | 104 | 42= |
| 7487 | 86 | 56= |
| 7487 | 94 | 43≡ |
| 7487 | 96 | 43≡ |
| 7489 | 72 | 64= |
| 7489 | 88 | 56= |
| 7490 | 64 | 73= |
| 7492 | 54 | 75≡ |
| 7492 | 76 | 56≡ |
| 7492 | 112 | 26 |
| 7493 | 78 | 56≡ |
| 7493 | 104 | 50— |
| 7494 | 108 | 53— |
| 7494 | 114 | 45— |
| 7495 | 74 | 65— |
| 7495 | 86 | 77= |
| 7497 | 64 | 70= |
| 7497 | 82 | 61= |
| 7498 | 92 | 63— |
| 7499 | 106 | 58— |
| 7499 | 120 | 41— |
| 7500 | 76 | 74— |
| 7500 | 80 | 74— |
| 7501 | 82 | 69— |
| 7502 | 52 | 71≡ |
| 7504 | 102 | 76— |
| 7505 | 70 | 70= |
| 7506 | 60 | 68≡ |
| 7506 | 78 | 77= |
| 7506 | 106 | 54— |
| 7508 | 64 | 66≡ |
| 7508 | 80 | 77= |
| 7508 | 108 | 58— |
| 7510 | 92 | 43= |
| 7510 | 112 | 45— |
| 7511 | 66 | 68≡ |
| 7512 | 94 | 67— |
| 7513 | 96 | 47≡ |
| 7516 | 56 | 71≡ |
| 7516 | 72 | 79≡ |
| 7517 | 84 | 69— |
| 7518 | 58 | 66= |
| 7518 | 94 | 67— |
| 7519 | 84 | 61= |
| 7520 | 90 | 47= |
| 7521 | 80 | 72— |
| 7521 | 104 | 54— |
| 7521 | 110 | 46— |
| 7522 | 100 | 35≡ |
| 7523 | 56 | 73≡ |
| 7523 | 86 | 51= |
| 7523 | 94 | 35≡ |
| 7524 | 84 | 55— |
| 7525 | 88 | 60= |
| 7525 | 102 | 42≡ |
| 7526 | 112 | 35= |
| 7528 | 78 | 51= |
| 7529 | 92 | 67— |
| 7529 | 104 | 50— |
| 7530 | 72 | 52≡ |
| 7530 | 84 | 69— |
| 7531 | 82 | 49≡ |
| 7531 | 94 | 63— |
| 7533 | 86 | 61≡ |
| 7533 | 88 | 63— |
| 7533 | 110 | 37= |
| 7534 | 78 | 74— |
| 7534 | 100 | 59— |
| 7535 | 64 | 65≡ |
| 7535 | 68 | 70= |
| 7536 | 94 | 43= |
| 7536 | 106 | 53— |
| 7537 | 100 | 50— |
| 7537 | 120 | 36— |
| 7538 | 60 | 66≡ |
| 7539 | 114 | 41— |
| 7540 | 92 | 78— |
| 7540 | 106 | 76— |
| 7540 | 122 | 24 |
| 7541 | 70 | 65≡ |
| 7541 | 90 | 39≡ |
| 7541 | 102 | 59— |
| 7542 | 80 | 77= |
| 7542 | 104 | 58— |
| 7542 | 112 | 45— |
| 7543 | 78 | 61= |
| 7544 | 60 | 71≡ |
| 7545 | 90 | 63— |
| 7547 | 64 | 52= |
| 7547 | 102 | 50— |
| 7547 | 110 | 53— |
| 7548 | 70 | 65— |
| 7548 | 82 | 72— |
| 7550 | 94 | 78— |
| 7550 | 112 | 41— |
| 7551 | 64 | 75= |
| 7552 | 68 | 79= |
| 7553 | 86 | 55= |
| 7555 | 70 | 52≡ |
| 7555 | 80 | 51≡ |
| 7555 | 116 | 45— |
| 7556 | 82 | 60= |
| 7557 | 56 | 71≡ |
| 7557 | 82 | 64— |
| 7557 | 100 | 42— |
| 7558 | 90 | 60= |
| 7558 | 106 | 50— |
| 7559 | 102 | 43= |
| 7561 | 82 | 44— |
| 7562 | 108 | 54— |
| 7563 | 78 | 74— |
| 7564 | 66 | 52= |
| 7564 | 114 | 45— |
| 7565 | 92 | 78— |
| 7565 | 104 | 76— |
| 7566 | 68 | 52≡ |
| 7566 | 74 | 64= |
| 7566 | 90 | 78— |
| 7568 | 82 | 77= |
| 7568 | 112 | 46— |
| 7569 | 80 | 61= |
| 7570 | 68 | 73= |
| 7570 | 110 | 35= |
| 7571 | 104 | 54— |
| 7571 | 118 | 37— |
| 7572 | 52 | 75≡ |
| 7572 | 90 | 78— |
| 7573 | 82 | 51= |
| 7574 | 110 | 45— |
| 7575 | 66 | 57≡ |
| 7575 | 88 | 55= |
| 7576 | 78 | 68= |
| 7577 | 74 | 57≡ |
| 7577 | 102 | 58— |
| 7578 | 92 | 47= |
| 7581 | 98 | 42= |
| 7581 | 114 | 41— |
| 7582 | 84 | 51≡ |
| 7583 | 88 | 78— |
| 7585 | 86 | 49≡ |
| 7585 | 92 | 60= |
| 7586 | 62 | 75= |
| 7586 | 82 | 61= |
| 7586 | 96 | 39≡ |
| 7587 | 74 | 77= |
| 7588 | 108 | 42= |
| 7590 | 90 | 55= |
| 7590 | 100 | 59— |
| 7591 | 88 | 55= |
| 7592 | 62 | 68≡ |
| 7593 | 114 | 53— |
| 7594 | 68 | 57≡ |
| 7595 | 72 | 57≡ |
| 7595 | 94 | 47= |
| 7595 | 98 | 59— |
| 7596 | 84 | 60= |
| 7596 | 102 | 59— |
| 7597 | 72 | 70= |
| 7597 | 88 | 44≡ |
| 7597 | 92 | 55= |
| 7598 | 54 | 73≡ |
| 7598 | 96 | 42= |
| 7599 | 102 | 54— |
| 7600 | 106 | 37= |
| 7600 | 108 | 46— |
| 7601 | 70 | 57≡ |
| 7601 | 94 | 48= |
| 7602 | 92 | 35≡ |
| 7602 | 98 | 76— |
| 7602 | 102 | 50— |

— bedeutet Träger mit einer Gurtplatte, = mit zwei, ≡ mit drei Gurtplatten.    16

# Widerstandsmomente cm³

## von 7603 bis 7816.

| Widerstandsmoment cm³ | Stehblechhöhe cm | Seite des Buches | Widerstandsmoment cm³ | Stehblechhöhe cm | Seite des Buches | Widerstandsmoment cm³ | Stehblechhöhe cm | Seite des Buches | Widerstandsmoment cm³ | Stehblechhöhe cm | Seite des Buches | Widerstandsmoment cm³ | Stehblechhöhe cm | Seite des Buches | Widerstandsmoment cm³ | Stehblechhöhe cm | Seite des Buches |
|---|---|---|---|---|---|---|---|---|---|---|---|---|---|---|---|---|---|
| 7603 | 126 | 25 | 7635 | 76 | 64= | 7670 | 80 | 74— | 7712 | 94 | 63— | 7745 | 76 | 65= | 7786 | 82 | 51≡ |
| 7604 | 60 | 66≡ | 7636 | 86 | 69— | 7671 | 90 | 35≡ | 7713 | 70 | 52≡ | 7745 | 120 | 37— | 7786 | 92 | 78— |
| 7604 | 80 | 74— | 7637 | 90 | 63— | 7671 | 94 | 39≡ | 7713 | 112 | 37= | 7746 | 78 | 61= | 7786 | 108 | 37= |
| 7604 | 108 | 53— | 7638 | 80 | 68= | 7671 | 122 | 41— | 7715 | 72 | 52≡ | 7747 | 62 | 75= | 7787 | 116 | 45— |
| 7606 | 58 | 71≡ | 7638 | 106 | 35= | 7673 | 78 | 49≡ | 7715 | 98 | 67— | 7747 | 92 | 39≡ | 7787 | 120 | 41— |
| 7606 | 76 | 74— | 7638 | 112 | 53— | 7673 | 106 | 42= | 7715 | 104 | 42= | 7747 | 110 | 54— | 7788 | 66 | 66≡ |
| 7606 | 96 | 47= | 7639 | 92 | 67— | 7674 | 70 | 70= | 7717 | 96 | 67— | 7748 | 86 | 69— | 7788 | 90 | 55= |
| 7607 | 90 | 43= | 7640 | 104 | 42= | 7674 | 90 | 60= | 7717 | 116 | 41— | 7749 | 104 | 43= | 7788 | 114 | 53— |
| 7607 | 100 | 47= | 7642 | 70 | 79= | 7675 | 76 | 68= | 7718 | 64 | 75= | 7749 | 106 | 58— | 7789 | 84 | 77= |
| 7607 | 112 | 53— | 7642 | 102 | 37= | 7676 | 84 | 72— | 7718 | 68 | 62≡ | 7749 | 114 | 46— | 7789 | 120 | 45— |
| 7608 | 114 | 45— | 7643 | 78 | 74— | 7676 | 92 | 78— | 7719 | 74 | 62≡ | 7750 | 102 | 42= | 7790 | 110 | 35≡ |
| 7608 | 116 | 41— | 7643 | 120 | 41— | 7677 | 84 | 56= | 7719 | 90 | 47= | 7750 | 112 | 35= | 7791 | 104 | 54= |
| 7608 | 126 | 32 | 7644 | 64 | 73= | 7677 | 100 | 76— | 7719 | 124 | 24 | 7751 | 70 | 65≡ | 7791 | 116 | 46— |
| 7609 | 66 | 70= | 7644 | 76 | 77= | 7678 | 62 | 66≡ | 7720 | 76 | 56≡ | 7751 | 88 | 61= | 7793 | 54 | 73≡ |
| 7609 | 100 | 43= | 7646 | 80 | 64= | 7678 | 76 | 52≡ | 7720 | 78 | 64= | 7751 | 94 | 78— | 7793 | 94 | 60= |
| 7609 | 104 | 59— | 7646 | 106 | 76— | 7678 | 110 | 53— | 7721 | 82 | 64= | 7752 | 78 | 74— | 7793 | 118 | 45— |
| 7612 | 56 | 66≡ | 7647 | 52 | 73≡ | 7679 | 80 | 62≡ | 7721 | 106 | 50— | 7752 | 106 | 76— | 7794 | 100 | 59— |
| 7612 | 114 | 46— | 7647 | 82 | 72— | 7680 | 114 | 26 | 7722 | 96 | 35≡ | 7753 | 110 | 37= | 7797 | 62 | 68≡ |
| 7613 | 118 | 45— | 7647 | 122 | 23 | 7681 | 78 | 62≡ | 7722 | 114 | 45— | 7754 | 84 | 49≡ | 7797 | 98 | 42= |
| 7615 | 110 | 54— | 7650 | 82 | 49≡ | 7681 | 82 | 51= | 7723 | 108 | 53— | 7754 | 118 | 41— | 7798 | 96 | 47= |
| 7615 | 116 | 45— | 7650 | 86 | 39≡ | 7682 | 96 | 55= | 7724 | 80 | 56≡ | 7756 | 94 | 63— | 7799 | 82 | 61= |
| 7616 | 66 | 73= | 7650 | 92 | 55= | 7683 | 90 | 78— | 7724 | 96 | 47= | 7757 | 112 | 45— | 7799 | 104 | 50— |
| 7616 | 108 | 58— | 7651 | 116 | 35= | 7684 | 74 | 57≡ | 7724 | 108 | 58— | 7758 | 96 | 78— | 7799 | 112 | 54— |
| 7617 | 66 | 65≡ | 7651 | 120 | 41— | 7684 | 84 | 72— | 7726 | 56 | 73≡ | 7758 | 108 | 54— | 7800 | 90 | 78— |
| 7617 | 92 | 63— | 7652 | 92 | 63— | 7684 | 98 | 43= | 7727 | 78 | 56≡ | 7759 | 56 | 71≡ | 7800 | 110 | 76— |
| 7617 | 106 | 42= | 7652 | 98 | 43= | 7685 | 106 | 50— | 7728 | 72 | 79= | 7759 | 116 | 41— | 7801 | 84 | 51= |
| 7618 | 96 | 67— | 7652 | 112 | 27 | 7686 | 96 | 43= | 7728 | 92 | 47= | 7761 | 60 | 71≡ | 7801 | 106 | 59— |
| 7618 | 104 | 50— | 7653 | 82 | 56= | 7686 | 108 | 58— | 7729 | 66 | 68≡ | 7761 | 106 | 54— | 7802 | 82 | 49≡ |
| 7618 | 108 | 54— | 7653 | 110 | 46— | 7688 | 74 | 65= | 7729 | 102 | 59— | 7762 | 92 | 63— | 7802 | 88 | 49≡ |
| 7620 | 92 | 48= | 7655 | 74 | 62≡ | 7689 | 68 | 65≡ | 7730 | 70 | 65= | 7763 | 80 | 51= | 7803 | 72 | 65≡ |
| 7621 | 84 | 77= | 7655 | 82 | 72— | 7690 | 114 | 45— | 7730 | 86 | 51= | 7766 | 74 | 79= | 7803 | 94 | 55= |
| 7622 | 94 | 67— | 7655 | 88 | 60= | 7692 | 66 | 62≡ | 7730 | 112 | 53— | 7766 | 106 | 28 | 7804 | 90 | 55= |
| 7622 | 100 | 43= | 7655 | 102 | 42= | 7692 | 108 | 54— | 7731 | 70 | 62≡ | 7767 | 82 | 77= | 7804 | 102 | 43= |
| 7623 | 50 | 75≡ | 7656 | 104 | 54— | 7693 | 86 | 56= | 7731 | 118 | 45— | 7769 | 88 | 55= | 7804 | 110 | 54— |
| 7623 | 84 | 49≡ | 7657 | 86 | 60= | 7694 | 76 | 79= | 7732 | 82 | 77= | 7769 | 92 | 60= | 7804 | 128 | 22 |
| 7624 | 70 | 70= | 7658 | 80 | 61= | 7694 | 82 | 61= | 7732 | 106 | 58— | 7770 | 72 | 70= | 7805 | 108 | 58— |
| 7624 | 90 | 55= | 7660 | 92 | 78— | 7694 | 110 | 58— | 7733 | 68 | 70= | 7771 | 104 | 58— | 7806 | 70 | 70= |
| 7624 | 104 | 37= | 7661 | 70 | 57≡ | 7696 | 78 | 64= | 7734 | 68 | 73= | 7772 | 116 | 53— | 7806 | 80 | 64= |
| 7625 | 72 | 62≡ | 7661 | 78 | 57≡ | 7696 | 86 | 44≡ | 7734 | 80 | 77= | 7774 | 60 | 66≡ | 7806 | 94 | 35≡ |
| 7625 | 80 | 72— | 7662 | 72 | 64= | 7699 | 58 | 66≡ | 7734 | 104 | 59— | 7774 | 128 | 25 | 7806 | 98 | 47= |
| 7625 | 94 | 67— | 7663 | 94 | 78— | 7700 | 68 | 52≡ | 7735 | 84 | 69— | 7775 | 66 | 73= | 7807 | 100 | 47= |
| 7626 | 54 | 71≡ | 7663 | 102 | 59— | 7700 | 90 | 56= | 7735 | 102 | 50— | 7776 | 52 | 75≡ | 7807 | 120 | 41— |
| 7626 | 76 | 49≡ | 7664 | 78 | 74— | 7701 | 88 | 56= | 7736 | 56 | 71≡ | 7776 | 94 | 78— | 7809 | 90 | 44≡ |
| 7626 | 102 | 76— | 7664 | 104 | 50= | 7703 | 72 | 79= | 7737 | 92 | 63— | 7777 | 80 | 61= | 7810 | 72 | 65= |
| 7627 | 98 | 35≡ | 7665 | 58 | 71≡ | 7703 | 74 | 52≡ | 7737 | 94 | 67— | 7777 | 100 | 42= | 7811 | 90 | 39≡ |
| 7629 | 74 | 79= | 7665 | 100 | 42= | 7703 | 112 | 46— | 7737 | 96 | 43= | 7780 | 68 | 68≡ | 7812 | 72 | 52≡ |
| 7629 | 80 | 44≡ | 7666 | 64 | 68≡ | 7704 | 54 | 75≡ | 7738 | 90 | 60= | 7780 | 92 | 78— | 7812 | 80 | 74— |
| 7630 | 86 | 60= | 7667 | 80 | 49≡ | 7704 | 114 | 35= | 7739 | 64 | 66≡ | 7781 | 66 | 70= | 7812 | 84 | 61= |
| 7631 | 90 | 48= | 7667 | 86 | 77= | 7707 | 88 | 77= | 7740 | 86 | 61= | 7781 | 74 | 52≡ | 7813 | 106 | 37= |
| 7631 | 118 | 41— | 7667 | 100 | 50— | 7708 | 80 | 74— | 7742 | 88 | 51= | 7782 | 80 | 74— | 7814 | 70 | 79= |
| 7632 | 70 | 79= | 7668 | 110 | 53— | 7709 | 82 | 56≡ | 7742 | 104 | 50— | 7783 | 84 | 44≡ | 7814 | 80 | 68= |
| 7633 | 106 | 54— | 7669 | 94 | 55= | 7709 | 106 | 54— | 7743 | 82 | 74— | 7783 | 88 | 69— | 7815 | 114 | 45— |
| 7634 | 74 | 49≡ | 7669 | 102 | 50— | 7710 | 84 | 51= | 7743 | 86 | 55= | 7783 | 94 | 47= | 7816 | 66 | 65≡ |
| 7634 | 88 | 48= | 7669 | 104 | 76— | 7711 | 98 | 47= | 7743 | 116 | 45— | 7783 | 128 | 32 | 7816 | 86 | 61= |
| 7634 | 126 | 22 | 7670 | 66 | 75= | 7712 | 68 | 70= | 7744 | 74 | 64= | 7785 | 118 | 41— | 7816 | 92 | 43= |

— bedeutet Träger mit einer Gurtplatte, = mit zwei, ≡ mit drei Gurtplatten.

## von **7817** bis **8038**.

| Widerstands-moment cm³ | Stehblech-Höhe cm | Seite des Buches | Widerstands-moment cm³ | Stehblech-Höhe cm | Seite des Buches | Widerstands-moment cm³ | Stehblech-Höhe cm | Seite des Buches | Widerstands-moment cm³ | Stehblech-Höhe cm | Seite des Buches | Widerstands-moment cm³ | Stehblech-Höhe cm | Seite des Buches | Widerstands-moment cm³ | Stehblech-Höhe cm | Seite des Buches |
|---|---|---|---|---|---|---|---|---|---|---|---|---|---|---|---|---|---|
| 7817 | 102 | 43= | 7858 | 104 | 59— | 7894 | 114 | 37≡ | 7930 | 92 | 47≡ | 7966 | 122 | 45— | 7998 | 116 | 45— |
| 7817 | 104 | 76— | 7859 | 74 | 70= | 7895 | 118 | 41— | 7930 | 116 | 46— | 7967 | 98 | 78— | 7999 | 104 | 43= |
| 7817 | 122 | 41— | 7859 | 106 | 50— | 7896 | 80 | 57≡ | 7931 | 98 | 67— | 7967 | 108 | 28 | 8000 | 76 | 64= |
| 7818 | 76 | 64= | 7860 | 86 | 69— | 7897 | 68 | 73— | 7931 | 120 | 41— | 7967 | 118 | 45— | 8001 | 124 | 41— |
| 7819 | 86 | 60= | 7861 | 78 | 74— | 7897 | 82 | 49≡ | 7932 | 114 | 35≡ | 7968 | 76 | 62≡ | 8002 | 92 | 55≡ |
| 7821 | 60 | 66≡ | 7861 | 108 | 42= | 7899 | 92 | 78— | 7933 | 66 | 73= | 7970 | 74 | 52≡ | 8002 | 94 | 78 |
| 7821 | 114 | 53— | 7862 | 102 | 59— | 7899 | 108 | 54— | 7933 | 112 | 54— | 7970 | 90 | 61= | 8002 | 96 | 60= |
| 7822 | 66 | 52≡ | 7863 | 112 | 53— | 7900 | 86 | 56≡ | 7934 | 104 | 50— | 7971 | 64 | 66≡ | 8003 | 84 | 72— |
| 7822 | 108 | 54— | 7864 | 78 | 49≡ | 7900 | 126 | 24 | 7935 | 96 | 47≡ | 7971 | 116 | 53— | 8004 | 116 | 53— |
| 7823 | 56 | 75≡ | 7864 | 108 | 59— | 7901 | 72 | 79= | 7937 | 84 | 56≡ | 7971 | 120 | 45— | 8005 | 68 | 68≡ |
| 7823 | 98 | 67— | 7865 | 88 | 39≡ | 7902 | 62 | 66≡ | 7937 | 86 | 51≡ | 7972 | 86 | 69— | 8005 | 120 | 35= |
| 7823 | 100 | 35≡ | 7866 | 88 | 69— | 7902 | 76 | 62≡ | 7937 | 112 | 37= | 7972 | 112 | 46— | 8006 | 80 | 74— |
| 7825 | 122 | 41— | 7867 | 104 | 50— | 7903 | 116 | 45— | 7938 | 118 | 41— | 7972 | 118 | 46— | 8006 | 102 | 47= |
| 7827 | 76 | 77≡ | 7868 | 82 | 72— | 7905 | 90 | 69— | 7939 | 78 | 79= | 7973 | 96 | 63— | 8007 | 86 | 44= |
| 7827 | 94 | 48≡ | 7869 | 94 | 63— | 7905 | 104 | 35≡ | 7939 | 98 | 43= | 7973 | 110 | 37= | 8007 | 100 | 47= |
| 7827 | 118 | 35≡ | 7870 | 116 | 26 | 7906 | 106 | 42≡ | 7940 | 108 | 58— | 7974 | 102 | 42= | 8008 | 98 | 48= |
| 7828 | 124 | 23 | 7871 | 102 | 76— | 7907 | 80 | 49≡ | 7940 | 114 | 45— | 7975 | 72 | 52≡ | 8008 | 108 | 50— |
| 7829 | 70 | 52≡ | 7872 | 90 | 60— | 7909 | 120 | 45— | 7941 | 106 | 43= | 7975 | 112 | 35= | 8009 | 60 | 66≡ |
| 7829 | 106 | 42≡ | 7873 | 82 | 68— | 7910 | 100 | 47≡ | 7941 | 110 | 50— | 7976 | 92 | 63— | 8009 | 106 | 76— |
| 7832 | 96 | 67— | 7873 | 94 | 78— | 7910 | 110 | 53— | 7942 | 80 | 64= | 7978 | 60 | 71≡ | 8010 | 70 | 70= |
| 7832 | 108 | 58— | 7874 | 96 | 39≡ | 7910 | 116 | 41— | 7943 | 72 | 70= | 7978 | 86 | 49≡ | 8010 | 110 | 35= |
| 7833 | 58 | 71≡ | 7875 | 58 | 71≡ | 7911 | 84 | 51≡ | 7943 | 76 | 65= | 7978 | 130 | 22 | 8011 | 96 | 55= |
| 7833 | 68 | 52≡ | 7875 | 84 | 49≡ | 7912 | 82 | 62≡ | 7944 | 104 | 42= | 7980 | 52 | 75≡ | 8011 | 126 | 23 |
| 7833 | 104 | 37≡ | 7875 | 110 | 58— | 7912 | 86 | 72— | 7945 | 130 | 25 | 7981 | 88 | 69— | 8012 | 102 | 67— |
| 7834 | 62 | 66≡ | 7877 | 74 | 62≡ | 7912 | 92 | 56≡ | 7946 | 88 | 72— | 7981 | 90 | 69— | 8012 | 104 | 43= |
| 7834 | 92 | 55≡ | 7877 | 76 | 79= | 7914 | 88 | 44≡ | 7947 | 86 | 61= | 7982 | 94 | 63— | 8013 | 82 | 61= |
| 7834 | 94 | 63— | 7877 | 88 | 60= | 7914 | 110 | 58— | 7947 | 110 | 54— | 7983 | 100 | 39≡ | 8013 | 90 | 69— |
| 7837 | 112 | 46— | 7878 | 64 | 68≡ | 7914 | 114 | 53— | 7948 | 66 | 68≡ | 7983 | 104 | 59— | 8014 | 66 | 75— |
| 7838 | 54 | 71≡ | 7878 | 108 | 50— | 7916 | 54 | 75≡ | 7948 | 96 | 67— | 7984 | 70 | 62≡ | 8018 | 76 | 79— |
| 7839 | 80 | 49≡ | 7879 | 84 | 56— | 7916 | 108 | 50— | 7949 | 76 | 56≡ | 7984 | 74 | 79= | 8018 | 92 | 55= |
| 7839 | 86 | 77= | 7879 | 92 | 35≡ | 7917 | 60 | 71≡ | 7951 | 108 | 54— | 7984 | 122 | 41— | 8019 | 72 | 65= |
| 7840 | 68 | 57≡ | 7879 | 110 | 54— | 7917 | 80 | 44≡ | 7953 | 76 | 52≡ | 7985 | 80 | 61= | 8019 | 102 | 35= |
| 7841 | 58 | 73≡ | 7880 | 112 | 58— | 7917 | 96 | 43= | 7953 | 92 | 60= | 7985 | 112 | 76— | 8020 | 84 | 51= |
| 7841 | 92 | 48= | 7881 | 64 | 66≡ | 7918 | 78 | 57≡ | 7953 | 118 | 53— | 7986 | 74 | 62≡ | 8020 | 108 | 42= |
| 7842 | 66 | 75= | 7881 | 74 | 65= | 7918 | 90 | 60= | 7954 | 88 | 51= | 7986 | 90 | 55= | 8022 | 114 | 46— |
| 7842 | 70 | 70= | 7882 | 100 | 43= | 7919 | 80 | 62≡ | 7954 | 94 | 39≡ | 7986 | 106 | 59— | 8023 | 86 | 72— |
| 7842 | 76 | 68= | 7882 | 106 | 76— | 7919 | 100 | 67— | 7955 | 98 | 63— | 7987 | 84 | 74— | 8024 | 92 | 69— |
| 7844 | 62 | 71≡ | 7883 | 88 | 77= | 7920 | 78 | 68— | 7956 | 56 | 71≡ | 7988 | 96 | 78— | 8024 | 110 | 58— |
| 7844 | 86 | 49≡ | 7883 | 116 | 35= | 7920 | 86 | 72— | 7956 | 82 | 56≡ | 7989 | 54 | 73≡ | 8025 | 86 | 64= |
| 7844 | 124 | 41— | 7884 | 78 | 64= | 7920 | 90 | 77= | 7957 | 68 | 75= | 7989 | 70 | 70= | 8025 | 90 | 51= |
| 7846 | 88 | 48= | 7884 | 98 | 55= | 7922 | 74 | 64= | 7957 | 84 | 77= | 7990 | 80 | 68= | 8025 | 94 | 43= |
| 7847 | 90 | 48= | 7885 | 64 | 75= | 7922 | 98 | 35≡ | 7958 | 112 | 42= | 7990 | 96 | 47= | 8025 | 106 | 37= |
| 7848 | 104 | 42= | 7885 | 82 | 64= | 7922 | 118 | 45— | 7959 | 74 | 79= | 7991 | 112 | 54— | 8027 | 66 | 66≡ |
| 7848 | 106 | 59— | 7885 | 84 | 72— | 7923 | 78 | 52≡ | 7960 | 130 | 32 | 7992 | 72 | 62≡ | 8029 | 100 | 67— |
| 7849 | 82 | 74— | 7887 | 92 | 60= | 7923 | 84 | 61= | 7962 | 70 | 65≡ | 7993 | 84 | 77= | 8029 | 120 | 45— |
| 7849 | 88 | 60= | 7887 | 98 | 43= | 7924 | 98 | 67— | 7962 | 88 | 61= | 7993 | 124 | 41— | 8030 | 86 | 51= |
| 7849 | 118 | 45— | 7888 | 116 | 53— | 7924 | 108 | 58— | 7962 | 96 | 78— | 7994 | 88 | 69— | 8031 | 84 | 61= |
| 7850 | 94 | 67— | 7889 | 68 | 70= | 7926 | 80 | 77= | 7963 | 68 | 62≡ | 7994 | 102 | 59— | 8032 | 82 | 74— |
| 7850 | 100 | 43= | 7889 | 88 | 69— | 7926 | 104 | 59— | 7963 | 90 | 51= | 7994 | 108 | 59— | 8032 | 84 | 49≡ |
| 7853 | 112 | 53— | 7889 | 94 | 78— | 7927 | 58 | 66≡ | 7963 | 120 | 41— | 7995 | 94 | 78— | 8032 | 88 | 51= |
| 7854 | 70 | 57≡ | 7891 | 82 | 61= | 7927 | 96 | 63— | 7964 | 80 | 56≡ | 7996 | 70 | 79= | 8033 | 76 | 52≡ |
| 7855 | 72 | 57≡ | 7893 | 72 | 70= | 7928 | 56 | 73≡ | 7964 | 92 | 51= | 7996 | 110 | 58— | 8035 | 96 | 48= |
| 7857 | 82 | 44≡ | 7894 | 68 | 65≡ | 7928 | 106 | 59— | 7965 | 106 | 58— | 7997 | 72 | 65= | 8037 | 74 | 70= |
| 7857 | 92 | 63— | 7894 | 80 | 74— | 7929 | 74 | 57≡ | 7966 | 70 | 52≡ | 7997 | 100 | 42= | 8038 | 98 | 67— |
| 7857 | 94 | 55= | 7894 | 84 | 72— | 7930 | 76 | 57≡ | 7966 | 80 | 64= | 7997 | 106 | 50— | 8038 | 116 | 27 |

— bedeutet Träger mit einer Gurtplatte, = mit zwei, ≡ mit drei Gurtplatten.

# Widerstandsmomente cm³

## von 8039 bis 8299.

| Widerstandsmoment cm³ | Stehblech-Höhe cm | Seite des Buches | Widerstandsmoment cm³ | Stehblech-Höhe cm | Seite des Buches | Widerstandsmoment cm³ | Stehblech-Höhe cm | Seite des Buches | Widerstandsmoment cm³ | Stehblech-Höhe cm | Seite des Buches | Widerstandsmoment cm³ | Stehblech-Höhe cm | Seite des Buches | Widerstandsmoment cm³ | Stehblech-Höhe cm | Seite des Buches |
|---|---|---|---|---|---|---|---|---|---|---|---|---|---|---|---|---|---|
| 8039 | 108 | 54— | 8092 | 78 | 68= | 8135 | 120 | 53— | 8177 | 96 | 63— | 8216 | 104 | 67— | 8258 | 116 | 58— |
| 8040 | 86 | 61= | 8094 | 76 | 57≡ | 8136 | 106 | 76— | 8178 | 126 | 41— | 8217 | 94 | 55= | 8259 | 90 | 51= |
| 8041 | 106 | 42= | 8095 | 88 | 69— | 8136 | 112 | 50— | 8179 | 90 | 51— | 8218 | 108 | 37= | 8260 | 58 | 73≡ |
| 8042 | 98 | 67— | 8097 | 84 | 74— | 8137 | 92 | 60= | 8180 | 108 | 54— | 8219 | 78 | 62≡ | 8261 | 88 | 51= |
| 8043 | 56 | 75≡ | 8097 | 112 | 76— | 8138 | 132 | 32 | 8180 | 114 | 54— | 8219 | 102 | 67— | 8261 | 106 | 59— |
| 8043 | 88 | 60= | 8098 | 68 | 65≡ | 8139 | 100 | 67— | 8181 | 76 | 57≡ | 8221 | 86 | 77= | 8262 | 56 | 75= |
| 8045 | 94 | 55= | 8098 | 90 | 69— | 8140 | 106 | 42= | 8182 | 106 | 59— | 8221 | 98 | 55= | 8262 | 82 | 74— |
| 8048 | 108 | 76— | 8098 | 106 | 35 | 8141 | 76 | 65≡ | 8182 | 112 | 42= | 8223 | 96 | 55= | 8262 | 118 | 37= |
| 8049 | 82 | 64= | 8099 | 108 | 42= | 8142 | 98 | 47= | 8183 | 86 | 77— | 8224 | 68 | 73= | 8263 | 106 | 76— |
| 8049 | 114 | 53— | 8099 | 116 | 53— | 8142 | 122 | 41— | 8183 | 102 | 39≡ | 8226 | 82 | 61= | 8264 | 86 | 61— |
| 8051 | 58 | 73≡ | 8100 | 90 | 77≡ | 8143 | 86 | 51= | 8184 | 90 | 55= | 8227 | 76 | 52≡ | 8265 | 66 | 66≡ |
| 8051 | 64 | 75= | 8100 | 112 | 53— | 8143 | 94 | 47= | 8185 | 66 | 75= | 8227 | 116 | 53— | 8265 | 96 | 48= |
| 8051 | 110 | 42= | 8102 | 86 | 49≡ | 8143 | 110 | 54— | 8185 | 92 | 51≡ | 8229 | 90 | 69— | 8265 | 110 | 76— |
| 8052 | 70 | 68≡ | 8102 | 94 | 60= | 8144 | 98 | 63— | 8186 | 80 | 79= | 8230 | 62 | 71≡ | 8266 | 74 | 65= |
| 8052 | 118 | 45— | 8103 | 70 | 52≡ | 8145 | 114 | 42≡ | 8188 | 110 | 59— | 8232 | 88 | 44≡ | 8266 | 130 | 24 |
| 8053 | 82 | 68= | 8103 | 120 | 45— | 8145 | 124 | 45— | 8189 | 82 | 64= | 8233 | 94 | 55= | 8267 | 108 | 50— |
| 8055 | 106 | 59— | 8104 | 80 | 49— | 8147 | 64 | 71≡ | 8189 | 84 | 56≡ | 8233 | 110 | 54— | 8268 | 72 | 70= |
| 8056 | 104 | 42= | 8106 | 86 | 56— | 8147 | 84 | 62= | 8189 | 118 | 53— | 8233 | 118 | 27 | 8268 | 90 | 60= |
| 8059 | 76 | 79= | 8107 | 70 | 57≡ | 8147 | 96 | 47= | 8190 | 92 | 61= | 8234 | 82 | 68= | 8269 | 120 | 45— |
| 8060 | 58 | 71≡ | 8109 | 84 | 68= | 8149 | 88 | 72— | 8191 | 98 | 63— | 8234 | 86 | 74— | 8269 | 124 | 45— |
| 8061 | 68 | 73≡ | 8110 | 122 | 41— | 8149 | 120 | 45— | 8191 | 104 | 76— | 8235 | 72 | 52≡ | 8270 | 88 | 61= |
| 8062 | 92 | 48= | 8111 | 74 | 57≡ | 8150 | 78 | 62≡ | 8193 | 110 | 37≡ | 8235 | 120 | 45— | 8270 | 112 | 50— |
| 8063 | 78 | 57— | 8111 | 102 | 47= | 8151 | 74 | 79= | 8194 | 96 | 60= | 8236 | 102 | 67— | 8272 | 78 | 79= |
| 8063 | 96 | 67— | 8112 | 110 | 50— | 8152 | 60 | 71≡ | 8194 | 128 | 41— | 8236 | 108 | 42= | 8272 | 98 | 63— |
| 8064 | 90 | 48= | 8113 | 84 | 72— | 8152 | 122 | 45— | 8195 | 60 | 71≡ | 8236 | 116 | 53— | 8273 | 106 | 50— |
| 8065 | 112 | 58— | 8114 | 118 | 46— | 8153 | 82 | 44≡ | 8195 | 106 | 47= | 8237 | 70 | 62≡ | 8275 | 120 | 41— |
| 8066 | 88 | 49— | 8115 | 72 | 57≡ | 8154 | 120 | 46— | 8196 | 78 | 56≡ | 8237 | 74 | 52≡ | 8276 | 98 | 55= |
| 8066 | 106 | 50— | 8116 | 72 | 70= | 8156 | 58 | 75≡ | 8196 | 104 | 59— | 8237 | 96 | 43≡ | 8277 | 98 | 67— |
| 8067 | 74 | 65= | 8117 | 94 | 78— | 8156 | 118 | 53— | 8197 | 86 | 64= | 8238 | 84 | 51≡ | 8278 | 94 | 48= |
| 8068 | 114 | 58— | 8118 | 80 | 74— | 8157 | 88 | 72— | 8197 | 108 | 50— | 8238 | 92 | 49≡ | 8280 | 90 | 77= |
| 8069 | 62 | 71≡ | 8119 | 120 | 41— | 8159 | 98 | 67— | 8198 | 98 | 47— | 8240 | 94 | 78— | 8282 | 112 | 54— |
| 8069 | 104 | 50— | 8120 | 116 | 53— | 8159 | 114 | 46— | 8199 | 102 | 42≡ | 8240 | 110 | 76— | 8283 | 70 | 68= |
| 8070 | 68 | 66≡ | 8121 | 90 | 69— | 8160 | 80 | 62≡ | 8199 | 112 | 35≡ | 8242 | 76 | 79= | 8283 | 92 | 48= |
| 8070 | 116 | 46— | 8121 | 114 | 54— | 8161 | 108 | 58— | 8200 | 78 | 65≡ | 8242 | 112 | 42= | 8283 | 104 | 43= |
| 8071 | 78 | 64= | 8122 | 78 | 49≡ | 8161 | 112 | 37≡ | 8201 | 94 | 63— | 8243 | 76 | 62≡ | 8284 | 84 | 74— |
| 8071 | 118 | 53— | 8123 | 76 | 70— | 8162 | 96 | 39≡ | 8202 | 64 | 66— | 8244 | 60 | 66= | 8285 | 114 | 76— |
| 8073 | 98 | 63— | 8123 | 98 | 43≡ | 8162 | 124 | 41— | 8202 | 82 | 56— | 8244 | 98 | 48= | 8285 | 118 | 53— |
| 8073 | 110 | 50— | 8123 | 100 | 35≡ | 8163 | 74 | 70= | 8203 | 88 | 49≡ | 8245 | 120 | 35= | 8286 | 122 | 45— |
| 8074 | 82 | 49≡ | 8124 | 88 | 56— | 8165 | 88 | 51= | 8203 | 96 | 63— | 8246 | 70 | 75= | 8287 | 78 | 52≡ |
| 8075 | 120 | 41— | 8124 | 102 | 67— | 8166 | 66 | 68≡ | 8204 | 80 | 56— | 8247 | 86 | 72— | 8288 | 58 | 71≡ |
| 8077 | 62 | 66— | 8125 | 84 | 61— | 8166 | 86 | 56— | 8204 | 92 | 55= | 8249 | 100 | 67— | 8288 | 100 | 55= |
| 8078 | 72 | 79= | 8126 | 62 | 66 | 8167 | 84 | 74— | 8205 | 110 | 50— | 8249 | 104 | 43= | 8289 | 72 | 70= |
| 8078 | 94 | 63— | 8126 | 86 | 72— | 8169 | 94 | 60— | 8206 | 84 | 74— | 8250 | 80 | 65= | 8289 | 74 | 65≡ |
| 8080 | 72 | 70= | 8128 | 54 | 75≡ | 8169 | 126 | 41— | 8207 | 100 | 47= | 8250 | 84 | 61= | 8290 | 114 | 53— |
| 8080 | 98 | 55= | 8130 | 76 | 62— | 8170 | 100 | 63— | 8209 | 112 | 76— | 8252 | 72 | 62≡ | 8290 | 124 | 41— |
| 8082 | 102 | 43 | 8130 | 110 | 76— | 8170 | 110 | 28 | 8209 | 116 | 46— | 8252 | 100 | 67— | 8292 | 92 | 60= |
| 8082 | 128 | 24 | 8131 | 56 | 73≡ | 8171 | 70 | 70— | 8210 | 102 | 47= | 8253 | 108 | 59— | 8293 | 62 | 71≡ |
| 8084 | 58 | 71≡ | 8131 | 100 | 47= | 8171 | 116 | 54— | 8210 | 106 | 43— | 8254 | 74 | 62≡ | 8293 | 102 | 43= |
| 8085 | 118 | 45— | 8132 | 64 | 66≡ | 8172 | 70 | 65= | 8210 | 122 | 45— | 8254 | 120 | 26 | 8293 | 110 | 42= |
| 8086 | 84 | 44— | 8132 | 82 | 57≡ | 8173 | 104 | 42≡ | 8212 | 96 | 78— | 8255 | 110 | 50— | 8294 | 84 | 64= |
| 8087 | 96 | 78— | 8133 | 90 | 44≡ | 8174 | 74 | 57— | 8213 | 98 | 60— | 8255 | 118 | 46— | 8296 | 114 | 58— |
| 8088 | 100 | 55= | 8133 | 92 | 56= | 8174 | 88 | 61≡ | 8214 | 100 | 48— | 8256 | 114 | 58— | 8297 | 100 | 78— |
| 8088 | 122 | 45— | 8134 | 68 | 75= | 8175 | 56 | 71≡ | 8215 | 74 | 70= | 8257 | 122 | 41= | 8298 | 120 | 46— |
| 8090 | 64 | 68≡ | 8134 | 80 | 64— | 8176 | 78 | 57≡ | 8215 | 90 | 69— | 8258 | 78 | 64= | 8299 | 96 | 35≡ |
| 8090 | 92 | 60— | 8135 | 108 | 43— | 8176 | 98 | 78— | 8216 | 76 | 79≡ | 8258 | 96 | 55— | 8299 | 118 | 35— |

— bedeutet Träger mit einer Gurtplatte, = mit zwei, ≡ mit drei Gurtplatten.

## von 8301 bis 8541.

| Widerstandsmoment cm³ | Stehblechhöhe cm | Seite des Buches | Widerstandsmoment cm³ | Stehblechhöhe cm | Seite des Buches | Widerstandsmoment cm³ | Stehblechhöhe cm | Seite des Buches | Widerstandsmoment cm³ | Stehblechhöhe cm | Seite des Buches | Widerstandsmoment cm³ | Stehblechhöhe cm | Seite des Buches | Widerstandsmoment cm³ | Stehblechhöhe cm | Seite des Buches |
|---|---|---|---|---|---|---|---|---|---|---|---|---|---|---|---|---|---|
| 8301 | 122 | 41— | 8349 | 90 | 56= | 8391 | 100 | 78— | 8430 | 90 | 49= | 8468 | 84 | 61= | 8505 | 126 | 41— |
| 8302 | 96 | 63— | 8351 | 94 | 77= | 8392 | 74 | 70= | 8430 | 120 | 27 | 8468 | 114 | 50— | 8506 | 82 | 65= |
| 8303 | 98 | 78— | 8351 | 100 | 47= | 8393 | 124 | 45— | 8431 | 66 | 66≡ | 8469 | 110 | 50— | 8506 | 128 | 45— |
| 8305 | 76 | 70= | 8352 | 94 | 56= | 8394 | 108 | 47= | 8431 | 100 | 55= | 8470 | 58 | 73≡ | 8507 | 114 | 58— |
| 8307 | 118 | 53— | 8353 | 70 | 70= | 8395 | 90 | 51= | 8432 | 76 | 57= | 8470 | 124 | 45— | 8508 | 114 | 50— |
| 8309 | 80 | 57≡ | 8354 | 116 | 53— | 8395 | 114 | 54— | 8433 | 64 | 66≡ | 8471 | 80 | 62≡ | 8509 | 102 | 63— |
| 8309 | 112 | 50— | 8355 | 92 | 69— | 8396 | 88 | 56= | 8433 | 110 | 42= | 8472 | 126 | 41— | 8510 | 98 | 35≡ |
| 8309 | 116 | 37≡ | 8356 | 74 | 70= | 8397 | 84 | 77= | 8434 | 78 | 57≡ | 8473 | 62 | 71≡ | 8512 | 72 | 62≡ |
| 8310 | 116 | 54— | 8356 | 128 | 41— | 8397 | 118 | 46— | 8434 | 114 | 42= | 8473 | 98 | 55= | 8512 | 74 | 65≡ |
| 8311 | 68 | 75≡ | 8357 | 66 | 75= | 8398 | 110 | 50— | 8435 | 112 | 58— | 8473 | 120 | 53— | 8513 | 114 | 76— |
| 8312 | 118 | 45— | 8358 | 82 | 77= | 8399 | 98 | 63— | 8436 | 98 | 55= | 8474 | 94 | 51= | 8514 | 92 | 49≡ |
| 8314 | 78 | 79≡ | 8358 | 98 | 47= | 8399 | 106 | 59— | 8437 | 88 | 64= | 8475 | 78 | 79= | 8515 | 58 | 71≡ |
| 8314 | 104 | 47≡ | 8358 | 118 | 54— | 8399 | 114 | 76— | 8438 | 84 | 64= | 8475 | 116 | 76— | 8515 | 70 | 68≡ |
| 8315 | 84 | 74— | 8359 | 86 | 72— | 8400 | 80 | 62≡ | 8439 | 124 | 41— | 8476 | 114 | 54— | 8516 | 94 | 60= |
| 8316 | 68 | 66≡ | 8359 | 110 | 58— | 8402 | 104 | 42≡ | 8441 | 122 | 53— | 8478 | 86 | 51= | 8516 | 126 | 45— |
| 8317 | 86 | 44≡ | 8360 | 74 | 52≡ | 8403 | 78 | 65≡ | 8442 | 120 | 46— | 8479 | 84 | 68= | 8517 | 62 | 71≡ |
| 8318 | 96 | 60≡ | 8361 | 86 | 49≡ | 8403 | 82 | 57≡ | 8444 | 114 | 59— | 8479 | 98 | 48= | 8517 | 76 | 62≡ |
| 8318 | 134 | 32 | 8363 | 100 | 63— | 8403 | 100 | 43= | 8445 | 80 | 56≡ | 8482 | 56 | 75≡ | 8517 | 106 | 47= |
| 8319 | 92 | 77≡ | 8365 | 94 | 69— | 8404 | 112 | 50— | 8445 | 94 | 69— | 8482 | 88 | 74— | 8517 | 124 | 45— |
| 8319 | 122 | 53— | 8367 | 120 | 45— | 8405 | 82 | 62≡ | 8445 | 104 | 67— | 8482 | 96 | 69— | 8518 | 80 | 64= |
| 8320 | 62 | 66≡ | 8368 | 76 | 57≡ | 8406 | 92 | 51= | 8446 | 78 | 64= | 8483 | 62 | 73≡ | 8518 | 94 | 39≡ |
| 8320 | 110 | 59— | 8368 | 80 | 49≡ | 8407 | 106 | 47= | 8447 | 120 | 37= | 8484 | 122 | 46— | 8518 | 112 | 59— |
| 8321 | 126 | 41— | 8369 | 88 | 72— | 8408 | 108 | 43= | 8448 | 82 | 56= | 8485 | 106 | 43— | 8519 | 84 | 74— |
| 8323 | 108 | 59— | 8370 | 84 | 57≡ | 8409 | 94 | 51= | 8448 | 118 | 58— | 8485 | 124 | 41— | 8521 | 74 | 62≡ |
| 8323 | 124 | 41— | 8371 | 130 | 41— | 8409 | 98 | 60= | 8449 | 90 | 69— | 8486 | 78 | 52≡ | 8521 | 116 | 54— |
| 8325 | 72 | 68— | 8372 | 100 | 67— | 8410 | 100 | 63— | 8449 | 116 | 58— | 8488 | 68 | 75= | 8522 | 124 | 46— |
| 8326 | 80 | 64= | 8373 | 106 | 42= | 8410 | 114 | 58— | 8449 | 122 | 26 | 8488 | 76 | 70= | 8523 | 110 | 59— |
| 8326 | 102 | 35≡ | 8373 | 114 | 42= | 8411 | 88 | 77= | 8450 | 88 | 77= | 8488 | 92 | 51= | 8523 | 118 | 42= |
| 8328 | 114 | 54— | 8374 | 116 | 58— | 8411 | 92 | 61= | 8450 | 96 | 55= | 8488 | 100 | 55= | 8523 | 128 | 41— |
| 8329 | 110 | 43≡ | 8375 | 72 | 57≡ | 8412 | 60 | 71≡ | 8450 | 106 | 43= | 8488 | 112 | 42= | 8524 | 114 | 58— |
| 8330 | 76 | 52≡ | 8375 | 112 | 28 | 8412 | 94 | 61= | 8451 | 126 | 45— | 8489 | 102 | 39≡ | 8525 | 112 | 43= |
| 8330 | 88 | 49≡ | 8376 | 110 | 54— | 8413 | 110 | 37= | 8452 | 66 | 71≡ | 8489 | 110 | 35≡ | 8527 | 80 | 79= |
| 8330 | 100 | 43≡ | 8377 | 70 | 52≡ | 8414 | 76 | 79= | 8452 | 92 | 69— | 8490 | 88 | 51= | 8527 | 98 | 63— |
| 8331 | 114 | 50— | 8377 | 82 | 74— | 8414 | 102 | 47= | 8452 | 110 | 59— | 8490 | 116 | 58— | 8527 | 130 | 41— |
| 8332 | 90 | 69— | 8378 | 60 | 73≡ | 8414 | 104 | 47= | 8453 | 96 | 44≡ | 8492 | 60 | 75≡ | 8528 | 116 | 50— |
| 8332 | 108 | 76— | 8378 | 64 | 71≡ | 8415 | 82 | 68= | 8454 | 100 | 48= | 8492 | 100 | 67— | 8528 | 122 | 53— |
| 8333 | 56 | 73≡ | 8378 | 74 | 57≡ | 8415 | 118 | 53— | 8454 | 122 | 45— | 8493 | 92 | 61= | 8529 | 110 | 76— |
| 8334 | 116 | 42≡ | 8380 | 84 | 49≡ | 8416 | 82 | 52≡ | 8455 | 68 | 68≡ | 8494 | 90 | 51= | 8530 | 96 | 60= |
| 8335 | 88 | 56≡ | 8382 | 114 | 58— | 8417 | 86 | 74— | 8455 | 72 | 70= | 8495 | 120 | 53— | 8530 | 100 | 63— |
| 8336 | 102 | 47≡ | 8382 | 130 | 23 | 8417 | 92 | 72— | 8455 | 112 | 50— | 8496 | 96 | 48= | 8530 | 104 | 35≡ |
| 8337 | 96 | 78— | 8383 | 70 | 65≡ | 8417 | 106 | 35≡ | 8457 | 80 | 52= | 8497 | 102 | 55= | 8531 | 114 | 54— |
| 8337 | 122 | 46— | 8383 | 86 | 62≡ | 8420 | 122 | 45— | 8458 | 86 | 74— | 8498 | 118 | 37= | 8535 | 110 | 42= |
| 8339 | 76 | 65≡ | 8383 | 108 | 59— | 8421 | 102 | 48= | 8458 | 94 | 49= | 8499 | 88 | 61= | 8535 | 118 | 35≡ |
| 8340 | 54 | 75≡ | 8384 | 58 | 75≡ | 8422 | 106 | 67— | 8459 | 80 | 65= | 8499 | 104 | 43= | 8536 | 86 | 68= |
| 8341 | 120 | 53— | 8384 | 66 | 68≡ | 8423 | 100 | 35≡ | 8460 | 90 | 77= | 8500 | 78 | 62≡ | 8536 | 98 | 60= |
| 8342 | 102 | 67— | 8384 | 78 | 62≡ | 8424 | 84 | 74— | 8460 | 122 | 41— | 8500 | 90 | 64= | 8537 | 72 | 75= |
| 8342 | 126 | 41— | 8385 | 88 | 61= | 8424 | 94 | 55= | 8461 | 102 | 67— | 8500 | 136 | 32 | 8537 | 74 | 79= |
| 8343 | 80 | 68≡ | 8385 | 104 | 39≡ | 8425 | 76 | 79= | 8461 | 108 | 76— | 8501 | 128 | 41— | 8537 | 76 | 65= |
| 8344 | 74 | 79≡ | 8386 | 82 | 64≡ | 8425 | 80 | 57≡ | 8462 | 84 | 64= | 8502 | 76 | 52≡ | 8538 | 102 | 43= |
| 8345 | 78 | 57≡ | 8387 | 96 | 60= | 8425 | 118 | 53— | 8462 | 96 | 78— | 8503 | 66 | 66≡ | 8538 | 118 | 46— |
| 8345 | 82 | 49≡ | 8387 | 102 | 63— | 8426 | 96 | 63— | 8463 | 108 | 59— | 8503 | 92 | 77= | 8539 | 94 | 77— |
| 8346 | 86 | 74— | 8388 | 90 | 72— | 8426 | 98 | 63— | 8464 | 102 | 67— | 8503 | 124 | 53— | 8539 | 106 | 67— |
| 8347 | 116 | 35≡ | 8388 | 114 | 35≡ | 8428 | 70 | 75= | 8465 | 92 | 69— | 8504 | 74 | 52≡ | 8539 | 112 | 50— |
| 8348 | 128 | 41— | 8389 | 84 | 44≡ | 8428 | 104 | 67— | 8466 | 68 | 66≡ | 8504 | 94 | 48= | 8541 | 86 | 64= |
| 8349 | 70 | 73≡ | 8390 | 106 | 76— | 8428 | 112 | 54— | 8466 | 72 | 73= | 8505 | 90 | 72— | 8541 | 110 | 50— |

— bedeutet Träger mit einer Gurtplatte, = mit zwei, ≡ mit drei Gurtplatten.

# Widerstandsmomente cm³

## von 8541 bis 8777.

| Widerstands-moment cm³ | Stehblech-Höhe cm | Seite des Buches | Widerstands-moment cm³ | Stehblech-Höhe cm | Seite des Buches | Widerstands-moment cm³ | Stehblech-Höhe cm | Seite des Buches | Widerstands-moment cm³ | Stehblech-Höhe cm | Seite des Buches | Widerstands-moment cm³ | Stehblech-Höhe cm | Seite des Buches | Widerstands-moment cm³ | Stehblech-Höhe cm | Seite des Buches |
|---|---|---|---|---|---|---|---|---|---|---|---|---|---|---|---|---|---|
| 8541 | 116 | 37 = | 8586 | 120 | 46 — | 8625 | 114 | 54 — | 8655 | 80 | 70 = | 8689 | 128 | 41 — | 8730 | 120 | 46 — |
| 8542 | 80 | 52 ≡ | 8587 | 84 | 49 ≡ | 8626 | 78 | 57 ≡ | 8655 | 94 | 72 — | 8690 | 66 | 71 ≡ | 8732 | 90 | 74 — |
| 8543 | 104 | 47 = | 8588 | 106 | 39 ≡ | 8627 | 86 | 44 ≡ | 8655 | 106 | 67 — | 8690 | 94 | 69 — | 8733 | 68 | 66 ≡ |
| 8545 | 64 | 71 ≡ | 8588 | 116 | 54 — | 8627 | 92 | 51 ≡ | 8655 | 126 | 45 — | 8690 | 126 | 53 — | 8733 | 92 | 61 ≡ |
| 8545 | 94 | 60 = | 8590 | 94 | 69 — | 8627 | 114 | 76 — | 8655 | 128 | 41 — | 8691 | 92 | 69 — | 8734 | 74 | 65 ≡ |
| 8545 | 118 | 53 — | 8591 | 108 | 76 — | 8627 | 124 | 53 — | 8656 | 114 | 50 — | 8692 | 78 | 57 ≡ | 8734 | 118 | 37 = |
| 8546 | 86 | 49 ≡ | 8592 | 78 | 52 ≡ | 8628 | 76 | 52 ≡ | 8657 | 72 | 52 ≡ | 8692 | 120 | 54 — | 8735 | 90 | 61 ≡ |
| 8548 | 74 | 70 = | 8593 | 112 | 76 — | 8628 | 116 | 42 ≡ | 8657 | 100 | 78 — | 8694 | 84 | 56 ≡ | 8735 | 106 | 35 ≡ |
| 8548 | 120 | 54 — | 8594 | 110 | 43 ≡ | 8628 | 122 | 27 | 8658 | 86 | 74 — | 8695 | 82 | 56 ≡ | 8735 | 112 | 42 = |
| 8549 | 88 | 44 ≡ | 8595 | 60 | 73 ≡ | 8629 | 92 | 72 — | 8658 | 92 | 49 ≡ | 8695 | 100 | 48 = | 8737 | 120 | 53 — |
| 8553 | 104 | 67 — | 8595 | 82 | 68 = | 8629 | 108 | 67 — | 8660 | 88 | 56 ≡ | 8697 | 104 | 39 ≡ | 8738 | 122 | 54 — |
| 8554 | 104 | 43 = | 8595 | 88 | 49 ≡ | 8630 | 104 | 48 = | 8661 | 110 | 76 — | 8701 | 96 | 51 = | 8739 | 92 | 64 = |
| 8555 | 82 | 77 = | 8597 | 88 | 74 — | 8630 | 112 | 42 = | 8663 | 100 | 43 = | 8701 | 102 | 55 = | 8739 | 96 | 39 ≡ |
| 8556 | 82 | 57 ≡ | 8597 | 96 | 69 — | 8630 | 122 | 46 = | 8663 | 122 | 53 = | 8701 | 128 | 45 — | 8740 | 102 | 78 — |
| 8557 | 98 | 56 = | 8598 | 80 | 57 ≡ | 8631 | 94 | 55 = | 8664 | 84 | 68 = | 8702 | 56 | 75 ≡ | 8741 | 62 | 71 ≡ |
| 8558 | 112 | 58 — | 8599 | 74 | 68 = | 8631 | 102 | 63 — | 8665 | 68 | 75 ≡ | 8703 | 94 | 69 — | 8741 | 74 | 70 = |
| 8560 | 90 | 49 ≡ | 8599 | 84 | 77 = | 8632 | 92 | 61 = | 8666 | 98 | 39 ≡ | 8703 | 126 | 45 — | 8741 | 94 | 49 ≡ |
| 8560 | 102 | 47 = | 8600 | 78 | 65 = | 8632 | 114 | 59 — | 8666 | 102 | 48 = | 8704 | 116 | 58 — | 8742 | 66 | 66 ≡ |
| 8561 | 68 | 66 ≡ | 8600 | 112 | 50 — | 8633 | 64 | 66 ≡ | 8666 | 118 | 76 — | 8705 | 106 | 43 = | 8742 | 114 | 50 — |
| 8561 | 76 | 65 ≡ | 8601 | 114 | 42 = | 8633 | 76 | 70 — | 8667 | 80 | 65 = | 8705 | 130 | 41 — | 8746 | 80 | 52 ≡ |
| 8561 | 118 | 54 — | 8604 | 104 | 78 — | 8634 | 86 | 77 — | 8668 | 116 | 50 — | 8707 | 62 | 73 ≡ | 8746 | 112 | 50 — |
| 8563 | 62 | 66 ≡ | 8604 | 108 | 59 — | 8634 | 96 | 51 = | 8669 | 72 | 65 ≡ | 8707 | 116 | 76 — | 8747 | 70 | 68 = |
| 8563 | 72 | 68 ≡ | 8605 | 98 | 60 = | 8634 | 128 | 45 — | 8669 | 126 | 41 = | 8708 | 104 | 55 = | 8748 | 104 | 43 = |
| 8563 | 122 | 53 — | 8605 | 120 | 53 — | 8635 | 94 | 51 = | 8670 | 76 | 70 = | 8708 | 126 | 46 — | 8748 | 108 | 67 — |
| 8565 | 90 | 56 = | 8606 | 106 | 42 = | 8635 | 96 | 61 = | 8671 | 98 | 44 ≡ | 8709 | 78 | 70 = | 8749 | 92 | 72 — |
| 8566 | 116 | 42 = | 8606 | 116 | 58 — | 8637 | 84 | 74 — | 8671 | 124 | 46 — | 8709 | 102 | 67 — | 8751 | 106 | 47 = |
| 8566 | 118 | 58 — | 8606 | 124 | 45 — | 8638 | 92 | 72 — | 8672 | 116 | 54 — | 8711 | 80 | 64 = | 8751 | 124 | 53 — |
| 8567 | 94 | 69 — | 8607 | 70 | 66 ≡ | 8638 | 106 | 67 — | 8673 | 112 | 50 — | 8711 | 88 | 74 — | 8752 | 74 | 73 — |
| 8568 | 96 | 77 ≡ | 8607 | 88 | 72 — | 8639 | 72 | 66 ≡ | 8674 | 104 | 67 — | 8712 | 82 | 52 ≡ | 8752 | 98 | 60 = |
| 8569 | 86 | 74 — | 8607 | 102 | 78 — | 8639 | 102 | 60 = | 8675 | 82 | 57 ≡ | 8712 | 86 | 61 = | 8753 | 100 | 63 — |
| 8570 | 74 | 70 = | 8608 | 110 | 43 = | 8640 | 80 | 62 ≡ | 8675 | 118 | 53 — | 8713 | 96 | 69 — | 8754 | 102 | 63 — |
| 8570 | 80 | 79 = | 8609 | 112 | 37 = | 8640 | 116 | 59 — | 8676 | 76 | 73 — | 8714 | 98 | 69 — | 8754 | 120 | 54 — |
| 8571 | 92 | 69 — | 8610 | 64 | 71 ≡ | 8640 | 120 | 58 — | 8678 | 78 | 79 — | 8715 | 62 | 71 ≡ | 8755 | 100 | 60 = |
| 8571 | 100 | 47 = | 8610 | 86 | 57 ≡ | 8641 | 124 | 45 — | 8678 | 104 | 67 — | 8715 | 118 | 54 — | 8757 | 102 | 78 — |
| 8572 | 96 | 56 = | 8610 | 108 | 47 = | 8642 | 76 | 57 ≡ | 8679 | 96 | 69 — | 8715 | 120 | 42 = | 8758 | 68 | 71 ≡ |
| 8574 | 98 | 47 = | 8611 | 58 | 75 ≡ | 8642 | 86 | 62 ≡ | 8680 | 58 | 73 ≡ | 8716 | 102 | 63 — | 8758 | 114 | 58 — |
| 8574 | 108 | 42 = | 8611 | 70 | 75 ≡ | 8642 | 118 | 54 — | 8680 | 90 | 77 ≡ | 8717 | 124 | 53 — | 8760 | 80 | 62 ≡ |
| 8574 | 112 | 54 — | 8612 | 76 | 79 ≡ | 8643 | 72 | 70 — | 8680 | 96 | 49 ≡ | 8718 | 114 | 59 — | 8760 | 96 | 77 ≡ |
| 8575 | 74 | 73 ≡ | 8612 | 90 | 51 = | 8643 | 102 | 55 = | 8681 | 68 | 68 ≡ | 8719 | 94 | 51 = | 8760 | 118 | 42 = |
| 8575 | 78 | 70 = | 8613 | 102 | 43 = | 8645 | 74 | 57 ≡ | 8681 | 86 | 74 — | 8722 | 116 | 58 — | 8761 | 106 | 43 = |
| 8575 | 92 | 56 = | 8614 | 88 | 64 = | 8645 | 96 | 55 = | 8683 | 130 | 41 — | 8723 | 94 | 60 = | 8762 | 70 | 66 = |
| 8576 | 94 | 44 ≡ | 8615 | 120 | 53 — | 8645 | 124 | 26 | 8683 | 138 | 32 | 8724 | 82 | 62 = | 8762 | 84 | 65 = |
| 8577 | 116 | 58 — | 8616 | 82 | 49 ≡ | 8646 | 124 | 41 — | 8684 | 84 | 79 ≡ | 8724 | 100 | 35 ≡ | 8762 | 128 | 45 — |
| 8577 | 126 | 45 — | 8617 | 108 | 35 ≡ | 8648 | 84 | 57 ≡ | 8684 | 110 | 50 = | 8725 | 72 | 75 ≡ | 8763 | 78 | 70 = |
| 8578 | 94 | 56 = | 8618 | 90 | 61 = | 8649 | 74 | 52 ≡ | 8684 | 118 | 58 — | 8725 | 86 | 68 = | 8765 | 106 | 67 — |
| 8579 | 96 | 60 = | 8618 | 102 | 47 = | 8650 | 100 | 63 — | 8685 | 114 | 42 = | 8725 | 112 | 59 — | 8767 | 78 | 52 ≡ |
| 8579 | 114 | 37 = | 8619 | 86 | 49 ≡ | 8651 | 82 | 62 ≡ | 8685 | 122 | 53 — | 8725 | 120 | 35 ≡ | 8768 | 94 | 72 — |
| 8580 | 112 | 59 — | 8619 | 106 | 47 = | 8651 | 100 | 55 = | 8686 | 92 | 44 ≡ | 8726 | 96 | 48 = | 8771 | 96 | 60 = |
| 8581 | 114 | 59 — | 8621 | 88 | 62 = | 8652 | 84 | 62 = | 8687 | 112 | 35 ≡ | 8727 | 60 | 75 ≡ | 8772 | 104 | 47 = |
| 8582 | 114 | 28 | 8622 | 60 | 71 ≡ | 8652 | 98 | 55 = | 8687 | 120 | 37 = | 8727 | 94 | 77 = | 8772 | 118 | 35 ≡ |
| 8583 | 82 | 64 = | 8622 | 90 | 72 — | 8653 | 108 | 43 = | 8688 | 100 | 55 = | 8727 | 118 | 50 — | 8773 | 114 | 54 — |
| 8583 | 100 | 39 ≡ | 8622 | 104 | 47 = | 8653 | 110 | 42 = | 8688 | 130 | 45 — | 8728 | 88 | 61 = | 8774 | 116 | 37 = |
| 8583 | 102 | 63 — | 8623 | 100 | 63 — | 8653 | 112 | 59 — | 8689 | 78 | 79 — | 8728 | 90 | 49 ≡ | 8775 | 100 | 56 = |
| 8584 | 110 | 59 — | 8623 | 126 | 41 — | 8653 | 114 | 76 — | 8689 | 80 | 57 — | 8728 | 92 | 51 = | 8776 | 76 | 52 ≡ |
| 8586 | 88 | 68 = | 8625 | 98 | 51 = | 8654 | 98 | 63 — | 8689 | 108 | 43 = | 8729 | 104 | 63 — | 8777 | 110 | 42 = |

— bedeutet Träger mit einer Gurtplatte, = mit zwei, ≡ mit drei Gurtplatten.

## von 8777 bis 8999.

| Widerstandsmoment cm³ | Stehblech-Höhe cm | Seite des Buches | Widerstandsmoment cm³ | Stehblech-Höhe cm | Seite des Buches | Widerstandsmoment cm³ | Stehblech-Höhe cm | Seite des Buches | Widerstandsmoment cm³ | Stehblech-Höhe cm | Seite des Buches | Widerstandsmoment cm³ | Stehblech-Höhe cm | Seite des Buches | Widerstandsmoment cm³ | Stehblech-Höhe cm | Seite des Buches |
|---|---|---|---|---|---|---|---|---|---|---|---|---|---|---|---|---|---|
| 8777 | 122 | 46— | 8818 | 130 | 45— | 8855 | 80 | 52≡ | 8889 | 106 | 67— | 8929 | 110 | 47= | 8965 | 120 | 35≡ |
| 8779 | 86 | 74— | 8819 | 106 | 78— | 8855 | 112 | 42= | 8890 | 128 | 45— | 8930 | 74 | 73= | 8966 | 88 | 64= |
| 8780 | 82 | 64= | 8820 | 124 | 46— | 8855 | 114 | 59— | 8891 | 112 | 50— | 8930 | 94 | 60= | 8966 | 90 | 74— |
| 8780 | 88 | 68= | 8822 | 116 | 54— | 8855 | 128 | 41— | 8893 | 106 | 67— | 8930 | 122 | 76— | 8966 | 94 | 61= |
| 8780 | 116 | 59— | 8823 | 116 | 76— | 8857 | 60 | 71≡ | 8894 | 86 | 57≡ | 8930 | 124 | 54— | 8967 | 92 | 51= |
| 8781 | 100 | 78— | 8823 | 118 | 42= | 8857 | 90 | 72— | 8894 | 96 | 72— | 8931 | 62 | 73≡ | 8968 | 84 | 52≡ |
| 8781 | 114 | 59— | 8824 | 104 | 43= | 8857 | 96 | 55= | 8894 | 110 | 43= | 8931 | 122 | 53— | 8968 | 96 | 49≡ |
| 8782 | 78 | 62≡ | 8824 | 106 | 63— | 8858 | 110 | 43= | 8895 | 86 | 64= | 8932 | 82 | 65= | 8968 | 98 | 60= |
| 8783 | 90 | 44≡ | 8825 | 88 | 74— | 8858 | 120 | 76— | 8896 | 128 | 46— | 8934 | 74 | 70= | 8969 | 124 | 46— |
| 8783 | 118 | 54— | 8826 | 90 | 68= | 8859 | 70 | 66≡ | 8897 | 78 | 52≡ | 8934 | 94 | 69— | 8970 | 90 | 61= |
| 8784 | 82 | 79— | 8826 | 100 | 60= | 8859 | 76 | 73= | 8897 | 90 | 77= | 8935 | 100 | 48= | 8970 | 108 | 43= |
| 8785 | 88 | 49≡ | 8826 | 108 | 47= | 8859 | 116 | 50— | 8898 | 82 | 62≡ | 8936 | 86 | 79= | 8970 | 118 | 37= |
| 8785 | 102 | 47≡ | 8828 | 82 | 79= | 8859 | 126 | 46— | 8899 | 72 | 66≡ | 8936 | 114 | 42= | 8971 | 120 | 58— |
| 8787 | 98 | 77≡ | 8828 | 96 | 69— | 8860 | 90 | 64= | 8900 | 86 | 62≡ | 8938 | 102 | 35≡ | 8972 | 92 | 61= |
| 8787 | 112 | 59— | 8828 | 124 | 27 | 8860 | 94 | 51= | 8902 | 118 | 76— | 8939 | 74 | 52≡ | 8973 | 88 | 68= |
| 8788 | 74 | 62≡ | 8829 | 62 | 75≡ | 8860 | 98 | 51= | 8903 | 98 | 49≡ | 8940 | 88 | 74— | 8973 | 116 | 54— |
| 8789 | 76 | 65≡ | 8829 | 126 | 45— | 8861 | 92 | 56≡ | 8903 | 118 | 58— | 8941 | 86 | 56≡ | 8975 | 70 | 75= |
| 8790 | 88 | 64= | 8830 | 74 | 75= | 8862 | 66 | 71≡ | 8904 | 84 | 62≡ | 8941 | 88 | 64= | 8975 | 100 | 60= |
| 8790 | 116 | 28 | 8830 | 104 | 47= | 8862 | 112 | 76— | 8905 | 102 | 55= | 8941 | 104 | 63— | 8976 | 102 | 60= |
| 8791 | 92 | 49≡ | 8831 | 76 | 70= | 8863 | 94 | 61= | 8906 | 126 | 53— | 8942 | 108 | 35≡ | 8977 | 82 | 64= |
| 8791 | 100 | 47= | 8831 | 86 | 49≡ | 8864 | 96 | 51= | 8907 | 106 | 39≡ | 8942 | 126 | 53— | 8978 | 70 | 68≡ |
| 8793 | 70 | 75= | 8831 | 106 | 47= | 8865 | 84 | 49≡ | 8907 | 122 | 42= | 8943 | 96 | 69— | 8978 | 104 | 78— |
| 8793 | 108 | 39≡ | 8832 | 98 | 69— | 8867 | 88 | 44≡ | 8908 | 78 | 57≡ | 8944 | 80 | 79= | 8978 | 120 | 76— |
| 8793 | 110 | 76— | 8832 | 116 | 59— | 8867 | 108 | 67— | 8910 | 120 | 54— | 8946 | 82 | 57≡ | 8979 | 84 | 62≡ |
| 8794 | 112 | 43= | 8833 | 126 | 41— | 8867 | 140 | 32 | 8911 | 100 | 78— | 8946 | 84 | 56≡ | 8979 | 104 | 63— |
| 8794 | 126 | 45— | 8834 | 78 | 65≡ | 8868 | 102 | 55= | 8911 | 102 | 48= | 8946 | 106 | 78— | 8979 | 108 | 67— |
| 8795 | 64 | 71≡ | 8834 | 122 | 58— | 8868 | 118 | 54— | 8912 | 72 | 75= | 8946 | 116 | 50— | 8980 | 118 | 59— |
| 8796 | 92 | 56= | 8835 | 90 | 61= | 8869 | 80 | 65≡ | 8912 | 92 | 77= | 8947 | 100 | 69— | 8980 | 120 | 54— |
| 8796 | 102 | 39≡ | 8836 | 120 | 54— | 8869 | 120 | 53— | 8913 | 108 | 43= | 8948 | 66 | 66≡ | 8981 | 84 | 65= |
| 8797 | 122 | 53— | 8838 | 110 | 67— | 8871 | 92 | 77= | 8915 | 86 | 68= | 8948 | 122 | 54— | 8981 | 94 | 64= |
| 8798 | 116 | 42= | 8838 | 118 | 59— | 8871 | 112 | 59— | 8915 | 94 | 44≡ | 8948 | 130 | 45— | 8981 | 102 | 63— |
| 8799 | 82 | 52≡ | 8839 | 58 | 75≡ | 8872 | 94 | 72— | 8915 | 98 | 69— | 8949 | 98 | 69— | 8981 | 112 | 42= |
| 8799 | 96 | 44≡ | 8839 | 130 | 41— | 8872 | 100 | 55= | 8916 | 104 | 55 | 8950 | 98 | 48= | 8982 | 128 | 45— |
| 8800 | 84 | 77= | 8840 | 106 | 48= | 8873 | 88 | 77= | 8916 | 108 | 55= | 8951 | 96 | 61= | 8983 | 98 | 77= |
| 8801 | 72 | 68= | 8841 | 64 | 71≡ | 8873 | 102 | 78— | 8917 | 76 | 57≡ | 8952 | 96 | 77= | 8983 | 116 | 59— |
| 8802 | 98 | 60= | 8841 | 86 | 77= | 8874 | 130 | 41— | 8917 | 88 | 74— | 8952 | 106 | 63— | 8984 | 80 | 70= |
| 8802 | 118 | 58— | 8841 | 128 | 45— | 8875 | 76 | 68≡ | 8919 | 106 | 55= | 8952 | 114 | 50— | 8984 | 92 | 74— |
| 8803 | 94 | 56= | 8842 | 104 | 35≡ | 8875 | 124 | 53— | 8919 | 116 | 59— | 8954 | 80 | 57≡ | 8984 | 106 | 47= |
| 8803 | 104 | 67— | 8843 | 102 | 60= | 8876 | 102 | 63— | 8920 | 118 | 58— | 8955 | 80 | 79= | 8986 | 108 | 67— |
| 8804 | 84 | 57≡ | 8843 | 126 | 26 | 8877 | 128 | 53— | 8922 | 116 | 43= | 8955 | 120 | 42= | 8988 | 92 | 72— |
| 8804 | 114 | 50— | 8844 | 74 | 68≡ | 8878 | 114 | 50— | 8923 | 122 | 46— | 8956 | 74 | 65≡ | 8989 | 116 | 76— |
| 8806 | 104 | 63— | 8847 | 80 | 70= | 8879 | 124 | 45— | 8924 | 82 | 70= | 8956 | 122 | 58— | 8990 | 124 | 53— |
| 8807 | 68 | 66≡ | 8848 | 92 | 51= | 8880 | 104 | 48= | 8924 | 90 | 74— | 8957 | 78 | 73= | 8992 | 114 | 59— |
| 8807 | 116 | 50— | 8848 | 100 | 51= | 8880 | 120 | 58— | 8924 | 92 | 64= | 8957 | 88 | 61= | 8993 | 94 | 72— |
| 8807 | 122 | 53— | 8849 | 84 | 68= | 8881 | 78 | 79= | 8925 | 76 | 52≡ | 8958 | 62 | 71= | 8994 | 94 | 72— |
| 8808 | 128 | 41— | 8849 | 90 | 74— | 8883 | 100 | 63— | 8925 | 88 | 56≡ | 8959 | 110 | 67— | 8994 | 102 | 56= |
| 8809 | 78 | 65= | 8849 | 102 | 63— | 8883 | 116 | 42= | 8925 | 118 | 54— | 8960 | 106 | 43= | 8995 | 130 | 41— |
| 8809 | 110 | 59— | 8849 | 108 | 67— | 8884 | 64 | 66≡ | 8926 | 84 | 57≡ | 8960 | 108 | 47= | 8996 | 112 | 76— |
| 8809 | 112 | 43= | 8850 | 88 | 57≡ | 8885 | 88 | 62≡ | 8927 | 74 | 66≡ | 8960 | 116 | 58— | 8996 | 118 | 42= |
| 8810 | 76 | 79= | 8850 | 116 | 76— | 8885 | 122 | 54— | 8927 | 104 | 67— | 8961 | 98 | 39≡ | 8997 | 114 | 43= |
| 8812 | 60 | 73≡ | 8852 | 82 | 57≡ | 8886 | 80 | 57≡ | 8927 | 114 | 76— | 8961 | 104 | 78— | 8998 | 82 | 79= |
| 8812 | 72 | 73= | 8853 | 76 | 70= | 8886 | 84 | 79= | 8927 | 120 | 50— | 8962 | 60 | 75= | 8998 | 98 | 60= |
| 8812 | 108 | 42= | 8853 | 104 | 78— | 8886 | 130 | 45— | 8928 | 66 | 71≡ | 8962 | 90 | 51= | 8999 | 68 | 66≡ |
| 8814 | 110 | 47= | 8853 | 124 | 53— | 8888 | 94 | 49≡ | 8929 | 96 | 69— | 8962 | 92 | 49≡ | 8999 | 110 | 39≡ |
| 8816 | 126 | 53— | 8854 | 104 | 63— | 8888 | 100 | 55= | 8929 | 98 | 51≡ | 8963 | 94 | 51= | 8999 | 114 | 47= |

— bedeutet Träger mit einer Gurtplatte, = mit zwei, ≡ mit drei Gurtplatten.

# Widerstandsmomente cm³

## von **8999** bis **9254**.

| Widerstandsmoment cm³ | Stehblech-Höhe cm | Seite des Buches | Widerstandsmoment cm³ | Stehblech-Höhe cm | Seite des Buches | Widerstandsmoment cm³ | Stehblech-Höhe cm | Seite des Buches | Widerstandsmoment cm³ | Stehblech-Höhe cm | Seite des Buches | Widerstandsmoment cm³ | Stehblech-Höhe cm | Seite des Buches | Widerstandsmoment cm³ | Stehblech-Höhe cm | Seite des Buches |
|---|---|---|---|---|---|---|---|---|---|---|---|---|---|---|---|---|---|
| 8999 | 118 | 28 | 9043 | 130 | 41— | 9086 | 116 | 35≡ | 9127 | 110 | 55= | 9172 | 108 | 43= | 9212 | 130 | 41— |
| 8999 | 124 | 53— | 9045 | 126 | 53— | 9088 | 84 | 79= | 9128 | 116 | 76— | 9172 | 130 | 45— | 9215 | 74 | 75= |
| 9000 | 120 | 58— | 9046 | 64 | 71≡ | 9089 | 74 | 68≡ | 9129 | 122 | 50— | 9174 | 122 | 76— | 9215 | 120 | 50— |
| 9001 | 104 | 47= | 9046 | 108 | 63— | 9089 | 100 | 51= | 9130 | 90 | 62≡ | 9175 | 80 | 57≡ | 9216 | 76 | 66≡ |
| 9004 | 68 | 71≡ | 9047 | 86 | 77= | 9092 | 100 | 55= | 9130 | 104 | 48= | 9175 | 100 | 48= | 9216 | 116 | 43≡ |
| 9005 | 102 | 78— | 9047 | 118 | 76— | 9092 | 102 | 55= | 9131 | 106 | 55= | 9175 | 118 | 54— | 9217 | 82 | 57≡ |
| 9005 | 128 | 53— | 9048 | 80 | 62≡ | 9093 | 90 | 57≡ | 9133 | 66 | 73≡ | 9176 | 90 | 74— | 9217 | 106 | 47= |
| 9006 | 116 | 37= | 9048 | 112 | 67— | 9095 | 96 | 51= | 9133 | 108 | 55— | 9177 | 122 | 54— | 9217 | 118 | 50— |
| 9007 | 100 | 77= | 9049 | 78 | 52≡ | 9095 | 106 | 48= | 9134 | 116 | 59— | 9178 | 86 | 57≡ | 9218 | 120 | 76— |
| 9008 | 82 | 52≡ | 9049 | 128 | 46— | 9096 | 94 | 56= | 9136 | 98 | 72— | 9179 | 96 | 69— | 9220 | 90 | 64≡ |
| 9010 | 104 | 39≡ | 9050 | 90 | 74— | 9096 | 104 | 78— | 9137 | 92 | 56≡ | 9179 | 98 | 77= | 9222 | 76 | 52≡ |
| 9010 | 118 | 50— | 9051 | 108 | 48= | 9097 | 128 | 53— | 9137 | 112 | 47= | 9180 | 92 | 74— | 9222 | 82 | 79≡ |
| 9011 | 126 | 46— | 9052 | 122 | 76— | 9098 | 120 | 76— | 9138 | 78 | 70— | 9181 | 68 | 71≡ | 9222 | 120 | 54— |
| 9012 | 114 | 43— | 9053 | 68 | 66≡ | 9100 | 72 | 75= | 9138 | 116 | 42= | 9181 | 120 | 59— | 9223 | 90 | 68≡ |
| 9015 | 100 | 56= | 9053 | 106 | 35≡ | 9100 | 92 | 62≡ | 9140 | 82 | 65≡ | 9182 | 102 | 69— | 9223 | 92 | 74— |
| 9017 | 112 | 59— | 9054 | 86 | 57≡ | 9101 | 90 | 49≡ | 9141 | 88 | 57≡ | 9183 | 98 | 60= | 9224 | 76 | 73≡ |
| 9018 | 76 | 65≡ | 9054 | 96 | 69— | 9101 | 124 | 42= | 9142 | 86 | 79— | 9183 | 106 | 78— | 9224 | 96 | 64≡ |
| 9018 | 128 | 45— | 9057 | 84 | 52≡ | 9102 | 86 | 64= | 9143 | 124 | 54— | 9184 | 98 | 51≡ | 9225 | 106 | 39≡ |
| 9019 | 110 | 42= | 9058 | 114 | 42≡ | 9102 | 102 | 39≡ | 9144 | 78 | 73— | 9184 | 100 | 39≡ | 9225 | 126 | 58— |
| 9019 | 120 | 42= | 9058 | 116 | 59— | 9103 | 94 | 77= | 9144 | 96 | 77= | 9186 | 118 | 59— | 9226 | 76 | 70= |
| 9020 | 82 | 62≡ | 9059 | 72 | 66≡ | 9103 | 120 | 58— | 9145 | 94 | 77— | 9187 | 100 | 69— | 9226 | 100 | 60= |
| 9020 | 112 | 47= | 9062 | 104 | 60= | 9104 | 86 | 68= | 9146 | 96 | 44≡ | 9187 | 114 | 42= | 9227 | 114 | 47= |
| 9021 | 86 | 65= | 9062 | 110 | 67— | 9104 | 104 | 63— | 9147 | 106 | 67— | 9189 | 88 | 56≡ | 9228 | 102 | 77= |
| 9022 | 118 | 54— | 9063 | 78 | 62≡ | 9106 | 94 | 72— | 9148 | 82 | 57≡ | 9189 | 118 | 76— | 9228 | 124 | 54— |
| 9022 | 128 | 41— | 9063 | 118 | 50— | 9107 | 84 | 57= | 9150 | 88 | 62≡ | 9190 | 78 | 57≡ | 9229 | 104 | 47= |
| 9023 | 74 | 75= | 9064 | 114 | 76— | 9107 | 122 | 54— | 9150 | 110 | 35≡ | 9193 | 80 | 70≡ | 9231 | 104 | 78— |
| 9023 | 112 | 35≡ | 9065 | 122 | 53— | 9108 | 74 | 73= | 9151 | 122 | 42= | 9194 | 74 | 66≡ | 9232 | 80 | 70= |
| 9024 | 98 | 44≡ | 9066 | 58 | 75≡ | 9109 | 80 | 65≡ | 9152 | 78 | 68≡ | 9194 | 126 | 53— | 9232 | 118 | 42= |
| 9025 | 82 | 79= | 9066 | 130 | 53— | 9109 | 108 | 67— | 9152 | 80 | 79— | 9195 | 84 | 70≡ | 9234 | 124 | 58— |
| 9025 | 90 | 49≡ | 9067 | 92 | 49≡ | 9110 | 102 | 44≡ | 9153 | 100 | 69— | 9195 | 120 | 42≡ | 9234 | 128 | 27 |
| 9026 | 100 | 60= | 9067 | 100 | 69— | 9112 | 70 | 66≡ | 9153 | 124 | 58— | 9196 | 130 | 53— | 9235 | 120 | 58— |
| 9028 | 98 | 56= | 9068 | 92 | 68≡ | 9113 | 90 | 77= | 9154 | 104 | 35≡ | 9197 | 98 | 49≡ | 9236 | 86 | 62≡ |
| 9029 | 60 | 73≡ | 9068 | 126 | 53— | 9113 | 120 | 50— | 9155 | 62 | 73≡ | 9197 | 116 | 59— | 9237 | 94 | 74— |
| 9029 | 76 | 70= | 9069 | 78 | 65≡ | 9114 | 102 | 63— | 9156 | 102 | 48≡ | 9198 | 94 | 49≡ | 9237 | 122 | 59— |
| 9029 | 106 | 63— | 9071 | 106 | 60= | 9115 | 78 | 70= | 9157 | 84 | 62≡ | 9199 | 86 | 56≡ | 9238 | 108 | 67— |
| 9029 | 130 | 45— | 9071 | 126 | 45— | 9115 | 86 | 49≡ | 9158 | 86 | 62≡ | 9200 | 90 | 74— | 9238 | 128 | 53— |
| 9030 | 116 | 42= | 9072 | 62 | 75≡ | 9116 | 96 | 72— | 9159 | 72 | 66≡ | 9200 | 102 | 60— | 9239 | 94 | 72— |
| 9030 | 126 | 27 | 9072 | 106 | 55≡ | 9117 | 94 | 72— | 9159 | 100 | 51≡ | 9200 | 122 | 58— | 9239 | 102 | 56= |
| 9031 | 122 | 54— | 9073 | 102 | 51≡ | 9117 | 108 | 39≡ | 9161 | 116 | 50— | 9201 | 62 | 71≡ | 9240 | 80 | 73≡ |
| 9033 | 96 | 56= | 9074 | 92 | 61≡ | 9119 | 82 | 52≡ | 9162 | 118 | 58— | 9201 | 96 | 61 | 9240 | 96 | 72— |
| 9033 | 118 | 58— | 9076 | 88 | 49≡ | 9119 | 96 | 49≡ | 9162 | 126 | 46— | 9201 | 114 | 76— | 9240 | 130 | 46— |
| 9034 | 110 | 47= | 9076 | 104 | 63— | 9120 | 66 | 71≡ | 9163 | 88 | 74— | 9202 | 78 | 52≡ | 9241 | 96 | 72— |
| 9035 | 80 | 52≡ | 9077 | 114 | 59— | 9121 | 82 | 70≡ | 9164 | 96 | 60= | 9203 | 84 | 57≡ | 9243 | 130 | 26 |
| 9035 | 122 | 58— | 9078 | 122 | 58— | 9121 | 120 | 58— | 9166 | 108 | 78— | 9203 | 90 | 61= | 9244 | 112 | 47= |
| 9036 | 70 | 66≡ | 9078 | 130 | 45— | 9122 | 110 | 43= | 9167 | 66 | 71≡ | 9203 | 128 | 46— | 9245 | 84 | 64= |
| 9036 | 108 | 78— | 9079 | 106 | 63— | 9122 | 118 | 43= | 9167 | 106 | 63— | 9206 | 106 | 63— | 9245 | 86 | 65≡ |
| 9037 | 106 | 43= | 9079 | 124 | 54— | 9123 | 124 | 76— | 9167 | 120 | 37= | 9206 | 118 | 37= | 9246 | 76 | 65≡ |
| 9037 | 120 | 59— | 9080 | 110 | 67— | 9123 | 128 | 45— | 9168 | 80 | 52≡ | 9207 | 66 | 66≡ | 9246 | 120 | 76— |
| 9038 | 64 | 73≡ | 9082 | 118 | 42≡ | 9124 | 104 | 55= | 9168 | 88 | 52≡ | 9207 | 100 | 77≡ | 9247 | 124 | 76— |
| 9039 | 72 | 68≡ | 9083 | 80 | 65= | 9124 | 120 | 54— | 9169 | 64 | 75≡ | 9208 | 94 | 51≡ | 9249 | 68 | 71≡ |
| 9040 | 88 | 74— | 9083 | 90 | 74— | 9125 | 76 | 75= | 9169 | 94 | 64= | 9208 | 130 | 45— | 9250 | 100 | 44≡ |
| 9041 | 76 | 73= | 9084 | 88 | 77≡ | 9125 | 96 | 72— | 9170 | 98 | 69— | 9211 | 82 | 79≡ | 9251 | 108 | 43= |
| 9042 | 108 | 47= | 9084 | 130 | 46— | 9126 | 76 | 68≡ | 9170 | 122 | 58— | 9211 | 104 | 63— | 9252 | 102 | 60= |
| 9042 | 128 | 26 | 9085 | 100 | 61≡ | 9126 | 124 | 53— | 9171 | 110 | 47= | 9211 | 120 | 28 | 9253 | 98 | 72— |
| 9043 | 84 | 64= | 9086 | 94 | 51≡ | 9127 | 100 | 49≡ | 9171 | 112 | 67— | 9212 | 92 | 61= | 9254 | 94 | 44≡ |

— bedeutet Träger mit eine Gurtplatte, = mit zwei, ≡ mit drei Gurtplatten.

## von 9254 bis 9515.

| Widerstands-moment cm³ | Steh-blech-Höhe cm | Seite des Buches | Widerstands-moment cm³ | Steh-blech-Höhe cm | Seite des Buches | Widerstands-moment cm³ | Steh-blech-Höhe cm | Seite des Buches | Widerstands-moment cm³ | Steh-blech-Höhe cm | Seite des Buches | Widerstands-moment cm³ | Steh-blech-Höhe cm | Seite des Buches | Widerstands-moment cm³ | Steh-blech-Höhe cm | Seite des Buches |
|---|---|---|---|---|---|---|---|---|---|---|---|---|---|---|---|---|---|
| 9254 | 110 | 47= | 9305 | 106 | 55= | 9339 | 112 | 55= | 9380 | 96 | 77= | 9421 | 122 | 50— | 9469 | 86 | 65= |
| 9255 | 100 | 56= | 9305 | 124 | 54— | 9340 | 118 | 59— | 9383 | 112 | 47= | 9422 | 128 | 58— | 9469 | 98 | 64= |
| 9255 | 108 | 63— | 9306 | 88 | 57≡ | 9340 | 126 | 54— | 9383 | 122 | 59— | 9424 | 80 | 70= | 9469 | 120 | 59— |
| 9257 | 96 | 49≡ | 9307 | 100 | 69— | 9341 | 72 | 66≡ | 9384 | 114 | 67— | 9425 | 82 | 79= | 9472 | 116 | 67— |
| 9258 | 108 | 47= | 9308 | 86 | 64— | 9342 | 94 | 62≡ | 9386 | 82 | 65≡ | 9425 | 120 | 50— | 9472 | 128 | 54— |
| 9259 | 114 | 67— | 9309 | 92 | 74— | 9342 | 118 | 42= | 9386 | 84 | 52≡ | 9426 | 104 | 60= | 9474 | 92 | 68= |
| 9261 | 128 | 53— | 9309 | 114 | 43= | 9343 | 92 | 49≡ | 9386 | 110 | 43= | 9426 | 126 | 54— | 9475 | 82 | 70= |
| 9262 | 82 | 70— | 9310 | 70 | 66≡ | 9345 | 78 | 62≡ | 9387 | 110 | 78— | 9427 | 102 | 69— | 9475 | 112 | 78— |
| 9262 | 124 | 53— | 9311 | 108 | 48= | 9346 | 104 | 63— | 9389 | 128 | 53— | 9428 | 86 | 65≡ | 9476 | 92 | 64= |
| 9263 | 96 | 56= | 9311 | 116 | 50— | 9346 | 114 | 47= | 9390 | 90 | 57≡ | 9428 | 100 | 49≡ | 9477 | 122 | 50— |
| 9263 | 118 | 59— | 9312 | 94 | 68= | 9347 | 110 | 55= | 9390 | 102 | 51= | 9429 | 90 | 74— | 9477 | 126 | 58— |
| 9264 | 110 | 48= | 9312 | 102 | 61= | 9349 | 86 | 79= | 9390 | 120 | 76— | 9431 | 80 | 68≡ | 9478 | 102 | 44≡ |
| 9264 | 128 | 45— | 9313 | 106 | 43= | 9349 | 106 | 48= | 9391 | 120 | 59— | 9432 | 60 | 75≡ | 9478 | 112 | 48= |
| 9265 | 68 | 66≡ | 9313 | 126 | 46— | 9349 | 124 | 42= | 9392 | 112 | 43= | 9432 | 102 | 77= | 9479 | 104 | 60= |
| 9265 | 122 | 54— | 9315 | 62 | 75≡ | 9350 | 80 | 65≡ | 9393 | 102 | 69— | 9433 | 126 | 58— | 9479 | 116 | 43= |
| 9266 | 92 | 49≡ | 9315 | 94 | 61= | 9350 | 92 | 44≡ | 9394 | 116 | 42= | 9433 | 130 | 53— | 9480 | 84 | 79= |
| 9266 | 108 | 35≡ | 9315 | 130 | 45— | 9351 | 98 | 49≡ | 9395 | 108 | 63— | 9434 | 116 | 35≡ | 9480 | 110 | 35≡ |
| 9267 | 116 | 76— | 9316 | 82 | 62≡ | 9351 | 126 | 58— | 9395 | 122 | 42= | 9435 | 108 | 63— | 9480 | 124 | 50— |
| 9269 | 110 | 63— | 9317 | 86 | 52≡ | 9353 | 102 | 49≡ | 9396 | 130 | 46— | 9435 | 120 | 42= | 9481 | 80 | 52≡ |
| 9269 | 120 | 50— | 9317 | 102 | 55= | 9354 | 92 | 77= | 9397 | 84 | 70= | 9436 | 96 | 49≡ | 9481 | 84 | 57= |
| 9270 | 64 | 73≡ | 9317 | 126 | 76— | 9355 | 96 | 72— | 9399 | 98 | 60= | 9436 | 108 | 47= | 9482 | 110 | 63— |
| 9270 | 114 | 43= | 9318 | 78 | 70= | 9356 | 128 | 46— | 9400 | 88 | 79= | 9438 | 92 | 74— | 9484 | 102 | 56— |
| 9271 | 84 | 52≡ | 9318 | 102 | 51= | 9357 | 94 | 64= | 9401 | 80 | 70= | 9438 | 114 | 42= | 9485 | 88 | 52≡ |
| 9271 | 92 | 68= | 9318 | 128 | 54— | 9358 | 74 | 66≡ | 9401 | 90 | 62≡ | 9439 | 90 | 56≡ | 9485 | 122 | 42= |
| 9271 | 104 | 60 | 9319 | 70 | 71≡ | 9359 | 82 | 65≡ | 9401 | 110 | 63— | 9439 | 122 | 59— | 9488 | 98 | 72— |
| 9275 | 122 | 50— | 9321 | 106 | 78— | 9359 | 112 | 35≡ | 9404 | 118 | 59— | 9439 | 130 | 27 | 9490 | 76 | 66≡ |
| 9275 | 126 | 54— | 9322 | 104 | 39≡ | 9359 | 120 | 50— | 9405 | 66 | 71≡ | 9440 | 82 | 52≡ | 9490 | 110 | 78— |
| 9276 | 112 | 67— | 9322 | 110 | 67— | 9360 | 80 | 79— | 9405 | 118 | 43= | 9442 | 108 | 39≡ | 9490 | 120 | 35≡ |
| 9277 | 72 | 68≡ | 9322 | 126 | 53— | 9361 | 88 | 68≡ | 9406 | 76 | 73= | 9443 | 126 | 76— | 9491 | 84 | 79≡ |
| 9277 | 124 | 58— | 9323 | 76 | 75= | 9361 | 94 | 72— | 9407 | 100 | 77≡ | 9444 | 82 | 57≡ | 9492 | 96 | 44≡ |
| 9281 | 88 | 65= | 9323 | 90 | 49≡ | 9362 | 98 | 72— | 9407 | 116 | 76— | 9444 | 90 | 79= | 9492 | 114 | 67= |
| 9282 | 84 | 62≡ | 9323 | 120 | 43= | 9364 | 88 | 64— | 9408 | 74 | 75≡ | 9445 | 132 | 26 | 9493 | 118 | 59— |
| 9283 | 100 | 69— | 9324 | 80 | 52= | 9365 | 70 | 66≡ | 9408 | 102 | 39≡ | 9447 | 68 | 71≡ | 9493 | 128 | 42= |
| 9283 | 106 | 60= | 9324 | 122 | 54— | 9365 | 86 | 57≡ | 9408 | 120 | 37— | 9447 | 122 | 76— | 9494 | 88 | 62≡ |
| 9283 | 120 | 42— | 9325 | 100 | 61= | 9366 | 96 | 72— | 9409 | 118 | 47= | 9450 | 96 | 51= | 9495 | 68 | 71≡ |
| 9284 | 116 | 59— | 9325 | 120 | 59— | 9367 | 88 | 49≡ | 9410 | 78 | 68≡ | 9451 | 92 | 61— | 9495 | 106 | 60= |
| 9287 | 72 | 75= | 9326 | 96 | 51= | 9367 | 104 | 78— | 9411 | 112 | 67— | 9451 | 106 | 47= | 9495 | 124 | 76— |
| 9287 | 118 | 35≡ | 9326 | 110 | 67— | 9367 | 120 | 58— | 9412 | 84 | 65≡ | 9453 | 94 | 51≡ | 9496 | 100 | 56= |
| 9288 | 108 | 55= | 9326 | 130 | 53— | 9368 | 108 | 67— | 9413 | 100 | 69— | 9454 | 88 | 56≡ | 9499 | 100 | 72— |
| 9289 | 84 | 79= | 9327 | 96 | 61= | 9370 | 118 | 50— | 9413 | 110 | 47— | 9455 | 114 | 47= | 9501 | 64 | 73≡ |
| 9290 | 130 | 53— | 9328 | 106 | 78— | 9370 | 124 | 58— | 9414 | 88 | 62≡ | 9456 | 102 | 60= | 9501 | 70 | 71≡ |
| 9292 | 92 | 64= | 9329 | 90 | 77= | 9371 | 66 | 73≡ | 9415 | 100 | 61= | 9456 | 130 | 53— | 9503 | 120 | 50— |
| 9293 | 118 | 50— | 9329 | 100 | 51= | 9371 | 94 | 77= | 9415 | 114 | 39≡ | 9458 | 110 | 67— | 9504 | 126 | 54— |
| 9294 | 112 | 67— | 9329 | 110 | 39≡ | 9371 | 124 | 76— | 9416 | 96 | 64— | 9459 | 106 | 78— | 9505 | 108 | 60≡ |
| 9295 | 108 | 78— | 9330 | 98 | 61= | 9372 | 106 | 35≡ | 9416 | 124 | 42 | 9461 | 68 | 73≡ | 9505 | 110 | 55= |
| 9296 | 88 | 77= | 9331 | 98 | 51= | 9375 | 98 | 77≡ | 9417 | 86 | 62≡ | 9461 | 74 | 66≡ | 9506 | 124 | 58— |
| 9296 | 122 | 76— | 9331 | 118 | 76— | 9377 | 72 | 71≡ | 9417 | 112 | 67— | 9461 | 126 | 53— | 9507 | 78 | 52≡ |
| 9297 | 64 | 71≡ | 9332 | 78 | 73= | 9377 | 92 | 62≡ | 9418 | 84 | 65≡ | 9462 | 92 | 74— | 9508 | 110 | 60= |
| 9298 | 98 | 69— | 9332 | 104 | 44≡ | 9377 | 124 | 54— | 9418 | 122 | 76— | 9463 | 86 | 57≡ | 9509 | 94 | 49≡ |
| 9300 | 104 | 51= | 9332 | 112 | 43= | 9378 | 76 | 68≡ | 9419 | 72 | 66≡ | 9464 | 80 | 57≡ | 9510 | 88 | 65= |
| 9302 | 90 | 74— | 9333 | 74 | 68≡ | 9378 | 98 | 44≡ | 9419 | 100 | 51= | 9464 | 104 | 56— | 9510 | 128 | 46— |
| 9303 | 78 | 65≡ | 9333 | 106 | 63— | 9378 | 120 | 54— | 9419 | 104 | 69— | 9466 | 124 | 54— | 9511 | 66 | 75≡ |
| 9304 | 82 | 52≡ | 9336 | 92 | 57≡ | 9379 | 62 | 73≡ | 9420 | 64 | 75≡ | 9467 | 110 | 43= | 9513 | 128 | 76— |
| 9304 | 122 | 58— | 9336 | 96 | 77≡ | 9379 | 100 | 72— | 9421 | 78 | 75= | 9468 | 112 | 47= | 9514 | 130 | 54— |
| 9305 | 94 | 49≡ | 9337 | 80 | 62≡ | 9379 | 128 | 53— | 9421 | 90 | 68= | 9468 | 118 | 42= | 9515 | 82 | 70= |

•- bedeutet Träger mit einer Gurtplatte, = mit zwei, ≡ mit drei Gurtplatten.     17

# Widerstandsmomente cm³

## von **9515** bis **9786**.

| Widerstandsmoment cm³ | Stehblechhöhe cm | Seite des Buches | Widerstandsmoment cm³ | Stehblechhöhe cm | Seite des Buches | Widerstandsmoment cm³ | Stehblechhöhe cm | Seite des Buches | Widerstandsmoment cm³ | Stehblechhöhe cm | Seite des Buches | Widerstandsmoment cm³ | Stehblechhöhe cm | Seite des Buches | Widerstandsmoment cm³ | Stehblechhöhe cm | Seite des Buches |
|---|---|---|---|---|---|---|---|---|---|---|---|---|---|---|---|---|---|
| 9515 | 86 | 64= | 9558 | 90 | 57≡ | 9610 | 66 | 73≡ | 9649 | 116 | 42= | 9692 | 112 | 47= | 9740 | 122 | 76— |
| 9518 | 116 | 43= | 9563 | 102 | 51= | 9610 | 112 | 78— | 9650 | 134 | 26 | 9693 | 114 | 48= | 9741 | 68 | 71≡ |
| 9519 | 78 | 73= | 9563 | 112 | 55= | 9611 | 96 | 77— | 9651 | 110 | 78— | 9694 | 98 | 51= | 9741 | 88 | 70= |
| 9519 | 94 | 68= | 9564 | 108 | 63— | 9611 | 100 | 44≡ | 9653 | 92 | 62≡ | 9695 | 126 | 76— | 9742 | 96 | 74— |
| 9519 | 110 | 78— | 9565 | 88 | 79= | 9612 | 82 | 62≡ | 9654 | 86 | 52≡ | 9696 | 80 | 68≡ | 9742 | 128 | 50— |
| 9520 | 128 | 53— | 9565 | 100 | 61= | 9612 | 88 | 79= | 9654 | 106 | 60= | 9696 | 112 | 35≡ | 9744 | 112 | 78— |
| 9521 | 76 | 75= | 9567 | 92 | 74— | 9613 | 120 | 59— | 9655 | 102 | 51= | 9697 | 114 | 78— | 9745 | 98 | 72— |
| 9524 | 82 | 73= | 9567 | 110 | 55= | 9614 | 118 | 76— | 9658 | 102 | 69— | 9698 | 96 | 74— | 9746 | 90 | 52≡ |
| 9524 | 124 | 50— | 9568 | 122 | 50— | 9616 | 96 | 72— | 9658 | 106 | 69— | 9699 | 84 | 79= | 9746 | 102 | 72— |
| 9525 | 102 | 69— | 9569 | 98 | 56= | 9616 | 120 | 47= | 9659 | 76 | 66≡ | 9700 | 92 | 79= | 9747 | 86 | 57≡ |
| 9525 | 124 | 58— | 9569 | 126 | 76— | 9617 | 96 | 74— | 9659 | 104 | 77= | 9700 | 96 | 51= | 9747 | 112 | 48= |
| 9526 | 108 | 55= | 9570 | 92 | 49≡ | 9617 | 98 | 72= | 9660 | 90 | 79= | 9701 | 94 | 74— | 9748 | 110 | 55= |
| 9526 | 122 | 43= | 9570 | 108 | 48= | 9619 | 90 | 68= | 9660 | 94 | 56= | 9703 | 120 | 59— | 9749 | 98 | 74— |
| 9527 | 86 | 79= | 9570 | 114 | 35≡ | 9619 | 100 | 72— | 9660 | 110 | 39= | 9705 | 128 | 54— | 9749 | 128 | 42= |
| 9528 | 106 | 51= | 9571 | 98 | 77= | 9619 | 124 | 76— | 9661 | 128 | 53— | 9707 | 78 | 73= | 9751 | 86 | 79= |
| 9528 | 110 | 48= | 9572 | 70 | 71≡ | 9620 | 90 | 49≡ | 9665 | 84 | 65≡ | 9707 | 104 | 44≡ | 9751 | 130 | 58— |
| 9530 | 122 | 59— | 9572 | 126 | 58— | 9620 | 96 | 56≡ | 9665 | 98 | 64= | 9708 | 94 | 64= | 9753 | 90 | 62≡ |
| 9531 | 68 | 66≡ | 9574 | 84 | 52≡ | 9621 | 130 | 58— | 9665 | 110 | 63— | 9708 | 130 | 46— | 9753 | 110 | 43= |
| 9532 | 108 | 43= | 9575 | 88 | 64= | 9622 | 104 | 51= | 9667 | 116 | 47= | 9709 | 90 | 56≡ | 9754 | 122 | 42= |
| 9533 | 110 | 63— | 9575 | 92 | 77= | 9623 | 72 | 66≡ | 9668 | 78 | 68≡ | 9709 | 116 | 67— | 9756 | 122 | 59— |
| 9534 | 120 | 76— | 9576 | 130 | 53— | 9623 | 88 | 57≡ | 9668 | 126 | 54— | 9710 | 112 | 63— | 9757 | 108 | 51= |
| 9535 | 108 | 63— | 9577 | 126 | 54— | 9623 | 102 | 72— | 9669 | 104 | 69— | 9710 | 130 | 76— | 9757 | 114 | 39≡ |
| 9536 | 86 | 52≡ | 9578 | 74 | 68≡ | 9624 | 80 | 73≡ | 9670 | 64 | 75≡ | 9712 | 82 | 68≡ | 9759 | 84 | 70= |
| 9536 | 126 | 50— | 9579 | 88 | 52≡ | 9625 | 78 | 75= | 9670 | 130 | 54— | 9713 | 68 | 71≡ | 9761 | 82 | 52≡ |
| 9537 | 78 | 65≡ | 9580 | 104 | 49≡ | 9625 | 94 | 62≡ | 9671 | 90 | 62≡ | 9714 | 84 | 52≡ | 9761 | 114 | 67— |
| 9538 | 106 | 55= | 9581 | 94 | 57≡ | 9625 | 116 | 39≡ | 9672 | 92 | 64= | 9714 | 104 | 56= | 9762 | 86 | 79= |
| 9538 | 128 | 54— | 9581 | 120 | 50— | 9626 | 80 | 62≡ | 9672 | 102 | 69— | 9714 | 122 | 50— | 9762 | 112 | 63— |
| 9541 | 84 | 70= | 9583 | 122 | 54— | 9627 | 90 | 64= | 9673 | 100 | 69— | 9715 | 112 | 78— | 9763 | 108 | 55= |
| 9541 | 104 | 61= | 9584 | 70 | 66≡ | 9628 | 112 | 63— | 9673 | 108 | 47= | 9716 | 100 | 64= | 9765 | 76 | 66≡ |
| 9541 | 112 | 67— | 9585 | 100 | 49≡ | 9628 | 120 | 43= | 9674 | 86 | 70= | 9719 | 76 | 75= | 9765 | 114 | 67— |
| 9542 | 102 | 55= | 9586 | 84 | 62≡ | 9629 | 76 | 68≡ | 9675 | 98 | 49≡ | 9719 | 130 | 53— | 9766 | 108 | 39≡ |
| 9543 | 90 | 65= | 9586 | 130 | 53— | 9629 | 104 | 48= | 9675 | 106 | 77= | 9720 | 80 | 75= | 9767 | 116 | 55= |
| 9543 | 100 | 69— | 9587 | 124 | 59— | 9629 | 124 | 50— | 9675 | 120 | 42= | 9720 | 114 | 63— | 9768 | 96 | 68= |
| 9543 | 112 | 39≡ | 9588 | 94 | 49≡ | 9630 | 112 | 47= | 9676 | 92 | 68= | 9721 | 82 | 73= | 9768 | 110 | 63— |
| 9544 | 104 | 55= | 9590 | 80 | 65≡ | 9633 | 82 | 65≡ | 9676 | 122 | 59— | 9721 | 108 | 60= | 9768 | 118 | 47= |
| 9544 | 114 | 43= | 9590 | 108 | 35≡ | 9633 | 110 | 78— | 9677 | 92 | 52≡ | 9723 | 88 | 57≡ | 9769 | 66 | 75= |
| 9545 | 96 | 49≡ | 9593 | 94 | 44≡ | 9634 | 104 | 39≡ | 9678 | 88 | 62≡ | 9724 | 112 | 55= | 9769 | 128 | 76— |
| 9545 | 112 | 67— | 9593 | 122 | 76— | 9634 | 128 | 58— | 9678 | 128 | 58— | 9726 | 94 | 68= | 9771 | 106 | 61= |
| 9546 | 86 | 62≡ | 9597 | 94 | 77= | 9635 | 114 | 67— | 9679 | 72 | 66≡ | 9727 | 102 | 72— | 9772 | 106 | 55= |
| 9547 | 64 | 71≡ | 9597 | 114 | 47= | 9635 | 122 | 50— | 9679 | 100 | 51= | 9727 | 116 | 67— | 9773 | 104 | 55= |
| 9547 | 120 | 42= | 9597 | 124 | 42= | 9636 | 102 | 77= | 9680 | 112 | 67— | 9728 | 74 | 66≡ | 9775 | 70 | 71≡ |
| 9548 | 108 | 78— | 9598 | 84 | 70= | 9637 | 66 | 71≡ | 9683 | 114 | 47= | 9728 | 110 | 60= | 9775 | 128 | 58— |
| 9548 | 126 | 42= | 9599 | 116 | 67— | 9637 | 84 | 65= | 9684 | 112 | 43= | 9728 | 118 | 43= | 9776 | 110 | 78— |
| 9549 | 104 | 51= | 9600 | 82 | 52≡ | 9638 | 82 | 79= | 9685 | 124 | 50— | 9729 | 102 | 56= | 9777 | 90 | 65= |
| 9550 | 102 | 69— | 9601 | 74 | 75= | 9638 | 124 | 28 | 9686 | 118 | 67— | 9729 | 126 | 58— | 9778 | 124 | 50— |
| 9550 | 128 | 58— | 9601 | 112 | 43= | 9640 | 92 | 57≡ | 9687 | 86 | 65≡ | 9730 | 124 | 43= | 9779 | 108 | 44≡ |
| 9552 | 114 | 55= | 9602 | 118 | 42= | 9641 | 118 | 35≡ | 9687 | 104 | 60= | 9731 | 98 | 44≡ | 9779 | 128 | 54— |
| 9552 | 130 | 46— | 9603 | 126 | 58— | 9641 | 128 | 76— | 9688 | 90 | 57≡ | 9732 | 64 | 73≡ | 9780 | 114 | 55= |
| 9555 | 86 | 79= | 9604 | 94 | 74— | 9643 | 124 | 58— | 9688 | 108 | 78— | 9733 | 94 | 64≡ | 9781 | 108 | 55= |
| 9555 | 106 | 44≡ | 9604 | 106 | 48= | 9644 | 124 | 59— | 9689 | 74 | 71≡ | 9736 | 100 | 56= | 9782 | 106 | 51= |
| 9556 | 106 | 55= | 9605 | 114 | 43= | 9645 | 108 | 60= | 9689 | 118 | 43= | 9736 | 124 | 59— | 9782 | 116 | 35≡ |
| 9556 | 116 | 47= | 9606 | 98 | 72— | 9645 | 132 | 27 | 9690 | 92 | 56= | 9737 | 120 | 50— | 9783 | 110 | 78— |
| 9557 | 96 | 68= | 9607 | 100 | 77= | 9646 | 118 | 59— | 9690 | 130 | 42= | 9738 | 130 | 54— | 9785 | 106 | 69— |
| 9557 | 102 | 61= | 9608 | 96 | 64= | 9648 | 74 | 66≡ | 9691 | 106 | 56= | 9739 | 88 | 65≡ | 9786 | 88 | 64— |
| 9558 | 62 | 75≡ | 9609 | 80 | 70= | 9649 | 102 | 60= | 9692 | 86 | 65= | 9740 | 82 | 57≡ | 9786 | 98 | 49= |

— bedeutet Träger mit einer Gurtplatte, = mit zwei, ≡ mit drei Gurtplatten.

von 9787 bis 10084.

| Widerstandsmoment cm³ | Stehblech-Höhe cm | Seite des Buches | Widerstandsmoment cm³ | Stehblech-Höhe cm | Seite des Buches | Widerstandsmoment cm³ | Stehblech-Höhe cm | Seite des Buches | Widerstandsmoment cm³ | Stehblech-Höhe cm | Seite des Buches | Widerstandsmoment cm³ | Stehblech-Höhe cm | Seite des Buches | Widerstandsmoment cm³ | Stehblech-Höhe cm | Seite des Buches |
|---|---|---|---|---|---|---|---|---|---|---|---|---|---|---|---|---|---|
| 9787 | 112 | 55= | 9829 | 90 | 79= | 9874 | 96 | 62≡ | 9932 | 128 | 54— | 9996 | 118 | 35≡ | 10038 | 128 | 54— |
| 9788 | 78 | 66≡ | 9829 | 108 | 48= | 9874 | 102 | 60= | 9933 | 94 | 68= | 9999 | 98 | 49≡ | 10039 | 76 | 66≡ |
| 9788 | 124 | 54— | 9830 | 98 | 62= | 9875 | 92 | 49≡ | 9934 | 128 | 58— | 10000 | 100 | 72— | 10039 | 104 | 69— |
| 9790 | 102 | 69— | 9831 | 80 | 65= | 9876 | 90 | 79= | 9936 | 126 | 43= | 10001 | 108 | 55= | 10039 | 108 | 49≡ |
| 9791 | 70 | 73≡ | 9832 | 96 | 74— | 9876 | 106 | 69— | 9937 | 74 | 66≡ | 10001 | 112 | 63— | 10039 | 114 | 67— |
| 9791 | 104 | 61= | 9832 | 126 | 54— | 9878 | 84 | 52≡ | 9937 | 108 | 60= | 10002 | 84 | 70= | 10040 | 104 | 61= |
| 9792 | 110 | 48= | 9833 | 94 | 74— | 9879 | 82 | 65≡ | 9939 | 100 | 51= | 10002 | 108 | 61= | 10043 | 84 | 52≡ |
| 9793 | 80 | 52≡ | 9833 | 96 | 49= | 9879 | 92 | 68= | 9940 | 88 | 57≡ | 10003 | 76 | 71≡ | 10044 | 70 | 73≡ |
| 9793 | 126 | 59— | 9834 | 114 | 78— | 9879 | 112 | 39≡ | 9941 | 90 | 62≡ | 10003 | 126 | 76— | 10044 | 102 | 77= |
| 9794 | 88 | 79= | 9836 | 118 | 39≡ | 9880 | 76 | 68≡ | 9941 | 128 | 50— | 10004 | 98 | 74— | 10045 | 86 | 70= |
| 9794 | 122 | 50— | 9836 | 122 | 43= | 9880 | 86 | 70= | 9943 | 94 | 56≡ | 10005 | 106 | 55= | 10046 | 92 | 65= |
| 9796 | 92 | 77= | 9836 | 130 | 58— | 9881 | 118 | 47= | 9944 | 92 | 57≡ | 10005 | 110 | 44≡ | 10046 | 100 | 61= |
| 9797 | 110 | 63— | 9838 | 96 | 44= | 9881 | 130 | 58— | 9945 | 86 | 65≡ | 10005 | 128 | 42= | 10046 | 124 | 43= |
| 9797 | 124 | 76— | 9839 | 126 | 50— | 9883 | 90 | 57≡ | 9945 | 118 | 67— | 10006 | 112 | 78— | 10047 | 102 | 61= |
| 9799 | 104 | 51= | 9840 | 102 | 77= | 9883 | 108 | 60= | 9946 | 106 | 56= | 10007 | 100 | 74— | 10048 | 102 | 56≡ |
| 9800 | 80 | 66≡ | 9840 | 130 | 76— | 9884 | 104 | 60= | 9948 | 110 | 60= | 10007 | 110 | 55= | 10049 | 70 | 71≡ |
| 9800 | 126 | 42= | 9841 | 96 | 77= | 9884 | 110 | 56= | 9949 | 98 | 51= | 10008 | 114 | 55= | 10049 | 94 | 77= |
| 9801 | 62 | 75≡ | 9842 | 90 | 52≡ | 9885 | 124 | 59— | 9950 | 114 | 60= | 10008 | 124 | 50— | 10049 | 120 | 39≡ |
| 9801 | 96 | 64= | 9843 | 90 | 64= | 9886 | 122 | 76— | 9951 | 96 | 61= | 10009 | 80 | 73= | 10049 | 128 | 50— |
| 9801 | 98 | 61= | 9845 | 124 | 42= | 9887 | 106 | 60= | 9951 | 130 | 42= | 10009 | 92 | 52≡ | 10050 | 100 | 68= |
| 9802 | 102 | 61= | 9846 | 102 | 44≡ | 9889 | 84 | 62≡ | 9952 | 68 | 73≡ | 10011 | 112 | 55= | 10051 | 130 | 59— |
| 9803 | 88 | 52≡ | 9846 | 128 | 59— | 9892 | 94 | 57≡ | 9953 | 88 | 70= | 10011 | 130 | 58— | 10052 | 126 | 42= |
| 9805 | 124 | 59— | 9847 | 86 | 52≡ | 9893 | 92 | 64= | 9956 | 76 | 66≡ | 10012 | 84 | 73= | 10053 | 102 | 51= |
| 9806 | 100 | 61= | 9848 | 66 | 73≡ | 9893 | 104 | 49≡ | 9959 | 94 | 79= | 10012 | 90 | 65= | 10054 | 110 | 63— |
| 9806 | 128 | 58— | 9848 | 114 | 47= | 9893 | 126 | 42= | 9960 | 80 | 68≡ | 10013 | 112 | 78— | 10056 | 104 | 49≡ |
| 9807 | 92 | 65= | 9849 | 126 | 58— | 9895 | 66 | 71≡ | 9961 | 124 | 42= | 10014 | 88 | 57≡ | 10056 | 128 | 76— |
| 9808 | 100 | 56≡ | 9850 | 120 | 35≡ | 9896 | 126 | 50— | 9962 | 78 | 66≡ | 10014 | 92 | 62≡ | 10057 | 98 | 64= |
| 9808 | 102 | 51= | 9851 | 98 | 77= | 9896 | 128 | 50— | 9963 | 88 | 65≡ | 10014 | 106 | 69— | 10058 | 128 | 59— |
| 9809 | 106 | 49≡ | 9852 | 126 | 76— | 9897 | 72 | 71≡ | 9964 | 104 | 56= | 10014 | 126 | 59— | 10060 | 90 | 64= |
| 9810 | 84 | 73= | 9853 | 100 | 77= | 9897 | 110 | 47= | 9965 | 94 | 74— | 10016 | 108 | 51= | 10060 | 116 | 78— |
| 9810 | 110 | 35≡ | 9854 | 116 | 67— | 9897 | 112 | 63— | 9966 | 92 | 56≡ | 10016 | 112 | 48= | 10062 | 110 | 78— |
| 9811 | 88 | 62≡ | 9854 | 134 | 27 | 9898 | 108 | 69— | 9967 | 114 | 48= | 10017 | 84 | 57≡ | 10063 | 138 | 26 |
| 9811 | 120 | 42= | 9855 | 68 | 75≡ | 9899 | 116 | 47= | 9968 | 88 | 65= | 10017 | 90 | 70= | 10064 | 136 | 27 |
| 9812 | 92 | 57≡ | 9855 | 136 | 26 | 9900 | 108 | 77= | 9970 | 130 | 76— | 10019 | 98 | 68= | 10067 | 116 | 47= |
| 9812 | 116 | 47= | 9856 | 86 | 62≡ | 9901 | 120 | 67— | 9971 | 100 | 44≡ | 10020 | 82 | 75= | 10068 | 94 | 57≡ |
| 9814 | 112 | 67— | 9856 | 112 | 63— | 9902 | 82 | 70= | 9972 | 118 | 43= | 10021 | 130 | 42= | 10068 | 118 | 67— |
| 9815 | 118 | 67— | 9857 | 106 | 51= | 9904 | 104 | 69— | 9973 | 116 | 39≡ | 10022 | 122 | 42= | 10068 | 122 | 47= |
| 9816 | 80 | 73= | 9857 | 114 | 63— | 9905 | 72 | 66≡ | 9974 | 102 | 56= | 10023 | 88 | 79= | 10070 | 78 | 66≡ |
| 9816 | 108 | 63— | 9858 | 70 | 66≡ | 9907 | 94 | 62≡ | 9975 | 86 | 79= | 10025 | 106 | 61= | 10071 | 90 | 52≡ |
| 9817 | 80 | 70= | 9859 | 100 | 72— | 9908 | 96 | 56≡ | 9978 | 84 | 70= | 10025 | 128 | 76— | 10071 | 96 | 49≡ |
| 9818 | 114 | 43= | 9859 | 120 | 59— | 9910 | 116 | 48= | 9979 | 68 | 71≡ | 10027 | 108 | 69— | 10072 | 94 | 65= |
| 9818 | 128 | 42= | 9860 | 102 | 72— | 9911 | 110 | 63— | 9979 | 96 | 68= | 10028 | 66 | 75= | 10072 | 128 | 28 |
| 9819 | 122 | 43= | 9861 | 98 | 64= | 9912 | 114 | 35≡ | 9981 | 120 | 47= | 10028 | 100 | 49≡ | 10073 | 122 | 59— |
| 9820 | 94 | 49≡ | 9861 | 112 | 78— | 9914 | 122 | 59— | 9982 | 116 | 67— | 10028 | 118 | 47= | 10075 | 104 | 77= |
| 9820 | 116 | 43= | 9861 | 118 | 42= | 9915 | 100 | 49≡ | 9983 | 82 | 68≡ | 10028 | 124 | 43= | 10075 | 118 | 67— |
| 9821 | 126 | 76— | 9862 | 106 | 39≡ | 9916 | 86 | 65= | 9985 | 90 | 57≡ | 10031 | 78 | 75= | 10075 | 120 | 42= |
| 9822 | 86 | 70= | 9862 | 130 | 53— | 9917 | 84 | 65≡ | 9987 | 116 | 67— | 10031 | 112 | 63— | 10076 | 98 | 57≡ |
| 9823 | 88 | 79= | 9863 | 98 | 56≡ | 9918 | 82 | 73≡ | 9988 | 126 | 58— | 10032 | 112 | 35≡ | 10076 | 100 | 62≡ |
| 9823 | 122 | 59— | 9867 | 96 | 74— | 9919 | 108 | 56≡ | 9990 | 86 | 52≡ | 10032 | 122 | 76— | 10076 | 130 | 54— |
| 9824 | 72 | 71≡ | 9868 | 102 | 72— | 9921 | 64 | 75≡ | 9990 | 110 | 39≡ | 10033 | 120 | 67— | 10077 | 90 | 62≡ |
| 9824 | 122 | 47= | 9869 | 104 | 72— | 9923 | 88 | 52≡ | 9991 | 96 | 74— | 10034 | 124 | 59— | 10078 | 70 | 71≡ |
| 9825 | 70 | 71≡ | 9870 | 100 | 72— | 9926 | 78 | 68≡ | 9992 | 102 | 72— | 10035 | 88 | 79= | 10079 | 104 | 68= |
| 9826 | 130 | 54— | 9871 | 110 | 60= | 9927 | 124 | 50— | 9993 | 114 | 63— | 10035 | 118 | 43= | 10080 | 98 | 49≡ |
| 9828 | 78 | 75= | 9871 | 128 | 54— | 9928 | 80 | 75= | 9994 | 84 | 68≡ | 10036 | 116 | 43= | 10082 | 104 | 44≡ |
| 9828 | 96 | 57≡ | 9872 | 98 | 72— | 9930 | 92 | 62≡ | 9995 | 74 | 66≡ | 10037 | 106 | 51= | 10084 | 98 | 44≡ |

— bedeutet Träger mit einer Gurtplatte, = mit zwei, ≡ mit drei Gurtplatten.

## von 10087 bis 10375.

| Widerstandsmoment cm³ | StehblechHöhe cm | Seite des Buches | Widerstandsmoment cm³ | StehblechHöhe cm | Seite des Buches | Widerstandsmoment cm³ | StehblechHöhe cm | Seite des Buches | Widerstandsmoment cm³ | StehblechHöhe cm | Seite des Buches | Widerstandsmoment cm³ | StehblechHöhe cm | Seite des Buches | Widerstandsmoment cm³ | StehblechHöhe cm | Seite des Buches |
|---|---|---|---|---|---|---|---|---|---|---|---|---|---|---|---|---|---|
| 10087 | 66 | 73≡ | 10127 | 110 | 77= | 10180 | 102 | 61= | 10232 | 110 | 55= | 10275 | 138 | 27 | 10325 | 100 | 57≡ |
| 10087 | 86 | 70= | 10127 | 124 | 59— | 10184 | 78 | 68≡ | 10233 | 90 | 70= | 10276 | 108 | 51= | 10326 | 86 | 52≡ |
| 10087 | 116 | 63— | 10128 | 118 | 48= | 10184 | 94 | 79= | 10233 | 98 | 74— | 10277 | 76 | 71≡ | 10326 | 124 | 43= |
| 10088 | 80 | 66≡ | 10129 | 88 | 62≡ | 10186 | 72 | 66≡ | 10234 | 78 | 75= | 10277 | 86 | 68≡ | 10327 | 114 | 60= |
| 10089 | 108 | 48= | 10130 | 100 | 72— | 10186 | 102 | 51= | 10234 | 82 | 75= | 10280 | 106 | 61= | 10330 | 110 | 51= |
| 10089 | 114 | 63— | 10130 | 114 | 63— | 10188 | 120 | 43= | 10234 | 124 | 42= | 10282 | 124 | 47= | 10332 | 100 | 44≡ |
| 10090 | 108 | 39≡ | 10131 | 98 | 74— | 10189 | 94 | 62≡ | 10235 | 96 | 74— | 10283 | 90 | 57≡ | 10332 | 104 | 77= |
| 10090 | 114 | 78— | 10131 | 116 | 47= | 10189 | 116 | 48= | 10235 | 110 | 61= | 10283 | 104 | 77= | 10333 | 88 | 70= |
| 10092 | 90 | 79= | 10132 | 106 | 51= | 10191 | 96 | 68= | 10235 | 112 | 55= | 10285 | 112 | 48= | 10333 | 108 | 77= |
| 10092 | 102 | 77= | 10136 | 80 | 75= | 10191 | 118 | 39≡ | 10236 | 114 | 55= | 10286 | 66 | 75≡ | 10334 | 92 | 79= |
| 10093 | 100 | 77= | 10137 | 100 | 74— | 10192 | 84 | 62≡ | 10237 | 114 | 63— | 10286 | 92 | 65= | 10335 | 92 | 64= |
| 10093 | 124 | 42= | 10138 | 130 | 54— | 10194 | 90 | 52≡ | 10238 | 114 | 78— | 10287 | 108 | 69— | 10336 | 120 | 47= |
| 10094 | 82 | 66≡ | 10140 | 94 | 68= | 10196 | 100 | 61= | 10239 | 108 | 55= | 10288 | 118 | 47= | 10336 | 124 | 67— |
| 10094 | 92 | 79= | 10140 | 110 | 69— | 10196 | 114 | 55= | 10239 | 126 | 43= | 10288 | 124 | 59— | 10337 | 102 | 77= |
| 10095 | 126 | 59— | 10141 | 126 | 50— | 10196 | 122 | 47= | 10240 | 90 | 65≡ | 10289 | 104 | 56≡ | 10337 | 114 | 56= |
| 10096 | 98 | 74— | 10141 | 130 | 58— | 10197 | 88 | 65= | 10241 | 114 | 48= | 10290 | 106 | 69— | 10339 | 96 | 65= |
| 10096 | 120 | 47= | 10142 | 92 | 79= | 10197 | 128 | 58— | 10244 | 104 | 72— | 10290 | 120 | 67— | 10339 | 116 | 78— |
| 10098 | 86 | 73≡ | 10143 | 128 | 43= | 10198 | 68 | 73≡ | 10244 | 124 | 76— | 10291 | 122 | 42= | 10341 | 126 | 59— |
| 10099 | 106 | 77= | 10144 | 92 | 57= | 10198 | 96 | 64= | 10245 | 106 | 72— | 10292 | 102 | 61= | 10342 | 118 | 43= |
| 10099 | 112 | 60= | 10145 | 96 | 57= | 10199 | 86 | 79= | 10245 | 130 | 54— | 10292 | 130 | 28 | 10345 | 80 | 75= |
| 10099 | 128 | 42= | 10146 | 118 | 78— | 10199 | 100 | 51= | 10246 | 68 | 71≡ | 10293 | 112 | 63— | 10345 | 92 | 62≡ |
| 10100 | 114 | 39≡ | 10146 | 120 | 67— | 10199 | 116 | 78— | 10246 | 100 | 49≡ | 10294 | 86 | 70= | 10345 | 112 | 60= |
| 10100 | 130 | 76— | 10147 | 112 | 63— | 10200 | 70 | 75= | 10246 | 120 | 47= | 10294 | 106 | 49≡ | 10347 | 110 | 77= |
| 10101 | 96 | 74— | 10148 | 110 | 56= | 10200 | 106 | 56= | 10246 | 126 | 59— | 10295 | 92 | 70= | 10348 | 120 | 48= |
| 10104 | 88 | 70= | 10149 | 74 | 71≡ | 10200 | 120 | 55= | 10249 | 92 | 57≡ | 10297 | 70 | 73≡ | 10350 | 114 | 47= |
| 10106 | 72 | 71≡ | 10152 | 106 | 69— | 10203 | 94 | 57≡ | 10252 | 88 | 79= | 10297 | 90 | 79= | 10350 | 118 | 35≡ |
| 10106 | 130 | 50— | 10152 | 130 | 50— | 10203 | 98 | 61= | 10252 | 110 | 51= | 10297 | 120 | 67— | 10351 | 78 | 66≡ |
| 10107 | 92 | 52≡ | 10153 | 108 | 60= | 10204 | 128 | 54— | 10252 | 122 | 67= | 10298 | 112 | 78— | 10351 | 130 | 43= |
| 10108 | 100 | 56≡ | 10154 | 126 | 76— | 10205 | 104 | 49≡ | 10254 | 76 | 66≡ | 10299 | 102 | 68= | 10352 | 118 | 67— |
| 10108 | 128 | 50— | 10155 | 104 | 61= | 10205 | 118 | 67— | 10254 | 82 | 68≡ | 10299 | 104 | 51= | 10353 | 118 | 47= |
| 10110 | 112 | 56= | 10157 | 72 | 71≡ | 10206 | 92 | 62≡ | 10254 | 98 | 64= | 10302 | 96 | 77= | 10354 | 102 | 56≡ |
| 10111 | 104 | 72— | 10157 | 86 | 52= | 10207 | 90 | 57≡ | 10255 | 114 | 35≡ | 10304 | 126 | 42= | 10354 | 106 | 60= |
| 10112 | 122 | 43= | 10157 | 102 | 49= | 10207 | 130 | 59— | 10255 | 118 | 43= | 10305 | 86 | 73= | 10355 | 110 | 60= |
| 10113 | 102 | 72— | 10158 | 98 | 56= | 10210 | 120 | 35≡ | 10256 | 126 | 43= | 10307 | 128 | 59— | 10355 | 112 | 77= |
| 10113 | 110 | 60= | 10160 | 94 | 64— | 10210 | 128 | 76— | 10257 | 102 | 72— | 10307 | 130 | 42= | 10357 | 128 | 50— |
| 10114 | 92 | 64= | 10162 | 96 | 62≡ | 10211 | 130 | 42= | 10258 | 88 | 57≡ | 10309 | 90 | 79= | 10358 | 108 | 60= |
| 10115 | 82 | 73= | 10164 | 88 | 70= | 10213 | 102 | 44≡ | 10259 | 98 | 74— | 10311 | 106 | 77= | 10359 | 108 | 61= |
| 10116 | 100 | 64= | 10165 | 120 | 67— | 10214 | 84 | 73= | 10261 | 108 | 69— | 10312 | 82 | 73= | 10361 | 94 | 79= |
| 10116 | 108 | 77= | 10166 | 116 | 55= | 10214 | 104 | 56= | 10261 | 128 | 42= | 10312 | 122 | 47= | 10362 | 100 | 74— |
| 10117 | 106 | 72— | 10167 | 86 | 62= | 10215 | 112 | 39≡ | 10262 | 130 | 76— | 10313 | 76 | 66≡ | 10363 | 92 | 79= |
| 10117 | 118 | 47= | 10167 | 106 | 69— | 10217 | 112 | 55= | 10265 | 116 | 67— | 10316 | 100 | 64= | 10363 | 106 | 72— |
| 10118 | 122 | 67= | 10168 | 102 | 64= | 10218 | 96 | 79= | 10266 | 80 | 66≡ | 10317 | 94 | 65= | 10363 | 130 | 59— |
| 10119 | 104 | 72— | 10168 | 110 | 60= | 10219 | 118 | 55= | 10267 | 78 | 66≡ | 10318 | 78 | 71≡ | 10365 | 116 | 63— |
| 10120 | 88 | 52≡ | 10169 | 108 | 44= | 10220 | 112 | 51= | 10267 | 88 | 52≡ | 10319 | 106 | 44≡ | 10367 | 108 | 72— |
| 10121 | 68 | 75≡ | 10169 | 124 | 50— | 10222 | 100 | 74— | 10267 | 100 | 74— | 10319 | 118 | 63— | 10367 | 110 | 69— |
| 10121 | 106 | 61= | 10170 | 84 | 65≡ | 10223 | 74 | 71≡ | 10267 | 102 | 74— | 10320 | 110 | 39≡ | 10367 | 122 | 67— |
| 10121 | 108 | 69— | 10171 | 126 | 42≡ | 10223 | 126 | 50— | 10267 | 114 | 63— | 10320 | 116 | 78— | 10368 | 124 | 43= |
| 10121 | 116 | 43= | 10172 | 64 | 75= | 10224 | 128 | 59— | 10269 | 86 | 70= | 10321 | 130 | 50— | 10369 | 104 | 72— |
| 10122 | 130 | 58— | 10172 | 116 | 63— | 10225 | 80 | 68= | 10270 | 110 | 49= | 10322 | 84 | 75= | 10371 | 84 | 52≡ |
| 10123 | 72 | 73≡ | 10173 | 116 | 60= | 10225 | 94 | 56= | 10271 | 84 | 68≡ | 10322 | 98 | 77= | 10371 | 98 | 74— |
| 10123 | 112 | 47= | 10174 | 104 | 69— | 10226 | 116 | 63— | 10271 | 100 | 68= | 10322 | 116 | 39≡ | 10372 | 102 | 64= |
| 10125 | 82 | 65≡ | 10176 | 112 | 60= | 10227 | 88 | 65≡ | 10272 | 102 | 49≡ | 10323 | 70 | 71≡ | 10372 | 106 | 72— |
| 10125 | 98 | 62≡ | 10177 | 118 | 63— | 10228 | 98 | 64= | 10272 | 140 | 26 | 10323 | 98 | 49= | 10373 | 94 | 52≡ |
| 10125 | 102 | 72— | 10178 | 114 | 60= | 10230 | 130 | 76— | 10273 | 94 | 52≡ | 10324 | 102 | 62≡ | 10373 | 120 | 78— |
| 10126 | 116 | 67— | 10178 | 126 | 59— | 10231 | 116 | 55= | 10274 | 128 | 50— | 10325 | 96 | 57≡ | 10375 | 88 | 70= |

— bedeutet Träger mit einer Gurtplatte, = mit zwei, ≡ mit drei Gurtplatten.

## von 10377 bis 10728.

| Widerstandsmoment cm³ | Stehblech-Höhe cm | Seite des Buches | Widerstandsmoment cm³ | Stehblech-Höhe cm | Seite des Buches | Widerstandsmoment cm³ | Stehblech-Höhe cm | Seite des Buches | Widerstandsmoment cm³ | Stehblech-Höhe cm | Seite des Buches | Widerstandsmoment cm³ | Stehblech-Höhe cm | Seite des Buches | Widerstandsmoment cm³ | Stehblech-Höhe cm | Seite des Buches |
|---|---|---|---|---|---|---|---|---|---|---|---|---|---|---|---|---|---|
| 10377 | 80 | 66≡ | 10426 | 104 | 61= | 10476 | 120 | 43= | 10536 | 110 | 69— | 10590 | 124 | 67— | 10659 | 130 | 50— |
| 10377 | 100 | 62≡ | 10428 | 96 | 64= | 10477 | 86 | 62≡ | 10538 | 96 | 52≡ | 10592 | 112 | 60= | 10660 | 102 | 56≡ |
| 10379 | 112 | 56= | 10428 | 106 | 69— | 10478 | 116 | 78— | 10539 | 96 | 62≡ | 10593 | 130 | 42= | 10661 | 82 | 75= |
| 10381 | 104 | 72— | 10429 | 118 | 78— | 10479 | 116 | 35≡ | 10540 | 104 | 61= | 10596 | 108 | 60= | 10662 | 86 | 52≡ |
| 10381 | 128 | 42= | 10429 | 120 | 67 | 10480 | 90 | 65≡ | 10541 | 84 | 75= | 10597 | 70 | 71≡ | 10663 | 122 | 55= |
| 10383 | 72 | 73≡ | 10434 | 104 | 51= | 10480 | 98 | 79= | 10541 | 126 | 43= | 10598 | 110 | 60= | 10663 | 128 | 42= |
| 10383 | 112 | 69— | 10434 | 120 | 67— | 10481 | 88 | 79= | 10542 | 108 | 69— | 10599 | 110 | 61= | 10664 | 104 | 74— |
| 10385 | 94 | 64≡ | 10436 | 130 | 59— | 10485 | 96 | 56≡ | 10545 | 66 | 75≡ | 10600 | 78 | 71≡ | 10665 | 102 | 74— |
| 10385 | 114 | 63— | 10438 | 74 | 71≡ | 10486 | 102 | 74— | 10545 | 118 | 39≡ | 10600 | 88 | 73= | 10666 | 80 | 66≡ |
| 10386 | 122 | 67— | 10438 | 88 | 52≡ | 10488 | 140 | 27 | 10546 | 106 | 51= | 10601 | 104 | 56≡ | 10666 | 90 | 70= |
| 10387 | 68 | 75≡ | 10438 | 108 | 56= | 10489 | 80 | 68≡ | 10547 | 118 | 47= | 10601 | 122 | 78— | 10668 | 110 | 69— |
| 10387 | 126 | 50— | 10440 | 120 | 55= | 10489 | 112 | 51= | 10548 | 72 | 75≡ | 10602 | 118 | 63— | 10669 | 72 | 71≡ |
| 10388 | 72 | 71≡ | 10440 | 128 | 50— | 10490 | 74 | 71≡ | 10549 | 70 | 73≡ | 10605 | 130 | 59— | 10670 | 116 | 39≡ |
| 10388 | 88 | 73≡ | 10442 | 114 | 39≡ | 10490 | 100 | 64= | 10549 | 108 | 77= | 10606 | 94 | 79= | 10671 | 130 | 47= |
| 10388 | 90 | 70— | 10444 | 68 | 73≡ | 10490 | 130 | 50— | 10550 | 104 | 68= | 10607 | 128 | 50— | 10672 | 92 | 52≡ |
| 10388 | 96 | 49≡ | 10445 | 102 | 61≡ | 10491 | 88 | 65≡ | 10551 | 76 | 66≡ | 10608 | 98 | 65= | 10673 | 106 | 61= |
| 10388 | 110 | 60= | 10446 | 106 | 49≡ | 10493 | 86 | 70= | 10552 | 112 | 39≡ | 10609 | 124 | 67— | 10674 | 92 | 70= |
| 10389 | 118 | 55= | 10447 | 82 | 75≡ | 10493 | 118 | 67— | 10552 | 120 | 63— | 10611 | 114 | 56= | 10675 | 130 | 59— |
| 10390 | 82 | 66≡ | 10448 | 126 | 42= | 10494 | 102 | 49≡ | 10553 | 80 | 75= | 10612 | 94 | 52≡ | 10677 | 100 | 62≡ |
| 10390 | 84 | 66≡ | 10449 | 90 | 70= | 10497 | 108 | 72— | 10553 | 92 | 57≡ | 10614 | 112 | 69— | 10677 | 116 | 55= |
| 10390 | 102 | 72— | 10449 | 96 | 79≡ | 10497 | 126 | 47= | 10554 | 112 | 48= | 10614 | 120 | 55= | 10680 | 120 | 55= |
| 10396 | 90 | 52≡ | 10450 | 98 | 68= | 10499 | 106 | 72— | 10555 | 126 | 67— | 10615 | 94 | 62≡ | 10681 | 130 | 43= |
| 10397 | 100 | 74— | 10450 | 128 | 43= | 10499 | 110 | 61= | 10556 | 122 | 47= | 10616 | 110 | 51= | 10682 | 108 | 69— |
| 10397 | 106 | 61= | 10451 | 102 | 51= | 10501 | 106 | 72— | 10557 | 98 | 77= | 10618 | 84 | 73= | 10684 | 106 | 51= |
| 10398 | 118 | 60= | 10452 | 98 | 52≡ | 10502 | 100 | 74— | 10557 | 116 | 60= | 10622 | 116 | 78— | 10685 | 124 | 47= |
| 10399 | 98 | 57≡ | 10454 | 114 | 51= | 10503 | 112 | 49≡ | 10557 | 128 | 59— | 10623 | 90 | 70= | 10686 | 82 | 66≡ |
| 10400 | 102 | 74— | 10455 | 106 | 56= | 10505 | 116 | 63— | 10558 | 108 | 44≡ | 10624 | 124 | 43= | 10688 | 86 | 66≡ |
| 10400 | 104 | 49≡ | 10455 | 118 | 55= | 10507 | 124 | 42= | 10559 | 118 | 63— | 10625 | 112 | 60= | 10689 | 116 | 51= |
| 10401 | 108 | 69— | 10456 | 100 | 61= | 10508 | 98 | 74— | 10561 | 86 | 68≡ | 10626 | 86 | 75= | 10691 | 118 | 55= |
| 10401 | 112 | 60= | 10456 | 126 | 76— | 10510 | 120 | 47= | 10561 | 94 | 65= | 10626 | 106 | 72— | 10693 | 84 | 66≡ |
| 10402 | 96 | 68= | 10457 | 74 | 73≡ | 10511 | 90 | 65≡ | 10562 | 88 | 70= | 10629 | 102 | 74— | 10694 | 126 | 67— |
| 10402 | 110 | 44≡ | 10457 | 104 | 44= | 10512 | 86 | 73= | 10565 | 120 | 43≡ | 10629 | 126 | 47= | 10695 | 116 | 55= |
| 10404 | 110 | 69— | 10457 | 128 | 47= | 10513 | 94 | 57≡ | 10566 | 116 | 56= | 10630 | 96 | 79= | 10696 | 104 | 61= |
| 10405 | 122 | 43= | 10460 | 118 | 63— | 10513 | 132 | 28 | 10567 | 110 | 77= | 10630 | 104 | 64= | 10697 | 114 | 55= |
| 10406 | 114 | 60= | 10461 | 114 | 44= | 10514 | 122 | 67— | 10568 | 112 | 51= | 10633 | 78 | 66≡ | 10698 | 122 | 43= |
| 10406 | 116 | 60= | 10462 | 86 | 65≡ | 10515 | 114 | 48= | 10571 | 118 | 78— | 10634 | 114 | 60= | 10699 | 98 | 64= |
| 10407 | 94 | 57≡ | 10462 | 96 | 57≡ | 10516 | 74 | 66≡ | 10572 | 78 | 66≡ | 10636 | 80 | 71≡ | 10701 | 106 | 44≡ |
| 10408 | 100 | 56= | 10463 | 98 | 64= | 10516 | 92 | 70= | 10572 | 82 | 66≡ | 10636 | 120 | 48= | 10704 | 118 | 35≡ |
| 10408 | 120 | 63— | 10463 | 116 | 55= | 10516 | 104 | 72— | 10573 | 104 | 62≡ | 10638 | 116 | 60= | 10705 | 104 | 51= |
| 10408 | 130 | 58— | 10464 | 112 | 55= | 10517 | 120 | 78— | 10573 | 106 | 77= | 10639 | 106 | 72— | 10706 | 118 | 78— |
| 10410 | 94 | 79≡ | 10464 | 114 | 55= | 10517 | 128 | 42= | 10574 | 100 | 77= | 10640 | 108 | 61= | 10709 | 100 | 56≡ |
| 10410 | 120 | 39= | 10465 | 106 | 64= | 10519 | 130 | 59— | 10574 | 130 | 76— | 10641 | 122 | 63— | 10710 | 112 | 55= |
| 10411 | 118 | 48= | 10466 | 92 | 52≡ | 10520 | 122 | 67— | 10575 | 88 | 57≡ | 10642 | 100 | 74— | 10711 | 102 | 61= |
| 10412 | 124 | 47= | 10467 | 116 | 48= | 10521 | 108 | 61= | 10575 | 102 | 57≡ | 10643 | 72 | 73≡ | 10713 | 98 | 62≡ |
| 10414 | 130 | 54— | 10468 | 128 | 43= | 10523 | 106 | 77— | 10576 | 120 | 47= | 10645 | 106 | 49≡ | 10713 | 128 | 47= |
| 10415 | 84 | 70= | 10469 | 112 | 61= | 10524 | 102 | 68= | 10578 | 114 | 60= | 10647 | 98 | 49≡ | 10715 | 98 | 79= |
| 10416 | 108 | 69— | 10471 | 122 | 43= | 10525 | 82 | 68= | 10579 | 80 | 66≡ | 10648 | 112 | 56= | 10717 | 86 | 70= |
| 10417 | 72 | 71≡ | 10471 | 130 | 42= | 10527 | 100 | 74— | 10581 | 102 | 44≡ | 10649 | 118 | 43= | 10718 | 108 | 64= |
| 10418 | 130 | 76— | 10472 | 94 | 62≡ | 10529 | 104 | 74— | 10582 | 102 | 77= | 10651 | 104 | 72— | 10720 | 90 | 52≡ |
| 10419 | 98 | 62≡ | 10472 | 124 | 67— | 10530 | 124 | 47= | 10583 | 98 | 57≡ | 10652 | 112 | 69— | 10722 | 120 | 67— |
| 10419 | 122 | 55= | 10474 | 70 | 75≡ | 10532 | 90 | 57≡ | 10584 | 92 | 79= | 10653 | 68 | 75≡ | 10723 | 128 | 59— |
| 10422 | 84 | 65≡ | 10474 | 110 | 55= | 10533 | 114 | 63— | 10584 | 126 | 43= | 10653 | 110 | 69— | 10724 | 74 | 73≡ |
| 10422 | 104 | 64≡ | 10474 | 116 | 63— | 10534 | 108 | 49≡ | 10585 | 114 | 77= | 10654 | 108 | 51= | 10725 | 126 | 42= |
| 10422 | 116 | 55= | 10475 | 76 | 71≡ | 10534 | 114 | 78— | 10587 | 88 | 70= | 10655 | 100 | 57≡ | 10727 | 90 | 62≡ |
| 10423 | 116 | 43= | 10476 | 92 | 57≡ | 10535 | 106 | 61= | 10589 | 96 | 65= | 10659 | 96 | 64= | 10728 | 114 | 51= |

— bedeutet Träger mit einer Gurtplatte, = mit zwei, ≡ mit drei Gurtplatten.

10*

# Widerstandsmomente cm³

## von 10730 bis 11096.

| Widerstandsmoment cm³ | Stehblech-Höhe cm | Seite des Buches | Widerstandsmoment cm³ | Stehblech-Höhe cm | Seite des Buches | Widerstandsmoment cm³ | Stehblech-Höhe cm | Seite des Buches | Widerstandsmoment cm³ | Stehblech-Höhe cm | Seite des Buches | Widerstandsmoment cm³ | Stehblech-Höhe cm | Seite des Buches | Widerstandsmoment cm³ | Stehblech-Höhe cm | Seite des Buches |
|---|---|---|---|---|---|---|---|---|---|---|---|---|---|---|---|---|---|
| 10730 | 100 | 64≡ | 10793 | 106 | 74— | 10844 | 126 | 43≡ | 10915 | 106 | 72— | 10996 | 84 | 66≡ | 11041 | 114 | 77= |
| 10730 | 130 | 76— | 10794 | 108 | 51≡ | 10845 | 116 | 56= | 10917 | 128 | 67— | 10998 | 86 | 66≡ | 11041 | 122 | 78— |
| 10731 | 130 | 42≡ | 10796 | 82 | 68≡ | 10846 | 86 | 68≡ | 10919 | 68 | 75≡ | 10999 | 102 | 64= | 11044 | 110 | 51= |
| 10733 | 122 | 47≡ | 10796 | 92 | 65≡ | 10848 | 76 | 66≡ | 10920 | 120 | 55= | 11001 | 114 | 51= | 11046 | 104 | 64= |
| 10735 | 134 | 28 | 10797 | 120 | 63— | 10848 | 128 | 47= | 10921 | 108 | 61= | 11001 | 126 | 47= | 11047 | 98 | 57≡ |
| 10737 | 92 | 70≡ | 10798 | 102 | 74— | 10850 | 106 | 56≡ | 10921 | 112 | 69— | 11002 | 122 | 47= | 11048 | 118 | 60= |
| 10738 | 112 | 61≡ | 10798 | 110 | 44≡ | 10851 | 122 | 60= | 10921 | 124 | 43= | 11004 | 92 | 52≡ | 11048 | 118 | 77= |
| 10738 | 124 | 67— | 10800 | 94 | 70= | 10853 | 88 | 68≡ | 10924 | 120 | 48= | 11006 | 112 | 72— | 11050 | 116 | 51= |
| 10739 | 96 | 62≡ | 10800 | 104 | 74— | 10855 | 96 | 70= | 10925 | 80 | 71≡ | 11007 | 112 | 61= | 11051 | 90 | 62≡ |
| 10740 | 94 | 52≡ | 10800 | 122 | 47= | 10857 | 90 | 57≡ | 10925 | 86 | 73≡ | 11008 | 98 | 62≡ | 11051 | 94 | 65= |
| 10743 | 100 | 79≡ | 10801 | 94 | 65≡ | 10859 | 118 | 78— | 10926 | 118 | 51= | 11008 | 102 | 79≡ | 11051 | 112 | 69— |
| 10744 | 104 | 49≡ | 10802 | 70 | 73≡ | 10860 | 126 | 55= | 10927 | 118 | 55= | 11008 | 104 | 68= | 11052 | 90 | 65≡ |
| 10744 | 118 | 63— | 10802 | 106 | 68= | 10861 | 122 | 48= | 10930 | 106 | 74— | 11008 | 110 | 77= | 11052 | 92 | 79≡ |
| 10745 | 124 | 67— | 10803 | 78 | 71≡ | 10862 | 94 | 79= | 10931 | 100 | 68= | 11009 | 92 | 62≡ | 11058 | 102 | 74— |
| 10746 | 94 | 57≡ | 10804 | 98 | 62≡ | 10863 | 98 | 65= | 10931 | 130 | 47= | 11009 | 100 | 56≡ | 11058 | 108 | 74— |
| 10746 | 98 | 56≡ | 10804 | 112 | 77= | 10864 | 120 | 60= | 10932 | 88 | 75≡ | 11012 | 108 | 49≡ | 11058 | 128 | 67— |
| 10746 | 116 | 48= | 10805 | 98 | 52≡ | 10866 | 118 | 63— | 10932 | 116 | 55= | 11012 | 114 | 69— | 11060 | 110 | 77= |
| 10748 | 70 | 75≡ | 10805 | 120 | 78— | 10870 | 116 | 60= | 10934 | 122 | 63— | 11013 | 118 | 78— | 11063 | 126 | 78— |
| 10748 | 102 | 68= | 10806 | 94 | 65= | 10871 | 112 | 72— | 10935 | 108 | 51= | 11013 | 124 | 43= | 11065 | 128 | 43= |
| 10749 | 126 | 47= | 10807 | 118 | 47= | 10872 | 114 | 44≡ | 10936 | 98 | 57≡ | 11014 | 110 | 72— | 11066 | 124 | 55= |
| 10750 | 110 | 72— | 10807 | 122 | 67— | 10874 | 82 | 75= | 10937 | 102 | 62≡ | 11014 | 116 | 69— | 11067 | 76 | 73≡ |
| 10753 | 104 | 74— | 10808 | 92 | 57≡ | 10875 | 116 | 69— | 10939 | 110 | 69— | 11014 | 126 | 43= | 11068 | 106 | 74— |
| 10754 | 102 | 64= | 10809 | 114 | 51= | 10876 | 124 | 63— | 10941 | 116 | 61= | 11016 | 96 | 52≡ | 11068 | 116 | 60= |
| 10756 | 108 | 72— | 10811 | 88 | 73= | 10877 | 78 | 66≡ | 10942 | 120 | 78— | 11016 | 112 | 49≡ | 11068 | 130 | 47= |
| 10757 | 74 | 71≡ | 10812 | 92 | 79= | 10878 | 100 | 65= | 10943 | 130 | 59— | 11017 | 74 | 71≡ | 11070 | 76 | 71≡ |
| 10758 | 128 | 43= | 10813 | 114 | 77= | 10879 | 130 | 42= | 10944 | 128 | 42= | 11017 | 96 | 57≡ | 11070 | 100 | 62≡ |
| 10760 | 84 | 75= | 10813 | 116 | 60= | 10880 | 84 | 66≡ | 10947 | 108 | 44≡ | 11017 | 110 | 72— | 11070 | 104 | 74— |
| 10760 | 112 | 69— | 10813 | 126 | 67— | 10881 | 78 | 71≡ | 10948 | 114 | 55= | 11018 | 116 | 39≡ | 11072 | 102 | 77= |
| 10763 | 88 | 62≡ | 10814 | 100 | 77= | 10882 | 110 | 72— | 10949 | 120 | 78— | 11020 | 88 | 65≡ | 11073 | 92 | 65≡ |
| 10764 | 92 | 65= | 10816 | 108 | 77= | 10882 | 124 | 67— | 10951 | 98 | 79= | 11020 | 88 | 70= | 11074 | 86 | 75= |
| 10764 | 106 | 49≡ | 10816 | 116 | 77= | 10884 | 96 | 52≡ | 10953 | 120 | 63— | 11020 | 104 | 64= | 11074 | 100 | 52≡ |
| 10765 | 114 | 69— | 10823 | 106 | 62≡ | 10885 | 110 | 61= | 10954 | 94 | 62≡ | 11020 | 106 | 74— | 11075 | 108 | 62≡ |
| 10766 | 90 | 79= | 10824 | 94 | 57≡ | 10886 | 108 | 72— | 10955 | 88 | 52≡ | 11020 | 118 | 63— | 11075 | 108 | 77= |
| 10770 | 120 | 39≡ | 10826 | 76 | 71≡ | 10887 | 124 | 67— | 10958 | 92 | 70= | 11020 | 130 | 43= | 11079 | 114 | 49≡ |
| 10772 | 76 | 71≡ | 10826 | 92 | 52≡ | 10889 | 106 | 64= | 10960 | 136 | 28 | 11021 | 120 | 60= | 11080 | 114 | 60= |
| 10772 | 102 | 74— | 10827 | 84 | 68≡ | 10890 | 108 | 49≡ | 10962 | 94 | 70= | 11022 | 70 | 75≡ | 11080 | 122 | 63— |
| 10773 | 116 | 78— | 10827 | 102 | 77= | 10892 | 80 | 66≡ | 10965 | 126 | 67— | 11022 | 88 | 73= | 11080 | 124 | 60= |
| 10774 | 110 | 49≡ | 10827 | 104 | 57≡ | 10893 | 82 | 66≡ | 10967 | 102 | 56≡ | 11022 | 110 | 56≡ | 11081 | 104 | 77= |
| 10774 | 130 | 59— | 10828 | 106 | 77= | 10894 | 122 | 78— | 10968 | 116 | 51= | 11022 | 122 | 78— | 11081 | 106 | 57= |
| 10776 | 128 | 67— | 10828 | 130 | 50— | 10896 | 90 | 73= | 10969 | 128 | 47= | 11024 | 116 | 48= | 11082 | 106 | 49≡ |
| 10777 | 106 | 72— | 10829 | 114 | 60= | 10897 | 90 | 52≡ | 10971 | 100 | 64= | 11024 | 124 | 63— | 11082 | 106 | 77= |
| 10778 | 124 | 47= | 10830 | 72 | 75≡ | 10898 | 74 | 75≡ | 10972 | 116 | 49≡ | 11025 | 94 | 70= | 11082 | 114 | 61= |
| 10780 | 96 | 57≡ | 10830 | 104 | 49≡ | 10898 | 104 | 74— | 10973 | 102 | 68= | 11026 | 124 | 47= | 11083 | 94 | 65≡ |
| 10780 | 108 | 61= | 10831 | 102 | 49≡ | 10899 | 118 | 39≡ | 10975 | 130 | 43= | 11027 | 110 | 61= | 11083 | 106 | 44≡ |
| 10781 | 90 | 65≡ | 10831 | 124 | 78— | 10900 | 98 | 79= | 10976 | 102 | 52≡ | 11027 | 120 | 56= | 11083 | 128 | 55= |
| 10782 | 100 | 74— | 10832 | 104 | 44≡ | 10902 | 110 | 51= | 10977 | 100 | 62≡ | 11028 | 112 | 77= | 11084 | 96 | 65≡ |
| 10784 | 114 | 39≡ | 10833 | 126 | 67— | 10903 | 72 | 73≡ | 10978 | 118 | 48= | 11035 | 106 | 68= | 11085 | 94 | 57≡ |
| 10786 | 112 | 69— | 10838 | 104 | 64= | 10905 | 112 | 69— | 10980 | 124 | 78— | 11036 | 122 | 63— | 11085 | 96 | 70≡ |
| 10787 | 110 | 77= | 10838 | 112 | 60= | 10906 | 126 | 47= | 10982 | 82 | 66≡ | 11036 | 124 | 67— | 11085 | 112 | 60= |
| 10788 | 122 | 43= | 10839 | 96 | 65= | 10907 | 100 | 49≡ | 10983 | 100 | 79= | 11038 | 114 | 69— | 11087 | 104 | 49≡ |
| 10789 | 106 | 61= | 10839 | 112 | 49≡ | 10907 | 122 | 55= | 10984 | 120 | 63— | 11038 | 120 | 47= | 11088 | 96 | 65= |
| 10789 | 118 | 60= | 10839 | 122 | 55= | 10909 | 118 | 55= | 10986 | 100 | 57≡ | 11038 | 128 | 67— | 11088 | 124 | 48= |
| 10790 | 124 | 48= | 10840 | 110 | 60= | 10910 | 96 | 79≡ | 10988 | 88 | 66≡ | 11039 | 108 | 72— | 11091 | 90 | 70= |
| 10791 | 88 | 70= | 10840 | 112 | 61= | 10912 | 102 | 57≡ | 10991 | 74 | 73≡ | 11040 | 108 | 61= | 11095 | 94 | 79= |
| 10792 | 76 | 73≡ | 10843 | 100 | 57≡ | 10914 | 92 | 70= | 10995 | 106 | 49≡ | 11040 | 112 | 44≡ | 11096 | 122 | 60= |

— bedeutet Träger mit einer Gurtplatte, = mit zwei, ≡ mit drei Gurtplatten.

## von 11097 bis 11421.

| Widerstandsmoment cm³ | Stehblech-Höhe cm | Seite des Buches | Widerstandsmoment cm³ | Stehblech-Höhe cm | Seite des Buches | Widerstandsmoment cm³ | Stehblech-Höhe cm | Seite des Buches | Widerstandsmoment cm³ | Stehblech-Höhe cm | Seite des Buches | Widerstandsmoment cm³ | Stehblech-Höhe cm | Seite des Buches | Widerstandsmoment cm³ | Stehblech-Höhe cm | Seite des Buches |
|---|---|---|---|---|---|---|---|---|---|---|---|---|---|---|---|---|---|
| 11097 | 96 | 57≡ | 11151 | 108 | 64= | 11197 | 112 | 69— | 11261 | 118 | 48= | 11308 | 118 | 60= | 11356 | 126 | 63— |
| 11097 | 124 | 78— | 11151 | 112 | 51= | 11198 | 102 | 68= | 11263 | 114 | 72— | 11309 | 86 | 66≡ | 11358 | 130 | 43= |
| 11098 | 120 | 78— | 11151 | 122 | 55= | 11198 | 108 | 74— | 11263 | 126 | 63— | 11309 | 110 | 68= | 11363 | 96 | 57≡ |
| 11100 | 76 | 71≡ | 11153 | 92 | 70= | 11199 | 128 | 67— | 11265 | 116 | 69— | 11310 | 126 | 60= | 11363 | 118 | 56= |
| 11101 | 108 | 56≡ | 11153 | 116 | 69— | 11202 | 108 | 61= | 11265 | 118 | 69— | 11314 | 106 | 64= | 11364 | 126 | 55= |
| 11102 | 106 | 64= | 11154 | 122 | 48= | 11203 | 100 | 57≡ | 11265 | 120 | 63— | 11316 | 96 | 70= | 11365 | 126 | 78— |
| 11102 | 116 | 60= | 11155 | 98 | 79= | 11205 | 80 | 66≡ | 11265 | 130 | 67— | 11316 | 100 | 57≡ | 11366 | 94 | 65≡ |
| 11104 | 84 | 68≡ | 11155 | 120 | 44≡ | 11206 | 106 | 74— | 11267 | 126 | 67— | 11316 | 120 | 56= | 11366 | 104 | 57≡ |
| 11104 | 102 | 57≡ | 11157 | 98 | 62≡ | 11207 | 94 | 70= | 11268 | 94 | 73= | 11316 | 126 | 48= | 11367 | 76 | 71≡ |
| 11104 | 120 | 60= | 11159 | 98 | 52≡ | 11209 | 84 | 66≡ | 11268 | 106 | 68= | 11317 | 106 | 74— | 11367 | 108 | 64= |
| 11105 | 114 | 51= | 11159 | 114 | 56= | 11209 | 118 | 49≡ | 11269 | 112 | 56≡ | 11321 | 116 | 49≡ | 11367 | 118 | 69— |
| 11106 | 118 | 60= | 11160 | 110 | 72— | 11211 | 100 | 64= | 11269 | 114 | 77= | 11322 | 90 | 65≡ | 11368 | 98 | 65≡ |
| 11106 | 122 | 43= | 11160 | 114 | 69— | 11212 | 120 | 48= | 11270 | 104 | 64= | 11322 | 124 | 63— | 11371 | 98 | 57≡ |
| 11108 | 94 | 52≡ | 11160 | 120 | 55= | 11213 | 80 | 71≡ | 11270 | 122 | 47= | 11323 | 116 | 60= | 11372 | 96 | 65≡ |
| 11108 | 122 | 55= | 11161 | 88 | 75= | 11214 | 82 | 66≡ | 11273 | 102 | 56≡ | 11324 | 110 | 77= | 11372 | 128 | 43= |
| 11109 | 78 | 71≡ | 11163 | 72 | 73≡ | 11214 | 126 | 78— | 11274 | 104 | 79= | 11325 | 90 | 70= | 11373 | 98 | 65= |
| 11109 | 116 | 44≡ | 11163 | 78 | 71≡ | 11216 | 108 | 51= | 11274 | 112 | 72— | 11325 | 110 | 74— | 11373 | 98 | 70= |
| 11109 | 120 | 63— | 11165 | 130 | 42= | 11220 | 116 | 61= | 11275 | 114 | 51= | 11326 | 116 | 61= | 11373 | 120 | 69— |
| 11110 | 126 | 67— | 11168 | 102 | 49≡ | 11223 | 100 | 79= | 11276 | 84 | 71≡ | 11328 | 90 | 73= | 11376 | 122 | 55= |
| 11112 | 72 | 75≡ | 11168 | 118 | 55= | 11225 | 106 | 61= | 11276 | 112 | 61= | 11328 | 110 | 62≡ | 11379 | 96 | 79= |
| 11112 | 90 | 73= | 11169 | 98 | 64= | 11225 | 128 | 47= | 11277 | 112 | 72— | 11328 | 124 | 60= | 11379 | 114 | 61= |
| 11112 | 126 | 55= | 11169 | 106 | 56≡ | 11226 | 104 | 56≡ | 11277 | 124 | 63— | 11331 | 104 | 77= | 11382 | 116 | 72— |
| 11112 | 126 | 63— | 11169 | 106 | 74— | 11227 | 122 | 63— | 11278 | 82 | 66≡ | 11331 | 114 | 60= | 11383 | 124 | 55= |
| 11114 | 116 | 69— | 11171 | 104 | 57≡ | 11230 | 112 | 64= | 11278 | 100 | 62≡ | 11333 | 126 | 78— | 11386 | 112 | 49≡ |
| 11116 | 124 | 63— | 11171 | 110 | 61= | 11231 | 96 | 52≡ | 11278 | 124 | 78— | 11334 | 108 | 77= | 11386 | 124 | 48= |
| 11116 | 126 | 67— | 11172 | 100 | 79= | 11231 | 124 | 47= | 11280 | 116 | 77— | 11335 | 104 | 74≡ | 11388 | 122 | 44≡ |
| 11118 | 98 | 65= | 11173 | 124 | 63— | 11232 | 96 | 62≡ | 11281 | 120 | 77— | 11335 | 108 | 57≡ | 11390 | 88 | 75= |
| 11123 | 116 | 56= | 11175 | 112 | 49≡ | 11234 | 88 | 73= | 11283 | 114 | 44≡ | 11336 | 108 | 49≡ | 11391 | 96 | 52≡ |
| 11123 | 118 | 69— | 11175 | 114 | 69— | 11237 | 104 | 68= | 11284 | 118 | 77= | 11336 | 124 | 43= | 11391 | 114 | 72— |
| 11126 | 114 | 72— | 11179 | 92 | 70= | 11239 | 90 | 75= | 11284 | 130 | 67— | 11337 | 106 | 77= | 11393 | 72 | 75≡ |
| 11129 | 96 | 79= | 11179 | 108 | 72— | 11239 | 128 | 48= | 11286 | 120 | 60= | 11337 | 108 | 44≡ | 11393 | 92 | 70= |
| 11129 | 124 | 78— | 11179 | 118 | 61= | 11240 | 104 | 52= | 11287 | 106 | 64= | 11338 | 96 | 65= | 11395 | 122 | 55= |
| 11129 | 128 | 47= | 11180 | 122 | 78— | 11240 | 126 | 43= | 11288 | 130 | 43= | 11338 | 102 | 62≡ | 11398 | 100 | 65= |
| 11130 | 78 | 73≡ | 11181 | 100 | 52≡ | 11243 | 102 | 62≡ | 11289 | 90 | 66≡ | 11339 | 108 | 74— | 11399 | 108 | 62≡ |
| 11130 | 86 | 68≡ | 11182 | 78 | 66≡ | 11244 | 102 | 64= | 11290 | 94 | 52≡ | 11339 | 122 | 78— | 11399 | 114 | 72— |
| 11130 | 120 | 39≡ | 11184 | 126 | 47= | 11246 | 116 | 51= | 11290 | 98 | 57≡ | 11339 | 124 | 55= | 11402 | 114 | 51= |
| 11131 | 112 | 61= | 11185 | 124 | 67— | 11247 | 108 | 49≡ | 11290 | 108 | 74— | 11339 | 128 | 55= | 11402 | 116 | 56= |
| 11131 | 112 | 72— | 11185 | 138 | 28 | 11249 | 76 | 75≡ | 11292 | 110 | 61= | 11339 | 128 | 67— | 11406 | 118 | 69— |
| 11134 | 80 | 71≡ | 11186 | 92 | 52≡ | 11249 | 90 | 52≡ | 11292 | 116 | 69— | 11340 | 94 | 79= | 11406 | 120 | 55= |
| 11134 | 128 | 43= | 11186 | 98 | 79= | 11249 | 102 | 57≡ | 11293 | 94 | 62≡ | 11340 | 122 | 60= | 11409 | 112 | 72— |
| 11135 | 124 | 55= | 11186 | 112 | 56= | 11251 | 82 | 71≡ | 11293 | 98 | 52≡ | 11341 | 76 | 73≡ | 11410 | 98 | 79= |
| 11136 | 92 | 68≡ | 11187 | 74 | 75≡ | 11251 | 94 | 70= | 11293 | 108 | 68= | 11341 | 92 | 62≡ | 11411 | 78 | 73≡ |
| 11137 | 98 | 70= | 11187 | 122 | 78— | 11251 | 96 | 70= | 11293 | 118 | 51= | 11342 | 118 | 60= | 11411 | 128 | 47= |
| 11138 | 110 | 49≡ | 11188 | 110 | 51= | 11252 | 112 | 77= | 11295 | 126 | 55= | 11344 | 102 | 52≡ | 11413 | 110 | 64= |
| 11140 | 92 | 57≡ | 11188 | 116 | 55= | 11252 | 114 | 61= | 11296 | 70 | 75≡ | 11344 | 106 | 74— | 11413 | 140 | 28 |
| 11140 | 112 | 72— | 11189 | 104 | 74— | 11253 | 102 | 79≡ | 11296 | 112 | 51= | 11344 | 120 | 60= | 11414 | 78 | 71≡ |
| 11141 | 96 | 79= | 11190 | 86 | 66≡ | 11253 | 126 | 47= | 11296 | 128 | 78— | 11345 | 106 | 49≡ | 11414 | 86 | 68≡ |
| 11141 | 106 | 62≡ | 11191 | 130 | 47= | 11254 | 118 | 39≡ | 11298 | 86 | 75= | 11346 | 128 | 67— | 11414 | 126 | 63— |
| 11141 | 130 | 67— | 11192 | 128 | 67— | 11254 | 120 | 78— | 11299 | 84 | 66≡ | 11347 | 118 | 44≡ | 11415 | 92 | 73= |
| 11142 | 120 | 55= | 11193 | 110 | 64= | 11256 | 122 | 60= | 11303 | 110 | 72— | 11349 | 92 | 65≡ | 11415 | 102 | 65= |
| 11144 | 88 | 68≡ | 11194 | 92 | 73= | 11258 | 74 | 73≡ | 11305 | 88 | 66≡ | 11349 | 128 | 63— | 11416 | 116 | 69— |
| 11145 | 90 | 68≡ | 11195 | 110 | 44≡ | 11259 | 114 | 49≡ | 11305 | 112 | 77= | 11352 | 110 | 56≡ | 11418 | 126 | 67— |
| 11146 | 110 | 72— | 11195 | 122 | 63— | 11259 | 124 | 78— | 11307 | 74 | 71≡ | 11352 | 116 | 51= | 11419 | 120 | 61= |
| 11146 | 126 | 43= | 11197 | 84 | 75= | 11260 | 122 | 56= | 11307 | 130 | 55= | 11354 | 122 | 63— | 11420 | 124 | 78— |
| 11150 | 102 | 65= | 11197 | 104 | 62≡ | 11261 | 110 | 49≡ | 11308 | 114 | 69— | 11354 | 130 | 47= | 11421 | 114 | 49≡ |

— bedeutet Träger mit einer Gurtplatte, = mit zwei, ≡ mit drei Gurtplatten.

# Widerstandsmomente cm³

## von 11421 bis 11757.

| Widerstandsmoment cm³ | Stehblech-Höhe cm | Seite des Buches | Widerstandsmoment cm³ | Stehblech-Höhe cm | Seite des Buches | Widerstandsmoment cm³ | Stehblech-Höhe cm | Seite des Buches | Widerstandsmoment cm³ | Stehblech-Höhe cm | Seite des Buches | Widerstandsmoment cm³ | Stehblech-Höhe cm | Seite des Buches | Widerstandsmoment cm³ | Stehblech-Höhe cm | Seite des Buches |
|---|---|---|---|---|---|---|---|---|---|---|---|---|---|---|---|---|---|
| 11421 | 130 | 67— | 11475 | 94 | 52≡ | 11526 | 114 | 61= | 11582 | 112 | 62≡ | 11640 | 118 | 72— | 11706 | 102 | 62≡ |
| 11422 | 100 | 70= | 11477 | 74 | 75≡ | 11527 | 116 | 44≡ | 11583 | 108 | 64= | 11640 | 130 | 47= | 11707 | 90 | 75= |
| 11423 | 104 | 65= | 11477 | 94 | 70= | 11530 | 108 | 68= | 11584 | 120 | 60= | 11643 | 98 | 57≡ | 11707 | 120 | 61= |
| 11423 | 112 | 61= | 11479 | 108 | 74— | 11531 | 130 | 78— | 11584 | 122 | 60= | 11645 | 122 | 55= | 11709 | 96 | 57= |
| 11423 | 112 | 72— | 11481 | 128 | 47= | 11534 | 82 | 66≡ | 11586 | 102 | 57= | 11646 | 118 | 56= | 11711 | 102 | 79= |
| 11424 | 94 | 57≡ | 11483 | 108 | 61= | 11536 | 114 | 72— | 11587 | 120 | 44≡ | 11647 | 100 | 57= | 11711 | 130 | 47= |
| 11425 | 94 | 68≡ | 11487 | 106 | 56= | 11537 | 84 | 66≡ | 11588 | 110 | 77= | 11648 | 94 | 65≡ | 11712 | 102 | 52≡ |
| 11425 | 108 | 56= | 11488 | 114 | 64= | 11538 | 104 | 56= | 11589 | 130 | 63— | 11652 | 116 | 72— | 11714 | 112 | 61= |
| 11427 | 124 | 78— | 11489 | 102 | 64= | 11538 | 120 | 51= | 11591 | 106 | 77= | 11653 | 128 | 67— | 11714 | 112 | 72— |
| 11427 | 130 | 67— | 11490 | 120 | 39= | 11539 | 114 | 72— | 11591 | 110 | 44≡ | 11654 | 100 | 65≡ | 11715 | 96 | 68≡ |
| 11428 | 118 | 55= | 11491 | 124 | 60= | 11542 | 98 | 70= | 11591 | 110 | 49≡ | 11654 | 116 | 51= | 11715 | 110 | 74— |
| 11431 | 100 | 62≡ | 11493 | 94 | 73= | 11542 | 106 | 64= | 11591 | 110 | 57≡ | 11657 | 121 | 63— | 11716 | 114 | 64= |
| 11431 | 104 | 49≡ | 11493 | 118 | 51= | 11542 | 106 | 79= | 11592 | 92 | 66≡ | 11658 | 110 | 62≡ | 11717 | 126 | 63— |
| 11431 | 106 | 57≡ | 11494 | 124 | 56= | 11542 | 128 | 60= | 11592 | 108 | 74— | 11659 | 100 | 65≡ | 11718 | 116 | 69— |
| 11432 | 100 | 79= | 11497 | 114 | 77= | 11544 | 90 | 73= | 11593 | 112 | 74— | 11660 | 96 | 65≡ | 11719 | 78 | 71≡ |
| 11432 | 114 | 56= | 11497 | 122 | 78= | 11545 | 92 | 52≡ | 11594 | 108 | 77= | 11660 | 116 | 72— | 11719 | 94 | 73= |
| 11432 | 116 | 69— | 11497 | 126 | 78= | 11545 | 112 | 61= | 11595 | 121 | 55= | 11660 | 122 | 61= | 11720 | 104 | 79= |
| 11434 | 88 | 68≡ | 11498 | 102 | 79= | 11546 | 128 | 48= | 11598 | 128 | 63— | 11661 | 120 | 69— | 11723 | 108 | 62≡ |
| 11434 | 100 | 52≡ | 11498 | 116 | 61= | 11547 | 76 | 75≡ | 11599 | 86 | 71≡ | 11661 | 126 | 78— | 11725 | 88 | 68≡ |
| 11439 | 124 | 63— | 11499 | 128 | 67— | 11547 | 82 | 71≡ | 11600 | 118 | 51= | 11662 | 98 | 65≡ | 11727 | 104 | 52≡ |
| 11440 | 92 | 68≡ | 11500 | 120 | 48= | 11547 | 96 | 70= | 11600 | 124 | 63— | 11662 | 100 | 70= | 11728 | 126 | 60= |
| 11441 | 108 | 74— | 11501 | 96 | 70= | 11548 | 92 | 75= | 11600 | 130 | 43= | 11664 | 118 | 56= | 11729 | 124 | 69— |
| 11443 | 90 | 68≡ | 11501 | 110 | 49≡ | 11548 | 118 | 69— | 11602 | 84 | 66≡ | 11665 | 76 | 71≡ | 11730 | 126 | 56= |
| 11443 | 112 | 44≡ | 11502 | 80 | 71≡ | 11549 | 102 | 62≡ | 11603 | 78 | 75= | 11665 | 98 | 79= | 11731 | 114 | 57= |
| 11443 | 112 | 51= | 11502 | 88 | 66≡ | 11549 | 114 | 51= | 11604 | 108 | 49≡ | 11668 | 126 | 78— | 11733 | 130 | 67— |
| 11444 | 78 | 71≡ | 11502 | 106 | 68= | 11550 | 120 | 60= | 11604 | 120 | 56= | 11669 | 116 | 49≡ | 11734 | 102 | 64= |
| 11445 | 102 | 79= | 11503 | 128 | 63— | 11551 | 110 | 68= | 11604 | 128 | 78— | 11670 | 120 | 55= | 11734 | 112 | 51= |
| 11446 | 80 | 71≡ | 11504 | 116 | 49≡ | 11552 | 114 | 77= | 11605 | 112 | 56= | 11673 | 114 | 72— | 11735 | 106 | 68= |
| 11446 | 110 | 72— | 11504 | 124 | 47= | 11553 | 122 | 56= | 11607 | 104 | 62≡ | 11674 | 118 | 69— | 11736 | 94 | 68≡ |
| 11447 | 120 | 49≡ | 11506 | 106 | 52≡ | 11556 | 108 | 64= | 11608 | 98 | 70= | 11675 | 72 | 75≡ | 11738 | 126 | 47= |
| 11447 | 122 | 48= | 11510 | 104 | 62≡ | 11561 | 110 | 74— | 11611 | 110 | 74— | 11675 | 114 | 61= | 11738 | 128 | 78— |
| 11450 | 128 | 78— | 11511 | 98 | 62≡ | 11562 | 126 | 60= | 11612 | 124 | 55= | 11676 | 98 | 52≡ | 11739 | 112 | 74— |
| 11451 | 94 | 70= | 11512 | 98 | 52≡ | 11563 | 118 | 49≡ | 11614 | 90 | 66≡ | 11678 | 112 | 64= | 11740 | 90 | 68≡ |
| 11451 | 100 | 64= | 11512 | 112 | 49≡ | 11564 | 96 | 73= | 11614 | 106 | 74— | 11680 | 116 | 56= | 11740 | 122 | 48= |
| 11451 | 130 | 47= | 11512 | 116 | 77= | 11564 | 100 | 57≡ | 11615 | 76 | 73≡ | 11681 | 102 | 65= | 11741 | 104 | 57= |
| 11453 | 102 | 52≡ | 11512 | 122 | 63— | 11565 | 112 | 68= | 11615 | 104 | 52≡ | 11682 | 110 | 56≡ | 11741 | 120 | 51= |
| 11453 | 120 | 51= | 11515 | 104 | 57≡ | 11565 | 126 | 63— | 11616 | 126 | 55= | 11684 | 124 | 48= | 11742 | 124 | 78— |
| 11454 | 112 | 64= | 11516 | 122 | 77= | 11567 | 116 | 69— | 11619 | 86 | 66≡ | 11684 | 126 | 63— | 11743 | 102 | 79= |
| 11456 | 114 | 69— | 11517 | 114 | 56≡ | 11567 | 126 | 43= | 11619 | 88 | 75= | 11684 | 128 | 60= | 11744 | 92 | 68≡ |
| 11458 | 110 | 61= | 11517 | 120 | 69— | 11567 | 130 | 55= | 11619 | 126 | 48= | 11687 | 114 | 72— | 11744 | 108 | 74— |
| 11460 | 106 | 62≡ | 11517 | 126 | 78— | 11568 | 112 | 72— | 11621 | 120 | 69— | 11687 | 122 | 49≡ | 11744 | 110 | 61= |
| 11461 | 126 | 47= | 11518 | 80 | 66≡ | 11568 | 118 | 60= | 11623 | 88 | 66≡ | 11687 | 130 | 78— | 11744 | 116 | 77= |
| 11463 | 118 | 61= | 11519 | 104 | 64= | 11570 | 130 | 67— | 11624 | 122 | 69— | 11689 | 118 | 69— | 11745 | 130 | 63— |
| 11464 | 100 | 79= | 11520 | 118 | 69— | 11571 | 118 | 61= | 11624 | 124 | 44≡ | 11692 | 100 | 79= | 11746 | 118 | 61= |
| 11465 | 82 | 71≡ | 11520 | 118 | 77= | 11571 | 128 | 78— | 11625 | 92 | 65≡ | 11692 | 108 | 57≡ | 11747 | 116 | 64= |
| 11465 | 130 | 48= | 11520 | 126 | 63— | 11572 | 100 | 52≡ | 11627 | 116 | 61= | 11693 | 78 | 73≡ | 11747 | 122 | 61= |
| 11466 | 104 | 68= | 11521 | 86 | 75= | 11572 | 126 | 55= | 11628 | 98 | 65≡ | 11693 | 128 | 47= | 11749 | 108 | 56= |
| 11466 | 106 | 74— | 11521 | 116 | 72— | 11574 | 112 | 77= | 11629 | 96 | 79= | 11694 | 104 | 65= | 11750 | 118 | 49≡ |
| 11467 | 128 | 43= | 11522 | 120 | 77= | 11576 | 124 | 60= | 11630 | 106 | 57≡ | 11695 | 106 | 49≡ | 11751 | 96 | 70= |
| 11468 | 110 | 74— | 11524 | 104 | 79= | 11577 | 96 | 52≡ | 11631 | 124 | 55= | 11696 | 94 | 70= | 11753 | 124 | 77= |
| 11469 | 80 | 73≡ | 11524 | 122 | 60= | 11577 | 130 | 67— | 11632 | 92 | 70= | 11696 | 130 | 43= | 11754 | 110 | 74— |
| 11471 | 102 | 57≡ | 11525 | 74 | 73= | 11578 | 96 | 62≡ | 11632 | 94 | 62≡ | 11697 | 122 | 51= | 11756 | 112 | 49= |
| 11471 | 124 | 63— | 11525 | 116 | 51= | 11579 | 84 | 71≡ | 11633 | 110 | 64= | 11698 | 114 | 51= | 11756 | 118 | 77= |
| 11473 | 90 | 75= | 11525 | 128 | 55= | 11579 | 116 | 60= | 11636 | 92 | 73= | 11699 | 106 | 65= | 11756 | 130 | 55= |
| 11474 | 110 | 51= | 11526 | 86 | 66≡ | 11581 | 124 | 78— | 11636 | 114 | 49≡ | 11704 | 100 | 79= | 11757 | 128 | 78— |

— bedeutet Träger mit einer Gurtplatte, = mit zwei, ≡ mit drei Gurtplatten.

## von 11758 bis 12163.

| Widerstands-moment cm³ | Stehblech-Höhe cm | Seite des Buches | Widerstands-moment cm³ | Stehblech-Höhe cm | Seite des Buches | Widerstands-moment cm³ | Stehblech-Höhe cm | Seite des Buches | Widerstands-moment cm³ | Stehblech-Höhe cm | Seite des Buches | Widerstands-moment cm³ | Stehblech-Höhe cm | Seite des Buches | Widerstands-moment cm³ | Stehblech-Höhe cm | Seite des Buches |
|---|---|---|---|---|---|---|---|---|---|---|---|---|---|---|---|---|---|
| 11758 | 80 | 73≡ | 11812 | 112 | 68= | 11866 | 84 | 66≡ | 11939 | 116 | 72— | 11998 | 120 | 49≡ | 12073 | 108 | 56≡ |
| 11759 | 80 | 71≡ | 11814 | 120 | 60= | 11868 | 126 | 55= | 11940 | 88 | 66≡ | 11999 | 118 | 62≡ | 12074 | 114 | 68= |
| 11760 | 122 | 77≡ | 11814 | 126 | 60= | 11869 | 110 | 74— | 11941 | 94 | 70= | 11999 | 130 | 78— | 12075 | 108 | 64= |
| 11761 | 124 | 63— | 11815 | 90 | 66≡ | 11877 | 122 | 69— | 11941 | 112 | 56≡ | 12001 | 96 | 70= | 12078 | 120 | 60= |
| 11762 | 120 | 77= | 11816 | 108 | 64= | 11878 | 106 | 62≡ | 11942 | 90 | 75= | 12002 | 120 | 77= | 12079 | 98 | 70= |
| 11764 | 114 | 49≡ | 11817 | 120 | 61= | 11878 | 118 | 61= | 11942 | 102 | 65≡ | 12003 | 106 | 52≡ | 12079 | 102 | 52≡ |
| 11764 | 124 | 60= | 11822 | 104 | 62≡ | 11878 | 124 | 69— | 11943 | 124 | 51= | 12005 | 122 | 77= | 12081 | 116 | 68= |
| 11764 | 128 | 63— | 11823 | 114 | 68= | 11883 | 84 | 71≡ | 11944 | 114 | 64= | 12006 | 134 | 78— | 12083 | 110 | 79= |
| 11765 | 110 | 57≡ | 11824 | 124 | 60= | 11884 | 112 | 74— | 11945 | 94 | 73= | 12009 | 118 | 64= | 12084 | 132 | 78— |
| 11766 | 74 | 75≡ | 11825 | 126 | 78— | 11885 | 124 | 55= | 11945 | 116 | 44≡ | 12010 | 130 | 63— | 12087 | 130 | 55= |
| 11766 | 96 | 52≡ | 11826 | 114 | 77= | 11887 | 116 | 49≡ | 11946 | 102 | 65= | 12011 | 114 | 74— | 12088 | 128 | 55= |
| 11767 | 116 | 56≡ | 11827 | 110 | 64= | 11889 | 106 | 52≡ | 11949 | 96 | 65≡ | 12012 | 126 | 63— | 12089 | 120 | 69— |
| 11768 | 108 | 68= | 11827 | 118 | 69— | 11889 | 130 | 67— | 11949 | 120 | 69— | 12013 | 110 | 56≡ | 12090 | 124 | 56= |
| 11768 | 132 | 78— | 11827 | 130 | 55= | 11890 | 76 | 73≡ | 11952 | 100 | 79= | 12017 | 116 | 49≡ | 12091 | 110 | 64= |
| 11769 | 104 | 64= | 11828 | 118 | 60= | 11892 | 120 | 56= | 11953 | 102 | 70= | 12018 | 118 | 56≡ | 12095 | 100 | 70= |
| 11771 | 122 | 69— | 11828 | 122 | 44≡ | 11895 | 108 | 57≡ | 11953 | 116 | 72— | 12019 | 120 | 44≡ | 12096 | 106 | 62≡ |
| 11774 | 104 | 79= | 11834 | 112 | 74— | 11895 | 108 | 74— | 11953 | 122 | 61= | 12023 | 110 | 74— | 12097 | 128 | 63— |
| 11774 | 108 | 52≡ | 11835 | 100 | 70= | 11897 | 94 | 66≡ | 11955 | 100 | 65≡ | 12024 | 78 | 71≡ | 12098 | 98 | 73= |
| 11774 | 130 | 60= | 11835 | 114 | 72— | 11897 | 110 | 74— | 11955 | 110 | 57≡ | 12024 | 104 | 79= | 12099 | 112 | 64= |
| 11776 | 118 | 51≡ | 11838 | 114 | 62≡ | 11899 | 120 | 72— | 11956 | 116 | 51= | 12025 | 96 | 73= | 12102 | 122 | 51= |
| 11777 | 96 | 70= | 11839 | 102 | 57≡ | 11901 | 130 | 63— | 11957 | 98 | 65≡ | 12027 | 92 | 75= | 12104 | 116 | 72— |
| 11777 | 116 | 61= | 11841 | 130 | 63— | 11902 | 100 | 70= | 11958 | 80 | 75≡ | 12029 | 120 | 51= | 12106 | 82 | 73≡ |
| 11777 | 120 | 69— | 11843 | 82 | 71≡ | 11902 | 112 | 64= | 11961 | 108 | 49≡ | 12030 | 112 | 74— | 12107 | 82 | 71≡ |
| 11777 | 130 | 48= | 11843 | 112 | 77= | 11902 | 124 | 61= | 11962 | 100 | 52≡ | 12032 | 126 | 56= | 12107 | 128 | 55= |
| 11778 | 106 | 62≡ | 11843 | 126 | 61= | 11904 | 128 | 78— | 11964 | 128 | 63— | 12033 | 96 | 68≡ | 12108 | 114 | 57≡ |
| 11781 | 106 | 57≡ | 11843 | 130 | 78— | 11907 | 118 | 51= | 11965 | 104 | 65= | 12034 | 130 | 60= | 12109 | 114 | 74— |
| 11781 | 118 | 72— | 11844 | 76 | 75≡ | 11908 | 78 | 75≡ | 11966 | 128 | 60= | 12035 | 130 | 43= | 12112 | 112 | 77= |
| 11784 | 122 | 51= | 11844 | 98 | 70= | 11909 | 86 | 71≡ | 11974 | 78 | 73≡ | 12036 | 122 | 69— | 12115 | 116 | 56≡ |
| 11786 | 82 | 71≡ | 11846 | 88 | 66≡ | 11910 | 120 | 56≡ | 11975 | 106 | 65≡ | 12037 | 124 | 60= | 12116 | 104 | 57≡ |
| 11787 | 92 | 75= | 11846 | 122 | 56= | 11911 | 128 | 78— | 11975 | 128 | 47= | 12038 | 90 | 68≡ | 12126 | 112 | 49≡ |
| 11791 | 80 | 71≡ | 11847 | 112 | 44≡ | 11912 | 114 | 61= | 11976 | 102 | 79= | 12042 | 130 | 55= | 12127 | 126 | 55= |
| 11791 | 100 | 62≡ | 11848 | 88 | 75= | 11913 | 122 | 55= | 11976 | 108 | 65= | 12043 | 110 | 52≡ | 12128 | 84 | 71≡ |
| 11792 | 124 | 56= | 11848 | 112 | 49≡ | 11914 | 118 | 72— | 11979 | 116 | 64= | 12046 | 80 | 73≡ | 12129 | 120 | 61= |
| 11793 | 122 | 60= | 11848 | 126 | 63— | 11917 | 122 | 69— | 11979 | 130 | 78— | 12046 | 94 | 68≡ | 12130 | 102 | 70= |
| 11794 | 110 | 68= | 11849 | 112 | 57≡ | 11918 | 112 | 62≡ | 11981 | 118 | 69— | 12048 | 108 | 62≡ | 12131 | 106 | 57≡ |
| 11795 | 96 | 73= | 11849 | 126 | 55= | 11918 | 118 | 49≡ | 11981 | 124 | 48= | 12049 | 108 | 57≡ | 12133 | 128 | 51= |
| 11795 | 100 | 52≡ | 11850 | 120 | 51= | 11919 | 100 | 65= | 11981 | 126 | 69— | 12050 | 118 | 77= | 12134 | 104 | 52≡ |
| 11796 | 106 | 64= | 11851 | 128 | 55= | 11920 | 98 | 79= | 11982 | 104 | 62≡ | 12051 | 106 | 79= | 12135 | 86 | 71≡ |
| 11797 | 98 | 70= | 11852 | 102 | 52≡ | 11920 | 130 | 60= | 11984 | 114 | 72— | 12051 | 132 | 78— | 12135 | 124 | 69— |
| 11797 | 106 | 79= | 11852 | 110 | 77= | 11922 | 126 | 48= | 11985 | 116 | 57≡ | 12053 | 122 | 49≡ | 12139 | 122 | 56= |
| 11798 | 128 | 60= | 11853 | 108 | 77= | 11923 | 118 | 72— | 11988 | 102 | 79= | 12054 | 128 | 60= | 12140 | 118 | 49≡ |
| 11799 | 84 | 71≡ | 11853 | 128 | 48= | 11924 | 88 | 71≡ | 11988 | 110 | 62≡ | 12056 | 74 | 75≡ | 12141 | 76 | 75≡ |
| 11800 | 114 | 61= | 11854 | 110 | 64= | 11924 | 96 | 62≡ | 11989 | 126 | 78— | 12056 | 116 | 61= | 12141 | 96 | 52≡ |
| 11800 | 116 | 77= | 11855 | 82 | 66≡ | 11924 | 100 | 57≡ | 11990 | 104 | 52≡ | 12057 | 130 | 63— | 12142 | 100 | 70= |
| 11800 | 128 | 43= | 11857 | 92 | 73= | 11924 | 102 | 57≡ | 11990 | 122 | 51= | 12058 | 112 | 68= | 12146 | 126 | 61= |
| 11803 | 116 | 72— | 11858 | 104 | 57≡ | 11926 | 130 | 47= | 11990 | 126 | 77= | 12059 | 98 | 52≡ | 12148 | 130 | 78— |
| 11804 | 116 | 51= | 11859 | 94 | 75= | 11926 | 132 | 78— | 11991 | 104 | 79= | 12060 | 118 | 51= | 12149 | 108 | 62≡ |
| 11805 | 106 | 56≡ | 11859 | 114 | 56≡ | 11927 | 124 | 49≡ | 11991 | 112 | 74— | 12061 | 122 | 60= | 12152 | 100 | 62≡ |
| 11805 | 120 | 69— | 11860 | 126 | 44≡ | 11929 | 86 | 66≡ | 11991 | 124 | 61= | 12064 | 122 | 69— | 12153 | 84 | 73≡ |
| 11806 | 128 | 55= | 11863 | 86 | 66≡ | 11929 | 116 | 61= | 11992 | 118 | 77= | 12065 | 118 | 72— | 12155 | 100 | 52≡ |
| 11807 | 120 | 49≡ | 11863 | 98 | 73= | 11929 | 118 | 56= | 11995 | 104 | 70= | 12066 | 126 | 60= | 12158 | 124 | 55= |
| 11810 | 82 | 73≡ | 11863 | 114 | 74— | 11930 | 94 | 65≡ | 11995 | 114 | 51= | 12068 | 118 | 72— | 12160 | 114 | 74— |
| 11810 | 128 | 63— | 11864 | 98 | 62≡ | 11931 | 128 | 63— | 11995 | 120 | 61= | 12070 | 128 | 78— | 12161 | 128 | 48= |
| 11810 | 130 | 78— | 11864 | 110 | 49≡ | 11933 | 120 | 69— | 11996 | 98 | 57≡ | 12071 | 124 | 44≡ | 12162 | 110 | 57≡ |
| 11812 | 108 | 79= | 11865 | 98 | 52≡ | 11938 | 90 | 66≡ | 11997 | 106 | 79= | 12072 | 80 | 71≡ | 12163 | 108 | 52≡ |

— bedeutet Träger mit einer Gurtplatte, = mit zwei, ≡ mit drei Gurtplatten.

# Widerstandsmomente cm³

## von 12166 bis 12691.

| Widerstands-moment cm³ | Stehblech-Höhe cm | Seite des Buches | Widerstands-moment cm³ | Stehblech-Höhe cm | Seite des Buches | Widerstands-moment cm³ | Stehblech-Höhe cm | Seite des Buches | Widerstands-moment cm³ | Stehblech-Höhe cm | Seite des Buches | Widerstands-moment cm³ | Stehblech-Höhe cm | Seite des Buches | Widerstands-moment cm³ | Stehblech-Höhe cm | Seite des Buches |
|---|---|---|---|---|---|---|---|---|---|---|---|---|---|---|---|---|---|
| 12166 | 90 | 66≡ | 12256 | 78 | 73≡ | 12352 | 92 | 68≡ | 12448 | 126 | 61= | 12532 | 128 | 51= | 12594 | 108 | 64= |
| 12167 | 134 | 78— | 12257 | 108 | 65— | 12353 | 100 | 52≡ | 12452 | 120 | 44≡ | 12533 | 116 | 61= | 12596 | 102 | 68≡ |
| 12168 | 120 | 49≡ | 12258 | 88 | 66≡ | 12355 | 124 | 51— | 12453 | 122 | 72— | 12534 | 88 | 66≡ | 12600 | 122 | 72— |
| 12170 | 126 | 49≡ | 12260 | 106 | 62≡ | 12356 | 112 | 79= | 12456 | 84 | 73≡ | 12535 | 86 | 66≡ | 12601 | 118 | 68= |
| 12171 | 94 | 73≡ | 12262 | 104 | 79≡ | 12357 | 104 | 62≡ | 12456 | 114 | 74— | 12535 | 112 | 65= | 12603 | 120 | 68= |
| 12172 | 114 | 64≡ | 12263 | 90 | 66≡ | 12363 | 116 | 44≡ | 12457 | 124 | 69— | 12536 | 122 | 64= | 12609 | 126 | 51= |
| 12175 | 124 | 69— | 12264 | 128 | 63— | 12365 | 104 | 52≡ | 12461 | 112 | 74— | 12538 | 108 | 65= | 12612 | 110 | 79= |
| 12176 | 112 | 74— | 12266 | 92 | 75≡ | 12368 | 112 | 64≡ | 12463 | 116 | 56≡ | 12538 | 136 | 78— | 12613 | 120 | 62≡ |
| 12177 | 110 | 74— | 12268 | 114 | 74— | 12370 | 128 | 55— | 12464 | 102 | 73≡ | 12539 | 124 | 51= | 12614 | 112 | 56≡ |
| 12179 | 130 | 63— | 12270 | 120 | 56≡ | 12372 | 108 | 62≡ | 12468 | 128 | 48= | 12540 | 104 | 52≡ | 12614 | 130 | 55= |
| 12180 | 120 | 56≡ | 12271 | 80 | 75≡ | 12373 | 114 | 77= | 12468 | 134 | 78— | 12540 | 110 | 65= | 12616 | 100 | 70= |
| 12185 | 118 | 61≡ | 12272 | 118 | 49≡ | 12375 | 118 | 72— | 12469 | 130 | 77= | 12543 | 128 | 69— | 12618 | 124 | 69— |
| 12186 | 84 | 71≡ | 12273 | 106 | 79— | 12379 | 130 | 51= | 12471 | 86 | 71≡ | 12544 | 114 | 56≡ | 12619 | 110 | 64= |
| 12187 | 120 | 72— | 12274 | 128 | 56≡ | 12381 | 112 | 77= | 12472 | 88 | 71≡ | 12545 | 98 | 65≡ | 12623 | 118 | 44≡ |
| 12190 | 88 | 66≡ | 12276 | 108 | 79≡ | 12382 | 122 | 61= | 12473 | 124 | 69— | 12547 | 116 | 74— | 12624 | 80 | 73≡ |
| 12191 | 126 | 51≡ | 12278 | 112 | 56≡ | 12385 | 80 | 71≡ | 12475 | 120 | 51≡ | 12548 | 126 | 49≡ | 12625 | 112 | 79= |
| 12194 | 122 | 69— | 12280 | 108 | 52≡ | 12385 | 116 | 74— | 12481 | 118 | 64≡ | 12549 | 106 | 79= | 12626 | 118 | 49= |
| 12198 | 102 | 70≡ | 12281 | 126 | 51≡ | 12387 | 124 | 56≡ | 12482 | 106 | 57≡ | 12550 | 96 | 66≡ | 12630 | 118 | 57≡ |
| 12199 | 86 | 66≡ | 12283 | 122 | 51≡ | 12389 | 114 | 49≡ | 12484 | 114 | 57≡ | 12551 | 112 | 68= | 12631 | 114 | 79= |
| 12200 | 124 | 61≡ | 12284 | 126 | 69— | 12389 | 128 | 69— | 12485 | 128 | 77= | 12553 | 108 | 52≡ | 12631 | 120 | 56≡ |
| 12202 | 104 | 57≡ | 12285 | 100 | 57≡ | 12391 | 128 | 61= | 12486 | 98 | 75≡ | 12553 | 122 | 77= | 12636 | 82 | 75≡ |
| 12203 | 96 | 66≡ | 12286 | 116 | 74— | 12394 | 106 | 57≡ | 12486 | 130 | 78— | 12555 | 100 | 65= | 12636 | 116 | 77= |
| 12205 | 130 | 56≡ | 12294 | 134 | 78— | 12394 | 120 | 49≡ | 12487 | 96 | 73≡ | 12555 | 102 | 65≡ | 12637 | 126 | 56= |
| 12206 | 118 | 72— | 12295 | 130 | 60= | 12395 | 102 | 70= | 12487 | 138 | 78— | 12555 | 130 | 60= | 12637 | 130 | 61= |
| 12207 | 102 | 57≡ | 12296 | 124 | 69— | 12400 | 114 | 64≡ | 12488 | 134 | 78— | 12556 | 110 | 79= | 12642 | 106 | 62≡ |
| 12210 | 122 | 69— | 12300 | 120 | 77= | 12401 | 130 | 48= | 12489 | 84 | 71≡ | 12557 | 126 | 69— | 12642 | 134 | 78— |
| 12212 | 116 | 64≡ | 12301 | 100 | 68≡ | 12401 | 132 | 78— | 12489 | 92 | 66≡ | 12558 | 110 | 52≡ | 12643 | 100 | 73= |
| 12213 | 78 | 75≡ | 12305 | 112 | 74— | 12402 | 82 | 73≡ | 12491 | 104 | 57≡ | 12559 | 88 | 71≡ | 12647 | 114 | 77= |
| 12213 | 100 | 79≡ | 12306 | 106 | 79≡ | 12403 | 100 | 73≡ | 12491 | 120 | 72— | 12560 | 128 | 44≡ | 12647 | 120 | 72— |
| 12214 | 118 | 51≡ | 12307 | 122 | 72— | 12404 | 126 | 55= | 12492 | 118 | 61= | 12561 | 106 | 79= | 12648 | 82 | 71≡ |
| 12218 | 98 | 62≡ | 12308 | 98 | 70= | 12406 | 108 | 57≡ | 12493 | 122 | 77= | 12562 | 118 | 74— | 12649 | 102 | 52≡ |
| 12219 | 112 | 57≡ | 12308 | 114 | 74— | 12408 | 118 | 74— | 12494 | 126 | 77= | 12563 | 98 | 70= | 12649 | 110 | 62≡ |
| 12220 | 86 | 71≡ | 12310 | 128 | 60= | 12409 | 136 | 78— | 12495 | 104 | 70= | 12564 | 126 | 61= | 12649 | 122 | 49≡ |
| 12221 | 118 | 72— | 12313 | 118 | 61= | 12413 | 128 | 49= | 12496 | 112 | 49≡ | 12566 | 132 | 78— | 12651 | 128 | 55= |
| 12223 | 132 | 78— | 12314 | 124 | 61= | 12417 | 106 | 52≡ | 12497 | 124 | 77= | 12569 | 98 | 73= | 12652 | 138 | 78— |
| 12224 | 126 | 48≡ | 12315 | 82 | 75≡ | 12419 | 122 | 51≡ | 12498 | 86 | 73≡ | 12572 | 120 | 61= | 12653 | 106 | 52≡ |
| 12228 | 110 | 49≡ | 12317 | 130 | 78— | 12423 | 110 | 62≡ | 12506 | 92 | 75= | 12572 | 136 | 78— | 12654 | 116 | 49≡ |
| 12229 | 128 | 77≡ | 12318 | 110 | 57≡ | 12423 | 124 | 72— | 12506 | 104 | 65= | 12575 | 90 | 71≡ | 12655 | 98 | 68≡ |
| 12231 | 116 | 61≡ | 12319 | 110 | 62≡ | 12426 | 104 | 70= | 12507 | 102 | 79= | 12575 | 94 | 66≡ | 12658 | 130 | 49≡ |
| 12235 | 104 | 65≡ | 12319 | 126 | 60= | 12428 | 114 | 74— | 12511 | 98 | 66≡ | 12576 | 108 | 70= | 12661 | 102 | 70= |
| 12236 | 94 | 66≡ | 12324 | 114 | 68= | 12430 | 112 | 57≡ | 12512 | 120 | 64= | 12576 | 122 | 51= | 12663 | 118 | 74— |
| 12237 | 96 | 65≡ | 12327 | 134 | 78— | 12432 | 122 | 56≡ | 12512 | 122 | 69— | 12578 | 92 | 71≡ | 12667 | 96 | 68≡ |
| 12241 | 88 | 71≡ | 12328 | 130 | 55— | 12435 | 126 | 69— | 12513 | 100 | 62≡ | 12581 | 128 | 56= | 12668 | 94 | 68≡ |
| 12242 | 120 | 77= | 12330 | 122 | 60= | 12437 | 116 | 74— | 12517 | 130 | 56= | 12583 | 124 | 60= | 12671 | 96 | 75= |
| 12243 | 132 | 78— | 12331 | 108 | 79≡ | 12439 | 76 | 75≡ | 12518 | 78 | 75= | 12584 | 80 | 75≡ | 12672 | 124 | 49≡ |
| 12245 | 136 | 78— | 12333 | 98 | 73= | 12439 | 110 | 52≡ | 12518 | 90 | 66≡ | 12585 | 114 | 52≡ | 12674 | 84 | 75≡ |
| 12246 | 122 | 49≡ | 12334 | 108 | 64≡ | 12440 | 128 | 51≡ | 12521 | 118 | 51= | 12586 | 126 | 69— | 12674 | 108 | 57≡ |
| 12248 | 102 | 65≡ | 12335 | 80 | 73≡ | 12441 | 102 | 62≡ | 12522 | 114 | 62≡ | 12587 | 116 | 74— | 12676 | 116 | 64= |
| 12249 | 124 | 77= | 12337 | 116 | 68≡ | 12441 | 120 | 61≡ | 12523 | 106 | 65≡ | 12588 | 90 | 66≡ | 12677 | 124 | 51≡ |
| 12250 | 90 | 71≡ | 12338 | 130 | 44≡ | 12442 | 98 | 52≡ | 12524 | 122 | 56≡ | 12589 | 112 | 57≡ | 12682 | 110 | 57≡ |
| 12250 | 106 | 65= | 12341 | 118 | 68= | 12443 | 116 | 62≡ | 12526 | 106 | 65= | 12589 | 120 | 77= | 12684 | 120 | 74— |
| 12251 | 98 | 65≡ | 12343 | 110 | 56≡ | 12444 | 116 | 64≡ | 12528 | 120 | 49≡ | 12590 | 108 | 79= | 12685 | 124 | 56= |
| 12254 | 110 | 65= | 12347 | 130 | 55— | 12445 | 122 | 72— | 12530 | 86 | 71≡ | 12591 | 112 | 62≡ | 12688 | 102 | 70= |
| 12255 | 100 | 65≡ | 12348 | 94 | 75≡ | 12446 | 94 | 66≡ | 12530 | 128 | 60= | 12592 | 116 | 68= | 12688 | 126 | 72— |
| 12255 | 112 | 62≡ | 12350 | 96 | 68≡ | 12447 | 102 | 52≡ | 12532 | 104 | 79= | 12593 | 94 | 75= | 12691 | 130 | 51= |

—• bedeutet Träger mit einer Gurtplatte, = mit zwei, ≡ mit drei Gurtplatten.

von **12696** bis **13220**.

| Widerstandsmoment cm³ | Stehblechhöhe cm | Seite des Buches | Widerstandsmoment cm³ | Stehblechhöhe cm | Seite des Buches | Widerstandsmoment cm³ | Stehblechhöhe cm | Seite des Buches | Widerstandsmoment cm³ | Stehblechhöhe cm | Seite des Buches | Widerstandsmoment cm³ | Stehblechhöhe cm | Seite des Buches | Widerstandsmoment cm³ | Stehblechhöhe cm | Seite des Buches |
|---|---|---|---|---|---|---|---|---|---|---|---|---|---|---|---|---|---|
| 12696 | 104 | 70= | 12796 | 126 | 51= | 12885 | 126 | 69— | 12997 | 128 | 77= | 13083 | 120 | 57≡ | 13147 | 122 | 44≡ |
| 12697 | 112 | 62≡ | 12797 | 128 | 49≡ | 12886 | 114 | 56≡ | 12999 | 106 | 70= | 13084 | 98 | 66≡ | 13149 | 128 | 61= |
| 12698 | 82 | 73≡ | 12798 | 118 | 61= | 12888 | 128 | 56≡ | 12999 | 126 | 77= | 13084 | 128 | 64≡ | 13149 | 138 | 78— |
| 12698 | 128 | 61= | 12802 | 100 | 75= | 12890 | 122 | 56≡ | 13001 | 128 | 49≡ | 13086 | 130 | 69— | 13151 | 124 | 56≡ |
| 12699 | 114 | 57≡ | 12803 | 104 | 79= | 12891 | 136 | 78— | 13003 | 84 | 75≡ | 13093 | 124 | 61= | 13152 | 92 | 71≡ |
| 12699 | 122 | 61= | 12804 | 98 | 73= | 12892 | 104 | 68≡ | 13003 | 130 | 51= | 13093 | 128 | 60= | 13152 | 120 | 74— |
| 12702 | 108 | 52≡ | 12806 | 130 | 44≡ | 12893 | 120 | 57≡ | 13004 | 128 | 69— | 13094 | 108 | 70= | 13152 | 122 | 49≡ |
| 12708 | 118 | 62≡ | 12807 | 86 | 71≡ | 12894 | 112 | 79= | 13006 | 128 | 61= | 13099 | 126 | 51= | 13154 | 128 | 69— |
| 12709 | 102 | 73= | 12808 | 86 | 73≡ | 12896 | 96 | 66≡ | 13007 | 134 | 69— | 13100 | 106 | 79≡ | 13157 | 122 | 57≡ |
| 12710 | 116 | 74— | 12809 | 102 | 62≡ | 12897 | 80 | 75≡ | 13009 | 132 | 69— | 13100 | 108 | 65= | 13159 | 106 | 57≡ |
| 12712 | 124 | 72— | 12811 | 90 | 71≡ | 12898 | 140 | 78— | 13013 | 124 | 57≡ | 13100 | 116 | 65= | 13159 | 106 | 65≡ |
| 12714 | 130 | 48= | 12812 | 116 | 56≡ | 12900 | 130 | 55= | 13017 | 104 | 73= | 13101 | 112 | 62= | 13159 | 118 | 74— |
| 12715 | 136 | 78— | 12813 | 94 | 66≡ | 12904 | 114 | 79= | 13017 | 122 | 61= | 13103 | 116 | 68= | 13160 | 88 | 71≡ |
| 12717 | 112 | 52≡ | 12815 | 108 | 65≡ | 12906 | 124 | 49≡ | 13019 | 118 | 57≡ | 13104 | 118 | 62≡ | 13160 | 116 | 56≡ |
| 12721 | 126 | 69— | 12816 | 88 | 71≡ | 12907 | 132 | 69— | 13019 | 124 | 72— | 13104 | 124 | 77= | 13161 | 88 | 73≡ |
| 12724 | 106 | 70= | 12818 | 138 | 78— | 12908 | 94 | 71≡ | 13021 | 128 | 44≡ | 13107 | 104 | 62= | 13163 | 90 | 71≡ |
| 12726 | 118 | 56≡ | 12819 | 110 | 62≡ | 12910 | 92 | 71≡ | 13022 | 118 | 74— | 13107 | 128 | 72— | 13163 | 112 | 70= |
| 12730 | 130 | 77= | 12821 | 128 | 69— | 12914 | 116 | 77= | 13023 | 108 | 70= | 13110 | 110 | 65≡ | 13163 | 112 | 79= |
| 12730 | 140 | 78— | 12823 | 78 | 75≡ | 12917 | 130 | 69— | 13023 | 126 | 62≡ | 13110 | 114 | 57≡ | 13163 | 130 | 56≡ |
| 12732 | 104 | 62≡ | 12825 | 106 | 79= | 12919 | 92 | 66≡ | 13024 | 106 | 62≡ | 13110 | 120 | 74— | 13164 | 126 | 49≡ |
| 12735 | 136 | 78— | 12826 | 114 | 68= | 12920 | 118 | 49≡ | 13025 | 122 | 64= | 13113 | 84 | 71≡ | 13165 | 120 | 77= |
| 12737 | 126 | 69— | 12827 | 110 | 65= | 12921 | 114 | 64= | 13031 | 140 | 78— | 13113 | 110 | 65= | 13167 | 102 | 65= |
| 12738 | 116 | 74— | 12828 | 118 | 74— | 12926 | 102 | 70= | 13035 | 86 | 75≡ | 13113 | 114 | 65= | 13168 | 104 | 65= |
| 12738 | 132 | 78— | 12829 | 130 | 56= | 12927 | 112 | 62≡ | 13035 | 106 | 52≡ | 13115 | 130 | 69— | 13168 | 134 | 69= |
| 12740 | 104 | 52≡ | 12831 | 106 | 52≡ | 12928 | 108 | 62≡ | 13035 | 116 | 74— | 13117 | 112 | 65= | 13171 | 96 | 75= |
| 12741 | 98 | 75= | 12833 | 112 | 57≡ | 12933 | 102 | 68≡ | 13035 | 124 | 72— | 13118 | 86 | 73= | 13175 | 112 | 64= |
| 12741 | 128 | 77= | 12835 | 108 | 70= | 12937 | 126 | 51= | 13036 | 126 | 56≡ | 13119 | 102 | 75= | 13178 | 114 | 79= |
| 12744 | 100 | 52≡ | 12836 | 110 | 52≡ | 12940 | 126 | 56= | 13037 | 116 | 49≡ | 13119 | 108 | 79= | 13181 | 94 | 66= |
| 12745 | 124 | 77= | 12837 | 124 | 51= | 12942 | 120 | 74— | 13044 | 124 | 49≡ | 13119 | 122 | 74— | 13181 | 132 | 69— |
| 12746 | 122 | 72— | 12838 | 112 | 52≡ | 12946 | 104 | 52≡ | 13045 | 110 | 57≡ | 13120 | 114 | 52= | 13182 | 100 | 66≡ |
| 12747 | 114 | 74— | 12839 | 126 | 72— | 12953 | 118 | 64= | 13047 | 102 | 52≡ | 13121 | 112 | 52≡ | 13182 | 128 | 49≡ |
| 12748 | 126 | 49≡ | 12840 | 120 | 74— | 12954 | 128 | 72— | 13048 | 106 | 70= | 13121 | 118 | 68= | 13183 | 118 | 77= |
| 12751 | 116 | 57≡ | 12841 | 106 | 65≡ | 12955 | 110 | 57≡ | 13048 | 130 | 49≡ | 13122 | 130 | 51= | 13185 | 116 | 79= |
| 12751 | 126 | 61= | 12842 | 110 | 79= | 12957 | 82 | 75≡ | 13049 | 126 | 69— | 13123 | 100 | 73= | 13185 | 118 | 79= |
| 12752 | 120 | 64= | 12844 | 88 | 73≡ | 12959 | 130 | 69— | 13051 | 124 | 64= | 13123 | 108 | 52≡ | 13187 | 120 | 49≡ |
| 12753 | 120 | 61= | 12845 | 122 | 77= | 12960 | 122 | 74— | 13052 | 122 | 49≡ | 13128 | 110 | 79= | 13190 | 106 | 68= |
| 12759 | 84 | 73≡ | 12847 | 116 | 68= | 12962 | 100 | 68≡ | 13053 | 126 | 61= | 13129 | 112 | 79= | 13191 | 102 | 70= |
| 12762 | 122 | 72— | 12849 | 92 | 66≡ | 12963 | 138 | 78— | 13054 | 122 | 51= | 13130 | 124 | 68= | 13192 | 90 | 73= |
| 12763 | 108 | 57≡ | 12850 | 128 | 69— | 12964 | 124 | 44≡ | 13055 | 128 | 51= | 13131 | 120 | 68= | 13192 | 122 | 64= |
| 12764 | 96 | 66≡ | 12856 | 100 | 65≡ | 12967 | 104 | 70= | 13061 | 126 | 77= | 13133 | 102 | 66≡ | 13194 | 88 | 71= |
| 12766 | 114 | 49≡ | 12859 | 116 | 52≡ | 12970 | 116 | 57≡ | 13062 | 84 | 73≡ | 13133 | 110 | 70= | 13194 | 114 | 64= |
| 12768 | 104 | 73= | 12861 | 102 | 65≡ | 12973 | 114 | 62≡ | 13062 | 100 | 75= | 13134 | 116 | 57= | 13196 | 124 | 72= |
| 12769 | 126 | 44≡ | 12865 | 98 | 66≡ | 12974 | 120 | 62≡ | 13062 | 118 | 62≡ | 13134 | 118 | 52≡ | 13196 | 128 | 56= |
| 12776 | 106 | 57≡ | 12866 | 104 | 57≡ | 12979 | 98 | 68≡ | 13063 | 108 | 57≡ | 13134 | 122 | 68= | 13198 | 128 | 51= |
| 12778 | 130 | 60= | 12867 | 120 | 68= | 12981 | 126 | 72— | 13064 | 130 | 60= | 13137 | 124 | 62≡ | 13199 | 102 | 73= |
| 12779 | 124 | 69— | 12869 | 118 | 74— | 12984 | 138 | 78— | 13065 | 132 | 69— | 13138 | 122 | 77= | 13205 | 120 | 64= |
| 12780 | 122 | 64= | 12870 | 90 | 66≡ | 12985 | 96 | 68≡ | 13066 | 120 | 61= | 13140 | 96 | 66≡ | 13206 | 116 | 64= |
| 12783 | 138 | 78— | 12872 | 116 | 74— | 12987 | 128 | 69— | 13066 | 140 | 78— | 13140 | 108 | 65= | 13207 | 114 | 62= |
| 12784 | 84 | 71≡ | 12873 | 124 | 72— | 12988 | 110 | 52≡ | 13068 | 136 | 78— | 13140 | 110 | 79= | 13208 | 92 | 66= |
| 12785 | 122 | 49≡ | 12874 | 122 | 62≡ | 12990 | 130 | 77= | 13069 | 130 | 61= | 13140 | 116 | 62= | 13209 | 118 | 64= |
| 12787 | 120 | 51= | 12876 | 88 | 71≡ | 12991 | 134 | 78— | 13070 | 126 | 64= | 13141 | 126 | 72— | 13210 | 80 | 75= |
| 12790 | 120 | 49≡ | 12877 | 120 | 77= | 12992 | 120 | 64= | 13071 | 104 | 66≡ | 13141 | 130 | 56= | 13213 | 140 | 78— |
| 12791 | 116 | 62≡ | 12878 | 88 | 66= | 12993 | 118 | 74— | 13073 | 106 | 73= | 13142 | 138 | 78— | 13216 | 110 | 62= |
| 12794 | 106 | 70= | 12883 | 100 | 73= | 12994 | 82 | 73≡ | 13079 | 122 | 72— | 13143 | 86 | 71≡ | 13218 | 98 | 66= |
| 12795 | 124 | 61= | 12884 | 110 | 64= | 12996 | 98 | 75= | 13081 | 118 | 56≡ | 13145 | 126 | 72— | 13220 | 126 | 61= |

— bedeutet Träger mit einer Gurtplatte, = mit zwei, ≡ mit drei Gurtplatten.

# Widerstandsmomente cm³

## von 13222 bis 13714.

| Widerstandsmoment cm³ | Stehblech-Höhe cm | Seite des Buches | Widerstandsmoment cm³ | Stehblech-Höhe cm | Seite des Buches | Widerstandsmoment cm³ | Stehblech-Höhe cm | Seite des Buches | Widerstandsmoment cm³ | Stehblech-Höhe cm | Seite des Buches | Widerstandsmoment cm³ | Stehblech-Höhe cm | Seite des Buches | Widerstandsmoment cm³ | Stehblech-Höhe cm | Seite des Buches |
|---|---|---|---|---|---|---|---|---|---|---|---|---|---|---|---|---|---|
| 13222 | 90 | 66≡ | 13303 | 98 | 68≡ | 13397 | 110 | 70= | 13464 | 108 | 65≡ | 13543 | 130 | 62≡ | 13627 | 130 | 51= |
| 13222 | 130 | 72— | 13303 | 106 | 70≡ | 13398 | 88 | 75≡ | 13464 | 116 | 79= | 13545 | 108 | 52≡ | 13629 | 110 | 52≡ |
| 13223 | 126 | 44≡ | 13304 | 108 | 70= | 13399 | 110 | 65= | 13464 | 120 | 79= | 13547 | 124 | 64= | 13637 | 126 | 72— |
| 13224 | 90 | 71≡ | 13304 | 126 | 49≡ | 13400 | 108 | 79= | 13467 | 98 | 66≡ | 13547 | 126 | 61= | 13639 | 108 | 73≡ |
| 13224 | 122 | 74— | 13308 | 120 | 74— | 13400 | 124 | 74— | 13468 | 114 | 64= | 13548 | 94 | 66≡ | 13641 | 112 | 57≡ |
| 13224 | 132 | 69— | 13309 | 118 | 49≡ | 13401 | 126 | 62≡ | 13468 | 118 | 79= | 13549 | 90 | 71≡ | 13649 | 132 | 72— |
| 13232 | 110 | 52≡ | 13309 | 126 | 72— | 13402 | 116 | 65= | 13470 | 124 | 64= | 13551 | 106 | 70= | 13650 | 102 | 75= |
| 13232 | 120 | 64≡ | 13313 | 128 | 61= | 13402 | 124 | 77= | 13473 | 126 | 72— | 13553 | 130 | 56≡ | 13651 | 134 | 69— |
| 13234 | 140 | 78— | 13315 | 130 | 51= | 13402 | 140 | 78= | 13478 | 106 | 65≡ | 13559 | 118 | 52≡ | 13652 | 122 | 62≡ |
| 13236 | 104 | 68≡ | 13316 | 124 | 49≡ | 13403 | 116 | 52≡ | 13479 | 88 | 73≡ | 13560 | 122 | 57≡ | 13659 | 106 | 52≡ |
| 13237 | 112 | 57≡ | 13317 | 108 | 62≡ | 13403 | 122 | 68= | 13480 | 86 | 71≡ | 13561 | 124 | 74— | 13659 | 120 | 68= |
| 13238 | 104 | 70= | 13317 | 128 | 77= | 13403 | 124 | 68= | 13481 | 104 | 65≡ | 13565 | 114 | 52≡ | 13660 | 84 | 75≡ |
| 13238 | 114 | 57≡ | 13320 | 128 | 69— | 13405 | 116 | 79= | 13482 | 128 | 44≡ | 13565 | 122 | 74— | 13661 | 110 | 70= |
| 13239 | 124 | 74— | 13322 | 100 | 75= | 13406 | 100 | 66≡ | 13482 | 128 | 61= | 13566 | 128 | 49≡ | 13662 | 128 | 68= |
| 13240 | 96 | 71≡ | 13322 | 124 | 51= | 13406 | 106 | 62≡ | 13484 | 116 | 64= | 13568 | 92 | 66≡ | 13666 | 126 | 77= |
| 13241 | 122 | 62≡ | 13322 | 138 | 78— | 13406 | 112 | 65≡ | 13485 | 122 | 64= | 13568 | 128 | 72— | 13666 | 128 | 62≡ |
| 13242 | 92 | 71≡ | 13323 | 126 | 64= | 13407 | 114 | 52≡ | 13488 | 116 | 62≡ | 13572 | 98 | 66≡ | 13667 | 118 | 57≡ |
| 13242 | 96 | 66≡ | 13324 | 110 | 70= | 13407 | 130 | 61= | 13489 | 108 | 68≡ | 13573 | 98 | 71≡ | 13669 | 116 | 62≡ |
| 13242 | 118 | 57≡ | 13324 | 118 | 74— | 13409 | 112 | 65≡ | 13490 | 134 | 69— | 13574 | 92 | 71≡ | 13671 | 122 | 68= |
| 13245 | 106 | 52≡ | 13327 | 106 | 73= | 13409 | 118 | 57≡ | 13491 | 132 | 72— | 13574 | 130 | 61= | 13672 | 120 | 65= |
| 13245 | 136 | 78— | 13329 | 112 | 57≡ | 13410 | 114 | 65≡ | 13493 | 118 | 64= | 13575 | 126 | 64= | 13673 | 126 | 68= |
| 13247 | 94 | 71≡ | 13329 | 134 | 69— | 13410 | 120 | 52≡ | 13493 | 120 | 64= | 13575 | 130 | 77= | 13676 | 124 | 68= |
| 13250 | 130 | 77= | 13331 | 84 | 75= | 13411 | 124 | 44≡ | 13501 | 102 | 66≡ | 13577 | 140 | 78— | 13677 | 126 | 44≡ |
| 13251 | 98 | 75= | 13331 | 108 | 52≡ | 13414 | 110 | 79= | 13501 | 138 | 78— | 13579 | 104 | 68≡ | 13678 | 128 | 56≡ |
| 13251 | 116 | 62≡ | 13334 | 120 | 62≡ | 13414 | 126 | 56≡ | 13504 | 88 | 71≡ | 13580 | 126 | 49≡ | 13680 | 124 | 74— |
| 13252 | 128 | 72— | 13334 | 122 | 61= | 13415 | 128 | 72— | 13505 | 112 | 62≡ | 13582 | 100 | 75= | 13683 | 126 | 49≡ |
| 13253 | 94 | 66≡ | 13340 | 128 | 64= | 13416 | 118 | 62≡ | 13506 | 98 | 75= | 13582 | 106 | 73= | 13683 | 126 | 74— |
| 13254 | 128 | 77= | 13350 | 122 | 57≡ | 13416 | 124 | 49≡ | 13506 | 124 | 74— | 13583 | 120 | 49= | 13685 | 120 | 57≡ |
| 13255 | 130 | 49≡ | 13350 | 130 | 60= | 13417 | 110 | 52≡ | 13508 | 104 | 70= | 13585 | 108 | 70= | 13687 | 118 | 52≡ |
| 13255 | 130 | 69— | 13351 | 110 | 57≡ | 13417 | 114 | 79= | 13509 | 124 | 62≡ | 13585 | 128 | 72— | 13688 | 108 | 66≡ |
| 13257 | 122 | 56≡ | 13351 | 120 | 56≡ | 13419 | 128 | 72— | 13510 | 130 | 77= | 13586 | 94 | 71≡ | 13688 | 110 | 73= |
| 13261 | 128 | 72— | 13351 | 130 | 64= | 13420 | 112 | 79= | 13511 | 92 | 71≡ | 13586 | 96 | 71≡ | 13688 | 122 | 52≡ |
| 13261 | 130 | 61= | 13352 | 104 | 52≡ | 13422 | 124 | 57≡ | 13513 | 122 | 64= | 13588 | 96 | 66≡ | 13690 | 130 | 72— |
| 13265 | 126 | 51= | 13352 | 132 | 69— | 13424 | 128 | 49≡ | 13514 | 90 | 71≡ | 13592 | 126 | 51= | 13692 | 118 | 65= |
| 13267 | 104 | 73= | 13354 | 108 | 70= | 13424 | 130 | 69— | 13515 | 96 | 66≡ | 13593 | 130 | 69— | 13692 | 118 | 79= |
| 13268 | 136 | 69— | 13356 | 126 | 61= | 13428 | 86 | 73= | 13515 | 120 | 57≡ | 13595 | 122 | 74— | 13694 | 120 | 62≡ |
| 13269 | 122 | 64= | 13357 | 124 | 72— | 13431 | 122 | 77= | 13517 | 90 | 73= | 13595 | 136 | 69— | 13694 | 130 | 72— |
| 13270 | 102 | 68≡ | 13362 | 128 | 51= | 13431 | 136 | 69— | 13517 | 104 | 73= | 13596 | 128 | 64= | 13695 | 116 | 52≡ |
| 13271 | 130 | 69— | 13363 | 126 | 77= | 13432 | 112 | 70= | 13518 | 116 | 57≡ | 13598 | 82 | 75= | 13696 | 132 | 69— |
| 13272 | 134 | 69— | 13365 | 84 | 73= | 13432 | 112 | 79= | 13519 | 126 | 74— | 13604 | 124 | 61= | 13696 | 138 | 69— |
| 13273 | 126 | 57≡ | 13372 | 86 | 75= | 13435 | 118 | 56≡ | 13521 | 114 | 57≡ | 13607 | 102 | 68≡ | 13699 | 124 | 77= |
| 13275 | 106 | 70= | 13377 | 120 | 62≡ | 13436 | 122 | 74— | 13524 | 112 | 52≡ | 13607 | 122 | 62≡ | 13700 | 110 | 79= |
| 13275 | 130 | 44≡ | 13378 | 130 | 72— | 13438 | 130 | 49≡ | 13524 | 124 | 56≡ | 13610 | 110 | 70= | 13700 | 112 | 65= |
| 13276 | 112 | 52≡ | 13379 | 106 | 66≡ | 13439 | 104 | 75= | 13524 | 132 | 69— | 13611 | 130 | 64= | 13701 | 112 | 70= |
| 13277 | 82 | 75≡ | 13379 | 108 | 73= | 13440 | 110 | 65≡ | 13525 | 130 | 72— | 13612 | 110 | 62≡ | 13704 | 114 | 65≡ |
| 13277 | 116 | 52≡ | 13380 | 118 | 68= | 13444 | 102 | 73= | 13530 | 118 | 62≡ | 13613 | 108 | 70= | 13704 | 116 | 65= |
| 13278 | 120 | 74— | 13382 | 132 | 69— | 13446 | 104 | 66≡ | 13530 | 138 | 69— | 13614 | 114 | 57≡ | 13706 | 114 | 65= |
| 13278 | 122 | 74— | 13384 | 114 | 62≡ | 13446 | 134 | 69— | 13531 | 128 | 51= | 13615 | 120 | 74— | 13707 | 108 | 62≡ |
| 13281 | 124 | 61= | 13385 | 102 | 75= | 13452 | 114 | 79= | 13534 | 130 | 72— | 13619 | 124 | 57≡ | 13707 | 116 | 79= |
| 13282 | 128 | 62≡ | 13385 | 118 | 65= | 13453 | 108 | 57≡ | 13535 | 128 | 57≡ | 13620 | 128 | 61= | 13708 | 86 | 75≡ |
| 13289 | 120 | 57≡ | 13388 | 116 | 57≡ | 13453 | 120 | 77= | 13537 | 136 | 69— | 13621 | 134 | 69— | 13709 | 104 | 75= |
| 13292 | 100 | 68≡ | 13394 | 122 | 74— | 13453 | 130 | 56= | 13540 | 106 | 68≡ | 13623 | 100 | 68≡ | 13711 | 112 | 79= |
| 13293 | 126 | 72— | 13395 | 120 | 68≡ | 13455 | 122 | 49≡ | 13541 | 132 | 69— | 13623 | 122 | 56≡ | 13711 | 120 | 56= |
| 13294 | 128 | 56≡ | 13395 | 126 | 68= | 13459 | 114 | 70= | 13542 | 92 | 73≡ | 13624 | 128 | 77= | 13713 | 112 | 52≡ |
| 13299 | 124 | 64= | 13395 | 140 | 78— | 13460 | 130 | 51= | 13542 | 100 | 66≡ | 13627 | 112 | 70= | 13714 | 114 | 79= |

— bedeutet Träger mit einer Gurtplatte, = mit zwei, ≡ mit drei Gurtplatten.

von **13714** bis **14391**.

| Widerstandsmoment cm³ | Stehblech-Höhe cm | Seite des Buches | Widerstandsmoment cm³ | Stehblech-Höhe cm | Seite des Buches | Widerstandsmoment cm³ | Stehblech-Höhe cm | Seite des Buches | Widerstandsmoment cm³ | Stehblech-Höhe cm | Seite des Buches | Widerstandsmoment cm³ | Stehblech-Höhe cm | Seite des Buches | Widerstandsmoment cm³ | Stehblech-Höhe cm | Seite des Buches |
|---|---|---|---|---|---|---|---|---|---|---|---|---|---|---|---|---|---|
| 13714 | 136 | 69— | 13808 | 132 | 72— | 13916 | 94 | 66≡ | 13999 | 110 | 66≡ | 14144 | 126 | 74— | 14265 | 96 | 66≡ |
| 13722 | 124 | 74— | 13810 | 120 | 62≡ | 13916 | 102 | 75= | 13999 | 118 | 65= | 14147 | 108 | 70= | 14267 | 112 | 73= |
| 13724 | 122 | 77= | 13812 | 134 | 69— | 13918 | 112 | 70= | 13999 | 118 | 79= | 14148 | 118 | 52≡ | 14268 | 124 | 56≡ |
| 13725 | 124 | 49≡ | 13815 | 128 | 61= | 13918 | 128 | 72— | 14003 | 112 | 79= | 14150 | 112 | 52≡ | 14269 | 128 | 49≡ |
| 13726 | 114 | 79= | 13818 | 114 | 52≡ | 13921 | 136 | 69— | 14005 | 116 | 65= | 14153 | 110 | 68≡ | 14270 | 122 | 79= |
| 13729 | 102 | 66≡ | 13821 | 104 | 66≡ | 13923 | 104 | 68≡ | 14006 | 114 | 70= | 14158 | 126 | 62≡ | 14271 | 126 | 77— |
| 13732 | 114 | 70= | 13827 | 106 | 70= | 13923 | 134 | 72— | 14009 | 110 | 62≡ | 14162 | 138 | 69— | 14275 | 120 | 52≡ |
| 13736 | 122 | 74— | 13827 | 126 | 64= | 13925 | 94 | 71≡ | 14010 | 126 | 74— | 14166 | 90 | 73≡ | 14277 | 110 | 52≡ |
| 13739 | 86 | 73≡ | 13829 | 130 | 49≡ | 13925 | 98 | 66≡ | 14021 | 116 | 79= | 14171 | 126 | 56≡ | 14278 | 96 | 71≡ |
| 13742 | 88 | 75≡ | 13832 | 124 | 57≡ | 13925 | 110 | 70= | 14027 | 138 | 69— | 14174 | 126 | 74— | 14280 | 98 | 71≡ |
| 13742 | 112 | 65≡ | 13836 | 106 | 73= | 13926 | 98 | 71≡ | 14028 | 124 | 79= | 14181 | 102 | 75= | 14280 | 114 | 70= |
| 13742 | 116 | 79= | 13838 | 96 | 71≡ | 13927 | 124 | 62≡ | 14032 | 130 | 72— | 14183 | 110 | 70= | 14292 | 120 | 79= |
| 13743 | 130 | 44≡ | 13841 | 90 | 73≡ | 13928 | 112 | 52≡ | 14034 | 136 | 72— | 14184 | 98 | 71≡ | 14296 | 120 | 65= |
| 13745 | 122 | 79= | 13843 | 100 | 75= | 13931 | 130 | 68= | 14035 | 118 | 79= | 14187 | 100 | 66≡ | 14298 | 140 | 69— |
| 13745 | 130 | 61= | 13843 | 120 | 52≡ | 13932 | 96 | 71≡ | 14036 | 106 | 75= | 14189 | 118 | 57= | 14300 | 128 | 74— |
| 13748 | 110 | 57= | 13846 | 108 | 68≡ | 13932 | 114 | 57= | 14038 | 122 | 79= | 14193 | 138 | 69— | 14304 | 118 | 65≡ |
| 13749 | 126 | 64= | 13846 | 126 | 74— | 13932 | 114 | 70= | 14040 | 120 | 79= | 14196 | 104 | 66= | 14306 | 118 | 79= |
| 13751 | 118 | 79= | 13846 | 128 | 49≡ | 13932 | 128 | 77= | 14044 | 86 | 75= | 14198 | 136 | 72— | 14307 | 116 | 65= |
| 13751 | 128 | 72— | 13846 | 130 | 72— | 13933 | 130 | 62= | 14045 | 112 | 57= | 14199 | 130 | 77= | 14309 | 138 | 72— |
| 13752 | 120 | 79= | 13847 | 110 | 52≡ | 13940 | 122 | 68= | 14046 | 114 | 65= | 14201 | 124 | 74— | 14310 | 114 | 73= |
| 13756 | 116 | 70= | 13848 | 88 | 71≡ | 13943 | 130 | 56≡ | 14051 | 128 | 62≡ | 14202 | 108 | 68≡ | 14311 | 106 | 75= |
| 13758 | 136 | 69— | 13850 | 98 | 66≡ | 13944 | 102 | 68≡ | 14054 | 104 | 66≡ | 14206 | 92 | 73≡ | 14312 | 112 | 62≡ |
| 13759 | 140 | 78— | 13852 | 128 | 64= | 13944 | 128 | 44≡ | 14056 | 118 | 70= | 14206 | 114 | 62≡ | 14313 | 116 | 70= |
| 13760 | 106 | 75= | 13854 | 124 | 74— | 13944 | 128 | 68= | 14059 | 118 | 64= | 14210 | 112 | 70= | 14314 | 132 | 72— |
| 13761 | 106 | 66≡ | 13856 | 116 | 52≡ | 13948 | 120 | 57≡ | 14062 | 128 | 56≡ | 14212 | 130 | 44≡ | 14318 | 118 | 79= |
| 13762 | 134 | 72— | 13858 | 122 | 49≡ | 13949 | 124 | 68= | 14065 | 124 | 64= | 14213 | 96 | 71≡ | 14320 | 126 | 74— |
| 13763 | 90 | 75≡ | 13861 | 94 | 71≡ | 13950 | 126 | 68= | 14066 | 124 | 57= | 14216 | 110 | 73= | 14323 | 130 | 62= |
| 13763 | 116 | 64= | 13862 | 138 | 69— | 13950 | 128 | 49≡ | 14067 | 136 | 69— | 14217 | 130 | 68= | 14325 | 124 | 79= |
| 13767 | 104 | 73= | 13864 | 128 | 51= | 13952 | 110 | 73= | 14069 | 120 | 64= | 14218 | 90 | 71≡ | 14328 | 120 | 79= |
| 13768 | 124 | 64= | 13866 | 90 | 71≡ | 13955 | 118 | 62≡ | 14071 | 122 | 64= | 14219 | 130 | 49≡ | 14331 | 122 | 79= |
| 13770 | 110 | 65≡ | 13866 | 108 | 70= | 13958 | 128 | 57= | 14074 | 134 | 72— | 14222 | 124 | 68= | 14333 | 130 | 56≡ |
| 13771 | 118 | 62= | 13867 | 132 | 69— | 13960 | 122 | 65= | 14077 | 108 | 66≡ | 14224 | 116 | 57= | 14337 | 128 | 64= |
| 13776 | 118 | 64= | 13868 | 102 | 66≡ | 13962 | 140 | 69— | 14079 | 112 | 65= | 14226 | 128 | 68= | 14339 | 118 | 70= |
| 13778 | 122 | 64= | 13871 | 92 | 71≡ | 13963 | 122 | 57= | 14082 | 120 | 57= | 14227 | 126 | 68= | 14340 | 122 | 62≡ |
| 13779 | 126 | 62≡ | 13871 | 130 | 64= | 13966 | 132 | 72— | 14083 | 130 | 61= | 14228 | 114 | 70= | 14341 | 138 | 69— |
| 13781 | 120 | 64= | 13874 | 92 | 73≡ | 13967 | 108 | 52≡ | 14084 | 136 | 69— | 14229 | 94 | 71≡ | 14343 | 114 | 57= |
| 13788 | 108 | 65≡ | 13875 | 126 | 61= | 13967 | 126 | 74— | 14086 | 88 | 75= | 14230 | 122 | 57= | 14344 | 126 | 57= |
| 13789 | 110 | 68≡ | 13882 | 124 | 62≡ | 13967 | 128 | 74— | 14087 | 116 | 62= | 14233 | 98 | 66≡ | 14351 | 116 | 65= |
| 13790 | 122 | 57≡ | 13884 | 124 | 74— | 13968 | 124 | 52≡ | 14091 | 106 | 73= | 14236 | 102 | 66≡ | 14352 | 136 | 72— |
| 13791 | 126 | 74— | 13886 | 130 | 61= | 13969 | 126 | 77= | 14092 | 118 | 57= | 14238 | 116 | 70= | 14354 | 126 | 64= |
| 13792 | 126 | 56≡ | 13887 | 130 | 77= | 13969 | 134 | 69— | 14101 | 110 | 65≡ | 14239 | 112 | 70= | 14357 | 120 | 70= |
| 13794 | 140 | 69— | 13890 | 96 | 66≡ | 13970 | 112 | 70= | 14106 | 126 | 57= | 14240 | 106 | 68≡ | 14358 | 138 | 69— |
| 13795 | 114 | 62≡ | 13890 | 106 | 68≡ | 13970 | 132 | 72— | 14108 | 128 | 64= | 14242 | 120 | 62≡ | 14361 | 136 | 72— |
| 13795 | 124 | 64= | 13890 | 126 | 57≡ | 13973 | 120 | 52≡ | 14113 | 108 | 65= | 14242 | 124 | 57= | 14363 | 124 | 64= |
| 13795 | 134 | 69— | 13890 | 136 | 69— | 13973 | 122 | 62≡ | 14114 | 90 | 75= | 14244 | 136 | 69— | 14364 | 108 | 75= |
| 13796 | 88 | 73≡ | 13894 | 94 | 73≡ | 13980 | 104 | 75= | 14125 | 132 | 72— | 14245 | 102 | 71≡ | 14365 | 130 | 74— |
| 13796 | 106 | 65≡ | 13896 | 124 | 56≡ | 13980 | 120 | 79= | 14128 | 102 | 66≡ | 14247 | 96 | 73≡ | 14366 | 122 | 57= |
| 13797 | 100 | 66≡ | 13897 | 110 | 70= | 13983 | 138 | 69— | 14129 | 92 | 75≡ | 14249 | 134 | 72— | 14369 | 132 | 74— |
| 13798 | 130 | 57≡ | 13898 | 108 | 73= | 13984 | 118 | 52≡ | 14130 | 140 | 69— | 14250 | 124 | 65≡ | 14374 | 124 | 62≡ |
| 13799 | 118 | 57≡ | 13901 | 116 | 57≡ | 13984 | 120 | 65= | 14131 | 130 | 64= | 14251 | 104 | 75= | 14380 | 86 | 75≡ |
| 13799 | 130 | 51= | 13903 | 100 | 66≡ | 13988 | 84 | 75= | 14133 | 128 | 74— | 14253 | 140 | 69— | 14380 | 118 | 62≡ |
| 13799 | 132 | 72— | 13906 | 92 | 71≡ | 13989 | 122 | 56= | 14135 | 124 | 49≡ | 14254 | 124 | 62≡ | 14381 | 106 | 66= |
| 13800 | 128 | 74— | 13907 | 122 | 74— | 13997 | 124 | 77= | 14137 | 130 | 51= | 14256 | 128 | 74— | 14381 | 128 | 57≡ |
| 13803 | 138 | 69— | 13908 | 100 | 71≡ | 13997 | 126 | 49≡ | 14142 | 132 | 72— | 14261 | 122 | 52≡ | 14388 | 114 | 65≡ |
| 13806 | 116 | 57≡ | 13909 | 112 | 62≡ | 13998 | 112 | 73= | 14143 | 134 | 69— | 14264 | 100 | 66≡ | 14391 | 130 | 64= |

— bedeutet Träger mit einer Gurtplatte, = mit zwei, ≡ mit drei Gurtplatten.

# Widerstandsmomente cm³

## von **14394 bis 15284**.

| Widerstands-moment cm³ | Stehblech-Höhe cm | Seite des Buches | Widerstands-moment cm³ | Stehblech-Höhe cm | Seite des Buches | Widerstands-moment cm³ | Stehblech-Höhe cm | Seite des Buches | Widerstands-moment cm³ | Stehblech-Höhe cm | Seite des Buches | Widerstands-moment cm³ | Stehblech-Höhe cm | Seite des Buches | Widerstands-moment cm³ | Stehblech-Höhe cm | Seite des Buches |
|---|---|---|---|---|---|---|---|---|---|---|---|---|---|---|---|---|---|
| 14394 | 114 | 68≡ | 14547 | 130 | 74— | 14661 | 124 | 64= | 14857 | 114 | 73≡ | 14987 | 98 | 71≡ | 15182 | 126 | 79= |
| 14395 | 110 | 66≡ | 14549 | 126 | 56≡ | 14670 | 122 | 57≡ | 14861 | 124 | 52≡ | 14990 | 138 | 72— | 15189 | 110 | 66≡ |
| 14405 | 134 | 72— | 14550 | 124 | 52≡ | 14675 | 120 | 62≡ | 14863 | 106 | 75≡ | 14992 | 128 | 52≡ | 15189 | 118 | 70= |
| 14407 | 110 | 75≡ | 14554 | 114 | 70≡ | 14687 | 136 | 72— | 14864 | 94 | 75≡ | 15004 | 134 | 74— | 15197 | 130 | 79≡ |
| 14410 | 118 | 52≡ | 14559 | 108 | 68≡ | 14692 | 128 | 49≡ | 14867 | 96 | 75≡ | 15005 | 118 | 68≡ | 15198 | 126 | 65= |
| 14413 | 126 | 49≡ | 14561 | 124 | 79= | 14693 | 110 | 75= | 14869 | 92 | 73≡ | 15007 | 122 | 52≡ | 15201 | 112 | 68≡ |
| 14415 | 112 | 65≡ | 14567 | 98 | 71≡ | 14699 | 116 | 68= | 14870 | 126 | 65= | 15013 | 118 | 65≡ | 15203 | 128 | 62≡ |
| 14417 | 108 | 73= | 14568 | 122 | 52≡ | 14700 | 138 | 69— | 14871 | 116 | 70= | 15024 | 132 | 74— | 15206 | 124 | 79= |
| 14421 | 136 | 69— | 14571 | 104 | 66≡ | 14703 | 126 | 52≡ | 14880 | 110 | 68≡ | 15025 | 112 | 75= | 15207 | 108 | 75= |
| 14422 | 130 | 74— | 14572 | 94 | 73≡ | 14705 | 136 | 72— | 14881 | 102 | 71≡ | 15034 | 124 | 52≡ | 15208 | 92 | 75≡ |
| 14423 | 134 | 72— | 14573 | 124 | 65≡ | 14708 | 120 | 52≡ | 14882 | 136 | 72— | 15037 | 114 | 66≡ | 15209 | 106 | 66≡ |
| 14430 | 88 | 75≡ | 14578 | 100 | 66≡ | 14709 | 108 | 66≡ | 14884 | 132 | 74— | 15039 | 110 | 66≡ | 15209 | 132 | 74— |
| 14431 | 110 | 65≡ | 14583 | 114 | 73= | 14712 | 132 | 74— | 14885 | 130 | 79= | 15048 | 116 | 65≡ | 15212 | 110 | 71≡ |
| 14435 | 140 | 69— | 14584 | 140 | 72— | 14714 | 130 | 62≡ | 14896 | 124 | 65= | 15055 | 132 | 74— | 15212 | 128 | 79= |
| 14436 | 128 | 74— | 14587 | 106 | 75= | 14715 | 112 | 66≡ | 14901 | 114 | 52≡ | 15059 | 136 | 72— | 15213 | 122 | 52≡ |
| 14442 | 120 | 52≡ | 14588 | 112 | 52≡ | 14724 | 130 | 56≡ | 14902 | 116 | 73= | 15061 | 114 | 75= | 15215 | 116 | 52≡ |
| 14446 | 128 | 56≡ | 14589 | 96 | 71≡ | 14729 | 130 | 74— | 14903 | 130 | 57≡ | 15061 | 124 | 57≡ | 15217 | 124 | 65≡ |
| 14455 | 114 | 52≡ | 14590 | 92 | 71≡ | 14731 | 114 | 65≡ | 14905 | 128 | 79= | 15070 | 118 | 52≡ | 15218 | 124 | 65= |
| 14461 | 104 | 66≡ | 14591 | 130 | 74— | 14733 | 112 | 75= | 14906 | 118 | 70= | 15073 | 114 | 65≡ | 15219 | 124 | 79= |
| 14466 | 140 | 69— | 14592 | 116 | 70= | 14737 | 122 | 52≡ | 14907 | 106 | 66≡ | 15074 | 112 | 73= | 15219 | 126 | 79= |
| 14467 | 108 | 66≡ | 14594 | 96 | 73≡ | 14745 | 110 | 73= | 14910 | 120 | 52≡ | 15075 | 130 | 68= | 15221 | 120 | 70= |
| 14469 | 110 | 70= | 14595 | 122 | 65= | 14751 | 112 | 65≡ | 14911 | 94 | 73= | 15082 | 116 | 68= | 15222 | 118 | 73= |
| 14474 | 138 | 72— | 14596 | 94 | 71≡ | 14752 | 140 | 72— | 14913 | 122 | 65= | 15084 | 128 | 57≡ | 15222 | 122 | 79= |
| 14478 | 120 | 57≡ | 14597 | 134 | 72— | 14760 | 130 | 74— | 14914 | 126 | 62≡ | 15086 | 130 | 57≡ | 15226 | 128 | 57≡ |
| 14480 | 110 | 73≡ | 14598 | 128 | 79= | 14762 | 116 | 52≡ | 14916 | 108 | 68≡ | 15089 | 140 | 72— | 15229 | 120 | 79= |
| 14485 | 132 | 72— | 14602 | 98 | 73≡ | 14769 | 122 | 57≡ | 14917 | 120 | 79= | 15093 | 130 | 74— | 15230 | 122 | 65= |
| 14488 | 92 | 75≡ | 14604 | 102 | 66≡ | 14771 | 134 | 72— | 14920 | 140 | 72— | 15093 | 140 | 72— | 15231 | 118 | 62≡ |
| 14491 | 90 | 73≡ | 14607 | 120 | 65= | 14774 | 88 | 75≡ | 14921 | 124 | 79≡ | 15104 | 130 | 62≡ | 15231 | 130 | 62≡ |
| 14497 | 94 | 75≡ | 14608 | 120 | 65= | 14789 | 130 | 68= | 14922 | 100 | 71≡ | 15107 | 120 | 62≡ | 15232 | 94 | 75≡ |
| 14497 | 126 | 74— | 14609 | 118 | 52≡ | 14792 | 110 | 66≡ | 14923 | 116 | 62≡ | 15109 | 122 | 57≡ | 15232 | 104 | 71≡ |
| 14501 | 112 | 70= | 14613 | 116 | 79= | 14794 | 128 | 74— | 14925 | 102 | 66≡ | 15112 | 126 | 62≡ | 15233 | 138 | 74— |
| 14503 | 130 | 68= | 14614 | 126 | 79= | 14795 | 106 | 66= | 14926 | 108 | 75= | 15114 | 130 | 56≡ | 15238 | 98 | 75≡ |
| 14505 | 116 | 62≡ | 14615 | 128 | 74— | 14798 | 126 | 57≡ | 14933 | 120 | 70= | 15118 | 114 | 70= | 15238 | 136 | 74— |
| 14507 | 128 | 68= | 14616 | 98 | 66≡ | 14799 | 140 | 69— | 14936 | 130 | 64= | 15119 | 112 | 66≡ | 15242 | 96 | 75≡ |
| 14511 | 130 | 77= | 14617 | 140 | 69— | 14803 | 128 | 57≡ | 14938 | 126 | 57≡ | 15120 | 136 | 74— | 15243 | 110 | 68≡ |
| 14513 | 124 | 57≡ | 14622 | 118 | 70= | 14805 | 118 | 62≡ | 14940 | 96 | 73≡ | 15130 | 130 | 65= | 15245 | 108 | 66≡ |
| 14516 | 110 | 68= | 14623 | 116 | 73= | 14810 | 138 | 72— | 14943 | 118 | 57≡ | 15131 | 108 | 66≡ | 15245 | 120 | 57≡ |
| 14518 | 118 | 57≡ | 14624 | 122 | 79= | 14813 | 120 | 57≡ | 14944 | 136 | 74— | 15131 | 114 | 73= | 15245 | 122 | 70= |
| 14521 | 104 | 75= | 14625 | 96 | 71≡ | 14815 | 130 | 52≡ | 14945 | 134 | 74— | 15132 | 128 | 52≡ | 15248 | 130 | 64= |
| 14521 | 138 | 69— | 14626 | 124 | 62≡ | 14818 | 90 | 75= | 14946 | 104 | 66≡ | 15133 | 134 | 74— | 15250 | 94 | 73≡ |
| 14522 | 126 | 57≡ | 14629 | 100 | 71≡ | 14819 | 128 | 62≡ | 14950 | 98 | 71≡ | 15140 | 120 | 52≡ | 15252 | 126 | 57≡ |
| 14524 | 136 | 72— | 14631 | 138 | 72— | 14821 | 124 | 62≡ | 14952 | 122 | 70= | 15143 | 116 | 70= | 15255 | 120 | 73≡ |
| 14525 | 106 | 66≡ | 14633 | 98 | 71≡ | 14823 | 130 | 77= | 14956 | 98 | 73≡ | 15148 | 114 | 68≡ | 15257 | 140 | 72— |
| 14526 | 102 | 66≡ | 14634 | 140 | 69— | 14830 | 134 | 74— | 14958 | 104 | 71≡ | 15149 | 128 | 79= | 15259 | 128 | 64= |
| 14529 | 136 | 72— | 14640 | 138 | 72— | 14831 | 112 | 68≡ | 14959 | 100 | 73≡ | 15156 | 124 | 70= | 15261 | 124 | 70= |
| 14531 | 122 | 62≡ | 14642 | 116 | 57≡ | 14835 | 118 | 52≡ | 14960 | 124 | 57≡ | 15159 | 118 | 70= | 15262 | 126 | 64= |
| 14532 | 100 | 71≡ | 14644 | 128 | 64= | 14836 | 128 | 65≡ | 14963 | 94 | 71≡ | 15166 | 122 | 70= | 15265 | 108 | 71≡ |
| 14536 | 112 | 73= | 14645 | 120 | 70= | 14839 | 132 | 74— | 14964 | 96 | 71≡ | 15167 | 120 | 70= | 15266 | 110 | 75= |
| 14538 | 92 | 73≡ | 14651 | 124 | 57≡ | 14840 | 126 | 52≡ | 14967 | 120 | 65≡ | 15168 | 128 | 65= | 15268 | 124 | 62≡ |
| 14539 | 116 | 70= | 14654 | 132 | 74— | 14841 | 116 | 70= | 14969 | 100 | 66≡ | 15169 | 138 | 72— | 15269 | 126 | 70= |
| 14540 | 132 | 74— | 14655 | 134 | 74— | 14848 | 92 | 75≡ | 14971 | 122 | 62≡ | 15170 | 90 | 75≡ | 15273 | 104 | 66≡ |
| 14542 | 126 | 65≡ | 14656 | 126 | 64= | 14852 | 118 | 70= | 14973 | 130 | 49≡ | 15171 | 106 | 71≡ | 15276 | 140 | 72— |
| 14543 | 130 | 49≡ | 14657 | 130 | 57≡ | 14854 | 126 | 79= | 14979 | 110 | 75= | 15174 | 132 | 79= | 15277 | 122 | 65≡ |
| 14545 | 118 | 70= | 14658 | 118 | 65≡ | 14855 | 120 | 70= | 14980 | 102 | 71≡ | 15178 | 134 | 74— | 15280 | 102 | 71≡ |
| 14546 | 128 | 77= | 14659 | 122 | 70= | 14856 | 108 | 66≡ | 14981 | 140 | 69— | 15180 | 116 | 73= | 15284 | 130 | 52≡ |

— bedeutet Träger mit einer Gurtplatte, = mit zwei, ≡ mit drei Gurtplatten.

von **15286** bis **16427**.

| Widerstandsmoment cm³ | StehblechHöhe cm | Seite des Buches | Widerstandsmoment cm³ | StehblechHöhe cm | Seite des Buches | Widerstandsmoment cm³ | StehblechHöhe cm | Seite des Buches |
|---|---|---|---|---|---|---|---|---|
| 15286 | 96 | 73≡ | 15482 | 128 | 79= | 15619 | 136 | 74— |
| 15289 | 106 | 66≡ | 15483 | 122 | 70= | 15621 | 98 | 75= |
| 15297 | 136 | 74— | 15491 | 132 | 79= | 15621 | 122 | 68≡ |
| 15305 | 106 | 71≡ | 15494 | 130 | 62≡ | 15623 | 106 | 66≡ |
| 15308 | 124 | 52≡ | 15501 | 121 | 65= | 15632 | 96 | 73≡ |
| 15309 | 98 | 73≡ | 15505 | 118 | 73= | 15632 | 128 | 52≡ |
| 15313 | 100 | 71≡ | 15508 | 134 | 74— | 15635 | 108 | 66≡ |
| 15313 | 120 | 68≡ | 15509 | 120 | 70= | 15638 | 104 | 71≡ |
| 15316 | 112 | 75≡ | 15509 | 130 | 79= | 15640 | 140 | 72— |
| 15318 | 102 | 73≡ | 15510 | 126 | 79= | 15644 | 122 | 65≡ |
| 15320 | 100 | 73≡ | 15516 | 130 | 57≡ | 15649 | 128 | 57≡ |
| 15321 | 134 | 74— | 15517 | 108 | 71≡ | 15651 | 136 | 74— |
| 15323 | 102 | 66≡ | 15518 | 124 | 52≡ | 15654 | 108 | 71≡ |
| 15327 | 120 | 65≡ | 15520 | 128 | 79= | 15654 | 114 | 75= |
| 15332 | 126 | 52≡ | 15522 | 126 | 79= | 15663 | 98 | 73≡ |
| 15333 | 98 | 71≡ | 15523 | 112 | 66≡ | 15678 | 102 | 71≡ |
| 15333 | 104 | 71≡ | 15524 | 114 | 68≡ | 15678 | 104 | 73≡ |
| 15339 | 96 | 71≡ | 15525 | 126 | 65≡ | 15680 | 104 | 66≡ |
| 15348 | 102 | 71≡ | 15525 | 140 | 74— | 15681 | 100 | 73≡ |
| 15349 | 138 | 72— | 15526 | 126 | 65≡ | 15685 | 118 | 66≡ |
| 15350 | 100 | 71≡ | 15529 | 124 | 79= | 15686 | 102 | 73≡ |
| 15352 | 134 | 74— | 15530 | 118 | 52≡ | 15688 | 106 | 71≡ |
| 15354 | 126 | 57≡ | 15532 | 138 | 74— | 15688 | 120 | 65≡ |
| 15358 | 114 | 75— | 15538 | 122 | 70= | 15690 | 122 | 52≡ |
| 15360 | 116 | 66≡ | 15539 | 122 | 79= | 15692 | 116 | 75= |
| 15367 | 118 | 65≡ | 15540 | 120 | 62≡ | 15696 | 134 | 74— |
| 15371 | 112 | 66≡ | 15541 | 124 | 65= | 15699 | 130 | 62≡ |
| 15372 | 130 | 57≡ | 15543 | 120 | 73= | 15704 | 100 | 71≡ |
| 15379 | 120 | 52≡ | 15545 | 128 | 57≡ | 15705 | 114 | 66≡ |
| 15391 | 116 | 75— | 15549 | 122 | 57≡ | 15706 | 126 | 57≡ |
| 15394 | 132 | 74— | 15550 | 112 | 71≡ | 15707 | 140 | 74— |
| 15395 | 118 | 68≡ | 15552 | 110 | 75= | 15708 | 104 | 71≡ |
| 15396 | 116 | 65≡ | 15553 | 108 | 66≡ | 15709 | 120 | 68≡ |
| 15405 | 114 | 73— | 15559 | 124 | 70= | 15715 | 124 | 62≡ |
| 15405 | 128 | 62≡ | 15560 | 130 | 64= | 15716 | 98 | 71≡ |
| 15407 | 124 | 57≡ | 15566 | 128 | 64= | 15716 | 102 | 71≡ |
| 15410 | 122 | 62≡ | 15567 | 92 | 75= | 15721 | 118 | 65≡ |
| 15413 | 138 | 74— | 15567 | 126 | 62≡ | 15722 | 118 | 75= |
| 15426 | 130 | 52≡ | 15571 | 112 | 68≡ | 15726 | 138 | 74— |
| 15428 | 136 | 74— | 15572 | 126 | 70= | 15737 | 116 | 73= |
| 15445 | 116 | 70— | 15573 | 122 | 73= | 15743 | 132 | 79= |
| 15445 | 130 | 79— | 15574 | 130 | 70= | 15752 | 130 | 52≡ |
| 15447 | 122 | 52≡ | 15577 | 128 | 70= | 15755 | 124 | 52≡ |
| 15448 | 114 | 66≡ | 15579 | 120 | 66≡ | 15757 | 136 | 79= |
| 15454 | 128 | 52≡ | 15585 | 106 | 71≡ | 15772 | 138 | 74— |
| 15458 | 140 | 72— | 15585 | 110 | 66≡ | 15773 | 118 | 70= |
| 15459 | 116 | 73— | 15586 | 116 | 66≡ | 15776 | 128 | 70= |
| 15465 | 116 | 68≡ | 15589 | 124 | 65≡ | 15778 | 116 | 66≡ |
| 15465 | 134 | 79— | 15592 | 138 | 74— | 15783 | 130 | 79= |
| 15466 | 118 | 70— | 15599 | 94 | 75≡ | 15785 | 118 | 68≡ |
| 15469 | 110 | 66≡ | 15607 | 112 | 75= | 15787 | 134 | 79= |
| 15469 | 130 | 65— | 15608 | 110 | 71≡ | 15788 | 118 | 73= |
| 15474 | 136 | 74— | 15611 | 126 | 52≡ | 15791 | 120 | 70= |
| 15479 | 120 | 70— | 15612 | 100 | 75≡ | 15793 | 126 | 70= |
| 15479 | 124 | 70— | 15617 | 96 | 75≡ | 15801 | 122 | 70= |

| Widerstandsmoment cm³ | StehblechHöhe cm | Seite des Buches | Widerstandsmoment cm³ | StehblechHöhe cm | Seite des Buches | Widerstandsmoment cm³ | StehblechHöhe cm | Seite des Buches |
|---|---|---|---|---|---|---|---|---|
| 15801 | 124 | 70= | 15994 | 116 | 75= | 16167 | 128 | 65= |
| 15807 | 130 | 65= | 15999 | 106 | 71≡ | 16168 | 130 | 62≡ |
| 15808 | 132 | 79= | 16000 | 136 | 74— | 16174 | 118 | 68≡ |
| 15809 | 112 | 66≡ | 16002 | 100 | 75≡ | 16177 | 126 | 70= |
| 15809 | 136 | 74— | 16004 | 98 | 75≡ | 16191 | 124 | 73≡ |
| 15815 | 128 | 79= | 16005 | 110 | 71≡ | 16196 | 116 | 66≡ |
| 15822 | 130 | 79= | 16007 | 128 | 57≡ | 16197 | 132 | 70= |
| 15824 | 126 | 52≡ | 16010 | 122 | 65≡ | 16198 | 130 | 70= |
| 15827 | 128 | 79= | 16011 | 120 | 66≡ | 16215 | 126 | 73≡ |
| 15828 | 140 | 74— | 16016 | 98 | 73≡ | 16218 | 128 | 65≡ |
| 15831 | 120 | 73= | 16021 | 126 | 62≡ | 16220 | 140 | 74— |
| 15831 | 122 | 70= | 16024 | 140 | 74— | 16232 | 116 | 68≡ |
| 15834 | 128 | 65= | 16029 | 118 | 75= | 16243 | 126 | 68≡ |
| 15838 | 126 | 79= | 16037 | 106 | 66≡ | 16246 | 112 | 66≡ |
| 15840 | 130 | 57≡ | 16040 | 116 | 66≡ | 16247 | 114 | 75= |
| 15848 | 120 | 52≡ | 16041 | 100 | 73≡ | 16253 | 140 | 74— |
| 15849 | 116 | 68≡ | 16042 | 134 | 79= | 16270 | 114 | 66≡ |
| 15850 | 122 | 62≡ | 16044 | 108 | 71≡ | 16281 | 126 | 65≡ |
| 15853 | 126 | 65= | 16045 | 104 | 71≡ | 16295 | 110 | 71≡ |
| 15854 | 124 | 57≡ | 16048 | 120 | 65≡ | 16296 | 116 | 75= |
| 15857 | 124 | 70= | 16051 | 138 | 79= | 16300 | 114 | 71≡ |
| 15859 | 114 | 66≡ | 16053 | 104 | 73≡ | 16305 | 138 | 74— |
| 15866 | 110 | 71≡ | 16054 | 102 | 73≡ | 16308 | 130 | 57≡ |
| 15866 | 122 | 73= | 16055 | 120 | 75= | 16316 | 126 | 52≡ |
| 15867 | 128 | 62≡ | 16065 | 126 | 52≡ | 16328 | 128 | 62≡ |
| 15872 | 130 | 64= | 16070 | 106 | 71≡ | 16330 | 112 | 66≡ |
| 15874 | 126 | 70= | 16071 | 140 | 74— | 16334 | 124 | 65≡ |
| 15880 | 132 | 70= | 16072 | 118 | 73= | 16336 | 118 | 75= |
| 15884 | 128 | 70= | 16077 | 102 | 71≡ | 16339 | 122 | 66≡ |
| 15886 | 130 | 70= | 16083 | 104 | 71≡ | 16341 | 124 | 68≡ |
| 15889 | 140 | 74— | 16084 | 136 | 79= | 16343 | 136 | 79= |
| 15890 | 114 | 71≡ | 16086 | 132 | 79= | 16347 | 140 | 79= |
| 15893 | 124 | 73= | 16095 | 100 | 71≡ | 16357 | 112 | 71≡ |
| 15899 | 110 | 66≡ | 16104 | 120 | 70= | 16361 | 108 | 71≡ |
| 15899 | 112 | 75= | 16105 | 120 | 68≡ | 16363 | 104 | 75≡ |
| 15900 | 122 | 66≡ | 16108 | 134 | 79= | 16367 | 96 | 75≡ |
| 15901 | 114 | 68≡ | 16109 | 128 | 70= | 16367 | 120 | 75= |
| 15903 | 126 | 65≡ | 16110 | 118 | 66≡ | 16376 | 118 | 66≡ |
| 15912 | 126 | 73= | 16112 | 138 | 74— | 16376 | 128 | 52≡ |
| 15915 | 118 | 66≡ | 16118 | 122 | 70= | 16383 | 138 | 79= |
| 15915 | 128 | 52≡ | 16119 | 120 | 73= | 16385 | 102 | 75≡ |
| 15919 | 138 | 74— | 16121 | 126 | 70= | 16387 | 98 | 75≡ |
| 15926 | 112 | 66≡ | 16124 | 124 | 70= | 16389 | 122 | 75= |
| 15932 | 124 | 68≡ | 16125 | 132 | 79= | 16391 | 134 | 79= |
| 15933 | 130 | 52≡ | 16132 | 128 | 52≡ | 16393 | 100 | 75≡ |
| 15939 | 108 | 71≡ | 16134 | 130 | 79= | 16397 | 108 | 66≡ |
| 15945 | 130 | 57≡ | 16145 | 130 | 65≡ | 16402 | 110 | 71≡ |
| 15951 | 114 | 75= | 16148 | 128 | 79= | 16404 | 108 | 73≡ |
| 15954 | 112 | 71≡ | 16150 | 114 | 66≡ | 16407 | 120 | 73= |
| 15962 | 124 | 65≡ | 16154 | 124 | 70= | 16410 | 136 | 79= |
| 15966 | 94 | 75≡ | 16159 | 122 | 73= | 16413 | 106 | 71≡ |
| 15975 | 108 | 66≡ | 16160 | 126 | 57≡ | 16416 | 140 | 74— |
| 15982 | 110 | 66≡ | 16162 | 124 | 62≡ | 16421 | 102 | 73≡ |
| 15987 | 102 | 75≡ | 16165 | 126 | 79= | 16422 | 106 | 73≡ |
| 15992 | 96 | 75≡ | 16166 | 122 | 52≡ | 16427 | 122 | 68≡ |

— bedeutet Träger mit einer Gurtplatte, = mit zwei, ≡ mit drei Gurtplatten.

# Widerstandsmomente cm³

## von 16427 bis 18398.

| Widerstands-moment cm³ | Steh-blech-Höhe cm | Seite des Buches | Widerstands-moment cm³ | Steh-blech-Höhe cm | Seite des Buches | Widerstands-moment cm³ | Steh-blech-Höhe cm | Seite des Buches | Widerstands-moment cm³ | Steh-blech-Höhe cm | Seite des Buches | Widerstands-moment cm³ | Steh-blech-Höhe cm | Seite des Buches | Widerstands-moment cm³ | Steh-blech-Höhe cm | Seite des Buches |
|---|---|---|---|---|---|---|---|---|---|---|---|---|---|---|---|---|---|
| 16427 | 130 | 70≡ | 16706 | 122 | 75= | 16950 | 140 | 79≡ | 17233 | 122 | 68≡ | 17569 | 106 | 73≡ | 17966 | 108 | 75≡ |
| 16428 | 104 | 73≡ | 16706 | 124 | 65— | 16961 | 118 | 66≡ | 17241 | 106 | 71≡ | 17570 | 106 | 75≡ | 17984 | 106 | 75≡ |
| 16430 | 132 | 79≡ | 16711 | 114 | 71≡ | 16979 | 128 | 68≡ | 17298 | 118 | 66≡ | 17572 | 108 | 73≡ | 17989 | 104 | 75≡ |
| 16430 | 134 | 79≡ | 16714 | 138 | 79= | 16987 | 128 | 65≡ | 17300 | 130 | 68≡ | 17581 | 102 | 75≡ | 18007 | 122 | 66≡ |
| 16433 | 108 | 71≡ | 16715 | 120 | 66≡ | 16991 | 120 | 75= | 17303 | 120 | 75= | 17582 | 104 | 75= | 18010 | 124 | 66≡ |
| 16435 | 122 | 70≡ | 16725 | 110 | 71≡ | 16999 | 118 | 71≡ | 17309 | 120 | 66≡ | 17584 | 110 | 71≡ | 18014 | 110 | 71≡ |
| 16441 | 130 | 52≡ | 16725 | 124 | 75= | 17001 | 126 | 66≡ | 17315 | 140 | 79= | 17627 | 108 | 71≡ | 18016 | 124 | 75= |
| 16442 | 128 | 70≡ | 16737 | 136 | 79= | 17005 | 138 | 79= | 17316 | 130 | 65≡ | 17652 | 120 | 66≡ | 18040 | 140 | 70= |
| 16442 | 132 | 79≡ | 16739 | 134 | 79= | 17013 | 114 | 71≡ | 17334 | 128 | 66≡ | 17658 | 122 | 66≡ | 18043 | 140 | 79= |
| 16444 | 120 | 66≡ | 16742 | 106 | 75= | 17019 | 140 | 79= | 17341 | 122 | 75= | 17659 | 122 | 75= | 18046 | 126 | 75= |
| 16446 | 124 | 70≡ | 16745 | 122 | 73= | 17024 | 122 | 75= | 17351 | 120 | 71≡ | 17668 | 130 | 66≡ | 18059 | 124 | 71≡ |
| 16449 | 126 | 70≡ | 16746 | 132 | 70= | 17032 | 116 | 66≡ | 17355 | 140 | 79= | 17679 | 140 | 79= | 18068 | 128 | 75= |
| 16451 | 104 | 71≡ | 16751 | 124 | 68≡ | 17038 | 126 | 65≡ | 17364 | 138 | 79= | 17691 | 140 | 79= | 18073 | 138 | 70= |
| 16452 | 106 | 71≡ | 16752 | 134 | 79= | 17040 | 114 | 66≡ | 17370 | 124 | 75= | 17693 | 124 | 75= | 18082 | 130 | 75= |
| 16452 | 122 | 73≡ | 16758 | 110 | 66≡ | 17045 | 138 | 79= | 17371 | 128 | 65≡ | 17704 | 122 | 71≡ | 18084 | 128 | 66≡ |
| 16460 | 130 | 79≡ | 16761 | 112 | 71≡ | 17048 | 124 | 75= | 17374 | 116 | 71≡ | 17706 | 130 | 65≡ | 18086 | 132 | 75= |
| 16468 | 128 | 57≡ | 16765 | 130 | 70= | 17051 | 136 | 79= | 17377 | 138 | 79= | 17714 | 138 | 70= | 18097 | 136 | 70= |
| 16475 | 102 | 71≡ | 16769 | 124 | 70= | 17055 | 122 | 66≡ | 17386 | 118 | 66≡ | 17719 | 126 | 75= | 18098 | 122 | 66≡ |
| 16475 | 126 | 62≡ | 16770 | 98 | 75= | 17063 | 136 | 79= | 17389 | 136 | 70= | 17723 | 138 | 79= | 18101 | 120 | 71≡ |
| 16479 | 126 | 70≡ | 16770 | 104 | 75= | 17067 | 134 | 70= | 17391 | 126 | 75= | 17729 | 130 | 68≡ | 18112 | 130 | 73— |
| 16481 | 128 | 79≡ | 16773 | 132 | 79= | 17075 | 126 | 68≡ | 17396 | 124 | 66≡ | 17737 | 118 | 71≡ | 18113 | 134 | 70= |
| 16483 | 130 | 65≡ | 16775 | 128 | 70= | 17084 | 124 | 73= | 17399 | 116 | 66≡ | 17739 | 126 | 66≡ | 18119 | 132 | 70= |
| 16486 | 124 | 52≡ | 16776 | 126 | 70= | 17088 | 134 | 79= | 17402 | 128 | 68≡ | 17741 | 120 | 66≡ | 18120 | 120 | 66≡ |
| 16489 | 124 | 73≡ | 16777 | 130 | 57= | 17089 | 132 | 70= | 17403 | 128 | 75= | 17743 | 136 | 70= | 18129 | 140 | 70= |
| 16493 | 116 | 66≡ | 16779 | 122 | 66≡ | 17091 | 112 | 71≡ | 17405 | 136 | 79= | 17744 | 130 | 75= | 18133 | 138 | 70= |
| 16499 | 128 | 70≡ | 16783 | 108 | 71≡ | 17103 | 130 | 70= | 17415 | 134 | 70= | 17758 | 136 | 79= | 18137 | 130 | 66≡ |
| 16502 | 120 | 68≡ | 16784 | 100 | 75= | 17104 | 126 | 70= | 17424 | 118 | 71≡ | 17759 | 118 | 66≡ | 18141 | 132 | 73= |
| 16509 | 134 | 70≡ | 16784 | 102 | 75= | 17105 | 130 | 62≡ | 17425 | 126 | 73= | 17764 | 134 | 70= | 18144 | 122 | 71≡ |
| 16510 | 130 | 70≡ | 16786 | 124 | 73= | 17108 | 128 | 70= | 17433 | 132 | 70= | 17768 | 128 | 73= | 18158 | 130 | 68≡ |
| 16514 | 132 | 70≡ | 16789 | 102 | 73≡ | 17116 | 132 | 79= | 17437 | 134 | 79= | 17776 | 132 | 70= | 18162 | 134 | 73= |
| 16517 | 126 | 73≡ | 16789 | 128 | 62≡ | 17121 | 112 | 66≡ | 17441 | 130 | 70= | 17779 | 130 | 70= | 18174 | 136 | 73= |
| 16535 | 118 | 66≡ | 16793 | 108 | 73≡ | 17122 | 108 | 75≡ | 17455 | 126 | 66≡ | 17783 | 120 | 71≡ | 18179 | 138 | 73= |
| 16535 | 130 | 65≡ | 16798 | 110 | 71≡ | 17123 | 126 | 73≡ | 17456 | 140 | 70= | 17792 | 140 | 70= | 18198 | 118 | 71≡ |
| 16538 | 128 | 73≡ | 16798 | 130 | 79= | 17131 | 128 | 52≡ | 17458 | 114 | 71≡ | 17795 | 128 | 66≡ | 18216 | 120 | 71≡ |
| 16556 | 128 | 68≡ | 16803 | 104 | 73≡ | 17135 | 130 | 70= | 17460 | 128 | 73= | 17796 | 134 | 70= | 18220 | 118 | 66≡ |
| 16564 | 118 | 68≡ | 16805 | 106 | 73≡ | 17136 | 112 | 73≡ | 17464 | 132 | 70= | 17800 | 130 | 73= | 18231 | 126 | 66≡ |
| 16595 | 114 | 66≡ | 16806 | 128 | 70= | 17139 | 138 | 70= | 17470 | 138 | 70= | 17802 | 138 | 70= | 18247 | 128 | 68≡ |
| 16598 | 116 | 75≡ | 16808 | 126 | 52≡ | 17148 | 132 | 70= | 17474 | 134 | 70= | 17803 | 136 | 70= | 18248 | 118 | 73≡ |
| 16602 | 128 | 65≡ | 16820 | 126 | 73≡ | 17150 | 136 | 70= | 17476 | 136 | 70= | 17824 | 132 | 70= | 18256 | 128 | 66≡ |
| 16612 | 140 | 74— | 16822 | 130 | 70= | 17153 | 134 | 70= | 17485 | 116 | 71≡ | 17827 | 116 | 71≡ | 18273 | 114 | 75≡ |
| 16614 | 116 | 66≡ | 16823 | 136 | 70= | 17155 | 110 | 71≡ | 17486 | 114 | 66≡ | 17840 | 134 | 73= | 18275 | 118 | 71≡ |
| 16631 | 128 | 52≡ | 16827 | 106 | 71≡ | 17156 | 106 | 75≡ | 17487 | 130 | 73= | 17848 | 136 | 73= | 18280 | 116 | 71≡ |
| 16636 | 130 | 62≡ | 16830 | 122 | 68≡ | 17160 | 124 | 68≡ | 17492 | 126 | 68≡ | 17850 | 118 | 71≡ | 18294 | 116 | 73≡ |
| 16643 | 118 | 75≡ | 16831 | 132 | 70= | 17165 | 112 | 71≡ | 17504 | 110 | 75= | 17852 | 116 | 66≡ | 18321 | 116 | 71≡ |
| 16646 | 138 | 79≡ | 16831 | 134 | 70= | 17166 | 110 | 73≡ | 17505 | 114 | 73≡ | 17876 | 116 | 73≡ | 18325 | 112 | 75≡ |
| 16649 | 116 | 71≡ | 16837 | 118 | 66≡ | 17175 | 100 | 75≡ | 17507 | 132 | 73= | 17880 | 124 | 66≡ | 18327 | 114 | 73≡ |
| 16653 | 112 | 71≡ | 16846 | 128 | 73= | 17176 | 104 | 75≡ | 17518 | 134 | 73= | 17888 | 112 | 75≡ | 18348 | 112 | 73≡ |
| 16659 | 126 | 65≡ | 16857 | 104 | 71≡ | 17178 | 104 | 73≡ | 17528 | 112 | 71≡ | 17903 | 116 | 71≡ | 18349 | 114 | 71≡ |
| 16669 | 124 | 66≡ | 16863 | 130 | 73= | 17182 | 102 | 75≡ | 17531 | 122 | 66≡ | 17908 | 126 | 68≡ | 18356 | 110 | 73≡ |
| 16679 | 120 | 75≡ | 16870 | 130 | 68≡ | 17183 | 108 | 73≡ | 17533 | 114 | 71≡ | 17909 | 126 | 66≡ | 18363 | 126 | 66≡ |
| 16680 | 114 | 66≡ | 16876 | 120 | 66≡ | 17187 | 106 | 73≡ | 17540 | 112 | 73≡ | 17916 | 114 | 73≡ | 18364 | 110 | 75≡ |
| 16683 | 140 | 79≡ | 16898 | 120 | 68≡ | 17190 | 132 | 73≡ | 17544 | 108 | 75≡ | 17934 | 110 | 75≡ | 18365 | 124 | 66≡ |
| 16684 | 112 | 66≡ | 16925 | 130 | 65≡ | 17195 | 110 | 71≡ | 17562 | 110 | 73≡ | 17944 | 112 | 73≡ | 18374 | 126 | 75= |
| 16689 | 130 | 52≡ | 16946 | 116 | 66≡ | 17205 | 108 | 71≡ | 17563 | 124 | 66≡ | 17959 | 110 | 73≡ | 18388 | 108 | 75≡ |
| 16697 | 136 | 79≡ | 16948 | 130 | 52= | 17219 | 122 | 66≡ | 17568 | 112 | 71≡ | 17961 | 108 | 73≡ | 18398 | 106 | 75≡ |

— bedeutet Träger mit einer Gurtplatte, = mit zwei, ≡ mit drei Gurtplatten.

## von 18400 bis 19826.

| Widerstands-moment cm³ | Stehblech-Höhe cm | Seite des Buches | Widerstands-moment cm³ | Stehblech-Höhe cm | Seite des Buches | Widerstands-moment cm³ | Stehblech-Höhe cm | Seite des Buches | Widerstands-moment cm³ | Stehblech-Höhe cm | Seite des Buches | Widerstands-moment cm³ | Stehblech-Höhe cm | Seite des Buches | Widerstands-moment cm³ | Stehblech-Höhe cm | Seite des Buches |
|---|---|---|---|---|---|---|---|---|---|---|---|---|---|---|---|---|---|
| 18400 | 140 | 87— | 18658 | 118 | 71≡ | 18917 | 170 | 72— | 19119 | 118 | 71≡ | 19374 | 124 | 73≡ | 19580 | 118 | 71≡ |
| 18403 | 112 | 71≡ | 18664 | 150 | 64= | 18917 | 170 | 77= | 19121 | 170 | 72— | 19374 | 170 | 64= | 19583 | 170 | 68= |
| 18404 | 110 | 87= | 18664 | 170 | 61= | 18918 | 116 | 87= | 19124 | 160 | 64= | 19384 | 180 | 63— | 19584 | 128 | 66≡ |
| 18405 | 170 | 60= | 18673 | 118 | 73≡ | 18925 | 140 | 68≡ | 19135 | 130 | 71≡ | 19387 | 140 | 68≡ | 19594 | 96 | 84≡ |
| 18407 | 140 | 79= | 18682 | 180 | 63— | 18927 | 90 | 84≡ | 19138 | 160 | 77= | 19389 | 170 | 69— | 19603 | 130 | 71≡ |
| 18414 | 88 | 85≡ | 18693 | 160 | 61= | 18930 | 150 | 79= | 19141 | 144 | 86— | 19392 | 160 | 79= | 19606 | 88 | 85≡ |
| 18415 | 170 | 61= | 18700 | 118 | 71≡ | 18939 | 130 | 66≡ | 19142 | 112 | 87= | 19400 | 124 | 71≡ | 19609 | 148 | 86— |
| 18427 | 180 | 55= | 18705 | 140 | 62≡ | 18939 | 144 | 86— | 19145 | 104 | 88= | 19402 | 148 | 86— | 19611 | 116 | 82= |
| 18431 | 130 | 66≡ | 18712 | 116 | 73≡ | 18941 | 110 | 86= | 19150 | 180 | 63— | 19405 | 140 | 65≡ | 19615 | 116 | 87= |
| 18438 | 110 | 83= | 18718 | 112 | 86= | 18944 | 122 | 71≡ | 19152 | 96 | 82≡ | 19407 | 92 | 85≡ | 19627 | 180 | 69— |
| 18448 | 180 | 63— | 18718 | 150 | 62≡ | 18945 | 160 | 74— | 19153 | 160 | 64= | 19407 | 100 | 81≡ | 19633 | 88 | 89≡ |
| 18457 | 124 | 66≡ | 18726 | 170 | 69— | 18947 | 170 | 69— | 19153 | 160 | 74— | 19414 | 104 | 85= | 19637 | 120 | 86= |
| 18463 | 140 | 68≡ | 18733 | 116 | 71≡ | 18948 | 84 | 85≡ | 19155 | 100 | 88= | 19417 | 92 | 84≡ | 19638 | 112 | 75≡ |
| 18467 | 122 | 71≡ | 18735 | 110 | 87= | 18950 | 150 | 65= | 19160 | 112 | 83= | 19418 | 170 | 77= | 19648 | 152 | 86— |
| 18470 | 112 | 87= | 18737 | 160 | 74— | 18953 | 124 | 71≡ | 19163 | 180 | 55= | 19420 | 122 | 71≡ | 19661 | 124 | 80= |
| 18471 | 160 | 68= | 18738 | 144 | 86— | 18960 | 122 | 66≡ | 19168 | 170 | 69— | 19428 | 120 | 82= | 19666 | 150 | 79= |
| 18474 | 170 | 56= | 18744 | 180 | 63— | 18960 | 180 | 63— | 19175 | 160 | 68= | 19428 | 150 | 70= | 19666 | 150 | 87— |
| 18476 | 150 | 62≡ | 18746 | 110 | 83= | 18961 | 116 | 82= | 19179 | 128 | 66≡ | 19428 | 180 | 60= | 19666 | 180 | 61= |
| 18477 | 104 | 85≡ | 18751 | 112 | 73≡ | 18966 | 124 | 80= | 19185 | 116 | 86= | 19437 | 122 | 73≡ | 19668 | 116 | 83= |
| 18484 | 122 | 66≡ | 18751 | 180 | 60= | 18966 | 170 | 69— | 19186 | 116 | 71≡ | 19444 | 104 | 81≡ | 19670 | 100 | 82≡ |
| 18505 | 170 | 69— | 18754 | 160 | 77= | 18972 | 84 | 89≡ | 19190 | 96 | 84≡ | 19446 | 130 | 66≡ | 19673 | 108 | 85= |
| 18506 | 124 | 71≡ | 18762 | 170 | 69— | 18984 | 140 | 65≡ | 19195 | 148 | 86— | 19457 | 104 | 88= | 19693 | 150 | 70= |
| 18513 | 160 | 64= | 18763 | 112 | 75≡ | 18987 | 100 | 81≡ | 19200 | 112 | 75≡ | 19457 | 110 | 85= | 19697 | 128 | 71≡ |
| 18515 | 100 | 85≡ | 18767 | 180 | 55= | 18988 | 148 | 86— | 19209 | 88 | 85≡ | 19459 | 180 | 56= | 19701 | 160 | 62≡ |
| 18528 | 180 | 63— | 18768 | 116 | 80= | 18997 | 122 | 73≡ | 19222 | 120 | 80= | 19463 | 122 | 71≡ | 19711 | 120 | 87= |
| 18539 | 112 | 83≡ | 18775 | 128 | 71≡ | 19007 | 104 | 81≡ | 19223 | 110 | 75≡ | 19471 | 180 | 60= | 19712 | 100 | 84≡ |
| 18548 | 90 | 84≡ | 18779 | 170 | 60= | 19010 | 170 | 77= | 19234 | 180 | 61= | 19474 | 112 | 83= | 19714 | 170 | 64= |
| 18550 | 180 | 78— | 18784 | 180 | 78— | 19018 | 116 | 83= | 19236 | 88 | 89≡ | 19479 | 112 | 87= | 19719 | 108 | 88= |
| 18554 | 100 | 88≡ | 18787 | 180 | 55= | 19018 | 180 | 78— | 19236 | 128 | 71≡ | 19480 | 170 | 61= | 19722 | 90 | 85≡ |
| 18558 | 170 | 69— | 18790 | 104 | 85= | 19023 | 122 | 71≡ | 19250 | 100 | 82≡ | 19483 | 100 | 90= | 19726 | 104 | 82≡ |
| 18560 | 150 | 65= | 18791 | 180 | 78— | 19023 | 170 | 56≡ | 19252 | 180 | 78— | 19487 | 120 | 73≡ | 19726 | 128 | 80= |
| 18564 | 140 | 65≡ | 18792 | 112 | 82= | 19024 | 108 | 85= | 19258 | 150 | 62≡ | 19497 | 132 | 71≡ | 19730 | 150 | 65= |
| 18565 | 160 | 56≡ | 18793 | 110 | 75≡ | 19024 | 150 | 64= | 19267 | 116 | 87= | 19507 | 120 | 71≡ | 19731 | 84 | 89≡ |
| 18568 | 84 | 85≡ | 18806 | 112 | 87— | 19027 | 180 | 56= | 19272 | 180 | 77= | 19508 | 160 | 64= | 19733 | 170 | 72— |
| 18570 | 120 | 71≡ | 18810 | 108 | 75≡ | 19029 | 92 | 84≡ | 19276 | 150 | 79= | 19510 | 116 | 86= | 19737 | 150 | 86— |
| 18570 | 150 | 79= | 18812 | 88 | 85≡ | 19032 | 112 | 86= | 19286 | 116 | 82= | 19510 | 118 | 75≡ | 19738 | 190 | 78— |
| 18575 | 180 | 78— | 18820 | 140 | 87— | 19032 | 180 | 60= | 19290 | 150 | 79= | 19513 | 144 | 87— | 19742 | 170 | 61= |
| 18577 | 160 | 62≡ | 18823 | 160 | 68= | 19039 | 120 | 71≡ | 19297 | 144 | 87— | 19524 | 118 | 73≡ | 19750 | 160 | 65= |
| 18577 | 170 | 77= | 18829 | 100 | 82≡ | 19046 | 160 | 56≡ | 19300 | 170 | 61= | 19526 | 160 | 56≡ | 19751 | 90 | 89≡ |
| 18584 | 122 | 71≡ | 18832 | 104 | 88= | 19049 | 118 | 75≡ | 19313 | 124 | 80= | 19527 | 150 | 86— | 19764 | 120 | 82= |
| 18588 | 130 | 68≡ | 18833 | 160 | 64= | 19054 | 110 | 83= | 19316 | 90 | 85≡ | 19527 | 160 | 68= | 19769 | 104 | 88= |
| 18589 | 120 | 66≡ | 18835 | 124 | 71≡ | 19054 | 120 | 73≡ | 19317 | 150 | 86— | 19529 | 170 | 72— | 19769 | 148 | 87— |
| 18593 | 84 | 89≡ | 18846 | 112 | 83= | 19057 | 160 | 62≡ | 19320 | 124 | 71≡ | 19533 | 170 | 56≡ | 19776 | 160 | 79= |
| 18595 | 180 | 56≡ | 18849 | 124 | 66≡ | 19065 | 110 | 87= | 19325 | 148 | 87— | 19537 | 160 | 62≡ | 19783 | 190 | 78— |
| 18605 | 130 | 66≡ | 18854 | 100 | 88= | 19067 | 150 | 70= | 19325 | 170 | 72— | 19542 | 130 | 66≡ | 19787 | 110 | 85= |
| 18610 | 140 | 87— | 18858 | 170 | 61= | 19072 | 170 | 61= | 19327 | 190 | 78— | 19547 | 148 | 87— | 19788 | 150 | 70= |
| 18622 | 120 | 73≡ | 18860 | 116 | 86= | 19074 | 130 | 66≡ | 19333 | 124 | 66≡ | 19548 | 116 | 73≡ | 19793 | 150 | 65≡ |
| 19632 | 180 | 77— | 18865 | 144 | 87— | 19081 | 120 | 71≡ | 19340 | 150 | 65= | 19552 | 170 | 62≡ | 19799 | 150 | 62≡ |
| 18633 | 110 | 86— | 18882 | 170 | 56≡ | 19081 | 144 | 87— | 19343 | 116 | 83= | 19555 | 190 | 78— | 19803 | 100 | 90= |
| 18636 | 108 | 83= | 18886 | 120 | 80= | 19084 | 128 | 66≡ | 19343 | 150 | 65≡ | 19556 | 96 | 82≡ | 19804 | 124 | 71≡ |
| 18636 | 180 | 60= | 18886 | 150 | 79= | 19092 | 120 | 82= | 19345 | 112 | 86— | 19558 | 120 | 80= | 19817 | 148 | 86— |
| 18645 | 80 | 89≡ | 18907 | 96 | 81≡ | 19098 | 118 | 73≡ | 19349 | 108 | 85≡ | 19559 | 180 | 55= | 19821 | 124 | 73≡ |
| 18648 | 120 | 71≡ | 18909 | 90 | 85≡ | 19102 | 104 | 85= | 19351 | 84 | 89≡ | 19566 | 116 | 75= | 19822 | 92 | 85≡ |
| 18649 | 144 | 87— | 18912 | 180 | 77= | 19111 | 180 | 60= | 19361 | 160 | 74— | 19569 | 160 | 74— | 19824 | 180 | 60= |
| 18653 | 108 | 87= | 18916 | 180 | 63— | 19113 | 116 | 75≡ | 19366 | 140 | 66≡ | 19576 | 128 | 71≡ | 19826 | 120 | 83≡ |

— bedeutet Träger mit einer Gurtplatte, = mit zwei, ≡ mit drei Gurtplatten.

# Widerstandsmomente cm³

## von 19827 bis 21472.

| Widerstands-moment cm³ | Steh-blech-Höhe cm | Seite des Buches | Widerstands-moment cm³ | Steh-blech-Höhe cm | Seite des Buches | Widerstands-moment cm³ | Steh-blech-Höhe cm | Seite des Buches | Widerstands-moment cm³ | Steh-blech-Höhe cm | Seite des Buches | Widerstands-moment cm³ | Steh-blech-Höhe cm | Seite des Buches | Widerstands-moment cm³ | Steh-blech-Höhe cm | Seite des Buches |
|---|---|---|---|---|---|---|---|---|---|---|---|---|---|---|---|---|---|
| 19827 | 170 | 77≡ | 20085 | 128 | 80= | 20339 | 150 | 62≡ | 20584 | 150 | 68≡ | 20900 | 112 | 85= | 21169 | 156 | 87— |
| 19828 | 100 | 81≡ | 20089 | 150 | 68≡ | 20341 | 150 | 87— | 20601 | 104 | 82= | 20914 | 160 | 79= | 21171 | 120 | 83= |
| 19835 | 116 | 86= | 20091 | 100 | 82= | 20352 | 120 | 73≡ | 20614 | 112 | 88= | 20915 | 180 | 64= | 21188 | 156 | 86— |
| 19836 | 180 | 61= | 20098 | 180 | 61= | 20353 | 180 | 77= | 20630 | 108 | 82= | 20921 | 152 | 87— | 21194 | 124 | 75≡ |
| 19843 | 180 | 69— | 20100 | 120 | 82= | 20356 | 124 | 80= | 20640 | 124 | 83= | 20922 | 124 | 82= | 21197 | 170 | 74— |
| 19847 | 124 | 71≡ | 20109 | 130 | 80= | 20368 | 108 | 88= | 20643 | 170 | 77= | 20922 | 150 | 73= | 21201 | 130 | 80= |
| 19850 | 140 | 68≡ | 20116 | 150 | 87— | 20375 | 140 | 66≡ | 20645 | 120 | 86= | 20928 | 160 | 79= | 21205 | 136 | 71≡ |
| 19861 | 152 | 86— | 20117 | 110 | 85= | 20377 | 120 | 75≡ | 20646 | 104 | 84≡ | 20935 | 156 | 87— | 21211 | 128 | 86= |
| 19871 | 140 | 66≡ | 20123 | 100 | 90= | 20394 | 170 | 64= | 20652 | 92 | 85≡ | 20939 | 180 | 69— | 21213 | 160 | 86— |
| 19876 | 108 | 81≡ | 20128 | 90 | 85= | 20402 | 96 | 84≡ | 20658 | 180 | 72— | 20951 | 112 | 88= | 21224 | 112 | 81≡ |
| 19876 | 122 | 73≡ | 20133 | 100 | 84= | 20408 | 96 | 85≡ | 20661 | 160 | 64= | 20960 | 140 | 71≡ | 21233 | 132 | 80= |
| 19880 | 124 | 82= | 20148 | 150 | 70= | 20420 | 124 | 86= | 20676 | 128 | 82= | 20962 | 180 | 61= | 21237 | 112 | 85= |
| 19882 | 104 | 81≡ | 20157 | 90 | 89≡ | 20428 | 88 | 89≡ | 20683 | 92 | 89≡ | 20964 | 130 | 71≡ | 21239 | 110 | 81≡ |
| 19891 | 150 | 87— | 20157 | 150 | 86— | 20432 | 120 | 87= | 20692 | 108 | 88= | 20970 | 90 | 89≡ | 21240 | 108 | 81≡ |
| 19891 | 180 | 56= | 20160 | 116 | 86= | 20437 | 120 | 82= | 20693 | 152 | 87— | 20970 | 156 | 86— | 21241 | 180 | 61= |
| 19892 | 112 | 85= | 20160 | 160 | 79= | 20439 | 104 | 90= | 20694 | 150 | 65≡ | 20974 | 170 | 79= | 21254 | 150 | 70= |
| 19892 | 160 | 64= | 20162 | 120 | 83= | 20442 | 180 | 72— | 20701 | 156 | 87— | 20975 | 100 | 84≡ | 21256 | 124 | 87= |
| 19897 | 122 | 71≡ | 20163 | 104 | 82= | 20443 | 128 | 80= | 20705 | 170 | 64= | 20976 | 170 | 74— | 21258 | 170 | 62≡ |
| 19908 | 120 | 75≡ | 20166 | 110 | 88= | 20444 | 100 | 90= | 20705 | 170 | 68= | 20982 | 120 | 86= | 21268 | 136 | 80= |
| 19919 | 120 | 73≡ | 20166 | 160 | 65= | 20448 | 110 | 85= | 20705 | 180 | 69— | 20984 | 130 | 73≡ | 21270 | 124 | 82= |
| 19947 | 150 | 86— | 20184 | 170 | 61= | 20453 | 180 | 77= | 20709 | 124 | 75≡ | 20988 | 124 | 83= | 21274 | 96 | 85≡ |
| 19949 | 118 | 73≡ | 20188 | 140 | 66≡ | 20461 | 130 | 66≡ | 20715 | 124 | 73≡ | 20989 | 160 | 86— | 21276 | 180 | 64= |
| 19949 | 130 | 71≡ | 20202 | 150 | 73= | 20465 | 152 | 87— | 20715 | 130 | 71≡ | 20999 | 160 | 65= | 21281 | 140 | 66≡ |
| 19954 | 130 | 66≡ | 20213 | 148 | 87— | 20471 | 180 | 69— | 20719 | 160 | 70= | 21003 | 160 | 65≡ | 21282 | 150 | 73= |
| 19957 | 170 | 68= | 20220 | 180 | 60= | 20472 | 116 | 75≡ | 20726 | 190 | 78— | 21009 | 130 | 71≡ | 21287 | 112 | 88= |
| 19963 | 116 | 87= | 20225 | 136 | 71≡ | 20473 | 130 | 80= | 20734 | 170 | 64= | 21014 | 180 | 56≡ | 21306 | 180 | 72— |
| 19971 | 118 | 75≡ | 20228 | 112 | 85= | 20473 | 150 | 70= | 20735 | 140 | 66≡ | 21016 | 108 | 88= | 21309 | 96 | 89≡ |
| 19972 | 132 | 71≡ | 20228 | 124 | 82= | 20474 | 180 | 56≡ | 20752 | 156 | 86— | 21034 | 128 | 82= | 21314 | 120 | 75≡ |
| 19973 | 120 | 86= | 20232 | 190 | 78— | 20479 | 190 | 78— | 20753 | 112 | 81≡ | 21039 | 104 | 82≡ | 21317 | 180 | 77= |
| 19976 | 120 | 71≡ | 20235 | 170 | 77= | 20491 | 180 | 69— | 20755 | 170 | 74— | 21041 | 180 | 62≡ | 21319 | 128 | 87= |
| 19985 | 190 | 78— | 20237 | 92 | 85≡ | 20493 | 132 | 80= | 20757 | 104 | 81≡ | 21064 | 170 | 56≡ | 21330 | 160 | 79= |
| 19991 | 148 | 87— | 20237 | 152 | 87— | 20496 | 110 | 88= | 20764 | 100 | 90= | 21068 | 92 | 85≡ | 21335 | 124 | 83= |
| 19993 | 116 | 83= | 20237 | 180 | 69— | 20497 | 160 | 79= | 20767 | 116 | 85= | 21076 | 130 | 82= | 21371 | 170 | 65= |
| 19997 | 108 | 85= | 20239 | 190 | 78— | 20498 | 120 | 83= | 20767 | 124 | 86= | 21077 | 136 | 71≡ | 21372 | 190 | 69— |
| 19998 | 96 | 84≡ | 20243 | 150 | 65≡ | 20499 | 152 | 86— | 20772 | 104 | 90= | 21079 | 170 | 68= | 21376 | 90 | 89≡ |
| 20003 | 88 | 85≡ | 20268 | 92 | 89≡ | 20508 | 150 | 70= | 20772 | 124 | 71≡ | 21080 | 150 | 68≡ | 21383 | 170 | 79= |
| 20003 | 180 | 69— | 20268 | 124 | 73= | 20511 | 124 | 87= | 20773 | 180 | 61= | 21080 | 180 | 68= | 21384 | 140 | 66≡ |
| 20008 | 124 | 80= | 20275 | 180 | 69— | 20512 | 100 | 82≡ | 20777 | 110 | 81≡ | 21082 | 170 | 62≡ | 21387 | 160 | 70= |
| 20009 | 152 | 87— | 20276 | 160 | 64= | 20516 | 130 | 73≡ | 20778 | 110 | 85= | 21084 | 104 | 84≡ | 21393 | 128 | 82= |
| 20011 | 190 | 78— | 20277 | 160 | 62≡ | 20530 | 180 | 61= | 20785 | 108 | 81≡ | 21085 | 108 | 82≡ | 21396 | 100 | 84≡ |
| 20017 | 160 | 62≡ | 20286 | 152 | 86— | 20533 | 156 | 86— | 20792 | 120 | 87= | 21085 | 110 | 82≡ | 21400 | 160 | 87— |
| 20019 | 116 | 75≡ | 20288 | 124 | 71≡ | 20534 | 90 | 85≡ | 20802 | 128 | 80= | 21090 | 180 | 72— | 21403 | 156 | 87— |
| 20031 | 88 | 89≡ | 20304 | 180 | 61= | 20534 | 170 | 74— | 20825 | 88 | 89≡ | 21098 | 92 | 89≡ | 21404 | 108 | 90= |
| 20043 | 108 | 88= | 20309 | 120 | 86= | 20540 | 130 | 71≡ | 20826 | 110 | 88= | 21103 | 160 | 70= | 21415 | 160 | 65= |
| 20043 | 170 | 56≡ | 20312 | 116 | 87= | 20544 | 160 | 79= | 20834 | 120 | 83= | 21105 | 104 | 90= | 21418 | 100 | 85≡ |
| 20054 | 170 | 64= | 20312 | 140 | 68≡ | 20553 | 170 | 56≡ | 20837 | 130 | 80= | 21105 | 150 | 66≡ | 21430 | 160 | 62≡ |
| 20056 | 150 | 79= | 20313 | 170 | 74— | 20554 | 100 | 84≡ | 20841 | 96 | 85= | 21113 | 170 | 64= | 21437 | 160 | 86— |
| 20059 | 180 | 69— | 20314 | 110 | 81≡ | 20562 | 150 | 73= | 20845 | 120 | 75= | 21114 | 124 | 86= | 21438 | 104 | 90= |
| 20062 | 170 | 62≡ | 20315 | 156 | 86— | 20563 | 90 | 89≡ | 20854 | 160 | 62≡ | 21115 | 116 | 85= | 21440 | 130 | 82= |
| 20071 | 120 | 87= | 20318 | 116 | 83= | 20564 | 112 | 85= | 20863 | 132 | 80= | 21144 | 150 | 65≡ | 21452 | 130 | 73= |
| 20072 | 130 | 71≡ | 20320 | 104 | 81≡ | 20566 | 150 | 87— | 20864 | 150 | 70= | 21144 | 190 | 69— | 21462 | 124 | 86= |
| 20073 | 152 | 86— | 20322 | 108 | 85= | 20567 | 140 | 75= | 20874 | 180 | 72— | 21152 | 120 | 87= | 21462 | 128 | 83= |
| 20081 | 160 | 79= | 20323 | 180 | 56= | 20572 | 170 | 62≡ | 20879 | 140 | 66≡ | 21157 | 110 | 88= | 21463 | 116 | 85= |
| 20082 | 104 | 88= | 20331 | 108 | 81≡ | 20575 | 124 | 82= | 20884 | 124 | 87= | 21161 | 128 | 80= | 21464 | 140 | 71≡ |
| 20083 | 150 | 70= | 20331 | 170 | 68= | 20582 | 160 | 65= | 20885 | 180 | 77= | 21162 | 124 | 73≡ | 21472 | 130 | 71≡ |

— bedeutet Träger mit einer Gurtplatte. = mit zwei, ≡ mit drei Gurtplatten.

von 21476 bis 23294.

| Widerstandsmoment cm³ | Stehblech-Höhe cm | Seite des Buches | Widerstandsmoment cm³ | Stehblech-Höhe cm | Seite des Buches | Widerstandsmoment cm³ | Stehblech-Höhe cm | Seite des Buches | Widerstandsmoment cm³ | Stehblech-Höhe cm | Seite des Buches | Widerstandsmoment cm³ | Stehblech-Höhe cm | Seite des Buches | Widerstandsmoment cm³ | Stehblech-Höhe cm | Seite des Buches |
|---|---|---|---|---|---|---|---|---|---|---|---|---|---|---|---|---|---|
| 21476 | 104 | 82≡ | 21772 | 104 | 90= | 22062 | 110 | 84≡ | 22360 | 160 | 87— | 22646 | 128 | 86= | 22955 | 140 | 73≡ |
| 21476 | 180 | 68= | 21788 | 190 | 69— | 22066 | 112 | 84≡ | 22371 | 120 | 85= | 22652 | 136 | 73≡ | 22956 | 112 | 82≡ |
| 21479 | 132 | 82≡ | 21791 | 170 | 79= | 22070 | 150 | 68≡ | 22375 | 140 | 66≡ | 22661 | 132 | 83= | 22958 | 132 | 82≡ |
| 21483 | 160 | 65≡ | 21804 | 160 | 70= | 22088 | 128 | 87= | 22378 | 112 | 90= | 22661 | 180 | 62≡ | 22958 | 136 | 87= |
| 21487 | 110 | 88= | 21805 | 130 | 82= | 22095 | 180 | 56≡ | 22379 | 132 | 86= | 22664 | 180 | 68= | 22969 | 130 | 83≡ |
| 21487 | 160 | 70= | 21809 | 124 | 86≡ | 22096 | 108 | 90= | 22384 | 140 | 71≡ | 22670 | 136 | 71≡ | 22978 | 140 | 71≡ |
| 21514 | 92 | 89≡ | 21812 | 116 | 85= | 22107 | 164 | 87— | 22389 | 130 | 73≡ | 22670 | 136 | 82= | 22987 | 110 | 84≡ |
| 21517 | 116 | 88= | 21813 | 170 | 65= | 22110 | 128 | 82= | 22397 | 104 | 84≡ | 22691 | 190 | 72— | 23008 | 112 | 84≡ |
| 21521 | 104 | 84≡ | 21821 | 128 | 83= | 22116 | 130 | 87= | 22398 | 180 | 74— | 22697 | 170 | 65= | 23018 | 104 | 91= |
| 21521 | 170 | 64= | 21828 | 140 | 66= | 22120 | 160 | 87— | 22411 | 136 | 80= | 22701 | 160 | 73= | 23029 | 180 | 79= |
| 21539 | 108 | 82≡ | 21828 | 190 | 69— | 22121 | 180 | 62≡ | 22411 | 170 | 70= | 22702 | 130 | 86= | 23031 | 132 | 83= |
| 21541 | 190 | 69— | 21838 | 140 | 71≡ | 22125 | 116 | 81≡ | 22416 | 150 | 75= | 22703 | 170 | 65≡ | 23032 | 180 | 65≡ |
| 21542 | 112 | 82≡ | 21848 | 132 | 82= | 22129 | 164 | 86— | 22429 | 120 | 88= | 22704 | 170 | 86— | 23034 | 120 | 81≡ |
| 21548 | 110 | 82≡ | 21866 | 116 | 88= | 22135 | 132 | 87= | 22432 | 130 | 75≡ | 22707 | 96 | 85≡ | 23034 | 170 | 79= |
| 21554 | 180 | 56≡ | 21869 | 100 | 85= | 22139 | 136 | 71≡ | 22436 | 104 | 85≡ | 22726 | 150 | 66≡ | 23041 | 96 | 89≡ |
| 21566 | 130 | 80= | 21871 | 160 | 70= | 22141 | 96 | 85≡ | 22442 | 108 | 90= | 22728 | 100 | 93= | 23051 | 136 | 82= |
| 21570 | 128 | 86= | 21871 | 170 | 62≡ | 22149 | 170 | 79= | 22442 | 140 | 80= | 22731 | 120 | 85= | 23052 | 160 | 70= |
| 21575 | 150 | 68≡ | 21872 | 180 | 68= | 22160 | 116 | 85= | 22444 | 160 | 65≡ | 22737 | 112 | 90= | 23053 | 172 | 86— |
| 21581 | 180 | 62≡ | 21876 | 130 | 83= | 22162 | 124 | 75≡ | 22448 | 108 | 82≡ | 22749 | 132 | 86= | 23064 | 168 | 86— |
| 21588 | 108 | 84≡ | 21880 | 160 | 87— | 22162 | 136 | 73≡ | 22451 | 140 | 73≡ | 22758 | 180 | 64= | 23066 | 130 | 86= |
| 21593 | 170 | 62≡ | 21885 | 160 | 86— | 22164 | 180 | 74— | 22462 | 116 | 82≡ | 22771 | 100 | 85≡ | 23073 | 168 | 87— |
| 21600 | 190 | 69— | 21890 | 110 | 90= | 22165 | 110 | 81≡ | 22463 | 190 | 72— | 22788 | 108 | 90= | 23085 | 160 | 73= |
| 21603 | 132 | 80= | 21900 | 164 | 86— | 22167 | 112 | 81≡ | 22472 | 128 | 87= | 22789 | 120 | 88= | 23091 | 120 | 85= |
| 21608 | 136 | 71≡ | 21921 | 130 | 73≡ | 22169 | 130 | 82= | 22473 | 140 | 71≡ | 22792 | 136 | 80= | 23091 | 164 | 87— |
| 21610 | 130 | 86= | 21924 | 130 | 75≡ | 22175 | 96 | 89≡ | 22474 | 110 | 82≡ | 22806 | 150 | 75= | 23095 | 170 | 62≡ |
| 21623 | 112 | 88= | 21929 | 92 | 89= | 22179 | 128 | 83= | 22483 | 170 | 62≡ | 22806 | 160 | 68≡ | 23096 | 112 | 90= |
| 21628 | 124 | 87= | 21929 | 128 | 86= | 22181 | 180 | 77= | 22485 | 112 | 82= | 22809 | 100 | 89≡ | 23101 | 116 | 81≡ |
| 21635 | 150 | 75= | 21929 | 170 | 64= | 22185 | 136 | 71≡ | 22497 | 108 | 84≡ | 22814 | 136 | 86= | 23106 | 140 | 82= |
| 21636 | 180 | 64= | 21930 | 180 | 74— | 22186 | 150 | 66≡ | 22507 | 130 | 87= | 22819 | 170 | 70= | 23119 | 132 | 86= |
| 21637 | 116 | 81≡ | 21933 | 160 | 73≡ | 22199 | 170 | 79= | 22524 | 110 | 84≡ | 22821 | 168 | 87— | 23122 | 170 | 70= |
| 21637 | 156 | 87— | 21959 | 104 | 84≡ | 22214 | 116 | 88= | 22529 | 120 | 81≡ | 22826 | 150 | 71≡ | 23128 | 136 | 83≡ |
| 21640 | 160 | 87— | 21959 | 112 | 88= | 22218 | 132 | 82= | 22530 | 190 | 69— | 22828 | 168 | 86— | 23129 | 100 | 93= |
| 21643 | 150 | 73≡ | 21963 | 160 | 65≡ | 22220 | 160 | 70= | 22531 | 132 | 87= | 22834 | 140 | 80= | 23139 | 170 | 65≡ |
| 21645 | 150 | 66≡ | 21969 | 140 | 71≡ | 22235 | 190 | 72— | 22533 | 130 | 82= | 22838 | 144 | 80= | 23142 | 136 | 73≡ |
| 21649 | 136 | 80= | 21973 | 132 | 80= | 22240 | 130 | 83= | 22538 | 128 | 83≡ | 22845 | 164 | 87— | 23149 | 120 | 88≡ |
| 21650 | 120 | 85= | 21974 | 130 | 86≡ | 22242 | 110 | 90= | 22541 | 124 | 85= | 22849 | 180 | 62≡ | 23154 | 136 | 75≡ |
| 21661 | 160 | 86— | 21979 | 130 | 71≡ | 22255 | 170 | 65= | 22562 | 116 | 88= | 22856 | 128 | 87= | 23158 | 150 | 66≡ |
| 21670 | 164 | 86— | 21986 | 100 | 91= | 22256 | 160 | 70= | 22564 | 180 | 65= | 22866 | 180 | 74— | 23181 | 170 | 86— |
| 21672 | 136 | 73≡ | 21987 | 150 | 66≡ | 22268 | 180 | 68= | 22572 | 150 | 66= | 22884 | 160 | 66≡ | 23181 | 170 | 87— |
| 21678 | 124 | 75≡ | 21993 | 108 | 82= | 22278 | 160 | 68≡ | 22588 | 132 | 82= | 22897 | 128 | 83= | 23191 | 180 | 64= |
| 21683 | 124 | 83= | 21996 | 180 | 64≡ | 22283 | 190 | 69— | 22588 | 164 | 86— | 22897 | 130 | 87= | 23195 | 136 | 86= |
| 21694 | 108 | 81≡ | 22000 | 124 | 87= | 22287 | 128 | 86= | 22591 | 170 | 79= | 22905 | 104 | 85≡ | 23196 | 150 | 75= |
| 21695 | 136 | 71≡ | 22006 | 160 | 62≡ | 22289 | 136 | 82= | 22593 | 168 | 86— | 22911 | 116 | 88= | 23201 | 136 | 71≡ |
| 21696 | 112 | 81≡ | 22007 | 190 | 72— | 22291 | 132 | 83= | 22595 | 110 | 90= | 22914 | 124 | 85= | 23202 | 180 | 62≡ |
| 21702 | 110 | 81≡ | 22009 | 132 | 86= | 22306 | 100 | 91= | 22597 | 180 | 79= | 22919 | 190 | 72— | 23214 | 170 | 65≡ |
| 21704 | 128 | 87= | 22010 | 120 | 85≡ | 22317 | 160 | 73≡ | 22599 | 164 | 87— | 22924 | 160 | 65≡ | 23222 | 100 | 85≡ |
| 21707 | 170 | 79= | 22011 | 110 | 82≡ | 22320 | 100 | 85≡ | 22604 | 130 | 83= | 22927 | 132 | 87= | 23226 | 140 | 80= |
| 21709 | 180 | 61= | 22013 | 112 | 82≡ | 22326 | 180 | 64= | 22607 | 170 | 79= | 22931 | 140 | 71≡ | 23228 | 170 | 70= |
| 21726 | 130 | 87= | 22025 | 150 | 75= | 22338 | 130 | 86= | 22608 | 96 | 89≡ | 22937 | 110 | 82≡ | 23242 | 144 | 80= |
| 21742 | 96 | 89≡ | 22030 | 124 | 83= | 22338 | 170 | 64= | 22613 | 116 | 81≡ | 22939 | 130 | 75= | 23260 | 100 | 89≡ |
| 21746 | 160 | 79= | 22030 | 136 | 80= | 22353 | 164 | 87— | 22627 | 100 | 91= | 22942 | 170 | 86— | 23266 | 150 | 66≡ |
| 21749 | 160 | 68≡ | 22036 | 190 | 69— | 22356 | 180 | 64= | 22632 | 180 | 74— | 22947 | 100 | 91= | 23267 | 100 | 91= |
| 21749 | 180 | 77= | 22042 | 108 | 84= | 22358 | 100 | 89≡ | 22635 | 180 | 56≡ | 22947 | 110 | 90= | 23286 | 124 | 85= |
| 21750 | 108 | 90= | 22049 | 140 | 80= | 22358 | 168 | 86= | 22636 | 160 | 70= | 22950 | 116 | 82≡ | 23287 | 130 | 87= |
| 21752 | 128 | 82= | 22056 | 190 | 69— | 22359 | 164 | 86— | 22638 | 112 | 81≡ | 22951 | 108 | 84≡ | 23294 | 172 | 86— |

— bedeutet Träger mit einer Gurtplatte, = mit zwei, ≡ mit drei Gurtplatten.

# Widerstandsmomente cm

## von 23299 bis 25410.

| Widerstandsmoment cm³ | Stehblech-Höhe cm | Seite des Buches | Widerstandsmoment cm³ | Stehblech-Höhe cm | Seite des Buches | Widerstandsmoment cm³ | Stehblech-Höhe cm | Seite des Buches | Widerstandsmoment cm³ | Stehblech-Höhe cm | Seite des Buches | Widerstandsmoment cm³ | Stehblech-Höhe cm | Seite des Buches | Widerstandsmoment cm³ | Stehblech-Höhe cm | Seite des Buches |
|---|---|---|---|---|---|---|---|---|---|---|---|---|---|---|---|---|---|
| 23299 | 110 | 90= | 23632 | 136 | 73≡ | 23979 | 110 | 85≡ | 24347 | 132 | 85= | 24704 | 170 | 66≡ | 25043 | 128 | 88= |
| 23299 | 168 | 86- | 23634 | 148 | 80= | 23982 | 116 | 84≡ | 24351 | 104 | 91= | 24716 | 180 | 86- | 25049 | 140 | 87= |
| 23324 | 132 | 87= | 23636 | 170 | 70= | 23982 | 140 | 75≡ | 24352 | 120 | 90= | 24716 | 190 | 79= | 25059 | 144 | 87= |
| 23325 | 168 | 87- | 23645 | 144 | 80= | 24001 | 176 | 86- | 24353 | 150 | 71≡ | 24722 | 160 | 75= | 25064 | 130 | 85= |
| 23333 | 130 | 83= | 23657 | 170 | 86- | 24004 | 170 | 68≡ | 24354 | 104 | 89≡ | 24733 | 160 | 71≡ | 25064 | 176 | 87- |
| 23334 | 160 | 68≡ | 23658 | 124 | 85= | 24006 | 170 | 70= | 24364 | 140 | 83= | 24736 | 120 | 90= | 25075 | 140 | 75≡ |
| 23348 | 124 | 88= | 23685 | 104 | 91= | 24016 | 172 | 86- | 24398 | 120 | 82≡ | 24737 | 144 | 82= | 25075 | 160 | 66≡ |
| 23352 | 104 | 91= | 23685 | 136 | 75≡ | 24018 | 104 | 91≡ | 24406 | 108 | 91= | 24740 | 176 | 86- | 25080 | 190 | 79= |
| 23361 | 116 | 90= | 23691 | 170 | 87- | 24019 | 140 | 86= | 24411 | 140 | 86= | 24741 | 130 | 88= | 25083 | 104 | 93= |
| 23366 | 136 | 87= | 23704 | 170 | 73= | 24024 | 140 | 71≡ | 24414 | 116 | 82≡ | 24744 | 132 | 85= | 25098 | 108 | 91= |
| 23367 | 150 | 71≡ | 23708 | 170 | 62≡ | 24030 | 124 | 85≡ | 24422 | 112 | 84≡ | 24744 | 170 | 65≡ | 25110 | 112 | 91= |
| 23373 | 180 | 79= | 23711 | 100 | 89≡ | 24034 | 150 | 80= | 24427 | 150 | 73≡ | 24747 | 136 | 75≡ | 25121 | 100 | 90≡ |
| 23374 | 104 | 85= | 23720 | 124 | 88= | 24037 | 160 | 66≡ | 24436 | 108 | 85≡ | 24752 | 108 | 91= | 25121 | 120 | 90= |
| 23389 | 120 | 82= | 23720 | 132 | 87= | 24042 | 144 | 86= | 24437 | 152 | 80= | 24756 | 140 | 83= | 25126 | 170 | 68≡ |
| 23401 | 132 | 83= | 23724 | 170 | 65≡ | 24043 | 120 | 81≡ | 24437 | 180 | 65= | 24760 | 150 | 82= | 25131 | 130 | 88= |
| 23406 | 108 | 84≡ | 23732 | 116 | 90= | 24044 | 170 | 70= | 24444 | 180 | 65≡ | 24762 | 148 | 82= | 25137 | 160 | 75= |
| 23415 | 104 | 89≡ | 23743 | 150 | 66≡ | 24048 | 144 | 80= | 24445 | 144 | 86= | 24778 | 180 | 79= | 25140 | 132 | 85= |
| 23419 | 170 | 86- | 23755 | 176 | 86- | 24048 | 148 | 80= | 24447 | 150 | 71≡ | 24790 | 130 | 81≡ | 25140 | 144 | 82= |
| 23427 | 112 | 82≡ | 23767 | 150 | 71≡ | 24055 | 180 | 64= | 24449 | 170 | 70= | 24794 | 180 | 62≡ | 25148 | 140 | 83= |
| 23428 | 124 | 81≡ | 23771 | 132 | 83= | 24059 | 172 | 87- | 24450 | 160 | 66≡ | 24800 | 176 | 87- | 25172 | 180 | 68≡ |
| 23432 | 136 | 82= | 23774 | 136 | 87= | 24060 | 108 | 91≡ | 24452 | 144 | 80= | 24803 | 140 | 86= | 25172 | 190 | 79= |
| 23436 | 170 | 87- | 23775 | 172 | 86- | 24081 | 190 | 74- | 24455 | 150 | 80= | 24822 | 144 | 83= | 25176 | 148 | 82= |
| 23438 | 116 | 82≡ | 23789 | 140 | 87= | 24092 | 124 | 88= | 24458 | 120 | 84≡ | 24823 | 104 | 89≡ | 25180 | 150 | 82= |
| 23440 | 128 | 85= | 23801 | 172 | 87- | 24104 | 116 | 90= | 24463 | 148 | 80= | 24837 | 124 | 88= | 25190 | 160 | 66≡ |
| 23442 | 170 | 68= | 23813 | 112 | 90= | 24112 | 170 | 73= | 24464 | 124 | 88= | 24845 | 124 | 82≡ | 25195 | 140 | 86= |
| 23447 | 130 | 75≡ | 23813 | 136 | 82= | 24144 | 180 | 70= | 24464 | 180 | 86- | 24847 | 116 | 90= | 25210 | 132 | 88= |
| 23450 | 110 | 84≡ | 23825 | 128 | 85= | 24146 | 180 | 62≡ | 24469 | 140 | 73≡ | 24849 | 144 | 86= | 25220 | 180 | 86- |
| 23454 | 112 | 90= | 23826 | 160 | 66≡ | 24159 | 100 | 90≡ | 24470 | 116 | 84≡ | 24863 | 152 | 80= | 25226 | 144 | 83= |
| 23460 | 140 | 73≡ | 23829 | 168 | 87- | 24162 | 100 | 89≡ | 24471 | 124 | 81≡ | 24873 | 128 | 81≡ | 25246 | 180 | 79= |
| 23461 | 160 | 66≡ | 23833 | 104 | 93= | 24183 | 136 | 87= | 24475 | 110 | 85≡ | 24875 | 150 | 80= | 25247 | 156 | 80= |
| 23461 | 180 | 79= | 23834 | 190 | 74- | 24201 | 170 | 87- | 24475 | 116 | 90= | 24878 | 148 | 80= | 25248 | 132 | 81≡ |
| 23462 | 108 | 85= | 23842 | 180 | 79= | 24209 | 140 | 87= | 24482 | 108 | 89≡ | 24891 | 170 | 70= | 25252 | 144 | 86= |
| 23469 | 160 | 73= | 23843 | 104 | 85= | 24209 | 128 | 85= | 24494 | 176 | 86- | 24898 | 180 | 70= | 25262 | 136 | 85= |
| 23473 | 160 | 75= | 23863 | 160 | 68≡ | 24216 | 136 | 75≡ | 24497 | 112 | 85≡ | 24903 | 120 | 82≡ | 25265 | 128 | 82≡ |
| 23476 | 170 | 79= | 23870 | 120 | 88= | 24234 | 170 | 65≡ | 24503 | 114 | 85≡ | 24905 | 180 | 65= | 25267 | 150 | 86= |
| 23477 | 140 | 71≡ | 23885 | 104 | 89≡ | 24248 | 176 | 86- | 24520 | 170 | 73= | 24923 | 108 | 85≡ | 25271 | 148 | 86= |
| 23480 | 112 | 84≡ | 23889 | 160 | 75= | 24249 | 104 | 93= | 24529 | 140 | 75= | 24928 | 170 | 73= | 25279 | 180 | 87-- |
| 23489 | 132 | 86= | 23890 | 136 | 83= | 24260 | 190 | 79= | 24536 | 176 | 87- | 24937 | 110 | 91= | 25288 | 152 | 80= |
| 23494 | 116 | 84≡ | 23890 | 140 | 82= | 24271 | 136 | 83= | 24548 | 120 | 81≡ | 24938 | 150 | 71≡ | 25289 | 110 | 91= |
| 23498 | 140 | 82= | 23893 | 130 | 85= | 24272 | 176 | 87- | 24565 | 170 | 68≡ | 24946 | 108 | 93= | 25292 | 104 | 89≡ |
| 23498 | 180 | 62≡ | 23893 | 120 | 82≡ | 24275 | 128 | 88= | 24575 | 172 | 87- | 24958 | 116 | 84≡ | 25292 | 148 | 80= |
| 23500 | 180 | 65= | 23894 | 180 | 79= | 24282 | 140 | 82= | 24575 | 190 | 74- | 24963 | 120 | 84≡ | 25295 | 150 | 80= |
| 23509 | 120 | 88= | 23907 | 150 | 71≡ | 24283 | 130 | 85= | 24576 | 180 | 70= | 24967 | 150 | 73= | 25305 | 104 | 90≡ |
| 23509 | 136 | 83= | 23913 | 110 | 84≡ | 24305 | 160 | 75= | 24584 | 110 | 91= | 24968 | 180 | 86- | 25309 | 160 | 71≡ |
| 23530 | 100 | 93= | 23926 | 116 | 82≡ | 24310 | 180 | 79= | 24591 | 136 | 87= | 24969 | 108 | 89≡ | 25316 | 170 | 66≡ |
| 23534 | 172 | 86- | 23930 | 144 | 82= | 24312 | 104 | 85≡ | 24593 | 128 | 85= | 24971 | 110 | 85≡ | 25328 | 176 | 87- |
| 23539 | 120 | 81≡ | 23931 | 100 | 93= | 24317 | 172 | 87- | 24613 | 160 | 66≡ | 24977 | 128 | 85= | 25336 | 170 | 73= |
| 23543 | 172 | 87- | 23946 | 170 | 87- | 24323 | 124 | 82≡ | 24627 | 144 | 87= | 24985 | 180 | 65= | 25337 | 130 | 81≡ |
| 23564 | 170 | 70= | 23949 | 108 | 85≡ | 24326 | 180 | 79= | 24629 | 140 | 87= | 24988 | 150 | 71≡ | 25352 | 124 | 90= |
| 23576 | 136 | 86= | 23950 | 124 | 81≡ | 24328 | 190 | 74- | 24640 | 100 | 90≡ | 24993 | 124 | 81≡ | 25352 | 170 | 75= |
| 23577 | 168 | 87- | 23951 | 112 | 84≡ | 24329 | 150 | 66≡ | 24652 | 136 | 83= | 25002 | 112 | 85≡ | 25366 | 124 | 82≡ |
| 23587 | 190 | 74- | 23957 | 136 | 86= | 24331 | 100 | 93= | 24659 | 128 | 88= | 25008 | 180 | 70= | 25366 | 180 | 70= |
| 23589 | 116 | 81≡ | 23964 | 140 | 73≡ | 24334 | 144 | 82= | 24666 | 104 | 93= | 25008 | 180 | 87- | 25379 | 108 | 93= |
| 23618 | 140 | 80= | 23968 | 180 | 65= | 24335 | 128 | 81≡ | 24673 | 130 | 85= | 25017 | 116 | 85≡ | 25408 | 120 | 82≡ |
| 23626 | 140 | 86= | 23971 | 140 | 83= | 24338 | 136 | 86= | 24675 | 140 | 82= | 25018 | 110 | 89≡ | 25410 | 108 | 85≡ |

— bedeutet Träger mit einer Gurtplatte, = mit zwei, ≡ mit drei Gurtplatten.

von **25411** bis **27596**.

| Widerstandsmoment cm³ | Stehblech-Höhe cm | Seite des Buches | Widerstandsmoment cm³ | Stehblech-Höhe cm | Seite des Buches | Widerstandsmoment cm³ | Stehblech-Höhe cm | Seite des Buches | Widerstandsmoment cm³ | Stehblech-Höhe cm | Seite des Buches | Widerstandsmoment cm³ | Stehblech-Höhe cm | Seite des Buches | Widerstandsmoment cm³ | Stehblech-Höhe cm | Seite des Buches |
|---|---|---|---|---|---|---|---|---|---|---|---|---|---|---|---|---|---|
| 25411 | 128 | 81≡ | 25715 | 150 | 80= | 26085 | 190 | 79= | 26487 | 136 | 85= | 26861 | 150 | 82= | 27238 | 120 | 91= |
| 25427 | 128 | 88= | 25738 | 130 | 82≡ | 26089 | 180 | 87— | 26488 | 128 | 81≡ | 26868 | 130 | 90= | 27239 | 152 | 87= |
| 25430 | 124 | 84≡ | 25738 | 160 | 71≡ | 26095 | 148 | 83= | 26504 | 188 | 87— | 26878 | 152 | 82= | 27244 | 180 | 73= |
| 25440 | 180 | 70= | 25749 | 124 | 90= | 26101 | 148 | 86= | 26506 | 110 | 89≡ | 26880 | 128 | 82= | 27249 | 150 | 87= |
| 25443 | 180 | 62≡ | 25753 | 184 | 87— | 26104 | 152 | 86= | 26507 | 156 | 86= | 26883 | 156 | 82= | 27250 | 148 | 87= |
| 25444 | 108 | 91= | 25766 | 180 | 68≡ | 26107 | 150 | 86= | 26509 | 148 | 83= | 26883 | 190 | 87— | 27253 | 150 | 75= |
| 25446 | 116 | 84≡ | 25794 | 170 | 75= | 26109 | 150 | 71≡ | 26512 | 160 | 80= | 26888 | 164 | 80= | 27264 | 192 | 87— |
| 25454 | 130 | 85= | 25798 | 116 | 91= | 26112 | 150 | 83= | 26515 | 148 | 86= | 26895 | 136 | 85= | 27270 | 110 | 93= |
| 25456 | 108 | 89= | 25803 | 128 | 82≡ | 26121 | 156 | 80= | 26517 | 112 | 85= | 26901 | 130 | 84= | 27271 | 180 | 75= |
| 25467 | 110 | 85= | 25803 | 132 | 81≡ | 26140 | 152 | 80= | 26519 | 112 | 93= | 26913 | 116 | 91= | 27284 | 116 | 91= |
| 25468 | 120 | 84≡ | 25806 | 104 | 90≡ | 26146 | 124 | 90= | 26527 | 150 | 86= | 26913 | 132 | 81= | 27284 | 130 | 90= |
| 25469 | 112 | 91= | 25812 | 108 | 93= | 26152 | 136 | 88= | 26530 | 152 | 86= | 26924 | 148 | 83= | 27285 | 190 | 70= |
| 25470 | 140 | 87= | 25812 | 128 | 88= | 26169 | 136 | 81= | 26532 | 150 | 83= | 26930 | 148 | 86= | 27293 | 170 | 71≡ |
| 25472 | 180 | 86— | 25819 | 180 | 87— | 26170 | 116 | 91= | 26532 | 190 | 86— | 26940 | 124 | 90= | 27299 | 160 | 82= |
| 25473 | 148 | 87= | 25828 | 112 | 91= | 26184 | 140 | 85= | 26541 | 116 | 91= | 26944 | 156 | 86= | 27303 | 152 | 82= |
| 25491 | 144 | 87= | 25834 | 180 | 70= | 26187 | 112 | 91= | 26541 | 170 | 66≡ | 26947 | 128 | 84≡ | 27307 | 104 | 90≡ |
| 25500 | 104 | 93= | 25872 | 180 | 70= | 26214 | 132 | 82≡ | 26543 | 124 | 90= | 26948 | 150 | 86= | 27313 | 136 | 81≡ |
| 25505 | 120 | 90— | 25884 | 130 | 81≡ | 26236 | 170 | 75= | 26545 | 152 | 83= | 26952 | 150 | 83= | 27320 | 156 | 82= |
| 25507 | 110 | 93= | 25886 | 160 | 71≡ | 26245 | 108 | 93= | 26546 | 112 | 91= | 26954 | 180 | 68≡ | 27324 | 132 | 82≡ |
| 25507 | 112 | 85≡ | 25888 | 124 | 82≡ | 26266 | 190 | 86— | 26558 | 156 | 80= | 26956 | 152 | 86= | 27330 | 190 | 86— |
| 25507 | 150 | 73≡ | 25889 | 120 | 90= | 26285 | 130 | 82≡ | 26561 | 136 | 88= | 26960 | 160 | 80= | 27338 | 148 | 83= |
| 25514 | 110 | 89≡ | 25899 | 150 | 87= | 26302 | 130 | 88= | 26562 | 190 | 79= | 26967 | 112 | 93= | 27343 | 160 | 86= |
| 25514 | 124 | 81≡ | 25912 | 130 | 88= | 26302 | 180 | 70= | 26564 | 180 | 66≡ | 26969 | 136 | 88= | 27347 | 164 | 80= |
| 25516 | 180 | 73— | 25917 | 148 | 87— | 26305 | 184 | 87— | 26566 | 112 | 89≡ | 26971 | 152 | 83= | 27350 | 188 | 87— |
| 25522 | 130 | 88= | 25917 | 190 | 70= | 26306 | 104 | 90= | 26581 | 184 | 87— | 26977 | 130 | 81≡ | 27368 | 150 | 86= |
| 25524 | 150 | 71≡ | 25924 | 144 | 87= | 26323 | 160 | 66≡ | 26586 | 116 | 85= | 26980 | 108 | 90≡ | 27368 | 190 | 73= |
| 25525 | 180 | 65≡ | 25929 | 170 | 66≡ | 26326 | 152 | 87= | 26588 | 150 | 73= | 26987 | 160 | 71≡ | 27372 | 150 | 83= |
| 25532 | 118 | 85= | 25932 | 132 | 85= | 26341 | 128 | 82≡ | 26591 | 120 | 85= | 26995 | 124 | 84≡ | 27377 | 132 | 90= |
| 25536 | 132 | 85= | 25943 | 108 | 89≡ | 26349 | 150 | 87= | 26598 | 136 | 82= | 26995 | 156 | 80= | 27377 | 136 | 88= |
| 25540 | 116 | 85≡ | 25948 | 110 | 93= | 26356 | 144 | 87= | 26605 | 140 | 85= | 27002 | 110 | 89≡ | 27378 | 130 | 82≡ |
| 25540 | 140 | 83= | 25948 | 180 | 73= | 26358 | 132 | 81≡ | 26605 | 180 | 65≡ | 27020 | 160 | 73≡ | 27381 | 156 | 86= |
| 25544 | 144 | 82= | 25949 | 128 | 81≡ | 26360 | 128 | 90= | 26623 | 180 | 64= | 27025 | 140 | 85= | 27382 | 152 | 86= |
| 25549 | 180 | 87— | 25952 | 124 | 84≡ | 26360 | 180 | 68≡ | 26638 | 116 | 89≡ | 27032 | 170 | 66≡ | 27396 | 132 | 84≡ |
| 25556 | 112 | 89≡ | 25963 | 110 | 85≡ | 26361 | 148 | 87= | 26667 | 150 | 75≡ | 27039 | 160 | 71≡ | 27397 | 152 | 83= |
| 25574 | 190 | 79= | 25973 | 120 | 84≡ | 26363 | 160 | 71≡ | 26677 | 108 | 93= | 27042 | 110 | 90≡ | 27408 | 160 | 80= |
| 25591 | 148 | 82= | 25994 | 110 | 91= | 26369 | 170 | 66≡ | 26678 | 170 | 75= | 27056 | 190 | 79= | 27416 | 112 | 93= |
| 25600 | 150 | 82= | 26002 | 132 | 88= | 26373 | 190 | 70= | 26681 | 170 | 71≡ | 27064 | 190 | 86— | 27417 | 156 | 83= |
| 25600 | 152 | 82= | 26005 | 148 | 82= | 26380 | 180 | 73= | 26713 | 190 | 70= | 27068 | 188 | 87— | 27418 | 128 | 82≡ |
| 25603 | 100 | 90≡ | 26010 | 110 | 89≡ | 26388 | 110 | 93= | 26741 | 136 | 81≡ | 27071 | 112 | 89≡ | 27427 | 144 | 81≡ |
| 25606 | 132 | 88= | 26012 | 112 | 85≡ | 26398 | 132 | 88= | 26769 | 132 | 82≡ | 27091 | 124 | 85≡ | 27445 | 140 | 85= |
| 25622 | 140 | 75≡ | 26020 | 150 | 82= | 26409 | 124 | 82≡ | 26770 | 128 | 90= | 27097 | 140 | 81≡ | 27448 | 130 | 84= |
| 25629 | 144 | 83= | 26026 | 152 | 82= | 26409 | 128 | 84≡ | 26770 | 180 | 70= | 27103 | 140 | 88= | 27453 | 190 | 87— |
| 25629 | 190 | 79= | 26029 | 184 | 87— | 26420 | 148 | 82= | 26782 | 152 | 87= | 27109 | 116 | 85≡ | 27468 | 132 | 81≡ |
| 25641 | 110 | 91= | 26032 | 144 | 83= | 26429 | 164 | 80= | 26786 | 188 | 87— | 27115 | 144 | 85= | 27486 | 128 | 84≡ |
| 25656 | 144 | 86= | 26048 | 150 | 73≡ | 26430 | 108 | 89≡ | 26795 | 132 | 88= | 27120 | 170 | 75= | 27500 | 108 | 90≡ |
| 25670 | 136 | 85= | 26059 | 144 | 86= | 26431 | 130 | 81≡ | 26798 | 190 | 86— | 27132 | 120 | 85≡ | 27516 | 124 | 84≡ |
| 25679 | 152 | 86= | 26061 | 112 | 89≡ | 26436 | 144 | 83= | 26799 | 150 | 87= | 27153 | 170 | 66≡ | 27523 | 140 | 88= |
| 25680 | 148 | 83= | 26063 | 116 | 85≡ | 26441 | 150 | 82= | 26805 | 148 | 87= | 27161 | 116 | 89≡ | 27545 | 140 | 82≡ |
| 25684 | 156 | 80= | 26064 | 160 | 80= | 26444 | 160 | 73≡ | 26807 | 104 | 90≡ | 27168 | 190 | 87— | 27547 | 144 | 85= |
| 25686 | 148 | 86= | 26065 | 180 | 65≡ | 26446 | 156 | 82= | 26812 | 180 | 73= | 27170 | 136 | 82≡ | 27549 | 180 | 68≡ |
| 25687 | 150 | 86= | 26068 | 190 | 79= | 26452 | 152 | 82= | 26829 | 110 | 93= | 27180 | 128 | 90= | 27552 | 192 | 87— |
| 25688 | 170 | 68≡ | 26070 | 112 | 93= | 26461 | 108 | 90≡ | 26829 | 190 | 70= | 27187 | 156 | 87= | 27571 | 110 | 90≡ |
| 25699 | 160 | 66≡ | 26078 | 136 | 85= | 26462 | 160 | 71≡ | 26832 | 130 | 82≡ | 27203 | 116 | 93= | 27576 | 112 | 89≡ |
| 25705 | 170 | 66≡ | 26082 | 150 | 75≡ | 26473 | 124 | 84≡ | 26853 | 120 | 91= | 27207 | 190 | 70= | 27590 | 128 | 90= |
| 25714 | 152 | 80= | 26084 | 100 | 90≡ | 26477 | 120 | 84≡ | 26857 | 184 | 87— | 27213 | 180 | 66≡ | 27596 | 160 | 73≡ |

— bedeutet Träger mit einer Gurtplatte, = mit zwei, ≡ mit drei Gurtplatten.

11*

von **27608** bis **29996**.

| Widerstandsmoment cm³ | StehblechHöhe cm | Seite des Buches | Widerstandsmoment cm³ | StehblechHöhe cm | Seite des Buches | Widerstandsmoment cm³ | StehblechHöhe cm | Seite des Buches | Widerstandsmoment cm³ | StehblechHöhe cm | Seite des Buches | Widerstandsmoment cm³ | StehblechHöhe cm | Seite des Buches | Widerstandsmoment cm³ | StehblechHöhe cm | Seite des Buches |
|---|---|---|---|---|---|---|---|---|---|---|---|---|---|---|---|---|---|
| 27608 | 148 | 85= | 28000 | 128 | 90= | 28402 | 136 | 90= | 28775 | 120 | 91= | 29192 | 190 | 73= | 29606 | 168 | 83= |
| 27612 | 160 | 71≡ | 28006 | 120 | 91= | 28411 | 144 | 85= | 28784 | 140 | 88= | 29193 | 160 | 83= | 29616 | 132 | 84≡ |
| 27614 | 126 | 85≡ | 28020 | 108 | 90≡ | 28413 | 170 | 71≡ | 28799 | 116 | 90≡ | 29197 | 132 | 85≡ | 29641 | 160 | 83= |
| 27622 | 120 | 91= | 28023 | 190 | 87— | 28416 | 192 | 87— | 28804 | 200 | 87— | 29206 | 196 | 87— | 29642 | 164 | 83= |
| 27625 | 112 | 90≡ | 28024 | 128 | 84= | 28424 | 150 | 75= | 28811 | 120 | 89≡ | 29226 | 104 | 92≡ | 29709 | 136 | 90= |
| 27625 | 180 | 66≡ | 28030 | 196 | 87— | 28432 | 100 | 92≡ | 28818 | 150 | 81≡ | 29231 | 190 | 75= | 29710 | 144 | 82≡ |
| 27632 | 116 | 85≡ | 28032 | 144 | 81≡ | 28434 | 132 | 82≡ | 28826 | 120 | 93= | 29232 | 200 | 86— | 29725 | 190 | 75= |
| 27632 | 188 | 87— | 28053 | 148 | 85= | 28440 | 164 | 87= | 28828 | 124 | 89≡ | 29242 | 112 | 90≡ | 29726 | 104 | 92≡ |
| 27650 | 124 | 85≡ | 28056 | 160 | 87= | 28456 | 136 | 81≡ | 28838 | 136 | 90= | 29243 | 144 | 81≡ | 29726 | 170 | 73≡ |
| 27655 | 156 | 87= | 28061 | 144 | 88= | 28493 | 144 | 88= | 28844 | 144 | 85= | 29253 | 130 | 85≡ | 29728 | 134 | 85≡ |
| 27656 | 116 | 91= | 28074 | 150 | 85= | 28497 | 148 | 85= | 28847 | 160 | 75≡ | 29273 | 136 | 90= | 29732 | 180 | 66≡ |
| 27667 | 116 | 93= | 28100 | 110 | 90= | 28501 | 170 | 73= | 28863 | 140 | 81≡ | 29285 | 152 | 81≡ | 29740 | 170 | 71≡ |
| 27673 | 120 | 85≡ | 28112 | 200 | 86— | 28506 | 132 | 84= | 28886 | 136 | 82≡ | 29294 | 128 | 85≡ | 29751 | 180 | 80= |
| 27684 | 116 | 89≡ | 28117 | 130 | 90= | 28509 | 180 | 66≡ | 28912 | 196 | 87— | 29306 | 120 | 93= | 29777 | 100 | 93≡ |
| 27686 | 140 | 81≡ | 28124 | 156 | 87= | 28518 | 170 | 71≡ | 28914 | 100 | 92≡ | 29311 | 140 | 82≡ | 29781 | 112 | 90≡ |
| 27695 | 152 | 87= | 28128 | 192 | 87— | 28524 | 150 | 85= | 28926 | 144 | 88= | 29311 | 168 | 87= | 29787 | 120 | 93= |
| 27695 | 170 | 66≡ | 28132 | 116 | 93= | 28533 | 130 | 90= | 28932 | 164 | 87= | 29317 | 180 | 71≡ | 29790 | 144 | 88= |
| 27699 | 150 | 87= | 28133 | 140 | 82≡ | 28536 | 160 | 87= | 28941 | 148 | 85= | 29327 | 124 | 85≡ | 29792 | 132 | 85≡ |
| 27699 | 164 | 82= | 28137 | 170 | 80= | 28539 | 108 | 90≡ | 28952 | 200 | 86— | 29352 | 120 | 89≡ | 29802 | 180 | 71≡ |
| 27700 | 130 | 90= | 28151 | 152 | 87= | 28542 | 130 | 84≡ | 28961 | 136 | 84≡ | 29357 | 116 | 90≡ | 29810 | 128 | 91= |
| 27701 | 190 | 70= | 28159 | 164 | 82= | 28542 | 152 | 85= | 28975 | 148 | 81≡ | 29358 | 144 | 88= | 29815 | 168 | 87= |
| 27719 | 168 | 80= | 28164 | 112 | 90≡ | 28555 | 168 | 82= | 28975 | 150 | 85= | 29385 | 148 | 85= | 29830 | 148 | 85= |
| 27729 | 120 | 89≡ | 28173 | 160 | 73≡ | 28557 | 172 | 80= | 28986 | 170 | 82= | 29387 | 124 | 89≡ | 29839 | 130 | 85= |
| 27738 | 190 | 87— | 28186 | 164 | 86= | 28562 | 128 | 84≡ | 28990 | 128 | 91= | 29390 | 140 | 84≡ | 29849 | 144 | 81≡ |
| 27739 | 180 | 75= | 28190 | 168 | 80= | 28563 | 160 | 91— | 28998 | 152 | 85= | 29395 | 100 | 92≡ | 29871 | 128 | 85≡ |
| 27741 | 190 | 70= | 28194 | 156 | 82= | 28572 | 100 | 93≡ | 29000 | 124 | 93= | 29400 | 128 | 91= | 29875 | 150 | 85= |
| 27742 | 136 | 82≡ | 28195 | 160 | 82= | 28592 | 156 | 87= | 29016 | 160 | 87= | 29403 | 176 | 80= | 29876 | 100 | 92= |
| 27747 | 160 | 82= | 28196 | 190 | 70= | 28597 | 116 | 93= | 29026 | 168 | 82= | 29404 | 200 | 87— | 29884 | 140 | 90= |
| 27750 | 170 | 71≡ | 28207 | 116 | 89≡ | 28614 | 170 | 80= | 29027 | 148 | 88= | 29424 | 164 | 87= | 29885 | 124 | 85= |
| 27757 | 156 | 82= | 28209 | 124 | 85≡ | 28618 | 164 | 82= | 29030 | 180 | 66≡ | 29425 | 150 | 85= | 29893 | 120 | 89≡ |
| 27785 | 136 | 88= | 28214 | 120 | 85≡ | 28618 | 196 | 87— | 29036 | 168 | 86= | 29436 | 140 | 90= | 29896 | 176 | 80= |
| 27791 | 160 | 86= | 28222 | 160 | 75≡ | 28630 | 110 | 90≡ | 29039 | 172 | 80= | 29448 | 150 | 81≡ | 29899 | 140 | 82= |
| 27792 | 150 | 83≡ | 28223 | 132 | 90= | 28638 | 144 | 81≡ | 29060 | 156 | 87= | 29452 | 140 | 81≡ | 29900 | 172 | 82= |
| 27800 | 132 | 90= | 28236 | 160 | 71≡ | 28643 | 160 | 82= | 29061 | 116 | 93= | 29455 | 152 | 85= | 29903 | 124 | 91= |
| 27807 | 164 | 80= | 28240 | 160 | 86= | 28645 | 132 | 90= | 29061 | 132 | 84≡ | 29457 | 136 | 82= | 29911 | 152 | 85= |
| 27808 | 152 | 86= | 28241 | 116 | 90≡ | 28645 | 164 | 86= | 29068 | 132 | 90= | 29462 | 170 | 82= | 29913 | 104 | 93≡ |
| 27818 | 156 | 86= | 28248 | 152 | 83= | 28660 | 168 | 80= | 29077 | 164 | 82= | 29471 | 148 | 88= | 29915 | 116 | 90= |
| 27822 | 152 | 83= | 28255 | 156 | 86= | 28669 | 180 | 71≡ | 29077 | 170 | 71≡ | 29471 | 160 | 75= | 29916 | 148 | 88= |
| 27824 | 190 | 73= | 28266 | 164 | 80= | 28672 | 200 | 86— | 29088 | 130 | 84≡ | 29483 | 156 | 85= | 29924 | 152 | 81= |
| 27838 | 150 | 75≡ | 28270 | 120 | 89≡ | 28676 | 180 | 75= | 29090 | 170 | 80= | 29496 | 124 | 93= | 29935 | 128 | 89≡ |
| 27840 | 192 | 87— | 28274 | 140 | 81≡ | 28688 | 160 | 86= | 29092 | 160 | 82= | 29496 | 160 | 87= | 29938 | 170 | 82= |
| 27848 | 160 | 83= | 28280 | 190 | 73= | 28690 | 190 | 70= | 29104 | 144 | 82≡ | 29496 | 168 | 82= | 29939 | 170 | 86= |
| 27854 | 156 | 83= | 28291 | 156 | 83= | 28692 | 156 | 86= | 29104 | 200 | 87— | 29506 | 124 | 91= | 29943 | 150 | 82≡ |
| 27857 | 160 | 80= | 28297 | 160 | 83= | 28703 | 112 | 90≡ | 29105 | 164 | 86= | 29506 | 168 | 86= | 29946 | 124 | 89≡ |
| 27861 | 180 | 66≡ | 28314 | 124 | 91= | 28712 | 124 | 91= | 29109 | 124 | 91= | 29513 | 150 | 88≡ | 29946 | 130 | 91= |
| 27865 | 140 | 85= | 28314 | 136 | 82≡ | 28717 | 128 | 85≡ | 29114 | 170 | 73≡ | 29521 | 172 | 80= | 29952 | 156 | 85= |
| 27879 | 132 | 82≡ | 28324 | 196 | 87— | 28722 | 140 | 82≡ | 29130 | 170 | 71≡ | 29530 | 130 | 91= | 29963 | 150 | 88= |
| 27885 | 136 | 81≡ | 28328 | 180 | 66≡ | 28724 | 164 | 83= | 29131 | 168 | 80= | 29533 | 136 | 84≡ | 29966 | 180 | 71≡ |
| 27905 | 170 | 71≡ | 28345 | 120 | 93= | 28728 | 156 | 83= | 29136 | 160 | 86= | 29537 | 164 | 82= | 29967 | 168 | 82= |
| 27917 | 124 | 91= | 28352 | 148 | 81≡ | 28730 | 116 | 89≡ | 29144 | 180 | 75= | 29564 | 164 | 86= | 29977 | 160 | 87= |
| 27925 | 130 | 82≡ | 28359 | 170 | 66≡ | 28736 | 190 | 73= | 29158 | 180 | 66≡ | 29566 | 170 | 80= | 29977 | 168 | 86= |
| 27943 | 140 | 88= | 28364 | 140 | 88= | 28745 | 160 | 83= | 29159 | 110 | 90= | 29571 | 126 | 93= | 29979 | 140 | 84≡ |
| 27951 | 132 | 84≡ | 28389 | 136 | 84≡ | 28749 | 160 | 73≡ | 29165 | 156 | 83= | 29584 | 160 | 86= | 29981 | 120 | 90≡ |
| 27979 | 144 | 85= | 28391 | 120 | 91≡ | 28755 | 120 | 85≡ | 29175 | 100 | 93≡ | 29597 | 148 | 81≡ | 29993 | 124 | 93= |
| 27995 | 130 | 84≡ | 28392 | 200 | 86— | 28768 | 124 | 85≡ | 29183 | 164 | 83= | 29601 | 168 | 80= | 29996 | 164 | 82= |

— bedeutet Träger mit einer Gurtplatte, = mit zwei, ≡ mit drei Gurtplatten.

von 30003 bis 33193.

| Widerstands-moment cm³ | Stehblech-Höhe cm | Seite des Buches | Widerstands-moment cm³ | Stehblech-Höhe cm | Seite des Buches | Widerstands-moment cm³ | Stehblech-Höhe cm | Seite des Buches | Widerstands-moment cm³ | Stehblech-Höhe cm | Seite des Buches | Widerstands-moment cm³ | Stehblech-Höhe cm | Seite des Buches | Widerstands-moment cm³ | Stehblech-Höhe cm | Seite des Buches |
|---|---|---|---|---|---|---|---|---|---|---|---|---|---|---|---|---|---|
| 30003 | 172 | 80 = | 30558 | 120 | 90 ≡ | 31067 | 170 | 75 ≡ | 31611 | 130 | 91 = | 32133 | 176 | 87 = | 32635 | 180 | 86 = |
| 30013 | 190 | 71 ≡ | 30561 | 164 | 83 ≡ | 31077 | 130 | 89 ≡ | 31645 | 132 | 89 ≡ | 32154 | 172 | 91 − | 32636 | 190 | 71 ≡ |
| 30023 | 164 | 86 = | 30563 | 152 | 81 = | 31089 | 128 | 89 ≡ | 31663 | 130 | 89 ≡ | 32171 | 132 | 85 − | 32659 | 148 | 84 ≡ |
| 30042 | 170 | 80 = | 30568 | 140 | 84 = | 31135 | 120 | 90 ≡ | 31666 | 128 | 89 ≡ | 32173 | 136 | 89 = | 32662 | 176 | 87 = |
| 30076 | 168 | 83 ≡ | 30574 | 150 | 82 = | 31153 | 190 | 71 ≡ | 31669 | 180 | 82 = | 32173 | 180 | 82 = | 32662 | 196 | 84 − |
| 30079 | 150 | 81 ≡ | 30600 | 180 | 73 ≡ | 31154 | 110 | 92 ≡ | 31678 | 170 | 91 − | 32178 | 160 | 92 − | 32677 | 180 | 82 = |
| 30089 | 160 | 83 = | 30614 | 180 | 71 ≡ | 31156 | 140 | 84 = | 31682 | 128 | 93 = | 32185 | 132 | 91 = | 32707 | 128 | 93 = |
| 30096 | 160 | 75 ≡ | 30630 | 128 | 91 = | 31166 | 104 | 93 ≡ | 31683 | 110 | 92 ≡ | 32192 | 156 | 81 = | 32713 | 136 | 85 = |
| 30102 | 164 | 83 = | 30677 | 136 | 84 = | 31170 | 128 | 93 = | 31706 | 152 | 82 = | 32195 | 128 | 93 = | 32715 | 156 | 82 = |
| 30105 | 136 | 84 ≡ | 30698 | 190 | 71 ≡ | 31172 | 124 | 90 ≡ | 31712 | 120 | 90 ≡ | 32213 | 110 | 92 ≡ | 32728 | 176 | 86 = |
| 30144 | 136 | 90 = | 30704 | 148 | 82 ≡ | 31195 | 130 | 91 = | 31731 | 170 | 75 ≡ | 32215 | 144 | 84 ≡ | 32739 | 190 | 73 ≡ |
| 30219 | 148 | 81 ≡ | 30710 | 150 | 81 ≡ | 31202 | 152 | 81 = | 31739 | 172 | 87 = | 32235 | 176 | 86 = | 32742 | 110 | 92 ≡ |
| 30219 | 190 | 75 = | 30713 | 190 | 75 = | 31204 | 150 | 82 = | 31742 | 176 | 86 = | 32239 | 132 | 89 ≡ | 32751 | 190 | 71 ≡ |
| 30220 | 128 | 91 = | 30720 | 160 | 75 = | 31207 | 180 | 71 = | 31745 | 140 | 84 ≡ | 32242 | 128 | 89 ≡ | 32753 | 176 | 82 = |
| 30227 | 104 | 92 ≡ | 30727 | 104 | 92 ≡ | 31208 | 190 | 75 = | 31761 | 130 | 93 = | 32249 | 130 | 89 ≡ | 32771 | 172 | 87 = |
| 30255 | 180 | 80 = | 30729 | 184 | 88 − | 31223 | 172 | 87 = | 31762 | 132 | 91 = | 32255 | 172 | 87 = | 32785 | 136 | 89 ≡ |
| 30268 | 120 | 93 = | 30759 | 180 | 80 = | 31228 | 104 | 92 = | 31767 | 176 | 82 = | 32260 | 176 | 82 = | 32799 | 180 | 83 = |
| 30315 | 144 | 82 ≡ | 30770 | 170 | 87 = | 31229 | 140 | 90 = | 31768 | 124 | 90 = | 32272 | 180 | 80 = | 32802 | 130 | 93 ≡ |
| 30320 | 168 | 87 = | 30779 | 130 | 91 = | 31248 | 180 | 73 = | 31768 | 180 | 80 = | 32282 | 130 | 93 = | 32815 | 164 | 81 ≡ |
| 30325 | 150 | 85 = | 30781 | 140 | 90 = | 31249 | 176 | 86 = | 31791 | 170 | 87 = | 32290 | 120 | 90 = | 32820 | 144 | 84 ≡ |
| 30333 | 140 | 90 = | 30781 | 176 | 82 = | 31262 | 180 | 71 ≡ | 31792 | 104 | 93 ≡ | 32301 | 170 | 87 = | 32834 | 132 | 89 ≡ |
| 30338 | 170 | 73 ≡ | 30823 | 152 | 85 = | 31263 | 108 | 93 ≡ | 31802 | 112 | 92 ≡ | 32301 | 172 | 86 = | 32834 | 160 | 85 = |
| 30360 | 148 | 88 = | 30824 | 168 | 87 = | 31263 | 180 | 80 = | 31819 | 172 | 86 = | 32322 | 144 | 90 = | 32835 | 130 | 89 ≡ |
| 30374 | 172 | 86 = | 30841 | 148 | 81 ≡ | 31274 | 176 | 82 = | 31825 | 156 | 85 = | 32340 | 112 | 92 ≡ | 32848 | 156 | 81 ≡ |
| 30380 | 100 | 93 ≡ | 30856 | 172 | 86 = | 31280 | 170 | 87 = | 31826 | 152 | 88 = | 32345 | 152 | 82 = | 32855 | 156 | 88 = |
| 30381 | 172 | 82 = | 30863 | 172 | 82 = | 31314 | 150 | 88 = | 31827 | 172 | 82 = | 32353 | 160 | 85 = | 32866 | 164 | 85 = |
| 30387 | 132 | 85 ≡ | 30864 | 150 | 88 = | 31327 | 148 | 82 ≡ | 31835 | 150 | 82 ≡ | 32355 | 132 | 93 = | 32871 | 176 | 83 = |
| 30389 | 176 | 80 = | 30875 | 136 | 85 ≡ | 31328 | 168 | 87 = | 31832 | 168 | 87 = | 32365 | 124 | 90 = | 32879 | 112 | 92 ≡ |
| 30399 | 144 | 84 ≡ | 30881 | 156 | 81 ≡ | 31338 | 172 | 86 = | 31841 | 152 | 81 ≡ | 32372 | 128 | 90 = | 32884 | 132 | 93 = |
| 30403 | 170 | 71 ≡ | 30882 | 176 | 80 = | 31340 | 150 | 81 ≡ | 31844 | 160 | 81 ≡ | 32374 | 164 | 85 = | 32904 | 136 | 91 = |
| 30404 | 170 | 75 ≡ | 30890 | 170 | 82 = | 31345 | 172 | 82 = | 31861 | 144 | 90 = | 32378 | 176 | 83 = | 32904 | 172 | 83 = |
| 30408 | 164 | 87 = | 30892 | 170 | 86 = | 31356 | 156 | 85 = | 31873 | 160 | 85 = | 32387 | 156 | 88 = | 32932 | 160 | 88 = |
| 30414 | 150 | 88 = | 30901 | 164 | 87 = | 31366 | 170 | 82 = | 31885 | 176 | 83 = | 32394 | 170 | 75 ≡ | 32949 | 190 | 80 = |
| 30414 | 170 | 82 = | 30908 | 168 | 82 = | 31368 | 170 | 86 = | 31894 | 190 | 71 ≡ | 32416 | 190 | 80 = | 32950 | 148 | 90 = |
| 30415 | 170 | 86 = | 30913 | 152 | 88 = | 31370 | 152 | 88 = | 31897 | 180 | 73 ≡ | 32419 | 104 | 93 ≡ | 32956 | 196 | 84 − |
| 30420 | 156 | 85 = | 30918 | 168 | 86 = | 31375 | 176 | 80 = | 31909 | 180 | 71 ≡ | 32422 | 172 | 83 = | 32961 | 124 | 90 ≡ |
| 30425 | 130 | 85 ≡ | 30920 | 144 | 82 ≡ | 31382 | 190 | 71 ≡ | 31914 | 108 | 93 ≡ | 32430 | 170 | 83 = | 32975 | 130 | 90 ≡ |
| 30437 | 168 | 82 = | 30939 | 144 | 90 = | 31388 | 168 | 86 = | 31919 | 156 | 88 = | 32437 | 152 | 84 ≡ | 32984 | 152 | 82 ≡ |
| 30447 | 128 | 85 ≡ | 30951 | 170 | 73 ≡ | 31393 | 160 | 85 = | 31925 | 150 | 84 ≡ | 32466 | 150 | 82 ≡ | 32987 | 128 | 90 ≡ |
| 30447 | 168 | 86 = | 30977 | 172 | 83 = | 31400 | 144 | 90 = | 31940 | 172 | 83 = | 32468 | 136 | 91 = | 33017 | 150 | 90 ≡ |
| 30454 | 144 | 81 ≡ | 30981 | 132 | 85 = | 31414 | 148 | 84 ≡ | 31942 | 110 | 93 ≡ | 32476 | 148 | 90 = | 33052 | 180 | 87 = |
| 30478 | 144 | 90 = | 30983 | 100 | 93 ≡ | 31463 | 148 | 81 ≡ | 31949 | 148 | 82 ≡ | 32480 | 152 | 81 ≡ | 33058 | 170 | 75 ≡ |
| 30483 | 164 | 86 = | 30986 | 124 | 93 = | 31459 | 172 | 83 = | 31954 | 170 | 83 = | 32517 | 160 | 81 ≡ | 33059 | 160 | 82 ≡ |
| 30485 | 172 | 80 = | 31002 | 170 | 83 = | 31478 | 170 | 83 = | 31959 | 168 | 83 = | 32537 | 150 | 90 = | 33064 | 144 | 85 ≡ |
| 30488 | 140 | 82 ≡ | 31004 | 144 | 84 ≡ | 31483 | 124 | 93 = | 31965 | 140 | 85 = | 32545 | 180 | 73 ≡ | 33074 | 152 | 90 = |
| 30490 | 124 | 93 = | 31011 | 130 | 85 ≡ | 31487 | 136 | 85 ≡ | 31971 | 150 | 81 ≡ | 32555 | 150 | 84 ≡ | 33076 | 152 | 84 ≡ |
| 30491 | 130 | 89 ≡ | 31018 | 168 | 83 = | 31488 | 168 | 83 = | 32002 | 148 | 90 = | 32564 | 108 | 93 ≡ | 33096 | 150 | 82 ≡ |
| 30504 | 180 | 71 ≡ | 31020 | 164 | 83 = | 31526 | 144 | 82 ≡ | 32036 | 148 | 84 ≡ | 32571 | 148 | 82 ≡ | 33096 | 196 | 88 − |
| 30505 | 124 | 89 ≡ | 31024 | 128 | 85 ≡ | 31528 | 148 | 90 = | 32051 | 190 | 88 − | 32587 | 152 | 90 = | 33103 | 116 | 92 ≡ |
| 30509 | 108 | 92 ≡ | 31029 | 108 | 92 ≡ | 31537 | 156 | 81 ≡ | 32057 | 150 | 90 = | 32588 | 108 | 92 ≡ | 33139 | 180 | 86 = |
| 30512 | 128 | 89 ≡ | 31031 | 116 | 90 ≡ | 31548 | 108 | 92 ≡ | 32059 | 156 | 82 ≡ | 32596 | 140 | 85 ≡ | 33181 | 180 | 82 = |
| 30526 | 170 | 83 = | 31040 | 128 | 91 = | 31576 | 132 | 85 = | 32066 | 190 | 71 ≡ | 32605 | 110 | 93 ≡ | 33186 | 150 | 84 ≡ |
| 30530 | 156 | 92 − | 31050 | 132 | 89 ≡ | 31597 | 130 | 85 = | 32068 | 108 | 92 ≡ | 32611 | 180 | 71 ≡ | 33190 | 160 | 81 ≡ |
| 30539 | 104 | 93 ≡ | 31064 | 124 | 89 ≡ | 31609 | 188 | 88 − | 32100 | 136 | 85 ≡ | 32624 | 112 | 93 ≡ | 33190 | 176 | 87 = |
| 30547 | 168 | 83 = | 31067 | 152 | 82 = | 31610 | 144 | 84 = | 32131 | 180 | 86 = | 32626 | 180 | 75 ≡ | 33193 | 180 | 73 = |

− bedeutet Träger mit einer Gurtplatte, = mit zwei, ≡ mit drei Gurtplatten.

# Widerstandsmomente cm$^3$

## von 33211 bis 37141.

| Widerstands-moment cm$^3$ | Steh-blech-Höhe cm | Seite des Buches | Widerstands-moment cm$^3$ | Steh-blech-Höhe cm | Seite des Buches | Widerstands-moment cm$^3$ | Steh-blech-Höhe cm | Seite des Buches | Widerstands-moment cm$^3$ | Steh-blech-Höhe cm | Seite des Buches | Widerstands-moment cm$^3$ | Steh-blech-Höhe cm | Seite des Buches | Widerstands-moment cm$^3$ | Steh-blech-Höhe cm | Seite des Buches |
|---|---|---|---|---|---|---|---|---|---|---|---|---|---|---|---|---|---|
| 33211 | 164 | 92— | 33850 | 164 | 85= | 34452 | 190 | 82= | 35091 | 144 | 89≡ | 35826 | 140 | 89≡ | 36520 | 190 | 87= |
| 33214 | 108 | 93≡ | 33856 | 176 | 83= | 34489 | 140 | 85≡ | 35117 | 190 | 83= | 35849 | 160 | 84≡ | 36521 | 160 | 84= |
| 33221 | 176 | 86= | 33858 | 140 | 85≡ | 34499 | 168 | 81≡ | 35153 | 156 | 90= | 35851 | 192 | 87= | 36534 | 172 | 88= |
| 33227 | 140 | 85≡ | 33859 | 170 | 85≡ | 34502 | 140 | 91≡ | 35176 | 160 | 84= | 35875 | 140 | 93= | 36543 | 144 | 93= |
| 33267 | 110 | 93≡ | 33862 | 160 | 81≡ | 34504 | 160 | 84= | 35182 | 200 | 80= | 35890 | 176 | 85= | 36599 | 168 | 84≡ |
| 33271 | 110 | 92≡ | 33865 | 108 | 93≡ | 34529 | 184 | 87= | 35184 | 136 | 93= | 35906 | 148 | 91≡ | 36603 | 188 | 87= |
| 33281 | 148 | 84≡ | 33866 | 168 | 85≡ | 34534 | 152 | 90= | 35196 | 140 | 89≡ | 35907 | 172 | 85= | 36618 | 168 | 81≡ |
| 33298 | 112 | 93≡ | 33893 | 160 | 88= | 34535 | 160 | 81≡ | 35206 | 168 | 81≡ | 35912 | 168 | 81≡ | 36639 | 188 | 91— |
| 33303 | 140 | 89≡ | 33903 | 148 | 84≡ | 34545 | 190 | 80= | 35212 | 144 | 91= | 35950 | 190 | 87= | 36645 | 200 | 86= |
| 33303 | 180 | 83= | 33920 | 190 | 82= | 34565 | 140 | 89≡ | 35242 | 160 | 90= | 35963 | 190 | 86= | 36654 | 152 | 85≡ |
| 33323 | 130 | 93≡ | 33929 | 110 | 93≡ | 34592 | 110 | 93≡ | 35284 | 152 | 85≡ | 35967 | 144 | 93= | 36695 | 140 | 90≡ |
| 33326 | 136 | 85≡ | 33934 | 140 | 89≡ | 34616 | 172 | 92— | 35314 | 140 | 93≡ | 35969 | 152 | 85≡ | 36711 | 180 | 92— |
| 33328 | 180 | 75≡ | 33941 | 132 | 93≡ | 34622 | 200 | 80= | 35321 | 112 | 93≡ | 35990 | 168 | 88= | 36713 | 190 | 83= |
| 33339 | 136 | 91= | 33953 | 164 | 88= | 34624 | 136 | 89≡ | 35335 | 116 | 92≡ | 36009 | 170 | 88= | 36722 | 120 | 92≡ |
| 33358 | 164 | 85≡ | 33957 | 112 | 92≡ | 34639 | 136 | 93= | 35362 | 176 | 85= | 36011 | 176 | 92— | 36742 | 152 | 89≡ |
| 33362 | 168 | 85≡ | 33972 | 112 | 93≡ | 34647 | 112 | 93≡ | 35373 | 120 | 93≡ | 36018 | 172 | 88= | 36754 | 150 | 85≡ |
| 33363 | 176 | 83= | 33977 | 184 | 87= | 34653 | 156 | 90= | 35380 | 190 | 87= | 36022 | 140 | 90≡ | 36758 | 136 | 90≡ |
| 33371 | 156 | 82≡ | 33978 | 150 | 90= | 34672 | 180 | 87= | 35390 | 116 | 93≡ | 36039 | 188 | 87= | 36762 | 124 | 93≡ |
| 33377 | 190 | 71≡ | 33993 | 200 | 88— | 34683 | 156 | 82≡ | 35390 | 170 | 85= | 36049 | 190 | 82= | 36770 | 180 | 81≡ |
| 33393 | 176 | 91— | 33994 | 116 | 93≡ | 34692 | 116 | 93≡ | 35390 | 172 | 85= | 36078 | 150 | 85≡ | 36775 | 200 | 82= |
| 33398 | 136 | 89≡ | 34011 | 136 | 89≡ | 34726 | 150 | 85≡ | 35402 | 150 | 85≡ | 36088 | 116 | 93≡ | 36778 | 160 | 90= |
| 33412 | 132 | 93= | 34013 | 190 | 80= | 34729 | 160 | 90≡ | 35430 | 190 | 86= | 36090 | 156 | 84≡ | 36787 | 116 | 93≡ |
| 33412 | 160 | 88= | 34027 | 156 | 82≡ | 34733 | 180 | 75≡ | 35434 | 156 | 84≡ | 36095 | 120 | 93≡ | 36799 | 196 | 87= |
| 33418 | 112 | 92≡ | 34031 | 180 | 75= | 34751 | 144 | 91= | 35436 | 180 | 75≡ | 36100 | 172 | 82≡ | 36818 | 120 | 93≡ |
| 33423 | 190 | 73≡ | 34047 | 152 | 90= | 34754 | 140 | 93= | 35444 | 164 | 82≡ | 36104 | 136 | 90≡ | 36823 | 164 | 82≡ |
| 33424 | 148 | 90= | 34054 | 140 | 91= | 34755 | 164 | 82≡ | 35451 | 136 | 90≡ | 36118 | 132 | 90≡ | 36823 | 172 | 82≡ |
| 33429 | 132 | 89≡ | 34065 | 164 | 82≡ | 34777 | 116 | 92≡ | 35475 | 130 | 90≡ | 36133 | 164 | 82≡ | 36837 | 148 | 85≡ |
| 33435 | 190 | 71≡ | 34095 | 136 | 93= | 34778 | 156 | 84≡ | 35475 | 188 | 87= | 36145 | 120 | 92≡ | 36837 | 190 | 91— |
| 33467 | 156 | 84≡ | 34108 | 190 | 73≡ | 34778 | 172 | 81≡ | 35476 | 190 | 73≡ | 36164 | 150 | 89≡ | 36840 | 150 | 89≡ |
| 33481 | 190 | 80= | 34119 | 190 | 71≡ | 34792 | 190 | 73≡ | 35484 | 132 | 90≡ | 36171 | 148 | 85≡ | 36854 | 148 | 91= |
| 33498 | 150 | 90= | 34122 | 156 | 84≡ | 34797 | 136 | 90≡ | 35486 | 168 | 88= | 36181 | 190 | 83= | 36862 | 200 | 80= |
| 33504 | 156 | 81≡ | 34132 | 180 | 87= | 34816 | 180 | 83= | 35499 | 170 | 88= | 36215 | 200 | 82= | 36863 | 164 | 90= |
| 33505 | 164 | 81≡ | 34148 | 180 | 86= | 34834 | 128 | 90≡ | 35501 | 172 | 81≡ | 36224 | 172 | 81≡ | 36905 | 168 | 90= |
| 33548 | 200 | 84— | 34154 | 156 | 90= | 34837 | 148 | 85≡ | 35504 | 148 | 85≡ | 36237 | 164 | 84≡ | 36913 | 180 | 85= |
| 33550 | 136 | 93= | 34170 | 148 | 85≡ | 34849 | 132 | 90≡ | 35516 | 190 | 82= | 36255 | 148 | 89≡ | 36922 | 148 | 89≡ |
| 33557 | 124 | 90≡ | 34194 | 164 | 81≡ | 34850 | 130 | 90≡ | 35548 | 164 | 84≡ | 36266 | 160 | 90= | 36926 | 124 | 92≡ |
| 33561 | 152 | 90= | 34215 | 132 | 90= | 34860 | 190 | 71≡ | 35568 | 120 | 92≡ | 36302 | 200 | 80= | 36927 | 164 | 84≡ |
| 33580 | 132 | 90≡ | 34218 | 128 | 90≡ | 34874 | 172 | 85= | 35573 | 164 | 81≡ | 36303 | 170 | 82≡ | 36946 | 176 | 85= |
| 33592 | 180 | 87= | 34219 | 116 | 92≡ | 34875 | 168 | 85= | 35588 | 148 | 89≡ | 36329 | 124 | 92≡ | 36947 | 172 | 81≡ |
| 33600 | 130 | 90≡ | 34225 | 130 | 90≡ | 34879 | 170 | 85= | 35588 | 170 | 82≡ | 36338 | 164 | 90= | 36967 | 150 | 91= |
| 33603 | 128 | 90≡ | 34285 | 170 | 81≡ | 34883 | 164 | 81≡ | 35630 | 190 | 75≡ | 36363 | 176 | 92— | 37004 | 192 | 87= |
| 33605 | 140 | 91= | 34312 | 180 | 83= | 34889 | 190 | 75≡ | 35634 | 184 | 87= | 36372 | 190 | 75≡ | 37018 | 170 | 82≡ |
| 33623 | 152 | 82≡ | 34354 | 152 | 84≡ | 34898 | 190 | 86= | 35649 | 190 | 83= | 36373 | 180 | 85= | 37030 | 192 | 91— |
| 33643 | 180 | 86= | 34358 | 172 | 85= | 34911 | 188 | 87= | 35652 | 156 | 90= | 36380 | 148 | 91≡ | 37037 | 144 | 89≡ |
| 33654 | 156 | 90= | 34361 | 144 | 85≡ | 34937 | 164 | 88= | 35659 | 144 | 85≡ | 36388 | 144 | 89≡ | 37050 | 172 | 88= |
| 33661 | 116 | 92≡ | 34366 | 180 | 91— | 34982 | 168 | 88= | 35674 | 144 | 91= | 36406 | 156 | 85≡ | 37061 | 128 | 92≡ |
| 33675 | 176 | 91— | 34366 | 190 | 86= | 34984 | 190 | 82= | 35714 | 170 | 81≡ | 36418 | 176 | 85≡ | 37062 | 176 | 88= |
| 33686 | 180 | 82≡ | 34369 | 170 | 85= | 34991 | 120 | 92≡ | 35733 | 124 | 92≡ | 36427 | 192 | 87= | 37069 | 152 | 91≡ |
| 33713 | 144 | 85≡ | 34370 | 168 | 85= | 34993 | 152 | 84≡ | 35739 | 144 | 89≡ | 36429 | 170 | 81≡ | 37090 | 190 | 87= |
| 33715 | 152 | 84≡ | 34404 | 160 | 82≡ | 34999 | 170 | 81≡ | 35742 | 200 | 80= | 36436 | 140 | 93= | 37109 | 156 | 85≡ |
| 33718 | 176 | 87= | 34414 | 120 | 92≡ | 35010 | 144 | 85≡ | 35749 | 160 | 82≡ | 36487 | 150 | 91= | 37113 | 190 | 75≡ |
| 33731 | 160 | 82≡ | 34438 | 170 | 92— | 35054 | 184 | 91— | 35754 | 160 | 90= | 36491 | 168 | 82≡ | 37120 | 144 | 93≡ |
| 33793 | 168 | 81≡ | 34442 | 144 | 89≡ | 35077 | 160 | 82≡ | 35770 | 176 | 81≡ | 36495 | 190 | 86= | 37127 | 170 | 84≡ |
| 33808 | 180 | 83= | 34445 | 164 | 88= | 35079 | 168 | 82≡ | 35785 | 168 | 82≡ | 36510 | 176 | 81≡ | 37128 | 176 | 82≡ |
| 33816 | 150 | 84≡ | 34447 | 150 | 84≡ | 35082 | 184 | 87= | 35813 | 164 | 90= | 36519 | 170 | 88= | 37141 | 190 | 91— |

— bedeutet Träger mit einer Gurtplatte, = mit zwei, ≡ mit drei Gurtplatten.

von 37143 bis 42468.

| Widerstandsmoment cm$^3$ | Stehblech-Höhe cm | Seite des Buches | Widerstandsmoment cm$^3$ | Stehblech-Höhe cm | Seite des Buches | Widerstandsmoment cm$^3$ | Stehblech-Höhe cm | Seite des Buches | Widerstandsmoment cm$^3$ | Stehblech-Höhe cm | Seite des Buches | Widerstandsmoment cm$^3$ | Stehblech-Höhe cm | Seite des Buches | Widerstandsmoment cm$^3$ | Stehblech-Höhe cm | Seite des Buches |
|---|---|---|---|---|---|---|---|---|---|---|---|---|---|---|---|---|---|
| 37143 | 170 | 81 ≡ | 37948 | 144 | 90 ≡ | 38718 | 168 | 84 ≡ | 39569 | 132 | 93 ≡ | 40428 | 130 | 93 ≡ | 41367 | 188 | 88 = |
| 37188 | 148 | 93 = | 37976 | 196 | 87 = | 38723 | 176 | 84 = | 39594 | 188 | 92 — | 40432 | 180 | 82 ≡ | 41382 | 180 | 90 = |
| 37194 | 160 | 84 = | 37980 | 168 | 90 = | 38729 | 176 | 81 = | 39604 | 130 | 92 ≡ | 40446 | 160 | 91 = | 41399 | 196 | 92 — |
| 37197 | 168 | 82 = | 37990 | 176 | 81 = | 38741 | 156 | 91 = | 39604 | 150 | 93 = | 40471 | 128 | 93 ≡ | 41437 | 168 | 89 ≡ |
| 37205 | 200 | 86 — | 37993 | 180 | 85 = | 38797 | 152 | 89 = | 39631 | 170 | 90 = | 40479 | 152 | 90 = | 41438 | 210 | 87 = |
| 37245 | 190 | 83 = | 37998 | 170 | 90 = | 38842 | 188 | 92 — | 39636 | 152 | 93 = | 40494 | 196 | 85 = | 41532 | 156 | 93 = |
| 37250 | 176 | 81 = | 38005 | 172 | 90 = | 38864 | 130 | 93 ≡ | 39646 | 130 | 93 ≡ | 40516 | 160 | 89 ≡ | 41543 | 200 | 85 = |
| 37256 | 144 | 90 ≡ | 38011 | 168 | 84 = | 38867 | 150 | 89 = | 39656 | 172 | 90 = | 40549 | 172 | 84 ≡ | 41548 | 160 | 93 = |
| 37305 | 168 | 84 = | 38023 | 152 | 85 = | 38885 | 200 | 86 = | 39659 | 156 | 93 ≡ | 40552 | 180 | 84 ≡ | 41579 | 190 | 82 ≡ |
| 37335 | 200 | 82 = | 38031 | 196 | 91 — | 38908 | 128 | 92 ≡ | 39668 | 132 | 92 ≡ | 40564 | 150 | 90 ≡ | 41628 | 164 | 85 ≡ |
| 37339 | 152 | 85 ≡ | 38038 | 200 | 83 = | 38919 | 180 | 82 ≡ | 39676 | 176 | 90 = | 40575 | 168 | 85 ≡ | 41661 | 164 | 91 = |
| 37368 | 140 | 90 ≡ | 38041 | 140 | 90 ≡ | 38931 | 128 | 93 ≡ | 39676 | 180 | 82 = | 40604 | 192 | 85 = | 41670 | 196 | 85 = |
| 37388 | 164 | 90 ≡ | 38043 | 152 | 91 = | 38934 | 190 | 85 = | 39698 | 160 | 85 = | 40611 | 164 | 91 = | 41682 | 176 | 84 ≡ |
| 37388 | 196 | 87 = | 38112 | 152 | 89 = | 38956 | 200 | 87 = | 39701 | 128 | 93 = | 40632 | 148 | 90 ≡ | 41694 | 190 | 81 ≡ |
| 37392 | 184 | 85 = | 38113 | 180 | 88 = | 38966 | 148 | 93 = | 39719 | 200 | 83 = | 40645 | 190 | 85 = | 41706 | 136 | 92 ≡ |
| 37412 | 136 | 90 ≡ |  |  |  |  |  |  |  |  |  |  |  |  |  |  |  |
|  |  |  | 38118 | 124 | 92 ≡ | 38977 | 160 | 85 ≡ | 39724 | 184 | 88 = | 40688 | 192 | 92 — | 41729 | 164 | 89 ≡ |
| 37427 | 152 | 89 ≡ | 38118 | 176 | 88 = | 38979 | 130 | 92 ≡ | 39744 | 136 | 92 ≡ | 40715 | 156 | 89 ≡ | 41746 | 172 | 85 ≡ |
| 37429 | 150 | 85 ≡ | 38161 | 128 | 93 ≡ | 38982 | 188 | 85 = | 39747 | 124 | 93 ≡ | 40776 | 190 | 88 = | 41758 | 156 | 90 ≡ |
| 37431 | 180 | 92 — | 38162 | 180 | 82 ≡ | 38992 | 172 | 82 ≡ | 39749 | 152 | 90 = | 40781 | 190 | 82 ≡ | 41772 | 140 | 92 ≡ |
| 37442 | 168 | 90 ≡ | 38192 | 150 | 89 ≡ | 39001 | 124 | 93 ≡ | 39760 | 190 | 92 — | 40803 | 176 | 90 = | 41791 | 196 | 92 — |
| 37447 | 150 | 91 = |  |  |  |  |  |  |  |  |  |  |  |  |  |  |  |
|  |  |  | 38241 | 156 | 91 = | 39004 | 150 | 93 = | 39795 | 160 | 89 = | 40803 | 188 | 88 = | 41804 | 136 | 93 ≡ |
| 37453 | 180 | 85 = | 38255 | 124 | 93 ≡ | 39028 | 152 | 93 = | 39796 | 180 | 81 = | 40805 | 180 | 90 = | 41809 | 168 | 91 = |
| 37454 | 170 | 90 = | 38255 | 148 | 89 ≡ | 39033 | 132 | 92 ≡ | 39796 | 180 | 84 = | 40808 | 210 | 87 = | 41871 | 200 | 81 ≡ |
| 37478 | 200 | 83 = | 38257 | 160 | 85 ≡ | 39039 | 180 | 81 = | 39818 | 168 | 85 = | 40889 | 164 | 85 = | 41889 | 192 | 88 = |
| 37508 | 124 | 93 ≡ | 38262 | 120 | 93 ≡ | 39040 | 200 | 91 — | 39826 | 172 | 84 = | 40895 | 190 | 81 ≡ | 41915 | 190 | 88 = |
| 37516 | 150 | 89 ≡ |  |  |  |  |  |  |  |  |  |  |  |  |  |  |  |
|  |  |  | 38269 | 172 | 82 ≡ | 39048 | 184 | 85 = | 39843 | 150 | 90 = | 40907 | 160 | 93 = | 41925 | 170 | 85 ≡ |
| 37522 | 124 | 92 ≡ | 38283 | 180 | 81 ≡ | 39056 | 168 | 90 = | 39920 | 192 | 92 — | 40908 | 156 | 93 = | 41940 | 152 | 90 = |
| 37526 | 180 | 81 ≡ | 38292 | 128 | 92 ≡ | 39074 | 160 | 89 ≡ | 39921 | 148 | 90 = | 40937 | 132 | 92 ≡ | 41943 | 184 | 90 = |
| 37536 | 160 | 85 ≡ | 38305 | 164 | 84 ≡ | 39086 | 170 | 90 = | 39934 | 160 | 91 = | 40942 | 176 | 84 = | 41951 | 132 | 93 ≡ |
| 37540 | 120 | 93 ≡ | 38325 | 200 | 86 = | 39103 | 172 | 84 ≡ | 39986 | 170 | 84 = | 40971 | 172 | 85 = | 41957 | 160 | 89 ≡ |
| 37546 | 172 | 82 ≡ |  |  |  |  |  |  |  |  |  |  |  |  |  |  |  |
|  |  |  | 38354 | 130 | 92 ≡ | 39106 | 172 | 90 = | 40013 | 156 | 89 ≡ | 40986 | 136 | 93 ≡ | 41958 | 180 | 90 = |
| 37556 | 152 | 91 = | 38355 | 200 | 87 = | 39113 | 176 | 90 = | 40025 | 144 | 90 = | 40990 | 164 | 89 ≡ | 41992 | 130 | 93 ≡ |
| 37580 | 192 | 87 = | 38374 | 148 | 93 = | 39122 | 150 | 90 = | 40028 | 192 | 85 = | 41006 | 196 | 92 — | 42006 | 150 | 90 = |
| 37589 | 148 | 89 ≡ | 38381 | 172 | 84 ≡ | 39159 | 200 | 83 = | 40074 | 190 | 85 = | 41008 | 156 | 90 ≡ | 42032 | 170 | 89 ≡ |
| 37590 | 176 | 88 = | 38398 | 132 | 92 ≡ | 39172 | 184 | 88 = | 40087 | 176 | 82 ≡ | 41052 | 136 | 92 ≡ | 42065 | 180 | 84 ≡ |
| 37616 | 164 | 84 ≡ |  |  |  |  |  |  |  |  |  |  |  |  |  |  |  |
| 37658 | 172 | 84 ≡ | 38403 | 150 | 93 = | 39193 | 180 | 88 = | 40097 | 190 | 81 ≡ | 41082 | 196 | 85 = | 42068 | 210 | 87 = |
| 37670 | 172 | 81 ≡ | 38418 | 188 | 85 = | 39210 | 148 | 90 ≡ | 40111 | 188 | 85 = | 41099 | 140 | 92 ≡ | 42088 | 168 | 85 = |
| 37677 | 128 | 92 ≡ | 38419 | 152 | 93 = | 39217 | 156 | 85 = | 40151 | 164 | 85 = | 41136 | 164 | 91 = | 42102 | 200 | 92 — |
| 37696 | 144 | 93 = | 38447 | 170 | 82 ≡ | 39218 | 188 | 92 — | 40178 | 210 | 87 = | 41157 | 132 | 93 ≡ | 42132 | 176 | 85 = |
| 37729 | 130 | 92 ≡ | 38456 | 200 | 82 = | 39240 | 156 | 91 = | 40203 | 176 | 84 ≡ | 41160 | 170 | 85 ≡ | 42143 | 200 | 85 = |
| 37732 | 170 | 82 ≡ | 38496 | 184 | 85 = | 39271 | 170 | 84 ≡ | 40207 | 172 | 90 = | 41181 | 192 | 85 = | 42165 | 164 | 93 ≡ |
| 37755 | 200 | 87 = | 38498 | 148 | 90 ≡ | 39298 | 190 | 81 = | 40229 | 130 | 92 ≡ | 41189 | 180 | 82 = | 42188 | 160 | 93 ≡ |
| 37765 | 200 | 86 = | 38514 | 156 | 85 ≡ | 39332 | 144 | 90 ≡ | 40229 | 180 | 90 = | 41210 | 130 | 93 ≡ | 42194 | 168 | 89 ≡ |
| 37772 | 184 | 92 — | 38518 | 168 | 90 = | 39347 | 176 | 82 ≡ | 40239 | 188 | 88 = | 41210 | 152 | 90 = | 42258 | 196 | 85 = |
| 37781 | 148 | 93 = | 38542 | 170 | 90 = | 39380 | 190 | 92 — | 40240 | 176 | 90 = | 41236 | 160 | 89 ≡ | 42275 | 160 | 90 = |
| 37803 | 150 | 93 = | 38555 | 172 | 90 = | 39412 | 164 | 85 ≡ | 40245 | 152 | 93 = | 41241 | 128 | 93 ≡ | 42347 | 168 | 91 = |
| 37812 | 156 | 85 ≡ | 38557 | 170 | 84 ≡ | 39422 | 160 | 91 = | 40252 | 164 | 89 ≡ | 41267 | 170 | 89 ≡ | 42360 | 136 | 92 ≡ |
| 37842 | 170 | 84 ≡ | 38564 | 196 | 87 = | 39424 | 168 | 84 ≡ | 40277 | 184 | 88 = | 41285 | 150 | 90 = | 42378 | 190 | 82 = |
| 37854 | 190 | 75 ≡ | 38599 | 200 | 83 = | 39452 | 192 | 85 = | 40283 | 156 | 93 = | 41309 | 180 | 84 ≡ | 42395 | 196 | 88 = |
| 37867 | 176 | 82 ≡ | 38607 | 156 | 89 ≡ | 39463 | 176 | 84 ≡ | 40302 | 132 | 92 ≡ | 41313 | 192 | 88 = | 42411 | 170 | 91 = |
| 37895 | 200 | 82 = | 38607 | 176 | 82 = | 39481 | 152 | 89 ≡ | 40304 | 192 | 92 — | 41332 | 168 | 85 ≡ | 42412 | 140 | 93 ≡ |
| 37904 | 156 | 89 ≡ | 38640 | 144 | 90 ≡ | 39504 | 190 | 85 = | 40363 | 132 | 93 ≡ | 41344 | 148 | 90 ≡ | 42445 | 140 | 92 ≡ |
| 37904 | 168 | 82 = | 38653 | 180 | 88 = | 39523 | 128 | 92 ≡ | 40394 | 170 | 85 = | 41345 | 190 | 88 = | 42463 | 144 | 92 ≡ |
| 37913 | 164 | 90 = | 38673 | 164 | 85 = | 39546 | 188 | 85 = | 40398 | 136 | 92 ≡ | 41354 | 184 | 90 = | 42465 | 192 | 88 = |
| 37944 | 184 | 85 = | 38714 | 140 | 90 ≡ | 39556 | 200 | 87 = | 40419 | 160 | 85 ≡ | 41366 | 176 | 90 = | 42468 | 164 | 89 ≡ |

— bedeutet Träger mit einer Gurtplatte, = mit zwei, ≡ mit drei Gurtplatten.

## von 42486 bis 50366.

| Widerstandsmoment cm³ | Stehblech-Höhe cm | Seite des Buches | Widerstandsmoment cm³ | Stehblech-Höhe cm | Seite des Buches | Widerstandsmoment cm³ | Stehblech-Höhe cm | Seite des Buches | Widerstandsmoment cm³ | Stehblech-Höhe cm | Seite des Buches | Widerstandsmoment cm³ | Stehblech-Höhe cm | Seite des Buches | Widerstandsmoment cm³ | Stehblech-Höhe cm | Seite des Buches |
|---|---|---|---|---|---|---|---|---|---|---|---|---|---|---|---|---|---|
| 42486 | 188 | 90= | 43564 | 170 | 89≡ | 44835 | 168 | 90≡ | 46109 | 170 | 93= | 47502 | 210 | 88= | 49031 | 190 | 93= |
| 42492 | 190 | 81≡ | 43566 | 172 | 91= | 44856 | 192 | 90= | 46127 | 172 | 90≡ | 47562 | 220 | 85= | 49045 | 188 | 85= |
| 42502 | 200 | 92— | 43571 | 196 | 88= | 44880 | 190 | 90= | 46133 | 184 | 85≡ | 47660 | 152 | 93= | 49045 | 220 | 88= |
| 42507 | 156 | 90≡ | 43627 | 192 | 90= | 44894 | 188 | 90= | 46182 | 148 | 93≡ | 47714 | 192 | 85= | 49057 | 204 | 90= |
| 42508 | 190 | 84≡ | 43664 | 190 | 90= | 44904 | 190 | 84≡ | 46208 | 176 | 89= | 47751 | 204 | 90= | 49119 | 176 | 90≡ |
| 42521 | 172 | 85≡ | 43690 | 188 | 90= | 44921 | 180 | 85≡ | 46241 | 210 | 88= | 47780 | 172 | 90= | 49131 | 188 | 91= |
| 42532 | 184 | 90≡ | 43707 | 168 | 89≡ | 44938 | 140 | 93≡ | 46253 | 190 | 85≡ | 47786 | 200 | 84≡ | 49147 | 156 | 93= |
| 42534 | 180 | 90≡ | 43710 | 184 | 90= | 44954 | 172 | 89≡ | 46255 | 184 | 89≡ | 47790 | 184 | 85= | 49159 | 190 | 91= |
| 42622 | 136 | 93≡ | 43717 | 176 | 85≡ | 45039 | 180 | 89≡ | 46297 | 170 | 90≡ | 47822 | 150 | 93= | 49172 | 188 | 89= |
| 42630 | 172 | 89≡ | 43791 | 140 | 92≡ | 45095 | 170 | 89≡ | 46446 | 144 | 93≡ | 47854 | 200 | 90= | 49176 | 192 | 91= |
| 42647 | 220 | 87= | 43813 | 160 | 90≡ | 45124 | 200 | 82≡ | 46450 | 168 | 90≡ | 47864 | 184 | 91= | 49255 | 200 | 85≡ |
| 42671 | 152 | 90≡ | 43830 | 176 | 89≡ | 45127 | 164 | 90= | 46505 | 188 | 85≡ | 47912 | 184 | 89= | 49320 | 184 | 93= |
| 42691 | 170 | 85≡ | 43835 | 148 | 92≡ | 45216 | 152 | 92≡ | 46542 | 180 | 85≡ | 47927 | 188 | 91= | 49411 | 164 | 92= |
| 42706 | 170 | 93≡ | 43847 | 144 | 92≡ | 45231 | 144 | 92≡ | 46573 | 200 | 90≡ | 47931 | 170 | 90= | 49433 | 172 | 90= |
| 42712 | 200 | 81≡ | 43848 | 144 | 93≡ | 45233 | 200 | 81≡ | 46606 | 156 | 92≡ | 47962 | 148 | 93= | 49443 | 180 | 93= |
| 42743 | 200 | 85= | 43967 | 220 | 87= | 45245 | 150 | 92≡ | 46606 | 180 | 91≡ | 47965 | 190 | 85= | 49444 | 192 | 85= |
| 42745 | 132 | 93≡ | 43975 | 190 | 82≡ | 45258 | 148 | 92≡ | 46658 | 196 | 90≡ | 48003 | 180 | 93= | 49453 | 212 | 90= |
| 42798 | 170 | 89≡ | 44007 | 156 | 90≡ | 45265 | 200 | 84≡ | 46660 | 180 | 89≡ | 48004 | 160 | 92≡ | 49488 | 152 | 93= |
| 42821 | 164 | 93≡ | 44067 | 170 | 93≡ | 45293 | 148 | 93≡ | 46677 | 152 | 92≡ | 48049 | 196 | 85≡ | 49534 | 210 | 90= |
| 42822 | 180 | 84≡ | 44070 | 172 | 85≡ | 45302 | 176 | 85≡ | 46680 | 148 | 92≡ | 48064 | 168 | 90≡ | 49542 | 160 | 92≡ |
| 42829 | 160 | 93≡ | 44085 | 200 | 88= | 45304 | 184 | 85≡ | 46686 | 184 | 91≡ | 48093 | 190 | 89≡ | 49569 | 184 | 89≡ |
| 42845 | 168 | 85≡ | 44096 | 140 | 93≡ | 45351 | 160 | 90≡ | 46687 | 150 | 92≡ | 48103 | 176 | 93= | 49574 | 192 | 89≡ |
| 42884 | 168 | 91≡ | 44103 | 168 | 93≡ | 45357 | 176 | 91— | 46694 | 176 | 93≡ | 48105 | 156 | 92≡ | 49602 | 180 | 90≡ |
| 42902 | 200 | 92— | 44105 | 190 | 84≡ | 45394 | 172 | 93= | 46703 | 164 | 90≡ | 48138 | 152 | 92≡ | 49603 | 208 | 90= |
| 42924 | 176 | 85≡ | 44110 | 180 | 85≡ | 45404 | 196 | 90= | 46746 | 152 | 93≡ | 48199 | 188 | 85≡ | 49604 | 156 | 92≡ |
| 42950 | 168 | 89≡ | 44116 | 172 | 91≡ | 45416 | 176 | 89≡ | 46771 | 172 | 93= | 48209 | 156 | 93≡ | 49625 | 150 | 93≡ |
| 42955 | 170 | 91≡ | 44134 | 164 | 93= | 45428 | 170 | 93= | 46805 | 200 | 82≡ | 48222 | 220 | 85= | 49676 | 190 | 85= |
| 42983 | 196 | 88= | 44179 | 172 | 89≡ | 45448 | 168 | 93= | 46850 | 192 | 85≡ | 48272 | 208 | 90= | 49681 | 160 | 93≡ |
| 43015 | 172 | 91≡ | 44199 | 210 | 85≡ | 45454 | 180 | 91= | 46871 | 210 | 88= | 48274 | 176 | 90≡ | 49706 | 220 | 88= |
| 43044 | 160 | 90≡ | 44230 | 176 | 91≡ | 45459 | 210 | 85= | 46902 | 220 | 85= | 48281 | 180 | 89≡ | 49711 | 204 | 90— |
| 43056 | 190 | 90= | 44242 | 192 | 90= | 45471 | 192 | 90= | 46920 | 150 | 93≡ | 48325 | 188 | 89≡ | 49767 | 190 | 91= |
| 43088 | 188 | 90= | 44258 | 136 | 93≡ | 45480 | 170 | 90= | 46946 | 200 | 84≡ | 48404 | 204 | 90= | 49791 | 190 | 93= |
| 43118 | 140 | 92≡ | 44272 | 190 | 90= | 45489 | 190 | 90= | 46954 | 172 | 90≡ | 48494 | 200 | 90= | 49791 | 192 | 91= |
| 43121 | 184 | 90= | 44283 | 200 | 82≡ | 45580 | 144 | 93≡ | 46961 | 184 | 85≡ | 48529 | 188 | 91= | 49804 | 190 | 89≡ |
| 43155 | 144 | 92≡ | 44292 | 188 | 90— | 45642 | 168 | 90= | 47001 | 176 | 89≡ | 48551 | 190 | 91= | 49814 | 196 | 85≡ |
| 43176 | 190 | 82≡ | 44329 | 170 | 89≡ | 45659 | 188 | 85≡ | 47072 | 148 | 93≡ | 48574 | 152 | 93≡ | 49893 | 188 | 93= |
| 43206 | 164 | 89≡ | 44339 | 164 | 90≡ | 45702 | 190 | 84≡ | 47083 | 184 | 89≡ | 48579 | 192 | 85≡ | 49949 | 196 | 89≡ |
| 43254 | 140 | 93≡ | 44393 | 200 | 81≡ | 45729 | 172 | 89≡ | 47098 | 204 | 90= | 48583 | 184 | 93= | 49965 | 176 | 90≡ |
| 43257 | 156 | 90≡ | 44464 | 168 | 89≡ | 45732 | 180 | 85≡ | 47109 | 190 | 85≡ | 48607 | 172 | 90≡ | 50018 | 188 | 89≡ |
| 43295 | 172 | 85≡ | 44475 | 184 | 85≡ | 45780 | 140 | 93≡ | 47114 | 170 | 90≡ | 48627 | 200 | 84≡ | 50020 | 168 | 92≡ |
| 43300 | 180 | 85≡ | 44510 | 176 | 85≡ | 45849 | 180 | 89≡ | 47214 | 200 | 90= | 48710 | 192 | 89≡ | 50054 | 184 | 90— |
| 43307 | 190 | 84≡ | 44524 | 150 | 92≡ | 45915 | 164 | 90≡ | 47237 | 190 | 89≡ | 48723 | 180 | 93= | 50056 | 184 | 93= |
| 43307 | 220 | 87= | 44539 | 144 | 92≡ | 45933 | 200 | 90— | 47257 | 168 | 90≡ | 48724 | 150 | 93≡ | 50085 | 156 | 93= |
| 43343 | 200 | 85= | 44546 | 148 | 92≡ | 45946 | 152 | 92≡ | 47275 | 184 | 91= | 48737 | 180 | 90≡ | 50132 | 212 | 90— |
| 43387 | 170 | 93= | 44582 | 160 | 90≡ | 45964 | 200 | 82≡ | 47282 | 180 | 93= | 48741 | 184 | 89≡ | 50155 | 200 | 85≡ |
| 43405 | 172 | 89= | 44623 | 176 | 89= | 45966 | 150 | 92≡ | 47286 | 196 | 90= | 48747 | 170 | 90≡ | 50176 | 164 | 93= |
| 43431 | 168 | 93= | 44627 | 220 | 87= | 45969 | 148 | 92≡ | 47311 | 144 | 93= | 48773 | 160 | 92≡ | 50199 | 164 | 92= |
| 43440 | 136 | 93= | 44685 | 200 | 88= | 45990 | 176 | 93≡ | 47352 | 188 | 85≡ | 48820 | 190 | 85≡ | 50206 | 210 | 90— |
| 43443 | 200 | 82≡ | 44706 | 172 | 93= | 46018 | 150 | 93≡ | 47355 | 156 | 92≡ | 48852 | 148 | 93≡ | 50254 | 154 | 93= |
| 43457 | 170 | 85= | 44714 | 144 | 93= | 46030 | 180 | 91≡ | 47398 | 176 | 93= | 48855 | 156 | 92≡ | 50269 | 208 | 90= |
| 43478 | 164 | 93= | 44748 | 170 | 93= | 46031 | 196 | 90= | 47407 | 152 | 92≡ | 48862 | 210 | 90= | 50295 | 200 | 89= |
| 43484 | 200 | 88= | 44776 | 168 | 93= | 46083 | 172 | 93= | 47408 | 150 | 92≡ | 48883 | 220 | 85= | 50308 | 192 | 85= |
| 43499 | 170 | 91= | 44776 | 196 | 90= | 46086 | 192 | 90= | 47428 | 176 | 90= | 48931 | 196 | 85= | 50311 | 160 | 92= |
| 43551 | 164 | 90= | 44794 | 176 | 91= | 46089 | 210 | 85= | 47471 | 180 | 89= | 48938 | 208 | 90= | 50341 | 158 | 92= |
| 43552 | 200 | 81= | 44829 | 210 | 85= | 46105 | 200 | 84= | 47478 | 188 | 89= | 48949 | 190 | 89= | 50366 | 220 | 88= |

— bedeutet Träger mit einer Gurtplatte, = mit zwei, ≡ mit drei Gurtplatten.

## von 50401 bis 61504.

| Widerstandsmoment cm³ | Stehblech-Höhe cm | Seite des Buches | Widerstandsmoment cm³ | Stehblech-Höhe cm | Seite des Buches | Widerstandsmoment cm³ | Stehblech-Höhe cm | Seite des Buches | Widerstandsmoment cm³ | Stehblech-Höhe cm | Seite des Buches | Widerstandsmoment cm³ | Stehblech-Höhe cm | Seite des Buches | Widerstandsmoment cm³ | Stehblech-Höhe cm | Seite des Buches |
|---|---|---|---|---|---|---|---|---|---|---|---|---|---|---|---|---|---|
| 50401 | 152 | 93≡ | 51714 | 196 | 89≡ | 53324 | 196 | 93= | 54996 | 196 | 90= | 56879 | 196 | 90= | 59072 | 208 | 93= |
| 50406 | 192 | 91= | 51755 | 196 | 93= | 53399 | 210 | 89≡ | 55104 | 164 | 93≡ | 56910 | 212 | 91= | 59104 | 188 | 93≡ |
| 50421 | 200 | 91= | 51775 | 164 | 92= | 53400 | 170 | 93= | 55126 | 180 | 92= | 57067 | 176 | 92= | 59127 | 208 | 90≡ |
| 50434 | 196 | 91= | 51793 | 158 | 93= | 53409 | 216 | 90= | 55140 | 210 | 85= | 57079 | 230 | 90= | 59229 | 184 | 92= |
| 50439 | 192 | 89≡ | 51822 | 184 | 90= | 53479 | 196 | 89≡ | 55184 | 172 | 93= | 57088 | 212 | 93= | 59247 | 200 | 90= |
| 50444 | 192 | 93= | 51841 | 220 | 90= | 53517 | 212 | 91= | 55221 | 204 | 93= | 57133 | 188 | 92= | 59266 | 230 | 91= |
| 50466 | 180 | 90= | 51957 | 200 | 85= | 53518 | 192 | 93= | 55290 | 210 | 89≡ | 57174 | 180 | 93= | 59308 | 216 | 93= |
| 50552 | 190 | 93≡ | 51960 | 156 | 93= | 53528 | 160 | 93≡ | 55376 | 176 | 92= | 57181 | 210 | 89= | 59337 | 180 | 93= |
| 50643 | 160 | 93≡ | 51981 | 192 | 93= | 53588 | 204 | 93= | 55400 | 220 | 85= | 57251 | 172 | 93= | 59362 | 220 | 85= |
| 50643 | 216 | 90= | 52026 | 216 | 90= | 53590 | 184 | 90= | 55404 | 200 | 90= | 57255 | 210 | 93= | 59487 | 240 | 90= |
| 50646 | 188 | 93= | 52045 | 190 | 90≡ | 53594 | 208 | 91= | 55443 | 170 | 93≡ | 57326 | 200 | 90= | 59503 | 212 | 90≡ |
| 50660 | 190 | 89≡ | 52096 | 200 | 89≡ | 53629 | 204 | 91= | 55471 | 216 | 91= | 57381 | 220 | 85= | 59504 | 192 | 92= |
| 50696 | 196 | 85≡ | 52147 | 164 | 93≡ | 53635 | 192 | 90= | 55477 | 200 | 93= | 57407 | 208 | 93= | 59523 | 220 | 89≡ |
| 50721 | 170 | 92≡ | 52151 | 188 | 93≡ | 53661 | 168 | 93≡ | 55480 | 192 | 90= | 57459 | 220 | 91= | 59571 | 220 | 91= |
| 50793 | 184 | 93≡ | 52168 | 192 | 89≡ | 53685 | 176 | 92≡ | 55553 | 212 | 91= | 57461 | 184 | 92= | 59634 | 212 | 93= |
| 50810 | 176 | 90≡ | 52168 | 212 | 90= | 53870 | 190 | 90= | 55557 | 172 | 92= | 57486 | 170 | 93≡ | 59682 | 190 | 92= |
| 50811 | 212 | 90= | 52196 | 180 | 90= | 53876 | 200 | 93= | 55574 | 210 | 93= | 57542 | 220 | 89= | 59702 | 204 | 90= |
| 50827 | 168 | 92= | 52251 | 172 | 92= | 53897 | 200 | 89= | 55578 | 210 | 91= | 57545 | 216 | 91= | 59776 | 210 | 93= |
| 50831 | 196 | 89≡ | 52263 | 208 | 91= | 53904 | 172 | 92= | 55592 | 208 | 91= | 57579 | 216 | 93= | 59805 | 184 | 93= |
| 50843 | 158 | 93≡ | 52275 | 200 | 93= | 53953 | 220 | 90= | 55607 | 230 | 90= | 57594 | 184 | 93≡ | 59807 | 220 | 93= |
| 50865 | 188 | 89≡ | 52282 | 188 | 90≡ | 53989 | 170 | 92≡ | 55658 | 176 | 93≡ | 57670 | 204 | 93= | 59823 | 210 | 90≡ |
| 50878 | 210 | 90= | 52304 | 210 | 85≡ | 54054 | 196 | 90≡ | 55680 | 168 | 93≡ | 57721 | 180 | 92≡ | 59842 | 188 | 92= |
| 50935 | 208 | 90= | 52323 | 204 | 91= | 54056 | 168 | 92≡ | 55693 | 184 | 92≡ | 57742 | 204 | 90≡ | 59862 | 190 | 93≡ |
| 50938 | 184 | 90≡ | 52341 | 200 | 91= | 54089 | 188 | 90≡ | 55696 | 190 | 90≡ | 57773 | 176 | 93≡ | 59888 | 176 | 93≡ |
| 50971 | 196 | 93= | 52355 | 170 | 92≡ | 54109 | 196 | 93= | 55742 | 208 | 93= | 57815 | 230 | 90= | 60002 | 230 | 91= |
| 50987 | 164 | 92≡ | 52378 | 170 | 93≡ | 54119 | 164 | 93≡ | 55937 | 196 | 90≡ | 57820 | 196 | 90≡ | 60039 | 196 | 92≡ |
| 51017 | 204 | 91= | 52441 | 168 | 92≡ | 54150 | 172 | 93≡ | 55991 | 180 | 92≡ | 57856 | 190 | 92≡ | 60113 | 184 | 92≡ |
| 51022 | 156 | 93≡ | 52540 | 196 | 93≡ | 54195 | 210 | 85≡ | 56037 | 204 | 93≡ | 57937 | 212 | 93≡ | 60127 | 208 | 90≡ |
| 51056 | 200 | 85≡ | 52545 | 220 | 90= | 54195 | 212 | 91= | 56051 | 220 | 91= | 57951 | 240 | 90= | 60172 | 216 | 93≡ |
| 51061 | 200 | 91= | 52563 | 164 | 92≡ | 54233 | 210 | 91= | 56086 | 210 | 85= | 58036 | 188 | 92≡ | 60233 | 188 | 93≡ |
| 51062 | 196 | 91= | 52566 | 160 | 93≡ | 54260 | 208 | 91= | 56093 | 180 | 93≡ | 58095 | 210 | 93= | 60255 | 240 | 90= |
| 51080 | 160 | 92≡ | 52596 | 196 | 89≡ | 54262 | 180 | 92= | 56162 | 216 | 91= | 58127 | 210 | 89≡ | 60419 | 180 | 93≡ |
| 51162 | 164 | 93≡ | 52652 | 168 | 93≡ | 54282 | 204 | 91= | 56217 | 172 | 93≡ | 58128 | 208 | 90= | 60426 | 192 | 92≡ |
| 51180 | 154 | 93≡ | 52706 | 184 | 90≡ | 54345 | 210 | 89≡ | 56221 | 176 | 92≡ | 58163 | 220 | 91= | 60482 | 212 | 93= |
| 51195 | 200 | 89≡ | 52713 | 192 | 90≡ | 54404 | 204 | 93= | 56231 | 212 | 91= | 58236 | 216 | 91= | 60513 | 220 | 89≡ |
| 51212 | 192 | 93= | 52717 | 216 | 90= | 54409 | 220 | 85≡ | 56236 | 210 | 89≡ | 58239 | 208 | 93= | 60521 | 212 | 90≡ |
| 51303 | 192 | 89≡ | 52743 | 158 | 93≡ | 54421 | 170 | 93≡ | 56240 | 212 | 93= | 58256 | 180 | 93≡ | 60594 | 190 | 92≡ |
| 51312 | 190 | 93≡ | 52749 | 192 | 93= | 54530 | 176 | 92≡ | 56250 | 210 | 91= | 58284 | 172 | 93≡ | 60623 | 192 | 93≡ |
| 51331 | 180 | 90≡ | 52833 | 190 | 93≡ | 54557 | 192 | 90≡ | 56277 | 200 | 93≡ | 58286 | 200 | 90≡ | 60682 | 204 | 90≡ |
| 51334 | 216 | 90= | 52839 | 176 | 92≡ | 54600 | 176 | 93≡ | 56343 | 230 | 90= | 58345 | 184 | 92≡ | 60687 | 220 | 93= |
| 51358 | 210 | 85≡ | 52857 | 200 | 85≡ | 54657 | 220 | 90= | 56365 | 200 | 90≡ | 58371 | 220 | 85≡ | 60738 | 230 | 91= |
| 51379 | 188 | 90≡ | 52929 | 208 | 91= | 54672 | 168 | 93≡ | 56390 | 220 | 85≡ | 58443 | 216 | 93= | 60746 | 188 | 92≡ |
| 51398 | 188 | 93= | 52958 | 190 | 90≡ | 54676 | 200 | 93= | 56402 | 192 | 90≡ | 58532 | 220 | 89≡ | 60832 | 210 | 90≡ |
| 51425 | 172 | 92≡ | 52976 | 204 | 91= | 54731 | 172 | 92≡ | 56414 | 210 | 93= | 58582 | 192 | 92≡ | 60885 | 216 | 90≡ |
| 51489 | 212 | 90= | 52982 | 200 | 91= | 54779 | 216 | 91= | 56464 | 170 | 93≡ | 58586 | 180 | 92≡ | 60910 | 184 | 93≡ |
| 51516 | 190 | 89≡ | 52996 | 200 | 89≡ | 54783 | 190 | 90= | 56551 | 220 | 89≡ | 58699 | 184 | 93≡ | 60980 | 196 | 92≡ |
| 51538 | 170 | 92≡ | 53076 | 200 | 93= | 54797 | 200 | 89≡ | 56575 | 208 | 93= | 58719 | 240 | 90= | 61004 | 190 | 93≡ |
| 51550 | 210 | 90= | 53078 | 172 | 92≡ | 54805 | 170 | 92≡ | 56577 | 184 | 92≡ | 58722 | 204 | 90≡ | 61023 | 240 | 90= |
| 51579 | 196 | 85≡ | 53117 | 172 | 93≡ | 54870 | 230 | 90= | 56690 | 168 | 93≡ | 58769 | 190 | 92≡ | 61037 | 216 | 93= |
| 51604 | 160 | 93≡ | 53133 | 164 | 93≡ | 54874 | 212 | 91= | 56715 | 176 | 93≡ | 58785 | 212 | 93= | 61126 | 208 | 90≡ |
| 51634 | 168 | 92≡ | 53172 | 170 | 92≡ | 54893 | 196 | 93= | 56755 | 220 | 91= | 58815 | 210 | 90≡ | 61349 | 192 | 92≡ |
| 51642 | 168 | 93≡ | 53185 | 188 | 90≡ | 54905 | 210 | 91= | 56762 | 204 | 90= | 58830 | 176 | 93≡ | 61363 | 188 | 93≡ |
| 51670 | 204 | 91= | 53249 | 168 | 92≡ | 54910 | 208 | 93= | 56854 | 204 | 93= | 58867 | 220 | 91= | 61475 | 230 | 91= |
| 51689 | 196 | 91= | 53249 | 210 | 85≡ | 54926 | 208 | 91= | 56854 | 216 | 91= | 58927 | 220 | 93≡ | 61500 | 180 | 93≡ |
| 51701 | 200 | 91= | 53249 | 220 | 90= | 54992 | 188 | 90≡ | 56856 | 180 | 92≡ | 58939 | 188 | 92≡ | 61504 | 220 | 89≡ |

— bedeutet Träger mit einer Gurtplatte, = mit zwei, ≡ mit drei Gurtplatten.

## von 61505 bis 113930.

| Widerstandsmoment cm³ | Stehblech-Höhe cm | Seite des Buches | Widerstandsmoment cm³ | Stehblech-Höhe cm | Seite des Buches | Widerstandsmoment cm³ | Stehblech-Höhe cm | Seite des Buches | Widerstandsmoment cm³ | Stehblech-Höhe cm | Seite des Buches | Widerstandsmoment cm³ | Stehblech-Höhe cm | Seite des Buches | Widerstandsmoment cm³ | Stehblech-Höhe cm | Seite des Buches |
|---|---|---|---|---|---|---|---|---|---|---|---|---|---|---|---|---|---|
| 61505 | 200 | 92 ≡ | 64839 | 240 | 91 = | 68676 | 240 | 93 = | 72879 | 260 | 93 = | 80627 | 280 | 91 = | 90767 | 260 | 92 ≡ |
| 61507 | 190 | 92 ≡ | 64888 | 200 | 93 ≡ | 68828 | 210 | 93 = | 73033 | 208 | 93 ≡ | 80823 | 270 | 93 = | 90903 | 260 | 93 ≡ |
| 61539 | 212 | 90 = | 64939 | 204 | 92 ≡ | 68908 | 204 | 93 = | 73189 | 220 | 92 ≡ | 80974 | 240 | 93 ≡ | 91135 | 250 | 93 ≡ |
| 61568 | 220 | 93 = | 65035 | 216 | 90 = | 68963 | 220 | 92 = | 73311 | 250 | 93 = | 81014 | 230 | 93 ≡ | 91142 | 270 | 92 ≡ |
| 61649 | 188 | 92 ≡ | 65095 | 230 | 93 ≡ | 69009 | 212 | 92 = | 73394 | 260 | 91 = | 81247 | 240 | 92 ≡ | 91293 | 300 | 93 ≡ |
| 61776 | 192 | 93 ≡ | 65207 | 210 | 92 ≡ | 69058 | 250 | 91 = | 73442 | 212 | 93 ≡ | 81298 | 280 | 93 = | 91986 | 270 | 93 ≡ |
| 61841 | 210 | 90 = | 65232 | 204 | 93 ≡ | 69102 | 230 | 90 = | 73527 | 270 | 91 = | 81539 | 290 | 91 = | 92438 | 270 | 92 ≡ |
| 61901 | 216 | 93 ≡ | 65237 | 192 | 93 ≡ | 69233 | 260 | 91 = | 73812 | 216 | 93 ≡ | 81754 | 250 | 92 ≡ | 92464 | 260 | 93 ≡ |
| 61922 | 196 | 92 ≡ | 65347 | 200 | 92 ≡ | 69242 | 210 | 92 = | 73873 | 210 | 93 ≡ | 81903 | 270 | 93 = | 92493 | 300 | 93 ≡ |
| 61923 | 216 | 90 = | 65446 | 220 | 90 = | 69285 | 208 | 93 = | 73877 | 230 | 92 ≡ | 82395 | 230 | 93 ≡ | 92627 | 280 | 92 ≡ |
| 62016 | 184 | 93 ≡ | 65461 | 208 | 92 ≡ | 69310 | 250 | 93 = | 73919 | 260 | 93 = | 82399 | 240 | 92 ≡ | 93607 | 270 | 93 ≡ |
| 62125 | 208 | 90 = | 65569 | 190 | 93 ≡ | 69351 | 240 | 90 = | 73961 | 240 | 90 = | 82415 | 240 | 93 ≡ | 93693 | 300 | 93 ≡ |
| 62145 | 190 | 93 ≡ | 65608 | 240 | 91 = | 69457 | 208 | 92 = | 74143 | 220 | 93 ≡ | 82418 | 280 | 93 = | 93735 | 270 | 92 ≡ |
| 62151 | 196 | 93 ≡ | 65683 | 196 | 93 ≡ | 69529 | 216 | 92 = | 74246 | 220 | 92 ≡ | 82467 | 290 | 91 = | 93971 | 280 | 92 ≡ |
| 62211 | 230 | 91 = | 65788 | 230 | 90 = | 69622 | 212 | 93 = | 74311 | 250 | 93 = | 82955 | 250 | 92 ≡ | 94025 | 260 | 93 ≡ |
| 62271 | 192 | 92 ≡ | 65795 | 240 | 93 = | 69636 | 240 | 93 = | 74391 | 270 | 91 = | 83272 | 300 | 91 = | 95031 | 270 | 92 ≡ |
| 62276 | 220 | 90 = | 65857 | 250 | 91 = | 69694 | 200 | 93 = | 74716 | 212 | 93 ≡ | 83395 | 290 | 91 = | 95228 | 270 | 93 ≡ |
| 62334 | 230 | 93 ≡ | 65919 | 204 | 92 ≡ | 69858 | 250 | 91 = | 74959 | 260 | 93 = | 83539 | 280 | 93 = | 95316 | 280 | 92 ≡ |
| 62420 | 190 | 92 ≡ | 65954 | 212 | 92 ≡ | 69921 | 216 | 93 ≡ | 74982 | 230 | 92 ≡ | 83630 | 250 | 93 = | 95586 | 260 | 93 ≡ |
| 62448 | 220 | 93 ≡ | 66015 | 230 | 93 ≡ | 70020 | 220 | 92 = | 75110 | 216 | 93 ≡ | 83856 | 240 | 93 = | 96245 | 280 | 93 ≡ |
| 62465 | 200 | 92 ≡ | 66090 | 200 | 93 ≡ | 70027 | 212 | 92 = | 75255 | 270 | 91 = | 83908 | 290 | 93 = | 96660 | 280 | 92 ≡ |
| 62492 | 188 | 93 ≡ | 66216 | 210 | 92 ≡ | 70066 | 260 | 91 = | 75465 | 220 | 93 ≡ | 84155 | 250 | 92 ≡ | 96758 | 290 | 92 ≡ |
| 62535 | 240 | 91 = | 66308 | 200 | 92 ≡ | 70089 | 210 | 93 = | 75489 | 230 | 93 ≡ | 84232 | 300 | 91 = | 96849 | 270 | 93 ≡ |
| 62558 | 212 | 90 = | 66376 | 240 | 91 = | 70134 | 204 | 93 ≡ | 76000 | 260 | 93 = | 84323 | 290 | 91 = | 97926 | 280 | 93 ≡ |
| 62849 | 210 | 90 = | 66390 | 192 | 93 ≡ | 70207 | 230 | 90 = | 76087 | 230 | 92 ≡ | 84524 | 260 | 92 ≡ | 98005 | 280 | 92 ≡ |
| 62863 | 196 | 92 ≡ | 66458 | 204 | 93 ≡ | 70250 | 210 | 92 ≡ | 76120 | 270 | 91 = | 84659 | 280 | 93 = | 98151 | 290 | 92 ≡ |
| 62930 | 192 | 93 ≡ | 66460 | 208 | 92 ≡ | 70310 | 250 | 93 = | 76146 | 280 | 91 = | 85068 | 290 | 93 = | 98470 | 270 | 93 ≡ |
| 62947 | 230 | 91 = | 66502 | 220 | 90 = | 70503 | 240 | 90 = | 76407 | 216 | 93 ≡ | 85131 | 250 | 93 = | 99349 | 280 | 92 ≡ |
| 62960 | 216 | 90 = | 66658 | 250 | 91 = | 70534 | 208 | 93 = | 76501 | 270 | 93 = | 85192 | 300 | 91 = | 99543 | 290 | 92 ≡ |
| 62979 | 204 | 92 ≡ | 66755 | 240 | 93 = | 70566 | 216 | 92 ≡ | 76636 | 240 | 92 ≡ | 85297 | 240 | 93 ≡ | 99607 | 280 | 93 ≡ |
| 63121 | 184 | 93 ≡ | 66786 | 208 | 93 ≡ | 70596 | 240 | 93 = | 76786 | 220 | 93 ≡ | 85356 | 250 | 92 ≡ | 100091 | 270 | 93 ≡ |
| 63193 | 192 | 92 ≡ | 66860 | 196 | 93 ≡ | 70896 | 212 | 93 ≡ | 76871 | 230 | 93 ≡ | 85773 | 260 | 92 ≡ | 100558 | 290 | 93 ≡ |
| 63254 | 230 | 93 = | 66893 | 230 | 90 ≡ | 70898 | 260 | 91 = | 76984 | 270 | 91 = | 85779 | 280 | 93 = | 100936 | 290 | 92 ≡ |
| 63287 | 190 | 93 ≡ | 66898 | 204 | 92 ≡ | 71045 | 212 | 92 ≡ | 77040 | 260 | 93 = | 86153 | 300 | 91 = | 100943 | 300 | 92 ≡ |
| 63303 | 240 | 91 = | 66935 | 230 | 93 = | 71076 | 220 | 92 ≡ | 77042 | 280 | 91 = | 86229 | 290 | 93 = | 101288 | 280 | 93 ≡ |
| 63328 | 196 | 93 ≡ | 66972 | 212 | 92 ≡ | 71218 | 216 | 93 ≡ | 77191 | 230 | 92 ≡ | 86556 | 250 | 92 ≡ | 102299 | 290 | 93 ≡ |
| 63329 | 220 | 93 = | 67224 | 210 | 92 ≡ | 71310 | 250 | 93 = | 77582 | 270 | 93 = | 86632 | 250 | 93 ≡ | 102328 | 290 | 92 ≡ |
| 63332 | 220 | 90 ≡ | 67291 | 200 | 93 ≡ | 71351 | 210 | 93 ≡ | 77789 | 240 | 92 ≡ | 86738 | 240 | 93 ≡ | 102384 | 300 | 92 ≡ |
| 63426 | 200 | 92 ≡ | 67454 | 216 | 92 ≡ | 71369 | 204 | 93 ≡ | 77938 | 280 | 91 = | 87021 | 260 | 92 ≡ | 102969 | 280 | 93 ≡ |
| 63576 | 212 | 90 ≡ | 67458 | 250 | 91 = | 71501 | 220 | 93 ≡ | 78080 | 260 | 93 = | 87113 | 300 | 91 = | 103721 | 290 | 92 ≡ |
| 63622 | 188 | 93 ≡ | 67459 | 208 | 92 ≡ | 71604 | 216 | 92 ≡ | 78107 | 220 | 93 ≡ | 87389 | 290 | 93 = | 103824 | 300 | 92 ≡ |
| 63687 | 200 | 93 ≡ | 67567 | 210 | 93 ≡ | 71656 | 240 | 90 ≡ | 78252 | 230 | 93 ≡ | 87692 | 300 | 93 = | 104040 | 290 | 93 ≡ |
| 63805 | 196 | 92 ≡ | 67683 | 204 | 93 ≡ | 71730 | 260 | 91 = | 78296 | 230 | 92 ≡ | 87781 | 260 | 93 ≡ | 104650 | 280 | 93 ≡ |
| 63959 | 204 | 92 ≡ | 67715 | 240 | 93 = | 71784 | 208 | 93 ≡ | 78662 | 270 | 93 ≡ | 88073 | 300 | 91 = | 104925 | 300 | 93 ≡ |
| 63998 | 216 | 90 ≡ | 67878 | 204 | 92 ≡ | 72133 | 220 | 92 ≡ | 78834 | 280 | 91 = | 88133 | 250 | 93 ≡ | 105265 | 300 | 92 ≡ |
| 64071 | 240 | 91 = | 67990 | 212 | 92 ≡ | 72169 | 212 | 93 ≡ | 78941 | 240 | 92 ≡ | 88270 | 260 | 92 ≡ | 105781 | 290 | 93 ≡ |
| 64083 | 192 | 93 ≡ | 67997 | 230 | 90 ≡ | 72311 | 250 | 93 = | 79532 | 240 | 93 ≡ | 88549 | 270 | 92 ≡ | 106705 | 300 | 92 ≡ |
| 64174 | 230 | 93 = | 68036 | 208 | 93 ≡ | 72515 | 216 | 93 ≡ | 79633 | 230 | 93 ≡ | 88549 | 290 | 93 = | 106726 | 300 | 93 ≡ |
| 64387 | 200 | 92 ≡ | 68038 | 196 | 93 ≡ | 72562 | 260 | 91 = | 79682 | 290 | 91 = | 88892 | 300 | 93 = | 107522 | 290 | 93 ≡ |
| 64389 | 220 | 90 ≡ | 68233 | 210 | 92 ≡ | 72612 | 210 | 93 ≡ | 79730 | 280 | 91 = | 89342 | 260 | 93 ≡ | 108146 | 300 | 92 ≡ |
| 64428 | 190 | 93 ≡ | 68258 | 250 | 91 = | 72641 | 216 | 92 ≡ | 79742 | 270 | 93 ≡ | 89519 | 260 | 92 ≡ | 108527 | 300 | 93 ≡ |
| 64462 | 208 | 92 ≡ | 68349 | 212 | 93 ≡ | 72663 | 270 | 91 = | 80094 | 240 | 92 ≡ | 89634 | 250 | 93 ≡ | 109263 | 290 | 93 ≡ |
| 64505 | 196 | 93 ≡ | 68458 | 208 | 92 ≡ | 72773 | 230 | 92 ≡ | 80178 | 280 | 93 ≡ | 89709 | 290 | 93 ≡ | 110328 | 300 | 93 ≡ |
| 64746 | 196 | 92 ≡ | 68491 | 216 | 92 ≡ | 72809 | 240 | 90 ≡ | 80553 | 250 | 92 ≡ | 89845 | 270 | 92 ≡ | 112129 | 300 | 93 ≡ |
| 64751 | 188 | 93 ≡ | 68493 | 200 | 93 ≡ | 72822 | 220 | 93 ≡ | 80612 | 290 | 91 = | 90092 | 300 | 93 ≡ | 113930 | 300 | 93 ≡ |

— bedeutet Träger mit einer Gurtplatte, = mit zwei, ≡ mit drei Gurtplatten.

# Hilfstafeln.

## Hilfstafel A.
### Widerstandsmomente der 1 cm breiten Gurtplatten.

| Stehblech-Höhe cm | Gurtplattendicke in cm | | | | | | | | | | | | | Stehblech-Höhe cm |
|---|---|---|---|---|---|---|---|---|---|---|---|---|---|---|
| | 1,0 | 1,1 | 1,2 | 1,3 | 1,4 | 2,0 | 2,2 | 2,4 | 2,6 | 3,0 | 3,3 | 3,6 | 3,9 | |
| 20 | 20,1 | 22,1 | 24,1 | 26,1 | 28,2 | 40,4 | 44,6 | 48,7 | 52,9 | 61,4 | 67,8 | 74,3 | 80,8 | 20 |
| 22 | 22,1 | 24,3 | 26,5 | 28,7 | 30,9 | 44,4 | 48,9 | 53,5 | 58,1 | 67,3 | 74,3 | 81,3 | 88,5 | 22 |
| 24 | 24,1 | 26,5 | 28,9 | 31,3 | 33,7 | 48,4 | 53,3 | 58,2 | 63,2 | 73,2 | 80,8 | 88,4 | 96,1 | 24 |
| 26 | 26,0 | 28,7 | 31,3 | 33,9 | 36,5 | 52,4 | 57,7 | 63,0 | 68,4 | 79,1 | 87,3 | 95,5 | 104 | 26 |
| 28 | 28,0 | 30,9 | 33,7 | 36,5 | 39,3 | 56,3 | 62,0 | 67,8 | 73,5 | 85,1 | 93,8 | 103 | 111 | 28 |
| 30 | 30,0 | 33,1 | 36,1 | 39,1 | 42,1 | 60,3 | 66,4 | 72,5 | 78,7 | 91,0 | 100 | 110 | 119 | 30 |
| 32 | 32,0 | 35,3 | 38,5 | 41,7 | 44,9 | 64,3 | 70,8 | 77,3 | 83,8 | 96,9 | 107 | 117 | 127 | 32 |
| 34 | 34,0 | 37,4 | 40,9 | 44,3 | 47,7 | 68,3 | 75,2 | 82,1 | 89,0 | 103 | 113 | 124 | 135 | 34 |
| 36 | 36,0 | 39,6 | 43,3 | 46,9 | 50,5 | 72,3 | 79,6 | 86,9 | 94,2 | 109 | 120 | 131 | 142 | 36 |
| 38 | 38,0 | 41,8 | 45,7 | 49,5 | 53,3 | 76,3 | 83,9 | 91,6 | 99,3 | 115 | 127 | 138 | 150 | 38 |
| 40 | 40,0 | 44,0 | 48,1 | 52,1 | 56,1 | 80,2 | 88,3 | 96,4 | 105 | 121 | 133 | 145 | 158 | 40 |
| 42 | 42,0 | 46,2 | 50,5 | 54,7 | 58,9 | 84,2 | 92,7 | 101 | 110 | 127 | 140 | 153 | 165 | 42 |
| 44 | 44,0 | 48,4 | 52,9 | 57,3 | 61,7 | 88,2 | 97,1 | 106 | 115 | 133 | 146 | 160 | 173 | 44 |
| 46 | 46,0 | 50,6 | 55,2 | 59,9 | 64,5 | 92,2 | 102 | 111 | 120 | 139 | 153 | 167 | 181 | 46 |
| 48 | 48,0 | 52,8 | 57,6 | 62,5 | 67,3 | 96,2 | 106 | 116 | 125 | 145 | 159 | 174 | 189 | 48 |
| 50 | 50,0 | 55,0 | 60,0 | 65,1 | 70,1 | 100 | 110 | 120 | 130 | 151 | 166 | 181 | 196 | 50 |
| 52 | 52,0 | 57,2 | 62,4 | 67,7 | 72,9 | 104 | 115 | 125 | 136 | 157 | 172 | 188 | 204 | 52 |
| 54 | 54,0 | 59,4 | 64,8 | 70,3 | 75,7 | 108 | 119 | 130 | 141 | 163 | 179 | 195 | 212 | 54 |
| 56 | 56,0 | 61,6 | 67,2 | 72,9 | 78,5 | 112 | 123 | 135 | 146 | 169 | 186 | 203 | 220 | 56 |
| 58 | 58,0 | 63,8 | 69,6 | 75,4 | 81,3 | 116 | 128 | 140 | 151 | 175 | 192 | 210 | 227 | 58 |
| 60 | 60,0 | 66,0 | 72,0 | 78,0 | 84,1 | 120 | 132 | 144 | 156 | 181 | 199 | 217 | 235 | 60 |
| 62 | 62,0 | 68,2 | 74,4 | 80,6 | 86,9 | 124 | 137 | 149 | 162 | 187 | 205 | 224 | 243 | 62 |
| 64 | 64,0 | 70,4 | 76,8 | 83,2 | 89,7 | 128 | 141 | 154 | 167 | 193 | 212 | 231 | 251 | 64 |
| 66 | 66,0 | 72,6 | 79,2 | 85,8 | 92,5 | 132 | 145 | 159 | 172 | 199 | 219 | 238 | 259 | 66 |
| 68 | 68,0 | 74,8 | 81,6 | 88,4 | 95,3 | 136 | 150 | 164 | 177 | 205 | 225 | 246 | 266 | 68 |
| 70 | 70,0 | 77,0 | 84,0 | 91,0 | 98,1 | 140 | 154 | 168 | 182 | 211 | 232 | 253 | 274 | 70 |
| 72 | 72,0 | 79,2 | 86,4 | 93,6 | 101 | 144 | 159 | 173 | 188 | 217 | 238 | 260 | 282 | 72 |
| 74 | 74,0 | 81,4 | 88,8 | 96,2 | 104 | 148 | 163 | 178 | 193 | 223 | 245 | 267 | 290 | 74 |
| 76 | 76,0 | 83,6 | 91,2 | 98,8 | 106 | 152 | 167 | 183 | 198 | 228 | 251 | 274 | 297 | 76 |
| 78 | 78,0 | 85,8 | 93,6 | 101 | 109 | 156 | 172 | 187 | 203 | 234 | 258 | 282 | 305 | 78 |
| 80 | 80,0 | 88,0 | 96,0 | 104 | 112 | 160 | 176 | 192 | 208 | 240 | 265 | 289 | 313 | 80 |
| 82 | 82,0 | 90,2 | 98,4 | 107 | 115 | 164 | 181 | 197 | 214 | 246 | 271 | 296 | 321 | 82 |
| 84 | 84,0 | 92,4 | 101 | 109 | 118 | 168 | 185 | 202 | 219 | 252 | 278 | 303 | 329 | 84 |
| 86 | 86,0 | 94,6 | 103 | 119 | 120 | 172 | 189 | 207 | 224 | 258 | 284 | 310 | 336 | 86 |
| 88 | 88,0 | 96,8 | 106 | 114 | 123 | 176 | 194 | 211 | 229 | 264 | 291 | 318 | 344 | 88 |
| 90 | 90,0 | 99,0 | 108 | 117 | 126 | 180 | 198 | 216 | 234 | 270 | 298 | 325 | 352 | 90 |
| 92 | 92,0 | 101 | 110 | 120 | 129 | 184 | 203 | 221 | 239 | 276 | 304 | 332 | 360 | 92 |
| 94 | 94,0 | 103 | 113 | 122 | 132 | 188 | 207 | 226 | 245 | 282 | 311 | 339 | 367 | 94 |
| 96 | 96,0 | 106 | 115 | 125 | 134 | 192 | 211 | 231 | 250 | 288 | 317 | 346 | 375 | 96 |
| 98 | 98,0 | 108 | 118 | 127 | 137 | 196 | 216 | 235 | 255 | 294 | 324 | 353 | 383 | 98 |
| 100 | 100 | 110 | 120 | 130 | 140 | 200 | 220 | 240 | 260 | 300 | 330 | 361 | 391 | 100 |
| 102 | 102 | 112 | 122 | 133 | 143 | 204 | 225 | 245 | 265 | 306 | 337 | 368 | 399 | 102 |
| 104 | 104 | 114 | 125 | 135 | 146 | 208 | 229 | 250 | 271 | 312 | 344 | 375 | 406 | 104 |
| 106 | 106 | 117 | 127 | 139 | 148 | 212 | 233 | 255 | 276 | 318 | 350 | 382 | 414 | 106 |
| 108 | 108 | 119 | 130 | 140 | 151 | 216 | 238 | 259 | 281 | 324 | 357 | 389 | 422 | 108 |
| 110 | 110 | 121 | 132 | 143 | 154 | 220 | 242 | 264 | 286 | 330 | 363 | 397 | 430 | 110 |
| 112 | 112 | 123 | 134 | 146 | 157 | 224 | 247 | 269 | 291 | 336 | 370 | 404 | 438 | 112 |
| 114 | 114 | 125 | 137 | 148 | 160 | 228 | 251 | 274 | 297 | 342 | 377 | 411 | 445 | 114 |
| 116 | 116 | 128 | 139 | 152 | 162 | 232 | 255 | 279 | 302 | 348 | 383 | 418 | 453 | 116 |
| 118 | 118 | 130 | 142 | 153 | 165 | 236 | 260 | 283 | 307 | 354 | 390 | 425 | 461 | 118 |
| 120 | 120 | 132 | 144 | 156 | 168 | 240 | 264 | 288 | 312 | 360 | 396 | 433 | 469 | 120 |
| 122 | 122 | 134 | 146 | 159 | 171 | 244 | 269 | 293 | 317 | 366 | 403 | 440 | 476 | 122 |
| 124 | 124 | 136 | 149 | 161 | 174 | 248 | 273 | 298 | 323 | 372 | 410 | 447 | 484 | 124 |
| 126 | 126 | 139 | 151 | 164 | 176 | 252 | 277 | 303 | 328 | 378 | 416 | 454 | 492 | 126 |
| 128 | 128 | 141 | 158 | 166 | 179 | 256 | 282 | 307 | 333 | 384 | 423 | 461 | 500 | 128 |
| 130 | 130 | 143 | 156 | 169 | 182 | 260 | 286 | 312 | 338 | 390 | 429 | 469 | 508 | 130 |
| 132 | 132 | 145 | 158 | 172 | 185 | 264 | 291 | 317 | 343 | 396 | 436 | 476 | 515 | 132 |
| 134 | 134 | 147 | 161 | 174 | 188 | 268 | 295 | 322 | 349 | 402 | 443 | 483 | 523 | 134 |
| 136 | 136 | 150 | 163 | 177 | 190 | 272 | 299 | 327 | 354 | 408 | 449 | 490 | 531 | 136 |
| 138 | 138 | 152 | 166 | 179 | 193 | 276 | 304 | 331 | 359 | 414 | 456 | 497 | 539 | 138 |
| 140 | 140 | 154 | 168 | 182 | 196 | 280 | 308 | 336 | 364 | 420 | 462 | 504 | 547 | 140 |
| 150 | 150 | 165 | 180 | 195 | 210 | 300 | 330 | 360 | 390 | 450 | 495 | 540 | 586 | 150 |
| 160 | 160 | 176 | 192 | 208 | 224 | 320 | 352 | 384 | 416 | 480 | 528 | 576 | 625 | 160 |
| 170 | 170 | 187 | 204 | 221 | 238 | 340 | 374 | 408 | 442 | 510 | 561 | 612 | 663 | 170 |
| 180 | 180 | 198 | 216 | 234 | 252 | 360 | 396 | 432 | 468 | 540 | 594 | 648 | 702 | 180 |
| 190 | 190 | 209 | 228 | 247 | 266 | 380 | 418 | 456 | 494 | 570 | 627 | 684 | 741 | 190 |

# Hilfstafel A.
## Widerstandsmomente der 1 cm breiten Gurtplatten.

| Steh-blech-Höhe cm | Gurtplattendicke in cm | | | | | |
|---|---|---|---|---|---|---|
| | 1,4 | 2,8 | 4,2 | 1,5 | 3,0 | 4,5 |
| 60 | 84,1 | 168 | 253 | | | |
| 62 | 86,9 | 174 | 262 | | | |
| 64 | 89,7 | 180 | 270 | | | |
| 66 | 92,5 | 185 | 279 | | | |
| 68 | 95,3 | 191 | 287 | | | |
| 70 | 98,1 | 196 | 295 | | | |
| 72 | 101 | 202 | 304 | | | |
| 74 | 104 | 208 | 312 | | | |
| 76 | 106 | 213 | 320 | | | |
| 78 | 109 | 219 | 329 | | | |
| 80 | 112 | 224 | 337 | 120 | 240 | 361 |
| 82 | 115 | 230 | 345 | 123 | 246 | 370 |
| 84 | 118 | 236 | 354 | 126 | 252 | 379 |
| 86 | 120 | 241 | 362 | 129 | 258 | 388 |
| 88 | 123 | 247 | 371 | 132 | 264 | 397 |
| 90 | 126 | 252 | 379 | 135 | 270 | 406 |
| 92 | 129 | 258 | 387 | 138 | 276 | 415 |
| 94 | 132 | 263 | 396 | 141 | 282 | 424 |
| 96 | 134 | 269 | 404 | 144 | 288 | 433 |
| 98 | 137 | 275 | 413 | 147 | 294 | 442 |
| 100 | 140 | 280 | 421 | 150 | 300 | 451 |
| 102 | 143 | 286 | 429 | 153 | 306 | 460 |
| 104 | 146 | 291 | 438 | 156 | 312 | 469 |
| 106 | 148 | 297 | 446 | 159 | 318 | 478 |
| 108 | 151 | 303 | 454 | 162 | 324 | 487 |
| 110 | 154 | 308 | 463 | 165 | 330 | 496 |
| 112 | 157 | 314 | 471 | 168 | 336 | 505 |
| 114 | 160 | 319 | 480 | 171 | 342 | 514 |
| 116 | 162 | 325 | 488 | 174 | 348 | 523 |
| 118 | 165 | 331 | 496 | 177 | 354 | 532 |
| 120 | 168 | 336 | 505 | 180 | 360 | 541 |
| 122 | 171 | 342 | 513 | 183 | 366 | 550 |
| 124 | 174 | 347 | 522 | 186 | 372 | 559 |
| 126 | 176 | 353 | 530 | 189 | 378 | 568 |
| 128 | 179 | 359 | 538 | 192 | 384 | 577 |
| 130 | 182 | 364 | 547 | 195 | 390 | 586 |
| 132 | 185 | 370 | 555 | 198 | 396 | 595 |
| 134 | 188 | 375 | 563 | 201 | 402 | 604 |
| 136 | 190 | 381 | 572 | 204 | 408 | 613 |
| 138 | 193 | 387 | 580 | 207 | 414 | 622 |
| 140 | 196 | 392 | 589 | 210 | 420 | 631 |
| 142 | 199 | 398 | 597 | 213 | 426 | 640 |
| 144 | 202 | 403 | 605 | 216 | 432 | 649 |
| 146 | 204 | 409 | 614 | 219 | 438 | 658 |
| 148 | 207 | 415 | 622 | 222 | 444 | 667 |
| 150 | 210 | 420 | 631 | 225 | 450 | 676 |
| 152 | 213 | 426 | 639 | 228 | 456 | 685 |
| 154 | 216 | 431 | 647 | 231 | 462 | 694 |
| 156 | 218 | 437 | 656 | 234 | 468 | 703 |
| 158 | 221 | 443 | 664 | 237 | 474 | 712 |
| 160 | 224 | 448 | 673 | 240 | 480 | 721 |
| 164 | 230 | 459 | 689 | 246 | 492 | 739 |
| 168 | 235 | 471 | 706 | 252 | 504 | 757 |
| 170 | 238 | 476 | 715 | 255 | 510 | 766 |
| 172 | 241 | 482 | 723 | 258 | 516 | 775 |
| 176 | 246 | 493 | 740 | 264 | 528 | 793 |
| 180 | 252 | 504 | 757 | 270 | 540 | 811 |
| 184 | 258 | 515 | 773 | 276 | 552 | 829 |
| 188 | 263 | 527 | 790 | 282 | 564 | 847 |
| 190 | 266 | 532 | 798 | 285 | 570 | 856 |
| 192 | 269 | 538 | 807 | 288 | 576 | 865 |
| 196 | 274 | 549 | 824 | 294 | 588 | 883 |
| 200 | 280 | 560 | 840 | 300 | 600 | 901 |
| 210 | | | | 315 | 630 | 946 |
| 220 | | | | 330 | 660 | 991 |

| Steh-blech-Höhe cm | Gurtplattendicke in cm | | |
|---|---|---|---|
| | 1,6 | 3,2 | 4,8 |
| 100 | 160 | 320 | 481 |
| 102 | 163 | 327 | 491 |
| 104 | 166 | 333 | 500 |
| 106 | 170 | 340 | 510 |
| 108 | 173 | 346 | 520 |
| 110 | 176 | 352 | 529 |
| 112 | 179 | 359 | 539 |
| 114 | 182 | 365 | 548 |
| 116 | 186 | 372 | 558 |
| 118 | 189 | 378 | 568 |
| 120 | 192 | 384 | 577 |
| 122 | 195 | 391 | 587 |
| 124 | 198 | 397 | 596 |
| 126 | 202 | 404 | 606 |
| 128 | 205 | 410 | 615 |
| 130 | 208 | 416 | 625 |
| 132 | 211 | 423 | 635 |
| 134 | 214 | 429 | 644 |
| 136 | 218 | 436 | 654 |
| 138 | 221 | 442 | 663 |
| 140 | 224 | 448 | 673 |
| 142 | 227 | 455 | 683 |
| 144 | 230 | 461 | 692 |
| 146 | 234 | 467 | 702 |
| 148 | 237 | 474 | 711 |
| 150 | 240 | 480 | 721 |
| 152 | 243 | 487 | 731 |
| 154 | 246 | 493 | 740 |
| 156 | 250 | 499 | 750 |
| 158 | 253 | 506 | 759 |
| 160 | 256 | 512 | 769 |
| 162 | 259 | 519 | 778 |
| 164 | 262 | 525 | 788 |
| 166 | 266 | 531 | 798 |
| 168 | 269 | 538 | 807 |
| 170 | 272 | 544 | 817 |
| 172 | 275 | 551 | 826 |
| 174 | 278 | 557 | 836 |
| 176 | 282 | 563 | 846 |
| 178 | 285 | 570 | 855 |
| 180 | 288 | 576 | 865 |
| 184 | 294 | 589 | 884 |
| 188 | 301 | 602 | 903 |
| 190 | 304 | 608 | 913 |
| 192 | 307 | 615 | 922 |
| 196 | 314 | 627 | 942 |
| 200 | 320 | 640 | 961 |
| 204 | 326 | 653 | 980 |
| 208 | 333 | 666 | 999 |
| 210 | 336 | 672 | 1009 |
| 212 | 339 | 679 | 1018 |
| 216 | 346 | 691 | 1037 |
| 220 | 352 | 704 | 1057 |
| 230 | 368 | 736 | 1105 |
| 240 | 384 | 768 | 1153 |
| 250 | 400 | 800 | 1201 |
| 260 | 416 | 832 | 1249 |
| 270 | 432 | 864 | 1297 |
| 280 | 448 | 896 | 1345 |
| 290 | 464 | 928 | 1393 |
| 300 | 480 | 960 | 1440 |

| Steh-blech-Höhe cm | Gurtplattendicke in cm | | |
|---|---|---|---|
| | 2,0 | 4,0 | 6,0 |
| 100 | 200 | 401 | 603 |
| 102 | 204 | 409 | 615 |
| 104 | 208 | 417 | 626 |
| 106 | 212 | 425 | 638 |
| 108 | 216 | 433 | 650 |
| 110 | 220 | 441 | 662 |
| 112 | 224 | 449 | 674 |
| 114 | 228 | 457 | 686 |
| 116 | 232 | 465 | 698 |
| 118 | 236 | 473 | 710 |
| 120 | 240 | 481 | 722 |
| 122 | 244 | 489 | 734 |
| 124 | 248 | 497 | 746 |
| 126 | 252 | 505 | 758 |
| 128 | 256 | 513 | 770 |
| 130 | 260 | 521 | 782 |
| 132 | 264 | 529 | 794 |
| 134 | 268 | 537 | 806 |
| 136 | 272 | 545 | 818 |
| 138 | 276 | 553 | 830 |
| 140 | 280 | 561 | 842 |
| 142 | 284 | 569 | 854 |
| 144 | 288 | 577 | 866 |
| 146 | 292 | 585 | 878 |
| 148 | 296 | 593 | 890 |
| 150 | 300 | 601 | 902 |
| 152 | 304 | 609 | 914 |
| 154 | 308 | 617 | 926 |
| 156 | 312 | 625 | 938 |
| 158 | 316 | 633 | 950 |
| 160 | 320 | 641 | 962 |
| 164 | 328 | 657 | 986 |
| 168 | 336 | 672 | 1010 |
| 170 | 340 | 680 | 1022 |
| 172 | 344 | 688 | 1034 |
| 176 | 352 | 704 | 1058 |
| 180 | 360 | 720 | 1082 |
| 184 | 368 | 736 | 1105 |
| 188 | 376 | 752 | 1129 |
| 190 | 380 | 760 | 1141 |
| 192 | 384 | 768 | 1153 |
| 196 | 392 | 784 | 1177 |
| 200 | 400 | 800 | 1201 |
| 204 | 408 | 816 | 1225 |
| 208 | 416 | 832 | 1249 |
| 210 | 420 | 840 | 1261 |
| 212 | 424 | 848 | 1273 |
| 216 | 432 | 864 | 1297 |
| 220 | 440 | 880 | 1321 |
| 230 | 460 | 920 | 1381 |
| 240 | 480 | 960 | 1441 |
| 250 | 500 | 1000 | 1501 |
| 260 | 520 | 1040 | 1561 |
| 270 | 540 | 1080 | 1621 |
| 280 | 560 | 1120 | 1681 |
| 290 | 580 | 1160 | 1741 |
| 300 | 600 | 1200 | 1801 |

# Hilfstafel B.
### Widerstandsmomente des 0,1 cm starken Stehblechs
#### ohne Nietabzug.

| Stehblech-Höhe cm | Gurtplattendicke in cm | | | | | | | | | | | | | Stehblech-Höhe cm |
|---|---|---|---|---|---|---|---|---|---|---|---|---|---|---|
| | 1,0 | 1,1 | 1,2 | 1,3 | 1,4 | 2,0 | 2,2 | 2,4 | 2,6 | 3,0 | 3,3 | 3,6 | 3,9 | |
| 20 | 6,1 | 6,0 | 6,0 | 5,9 | 5,8 | 5,5 | 5,5 | 5,4 | 5,3 | 5,1 | 5,0 | 4,9 | 4,8 | 20 |
| 22 | 7,4 | 7,3 | 7,3 | 7,2 | 7,2 | 6,8 | 6,7 | 6,6 | 6,5 | 6,3 | 6,2 | 6,1 | 6,0 | 22 |
| 24 | 8,9 | 8,8 | 8,7 | 8,7 | 8,6 | 8,2 | 8,1 | 8,0 | 7,9 | 7,7 | 7,5 | 7,4 | 7,2 | 24 |
| 26 | 10,5 | 10,4 | 10,3 | 10,2 | 10,2 | 9,8 | 9,6 | 9,5 | 9,4 | 9,2 | 9,0 | 8,8 | 8,7 | 26 |
| 28 | 12,2 | 12,1 | 12,0 | 12,0 | 11,9 | 11,4 | 11,3 | 11,2 | 11,0 | 10,8 | 10,6 | 10,4 | 10,2 | 28 |
| 30 | 14,1 | 14,0 | 13,9 | 13,8 | 13,7 | 13,2 | 13,1 | 12,9 | 12,8 | 12,5 | 12,3 | 12,1 | 11,9 | 30 |
| 32 | 16,1 | 16,0 | 15,9 | 15,8 | 15,7 | 15,2 | 15,0 | 14,8 | 14,7 | 14,4 | 14,1 | 13,9 | 13,7 | 32 |
| 34 | 18,2 | 18,1 | 18,0 | 17,9 | 17,8 | 17,2 | 17,1 | 16,9 | 16,7 | 16,4 | 16,1 | 15,9 | 15,7 | 34 |
| 36 | 20,5 | 20,4 | 20,3 | 20,1 | 20,0 | 19,4 | 19,2 | 19,1 | 18,9 | 18,5 | 18,3 | 18,0 | 17,8 | 36 |
| 38 | 22,9 | 22,7 | 22,6 | 22,5 | 22,4 | 21,8 | 21,6 | 21,4 | 21,2 | 20,8 | 20,5 | 20,2 | 20,0 | 38 |
| 40 | 25,4 | 25,3 | 25,2 | 25,0 | 24,9 | 24,2 | 24,0 | 23,8 | 23,6 | 23,2 | 22,9 | 22,6 | 22,3 | 40 |
| 42 | 28,1 | 27,9 | 27,8 | 27,7 | 27,6 | 26,8 | 26,6 | 26,4 | 26,2 | 25,7 | 25,4 | 25,1 | 24,8 | 42 |
| 44 | 30,9 | 30,7 | 30,6 | 30,5 | 30,3 | 29,6 | 29,3 | 29,1 | 28,9 | 28,4 | 28,1 | 27,7 | 27,4 | 44 |
| 46 | 33,8 | 33,7 | 33,5 | 33,4 | 33,2 | 32,4 | 32,2 | 31,9 | 31,7 | 31,2 | 30,8 | 30,5 | 30,2 | 46 |
| 48 | 36,9 | 36,7 | 36,6 | 36,4 | 36,3 | 35,4 | 35,2 | 34,9 | 34,6 | 34,1 | 33,8 | 33,4 | 33,0 | 48 |
| 50 | 40,1 | 39,9 | 39,8 | 39,6 | 39,5 | 38,6 | 38,3 | 38,0 | 37,7 | 37,2 | 36,8 | 36,4 | 36,0 | 50 |
| 52 | 43,4 | 43,2 | 43,1 | 42,9 | 42,8 | 41,8 | 41,6 | 41,3 | 41,0 | 40,4 | 40,0 | 39,6 | 39,2 | 52 |
| 54 | 46,9 | 46,7 | 46,5 | 46,4 | 46,2 | 45,2 | 44,9 | 44,6 | 44,3 | 43,7 | 43,3 | 42,9 | 42,5 | 54 |
| 56 | 50,5 | 50,3 | 50,1 | 49,9 | 49,8 | 48,8 | 48,5 | 48,1 | 47,8 | 47,2 | 46,8 | 46,3 | 45,9 | 56 |
| 58 | 54,2 | 54,0 | 53,8 | 53,7 | 53,5 | 52,4 | 52,1 | 51,8 | 51,5 | 50,8 | 50,3 | 49,9 | 49,4 | 58 |
| 60 | 58,1 | 57,9 | 57,7 | 57,5 | 57,3 | 56,3 | 55,9 | 55,6 | 55,2 | 54,5 | 54,1 | 53,6 | 53,1 | 60 |
| 62 | 62,1 | 61,9 | 61,7 | 61,5 | 61,3 | 60,2 | 59,8 | 59,5 | 59,1 | 58,4 | 57,9 | 57,4 | 56,9 | 62 |
| 64 | 66,2 | 66,0 | 65,8 | 65,6 | 65,4 | 64,3 | 63,9 | 63,5 | 63,1 | 62,4 | 61,9 | 61,4 | 60,9 | 64 |
| 66 | 70,5 | 70,3 | 70,1 | 69,8 | 69,6 | 68,5 | 68,1 | 67,7 | 67,3 | 66,6 | 66,0 | 65,5 | 64,9 | 66 |
| 68 | 74,9 | 74,6 | 74,4 | 74,2 | 74,0 | 72,8 | 72,4 | 72,0 | 71,6 | 70,8 | 70,2 | 69,7 | 69,1 | 68 |
| 70 | 79,4 | 79,2 | 79,0 | 78,7 | 78,5 | 77,3 | 76,8 | 76,4 | 76,0 | 75,2 | 74,6 | 74,1 | 73,5 | 70 |
| 72 | 84,1 | 83,8 | 83,6 | 83,4 | 83,2 | 81,9 | 81,4 | 81,0 | 80,6 | 79,8 | 79,1 | 78,5 | 78,0 | 72 |
| 74 | 88,9 | 88,6 | 88,4 | 88,2 | 87,9 | 86,6 | 86,1 | 85,7 | 85,3 | 84,4 | 83,8 | 83,2 | 82,6 | 74 |
| 76 | 93,8 | 93,6 | 93,3 | 93,1 | 92,8 | 91,5 | 91,0 | 90,5 | 90,1 | 89,2 | 88,6 | 87,9 | 87,3 | 76 |
| 78 | 98,9 | 98,6 | 98,4 | 98,1 | 97,9 | 96,5 | 96,0 | 95,5 | 95,1 | 94,2 | 93,5 | 92,8 | 92,2 | 78 |
| 80 | 104 | 104 | 104 | 103 | 103 | 102 | 101 | 101 | 100 | 99,2 | 98,5 | 97,9 | 97,2 | 80 |
| 82 | 109 | 109 | 109 | 109 | 108 | 107 | 106 | 106 | 105 | 104 | 104 | 103 | 102 | 82 |
| 84 | 115 | 115 | 114 | 114 | 114 | 112 | 112 | 111 | 111 | 110 | 109 | 108 | 108 | 84 |
| 86 | 121 | 120 | 120 | 120 | 119 | 118 | 117 | 117 | 116 | 115 | 115 | 114 | 113 | 86 |
| 88 | 126 | 126 | 126 | 125 | 125 | 124 | 123 | 122 | 122 | 121 | 120 | 119 | 119 | 88 |
| 90 | 132 | 132 | 132 | 131 | 131 | 129 | 129 | 128 | 128 | 127 | 126 | 125 | 124 | 90 |
| 92 | 138 | 138 | 138 | 137 | 137 | 135 | 135 | 134 | 134 | 132 | 132 | 131 | 130 | 92 |
| 94 | 144 | 144 | 144 | 143 | 143 | 141 | 141 | 140 | 140 | 138 | 138 | 137 | 136 | 94 |
| 96 | 151 | 150 | 150 | 150 | 149 | 148 | 147 | 146 | 146 | 145 | 144 | 143 | 142 | 96 |
| 98 | 157 | 157 | 156 | 156 | 156 | 154 | 153 | 153 | 152 | 151 | 150 | 149 | 148 | 98 |
| 100 | 163 | 163 | 163 | 162 | 162 | 160 | 160 | 159 | 158 | 157 | 156 | 156 | 155 | 100 |
| 102 | 170 | 170 | 169 | 169 | 169 | 167 | 166 | 166 | 165 | 164 | 163 | 162 | 161 | 102 |
| 104 | 177 | 177 | 176 | 176 | 176 | 174 | 173 | 172 | 172 | 170 | 170 | 169 | 168 | 104 |
| 106 | 184 | 184 | 183 | 183 | 182 | 181 | 180 | 179 | 179 | 177 | 176 | 175 | 174 | 106 |
| 108 | 191 | 191 | 190 | 190 | 190 | 187 | 187 | 186 | 186 | 184 | 183 | 182 | 181 | 108 |
| 110 | 198 | 198 | 197 | 197 | 197 | 195 | 194 | 193 | 193 | 191 | 190 | 189 | 188 | 110 |
| 112 | 205 | 205 | 205 | 204 | 204 | 202 | 201 | 201 | 200 | 198 | 197 | 196 | 196 | 112 |
| 114 | 213 | 213 | 212 | 212 | 211 | 209 | 209 | 208 | 207 | 206 | 205 | 204 | 203 | 114 |
| 116 | 221 | 220 | 220 | 219 | 219 | 217 | 216 | 215 | 215 | 213 | 212 | 211 | 210 | 116 |
| 118 | 228 | 228 | 227 | 227 | 227 | 225 | 224 | 223 | 222 | 221 | 220 | 219 | 218 | 118 |
| 120 | 236 | 236 | 235 | 235 | 235 | 232 | 232 | 231 | 230 | 229 | 228 | 226 | 225 | 120 |
| 122 | 244 | 244 | 243 | 243 | 243 | 240 | 239 | 239 | 238 | 236 | 235 | 234 | 233 | 122 |
| 124 | 252 | 252 | 251 | 251 | 251 | 248 | 248 | 247 | 246 | 244 | 243 | 242 | 241 | 124 |
| 126 | 261 | 260 | 260 | 259 | 259 | 257 | 256 | 255 | 254 | 253 | 251 | 250 | 249 | 126 |
| 128 | 269 | 269 | 268 | 268 | 267 | 265 | 264 | 263 | 262 | 261 | 260 | 259 | 257 | 128 |
| 130 | 277 | 277 | 277 | 276 | 276 | 273 | 272 | 272 | 271 | 269 | 268 | 267 | 266 | 130 |
| 132 | 286 | 286 | 285 | 285 | 284 | 282 | 281 | 280 | 279 | 278 | 277 | 275 | 274 | 132 |
| 134 | 295 | 294 | 294 | 294 | 293 | 291 | 290 | 289 | 288 | 286 | 285 | 284 | 283 | 134 |
| 136 | 304 | 303 | 303 | 303 | 302 | 300 | 299 | 298 | 297 | 295 | 294 | 293 | 292 | 136 |
| 138 | 313 | 312 | 312 | 312 | 311 | 309 | 308 | 307 | 306 | 304 | 303 | 302 | 300 | 138 |
| 140 | 322 | 322 | 321 | 321 | 320 | 318 | 317 | 316 | 315 | 313 | 312 | 311 | 309 | 140 |
| 150 | 370 | 370 | 369 | 369 | 368 | 365 | 364 | 363 | 362 | 361 | 359 | 358 | 357 | 150 |
| 160 | 421 | 421 | 420 | 420 | 419 | 416 | 415 | 414 | 413 | 411 | 410 | 408 | 407 | 160 |
| 170 | 476 | 476 | 475 | 474 | 474 | 471 | 470 | 468 | 467 | 465 | 464 | 462 | 461 | 170 |
| 180 | 534 | 534 | 533 | 532 | 532 | 528 | 527 | 526 | 525 | 523 | 521 | 519 | 518 | 180 |
| 190 | 595 | 595 | 594 | 594 | 593 | 589 | 588 | 587 | 586 | 583 | 581 | 580 | 578 | 190 |

# Hilfstafel B.
## Widerstandsmomente des 0,1 cm starken Stehblechs
### ohne Nietabzug.

| Stehblech-Höhe cm | Gurtplattendicke in cm | | | | | |
|---|---|---|---|---|---|---|
| | 1,4 | 2,8 | 4,2 | 1,5 | 3,0 | 4,5 |
| 60 | 57,3 | 54,9 | 52,6 | | | |
| 62 | 61,3 | 58,8 | 56,4 | | | |
| 64 | 65,4 | 62,8 | 60,3 | | | |
| 66 | 69,6 | 66,9 | 64,4 | | | |
| 68 | 74,0 | 71,2 | 68,6 | | | |
| 70 | 78,5 | 75,6 | 72,9 | | | |
| 72 | 83,2 | 80,7 | 77,4 | | | |
| 74 | 87,9 | 84,8 | 82,0 | | | |
| 76 | 92,8 | 89,7 | 86,7 | | | |
| 78 | 97,9 | 94,6 | 91,5 | | | |
| 80 | 103 | 99,7 | 96,5 | 103 | 99,2 | 95,9 |
| 82 | 108 | 105 | 102 | 108 | 104 | 101 |
| 84 | 114 | 110 | 107 | 114 | 110 | 106 |
| 86 | 119 | 116 | 112 | 119 | 115 | 112 |
| 88 | 125 | 121 | 118 | 125 | 121 | 117 |
| 90 | 131 | 127 | 123 | 131 | 127 | 123 |
| 92 | 137 | 133 | 129 | 137 | 132 | 128 |
| 94 | 143 | 139 | 135 | 143 | 138 | 134 |
| 96 | 149 | 145 | 141 | 149 | 145 | 140 |
| 98 | 156 | 151 | 147 | 155 | 151 | 147 |
| 100 | 162 | 158 | 154 | 162 | 157 | 153 |
| 102 | 169 | 164 | 160 | 168 | 164 | 159 |
| 104 | 176 | 171 | 167 | 175 | 170 | 166 |
| 106 | 182 | 178 | 174 | 182 | 177 | 173 |
| 108 | 190 | 185 | 180 | 189 | 184 | 179 |
| 110 | 197 | 192 | 187 | 196 | 191 | 186 |
| 112 | 204 | 199 | 194 | 204 | 198 | 194 |
| 114 | 211 | 206 | 202 | 211 | 206 | 201 |
| 116 | 219 | 214 | 209 | 219 | 213 | 208 |
| 118 | 227 | 222 | 217 | 226 | 221 | 216 |
| 120 | 235 | 229 | 224 | 234 | 229 | 223 |
| 122 | 243 | 237 | 232 | 242 | 236 | 231 |
| 124 | 251 | 245 | 240 | 250 | 244 | 239 |
| 126 | 259 | 253 | 248 | 258 | 253 | 247 |
| 128 | 267 | 262 | 256 | 267 | 261 | 255 |
| 130 | 276 | 270 | 265 | 275 | 269 | 263 |
| 132 | 284 | 279 | 273 | 284 | 278 | 272 |
| 134 | 293 | 287 | 282 | 293 | 286 | 280 |
| 136 | 302 | 296 | 290 | 302 | 295 | 289 |
| 138 | 311 | 305 | 299 | 311 | 304 | 298 |
| 140 | 320 | 314 | 308 | 320 | 313 | 307 |
| 142 | 330 | 323 | 317 | 329 | 322 | 316 |
| 144 | 339 | 333 | 327 | 339 | 332 | 325 |
| 146 | 349 | 342 | 336 | 348 | 341 | 335 |
| 148 | 358 | 352 | 345 | 358 | 351 | 344 |
| 150 | 368 | 362 | 355 | 368 | 361 | 354 |
| 152 | 378 | 371 | 365 | 378 | 370 | 364 |
| 154 | 388 | 381 | 375 | 388 | 380 | 373 |
| 156 | 398 | 392 | 385 | 398 | 391 | 383 |
| 158 | 409 | 402 | 395 | 408 | 401 | 394 |
| 160 | 419 | 412 | 405 | 419 | 411 | 404 |
| 164 | 441 | 433 | 426 | 440 | 432 | 425 |
| 168 | 463 | 455 | 448 | 462 | 454 | 446 |
| 170 | 474 | 466 | 459 | 473 | 465 | 457 |
| 172 | 485 | 478 | 470 | 485 | 476 | 469 |
| 176 | 508 | 500 | 493 | 508 | 499 | 491 |
| 180 | 532 | 524 | 516 | 531 | 523 | 514 |
| 184 | 556 | 548 | 540 | 555 | 546 | 538 |
| 188 | 580 | 572 | 564 | 580 | 571 | 562 |
| 190 | 593 | 584 | 576 | 592 | 583 | 574 |
| 192 | 606 | 597 | 589 | 605 | 596 | 587 |
| 196 | 631 | 622 | 614 | 631 | 621 | 612 |
| 200 | 657 | 649 | 640 | 657 | 647 | 638 |
| 210 | | | | 725 | 715 | 705 |
| 220 | | | | 796 | 785 | 775 |

| Stehblech-Höhe cm | Gurtplattendicke in cm | | |
|---|---|---|---|
| | 1,6 | 3,2 | 4,8 |
| 100 | 162 | 157 | 152 |
| 102 | 168 | 163 | 158 |
| 104 | 175 | 170 | 165 |
| 106 | 182 | 177 | 172 |
| 108 | 189 | 184 | 179 |
| 110 | 196 | 191 | 185 |
| 112 | 203 | 198 | 193 |
| 114 | 211 | 205 | 200 |
| 116 | 218 | 213 | 207 |
| 118 | 226 | 220 | 215 |
| 120 | 234 | 228 | 222 |
| 122 | 242 | 236 | 230 |
| 124 | 250 | 244 | 238 |
| 126 | 258 | 252 | 246 |
| 128 | 266 | 260 | 254 |
| 130 | 275 | 268 | 262 |
| 132 | 284 | 277 | 271 |
| 134 | 292 | 286 | 279 |
| 136 | 301 | 294 | 288 |
| 138 | 310 | 304 | 297 |
| 140 | 319 | 312 | 306 |
| 142 | 329 | 322 | 315 |
| 144 | 338 | 331 | 324 |
| 146 | 348 | 340 | 333 |
| 148 | 357 | 350 | 343 |
| 150 | 367 | 360 | 352 |
| 152 | 377 | 370 | 362 |
| 154 | 387 | 380 | 372 |
| 156 | 397 | 390 | 382 |
| 158 | 408 | 400 | 392 |
| 160 | 418 | 410 | 403 |
| 162 | 429 | 421 | 413 |
| 164 | 440 | 431 | 423 |
| 166 | 451 | 442 | 434 |
| 168 | 462 | 453 | 445 |
| 170 | 473 | 464 | 456 |
| 172 | 484 | 475 | 467 |
| 174 | 495 | 487 | 478 |
| 176 | 507 | 498 | 490 |
| 178 | 519 | 510 | 501 |
| 180 | 531 | 521 | 513 |
| 184 | 555 | 545 | 536 |
| 188 | 579 | 570 | 560 |
| 190 | 592 | 582 | 573 |
| 192 | 604 | 595 | 585 |
| 196 | 630 | 620 | 610 |
| 200 | 656 | 646 | 636 |
| 204 | 683 | 673 | 662 |
| 208 | 710 | 700 | 688 |
| 210 | 724 | 713 | 703 |
| 212 | 737 | 727 | 717 |
| 216 | 765 | 755 | 744 |
| 220 | 795 | 784 | 773 |
| 230 | 870 | 858 | 846 |
| 240 | 947 | 935 | 923 |
| 250 | 1029 | 1016 | 1003 |
| 260 | 1113 | 1100 | 1087 |
| 270 | 1201 | 1187 | 1173 |
| 280 | 1292 | 1277 | 1263 |
| 290 | 1386 | 1371 | 1357 |
| 300 | 1484 | 1469 | 1453 |

| Stehblech-Höhe cm | Gurtplattendicke in cm | | |
|---|---|---|---|
| | 2,0 | 4,0 | 6,0 |
| 100 | 160 | 154 | 149 |
| 102 | 167 | 161 | 155 |
| 104 | 174 | 167 | 162 |
| 106 | 181 | 174 | 168 |
| 108 | 187 | 181 | 175 |
| 110 | 195 | 188 | 182 |
| 112 | 202 | 195 | 189 |
| 114 | 209 | 202 | 196 |
| 116 | 217 | 210 | 203 |
| 118 | 225 | 217 | 211 |
| 120 | 232 | 225 | 218 |
| 122 | 240 | 233 | 226 |
| 124 | 248 | 241 | 234 |
| 126 | 257 | 249 | 242 |
| 128 | 265 | 257 | 250 |
| 130 | 273 | 265 | 258 |
| 132 | 282 | 274 | 266 |
| 134 | 291 | 282 | 275 |
| 136 | 300 | 291 | 283 |
| 138 | 309 | 300 | 292 |
| 140 | 318 | 309 | 301 |
| 142 | 327 | 318 | 310 |
| 144 | 336 | 327 | 319 |
| 146 | 346 | 337 | 328 |
| 148 | 355 | 346 | 338 |
| 150 | 365 | 356 | 347 |
| 152 | 375 | 366 | 357 |
| 154 | 385 | 376 | 367 |
| 156 | 395 | 386 | 377 |
| 158 | 406 | 396 | 387 |
| 160 | 416 | 406 | 397 |
| 164 | 438 | 427 | 418 |
| 168 | 459 | 449 | 439 |
| 170 | 471 | 460 | 450 |
| 172 | 482 | 471 | 461 |
| 176 | 505 | 494 | 483 |
| 180 | 528 | 517 | 506 |
| 184 | 552 | 541 | 530 |
| 188 | 577 | 565 | 554 |
| 190 | 589 | 577 | 566 |
| 192 | 602 | 590 | 578 |
| 196 | 627 | 615 | 603 |
| 200 | 654 | 641 | 629 |
| 204 | 680 | 667 | 655 |
| 208 | 707 | 694 | 682 |
| 210 | 721 | 708 | 695 |
| 212 | 735 | 722 | 709 |
| 216 | 763 | 750 | 737 |
| 220 | 792 | 778 | 765 |
| 230 | 867 | 852 | 838 |
| 240 | 944 | 929 | 914 |
| 250 | 1025 | 1009 | 994 |
| 260 | 1110 | 1093 | 1077 |
| 270 | 1197 | 1180 | 1163 |
| 280 | 1288 | 1270 | 1253 |
| 290 | 1383 | 1364 | 1346 |
| 300 | 1480 | 1461 | 1442 |

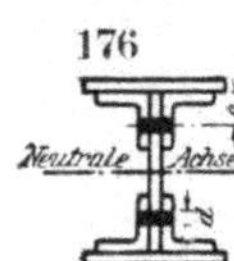


# Hilfstafel C.

## Widerstandsmomente der 2 horizontalen Gurtungsniete
### in bezug auf die neutrale Achse des Trägers.

**L 7,5·7,5·1,0 cm** — Nietstärke 2,0 cm; e = 4,25 cm — Gurtplattendicke in cm; und **L 8,0·8,0·1,0 und L 8,0·12,0·1,0 cm** — Nietstärke 2,0 cm; e = 4,5 cm — Gurtplattendicke in cm.

| Stehblech-Höhe cm | 1,0 | 1,2 | 2,0 | 3,0 | 1,0 | 1,1 | 1,2 | 2,0 | 2,2 | 2,4 | 3,0 | 3,3 |
|---|---|---|---|---|---|---|---|---|---|---|---|---|
| 20 | 36,4 | 35,8 | 33,4 | 30,8 | 33,4 | 33,0 | 32,8 | 30,5 | 30,1 | 29,6 | 28,2 | 27,6 |
| 30 | 86,9 | 85,8 | 81,8 | 77,3 | 82,9 | 82,4 | 81,9 | 78,1 | 77,1 | 76,3 | 73,7 | 72,5 |
| 40 | 142 | 141 | 135 | 130 | 137 | 137 | 136 | 131 | 130 | 128 | 126 | 124 |
| 50 | 199 | 197 | 192 | 185 | 194 | 193 | 193 | 187 | 186 | 184 | 180 | 178 |
| 60 | 257 | 255 | 249 | 241 | 252 | 251 | 250 | 244 | 242 | 241 | 237 | 234 |
| 70 | 315 | 314 | 307 | 299 | 310 | 309 | 308 | 302 | 300 | 299 | 294 | 292 |
| 80 | 374 | 372 | 365 | 357 | 369 | 368 | 367 | 360 | 358 | 357 | 352 | 349 |
| 90 | 433 | 431 | 424 | 415 | 428 | 427 | 426 | 419 | 417 | 415 | 410 | 408 |
| 100 | 493 | 491 | 483 | 474 | 487 | 486 | 485 | 478 | 476 | 474 | 469 | 466 |
| 110 | 552 | 551 | 542 | 533 | 547 | 546 | 545 | 537 | 535 | 533 | 528 | 525 |
| 120 | 611 | 609 | 602 | 592 | 606 | 605 | 604 | 596 | 594 | 592 | 587 | 584 |

**L 8,0·8,0·1,2 cm** — Nietstärke 2,3 cm; e = 4,6 cm — Gurtplattendicke in cm.

| Stehblech-Höhe cm | 1,0 | 1,1 | 1,2 | 1,3 | 2,0 | 2,2 | 2,4 |
|---|---|---|---|---|---|---|---|
| 30 | 106 | 105 | 105 | 104 | 100 | 98,8 | 97,6 |
| 40 | 177 | 176 | 175 | 174 | 169 | 167 | 166 |
| 50 | 251 | 250 | 249 | 248 | 241 | 240 | 238 |
| 60 | 326 | 325 | 324 | 323 | 316 | 314 | 312 |
| 70 | 402 | 401 | 399 | 398 | 391 | 389 | 387 |
| 80 | 478 | 477 | 476 | 475 | 467 | 465 | 462 |
| 90 | 555 | 554 | 553 | 551 | 543 | 541 | 539 |
| 100 | 632 | 631 | 630 | 629 | 621 | 618 | 615 |
| 110 | 710 | 708 | 707 | 706 | 697 | 695 | 692 |
| 120 | 787 | 786 | 784 | 783 | 774 | 772 | 769 |
| 130 | 865 | 863 | 862 | 862 | 852 | 849 | 847 |

**L 8,0·8,0·1,2 cm** — Nietstärke 2,3 cm; e = 4,6 cm — Gurtplattendicke in cm; und **L 9,0·9,0·1,1 cm** — Nietstärke 2,0 cm; e = 5,05 cm — Gurtplattendicke in cm; und **L 9,0·9,0·1,3 cm** — Nietstärke 2,3 cm; e = 5,15 cm — Gurtplattendicke in cm.

| Stehblech-Höhe cm | 2,6 | 3,0 | 3,6 | 1,0 | 1,1 | 1,2 | 1,3 | 2,0 | 2,2 | 2,4 | 2,6 | 3,0 | 3,3 | 1,2 | 1,3 | 2,4 | 2,6 | 3,6 | 3,9 |
|---|---|---|---|---|---|---|---|---|---|---|---|---|---|---|---|---|---|---|---|
| 30 | 96,5 | 94,4 | 91,3 | 79,5 | 79,0 | 78,5 | 78,0 | 74,8 | 73,9 | 73,1 | 72,2 | 70,6 | 69,5 | 102 | 102 | 95,3 | 94,2 | 89,2 | 87,8 |
| 40 | 164 | 162 | 157 | 136 | 136 | 135 | 135 | 130 | 129 | 128 | 127 | 125 | 123 | 177 | 177 | 168 | 166 | 159 | 157 |
| 50 | 236 | 233 | 228 | 196 | 195 | 195 | 194 | 189 | 187 | 186 | 185 | 182 | 180 | 256 | 255 | 245 | 243 | 235 | 232 |
| 60 | 310 | 306 | 301 | 257 | 256 | 256 | 255 | 249 | 248 | 246 | 245 | 242 | 239 | 337 | 336 | 325 | 323 | 313 | 310 |
| 70 | 385 | 381 | 375 | 319 | 318 | 317 | 316 | 310 | 309 | 307 | 305 | 302 | 300 | 419 | 418 | 406 | 404 | 393 | 394 |
| 80 | 460 | 456 | 450 | 381 | 381 | 380 | 379 | 372 | 371 | 369 | 367 | 364 | 361 | 502 | 501 | 488 | 485 | 474 | 471 |
| 90 | 536 | 532 | 525 | 444 | 443 | 442 | 441 | 435 | 433 | 431 | 429 | 426 | 423 | 585 | 584 | 570 | 568 | 556 | 553 |
| 100 | 613 | 608 | 602 | 507 | 506 | 505 | 504 | 497 | 496 | 494 | 492 | 488 | 485 | 669 | 668 | 654 | 651 | 639 | 635 |
| 110 | 690 | 685 | 678 | 570 | 569 | 568 | 567 | 560 | 558 | 556 | 555 | 551 | 548 | 753 | 751 | 737 | 734 | 722 | 718 |
| 120 | 767 | 762 | 755 | 634 | 633 | 632 | 631 | 623 | 621 | 619 | 617 | 614 | 611 | 837 | 835 | 821 | 818 | 805 | 801 |
| 130 | 844 | 839 | 832 | 697 | 696 | 695 | 694 | 687 | 685 | 683 | 681 | 677 | 674 | 921 | 920 | 905 | 902 | 889 | 885 |

**L 10,0·10,0·1,0 cm** — Nietstärke 2,0 cm; e = 5,5 cm — Gurtplattendicke in cm.

| Stehblech-Höhe cm | 1,0 | 1,1 | 1,2 | 1,3 | 2,0 | 2,2 | 2,4 | 3,0 | 3,3 | 3,6 |
|---|---|---|---|---|---|---|---|---|---|---|
| 30 | 67,9 | 67,5 | 67,1 | 66,7 | 63,9 | 63,1 | 62,5 | 60,4 | 59,5 | 58,4 |
| 40 | 120 | 120 | 119 | 119 | 115 | 114 | 113 | 110 | 108 | 107 |
| 50 | 176 | 175 | 174 | 174 | 169 | 168 | 167 | 163 | 161 | 160 |
| 60 | 230 | 232 | 231 | 230 | 225 | 224 | 222 | 218 | 216 | 214 |
| 70 | 290 | 289 | 289 | 288 | 282 | 281 | 279 | 275 | 273 | 271 |
| 80 | 348 | 348 | 347 | 346 | 340 | 339 | 337 | 332 | 330 | 328 |
| 90 | 407 | 406 | 405 | 404 | 398 | 397 | 395 | 390 | 388 | 385 |
| 100 | 466 | 465 | 464 | 463 | 457 | 455 | 454 | 448 | 446 | 443 |
| 110 | 525 | 524 | 523 | 522 | 516 | 514 | 512 | 507 | 504 | 502 |
| 120 | 584 | 583 | 582 | 582 | 575 | 573 | 571 | 566 | 563 | 560 |
| 130 | 644 | 643 | 642 | 641 | 634 | 632 | 630 | 625 | 622 | 619 |
| 140 | 703 | 702 | 701 | 700 | 693 | 692 | 690 | 684 | 681 | 678 |
| 150 | 763 | 762 | 761 | 760 | 753 | 751 | 749 | 743 | 740 | 737 |
| 160 | 822 | 821 | 820 | 819 | 812 | 810 | 808 | 802 | 800 | 797 |
| 170 | 882 | 881 | 880 | 879 | 872 | 870 | 868 | 862 | 859 | 856 |
| 180 | 942 | 941 | 940 | 939 | 931 | 929 | 927 | 921 | 918 | 915 |

# Hilfstafel C.

## Widerstandsmomente der 2 horizontalen Gurtungsniete
### in bezug auf die neutrale Achse des Trägers.

| Steh-blech-Höhe cm | ∟ 10,0·10,0·1,2 cm — Nietstärke 2,3 cm; e = 5,6 cm — Gurtplattendicke in cm | | | | | | | | | | ∟ 11,0·11,0·1,2 cm — Nietstärke 2,3 cm; e = 6,1 cm — Gurtplattendicke in cm | | | | |
|---|---|---|---|---|---|---|---|---|---|---|---|---|---|---|---|
| | 1,0 | 1,1 | 1,2 | 1,3 | 2,0 | 2,2 | 2,4 | 2,6 | 3,0 | 3,6 | 1,2 | 1,3 | 2,0 | 2,4 | 2,6 |
| 30 | 86,8 | 86,3 | 85,7 | 85,2 | 81,7 | 80,7 | 79,8 | 78,9 | 77,2 | 74,7 | 81,4 | 80,9 | 77,6 | 75,8 | 74,9 |
| 40 | 155 | 154 | 153 | 153 | 148 | 146 | 145 | 144 | 141 | 138 | 151 | 151 | 146 | 143 | 142 |
| 50 | 227 | 226 | 225 | 224 | 218 | 217 | 215 | 214 | 210 | 206 | 226 | 225 | 219 | 216 | 215 |
| 60 | 301 | 300 | 299 | 298 | 291 | 289 | 288 | 286 | 282 | 277 | 303 | 302 | 296 | 292 | 290 |
| 70 | 376 | 375 | 374 | 372 | 366 | 364 | 362 | 360 | 356 | 350 | 383 | 381 | 374 | 370 | 368 |
| 80 | 452 | 450 | 449 | 448 | 441 | 439 | 437 | 435 | 431 | 425 | 462 | 461 | 453 | 449 | 447 |
| 90 | 528 | 527 | 526 | 525 | 517 | 515 | 512 | 510 | 506 | 500 | 543 | 541 | 533 | 529 | 527 |
| 100 | 605 | 604 | 602 | 601 | 593 | 591 | 589 | 586 | 582 | 575 | 623 | 622 | 614 | 609 | 607 |
| 110 | 682 | 680 | 679 | 678 | 670 | 667 | 665 | 663 | 658 | 651 | 705 | 703 | 695 | 690 | 688 |
| 120 | 759 | 758 | 756 | 755 | 747 | 744 | 741 | 739 | 735 | 728 | 786 | 785 | 776 | 771 | 769 |
| 130 | 836 | 835 | 834 | 832 | 824 | 821 | 819 | 816 | 812 | 805 | 868 | 867 | 858 | 852 | 850 |
| 140 | 914 | 912 | 911 | 910 | 901 | 898 | 896 | 894 | 889 | 881 | 950 | 948 | 939 | 934 | 931 |
| 150 | 991 | 990 | 989 | 987 | 978 | 976 | 973 | 971 | 966 | 958 | 1032 | 1030 | 1021 | 1016 | 1013 |
| 160 | 1069 | 1068 | 1066 | 1065 | 1056 | 1053 | 1051 | 1048 | 1043 | 1036 | 1114 | 1112 | 1103 | 1098 | 1095 |
| 170 | 1147 | 1145 | 1144 | 1143 | 1133 | 1131 | 1128 | 1126 | 1121 | 1113 | 1196 | 1195 | 1185 | 1180 | 1177 |
| 180 | 1224 | 1223 | 1222 | 1220 | 1211 | 1208 | 1206 | 1203 | 1198 | 1190 | 1278 | 1277 | 1267 | 1262 | 1259 |

| Steh-blech-Höhe cm | ∟ 11,0·11,0·1,2 cm — Nietstärke 2,3 cm; e = 6,1 cm — Gurtplattendicke in cm | | | ∟ 12,0·12,0·1,1 cm — Nietstärke 2,3 cm; e = 6,55 cm — Gurtplattendicke in cm | | | |
|---|---|---|---|---|---|---|---|
| | 3,0 | 3,6 | 3,9 | 1,1 | 1,2 | 2,2 | 3,3 |
| 30 | 73,3 | 70,9 | 69,8 | 65,7 | 65,3 | 61,5 | 57,8 |
| 40 | 139 | 136 | 134 | 127 | 126 | 120 | 115 |
| 50 | 212 | 207 | 205 | 192 | 191 | 184 | 177 |
| 60 | 287 | 282 | 279 | 260 | 260 | 252 | 243 |
| 70 | 364 | 359 | 356 | 330 | 329 | 320 | 311 |
| 80 | 443 | 437 | 434 | 401 | 400 | 390 | 381 |
| 90 | 522 | 516 | 513 | 472 | 471 | 461 | 451 |
| 100 | 602 | 596 | 592 | 544 | 543 | 532 | 522 |
| 110 | 683 | 676 | 672 | 616 | 615 | 604 | 593 |
| 120 | 764 | 757 | 753 | 688 | 687 | 676 | 664 |
| 130 | 845 | 838 | 834 | 761 | 760 | 748 | 736 |
| 140 | 926 | 919 | 915 | 834 | 832 | 821 | 809 |
| 150 | 1008 | 1000 | 996 | 906 | 905 | 893 | 881 |
| 160 | 1090 | 1082 | 1078 | 979 | 978 | 966 | 953 |
| 170 | 1172 | 1164 | 1160 | 1052 | 1051 | 1039 | 1026 |
| 180 | 1254 | 1245 | 1242 | 1125 | 1124 | 1112 | 1099 |

| Steh-blech-Höhe cm | ∟ 12,0·12,0·1,3 cm — Nietstärke 2,6 cm; e = 6,65 cm — Gurtplattendicke in cm | | | | | |
|---|---|---|---|---|---|---|
| | 1,2 | 1,3 | 2,4 | 2,6 | 3,6 | 3,9 |
| 40 | 167 | 166 | 158 | 156 | 150 | 148 |
| 50 | 254 | 253 | 243 | 241 | 233 | 231 |
| 60 | 346 | 345 | 333 | 331 | 321 | 318 |
| 70 | 439 | 438 | 425 | 423 | 412 | 409 |
| 80 | 534 | 532 | 519 | 516 | 504 | 501 |
| 90 | 629 | 628 | 613 | 611 | 598 | 595 |
| 100 | 725 | 724 | 709 | 706 | 693 | 689 |
| 110 | 822 | 821 | 805 | 802 | 788 | 784 |
| 120 | 919 | 918 | 901 | 899 | 884 | 880 |
| 130 | 1016 | 1015 | 998 | 995 | 981 | 977 |
| 140 | 1114 | 1112 | 1095 | 1092 | 1078 | 1073 |
| 150 | 1212 | 1210 | 1193 | 1190 | 1175 | 1170 |
| 160 | 1309 | 1308 | 1290 | 1287 | 1272 | 1267 |
| 170 | 1407 | 1406 | 1388 | 1385 | 1369 | 1365 |
| 180 | 1505 | 1504 | 1486 | 1483 | 1467 | 1462 |
| 190 | 1603 | 1602 | 1584 | 1580 | 1564 | 1560 |

| Steh-blech-Höhe cm | ∟ 13,0·13,0·1,2 cm — Nietstärke 2,3 cm; e = 7,1 cm — Gurtplattendicke in cm | | | | ∟ 13,0·13,0·1,4 cm — Nietstärke 2,6 cm; e = 7,2 cm — Gurtplattendicke in cm | | | | ∟ 8,0·12,0·1,2 cm — Nietstärke 2,3 cm; e = 4,6 cm — Gurtplattendicke in cm | | | |
|---|---|---|---|---|---|---|---|---|---|---|---|---|
| | 1,2 | 1,3 | 2,4 | 3,6 | 1,3 | 1,4 | 2,6 | 3,9 | 1,2 | 1,3 | 2,4 | 2,6 |
| 40 | 130 | 130 | 123 | 117 | 161 | 160 | 151 | 143 | 186 | 185 | 176 | 174 |
| 50 | 203 | 202 | 194 | 186 | 251 | 250 | 239 | 228 | 263 | 262 | 252 | 250 |
| 60 | 279 | 278 | 268 | 259 | 346 | 345 | 332 | 319 | 343 | 342 | 330 | 328 |
| 70 | 356 | 355 | 345 | 334 | 443 | 442 | 428 | 414 | 423 | 422 | 409 | 407 |
| 80 | 435 | 434 | 423 | 411 | 542 | 541 | 526 | 510 | 504 | 503 | 490 | 487 |
| 90 | 515 | 514 | 502 | 490 | 642 | 641 | 625 | 608 | 585 | 584 | 570 | 568 |
| 100 | 595 | 594 | 582 | 569 | 743 | 742 | 725 | 707 | 667 | 665 | 652 | 649 |
| 110 | 676 | 675 | 662 | 649 | 844 | 843 | 825 | 807 | 749 | 747 | 733 | 730 |
| 120 | 757 | 756 | 743 | 729 | 946 | 945 | 926 | 908 | 831 | 829 | 815 | 812 |
| 130 | 839 | 837 | 824 | 809 | 1048 | 1047 | 1028 | 1009 | 913 | 911 | 896 | 894 |
| 140 | 920 | 920 | 905 | 890 | 1151 | 1149 | 1130 | 1110 | 995 | 994 | 978 | 976 |
| 150 | 1002 | 1001 | 987 | 971 | 1253 | 1252 | 1232 | 1212 | 1077 | 1076 | 1060 | 1058 |
| 160 | 1084 | 1083 | 1068 | 1053 | 1356 | 1354 | 1335 | 1314 | 1160 | 1158 | 1143 | 1140 |
| 170 | 1166 | 1165 | 1150 | 1134 | 1459 | 1457 | 1437 | 1416 | 1242 | 1240 | 1225 | 1222 |
| 180 | 1248 | 1247 | 1232 | 1216 | 1562 | 1560 | 1540 | 1519 | 1324 | 1323 | 1307 | 1304 |
| 190 | 1330 | 1329 | 1314 | 1298 | 1665 | 1663 | 1643 | 1621 | 1407 | 1405 | 1390 | 1387 |

| Steh-blech-Höhe cm | ∟ 8,0·12,0·1,0 — Nietstärke 2,0 cm; e = 4,5 cm — Gurtplattendicke in cm | |
|---|---|---|
| | 1,0 | 1,2 |
| 130 | 66,6 | 66,4 |
| 140 | 72,5 | 72,3 |
| 150 | 78,5 | 78,3 |
| 160 | 84,5 | 84,3 |
| 170 | 90,4 | 90,2 |
| 180 | 96,4 | 96,2 |

| Steh-blech-Höhe cm | Gurtplattendicke in cm | |
|---|---|---|
| | 2,0 | 2,4 |
| 130 | 65,6 | 63,2 |
| 140 | 71,5 | 71,1 |
| 150 | 77,5 | 77,1 |
| 160 | 83,4 | 83,0 |
| 170 | 89,4 | 89,0 |
| 180 | 95,4 | 94,9 |

# Hilfstafel C.

## Widerstandsmomente der 2 horizontalen Gurtungsniete
### in bezug auf die neutrale Achse des Trägers.

| Stehblech-Höhe cm | L 14,0·14,0·1,3 Nietstärke 2,6 cm; e = 7,65 cm Gurtplattendicke in cm | | | L 14,0·14,0·1,5 Nietstärke 2,6 cm; e = 7,75 cm Gurtplattendicke in cm | | | L 15,0·15,0·1,4 Nietstärke 2,6 cm; e = 8,2 cm Gurtplattendicke in cm | | | L 8,0·16,0·1,4 Nietstärke 2,3 cm e = 4,7 cm Gurtplattendicke in cm | | Stehblech-Höhe cm | L 15,0·15,0·1,6 Nietstärke 2,6 cm e = 8,3 cm Gurtplattendicke in cm | | |
|---|---|---|---|---|---|---|---|---|---|---|---|---|---|---|---|
| | 1,4 | 2,8 | 4,2 | 1,4 | 2,8 | 4,2 | 1,4 | 2,8 | 4,2 | 1,4 | 2,8 | | 1,5 | 3,0 | 4,5 |
| 60 | 323 | 309 | 297 | 353 | 338 | 324 | 323 | 309 | 297 | 385 | 368 | 80 | 580 | 559 | 540 |
| 70 | 417 | 402 | 387 | 456 | 440 | 424 | 421 | 405 | 391 | 476 | 458 | 90 | 693 | 671 | 651 |
| 80 | 513 | 496 | 480 | 562 | 544 | 526 | 521 | 504 | 488 | 568 | 549 | 100 | 808 | 785 | 763 |
| 90 | 610 | 592 | 575 | 669 | 649 | 631 | 623 | 604 | 587 | 660 | 641 | 110 | 924 | 900 | 877 |
| 100 | 708 | 689 | 671 | 777 | 756 | 737 | 725 | 706 | 688 | 753 | 733 | 120 | 1040 | 1015 | 990 |
| 110 | 806 | 787 | 768 | 885 | 864 | 843 | 828 | 808 | 789 | 846 | 826 | 130 | 1157 | 1131 | 1107 |
| 120 | 905 | 885 | 866 | 994 | 972 | 951 | 932 | 911 | 891 | 939 | 919 | 140 | 1274 | 1248 | 1222 |
| 130 | 1005 | 984 | 964 | 1104 | 1081 | 1059 | 1036 | 1015 | 994 | 1033 | 1012 | 150 | 1391 | 1365 | 1339 |
| 140 | 1104 | 1083 | 1063 | 1214 | 1190 | 1168 | 1141 | 1119 | 1098 | 1126 | 1105 | 160 | 1509 | 1482 | 1455 |
| 150 | 1204 | 1183 | 1162 | 1324 | 1300 | 1277 | 1245 | 1223 | 1201 | 1220 | 1198 | 170 | 1627 | 1599 | 1572 |
| 160 | 1304 | 1282 | 1261 | 1434 | 1410 | 1386 | 1350 | 1328 | 1305 | 1314 | 1292 | 180 | 1745 | 1717 | 1690 |
| 170 | 1404 | 1382 | 1360 | 1545 | 1520 | 1496 | 1456 | 1432 | 1410 | 1408 | 1385 | 190 | 1863 | 1835 | 1807 |
| 180 | 1505 | 1482 | 1460 | 1655 | 1630 | 1606 | 1561 | 1537 | 1515 | 1501 | 1479 | 200 | 1982 | 1953 | 1925 |
| 190 | 1605 | 1582 | 1560 | 1766 | 1741 | 1716 | 1666 | 1643 | 1619 | 1595 | 1573 | 210 | 2100 | 2071 | 2043 |
| 200 | 1706 | 1682 | 1650 | 1877 | 1851 | 1826 | 1772 | 1748 | 1724 | 1689 | 1666 | 220 | 2219 | 2190 | 2161 |

| Stehblech-Höhe cm | L 10,0·15,0·1,4 Nietstärke 2,6 cm; e = 5,7 cm Gurtplattendicke in cm | | L 16,0·16,0·1,5 Nietstärke 2,6 cm; e = 8,75 cm Gurtplattendicke in cm | | | Stehblech-Höhe cm | L 16,0·16,0·1,7 Nietstärke 2,6 cm; e = 8,85 cm Gurtplattendicke in cm | | | Stehblech-Höhe cm | L 16,0·16,0·1,9 Nietstärke 2,6 cm; e = 8,95 cm Gurtplattendicke in cm | | | L 10,0·20,0·1,6 Nietstärke 2,6 cm; e = 5,8 cm Gurtplattendicke in cm | | |
|---|---|---|---|---|---|---|---|---|---|---|---|---|---|---|---|---|
| | 1,5 | 3,0 | 1,5 | 3,0 | 4,5 | | 1,6 | 3,2 | 4,8 | | 2,0 | 4,0 | 6,0 | 1,6 | 3,2 | 4,8 |
| 80 | 619 | 598 | 539 | 520 | 502 | 100 | 836 | 811 | 788 | 100 | 910 | 877 | 845 | 945 | 917 | 890 |
| 90 | 726 | 703 | 647 | 627 | 608 | 110 | 959 | 933 | 908 | 110 | 1045 | 1010 | 976 | 1068 | 1038 | 1011 |
| 100 | 832 | 809 | 756 | 735 | 715 | 120 | 1082 | 1055 | 1029 | 120 | 1181 | 1144 | 1109 | 1191 | 1160 | 1132 |
| 110 | 940 | 915 | 866 | 844 | 823 | 130 | 1206 | 1178 | 1151 | 130 | 1317 | 1279 | 1243 | 1314 | 1283 | 1253 |
| 120 | 1047 | 1022 | 977 | 954 | 932 | 140 | 1331 | 1302 | 1274 | 140 | 1454 | 1415 | 1377 | 1437 | 1406 | 1376 |
| 130 | 1155 | 1130 | 1089 | 1065 | 1042 | 150 | 1456 | 1426 | 1397 | 150 | 1591 | 1551 | 1513 | 1561 | 1529 | 1498 |
| 140 | 1263 | 1237 | 1201 | 1176 | 1152 | 160 | 1581 | 1551 | 1521 | 160 | 1729 | 1688 | 1648 | 1684 | 1652 | 1621 |
| 150 | 1371 | 1345 | 1313 | 1288 | 1263 | 170 | 1706 | 1675 | 1646 | 170 | 1867 | 1825 | 1785 | 1808 | 1775 | 1744 |
| 160 | 1480 | 1453 | 1425 | 1400 | 1375 | 180 | 1832 | 1801 | 1770 | 180 | 2005 | 1963 | 1922 | 1932 | 1899 | 1867 |
| 170 | 1588 | 1561 | 1538 | 1512 | 1486 | 190 | 1958 | 1926 | 1895 | 190 | 2144 | 2100 | 2059 | 2056 | 2023 | 1990 |
| 180 | 1696 | 1669 | 1651 | 1624 | 1598 | 200 | 2084 | 2051 | 2020 | 200 | 2282 | 2238 | 2196 | 2180 | 2146 | 2018 |
| 190 | 1804 | 1777 | 1764 | 1737 | 1711 | 210 | 2210 | 2177 | 2145 | 210 | 2421 | 2377 | 2334 | 2304 | 2270 | 2237 |
| 200 | 1914 | 1886 | 1877 | 1850 | 1823 | 220 | 2336 | 2303 | 2271 | 220 | 2560 | 2515 | 2472 | 2429 | 2394 | 2361 |
| 210 | 2022 | 1994 | 1990 | 1963 | 1936 | 230 | 2462 | 2430 | 2397 | 230 | 2699 | 2654 | 2610 | 2553 | 2518 | 2485 |
| 220 | 2131 | 2103 | 2104 | 2076 | 2049 | 240 | 2589 | 2555 | 2522 | 240 | 2839 | 2793 | 2748 | 2677 | 2642 | 2608 |
| | | | | | | | | | | 250 | 2978 | 2932 | 2887 | 2801 | 2766 | 2732 |
| | | | | | | | | | | 260 | 3117 | 3071 | 3026 | 2926 | 2891 | 2856 |
| | | | | | | | | | | 270 | 3257 | 3210 | 3164 | 3050 | 3015 | 2980 |
| | | | | | | | | | | 280 | 3396 | 3349 | 3303 | 3175 | 3139 | 3105 |
| | | | | | | | | | | 290 | 3536 | 3488 | 3442 | 3299 | 3264 | 3229 |
| | | | | | | | | | | 300 | 3675 | 3628 | 3581 | 3424 | 3388 | 3353 |

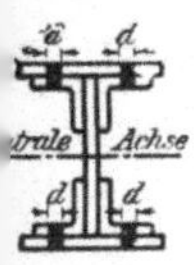


# Hilfstafel D.

## Widerstandsmomente der 4 vertikalen Gurtungsniete
### in bezug auf die neutrale Achse des Trägers.

**L 7,5·7,5·1,0 cm  L 8,0·8,0·1,0 cm  L 10,0·10,0·1,0 cm  L 8,0·12,0·1,0 cm — Nietstärke 2,0 cm — Gurtplattendicke in cm**

| Stehblech-Höhe cm | 1,0 | 1,1 | 1,2 | 1,3 | 2,0 | 2,2 | 2,4 | 3,0 | 3,3 | 3,6 |
|---|---|---|---|---|---|---|---|---|---|---|
| 20 | 146 | 153 | 161 | 169 | 222 | 238 | 253 | 301 | 326 | 350 |
| 30 | 225 | 237 | 248 | 260 | 340 | 364 | 387 | 457 | 493 | 529 |
| 40 | 305 | 320 | 336 | 351 | 459 | 490 | 521 | 615 | 663 | 710 |
| 50 | 385 | 404 | 424 | 443 | 578 | 618 | 657 | 774 | 833 | 892 |
| 60 | 465 | 488 | 511 | 535 | 698 | 745 | 792 | 933 | 1004 | 1075 |
| 70 | 545 | 572 | 599 | 626 | 818 | 873 | 928 | 1092 | 1175 | 1258 |
| 80 | 625 | 656 | 687 | 718 | 938 | 1000 | 1063 | 1252 | 1347 | 1441 |
| 90 | 704 | 740 | 775 | 810 | 1058 | 1128 | 1199 | 1412 | 1518 | 1625 |
| 100 | 784 | 824 | 863 | 902 | 1177 | 1256 | 1335 | 1571 | 1690 | 1808 |
| 110 | 864 | 908 | 951 | 994 | 1297 | 1384 | 1471 | 1731 | 1861 | 1992 |
| 120 | 944 | 992 | 1039 | 1086 | 1417 | 1512 | 1606 | 1891 | 2033 | 2175 |
| 130 | 1024 | 1076 | 1127 | 1178 | 1537 | 1640 | 1742 | 2051 | 2205 | 2359 |
| 140 | 1104 | 1160 | 1215 | 1270 | 1657 | 1768 | 1878 | 2210 | 2376 | 2543 |
| 150 | 1184 | 1244 | 1303 | 1362 | 1777 | 1896 | 2014 | 2370 | 2548 | 2727 |
| 160 | 1264 | 1328 | 1391 | 1454 | 1897 | 2023 | 2150 | 2530 | 2720 | 2910 |
| 170 | 1344 | 1411 | 1479 | 1546 | 2017 | 2151 | 2286 | 2690 | 2892 | 3094 |
| 180 | 1424 | 1495 | 1567 | 1638 | 2137 | 2279 | 2422 | 2850 | 3064 | 3278 |

**L 8,0·8,0·1,2,  L 8,0·12,0·1,2,  L 10,0·10,0·1,2,  L 11,0·11,0·1,2,  L 13,0·13,0·1,2 cm — Nietstärke 2,3 cm — Gurtplattendicke in cm**

| Stehblech-Höhe cm | 1,0 | 1,1 | 1,2 | 1,3 | 2,0 |
|---|---|---|---|---|---|
| 30 | 281 | 294 | 307 | 320 | 412 |
| 40 | 382 | 400 | 417 | 435 | 558 |
| 50 | 483 | 505 | 527 | 549 | 704 |
| 60 | 584 | 611 | 637 | 664 | 851 |
| 70 | 685 | 716 | 748 | 779 | 998 |
| 80 | 786 | 822 | 858 | 894 | 1145 |
| 90 | 887 | 928 | 968 | 1008 | 1292 |
| 100 | 988 | 1033 | 1078 | 1123 | 1439 |
| 110 | 1089 | 1139 | 1189 | 1238 | 1586 |
| 120 | 1191 | 1245 | 1299 | 1353 | 1733 |
| 130 | 1292 | 1351 | 1409 | 1468 | 1880 |
| 140 | 1393 | 1456 | 1520 | 1583 | 2027 |
| 150 | 1494 | 1562 | 1630 | 1698 | 2174 |
| 160 | 1595 | 1668 | 1740 | 1813 | 2321 |
| 170 | 1696 | 1774 | 1851 | 1928 | 2468 |
| 180 | 1798 | 1879 | 1961 | 2043 | 2615 |
| 190 | 1899 | 1985 | 2072 | 2158 | 2762 |

**L 8,0·8,0·1,2,  L 8,0·12,0·1,2,  L 10,0·10,0·1,2,  L 11,0·11,0·1,2,  L 13,0·13,0·1,2 cm — Nietstärke 2,3 cm — Gurtplattendicke in cm**

| Stehblech-Höhe cm | 2,2 | 2,4 | 2,6 | 3,0 | 3,6 | 3,9 |
|---|---|---|---|---|---|---|
| 30 | 439 | 465 | 492 | 546 | 628 | 669 |
| 40 | 594 | 629 | 665 | 736 | 845 | 899 |
| 50 | 749 | 794 | 838 | 928 | 1063 | 1131 |
| 60 | 905 | 958 | 1012 | 1120 | 1282 | 1363 |
| 70 | 1061 | 1123 | 1186 | 1312 | 1501 | 1596 |
| 80 | 1216 | 1289 | 1360 | 1505 | 1721 | 1830 |
| 90 | 1373 | 1454 | 1535 | 1697 | 1941 | 2063 |
| 100 | 1529 | 1619 | 1709 | 1890 | 2161 | 2297 |
| 110 | 1685 | 1784 | 1884 | 2083 | 2382 | 2531 |
| 120 | 1841 | 1950 | 2058 | 2276 | 2602 | 2765 |
| 130 | 1997 | 2115 | 2233 | 2469 | 2822 | 2999 |
| 140 | 2154 | 2281 | 2408 | 2662 | 3043 | 3234 |
| 150 | 2310 | 2446 | 2582 | 2855 | 3263 | 3468 |
| 160 | 2466 | 2612 | 2757 | 3048 | 3484 | 3702 |
| 170 | 2623 | 2777 | 2931 | 3241 | 3704 | 3936 |
| 180 | 2779 | 2943 | 3106 | 3434 | 3925 | 4171 |
| 190 | 2935 | 3108 | 3281 | 3627 | 4146 | 4401 |

**L 12,0·12,0·1,1 cm — Nietstärke 2,3 cm — Gurtplattendicke in cm**

| Stehblech-Höhe cm | 1,1 | 1,2 | 2,2 | 3,3 |
|---|---|---|---|---|
| 30 | 283 | 296 | 428 | 577 |
| 40 | 384 | 402 | 579 | 776 |
| 50 | 485 | 507 | 730 | 977 |
| 60 | 586 | 613 | 881 | 1178 |
| 70 | 687 | 718 | 1032 | 1379 |
| 80 | 788 | 824 | 1184 | 1581 |
| 90 | 889 | 930 | 1335 | 1783 |
| 100 | 990 | 1035 | 1487 | 1984 |
| 110 | 1091 | 1141 | 1638 | 2186 |
| 120 | 1193 | 1247 | 1790 | 2388 |
| 130 | 1294 | 1353 | 1942 | 2590 |
| 140 | 1395 | 1458 | 2093 | 2793 |
| 150 | 1496 | 1564 | 2245 | 2995 |
| 160 | 1597 | 1670 | 2397 | 3197 |
| 170 | 1698 | 1776 | 2548 | 3399 |
| 180 | 1800 | 1882 | 2700 | 3601 |

**L 12,0·12,0·1,3 cm — Nietstärke 2,6 cm — Gurtplattendicke in cm**

| Stehblech-Höhe cm | 1,2 | 1,3 | 2,4 | 2,6 | 3,6 | 3,9 |
|---|---|---|---|---|---|---|
| 30 | 489 | 508 | 727 | 768 | 970 | 1032 |
| 40 | 618 | 643 | 918 | 969 | 1222 | 1299 |
| 50 | 748 | 778 | 1110 | 1170 | 1475 | 1567 |
| 60 | 878 | 913 | 1301 | 1372 | 1728 | 1835 |
| 70 | 1008 | 1048 | 1493 | 1575 | 1982 | 2104 |
| 80 | 1137 | 1183 | 1685 | 1777 | 2235 | 2373 |
| 90 | 1267 | 1318 | 1877 | 1979 | 2489 | 2643 |
| 100 | 1397 | 1453 | 2069 | 2182 | 2744 | 2912 |
| 110 | 1527 | 1588 | 2262 | 2384 | 2998 | 3182 |
| 120 | 1657 | 1723 | 2454 | 2587 | 3252 | 3452 |
| 130 | 1787 | 1858 | 2646 | 2789 | 3507 | 3722 |
| 140 | 1917 | 1994 | 2838 | 2992 | 3761 | 3992 |
| 150 | 2047 | 2129 | 3031 | 3195 | 4015 | 4262 |
| 160 | 2177 | 2264 | 3223 | 3397 | 4270 | 4532 |
| 170 | 2307 | 2399 | 3415 | 3700 | 4525 | 4802 |
| 180 | 2437 | 2534 | 3607 | 3803 | 4779 | 5072 |

**L 9,0·9,0·1,1 cm — Nietstärke 2,0 cm — Gurtplattendicke in cm**

| Stehblech-Höhe cm | 1,0 | 1,1 | 1,2 | 1,3 | 2,0 | 2,2 | 2,4 | 2,6 | 3,0 | 3,3 |
|---|---|---|---|---|---|---|---|---|---|---|
| 30 | 235 | 246 | 258 | 269 | 349 | 373 | 396 | 419 | 466 | 502 |
| 40 | 319 | 334 | 349 | 365 | 472 | 503 | 534 | 565 | 628 | 675 |
| 50 | 414 | 422 | 441 | 460 | 596 | 634 | 673 | 712 | 791 | 849 |
| 60 | 498 | 510 | 533 | 556 | 719 | 766 | 813 | 860 | 954 | 1024 |
| 70 | 582 | 597 | 625 | 652 | 843 | 898 | 952 | 1007 | 1117 | 1199 |
| 80 | 666 | 685 | 717 | 748 | 967 | 1029 | 1092 | 1155 | 1280 | 1374 |
| 90 | 750 | 773 | 808 | 844 | 1090 | 1161 | 1232 | 1302 | 1444 | 1550 |
| 100 | 834 | 861 | 900 | 940 | 1214 | 1293 | 1371 | 1450 | 1607 | 1726 |
| 110 | 918 | 949 | 992 | 1036 | 1338 | 1425 | 1511 | 1598 | 1771 | 1903 |
| 120 | 1004 | 1037 | 1084 | 1131 | 1462 | 1557 | 1651 | 1746 | 1935 | 2077 |
| 130 | 1088 | 1125 | 1176 | 1227 | 1586 | 1688 | 1791 | 1893 | 2099 | 2253 |

**L 9,0·9,0·1,3 cm — Nietstärke 2,3 cm — Gurtplattendicke in cm**

| Stehblech-Höhe cm | 1,2 | 1,3 | 2,4 | 2,6 | 3,6 | 3,9 |
|---|---|---|---|---|---|---|
| 30 | 318 | 331 | 475 | 502 | 637 | 678 |
| 40 | 432 | 450 | 643 | 679 | 858 | 913 |
| 50 | 547 | 569 | 812 | 857 | 1081 | 1149 |
| 60 | 662 | 688 | 982 | 1035 | 1305 | 1386 |
| 70 | 776 | 808 | 1151 | 1214 | 1529 | 1623 |
| 80 | 891 | 927 | 1321 | 1393 | 1753 | 1861 |
| 90 | 1006 | 1047 | 1491 | 1572 | 1977 | 2099 |
| 100 | 1121 | 1166 | 1661 | 1751 | 2202 | 2338 |
| 110 | 1236 | 1285 | 1831 | 1930 | 2427 | 2576 |
| 120 | 1351 | 1405 | 2001 | 2109 | 2652 | 2815 |
| 130 | 1466 | 1525 | 2171 | 2288 | 2877 | 3054 |

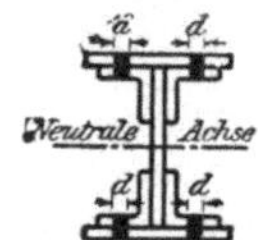


# Hilfstafel D.

## Widerstandsmomente der 4 vertikalen Gurtungsniete

in bezug auf die neutrale Achse des Trägers.

| Stehblech-Höhe cm | L 13,0 · 13,0 · 1,4 cm Nietstärke 2,6 cm Gurtplattendicke in cm | | | |
|---|---|---|---|---|
| | 1,3 | 1,4 | 2,6 | 3,9 |
| 40 | 526 | 545 | 788 | 1047 |
| 50 | 665 | 690 | 994 | 1319 |
| 60 | 805 | 835 | 1200 | 1592 |
| 70 | 945 | 981 | 1407 | 1865 |
| 80 | 1086 | 1126 | 1614 | 2139 |
| 90 | 1226 | 1271 | 1821 | 2414 |
| 100 | 1366 | 1417 | 2028 | 2688 |
| 110 | 1506 | 1562 | 2236 | 2963 |
| 120 | 1647 | 1708 | 2443 | 3238 |
| 130 | 1787 | 1853 | 2651 | 3513 |
| 140 | 1927 | 1999 | 2858 | 3788 |
| 150 | 2068 | 2144 | 3066 | 4063 |
| 160 | 2208 | 2290 | 3274 | 4339 |
| 170 | 2348 | 2435 | 3482 | 4614 |
| 180 | 2489 | 2581 | 3689 | 4889 |
| 190 | 2629 | 2726 | 3897 | 5164 |

| Stehblech-Höhe cm | L 14,0 · 14,0 · 1,3 cm Nietstärke 2,6 cm Gurtplattendicke in cm | | | L 14,0 · 14,0 · 1,5 cm Nietstärke 2,6 cm Gurtplattendicke in cm | | | L 15,0 · 15,0 · 1,4 cm Nietstärke 2,6 cm Gurtplattendicke in cm | | | L 8,0 · 16,0 · 1,4 Nietstärke 2,3 cm Gurtplattendicke in cm | |
|---|---|---|---|---|---|---|---|---|---|---|---|
| | 1,4 | 2,8 | 4,2 | 1,4 | 2,8 | 4,2 | 1,4 | 2,8 | 4,2 | 1,4 | 2,8 |
| 60 | 808 | 1231 | 1658 | 862 | 1283 | 1708 | 835 | 1257 | 1683 | 739 | 1112 |
| 70 | 948 | 1443 | 1942 | 1073 | 1505 | 2002 | 981 | 1474 | 1972 | 867 | 1304 |
| 80 | 1088 | 1656 | 2227 | 1163 | 1728 | 2297 | 1126 | 1692 | 2262 | 996 | 1497 |
| 90 | 1229 | 1868 | 2511 | 1314 | 1951 | 2592 | 1271 | 1910 | 2552 | 1125 | 1690 |
| 100 | 1369 | 2081 | 2796 | 1464 | 2174 | 2887 | 1417 | 2128 | 2842 | 1253 | 1882 |
| 110 | 1509 | 2294 | 3081 | 1615 | 2397 | 3182 | 1562 | 2346 | 3132 | 1382 | 2075 |
| 120 | 1649 | 2507 | 3367 | 1766 | 2621 | 3478 | 1708 | 2564 | 3422 | 1511 | 2268 |
| 130 | 1790 | 2720 | 3652 | 1917 | 2844 | 3774 | 1853 | 2782 | 3713 | 1639 | 2461 |
| 140 | 1930 | 2933 | 3937 | 2067 | 3067 | 4069 | 1999 | 3000 | 4003 | 1768 | 2654 |
| 150 | 2070 | 3146 | 4223 | 2218 | 3290 | 4365 | 2144 | 3218 | 4294 | 1897 | 2847 |
| 160 | 2211 | 3359 | 4508 | 2369 | 3514 | 4661 | 2290 | 3436 | 4585 | 2025 | 3040 |
| 170 | 2351 | 3572 | 4794 | 2519 | 3737 | 4957 | 2435 | 3655 | 4876 | 2154 | 3233 |
| 180 | 2491 | 3785 | 5080 | 2670 | 3961 | 5253 | 2581 | 3873 | 5167 | 2283 | 3426 |
| 190 | 2632 | 3998 | 5365 | 2821 | 4184 | 5549 | 2726 | 4091 | 5457 | 2412 | 3619 |
| 200 | 2772 | 4211 | 5651 | 2971 | 4407 | 5845 | 2872 | 4309 | 5748 | 2540 | 3812 |

| Stehblech-Höhe cm | L 15,0 · 15,0 · 1,6 Nietstärke 2,6 cm Gurtplattendicke in cm | | | L 16,0 · 16,0 · 1,5 Nietstärke 2,6 cm Gurtplattendicke in cm | | | L 10,0 · 15,0 · 1,4 Nietstärke 2,6 cm Gurtplattendicke in cm | |
|---|---|---|---|---|---|---|---|---|
| | 1,5 | 3,0 | 4,5 | 1,5 | 3,0 | 4,5 | 1,5 | 3,0 |
| 80 | 1240 | 1845 | 2447 | 1203 | 1809 | 2419 | 1166 | 1773 |
| 90 | 1401 | 2083 | 2763 | 1359 | 2042 | 2730 | 1317 | 2001 |
| 100 | 1562 | 2322 | 3080 | 1515 | 2276 | 3040 | 1467 | 2229 |
| 110 | 1723 | 2560 | 3396 | 1671 | 2509 | 3351 | 1618 | 2458 |
| 120 | 1884 | 2799 | 3712 | 1827 | 2743 | 3662 | 1769 | 2686 |
| 130 | 2046 | 3038 | 4029 | 1983 | 2976 | 3973 | 1920 | 2915 |
| 140 | 2207 | 3277 | 4346 | 2139 | 3210 | 4285 | 2070 | 3143 |
| 150 | 2368 | 3516 | 4663 | 2294 | 3444 | 4596 | 2221 | 3372 |
| 160 | 2529 | 3755 | 4979 | 2450 | 3678 | 4907 | 2372 | 3600 |
| 170 | 2690 | 3994 | 5296 | 2606 | 3911 | 5219 | 2522 | 3829 |
| 180 | 2851 | 4233 | 5613 | 2762 | 4145 | 5530 | 2673 | 4057 |
| 190 | 3012 | 4472 | 5930 | 2918 | 4379 | 5842 | 2824 | 4286 |
| 200 | 3173 | 4711 | 6247 | 3074 | 4613 | 6153 | 2975 | 4515 |
| 210 | 3335 | 4950 | 6564 | 3230 | 4847 | 6465 | 3125 | 4743 |
| 220 | 3496 | 5189 | 6881 | 3386 | 5081 | 6777 | 3276 | 4972 |

| Stehblech-Höhe cm | L 16,0 · 16,0 · 1,7 Nietstärke 2,6 cm Gurtplattendicke in cm | | | L 16,0 · 16,0 · 1,9 Nietstärke 2,6 cm Gurtplattendicke in cm | | | L 10,0 · 20,0 · 1,6 Nietstärke 2,6 cm Gurtplattendicke in cm | | |
|---|---|---|---|---|---|---|---|---|---|
| | 1,6 | 3,2 | 4,8 | 2,0 | 4,0 | 6,0 | 1,6 | 3,2 | 4,8 |
| 100 | 1660 | 2469 | 3282 | 1955 | 2965 | 3982 | 1613 | 2625 | 3238 |
| 110 | 1831 | 2723 | 3619 | 2157 | 3270 | 4391 | 1779 | 2894 | 3570 |
| 120 | 2003 | 2977 | 3956 | 2360 | 3576 | 4799 | 1945 | 3164 | 3901 |
| 130 | 2174 | 3232 | 4293 | 2562 | 3882 | 5208 | 2112 | 3434 | 4233 |
| 140 | 2346 | 3486 | 4630 | 2765 | 4188 | 5618 | 2278 | 3704 | 4565 |
| 150 | 2517 | 3741 | 4967 | 2968 | 4494 | 6027 | 2444 | 3974 | 4897 |
| 160 | 2689 | 3995 | 5304 | 3170 | 4801 | 6436 | 2611 | 4244 | 5229 |
| 170 | 2860 | 4250 | 5642 | 3373 | 5107 | 6846 | 2777 | 4515 | 5561 |
| 180 | 3032 | 4504 | 5979 | 3576 | 5413 | 7256 | 2943 | 4785 | 5894 |
| 190 | 3203 | 4759 | 6317 | 3778 | 5720 | 7666 | 3110 | 5055 | 6226 |
| 200 | 3375 | 5013 | 6654 | 3981 | 6026 | 8076 | 3276 | 5325 | 6558 |
| 210 | 3546 | 5268 | 6992 | 4184 | 6333 | 8486 | 3442 | 5595 | 6891 |
| 220 | 3718 | 5523 | 7329 | 4386 | 6639 | 8896 | 3609 | 5866 | 7223 |
| 230 | 3890 | 5777 | 7667 | 5489 | 6946 | 9306 | 3775 | 6136 | 7556 |
| 240 | 4061 | 6032 | 8005 | 4792 | 7252 | 9717 | 3941 | 6406 | 7888 |
| 250 | | | | 4994 | 7559 | 10127 | 4108 | 6676 | 8221 |
| 260 | | | | 5197 | 7866 | 10537 | 4274 | 6947 | 8553 |
| 270 | | | | 5400 | 8172 | 10948 | 4440 | 7217 | 8886 |
| 280 | | | | 5603 | 8479 | 11358 | 4607 | 7487 | 9218 |
| 290 | | | | 5805 | 8785 | 11768 | 4773 | 7758 | 9551 |
| 300 | | | | 6008 | 9092 | 12179 | 4939 | 8028 | 9883 |

# Hilfstafel E.

Diese Tafel gibt die Verringerung des **Trägheitsmoments** eines 0,1 cm starken Stehblechs durch horizontale Niete an.

| Nietabstand von der neutr. Achse — a cm | Niet 1,2 cm ($i=0{,}01$ cm⁴) $a^2f$ cm⁴ | $\frac{df}{20}$ cm⁴ | Niet 1,6 cm ($i=0{,}03$ cm⁴) $a^2f$ cm⁴ | $\frac{df}{20}$ cm⁴ | Niet 2,0 cm ($i=0{,}07$ cm⁴) $a^2f$ cm⁴ | $\frac{df}{20}$ cm⁴ | Niet 2,3 cm ($i=0{,}10$ cm⁴) $a^2f$ cm⁴ | $\frac{df}{20}$ cm⁴ | Niet 2,6 cm ($i=0{,}15$ cm⁴) $a^2f$ cm⁴ | $\frac{df}{20}$ cm⁴ | Nietabstand von der neutr. Achse — a cm |
|---|---|---|---|---|---|---|---|---|---|---|---|
| 2 | 0,5 | 0,1 | 0,6 | 0,1 | 0,8 | 0,1 | 0,9 | 0,1 | 1,0 | 0,2 | 2 |
| 4 | 1,9 | 0,1 | 2,6 | 0,2 | 3,2 | 0,2 | 3,7 | 0,2 | 4,2 | 0,3 | 4 |
| 6 | 4,3 | 0,2 | 5,8 | 0,2 | 7,2 | 0,3 | 8,3 | 0,3 | 9,4 | 0,4 | 6 |
| 8 | 7,7 | 0,2 | 10,2 | 0,3 | 12,8 | 0,4 | 14,7 | 0,4 | 16,6 | 0,5 | 8 |
| 10 | 12,0 | 0,3 | 16,0 | 0,4 | 20,0 | 0,4 | 23,0 | 0,5 | 26,0 | 0,6 | 10 |
| 12 | 17,3 | 0,3 | 23,0 | 0,4 | 28,8 | 0,5 | 33,1 | 0,6 | 37,4 | 0,7 | 12 |
| 14 | 23,5 | 0,4 | 31,4 | 0,5 | 39,2 | 0,6 | 45,1 | 0,7 | 51,0 | 0,8 | 14 |
| 16 | 30,7 | 0,4 | 41,0 | 0,5 | 51,2 | 0,7 | 58,9 | 0,8 | 66,6 | 0,9 | 16 |
| 18 | 38,9 | 0,5 | 51,8 | 0,6 | 64,8 | 0,8 | 74,5 | 0,9 | 84,2 | 1,0 | 18 |
| 20 | 48,0 | 0,5 | 64,0 | 0,7 | 80,0 | 0,8 | 92,0 | 1,0 | 104 | 1,1 | 20 |
| 22 | 58,1 | 0,6 | 77,4 | 0,7 | 96,8 | 0,9 | 111 | 1,1 | 126 | 1,2 | 22 |
| 24 | 69,1 | 0,6 | 92,2 | 0,8 | 115 | 1,0 | 132 | 1,2 | 150 | 1,3 | 24 |
| 26 | 81,1 | 0,7 | 108,0 | 0,9 | 135 | 1,1 | 155 | 1,2 | 176 | 1,4 | 26 |
| 28 | 94,1 | 0,7 | 125,0 | 0,9 | 157 | 1,2 | 180 | 1,3 | 204 | 1,5 | 28 |
| 30 | 108,0 |  | 144,0 |  | 180 | 1,2 | 207 | 1,4 | 234 | 1,6 | 30 |
| 32 |  |  |  |  | 205 | 1,3 | 236 | 1,5 | 266 | 1,7 | 32 |
| 34 |  |  |  |  | 231 | 1,4 | 266 | 1,6 | 301 | 1,8 | 34 |
| 36 |  |  |  |  | 259 | 1,5 | 298 | 1,7 | 337 | 1,9 | 36 |
| 38 |  |  |  |  | 289 | 1,6 | 332 | 1,8 | 375 | 2,0 | 38 |
| 40 |  |  |  |  | 320 | 1,6 | 368 | 1,9 | 416 | 2,1 | 40 |
| 42 |  |  |  |  | 353 | 1,7 | 406 | 2,0 | 459 | 2,2 | 42 |
| 44 |  |  |  |  | 387 | 1,8 | 445 | 2,1 | 503 | 2,3 | 44 |
| 46 |  |  |  |  | 423 | 1,9 | 487 | 2,2 | 550 | 2,4 | 46 |
| 48 |  |  |  |  | 461 | 2,0 | 530 | 2,3 | 599 | 2,5 | 48 |
| 50 |  |  |  |  | 500 | 2,0 | 575 | 2,3 | 650 | 2,7 | 50 |
| 52 |  |  |  |  | 541 | 2,1 | 622 | 2,4 | 703 | 2,8 | 52 |
| 54 |  |  |  |  | 583 | 2,2 | 671 | 2,5 | 758 | 2,9 | 54 |
| 56 |  |  |  |  | 627 | 2,3 | 721 | 2,6 | 815 | 3,0 | 56 |
| 58 |  |  |  |  | 673 | 2,4 | 774 | 2,7 | 875 | 3,1 | 58 |
| 60 |  |  |  |  | 720 | 2,4 | 828 | 2,8 | 936 | 3,2 | 60 |
| 62 |  |  |  |  | 769 | 2,5 | 884 | 2,9 | 999 | 3,3 | 62 |
| 64 |  |  |  |  | 819 | 2,6 | 942 | 3,0 | 1065 | 3,4 | 64 |
| 66 |  |  |  |  | 871 | 2,7 | 1002 | 3,1 | 1133 | 3,5 | 66 |
| 68 |  |  |  |  | 925 | 2,8 | 1064 | 3,2 | 1202 | 3,6 | 68 |
| 70 |  |  |  |  | 980 | 2,8 | 1127 | 3,3 | 1274 | 3,7 | 70 |
| 72 |  |  |  |  | 1037 | 2,9 | 1192 | 3,4 | 1348 | 3,8 | 72 |
| 74 |  |  |  |  | 1095 | 3,0 | 1259 | 3,5 | 1424 | 3,9 | 74 |
| 76 |  |  |  |  | 1155 | 3,1 | 1328 | 3,5 | 1502 | 4,0 | 76 |
| 78 |  |  |  |  | 1217 | 3,2 | 1399 | 3,6 | 1582 | 4,1 | 78 |
| 80 |  |  |  |  | 1280 | 3,2 | 1472 | 3,7 | 1664 | 4,2 | 80 |
| 82 |  |  |  |  | 1345 | 3,3 | 1547 | 3,8 | 1748 | 4,3 | 82 |
| 84 |  |  |  |  | 1411 | 3,4 | 1623 | 3,9 | 1835 | 4,4 | 84 |
| 86 |  |  |  |  | 1479 | 3,5 | 1701 | 4,0 | 1923 | 4,5 | 86 |
| 88 |  |  |  |  | 1549 | 3,6 | 1781 | 4,1 | 2013 | 4,6 | 88 |
| 90 |  |  |  |  | 1620 | 3,6 | 1863 | 4,2 | 2106 | 4,7 | 90 |
| 92 |  |  |  |  | 1693 | 3,7 | 1946 | 4,3 | 2201 | 4,8 | 92 |
| 94 |  |  |  |  | 1767 | 3,8 | 2032 | 4,4 | 2297 | 4,9 | 94 |
| 96 |  |  |  |  | 1843 | 3,9 | 2120 | 4,5 | 2396 | 5,0 | 96 |
| 98 |  |  |  |  | 1921 | 4,0 | 2209 | 4,6 | 2497 | 5,1 | 98 |
| 100 |  |  |  |  | 2000 |  | 2300 |  | 2600 | 5,3 | 100 |
| 102 |  |  |  |  |  |  |  |  | 2705 | 5,4 | 102 |
| 104 |  |  |  |  |  |  |  |  | 2812 | 5,5 | 104 |
| 106 |  |  |  |  |  |  |  |  | 2921 | 5,6 | 106 |
| 108 |  |  |  |  |  |  |  |  | 3032 | 5,7 | 108 |
| 110 |  |  |  |  |  |  |  |  | 3146 | 5,8 | 110 |
| 112 |  |  |  |  |  |  |  |  | 3261 | 5,9 | 112 |
| 114 |  |  |  |  |  |  |  |  | 3379 | 6,0 | 114 |
| 116 |  |  |  |  |  |  |  |  | 3499 | 6,1 | 116 |
| 118 |  |  |  |  |  |  |  |  | 3620 | 6,2 | 118 |
| 120 |  |  |  |  |  |  |  |  | 3744 | 6,3 | 120 |
| 122 |  |  |  |  |  |  |  |  | 3870 | 6,4 | 122 |
| 124 |  |  |  |  |  |  |  |  | 3998 | 6,5 | 124 |
| 126 |  |  |  |  |  |  |  |  | 4128 | 6,6 | 126 |
| 128 |  |  |  |  |  |  |  |  | 4260 | 6,7 | 128 |
| 130 |  |  |  |  |  |  |  |  | 4394 | 6,8 | 130 |
| 132 |  |  |  |  |  |  |  |  | 4530 | 6,9 | 132 |
| 134 |  |  |  |  |  |  |  |  | 4669 | 7,0 | 134 |
| 136 |  |  |  |  |  |  |  |  | 4809 | 7,1 | 136 |
| 138 |  |  |  |  |  |  |  |  | 4951 | 7,2 | 138 |
| 140 |  |  |  |  |  |  |  |  | 5096 |  | 140 |

Neutrale Trägerachse — i—i, a, a₁, a₂

### Erläuterungen.

Alle Werte dieser Tafel gelten für ein 0,1 cm starkes Stehblech.

i im Kopf der Tafel ist das Trägheitsmoment des Nietloches bezogen auf die Nietlochachse i—i

a (a₁ a₂ usw.) ist der Abstand der Nietlochachse von der neutralen Achse des Trägers

f ist die Nietlochfläche im 0,1 cm starken Stehblech

$J_v$ sei die Verringerung des Trägheitsmoments durch ein Nietloch im Abstand a, bezogen auf die neutrale Trägerachse

$$J_v = i + a^2 f$$

$\frac{df}{20}$ ist $\frac{1}{20}$ der Differenz zweier aufeinanderfolgender Tafelwerte, gibt also bei 2 cm Höhenstufen den Zuwachs der Verringerung an, den J erfährt, wenn die Nietlochachse um 1 mm weiter von der Trägerachse abrückt.

Vergleiche Beispiel auf Seite XXII.

# Hilfstafel F.

Trägheitsmomente und Widerstandsmomente des 0,1 cm starken vollen Stehbleches.

| StehblechHöhe cm | Trägheitsmoment cm⁴ | Widerstandsmoment cm³ | StehblechHöhe cm | Trägheitsmoment cm⁴ | Widerstandsmoment cm³ | StehblechHöhe cm | Trägheitsmoment cm⁴ | Widerstandsmoment cm³ |
|---|---|---|---|---|---|---|---|---|
| 20 | 66,7 | 6,67 | 60 | 1800 | 60,0 | 100 | 8333 | 167 |
| 22 | 88,7 | 8,07 | 62 | 1986 | 64,1 | 102 | 8843 | 173 |
| 24 | 115 | 9,60 | 64 | 2185 | 68,3 | 104 | 9374 | 180 |
| 26 | 146 | 11,3 | 66 | 2396 | 72,6 | 106 | 9925 | 187 |
| 28 | 183 | 13,1 | 68 | 2620 | 77,1 | 108 | 10498 | 194 |
| 30 | 225 | 15,0 | 70 | 2858 | 81,7 | 110 | 11092 | 202 |
| 32 | 273 | 17,1 | 72 | 3110 | 86,4 | 112 | 11708 | 209 |
| 34 | 328 | 19,3 | 74 | 3377 | 91,3 | 114 | 12346 | 217 |
| 36 | 389 | 21,6 | 76 | 3658 | 96,3 | 116 | 13007 | 224 |
| 38 | 457 | 24,1 | 78 | 3955 | 101 | 118 | 13692 | 232 |
| 40 | 533 | 26,7 | 80 | 4267 | 107 | 120 | 14400 | 240 |
| 42 | 617 | 29,4 | 82 | 4595 | 112 | 122 | 15132 | 248 |
| 44 | 710 | 32,3 | 84 | 4939 | 118 | 124 | 15889 | 256 |
| 46 | 811 | 35,3 | 86 | 5300 | 123 | 126 | 16670 | 265 |
| 48 | 922 | 38,4 | 88 | 5679 | 129 | 128 | 17476 | 273 |
| 50 | 1042 | 41,7 | 90 | 6075 | 135 | 130 | 18308 | 282 |
| 52 | 1172 | 45,1 | 92 | 6489 | 141 | 132 | 19166 | 290 |
| 54 | 1312 | 48,6 | 94 | 6922 | 147 | 134 | 20051 | 299 |
| 56 | 1463 | 52,3 | 96 | 7373 | 154 | 136 | 20962 | 308 |
| 58 | 1626 | 56,1 | 98 | 7843 | 160 | 138 | 21901 | 317 |
| 60 | 1800 | 60,0 | 100 | 8333 | 167 | 140 | 22867 | 327 |

| StehblechHöhe cm | Trägheitsmoment cm⁴ | Widerstandsmoment cm³ | StehblechHöhe cm | Trägheitsmoment cm⁴ | Widerstandsmoment cm³ |
|---|---|---|---|---|---|
| 140 | 22867 | 327 | 180 | 48600 | 540 |
| 142 | 23861 | 336 | 184 | 51913 | 564 |
| 144 | 24883 | 346 | 188 | 55372 | 589 |
| 146 | 25934 | 355 | 190 | 57158 | 602 |
| 148 | 27015 | 365 | 192 | 58982 | 614 |
| 150 | 28125 | 375 | 196 | 62746 | 640 |
| 152 | 29265 | 385 | 200 | 66667 | 667 |
| 154 | 30436 | 395 | 204 | 70747 | 694 |
| 156 | 31637 | 406 | 208 | 74991 | 721 |
| 158 | 32869 | 416 | 210 | 77175 | 735 |
| 160 | 34133 | 427 | 212 | 79401 | 749 |
| 162 | 35429 | 437 | 216 | 83981 | 778 |
| 164 | 36758 | 448 | 220 | 88733 | 807 |
| 166 | 38119 | 459 | 230 | 101392 | 882 |
| 168 | 39514 | 470 | 240 | 115200 | 960 |
| 170 | 40942 | 482 | 250 | 130208 | 1042 |
| 172 | 42404 | 493 | 260 | 146467 | 1127 |
| 174 | 43900 | 505 | 270 | 164025 | 1215 |
| 176 | 45431 | 516 | 280 | 182933 | 1307 |
| 178 | 46998 | 528 | 290 | 203242 | 1402 |
| 180 | 48600 | 540 | 300 | 225000 | 1500 |